中国煤矿智能化发展报告

（2022年）

王国法 刘 峰 主编

应 急 管 理 出 版 社

·北 京·

图书在版编目（CIP）数据

中国煤矿智能化发展报告.2022年/王国法，刘峰主编.--北京：应急管理出版社，2022

ISBN 978-7-5020-9049-4

Ⅰ.①中… Ⅱ.①王…②刘… Ⅲ.①智能技术—应用—煤矿开采—研究报告—中国—2022 Ⅳ.①TD82-39

中国版本图书馆 CIP 数据核字（2022）第 124847 号

中国煤矿智能化发展报告（2022年）

主　　编	王国法　刘　峰
责任编辑	赵金园
编　　辑	杜　秋
责任校对	邢蕾严　孔青青
封面设计	于春颖
出版发行	应急管理出版社（北京市朝阳区芍药居 35 号　100029）
电　　话	010-84657898（总编室）　010-84657880（读者服务部）
网　　址	www.cciph.com.cn
印　　刷	三河市中晟雅豪印务有限公司
经　　销	全国新华书店
开　　本	787mm×1092mm $^1/_{16}$　印张 $47^3/_4$　插页 12　字数 1179 千字
版　　次	2022 年 8 月第 1 版　2022 年 8 月第 1 次印刷
社内编号	20221008　　　　　　　定价　450.00 元

版权所有　违者必究

本书如有缺页、倒页、脱页等质量问题，本社负责调换，电话：010-84657880

编委会

主　　编　　王国法　刘　峰

编写人员　　王国法　庞义辉　任怀伟　张建明　赵国瑞
　　　　　　　杜毅博　徐亚军　马　英　王世斌　马世志
　　　　　　　李伟东　张忠温　孙希奎　范京道　匡铁军
　　　　　　　富佳兴　蔡　峰　丁　震　陈　龙　王　璇
　　　　　　　王忠鑫　温　良　李　爽　张金虎　许永祥
　　　　　　　卢　军　毛善君　刘再斌　马宏伟　包建军
　　　　　　　李　刚　宋德军　袁晓明　张建中　樊　荣
　　　　　　　陈晓晶　王　雷　黄曾华　王忠宾　杨胜利
　　　　　　　王静怡　宋承林　崔东峰　李世军　韩　安
　　　　　　　周玉林　肖雅静　张　新　罗陨飞　伍云山
　　　　　　　张小峰　吴文臻　韩会军　刘志更　单成伟
　　　　　　　杨正凯　王治伟　姚凯旋　张立亚　戴万波

审　　校　　庞义辉　朱栓成　杨正凯　赵　瑞　孟令宇
　　　　　　　富佳兴　王丹丹　巩师鑫　李德永　许永祥
　　　　　　　李世军

山西天地王坡煤业有限公司
SHANXIN TIANDI WANGPO COAL MINING CO.LTD

提供优质煤炭能源 | 培育优秀

创建全国智能

炭人才 | 孵化煤炭科技产品
示范建设煤矿

网址：http://tdwp.ccteg.cn/

 中国中煤能源集团有限公司
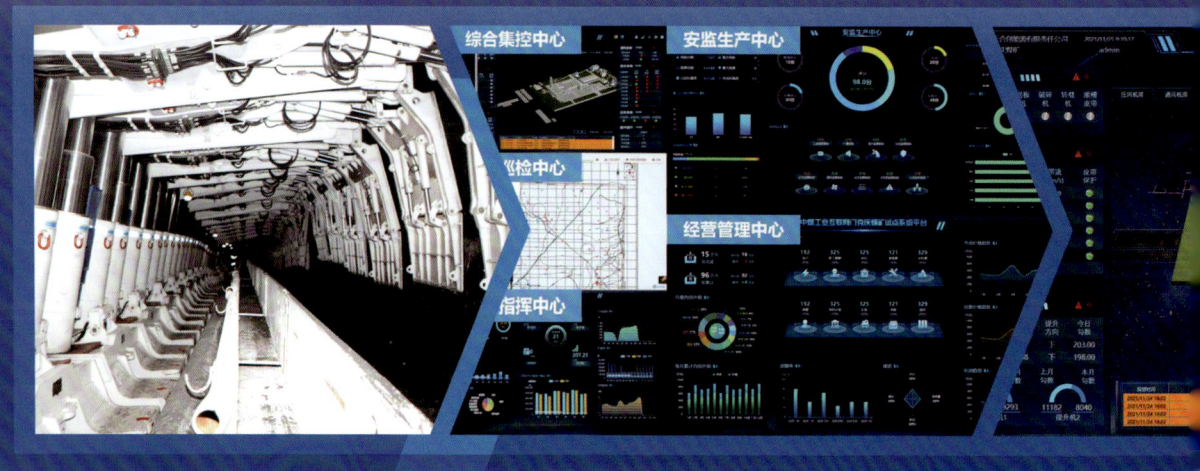

承建商：中国煤矿机械装备有限责任公司
中煤电气有限公司

中天合创智能

门克庆煤矿——行业智能化先行者、开拓者

网址：https://zthc.chinacoal.com/

致力于
无人化采煤

天玛智控

前　言

煤炭是我国的主体能源，煤炭工业一直发挥着能源支柱作用，为国民经济和社会发展提供了能源稳定供应和能源安全保障。基于我国能源资源禀赋和经济社会发展要求，在未来100年中，煤炭仍将在我国多能互补现代能源体系中扮演稳定器和压舱石的重要角色，以煤矿智能化为标志的煤炭技术革命、技术创新成为行业发展的核心驱动力，煤炭智能绿色开发与清洁低碳利用是发展主题，煤炭低碳利用技术的颠覆性创新将使煤炭成为最有竞争力的能源和原材料资源。要坚定不移地建设智能化煤矿，淘汰落后产能，发展以煤矿智能化支撑的柔性生产供给体系，发挥煤炭为"双碳"兜底、为能源安全兜底、为国家安全兜底的作用，实现新时期、新煤炭、新格局高质量发展目标。

"十三五"期间，在国家持续推进供给侧结构性改革的政策背景下，煤炭工业全面落实能源安全新战略，推进自身消费革命、供给革命、技术革命、体制革命、国际合作，全面实施煤炭绿色开采和清洁高效利用，支撑我国能源结构全面优化和多能互补的现代能源体系建设，促进国民经济和社会高质量发展。

"十四五"时期及未来一段时间内，同步推进"四化"——工业化、城镇化、信息化和农业现代化，依旧是我国发展的重要目标。在此背景下，能源消费-供给关系将更加合理，能源需求将稳步增长。2019年，我国人均一次能源消费为3.47 tce/a，居全球第48位，远低于发达国家。美国、加拿大等发达国家人均用电量超1000 kW·h，而我国人均用电量刚达到其一半水平。中等收入群体在我国经济发展过程中势必出现消费变化，形成消费升级，而能源作为保障性支撑，其需求与碳达峰之间仍有很大发展空间。

但是，我国经济发展方式不断转型，从高速发展逐渐转变为健康持续发展，经济发展以人为本，以发展质量为核心，经济增速放缓带来节能减排技术不断进步将使能源利用效率显著提升，能源需求在未来的增速将缓慢下降。

煤炭在能源消费结构中的占比将持续下降。2017年以前，煤炭在我国能源消费结构中占比一直在60%以上，2020年降至57%，在进一步加强煤炭煤电对能源稳定保障作用的同时,"碳达峰、碳中和"的目标愿景将推动我国能源向绿色、低碳、和谐发展,促进化石能源的清洁高效利用。建立多能融合供应体系将是"十四五"时期及未来一段时间能源发展的重要任务,促进化石能源的清洁高效低碳利用,大力发展可再生能源,安全有序发展核电。我国提出,到2030年非化石能源在能源供应中的比重将达到25%左右。到2030年煤炭占一次能源消费的比重有望降至50%以下。

当前,我国煤炭工业发展面临四方面挑战,一是面临不利的发展环境。在"双碳"目标下,"去煤化"论调被反复炒作,在短期内仍将作为我国主体能源的煤炭资源被社会舆论诟病和嫌弃。为实现"双碳"战略目标,国家及地方政府势必进行能源资源战略调整,出台一些压缩煤炭产能、降低煤炭相关产业资金投入等政策,使煤炭资源开发利用处于不利的发展环境中。二是优质易开发的煤炭资源逐年减少。近年来,随着煤炭资源的大规模高强度持续开发,煤炭资源开采深度、灾害程度、开采成本等逐年增加,优质焦煤、化工用煤等储量大幅减少,煤炭资源开采成本增加,老矿区面临资源枯竭转型难题,煤炭资源实现绿色、低碳开发面临技术与经济双重困难。三是生态硬约束使开采成本大幅度增加。采矿与生态既是矛盾,又可友好协调,生态保护的红线要求煤炭必须绿色开发,建设绿色矿山,充填开采、矸石处理、保水开采、塌陷区治理等现有煤炭资源绿色开发技术普遍存在效率低、效益差等问题,煤炭资源绿色开发势必将大幅增加煤炭开发利用成本,降低煤炭资源价格竞争优势,煤炭资源绿色高效开发技术体系亟待完善。四是煤炭生产和供给模式不适应新发展要求。新时期,煤炭市场多种不确定因素增加,市场对煤炭需求的弹性要求提高,国内煤炭市场供需结构将发生重大改变,煤炭现有生产和供给模式不适应新发展要求,需要建立新型柔性煤炭生产与供给体系。

2020年,我国原油对外依存度为73%,天然气对外依存度为43%。在国际能源博弈和地缘政治冲突不断加剧的背景下,油气进口安全风险增加。目前,在我国没有任何一种能源能够替代煤炭在能源体系中的兜底保障作用,煤炭依然是国家能源安全的压舱石。

应当深刻认识我国能源资源禀赋、经济社会发展要求和能源发展规律,碳达峰不是能源达峰,碳中和不是零碳。新时期,煤炭工业需要坚定不移地开展智能化煤矿建设,创新发展煤炭的智能绿色开发和清洁低碳利用。在

"双碳"目标下，煤炭工业需要在全面确保能源安全的基础上，充分发挥在能源体系中的稳定器和压舱石作用，建立智能柔性煤炭生产供应体系，提升煤炭柔性生产供给保障能力，适应煤炭消费需求的不确定性和消费弹性要求，全面推进煤炭的智能绿色开采及清洁高效利用，提高煤炭企业的绿色发展能力，降低煤炭开发利用能源消耗强度，综合利用余热、余压、节水节材等先进节能技术和装备，加快建设以智能、绿色、低碳为特征的现代煤炭工业体系，促进煤炭工业高质量发展。

2020年2月，国家发展改革委、能源局等八部委联合印发了《关于加快煤矿智能化发展的指导意见》，指出要加快推进煤炭行业供给侧结构性改革和高质量发展，这对于我国煤炭工业发展具有里程碑意义。2020年11月，中国煤炭工业协会、中国煤炭科工集团及智能化矿山联盟共同发布了《中国煤矿智能化发展报告》，系统总结了中国煤矿发展及信息化建设的基本情况，阐述了煤矿智能化基础理论及关键技术研究进展，详细介绍了智能化示范煤矿的建设实践情况，布局了煤矿智能化建设标准体系。2020年底，发改委、能源局启动了首批71处国家智能化煤矿建设示范项目，全力推动智能化煤矿建设的示范培育，加速行业智能化水平提升。2021年6月，为科学规范有序开展煤矿智能化建设，统一衡量智能化建设质量，加快建成一批多种类型、不同模式的智能化煤矿，国家能源局发布了《煤矿智能化建设指南》，起草制定了《智能化煤矿验收管理办法》。

煤矿智能化建设是一个多系统、多层次、多领域相互匹配融合的复杂系统工程，建立完整的煤矿智能化技术标准体系是建设智能化煤矿的基础与指南。2020年初，煤矿智能化创新联盟发布了《煤矿智能化顶层架构与标准体系框架白皮书》，建立了体系性、继承性和前瞻性的煤矿智能化标准体系，按照急用先行和技术成熟度，先后制定一批煤矿智能化标准，有助于开展煤矿智能化顶层设计和总体布局，明确煤矿智能化的发展方向和重点任务，确保智能化煤矿建设取得实效。

我国煤层赋存条件复杂多样，不同煤矿的开采技术与装备水平、工程基础、技术路径、建设目标等均存在较大差异，且受制于智能化开采技术与装备发展水平，使得不同煤层赋存条件矿井进行智能化建设的难易程度与最终效果也存在一定差异。

智能化开采是煤矿智能化的先行实践，目前已形成较为成熟的智能化高效开采模式。薄煤层赋存条件相对复杂，煤层在三维空间起伏频繁、厚度变化大；设备运行空间狭窄，系统尺寸和能力受到限制，实现自动化、无人化控制难度大。中厚煤层地质条件一般较好，易于实现自动化。因此，对这两类煤层的要求是实现工作面内的无人操作。需要解决的是工作面跟机、煤层变化适应性、设备状态（采煤机姿态、支架姿态等）远程干预、采煤机滚筒高度自动调节等技术难题。经过多年的研究实践，目前能够实现工人在集控中心远程监控，工作面内无人操作，自动完成双向割煤；中部实现自动控制跟机移架，机头、机尾自动斜切进刀割三角煤后返刀扫底清浮煤。

厚煤层大采高和超大采高智能化开采面临围岩控制、装备姿态控制、端头过渡、粉尘等问题。基于煤壁"拉裂-滑移"模型的临界护帮参数确定方法，揭示了煤壁破坏深度、宽度与煤体强度、护帮力及开采高度的关系，综合考虑顶板和煤壁稳定的支护强度"双因素"，确定大采高和超大采高围岩控制的关键参数；研发的工作面高精度惯性导航系统、液压支架位姿监测系统等，实现了工作面装备整体姿态的实时测量及精准控制；端头大梯度过渡的阶梯式协同作业工艺方法及超长工作面高效采煤作业系统，解决了超大采高工作面连续作业难题；基于机器视觉的工作面视频系统，实时追踪采煤机位置，自动完成视频跟机推送、视频拼接等功能，为工作面可视化远程监控提供"身临其境"的视觉感受，指导远程生产。陕西煤业化工集团有限责任公司（以下简称陕煤化集团）榆北矿业与天地科技股份有限公司等合作研发出 10 m 超大采高液压支架样机，在 2021 年北京国际采矿展览会上展出，惊艳全球，目前正在推进 10 m 超大采高综采成套装备和技术研发及工程应用。

特厚煤层大采高综放工作面开采面临两大难题，一是顶煤厚度大大增加，在矿山压力一定的条件下，顶煤不易破碎，形成的煤体块度大，难以放出；二是放煤时间长、回收率下降，普通综放配套方式及人工控制放煤，难以提高资源回收率及开采效率。为解决上述难题，系统分析了坚硬、特厚煤层工作面开采高度、顶煤破碎块度、放煤步距等对顶煤放出率、含矸率、开采效率的影响，提出提高大采高综放工作面机采高度、采用三刀一放可以实现放出率、含矸率、放出效率最优。研究了基于多传感器融合的煤矸放落识别技术及自动控制放煤技术，建立工作面三维地质模型，以地质条件、矿压显现、顶煤冒放性、顶煤运移与放出数据等为先决条件，以顶煤回收率与含矸率最优为约束条件，建立不同场景条件下的放煤工艺控制模式。组成了基于人-机-环境系统的放煤工艺决策系统，在金鸡滩煤矿 7~11 m 超大采高综放开采工作面应用，最高月产达到 2.02×10^6 t，最高日产 7.9×10^4 t，具备年产 2.00×10^7 t 的生产能力。

智能化煤矿建设示范取得成效。智能化煤矿建设进入了快速发展阶段，各大煤炭企业全力推动先进技术落地应用。目前，全国生产煤矿共计 3000 多座，其中 1.20×10^6 t 以上的煤矿 1200 余处，千万吨级煤矿 44 处。71 处国家首批智能化示范建设煤矿中，井工矿 66 处，露天矿 5 处，智能化升级改造煤矿 63 处，新（改扩）建智能化煤矿 8 处，大部分首批示范煤矿已基本具备验收条件。

煤矿智能化是煤矿综合机械化、自动化的升级发展，是煤炭生产方式和生产力革命的新阶段。煤矿智能化是煤炭工业高质量发展的核心技术支撑，建设智能化煤矿是煤炭工业发展的必由之路。近年来，通过对智能化开采技术与装备的创新研发，突破了多项关键核心技术。但是需要明确的是，我国煤矿智能化发展尚处于初级阶段，还有很多不足之处有待加强，全面综合、扎实稳步地推进煤矿智能化发展，将人工智能、区块链、大数据、云计算、物联网、智能装备等新技术与煤炭开采技术继续深度融合，才能打赢煤矿智能化建设的攻坚战。

煤矿智能化建设是一个迭代发展、不断进步的过程，不是一次性结果，更不是"基建交钥匙工程"，智能化煤矿建设开启了煤炭行业全面创新和技术变革的新时代，是高质量发展的核心技术支撑。煤矿智能化发展的目标是实现煤矿全时空多源信息实时感知，安全风险双重预防闭环管控，全流程人-机-环-管数字互联高效协同运行，生产现场全自动化作业，让煤矿职工获得更强的幸福感，煤炭企业实现更大价值创造。

《中国煤矿智能化发展报告（2020年）》于 2020 年 11 月正式出版发行，作为一部系统、权威、全面的煤矿智能化技术著作，为煤矿智能化建设和相关研发等工作提供了重要参考，备受各界好评。《中国煤矿智能化发展报告（2022年）》延续前期经验，由领域内各研究方向最优秀的专家撰写，聚焦 2020 年以来的最新成果和进展，推广示范煤矿建设经验。然而，由于目前煤矿智能化技术发展阶段的局限，一些创新技术尚不成熟，适应性和可靠性还有待进一步提高，许多难题和瓶颈还有待攻克。

《中国煤矿智能化发展报告》将每两年出版一卷。感谢所有参与本报告调研、编写和出版的研究人员和编辑，感谢对本报告出版给予支持的单位！由于作者时间和水平有限，收集资料仍有缺漏，望广大读者批评指正，共同为煤矿智能化发展助力。

中国工程院院士

中国煤炭科工集团首席科学家

煤矿智能化创新联盟理事长

2022 年 7 月

目次

第一篇 中国煤矿智能化发展概况

1 煤矿智能化发展基本情况（2021重大进展发布） ·············· 3
    1.1 大型煤矿智能化建设取得重要进展 ·············· 3
    1.2 露天煤矿矿用卡车无人驾驶编组成功运行 ·············· 4
    1.3 多种新型快速掘进装备系统现场投入使用 ·············· 5
    1.4 大型矿用设备节能传动应用效果显著 ·············· 8
    1.5 煤炭行业"煤智云"大数据平台建设 ·············· 9
    1.6 煤矿智能化标准体系建设 ·············· 9
    1.7 坚硬薄煤层智能化综采成套技术与装备研发应用 ·············· 11
    1.8 矿山鸿蒙操作系统发布 ·············· 12
    1.9 智能化选煤厂建设 ·············· 13
    1.10 煤矿智能化巨系统关键技术与装备研发应用 ·············· 14
    1.11 "少人巡视，无人操作"智能采煤工作面 ·············· 15
    1.12 煤矿智能化相关国家重点研发项目成果 ·············· 16
    1.13 煤矿机器人集群研发应用 ·············· 17
    1.14 智能矿山创新实验室人工智能计算中心建成 ·············· 18

2 煤矿装备智能化与智能制造发展现状 ·············· 20
    2.1 煤矿装备智能化发展现状 ·············· 20
    2.2 煤矿智能制造发展现状 ·············· 58

3 煤矿智能化与绿色矿山技术融合发展 ·············· 64
    3.1 煤矿智能绿色技术发展概况 ·············· 64
    3.2 煤矿智能化与绿色矿山技术融合发展 ·············· 66

4 煤矿智能化与安全保障技术融合发展 ·············· 69
    4.1 智能化通风系统关键技术与装备发展概况 ·············· 69
    4.2 煤矿融合安全监控系统发展概况 ·············· 72
    4.3 煤矿瓦斯灾害智能预警系统发展概况 ·············· 73
    4.4 矿井智能化防尘系统发展概况 ·············· 75

5 煤矿智能化与智慧城市融合发展 ·· 77
5.1 智慧城市现状与技术路径 ··· 77
5.2 煤矿智能化与智慧城市的联系 ··· 79
5.3 煤矿智能化技术在智慧城市建设中的应用 ······································ 80

6 煤矿智能化发展中的问题与挑战 ··· 93
6.1 煤矿智能化认识和理念不统一 ··· 93
6.2 煤矿智能化发展不平衡 ··· 94
6.3 智能化煤矿5G应用场景不成熟 ··· 95
6.4 "透明地质"技术保障支撑能力不足 ··· 95
6.5 采掘失衡、掘支失衡问题尚未突破 ··· 96
6.6 智能化技术难以适应复杂工作面条件 ··· 97
6.7 智能化巨系统兼容协同困难 ·· 97
6.8 井上下智能机器人作业技术有待突破 ··· 98
6.9 智能化煤矿管理与人才储备不足 ··· 98
6.10 智能化煤矿投入保障不足 ·· 99
6.11 解决煤矿智能化发展问题的对策与任务 ··· 99

7 "十四五"及碳达峰碳中和背景下煤炭高质量发展之路 ································ 102
7.1 "双碳"目标下的能源格局与煤炭兜底作用 ····································· 102
7.2 "双碳"目标下煤炭的高质量发展之路 ·· 105

第二篇　煤矿智能化顶层规划与系统架构

8 煤矿智能化建设总体规划 ·· 109
8.1 煤矿智能化建设的必要性与意义 ·· 109
8.2 煤矿智能化建设的指导思想与原则 ··· 110
8.3 煤矿智能化建设的主要任务与技术路径 ·· 110
8.4 煤矿智能化建设的保障措施 ·· 119

9 煤矿智能化巨系统架构与应用系统 ·· 121
9.1 煤矿智能化巨系统架构 ··· 121
9.2 煤矿应用系统 ··· 128

10 露天煤矿智能化总体解决方案与建设任务 ··· 145
10.1 露天煤矿智能化建设的一般性与特殊性 ··· 145
10.2 露天煤矿智能化总体设计与技术架构 ·· 147

  10.3 露天煤矿智能化建设重点任务 ··· 149

11 煤炭智能化分选黑灯工厂设计与建设任务 ·· 156
  11.1 智能选煤关键共性技术新进展 ·· 156
  11.2 智能化选煤厂建设典型案例 ·· 169

12 煤炭智能化储运装系统 ··· 177
  12.1 智能化储运装系统框架 ·· 177
  12.2 智能化储运装系统实施方案 ·· 177

13 "煤智云"与煤矿物联网大数据平台建设 ·· 196
  13.1 大数据平台建设方案 ·· 196
  13.2 实施方案 ·· 199
  13.3 商业模式与运营方案 ·· 212
  13.4 应用前景 ·· 215

14 煤矿 5G 专网与 F5G、WiFi6 等融合应用 ·· 222
  14.1 智能矿山通信网络需求与场景 ·· 222
  14.2 智能矿山通信网络总体架构 ·· 224
  14.3 智能矿山通信网络关键技术 ·· 225
  14.4 智能矿山通信网络应用案例 ·· 240

15 智能化煤矿双重预防体系与智能化管理 ·· 245
  15.1 煤矿安全管理与双重预防机制 ·· 245
  15.2 智能化对煤矿安全管理的影响 ·· 249
  15.3 智能化双重预防体系 ·· 254
  15.4 智能化煤矿安全管理模式变革 ·· 260

16 6S 智能化煤矿的技术特征和要求 ·· 266
  16.1 6S 智能化煤矿内涵和架构 ·· 266
  16.2 6S 智能化煤矿的技术特征 ·· 266
  16.3 6G 智能化煤矿建设要求 ·· 276

17 煤炭智能柔性开发供给体系 ·· 278
  17.1 煤炭高质量稳定供给需求分析 ·· 278
  17.2 煤炭智能柔性开发供给内涵及柔性度分析 ···························· 281
  17.3 煤炭智能柔性开发供给技术体系 ·· 283
  17.4 煤炭智能柔性开发供给运行模式 ·· 286

第三篇　煤矿智能化理论、技术与装备研发新进展

18　智能化煤矿信息化关键技术研发的新进展 ································· 291
  18.1　矿用 SPN 高速切片分组网络技术 ································· 291
  18.2　矿用 WiFi6 无线通信技术 ··· 299
  18.3　矿用 5G+无线通信技术 ·· 302
  18.4　矿山多元信息系统开放式综合管控平台技术 ··················· 309

19　智能开采地质保障技术研发进展 ······································· 316
  19.1　透明地质保障平台 ··· 316
  19.2　工作面三维激光扫描 ·· 320
  19.3　智能物探 ·· 323
  19.4　基于透明地质的水害防治 ·· 325

20　基于时空地理信息系统的工作面智能化开采技术 ················ 328
  20.1　受限空间高精度定位及导航技术与装备 ······················· 328
  20.2　煤矿时空 GIS 协同一张图技术 ··································· 328
  20.3　煤矿时空 GIS 透明化矿山技术 ··································· 332
  20.4　煤矿时空 GIS 智能管控平台技术 ································ 335
  20.5　基于时空地理信息系统的工作面智能化开采技术 ············ 338

21　矿用 5G 设备与应用场景试验研究进展 ······························ 350
  21.1　矿用 5G 设备研究进展 ·· 350
  21.2　5G 应用场景研究进展 ··· 355

22　矿用智能传感器研发与应用 ·· 357
  22.1　矿用传感器技术现状 ·· 357
  22.2　矿用智能传感器发展思路和目标 ································ 357
  22.3　矿用智能传感器研究进展及应用 ································ 358

23　煤矿机器人研发进展与集群应用综合管控 ·························· 367
  23.1　煤矿机器人研发进展 ·· 367
  23.2　煤矿机器人集群应用综合管控情况 ····························· 389

24　智能高效大功率变频一体机及永磁传动 ····························· 398
  24.1　变频一体机的分类及发展现状 ··································· 398
  24.2　变频一体机的关键技术 ··· 403

	24.3	永磁传动技术及应用	414
	24.4	变频一体机在煤矿驱动系统中的智能化应用	421

25 快速掘进智能化成套装备研发新进展 ... 431
    25.1 快速掘进智能化成套装备发展概况 ... 431
    25.2 快速掘进智能化关键共性技术新进展 ... 446
    25.3 快速掘进智能化工作面建设典型案例 ... 467

26 特厚硬煤层超大采高智能化综放成套装备 ... 473
    26.1 基于中厚板理论的关键岩层理论解析 ... 473
    26.2 采场关键岩层破断模式和判据 ... 476
    26.3 特厚硬煤超大采高综放 ... 480
    26.4 特厚硬煤超大采高综采装备最新进展 ... 488

27 辅助运输智能化系统及应用进展 ... 490
    27.1 辅助运输装备智能化技术 ... 490
    27.2 智能辅助运输装备及应用 ... 497
    27.3 驾驶辅助系统技术及应用 ... 502
    27.4 智能物资管控系统及应用 ... 506
    27.5 车辆智能调度系统及应用 ... 509
    27.6 井工矿无人驾驶技术及应用 ... 514

28 网络型电液控制系统与智能供液系统 ... 526
    28.1 网络型电液控制系统 ... 526
    28.2 智能供液系统 ... 540

29 智能化煤矿水务技术创新与实践 ... 556
    29.1 智能化煤矿水务的建设思路 ... 556
    29.2 智能化煤矿水务的建设方案 ... 560
    29.3 智能化煤矿水务的工程实践 ... 570

30 露天煤矿智能开采技术与成套装备 ... 576
    30.1 露天煤矿全连续智能开采技术 ... 576
    30.2 露天煤矿全连续智能开采成套装备研发 ... 579
    30.3 露天煤矿全连续智能开采工程实践 ... 584
    30.4 露天矿卡智能化编组运行工程实践 ... 584

第四篇 智能化示范煤矿建设实践和经验

31 国家能源集团智能化示范煤矿建设实践 ················· 589

- 31.1 神东大柳塔煤矿 ················· 589
- 31.2 神东上湾煤矿 ················· 594
- 31.3 神东布尔台煤矿 ················· 597
- 31.4 神东榆家梁煤矿 ················· 606
- 31.5 国能宁夏煤业公司 ················· 608
- 31.6 国能乌海能源公司 ················· 610
- 31.7 国能新疆乌东煤矿 ················· 616
- 31.8 国能国神黄玉川煤矿 ················· 617
- 31.9 国能国神上榆泉煤矿 ················· 620
- 31.10 国能国神大南湖二矿 ················· 624
- 31.11 国能国神三道沟煤矿 ················· 626
- 31.12 国能准能集团 ················· 629
- 31.13 国能神延西湾露天矿 ················· 631

32 中煤能源集团智能化示范煤矿建设实践 ················· 633

- 32.1 平朔集团东露天煤矿智能化示范煤矿建设情况 ················· 633
- 32.2 华晋集团王家岭煤矿智能化示范煤矿建设情况 ················· 636
- 32.3 陕西公司大海则煤矿智能化示范煤矿建设情况 ················· 638
- 32.4 中天合创公司门克庆煤矿智能化示范煤矿建设情况 ················· 641
- 32.5 大屯公司姚桥煤矿智能化示范煤矿建设情况 ················· 643
- 32.6 新集公司刘庄煤矿智能化示范煤矿建设情况 ················· 645

33 陕煤化集团煤矿智能化建设实践 ················· 650

- 33.1 陕煤化集团煤矿智能化建设规划 ················· 650
- 33.2 煤矿智能化开采黄陵模式创新与实践 ················· 652
- 33.3 张家峁煤矿智能化巨系统研发与建设 ················· 655
- 33.4 柠条塔矿智能化煤矿机器人集群研发与应用 ················· 657
- 33.5 榆北煤业智能化建设 ················· 660
- 33.6 陕煤集团煤矿智能化建设面临的挑战 ················· 663

34 华能集团煤矿智能化建设实践 ················· 665

- 34.1 智能化煤矿建设规划 ················· 665
- 34.2 智能化示范煤矿建设进展 ················· 665

35 山东能源集团煤矿智能化建设实践 ········· 668
35.1 山东能源集团煤矿智能化建设规划及总体情况 ········· 668
35.2 金鸡滩煤矿智能化示范煤矿建设实践 ········· 672
35.3 双欣矿业智能化示范煤矿建设实践 ········· 678
35.4 唐口煤业智能化示范煤矿建设实践 ········· 681
35.5 新疆能化智能化煤矿建设实践 ········· 687

36 晋能控股集团煤矿智能化建设实践 ········· 691
36.1 晋能控股集团煤矿智能化建设规划及总体情况 ········· 691
36.2 塔山煤矿智能化示范煤矿建设实践 ········· 692
36.3 同忻煤矿智能化示范煤矿建设实践 ········· 693

37 陕西延长石油矿业有限责任公司煤矿智能化建设实践 ········· 695
37.1 延长矿业公司智能化煤矿建设思路 ········· 695
37.2 煤矿智能化建设情况 ········· 696
37.3 智能化煤矿建设展望 ········· 700

38 山西天地王坡煤矿智能化建设实践 ········· 701
38.1 煤矿智能化建设规划 ········· 701
38.2 智能化系统建设推进情况 ········· 702

39 中国煤科煤矿智能化协同创新实践 ········· 706
39.1 背景及目标 ········· 706
39.2 协同创新模式探索与理论搭建 ········· 708
39.3 协同创新实践 ········· 710
39.4 协同创新成效 ········· 712
39.5 总结与展望 ········· 715

第五篇　煤矿智能化标准规范建设

40 煤矿智能化标准现状分析与体系建设框架 ········· 719
40.1 煤矿智能化标准发展现状 ········· 719
40.2 煤矿智能化标准体系总体框架 ········· 721
40.3 煤矿智能化重点标准方向和领域 ········· 723

41 智能化煤矿分类、分级技术条件及评价 ········· 729
41.1 智能化煤矿建设技术要求 ········· 729

	41.2 智能化煤矿分类与分级	731
	41.3 智能化煤矿评价指标体系	732
42	**智能化采煤工作面分类、分级技术条件及评价**	**740**
	42.1 智能化采煤工作面通用要求	740
	42.2 智能化采煤工作面分类与分级	742
	42.3 智能化工作面评价指标体系	748

附表　2021 年煤矿智能化标准立项及进展情况 ············ 750

参考文献 ············ 755

第一篇

中国煤矿智能化发展概况

1 煤矿智能化发展基本情况（2021重大进展发布）

1.1 大型煤矿智能化建设取得重要进展

为深入贯彻落实习近平总书记"四个革命、一个合作"① 能源安全新战略，加快推进煤炭行业供给侧结构性改革，推动智能化技术与煤炭产业融合发展，提升煤矿智能化水平，2020年3月，国家八部委联合印发《关于加快煤矿智能化发展的指导意见》，煤矿智能化建设进入了加速期。2020年12月，国家能源局、国家煤矿安全监察局联合下发了《关于开展首批智能化示范煤矿建设的通知》，明确首批71处煤矿作为国家首批智能化示范建设煤矿。2021年6月，国家能源局、国家矿山安全监察局联合印发了《煤矿智能化建设指南（2021年版）》，各大型煤矿积极响应，迅速行动，全面开展煤矿智能化建设。

经过近年来的全面建设，全国煤矿智能化建设成效显著，已完成投资约460亿元，其中首批国家智能化示范煤矿完成投资约142亿元，平均每矿约2亿元。国家能源集团全力全域全速推进煤矿智能化建设，力争2022年实现"煤矿智能化技术及建设100%覆盖、采煤工作面100%实现智能化、掘进工作面100%实现智能化、选煤厂100%实现智能化、固定岗位100%实现无人值守"（以下简称"五个100%"）建设目标。2025年煤矿全部实现智能化，2035年建成3个智能矿区。目前，已掌握5类智能采煤、5类智能掘进、3类卡车无人驾驶、5类机器人等关键技术，应用机器人200余台套，替代850余名操作人员；已建成智能采煤工作面41处，智能掘进工作面25处，智能选煤厂10处。黑岱沟、上湾、布尔台、大柳塔、锦界、榆家梁等6处煤矿先后通过省（自治区）级智能化煤矿建设验收。上湾煤矿建成了行业首个5G+UWB信号全覆盖矿井，大柳塔煤矿部署了亿吨级矿区管控平台，集中调度"五矿六井"生产，控制范围达到621 km²，日均调度产量 $2.8×10^5$ t，并率先建成智能掘进工作面地面分控中心；黑岱沟露天矿已实现12台300 t级卡车无人驾驶编组运行；宝日希勒煤矿实现了世界首个极寒露天煤矿5G+无人驾驶无安全员示范运行。自主研发的选煤厂国产化DCS控制系统已在国家能源集团4个选煤厂应用，实现了自主可控。国家能源集团神东煤炭有限责任公司（以下简称神东煤炭集团）携手华为技术有限公司（以下简称华为）共同发布"矿鸿操作系统"，已成功适配20种设备398个应用单元。今后，国家能源集团将与各创新主体合作，打造"矿鸿操作系统"生态联盟，全力推进煤矿智能化建设。

中国中煤能源集团有限公司（以下简称中煤能源集团）开展了700 M+2.6 GHz融合组网、国产惯导技术、矿用卡车无人驾驶、钻机远程控制、"黑灯"选煤厂等一批智能化技术装备攻关与示范应用，如图1-1所示，建成220余个智能化辅助生产系统，自主研发的智能井筒巡检机器人、智能喷浆机器人等，在王家岭矿等8处煤矿应用。

---

① 推动能源消费革命、能源供给革命、能源技术革命、能源体制革命，全方位加强能源国际合作。

图 1-1 煤矿 5G 融合应用取得新进展

晋能控股集团已建成 132 个井下无人值守变电所、54 个无人值守水泵房，2021 年年底无人值守硐室可达到 280 个，其中有 5 座矿井应用了智能巡检或拣矸机器人。

山东能源集团有限公司（以下简称山东能源集团）金鸡滩煤矿建成国内一流的智能化综放工作面，鲍店煤矿建成智能掘进系统，其中 65% 的变电所、75% 的泵房及 84% 的压风机房实现无人值守。

陕西煤业化工集团有限责任公司（以下简称陕煤化集团）在关中、彬黄和陕北地区累计建成四大类快速掘进系统 30 套，快掘单进最高突破 2800 m，所属煤矿 13 类 792 个生产辅助系统全面实现智能集控，自动化控制率达到 100%，累计完成巡检机器人、选矸机器人、管路拆卸安装和气体移动监测机器人等不同类型机器人的应用实践。

1.2 露天煤矿矿用卡车无人驾驶编组成功运行

露天煤矿是我国煤炭生产体系的重要组成部分，目前我国露天煤矿总计约 450 余座，总产能约为 9.5×10^8 t/a，占我国煤炭总产量的 25% 以上，可以说，露天煤矿为国家能源安全与经济发展提供了重要支撑。

据统计，我国约有 95% 的露天煤矿采用单斗-卡车工艺。在露天煤矿生产成本中，卡车运输环节约占 60%；同时露天煤矿卡车运输环节占劳动定员的 45% 左右，占用了大量的人力；而从安全角度看，我国露天煤矿的卡车运输环节事故起数占总事故起数的 60% 以上。未来，我国煤炭行业面临技术人员短缺、人工成本高、安全压力大等问题，迫切需要开展露天煤矿矿用卡车无人驾驶课题研究。

中煤能源集团作为国务院国资委管理的国有重点骨干企业，近年来，以习近平新时代中国特色社会主义思想为指导，深入贯彻"四个革命、一个合作"能源安全新战略，全面落实八部委《关于加快煤矿智能化发展的指导意见》（发改能源〔2020〕283 号）要求，围绕"安全、高效、绿色、智能"的发展理念，积极探索煤矿智能化发展方向，全力推进矿用卡车无人驾驶技术等煤矿智能化关键核心技术研发，将"东露天矿智能化建设关键技术与工程示范"列为集团公司第一个重大科技专项进行重点攻关,在中煤平朔矿区开展矿用卡车无人驾驶项目的研究。2019 年 7 月,建立露天煤矿无人驾驶标准化测试基地。2020 年 11 月,单台矿用卡车无人驾驶通过阶段性验收。2021 年以来,加大力度推进矿用卡车无人驾驶编组研究,完成矿区 5G SA 独立组网、系统仿真测试、封闭场地动态调试,2021 年 11 月,在国家首批智能化示范煤矿——中煤平朔集团有限公司(以下简称中煤平朔集团)东露天煤矿现场作业平盘,采用国内领先的智能感知系统,深度融合激光雷达、毫米波雷达、北斗定位等多种感知技术,通过对复杂环境机群设备的三维高精定位、系统仿真及测试、矿山决策指挥系统、作业设备感知及智能控制等技术的深入研究,实现了车铲对位、自主导航、自主卸载、主动避障、复杂路况无人驾驶以及指定区域精准卸载等功能,通过 1 台电铲+7 台矿卡+13 台辅助车的编排模式,实现采运排全流程协同作业,项目的安全性、可靠性及系统稳定性均得到验证(图 1-2)。

在此基础上,中煤平朔集团作为主编单位编制了山西省《智能化露天煤矿建设规范》地方标准和中煤能源集团《无人驾驶卡车运输智能化露天矿采装、运输、排土技术规范》企业标准,为露天煤矿智能化建设提供了技术指引。

与此同时,国家能源集团准能黑岱沟露天煤矿实现多台无人驾驶矿用卡车与电铲多工作面同时编组运行作业;宝日希勒露天煤矿完成极寒型复杂气候环境露天煤矿无人驾驶卡车编组安全示范工程评审和科技成果鉴定。国家电投集团白音华露天煤矿完成 2 个编组 12 台无人驾驶宽体自卸车联合试运转。华能伊敏煤电公司实现无安全员情况下的有人驾驶车辆与无人驾驶车辆混编作业。

1.3 多种新型快速掘进装备系统现场投入使用

近年来,陕煤化集团认真贯彻新时期国家能源战略规划,紧抓煤矿智能化建设历史机遇期,围绕"智能矿井、智慧矿区、一流企业"目标,持续加大对煤矿智能化新技术、新装备和新成果的推广应用力度,先后在智能采煤、智能快掘和智慧矿山建设等方面攻克了一系列技术与装备难题,取得了一批重大科技成果,为行业智能化发展提供了实践经验和典型示范。

自 2018 年以来,陕煤化集团先行先试、重点攻关,着力突破行业掘进效率低、装备运行差、安全保障小、劳动用工多等瓶颈难题,强力开展巷道系统"三优两提高"工作,联合西安科技大学、中国煤炭科工集团有限公司、中国矿业大学、中国电信集团公司、华为技术有限公司等相关产、学、研单位与陕煤化集团西安重装、中国铁建重工等装备制造企业协同攻关,按照"掘锚同步、立体交叉、平行作业、智能协同、远程操控"的思路,创新实践快掘技术装备及工艺优化,成功开发应用了针对不同地质条件的多种新型快掘装备,促使巷道掘进安全、稳定、高效,并取得了良好效果。

目前,陕煤化集团累计建设应用了全断面掘锚一体机、护盾式智能掘进机器人、悬臂式掘锚护一体机、综掘机+钻锚平台等四大类快掘系统 50 套,渭北矿区月进尺最高实现 541 m,灾害重、条件复杂的彬黄矿区最高实现 681 m,陕北矿区最高突破 2800 m;陕煤化集团所属 36 对生产矿井的掘进工作面个数由 283 个减少至 170 个,减少了 40%,综合单进水平由 252 m/个/月提高至 348 m/个/月,提高了 38%,单班作业人数由 15~20 人减至 8~10 人,掘进装备水平和效率得到显著提升。

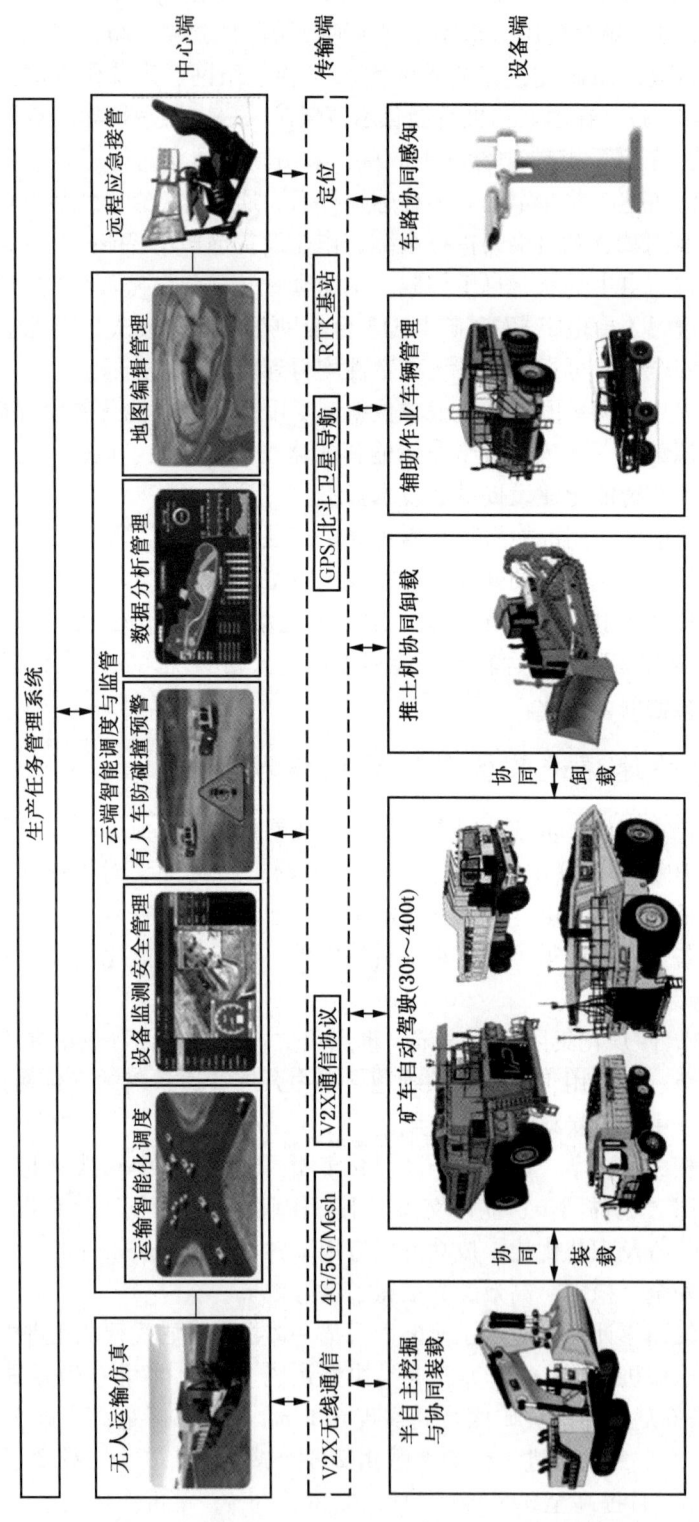

图 1-2 矿用卡车无人驾驶关键核心技术

一是全断面掘锚一体机快掘系统。该系统率先在榆北曹家滩研发应用,创造了单日91 m、单月2020 m的新纪录,是国内首套实现大断面煤巷全新掘、支、运一体化成套装备。2018年以来,陕煤化集团通过精简运输系统,优化钻锚支护材料结构和施工工艺,依托人工智能等前沿科技,创新应用机器人技术,并对系统进行了200余项适应性改造升级,实现了超前钻探、自主行走、自动截割、自动铺网、机器人钻锚支护等功能,形成了"王剑智能快速掘进"工法体系,打造了行业领先的高度智能快掘成套装备,破解了行业智能快掘技术难题。目前,该系统已在陕煤化集团所属15对矿井进行定制化推广应用,均突破所在矿区进尺最高水平。

二是护盾式智能快速掘进机器人系统。该系统为国内首套,陕煤化集团首创应用了封闭式设计理念,由护盾式截割机器人、钻锚机器人、锚网运输机器人、集控平台等组成,具有智能定位定向、智能定形截割、自动运网铺网、多机器人协同控制与并行作业、远程智能监测监控等功能,其中护盾结构为掘进作业提供了安全、稳定、可靠的空间,实现了高效、智能、安全掘进(图1-3)。该系统在小保当一号矿应用以来,已完成1条6000 m巷道掘进,在煤层夹矸厚度达1.8 m的情况下实现月进尺最高1052 m,为行业探索智能快掘技术与装备应用开辟了先河,成为陕煤化集团"智能快掘"的新名片。

图1-3 煤矿巷道智能掘进机器人系统

三是悬臂式掘锚护一体机和综掘机+钻锚平台快掘系统。陕煤化集团在条件复杂的关中和彬黄矿区,重点针对支护环节用时长、强度大、效率低等问题,研发应用了"悬臂式掘锚护一体机"和"综掘机+钻锚平台"两类快掘作业模式,实现分次、集中、高效支护作业,相比常规掘进效率能提高30%以上。目前已在陕煤化集团8对矿井进行应用,黄陵一号、二号煤矿月进尺实现450 m,澄合董家河矿月进尺达541 m,打造了复杂地质条件下快速掘进的新标杆。

未来,陕煤化集团将以"安全高效智能无人掘进"为目标,围绕"智能自适应截割掘进、全自动钻锚支护作业、多机智能协同及远程集中操控、智能监测及故障自诊断、智能高效辅助"等核心环节，以协同攻关核心技术、打造"智能化"标杆、形成行业示范和培养适用型人才等为抓手，全面加快"智能矿井、智慧矿区"建设。

1.4 大型矿用设备节能传动应用效果显著

国家"十四五"规划纲要，将"单位 GDP 能源消耗降低 13.5%"作为经济社会发展的主要约束性指标之一，大型矿用装备节能传动技术创新是节能减排和煤矿智能化的重要途径。

多年来，山东能源集团会同科研院所、先进厂家进行"产学研"合作，针对传统传动模式存在的启动转矩小、启停冲击大、对电网冲击大和刮板输送机断链事故频发、多机动态功率无法平衡调节等难题，开展了矿用大功率变频一体机、永磁变频一体机和永磁电动滚筒等技术和产品研发与应用，取得重要进展。

矿用防爆变频一体机和永磁滚筒等产品结合了变频器控制、电机电磁设计、稀土永磁材料、功率半导体高压绝缘、高效矿井水冷却、高可靠性通信等多学科理论知识，解决了煤矿高粉尘、高温、高湿、淋水、强震动、空间狭小、复杂电磁干扰和爆炸性气体等特殊环境下关键生产设备的高效驱动，替代了传统的液力耦合器、CST 以及"变频器+电机"分体式传动方式，永磁系列产品省去了维护量高、故障率高、增加传动损耗的减速机环节。

在矿用刮板输送机、带式输送机和乳化液泵站等重要矿山装备上广泛应用智能变频一体机、变频永磁一体机、永磁滚筒等新一代传动技术和产品，实现了大型矿用设备调控性能的提升和节能运行，有力支撑了智能化煤矿建设。目前，智能变频一体机功率已覆盖 55~3000 kW，电压 660 V~10 kV 的全系列产品；防爆永磁直驱一体机功率为 45~2000 kW；永磁滚筒实现了功率为 55~315 kW 的产品在井下应用，最大功率可达 710 kW。多款矿用智能变频一体机、变频永磁一体机、永磁滚筒等新产品在第十九届中国国际煤炭采矿技术交流及设备展览会亮相，它们的推广应用，引领了大型矿用设备驱动的技术变革，是实施"双碳"战略及节能减排的重要技术支撑。

上述产品和技术融入了先进的维护理念，创新性地引入了预防性维护和预测性维护相结合的方式，内置温度、振动、电参数等传感器，可实时监测和上传运行数据，并对生成的大数据进行分析，对异常数据进行预警，识别趋势性参数劣化，实现故障预测，从而采取对应的预防措施，减少生产计划外停机，提高设备开机率，将人工维护转化为自动化维护，将被动响应转化为主动预防和预测。

经山东能源枣矿集团蒋庄煤矿大采高综采工作面刮板输送机的 525 kW/3300 V 永磁直驱传动应用（已同厂家共同研发生产了 1600 kW/3300 V 永磁直驱传动系统），三机运输系统运行平稳可靠，实现了重载平滑启动，降低了对刮板输送机的磨损，很好地保护了刮板输送机链条，减少了设备维修量，操作简便，保护功能齐全，大幅减少了设备维护工作量，保障了工作面的高产高效生产。矿用防爆变频一体机和永磁滚筒作为传动领域的重大创新性技术，源于煤矿，服务于煤矿。现在这一技术已成为矿用刮板输送机、带式输送机和乳化液泵站等设备的主流驱动技术，为煤矿智能化提供了支撑。系列产品已辐射推广至石油钻井、油气压裂、工程机械、港口作业等领域，推动了传动技术的变革和升级。

1.5 煤炭行业"煤智云"大数据平台建设

为全面贯彻落实习近平总书记关于能源革命、科技创新的重要论述和2021年9月13日在陕西榆林视察时的重要讲话精神,煤炭工业必须走出一条安全绿色智能开发和清洁高效低碳利用之路,煤矿智能化建设必将加速这一重大进程。但智能化建设过程中面临的数据规范、数据挖掘、数据孤岛等瓶颈问题尚未根本解决,企业内部数据烟囱林立,企业外部数据难以打通,无法形成数据产业生态。为此,构建行业大数据中心和数字化生态迫在眉睫。

当前,以云计算、大数据、人工智能、工业互联等为代表的新技术正加速向全行业发展,对促进行业数字化转型起到关键作用。为加速新技术与煤炭工业快速融合,由中国煤炭工业协会发起,中国煤炭科工集团承建,为煤炭行业搭建的"煤智云"大数据中心(图1-4),建设行业数字基础设施,促进煤炭行业数字化转型。

煤炭行业"煤智云"大数据中心,旨在构建数据产业结构、建立行业标准体系、消除信息孤岛,构建融合数字化生态,面向煤矿智能化建设涉及的科研、开发、技术、产品、工程、服务等业务,围绕数据的采集、传输、存储、建模、分析等全过程、全生命周期、全要素的数据价值利用,提供技术赋能服务。"煤智云"的建设,将打通全产业链数据业务,提供面向行业上下游企业、政府、协会等机构的综合数据服务,促进煤炭行业智能化水平提升。

在建设思路方面,"煤智云"将建设先进的基础设施环境、稳定的业务支撑平台、统一的运维运营体系和安全管理体系。在业务模式方面,"煤智云"将对煤炭行业数字化需求进行全面梳理,构建全链条、全过程、全生命周期的业务应用,包括但不限于智能矿山综合管控平台、设备远程运维、动力电池在线监测及故障预报、煤矿安全态势预警与灾害防控、专家远程会诊、供应链协同、煤炭资源规划等业务。在发展模式方面,"煤智云"将与合作伙伴联合整合行业资源,为煤炭上下游企业提供咨询、建设、数据及开发等服务,促进煤炭行业高质量发展。

中国煤炭科工集团有限公司(以下简称中国煤科)牵头成立了院士、首席科学家负责的专项工作组和建设运营团队,2年内拟投资10亿元完成建设任务,确保2023年上线运行,为实现全行业全面数字化转型升级提供信息基础设施保障。

1.6 煤矿智能化标准体系建设

煤矿智能化标准体系建设是煤矿智能化建设的重要保障。2021年,行业持续完善煤矿智能化标准体系,在智能化综采工作面、煤矿5G通信、煤矿机器人、露天煤矿无人驾驶等多方面启动了标准制定工作,全年发布能源行业标准5项,立项能源行业标准14项,立项中国煤炭工业协会团体标准22项,立项中国煤炭学会团体标准51项。

通用基础类标准20项,发布了智能化综采设计规范和验收规范2项能源行业标准,立项了井工煤矿和露天煤矿的设计规范、建设技术要求、验收规范、数据格式规范等9项能源行业标准,立项了工业数据分类分级指南、设备物资分类与编码规范、露天煤矿信息模型分类和编码规则等5项中国煤炭工业协会团体标准,以及煤矿智能化术语、智能化煤矿体系架构、智能化掘进工作面分类分级技术条件与评价等4项中国煤炭学会团体标准。

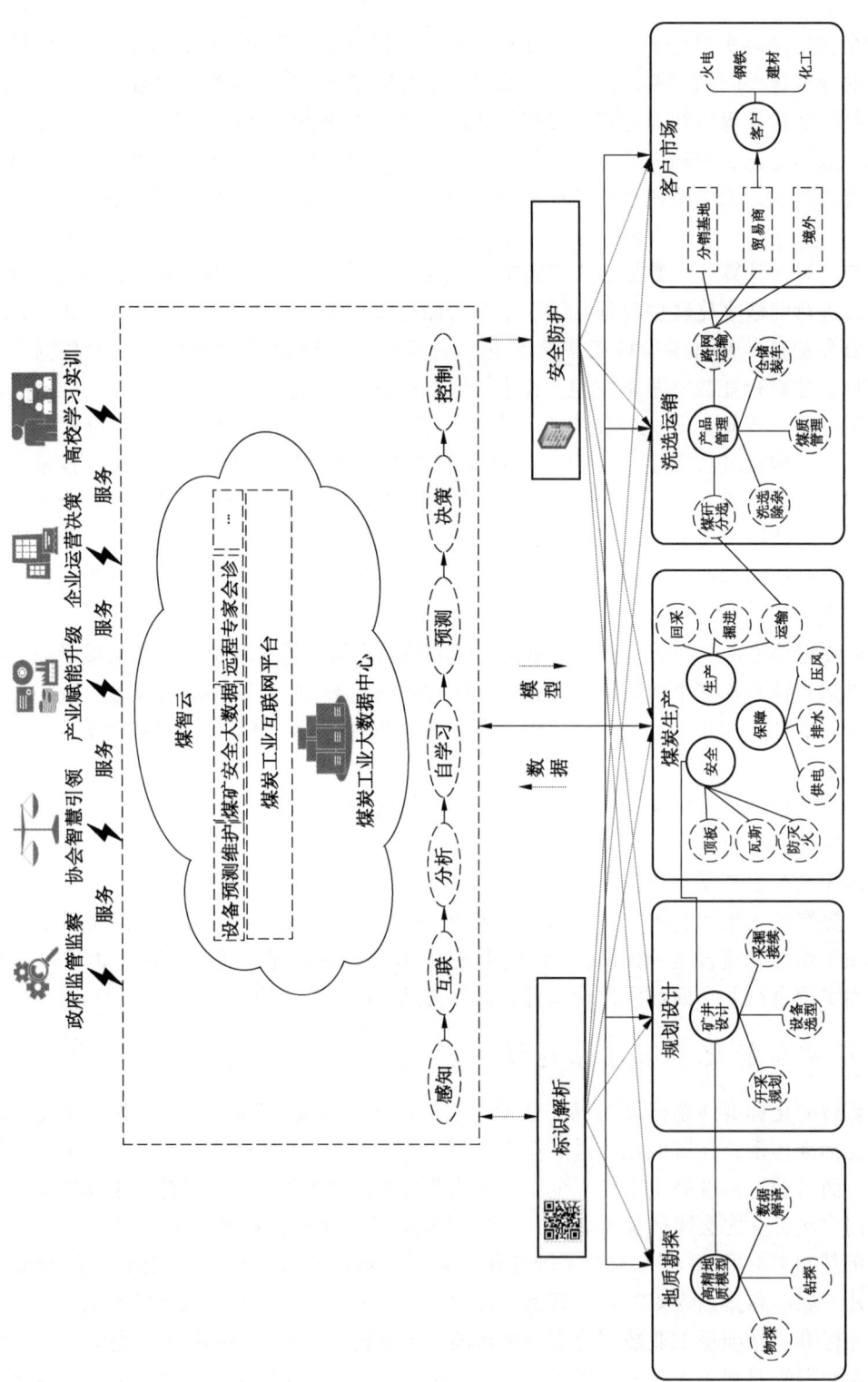

图 1-4 煤炭行业"煤智云"大数据中心

支撑技术与平台类标准 13 项，立项了《煤炭工业露天矿三维地质建模技术要求》1项中国煤炭工业协会团体标准，立项了煤矿数据管理系列标准、通信接口与协议通用技术要求、安全生产综合管控平台建设规范、工业软件开发接口规范、云计算部署与管理技术条件等 12 项中国煤炭学会团体标准。

煤矿信息互联类标准 13 项，发布了透地通信、漏泄通信、无线电频段等 3 项能源行业标准，立项了煤矿 5G 通信系统、基站、基站控制器、通信终端等 5 项能源行业标准，立项了融合通信系统安全技术要求、短距离无线宽带通信技术要求、F5G 网络功能技术要求等 5 项中国煤炭学会团体标准。

智能控制系统及装备类标准 34 项，立项了井筒巡检、巷道巡检、有害气体巡检、火灾探测、选矸、喷浆等煤矿机器人，以及露天矿无人驾驶运输系统技术规范系列标准等 13 项中国煤炭工业协会团体标准，立项了综采工作面超前支架智能化控制系统技术条件、综放液压支架智能放煤控制系统技术条件、掘进工作面远程控制系统技术条件、煤矿智能主煤流运输系统技术要求、矿用隔爆兼本质安全型变频调速一体机技术标准、煤矿辅助运输智能调度管理系统通用技术条件、无人快速定量智能装车系统技术条件、煤矿井下钻孔机器人通用技术条件、智能传感器、智能视频监控系统等 21 项中国煤炭学会团体标准。

智能生产辅助系统类标准 6 项，立项了智能化通风系统、排水系统、水处理系统、防突系统、综采工作面防灭火系统、矿压监测系统等中国煤炭学会团体标准。

生产保障类标准 6 项，立项了洗选工程数字化交付要求、电机健康诊断系统技术条件等 3 项中国煤炭工业协会团体标准，立项了煤矿智能化管理体系规范、煤矿智能化双重预防技术规范、智能化煤矿设备全生命周期管理系统技术规范等 3 项中国煤炭学会团体标准。

1.7 坚硬薄煤层智能化综采成套技术与装备研发应用

晋陕蒙地区是目前我国的煤炭主产区，原煤产量占全国的 70% 以上。该地区煤层埋深普遍较浅，近水平，赋存条件相对简单，易于应用自动化成套装备；但煤层硬度普遍较高，必须采用大功率、高可靠性设备开采。陕北地区侏罗纪煤田探明储量 $1.349×10^{11}$ t，从 0.5 m 极薄煤层到 10 m 以上的特厚煤层均有赋存。矿区的可采煤层为 7 层，其中 1.3 m 以下薄煤层资源约占总储量的 20%，硬度 f 值为 4 左右。为充分回收资源、保障煤矿正常生产接续及可持续发展，需将薄煤层与其他近距离煤层联合开采。由于薄煤层空间有限，煤机功率受到限制，现有薄煤层装备在坚硬煤层中无法达到厚煤层中的开采速度，不能满足矿区协调开采和生产接续的需要。因而很多薄煤层资源不得不弃采，造成了巨大的资源浪费。为实现晋陕蒙地区坚硬薄煤层快速连续开采，项目攻克了高速截割长壁开采工艺、高能积比柔性配套系统、大功率半悬机身采煤机及电缆自动拖拽装置、截割线预测生成方法等关键核心技术，解决了低效开采工艺、功率空间约束及无人干预控制的"卡脖子"难题，实现了 1.1 m 薄煤层的安全高效开采，有效支撑了晋陕蒙大型煤炭基地的科学、合理、协调开发。项目主要创新成果如下：

一是首创工作面设备高能积比时空协同及端头大落差柔性配套系统，发明一种薄和中厚煤层高速截割长壁开采方法。工作面能积比（采煤机装机功率/液压支架断面）达到 402（为常规薄煤层工作面 2.8 倍以上）；端头采用大落差下卧式布置，配套高度柔性调节控制系统，无过渡支架，适应工作面与巷道 1.4 m 以上大落差及其动态变化需求，解决了机头、机尾设备布置难题，实现机头、机尾自动化割"三角煤"。

二是创新研发了高速、高可靠、高适应性薄煤层开采成套装备及多机、全工艺流程自主协同运行技术。包括：半悬机身、全悬截割部结构采煤机，有效解决了机面高度、过煤空间和装机功率的矛盾，滚筒装载率提高到 70% 以上；高刚度快速移动液压支架支护高度为 0.9~1.6 m，工作阻力为 9000 kN；高强度、重叠侧卸机头与反卧式自动伸缩机尾的刮板输送机，首次采用 34/86×126 超扁平链。创新研发采煤机电缆自动拖拽装置，使电缆始终保持拉紧状态，避免多次折弯而导致的损坏。

三是首次构建了薄煤层开采装备群智能化开采技术路径。基于动态更新的三维地质模型发明了回采工作面智能开采预测截割线生成方法及装置，实现截割路径自主规划；基于图像煤岩识别、工作面惯导系统，实现沿顶割底的煤层跟随性开采；全工作面跟机移架及基于煤流平衡的三机协同联动，实现工作面内无人操作。

本项目实现了陕北侏罗纪 1.1~1.3 m 浅埋深、坚硬薄煤层安全高效开采，生产效率提高 20%，工作面内无人操作，年生产能力达到 1 Mt/a。满足了陕北矿区多煤层协调开采的重大需要，对我国西部煤炭主产区的绿色、智能、可持续发展将起到关键作用，具有重要战略意义。

1.8 矿山鸿蒙操作系统发布

当前煤矿企业的生产设备种类繁多、操作系统彼此不兼容、设备间需要适配对接的通信协议达到几千种之多，数据共享难，信息互通难，生产作业智能联动更难。如何在工业互联网基础架构上，采用一套标准体系构建一张端到端全面感知的网络，解决煤炭企业泛在连接层给煤矿智能化生产带来的严重阻滞已经迫在眉睫，急需一套统一的操作系统根植于物联网操作平台，实现煤矿领域的万物互联。在国家能源集团战略转型总体思想指导下，2021 年 9 月，神东煤炭集团与华为成立了联合创新实验室，强强联合，攻克难关，助力我国矿山智能化建设，矿用鸿蒙操作系统就是联合创新的产物。下面将从 3 个方面介绍矿用鸿蒙的创新成果。

什么是矿用鸿蒙？矿用鸿蒙操作系统（以下简称矿鸿操作系统）是基于 Open Harmony 2.0 开发的矿用版本，可以理解为不同设备之间、不同应用之间、不同操作系统之间的"万能语言"。通过分布式"软总线"技术，矿鸿操作系统在煤矿领域第一次实现了统一的设备层操作系统，以统一的接口和协议标准，解决了不同厂家设备的协同与互通问题，应用后智能煤矿也将成为"超级智能终端"。

对于煤矿行业而言，鸿蒙系统可以助力行业构建统一标准、统一架构的工业互联网平台，实现行业数据、能力、知识、人才和平台共享，加速行业智能化升级。具体表现在以下 4 个方面：

（1）人机互联，机机互联，万物感知。井下设备搭载矿鸿操作系统后，不仅在各种传感器、矿灯、控制器之间可以实现互联互通，还可与手机及穿戴设备互联，实现周边环境实时感知和更高精度的人员定位，对井下人员健康实时监测，提升井下人员作业安全。

（2）打破信息孤岛，实现数据共享。矿鸿操作系统支持煤矿行业统一协议，灵活部署，统一构建，实现不同厂商各个设备下的统一管理，允许工业设备在对时间要求苛刻的环境中交换应用程序信息,在安全可靠的基础上有序控制、配置和收集网络中的海量数据,并且高速传输。

(3)分布式数据管理,资源动态交互。通过革命性的分布式软总线技术,为煤矿设备智能协作提供业务基座;通过近场设备感知与互联、分布式数据库以及统一数据协议关键技术,重新定义矿下设备交互方式,在提升作业人员安全的同时也提升作业效率。

(4)保障数据安全,可靠。在矿鸿操作系统构建过程中,针对安全可信能力做了增强,保障设备、应用、数据和服务安全。

经过神东煤炭集团与华为煤矿军团的共同努力,目前矿用鸿蒙操作系统已成功适配煤矿井下,主要涵盖了综采工作面的液压支架主控器、工作面通信控制器、组合开关显示控制器,以及吊轨式、胶轮式等各类巡检机器人共 20 种设备 398 个应用单元。目前开始在上湾 8.8 m 大采高、乌兰木伦煤矿矿鸿适配项目中,已召集 60 个厂家、上百种设备进行技术对接,根据分析评估,大部分设备适配矿鸿是可行的,对不能适配的设备,也有替代的解决方案,计划到 2022 年实现鸿蒙系统在煤矿"采掘机运通"各系统的全面应用。

1.9 智能化选煤厂建设

智能化选煤厂建设是煤矿智能化建设的重要组成部分。2021 年,行业全力推动智能化选煤厂建设,启动了智能化选煤厂标准体系建设,启动了智能化选煤厂建设相关标准编制,包括等级评价方法、工程数字化交付、重介系统、浮选系统、装车系统、标准数据接口、管理数据标准化和控制数据标准化等;国家能源集团、中煤集团、山东能源集团、山西焦煤集团、淮河能源集团、淮北矿业集团、陕煤化集团等大型骨干企业,均制定了企业选煤厂智能化建设验收标准和实施方案,大力开展下属选煤厂的智能化建设,智能化选煤厂建设取得了突破性进展。

神东煤炭集团以上湾选煤厂为样板示范点,逐步推进覆盖公司下属其他选煤厂,并在选煤中心建设智能决策大系统;自主研发了 DCS 控制系统,采用国产 PLC 控制系统替代进口系统,完全实现自主可控。神东煤炭集团上湾智能化选煤厂建设为特大型动力煤选煤厂的智能化发展探索出了一条可行的道路。

淮河能源集团潘集选煤厂积极推动智能化建设,一期选煤厂智能化改造工程已经全部建成,建成了三维立体可视化指挥中心,成功应用智能照明系统、人员定位系统、智能采样机器人、自动停送电系统和巡检机器人等智能装备,取得非常好的经济效益和社会效益,为特大型炼焦煤选煤厂的智能化建设提供了可借鉴的经验(图 1-5)。

山东能源集团高庄选煤厂推动全厂电控智能化改造,建立了视频随动控制系统、顺逆煤流一键启停、给煤机 PID 变频控制、密度跟踪控制、煤泥水自平衡系统、压滤机联机自动化、网络化智能配电管理、MRP 移动终端办公平台以及煤质数据管理平台,选煤厂智能控制成果非常值得大型炼焦煤选煤厂智能化建设借鉴采用。

山西焦煤集团沙曲选煤厂依托高精度煤质分析仪实施重介悬浮液密度、煤泥含量双变量宽域智能控制,实现了重介分选过程的智能化,建设成果为大型炼焦煤选煤厂重介智能化建设提供了成功案例。

总体而言,我国选煤厂智能化工作发展迅速,智能化选煤厂建设已有示范样板可供借鉴,部分环节智能化取得了令人满意的成果。下一步,选煤厂智能化技术发展重点集中在

图 1-5　淮河能源集团潘集选煤厂集控中心

高效集控、传感器自动检测、数据处理等多技术的深度融合，仍需要行业协会、各煤炭企业、设备厂商、科研院校的共同努力，从而推动从系统智能化到全厂智能化的实现。

1.10　煤矿智能化巨系统关键技术与装备研发应用

近年来，为加快建设智能+绿色煤炭工业新体系，实现煤炭资源的智能化安全高效绿色开发，陕煤化集团陕北矿业公司所属张家峁煤矿于2018年与中国煤炭科工集团王国法院士团队合作开展煤矿智能化巨系统关键技术装备研发与工程示范应用项目，积极探索智能矿井、智慧矿区建设路径。历时3年，按照顶层设计、基础先行、重点突破、全面接入的整体规划，以高水平网络基础设施与矿山地理信息系统为基础，通过建立全矿井大数据跨域融合智能综合管控平台，从安全生产管理到智能化园区服务，构建了立体式、全方位的综合智能生态体系，实现了92个管控系统的数据集成和运营决策优化，形成了需求动态预测、信息实时反馈、生产精准组织、装备自适应控制、人员安全智能分析的行业智能化管理新模式，为推进落实"数字煤矿及智能化开采基础理论研究"国家自然科学基金重点项目提供了成果依据。通过智能化建设，该矿井累计减人345人，工效提高15%左右。陕煤化集团提出的"智能矿井、智慧矿区、一流企业"目标愿景已经逐步实现。

在关键技术研发与成果应用上，取得了10项首创和2项示范标杆，科研团队与张家峁煤矿共同研发了世界首套1.1 m硬煤薄煤层大功率高效智能化开采成套技术与装备，运用工作面设备高能积比时空协同及巷道端头大落差柔性系统，满足了巷道与工作面1.4 m以上大落差技术要求，实现了1.1 m坚硬薄煤层安全高效开采模式的新突破。研发了国内首套煤矿智能通风管控系统，建成了涵盖通风实时监控、风量远程调节、风门远程控制、风控智能分析、高效自动测风及局部通风机远程控制的智能通风管控系统，控风精度达95%以上。首创研发了辅助运输无人驾驶系统及智能调度系统，攻克了基于DGPS、惯性导航、毫米雷达波、激光雷达、高清摄像头、UWB、轮速计、磁导航等多传感异构信息融合的煤矿辅助运输智能感知技术，实现了车辆从地面到井下的循迹行驶、定点停车、紧急制动等全地形、复杂路况全过程的智能无人化运行。首创5G+智能化煤矿多系统应用场景，建成了5G专网及5G+现场直播、综采面安全监测、无线视频监控系统、变电所5G+VR应用、通风机远程控制等多个应用场景。研发应用了煤矿4D-GIS地理信息系统，突破BIM+GIS融合与虚拟仿真的井下信息实时动态更新技术。实现了综采工作面地质透明化。研发了"掘锚一体机+锚运破+大跨距转载"远程控制智能快掘系统成套技术与装备，突破掘锚一体机激光长距离精准组合导航、解决了工况参数监测、视频监控、关键位置自主检测、人员安全预警等问题，创造了月进2702 m的纪录。首创了基于大数据的智能煤矿生态链生产模式，涵盖了供电、供排水、通风、综采、主运输、各煤仓转运、地面转运、洗选加工、装车等全生产系统的各个环节，融合了安全环境监测信息，创建了煤矿"智能工厂"化的全新生产管控模式，应用后每班减员43人。首创工业互联网+综合管控平台技术管理模式构建了操作层、管理层、决策层三层流程化应用架构，实现了"标准化、场景化、流程化"智能管控。首创了回风巷移动巡检仪，突破了移动巡检仪同时具备高机动能力以及高续航性能的技术难题，研发了低功耗监测系统，实现了危险区域无人化作业。首创煤矿生态环保管理系统实现生态环保一张图智能分析决策。

张家峁以系统化智能和智能系统化为目标，先行示范，打造了行业第一个全煤矿智能化示范标杆及智能化管理新模式煤矿标杆，构建了智能化煤矿管理体系。各项技术先进，经济效益和社会效益成果明显，具有较强的推广价值。

1.11 "少人巡视，无人操作"智能采煤工作面

在习近平新时代中国特色社会主义思想的指导下，以天玛智控为代表的一批技术创新型企业坚持"四个面向"技术创新方向，发挥创新主体作用，开展产学研用深度合作，持续打造煤炭智能无人化开采创新研发平台，有力推动了智能采煤工作面常态化应用。

通过设备可靠性提升，集控软件架构与稳定性升级，突破工作面巡检机器人、高精度测量机器人、导航定位系统、采煤机电缆拖拽系统等关键技术，在薄煤层、中厚煤层、厚煤层、大采高、大倾角、放顶煤工作面均实现了"少人巡视，无人操作"模式常态化应用。

薄煤层工作面，历经三年四个版本迭代，国内外首台通过防爆认证、适用于采掘作业面的轨道式巡检机器人在榆家梁煤矿煤试验成功，可实现替人巡检作业。国产首套采煤机电缆自动拖拽装置在张家峁煤矿试验成功，解决了电缆夹多层堆叠制约采高、可能掉轨影响生产的问题。在平均采高1.5 m，350 m长的榆家梁43102工作面，生产班人数由10人减少至6人，月均产量超过1.6×10^5 t，直接生产工效提升了15.08%。

中厚煤层工作面，通过电液控制系统全工作面快速跟机移架，保障了采煤机速度处于15 m/min的支架移架到位率，陕煤化集团小保当煤矿2.2 m采高、450 m超长工作面智能化开采实现年产千万吨能力（图1-6）。

厚煤层工作面，基于5G通信系统，完成了综采工作面视频、惯导、测量机器人、采煤机等设备信息的实时双向传输，设计研发了具有我国自主知识产权的TGIS综采工作面智能化管控平台和数字孪生系统，山能郭屯矿3.8 m采高、186 m长工作面实现月均产量1×10^5 t。

大采高工作面，成功应用大流量泵站和快速升柱液压阀提高移架速度，同时升级longwall mind集控软件到具备矿压监测、故障诊断能力的5.0版，在平均采高8.8 m，300 m

图1-6 小保当智能化超长工作面

长的上湾煤矿12402工作面,生产班人数由9人减至5人,年生产能力提升至$1.5×10^7$ t。

大倾角工作面,成功应用液压支架姿态监测与控制技术,有效避免了常见的倒架、咬架问题。在最大34°、平均26°倾角的川煤大宝顶2124-15工作面,最大30°、平均26°倾角的宁煤梅花井111801工作面均常态化应用支架跟机技术,实现减人提效。

放顶煤工作面,成功应用网络型控制系统精简单架配置,通过放煤口状态检测与控制技术实现远程放煤、记忆放煤。王家岭矿12309工作面,平均采高3.1 m,后部放煤3.0 m,综采队定员100人减至75人,工效提升24.8%。

围绕智能无人化开采,已建成多个创新研发平台。天玛智控建成国家能源局"煤炭智能化无人开采技术研发中心",建立了院士工作站和博士后流动站,打造了煤炭智能无人化开采控制技术创新团队。黄陵矿业集团建成了"国家安监总局煤矿智能化开采技术创新中心",兖州煤业集团建成了"煤炭行业智能开采工程研究中心",这些研发平台的建设为煤矿智能化提供了有力支撑。

1.12 煤矿智能化相关国家重点研发项目成果

"十三五"期间,科技部在"深地资源勘查开采"专项及"公共安全风险防控与应急技术装备"专项先后布局了千米深井超长工作面智能化开采、千万吨级特厚煤层智能化综放开采及智能安全开采等相关技术与装备的研发项目,历时四年的研究,均高质量顺利通过综合绩效评价,取得了一批关键性突破创新及重大成果。

(1)煤矿千米深井存在高应力、强采动、大变形,开采效率低等难题和安全高效开采的需求,提出了煤矿千米深井350 m以上超长工作面集约化开采模式及围岩控制新理论,揭示了千米深井350 m超长工作面三维采动应力"分区破断、动态迁移"的规律,提出了分区控制智能开采模式,开发出多信息融合及设备群组智能耦合自适应协同控制智能开采技术与装备。在中煤新集口孜东矿(典型千米软岩矿井)首次实现了350 m超长工作面6.5 m以上大采高安全高效智能开采,为我国深部煤炭资源开发提供了强有力的理论和技术支撑。

(2)针对陕北、内蒙古、山西特厚煤层难以放出、含矸率高、自动化水平低等难题,建立了特厚煤层综放开采顶板回转破断结构模型以及大尺度顶煤体"三阶段—多级破碎"破坏结构模型，构建了特厚煤层综放开采多源信息数据库，开发了特厚煤层采放协调智能放煤决策软件，平均采放时间协调效率达 68.2%，小时放煤量达 2954 t；同时研制了融合煤矸冲击振动和光谱技术的煤矸精准识别装置，识别准确率已达到 90% 以上；构建了智能化放煤理论—智能化放煤方法—智能化放煤装置—智能化放煤控制系统的智能化放煤成套技术体系，并在同煤塔山煤矿、同忻煤矿、金鸡滩煤矿等示范基地成功应用，工作面年生产能力达 $1.5×10^7$ t。为特厚煤层智能综放开采提供了关键技术保障，推动我国特厚煤层智能综放开采向少人、无人、安全、高效发展迈进了一大步，具有显著的经济社会效益。

(3) 针对我国煤炭开采难以精确控制、不能自适应割煤等难题，创新了采煤工作面近远场融合协同监测的顶板来压预警防控技术，形成了智能化开采的适应性评价指标体系。研发了厘米级超宽带电磁波反射煤岩层位探测技术与识别装置，研发了首台套工作面厘米级高精度空间定位测量机器人，研制了首台三维空间重建轨道式巡检机器人，提出了工作面高精度地质模型构建及更新方法，实现了"透明工作面"的构建。首创多源信息融合"透明工作面"智能开采技术与模式。研发了截割模板自主剖切、截割高度自动优化、挖底量自主调整的控制算法，开发了自主割煤协同控制的智能开采系统，研制了具有支护姿态、支护阻力、支护方式自适应的全方位行走式超前支架，形成了巷道"采前修复-超前支护-采后卸压"一体化协同控制技术。建成了高瓦斯、薄及中厚、大采高三种煤层条件的煤矿智能开采安全技术集成与示范工程，形成了适于我国较为复杂地质条件的智能开采技术装备体系，实现了工作面内无人操作的安全采煤，取得了显著的经济与社会效益。

通过"十三五"期间煤矿智能化相关国家重点研发项目的布局，使我国煤炭开采由机械化阶段步入智能化阶段，为真正实现智慧煤矿建设的愿景提供了坚实的理论、技术和装备基础。

1.13 煤矿机器人集群研发应用

当前，煤矿智能化作为我国煤炭工业高质量发展的核心技术支撑，已成为行业广泛共识。机器人和智能装备是人工智能、大数据、物联网等技术的系统集成，是智能煤矿建设的装备支撑。应用机器人将工人从繁重危险的地下采矿作业中解放出来是实现煤矿智能化的重要途径和目标。

2019 年 10 月，国家煤矿安全监察局出台了《煤矿机器人重点研发目录》，煤矿机器人研发进入快车道；2021 年 12 月，工信部和国家矿山安全监察局联合发出了《关于面向矿山领域征集机器人典型应用场景的函》，向矿山领域征集一批机器人典型应用场景，形成一批可复制可借鉴的成果并加强推广应用，煤矿机器人应用再次按下加速键。

柠条塔煤矿的核定产能为 $1.8×10^7$ t/a，是国家安全高效特级矿井，以"开发绿色能源，贡献光明价值"为宗旨，以建设"世界领先，全国一流特大型现代化矿井"为目标，在安全、高效开采，稳产保供方面做出了重要贡献。作为国家首批智能化示范煤矿建设单位，如何建好智能化煤矿，建成什么样的智能化煤矿，持续发挥好柠条塔煤矿示范引领作用，成为我们思考的重要问题。在陕煤化集团和陕北矿业上级公司的领导下，以煤矿机器人和智能装备为抓手，联合王国法院士团队，设立了柠条塔煤矿智能化煤矿机器人集群研发项目（该项目同时列入了陕西煤业重点项目规划）；2020年10月，在北京会议中心召开了启动会议，行业领导、院士专家参加；2021年，项目全面启动建设。

柠条塔煤矿智能化煤矿机器人集群研发项目总体目标是在采煤、掘进及主运输、辅助运输、安全监测等智能化系统的基础上，通过三期建设，到2023年底，在关键工艺、高风险、非连续性作业岗位研发应用机器人，煤矿机器人应用不少于40种，其中生产相关机器人种类不少于30种，形成煤矿机器人集群，实现关键作业岗位机器换人，切实减少下井人员，降低安全风险，推进全矿井、全环节、全过程的智能化。

目前，一期已初步完成智能化综合管控与机器人集群协同调度平台检车，构建了5类38种机器人的应用框架；现有及在研地面、井下机器人近20种，形成了地面、井下全方位服务格局，如图1-7所示；同时，2022年二期项目已启动，规划了采煤类、运输类、安控类等近10种机器人，完成后将覆盖《煤矿机器人重点研发目录》的60%以上；2023年三期项目完成后，应用机器人数量覆盖指导目录相关的机器人80%以上，形成机器人+智能装备高效协同的集群作业模式。

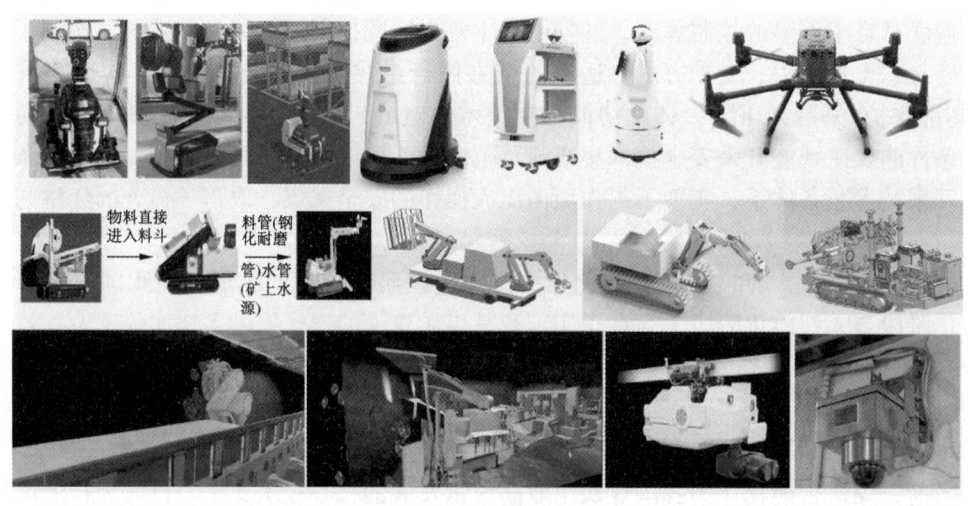

图1-7　煤矿机器人集群

1.14　智能矿山创新实验室人工智能计算中心建成

近年来，国家大力支持和发展煤矿智能化建设，加快发展高端煤炭装备制造业，推动我国煤炭综采成套装备的研发制造以及综采工作面的自动化、信息化和智能化发展。在此背景下，山西省作为全国煤炭大省，在煤矿智能化建设进程中先行先试，深入贯彻落实新发展理念和"新基建"战略部署。2021年2月9日，由山西省人民政府主导，晋能控股集团与华为公司联合创建了山西人工智能矿山创新实验室（图1-8），并于4月启动人工智能计算中心项目建设。

晋能控股集团人工智能计算中心项目于2021年6月正式施工，8月底基本建成。总

图1-8　智能矿山创新实验室

用地面积约7972 m^2，采用了华为预制模块化钢结构叠箱体系建设方式，将模块化数据中心技术与预制建筑技术相结合，最大化地减少现场工作，打造了极简、绿色、智能、安全的数据中心。主体建筑为12个箱体拼接完成，从6月初动工开挖地基，到8月11日首箱吊装完成，再到8月21日尾箱吊装完成，不到90天的时间完成了所有计算设备的进场工作，高效的配套工程施工能力，充分体现了"山西速度"。

晋能控股集团人工智能计算中心采用了昇腾和鲲鹏为核心的国产自主可控技术路线搭建基础设施，旨在培育自主创新的矿山人工智能产业新生态。人工智能计算中心主要包含可提供20PFlops（FP16）算力的人工智能子系统和数据中心等基础设施。

人工智能计算中心是以基于人工智能芯片构建的人工智能计算机集群为基础，涵盖了基础施工、硬件基础设施和软件基础设施的完整系统，用于解决煤矿及相关的人工智能领域课题；人工智能计算中心主要应用于人工智能深度学习模型开发、模型训练和模型推理等场景，提供从底层芯片算力释放到顶层应用使能的人工智能全栈能力。目前项目已完成建设，并于10月19日在山西省晋城市举办了发布仪式。

当前智能矿山创新实验室紧紧围绕人工智能计算中心，采用"煤炭专家+ICT技术专家"的模式，由晋能控股集团和华为共同提供专家资源，组建专家队伍，正在以煤矿"一朵云"、智能作业管理系统、5G+漏缆无线覆盖增强、掘进作业序列智能视频分析、智能选煤参数优化等方向开展课题研究，未来这些创新成果将给晋能控股集团及下属单位的矿山智能化建设提供更加先进的技术支撑，同时也能为整个煤炭行业的数字化和智能化的推进提供借鉴和参考。面向未来，智能矿山创新实验室将积极推动相关研究成果转化落地，助力我国煤矿智能化建设，实现"安全、高效、绿色、智能"生产，为山西省乃至全国煤炭工业发展提供"晋控智慧"。

2 煤矿装备智能化与智能制造发展现状

煤矿生产包括采煤系统、掘进系统、机电系统、运输系统、通风系统、排水系统，即煤矿六大系统。根据上述系统组成，下面分类介绍上述各装备的智能化发展现状。

2.1 煤矿装备智能化发展现状

2.1.1 综采装备智能化发展现状

综采装备是煤矿生产的核心装备，主要由采煤装备、支护装备和运输装备组成。为了满足工作面智能化开采需要，工作面"采、支、运"三大装备都有了长足的发展与进步。

2.1.1.1 采煤装备智能化发展现状

采煤装备主要通过智能化电控系统改造、自动化开采工艺改进、设备故障诊断程序升级来满足工作面智能化开采要求。

1. 智能化电控系统升级改造

智能化电控系统改造是将基于PLC的采煤机控制系统改造为基于云平台的DSP（Digital Signal Processor，数字信号处理器）+ARM（Advanced RISC Machines，高级精简指令集处理器）电控系统（图2-1）。DSP是一种包括控制单元、运算单元、各种寄存器和一定数量存储单元的特殊微处理器，通过将数据总线和地址总线分开，实现指令和数据并行访问来提高处理器速度，最大特点是速度快、精度高。由图可知，DSP负责对采煤机进行过程在线信号监测和实时工况处理，通过CAN总线方式，提高数据传输可靠性，实现采煤机远程控制。

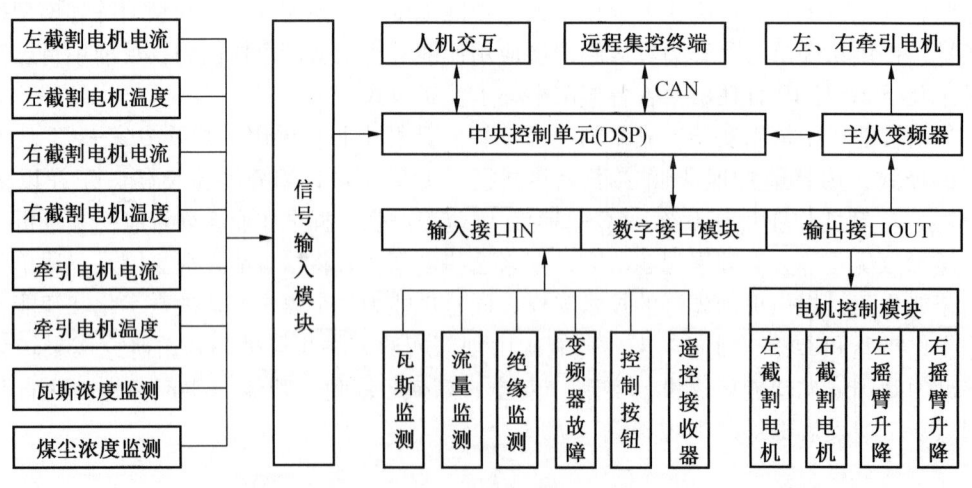

图2-1 采煤机控制系统示意

采煤机通过CAN总线及工业以太网分布式技术（图2-2），实现对油位、变频器、电机、传感器等多种参数和信号的检测、控制与保护，同时支持常见系统故障的诊断。

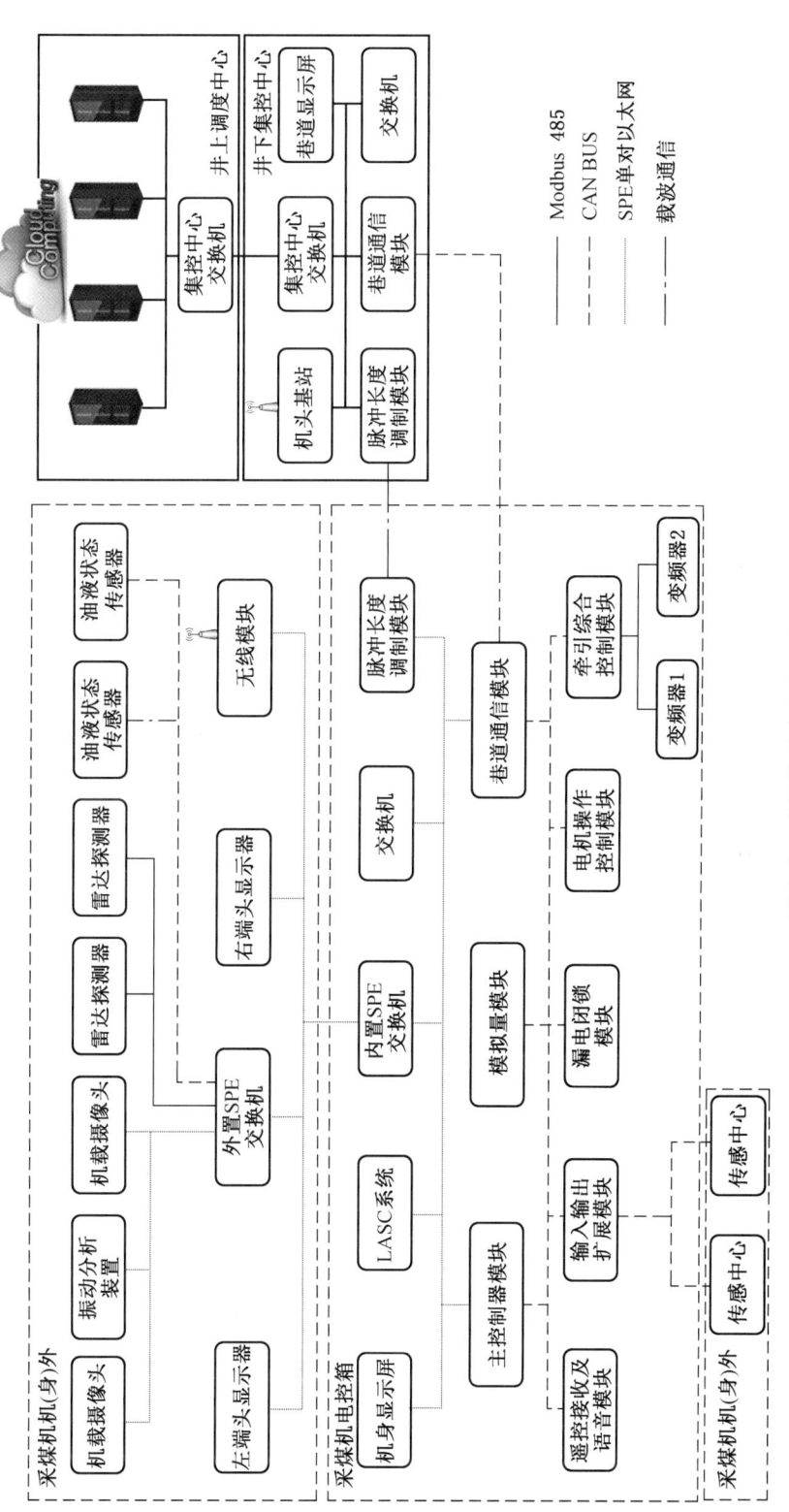

图 2-2 采煤机通信线路示意

2. 自动化开采工艺改进

自动化开采工艺改进主要通过采煤机自适应割煤控制、主动感知防碰撞、工作面自动调直等功能来实现。

（1）自适应割煤控制。在常规地质勘探数据的基础上，利用地质雷达、智能微动、瞬态面波、电磁波CT层析成像等精细物探手段和红外扫描构建初始工作面地质数字模型，将模型数据与井下地理信息系统（GIS）结合，形成工作面精细地质数字模型（图2-3）。

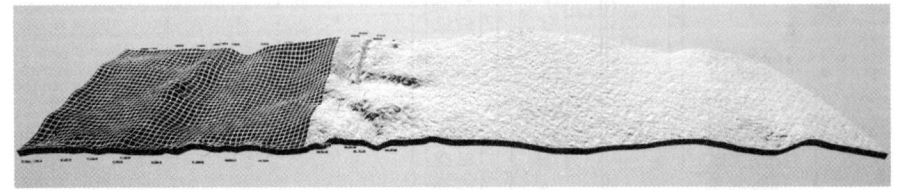

图2-3 工作面开采模型示意

通过红外感知、高清视频以及红外激光扫描等技术，获取煤层厚度变化信息，及时修正采煤机记忆截割模板，调整滚筒截割高度与截割路径（图2-4），通过自适应割煤工艺及支架控制策略，实现工作面智能采煤。

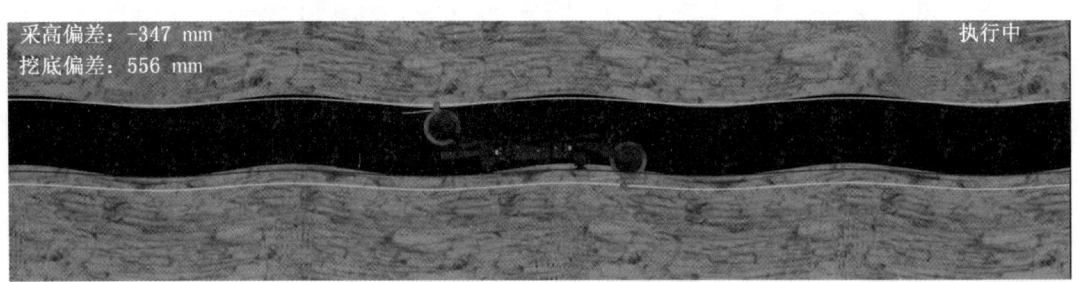

图2-4 采煤机自动调整截割路径示意

基于工作面开采模型，构建开采控制曲线数据，对于条件简单的工作面，执行预存开采导航曲线。对于条件复杂的工作面，基于巷道标志物扫描识别工作面两巷推进度，开发伪斜控制软件，检测工作面"上窜下滑"情况与伪斜状态；采用自由曲线记忆截割方式，以位置监测、姿态监测为基础，辅助机载视频系统，建立采煤机截割曲线修正模型，自主调整采煤工艺，实现工作面两端头斜切、三角煤截割，满足复杂开采需要。端头三角煤截割工序如图2-5所示。

（2）主动感知防碰撞。采煤机安装有测距仪等自动测量装置，实时测量滚筒截齿到支架前端距离；基于工作面自动定位系统，实时分析液压支架实际位置；结合真实物理场景驱动的三维虚拟现实系统，综合分析采煤机滚筒到液压支架顶梁最小间隙，自动调整滚筒高度，修正记忆模板，实现采煤机自适应智能避让防碰撞。

（3）工作面自动调直。要实现工作面常态化无人开采，必须要解决工作面自动调直问题。目前应用较为成功的是LASC调直系统，该系统在转龙湾煤矿应用以来，目前已在许多矿区推广应用。除此之外，国内也开始对其他调直装置进行研究，如基于光纤光栅的

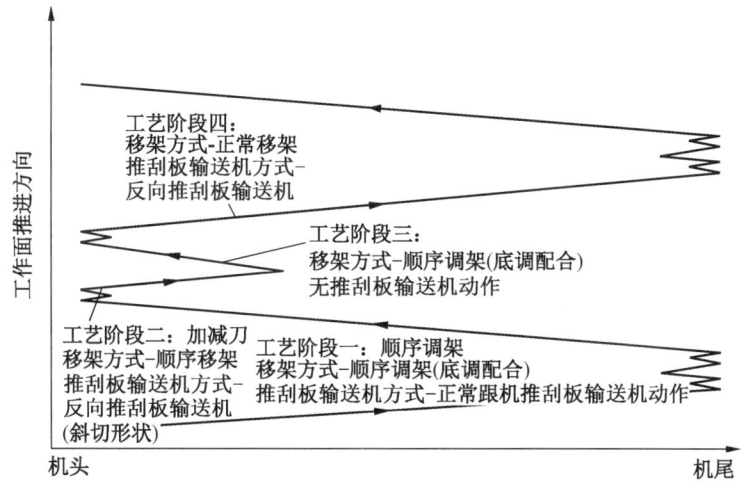

图 2-5　端头三角煤截割工序

工作面直线度测量和利用巡检机器人进行工作面直线度感知。以巡检机器人为例，通过在刮板输送机电缆槽上方建立行走轨道，搭载惯性导航装置，通过巡检自动生成刮板输送机曲线，将其作为工作面调直基础。该装置除了能够测工作面直线度以外，还可搭载三维激光扫描、红外成像仪、高清摄像仪等设备（图 2-6），具有自动巡检、快速巡视、故障点检等功能，代替人员进行巡检。

图 2-6　巡检机器人工作面现场图片

3. 设备故障自诊断

采煤机故障自诊断是通过设置各种传感器，全面感知采煤机运行状态，通过数据分析，来预知设备故障或判断发生故障原因。具体地说，在采煤机安装视觉检测、振动检测、电流检测、摇臂摆角等检测装置，通过布置压力、温度、位置、流量、摆角、振动、张力等传感器，实时检测水路压力、泵箱温度、煤机位置、喷雾流量、摇臂高度、设备振动、电缆张力等运行参数，进而分析采煤机运行状况，基于互联网远程服务，实现采煤故障诊断与远程技术支持（图 2-7）。

为了解决采煤机电缆叠层过多，影响最小开采高度，研制了采煤机电缆自动拖拽装置（图 2-8）。电缆在驱动电机和拖缆小车的驱动下，跟随采煤机前移，电缆始终保持拉紧状态，不存在现有电缆叠层问题，既解决了煤机最小配套高度，又避免电缆因多次折弯而损坏。

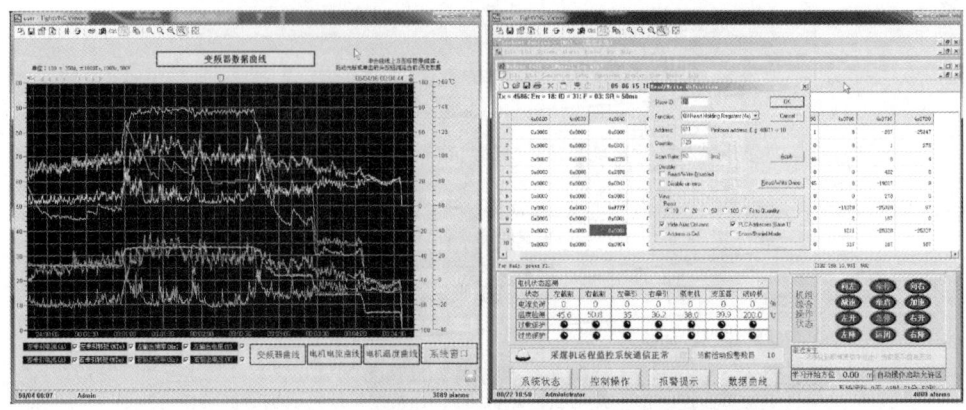

图 2-7 变频器数据曲线与远程配置参数界面

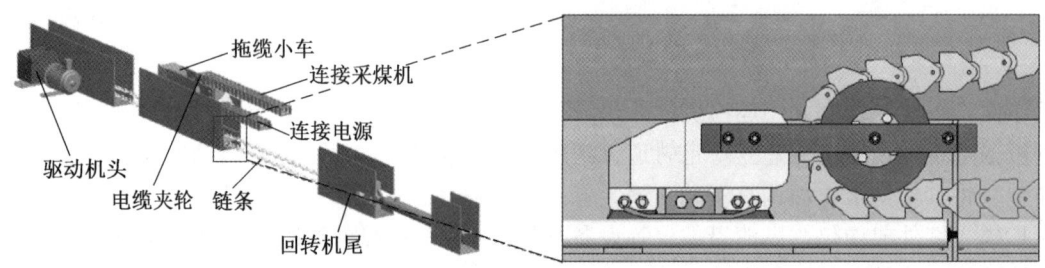

图 2-8 采煤机拖缆装置示意

2.1.1.2 支护装备智能化发展现状

工作面智能化开采率先在液压支架控制技术上取得突破,采用电液控制系统,通过自动移架推刮板输送机,实现工作面自动化开采。在此基础上,通过基于视频的可视化远程干预和工作面直线度自动控制,实现了工作面初步智能化开采。设备的可靠性是智能化开采的基础,近年来除了在智能控制方面加大研发力度外,在液压支架的可靠性上也进行了重点攻关,取得了不错的成绩:相继研发了可编程新型网络控制器、基于双目视觉测量装置、智能化超前支护、焊缝自动监测装置、工作面快速供液系统、智能控制和供液系统,大幅提高工作面支护装备智能化水平。

1. 网络型智能控制系统

目前常用的支架控制系统是基于 CAN(Controller Area Network,控制器局域网络)总线技术,其拓扑结构如图 2-9 所示。这是一种标准的现场总线,由于采用电信号进行传输,不同电源供电的支架控制器之间需要配置隔离耦合器,利用隔离耦合器将两组支架控制器完全电气隔离。为了防止信号衰减,还要配置 TBUS 总线提升器用以提升总线电压,以保证总线信号稳定传输。视频信号需要配置综合接入器,利用综合接入器将视频信号转换为电信号进行传输。由于设备较多,除了增加设备故障点外,还给设备安装布置带来困难,对薄煤层工作面尤其如此;信号电缆密集,容易发生电缆扯断现象,为工作面安全运维带来很大难度。

为了解决上述问题,近年来研发了新型可编程型网络式控制器(图 2-10)。基于 EIP

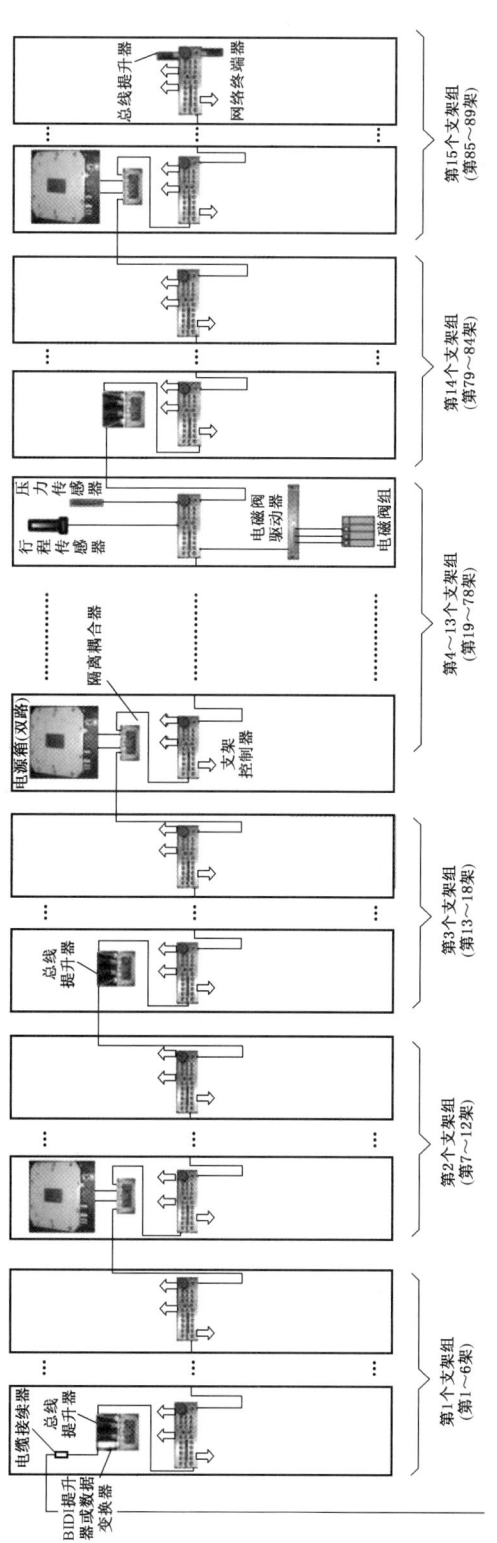

图2-9 传统的支架控制器接线图

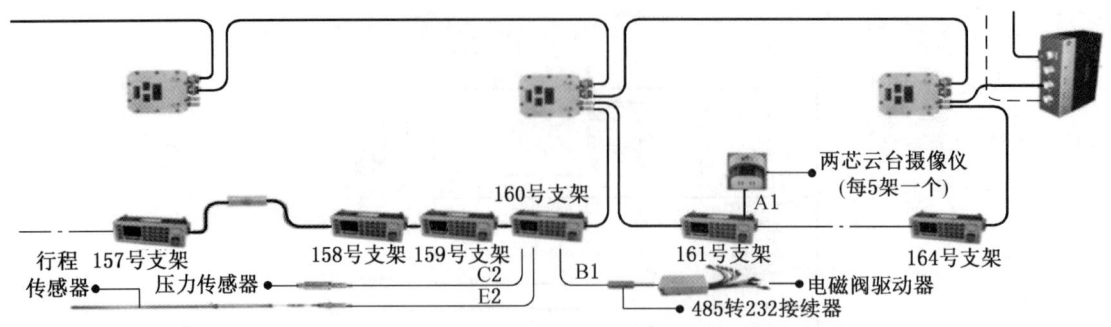

图 2-10 可编程网络控制器示意

协议进行网络通信，通过 EIP 网关程序和组态工具，实现高精摄像仪等设备直接接入控制器进行网络通信，无须综合接入器，一网到底，减少了通信设备，简化了通信系统。

网络型智能控制系统以新型可编程网络式控制为基础，融合了电液控、自动控制两大功能，将电液控、自动化两大系统"合二为一"，实现控制数据与视频监控数据同步传输。由于 TCP/IP 通信协议有 IP 地址，可以快速进行网络控制器故障精准定位，实际故障远程诊断、查询与预警。

2. 基于视觉测量的设备位姿智能感知

智能开采的前提是准确感知设备运行状态和开采实际环境，传统的设备位姿测量方式是在设备上安装大量的倾角、距离、压力等传感器（图 2-11）。以液压支架为例，若要获得一个具有三级护帮板的液压支架的姿态信息需要安装 6 个倾角传感器和至少 2 个接近开关，还需保证 8 个传感器的时间同步性才能较为准确地获知当前支架姿态，一个有 100 架液压支架的工作面仅这两类传感器数量就超过 800 个。即便如此，还是难以解决液压支架姿态测量以及与采煤机碰撞检测难题。除此之外，智能化开采还需检测煤壁片帮、大块煤、煤流量等非结构化信息，由于感知原理的缺陷，传统接触式感知装置无法检测上述信息。

为了解决上述问题，研制近红外成像的双目视觉成像装置和井下视觉图像处理装置，集成设计综采设备位姿视觉测量系统，开发专用视觉处理和位姿测量软件，形成基于视觉测量的综采设备位姿测量软硬件核心技术体系，实现基于统一坐标系下的工作面设备群位姿智能感知（图 2-12）。上述方法的最大优点在于可以获知工作面设备群组的位姿态势，克服了目前传感器只能感知单个设备位姿状态，无法获取群组设备位姿信息的缺陷，为工作面设备位姿智能感知提供了技术支持。在此基础上，结合工作面直线度、仰俯导向等感知装置，实时修正设备姿态控制信息，进行设备位姿三维调控。视频图像特征信息识别如图 2-13 所示。

3. 智能化超前支护

目前工作面超前支护主要存在两个问题亟待解决，一是采用智能化程度低，超前支架缺乏智能感知手段，不能自主感知位置、不能自主就位和姿态调整，超前支架主要采用手动或遥控操作，超前支护严重制约工作面快速推进；二是现有的超前支架主要采用推进千斤顶进行顺序移架，支架前移过程中反复支撑破坏巷道顶板。

为了解决超前支架智能感知与控制问题，建立了支架姿态感知与导向感知模型，研制

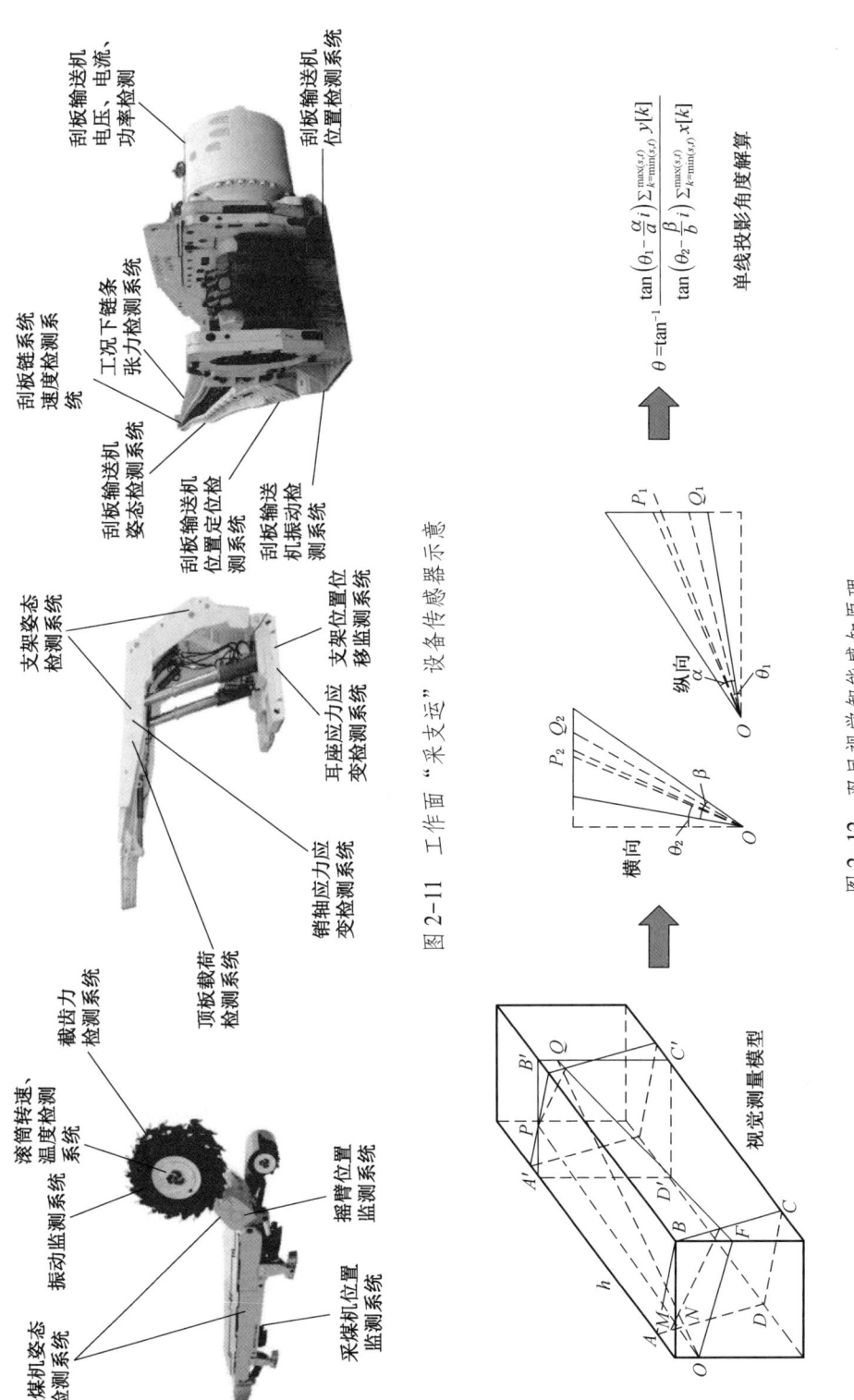

图 2-11 工作面"采支运"设备传感器示意

图 2-12 双目视觉智能感知原理

图 2-13　视频图像特征信息识别

了超前支架支护状态智能感知与自主导向装置（图 2-14），采用超声波测距传感器、倾角传感器和矿用本安型 PLC 控制箱构成支架位姿检测与自主导航系统，实现了超前支架位姿自主感知与行走导向控制。

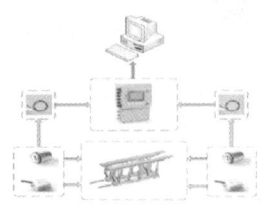

图 2-14　超前支架支护状态智能感知与自主导向装置

为了解决超前支架反复支撑破坏巷道顶板问题，研制了全向移动超前支架（图 2-15），采用螺旋推进器作为行走部，具有前进、后退、平移和旋转的全方位行走能力，通过尾架变首架的移架方式，解决了超前支架反复支撑问题。

图 2-15　全方位行走式超前支架实物照片

4. 焊缝自动监测装置

目前工作面液压支架没有焊缝自动检测技术与装置，都是依靠工人用肉眼进行观测评价，这样就存在两个问题：一是受井下照明条件和现场观测角度制约，焊缝微小裂纹不易发现，经常存在漏检现象，都是当焊缝开裂破坏时才会发现（图 2-16），失去了最佳的处理时间；二是随着工作面智能化开采技术的推广普及，工作面处于常态化少人或无人状态，无法进行焊缝的人工常态化巡检。如何解决液压支架焊缝人工检测难题，实现液压支架自动监测与弹窗预警是智能化工作面必须要解决的问题。

为了解决上述问题，研发了基于光纤光栅的液压支架焊缝自动检测方法。在液压支架需要监测的焊缝两端布置光纤，利用光纤位移变化原理自动检测焊缝开裂。目前已完成实验室试验，如图2-17所示，在放顶煤过渡支架斜梁上布置了5个光纤检测装置，检测结果如图2-18所示，效果明显。

5. 液压支架稳压供液与精准推移

液压支架供液系统存在两个问题一直没有得到有效解决：一是供液压力不稳定，特别是当液压支架群组动作时，供液压力很难保持稳定，经常出现波动现象；二是供液流量不足，表现为工作面快速推进时，液压支架移架速度赶不上采煤机截割速度。针对上述问题，提出了基于蓄能器的分布式稳压供液系统，蓄能器由巷道集中布置→分布式布置，开发了基于新型传感器的高可靠性推移千斤顶。试验表明，液压缸动作速度提高20%以上，液压缸动作速重复精度±2 cm，分布式稳压系统能够实现快速、精准移架。

图2-16 焊缝开裂示意

① FBG1/1550.83 nm
② FBG2/1552.58 nm
③ FBG3/1549.75 nm
④ FBG4/1558.7 nm
⑤ FBG5/1556.8 nm

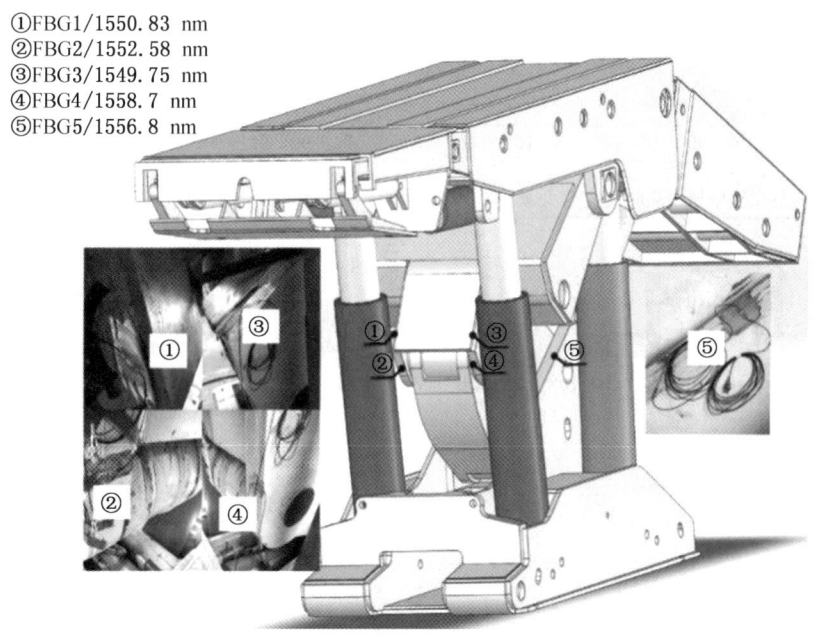

图2-17 焊缝位移变化检测光纤布置位置示意图

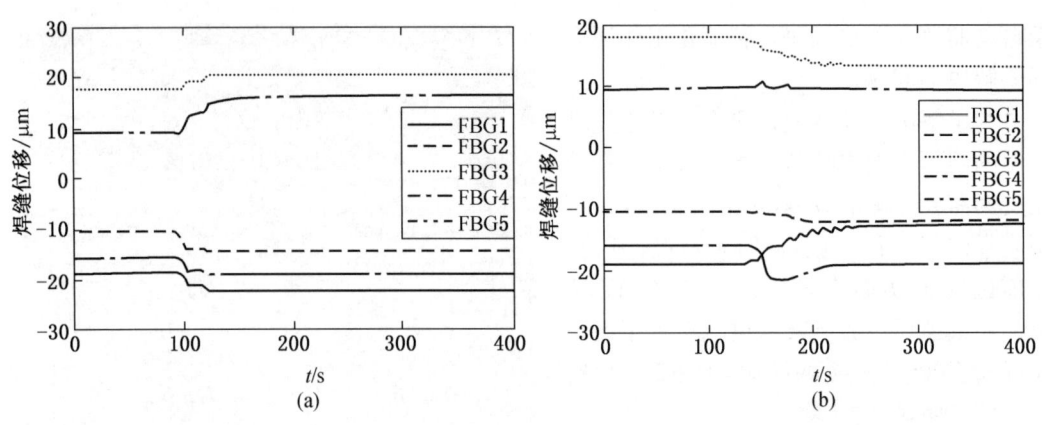

图 2-18 液压支架承载时焊缝位移

图 2-19a、图 2-19b 分别为没有蓄能器和使用蓄能器时液压系统中压力变化曲线。由图可知，没有蓄能器时，油缸平均推出速度为 78.38 mm/s，平均缩回速度为 67.11 mm/s；有蓄能器时，油缸平均推出速度为 69.31 mm/s，平均缩回速度为 62.35 mm/s。油缸推移的平均速度提高了 8%~10%；非饱和状态下速度提高 20% 以上。没有蓄能器时，油缸在切换动作时，如图 2-19a 中虚线框处，液压系统中有明显的液压震荡现象。增加了蓄能器后，油缸在切换动作时，液压系统动作相对平衡，没有出现显著的液压震荡。说明油缸切换运动时，蓄能器能够有效降低液压系统波动，提高液压系统稳定性，让油缸压力保持相对平稳。

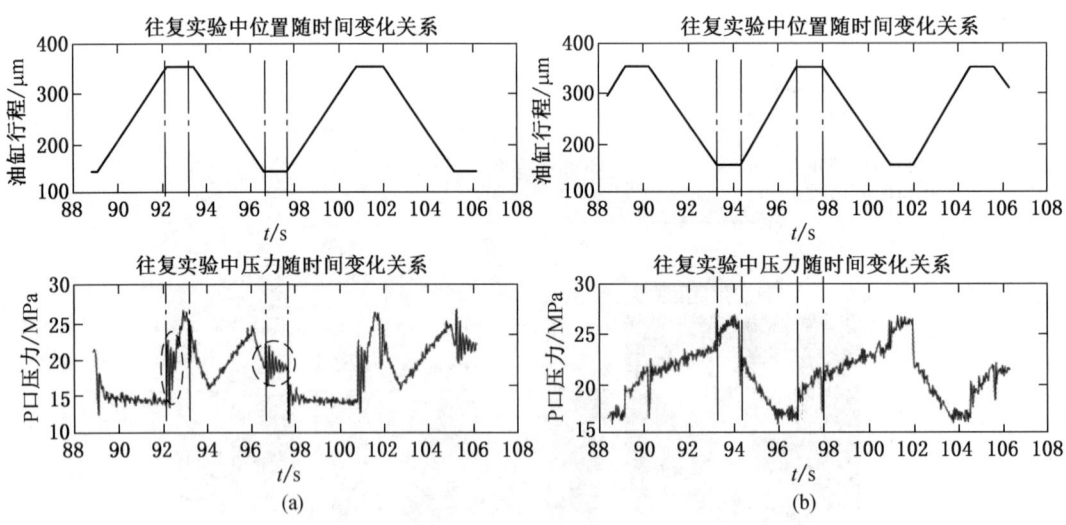

图 2-19 蓄能器对支架液压系统的影响

6. 工作面智能控制系统

智能化开采的显著特点是工作面系统与装备具有智能感知、智能控制、智能决策三个智能化要素（图 2-20a）。在这三个智能化要素中，智能感知发展较充分，形成基于视频监控智能感知的可视化远程干预智能开采；智能控制也有一定发展，形成基于 LASC 工作面直线度智能控制。相对来说，智能决策发展相对滞后，考虑到基于神经网络的深度学习机理仍不清晰，现阶段切实可行的方法基于工作面采、支、运设备智能感知信息，研究综采设备数据协同与共享交换机制，研发工作面智能化协同控制系统，研究割煤、运煤、移架协同联动机制，实现采煤机、液压支架、刮板输送机协同联动、自动运行，达到智能决策效果。

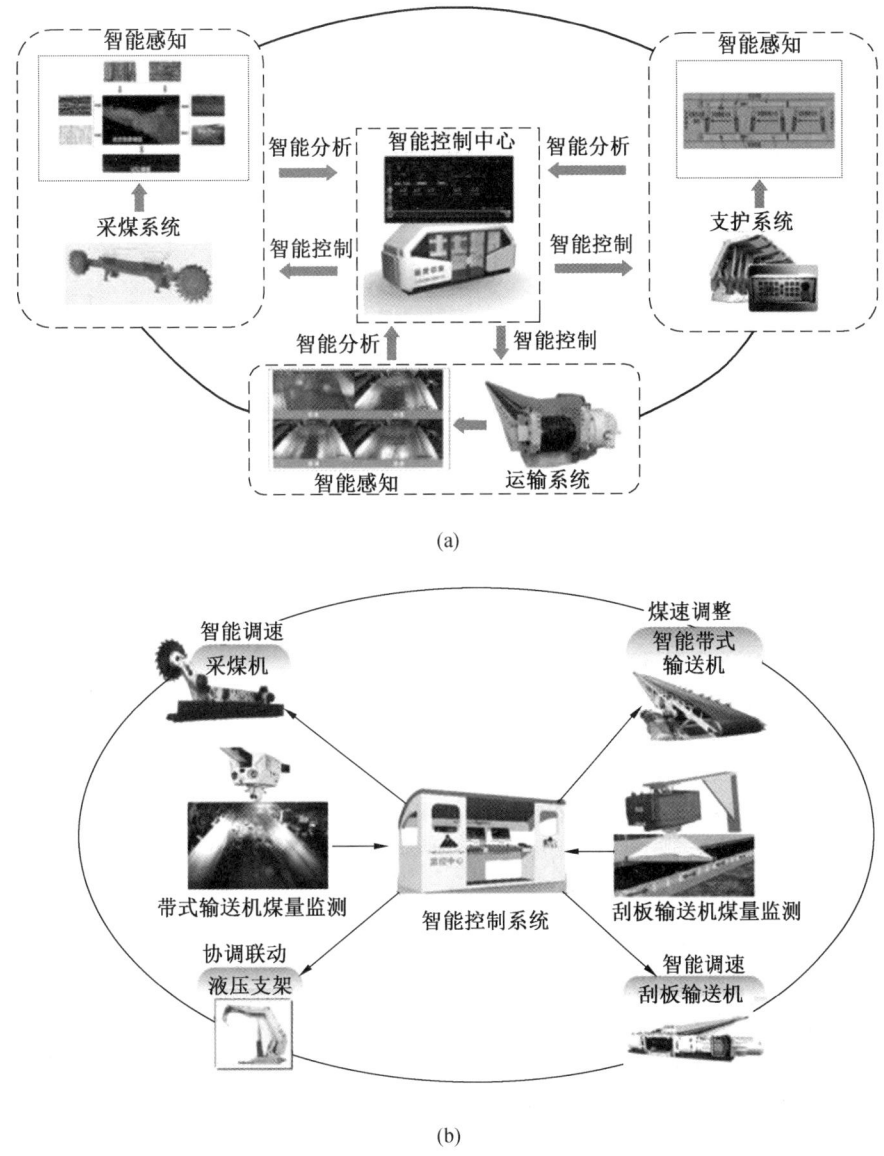

图 2-20 智能化三要素及智能决策系统示意

为此，建立图 2-20b 所示智能控制系统，基于煤流感知的工作面智能决策机制，利用煤量智能监测结果，结合刮板机电流和转矩监测数据，分析前后部刮板输送机煤流量，实时调整采煤机割煤速度、液压支架放顶速度和前后部刮板输送机运煤速度，实现割煤、放煤、运煤协调联动。

7. 智能供液系统

智能型集成供液系统除了具备基本的供液功能外（图2-21），通过将电磁卸载控制、乳化液泵站变频与电磁卸载智能联动控制，结合多级过滤、自动补液、乳化液自动配比、信息自动上传等技术，满足恒压供液、流量调节、故障诊断、爆管保护和远程控制等智能供液要求。

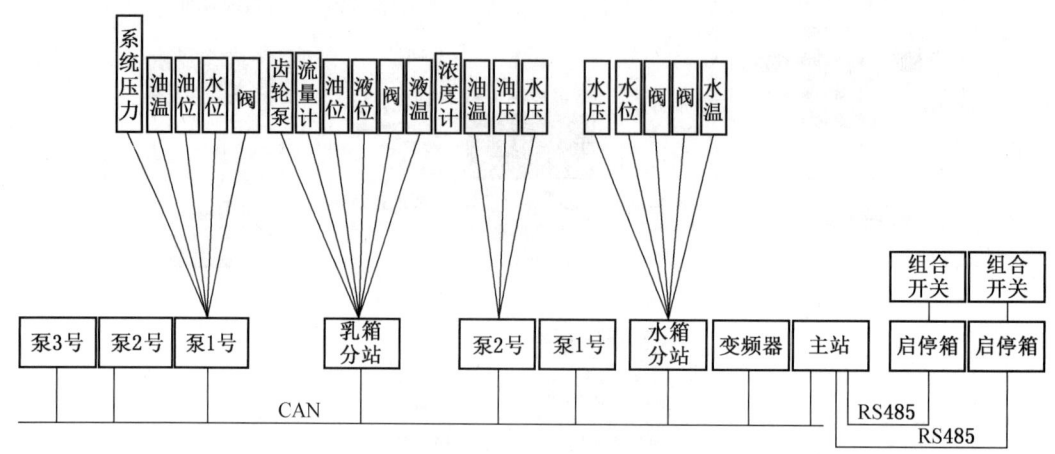

图2-21 普通乳化液供液系统

建设变频泵站系统，基于PID算法控制变频器，基于自动变频调速，实现恒压供液，自动安排各泵作息时间，让各泵均衡磨损；通过大数据存储分析，预判设备故障，实现设备故障自诊断；自动进行压力监测，当压力将超过设定值时，紧急停车并报警。图2-22所示为三泵二箱乳化液泵站1路变频2路工频组合控制系统，由4个乳化泵（3变频1工频控制）、2个乳化箱+1个喷雾泵（工频控制）、1个清水箱和控制台组成，乳化泵采用1个工频是利用工频响应快的特点，快速响应供液，结合变频自动调节特点，实现自动调速、节能运行。

2.1.1.3 运输装备智能化发展现状

1. 基于煤流监测自动调速

刮板输送机上方安装激光雷达（图2-23），通过面积扫描，结合链速和运行时间计算煤流体积，以检散煤比重估算刮板输送机原煤重量，用于检测刮板输送机煤流量。采煤机根据煤流量数据自动调整割煤速度，刮板输送机根据煤流量通过变频调速自动调速。

装煤量预测计算：基于传感器采集、数据交据的多源信息，根据特定的数学模型和权重算法，预测刮板输送机未来某一时刻装煤量，结合AI视频煤量检测（图2-24），实现刮板输送机煤量自动检测。

为了减小刮板输送机启动和运行过程中对电网和设备的冲击作用，刮板输送机采取分段同步启动。①启动准备：刮板输送机的机头、机尾变频器同时供电，刮板输送机机头、

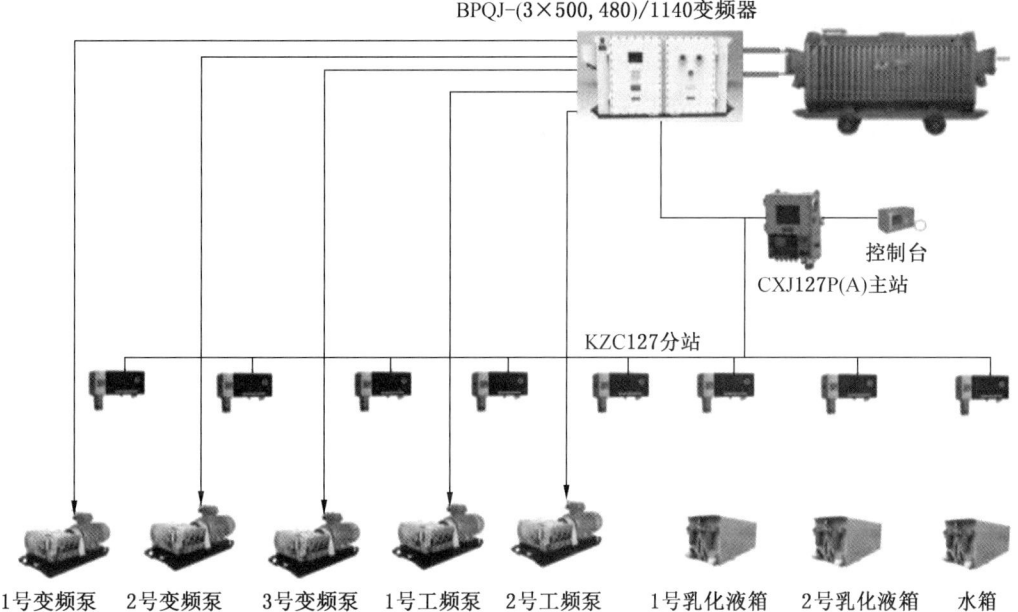

图 2-22 三泵二箱乳化液泵站变频组合控制系统示意图

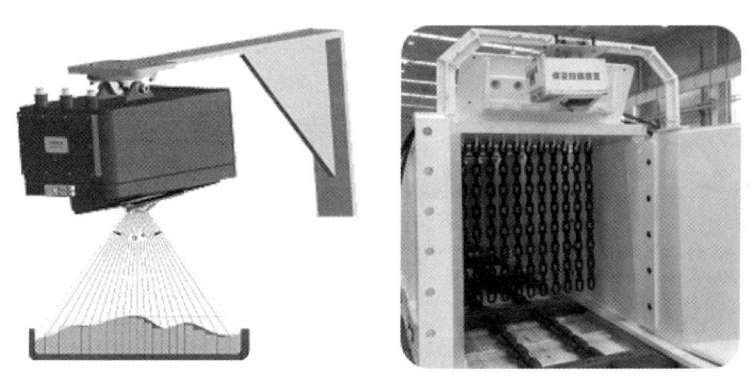

图 2-23 激光扫描煤流量

图 2-24 AI视频煤流检测

机尾电机不转。②启动初期：变频器控制刮板输送机尾部电机低速转动，直至刮板输送机机头部电机判断出机尾部电机载荷变化。③同步软启动：刮板输送机机头变频器控制刮板输送机机头电机旋转速度加速,直至刮板输送机机头、机尾电机同步转速;④启动后:刮板输送机机头、机尾电机同步转速。启动过程中,刮板链下链始终保持张紧状态,上链在机尾处尽量松弛,使下链道不堆链,同时减缓机尾上沿磨损。

为了节能降耗、延长部件使用寿命,建立了刮板输送机电机运行电流为主的自动调速方法,实现固定区间、分级分挡智能调速。通过一级空载(低功率耗检修模式)、四级带载(非线性)的五挡四级调速方案(表2-1),进行刮板输送机智能调速。

表2-1 基于刮板输送机电流的智能调速方案

名称	1级调速	2级调速	3级调速	4级调速	备注
电流 I	$I<0.4I_N$	$0.4I_N \leq I<0.6I_N$	$0.6I_N \leq I<0.8I_N$	$I \leq 0.4I_N$	I_N 额定电流
转速 n	$n=n_N/2$	$n=2n_N/3$	$n=3n_N/4$	$n=n_N$	n_N 额定链速

2. 大块煤连续破碎

受开采扰动影响,大采高工作面片帮时极易生产大块煤,最大煤块宽度可达2 m、长度达到5~6 m,极易引发输送机溜槽压死、机头部位严重堵塞,严重影响生产效率。为了解决大块煤人工处理难题,研制了图2-25所示刮板输送机齿辊式大块煤连续破碎装置。图2-25a所示为破碎装置在高位状态,图2-25b所示为破碎装置在低位状态,图2-25c所示为破碎装置实物照片。

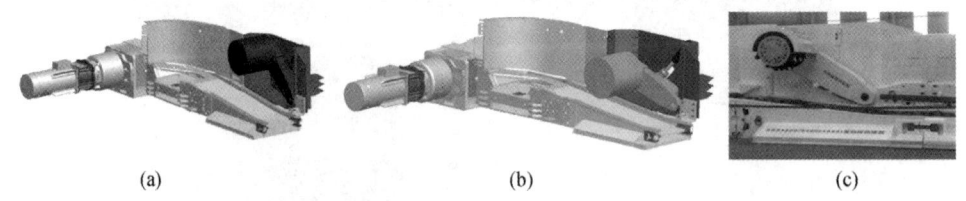

(a) (b) (c)

图2-25 大块煤破碎装置

破碎滚筒旋转方向与煤流前进方向一致,由破碎机旋转辊冲击实现大块煤预破碎,破碎辊宽度为槽宽的65%,利于大块煤的破碎及煤流通过。采用乳化液油缸进行位置调节,破碎高度可调节,启停、调高在巷道集控中心进行操作,具有无线/有线双线操作功能,解决了大块煤在机头的堵塞问题,确保了刮板输送机连续运行。

3. 综合防护措施

为了监测刮板输送机实际运行状态,在电机的轴承和绕组上布置了温度传感器,在减速器上设置了油温和油位传感器、油质分析传感器、轴承振动传感器、输入和输出轴温度传感器,在链轮轴承布置温度传感器,通过压力、流量和温度传感器实现冷却水的压力、流量和温度自动监测,同时通过相关控制装置实现伸缩机尾和破碎装置自动控制。减速器振动监测曲线如图2-26所示。

在转载机上布置安全闭锁保护装置,利用红外传感器矩阵感知温度变化、形状识别以减少误判,通过红外矩阵构成的电子围栏,结合人员定位系统,实现危险区域识别。

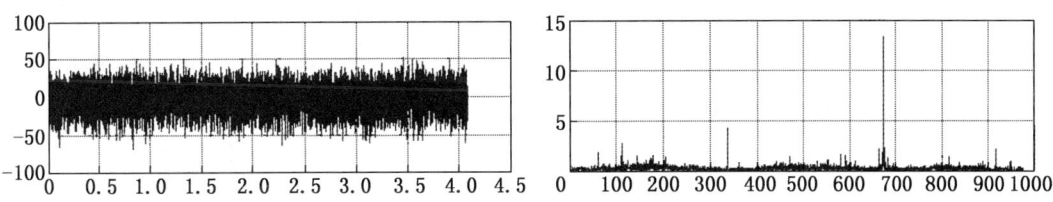

图 2-26 减速器振动监测曲线

4. 链条保护

建立基于功率协调的链条保护措施,要求尾部电机保持比头部电机转速快的趋势,但尾部电机不可拖动头部电机;头部电机拉动上部刮板链和物料,尾部电机仅拉动下部刮板链。避免头部和尾部电机同时对某一位置叠加做功,造成刮板链拉断或拉伸变形。构建链条"冲击"限制原则:小加速度时电机扭矩输出限制高,大加速度时电机扭矩输出限制低。建立松链保护与启停系统联动机制,长停车时松链,工作时紧链;避免链条因长期"绷紧"而失效。进行断链保护,基于刮板输送机断链保护监测系统,通过被动式接近传感器或基于时序的应答时遮断传感器,实时监测链条使用情况,用于检测单链断裂情况。

5. 智能润滑系统

智能润滑系统由动力系统、储油装置、分配器、气路电磁阀、流量调节阀、气动泵、针阀等元部件组成(图 2-27),以井下气源作为动力源,通过电磁阀控制气动泵运行,递进式油量分配器通过状态指针显示,采用双线控制(程控+人工)方法,实现多点、定时、定量设备智能润滑。现场测算表明,系统运行 5~10 s 即可满足设备工作 4 h 润滑需求。

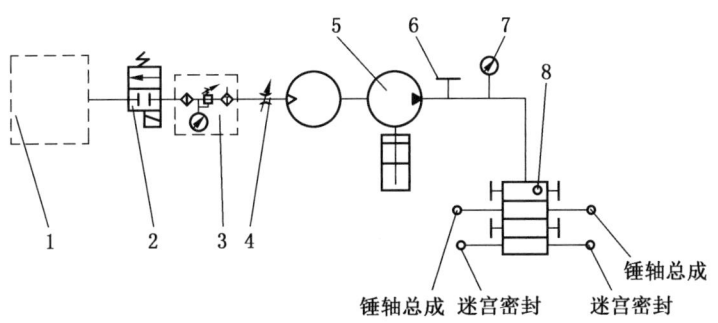

1—控制系统;2—气路电磁阀;3—气动三联件;4—流量调节阀;
5—气动泵;6—针阀;7—压力表;8—分配器

图 2-27 智能润滑系统原理

6. 电缆槽线缆智能联动系统

为了布置采煤机电缆自动拖拽装置,在刮板输送机上布置了电缆驱动部,由控制系统决定驱动链行走方向,通过驱动部驱动链条拖动电缆跟随采煤机运行前移,解决采煤机电缆自动拖拽问题。电缆拖拽装置实物照片如图 2-28 所示。

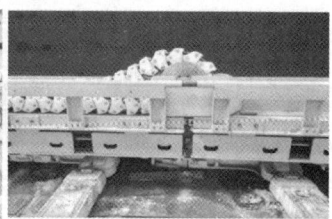

图 2-28 电缆拖拽装置实物照片

2.1.2 掘进装备智能化发展现状

2.1.2.1 掘进截割智能化发展现状

按照工作机构能否实现全断面一次成形，将掘进截割系统分为部分断面截割设备和全断面截割设备两大类。

1. 部分断面巷道截割系统

部分断面巷道截割系统一般采用悬臂式工作机构，一次只能截割巷道断面的一部分，必须对截割系统工作机构运动轨迹进行控制，才能形成所需的断面形状。悬臂式截割系统种类较多，按照截割头布置方式的不同，主要分为纵轴式截割系统和横轴式截割系统两大类。

（1）纵轴式截割系统。纵轴式截割系统的截割头旋转轴线与悬臂轴线同轴，可以截割硬度系数 f 大于 7 的岩石。纵轴式截割系统的特点是可以掘进任何断面形状，缺点是控制过程相对复杂。根据纵轴数量的不同，将其分为单纵轴式与双纵轴式截割两种类型。其中，单纵轴式截割子系统应用较为广泛。双纵轴式截割系统多应用于断面宽度较大，或是要求掘进机不移机就能完成整个断面的截割任务。纵轴式掘进机外形结构如图 2-29 所示。

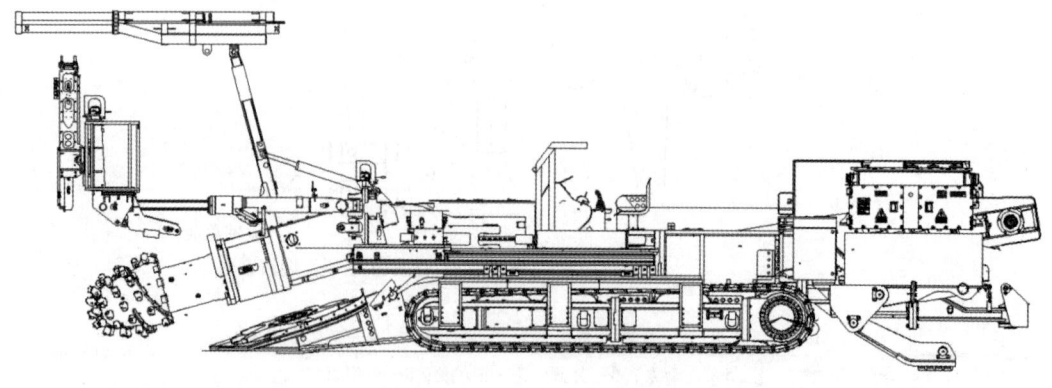

图 2-29 纵轴式掘进机外形结构

（2）横轴式截割系统。横轴式截割系统的截割头旋转轴线垂直于悬臂轴线。横轴式截割系统的特点是截齿布置合理，排屑方便，破碎煤岩省力，缺点是巷道条件有一定要求。根据断面成形方式的不同，将其分为全宽横轴式截割和短横轴截割两种类型。其中，全宽横轴式截割系统，一般用于截割硬度系数 f 不高于 4 的岩石，主要用于矩形巷道，特点是控制相对简单,成形质量好。短横轴截割系统可用于截割硬度系数 f 达到 7 的岩石。横轴式掘进机外形结构如图 2-30 所示。

图 2-30 横轴式掘进机外形结构

2. 全断面巷道截割系统

全断面巷道截割系统有圆形、矩形和异形三种类型。该种截齿方式在铁路隧道工程、城市地下空间等领域早已应用,取得了一定的成就。但在煤炭行业,由于地质条件复杂、巷道使用时间有限、巷道走向长度受限、设备造价过高等因素,目前还处在研发试用阶段。

(1) 圆形全断面截割系统。圆形全断面截割系统必须配置与其相匹配的滚刀(图 2-31),通过滚刀、刀盘、刀盘支撑装置及刀盘旋转驱动,实现巷道定形截割。山东能源新巨龙煤矿使用圆形全断面截割全断面掘进机(TBM)开挖直径 6.33 m 圆形断面巷道。国内目前已研制出大倾角矿用盾构机,可开挖直径 4.88 m 断面巷道,最大适应坡度为 ±19°。

(2) 矩形全断面截割系统。矩形全断面截割系统一般采用复合层次组合式刀盘(图 2-32),在不同刀盘安装不同的截齿(镐形齿、扁形齿),通过截割头的多刀盘的复合运动,实现巷道的仿形截割。矩形全断面截割系统可防止围岩坍塌,提供更安全的空间,有效避免由于爆破引发的安全事故。矩形全断面截割系统在神东煤炭集团实现了 6 h 破 30 m 大关的成绩。

图 2-31 圆形断面盾构成套装备　　图 2-32 矩形断面盾构成套装备

2.1.2.2 钻锚系统智能化发展现状

1. 自动钻锚系统

自动钻进技术:采用限位传感器、压力传感器等作为钻锚系统的锚杆钻机位置与扭矩反馈装置，通过控制液压系统实现钻机匀速钻孔、自动进钻和自动退钻。通过操作人员与钻机的协同作业，实现钻杆与锚杆的切换，减少人员作业强度，提高钻进效率。

自动锚固技术：锚杆钻机将药卷、锚杆等锚固材料自动安装到钻孔中，通过药卷搅拌预设程序，实现药卷搅拌、停留凝固等工作；通过锚杆预紧扭矩控制装置实现锚固垫片的自动预紧。

根据临时支护方式的不同，将掘进机钻锚系统分为开放式掘锚机组钻锚系统和护盾式掘进机组钻锚系统。

2. 开放式掘锚机组钻锚系统

开放式掘锚机组钻锚系统由履带式行走机构、钻锚平台、锚杆钻机和锚索钻机组成，具体结构如图2-33所示。钻锚系统采用5工位的顶、帮锚杆和锚索布置，可同时进行12个锚杆（索）作业，4个帮锚杆高度可调节，且确保每个帮锚杆都是垂直煤层面施工。该机组的特点是顶、帮锚杆和锚索可实现掘锚并行作业，截割作业和锚护作业各自独立工作，互不影响，大幅提高掘进作业效率。

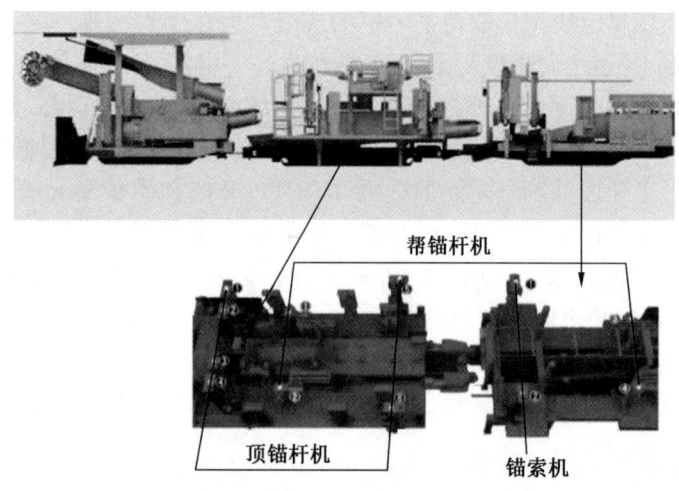

图2-33 开放式掘锚机组钻锚系统组成

3. 护盾式掘进机组钻锚系统

如图2-34所示，护盾式掘进机组钻锚系统采用龙门式框架式结构。图中所示为2排7钻，其中，第1排有4台钻机，第2排有3台钻机。掘进过程中，能够实现掘锚并行作业，通过多部钻机的协同控制，完成巷道锚杆、锚索的钻锚工作。护盾式掘进机组能够实现运网、布网和钻锚高效作业，与掘进平行作业，提高钻锚效率，并且具有一定的护帮能力。

2.1.2.3 锚网自动布放系统发展现状

煤矿巷道支护过程中所用锚网种类较多，锚网布放及支护难度较大，目前大多数掘进工作面多采用人工布放锚网（图2-35）。其通过人工上网、机械顶网、人机协同完成布网作业。近年来，为配合巷道快掘系统，开始研制锚网自动布放装备。

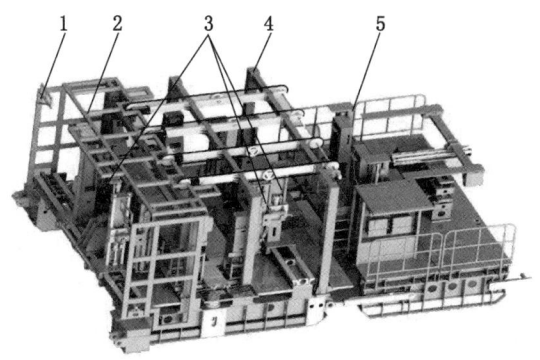

1—护帮机构；2—顶网机构；3—多自由钻机；4—龙门框架；5—锚网运输机器人

图2-34 护盾式掘锚机钻锚装备

图2-35 人工布放锚网的掘进装备

锚网自动布放系统由锚网机械手、锚网运输机构、展网装置、顶网机构和锚网库等设备组成（图2-36），能够完成自动取网、运网、布网和顶网等操作。锚网机械手具有上下、前后、左右移动功能，能够灵活、方便地从前后锚网库中铲取锚网；链式锚网运输机

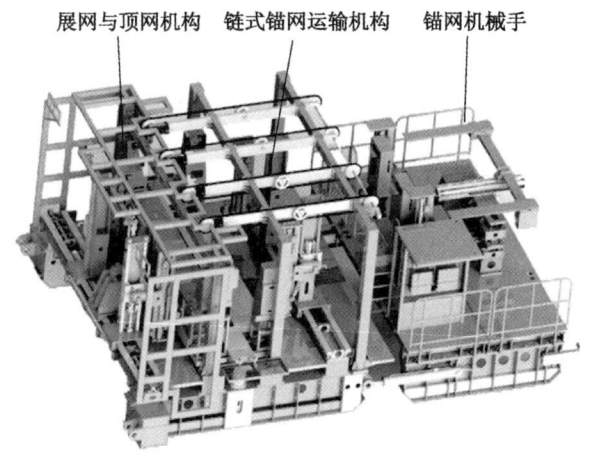

图2-36 自动布放锚网的快速掘进装备

构集成于自动布放锚网子系统框架之上,展网和顶网机构集成于网架之上,能够按照预定的程序,准确、快速地自动送网、展网和顶网。

2.1.2.4 配套运输系统发展现状

1. 掘进配套运输系统分类

掘进机配套运输系统能够及时将截割后的煤岩顺利装运到主运系统中,主要由刮板输送机、转载机、带式输送机和自移机尾等设备组成。根据配套方式的不同,主要分为下述三种典型形式。

(1) 一运+二运+主运。掘进机截落的煤岩由铲板进行收集装载,通过一运(掘进机上的刮板输送机),再经二运带式输送机传送到主运带式输送机上,实现煤岩运输。

(2) 一运+桥式转载机+主运。掘进机截落的煤岩在由铲板进行收集后,由一运传送至桥式转载机上(图2-37),再传送到主运带式输送机上,完成煤岩运输。

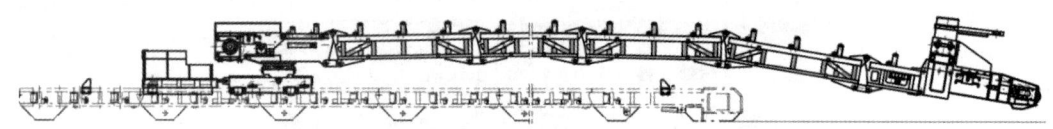

图 2-37 桥式转载机

(3) 一运+轮式转载机+主运。这种配套运输方式类似,主要区别是所用的转载机为轮式转载机(可弯曲带式输送机),而非桥式转载机。与桥式转载机相比,轮式转载机(图2-38)具有弯曲运输功能,对巷道底板的起伏变化有很好的适应性,还可满足系统变向掘进联巷、开切眼等功能要求。

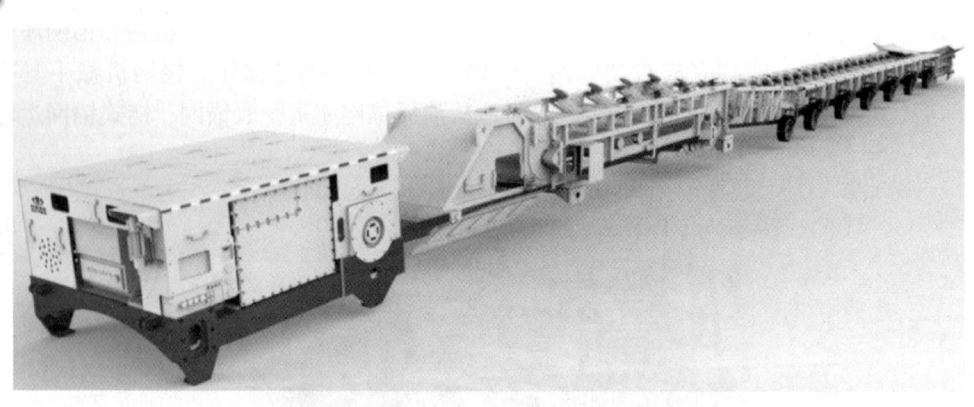

图 2-38 轮式转载机(可弯曲带式输送机)

2. 配套运输系统智能控制

(1) 智能调速控制。快速掘进过程中,运输系统需要频繁重载快速启动,为了降低运输系统工作过程中的冲击,减少运输系统能耗和磨损,延长其使用寿命,要求能够根据煤量自动调速功能。为此,需要根据不同工况特点,对刮板输送机和带式输送机的工作性能进行分析,制定合理的智能调速方案,实时自动调速。

(2) 远程状态监控。为了保证运输系统的可靠运行，需要对运输系统进行实时远程监控。实时监测运输系统电机转速、减速器轴温、输送链（或输送带）的张力等工作参数，与整个大系统的监控系统互联，保障快速掘进系统安全可靠运行。

(3) 安全综合防护。为了解决煤岩运输过程中，由于瞬时过载、堵塞而导致刮板输送机或带式输送机的电机、链条、皮带等出现故障，需要设置安全运行保护装置，在刮板输送机或带式输送机出现故障时，进行安全保护，以保证运输子系统正常运行。另外，在煤岩运输和设备移动过程中，需要进行对工作人员和运动煤流进行隔离，避免因工作人员误入转载机溜槽内而造成危险。

(4) 智能协同控制。通过运输系统各设备的启动顺序、停机顺序、故障应急处理、刮板链及输送带的保护动作，实现运输系统各个部分的协同控制。

2.1.2.5 通风除尘系统

掘进工作面经常截割岩石，掘进头粉尘较大，必须要进行通风、除尘系统建设。目前，掘进工作面除尘方式主要有湿式除尘和干式除尘两种类型。湿式除尘分为纯水除尘和泡沫除尘两种方式；干式除尘可分为压入式、抽出式和压抽混合式三种类型。

1. 基本设备

通风设备主要分为通风机和除尘风机。其中，根据通风方式不同，分为压风式和抽风式；根据工作频率不同，又可分为定频式和变频式；根据用途不同，分为主通风机和局部通风机。主通风机（又称主扇）主要向井下输送新鲜空气，流量、压力较大；根据气体流动方向不同，分为离心式、轴流式、斜流式和横流式等类型。局部通风机（又称局扇）用于矿井工作面的通风，流量、压力较小。

除尘风机主要有离心式和轴流式两种类型。离心式风机的特点是压头高，噪声较小；轴流式风机压力较低，噪声较高，但体积较小、安装方便。工作原理是风机打开后，含尘空气从尘源经吸尘罩、风管、进风口进入箱体，因气流突然扩张，流速骤然降低，大粒径粉末在其自重的作用下从含尘空气中分离而沉降至盛灰抽屉中，其余尘粒由于滤芯的筛滤、碰撞、钩挂、静电等作用，被滞留于滤芯外壁，净化后的空气由风机经出口排出。

2. 智能控制

(1) 智能除尘体系构建。要实现智能除尘，首先需要井下巷道通风参数进行智能感知，然后构建数据驱动的矿井通风网络，实现整个巷道通风除尘子系统的联动分析与智能决策。

(2) 风机变频调速。通风除尘子系统主要由通风机、除尘风机、变频调速控制箱以及相关传感器组成。变频调速控制箱主要是对风机转速进行控制。在控制箱加入对粉尘和瓦斯浓度智能监测装置，当现场工作面瓦斯浓度或粉尘浓度超出规定时，停机预警。

(3) 通风除尘设备运行状态远程监控。远程主要监控包括风压、温度、电流以及电压、开关信号、启停开关、风门开关、电柜接口信号及电机热保护开关等内容。要求能够远程有效地控制通风除尘系统的运行，自动调整风量大小，为通风除尘系统安全运行提供保障。

2.1.2.6 智能导航系统

按照行走形式不同，掘进系统可分为开放履带式掘进系统和护盾推移式掘进系统。由于煤矿井下没有GPS和北斗定位系统，如何实现掘进系统的精确定位定向，是巷道掘进过程的一个难题。下面介绍两种掘进系统的智能导航控制方法。

1. 开放履带式掘进系统智能导航控制

如图2-39所示，开放履带式掘进系统智能导航控制系统主要包括工业相机、平行激光指向仪、捷联惯导、数字全站、掘进系统控制器和防爆计算机，采用惯导、视觉和数字全站仪组合定位方法，进行掘进系统的机身位姿检测定位。

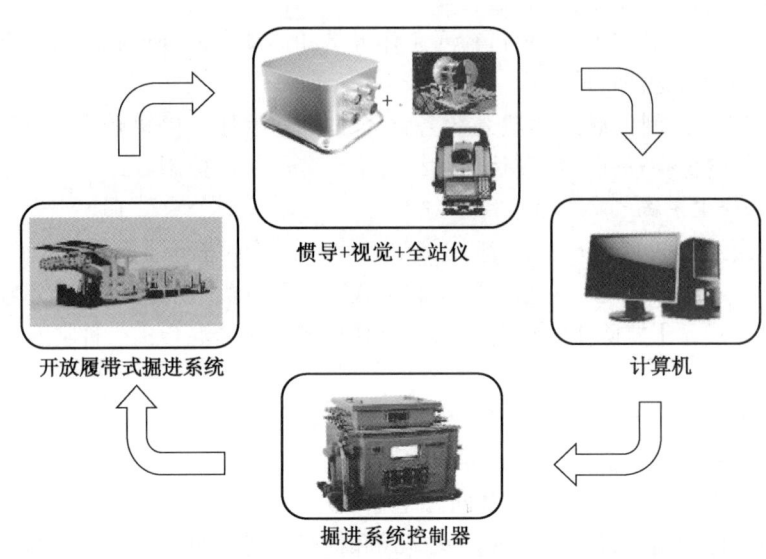

图2-39 开放履带式掘进装备导航控制系统

开放履带式掘进系统智能导航控制原理如图2-40所示，通过惯导、视觉和数字全站仪组合定位方法检测掘进系统位姿偏差，并通过神经网络PID或模糊PID控制等智能控制算法驱动掘进系统履带行走部，从而实现掘进系统智能导航控制。

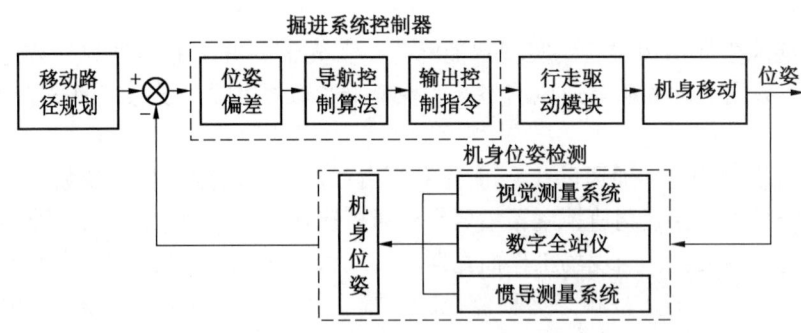

图2-40 履带式掘进系统智能导航控制原理

2. 护盾推移式掘进系统智能导航控制方法

护盾推移式掘进系统采用惯导、油缸行程传感器和数字全站仪组合定位方法检测掘进系统的机身位姿，其导航控制系统如图2-41所示，主要由捷联惯导、油缸行程传感器、数字全站、掘进系统控制器和防爆计算机等设备组成。

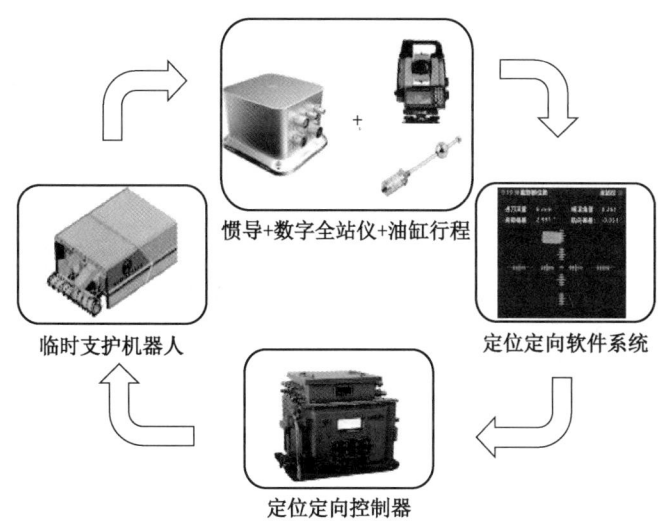

图 2-41 护盾推移式掘进装备导航控制系统

护盾推移式掘进系统智能导航控制原理如图 2-42 所示，系统通过惯导、油缸行程传感器和数字全站仪组合定位方法检测掘进系统位姿偏差，并通过神经网络 PID 等智能导航控制算法驱动掘进系统行走部，从而实现护盾式掘进系统智能导航控制。

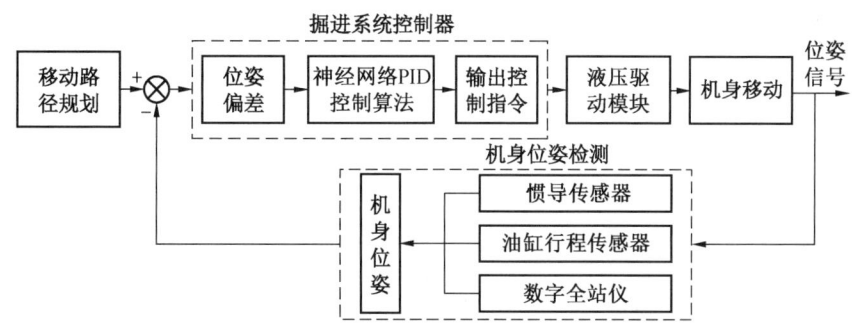

图 2-42 护盾推移式掘进系统智能导航控制原理

2.1.2.7 智能监控与安全预警系统

1. 设备故障预警技术

针对掘进工作面装备工况复杂、故障源多等特点，利用振动、温度、压力、流量、液位、电流、位姿等传感器实时监测掘进装备的运行状态，并通过多传感器数据融合的掘进系统关键部件的故障诊断和预警方法，实现设备故障预警。

2. 环境安全预警技术

根据煤矿安全规程要求，如图 2-43 所示，快速掘进成套装备上布置有瓦斯浓度、氧气浓度、一氧化碳浓度、二氧化碳浓度、风量、温度、湿度等传感器，实时监测井下掘进工作面的环境参数，并对采集的环境信息进行实时处理和环境信息预测，从而实现掘进工作面的环境安全预警。

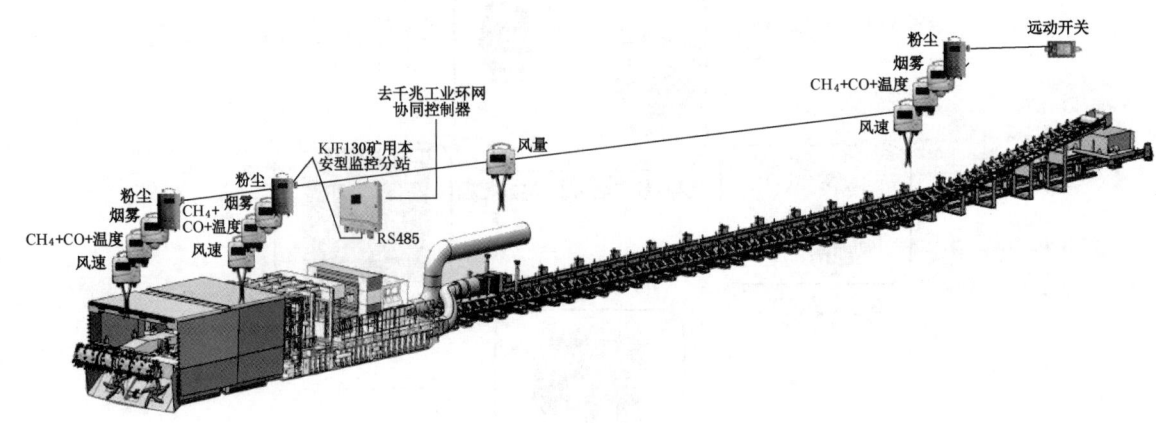

图 2-43　掘进成套装备环境传感器布置

3. 人员安全预警

目前，煤矿井下人员定位技术有了较大的发展，先进的人员定位技术主要为 UWB 的无线定位技术，快速掘进成套装备人员定位系统如图 2-44 所示。为了确保掘进工作面人员安全，掘锚过程中一旦发现截割滚筒和锚杆钻机等关键部位有人员存在，立即发出报警提示，并且能对设备进行人员安全闭锁。

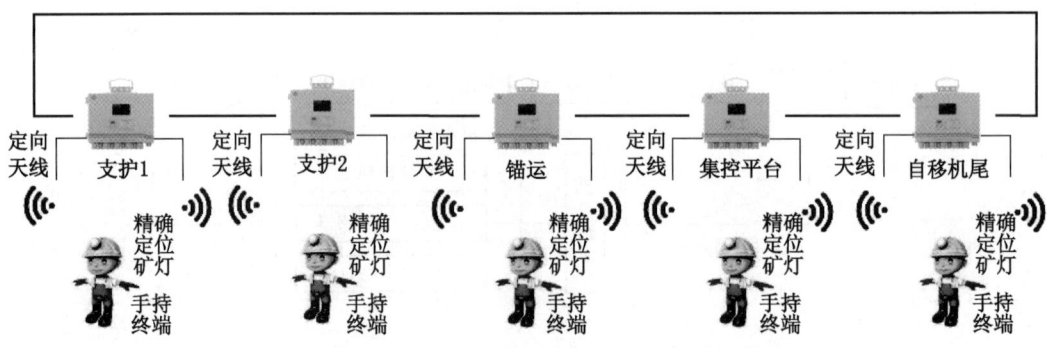

图 2-44　快速掘进成套装备人员定位系统

4. 远程视频监控技术

将远程视频监控技术引入快速掘进成套装备，可以实现掘进装备远程视频监控，快速掘进成套装备的远程视频监控系统如图 2-45 所示。

2.1.3　运输装备智能化发展现状

2.1.3.1　主煤流运输设备智能化发展现状

目前主煤流运输系统单机自动化水平相对完善，主要解决主煤流系统中带式输送机多机协同联动、运行工况检测及故障智能预警、基于 AI 煤量智能识别、人员违规作业智能

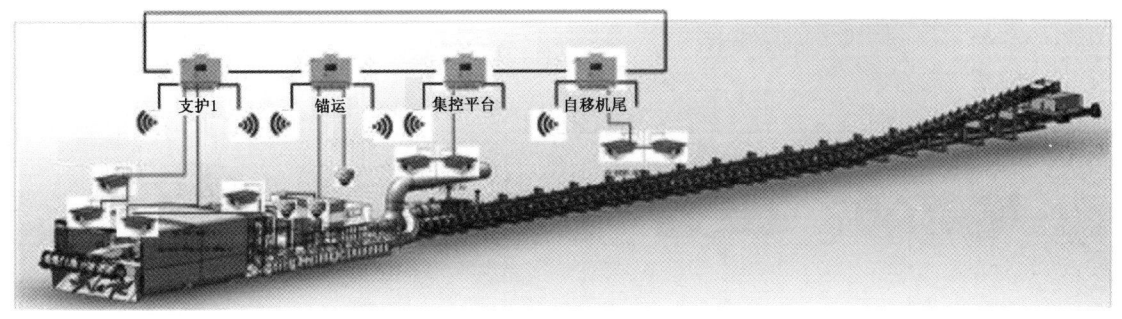

图 2-45 快速掘进成套装备远程视频监控系统

监测、大块煤/堆煤/异物识别与预警等智能巡检功能,实现带式输送机"无人值守"智能运输。

1. 煤量智能感知

煤量监测装置一般由煤量检测仪和中转箱组成。煤量检测仪负责实时监控输送带上的煤流高度,中转箱进行数据处理与上传。在输送机上方设置煤量检测装置(图 2-46),定期给输送带发送和接收激光脉冲,比较激光脉冲发射和接收的时间差,得出各测量点的高度 d_i,得出煤流形状,求解采样时刻单位角度面积 ΔA_i,累积求和得皮带无煤流时扫描断面 $A_空$ 和有煤流时扫描断面 $A_料$,二者的差值便是扫描时刻煤流断面的面积。

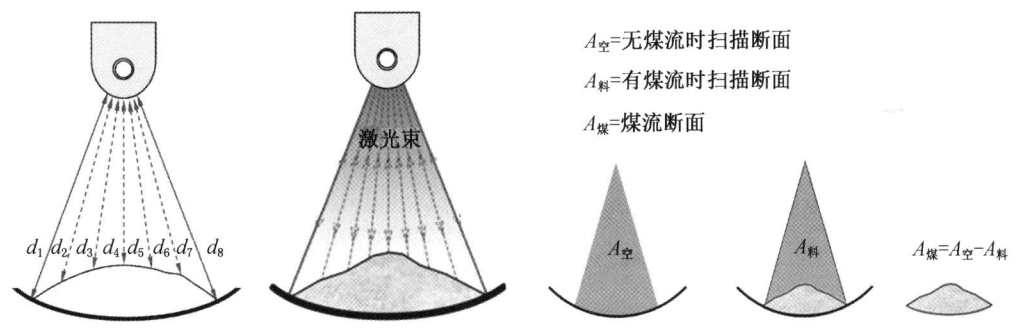

图 2-46 激光扫描仪智能煤流感知原理

2. 基于机器视觉的特征信息识别

如图 2-47 所示,基于机器视觉的特征信息识别的基本原理是以算法训练平台为图像训练工具,以热成像相机、可见光相机、AI 拾音器为检测工具,通过算法训练平台(AI 开放平台)的分析处理,实现输送带跑偏、空载、卡堵、异物、起火、大块煤矸、托辊异常、输送带坐人等故障检测与报警。

3. 带式输送机运行工况监测

如图 2-48 所示,采用本安型红外热成像摄像仪在线监测驱动电机、减速机轴、带式输送机滚筒、输送带等关键部位的温度;利用接触式定位传感器实时采集皮带位移,定位在运煤流与异物移动情况。通过阻燃信号线传输至隔爆型信号转发器,基于隔爆相机视频

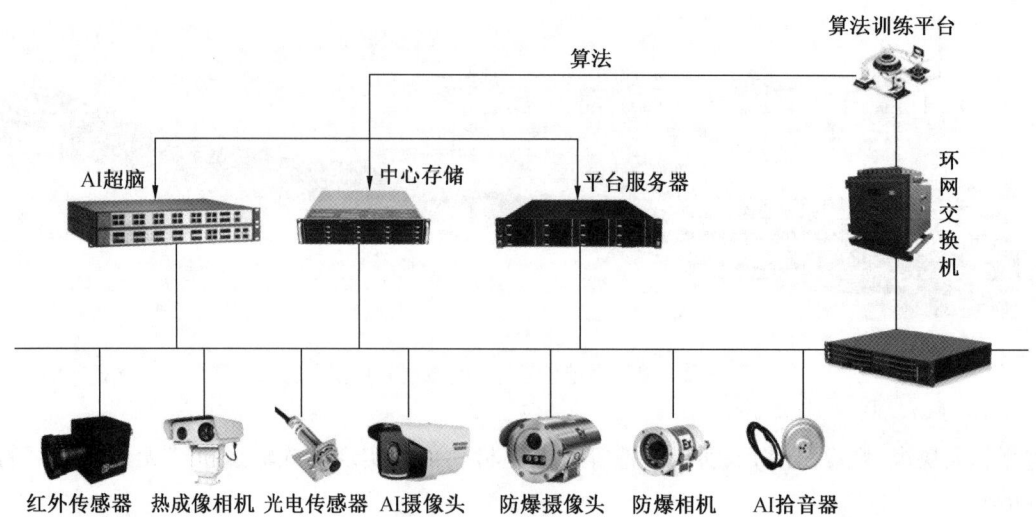

图 2-47　系统拓扑图

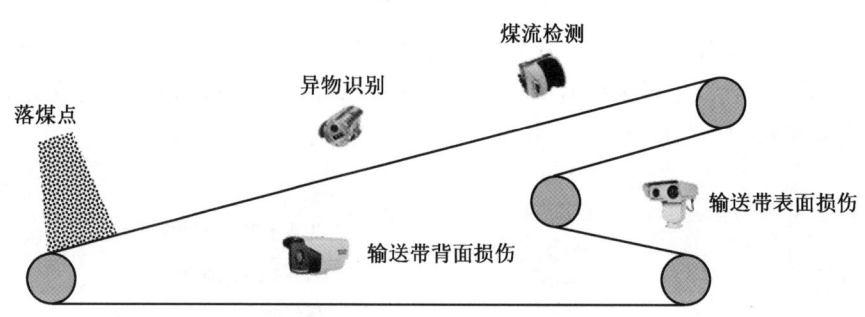

图 2-48　带式输送机运行工况监测示意

和图像信息，结合定位传感器上传信息，实时计算出异物所在位置。

4. 基于煤流信息自主调速

主煤流智能调速控制系统由地面控制中心、井下控制主站及若干控制分站组成（图2-49）。地面控制中心配有工控机、监控软件，负责监控和调度，井下控制分站主要对设备进行控制。首先基于煤量检测装置对主运系统各部带式输送机进行煤量识别，将识别结果传入智能煤流运算中心进行分析计算，然后将计算结果（调速指令、启动方式、启车指令）传递给皮带集控系统，集控系统上位机向PLC或操控器发出控制指令，对各条带式输送机进行启停控制和速度调节，实现主运带式输送机智能调速。图2-50所示为煤流智能调速系统实际运行过程。

5. 主运输智能预警平台

如图2-51所示，煤流主运输智能预警平台由数据采集系统、数据传输系统、数据处理系统和远程运维系统四部分组成。通过实时采集设备运行过程中电流、电压、振动、温度、压力、流量、转矩等状态参数，智能诊断设备可能存在的过流、过压、磨损、过热、润滑、泄漏、配合等故障，综合分析设备故障原因，为远程运维管理提供决策依据。

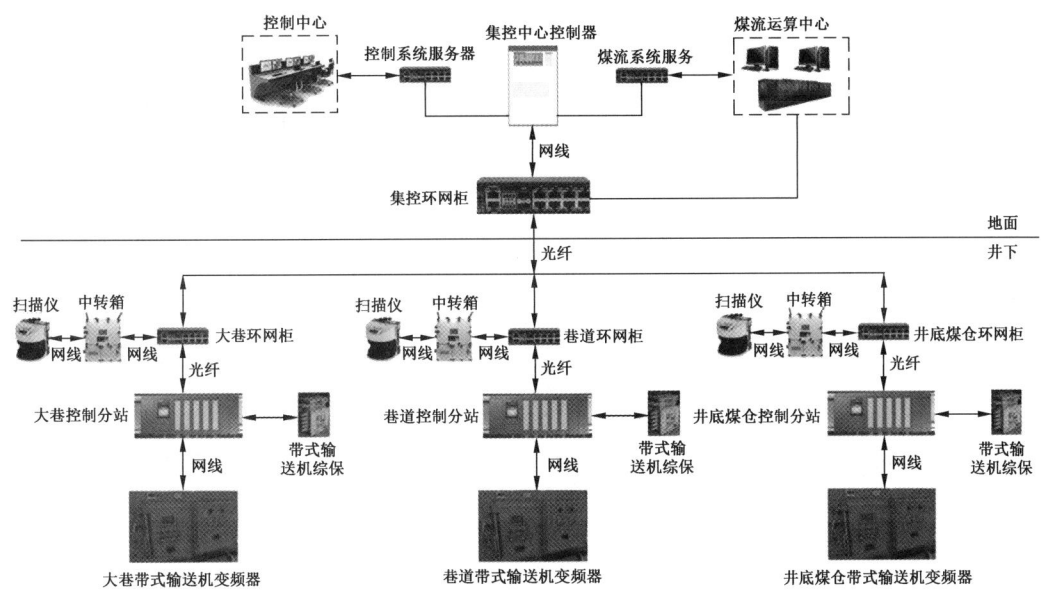

图 2-49 煤流智能调速系统示意

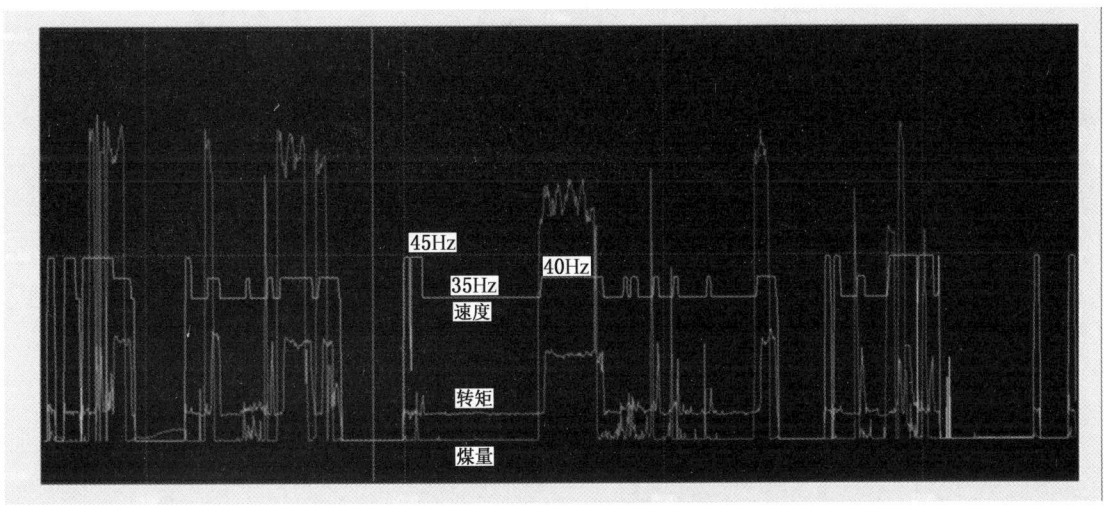

图 2-50 煤流智能调速过程示意

2.1.3.2 辅助运输设备智能化发展现状

矿井辅助运输以车辆精确定位信息为基础,以车载智能终端为核心,辅助井下信号灯控制系统、智能调度系统、语音调度系统和地理信息系统,结合工业电视图像、矿井人员定位信息,进行辅运车辆、作业人员的全程管控和实时调度。

1. 车辆精确定位

目前煤矿多采用 UWB(Ultra Wide-Band,超宽带)定位技术对井下移动目标进行定位,定位精度在 0.3 m 左右。在巷道沿线安装 UWB 定位基站和读卡器,车辆内置有精确定位和导航模块的标识卡和智能车载终端,利用 4G/5G/WiFi 和管道定位技术,实时传递位置信息,通过算法自动检测车辆与定位基站的距离,准确标识车辆位置关系(接近、

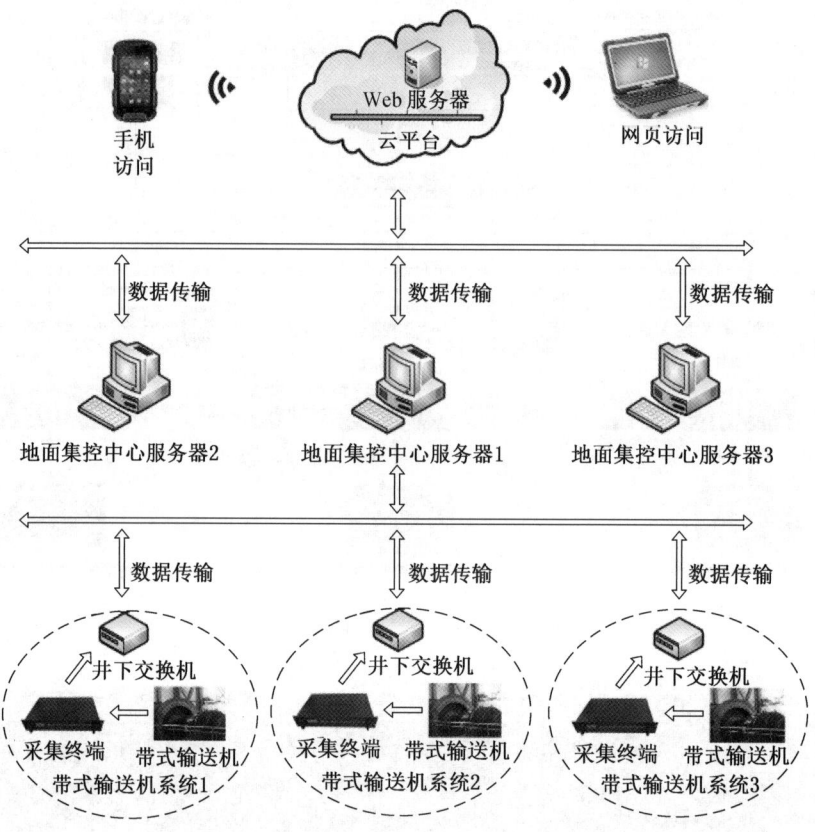

图 2-51 数据采集、运输、分析与展示

越过、远离),实现车辆识别(图 2-52)。井上利用 GPS/北斗定位,井下利用矿井 GIS 地理信息系统展示井下车辆位置信息、分布情况和运行状态,对井下/井上车辆的位置信息进行实时监测。

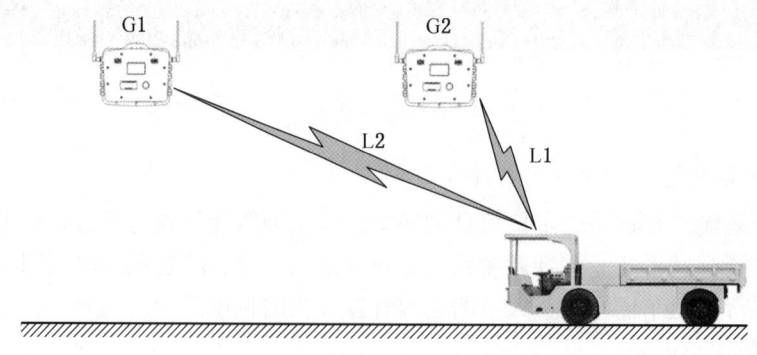

图 2-52 基于 UWB 精确定位原理

当车辆与读卡器的距离发生变化后,区域控制器会实时地将距离信息传送到地面上位机,上位机可实时显示出车辆在井下的具体位置。无轮胶轮车的每辆车即是一个移

动单元，轨道列车则是将整个机车作为一个单元，每辆机车上所配套的设备以机车为单位组网，通过车辆控制器向外界发送或接收通信信息。其系统拓扑结构图如图2-53所示。

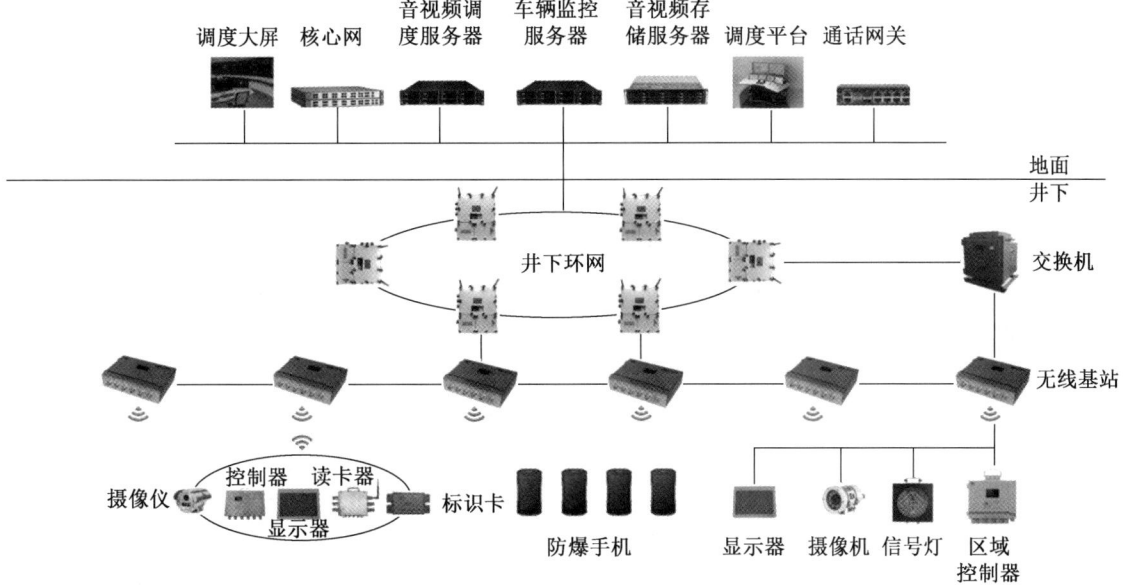

图2-53 车辆精确定位拓扑图

2. 安全距离管理

精确定位系统对车辆及人员进行定位，结合地图信息，生成车辆相对坐标值，根据车辆的坐标信息计算出车辆之间或车辆与行人之间的距离。车辆行驶期间，利用车辆定位和人员定位生产的坐标信息进行安全距离管理。

3. 车辆测速与错车管理

车辆行驶期间，根据精确定位系统，实时测算车辆行驶速度，当车辆超速行驶时，车载终端发出超速报警信息。车辆进入单行巷道前，精确定位系统可根据巷道内是否有车辆，通过智能调度系统决定车辆是否进入单行巷道，同时对单行巷道内车辆进行智能调度，有序协调车辆管理。

4. 无人驾驶

无人驾驶软件界面可实时显示机车具体位置、运行参数、前后视频等信息具有前进、后退、加速、减速、增压、使能、急停、牵停、鸣笛、灯光、起吊、运行等控制模块，调度人员或司机可通过这些按钮实现远程无人驾驶。

5. 智能调度

智能调度系统主要进行车辆监控、指令下达、运输调配、报警管理、应急响应、远程驾驶等功能，进行辅运车辆的全程管控和实时调度。

2.1.3.3 固定场所无人值守

目前矿井变电所、中央水泵房、抽风机和压风机房等固定场所基本实现无人值守。以变电所、井下中央水泵房等固定场所为例，采用智能巡检机器人来进行环境状态感知和设备状态自主监测。智能巡检机器人系统由后台管理系统、轨道系统、供电系统、通信系统、巡检机器人、电机设备健康诊断系统及其他辅助设备组成。机器人采用分布式 WiFi 通信与后台服务器进行信息交互，并可结合实际工作需要增加其他系统配置。

智能巡检机器人通过搭载的拾音器，采集设备运行噪声，自动分析判断电气设备、机电设备等主要设备的异常音频。如图 2-54 所示，图 2-54a 所示为异常声音时域图，图 2-54b 所示为异常声音频谱图。根据异常声音信号，判断设备是否异常，及时发现故障并报警。

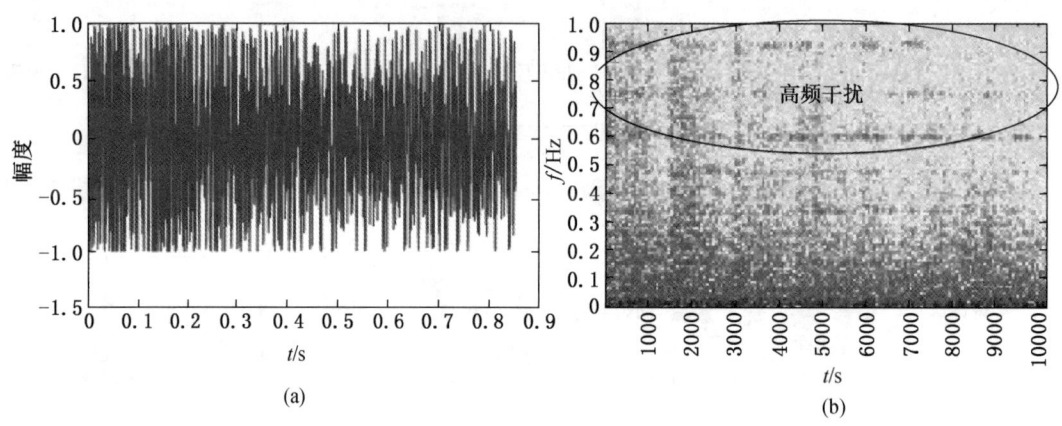

图 2-54 异常声音信号

如图 2-55 所示，智能巡检机器人通过机载红外热像仪对变电所、泵房的重要设备进行红外测温。通过对监测点红外图像数据的采集，准确分析各类监测点温度是否异常，当被检测设备超过设定温度值时，自动报警。

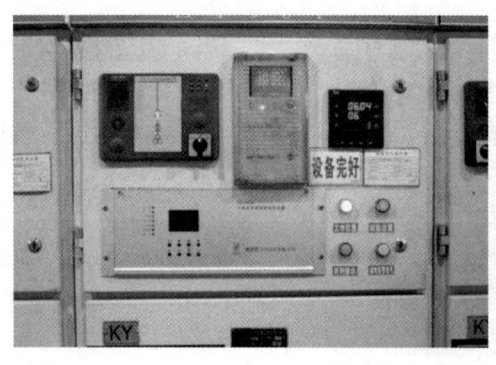 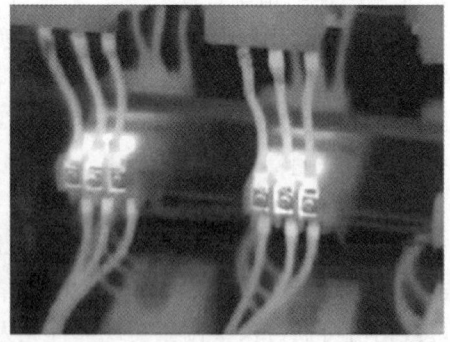

图 2-55 变电所开关柜红外热成像示意

2.1.4 通风装备智能化发展现状

智能通风是以环境感知、分析决策、自动预警、应急处置为"智能"核心内涵，通过对通风机和通风构筑物"遥控与自动化"的控制,达到通风系统智能管控目的。要达到上述目的,需要建立智能通风管控体系,建立重点场所瓦斯、一氧化碳、氧气、风速、风向等重点指标气体和相关参数实时监测系统(图2-56),构建通风系统智能解算网络,形成灾变风流调控体系,智能控制通风设施,实现对瓦斯、一氧化碳、氧气、风速、风向的综合分析与智能管控。

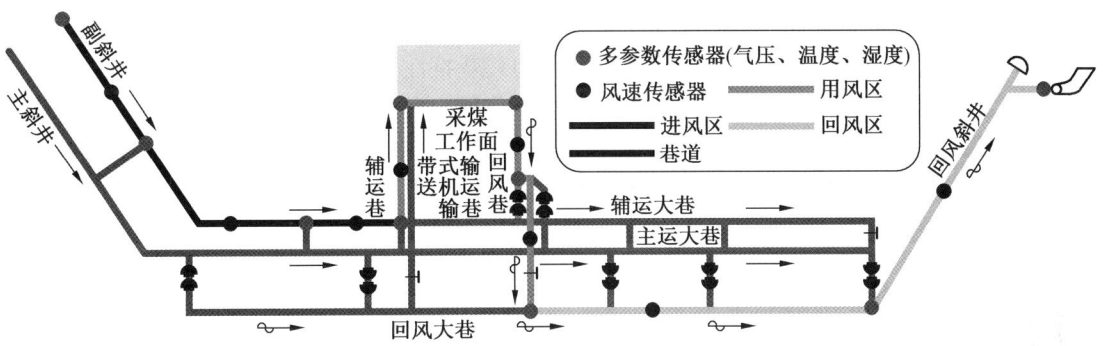

图 2-56 重点场所通风参数实时监测系统示意图

2.1.4.1 矿井通风在线监测

1. 矿井实测数据分析处理

煤矿安全监测监控系统(图2-57)实时监测井下 CH_4、CO、O_2、CO_2 等气体浓度和风速、负压、粉尘浓度等环境参数,主要通风机安装风量、风压传感器,获得每条风道和

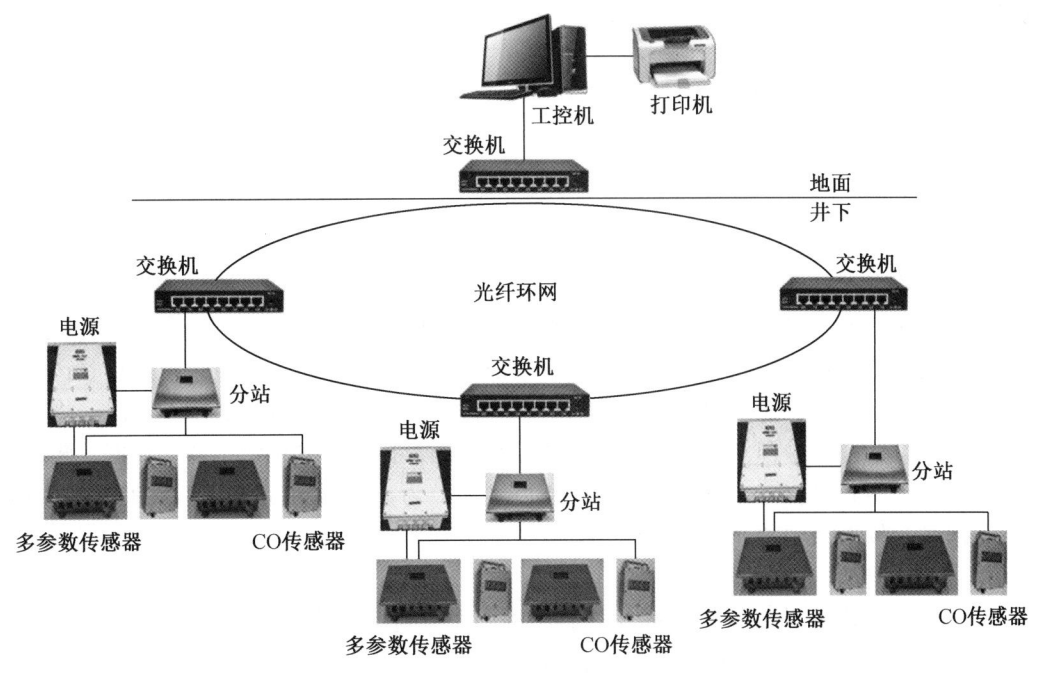

图 2-57 环境参数实时监测系统示意

每个通风实施的风阻、风量、风压、自然风压、摩阻系数、原始风阻和局部风阻的准确参数,基于风机测定获得每台主要通风机、局部通风机和辅助通风机的准确特性曲线,解算得到的各风道风量,解决矿井通风参数自动测定难题。

2. 瓦斯多维异构监测数据融合

为了保证监控数据的准确性,需要在一个检测区域布置多个传感器,与巡检的高精度数据融合,才能够准确获取被测目标信息。为消除传感器测量过程中的不确定性,使分析数据尽可能地接近真实值,需要在监控区域设置冗余传感器,根据对瓦斯浓度精度的需求设置传感器的数量,根据瓦斯传感器的衰减特性、传感器精度、使用时间、校准时间等参数设定可信权重系数,经数据初步融合获得节点传感器瓦斯浓度;巡检方面,根据井下瓦斯涌出量的大小设定人员巡检次数,采用插值拟合法获得多时间节点的瓦斯测值,同时根据巡检设备情况设定可信权重系数;最后,根据监控、巡检的多维数据及其不同的可信系数,融合获得该监控位置的最终融合数据。异构瓦斯浓度数据融合过程如图2-58所示。

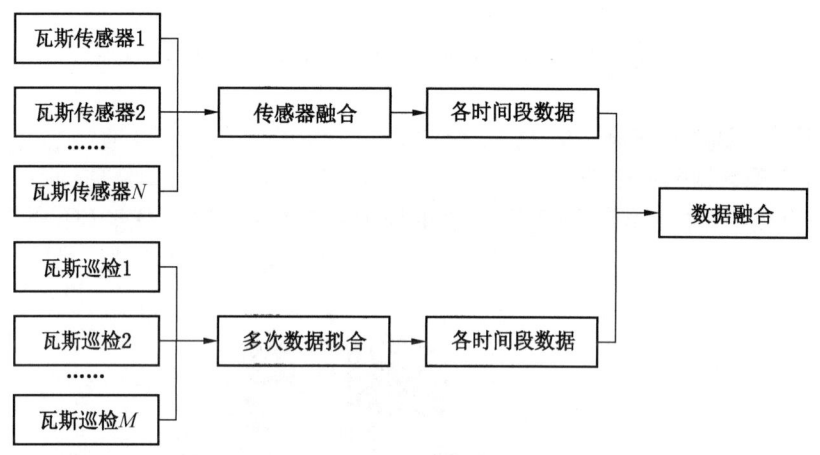

图 2-58 异构瓦斯浓度数据融合过程

3. 多元监测数据融合处理

实践表明,采用单一指标或检测方法来发现通风风源事故征兆比较困难,只有融合多元矿井监测数据,才能准确发现通风瓦斯事故征兆。为此,基于风速、系统运行状态实时监测数据,根据风量分配规律进行通风网络融合,获得符合运行状态的风流情况;将风量情况和瓦斯数据进行融合,将融合后的数据相互印证,找出监测系统中冲突数据,删除不可信测值,进而获得合理、自洽的高精度通风网络,为矿井通风系统分析决策提供依据。多元数据融合技术结构图如图2-59所示。

2.1.4.2 通风系统智能解算

基于雅克比矩阵动态解算原理,对通风网络系统进行解算。图2-60a所示为通过对系统通风网络拓扑结构的分析,自动生成相应的网络图;图2-60b所示为通过对通风拓扑结构分析处理,对节点和巷道进行优化调整。

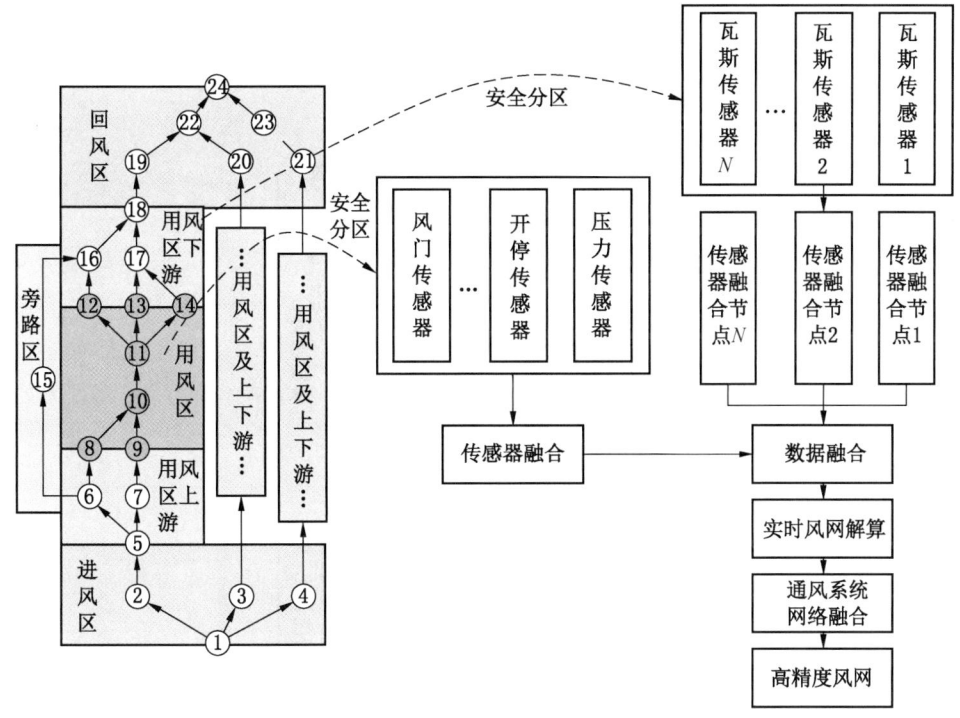

图 2-59 多元数据融合结构

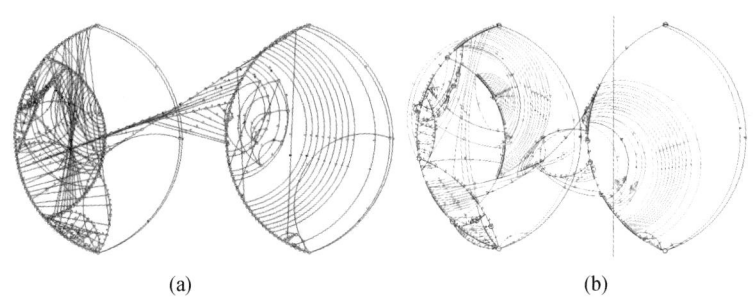

图 2-60 网络图生成图与优化

建立矿井瓦斯动态分布综合模型,通过对通风网络的解算分析,结合瓦斯涌出和瓦斯混合规律,对瓦斯在矿井中的分布特性进行分析预测。矿井通风系统自动解算与风量控制如图 2-61 所示。

建立矿井通风系统三维可视化建模(图 2-62),通过矿井智能综合决策管控平台,让矿井通风系统与其他系统实现联动功能。

2.1.4.3 通风系统智能调控

所有风门(含防爆门和密闭门)和风窗都应实现人工、自动和半自动开关,并安装有人车识别装置、开度传感器、声光报警器和视频摄像头,实现矿井主要通风机稳定性实时判定(图 2-63)。

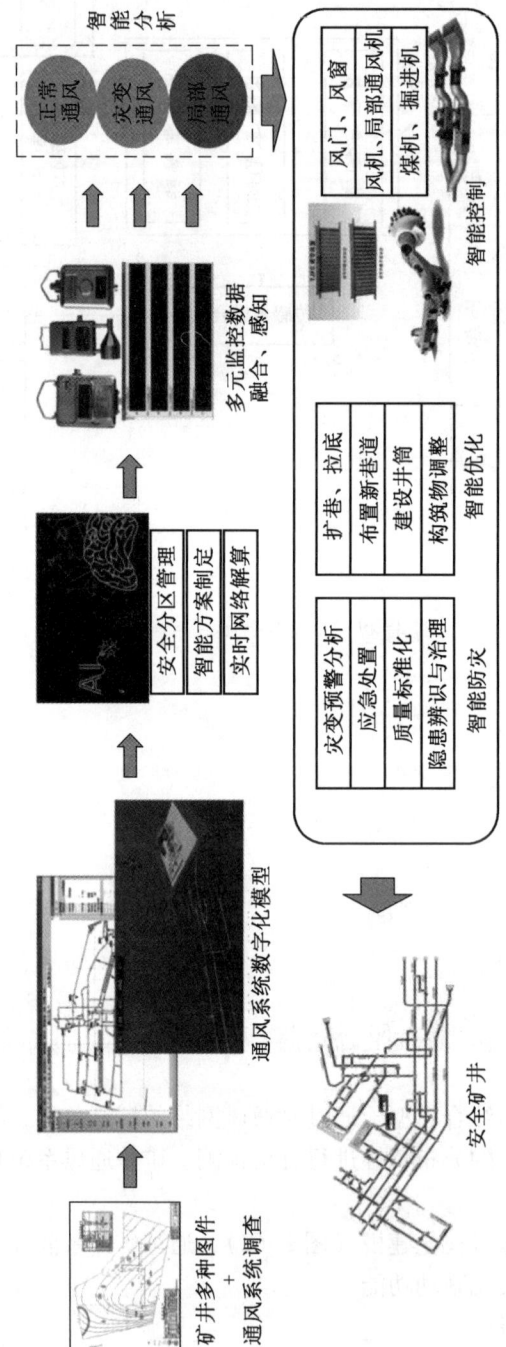

图 2-61 通风系统自动解算与风量调控

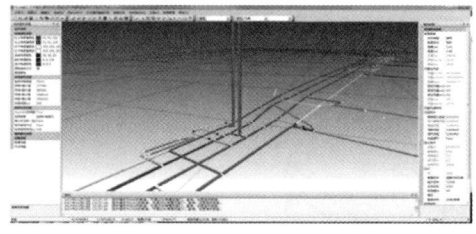 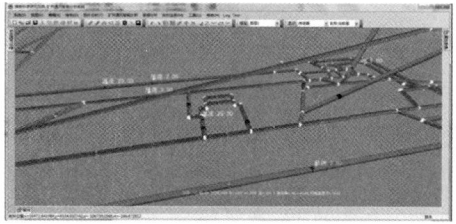

图 2-62　通风场景三维可视化建模

图 2-63　自动风门与风窗

主要通风机、局部通风机和辅助通风机具有线变频调速功能，通风机动叶角度在线调节，实现通风动力和通风设施无人值守、有人巡视。开发通风系统智能分析决策软件平台，集成矿井通风参数自动测定功能，建立矿井动态三维立体通风系统（图2-64），具备通风状态识别、通风网络实时解算及灾变状态下风流模拟仿真功能，通过通风动力、通风设施远程智能控制，自动调节矿井通风风量，达到正常状态矿井风流按照节能原则自动调节，灾变时期按照控制灾变及有利救援原则智能控风、调风，实现矿井各类通风动力和通风设施实现无人值守、远程控制。

2.1.5　排水装备智能化发展现状

智能供排水系统采用分布式控制结构（图2-65），由井下控制系统、地面控制系统、视频监控系统与通信系统组成。井下与地面设置交换机，通过光纤以太网方式通信，与矿井综合自动化系统通信留有接口，实现井下排水系统的全方位集中监控、监视和通信。

井下中央水泵房设置自动控制系统（图2-66），由PLC控制主站、防爆计算机、显示器和控制箱组成，对井下中央水泵房水泵及配套设备进行监测、控制。每台水泵吸水管和出水管安装矿用本安型压力传感器，检测水泵真空度和出水压力。每台水泵射流排真空部分安装矿用隔爆型电动球阀，进行远程射流真空控制。每个水仓安装一台超声波水位传感器，检测水仓水位。每条主管路安装一台矿用本安型超声波流量传感器，检测主管路水流量。每台水泵安装就地控制箱，方便检修人员就地操作水泵及附属设备。

在集控台上既可实现单台水泵控制，又可实现多台水泵智能优化控制；可实时监测水仓水位、流量、压力、真空泵、电机绕组、电机及水泵轴承温度等一系列参数及水泵、闸阀等设备工况；可手动、自动启动或停止水泵的运行，开关闸阀；同时有短路过载等各种

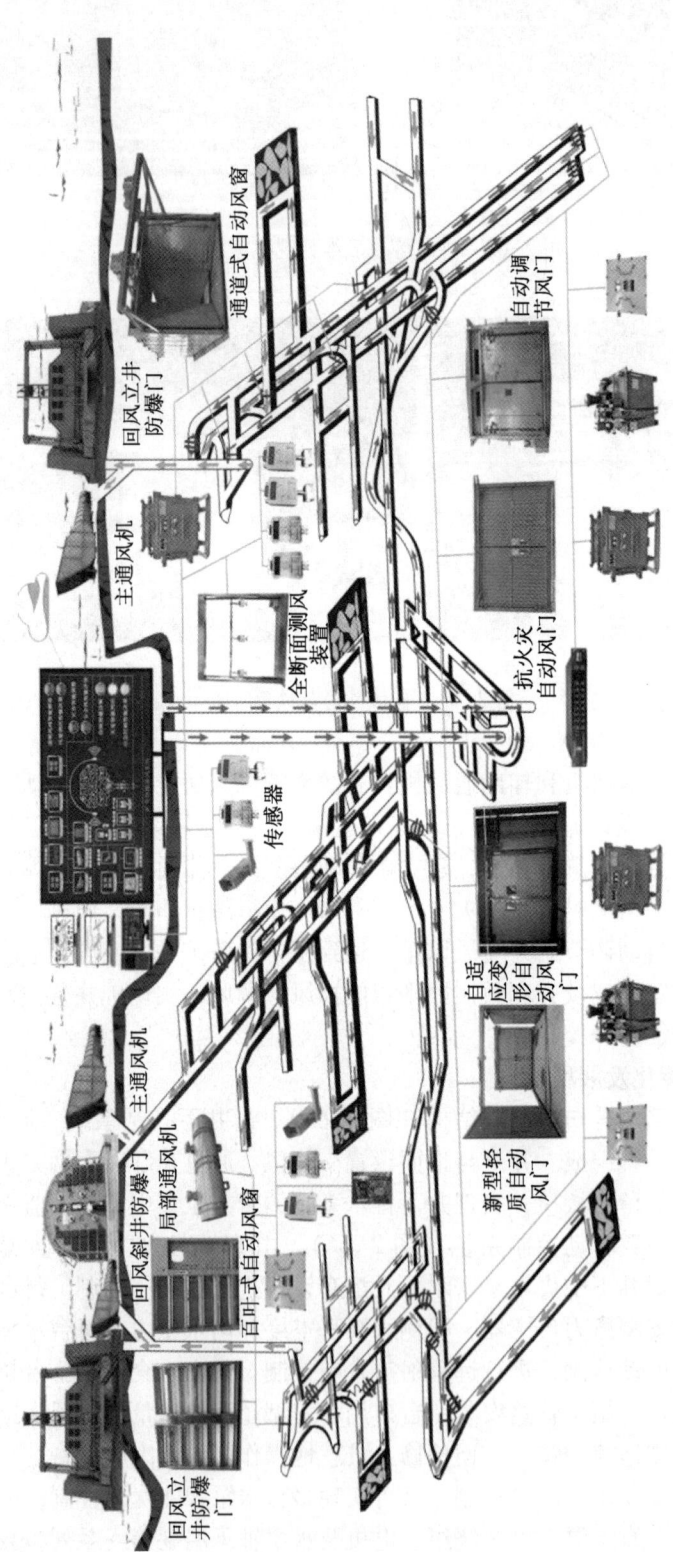

图 2-64 矿井动态三维立体通风系统图

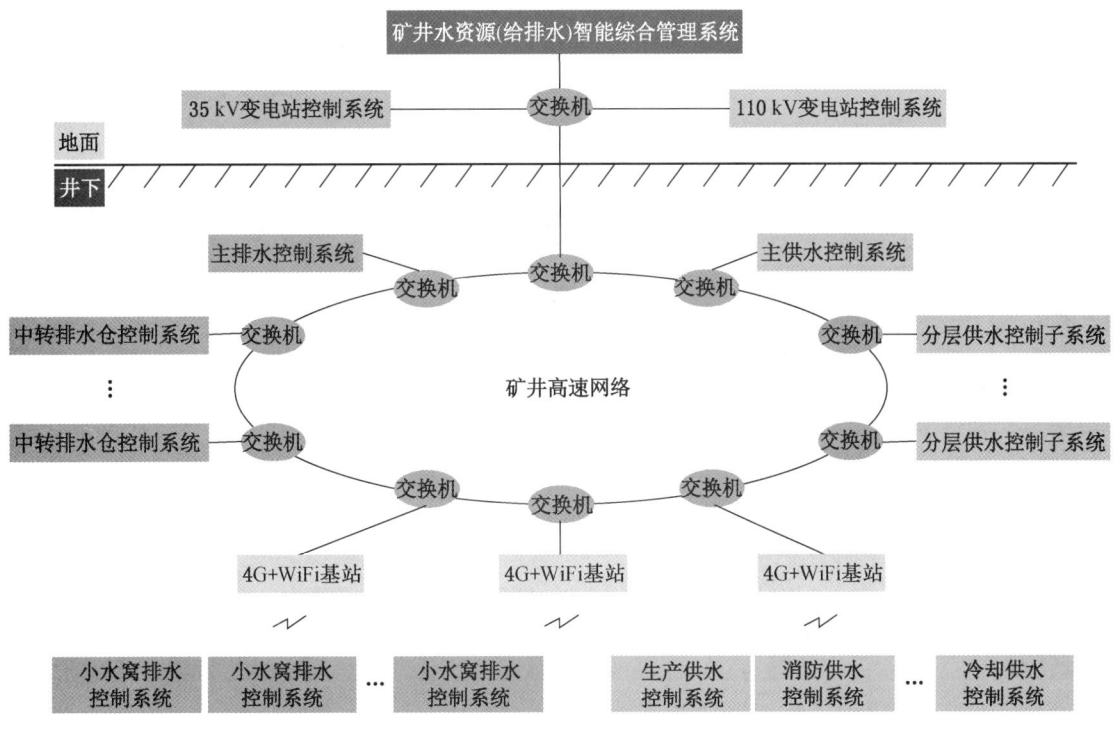

图 2-65 智能排水系统架构

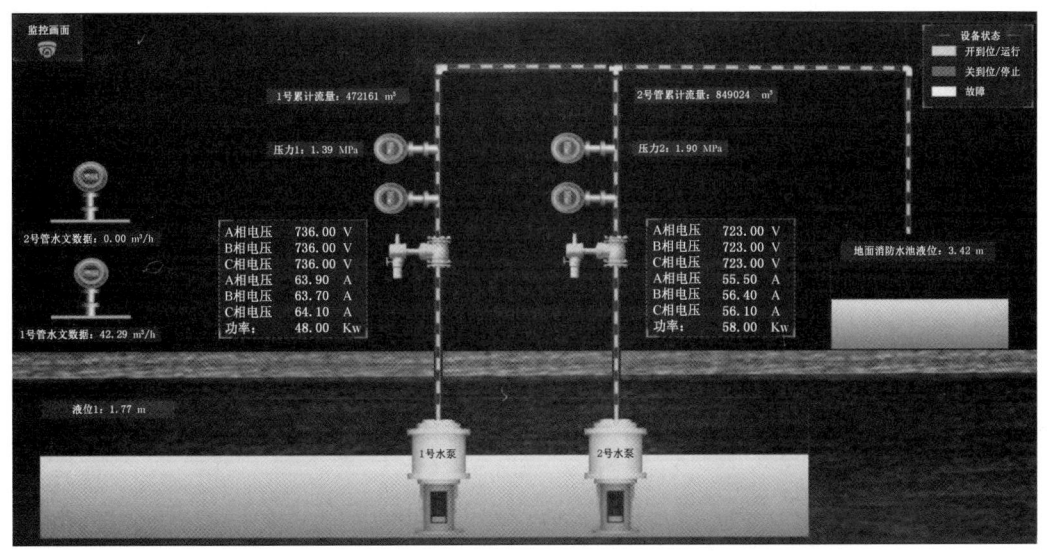

图 2-66 中央水泵房智能排水系统示意

保护。具有各参数及设备开停工况的实时及历史趋势显示功能,控制系统有远程、集中、就地三种控制方式,每台水泵设置工作、备用和检修三种工作方式。平台把排水系统重点相关信息进行管理,在监控界面统一显示。利用防爆网络摄像机进行监视,通过工业以太网与矿井智能化管控平台进行图像传输和控制通信,实现在调度中心对泵房远程控制(图 2-67)。

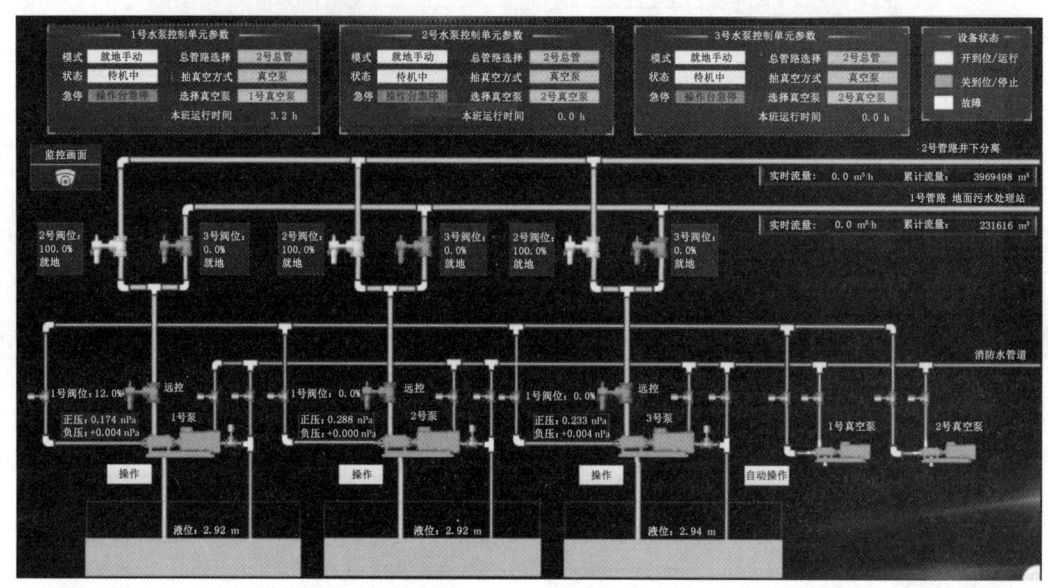

图 2-67　智能供排水管控系统

2.2　煤矿智能制造发展现状

2.2.1　采煤机智能制造

采用科学的评价方法对铸造结构进行智能分析与评判。以采煤机摇臂为例,基于三维铸造模拟软件的铸造缺陷预判方法,查找浇铸过程缺陷,对铸造工艺进行调整完善,减少铸造热结等缺陷,提升壳体铸造质量(图 2-68)。

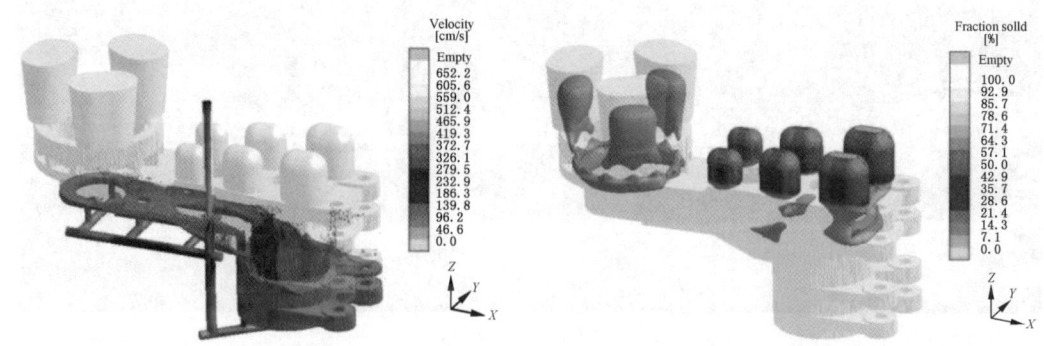

图 2-68　铸造缺陷预判

研发高强度复杂铸造壳体智能调质处理工艺,细化金相组织和晶粒密度,提升其铸造工艺性,配合壳体铸造工艺及热处理工艺的改良(图 2-69),提升采煤机壳体强度等综合力学性能。

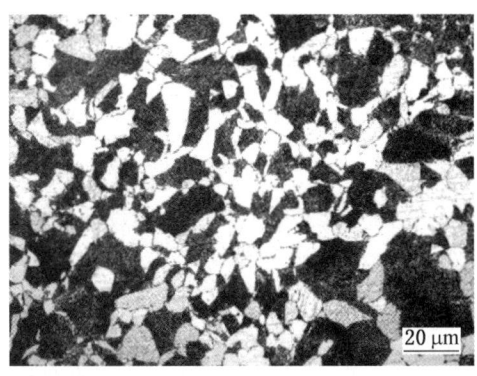 

图 2-69 采煤机摇臂材料改进前后金相组织对比

研发智能高效热处理工艺,通过对壳体材料的调质处理(图 2-70),调整金相组织结构,提升晶粒细度,同时采用多种措施释放应力,降低裂纹风险。

图 2-70 采煤机壳体热处理实物照片

对齿轮传动件锻造材料进行精炼,减少有害元素,细化其组织晶粒,提升抗拉强度,从而提高采煤机齿轮件抗弯强度、接触强度,提升传动寿命,提高齿轮综合性能。采煤机齿轮材料改进前后金相组织对比情况如图 2-71 所示。

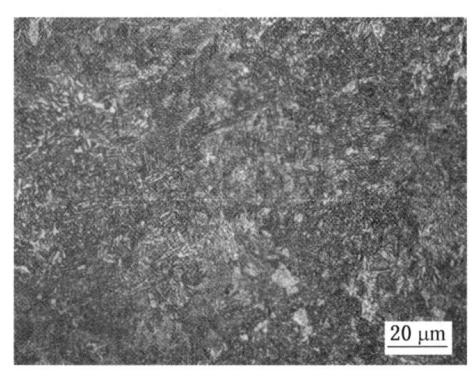 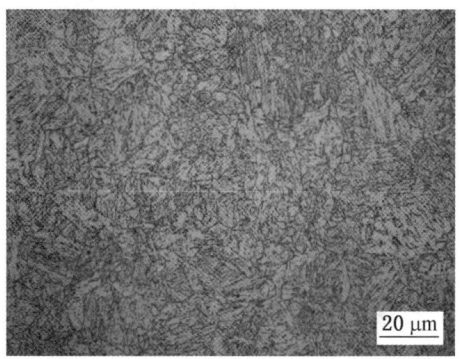

图 2-71 采煤机齿轮材料改进前后金相组织对比

研发采煤机摇臂调心滚子轴承智能安装方法，先进行高精模型轴承定位（图2-72），完成传动轴定位，然后再进行调心轴承热装固定，通过上述装配工艺方法提高调心轴承安装精度，进而提升整个传动系统可靠性。

图2-72　模型轴承定位示意

进行高强度耐磨型采煤机滚筒优化设计（图2-73），通过对比不同旋数（3、4、5旋）的排煤效果，优化叶片数量截线布置方案，减少碟形端盘煤流淤积，同时对漏煤口及叶片末端进行加强，提高滚筒整体耐磨性和可靠性。

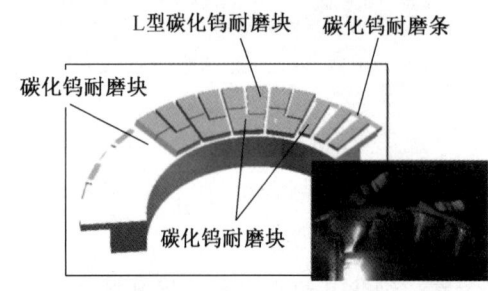 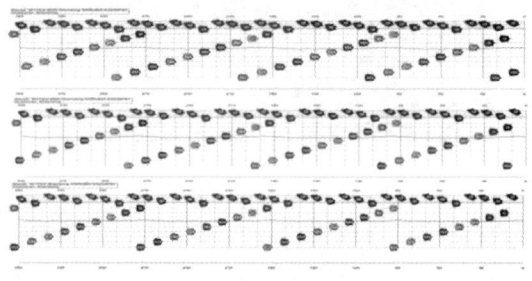

图2-73　高强度耐磨型滚筒优化设计示意

采用"小吃刀量、快速进给"的高速切削加工方法，利用一次装夹，减少零部件加工过程中的定位夹紧误差，将壳体传动孔几何精度提高到8级。提升齿轮的齿形、齿向精度、齿面光洁度，齿轮精度可达5级，有效降低传动系统噪声（图2-74），提升疲劳寿命。

图2-74　齿轮等传动部件实物照片

2.2.2 液压支架智能制造

液压支架结构件智能制造分为焊接系统智能制造和焊后处理系统智能制造两部分。其中,焊接系统又分为焊前预处理系统、机器人焊接系统和车间信息化管理系统三部分内容。

1. 焊接系统智能制造

为提高生产效率,应用信息化系统对切割下料及坡口加工进行流程化管理(图2-75),通过车间工业网络下达图纸,在线编程,实现钢板及型材的高效、高质量下料和多种复杂形状坡口的切割,保证焊接精度。另外,根据不同型号液压支架结构特点,制作成型及检验工装,保证成型件的尺寸精度,以利于机器人焊接。

图 2-75 钢板自动切割生产线

由于连杆结构相对规范,建设连杆自动焊接生产线(图2-76)。通过多套双机器人焊接工作站,搭配智能物流系统以及生产线监控系统,通过连杆自动上料、转运、装夹、焊接、下料等操作,结合自动焊接程序,实现连杆的自动化焊接生产。

图 2-76 连杆自动焊接生产线

由于顶梁、掩护梁和底座等结构件相对复杂,建设结构件自动焊接生产线(图2-77)。采用多台外焊缝焊接工作站和多台内焊缝焊接工作站,开发顶梁、掩护梁和底座等结构件自动焊接程序,实现对于复杂箱式结构的顶梁及掩护梁的不同焊缝进行分别焊接。

  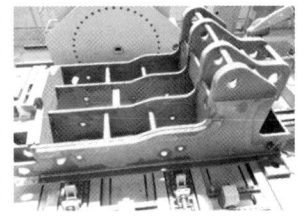

图 2-77 结构件自动焊接生产线

由于支架主筋贴板形状比较特殊，需要建设主筋贴板自动焊接生产线系统（图2-78）。贴板焊接工作站由多台大贴板工作站以及多台小贴板工作站组成，根据主筋贴板的大小形状不同，分别应用不同的贴板工作站进行智能焊接。

图2-78 贴板自动焊接生产线与车间信息化系统

为了提高焊接的智能化水平，需要建设车间信息化系统。通过车间信息化系统将整个车间的生产安排、设备管理、质量管理、焊接追溯、图纸下放结合成一个有机整体，通过视频影像与焊接历史数据多数据融合存储记录，实现对于车间设备的有效监控，保证焊接质量。

2. 焊后处理系统智能制造

应用台车式加热炉，保证焊接工件焊前整体预热，焊后热处理（图2-79）以消除焊接应力，提高焊接强度。应用变频控制，建设车间除尘系统，降低车间有害烟尘，保证车间整洁工作环境。

图2-79 热处理车间

运用自动焊接生产线技术实现结构件的智能连续焊接加工。应用专家数据库，方便调用焊接程序与焊接参数，提高焊接效率。应用多种焊接纠偏技术保障焊接质量，实现生产计划协调控制，自动调整生产节拍。通过智能焊接车间信息化系统，实现对人员与焊接设备进行数字化管理，实现无纸化生产，提高生产效率，确保焊接质量。

2.2.3 刮板输送机智能制造

采用3D打印、3D扫描、三维设计、仿真模拟（图2-80）等方法进行中部槽等相关部件设计分析，解决了设备配套、设计、验证难题。

采用利用大功率等离子数控切割机，配合不同工作气体，自动进行切割各种氧气切割难以切割的不锈钢、铝、铜、钛、镍等金属切割，结合五联轨数控火焰切割机、重型钢板板料矫平机、坡口切割机器人等设备完成板材智能化套料下料（图2-81）。

 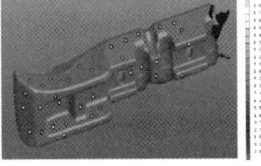 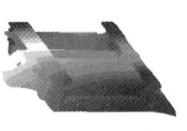

3D打印　　　　　　3D扫描　　　　　　仿真模拟

图 2-80　部件设计分析方法示意

图 2-81　板材智能化套料下料

采用卧式加工中心、车镗钻立式复合加工中心、数控成型磨齿机、数控螺旋锥齿轮磨齿机、数控螺旋锥齿轮铣齿机、数控螺旋锥齿轮滚检机、数控插齿机、数控内齿铣、高精度立式数控磨床、数控镗铣床、中部槽及大型结构件机器人,自动完成大型传动部件的加工和焊接(图 2-82)等系列制造工艺技术难题。

图 2-82　自动加工焊接

矿用链条是刮板输送机的重要部件,早期国内高强度刮板链主要依赖进口。自 2006 年英国帕森斯链条公司将其制链设备及相应的矿用链条专有技术全部转让给张家口煤矿机械有限公司后,我国开始了矿用重载链条的自主生产加工(图 2-83)。

图 2-83　矿用链条自动加工生产线

3 煤矿智能化与绿色矿山技术融合发展

煤矿智能化是煤炭行业高质量发展的核心技术支撑和必由之路,绿色矿山是实现矿区经济效益、社会效益与环境效益的统一,实现矿区生态可持续发展、人与自然和谐发展的根本要求。煤矿智能化与绿色矿山技术融合发展是将先进的智能化技术与绿色矿山开采理念相结合,贯彻"创新、协调、绿色、开放、共享"的发展理念,将智能和绿色发展理念贯穿于煤炭资源规划、勘查、开发利用与保护全过程,实施煤炭资源科学有序开采,对矿区及周边生态环境扰动控制在可控范围内,依靠先进智能化感知和决策系统,实现节能、减排和生态环境保护,实现矿区环境生态化、开采方式科学化、资源利用高效化、管理信息数字化和矿区社区和谐化的矿山,达到煤炭资源智能高效、绿色安全开采的目标。

绿色矿业的内涵主要表现在两个方面:一方面是资源本身,即合理开发、充分利用;另一方面是矿业引发的环境问题,即实现矿产资源开发对生态环境影响最小化。所以说,绿色矿业不是对传统矿业的简单否定,而是对传统矿业的调整、改造、超越、创新。煤矿智能化体现了煤炭开发技术的先进性,绿色矿山体现煤炭开采理念的生态性和责任性。

3.1 煤矿智能绿色技术发展概况

3.1.1 煤矿智能化

煤矿智能化就是煤矿的开拓设计、地测、采掘、运通、分选、安全保障、生产管理等主要系统拥有自感知、自学习、自决策与自执行等基本能力。

智能化拥有三种能力:首先是对外部信息的实时感知与获取的能力,其次是基于对感知信息的存储、分析、判断、联想、自学习、自决策的能力,最后是基于自决策的自动执行能力。

煤矿智能化是一个动态发展的过程,应树立创新、协调、绿色、智能、开放、共享的发展理念,以实现煤炭资源的安全、高效、绿色、智能开发为主线,以建设智慧煤矿为抓手,围绕煤炭工业与物联网、大数据、人工智能等深度融合的关键环节,大力推进智能系统、智能装备的技术创新和应用,全面提升我国煤矿智能化水平。

2016年4月,《能源技术革命领导创新行动计划(2016—2030)》:首次在国家层面制定了《提升煤炭开发效率和智能化水平,研发智能化工作面,重点煤矿区基本实现工作面无人化》的发展目标。

2016年12月,《煤炭工业发展"十三五"规划》:目标到2020年煤矿信息化、智能化建设取得新进展,建成一批先进高效的智慧煤矿。

2017年6月,《煤矿安全生产"十三五"规划》:提出要推动煤矿机械化实现自动化、信息化、智能化改造。小型矿井加速机械化改造,实现采掘机械化;大中型矿井推动通风、提升、运输等系统自动化改造,无人工作面、无人值守等;发展大型高效集约化矿井和大型露天煤矿,提升煤矿综合机械化和自动化水平。

2020年2月，《关于加快煤矿智能化发展的指导意见》：明确了煤矿智能化的发展目标和主要任务。

2020年4月，《全国安全生产专项整治三年行动计划》：要加快推进机械化、自动化、信息化、智能化建设，力争2022年底采掘智能化工作面达到1000个以上，建设一批智能化矿井。

2020年2月，国家发展改革委、国家能源局等八部委联合发布了《关于加快煤矿智能化发展的指导意见》，吹响了煤炭工业向智能化进军的冲锋号，标志着煤炭工业迈进了实现智能化的新阶段。2020年9月在原兖矿集团召开了全国煤矿智能化现场推进会，发出了加快煤矿智能化建设、推进行业高质量发展的号召，以煤矿智能化建设为标志的新一轮煤炭行业重大技术变革全面展开。

2020年11月，《关于开展首批智能化示范煤矿建设的通知》：确定71处煤矿为国家首批智能化示范建设煤矿。

2021年12月，为贯彻落实《关于加快煤矿智能化发展的指导意见》（发改能源〔2020〕283号），加强智能化示范煤矿验收管理，国家能源局印发了《智能化示范煤矿验收管理办法（试行）》。《办法》明确了智能化煤矿申请条件、验收程序和评分方法，针对各类煤矿和选煤厂的智能化系统，分别提出了评分项、主要评分指标和评分方法。

此外，多个能源大省和能源集团也发布了省级和集团级的煤矿智能化发展指导意见和验收管理办法，如《陕西省煤矿智能化建设指南（试行）》、《陕西煤业智能矿井建设标准》、《陕西煤业智能矿井建设验收办法》、内蒙古自治区《关于加快全区煤矿智能化发展的实施意见》、《内蒙古自治区煤矿智能化建设验收办法（试行）》、《内蒙古自治区煤矿智能化建设基本要求及评分方法（试行）》、山西省《全省煤矿智能化建设指导手册》、山西省《全省煤矿智能化建设基本要求及评分办法（试行）》等。

3.1.2　绿色矿山

绿色矿山建设是矿区环境、资源开发方式、资源综合利用、节能减排、科技创新与数字化（智能化）矿山、企业管理与企业形象的共同体，不但缺一不可，而且在评价过程中还采用"双达标"制度，即评价指标的一级指标和总指标同时达标，方为绿色矿山建设达标。

绿色矿山应贯彻"创新、协调、绿色、开放、共享"的发展理念，遵循"因矿制宜"的原则，实现矿产资源开发全过程的资源利用、节能减排、环境保护、土地复垦、企业文化和企地和谐等的统筹兼顾和全面发展。矿山应以人为本，保护职工身体健康，预防、控制和消除职业病危害。

"绿色矿山"是指矿产资源开发全过程，既要严格实施科学有序的开采，又要将对矿区及周边环境的扰动控制在环境可承受的范围内；对于必须破坏扰动的部分，应当通过科学设计、先进合理的有效措施，确保矿山的存在、发展直至终结，始终与周边环境相协调，并融合于社会可持续发展轨道中的一种崭新的矿业形象。绿色矿山建设是一项复杂的系统工程。它代表了一个地区矿业开发利用总体水平和可持续发展潜力，以及维护生态环境平衡的能力。它着力于科学、有序、合理的开发利用矿山资源的过程中，对其必然产生的污染、矿山地质灾害、生态破坏失衡，最大限度地予以恢复治理或转化创新。

"绿色开采"是绿色矿山建设的核心。绿色开采具有下列特征：

以人为本：降低劳动强度，提高安全性，实现少人化和无人开采。
技术先进：提高资源回收率和开采效率。
绿色技术：体现节能、减排和生态环境保护。
生态恢复：前提是扰动最小，不得已破坏了才讲到恢复。

煤炭开发应遵循矿区煤炭资源赋存状况、生态环境特征等条件，因地制宜选择资源利用率高、废物产生量小、水资源重复利用率高，且对矿区生态破坏小的减排保护开采技术。应贯彻"边开采、边治理、边恢复"的原则，及时治理恢复矿山地质环境，复垦矿山占用土地和损毁土地。要在矿山发展循环经济，按照"减量化、再利用、资源化"的循环经济原则，科学利用固体废弃物、废水等，建立"低消耗、高产出、少排放、能循环、可持续"的循环经济发展模式。

近年来，绿色矿山和煤矿智能化是当前煤炭行业发展的重点和热点领域，国家相关部门陆续发布了相关建设指导意见和规范，引导煤炭开发向智能绿色方向发展。

2016年，国家发改委发布的《煤炭工业发展"十三五"规划》，明确提出"建设集约、安全、高效、绿色的现代煤炭工业体系""因地制宜推广充填开采、保水开采、煤与瓦斯共采、矸石不升井等绿色开采技术"。

2017年，国家六部委联合发布《关于加快建设绿色矿山的实施意见》，绿色矿山建设由试点探索转向了全面建设阶段。2018年，中国矿业联合会又发布了《固体矿产绿色矿山建设指南（试行）》和《绿色勘查指南》两个团体标准，自然资源部也公布了煤炭等9类矿业行业的绿色矿山建设标准，使得中国绿色矿山建设进入了快车道。

2018年中华人民共和国自然资源部批准了地质矿产行业标准《非金属矿行业绿色矿山建设规范》《煤矿行业绿色矿山建设规范》等9项行业标准。

各能源大省也发布绿色矿山建设方案，如内蒙古自治区印发的《内蒙古自治区绿色矿山建设方案》。该方案从重要意义、总体要求、重点任务、政策措施、保障措施五个方面提出了推进全区绿色矿山建设，引领带动矿业绿色高质量发展目标和要求。根据方案，绿色矿山建设的总体目标是到2023年底前，全区矿山基本达到绿色矿山建设条件，资源集约节约利用水平显著提高，矿山生态环境得到有效保护，矿区土地复垦水平全面提高，矿业步入绿色可持续发展的良性循环轨道，基本建成绿色矿业发展新模式。2025年底前，全部矿山达到国家或自治区绿色矿山建设标准，不符合绿色矿山建设标准的矿山企业依法逐步退出市场。

3.2 煤矿智能化与绿色矿山技术融合发展

煤矿智能化发展理念中包含绿色协调发展，绿色矿山发展理念中也包含数字化矿山和智能化煤矿的建设，两者相互融合、相互促进。煤矿智能绿色发展，一方面是国家层面出台相应的政策和标准，在政策上鼓励煤矿企业争创智能绿色矿山，另一方面是通过科技创新，为智能绿色发展提供科技支撑，提升能源利用效率，减少能源消耗。

煤炭行业绿色矿山建设要求中包含"建设现代数字化矿山"要求，相关要求如下：

（1）生产技术工艺装备现代化。应加强技术工艺装备的更新改造，采用高效节能的新技术、新工艺、新设备和新材料，及时淘汰高能耗、高污染、低效率的工艺和设备，符合国土资源部《矿产资源节约与综合利用鼓励、限制和淘汰技术目录》。

（2）煤炭开采自动化。探索应用井下无人工作面开采技术，积极推进机械化减人、自动化换人。

（3）生产管理信息化。应采用信息技术、网络技术、控制技术、智能技术，加大"互联网+"、大数据、物联网、移动互联技术在煤炭行业的应用，实现煤矿企业生产、经营决策、安全生产管理和设备控制的信息化。

（4）建立产学研用科技创新平台，培育创新团队，矿山科研开发资金不低于上年度主营业务收入的1%。

国家发展改革委、国家能源局、应急管理部、国家煤矿安监局、工业和信息化部、财政部、科技部、教育部研究制定了《关于加快煤矿智能化发展的指导意见》中，包含"实施绿色矿山建设，促进生态环境协调发展"主要任务，具体内容如下：

坚持生态优先，开展矿区生态环境智能在线监测，推广矿区地表环境治理与修复、煤层气（煤矿瓦斯）智能抽采利用等新技术，推进煤炭清洁生产和利用。融合智能技术与绿色开采技术，积极推进绿色矿山建设，新建煤矿要按照绿色矿山建设标准进行规划、设计、建设和运营管理，生产煤矿要逐步升级改造，达到绿色矿山建设标准，努力构建清洁低碳、安全高效的煤炭工业体系，形成人与自然和谐共生的煤矿发展格局。

"绿色、智能、共享"是绿色矿山建设的主旋律。矿山建设的三大要素是生产系统、资源和环境，设计合理的生产系统、选用合适的技术与装备、采用最优的工艺流程，对资源的节约开发和综合利用以及环境的最优保护是绿色矿山建设的核心内容。

绿色：绿色重点体现在资源开发过程中怎么减少对环境的扰动，即利用先进适用的技术和装备、最优的工艺流程，减少对地质环境的破坏，减少废气废水废渣粉尘的排放和污染。为解决这一问题，在矿山开采过程中，简单的环境保护是做不到的，不但需要对已经污染和破坏的环境进行治理，也包括对这些废弃物的综合利用。地质环境破坏之前对环境进行保护和生态污染之前对废弃物进行处理，是解决环境问题的根本方法，也是绿色的精髓。采选充一体化、采选复（绿）一体化都是绿色矿山开发的趋势，因为它的本质是一边采矿一边考虑排放，这是解决环境破坏和进行环境保护的有效手段。

智能：智能化矿山是指采用现代高新技术和全套矿山自动化设备等来提高生产率和经济效益，通过对生产过程的动态实时监控，将矿山生产维持在最佳状态和最优水平。

智能化不是一个新的系统，也不是要否定原先的系统，它是基于原有的技术、装备和工艺，使传统的业务系统与物联网有机地融合，提升原有系统的生产控制能力。其本质是利用现代信息技术通过物联网来实现节约、高效、精准、可持续开发矿产资源。

智能充填系统、自动化采煤系统都是矿山智能的代表。

共享：共享是资源开发和环境保护的软件基础，共享是理念，开放是心态。矿山企业的生产受制于人的行为、环境条件、设备运行、管理的模式和方法等因素，精细化、制度化都不可能真正做到完美无缺，只有本着共享的理念和开放的心态来管理矿山企业，才能真正促进矿山企业提升经济效益和升华社会责任。企业的矿产资源、技术、人才、环境、固定资产要分级共享，不但做到企业内部的职工人人都是安全员、人人都是环保员、人人都是资源保护和监督者，享受产业带来的收益，同时也使社区的群众享受到矿产资源、技术、人才、环境、固定资产等带来的红利，真正做到社区和谐、勾画出企业与社区的鱼水之情，企业才算真正尽到社会责任。

煤矿智能化与绿色矿山技术融合发展主要包含以下内容：

第一，要加强技术工艺装备的更新改造，采用高效节能的新技术、新工艺、新设备和新材料，及时淘汰高能耗、高污染、低效率的工艺和设备，做到符合国土资源部《矿产资源节约与综合利用鼓励、限制和淘汰技术目录》。

第二，鼓励推进机械化减人、自动化换人，根据煤矿开采技术条件进行智能化煤矿建设。

第三，生产管理信息化。应采用信息技术、网络技术、控制技术、智能技术，实现黄金矿山企业经营、生产决策、安全生产管理和设备控制的信息化。

第四，建立全面的灾害监测系统及预警机制、人员车辆定位系统、网络监控系统等，实现生产过程监测的实时化，确保生产安全。

第五，鼓励建立产学研用科技创新平台，培育创新团队。

4 煤矿智能化与安全保障技术融合发展

从安全生产的角度考虑,煤矿井工开采面临瓦斯事故、水害、火灾、顶板事故、煤尘爆炸五大灾难性事故。随着产业转型及互联网、智能化技术发展,调结构、促升级将成为产业健康发展的必由之路,"互联网+煤矿安全""互联网+煤炭生产"将是调结构、促升级的最有效手段。随着在煤矿灾害预测预警方向持续的投入,使得煤炭行业的灾害预警水平整体上处于国际先进水平,部分成果达到领先水平,但是自动化、智能化水平还不高,预警的准确率还有待进一步提升;灾后报警仅在煤与瓦斯突出方面开展了相关工作,瓦斯煤尘爆炸仅在防止事故扩大方面开展了部分工作,水灾、火灾、冲击地压尚未开展系统研究工作。借助矿山物联网,采用新型的传感传输技术、信息技术、大数据技术、网络技术、人工智能技术,研发煤矿重大灾害智能预警技术及装备,实现煤矿灾害全要素动态监测与采集、深度挖掘与智能分析、实时预警、动态发布、即时响应、联动控制、科学救灾,形成煤矿重大灾害预警、报警一体化技术体系,是今后煤矿灾害预警技术的总体发展趋势。

4.1 智能化通风系统关键技术与装备发展概况

总体而言,我国煤矿通风技术智能化水平还处于初级阶段,目前主要实现了通风参数在线感知监测、通风系统三维建模展示、通风网络快速解算、通风系统信息化管理、通风设备远程集中控制等功能。下一步将围绕智能感知、智能决策、智能控制、灾变应急控风四方面构建矿井智能通风软硬件技术装备体系。

4.1.1 通风智能感知监测技术与装备发展概况

目前我国煤炭行业通风参数感知监测方面主要存在以下问题:①风速传感器测试精度低,无法测试低于 0.2 m/s 风速区间风速,多数矿井风速传感器依然为单向风速传感器,矿井反风期间无法准确监测矿井风量;②每旬例行的人工测风工作劳动强度大、耗时长,风量测试结果不闭合;③通风阻力、风阻、自然风压测试流程烦琐、耗时长、劳动强度大,未实现日常监测;④安全监测系统风速传感器布设数量有限,无法实现全矿井所有巷道测风,存在风量监测盲区。

通风智能感知监测技术与装备能够实现无人或少人条件下多巷道或全矿井风量在线同步测试,通风阻力、风阻、自然风压、温度、湿度、气压、通风设施压差与漏风、通风动力安全状态与节能效果的实时在线监测,智能通风传感器要与安全监测监控系统进行融合,充分利用其他系统数据信息。

在通风参数智能感知监测技术装备方面,煤炭科学技术研究院有限公司研发了 GFC25 超声波风速传感器误差±0.1 m/s,GF5 风压传感器和 GPD10 压差传感器测量误差在 1%F.S 左右,在此基础上研究了井巷单点风速与平均风速的关系,得出了通过单点风速测量巷道平均风速的计算公式或方法,优化了风速传感器布置位置;中煤科工集团重庆研究院有限公司同样研制了具有类似性能指标的 GFD 超声波高精度煤矿用电子风速表和 GFC 煤矿用风速传感器。在单点通风参数传感器基础上，煤炭科学技术研究院有限公司研发了全矿井全自动一键测风系统，实现了矿井最重要的通风参数——风量的全自动在线准确监测，替代测风员工作，在陕煤化集团神木张家峁矿业有限公司进行推广应用；在压差传感器监测方面，广泛使用的 GF5 风流压力传感器、GPD10 煤矿用压差传感器测量误差均在 1%F.S 左右。在风流绝对压力监测方面，JFY-2 型矿井通风参数检测仪，JFY-4 型矿井通风多参数检测仪、矿用精密数字气压计等绝对压力测量误差均在 1%F.S 左右，相对压力测量误差在 10 Pa 以下。研发的矿井通风阻力在线监测系统，能够实时掌握矿井自然风压、通风阻力三区分布，实现了风速、阻力的精准在线监测。

4.1.2 通风智能决策分析技术发展概况

目前我国煤炭行业通风决策分析方面主要存在以下问题：①通风系统日常管理效率低下，需要人工填写各类烦琐的报表，对数据展示和挖掘不够充分；②日常调风控风缺乏科学计算，自动化实现技术手段依然为人工调节，存在风量调节耗时长、效率低、精度差、多地点风量无法实现同时安全调控等问题，费人费事费力；③通风参数监测、通风网络解算、智能决策、通风设备设施监控各子系统独立运行，缺乏子系统间的信息交互渠道，无法实现通风系统一体化联动管控。

通风智能决策分析技术主要涉及通风网络解算、风流优化调节、通风故障诊断、通风系统稳定性与可靠性评价等。目前在通风网络解算与监测监控融合、角联风路识别、循环风识别、通风设施和通风动力故障识别等方面成果较多。其中，波兰科学院开发了 WENTGRAF 软件，日本九州大学工学研究院开发了"风丸"软件，美国矿业局开发了 CANVENT 软件，澳大利亚裂谷公司开发了 Ventsim 软件，中国矿业大学开发了 MFire 灾变风流模拟软件，辽宁工程技术大学开发了 MVSS 通风仿真系统，中煤科工集团重庆研究院有限公司开发了通风在线监测及分析预警系统，煤炭科学技术研究院有限公司开发了 Vent Analy 矿井通风智能决策分析系统。

通风智能决策分析技术通过构建通风系统真三维立体模型，实现了通风网络实时解算、在线监测与可视化展示，并可与矿井已有的环境监测参数融合，实现数据与数据、数据与图形的有效融合，实现了通风系统风量调节方案的自主快速科学决策分析。

通风智能决策分析技术具有以下 4 个特点：①具有故障诊断分析能力，基于矿井通风状态参数监测数据，进行通风网络实时解算、按需供风模拟、风量供需评估、通风系统故障诊断与定位溯源，实时掌握通风设备设施群组运行状态；②以矿井安全、高效、绿色、低碳运行为目标导向，进行通风调控模拟与智能决策，给出矿井通风动力与通风设施的调控方案；③基于事故灾变源诊断定位结果，给出矿井通风动力与通风设施的应急调控方案；④实时监测模拟灾变时期通风系统影响，计算影响范围，动态评价通风职业卫生水平和灾变可能性，通过事故灾变反演方法进行事故灾变源诊断定位，具备集成安全监控、人员定位、车辆定位等各类安全生产相关子系统数据的功能，制定安全逃生路线，为灾变时期应急救援提供技术支持。

4.1.3 通风智能控制技术装备发展概况

目前我国煤炭行业通风智能控制方面主要存在以下问题：①风门自动化程度低，需要手动开启与关闭，尤其对于车辆通行不方便；②掘进工作面风量管理水平低，不能根据实际风量需求进行调风，同时未实现远程集中控制；③目前地面主通风机存在只监测不控制的普遍现象，故障预警功能不及时，往往发生风机直接故障停风的事故，未实现主通风机最佳工况点调节，主通风机的启动、反风、切换等日常工作流程复杂，需要多人协同完成；④严重缺乏灾变之后应急处置降灾减灾技术与装备；⑤矿井通风系统较为繁杂，通风设施与通风动力设备较多，未能把各个通风设备有序耦合集成为一套完整的智能通风系统。

在智能通风调控技术装备方面，自动风门和自动调节风窗已在全国煤矿中推广开来，以自动风门、自动调节风窗为设施设备基础。自动调节风窗包括卷帘式、推拉式、百叶窗式及其组合和变种等各类智能调控装置，利用这些调控装置在不影响运输提升设备正常运行的条件下，可进行大范围的精确调节。煤炭科学技术研究院有限公司研发了采掘工作面风量全自动准确调控系统、采煤工作面全自动均压系统，实现了矿井关键用风地点风量无人员准确调控。目前自动风门一般采用连杆结构，以按钮"红外""光控""撞杆""地感线圈"等多种感应方式通过压缩空气、液压、电动机驱动实现风门开闭，解决了人工开闭的各种问题，安全可靠性高，当来人来车时，通过红外对射传感器自动感应，风门开关传感器自主辨识对面风门开闭状态，并以压缩空气、液压、电机为动力实现风门的对向开启与关闭，同时具备风门闭锁、防夹人夹车等应急响应功能。研发的抗变形让压远程自动控制风门系统，实现了矿井进、回风巷之间风门过人过车的智能感知开闭。

目前局部通风机变频调速技术和主通风机变频调速技术已在全国煤矿中推广开来。以变频局部通风机和变频主通风机为设施设备基础，研发了掘进工作面风量智能监测调控与远程集中控制系统、主通风机最佳工况点决策调节与远程集中控制系统，实现了局部通风机远程自动启停、按需供风、智能排瓦斯等功能，实现了主通风机最佳工况点合理调节、一键切换、一键启停等功能。

在煤矿灾害演变时期，由于灾害发生突然，决策窗口期短，目前灾变时期风流应急调控决策依靠专家经验，同时灾变时期风流应急调控的有效技术装备手段严重缺乏。在灾变风流控制方面，中国矿业大学、中国矿业大学（北京）均研制了火灾时期风流的远程自动控制装备与决策系统；山东科技大学通过运输巷火灾应急救援系统，以数据采集"智能分析"灾害报警为依托，远程控制风门，实现火灾期间灾害气体的有效隔离；开滦集团通过矿井通风自动化控制系统确定发生火灾的区域，应用通风网络解算技术分析烟流达到的区域和具体工作面，利用井口防火门和井下各区域风门的远程控制疏导烟流；煤炭科学技术研究院有限公司研制了抗冲击自动复位防爆门、灾变区域隔离门，并进行了爆炸条件下的实验室试验，开发了采煤工作面一键反风降灾减灾应急系统、主运皮带巷火灾短路疏烟排气降灾减灾应急系统、全矿井一键反风灾变降灾减灾应急系统、多回风井通风系统灾变远程快速隔断降灾减灾应急系统，为矿井通风系统构建了全时段"防护武装"。

4.1.4 智能化通风系统发展趋势

煤矿智能通风技术及装备发展目标是实现通风监测数据与其他系统数据多元异构融合、灾变通风网络风量实时解算、灾变风流应急调控方案决策、矿井通风系统全生命周期故障诊断、矿井风流调控与通风动力装备一体化控制管控、与其他系统设备联动协同控制。通过通风参数精准感知监测、通风网络智能决策预警、通风系统远程自主智能调控和灾变通风应急决策控制的不断深入研究，提高煤矿通风系统可靠性、可控性，是未来一段时间煤矿通风技术的发展方向。

4.2 煤矿融合安全监控系统发展概况

煤矿安全监控系统是煤矿企业对井下安全生产环境中所存在的瓦斯、矿压、水文、防灭火、粉尘等生产中影响安全的环境因素进行动态实时监控，结合精确位置服务、广播、通信联络等多个业务需求，同时对煤矿井下的采、掘、运、通等多种环节下各型机电设备及其相关工作状态进行实时监控，构建人-机-环-管等多维度的融合型安全监控系统。

4.2.1 煤矿安全监控系统总体发展概况

煤矿安全监控系统主要由中心站部分（主机、备用机、监控软件、核心网服务器、调度交换机、调度台、打印机、录音电话、UPS电源、电源避雷器）、数据传输部分（网络交换机、无线传输基站）、数据采集部分（监控分站、区域控制器、边缘数据中心、防爆电源）、终端感知部分（各种传感器、报警器、单兵智能终端、定位卡、测温主机、抽采设备、馈电断电器、智能广播终端）等设备组成。将采集的数据进行处理、分析，做出相应的决策。目前，通过将工业互联网、精确位置服务、区域协同控制、边缘数据中心等现代信息技术融入煤矿实际的生产过程中，能够有效降低事故发生的频率，降低生产过程中存在的安全风险。煤矿安全监控系统已实现多种参数实时监测、分级分区报警、全矿井精确位置服务、通信联络、人机调度、抽采控制、设备监测管理、边缘协同控制、GIS融合、数据服务等多种业务功能。通过采用了C/S、B/S、移动APP等一体化相结合架构设计，将各个业务集成在统一的一个平台下，各子业务之间可以自动实现联动控制与预警。

4.2.2 人员安全监测

井下人员定位系统作为煤矿安全避险六大系统之一，成为矿井安全监测管理的基本配置，随着UWB技术的发展，定位精度已达0.3 m，怎样发挥人员位置信息成为赋能安全管理业内关注的焦点，比如人员安全行为跟踪、闯入危险区域报警、人员安全态势分析、人员违章管理、应急救援等。

目前，中国煤炭科工集团常州研究院、重庆研究院、煤科院是国内人员安全监测的头部提供商，占有80%市场，处于国内领先水平。下一步将在人员位置信息增值利用、人员信息与第三方系统信息融合和人员大数据分析等方面开展深入的研究与应用。

4.2.3 设备安全监测

煤矿通风系统、排水系统、供电系统、提升系统、主运系统是安全、稳定、高效运行时安全生产的基本保障，这些系统基本为大型固定设备，是煤矿重要的资产，作为资产具有全生命周期维护的需求。近年来，通风系统、排水系统、供电系统、提升系统、主运系统基本都配置了监测系统，对于设备稳定运行提供了可靠保障。

4.2.4 环境安全监测

井下环境安全监测系统作为煤矿安全避险六大系统之一，成为矿井安全监测管理的基本配置，随着数字化感知技术的发展，安全监控系统经过一轮数字化改造，系统的监测范围、系统稳定性、监测数据准确性极大提高。随着煤矿智能化步伐加快，对安全监测系统多系统集成能力、计算能力、大数据分析能力、作为采掘工作面环境感知能力、对环境的预警能力提出了更高的要求。中国煤炭科工集团公司常州研究院、重庆研究院、煤科院、沈阳研究院是安全监控系统的头部提供商，市场占有率80%。

下一步，安全监控系统需要向全方位感知、多信息融合、智能化决策方向发展，需要攻克矿山物联网行业相关标准、煤矿井下受限空间低功耗智能传感及能量捕获技术、矿山网络全覆盖、通信与灾后重建、适合于煤矿井下统一的通信技术、安全监控系统传感设备智能化、监控系统数据融合与智能决策控制等科技问题。

4.2.5 地质环境监测

煤炭采掘过程中地质环境受到扰动，极易受到水害、顶板压力、冲击地压、瓦斯突出等地质灾害的影响，加强水文探测与监测、顶板压力监测、冲击地压、瓦斯抽采等安全工程具有普遍需求。

目前，矿井外因火灾监测预警主要采取标志气体分析法、测温法、烟感法、气味检测法等，其中标志气体分析法、烟感法、测温法得到了广泛应用，对矿井外因火灾的防治起到了重要作用。矿井水害监测防治技术主要以矿井水文数据的实时监测为基础，以井上无线传输和井下有线传输监测数据为数据获取方式，对矿区开采区域的水文地质情况进行实时监测。冀中能源集团部分矿井开展了微震监测，中煤科工集团开采研究院开发了基于微震+矿压+水质识别的复合水体下立体式水文监测预警系统，可有效提高对水害的监测预警效果。

4.3 煤矿瓦斯灾害智能预警系统发展概况

煤矿瓦斯灾害的智能化痛点主要存在于以下几个方面：第一，煤与瓦斯突出、瓦斯爆炸等煤矿瓦斯灾害破坏性巨大，一旦发生损失严重，且容易引起群死群伤，造成重特大事故，需要对瓦斯灾害进行在线监测和预测预警，避免瓦斯灾害发生；第二，瓦斯灾害致因复杂，影响因素众多，且不同矿井的地质条件、生产条件、装备水平等不同，瓦斯灾害主控因素并不相同，需要结合矿井实际条件，从多元信息融合角度进行预测预警，但现有的瓦斯灾害预测预警大多从单一因素出发，采用法律法规推荐指标及临界值，预测预警结果的准确性不高，不是天天喊"狼来了"，就是存在漏报，急需提高预测预警的准确性；第三，瓦斯灾害特别是煤与瓦斯突出灾害防治过程复杂，流程多、环节多、信息多、部门多，管理难度大，存在信息孤岛，急需信息化管理手段，提高管理效能和管理水平，实现信息集成和透明共享；第四，煤矿安全监管监察部门对瓦斯超限处罚十分严厉，现有的煤矿安全监控系统以瓦斯超限报警为主，预警能力较弱，急需对瓦斯超限进行预测预警；第五，瓦斯灾害相关参数检测、采集的信息化、自动化水平整体不高，众多参数依靠人工完成，导致瓦斯灾害预警系统自动化水平不高，运维工作量大；第六，预测预警与控制脱节，还停留在瓦斯超限断电控制上，不具备预警联动控制功能，不能根据预警原因和预警等级对采掘设备割煤速度、通风设施设备风量、钻机钻孔施工作业、瓦斯抽采系统工况等进行自动调节控制。

4.3.1 瓦斯灾害智能预警系统整体架构

针对瓦斯灾害智能化预警痛点及需求，设计了瓦斯灾害智能预警系统整体架构如图4-1所示。系统整体采用组件式架构，由系列专业子系统和预警平台构成，能够灵活组合，满足了不同煤矿条件需求。

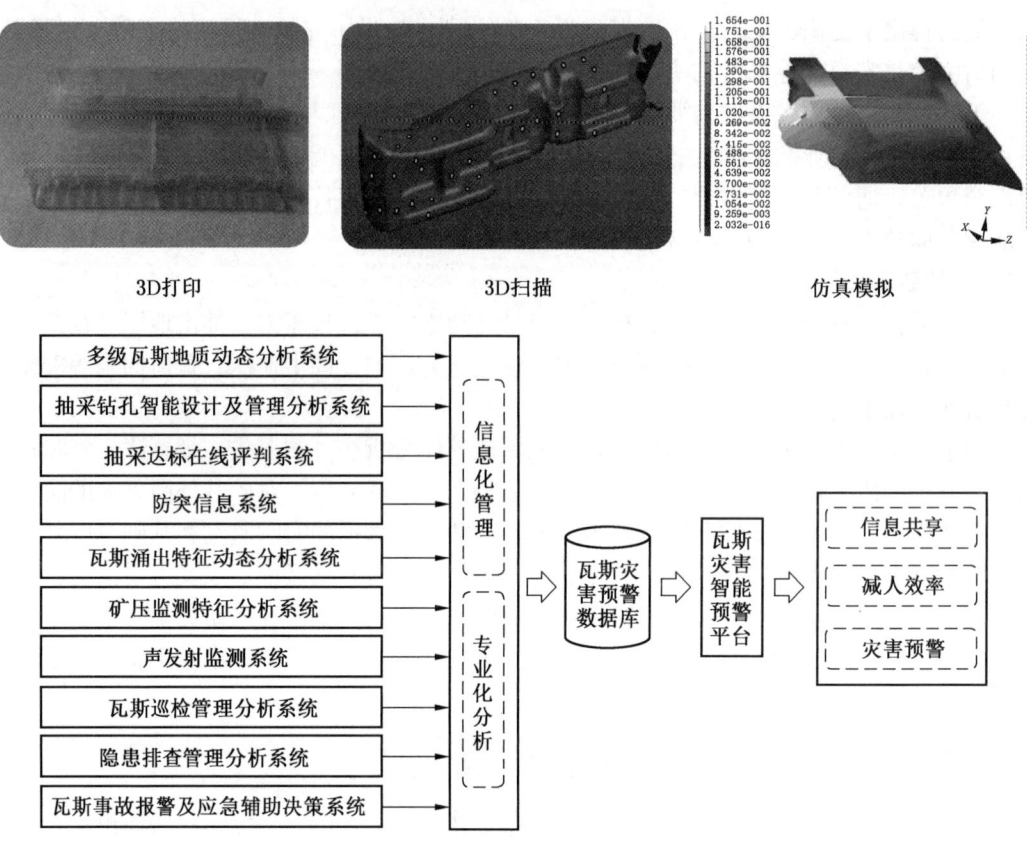

图 4-1 瓦斯灾害智能预警系统整体架构

各专业子系统具备专业分析和管理功能，能够实现瓦斯灾害防治全过程的精细化、规范化管理和专业化、自动化分析。预警平台能够汇集瓦斯灾害多源信息，从系统缺陷、客观危险、措施缺陷、管理隐患、人员违章等方面进行挖掘分析，自动辨识瓦斯灾害风险与隐患，融合多参量实时评判瓦斯灾害危险性，进行瓦斯灾害智能预警，多渠道发布预警信息，提醒矿井及时采取针对性措施，避免瓦斯灾害发生。同时，在瓦斯事故发生后，能及时报告瓦斯事故发生的地点、强度，预测瓦斯事故波及范围，并向井下广播系统和电力监控系统发出控制指令，自动切断灾区电源，并引导井下职工选择合理避灾路线及时撤离，避免灾害扩大，最大限度地减少人员伤亡。该系统能够显著提高煤矿瓦斯灾害防治技术和管理水平。

4.3.2 瓦斯灾害智能预警系统功能

目前，瓦斯灾害智能预警系统主要包括：多级瓦斯地质动态分析、瓦斯抽采钻孔管理分析、瓦斯抽采达标在线评判、防突信息系统、瓦斯涌出特征动态分析、矿压监测特征分析、声发射监测、瓦斯巡检管理、隐患排查管理、突出事故报警等 10 个专业子系统和 1 个瓦斯灾害智能预警平台。

在华阳新材料科技集团有限公司新景公司，依托矿井现有的监测监控系统、井上下通信网络和瓦斯实验室，通过构建矿井瓦斯灾害智能预警系统，实现了瓦斯灾害相关信息的动态采集、风险和隐患自动辨识、多指标融合分析、智能分级预警,以及预警信息的网站、手机 APP 联动发布。示范应用期间,利用该系统对矿井 8 个掘进面和 2 个采煤面进行了跟踪预警,累计对 70 余次突出隐患进行了超前预警,提醒矿方及时采取措施,实现了安全作业。经跟踪考察,系统的预警准确率达到了 91.5%,无漏报现象。同时,实现了对瓦斯灾害防治信息的精细化、规范化管理和透明共享,提高了地质、防突、抽采等部门的专业分析能力,显著提升了瓦斯灾害防治技术和管理水平。

4.4 矿井智能化防尘系统发展概况

矿井智能化防尘系统智能化痛点主要存在于以下几个方面:第一,随着煤矿机械化程度和生产强度的不断加大,矿井粉尘污染问题也随之增大,作业场所高浓度的粉尘已成为制约煤矿自动化、智能化开采技术发展的一个主要制约因素;第二,综采工作面缺乏切实有效的防尘手段;第三,综掘面粉尘治理智能控制技术尚需提高,连采、掘锚缺乏有效防尘手段;第四,很多防尘设备制造企业只重视装备研发,轻视防尘工艺参数研究,导致现场实际降尘效果参差不齐;第五,缺乏呼吸性粉尘连续监测技术;第六,对煤矿全域的防尘设备、职业危害因素传感器进行远程在线监控的系统还欠缺,只有零散局部的监测控制系统,无法掌控全矿井防尘设施状态及运行参数,对智能防尘形不成支撑;第七,现有防尘设备没有统一的接口,协议不兼容。因此,无法实现全矿井防尘设备的统一系统监控。

4.4.1 矿井粉尘综合治理技术及装备

目前,通过煤层注水、综采面智能喷雾降尘、综掘面抽尘净化除尘系统、粉尘浓度在线监测及防尘设备远程监控等多个方面的研究与建设,综采和综掘工作面降尘效率可分别达 85% 和 90% 以上。粉尘监测采用静电感应原理,具有抗污染、基本免维护的特点,可实现瞬时粉尘浓度、平均粉尘浓度、浓度超限监测的功能;综掘面通风除尘风量监控装置通过监测压、抽风量、瓦斯浓度、降尘效率、除尘设备运行状态等参数,自动调节除尘器抽出风量,保证通风除尘系统压抽风量比始终处于合理区间,实现综掘面粉尘高效和智能防控;远程集中控制的防尘设备远程系统可实现对矿井各自动化防降尘设备的远程在线监控,兼容性好,可定义新的自动化防降尘设备加入,可扩展性好。

4.4.2 综采工作面综合智能除尘系统

综采工作面采用矿用煤层注水监控系统对煤层注水工作状态(如注水流量、压力)进行在线监测,并根据监测结果进行自动控制;采用采煤机尘源跟踪喷雾降尘系统实现采煤机智能随机跟踪喷雾降尘以及综采工作面粉尘及噪声等职业危害因素在线监测;采用矿用综合自动洒水降尘装置对刮板输送机卸载点、转载机落煤点等进行粉尘监测及自动控制喷雾降尘;采用机载除尘器实现采煤机随机抽尘净化;采用液压支架封闭控尘装置对液压支架移降架过程产尘进行治理;通过回风巷粉尘快速捕集装置对工作面扩散粉尘进行高效治理;然后通过将所有设备接入防尘设备远程监控系统实现在线监测及远程控制。

4.4.3 掘进工作面智能除尘系统

综掘工作面采用控尘+抽尘净化的方式对综掘面粉尘进行治理,在综掘面智能防尘系统控制策略研究的基础上,利用综掘工作面通风除尘监控装置对综掘面粉尘、瓦斯监测,当瓦斯浓度超限时,自动调节抽尘风量及控尘装置轴、径向风量比,避免瓦斯超限,实现针对性的保护控制;同时,根据掘进工作面智能防尘系统控制策略的研究成果,通过调控除尘器运行参数，从而达到最佳压抽比，保证通风除尘系统的最佳工况。同时也可对噪声、温湿度进行监测。通过采用矿用综合自动洒水降尘装置实现回风侧粉尘浓度在线监测及超限自动喷雾。针对突出煤层综掘工作面，采用泡沫除尘系统进行治理可实现较好的效果。

4.4.4 智能防尘个人装备

井下各生产环节采取防降尘措施后，仍有一些细微矿尘悬浮空气中，甚至个别地点不能达到卫生标准，通过加强个体防护来降低职业健康危害。开发的矿用滤尘送风式防尘口罩有效地解决了劳动者佩戴自吸式防尘口罩憋闷的问题，可为煤矿尘肺病防治提供可靠保障。矿用滤尘送风式防尘口罩（图4-2）主机内置微型风机可高效吸入外界空气，经多级过滤传送至呼吸面罩，在面罩内产生正压，供佩戴者呼吸清洁空气，通过算法智能感知佩戴者呼吸阻力，自主调节送风量，缓解不同呼吸强度，佩戴舒适性高，可实现长期可靠呼吸防护。

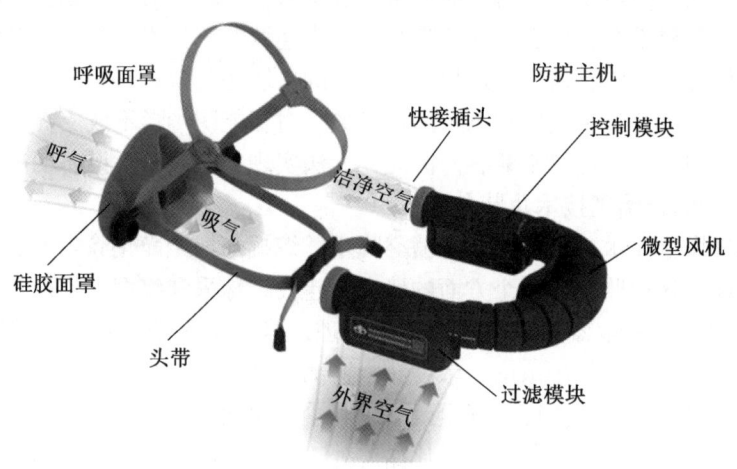

图4-2 矿用滤尘送风式防尘口罩

5 煤矿智能化与智慧城市融合发展

5.1 智慧城市现状与技术路径

5.1.1 智慧城市发展现状

智慧城市是在城市发展过程中，在民生服务、城市治理、政府管理、产业融合、生态宜居等领域，充分利用5G、云计算、互联网、IoT、大数据、人工智能等新一代信息技术手段，对居民生活方式、产业聚集发展、城市运营管理的相关活动与需求，进行智慧感知、互联、处理和协调，构建一个由新型信息技术支持的美好、高效和可持续发展的城市生态系统。

习近平总书记在浙江考察时强调："运用大数据、云计算、区块链、人工智能等前沿技术推动城市管理手段、管理模式、管理理念创新，从数字化到智能化再到智慧化，让城市更聪明一些、更智慧一些，是推动城市治理体系和治理能力现代化的必由之路，前景广阔。"我国在"开启全面建设社会主义现代化国家新征程、向第二个百年奋斗目标进军"的新发展阶段，建设智慧城市是实现人民对美好生活的向往的重要载体，是构建新发展格局的重要引擎，是促进社会治理现代化的重要手段。建设智慧城市在实现城市可持续发展、引领信息技术应用、提升城市综合竞争力等方面具有重要意义，对我国综合竞争力的全面提高具有重要的战略意义，对煤炭能源等领域的发展也具有显著的带动作用。

为大力推进智慧城市建设，国家和地方多个层面均出台了一系列政策作为有力推手。中共十九大报告提出建设"智慧社会"；国家"十四五规划纲要"提出"分级分类推进新型智慧城市建设"；多地在其"十四五"规划中指出，要加快智慧城市、新基建等规模部署，推进新技术等基础设施建设，推动传统基础设施升级，建设新一代信息基础设施体系。

5.1.2 智慧城市的技术途径

智慧城市在技术上需要满足智慧城市的业务应用需求，支持城市的综合管理与运营，通过深度融合云计算、大数据、视频、GIS、融合通信、IoT、AI、区块链等各种新技术的平台服务能力，实现对城市实时动态的感知、分析、协调，并能对城市治理和公共服务等做出智能响应，从而让城市治理更加精细，实现城市健康运行和可持续发展。智慧城市从技术架构上可简要概括为感知层、支撑层、数据层、应用层以及安全和标准规范体系（图5-1），是夯实智慧城市建设的基础。

1. 感知层

智慧城市感知层主要是负责识别和收集城市运行管理信息，通过视频监控、射频识别（RFID）、传感器等感知技术，对城市重要基础设施、公共交通工具、关键城市部件进行感知监测，实现对城市人与物的全面感知，全面采集城市的运行状态，建设覆盖城市的物联网基础环境，提升社会信息化水平，为智慧化城市应用精准化管理、便捷化服务奠定基础。

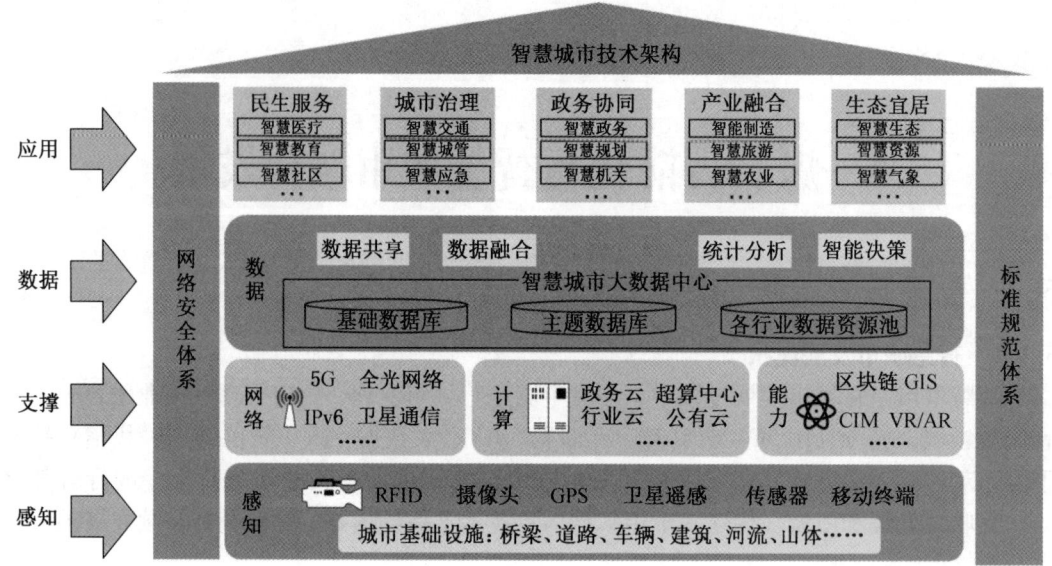

图 5-1 智慧城市技术架构

在智慧城市规划和建设中,通过建设全覆盖的感知设备,实现城市的万物互联:在桥梁建筑、地下管廊、交通设施、公共空间等重点部位部署的传感器,布局智能灯杆、智能管廊、智能垃圾箱、智能消防栓等新型智能化公共设施建设,应用遥感遥测、卫星定位、物探、激光、雷达等天地一体化感知体系,二维码、电子标签、GIS 和通信站点、北斗卫星定位等的数字化身份标识,以及全面覆盖城市重点区域的视频监控网络。

2. 支撑层

涵盖 5G、WiFi、高速光网、物联网以及卫星通信等的立体全覆盖网络,为智慧城市提供高速、安全、可靠、准确、及时的数据传送,实现城市信息更全面的互联互通。各种形式的高速率、低时延和海量机器类通信网络,将各种感知设备、企业、政府信息中收集和存储的分散信息及数据连接起来,进行数据的交换和共享,赋能各行业应用。

云计算平台是智慧城市的核心支撑平台,内容主要分为云管理端、云应用端、服务器系统、存储系统、应用服务中间件及数据库管理等系统。云计算依托超大规模、虚拟化、高可靠、易扩展性等技术特点,可有效整合城市各类软硬资源,使其在智慧城市领域得到更加广泛的应用,通过集约化统筹利用已有的软硬资源,提供基础的 IaaS 服务,以及 PaaS 服务、SaaS 服务,促进政府、企业等各部门之间的互联互通、业务协同,促进信息技术与实体经济融合发展。智慧城市构建超算中心,提供超级计算环境、大规模存储环境和网络化服务环境,提供科学计算、深度学习、海量视频解码、多图形渲染等多种场景的超算服务,满足智能化应用的高性能计算需求。

在智慧城市规划建设中,还可以充分运用各类先进技术,与城市治理业务结合,赋能城市管理。例如边缘计算赋能前端感知设备,降低网络带宽需求,减少数据传输时间,实现快速识别城市运行状态以及预测事件态势发展;人工智能通过结合数据库引擎、自然语言处理技术、基础视觉能力,能够促进传统智慧应用转型升级;依托区块链去中心化、分布式、不可篡改、公开透明技术特点,实现各类信息跨层级、跨地域、跨领域、跨部门、跨系统的共享交换;结合 CIM 技术,采集城市各行业感知数据,以数据为支撑,全方位展示城市运行情况。

3. 数据层

智慧城市不断深入发展,城市各行业积累了海量数据,大数据已成为一个城市重要生产要素之一,数据资源的开发和综合应用已经成为智慧城市规划与建设的核心要求。智慧城市大数据通过对民生服务、城市治理、政务协同、产业融合和生态宜居所产生的管理、服务、生活、生产的海量数据进行采集、清洗、汇聚、挖掘、分析后,建立城市基础数据库,形成城市大数据中心。城市大数据中心作为智慧城市的数据底座,统一汇聚存储城市各行业多源异构数据,共享交换给各行业使用,打破城市治理的"信息孤岛",实现城市信息互联互通,释放数据价值,支撑行业应用建设;还可以借助大数据分析技术,建立监测预警、态势分析等算法模型,为城市治理提供决策建议,提升城市运营指挥能力。

4. 应用层

智慧城市创新应用,面向民生服务、城市治理、政府管理、产业融合和生态宜居等五大板块,打造智慧城市的应用场景,全面构建感知、分析、服务、监察、指挥"五位一体"的新型智慧城市管理模式,提升城市综合治理的运行感知、资源配置、异常预测和应急指挥联动四大能力,全面提升城市治理水平。例如建设智慧城管、智慧管廊、智慧交通、智能制造等智慧应用场景。

5. 标准规范与安全

在智慧城市规划建设同时,同步建立满足智慧城市各系统平台建设和后期运行所需的标准规范,涵盖业务标准、技术标准、管理标准,为智慧城市发展提供规范,为平台的运维管理提供支撑。在智慧城市规划与建设同时,按照"多层次、多方面、立体的系统安全"架构要求,从网络、数据、系统、安全管理等四个方面构建多维度的城市安全保障体系,促进智慧城市的整体安全发展。

5.2 煤矿智能化与智慧城市的联系

中共十九大报告明确指出,我国经济已由高速增长阶段转向高质量发展阶段,要深化供给侧结构性改革,推动互联网、大数据、人工智能和实体经济深度融合,培育新增长点、形成新动能。习近平总书记在 2018 年 10 月 31 日主持中共中央政治局第九次集体学习时,对"把握数字化、网络化、智能化融合发展契机"做出了重要论述。

信息技术的爆发式增长,已成为智慧城市发展的核心驱动力,对社会、经济正在产生颠覆性影响:一方面,新一代信息技术以其强大的渗透力和融合力,推动信息化和工业化深度融合,催生出信息经济、数字经济、智能经济等新形态,成为新旧发展动能接续转换的强劲引擎,有力地提升传统产业、培育新兴产业,实现经济转型升级。另一方面,新一代信息技术广泛应用于社会各领域,产生了智慧农业、智慧管廊、智慧城管、工业 4.0 等新概念,深刻改变着人们的思维方式、生产和生活方式,对整个社会发展与变革产生巨大、深远而广泛的影响。高科技的飞跃为智慧城市发展不断创造技术和物质支撑,同时,智慧城市也为高科技与经济社会融合发展提供了载体和落脚点。

产业智能化是我国人工智能技术和新一代信息技术快速发展的必经之路。随着新基建加速布局，以 5G 通信网络、物联网、云计算、大数据、人工智能、自动控制、工业互联网、机器人化装备等技术为代表的信息化技术与智能矿山的交叉融合创新程度越来越高，深入应用到矿山安全、地质保障、煤炭开采、巷道掘进、主辅运输、通风、排水、供电、洗选运输、生产经营等所有环节，逐渐形成矿山全面感知、实时互联、分析决策、自主学习、动态预测、协同控制的完整智能系统，实现矿井开拓、采掘、运通、分选、安全保障、生态保护、生产管理等全过程的智能化运行，大幅促进能源生产智能化、能源消费合理化、能源监管透明化，对于提升煤矿安全生产水平、保障煤炭稳定供应具有重要意义。

煤矿智能化发展的阶段性目标是，到 2025 年，大型煤矿和灾害严重煤矿基本实现智能化，形成煤矿智能化建设技术规范与标准体系，实现开拓设计、地质保障、采掘（剥）、运输、通风、洗选物流等系统的智能化决策和自动化协同运行，井下重点岗位机器人作业，露天煤矿实现智能连续作业和无人化运输。到 2035 年，各类煤矿基本实现智能化，构建多产业链、多系统集成的煤矿智能化系统，建成智能感知、智能决策、自动执行的煤矿智能化体系。

为实现上述目标，在矿业领域，需要部署物联网传感器对生产、转换及消费数据进行全面感知，利用泛在互联 5G 网络传输至大数据处理平台，引入人工智能技术对数据开展分析处理，从而支撑矿山运行的科学决策、精准管控和高效执行，推动安全绿色、高效智能的能源开采、转换与消费。5G 技术的大带宽、低延时和广连接能够解决煤矿智能化开采中的大数据同步传输、远程实时控制和多传感器集中接入的难题。云计算、AI 和工业互联网的结合能够充分调动计算资源，高效挖掘和利用数据，综合智能优化决策，实现煤炭智能化开采各系统的协调高效运行。BIM、GIS、IoT 的结合能够大幅降低矿山设计、施工、运维管理的难度。系统与数据安全技术能够实现企业信息系统的深度防御和安全监管。无人驾驶与机器人技术则能够有效减轻人员负担，减少管理风险。人工智能、区块链、云计算、大数据等新型信息技术紧密结合，能够助力煤矿企业数字化转型。

同样，矿业领域的技术也能够为智慧城市建设和应用带来提升。防爆技术与危险气体监测的结合能够广泛应用于城市综合管廊、化粪池等场所。BIM、GIS 的应用实例能够推广到城市地下空间建设和运行维护。井下车辆、矿山特种机器人的设计、使用能够在防爆设计、地下空间充换电、隔爆新型材料、大数据远程监控等方面提供经验。井下无线发射功率的研究能够提供电磁波防爆技术、无线射频设备安全技术的科学结论。智能巨系统兼容协同和无人操作系统常态化运行的成果能够对工厂、园区等安全运行和无人值守提供参考。

综上所述，煤矿智能化是我国产业智能化的重要组成部分，也是智慧城市建设中必不可少的构成之一，大量的高新技术都可以在两者之中落地应用、相互转化。煤矿作为专业性应用场景，除了可以作为通用高新技术的实验田，将技术成果应用于自身以外，还可以将特殊工作环境下的成果运用经验反馈，针对性地进行调整，不仅可以提升各项技术在煤矿的应用成效，还可以将成果及经验推广到智慧城市其他相关领域，推动技术的进步与发展。

5.3 煤矿智能化技术在智慧城市建设中的应用

5.3.1 智慧城管综合管控平台

智慧城管综合管控平台以物联网技术和 GIS 技术为核心，实现各种监控末端设备和市政设施的互联互通，为市政管理部门及相关单位提供实时在线监测、定位追溯、报警联动、调度指挥、远程控制、安全防范、远程维保、统计报表、决策支持等管理和服务功能，实现对市政设施及事件的"高效、安全、节能、环保"的"管、控、营"一体化，通过对市政设施的在线监控和大数据分析预测体系，实现对种类繁杂的市政设施的高效智能管理，解决城市建设发展过程中遇到的实时管控、应急处置等管理瓶颈和难题。其亮点是系统可实现各类市政设施及其监控设备的灵活配置、参数定义、功能组态和远程管理维护，可灵活接入各类智能传感器，实时监测各类市政设施状态信息，及时发现异常状况，并利用数据挖掘技术实现对各类事故的预测预警及为城市管理决策提供数据支撑。

5.3.1.1 微服务架构技术

在智慧城管实际应用环境中，某些应用系统的业务数据会与其他系统间有交互、共享。同时，某些应用系统也会作为服务的提供方向外暴露服务，供其他应用系统调用。根据不同业务系统互相之间数据交互、异构环境等特点，系统建设以微服务架构为指导，为有业务需要的应用系统提供一个透明的、无差异的集成实现；服务都支持负载均衡配置，按需增减。微服务架构是一种将单应用程序作为一套小型服务开发的方法，每种应用程序都在其自己的进程中运行，并与轻量级机制（通常是 HTTP 资源的 API）进行通信。这些服务是围绕业务功能构建的，可以通过全自动部署机制进行独立部署。

5.3.1.2 统一门户登录技术

统一门户系统实现各系统的信息集成，是内部业务办理的统一入口，统一门户主要包括单点登录、用户权限管理、个性化工作界面等。系统可以自动发现在所管理的资源中的用户信息更改，并根据规则将其同步到其他资源中。

通过统一门户登录功能可实现对内部各系统进行统一入口管理，提供"单点登录，全网通行"的统一的资源访问控制体系。用户采用不同的访问手段通过系统时，系统提供统一的身份鉴权机制。同时，在用户进行跨系统资源访问时，系统提供单一登录和统一账户管理的功能。用户进入系统时，系统的访问控制功能对访问者进行身份认证，合法用户将被赋予相应的门户访问权限。当合法用户通过系统访问内部其他应用系统时，访问控制功能将在跨系统访问中提供单一登录（"一次鉴权"）的服务机制。

5.3.1.3 全面兼容的通信技术

依托 GPRS/3G/4G/NB 等移动通信网络，建立物联网终端与城管平台的无缝对接，实现数据、控制、指挥等业务协同运作。

基于移动通信网络环境，物联网终端随时上报监测结果，结合 GPS 和 LBS 定位技术，平台可以对设备、人员、车辆等资源在规定区域内的工作状况进行有效监督，实现对城市资源的科学管理。

5.3.1.4 空间信息技术

空间信息技术是指以地理信息系统（GIS）、全球定位系统（GPS）、遥感（RS）等为代表的处理地理空间位置相关数据的信息技术。

GIS 地理信息系统提供基于空间的查询、定位、分布等地理信息综合服务，以满足信息管理的空间可视化需求。通过 GIS 一张图的形式显示传感器布点信息、传感器实时数据及报警信息，能够快速定位并处理问题，为城市管理提供信息可视化功能。

5.3.1.5 城市部件和事件管理技术

城市部件管理法是指运用分类编码技术，将所有城市部件按照地理坐标定位到单元网格中，明确各部件的管理职责，通过网格化城市管理信息平台对其进行分类管理的方法。实施城市部件管理法，可以实现由粗放到精确，由人工管理到信息管理的转变。

利用城市部件和事件管理技术可方便地建立和管理城市部件库和城市事件库。借助于实体库，就可以方便地录入各项空间数据，进而方便地创建空间数据库，将部件和事件在GIS一张图上进行关联展示。

5.3.1.6 协同处理技术

"协同处理"泛指管理的具体行为，尽管每个组织的业务形态、管理制度、管理流程各不相同，但从信息的构成及传递方式角度看，可以归纳为：协同=对象+事件诉求+工单+流程规则+执行结果。协同处理技术为各类信息资源共享和在线更新提供了技术支撑。利用协同处理技术，可实现城市管理各业务部门间的实时、动态、多人的协同处理、并联工作。

5.3.1.7 数据共享与交换技术

智慧城管系统的建设最终走向城市管理的"大城管化"，为"智慧城市"建设提供强大的扩展和延伸支持，因此智慧城管系统必然涉及行政和信息资源整合，利用数据共享与交换技术能很好地整合挖掘政务资源信息，达到各个部门数据交互访问及使用的目的。

5.3.1.8 信息安全防护技术

智慧城管系统的信息安全建设，采用VPN、账户认证系统、边界隔离、网络防火墙、防病毒系统、容灾备份、虚拟化容灾、异常行为防护等全方位的网络信息安全技术，充分保障网络系统和应用系统的安全和稳定运行。智慧城管综合管控平台结构图如图5-2所示。

5.3.2 城市地下管网和化粪池危险气体监测

城市地下管网与化粪池中的污水、废水及化粪池中的有机和无机物在相对封闭的环境内，会分解并产生各种有毒、有害、易燃、易爆的危险气体，包括甲烷、硫化氢、一氧化碳、氨气、二氧化碳等气体。不同危险气体的危害不尽相同，倘若管理不善，容易造成危险气体蓄积，当达到一定浓度后，易发生中毒、爆炸等安全事故。为了降低此类安全事故，必须对城市地下管网与化粪池的危险气体进行监测。因监测对象含甲烷等爆炸气体，可充分利用煤矿智能化气体监测技术实现对城市地下官网与化粪池中的危险气体进行监测。

我国地下管网和化粪池危险气体监测的建设工作起步较晚，在2012年颁布了《下水道及化粪池气体监测技术要求》（GB/T 28888—2012）后，才开始大规模推广建设。目前全国各大型城市正逐步完善下水道及化粪池气体监测监管范围，并提升智能化水平。

5.3.2.1 本安危险气体检测技术

甲烷浓度检测原理主要分为催化、红外、热导和激光四大类。其中，催化甲烷传感器是通过催化元件表面无焰燃烧，使得载体催化元件阻值变化，导致桥路失衡，产生与甲烷含量成线性比例的输出信号，从而实现对甲烷含量的监测。催化甲烷具有测量范围窄、探头易中毒、需频繁标校、"跳大数"误报警等缺点，不适用于城市地下管网和化粪池危险气体监测。热导甲烷传感器采用甲烷和空气导热率不同的原理实现甲烷浓度的监测，主要用于高浓度段4%～40%瓦斯监测，亦不适用于城市地下管网和化粪池危险气体监测。非

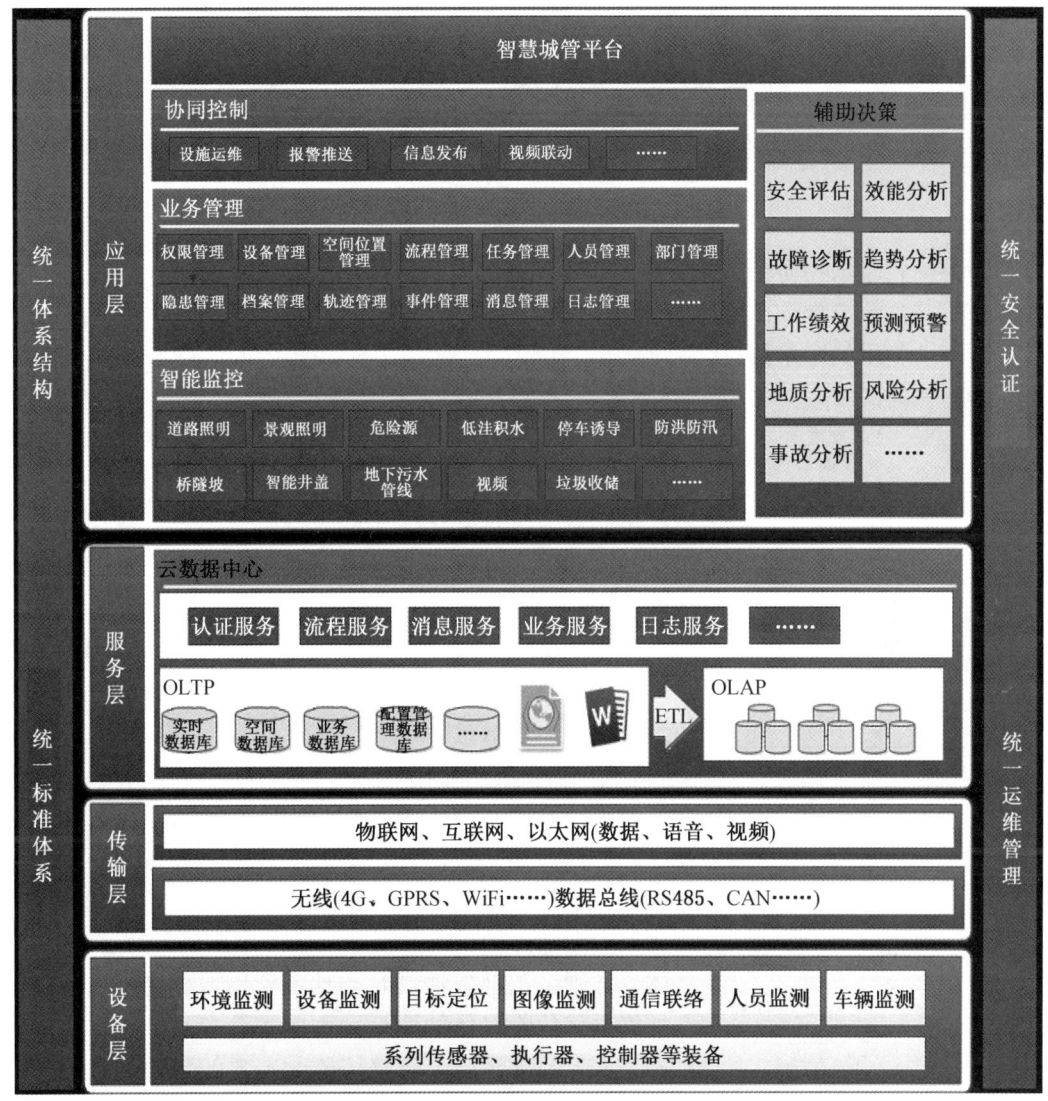

图 5-2 智慧城管综合管控平台结构图

分散性红外线技术和可调谐二极管激光吸收光谱技术，都采用光谱吸收原理，均能实现满量程的甲烷监测，但是红外甲烷传感器受湿度及其他烷类影响较大，而激光甲烷传感器相对稳定可靠，不易受湿度及烷类气体影响。

经过甲烷气体吸收后，输入光功率和输出光功率的关系符合 Beer-Lambert 定律：

$$I(\lambda) = sI_0(\lambda) e^{-\sigma(\lambda)cL} \tag{5-1}$$

式中　$I(\lambda)$——光电探测器接收的光功率；

　　　$I_0(\lambda)$——半导体激光器输出的光功率；

　　　s——光收集效率；

　　　$\sigma(\lambda)$——在波长 λ 处的分子吸收系数；

　　　c——吸收物质的浓度；

　　　L——光路长度，即光线在待测气体中穿过的有效路径长度，光程越长，其值越大，测量精准度越高。

对于城市地下管网和化粪池产生的硫化氢、一氧化碳、氨气、二氧化碳等危险气体，均可采用电化学气体检测技术。

电化学传感元件反应电流（I）为

$$I = nF \frac{dN}{dt} \tag{5-2}$$

式中　n——每摩尔物质在氧化还原过程中转移的电子数；
　　　F——法拉第常数；
　　　N——物质的摩尔数；
　　　t——时间。

当流动相的流速一定时，dN/dt 与组分在流动相中的浓度有关。

传感器通过对电化学元件与危险气体发生氧化或还原产生的微弱电流进行放大调理与 A/D 转换，得到危险气体浓度。

由于危险气体与危险气体直接接触，气体检测传感器须进行本安处理。城市地下管网与化粪池多参数危险气体监测传感器原理示意图如图 5-3 所示。

5.3.2.2　本安危险气体抽采技术

城市地下管网与化粪池危险气体在线监测可采用地下设备式或地面抽采式两种监测方式，地下设备式对设备的防护性、安全性要求更高，设备价格偏高，且不利于维护与调校。而地面抽采式是将危险气体监控装置部署在井上，气体采样则采用部署抽气管到地下管网或化粪池，通过真空抽气泵将危险气体抽取至地面监控装置。装置监测环境良好，不容易受污染，故整体监测装置的防护等级要求相

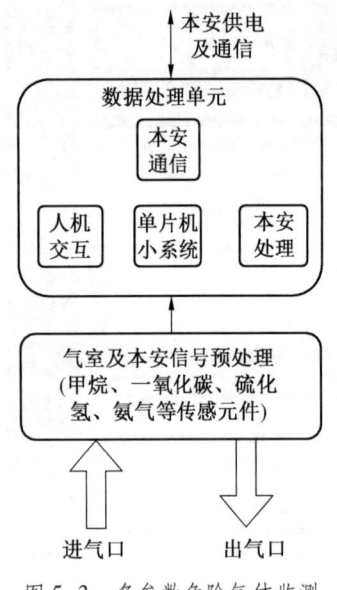

图 5-3　多参数危险气体监测传感器原理示意图

对地下监测设备要求较低，故通常采用地面抽采式进行危险气体监测。由于抽采泵与危险气体直接接触，抽采泵必须进行本安处理。装置构成原理如图 5-4 所示。

5.3.2.3　防爆危险气体强排技术

当装置检测到危险气体达到设定强制抽排浓度时，启动防爆前排风机，与地下管网与化粪池入风口形成对流，让新鲜空气进入地下管网与化粪池，从而降低危险气体浓度，降低中毒、爆炸等安全事故发生概率。

5.3.3　城市地下管廊安全监控系统

地下综合管廊是建设在城市地下，用于集中敷设电力、通信、广播电视、给水等市政管线的公共隧道，既可节约土地资源，又能够有效杜绝"拉链马路"现象，无须反复开挖路面就可对各类管线进行抢修、维护、扩容改造等；同时也提高了管理能力，有效防止因市政管线意外损毁导致的各类安全事故的发生，是新型城市建设必不可少的组成部分。地下综合管廊关乎着城市正常运行和市民生活的方方面面，是城市重要的基础设施，被称为城市"生命线"。因此，地下管廊的安全监测系统建设是管廊运营管理环节的重点，也

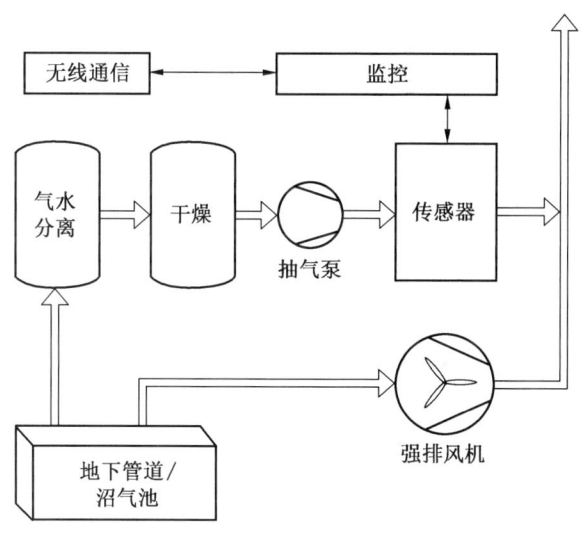

图 5-4 城市地下管网与化粪池抽采式监测示意图

是地下综合管廊建设的重要内容之一。

5.3.3.1 系统结构

城市地下管廊安全监控系统（图 5-5）包括环境参数、设备状态、管线防漏、入侵防范、通信联络、火灾消防等前端子系统，实现对管廊内有毒有害气体、温湿度、积水、设施设备、非法入侵等信息的动态监测，并将其与 3D GIS 地理信息系统、虚拟现实技术相结合，在统一的管理信息平台上进行展现和操作，实现对管廊状态的实时监测、设备的远程控制、故障及灾害预警报警，为管理部门的运营维护提供必要支持，确保管廊正常运行。

5.3.3.2 主要监控对象及关键设备

1. 环境监测

管廊内布置有各类管线、设备，巡检和维修人员也经常会进入管廊开展工作，因此需要及时准确地监测廊内温湿度、氧气、危险气体、液位等环境参数，为管廊内人员和敷设的各种管线提供安全保障。

（1）温湿度、氧气、危险气体监测。温度、湿度、氧气浓度是综合管廊的基本环境参数，对巡检维修人员的安全以及管线和设备的正常运行具有重要影响。根据相关标准要求，管廊内须在规定位置安装温湿度和氧气传感器。

根据住建部要求，污水和天然气必须入廊，而污水管道或污水舱可能会产生甲烷、硫化氢等有毒有害及易燃易爆的危险气体，一旦出现积聚，极易引发中毒、爆炸等安全事故。天然气舱则存在天然气泄漏的可能。因此拥有以上舱室的管廊须安装基于电化学或光学检测原理的危险气体传感器，对廊内甲烷、硫化氢的浓度进行实时监测。此外，根据 GB3836 标准，污水舱和燃气舱均属于防爆二区，且由于管廊各舱室之间并不完全隔断，因此建设有污水舱或燃气舱的管廊内所有电气设备均应采用防爆型产品。

（2）液位监测。由于管廊埋深较浅（一般顶部仅有数米覆土层）且有众多通道与地面相连，短时强降雨或过程雨量偏大可能会造成地下综合管廊内部积水，影响综合管廊的

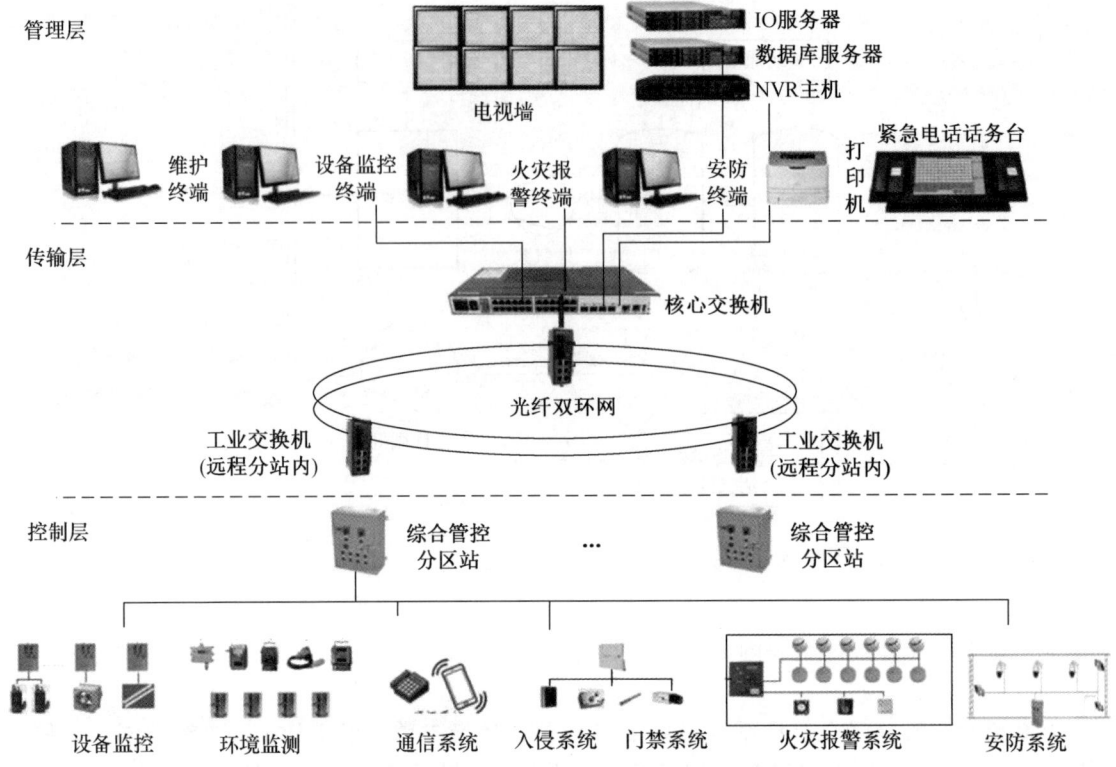

图 5-5 城市地下综合管廊安全监测系统

安全运行。因此，管廊每一防火分区的每一舱室最低处均设有集水坑，用于汇集存储舱室内的积水。当水位超过一定阈值时，需自动启动排水泵将积水通过管道排出管廊。集水坑处设置有浮球式或超声波水位传感器，实现对水位的实时监测。

2. 设备工作状态检测

管廊内安装有大量风机、排水泵、供电设备、照明设备、消防设施等附属设备，管廊监控系统通过 PLC 对其电压、电流、功率、功率因数、运转温度等运行参数进行实时采集，通过现场以太网传输至地面监控中心，实现对设备工作状态的监测。

3. 入侵防范

入侵防范主要是针对综合管廊检修井、通风口、下料口、管廊出入口等处的非法入侵情况进行检测，防止非法闯入和廊内管线及设施设备被破坏、偷盗。

（1）门禁系统。在综合管廊的人员出入口设置门禁装置，确保只有通过授权的人员才能正常进出。门禁装置一般由身份识别系统（人像或指纹识别）、智能门锁和视频监控装置组成。

（2）异常入侵检测。管廊内铺设有大量市政管线，为防止人为或动物破坏，管廊内检修口、逃生井、下料口以及廊内安装有红外微波双鉴传感器，利用红外线和超声波同时检测的方式对非法入侵行为进行监控。对于可能存在危险爆炸气体的管廊，则需要采用防爆型红外微波双鉴传感器。

（3）视频监控系统。为了管理人员更加直观地掌握综合管廊内的情况，管廊内两端出入口、逃生井下口、设备间、管廊中部及气体重要位置均设置有视频图像监视装置，部分装置具有动态图像捕捉和视频识别功能。

（4）智能井盖。智能井盖设置在管廊地面的各类井口上，如检修井、逃生井等。智能井盖具备动态传感和智能闭锁功能，动态传感器可实时检测井盖是否被开启，智能闭锁功能将井盖牢牢锁死在井圈上，需要打开时可通过遥控器或由监控中心发指令开启，能够防止未授权人员从外部进入管廊。井盖内部设置有无障碍开启装置，方便廊内人员遇险逃生。

4. 人员位置监测

综合管廊需要巡检维修人员对廊内进行巡视和维修，实时掌握人员的位置信息，对于人员的考勤管理、调度指挥、事故逃生具有重要意义。因此部分结构较为复杂的管廊在出入口和关键区域设置有基于 ZigBee、RFID、UWB 等不同原理的人员定位装置。

5. 结构监测系统

因地质和顶部压力变化的影响，可能导致管廊产生不均匀沉降，以及廊体连接位置的开裂，因此管廊需要进行沉降监测和裂缝监测。管廊沉降通常通过压差式水准仪进行监测，通过连通器内液位变化导致的压力变化，监测廊体是否有垂直方向的位移。而裂缝监测通常利用钢丝拉力计连接在两段廊体的连接处，通过测试钢丝拉力实现对裂缝的监测。

5.3.3.3 管廊综合管控平台

与煤矿监控系统相同，管廊的管理运维工作也依托于位于监控中心的综合管控平台来实现。平台结构也采用与煤矿综合管理平台相同的数据层、服务处和应用层结构。支持 3D GIS "一张图"模式展示管廊安全监测、人员信息、设备运行状态、视频监控、通信联络、运维管理等信息，并通过逻辑关系树对可能发生的灾害进行预判，并通过预设的协同管理功能对灾害信息进行发布和预处理。近年来，随着大数据和云技术的发展，部分管廊监控系统也实现了云部署和大数据框架建设。

5.3.4 超前地质预报

超前地质探测技术是煤矿实现智能开采的基础和前提。而在非煤隧道工程中，同样需要提前掌握掘进工作面前方一定范围内的地质构造、水害、有毒有害气体等赋存情况，这种技术在煤炭领域称之为"超前地质探测"，而非煤隧道工程称为"超前地质预报"，其内容基本相同。

超前地质预报一般包括地质分析法、超前地球物理勘探、超前地质钻探三大类，其中地质分析法是基于已开挖揭露的掘进工作面及周边地质情况，再结合已知的地质情况，综合分析推测前方未开挖段的地质情况，也称为"地质素描分析法"。超前地球物理勘探一般简称"超前物探"，其主要包括地震波超前探测法、探地雷达法、直流电法、瞬变电磁法和红外探测法。超前地质钻探法主要可分为不取芯超前地质钻探法、取芯地质钻探法和加深炮孔法。

煤矿井下超前地球物理勘探技术起步较早，在 20 世纪 70 年代初期中煤科工集团重庆研究院有限公司高克德教授等人便开始了国产 KDL 系列防爆探地雷达的研制工作，目前已经发展成包括探地雷达、地震波检测仪、瞬变电磁法探测仪等专业设备、反演计算和配套成像软件的系统化技术与装备。

5.3.4.1 探地雷达

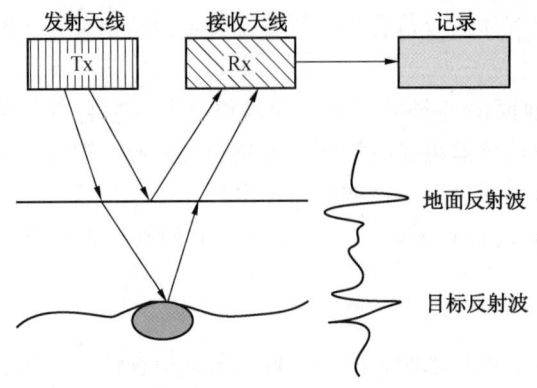

图 5-6 探地雷达反射波超前探测原理示意图

探地雷达（Ground Penetrating Radar，简称 GPR）是利用高频电磁波确定介质内部物质分布规律的一种地球物理勘探技术，具体的方法有透视法（跨孔透视）、反射法等。雷达一般由主机、发射机、接收机、天线及相关配件组成，其反射波超前探测基本原理示意图如图 5-6 所示。

探地雷达发射天线定向发射的高频电磁波（雷达波）在传播过程中，遇到电性差异界面，主要是介电常数差异界面时发生反射，通过对反射回来的雷达波进行处理，实现对探测目标体的性质、距离、规模等参数的分析判读。除煤炭行业外，该方法在地矿、建筑、交通、市政等多领域均得到广泛的应用，尤其是在各类隧道建设等岩土工程中，是设计单位必选的超前物探方法之一。主要设备如图 5-7 所示。

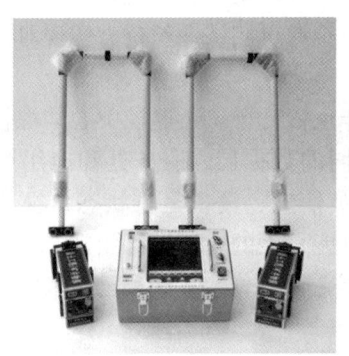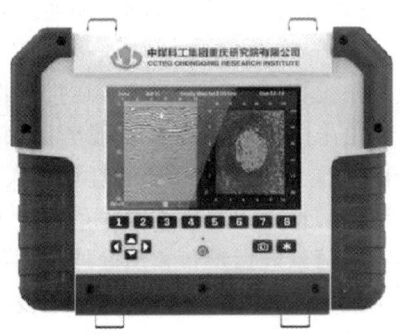

图 5-7 探地雷达主要设备

5.3.4.2 地震波探测仪

地震波探测也是煤炭行业进行地质探测的主要技术手段之一，探测原理是利用人工激发的地震波在岩层中以球面波形式传播，当遇到物性界面（即波阻抗差异界面，例如断层、破碎带、陷落柱、岩层分界等构造）时，部分地震信号发生反射，部分信号折射进入前面介质，反射的地震信号被传感器接收，即可得知被测方向是否存在不良地质情况，从而实现探测前方的地质构造。其超前探测原理示意如图 5-8 所示，该方法常用的观测系统布置方式如图 5-9 所示。

该方法目前是城市隧道、地铁等地下工程中必不可少的地质检测手段。其仪器设备一般由主机、同步信号盒、地震检波器、连接线、震源系统等组成，主要设备如图 5-10 所示。该方法的关键技术指标主要有最大可接收地震记录道数、检波器与围岩耦合度、输入信号频率范围、采样率、可记录的最大长度、数据处理核心算法的先进性和适用性等。

5.3.4.3 瞬变电磁仪

瞬变电磁法地下超前探测技术是基于地面半空间瞬变电磁法发展起来的一种超前物探

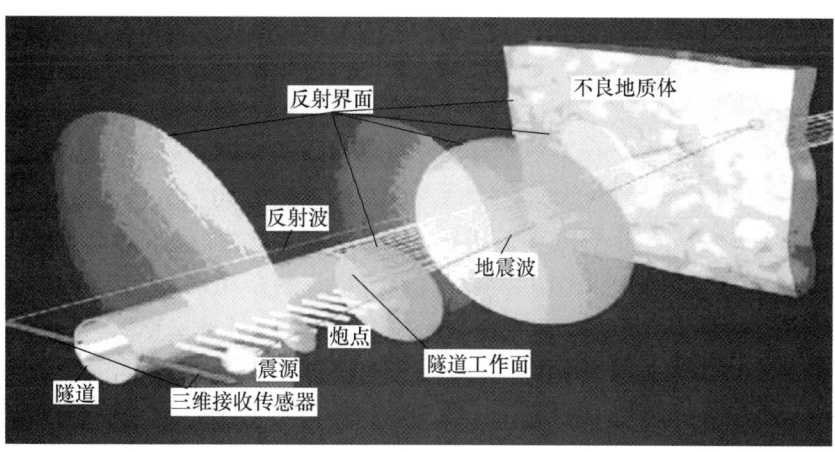

图 5-8 地震反射波超前探测原理示意图

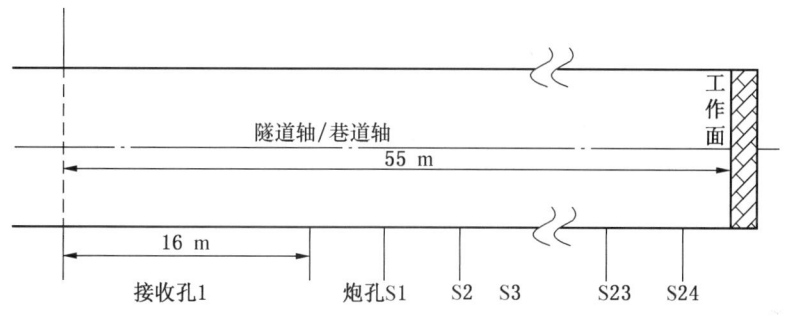

图 5-9 地下地震波反射法观测系统设计示意图

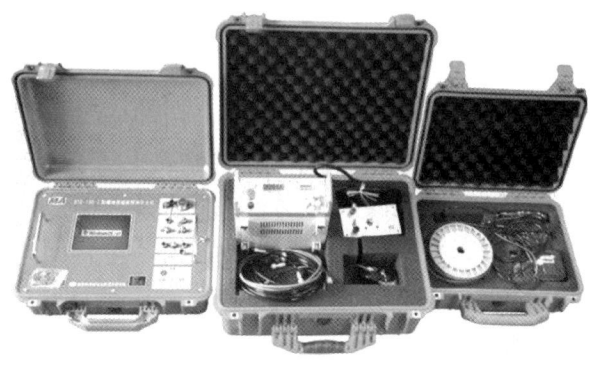

图 5-10 地质超前探测系统

方法,其基本原理也是利用人工激发的电磁场电磁感应被探测区域产生的二次电磁场的效应情况来判断被探测区域的电导率分布情况。该方法常用"烟圈"扩散电磁理论来解释其超前探测的原理,如图 5-11 所示。

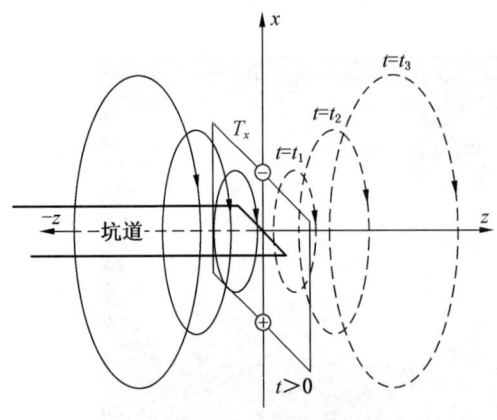

图 5-11　瞬变电磁法地下超前探测的
"烟圈"扩散原理示意图

地下狭小的现场测点布置方式有两种：一为扇形探测；二为矩形探测。超前探测常用测点、测线布置示意图如图 5-12 所示。掘进头超前探测时，一般情况下，采用左右扇形探测和上下探测两个剖面即可，测点偏转角度一般为 10°~20°，为了便于计算，测点数设置为奇数，中间那个测点正对掘进头正方向；侧帮超前探测时，跟地面探测一样，测点在一条线上以点距为 2~5 m 平移探测点即可。

由于全空间效应及接收的感应电磁场值的体积效应影响，目前只能对低阻异常体做

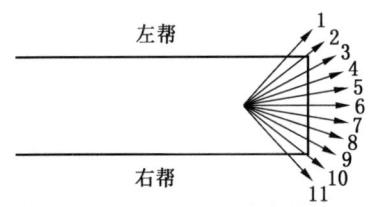

(a) 掘进面横向扇形探测方式

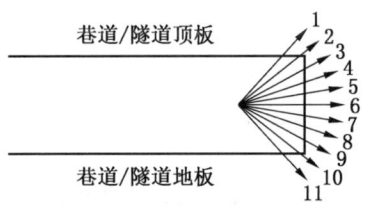

(b) 掘进面上下扇形探测方式

(c) 侧帮超前探测方式

图 5-12　瞬变电磁法地下超前探测测点布置示意图

大致定性判断，其探测精度有待进一步提高。但因其具有现场数据采集快速便捷、仪器设备轻便等优点，该方法在煤矿和非煤行业地下探测中还是得到了广泛的应用。其仪器设备一般由主机（发射电源一般内置主机内）、一体化收发天线两部分组成；该方法的关键技术指标主要有发射电流大小、关断时间长短、数据处理核心算法的先进性和适用性等。其主要设备如图 5-13 所示。

 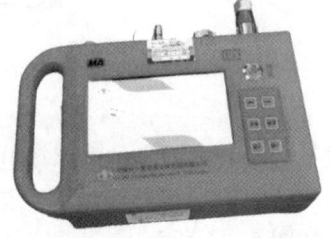

图 5-13　瞬变电磁仪

5.3.5 大气扬尘检测

粉尘是煤炭生产中无法避免的问题,也是煤矿安全和职业健康关注的重点之一。同样,在智慧城市建设中,对于空气中颗粒物浓度检测也是衡量空气质量标准的重要指标。空气颗粒物是指悬浮在空气中的固体微粒,其主要来源之一就是城市扬尘,主要有自然尘、建筑工地尘、城市裸地、道路和工业生产扬尘、堆场扬尘等。随着我国经济和城市建设的快速发展,城市扬尘所造成的大气污染已成为一个十分突出的环保问题。

国内早期针对粉尘颗粒物浓度的检测需求与应用主要源自于煤矿对职业病危害防治的重视关注,例如尘肺病以及高浓度粉尘颗粒物引起的粉尘爆炸等灾害带来的重大财产损失及人员健康威胁。所以早期粉尘的防治以及颗粒物的检测技术主要应用在井下。随着国家对大气污染的重视与节能减排等重要环境能源相关政策的推行,固体颗粒物的监测技术从粗糙笨重的低精度设备慢慢向轻便、高精度、快响应速度、可连续监测等方向发展。

5.3.5.1 系统结构

扬尘监测系统主要由监控云平台、大气扬尘监测仪(以下简称"测仪")、无线传输通路、高清视频监测、手机APP等五大部分组成。结构总体分为:前端采集层、数据传输层及后端数据应用层,系统架构如图5-14所示。

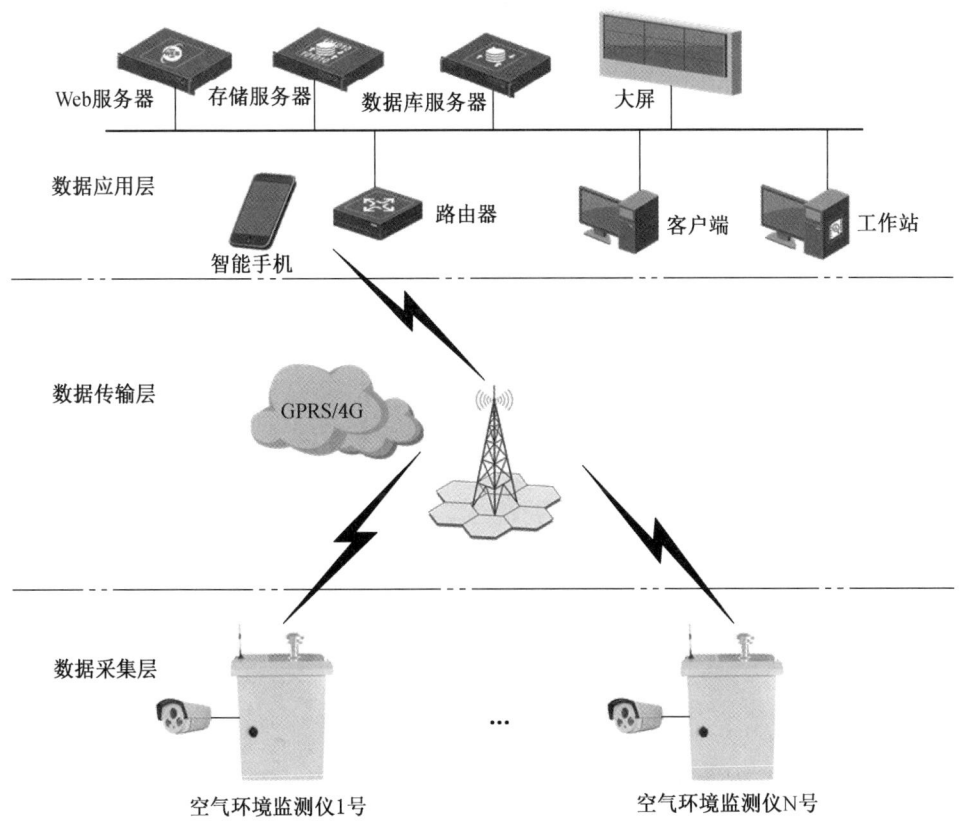

图5-14 大气扬尘监测系统架构图

5.3.5.2 大气扬尘监测设备

大气扬尘监测主要技术原理包括光散射法、电荷法和β射线吸收法等。目前常用的监

测设备可监测 PM2.5、PM10、TSP、SO_2、NO_2、CO、O_3、噪声等多个环境要素，还可集成监测大气温湿度、风速风向、气压、雨量等气象要素。气体采样采用泵吸式，内舱做恒温除湿处理，实现对污染源数据全方位、全数据的收集，并将监测数据即时上传到云数据处理平台。设备如图 5-15 所示。

该设备具有配置灵活、体积小、成本低的优势，适用于网格化、密集化、精细化布点需求。

5.3.5.3 监控平台

平台系统软件采用 B/S 架构，提供基于 Web 的管理系统，在线显示监测点的颗粒物浓度、视频监控图像实时数据。同时具有扬尘颗粒物浓度和图像数据统计查询、历史查询、数据下载、排序管理、月报管理、短信报警、台账管理等功能，

图 5-15 一体化大气扬尘监测设备

以及具有污染物超标告警，立即通过短信或平台发送给特定人的功能。通过手机 APP，能实时查看监测数据和图像，并可实现对现场的移动巡查功能，包含现场取证，电子表单的开具，分发以及反馈确认过程；系统以电子流方式监督电子表单的发送、接收和处理过程。监控平台系统软件主界面如图 5-16 所示。

图 5-16 监控平台系统软件主界面

6 煤矿智能化发展中的问题与挑战

煤矿智能化是5G、大数据、物联网、人工智能等新一代信息技术与煤矿采、掘、机、运、通等全生产工艺流程的深度融合，是我国煤炭行业第四次重大技术变革，是煤炭工业高质量发展的核心技术支撑。随着国家两化融合、数字化转型、新基建等战略部署的落地，推动人们生产、生活方式进步，倒逼煤炭行业改变传统的高强度、高危险作业方式，煤矿企业招工难倒逼煤炭企业实现智能化少人化、无人化生产；生态环境保护的硬约束倒逼煤炭生产企业改变传统生产方式，实现智能绿色发展，加快推动煤矿智能化相关技术与装备的研发实践。

我国煤矿智能化建设仍处于培育示范阶段，发展还不充分、不平衡，总体水平还不高，距离实现全面智能化还有很大的差距。煤矿智能化是一个不断发展的过程，煤矿智能化程度需要在研发、实践中不断提高。目前，我国煤矿智能化建设还存在诸多困难和突出问题，主要表现在智能化认识与理念、发展不平衡、5G+智能化煤矿、地质保障、智能掘进、智能开采、系统兼容性、井下机器人、管理与人才培养、投入与效益等。

6.1 煤矿智能化认识和理念不统一

我国煤炭工业发展经历了人工采煤与炮采、机械化开采、综合机械化开采、智能化开采四个阶段，对于什么是智能化开采、什么是煤矿智能化、如何建设智能化煤矿，以及智能化与机械化、自动化、信息化的关系，智能化与数字化的关系，认识尚不统一，部分地区和煤矿企业还不够重视，思想上因循守旧，没有认识到智能化是煤炭行业发展的必然趋势，片面强调智能化建设投入大、技术难、要求高，甚至是面子工程，没有算清长远账、安全账、民生账，既怕增加负担影响经济效益，又怕承担失败的风险，有畏难情绪和消极心理，对煤矿智能化工作不够主动，智能化建设发展相对滞后。

智能化是指事物在网络、大数据、物联网、人工智能等技术的支持下，所具有的能满足人的各种需求的属性，即智能化是事物的一种属性，应具有智能感知、智能分析、智能决策、智能控制的能力，即通过物联网实现对环境的感知，通过网络实现信息的有效传输，通过大数据技术进行信息融合、数据挖掘与决策，通过人工智能进行智能控制与执行。煤矿智能化是人工智能、工业物联网、云计算、大数据、机器人、智能装备与现代煤炭开发技术深度融合，形成全面感知、实时互联、分析决策、自主学习、动态预测、协同控制的智能系统，实现煤矿开拓、采掘（剥）、运输、通风、洗选、安全保障、经营管理等过程的智能化运行。

智能化煤矿是一个多环节、多系统的复杂体系，一般包含上百个子系统，系统之间层次逻辑交叉，系统和周围环境之间存在物质、能量、信息的交换，煤矿又与外部市场、运输、生态相关联。因此，智能化煤矿是一个开放的复杂巨系统。智能化应具有3个要素：一是具有对外部信息的实时感知与获取的能力；二是具有基于对感知信息的存储、分析、联想、自学习、自决策的能力;三是具备自动执行能力。煤矿智能化是指煤矿开拓设计、地测、采掘、运通、洗选、安全保障、生产管理等主要系统具有自感知、自学习、自决策与自执行的基本能力。

智能化煤矿的显著特征是现代信息、人工智能、控制技术与采矿技术的深度融合,智能化煤矿建设是高新技术融入矿山场景、渐进迭代发展的过程,是一个不断进步的过程,不是一次性结果,不是"基建交钥匙工程"。

机械化、自动化、信息化和数字化是智能化的基础和内涵,对煤矿智能化认识和理念的不统一,本质上并不是对智能化概念的纠缠,而是因循守旧的保守思维与技术变革的不适应,这在煤矿智能化发展尚不充分、一些技术装备还不完善的初级阶段是自然会存在的分歧,全面否定和概念滥用是两种典型的表现形式,这与煤矿综合机械化发展之初是一样的。

6.2 煤矿智能化发展不平衡

由于我国煤层赋存条件复杂多样,不同煤层赋存条件矿井开展智能化建设的技术路径、建设难易程度、建设效果等均不相同。目前,我国煤矿智能化发展不平衡,主要体现在以下几个方面:

(1) 智能化建设基础不平衡。由于不同矿井的煤层赋存条件存在较大差异,西部晋陕蒙大型煤炭基地煤层赋存条件较好,矿井经济效益好,煤矿智能化投入较大,建设基础较好;西南云贵川矿区的煤层赋存条件复杂,矿井产量低,经济效益较差,智能化建设基础薄弱。

(2) 智能化建设水平发展不平衡。西部大型矿区煤层赋存条件较好,智能化开采技术与装备相对成熟,生产效益好,人才储备相对丰富,智能化煤矿建设速度快、效果好;中东部、西南部矿区煤层赋存条件相对复杂,智能化开采技术与装备适应性较差,高端技术人才匮乏,效益差,投入产出比低,煤矿智能化建设缓慢,建设效果较差。

(3) 煤矿不同系统的智能化水平发展不平衡。由于综采工作面是煤矿生产系统的主要组成部分,各煤矿普遍重视综采工作面的智能化建设,巷道掘进的智能化水平很低,部分矿井巷道掘进尚未实现机械化,大部分矿井巷道掘进没有实现快速掘进,不同系统之间的智能化水平存在较大差异;普遍重视单个系统的自动化、智能化建设,不同系统之间尚未实现互联、互通,导致矿井的整体智能化水平较低。

(4) 智能化技术需求与技术发展现状不平衡。现有煤矿智能化技术与装备主要适用于煤层赋存条件简单的矿井,使用效果较好;但是煤层赋存条件复杂、灾害严重的矿井,更需要采用自动化、智能化技术,实现减人提效、安全智能开采。目前煤矿智能化技术与装备对复杂条件的适应性还不够强,技术上还存在亟待突破的瓶颈,难以满足工程实际需求。

(5) 硬件与软件投入不平衡。为了提高煤矿智能化水平,决策层更倾向于采购高性能计算机、布设万兆以太网环网、购置进口采掘装备等硬件设施,但对智能化相关软件的开发、大数据中心建设、智能化综合管控平台建设等投入相对不足,导致软件开发速度明显滞后于硬件功能的实现,造成设备性能难以发挥、计算资源与网络资源浪费等,制约了煤矿智能化发展。

(6) 煤矿智能化相关投入与产出比不平衡。煤矿开展全面智能化建设需要投入大量的资金、人力、物力资源，且需要高素质的技术人员支撑，在部分矿区取得了一定的技术、经济与社会效益，但大部分矿井的投入产出比明显较低，导致部分矿井建设意愿不强烈。

6.3 智能化煤矿 5G 应用场景不成熟

5G 作为新一代信息技术，具有大带宽、广连接、低时延等显著优点，联合网络切片、边缘计算等核心技术，可以为垂直行业带来变革性的应用场景。目前，井下 5G 技术已经在阳煤等矿区进行了试验性应用，部分 5G 模块已经取得了安标证，为 5G 技术在煤矿井下应用推广奠定了基础。但 5G 技术在煤矿井下的应用场景尚不成熟，存在以下问题：

（1）受目前对井下无线发射阈值功率不超过 6 W 的限制，使 5G 有效传输距离短，布设基站数量多。现场实测发现，由于受到井下封闭、恶劣的生产作业环境限制，5G 基站在井下的有效传输距离较短，一个 5G 基站尚难以覆盖长度为 300 m 的工作面，需要在井下布设较多的 5G 基站，造成网络管理与建设成本增加。

（2）5G 核心网建设费相对较高，依托运营商的网络安全矛盾亟待解决。目前的核心网建设费用依然很高，为降低建设成本仍然需要借助运营商核心网建设煤矿 5G 专网，实现井下生产数据不出矿区不收费，地面公网数据单独收费的商业模式，解决了煤矿 5G 网络建设费和使用费高的问题。但煤矿 5G 网络依然依托运营商核心网运行，其网络安全也与运营商网络紧密关联，互为不安全因素，不利于网络安全管理和后续的使用与维护。因此，应进一步研究 5G 网络小型化和专用化的技术与装备，探索网络建设和运营的新模式，协调好利益分配和效益，服务于煤矿智能化开采。

（3）5G 网络的可靠性仍待提高，应用场景尚需进一步挖掘。目前，地面 5G 网络的可靠性尚不十分理想，井下高危作业环境对网络的可靠性要求较高，5G 技术在井下组网的可靠性仍待检验；基于 5G 技术的优势，可以开发诸多应用场景，但相关应用场景尚未形成示范，5G 技术在井下应用场景的可行性、可靠性仍待验证。

由于煤矿井下工作环境的特殊性，地面现有的 5G 通信技术与设备不能直接满足井下作业环境与作业要求，需要针对煤矿井下应用场景，开发有针对性的井下 5G 通信技术与设备，逐步在井下进行不同应用场景的工程示范，带动 5G 技术在煤矿的推广应用。

6.4 "透明地质"技术保障支撑能力不足

"透明地质"或"透明工作面"的概念为煤矿智能开采的地质保障提供了希望，地质探测技术与装备的智能化、探测信息的数字化、模型化以及地质信息与工程信息的有效融合，是"透明地质"或"透明工作面"的基础。目前，受地质探测理论、技术与装备发展水平的限制，"透明地质"技术保障支撑能力明显不足，主要表现以下几个方面：

（1）地质数据尚未全部实现数字化。地质数据的数字化是实现透明地质的基础，受地质探测、地质信息采集等技术与装备发展水平的制约，地质数据主要通过现场地质探测施工结果进行人工采集与录入，许多矿井的地质数据多为纸质数据，尚未实现数字化，严重制约了矿井地质保障能力的提升。

（2）地质探测技术的探测精度、范围尚难以满足煤矿智能化建设要求。现有地质探测技术主要以钻探、物探、化探、遥感探测等为主，不同探测技术各有优缺点，钻探精度最高，但受钻孔密度影响较大；物探、化探等探测精度受探测结果解析算法的影响较大；目前，井下煤机装备的定位精度已达到厘米级，控制指令传输时间达到毫秒级，但地质探测的精度多为米级，最高为亚米级，探测精度与探测范围有待提升。

（3）地质体三维高精度建模技术有待提升。现有三维地质建模技术受钻探、物探的精度影响较大，一般采用三角网算法、差值算法等进行模型构建，不同算法对地质体的预测结果存在较大差异，对地质异常体的预测能力不足，模型总体精度不高。

（4）通过建立高精度"透明"地质模型，可以实现基于煤机装备精准定位的智能化开采，但受地质探测与建模精度的影响，现有技术尚难以实现真正"透明地质"或"透明工作面"，基于多信息融合动态地质模型的采煤机智能截割，是实现智能开采的有效技术路径。

（5）地质信息与工程信息尚未实现融合。受勘探精度与技术的限制，现有三维地质模型主要是将不同探测技术的数据进行叠加，尚未进行数据的深度融合，仅进行叠加难以提升探测精度与分辨率；另外，现有三维地质模型主要用于三维动画展示，没有与井下工程施工进行融合，与矿井其他系统的融合程度也较低，没能充分发挥地质模型的作用。

（6）地质探测技术与装备的智能化程度较低。现有的钻探、物探、化探、遥感探测等探测技术与装备均需要大量的人工操作，地质数据的录入、分析、建模等自动化程度较低，难以满足矿井智能化要求，亟须开展机载式的智能探测技术与装备，能够实现随采、随掘智能探测，大幅降低工人劳动强度，提高地质探测的精度、可靠性与智能化水平。

6.5 采掘失衡、掘支失衡问题尚未突破

目前，我国煤矿巷道掘进的机械化程度约为60%，普遍存在采掘失衡、掘支失衡等问题，巷道掘进智能化尚处于起步阶段，主要表现在以下几个方面：

（1）掘进工作面空间狭小、作业工序复杂，掘、支、锚、运协同作业困难。受煤层赋存条件及安全作业要求，巷道掘进后需要进行及时支护，复杂条件巷道的空顶距很小，难以实现连续作业；根据《煤矿安全规程》等相关文件规定，要求有掘必探，地质探测、掘进、支护、锚护等相关工序均需要协同配合，现有技术尚难以实现复杂条件的各工序自动化连续作业，平均巷道月进尺不超过 300 m，如何实现快速掘进仍然是巷道掘进亟须解决的技术难题。

（2）截割与支护设备的可靠性、适应性有待提高。国产掘进机、掘锚一体机的可靠性较低，对复杂围岩条件的适应性较差，截割部、液压系统、电控系统、传感器等故障率高，设备综合开机率低，尚缺少高效的临时支护设备，锚固、铺网等工艺流程的自动化程度较低，制约了巷道快速掘进的实现。

（3）强干扰、高粉尘、狭长作业空间难以实现掘进设备的定姿、定位。巷道掘进头空间狭小，多种机电设备产生强电磁干扰，掘进过程中产生大量的粉尘、水雾等，传统定位技术、设备位姿检测技术等难以满足要求，制约了巷道掘进过程实现自动化、智能化控制。

（4）智能化快速掘进相关技术与装备投入低，技术进步缓慢。由于我国煤层赋存条件复杂多样，巷道掘进设备对不同巷道围岩条件的适应性差异很大，前期巷道快速掘进研

发投入分散、资金投入不足，相关技术与装备的研发进展缓慢，近两年巷道快速掘进受到重视，但尚未出现突破性、革命性的技术与装备成果。

6.6 智能化技术难以适应复杂工作面条件

目前，我国已经形成了四种智能化工作面开采模式，但工作面智能化开采效果仍有待进一步提高，主要表现在以下几个方面：

（1）综放工作面智能化放顶煤技术一直未能有效突破。传统基于音频信号、伽马射线、雷达等技术的顶煤冒落过程识别技术实际工程应用效果不理想，基于地质模型与顶煤放出量监测的智能放煤技术也存在诸多技术瓶颈，现有技术尚难以实现顶煤放出过程的智能化控制，制约了综放工作面实现智能化。

（2）煤机装备的可靠性及自适应控制技术有待突破。一些采煤机、刮板输送机产品的可靠性仍然较低，部分核心元部件仍然需要依赖进口，制约了工作面常态化智能开采；采煤机尚未实现智能自适应截割，液压支架与围岩的自适应控制技术有待提升，工作面环境及煤机装备参数的感知信息尚不完善。

（3）智能化开采技术对复杂煤层条件适应性差，综采设备群智能协同控制效果有待提升。现有工作面智能化开采技术对于西部矿区赋存条件简单煤层适应性较好，但对于大倾角、高瓦斯、顶底板松散破坏围岩条件的适应性较差；液压支架、采煤机、刮板输送机等设备的单机自动化、智能化水平较高，但不同设备之间的协同控制效果仍然较差，部分功能有待完善。

（4）工作面端头支架、超前支架智能化水平较低。由于工作面端头支护区域面积大、设备多、连接关系复杂，端头支架与超前支架难以实现定姿、定位及自适应控制，单元式超前液压支架搬移、支护过程多依赖人工操作，自动化、智能化水平相对较低。

（5）工作面设备的智能决策能力有待提升。目前，工作面通过采用各类传感器、摄像头等能够对开采环境进行一定程度的感知，但相关感知信息的有效利用率较低，不同类型感知信息的融合分析效果较差，尚未形成完善的感知、分析、决策、控制闭环管理。

6.7 智能化巨系统兼容协同困难

智能化煤矿需要建设基础应用平台、掘进系统、开采系统等近百个子系统，是一个复杂的巨系统，不同系统之间的数据兼容、网络兼容、业务兼容和控制兼容效果较差，难以实现系统间智能协同作业，主要表现在以下几个方面：

（1）数据格式尚未实现统一。煤矿井下存在着大量的多源异构数据，既包含设备状态信息、控制命令、文本信息等结构化数据，也包含视频、图片、语音等非结构化数据，数据格式多样，存储方式、分析处理方法等均存在一定差异，数据之间尚没有实现兼容、互通，形成了多个数据孤岛，严重制约了系统之间的协同控制。

（2）网络通信协议兼容性差。网络是智能化煤矿系统之间进行数据交互的纽带，现有煤矿各系统的通信网络协议多样，各类感知设备采用的通信技术标准各不相同，相互之间不能互连互通，导致信息传输受阻、整体稳定性差等问题。

（3）业务系统兼容性较差。煤矿各业务系统之间在业务逻辑上存在一系列的空间、时间、功能、事件等关联关系，在生产效率、安全、环保、节能等不同层面需要优化组合。目前，这些环节和业务逻辑只是建立了"表象"的关联状态，未能进行深度有效的挖掘和业务融合，矿山生产预测难、监控难、效率低、安全事故多等问题一直不能有效解决。

（4）系统间协同控制兼容性差。煤矿智能化运行需要各系统进行高精度、实时、快速响应与控制，由于受煤层条件、开采环境、设备的位姿及空间位置关系等因素的影响，设备之间的运行参数存在非线性耦合关系，现有系统之间感知信息不通畅、位姿关系不精确、决策控制逻辑不清晰，导致系统之间的协同控制兼容性差，缺少考虑各系统的全局智能化综合控制模型。

6.8 井上下智能机器人作业技术有待突破

煤矿机器人是一种依靠自身动力和控制能力实现某种特定采矿功能的机器，应用机器人技术将工人从繁重危险的地下采矿作业中解放出来是实现煤矿智能化的重要途径，井上下智能机器人作业技术有待突破，主要表现在以下几个方面：

（1）煤矿机器人基础共性关键技术有待突破。目前，煤矿巡检机器人、运输机器人等发展较快，针对井下机器人结构及性能提升进行了一定研究，取得了较好的应用效果，但井下机器人精准定位、自主感知与决策、精准导航与调度、机器人避障、机器人集群管控与续航管理、轻型防爆材料等相关技术尚未获得突破。

（2）煤矿机器人功能单一，灵活性、适应性差。现有煤矿机器人主要通过集成各类传感器，对井下各类环境信息进行感知，功能比较单一，主要具备信息采集功能，智能化程度较低；受到井下防爆要求，现有井下机器人比较笨重，灵活性较差，对复杂煤层条件的适应性较差。

（3）煤矿机器人种类较少、性能有待提升、应用场景需要进一步挖掘。目前，井下机器人主要以巡检为主，且多为轨道巡检机器人，性能有待提升，掘进机器人、喷浆机器人、支护机器人、救援机器人等相关机器人亟待开发，提高井上下机器人应用范围，提升矿井智能化水平。

6.9 智能化煤矿管理与人才储备不足

目前，智能化煤矿建设仍然采用传统的管理模式，受我国人口老龄化、劳动力不足等因素的影响，煤矿智能化专业技术人才不足，主要表现在以下几个方面：

（1）传统管理模式难以适应智能化煤矿。煤矿智能化需要实现各业务系统的深入融合，需要从根本上改变传统的管理思路与模式，全面梳理煤矿产运销、人财物等管理流程，优化管理方式，创新智能化煤矿管理新体系。

（2）煤矿缺少智能化专业职能部门。现有煤矿一般均未设置信息化、智能化专职岗位与职能部门，主要由机电部来进行矿井智能化建设规划与管理，兼职人员对智能化技术、设备的熟悉程度严重不足，难以胜任智能化建设相关工作。

（3）智能化煤矿从业人员整体技术水平偏低。据不完全统计，大型智能化煤矿从业人员本科及以上学历占比约50%，高级技术职称人员占比一般小于5%，一线从业人员平均年龄大于40岁，智能化人才储备严重不足。

（4）智能化人才培养体系不健全。虽然部分高校已经开展煤矿智能化相关课程设置，但如何将计算机、人工智能等课程与煤炭开采实践进行融合，如何优化人才培养结构等尚不十分清晰，煤矿智能化培养体系有待建立。

（5）缺少专业化运维团队。目前，由于煤矿智能化相关技术人才匮乏，各煤矿的智能化技术与装备主要由设备厂家进行维护，由于设备型号、参数多样，设备厂家进行运维存在维护不及时、整体性差、易扯皮等问题，严重影响智能化设备、系统的稳定可靠运行。

6.10 智能化煤矿投入保障不足

煤矿智能化建设需要较大的资金投入，但是一些效益较差的企业智能化发展资金不足，特别是短期收益不明显，影响企业投入的决心，主要表现在以下几个方面：

（1）煤矿智能化投入整体强度仍然偏低，企业间差距较大。国家能源集团计划"十四五"期间投入800亿元左右，陕煤化集团计划2020—2022年每年投入20亿元以上，以及1亿元的科技引导资金、100亿元的转型基金，但与电力行业相比，投入总体水平仍然偏低，国家电网计划"十四五"期间投入超过6万亿元规模；另外，西南部矿区智能化投入明显不足。

（2）煤矿智能化短期主要表现为安全效益，经济效益不显著。煤矿通过智能化建设可以实现无人、少人化开采，从而大幅提高矿井安全作业水平，降低井下作业人员劳动强度；由于我国劳动力价格相对较低，通过减人提效带来的经济收益难以抵消前期大量的基础设施建设费用，经济效益不显著。

（3）智能化煤矿运营过程中形成的大量数据资源价值尚未得到充分挖掘。受制于数据分析、挖掘技术的进步，以及相关技术与煤炭开采技术的融合程度，煤矿井上下大量数据资源的利用率很低，数据资源未能得到有效变现。

（4）缺少客观、专业、真实反映煤矿智能化投入与效益的评价方法。目前主要以简单的收入、成本等数据进行加减进行投入产出比计算，缺少专业的数据模型，现有评价指标、方法难以进行全面、客观的评价。

6.11 解决煤矿智能化发展问题的对策与任务

基于我国煤矿智能化发展存在的"痛点"与难题，亟须进行理论创新、技术创新、装备创新、管理模式创新、人才体系创新，主要对策和任务如下：

（1）建立智能化煤矿建设标准与技术规范体系。规范智能化煤矿数据中心、主干网络、云平台、井下人员与设备定位、智能化地质保障系统、智能化掘进、智能化采煤、智能化主煤流运输、智能化辅助运输、智能化供电、智能化排水、智能化通风、智能化安全监测监控，制定智能化煤矿建设指南，为智能化煤矿建设提供标准指引。

（2）基于微服务架构设计思想，开发应用统一技术架构的智能化煤矿综合管控平台，实现各业务系统的监测实时化、控制自动化、管理信息化、业务流转自动化、知识模型化、决策智能化的目标，实现煤矿井下各系统的数据融合共享与统一协调管控。

（3）研究应用5G高效、高可靠性组网技术，以及5G网络与其他网络的融合通信技术，研究5G技术在煤矿井下不同应用场景的可行性及应用前景，开展井上下5G应用场景研发与示范。研究煤炭板块云、数据中心建设技术，构建智能化煤矿知识图谱，为煤矿各系统的智能分析决策提供决策支撑。

（4）开展井上下瓦斯智能抽采技术与装备、精细探测及"全息数字化三维地质模型"构建技术、煤矿高精度地质模型构建技术、基于 4D-GIS 的采掘工程数据自动处理与实时更新技术、GIS 与 BIM 融合技术等，为煤矿智能化提供地质信息与工程信息支撑。

（5）开展不同类型煤层赋存条件巷道快速掘进基础理论与关键共性技术、装备的研发与应用，重点突破掘支平行作业关键技术瓶颈，实现快速掘进；开展基于 5G 数据传输的智能化掘进机与全自动锚杆（索）钻车、基于 UWB 技术的掘进机精确定位、智能截割、远程集中控制等技术的研究应用，探索适应不同煤层条件的智能掘进新模式。

（6）研发带式输送机智能变频调速技术、智能综合保护技术、井下人员与车辆精准定位技术、机车智能调度系统、基于 5G 的无轨胶轮车无人驾驶技术与智能调度技术、基于 5G 及物联网技术的机车遥控驾驶技术及机车无人驾驶配套技术及装备、智能仓储技术等，提高主辅运输系统智能化水平。

（7）研究主供电系统远程集控技术、电能大数据分析与监控管理技术、矿井灾害风险智能分级管控与预警技术、煤自燃智能监测预警与主动分级防控技术、高精度冲击地压智能监测预警技术与装备、矿井大型机电设备全生命周期智能管理技术与系统等，提高矿井安全保障水平及智能化水平。

（8）研发应用选煤厂重介密度、跳汰分选、浮选及加药、粗煤泥分选、浓缩系统及加药、沉降处理、装车配煤系统、干燥系统、压滤机集群等工艺过程的智能化控制技术与装备，研发选煤厂安全生产监控联动平台、基于大数据的智能选煤决策平台、商品煤智能检验与管控体系、选煤系统数字孪生技术与装备等，实现选煤厂无人值守作业。

（9）推广应用井上下机器人作业技术，研发井下锚、钻、喷浆类机器人，实现钻锚作业的机器人化；研发探水钻孔、防突钻孔、防冲钻孔等钻探机器人，解决钻孔机器人的井下自主移动、导航定位、自动钻进等问题；研发巷道清理机器人、煤仓清理机器人、水仓清理机器人，大幅降低井下作业人员的劳动强度。

（10）研发智能装备和机器人从设计到使用全生命周期管理系统，对设备全寿命过程的健康状况进行管理与预测，并根据设备健康特征对维修策略进行决策并给出合理维修建议，从而实现对煤矿全工位机电设备健康智能管理。

近年来，煤炭智能绿色发展成为主旋律，我国煤炭绿色矿山建设步伐加快，机械化、自动化、信息化、智能化程度不断提升，尤其是在薄和较薄煤层智能化综采，大采高和超大采高智能化开采以及特厚煤层智能化综放开采技术与装备方面实现了领跑，树立了一批开采方式科学化、资源利用高效化、企业管理规范化、生产工艺环保化、矿山环境生态化的先进典型。煤炭产业实现智能绿色开发已成为行业发展的必然趋势。为进一步推进煤矿智能化快速发展，需采取以下促进和保障措施：

（1）因地制宜科学规划智能绿色煤炭产业新体系。分区域、煤层赋存条件、技术基础、发展现状等，制定我国煤矿智能绿色中长期发展战略，以及分阶段发展目标和任务。坚持典型示范与全面推进相结合，建成智能绿色示范煤矿，凝练出一批可复制推广的智能绿色开采模式、技术装备、管理经验等，逐步向类似条件矿井进行推广应用。

（2）制定智能绿色煤炭开发与利用标准体系。紧扣我国煤矿智能绿色发展现状，强化标准的先进性、适用性和有效性，结合新一轮科技革命和产业变革趋势，规划部署阶段性推进重点，动态更新智能绿色煤炭产业标准体系。

（3）完善政策支持。争取煤矿安全改造专项等现有中央预算内投资渠道，推进煤矿智能绿色发展，同时在项目建设程序、财税优惠及科研条件建设等方面给予政策支持，具体包括以下几个方面：

一是资金支持。加大财政资金投入，对积极推广应用井下智能装备、机器人岗位替代、推进煤矿开采减人提效的煤矿，在煤矿安全改造中央预算内投资安排上给予重点支持；研究探索设立煤矿智能化改造专项资金，为煤矿智能化发展提供稳定的资金保障。

二是项目建设支持。对新建的智能化煤矿，在规划和年度计划中优先考虑，加快办理进度；验收通过的智能化示范煤矿，给予产能置换、矿井产能核增、释放先进产能等方面的优先支持。

三是税收优惠政策扶持。进一步扩大智能煤机装备、技术研发环节增值税抵扣范围，落实技术研发费用加计扣除、高新技术企业等税收优惠政策，积极研究完善煤矿智能化建设企业孵化器税收政策。

四是金融支持。鼓励金融机构加大对智能化煤矿的支持力度，协调引导金融机构提高授信额度、提供专项贷款，对煤炭企业实施的煤矿智能化建设项目给予信贷支持。鼓励企业发起设立相关市场化基金，促进企业煤矿智能化改造。

五是科研条件支持。鼓励引导政府、企业、社会资本建立基于大数据、云计算、人工智能与煤炭产业深度融合的"双创"平台。

（4）构建知识型+技能型+创新型人才培养体系。煤矿智能化建设是一个多学科交叉融合的系统工程，涉及多系统、多层次、多专业、多领域、多工种相互匹配融合。支持和鼓励高等院校和职业技术学校开设煤矿智能化相关专业课程，培育一批精通采矿工程、信息与计算科学、人工智能等专业的复合型人才。建立健全科研人才、技术服务型人才培养与激励机制，增强创新意识，创新能力。加强对煤炭行业从业人员的信息化、智能化知识培训，培养一支专业技能型人才。

7 "十四五"及碳达峰碳中和背景下煤炭高质量发展之路

煤炭作为我国工业生产原料和最基础能源，是可实现清洁高效利用的最经济、最安全的矿产资源。煤炭工业产业一直发挥着能源支柱作用，不仅在国民经济和社会平稳快速发展方面提供保障，同样对国家能源安全、稳定供应给予支持。面对"CO_2排放力争于2030年前达到峰值，力争2060年前实现碳中和"的目标，煤炭作为我国最重要的基础能源和能源安全的压舱石，必须走智能绿色低碳开发利用创新之路，以煤矿智能化为标志的煤炭技术革命、技术创新成为行业发展的核心驱动力，煤炭资源智能绿色开发与清洁低碳利用是发展主题，技术创新将支撑煤炭资源成为最有竞争力的能源和原材料资源。

7.1 "双碳"目标下的能源格局与煤炭兜底作用

面对我国"CO_2排放力争于2030年前达到峰值，力争2060年前实现碳中和"的战略目标，煤炭行业将加快调整优化产业结构，进一步向智能、绿色、低碳发展，推进淘汰落后产能。

7.1.1 "双碳"目标下能源格局变化

1. 我国能源需求仍将保持增长

"十四五"时期及未来一段时间内，同步推进"四化"——工业化、城镇化、信息化和农业现代化，依旧是我国发展的重要目标，并会持续处于实现上述目标的关键阶段。在此背景下，能源消费-供给关系将更加合理，能源需求将稳步增长。

2019年，我国人均一次能源消费为3.47 tce/a，居全球第48位，远低于发达国家。美国、加拿大等发达国家用电量超1000 kW·h，而我国人均用电量刚达到其一半水平。中等收入群体在我国经济发展过程中势必出现消费变化，形成消费升级，而能源作为保障性支撑，其需求与"碳达峰"之间仍有很大发展空间，我国能源消费总量与增速水平如图7-1所示。但是，我国经济发展方式不断转型，从高速发展逐渐转变为健康持续发展，经济发展以人为本，以发展质量为核心，经济增速放缓带来节能减排技术不断进步将使能源利用效率显著提升，能源需求在未来增速将缓慢下降。

2. 煤炭在能源消费结构中占比将持续下降

2017年以前，煤炭在我国能源消费结构中占比一直在60%以上，2020年降至57%，如图7-2所示。在进一步加强煤炭煤电对能源稳定保障作用的同时，"碳达峰"与"碳中和"的目标与愿景将推动我国能源向绿色、低碳、和谐发展，促进化石能源的清洁高效利用。建立多能融合供应体系将是"十四五"时期及未来一段时间能源发展的重要任务，促进化石能源的清洁高效低碳利用，大力发展可再生能源，安全有序发展核电，习总书记提出到2030年非化石能源在能源供应中的比重将达到25%左右，到2030年煤炭占一次能

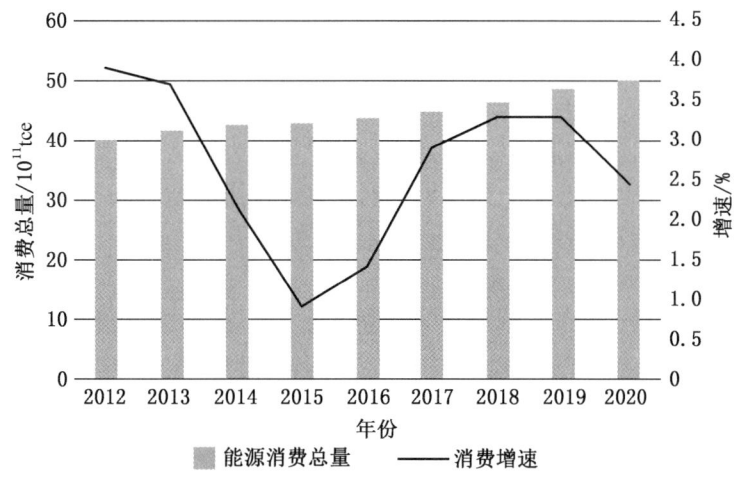

图 7-1 2012—2020 年我国能源消费总量及增速

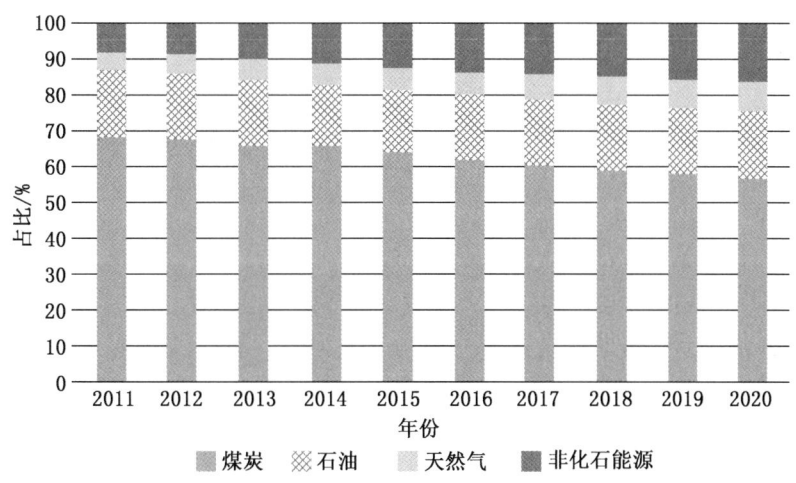

图 7-2 近 10 年来我国能源消费结构变化

源消费的比重有望降至 50% 以下。

3. 各种能源的比较优势取决于其技术创新进展

根据 2019 年数据测算,同等热值的煤炭、石油、天然气比价为 1 : 7 : 3,可以说煤炭是我国最经济安全的能源资源。

2020 年,原煤入选率达到 74%,总量超过 2.8×10^9;燃煤电厂超低排放和节能改造全面推进,9.5×10^{11} W 煤电机组实现超低排放。此外,稳步推进现代煤化工升级示范是技术创新的重要一环,基本实现产业化、园区化、基地化格局。现代煤化工技术的不断创新,煤制油气、醇烃类燃料开发规模不断扩大,加快了煤炭"由黑变白"、资源由重变轻转变的步伐。

在建立新能源体系过程中,各种能源的比较优势将取决于其本身技术创新的进展。煤炭清洁利用技术的创新将使煤炭成为最有竞争力的能源和原材料资源,煤炭仍将在下个 100 年中扮演重要角色。

7.1.2 "双碳"目标下煤炭面临的挑战

1. 面临不利的发展环境

在"双碳"目标下,"去煤化"论调被反复炒作,在短期内仍将作为我国主体能源的煤炭资源被社会舆论诟病和嫌弃。为实现"双碳"战略目标,国家及地方政府势必进行能源资源战略调整,可能会出台一些压缩煤炭产能、降低煤炭相关产业资金投入等政策,使煤炭资源处于不利的发展环境中。

2. 优质易开发煤炭资源逐年减少

近年来,随着煤炭资源的大规模高强度持续开发,煤炭资源开采深度、灾害程度、开采成本等逐年增加,优质焦煤、化工用煤等储量大幅减少,煤炭资源开采成本增加,老矿区面临资源枯竭转型难题,煤炭资源实现绿色、低碳开发面临技术与经济双重困难。

3. 生态硬约束使开采成本大幅度增加

采矿与生态既是矛盾,又可友好协调,生态保护的红线要求煤炭必须绿色开发,建设绿色矿山,充填开采、矸石处理、保水开采、塌陷区治理等现有煤炭资源绿色开发技术普遍存在效率低、效益差等问题,煤炭资源绿色开发势必将大幅增加煤炭开发利用成本,降低煤炭资源价格竞争优势,煤炭资源绿色高效开发技术体系亟待提升。

4. 煤炭生产和供给模式不适应新发展要求

新时期,煤炭市场多种不确定因素增加,市场对煤炭需求的弹性要求提高,国内煤炭市场供需结构将发生重大改变,煤炭现有生产和供给模式不适应新发展要求,需要建立新型柔性煤炭生产与供给体系。

7.1.3 "双碳"目标下煤炭的兜底作用

1. 煤炭依然是我国能源的基石

根据《中国矿产资源报告(2020)》,截至2019年底,我国煤炭探明资源储量约1.74×10^{12} t,是我国最丰富的能源。我国的能源资源禀赋决定了煤炭资源在能源结构中的主体地位短期内无以替代,正如习近平总书记多次指出:"我们的国情还是以煤为主。在相当长一段时间内,甚至从长远来讲,还是以煤为主的格局,……还要做好煤炭这篇大文章"。2021年5月28日,习主席在两院院士大会和科协大会上的报告中特别肯定了煤炭清洁高效燃烧,提出要从国家最急迫需要和需求出发,在石油天然气、基础原材料、高端芯片、工业软件、农作物种子、科学实验用仪器设备等方面关键核心技术上全力攻关。

2020年12月21日,国务院新闻办公室发布《新时代的中国能源发展》白皮书,明确提出推进煤炭安全智能绿色开发利用,努力建设集约、安全、高效、清洁的煤炭工业体系,煤炭仍然是我国最经济安全的能源资源。

2. 新能源需要煤炭作为稳定器

风、光等新能源的不稳定性给新能源体系增加了脆弱性,美国德州在极端天气下的大停电等表明了新能源的脆弱性,值得深思。在大规模低成本储能技术未获得突破的前提下,新能源难以实现全面或高比例纳入现有能源。新能源和化石能源相互形成助力,耦合发展将是以新能源为主,低碳体系建立的重要途径。

3. 油气资源不足,煤炭资源为国家能源安全发展兜底作用无法改变

2020年,我国原油对外依存度为73%,天然气对外依存度为43%。在国际能源博弈和地缘政治冲突不断加剧的背景下,油气进口安全风险增加。目前,在我国没有任何一种

能源能够替代煤炭在能源体系中的兜底保障作用，煤炭依然是国家能源安全的压舱石。

应当深刻认识我国能源资源禀赋、经济社会发展要求和能源发展规律，碳达峰不是能源达峰，碳中和不是零碳。新时期，煤炭工业需要坚定不移地开展智能化煤矿建设，创新发展煤炭的智能绿色开发和清洁低碳利用，建立煤炭智能化柔性先进生产和供给体系，发挥煤炭为"双碳"兜底、为能源安全兜底、为国家安全兜底的作用。

7.2 "双碳"目标下煤炭的高质量发展之路

在"双碳目标"背景下，煤炭工业需要在全面落实能源安全的基础上，充分发挥在能源体系中的稳定器和压舱石作用，发展煤炭柔性生产供应体系，适应煤炭消费需求的不确定性，全面推进煤炭的智能绿色开采及清洁高效利用，加快建设以智能、绿色、低碳为特征的现代煤炭工业体系，促进煤炭工业高质量发展。

1. 提升以智能化为支撑的煤炭柔性生产供给保障能力

煤矿智能化是新时期煤炭高质量发展的必由之路，建设智能化煤矿，发展以煤矿智能化支撑的柔性生产供给体系，发挥煤炭为"双碳"兜底、为能源安全兜底、为国家安全兜底的作用，实现新时期、新煤炭、新格局高质量发展目标。

要将研发重点放到核心基础零部件、工艺和材料方面。如通过突破精准地质信息系统及随掘随采探测技术与装备、智能化无人开采、矿山机器人、煤矿物联网等实现无人采煤。同时通过新一代信息技术构建从集团至矿业公司再至企业的多级大数据中心。通过煤矿开采全过程的数据链条的构建实现煤矿决策的智能化和运行的自动化，促进煤炭的柔性供给。

2. 降低煤炭开发利用能源消耗强度

实现碳达峰、碳中和是一场广泛而深刻的经济社会系统性变革，对能源生产和消费部门影响较大，提高煤炭企业的绿色发展能力更势在必行。综合利用余热、余压、节水节材等节能项目，采用先进节能技术和装备应用到煤炭开采的各个环节。同时，继续推进二次再热先进高效超超临界煤电技术、清洁高效热电联产技术、特殊煤种超超临界循环流化床等一系列清洁发电技术。我国在煤电低碳发展方面，掌握了百万千瓦超超临界二次再热机组关键技术，600 MW超临界循环流化床锅炉关键技术通过产能1×10^5 t/a的二氧化碳捕集和封存示范项目的建立减少碳排放，通过已达到国际领先水平的污染物脱除、煤基能源废水处理实现节能环保。

3. 推动煤炭从燃料向燃料和原料转变

煤炭可通过具有减少碳流失项目的煤化工实现低碳发展。煤化工易于对转化过程中产生的高浓度二氧化碳具有捕捉作用，有利于实现节能减排。30%~40%的固碳作用可通过煤制甲醇、烯烃、乙二醇等工艺路线使部分碳元素进入产品而实现。综合利用煤炭转化与可再生能源、碳捕集利用和封存，实现煤炭发展的低碳循环、清洁高效。推动煤炭向原料与燃料并重的转变，促进行业转型，并综合考虑环保、安全、市场几种因素，推进现代煤炭工业的高质高量发展，推进煤炭气化、煤炭液化（含煤油共炼）、煤制天然气、煤制烯烃等的发展，延长煤化工产业链，促进煤基新材料技术进步，实现规模化发展。

4. 研发实用的碳捕集、封存和利用技术

碳捕集、封存和利用技术（Carbon Capture, Use and Storage，CCUS）将成为实现工

业脱碳化的重要技术路径，应在第一代和第二代技术基础上，科学评估国内外CCUS技术，对新一代CCUS技术路线进行系统规划，重点突破降低能耗和成本的关键技术，以电力行业为重点，进行技术研发示范，力争在特定区域建立碳捕获集群。

研发实用的碳捕集、封存和利用技术，重点突破CCUS降低能耗和成本的关键技术，创新研究发展CO_2的回收、循环和资源化利用意义重大，除了对CO_2进行捕捉封存、驱油驱气（包括驱煤层气）、富氧燃烧等之外，其在工业、农业、食品、医药、消防特别是在生产附加值高、市场用量大、未来前景广阔的化工产品和高性能材料等领域，CO_2作为原料加以有效利用开发相关的下游产品，以便建立我国独具特色的以CO_2为原料的工业体系，前景十分广阔。

利用CO_2生产全降解塑料。我国是世界上最大的塑料生产国和消费国，也是最大的塑料原料进口国，充分利用大量的CO_2制取可全降解的塑料，包括其他的工程塑料、化工新材料、高性能的特种材料等等，可极大地促进我国塑料原料的来源多元化，降低对进口的依赖，并大大降低塑料制品的生产成本，故该路径将来极有可能形成较大规模的产业化。

生产合成氨和尿素，特别是合成具有广泛用途的一系列尿素衍生物。合成氨与原料气"脱碳"放出的CO_2一起，可生产尿素及其进一步的尿素衍生物，有利于形成一个很完整的化工产业链。

利用CO_2为原料进行催化加氢，以合成醇类（如甲醇）、脂类、烃类（如甲烷）、酸类（如甲酸）等化工原料，进而生产一系列用途广泛的以含氧含碳化合物为主的精细化工品或大宗化工原料。

采用高分子合成方法，以CO_2为原料合成如聚碳酸酯类、橡胶类、染料类、特种溶剂类等高价值产品或半成品（进一步加工之原料）。总之，我们确实要从源头上减排CO_2，但将大量的CO_2有效转化利用、变废为宝，特别是聚焦于它的化学利用，以高价值的化工品和高性能材料为主要目标产品。要加快研发布局，加大攻关力度；科学地选择目标产品和反应路径，有效降低CO_2资源化利用的成本。

第二篇

煤矿智能化顶层规划与系统架构

8 煤矿智能化建设总体规划

8.1 煤矿智能化建设的必要性与意义

煤炭工业作为我国重要的基础能源支柱产业，是保障国民经济持续快速增长的重要组成部分。煤矿智能化是煤矿综合机械化发展的新阶段，是煤炭生产力和生产方式变革的新方向。煤矿智能化建设直接关系到我国国民经济和社会智能化的整体进程，加快推进煤矿智能化建设，已成为实现煤矿安全、高效生产的重要基础，是煤炭企业实现高质量发展的重大举措。

1. 开展煤矿智能化建设是落实国家政策的重要举措

近年来，国家部委、省委省政府、省国资委等对煤矿智能化建设高度关注。2020年2月，国家发展改革委、能源局等八部委联合印发了《关于加快煤矿智能化发展的指导意见》（发改能源〔2020〕283号），为我国煤炭工业智能化发展指明了方向，是党中央、国务院关于促进新一代信息技术与煤炭工业深度融合发展的重大战略举措。

2. 开展煤矿智能化建设是煤炭行业实现高质量发展的必由之路

2020年，中国向世界宣示了"2030年前实现碳达峰，2060年前实现碳中和"的国家战略目标，煤炭安全、高效开发与低碳、清洁利用已经成为煤炭工业高质量发展的必由之路。科技创新是煤炭行业发展的第一动力，煤炭企业靠传统的人海战、车轮战提产能、增效益的时代将一去不复返，以科技创新加速推进煤炭产业向智能化、绿色发展，提升煤炭产业发展质量与竞争力是煤炭行业实现高质量发展的必由之路。开展智能化建设，大幅降低工人劳动强度，让煤矿工人从"脏、苦、险、累"的工作环境中脱离出来，实现快乐工作、幸福生活的目标，提高煤矿工人的社会地位，树立良好的企业形象，煤炭企业转型升级将产生深远影响。

3. 开展煤矿智能化建设是实现无人则安、少人则安的重要技术支撑

2020年以来，全国煤矿安全生产形势持续紧张，接连发生多起大型安全事故，给煤矿职工的生命、财产带来了极大损失。2021年1月1日正式执行的《煤矿重大事故隐患判定标准》，列出了15类81项重大事故隐患，对各类矿井单班下井人数、采掘等重要地点作业人数都做出了明确要求。3月1号开始执行的刑法修正案，更是将隐患不整改造成事故纳入了刑法，重典治"安"、行刑衔接成为常态。煤矿智能化开采将人从危险性较高的作业地点转移到安全环境较好的集控中心，甚至是地面指挥控制中心，将从根本上提高煤矿井下作业安全系数，实现"少人则安，无人则安"。

4. 开展煤矿智能化建设是解决煤矿企业招工难的重要技术路径

当前，煤炭企业普遍存在招工难、用工难等问题，煤矿井下生产一线职工老龄化严重，制约了煤矿企业发展。近年来，随着煤矿智能化开采技术持续取得突破，在薄及中厚煤层实现了智能化少人、无人开采，在厚及特厚煤层逐步实现了人工辅助干预的智能化开

采,固定作业岗位无人值守技术取得突破,主煤流运输系统智能无人操控技术、辅助运输辅助驾驶技术、井下巡检机器人等技术装备逐步得到推广应用,大幅减少了煤矿井下用工数量。依靠煤矿智能化建设有效提高煤矿安全生产水平,降低工人劳动强度,提升煤炭生产一线职工的幸福感,吸引高水平复合型人才,是解决煤炭企业用工荒的重要技术路径。

8.2 煤矿智能化建设的指导思想与原则

1. 指导思想

以习近平新时代中国特色社会主义思想为指导,深入贯彻落实"四个革命、一个合作"能源安全新战略与创新发展理念,以煤炭产业智能化转型升级为主线,以科技创新、精益管理、提质增效为根本动力,坚持问题导向、目标导向、结果导向,推进煤矿系统智能化与智能化系统发展,全面开展煤炭开采智能化、现场作业自动化、固定设施无人化、运营管理信息化的煤矿智能化建设。

2. 建设原则

按照统筹规划、分类建设、示范带动、开放合作的总体建设思路,研究制定不同类别煤矿智能化建设目标、总体架构与技术路径,煤矿智能化建设应坚持以下原则:

(1) 坚持统筹规划、分步实施的原则。加强煤矿智能化建设一盘棋的整体思路,强化顶层设计的规划引领作用,明确煤矿智能化建设目标,分解建设任务,建立健全相关支持政策与奖惩机制,营造煤矿智能化建设的良好环境。

(2) 坚持因矿施策、分类建设的原则。根据煤层赋存条件、建设基础、建设目标等,分类推进、一矿一策,建设适用于不同条件的智能化开采模式与智能化煤矿管理体系,提升智能化煤矿系统集成水平,建成具有资源条件特色的、不同等级的智能化煤矿。

(3) 坚持示范带动、全面推进的原则。优先选择资源条件较好的典型矿井进行智能化示范煤矿建设,凝练出一批可复制推广的智能化开采模式、适用装备、管理经验等,并在同类型条件矿井推广应用,全面推进智能化煤矿建设。

(4) 坚持自主创新、开放合作的原则。加强在煤矿智能化技术、装备、管理等方面的创新,加大资金投入和人才培养力度,全面推进新一代信息技术与煤炭产业融合发展;加强科技体制机制创新,鼓励多元合作、跨界联合、开放共享,构建煤矿智能化建设新生态。

8.3 煤矿智能化建设的主要任务与技术路径

8.3.1 煤矿智能化建设总体技术架构

基于煤炭资源分布情况,建设涵盖生产、安全、经营、管理等完善的集团公司—矿业公司—煤矿三级智能化综合管控体系,开发基于统一技术架构的煤矿智能化综合管控平台,实现煤矿智能化"统一规划、统一标准、统一建设、统一管理、集中数据、集中服务"。

1. 建设集团级"智矿云网"工业互联网平台

通过新一代信息技术创新应用与企业数字化转型发展的深度融合,建设全面实时感知、集约融合共享、高效协同运行、迭代创新发展的"1+N+X"模式煤炭板块"智矿云网"平台。"1"是指一个能源集团"智矿云网"工业互联网平台,"N"是指多个矿井分布式边缘计算平台,"X"是指矿级安全生产业务支撑系统。建设"智矿云网"边缘计算平台,基于"工业物联网"技术实现煤矿生产系统、环境感知系统、生产经营管理系统的数据集成融合共享,提供可视化的煤矿生产运行全景图,具备安全生产实时感知能力,实现煤矿智能综合管控;建设集团级"智矿云网"工业互联网平台,作为核心节点,与煤矿分布式边缘计算平台节点实现数据分布式处理、业务协同分发应用,提供算力支持和异地灾备能力,同时为各二级公司提供统一的业务应用及数据服务,实现集团公司、二级公司、厂矿单位的高效协作,集团公司决策层、业务管控部门在智能平台上进行安全生产运营、应急调度指挥等业务模式创新应用,为集团公司层级数字化转型提供强力支撑。

2. 建设"集团公司—矿业公司—煤矿"三级管控体系

将集团公司智能化管控体系细分为集团公司煤炭板块监管平台、矿业公司生产经营管理平台、煤矿智能化综合管控平台,为集团公司、矿业公司、煤矿不同管理层级和专业场景提供数据服务、应用融合,实现集团公司、矿业公司、煤矿的三级智能化综合管控。

1) 集团公司煤炭板块监管应用平台

集团公司煤炭板块监管应用平台主要是实现对公司煤炭板块生产运行数据、安全数据与经营管理数据进行综合分析,并主动推送安全生产及应急信息,使集团公司能够从宏观层面掌握公司总体生产经营与安全形势,量化评定各二级矿业公司安全生产管理水平,及时发现并解决安全生产管理中存在的问题,辅助集团公司进行总体决策部署,有效提升公司整体安全生产与经营管理水平,如图 8-1 所示。

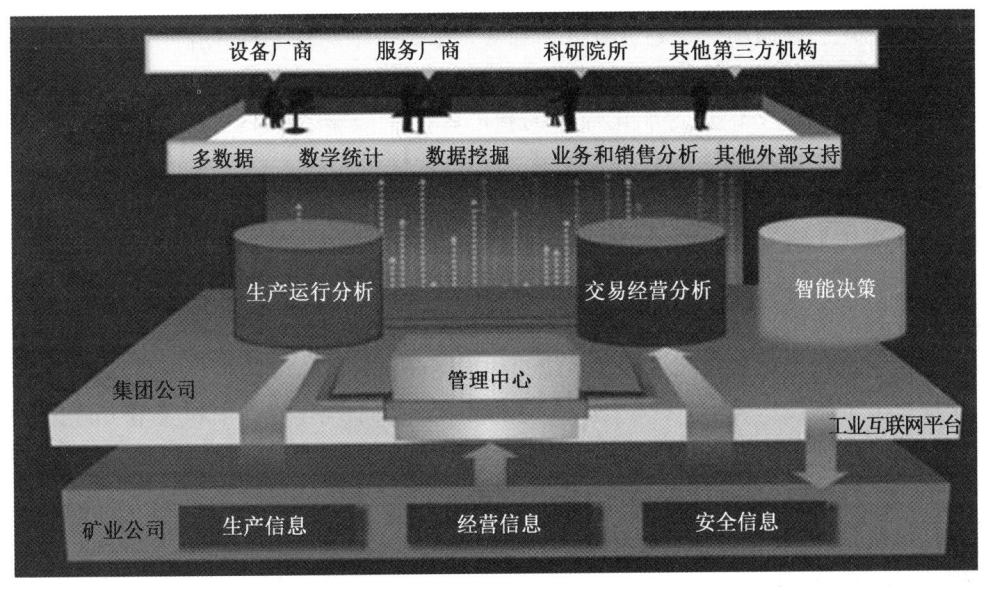

图 8-1 集团公司煤炭板块监管应用平台架构

2) 矿业公司智能化生产经营管理应用平台

矿业公司智能化生产经营管理应用平台的建设重点是生产与经营管理,并围绕矿业公司下属煤矿的生产情况,对各矿井的生产、安全、经营等数据进行统计与分析。在外部资源的支持下，对各种指标参数进行优化，不断改进、增强矿业公司的运行质量，辅助矿业公司管理者做出科学决策，如图 8-2 所示。

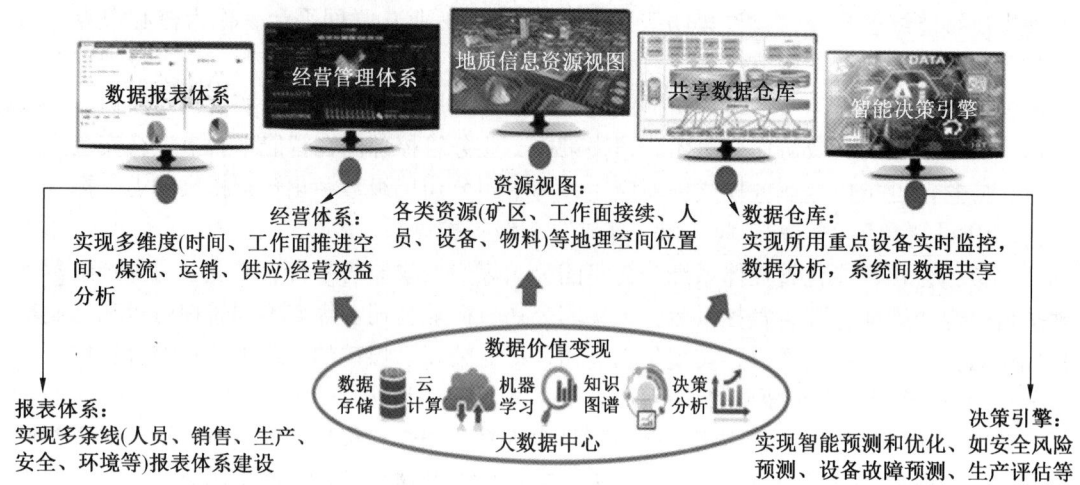

图 8-2　矿业公司智能化生产经营管理应用平台架构

3）煤矿智能化综合管控应用平台

煤矿智能化综合管控应用平台则以煤炭安全生产为核心，将煤矿生产各业务系统进行融合，实现对煤矿地质勘探、巷道掘进、煤炭开采、主辅运输、通风排水、供液供电、安全防控等进行智能化集中管控，提高煤矿智能化开采效率与效益。

智能化综合管控平台是智能化煤矿的核心，基于微服务架构和"资源化、场景化、平台化"思想，围绕监测实时化、控制自动化、管理信息化、业务流转自动化、知识模型化、决策智能化的目标进行相应业务应用设计，开发用于煤炭生产、智慧生活、矿区生态的智能化煤矿生产系统、安监系统、智能保障系统、智能决策分析系统、智能经营管理系统、智慧园区等场景化服务。基于矿井大数据分析能力，对井上下海量数据进行分析和变现，构建煤矿大数据仓库。基于微服务架构和人工智能算法构建智能数据引擎，实现业务逻辑快速组态化构建和智能决策，系统架构如图 8-3 所示。

采用统一信息技术架构，并根据煤矿条件不同，在系统建设规模和应用功能上进行调整，即从信息化的角度进行综合管控平台技术架构的统一规划设计，基于不同的智能化煤矿建设条件、技术路径与目标，从机械化、自动化、智能化的角度对各业务系统进行差异性的设计，实现统一规划、统一标准、统一建设、统一管理。

8.3.2　信息基础设施

建设完善的信息基础网络，满足智能化建设要求。建设万兆工业以太网，推进 5G 无线网络建设，覆盖井下主要工作地点，打造安全高效信息传输平台。合理规划网络安全防护体系，利用高级别防火墙、网闸、网络安全审计等防护设备，实现数据的安全传输。搭建云数据中心和数据存储池，实现多专业多层次多维度数据管理及共享，为矿井安全生产各系统应用提供高可用性、高扩展性、高安全性的硬件架构与软件平台。建立安全生产综合管控平台，对安全生产数据进行综合分析，实现矿井生产全业务流程管理。

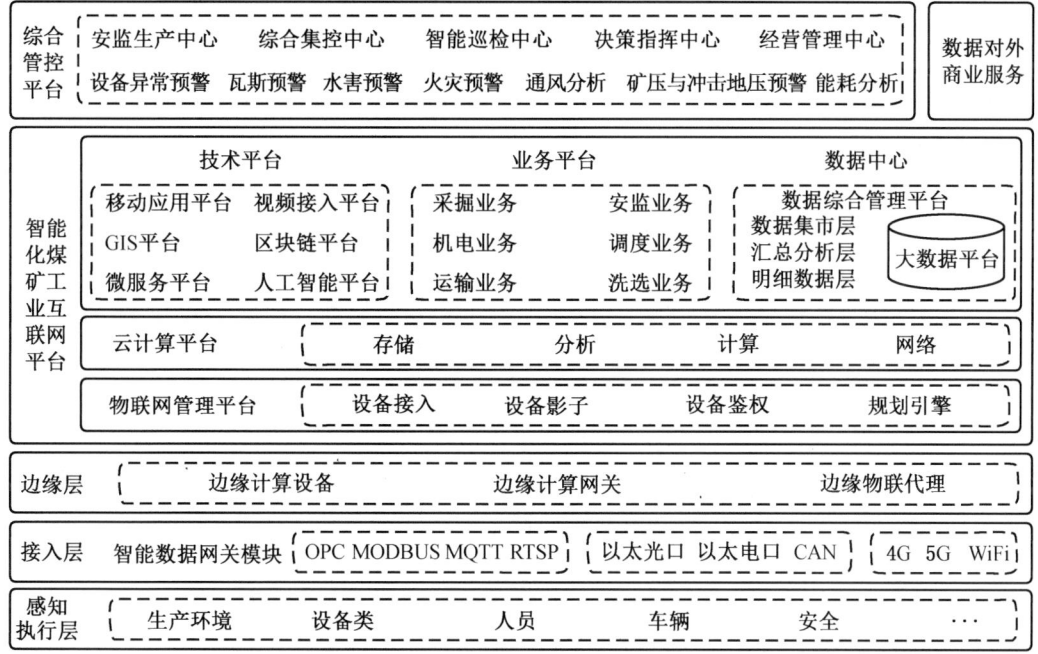

图 8-3 煤矿智能化综合管控应用平台架构

8.3.3 地质保障系统

建设完善的地理信息系统，实现地理信息、工程信息的高精度建模与有效融合，并基于地理信息系统（Geographic Information System，GIS）与建筑信息模型（Building Information Modeling，BIM）技术（以下简称"GIM"）实现设备的全生命周期管理，为矿井其他应用系统提供精准的资源视图。

（1）研发应用智能钻探、智能物探、智能遥感探测等探测技术，对矿井地质信息进行智能探测、自动数据采集与自动分类处理，实现矿井不同种类地质数据的智能获取、智能分类与智能存储，构建矿井地理信息四维时空数据库，为实现地质数据的统一分析与调用奠定基础。

（2）进行地质数据与工程数据的关联分析与融合，构建矿井的四维时空地理信息服务引擎，建立矿井三维地质模型、采煤工作面与掘进工作面高精度三维地质模型，为其他各个应用系统提供地质模型服务。

（3）将 GIS 与 BIM 进行有效融合形成 GIM 矿井时空"一张图"，对矿井空间对象数据、业务属性数据以及安全生产实时数据、历史数据等进行综合集成，建设矿井 GIM 分布式协同系统，为其他各系统提供地质数据与工程数据服务。

8.3.4 智能掘进系统

根据地质条件、工程技术、机械化水平等要求，合理选择智能掘进装备，提高掘进工作效率，掘进工作面实现单班作业人数减少至 5 人及以下。

（1）实现掘进设备远程操控截割。鼓励研究应用掘进机高精度定姿定位技术，实现掘进机位姿监测无人化、高精度的自主测量功能，并具备自主感知掘进机方向、位置、姿态，实现自主定位定向、自动纠偏功能。

（2）实现掘进工作面掘支平行作业。掘进设备配备液压临时支护和自动钻锚装备，使得临时支护实现机械化作业，永久支护实现自动确定锚护位置、自动钻孔、自动铺网、自动安装锚杆（索）等功能，并具备工况在线监测及故障诊断、锚固质量自检验等功能。实现掘支一体化平行作业，减少循环作业时间，加快掘进速度。

（3）实现掘进工作面带式输送机智能控制（自移机尾）。采用机电液一体化方式实现带式输送机自移机尾，使其移动、调平、调偏均实现智能控制和自动化，提高掘进系统作业连续性。采用带式输送机顺煤流起动方式，结合煤量传感器，根据主煤流运输的实际情况实时对带式输送机的运行速度进行调整，实现输送机带速和运量的自动匹配。

（4）矿井地质信息透明化。综合钻探和物探所得的多源异构数据，通过数据配准、交叉验证、联合反演等过程实现围岩岩性、厚度、地质构造等信息的探测，并采用多属性数据融合算法、动态可视化建模技术实现掘进工作面三维地质模型的构建，并能根据掘进过程中揭露的实时地质信息对模型进行动态修正和局部快速更新，利用软件平台实现将三维地质模型进行可视化展示。

（5）实现工作面设备群的智能联动控制。采用环网+总线的整体结构，将传感层、数据传输层及应用层采用地面融合的方式实现掘进工作面各设备数据的互联互通，使系统实现环境监控、设备运行分析、人员信息监控的全数字化传输，实现掘进工作面设备群组的智能联动控制及"人-机-环"融合联动。

8.3.5 智能采煤系统

1. 高效智能综放

控员目标：生产班作业人员不超9人，力争不超7人。

（1）实现采煤机智能自适应截割。摸清采煤工作面煤层赋存条件变化，实现基于煤层厚度变化的采煤机智能自适应截割。鼓励研究应用基于煤岩界面识别技术和基于精准地质模型的采煤机智能截割技术。

（2）实现综放工作面辅助智能放顶煤。基于工作面三维精准地质模型，开展顶煤冒放理论研究，运用音频、振动、视频、激光等多种手段，形成"时间+空间""单参量为主+多参量融合"等放煤控制模式，实现综放工作面"智能控制为主+人工辅助为辅"高效放煤。

（3）实现液压支架与围岩的智能自适应控制。通过在液压支架上布置压力传感器与姿态传感器，基于液压支架与围岩的耦合理论及监测效果，对液压支架的支护状态进行智能自适应控制。

（4）实现端头液压支架与超前液压支架的智能控制。通过在端头液压支架与超前液压支架布置传感装置，实现支架位置、姿态等参数实时采集。研发超前液压支架自动挪移行走装置，配合智能电液控制系统与采煤工作面地理信息系统，实现对端头液压支架及超前液压支架的远程智能操控。

（5）实现采煤工作面设备群的智能联动控制。各类传感器配备齐全有效，实现对采煤机、液压支架、煤流运输、安全环境监测等多系统参数的实时采集。建立基于煤流识别技术的智能生产控制系统，实现采煤机截割速度与刮板输送机及带式输送机运速协调联动、放顶煤速度与后部刮板输送机及带式输送机运速协调联动。积极开展采煤工作面多系统协同控制技术研究,将地质保障、主煤流平衡、灾害环境监测、辅助运输等多系统作为一个有机整体,全面分析各系统间相互影响,建立协同控制模型,力争实现多系统协同控制、自适应运行。

2. 高效智能综采

控员目标:生产班作业人员不超 7 人,力争不超 5 人。

(1) 实现采煤机智能自适应截割。摸清采煤工作面煤层赋存条件变化,实现基于煤层厚度变化的采煤机智能自适应截割。鼓励研究应用基于煤岩界面识别的采煤机智能截割技术和基于精准地质模型的采煤机智能截割技术。

(2) 实现液压支架与围岩的智能自适应控制。通过在液压支架上布置压力传感器与姿态传感器,基于液压支架与围岩的耦合理论及监测效果,对液压支架的支护状态进行智能自适应控制。

(3) 实现端头液压支架与超前液压支架的智能控制。通过在端头液压支架与超前液压支架布置传感装置,实现支架位置、姿态等参数实时采集。研发超前液压支架自动挪移行走装置,配合智能电液控制系统与采煤工作面地理信息系统,实现对端头液压支架及超前液压支架的远程智能操控。

(4) 实现采煤工作面设备群的智能联动控制。各类传感器配备齐全有效,实现对采煤机、液压支架、煤流运输、安全环境监测等多系统参数的实时采集。建立基于煤流识别技术的智能生产控制系统,实现采煤机截割速度与刮板输送机及带式输送机运速协调联动。积极开展采煤工作面多系统协同控制技术研究,将地质保障、主煤流平衡、灾害环境监测、辅助运输等多系统作为一个有机整体,全面分析系统间相互影响,建立协同控制模型,力争实现多系统协同控制、自适应运行。

8.3.6 智能主煤流运输系统

应用煤量智能监测、智能调速、堆煤/异物的智能识别与报警、带式输送机巡检机器人等先进技术装备,实现智能主煤流运输系统的远程监控操作,达到有人巡检、无人值守、少人高效目标。

(1) 全面推广应用基于 AI 视频的煤量智能识别技术。采用低照度条件下的视频动态信息识别技术,实时识别巷道带式输送机的瞬时物料量;通过对井下巷道带式输送机实行全方位视频监测,实时展示巷道带式输送机的瞬时运料量。对上述技术的相关算法进一步优化,并进行推广应用。

(2) 提升主煤流运输系统的智能调速。通过 AI 视频摄像头对主运上游各巷道带式输送机煤流量识别和分析,通过对多条巷道带式输送机同时检测分析,依据上下游巷道带式输送机上煤量综合优化控制主运巷道带式输送机带速,实现全煤流系统自动变频调速。

(3) 进一步提升智能巡检机器人的检测功能与精度。对现有架线式带式输送机巡检机器人装备的传感器、功能等进一步优化,提高机器人的检测精度,并在相关煤矿进行推广应用。

(4) 全面完善主提升系统的监测手段。完善主提升机房的设备环境监测预警系统(温湿度、噪声、烟雾),具备远程故障诊断与信息推送功能,实现事故案例库管理和全生命周期管理。主井提升机房实现无人值守、有人巡检。

8.3.7 智能辅助运输系统

开展运输机车的精准定位、智能驾驶建设；建成智能调度与智能物流管理系统，能与矿井智能仓储系统无缝衔接，实现物资运输的全过程的智能化闭环管理。

（1）实现井下车辆的精准定位。基于超宽带（Ultra Wide Band，UWB）等精准定位技术，通过井下 5G/4G/WiFi 等高速传输网络实时传输位置信息，实现机车的精准定位。

（2）积极探索井下机车的遥控驾驶、辅助驾驶、无人驾驶等技术。无轨胶轮车运输系统积极应用辅助驾驶或无人驾驶技术，电机车及单轨吊等有轨运输系统实现机车点对点无人驾驶或遥控驾驶。

（3）实现井下车辆的智能调度。在智能综合管控平台中建立井下车辆智能调度模块，将井上下的车辆信息、路况信息、用车信息进行融合，实现车辆的智能调度管理。

（4）实现井下物资的智能配送管理。建立运输物资编码体系，进行物资的集装化管理，将物资的配送信息与井下智能调度管理模块进行关联，实现物资运送全过程的智能化闭环管理。

8.3.8 智能通风系统

建设智能通风系统，实现风量、风速、危险气体等的智能监测与分析，实现通风网络智能解算与远程智能调风，具备灾变后避灾路线的智能规划功能。

（1）建设矿井通风环境参数智能监测系统，实现对井筒、进风大巷、回风大巷、工作面巷道等井巷风速、风向、风阻等参数的实时监测，利用甲烷传感器、一氧化碳传感器、温度传感器等对井下环境进行监测，实现对井下通风环境的实时智能监测。

（2）建设通风设施远程智能控制系统，井下主要进回风巷间、采区进回风巷间采用自动风门，正常通风时期可靠闭锁，灾变时期可远程解除闭锁。矿井主通风机、局部通风机具备远程集中控制功能，局部通风机可具有远程启停功能，实现无人值守。

（3）建设智能局部通风系统，监测局部通风机吸风量、风筒口出风量，将风速、风量等数据传至监控中心，并根据掘进工作面瓦斯等有害气体情况，进行需风量预测，智能调节局部通风机供风量。

（4）建设通风系统智能分析决策平台，能够建立全场景三维通风系统模型，基于监测数据进行通风网络实时解算、通风网络故障诊断、通风系统优化调节等，并在灾变后能够实现避灾路线的智能规划。

8.3.9 智能供排水系统

建设基于压力、液位、流量、温度等监测传感器和电动阀的智能排水系统，实现主排水系统设备的智能运行，智能排水系统可按照水量实现排水用电自动削峰填谷，智能优化排水方式，实现能耗自评估和故障自诊断，具备智能报警、智能统计分析排水量等功能。

（1）系统能在线检测主排水系统工序能耗，具备设备在线点检功能。

（2）具备水量负荷调控及管网调配功能，通过压力、液位、流量等多传感器和各系统数据融合实现按需供水，并能实现对水量的预分析功能。

（3）矿井排水系统与水文监测系统能够实现智能联动。

（4）固定排水作业点能够根据水压、水位进行智能抽排，实现与各采区排水系统的智能联动；排水系统实现无人值守作业。

8.3.10 智能供电系统

建设基于供电系统数据、电缆监测数据、继电器保护数据、故障监测数据和电能计量数据的煤矿供电系统安全高效运行保障体系，对供电系统进行全面监测与分析，实现煤矿供电系统的全面智能化无人值守、智能监控管理。

（1）矿井供电系统具备智能防越级跳闸保护功能和智能选择性漏电保护功能，能够与瓦斯、水灾等实现智能联动。

（2）建设供电系统远程集控系统，供配电系统应实现高（低）压电气设备遥信、遥测、遥控、遥调、遥视信息在线监测及远程实时传输和可视化监控，遥控功能必须具备防误操作和远程闭锁功能。

（3）建设矿井能源管控中心，具备数据采集与上传、数据辨识、故障录波分析、自动故障定位和快速故障隔离、运行监视、智能告警、峰谷电能计量、能耗统计、在线电能质量分析、绝缘监测、运行环境监测、操作安全闭锁和电子挂牌、火灾自动报警等功能，实现矿井节能降耗。

（4）井下变电所实现无人值守。

8.3.11 智能压风系统

（1）主压风系统实现风量、压力、温度、振动以及电气等参数的连续在线监测及远程实时传输和可视化监控。

（2）矿井压风系统采用自动化集中控制，具备联锁控制、负荷自动调节、故障自动切换等功能。

（3）具备压风机自动轮换运行功能，配备供风管网监控系统，实现井下风压、风量与控制系统联动。

（4）具有查询历史运行、故障、报警及温度、压力等参数的历史曲线和实时曲线、能耗分析计算功能。

8.3.12 智能安全监控系统

建设安全监测数据中心、安全管理综合信息平台，实现灾害的预测、预警及避灾路线的智能规划。

（1）建设矿井安全监测数据中心，将水灾、火灾、顶板灾害等相关监测数据与人员定位系统、地理信息系统等数据进行有效融合，实现灾害的智能分析、预测、预警与避灾路线的智能规划。

（2）建设多模块的安全管理综合信息平台，融合风险分级管控、隐患排查治理、重点工作跟踪、灾害治理、网格化管理、监督检查、绩效考核、标准化考核和矿井个性管理等功能模块，采集生产状态、安全监测监控、人员定位、微震监测、水文监测、机电工况、工业监控视频等数据，进行大数据集成、分析，通过科学的数据分析模型，实现煤矿智能化开采环境下的安全风险智能评估和预警。

（3）开发安全监测应用移动终端，实现多平台操作、多数据关联，打破安全管理"信息孤岛"，实现动态管控、实时预警的安全管理"一张图"功能，为矿井安全管理，提供智能化信息保障和支撑。

8.3.13 智能洗选系统

加强洗选系统的智能升级改造，推广选煤厂智能化和全自动采制样系统应用，实施洗选加工全级全流程智能控制，生产经营全过程的智能管理，多维度全方位的信息资源融合共享与智能决策，建成国内领先的智能化选煤和商品煤检验系统，实现现场无人值守的

"黑灯"选煤厂目标。

（1）升级智能洗选过程控制系统，实现选煤厂重介分选、跳汰分选、粗煤泥分选、浮选加药、浓缩加药、压滤机集群、沉降脱水、干燥系统、装车配煤系统等工艺过程控制的智能化改造。

（2）建设选煤大数据决策平台，借助大数据系统和云计算技术，综合选煤数据中心信息，建立原煤可选性分析、工艺效果评价、煤泥水平衡、产品结构优化及配煤等数学模型，构建集洗选工艺质量模型在线分析、生产过程实时模拟、工艺参数在线动态调整、分选效果预测评价、设备智能维保管理、供配电智能化管理、生产经营综合分析、业务执行分类授权推送一体化选煤决策平台。

（3）建设选煤厂安全生产监控联动平台，实现重点工艺设备安全启停车监控、重点区域安全布防、工控视频联动、配电室监控、岗位巡查监督、生产异常识别等功能，实现数字大屏幕分屏或全屏自动呈现、推送各类选煤厂可视化管控数据。

（4）建设商品煤检验与管控体系，依托智能采制化装备和大数据技术，在煤炭行业率先构建商品煤智能检验与管控体系，原煤和产品质量实时监测，采样、制样、存样、煤样传输和化验过程无人干预，质量数据实时采集，数据互联互通，提升大数据分析决策能力，达到"过程检验在线化、商品煤检验智能化"目标，为煤炭产品质量保驾护航，为煤炭营销提供数据保障。

（5）提高选煤工艺流程的机器人化作业水平，研发应用选煤厂煤泥清理等智能机器人，进一步提高选煤厂的智能化作业水平。

（6）建设数字孪生选煤厂综合管控平台，对厂区、楼层、设备等实体进行三维建模，实现3D仿真效果，以缩放方式方便地观测被测控点的状态或参数，结合各个参数的性质分别以曲线、表格等形式进行实时显示、存储与历史数据调用等。集成VR/AR等虚拟和增强现实技术，实现在厂区、厂房内部自由行走漫游与操控。

（7）建设山东能源集团煤炭板块选煤大数据平台、山东能源集团级选煤云平台，实现多维度全方位大数据汇集和无间隙融合共享，构建选煤专家系统，不断提升科学决策和专业化管理水平，达到减人提效、节能降耗、安全高效的目标。

8.3.14 智慧园区

开展地面智能化园区试点建设，并根据实际应用效果与矿井建设需求，分系统进行推广应用。

（1）建设地面智能综合调度指挥中心，集成智能化指挥、调度、管控、办公、培训、展示等功能，实施管理流程再造，实现业务线上化，彻底减少技术、管理人员的工作量，提升管理效率，实现对井上下各系统的统一协调管控。

（2）建设智能仓储系统，具有智能立体库房、无人配送机器人，实现设备、物资等的智能化存储与园区内智能化配送。

（3）建设工业设施智能保障系统，具有智能安防、智能车辆管理、智能道路管理、智能门禁闸机管理、智能供热、智能洗浴管理、智能宿舍管理、智能信息发布、智能食堂管理、智能园区灌溉、对讲及个人移动终端管理，实现工业设施保障系统的智能决策和数据共享。

（4）矿井可根据实际需求，建设绿色能源利用系统，具有风机乏风余热利用、太阳能发电利用、矿井水余热利用、智能储能等功能,实现多种能源的综合智能利用。

8.4 煤矿智能化建设的保障措施

8.4.1 组织保障

为了保障煤矿智能化建设顺利实施,应组建煤矿智能化建设领导小组,负责审批智能化煤矿建设项目的总体工程计划和项目投资计划;领导小组下设办公室,全面负责智能化建设的组织协调、督导检查等工作。

各煤矿应成立以矿长为组长的领导小组和专门工作办公室,确保将煤矿智能化建设落实为"一把手"工程,形成主要负责人挂帅、分管领导负责、牵头部门统一组织实施、业务部门有效参与、全体员工深度配合的智能化工作体制,制定工作规划,明确各阶段实施的时间节点、工期目标等内容,保证智能化各项工作横向到边、纵向到底、各负其责、齐抓共管。煤矿还应设立煤矿智能化专职机构,负责煤矿智能化建设,可以建立智能化运维团队或委托第三方专业团队对智能化煤矿运行进行专业运维。

8.4.2 技术保障

聚焦制约煤矿智能化建设的重点环节和共性难题,做实三大技术保障。聚焦制约煤矿智能化建设的工作面煤机记忆截割、自动跟机移架、三角煤截割常态化运行,掘进工作面自主定位、自主截割等技术难题,做好技术保障工作,一是以系统优化、支护调整、装备升级为抓手,奠定智能化基础;二是以信息基础建设为保障,完成矿山一张图建设,融合地测、生产、通防、机电、运输等数据,建成自有工业互联网平台;三是积极调研智能化建设推广过程中涉及的先进技术和成熟经验,及时总结建设过程中的经验教训,扩大成功经验的可复制性,避免重复探索。

以公司各类检查、考核、技术比武为契机,加强与集团兄弟单位智能化管理人员、技术人员、维护人员的交流与学习;加强与科研院校、设计单位和设备厂家的技术沟通,坚持问题导向,以"三减三提"为抓手,解决智能化建设的重点环节和技术难点。组建矿专门技术团队,学习先进经验,搭建创新平台,打造一批有自主核心技术的专业理论和装备设施。

8.4.3 资金保障

实行煤矿智能化建设资金年度审查制度,每年四季度组织专家对下一年度智能化建设项目进行审查,确定建设资金预算金额;并综合分析各单位生产经营状况,一企一策,分别确定资金来源配套,对资金配套确有困难的单位,提供智能化建设专项低息贷款。煤矿要根据自身生产经营实际状况,优先保障智能化建设资金投入,确保智能化建设资金充足。

(1)要积极申请各级政府配套资金,拓宽资金来源渠道。

(2)优化科研专项、安全费用等资金配置,优先保障涉及重大灾害治理、安全基础保障、生产系统进行智能化改造等资金落实,集中力量做大项目,培育新型机构新型产业。

(3)要合理规划项目,按照积极、稳妥、有序的总基调,稳步推进智能化建设工作,对技术不成熟、实施效果差、应用成效小的项目谨慎实施,杜绝盲目投入。

(4)严格资金使用,对已确定投入的智能化建设资金,严禁挪作他用。

8.4.4 制度保障

建立健全煤矿智能化建设保障制度，煤矿要根据年度规划中确立的重点任务和时间节点开展督察督导，及时调整各项工作进度，解决工作推进过程中存在的问题。要坚持"实际实用实效"原则，结合专业切实抓好煤矿智能化建设工作重点项目的推进实施，确保推进效果，并将工作进度及遇到的问题及时向上级公司反馈。上级公司分阶段动态组织开展工作督导检查评价，将煤矿智能化建设情况纳入年度经营目标责任考核，考核结果作为对煤矿生产单位考核和奖惩的重要依据，真正做到有奖有惩，充分调动全员抓好智能化建设工作的积极性，实现智能化建设由"一把手工程"向"全员工程"的转变。生产煤矿每月组织召开智能化建设推进会议，对项目实施不力的单位负责人进行约谈并通报批评。分阶段对煤矿智能化相关技术、装备的应用效果进行考核，考核情况纳入年度考核目标。

8.4.5 人才保障

以智能化矿井长期稳定运维为目标，各级单位设立智能化管理专职部门机构，优选配强专业技术人员，常态化从事智能化管理推进和技术研究工作，在工作推进中培养锻炼智能化人才队伍。

充分利用高校资源，与相关院校合作，针对煤矿智能化建设需要签订协议，利用对口单招、联合培养等方式，大力培育吸收智能化专门人才。以高薪聘请、项目合作、短期工作等方式，放眼国内国际一流专家队伍，积极引进一批智能化高端人才。与相关科研院所、生产厂家合作，联合开展技术研究与技术转化工作，努力培训本土专家队伍。加大全员智能化培训考核，将智能化纳入员工日常培训内容，提高全员智能化业务素质和知识储备。

9 煤矿智能化巨系统架构与应用系统

9.1 煤矿智能化巨系统架构

9.1.1 煤矿智能化总体架构

1. 总体架构定义

煤矿智能化总体架构指的是以人工智能、大数据、云计算、物联网等信息技术为支撑，以数据采集、数据互通、数据挖掘为手段，以工作面开采、巷道掘进、运输、通风、安全监测等为系统组成，形成虚拟仿真平台、视频监控平台、自动控制平台等横向专有业务载体，服务于煤矿生产、安全、管理应用场景，基于统一、可靠的数据通信协议构建业务协同、数据协同、人机协同为核心目标的区队控制执行、各部门协同调度、全矿井管理决策一体化运行体系（图9-1）。

煤矿智能化总体架构以"网络互联互通、数据共享交换、信息融合安全、业务协同联动、资源高效利用"为原则，符合感知学习、系统交互、群体智能的发展方向；基于获取的大数据实现生产、安全和保障场景的流程优化，在各个系统层面实现数据互通，打造横向一体化平台，在矿级、部门级和区队级实现业务、数据和人机协同，实现群体智能。

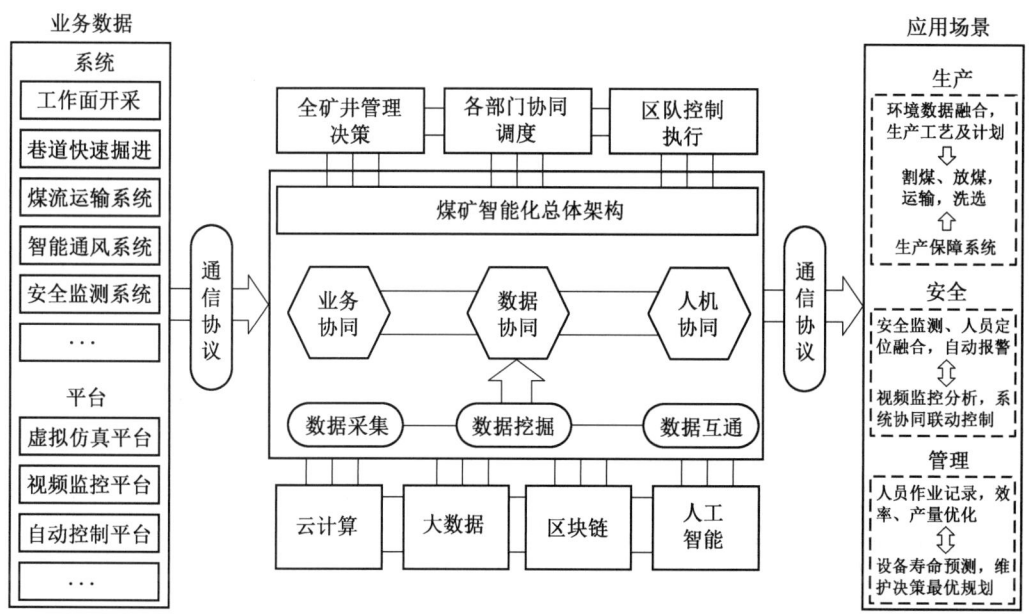

图9-1 煤矿智能化总体架构

2. 总体架构基本组成

煤矿智能化总体架构包括煤矿所有的业务系统，整体实现智能化功能要求、协同运行要求、互联互通要求，同时囊括了煤矿所有的操作平台，并满足功能组成、接入范围、性能要求。煤矿智能化总体架构支撑煤矿的生产场景，对环境数据融合、生产工艺及计划、生产保障等进行规定，支持割煤、放煤、运输、洗选等工艺流程。同时，支撑煤矿的安全场景，实现生产过程的安全监测、人员定位、自动报警，支持视频监控分析、系统协同联动控制等。总体架构支撑煤矿的管理场景，对生产过程的人员作业记录效率、产量优化等进行规定，支持设备寿命预测、维护决策最优规划等。

9.1.2 煤矿智能化信息平台架构

1. 智能化信息平台架构定义

智能化信息平台架构是以数据感知及控制层、数据分析与应用层、决策层组成的，基于云计算、大数据等信息技术，建立煤矿生产协同执行控制平台及煤矿工业大数据平台，综合运用数据治理、数据融合、数据服务、关联分析等数据处理手段，实现煤矿信息数据的采集、存储、传递、处理、分析。

如图 9-2 所示，煤矿智能化信息平台架构从下到上包括数据感知及控制层、数据分析与应用层以及决策层。图中不仅展示了每个层次中的相互关联关系，还包括了建设的主要内容。

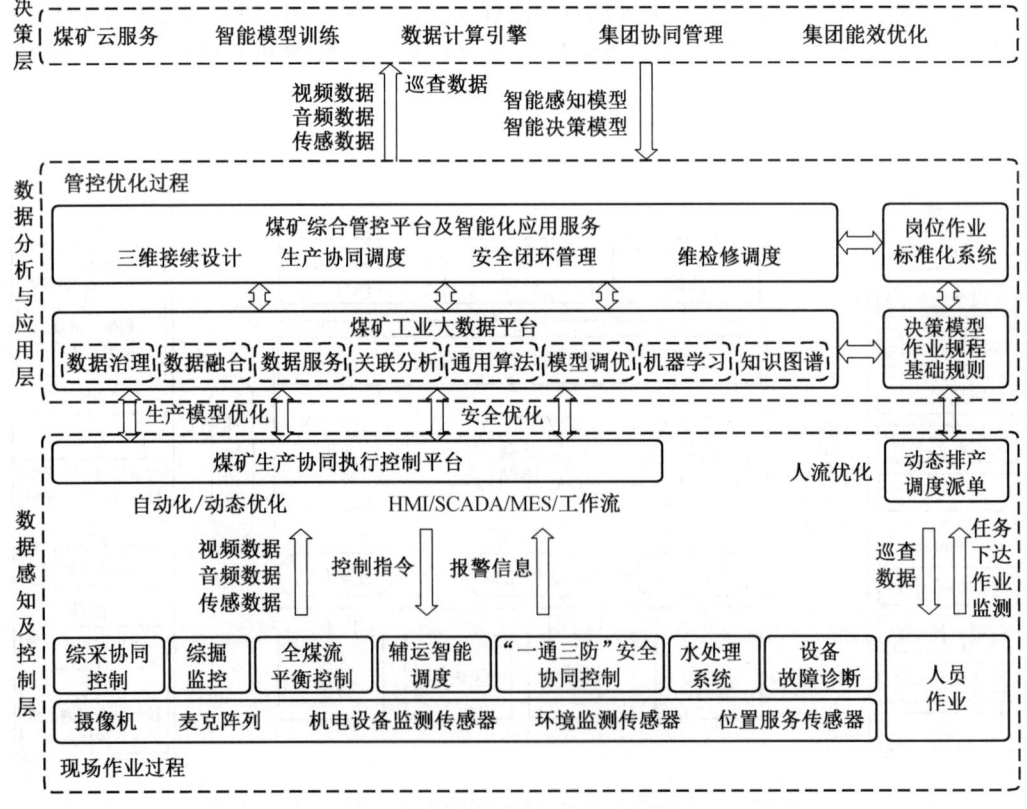

图 9-2 煤矿智能化信息平台架构

2. 智能化信息平台架构基本组成

1）数据感知及控制层

摄像机、麦克阵列、机电设备监测传感器、环境监测传感器、位置服务传感器等传感器应收集现场作业设备、环境监控数据，将视频数据、音频数据、传感数据上传到煤矿生产协同执行控制平台，并将设备可能的故障预警信息上传到煤矿生产协同控制平台。

煤矿生产协同执行控制平台应根据传感器获取的设备、环境信息，对井下设备发送控制指令，实现综掘监控、综采协同控制、全煤流平衡控制、辅运智能调度、"一通三防"安全协同控制、水处理系统、设备故障诊断等功能。

煤矿生产协同执行控制平台应将设备、环境的监控和控制信息上传到煤矿工业大数据平台，用于生产控制的进一步优化。

2）数据分析与应用层

煤矿工业大数据平台应具有数据治理、数据融合、数据服务、关联分析、通用算法、模型调优、机器学习、知识图谱等功能，实现生产模型优化和安全优化。

煤矿综合管控平台应提供三维接续设计、生产协同调度、安全闭环管理、维检修调度等智能化应用服务。

煤矿综合管控平台应将井下设备的视频数据、音频数据、传感数据、巡查数据等上传到煤矿云服务，为集团决策和协同管理提供支持。

3）决策层

集团应建设云服务平台，对煤矿综合管控平台上传的数据进行智能模型训练，建设数据计算引擎，对集团下煤矿协同管理和能效优化，并将训练过后的智能感知和决策模型传输给煤矿综合管控平台。

9.1.3 煤矿智能化网络架构

1. 网络架构定义

网络架构由井下通信设备、地面网络设备为基础的煤矿层、提供云服务的公司层和集团层3个层次组成，综合运用无线（4G/5G、WLAN）、有线（同轴电缆、双绞线、F5G等）等技术，基于先进的网络通信协议和安全保障体系，支撑智能化煤矿稳定、高速、安全地数据采集、传输、交换和应用。

如图9-3所示，煤矿智能化网络架构应完善煤矿网络基础设施，进行网络基础设施升级改造，统一规划网络和安全系统，根据煤矿分级分类等级及建设需求，选择性建设基于新一代无线通信技术，提升煤矿各系统的传输能力、融合能力，为煤矿工业互联网、大数据平台、物联网等建设奠定基础。

2. 矿用核心网

智能化矿用核心网络应选择性地建设三级网络架构，即"集团—公司—煤矿"，根据业务需求，搭建矿用公网或矿用专网，宜采用IPV6、NAT等网络技术。集团层及公司层应建设综合管控平台、数据中心等，实现软件定义、资源预留、网络切片和云服务功能。煤矿层主要包括地面与井下网络建设，并通过融合层与集团层和公司层相互通信。煤矿层中的融合层是实现煤矿层与集团层和公司层数据传输，应建设云服务、MEC&UPF、远程应用、数据中心，通过出口网络与集团层与公司层通信，通过核心交换设备与煤矿层通信。煤矿层地面网络应通过工业环网、F5G、PON、WLAN、移动通信等技术，实现生产、

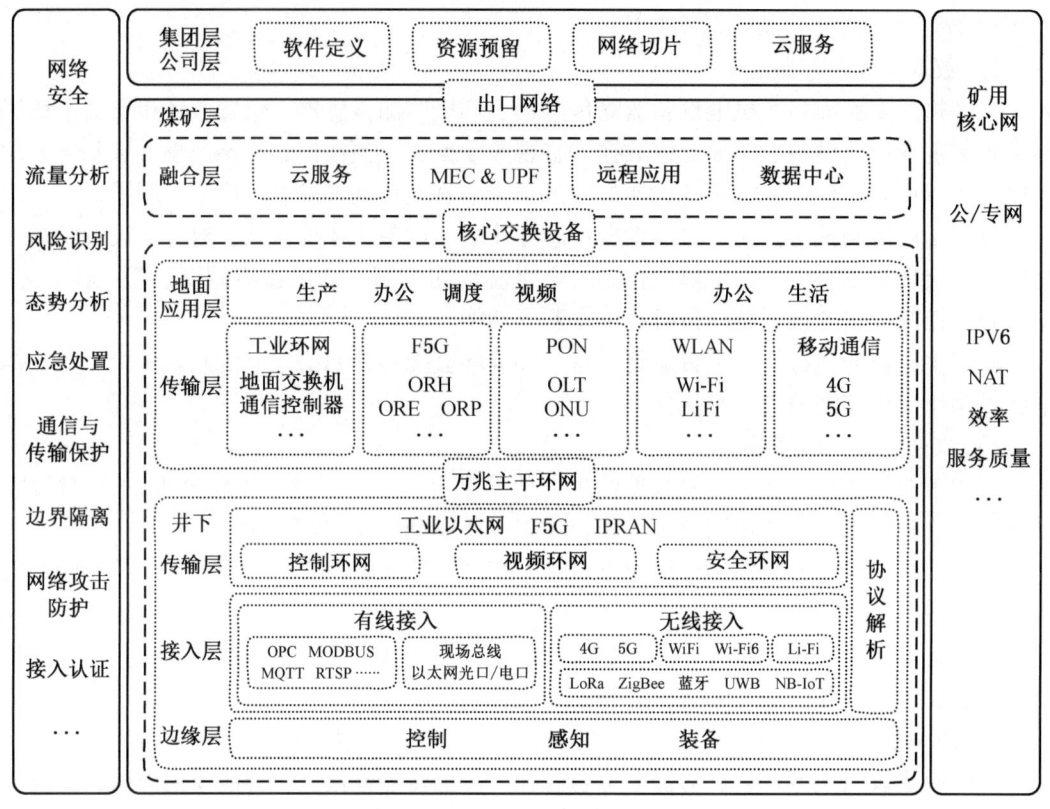

图 9-3 煤矿智能化网络架构

办公、调度、生活等应用。煤矿层井下网络应采用工业以太网、F5G、IPRAN，构建井下控制环网、视频环网、安全环网。煤矿层井下网络宜采用 OPC、MODBUS、MQTT、RTSP 等技术，实现设备有线接入；宜采用 4G、5G、WiFi6、LiFi、LoRa 等技术实现设备无线接入。

3. 网络安全

智能化煤矿网络安全系统应根据不同应用对象的安全保护需求完成安全建设或安全升级，建立安全技术体系和管理体系，实现流量分析、风险识别、态势分析、应急处置、通信与传输保护、边界隔离、网络攻击防护、接入认证等防御功能。

9.1.4 煤矿智能化业务应用架构

1. 应用架构定义

煤矿智能化建设是以煤炭生产为核心的系统工程，其业务架构宜包括煤矿总体基础平台，井下采掘运系统和煤矿辅助保障系统，三个系统彼此相辅相成，如图 9-4 所示。

2. 基本组成

1）煤矿业务基础平台

智能地质保障系统应将地质数据与工程数据进行深度融合，采用地质数据推演、地质数据多元复用、地质数据智能更新等方法，建立实时更新的地质与工程数据高精度融合模型，实现矿井地质信息的透明化。宜采取智能采掘工作面的随采智能探测、随掘智能探测

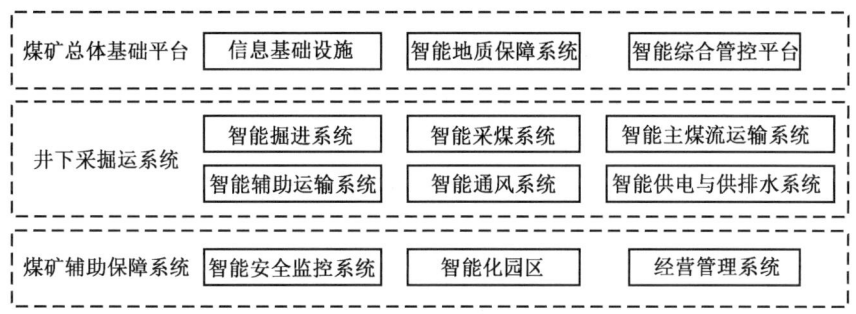

图 9-4 煤矿智能化应用架构

与监测的技术装备，应用智能钻探、智能物探、智能探测机器人等新技术与新装备，以静态数据为基础，融入自动更新的高精度动态地质信息。

智能综合管控平台应参考模块化、组件化的技术架构设计思路建设，集成各业务系统数据及感知层数据，运用新一代信息技术建设业务中台和数据中台，形成具有自感知、自决策、自执行的智能化平台，为上层业务应用提供统一的数据汇聚与技术支撑。建设智能生产服务和调度平台、业务综合管理系统、煤矿智能化综合协同控制平台，实现矿井各业务系统的数据共享服务与智能协同管控。

2）井下采掘运系统

智能掘进系统应根据矿井掘进地质条件与工艺要求，确定合理的掘进技术与装备，配套高效辅助作业系统，逐步实现掘支平行作业；宜采用智能探测、自动定向及导航、巷道断面自动截割成形、自动锚护、高效除尘等先进技术与装备，使掘进工作面生产系统具有智能感知、自主决策和自动控制的功能，实现掘进迎头少人或无人、系统高效协同运行。

智能采煤系统应根据煤层赋存条件、工作面设计参数、产能指标等要求，采用不同的建设模式：薄煤层和中厚煤层宜采用智能化无人开采模式；大采高工作面宜采用人-机-环协同高效综采模式；放顶煤工作面宜采用智能化自动割煤和人工干预辅助放煤模式；复杂条件工作面宜采用智能化监控与机械化结合的开采模式。其中，条件适宜的薄及中厚煤层实现智能化少人开采，宜采用采煤机自适应截割、液压支架自适应支护、智能放顶煤、刮板输送机智能运输、智能供液、综采设备群智能协同控制等技术；条件适宜的工作面宜采用开展地质模型的智能化开采实践。

智能主煤流运输系统应根据不同的主煤流运输方式，采取不同的智能运输系统，应满足如下要求：

（1）采用带式输送机进行主煤流运输的矿井，主煤流系统中带式输送机应具备单机自动控制、多机协同联动、远程集中控制、煤量自动平衡、粉尘浓度检测和自动喷雾降尘、运行工况检测及故障智能预警等功能。宜采用基于 AI 煤量智能识别、人员违规作业智能监测、大块煤/堆煤/异物识别与预警等技术，实现带式输送机的智能运输。

（2）采用立井箕斗进行煤炭提升的矿井，提升系统应具备提升速度、提升重量、钢丝绳等智能监测功能，具备智能装载与卸载功能，且能够与煤仓放煤系统实现智能联动控制；应具备完善的智能综合保护功能，实现立井箕斗提升的自动化远程控制。

智能辅助运输系统应以车辆精确定位信息为基础，以车载智能终端为核心，辅助井下信号灯控制系统、智能调度系统、语音调度系统和地理信息系统，实现车辆监控、指令下达、运输任务调配、失速保护、报警管理、应急响应等功能，优化作业流程，实现辅助运输业务信息化全覆盖。斜井轨道运输宜利用精确定位、智能视频等技术实现行人不行车、行车不行人、自动道岔变换等功能。

智能通风系统宜采用通风系统智能精准感知技术与装备，实现对风阻、风量、风压等参数的智能感知，对通风网络阻力进行实时监测与解算。风速、温度、湿度、气压、瓦斯、一氧化碳、二氧化碳、粉尘等传感器的数量和位置应满足精确测风、瓦斯涌出量计算和环境状态识别的需要，并提供远程监测接口。井下主要进回风巷间、采区进回风巷间宜采用自动风门，正常通风时期可靠闭锁，灾变时期可远程解除闭锁。矿井主通风机、局部通风机具备远程集中控制功能，局部通风机可具有远程启停功能，实现无人值守。通风系统应具备故障自诊断与预警功能，并与其他系统实现智能联动控制，实现灾害的智能预警与避灾路线智能规划。

智能供电与供排水系统应满足如下要求：

（1）应建设基于供电系统数据、电缆监测数据、继电器保护数据、故障监测数据和电能计量数据的煤矿供电系统安全高效运行保障体系，对供电系统进行全面监测与分析，实现煤矿供电系统的全面智能化无人值守、智能监控管理；建设基于大数据分析的智能供电决策系统，实现故障的预判和预处理、快速故障隔离；建设煤矿能耗监测和智能化能耗优化调度系统，动态调节煤矿大型用电耗能设备的供电方案和作业计划，降低煤矿整体能耗水平，优化能耗成本。

（2）应建设基于压力、液位、流量、温度等监测传感器和电动阀的智能排水系统，实现主排水系统设备的智能运行，智能排水系统可按照水量实现排水用电自动削峰填谷，智能优化排水方式，实现能耗自评估和故障自诊断，具备智能报警、智能统计分析排水量等功能。

（3）应建设主供水智能控制系统，实现主供水系统设备的智能运行，供水用电自动削峰填谷及管网调配，自动选择最优电量；通过水泵运行等参数的监测，实现水泵控制及监测的智能化，实现对系统异常低压现象的预警；通过多传感器和各系统数据融合实现按需供水，并能实现对用水量的预分析功能。

（4）应建设污水智能处理系统，通过监测水泵及管路的运行参数、设备状态、运行时间等信息，实现能耗及产能分析和故障诊断；通过监测污水处理系统的各流程环节，及时调节污水处理的各项参数，降低系统运行成本，保证污水排放质量达标。

3）煤矿辅助保障系统

智能安全监控系统应根据矿井地质条件和生产条件，建设井下融合通信系统及配套装备，实现煤矿安全监控系统、人员定位管理系统、通信联络系统、智能视频分析系统、智能通风系统、供电监控系统、冲击地压监测系统、水文监测系统等系统的统一承载、共网传输，进行人-机-环的安全检测与防护，提高安全监控、人员定位、通风、供电、应急广播等系统的抗电磁干扰水平；应建设具备水、火、瓦斯、顶板、粉尘等灾害监测与防治的综合防控系统，具备重大安全事件的应急处置管理能力，可依据灾变发展趋势，自动触发排水、灭火与除尘等系统；应建设基于综合监测的灾害防治平台，具备灾害风险监测预警、智能分析模拟、应急救援辅助指挥、事故原因分析、矿井灾变状态下避灾路线智能规划等功能。

智能化园区宜整合园区的消防、安防、停车、访客、会议管理、考勤、购物、餐厅等业务系统，形成全面感知、实时互联、分析决策、自主学习、动态预测、协同控制的智能园区管控系统。

智能化经营管理系统宜支持煤矿各业务应用的全面一体化集成，打通管理孤岛、数据孤岛；实现"人财物一体、产运销一体、业务全面互联互通"，覆盖煤矿的管理决策、财务、生产、人力、物资、机电、计划预算、安环、调度、项目管理等领域；建设数字化决策体系，实现经营数据、生产数据、绩效数据、管理分析数据等实时展现，为经营决策提供参考、为经营管理提供依据、为生产提供数据、为绩效提供指导；宜建设煤矿设备全生命周期管理系统，整合设备台账管理、设备运行数据、设备维护记录等，针对特定设备提供专家运维建议和超前预测，实现设备的全生命周期管理；宜运销体系智能化管理，构建完整运销体系，实现一体化集中运销；应利用移动应用、条码技术，提高业务效率，降低人工成本，实现矿山管理的智能化。

9.1.5 煤矿智能化管理架构

1. 管理架构定义

煤矿智能化管理应以人工智能、大数据等智能化技术为基础，如图9-5所示，建立煤矿智能化组织体系，通过智能化安全管理、智能化生产管理、智能化经营管理、智能化技术与装备管理、智能化人力资源管理等，完善企业责任体系、考核与激励管理，最终实现煤炭企业战略目标与领导作用。

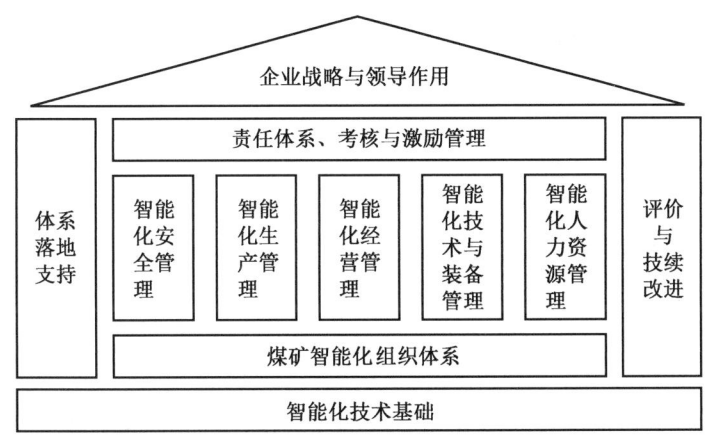

图9-5 煤矿智能化管理架构

2. 基本要求

1）应用场景管理要求

企业战略与领导作用标准要求明确企业组织角色、职责与权限，发挥领导作用与承诺，并制定智能化煤矿战略。智能化安全管理应引导智能化安全管理工作，实现煤矿安全绩效的持续改进。智能化生产管理要求在其内部相关职能和层次建立、实施和保持形成文件的生产管理的目标，用以引领和指导智能化生产管理工作。智能化技术与装备管理要求建立符合安全、生产、经营需要的技术与装备管理模式，不断提高矿井技术与装备水平。

智能化人力资源管理要求煤矿满足企业发展需要，将从业人员发展纳入目标中。

2）管理体系支撑

煤矿应建立工作责任体系，明确所有从业人员在安全、生产、经营方面的责任。智能化管理体系落地支持与运行应围绕制度管理、运维管理和数据管理，培养从业人员的能力和意识，全员参与保障智能化管理体系运行。智能化管理体系评价与持续改进应进行内部审核和管理评审，不断优化改进智能化管理体系。

9.2 煤矿应用系统

9.2.1 系统架构与标准体系

1. 总体架构

1）统一建设的必要性和紧迫性

综合智能管控平台是煤矿生产、运营的"大脑"，统一监控整个煤矿的日常运行过程，集中管理和操作各个子系统的数据，涉及工作面集控、瓦斯探测、通风、排水、防火、供电等多达90多个子系统。目前，无论是综合管控平台，还是各个子系统，都是由不同厂商开发的。在硬件体系、接口标准、数据传输等方面存在着大量的不一致、不统一的问题，导致原本就复杂的煤矿生产体系更加凌乱，信息孤岛、数据滞后、数出多门等问题无法从根本上解决。为彻底改变这一现状，基于院士团队提出的顶层设计思想，统一规划和建设一个自顶向下、完整、标准的智能综合指挥调度平台。构建涵盖全矿井的安全监管、生产、运销、综合服务等业务的统一应用系统和大数据中心，向下实现各种多源异构感知数据的接入、集成和融合，实现感知数据上传和控制数据下发的双向交互，在一个平台内实现信息化与自动化的融合。

（1）综合管控平台的建设是一个系统工程，涉及包括生产执行平台、大数据分析平台、生产调度平台等多方面系统，各系统平台紧密联系，如分开建设将使系统职能混乱，配合不清，难以发挥系统工程优势。

（2）综合管控平台对接系统众多，需要进行统一规划统一建设，形成完整的数据标准，保障系统接入及协同控制的顺利开展。

（3）综合管控平台通过大数据分析平台进行数据支撑，整个系统应规划成为开放的数据服务平台而不是一个封闭的综合展示系统，需要进行统一的数据资源调配以及接口服务规划。

（4）综合管控的目标是打通信息孤岛，实现关键系统的协同控制，并在此基础上实现各系统的智能化应用。因此需要整个系统形成统一的架构，理顺上下层次关系，保障各系统的协同性。

（5）当前煤矿各信息化系统建设已经全面开展，亟须进行综合管控平台的统一建设，进行总体布局，对各种信息化系统进行统一接入规划，使之可以发挥自身的数据支撑能力，从而保证总体建设进度，最终建设完善的数据生态。

2）总体技术架构

根据智能管控平台主要技术内容，王国法院士团队集中当前国内相关技术领域的多家龙头单位进行联合设计，拟定了智能化煤矿总体技术架构和体系模型，构建了一体化解决方案，如图9-6所示。

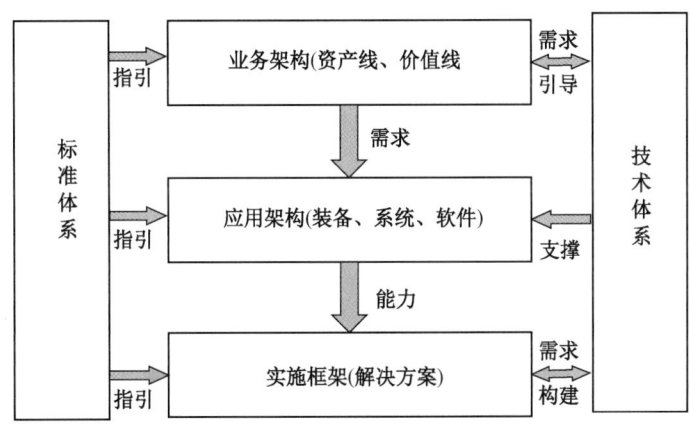

图 9-6 智能化煤矿总体技术架构和体系模型

总体架构由业务架构、应用架构、实施框架、技术体系、标准体系组成。由上向下逐层细化和深入。

(1) 业务架构。业务架构包括资产线和价值线两个视图。一是以工程视图提出的资产全生命周期管理体系架构，管理范围包括地质资源、井巷设施、机电装备、采掘机运通生产系统、工业互联网、软件平台、矿山大数据，这些系统均为矿井的基础设施和安全生产保障系统，具有稳定、可靠、持续运行的需求，因此需要对设计、建造、运维、退役和报废进行全周期信息化管理。二是以企业视图提出的价值创造链条过程中发生的地质勘查、采掘设计、安全生产、经营管理业务，包括透明矿井、矿山工程数字化协同设计、智能化开采、智能化采掘、主煤流协同运行、智能化洗选系统、智能储装系统、智能运销系统、综合调度指挥系统、企业经营管理系统等，这些系统是矿井的核心生产系统，具有互联互通、系统协同控制、资源配置优化、无人高效运行的需求，因此需要利用工业互联网平台的架构体系重构安全生产、经营管理系统。

(2) 应用架构。依据业务架构需求提出煤矿资产全生命周期管理应用体系、煤矿安全生产经营管理应用体系。

(3) 实施框架。实施框架提出各层级结构、软硬件系统组成和系统部署方案，系统地回答智能化矿山"谁来建、怎么建"的问题。实施框架结合煤矿资源条件、生产规模、信息化基础等实际情况和智能化矿山发展趋势，提出了系统级、矿井级、企业级的实施框架层级划分，提出不同层级方案的系统组成、系统间关系及整体部署方案。实施框架为各单位落地不同层级智能化矿山解决方案提出了建议性方案以及实施主体，品牌化一体化地推广中国煤科智能化矿山解决方案。

(4) 技术体系。包括煤矿工业勘探技术、工程设计、机械制造、开采技术、安全技术、矿物加工、企业管理、自动化等 OT 技术、信息化 IT 技术、OT 和 IT 的融合技术，体现了技术体系对业务架构的引导作用、对应用架构的支撑作用、对实施框架的赋能作用，是工业机理模型开发的基础支撑。

(5) 标准体系。智能化矿山标准体系按照通用技术、地质保障、生产系统、安全管控、采掘工作面、信息化基础设施几个方面制定标准规范，按照数字化、网络化、智能化三个阶段，引入低、中、高"程度"，引入标志性技术等概念评价智能化矿山的建设标准。

总体以"煤炭生产"为核心,建设的系统可分为四个主要部分:煤矿井下的生产、安全和保障部分,以及地面的智能化管控平台部分(图9-7)。

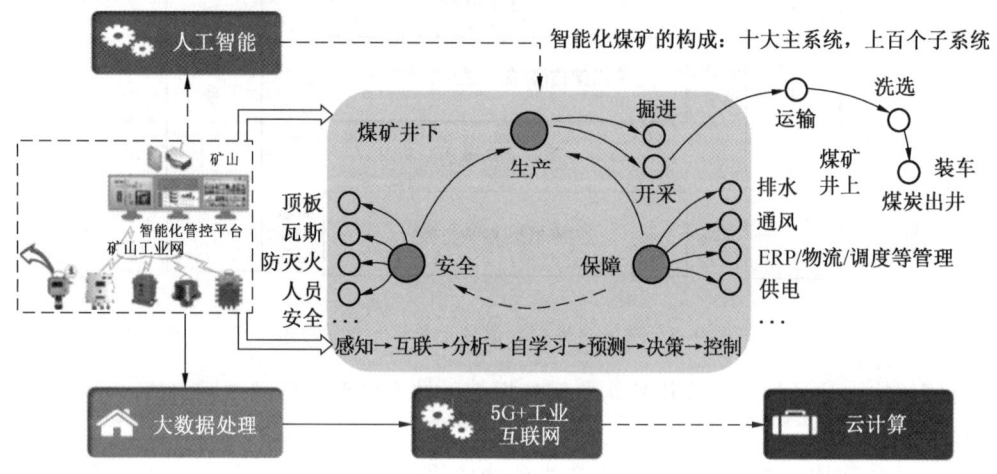

图9-7 智能管控平台实施技术框架

2. 技术架构

智能化煤矿应基于一套标准体系、构建一张全面感知网络、建设一条高速数据传输通道、形成一个大数据应用中心、开发一个业务云服务平台,面向不同业务部门实现按需服务,具体技术架构图如图9-8所示。

图9-8 智能化煤矿技术架构

由控制器、传感器、智能终端等组成的感知层将实时感知数据通过有线/无线（5G）接入光纤主干网络，传入平台层统一的操作系统中不同功能性模块，在应用层通过大数据分析产生智能生产类、安全类、管理类等数据。

井下系统平台可划分为底层的矿井三维地质数据综合管理平台，中间层的生产系统、安全保障系统、综合保障系统，以及顶层的视频增强及实时数据驱动三维场景再现远程干预操作平台，其中底层的矿井三维地质数据综合管理平台为中间层的生产系统、安全保障系统、综合保障系统提供地质数据支撑。基于上述智能化煤矿多源异构信息大数据平台与矿井三维地质数据综合管理平台，实现中间层的生产系统、安全保障系统、综合保障系统之间的数据共享与智能联动，同时还可以保持各子系统功能的独立，最终通过视频增强及实时数据驱动三维场景再现远程干预操作平台进行井下作业场景的实时展现与智能操控。

井上系统平台的生产经营数据，如产量、人员工资、物料消耗等，为顶层的生产经营管理平台提供决策依据；井下系统平台的决策结果与控制信息将传送至智能化煤矿统一操作平台，并经信息传输系统传送至各设备的控制、执行机构，实现对底层设备的智能操控。

9.2.2 支撑技术与平台

1. 网络系统设计

网络作为煤矿智能化建设的基础和支撑，规划建设多网融合的一张网，打通各系统之间的壁垒，消除"信息孤岛"，实现数据和信息的高效共享，同时建立统一的符合等保要求的网络安全系统，保障网络系统的稳定、安全、高效运行，以巴拉素煤矿网络建设为例，其总体网络架构如图9-9所示。

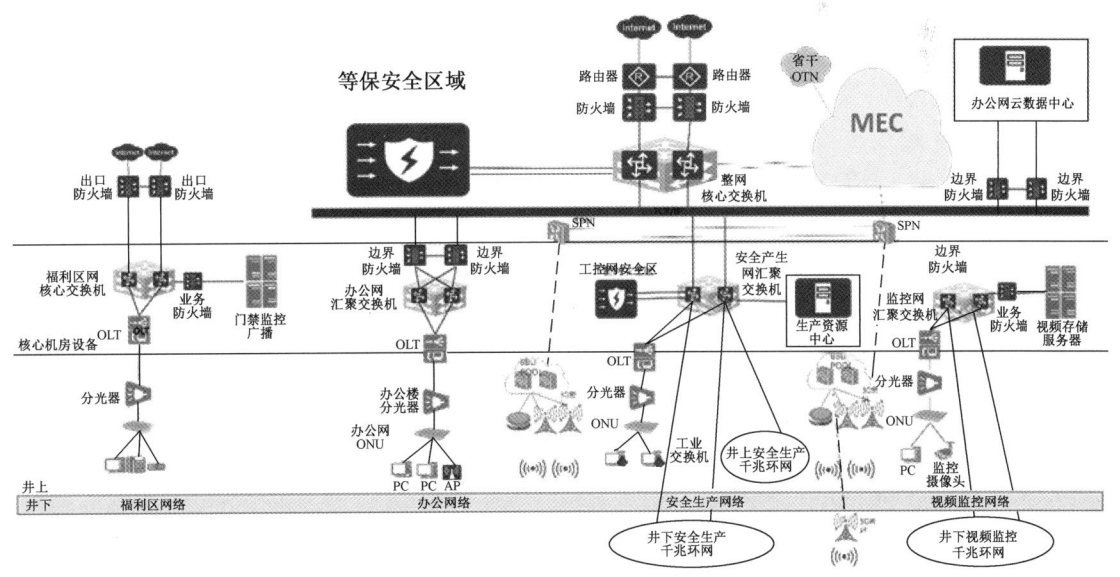

图9-9 巴拉素煤矿总体网络架构图

整体网络由地面办公网络、福利区网络、安全生产网络（含选煤厂）、视频监控网络和5G网络构成。

1) 地面办公和福利区网络

网络综合布线系统在机房到各个楼宇部分主要采用光缆铺设，各个楼宇内部采用 6 类非屏蔽双绞线，各办公室室内终端接入部分采用超 5 类屏蔽网线。机柜内配置网配和光配，接入交换机机柜配置 8 个 24 口配线架，采用配线架到配线架布线方式，并预留合适的强、弱电接口。所有信息点位在重新排线时要按照规范对每一根线缆做好标记。各办公室信息点以新建室内交换机为接入点重新布线。整体网络拓扑图如图 9-10 所示。

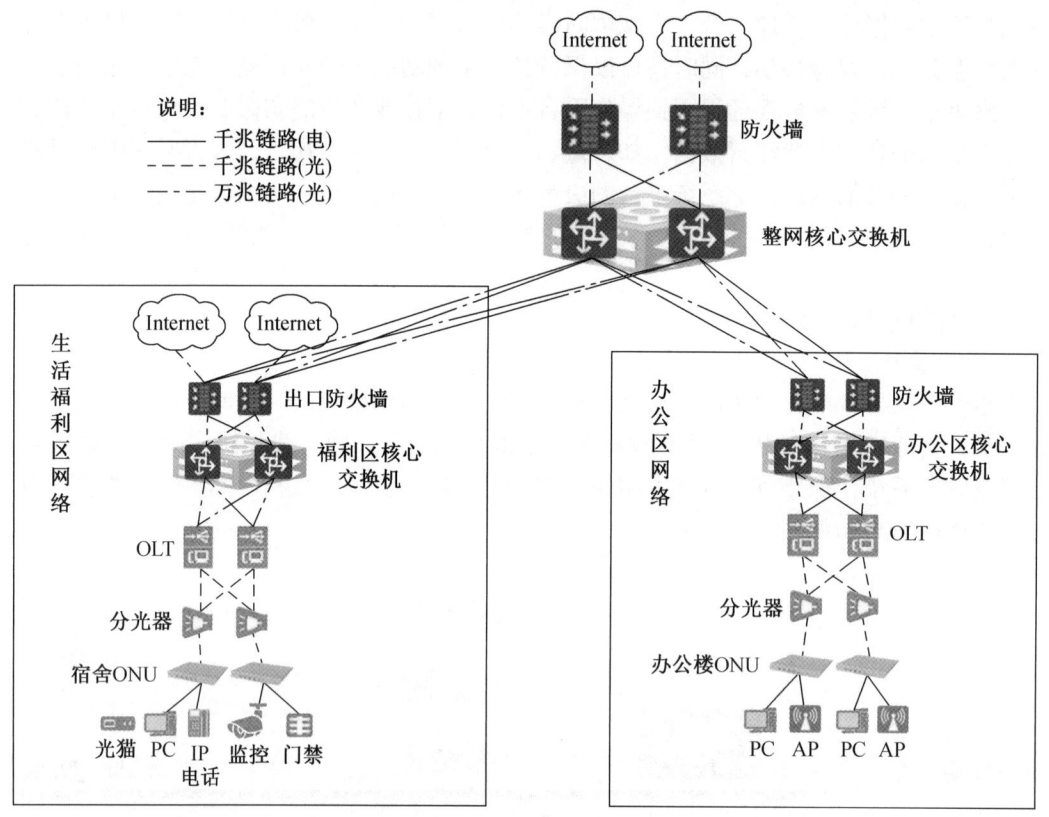

图 9-10 办公及福利区网络架构图

2) 安全生产网络

安全生产网络主要为万兆骨干网承载，分别形成井上、井下两个环网，保证生产网络的安全，污水处理网、选煤厂网络等地面生产网络由无源光网络承载，并汇聚至安全生产网汇聚交换机（图 9-11）。

3) 视频监控网络

地面视频监控通过无源光网络汇聚至监控网汇聚交换机，汇聚交换机通过边界防火墙与数据中心进行交互，同时其视频数据存入视频存储服务器。

井下视频监控系统主要由移动应用场景和固定应用场景的监控系统组成。视频监控网移动场景由 5G 专网承载，部分固定应用场景由无源光网络承载，形成优势互补和井下广覆盖，并有效降低投资成本和维护工作量。视频监控网络架构图如图 9-12 所示。

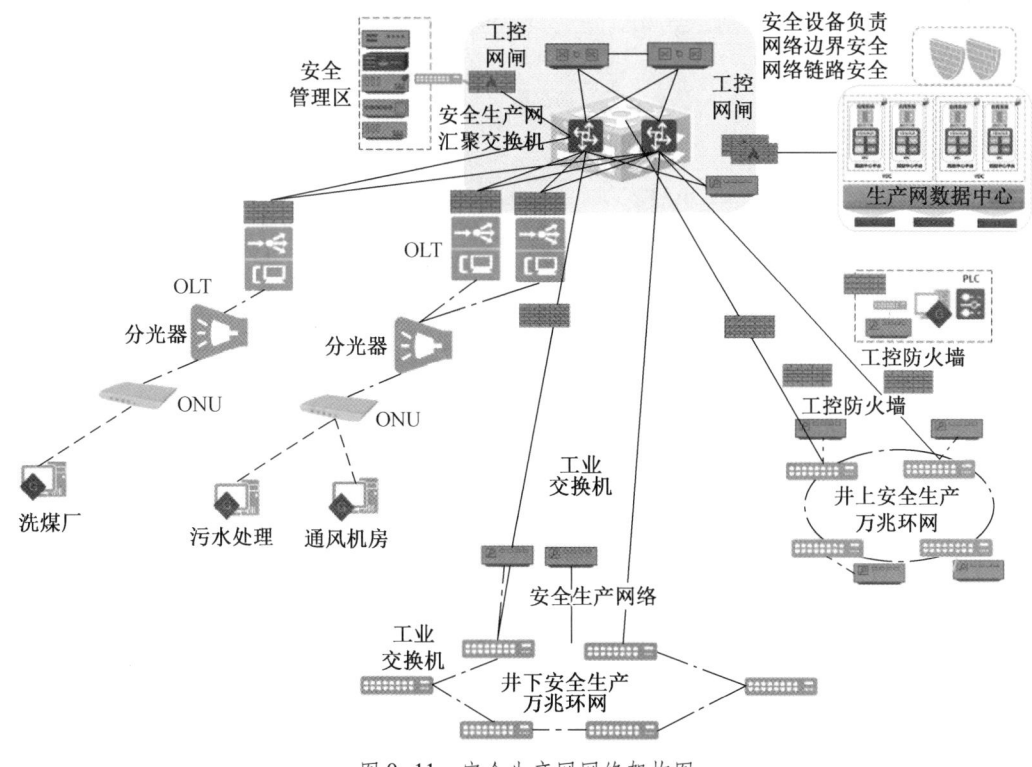

图 9-11 安全生产网网络架构图

4）5G 承载网络

井上下 5G 承载网融合了煤矿原有必备的有线通信、应急广播等通信系统；其中 5G 无线网络满足井下人员通信、传感器信息采集、井下视频监控、井下远程控制等场景的网络需求。通过部署"移动 5G 无线通信系统建设方案"，有效解决煤炭行业长期存在的安全生产信息无法全方位监测、安全生产信息传递时效性和准确性不高等问题，实现煤炭信息化和自动化生产，推进井下少人化、无人化、智能化。5G 承载网网络架构图如图 9-13 所示。

5）网络安全

根据《中华人民共和国网络安全法》《信息安全技术网络安全等级保护基本要求》（GB/T 22239—2019）、《信息安全技术网络安全等级保护安全设计技术要求》（GB/T 25070—2019）、《信息安全技术云计算安全参考架构》（GB/T 35279—2017）的指导思想、设计原则、建设思路，构建基于云计算、工业控制系统安全的立体化纵深防御体系，形成科学实用的"体系化安全防护能力、规范化安全管理能力、综合化安全运维能力"，重点打造"一个中心（即安全管理中心）、三重防护体系（即通信网络安全、区域边界安全、计算环境安全）"的服务支撑能力，做到全网安全态势敏锐感知，安全威胁快速检测与处置，确保智能化煤矿网络安全的全程可知、可控、可管、可查，变静态为动态，变被动为主动，为智能化煤矿信息系统及工业控制系统网络建设提供严密安全保障。

2. 井下位置服务系统

位置服务系统为井下车辆人员等的空间位置服务系统的运行、维护和应用集成提供软硬件支撑，其系统架构如图 9-14 所示。

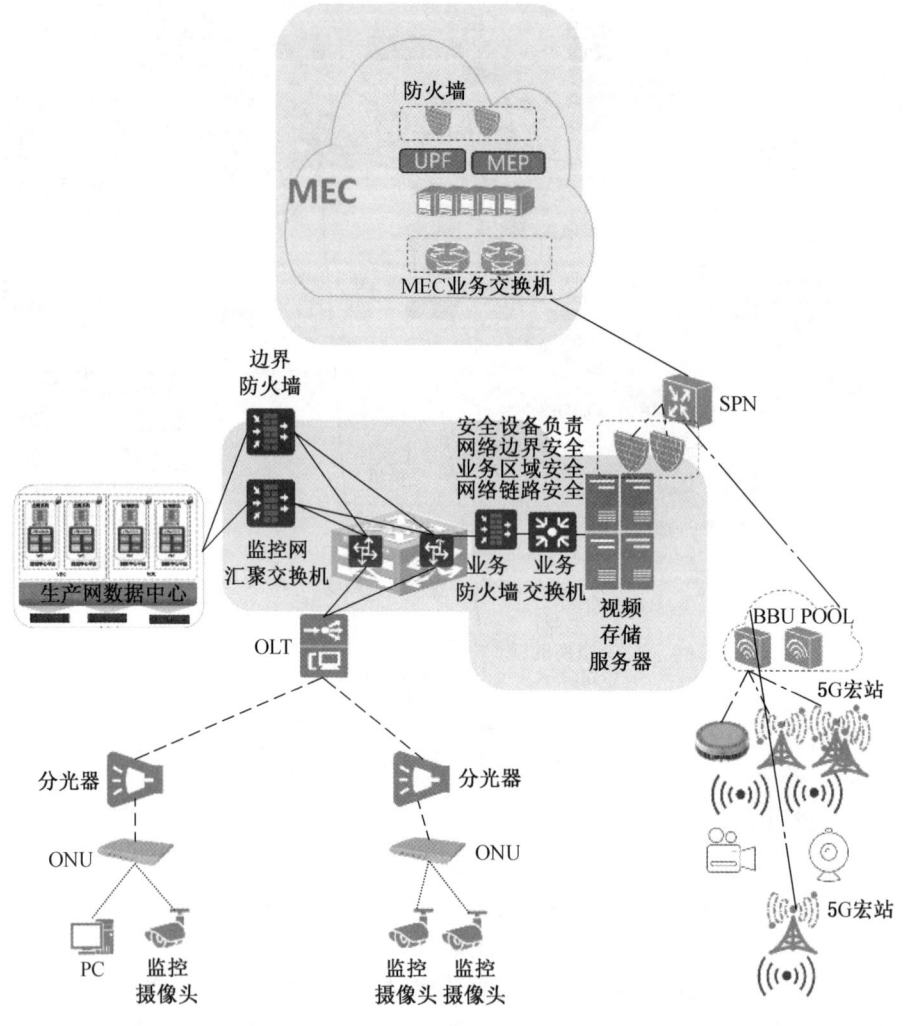

图 9-12 视频监控网络架构图

1) 软件系统设计

基础设施层：由井下定位节点、通信节点、有线和无线网络、移动终端等传感设备，以及地面监控中心基础设施组成。

系统支撑层：系统支撑层是矿井空间位置服务平台根据服务提供层和应用层的需求，建立的具有通用性的软件资源集合，是整个平台的核心组成部分。

该层为终端提供基于多种定位算法的位置服务接口，为接入到平台的各类应用提供位置服务，包括 GIS 服务引擎、数据接入、数据交换、数据处理、Web 服务器集群、业务服务器集群与数据库服务器集群等构成的运行环境，提供 SDK 和 API 等开发测试环境，对数据进行处理、集成、展示，实现位置数据的共享、查询、利用。

运营支撑层：负责对整个系统提供基础数据信息和部分业务数据的支持服务，完成对整个平台的基础数据信息和部分业务数据信息的维护和管理操作，它负责管理整个平台的基础数据信息和部分业务数据，集中为其他功能模块提供业务和数据服务。

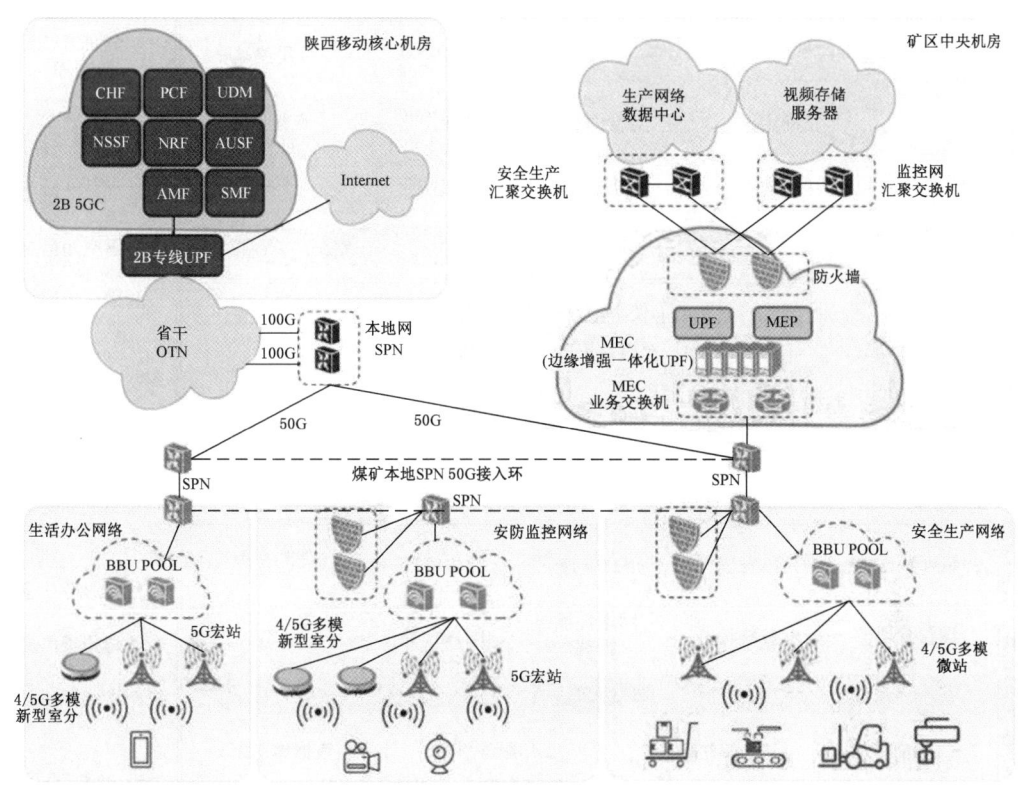

图 9-13 5G 承载网网络架构图

服务提供层：基于系统支撑层提供的数据分析，按照各类服务系统的需求建立数据模型，为应用层各类业务系统提供相应的功能模块和开放的、统一的、定制的服务接口。

主要服务接口包括：基础时空服务、GIS 数据服务、查询服务、通信接入服务、管理服务、数据转换与分析服务。

访问应用层：包括访问交互端和第三方介入应用端；前者根据不同用户的需求提供的多种服务访问方式；后者为平台应用软件的集合，针对多种业务、系统提供软件解决方案。

2）硬件系统设计

第一步，研发基于无线超宽带技术与 TDOA 方法验证一维、二维定位性能。第二步，自主设计 UWB 射频模块，在射频设计阶段，通过射频功放 PA 和低噪声放大器件 LNA，提高无线接收灵敏度和无线接收范围，同时，通过实验高精度有源晶振进一步降低时间漂移，提高时钟测算与定位精度。第三步，在射频模块基础上设计包含 ARM STM32L 系列处理器的底板，验证定位算法和大容量空中协议。

矿井位置服务系统的建设，可实现井下类 GPS 的高性能位置服务系统，该系统可实现定位误差 0.1~1 m 的精确位置信息，系统建成后可为井下动目标跟踪、人机作业安全、智能协同作业、无人化运输、机器人巡检等应用需求提供高精度、大容量的实时位置服务。

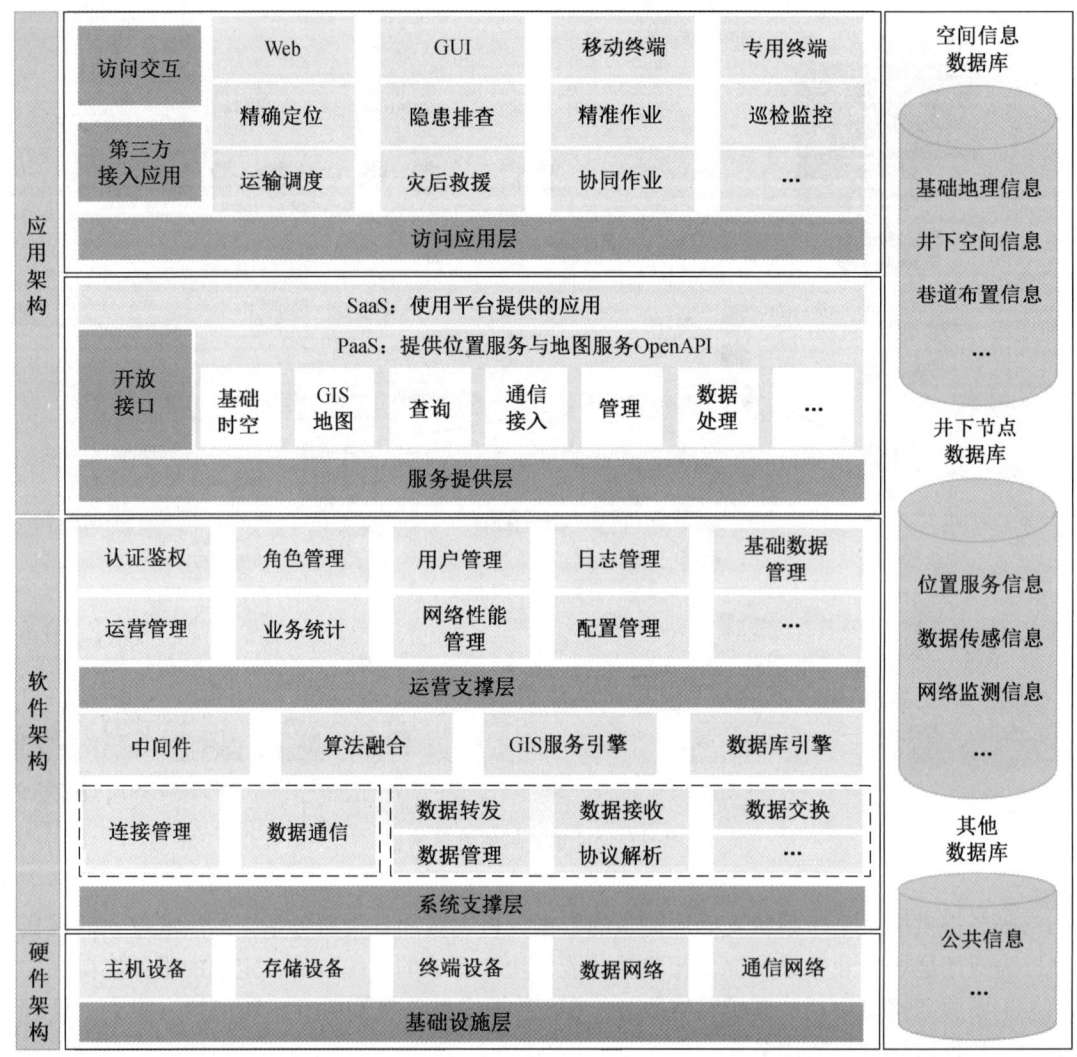

图 9-14 位置服务系统架构图

利用位置服务系统建设的人员定位管理系统能对所有携卡下井人员进行精确的位置监测,具有监测井下人员位置及携卡人员出/入井时刻、重点区域出/入时刻、限制区域出/入时刻、工作时间、井下和重点区域人员数量、井下人员活动路线等监测、显示、打印、储存、查询、报警、管理等功能。

3. 四维空间信息服务（4D-GIS）

1）建设目标

将 GIS 与 BIM 技术进行有效融合,构建基于统一数据标准的、以空间地理信息为主线、以分图层管理为组织形式、以打造矿山 4D 数字孪生为目标的矿山综合地理信息数据库,为智能矿山应用提供二三维一体化的位置服务、协同设计服务、组态化服务、三维可视化仿真模拟、矿山工程及设备的全生命周期管理等服务和工具,实现一张图集成融合、一张图协同设计、一张图协同管理和一张图智能分析决策。

2) 总体架构设计

四维地理信息系统平台（4D-GIS）是煤矿数字化、智能化的支撑平台之一。基于4D-GIS平台，采用透明化的高精度动态地质模型、先进的煤矿机电及一体化技术、物联网和云计算技术，以及与信息化相适应的现代企业管理制度为基础，以网络技术为纽带，以煤矿安全生产、安全高效、绿色开采、可持续发展为目标，实现多源煤矿信息的采集、输入、存储、检索、查询、动态修正与专业空间分析，并实现多源信息的多方式输出、实时联机分析处理与决策、专家会诊煤矿安全事故与调度指挥等，从而为智能化煤矿建设提供支撑。

通过采用地质编录终端、激光测距仪、高清视频传感器等，实现对地理信息的智能采集，依据采集的环境、设备实时数据、地质数据、采掘信息数据等，构建高性能的地理信息时空大数据引擎，通过物联网、大数据、AI等将不同数据信息进行高效融合，实现一张图集成融合、一张图协同设计、一张图协同管理和一张图智能分析决策（图9-15）。

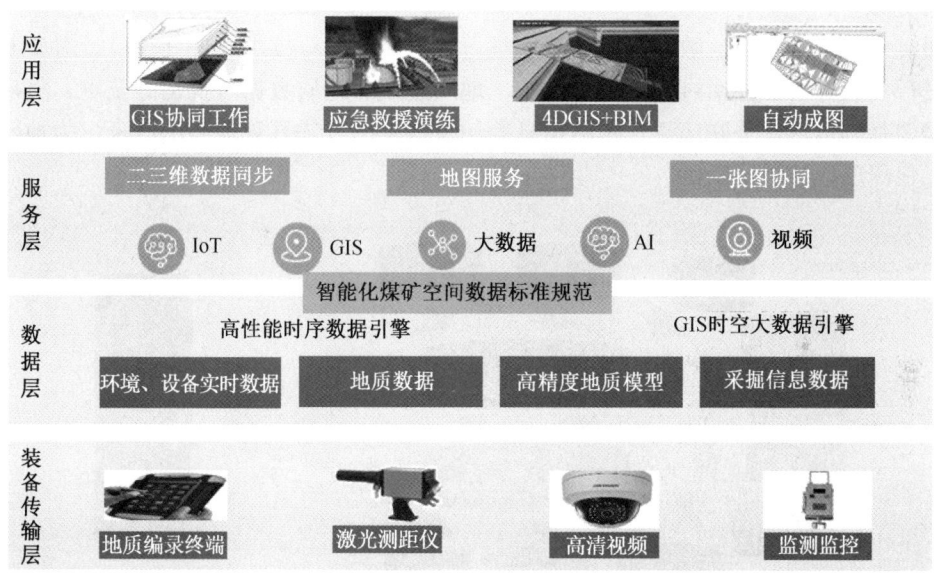

图9-15 系统总体架构设计

3) 基于GIS一张图的协同管理与应用

矿井地理信息作为智能化矿井重要基础性、战略性信息资源，在提高企业宏观管理和决策水平、实施重大发展战略和重大工程及各业务部门的信息化应用中具有不可替代的基础支撑作用。矿井地理信息包括地测、防治水、储量、采矿、通风、机电、安全、设计等生产环节的信息，具有数据量大，更新快等特征。

以矿井地质云为基础，实现矿井地质数据的智能获取与分类存储，利用地面无人机、井下智能钻探、智能物探、智能遥感探测、智能探测机器人等技术，对矿井地质信息进行智能探测、自动数据采集与自动分类处理，实现矿井不同种类地质数据的智能获取、智能分类与智能存储，构建矿井地理信息四维时空数据库（图9-16），为实现地质数据的统一分析与调用奠定基础。

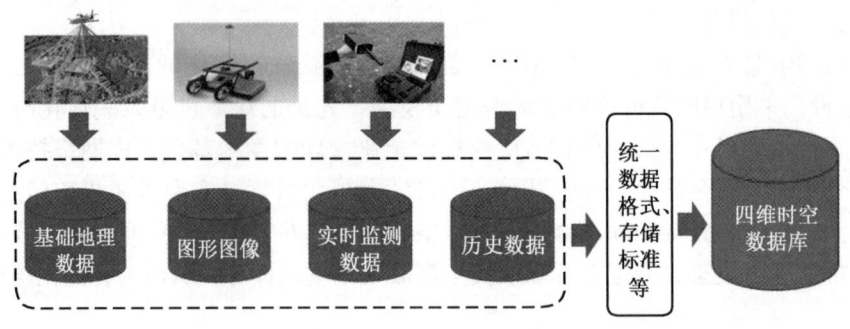

图 9-16 空间地理信息智能获取与分类存储

在地质数据与工程数据关联、分析、融合的基础上,进行二者的四维时空深度融合,构建矿井的四维时空地理信息服务引擎,为工作面智能规划设计、避灾路线优化等提供基础数据支撑。

通过采用数据挖掘、数据关联、深度学习、智能预测等技术(图 9-17),对矿井地质数据进行关联分析,并通过地质数据推演、地质建模、地质数据可视化等技术,将矿井地质数据的基础信息、关联信息、预测信息等用可视化的方式直观地展示出来,为地质数据的多元化深度应用奠定基础。

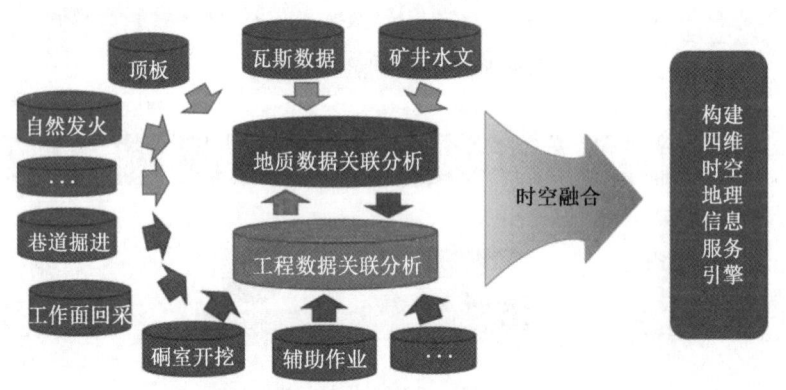

图 9-17 数据智能关联、分析、挖掘与决策

在获取空间地理信息数据的基础上,采用差分算法构建矿井高精度三维地质模型如图 9-18 所示。

在三维高精度地质模型的基础上,统一不同数据之间的接口与规范,构建结构先进的专业 GIS 平台,有效简化煤矿专业应用系统的开发,为各个应用系统提供统一空间基准的地理信息服务。

通过建立智能化煤矿空间数据标准规范(图 9-19),将矿井的地理信息与采掘工程信息统一存储在空间数据库中,构建统一空间数据库的 GIS"一张图"分布式协同一体化平台,实现井下采掘工程信息的自动图形处理与实时更新。

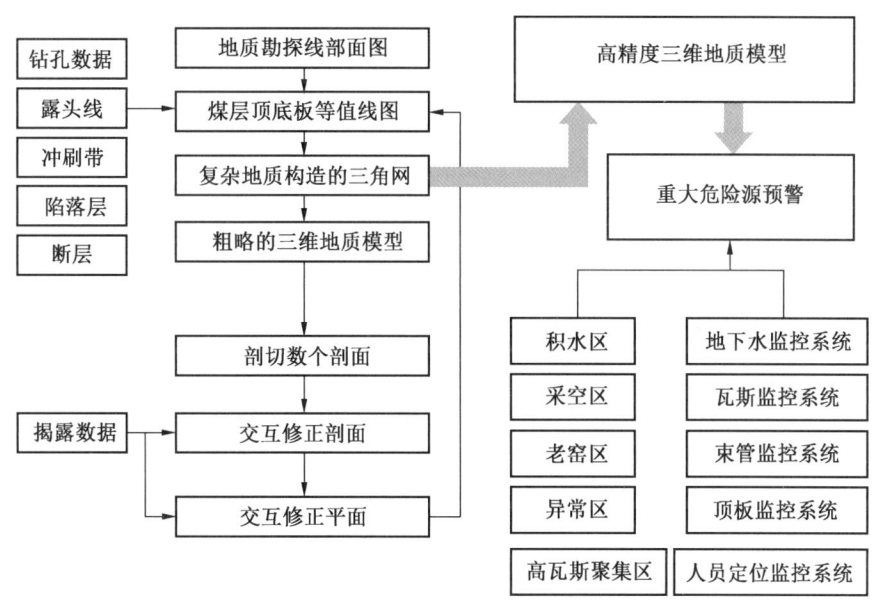

图 9-18 构建矿井三维高精度地质模型

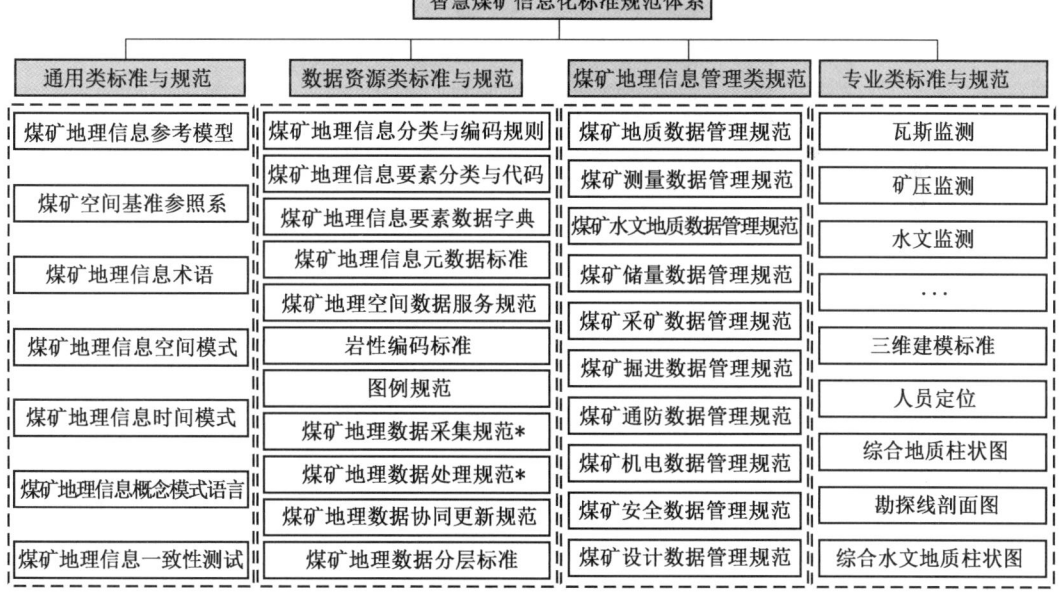

图 9-19 地理信息系统数据标准规范

4) 基于 4D-GIS 的采掘进信息自动上图

通过研发井下激光测距装置,实现工作面、巷道掘进数据的智能监测,将激光测距装置采集的数据与地理信息数据进行有效融合,实现采掘工作面信息的自动实时更新,如图 9-20 所示。

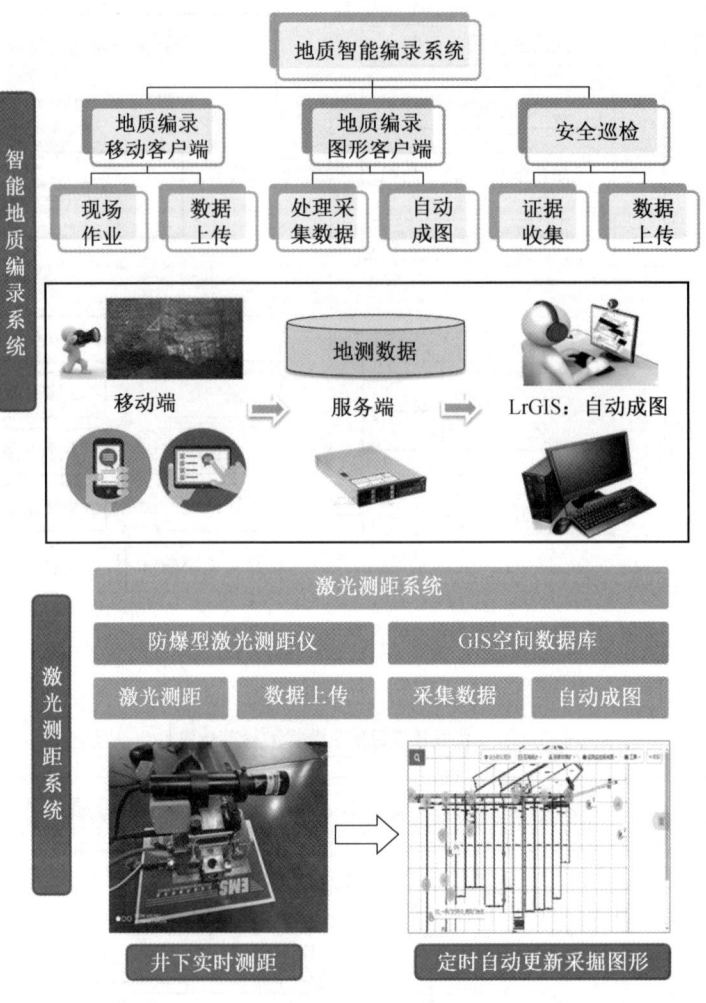

图 9-20 基于4D-GIS的采掘进信息自动上图

5）工作面采掘接续智能设计

工作面设计是一个流程复杂且具有一定重复劳动的工作，具有比较规范的设计流程与规范要求，传统工作面接续设计需要人工绘制工作面采掘平面图、剖面图、巷道断面图、支护设计图等各类图纸，还需要编制作业规程等相关文字资料。由于同一矿井相邻接续工作面的煤层赋存条件、巷道断面尺寸、支护工艺、综采配套设备等均变化不大，因此，笔者提出了基于三维地质模型的工作面采掘接续智能设计与三维建模技术。

根据接续工作面位置关系，在三维地质模型中输入接续工作面的位置坐标，系统自动计算工作面长度、采高、储量等相关信息，并基于计算结果自动进行工作面设备的选型配套设计，完成工作面各类图纸、报告的编制，设计流程如图9-21所示，可以大幅减少采掘接续设计的工作量。

9.2.3 综合管控系统平台

1. 概述

综合智能管控平台是煤矿生产、运营的"大脑"，统一监控整个煤矿的日常运行过

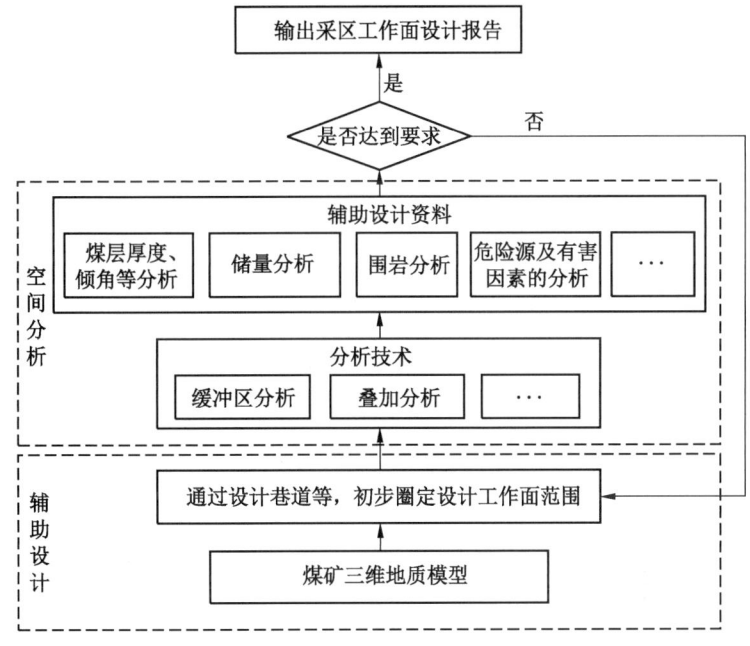

图 9-21 智能采掘接续设计

程,集中管理和操作各个子系统的数据,涉及工作面集控、瓦斯探测、通风、排水、防火、供电等子系统。综合智能管控平台基于统一的信息化标准体系,数据集成、信息融合与业务协同,形成企业的安全、生产、经营、管理的综合性智能管控平台。

智能化煤矿基于顶层设计思想,提出图9-22所示的综合智能管控平台总体架构,统一规划和建设自顶向下、完整、标准的综合智能管控平台。通过构建涵盖全矿井的安全监

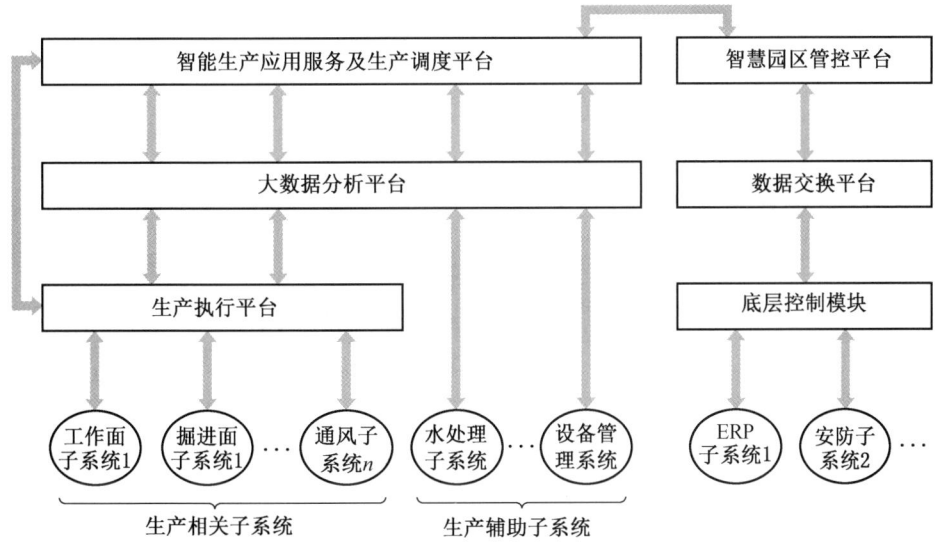

图 9-22 综合智能管控平台总体架构

管、生产、运销、综合服务等业务的统一应用系统和大数据中心，实现各种多源异构感知数据的接入、集成和融合，实现感知数据上传和控制数据下发的双向交互，在统一平台内实现信息化与自动化的融合。

整个方案包括两部分：左侧的生产管理平台和右侧的智慧园区平台。生产管理平台由智能生产应用服务及 Web 服务、大数据服务中心和生产执行平台组成。

其中，智能生产应用服务及 Web 服务利用现有成熟的系统架构进行定制化开发，既能保证平台最终的可用性，也能够有效避免新系统研发所面临的时间、技术风险，提升系统的整体可靠性。

大数据服务中心应用目前流行的 Hadoop 大数据平台进行数据的存储、清洗和应用，可与右侧 ROMA 平台进行数据对接。在生产系统中，大数据平台对上支撑智能生产应用，对下支撑生产执行平台的工控协同。

生产执行平台与底层硬件系统紧密连接的工控软件平台，可实现多种现场总线的集成和实时对接，是实现智能化协同控制的关键，直接和现有各个子系统进行对接，完成上层软件平台对下层设备的垂直控制。

智慧园区业务平台要适应多个规模、现状及功能定位各异的园区需求。对系统的灵活性和可扩展性要求非常高；同时需要吸纳和集成业内外多领域创新技术和应用，因此从技术架构上选择：云化+平台化+服务化策略，以适应当下及未来的业务需求。智慧园区平台基于一个物联网架构，主要包括应用软件、ROMA 平台、底层控制模块和各个子系统。

应用软件是智慧园区与外部用户的接口，用于对整个园区参数的设定、控制规则的修改等。

底层控制和各个子系统主要包括工业以太网络建设、无线通信、核心交换机等硬件，支撑智慧园区在视频监控、报警、停车场管理、园区一卡通、人脸抓拍报警等子系统的有效实施。

2. 系统组成

综合智能管控平台的总体应用架构体现了模块化、组件化的思想，是面向应用的业务组件集。如图 9-23 所示，平台应用架构分为应用层（云平台）、使能平台层（边缘侧）及业务子系统层（端侧），标准规范体系和运行维护安全保障支撑体系贯穿系统各层次，保证应用系统符合安全、标准、规范。

应用层（云平台）：包含智能模型训练、数据计算引擎、协同管理、能效管理、经营管理、决策分析、应用门户等业务应用，为用户提供高效、便捷的应用。

使能平台（边缘侧）：使能平台包括业务使能（综合智能管控平台及智能化应用服务）、数据使能（煤矿工业大数据平台）及集成使能（煤矿生产协同执行控制平台）。业务使能主要负责对接上层业务，为上层业务提供接口及应用支撑；数据使能负责数据存储及分析；集成使能负责与第三方子系统进行通信，集成第三方子系统的数据、接口及消息并将信息存储至数据使能。

业务子系统层（端侧）：是整个系统的数据来源基础，包括综采协同控制、综掘监控、全煤流平衡控制、辅运智能调度、"一通三防"安全协同控制、水处理系统、设备故障诊断等现场作业过程数据，以及摄像机、麦克阵列、机电设备监测传感器、环境监测传感器、位置服务传感器等监测监控设备商提供的数据访问接口。

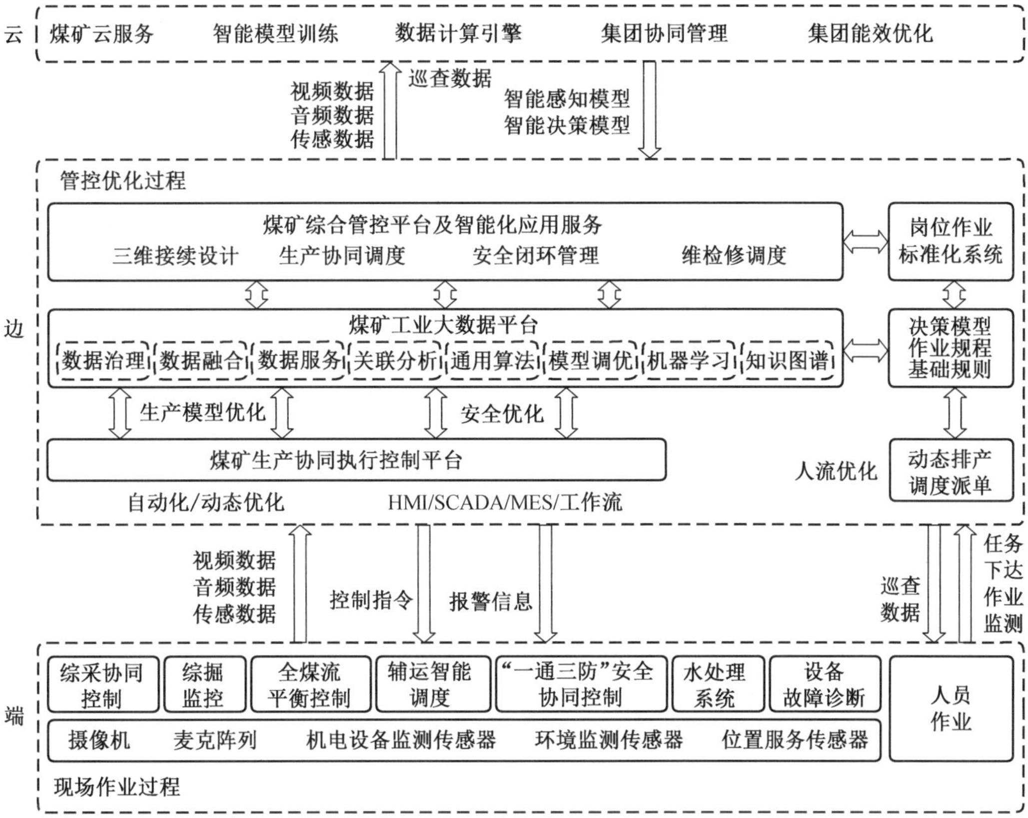

图 9-23　综合智能管控平台应用架构

3. 数据融合分析

数据融合（图 9-24）分析在矿井的应用是通过大数据分析算法，提取数据特征，对大数据进行深度关联分析，找到矿井更加节能、安全、高效的具体可执行方法，辅助矿井科学化、准确化、精细化管理。

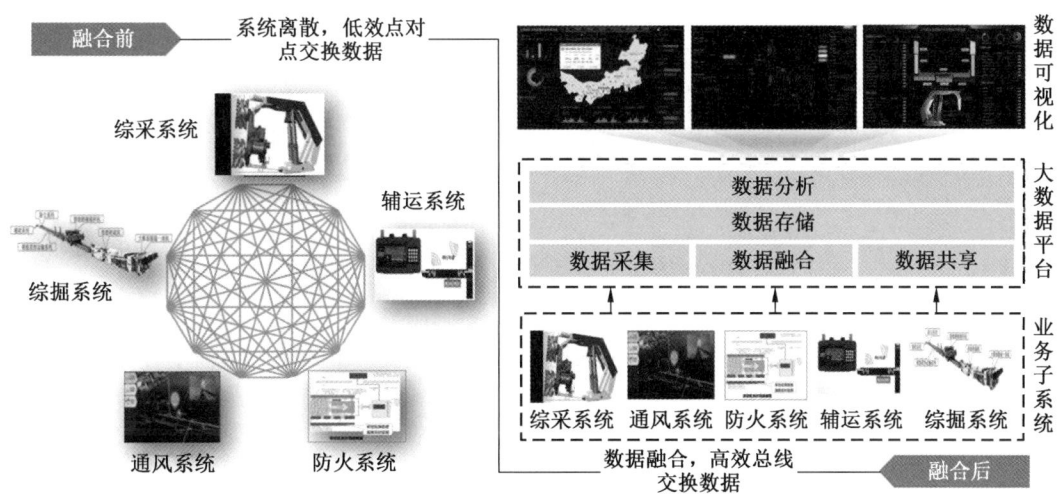

图 9-24　数据融合

以智能监控平台、信息化数据为基础，以特征信息为主线，打通信息关联，并对数据进行融合。随着煤矿机械化、自动化和信息化程度的提高，煤矿监控、通信与监视系统的推广应用，产生大量数据，为大数据在煤矿应用奠定了基础。融合的数据包括井上下各种监测控制子系统的数据加上管理信息化的数据。

数据融合分析旨在解决煤矿井下作业环境复杂、数据种类繁多、数据相关性不清、实时数据量庞大、数据结构不一致、各业务子系统持续优化对数据质量、定向分析、相关性挖掘的依赖性高等业务痛点。通过煤矿大数据平台基于数据流或消息队列实现海量数据实时接入，借助分布式流计算引擎完成数据清洗，提供组态化数据分析挖掘工具对数据潜在因果关系进行挖掘，实现约束条件增加或算法优化，并提供一键数据服务创建功能生成约束相关数据服务（图9-25），实现监测数据实时抽取和处理、降低监测系统软硬件成本、提升监测系统效率。

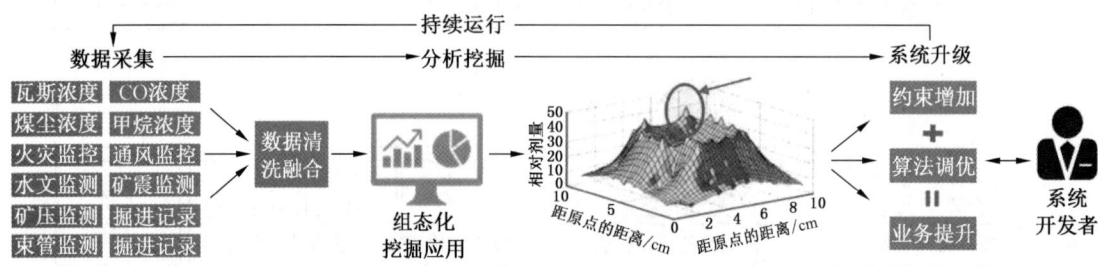

图9-25　数据融合分析

10 露天煤矿智能化总体解决方案与建设任务

10.1 露天煤矿智能化建设的一般性与特殊性

10.1.1 露天煤矿智能化建设的一般性

露天煤矿的智能化建设有着与井工矿类似的一些特征，即在总体目标、建设发展路径和核心任务方面具有一般性特征。

1. 以信息化为基本手段

露天矿山是开放的空间，是由人员、设备、环境、管理组成的复杂巨系统。以前，系统由人主导，凭经验指挥；现在的智能化矿山，要求转变思路，把以人为主转变为以智能化管控为主，最终目标是实现对矿山安全高效生产的智慧管控。与井工矿一样，目前我国露天矿的智能化建设内容也是主要体现在矿山管理及安全生产的信息化方面，侧重于矿山企业信息采集、网络化传输、自动化操控、可视化展示、规范化集成等方面的内容。例如，华能伊敏煤电公司露天矿从1997年开始先后建立了卡车调度系统、管理信息系统、生产决策支持系统、疏干集控系统、破碎站-带式输送机集控系统、电铲远程智能控制系统、卡车无人驾驶系统等，同时建设了以光纤为基础的高速通信网络。神华准能公司从2000年初逐步开展信息化建设，形成了"一体两翼、一个基础、一个中心、四大板块"的应用架构。所属的黑岱沟露天矿和哈尔乌素露天矿先后建立了地测与生产三维设计系统、智能爆破设计系统、智能布孔系统、炸药混装车智能装药系统、卡车调度系统、卡车防撞预警系统、毫米波雷达防碰撞系统、司机疲劳预警系统、超速管理系统、卡车轮胎全生命周期管理系统、燃油监控管理系统、供配电管理系统、边坡雷达监测系统、生产监控系统、电铲远程智能控制系统、卡车无人驾驶系统、经营管理系统等60多个子系统。各露天矿当前普遍存在一个问题，即现有系统尚处于独立运行状态，仅通过MIS系统在一定程度上实现了数据共享，系统综合性能未能充分发挥。因此信息化数据链的集成、数据共享是未来的重点发展方向之一。

2. 以设备智能化为核心

露天矿的持续稳定生产主要依赖于设备的稳定可靠运行，因此露天矿智能化的核心就是实现露天矿穿-爆-采-运-排设备的智能化。国内众多大型露天煤矿在核心装备的智能化改造或智能装备研制方面做了大量工作。例如，神华准能公司，华能伊敏露天矿，国家电投霍林河南露天矿、北露天矿和扎哈淖尔露天煤矿等均联合设备供应商、科研设计院及高校等，研发了露天矿用自卸车无人驾驶系统、露天矿电铲远程智能控制系统、矿山设备预测性大数据分析系统、露天矿无人机智能航测及验收系统等。此外，众多露天矿还围绕装备（设备）的智能化需求，建立了边坡"空-天-地"一体化智能监测、卡车防碰撞、超速报警等相对独立的系统模块。按照智能化露天矿山建设的"数字化、自动化、智能化"宏观三阶段来看，当前露天矿山装备系统智能化建设中仅实现了部分环节的自动化，整体尚处于较为初级的数字化建设阶段。因此，未来重点研究方向将集中在设备的状态感知、自主决策、自动运行及智能诊断等方面，关键核心设备主要包括钻机、装药车、电铲、卡车、轮斗挖掘机、推土机、排土机、破碎站、堆取料机、带式输送机和各类机器人等。

3. 以矿山工程"设计-施工"一体化管控为目标

矿山生产设计智能化主要包括地质数据精确化、设计方法精细化、设计表达方式三维全息化等。在地质测绘方面，当前激光扫描仪、无人机倾斜摄影等地表建模手段已经在国内大型露天矿山得到了应用。在设计软件及方法方面，矿床地质模型及辅助优化设计系统已经基本普及，例如 Minex、3Dmine、Surpac、Vulcan 等软件系统已经在国内大多数露天煤矿有所应用，但本质上仍是基于矿床模型的土石方算量，对于生产计划的优化、智能设计决策、设备实际作业特性、生产中存在的随机事件等考虑相对较少，与国外当前的开采设计方案预演仿真方法相比差距较大。中煤科工集团沈阳设计研究院有限公司开发了"露天矿工程 BIM 协同设计及三维数字化交付技术及平台"，实现了对露天矿工程全生命周期中所有信息的集中有效管理、传递、共享、三维可视化展示、虚拟仿真等，可实现矿山工程"设计-施工"的一体化综合管控，该完整的矿山工程全息模型亦是构建智能化露天矿数字孪生体的基础。

10.1.2 露天煤矿智能化建设的特殊性

露天煤矿智能化建设除了具有上述与井工矿类似的一般性特征外，还具有其自身所特有的属性，主要包括：生产作业空间广，工艺系统非线性，设备规格大、类型多，设备实时移动、轨迹多变等。

1. 生产作业空间广

露天煤矿与井工煤矿的显著差异是露天煤矿生产作业空间范围广，包括采掘场、排土场、地面生产系统、工业场地等分区，占地面积从几平方千米至十几平方千米不等，在平面上具有空间范围广的特征。在空间上，我国露天煤矿绝大多数已经进入规划设计的二采区开采，甚至有些矿山已经进入三采区（或最后一个采区），即已转入了深部区，平均开采深度达 200 m 左右。综上所述，我国露天煤矿的开采现状可形象比喻为一个"开挖占地范围大、空间开采深度大"的"敞露型空间实体"，这一特征是井工煤矿所不具有的，也正是这一特征给露天煤矿智能化建设过程中的通信网络、设备人员定位、数据传输等带来了新的难题。

2. 工艺系统非线性

露天煤矿开采工艺按作业的连续性，可分为间断开采工艺、连续开采工艺、半连续开采工艺及无运输倒堆开采工艺等，每种工艺系统又有多种设备组合方式。与井工矿开采工艺系统自工作面至井口呈"线性"分布的特征不同，露天煤矿的工艺系统并非"线性系统"，而是数量较多的各类移动设备在相对开放的空间，同时在数量众多的工作面进行穿孔、爆破、采装、运输、排弃等作业活动，这是露天煤矿区别于井工煤矿的显著特征之一。

3. 设备规格大、类型多

露天煤矿的生产环节主要包括穿孔、爆破、采掘、运输、排土等，各环节已全面实现机械化。生产环节多、辅助作业量大等特点使得露天煤矿设备种类及数量繁多，而开采规模大、作业空间广等特点又决定了露天煤矿设备规格的大型化。目前,露天煤矿轮斗挖掘机、自移式破碎机、排土机等大型设备主要依靠进口,设备购买成本高且运行数据无法获取,严重制约了该设备所在系统的智能化建设。露天煤矿智能化升级的目标不仅体现在单台设备、单个环节上,更主要的是体现在跨设备、跨工艺环节、跨工艺系统,甚至跨业务范畴的信息共通共享、高效利用上。因此,露天煤矿设备规格大、类型多的特点给矿山设备及工艺系统智能化建设提出了更高的要求。

4. 设备实时移动,轨迹多变

露天煤矿设备主要有轮斗挖掘机、电铲、液压铲、吊斗铲等采掘设备,带式输送机、自卸卡车、矿用宽体车等运输设备,前装机、压路机、推土机、洒水车等辅助设备,还有转载机、破碎机、排土机、钻机及炸药车等其他环节各种设备。其中,除轮斗挖掘机、带式输送机、排土机等连续作业设备以外,其他露天煤矿常用设备都是移动设备。移动设备机动灵活的特点,除了给矿山带来了对地形道路适用性强、受自然气候影响小等优势之外,也给露天煤矿智能化建设过程中的地图更新、设备防碰撞等环节带来了更多挑战。

10.2 露天煤矿智能化总体设计与技术架构

10.2.1 智能化露天煤矿总体设计策略

1. 分级分类

露天煤矿智能化建设以实现开采环境数字化、采掘装备智能化、生产过程遥控化、信息传输网络化和经营管理信息化为主要目标。智能化建设是一个逐步发展的过程,受技术和煤矿条件约束限制,总体建设目标按智能化程度可分初级、中级、高级3个阶段,分级分类建设和管理。初级智能化以单机、单应用系统为主要应用场景,作业模式以"单机自动化+有人巡检+远程监测"为主。中级智能化以网络条件下的系统集成为主要应用场景,作业模式以"系统智能化+人机混合巡检+远程监控"为主。高级智能化以云计算、大数据、人工智能、工业互联网条件下的露天煤矿综合集成应用为主要应用场景,作业模式以"无人驾驶+机器人巡检+远程干预"为主。

2. 工艺为本

露天煤矿智能化建设的根本目标是实现安全、高效、绿色开采,而并非单纯追求少人或无人。其发展路径应首先从变革开采工艺开始,以连续或半连续开采工艺完全或部分替代单斗卡车间断开采工艺,以轮斗挖掘机连续开采替代单斗挖掘机的间断开采,以带式输送机连续运输替代卡车坑线运输,以相对成熟可靠的连续系统智能控制技术弥补尚不成熟的单斗挖掘机和卡车无人驾驶技术,以连续系统的辅助机器人作业替代单斗卡车工艺的人工操作或远程驾驶。因此,露天煤矿的智能化建设应以工艺为基本出发点和落脚点,攻克连续和半连续开采工艺核心装备的系列卡脖子难题,早日实现装备的国产化替代。应用物联网技术采集设备运行工况,进行设备间相互关联、计量等分析,开采工艺匹配的智能化系统应具备识别、比对、分析、传输、接收指令等智能化功能。

3. 价值导向

矿山开采属于一种经济行为,对于矿山企业而言,任何新技术、新工艺、新设备的投资均有很强的经济属性,投入产出的经济性是必须考虑的问题,矿山的智能化建设也不例外。智能露天矿山转型发展的目的是在高效、安全、绿色与可持续发展的前提下,尽可能提高劳动生产率，降低生产成本，增加企业盈利能力。然而各个矿山的自身条件千差万别，盲目地高投入反而会阻碍企业的智能化发展道路。因此建设工作的重点是结合矿山资源赋存条件、地理位置、煤质条件、现有信息化水平等自身条件，确定合理的投入规模及相关建设项目，即根据自身条件确定合理的智能程度。但当前矿山智能化改造过程中的投入与产出既无翔实的案例可供参考，又无体系化的分析方法供借鉴，因此当前急需一套定性定量相结合的评判方法，科学地确定合理的投入规模及合理的智能程度，为矿山转型发展规划提供坚实基础。

4. 有序推进

露天矿山的智能化建设工作是一项复杂的系统工程，整个过程投入大、周期长，对现有业务的管理模式和各类系统都有较大影响。露天矿山智能化建设是从底层到上层的逐步建设过程，同一业务单元会在不同的智能化建设项目中被涉及，会以不同的智能化场景为目标被改造；另外，也会出现不同的智能化系统或平台间数据边界交织、层级逻辑不清、功能各自独立的情况。因此，如果不科学地决策各项规划建设内容的实施时序，难免会出现重复建设、重复投入、超前投入、滞后产出等不合理的情况，非但没有达到智能化建设的目标，反而严重影响了矿山的综合效益水平，显然是不合理的。因此在开展智能化露天矿山建设工作前，一方面必须依据实际应用需求在宏观上设定合理的阶段建设目标；另一方面还需要确定阶段内各项智能化建设内容的先后次序，有序推进智能化矿山建设规划的各项工作。

5. 虚实共生

基于大数据基础支撑平台汇聚的感知数据，通过 5G 技术进行实时传输，从而构建矿山物理实体的数字孪生模型，精确表征数字孪生模型的时空演化特性与映射重构性能，实现矿山生产过程远程智能监测、设备性能实时监控和生产场景三维可视化。主要包括：开采工艺数字孪生、开采过程数字孪生、设备性能数字孪生、生产管理数字孪生和安全监管数字孪生。通过数字孪生场景对生产现场进行实时监控和反馈，提前发现边坡滑坡、设备冲突、人员违章及行为异常等事故征兆，自动执行预警和相关安全措施预案，从而提前避免事故发生，保证露天矿的生产安全性、连续性和稳定性。

10.2.2 智能化露天煤矿总体技术架构

智能露天煤矿总体技术架构主要由五层组成，分别为：感知层、接入层、边缘层、智能化煤矿工业互联网平台层和综合管控平台层。

感知层：布设不同类型的传感器和执行感知系统，采集露天矿生产环境、执行设备、传感器、智能终端人员和安全等数据，实现对露天煤矿"人-机-环-管"信息的全面感知。

接入层：利用智能数据网关模块技术实现感知层数据实时传输，主要包括 OPC、MODBUS、MQTT、WiFi、4G/5G、ZigBee 等技术已成熟应用。感知设备的无源、无线传输方法将是智能化露天煤矿关键核心技术的重点发展方向之一。

边缘层：边缘计算采用网络、计算、存储、应用核心能力为一体的开放平台，就近提供矿山端部服务。其应用程序在边缘侧发起，产生更快的网络服务响应，满足矿山在实时业务、应用智能、安全与隐私保护等方面的基本需求。

智能化煤矿工业互联网平台：主要包括物联网管理平台、云计算平台和技术中台、业务中台和数据中台等三大中台组成。物联网管理平台是将边缘层设备信息数据接入与管理，为云计算平台提供数据传输方法；云计算平台是利用矿山大数据进行模型构建、分析和优化，为边缘层提供可靠的计算模型；三大中台包括技术、业务和数据中台，其中：技术中台提供移动应用、视频接入、GIS、区块链、微服务、人工智能等平台底层的技术等资源和能力的支持；业务中台将矿山穿爆、采剥、运输、排土、灾害预警和辅助生产等全周期的业务沉淀到业务中台，减轻前台压力，形成"大中台，小前台"，减少矿山类似业务的重新开发；数据中台是依据矿山既有的业务模式和组织架构形成的数据综合管理平台，通过数据汇聚、开发、体系、服务、安全和运营层，构建一套持续不断把数据变成资产并服务于业务的机制。

综合管控平台：根据《煤矿智能化建设指南（2021年版）》，井工煤矿与露天煤矿可以采用相同的技术架构，如图10-1所示，建立安监生产、综合集控、经营管理等中心，各子中心既可以共用传感器感知的多种数据信息，又可利用数据驱动模型进行独立决策与控制，实现多源异构数据的融合共享、单一系统的独立决策及系统间的智能联动，还可以提供数据对外的商业服务。

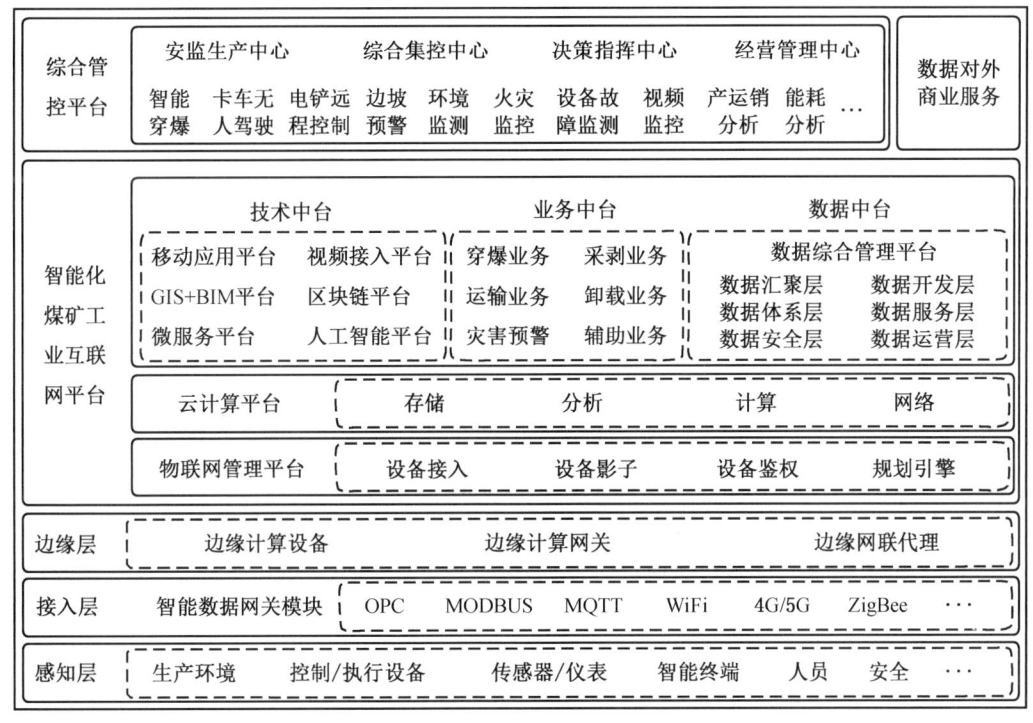

图10-1　智能化露天煤矿总体架构

10.3　露天煤矿智能化建设重点任务

10.3.1　基础设施建设

露天煤矿智能化基础设施建设的任务主要包括：矿山通信网络、大数据中心和智能综合管控平台等内容，确保满足矿山各工艺系统和生产环节安全智能运行的需要。

1. 网络基础设施建设

网络基础设施建设包括但不限于办公区网络、生活福利区网络、工业控制网络、视频监控网络、安全监控网络、无线网络和融合调度通信系统，鼓励逐步开展5G+矿山物联网系统建设，提升煤矿各系统的综合感知能力、融合交互能力，满足煤矿智能化全面感知、自主决策和敏捷响应的需求。

2. 大数据中心建设

建设大数据服务中心的根本目的是统一数据采集、传输、存储和访问接口标准。大型煤业集团可分级建设多个数据服务中心，并在平台沉淀矿山行业模型和知识，包括设备、工艺、安全等信息模型和行业专家知识，形成模型库和知识库。上级中心可偏向计算能力及多业务数据融合分析，底层中心偏向存储、小规模计算和快速响应。

3. 智能综合管控平台

建设智能综合管控平台的根本目的是将煤矿生产各业务系统进行融合，实现煤矿地质勘探、设计规划、生产执行等智能化集成管控；实现矿山多部门、多专业、多管理层面的数据集中应用、交互共享和决策支持；实现"监测、控制、管理"的一体化及智能联动控制。

10.3.2 智能穿爆

穿孔爆破（简称"穿爆"）是露天矿采场内的煤岩难以用采掘设备直接进行挖掘，需要进行预先松动或破碎时常用的一种矿岩准备方法。穿孔爆破在露天矿山属于两个不同的独立作业环节，穿孔是为爆破提供安放炸药的场所，爆破是利用炸药爆炸瞬间产生的能量将坚硬煤岩进行破碎的过程。因此，智能穿爆主要是实现设计优化-穿孔-装药-填塞-起爆的全过程智能化作业，主要涉及爆破智能设计和穿爆设备智能化两个方面的内容。

1. 爆破智能设计

露天煤矿的爆破智能设计系统宜具备地质测量数据管理、三维地质建模、钻孔设计、火工品数量计算、优化设计等基本设计功能，可实现爆破方案的智能分析、爆破过程模拟、安全性分析、爆破前效果模拟与评估，可根据历史爆破效果智能优化爆破孔网参数，实现爆破作业孔位智能布置、火工品单耗精确设计的目标。在与设备联动及安全管控方面，爆破智能设计系统还应能够实现与智能穿爆设备之间的无线通信，一方面实现爆破设计方案的下达及接收设备的反馈信息；另一方面可根据设备上传的历史运行数据分析，实现故障分析诊断功能。为了全程掌握爆破区域关键环节和现场工况，爆破智能设计系统应包含远程监控及危险预警等智能管理子系统，可实现爆破警戒区域的远程监控及危险预警。

2. 智能化穿爆装备

智能化穿爆装备主要包括：智能钻机、孔深测量机器人、智能装药车等。

智能钻机要具备的智能化功能主要包括：GPS定位、自主寻孔、自动钻进、随钻测量、数据采集和存储功能、远程控制、无线数据传输和内置安全互锁等。根据我国露天煤矿的实际统计数据分析，相较人工操作的普通钻机，智能钻机的穿孔精度提高了80%，钻孔效率提高了5%，布孔工作量减少了约2/3。

孔深测量机器人方面，采用机器人底盘自主导航技术，通过高精度RTK卫星定位系统,完成炮孔位置自动巡航。在炮孔附近,通过机械臂移动摄像头,完成图像识别自动对准孔位,然后进行炮孔孔深、水深、温度自动测量。通过智能巡航,将整个爆区炮孔测量完毕,将每个孔位的孔深、水深、温度等数据上传至云端服务器,为爆破设计提供精准的数据。

智能装药车方面,混装炸药车从网络自动获取机器人测定的拟爆区炮孔孔深、爆破管理系统优化涉及的爆破空网参数、每孔药量、装药参数等。混装炸药车开始对爆区进行装药时,装药车根据接收到的爆破方案自动寻孔,车上的显示屏自动显示当前定位炮孔的装药类型和数量,并通过通信接口将装药类型、装药量传送到混装炸药车的PLC模块进行自动装药;装药结束后将炸药种类、装药数量、炸药车车号、驾驶员姓名等数据通过4G网络上传到服务器,形成本爆区的装药统计报表,智能化装药技术将显著提高露天矿的装药效率和装药精度。

虽然,我国露天煤矿的智能穿爆技术研发和应用取得了一定的进展,但在智能设计和设备智能化水平方面与国际先进水平还有一定差距,主要表现在:关于地质条件与布孔参数、岩石破碎度与装药参数之间耦合关系的研究还不够深入,爆破效果的智能模拟预测、设计结果的场景三维可视等技术尚未有突破性进展,制约了智能化爆破设计系统的开发;钻孔设备实现的自主导航、自主寻孔、自动钻进、远程操控、无线遥控等功能与现场施工装备融合效果欠佳;临近高陡边坡降低爆破震动的合理微差时间和不同装药结构对爆破震动的影响机制等尚待深入研究。

10.3.3 智能采剥

露天矿采剥工艺主要包括单斗-卡车间断开采工艺、半连续开采工艺和连续开采工艺三类,智能采剥主要涉及采装设备和运输设备的单机智能控制,以及工艺系统的多机协同智能控制等三方面的内容。

1. 单斗-卡车间断开采工艺系统

露天煤矿单斗-卡车间断开采工艺系统主要由单斗挖掘机、卡车和各类辅助设备组成。

单斗挖掘机具备精准定位、电缆自动收放、运行状态监测及报警等基本功能。采用高精定位技术、电缆可移式自动收放控制系统和多传感器融合,实现单斗挖掘机精准定位、电缆自动收放功能和实时监测当前状态下设备的实时运行信息,设定阈值实现设备故障、运行指标等的预警预报。通过单斗挖掘机精准定位、铲臂运动路径规划、铲臂控制、车铲对位等功能,精准判断远程操控单斗挖掘机运动轨迹,为实现远程操控功能做准备。结合5G网络进行无线视频传输,实时监测数据将作业画面及信息可视化展示,利用电控系统实现远程驾驶。建立自动感知、传输、决策、执行全过程控制系统,实现自主装车。

卡车具备制动、举升、转向等线控功能,实现运行状态监测及报警等功能。通过系统数据的实时反馈实现卡车运行状态的监测,设定阈值实现对超速、超界、故障等的预警预报。通过车铲自动装载对位精准定位、无碰撞路径规划、路权管理、防撞预警等功能,精准判断远程操控卡车运动轨迹,为实现远程操控功能做准备。卡车具备交通规则、路权管理优化等功能,指导无人卡车编队行驶。同时具有障碍物自动避让、安全精准预警、地图自动更新、自主感知决策等功能,实现无人驾驶技术。

辅助设备主要包括装载机、推土机、平路机、压路机、洒水车、加油车等。具备精准定位、调度通信管理、铲刀位置可视化监视、作业状态监测及报警等功能，实现对超速、超界、故障、设备运行指标（油温、油压、水温、电流等）等的预警预报。通过5G网络进行无线视频传输和传感器数据采集，实现装载机、推土机、平路机、洒水车、加油车等辅助设备作业工况全景的感知和可视化，利用电控系统实现远程操控。具备作业环境实时感知、采集与重构、自主行走作业等功能，实现辅助设备的无人驾驶技术。

单斗-卡车间断工艺系统具备远程集中监测与控制、道路交通协调管理控制功能。生产调度主要是对卡车进行调度，可以实现卡车基础信息管理、车辆监控、自动计量、固定配车等功能，实现车铲优化分配合理调度。工艺设备建立联动管理系统，实现工艺系统间各设备装卸组网及编队，实现采剥设备自动配比。建立露天矿无人化机群作业平台，对无人化作业机群进行综合调度控制，实现采剥及辅助设备间高效协同联动，使生产效率最大化，作业过程实现智能监控预警，保障作业安全。

虽然，我国露天煤矿单斗-卡车间断开采工艺系统智能化取得了一定的进步，但是单斗挖掘机、卡车和辅助设备智能化水平与国际先进水平还有很大差距，主要表现在：单斗挖掘机远程操控技术受矿山5G网络建设制约，需要网络传输的时延性低，但是目前国内露天矿5G网络布设存在盲点、移设难等突出问题；卡车无人驾驶技术受到卡车线控技术不成熟，国内露天矿无人驾驶技术标准还不成体系等因素制约，需要进一步研究与探索。

2. 半连续开采工艺系统

露天煤矿半连续开采工艺系统主要包括两类：一类是单斗-卡车-半移动破碎站半连续开采工艺，该工艺系统以单斗挖掘机作为采装设备，卡车运输至破碎站，将物料破碎后由带式输送机运输至排卸点，与单斗-卡车间断开采工艺的区别主要在于系统后半部分的破碎站和带式输送机；另一类是单斗-自移式破碎机半连续开采工艺，该工艺系统以单斗挖掘机作为采装设备，将物料直接装于破碎站破碎后，由带式输送机运输至排卸点，与单斗-卡车间断开采工艺的区别主要在于省去了卡车运输环节，增加了破碎站和带式输送机部分。

智能化破碎站宜实现无人值守、智能协同，具备数字化料斗及料位保护，物料的智能化卸载，给料机、破碎机的自适应协同调速，初步实现间断工艺与连续工艺的耦合协同。同时，应具备智能多感知系统，实现故障自诊断功能，对周边噪声、粉尘等环境信息的监测、预警、诊断、控制四位一体的智能管控。

带式输送机智能化系统应具备视频监控、皮带五项保护、状态在线监测等功能，宜具备智能调速，煤流智能监测，根据煤流自适应调整、切换输送状态，实现"无煤待机、少煤调速、满载正常"。同时具备油脂自动集中润滑、部分输送机的机器人巡检，提升连续运输系统的生产效率，降低无功运行成本和无功损耗。带式输送机应具备故障的智能自诊断，机器人自动巡检等功能，实现故障自知+机器人巡视。

我国半连续开采工艺系统智能化和国外相比，还是存在较大差距，主要表现在：国产破碎站处理能力小、可靠性差，大型全移动破碎站全部依赖进口，围绕系统的集成设计与开发、智能控制与监测技术等方面技术尚未形成突破。带式输送机的智能调速、隐患识别、故障诊断及预测等还需要进一步研究。

3. 连续开采工艺系统

露天煤矿连续开采工艺实现了连续开采和连续运输，设备数量少、用人少、安全性高、完全以带式输送机替代了卡车运输、以电代油、属于绿色开采工艺，系统属于典型的"线性系统"，带式输送机系统的智能化技术发展较为成熟，在实现工艺系统少人或无人方面难度远低于单斗-卡车间断工艺或者半连续工艺，应该是从开采工艺变革的视角探索我国露天煤矿智能化建设的主推工艺和实施路径。连续开采工艺系统主要由轮斗挖掘机、带式输送机和排土机组成。

连续开采工艺系统中单机装备宜具备自动控制、远程操控、可视化监视、运行状态监测、故障诊断预测和障碍物识别等功能，打通通信协议，实现设备行走、回转、推压、提升、开斗、润滑、制动等机构的远程操控技术，减少设备故障时间和维修时间，增加有效作业时间，具备自适应记忆切割功能，实现连续采剥无人高效作业。

连续开采工艺系统的设备通过组态，将设备的启、停控制信号组态集成至同一画面，进行统一控制，实现连续采剥工艺设备启停联动。通过视频监视系统，实时监视设备作业状态，布设激光传感器、GNSS 定位模块等高精传感器于设备衔接端，结合设备远程操作系统，实现工艺自动对中和协同控制，增加设备的有效作业时间。具备智能分析决策和集群控制功能，实现连续开采工艺"自主作业+智能决策+集群控制"的无人化运行。

10.3.4 智能辅助

1. 露天矿数字孪生体

数字孪生体并非常规的三维模型或仿真模型，而是指与现实世界中的物理实体完全对应和一致的虚拟模型，该模型可适时模拟自身在现实环境中的行为和性能，是智能化矿山建设的"基础模型"和"信息底座"。露天矿的数字孪生体是以矿山工程信息模型（MIM）、地理信息系统（GIS）、数字孪生（DW）和物联网（IoT）等技术为基础，数字化重构露天矿工程空间、设备与设施、资源与环境等实体，监测感知其发展变化、仿真表达历史现状未来多维多尺度信息，模拟矿山设计规划、建设施工与管理运营全过程，构建数字空间的矿山信息有机综合体。

数字孪生体的关键在于模型与信息的映射，因此，建立带有完整属性信息的模型显得尤为重要，总体的技术路线是：首先，要构建露天矿"地、测、采"真三维模型，实现矿山资源环境和采剥工程空间状态的三维数字化表达。其次，构建露天矿三维信息模型，加入生产信息并兼顾时间维度，实现矿山工程全生命周期、全环节时空及属性的五维一体化表达。再次，构建露天矿数字孪生体，实现矿山工程的虚实交互表达。构建露天矿数字孪生体的最佳实施路径是从工程设计端开始，实现工程的三维设计并将设计成果以一体化信息模型的形式完成三维数字化交付，在此基础上集成其他各类系统和平台的信息，使能设计交付的信息模型，最终构建露天煤矿的数字孪生体。

BIM 技术将信息的表达从二维的点线面转变为基于对象的三维实体，不仅提高了项目的设计效率，而且也给项目后期的建造和管理等方面带来了不可估量的效益。目前，国内各行业对 BIM 的认识和接受度都较高，研究重点也开始由简单的应用研究转向理论创新。针对数字化交付方面，煤炭行业尚未形成数字化交付标准，也没有专业的交付平台，企业在进行工程数字化交付的过程中没有成熟的规则和方法可循，无法对设计方与施工方进行有效的衔接，这也是制约了 BIM 技术在矿山行业应用和发展的主要原因之一。

2. 智能测绘

矿山测绘是在矿山建设和采矿过程中，为矿山的规划设计、建设施工、生产和运营管理等进行的测绘工作。当今智能测绘依托传感器、云平台和大数据分析等技术,实现了智能测绘硬件与软件技术的革新。当前无人机技术、倾斜摄影技术已达到成熟阶段,通过无人机搭载五镜头相机、激光雷达、热红外等不同类型传感器,获取完整精确的三维地面地物信息,建立无人机数据采集流程与方法,实现露天矿地面信息采集无人化、测绘成果三维可视化。设计无人机智能机场、自动起降、定时巡航、航线自动规划等环节,建立无人机智能测绘流程,自动采集露天矿三维数据。建立多终端远程控制系统,实现无人机作业实时监控、实时显示飞行画面和状态并及时反馈异常情况。建立三维数据动态管理系统,在线生成数据成果,动态存储及数据处理,实现数据实时更新。对无人机、自动机场、载荷的飞行数据自动传输、监控调度,通过智能分析处理,自动生成正射影像图、三维模型等成果,基于云端平台,对后期处理的数据结果进行存储,并建立三维数据动态管理数据库,实时查阅与调用,基于SOA部署及服务的标准形式,利用云端后台中心,与智能矿山其他建设内容无缝集成。基于实时三维实景模型,实现矿山资源储量和土岩剥离量自动、快速、高精度计算,生成报表及数据分析图,并对计算结果进行智能分析总结。

国内智能测绘总体还处于发展的起步阶段,如何紧密结合云计算、大数据、无人机倾斜摄影等高新技术,实现露天矿智能化无人测绘及海量数据动态管理是今后研究的方向。

3. 智能供配电

露天煤矿,尤其是大型露天煤矿的采掘设备都是靠电力驱动,供配电系统设计得合理与否直接关系到露天矿的生产设备供电的可靠性以及矿山建设的经济性。露天煤矿机械化程度高,用电量大,电压等级多,同时由于露天矿采掘场内设备经常移动、工作环境特殊,用电作业中容易发生人员触电、雷电、过电压、漏电等电气事故,造成人员伤亡或财产损失。

智能供配电建设的目的在于实现变电所无人值守,主要特征在于变电所的集中监控,具体手段在于增加供配电系统智能开关,实现关键负荷电缆的测温、报警以及防灭火功能,配备智能巡检机器人等。

4. 边坡监测预警

露天矿边坡监测技术已由传统的监测技术和监测方法向智能化、多元化和自动化等方向发展,监测系统的设计越来越人性化,界面越来越友好,能够更加容易地被人们所接受和使用。

目前,露天矿边坡监测通常采用GNSS、GNSS-RTK等装备和技术,建立边坡地表位移监测预警系统,对采掘场和排土场等边坡地表位移进行24 h不间断监测,实现边坡地表位移自动化监测预警等功能;通过传感数据的接入,根据设定的预警值进行预警预报。未来,边坡的智能化监测系统,应通过多源数据接口的智能转换和融合解算,将边坡雷达、无人机、地表位移监测和深部位移监测等集成,建立露天矿边坡地质灾害"空-天-地"一体化在线智能监测预警平台,实现监测数据的获取、智能转换、分级处理、自动归纳管理、自动预警、智能维护和信息推送等功能。

5. 露天煤矿疏干防排水

露天煤矿智能疏干防排水系统主要目标是实现露天矿地下水疏干的智能、精准调控,以保障露天矿的安全稳定生产。首先,应建立露天矿地下水三维水文地质模型,动态监测地下水变化。开发集控平台,将疏干系统水域信息、设备信息集中展示。针对水文地质条件比较复杂，富水性强的露天矿，疏干降水工作伴随露天矿全生命周期，智能控制系统可减少疏干成本，提高疏干效率。建立完整的露天矿水文地质数值模型，结合实时的地下水流场数据，对疏干系统的运行参数进行智能调控，推荐最优疏干方案，预测地下水流场动态和疏干降水的效果，确保疏干工程的科学性和经济性。

6. 智能防灭火

露天矿火灾外因主要有：员工入坑携带烟火、机械设备运行发火、动火作业引燃煤体、草场枯草起火等原因；内因火灾通常是由煤的自燃导致，煤的自燃必须具备 3 个条件：可燃物、充足的氧气、蓄热条件。可燃物主要有：散落破碎煤体堆积、采场煤壁堆积的煤尘、矸石排弃过程中夹煤、到界平盘煤质挡墙、原有火点周围煤体复燃等。供氧条件主要包括：煤层断层、涌水通道、排土场裂隙等。蓄热原因主要包括：煤质挡墙更换不及时、煤尘堆积、裸露煤壁散热补偿、内排土场内部蓄热等原因。

智能防灭火致力于建立煤层自燃监测系统，实现对采场与煤层温度的监测与预警，对关键区域各类气体指标实现远程监测。

7. 智能道路养护

一般评价道路质量会采用道路厚度、压实度与平整度等指标。其中又以平整度最为常见。测试道路平整度的方法有直接测量与间接测量两种。前者主要为直尺法，即将直尺平铺到待测路面上，测量道路与直尺间的缝隙；间接测量法主要包括断面描绘法与颠簸累积法，其中颠簸累积法较为常用，该方法将采用颠簸累积式平整仪挂载于车辆后面，以一定车速通过待测路面，通过设备中的位移传感器测量道路起伏情况，并将其换算为国际平整度指数。特殊地，露天矿道路多为土基道路，旱季还面临扬尘等问题，因此露天矿道路养护还包括对道路扬尘浓度的检测。

11 煤炭智能化分选黑灯工厂设计与建设任务

11.1 智能选煤关键共性技术新进展

11.1.1 分选技术新进展

1. 智能浮选

煤泥浮选是一个复杂的物理化学过程，影响分选效果的因素较多，而且因素之间存在耦合，使分选过程更加难以控制，目前浮选生产操作尚不能完全离开浮选司机。

近年来，行业内科研单位及选煤厂持续开展针对煤泥浮选过程的工艺、设备及控制技术的理论研究、技术开发和工程实践，控制系统实时检测入浮矿浆浓度、流量，准确、随动控制药剂添加量和药剂比例。将浮选系统的外部影响因素（主要包括矿浆的浓度、流量、煤质信息、药剂性质）全部进行信息实时采集，形成控制系统的多元素输入信号，根据各影响元素的重要性等级进行权重的分配，根据做出的判断执行相应的控制程序。根据分析结果设定参数调节变频器频率控制计量泵药剂的定量添加，达到准确控制药剂添加量、准确配置药剂比例、药剂效用最大化的效果。目前浮选控制系统整体测控指标如下：浓度测量误差为 3~5 g/L，流量检测精度为 0.5%，加药控制精度为 1%~2%，节省药剂为 15%~30%；有效提高精煤指标稳定性，降低浮选司机操作难度和劳动强度。

随着泡沫、尾矿灰分、浮选泡沫厚度、充气量等检测装置和仪表的开发及初步应用，丰富了过程参数；结合灰分仪、人工化验数据、过程参数及浮选工经验建立的浮选过程智能控制模型和算法正在积极探索中。浮选智能控制系统可部分替代司机操作，精煤产率可提高 0.5%~2%。浮选智能控制系统框图如图 11-1 所示。

2. 智能重介

重介自动测控系统，主要用于选煤厂重介质选煤过程控制。近年来，该系统不断升级、完善，进一步结合生产工艺，将重介质选煤过程工艺参数的检测、自动控制及数据统计与生产管理等功能集于一体，以 IPC 工控机为上位主机，以 PLC 为控制主机，工业总线实现数据通信，采用高性能检测仪表执行装置，参数检测及控制可靠性高；系统结构优化，配置灵活，可维护性强；采用紧密结合工艺的控制软件计算法（图 11-2），极大地提高了系统的适应性和可靠性；系统位于 WINDOWS 平台上，人机界面直观，操作方便。

目前，重介过程测控系统紧密结合工艺，性能稳定，主要性能指标达到：悬浮液密度控制误差±0.005~0.01 g/cm^3，悬浮液煤泥含量、旋流器压力、介质桶液位实现自动测控，满足工艺要求，现场生产无人值守。重介灰分闭环测控系统正在探索和试验中，随着灰分仪表和控制算法的同步升级、完善，有望 1~2 年突破关键技术难点，进一步提高重介分选的经济效益。

3. 智能干选

智能干选机（图 11-3）通过 γ 射线、X 射线和图像识别技术，运用深度学习算法等

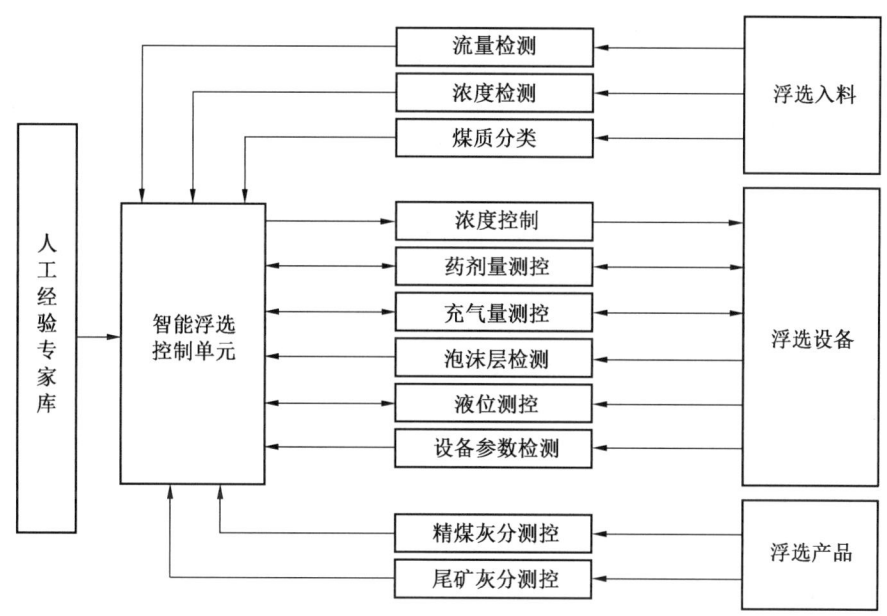

图 11-1　浮选智能控制系统框图

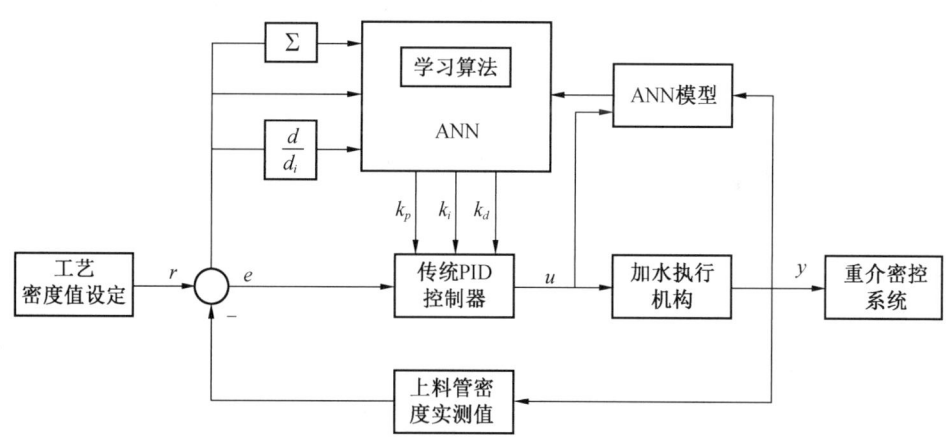

图 11-2　控制算法

图 11-3　智能干选机

先进技术,对煤和矸进行识别,实现了对块煤的精准识别与分选。有效分选粒度上限为300 mm,下限为25 mm。煤中带矸和矸石带煤率均为1%~3%。目前智能干选机已在国内广泛得到推广,在排矸除杂或代替重介浅槽进行+50 mm块煤分选方面取得了应用。煤中带矸和矸石带煤率均为1%~3%。

4. 跳汰机智能化新发展

目前跳汰机单机一般只是实现了排料自动化,借助浮标传感器或压力传感器检测床层重产物高度,通过控制排料执行机构的动作来控制排料量,进而生产出质量稳定的合格产品,单一煤种效果还可以,煤质发生变化时,精煤灰分波动较大。

中煤科工唐山院曾经在入料原煤在线检测、跳汰机简易分选效果评估方法、操作参数专家系统等方面进行过研究,研制了自动化跳汰机。

目前在浮标密度自动调整、风阀运动状态监测、灰分仪、排料耦合算法等方面进行了相关研究工作,提高了跳汰机智能化水平。

5. 智能粗煤泥分选

智能粗煤泥分选机是一种依据不同物料在上升水流与智能干扰器作用下的干扰沉降速度有差异,从而实现物料智能分选的设备。其过程为:物料经中心入料桶进入分选槽,与上升水流混合,形成"干扰床层",低于分选密度(精煤)的物料向上运动,高于分选密度(尾矿)的物料向下运动并通过机械干扰装置进行二次干扰。精煤从分选槽顶部溢流排出,尾矿通过尾矿排料箱由排料泵排出。

图11-4 分级破碎机

相对传统干扰沉降分选机,采用连续式尾矿排料方式,具有更高的分选精度,EP值为0.06~0.09,同等规格处理能力大于50%以上。

6. 智能化分级破碎机研发新进展

针对煤矿智能化建设需求,中煤科工唐山研究院自主开发了分级破碎机(图11-4),集智能控制保护+智能润滑于一体,实现破碎机智能化操作、减员化管理。

该设备在智能化方面主要进展如下。

(1)具分级破碎机状态监测功能。分级破碎机配有温度传感器、转速传感器等智能传感元件,可在线实时监控设备轴承温度、电机机身温度、电流电压等参数及设备运行状态,保证分级破碎装备的连续高效稳定工作。

(2)具有分级破碎机自我保护功能。分级破碎机配有智能转速测控仪,实时采集齿辊转速信号,并设定两级报警极限。当齿辊卡堵转速逐渐降低时,实现齿辊失速预警或失速报警双路输出。齿辊出现轻微卡堵时,输出失速预警信号,提醒操作人员适当降低或停止破碎机的入料;齿辊出现严重卡堵时,输出失速报警信号,设备自动停止运行,同时提醒操作人员停止入料并立即排查卡堵故障,避免出现重载、过载等现象。

(3)具有分级破碎机自动控制功能。分级破碎机设有自动控制系统,其集成了正反转、分步启停、一键启停、失速预警/报警、紧急保护等多种控制方式,并配有防爆操作箱,可适用于煤矿井下作业环境,并预留上下级设备联锁控制节点,可与用户的控制系统兼容。

(4)具有自动润滑功能。智能润滑系统根据破碎机的实际有效运行时间及工况条件,自动定时、定量在线多点润滑,保证合适稳定的供油。

(5) 具有远程智能控制功能。可在远程 PC 端或手机端,实现破碎机齿辊转速、主轴承温度、电机电流、润滑时间等运行参数实时监测,并且可以远程控制破碎机启停。

7. 卧式振动卸料离心机研发新进展

卧式振动卸料离心机(图 11-5)作为选煤厂 50 mm 以下煤炭脱水的关键设备,一直占有主导地位,中煤科工唐山研究院长期致力于提高国产卧式振动卸料离心机技术水平,利用先进的双质体振动原理开发研制了具有完全自主知识产权的 WZYT 系列卧式振动卸料离心机,该系列产品具有性能稳定、处理能力大、维护简单、功耗低等特点。

图 11-5 卧式振动离心机

该设备在智能化方面主要进展如下。

(1) 具有在线状态监控及一体化显示功能。实现了油位、油温、轴承温度、振幅、转速等主要故障点在线状态监控及故障自诊断功能。

(2) 具有就地/远控切换功能。当远程控制系统出现故障或检修时,可随时切换就地/远控等操作模式,保证安全生产。

(3) 具有双润滑切换保护功能。当润滑电机出现故障或油路检修时可实现润滑系统油路自动切换,保证生产不受影响。

(4) 具有筛篮转速无级调速功能。可根据不同煤质、不同处理量需求无极调整筛篮转速,使设备工作在最佳状态。

8. 智能水仓清挖成套装备

智能水仓清挖成套装备(图 11-6)通过以太网远程控制、无线遥控、液压手动三种操控方式,操作清仓机在水仓中将煤泥挖装并输送至水仓口的搅拌桶内,在搅拌桶中混合均匀后由煤泥泵将物料输送至压滤机中进行脱水处理。经过脱水的煤泥可直接装入矿车或刮板输送机进行运输。

该设备在智能化方面主要进展如下:

(1) 履带式行走机构,可自行调运,牵引力大,行走灵活,爬坡能力强。
(2) 双螺旋集料装置,集料悬臂可升降,范围大,效率高。
(3) 下链刮板输送机,对黏性比较大的物料有较强的运输能力。
(4) 基于以太网远程控制、无线遥控控制,清仓过程中人不必下到水仓内。
(5) 基于 PLC 无线遥控控制的压滤脱水系统,煤矿井下水仓压滤脱水系统智能化运行,无人值守。

9. 加压过滤机智能化新发展

加压过滤机智能控制系统包括系统集中自动控制、系统参数的监测及控制、工作参数的智能自动调整和人工调整、故障诊断、系统管理等 5 个模块,能实现启动、运行、停止、工作状态检测,工作参数手动及自动调整,事故报警,事故等待,事故停止等操作。

参数自动调整功能:通过对各过滤参数的研究,对原参数控制模型进行了优化,使设

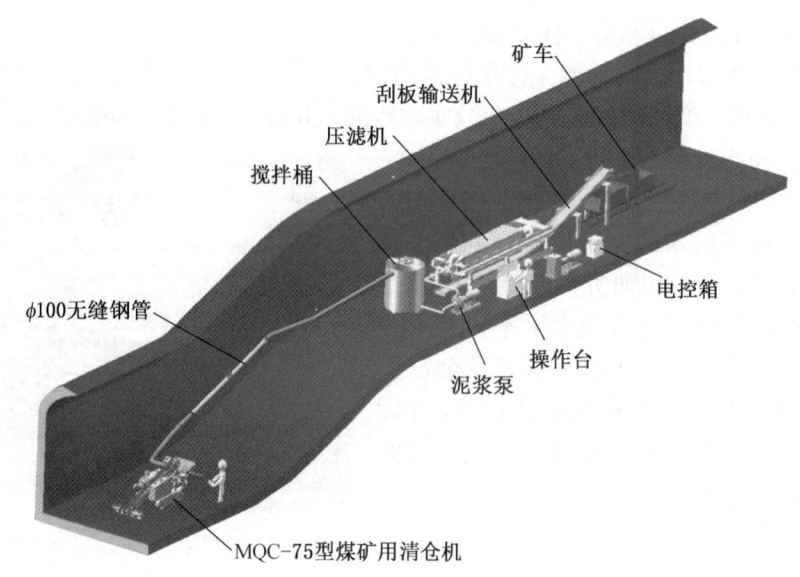
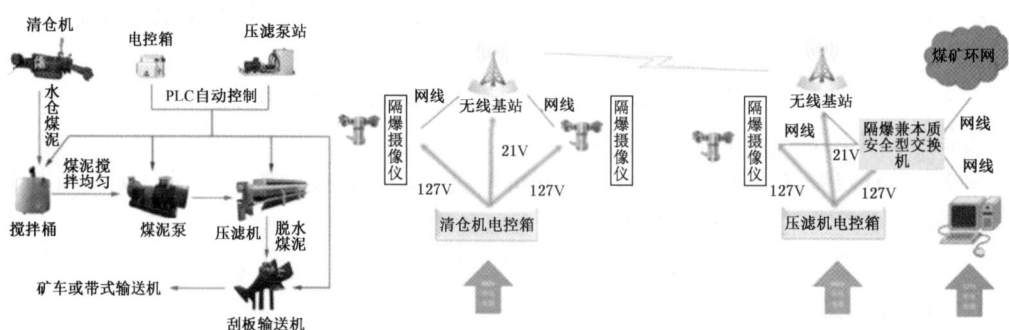
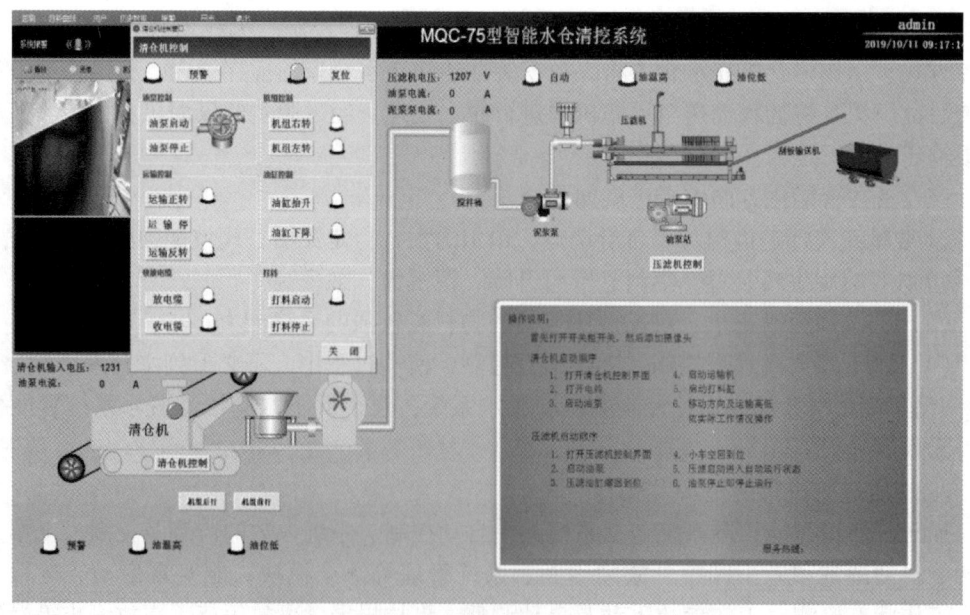

图 11-6　智能水仓清挖成套装备

备工作状态更平稳;通过工作参数的智能自动调整使其始终工作在合理工作区内。

智能帮助系统:在日常使用中能随时为操作人员提供设备性能、问题解决办法等帮助信息;设备运转中出现故障,在监控屏幕相应故障点会自动弹出报警和相应的问题分析及解决办法,帮助操作人员尽快处理故障,恢复正常生产。

(1) 指令智能分析系统:控制系统能自动依照加压过滤机操作规程,对操作人员发出的任何指令均能有效做出分析判断。符合操作规程的命令得到执行,反之则不执行,并给出违规提示。

(2) 报警及生产数据库功能:数据库可形成报表,可随时查询和打印。

(3) 具有系统仪表在线修正和利用网络远程帮助、在线更新等功能。

11.1.2 检测技术新进展

1. X荧光灰分仪

X荧光灰分仪利用X射线吸收原理及X荧光技术,利用X射线管作为激发源,通过测量X射线与煤层相作用后的散射强度和特征X射线强度,通过专用算法快速计算出煤炭中的灰分。其优点在于采用X荧光技术与X射线吸收相结合的原理以及反射与透射的测量方式,解决了煤炭中元素含量变化、煤炭厚度和密度变化对测量的影响。荧光灰分仪工作原理如图11-7所示,技术参数见表11-1。

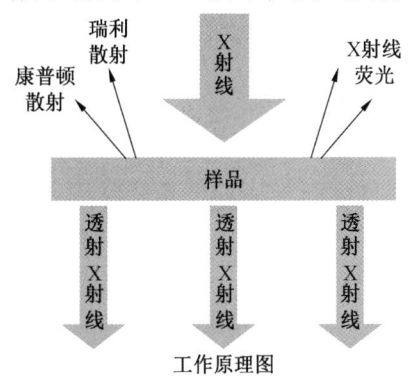

图11-7 荧光灰分仪工作原理

表11-1 荧光灰分仪技术参数

灰分测量精度	
灰分<15%时	≤0.5%,1σ
灰分在15%~30%时	≤1.0%,1σ
灰分>30%时	≤1.5%,1σ

2. 中子活化分析仪

根据矿物中每种元素对中子活化过程的反应差异,通过测量不同元素含量,识别矿物组成,搭建元素含量与煤炭灰分分析模型,实现煤炭灰分的在线检测。该仪器具有检测精度高的特点,主要用于入厂煤分析,适用于装车站、港口配煤基地、煤化工等对实时煤质分析数据要求较高的场合,中子活化分析仪(图11-8)分为跨带式和旁路式两种类型,其技术参数见表11-2、表11-3。

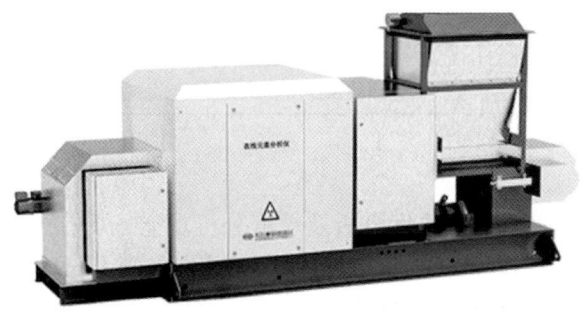

图11-8 中子活化分析仪

表 11-2 中子活化分析仪技术参数（跨带式）

名称	技术 参 数					
应用皮带宽度/mm	800	1000	1200	1400	1600	其他尺寸
长/mm	3200	3200	3200	3200	3200	定制
宽/mm	1890	1890	2090	2090	2290	定制
高/mm	1800	1800	1875	1875	1900	定制
托槽角度/(°)	30~45					
中子源	Cf-252					
正常运行温度/℃	−30~50					
电源	220 VAC±10%，50 Hz±5%，10A，3 线（L、N、GND）					
信号处理柜至主机	采用光纤通信					
测量原理	中子活化瞬发 γ 分析（PGNAA）技术					
分析时间/min	1，用户可设定					
测量参数	灰分、水分、硫分、SiO_2、Al_2O_3、Fe_2O_3、CaO、TiO_2、Na_2O、K_2O 等					
计算参数	热值及任何可以使用经验公式的可能参数					

表 11-3 中子活化分析仪技术参数（旁线式）

名称	技术 参 数
总长/mm	5000
总宽/mm	1870
总高/mm	2230
宽度要求/mm	1600 带式输送机中心右侧，1960 带式输送机中心线左侧
放射源	Cf-252 中子源 137Cs 伽马源
正常运行温度/℃	−30~50
电源	220 VAC±10%，50 Hz±5%，10 A，3 线（L、N、GND）380 VAC±10%，50 Hz±5%，16 A，4 线
信号处理柜至主机	采用光纤通信
测量原理	中子活化瞬发 γ 分析（PGNAA）技术
测量参数	灰分、硫分、水分、SiO_2、Al_2O_3、Fe_2O_3、CaO、MgO、Na_2O、K_2O 等
计算参数	热值及任何可以使用经验公式的可能参数

3. 矿浆在线分析仪

矿浆粒度分析仪可实现在线浓度分析及粒度分析功能，具有不间断取样、分析速度快、分析精度高的特点。BPSM-IV 在线粒度分析结构图如图 11-9 所示。

BPSM 在线粒度浓度分析仪的浓度测量采用溢流称重法，其测量结构原理如图 11-10 所示。

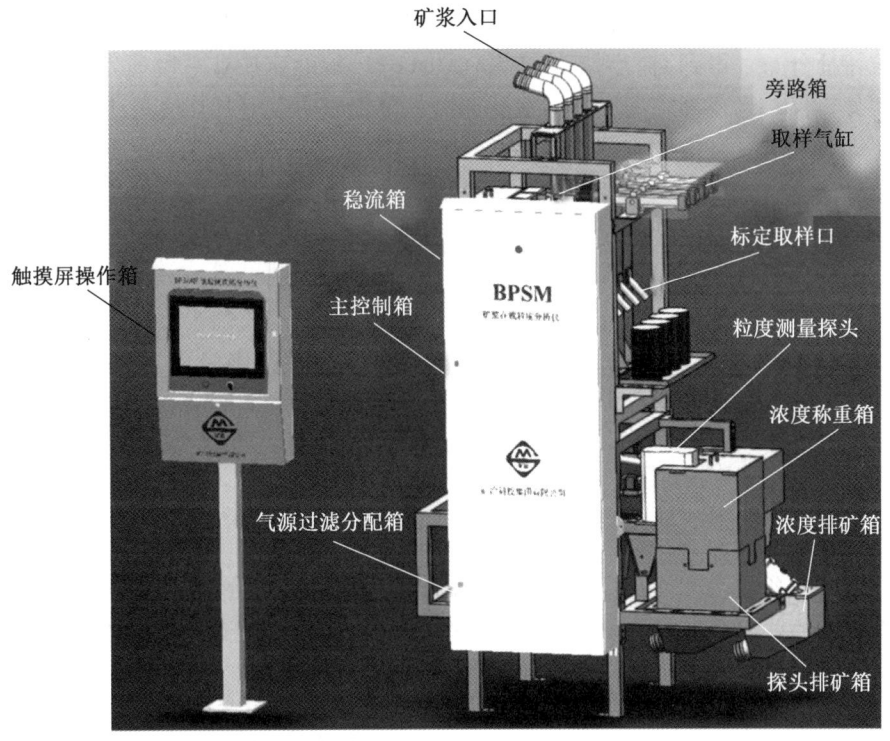

图 11-9 BPSM-Ⅳ在线粒度分析仪结构图

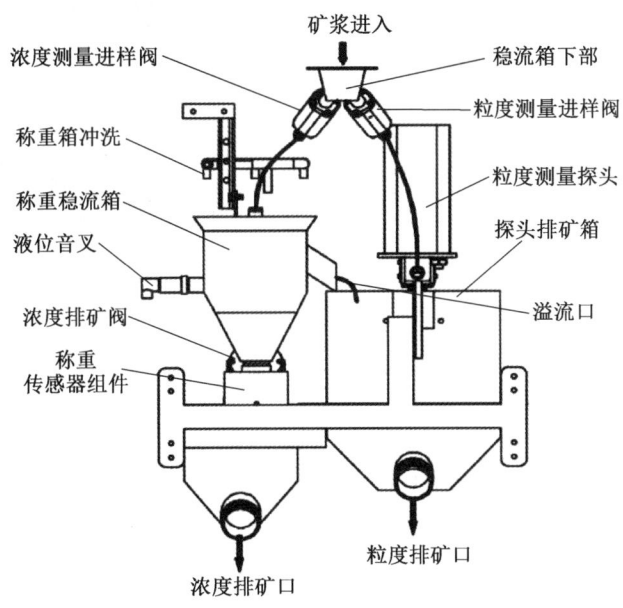

图 11-10 浓度测量结构原理

BPSM 在线粒度仪采用的是机械按压方式来进行粒度分析的,当煤泥水流过被测区域,每次测得固定样品的最大颗粒直径,通过多次测量获取样本中的最大颗粒直径分布;

根据标定取样得到的粒级结果，通过（非）线性最小二乘的回归方式，经过统计当前样本的颗粒特征分布，得到当前测量的结果（图11-11）北京矿业总院研发的BPSM-IV型载流粒度分析仪，已在神东煤炭集团上湾选煤厂得到成功应用，其检测结果接近于实验室水平，在煤炭领域具有推广应用价值。

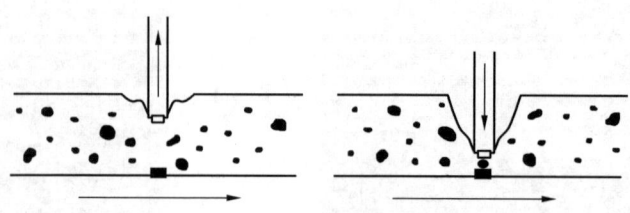

图11-11 粒度测量原理图

4. 无辐射智能在线密度计

无辐射智能在线密度计（图11-12），采用原装进口RoseMount多参数共面法兰传感器，对各种液体或液态混合物进行在线密度测量。该仪器广泛应用于煤炭系统重介选煤工艺的密度测量，具有以下特点：

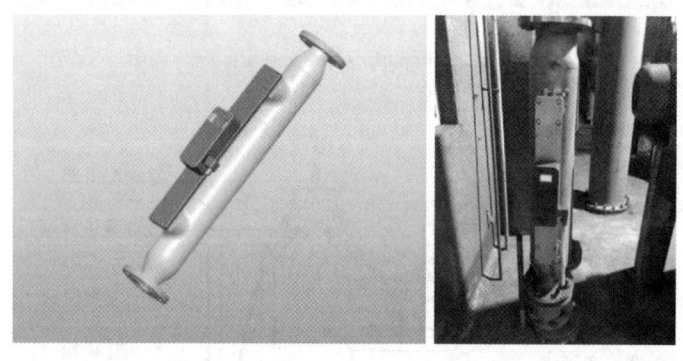

图11-12 无辐射智能在线密度计

①无射源；②温度补偿，精度、稳定性好；③维护简单；④流动干扰小，使用寿命长。其密度量程为 $1\sim2\ \mathrm{g/cm^3}$，线性度为 0.1%。

5. 磁性物含量计

磁性物含量计（图11-13）采用单片机技术，测量数据准确，精度高。外接密度信号后可同时显示和向PC机传送煤泥含量。除具有 $4\sim20\ \mathrm{mA}$ 输出外还配有串行接口，可以和PC机进行通信，实时向PC机传送相关信息。仪表的校准和数据修改可靠方便。主要电路采用CMOS器件，功耗低。

具有无辐射、可靠性高、耐磨等特点。测量范围为 $0\sim1000\ \mathrm{g/L}$，测量精度为 $\pm1\%$，最小感量度为 $1\ \mathrm{g/L}$。

11.1.3 数字工程技术新进展

1. BIM正向设计技术

图 11-13 磁性物含量计

中煤科工集团北京华宇工程有限公司研发了选煤厂 BIM 正向设计解决方案，2021 年，率先在行业内实现选煤厂 BIM 正向设计应用，实现了协同设计、数字化出图、数字成果交付。解决方案以 Bentley 协同设计平台为主，多平台进行配合。制定了选煤厂 BIM 正向设计流程（图 11-14）及标准，通过接口开发打通了与结构计算软件的壁垒，开发了选煤厂设备管理系统、非标准件参数化设计软件（图 11-15）、协同设计管理系统等，使设计过程更加顺畅、高效。目前解决方案已在内蒙古昊华精煤高家梁选煤厂、韩城矿业王峰选煤厂等进行应用。数字化正向设计，在实现设计精细化管理的同时，其数字信息模型可为选煤厂智能化、数字运维提供原生数据支撑。

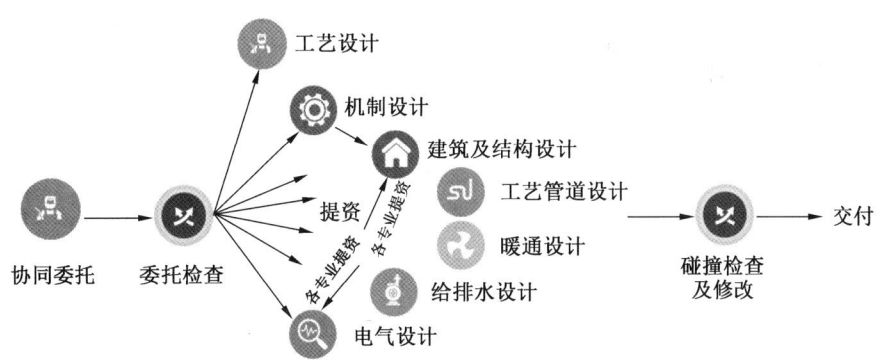

图 11-14 选煤厂 BIM 正向设计工作流程

2. 数字孪生技术

依托选煤厂 BIM 正向设计成果，在选煤厂原生设计数据基础上开展数字孪生工作，相对于传统二次建模及信息录入可最大限度地实现数据资源利用，并保证数据的原生性、完整性。在设计之初引入编码体系可最大化地提高数字资源的有序性和可用性，为数字孪生提供支撑。

目前基于常规手段（二次建模及信息录入）的数字孪生已经得到应用，北京华宇公司正在开展基于正向设计数字成果的数字孪生技术的研究开发工作。

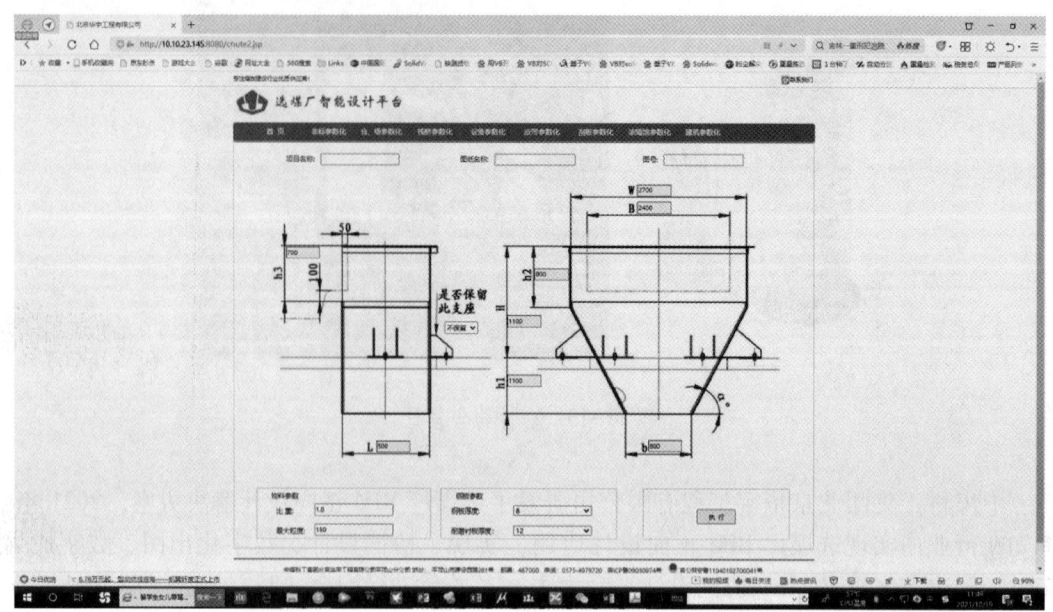

图 11-15 选煤厂正向设计平台及非标参数化设计软件

11.1.4 选煤厂供配电技术新进展

1. 智能供配电系统

实现对配电室生产数据采集、配电室机器人巡检、网管式停送电管理,在西湾露天矿选煤煤场,北京华宇公司成功实现机器人代替人工进行配电柜抽屉作业等,实现停送电过程高效、安全、无人化。智能供配电系统特点如图 11-16 所示,低压、高压配电柜操作机器人如图 11-17、图 11-18 所示。

生产数据的采集与分析
实现对配电室生产数据的采集监视、告警及故障分析、远程维护及对电能的计量检测、能耗分析等功能

机器人巡检与跟踪
根据控制系统预设的巡检速度进行自动往复式巡检。出现故障时,巡检机器人快速定位至事件发生地点进行视频监控抓拍并联动语音系统进行报警

实施网管式停送电管理
建立配电系统通信网络,完成硬件与上位监控软件的顺利对接,建立网管式停送电管理流程,计算机软件操作按照操作流程,智能完成申请停电、审批停电、确认停电、操作、维修、申请送电、智能审批、确认送电的一系列操作,具有授权、操作、挂牌、摘牌等功能,保障停送电的可靠性和安全性

图 11-16 智能供配电系统特点

2. 配电柜

1) MNS 抽出式低压开关柜

MNS 抽出式低压开关柜(图 11-19)采用的框架结构具有高度灵活性,结构一旦组装完毕就不再需要维修。柜体内可安装不同的标准元件,以满足各种使用要求。由于整个

 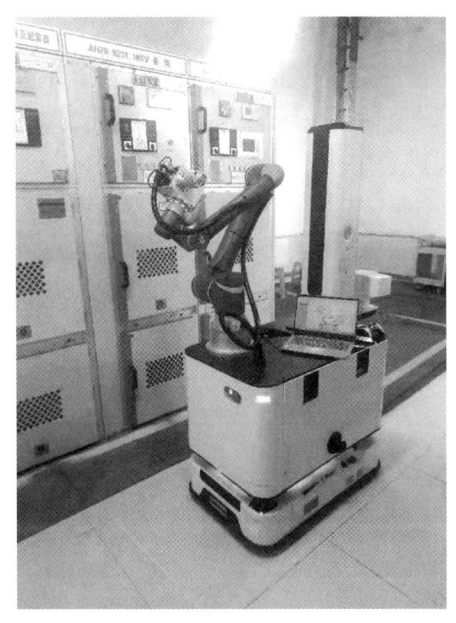

图 11-17　低压配电柜操作机器人　　　　图 11-18　高压配电柜操作机器人

图 11-19　MNS 抽出式低压开关柜

系统包括电气结构均采用了组合式的设计,这种优化的结构设计满足了各种元件的要求,并适用于不同的工作环境,达到相应的防护等级。

2) KYN28 金属铠装抽出式开关柜

KYN28 金属铠装抽出式开关柜（图 11-20）具有结构紧凑、安全可靠、维修方便及性能优良的特点。适用于额定电压 3~12 kV、频率 50 Hz、额定电流 630~3150 A 的三相交流单母线及单母线分段系统,作为接受和分配电能之用。主要应用于选煤厂、发电厂、工矿企事业单位配电、电力系统的变电站,作为输配电开关设备及大型高压电动机启动设备,可实现控制保护、监测之用。满足 IEC298、GB3906 等标准要求,并具备完善的"五防"功能。

11.1.5　生产管理技术新进展

1. 智能生产管理

智能信息管理系统（图 11-21）可以实现生产现场透明化、精细化管理、综合分析与

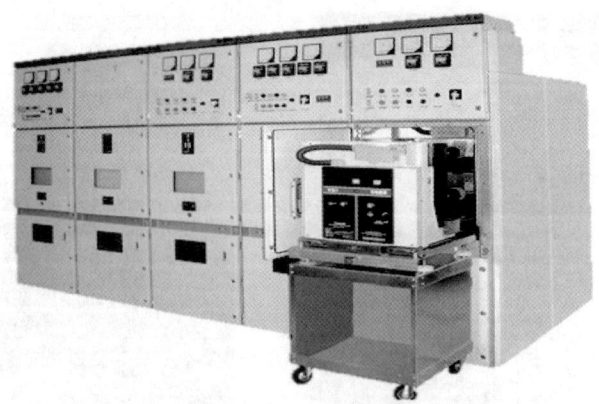

图 11-20　KYN28 金属铠装抽出式开关柜

图 11-21　智能信息管理

智能决策等功能，包括智能化调度管理、煤质管理、物资管理等模块。

2. 智能分析决策

智能分析决策系统（图 11-22），可以实现成本分析、市场分析、经营状况分析等功能。

图 11-22　智能分析决策

建设移动管理平台（图 11-23），通过 WEB 浏览器、手机客户端实时展示生产检测数据、生产管理数据、生产数据分析、工业视频监控等信息，实现流程化操作以及消息推送等功能，帮助客户随时随地掌握生产动向，更有效地指导生产。

图 11-23　移动管理平台

11.2　智能化选煤厂建设典型案例

11.2.1　准能哈尔乌素及准能选煤厂

准能选煤厂：动力煤选煤厂，规模 30.0 Mt/a，分选工艺为 6 mm 脱粉+100-6 mm 块煤重介及跳汰分选+6 mm 以下末煤不分选。

哈尔乌素选煤厂：动力煤选煤厂，规模 30.0 Mt/a，分选工艺为 200-70 mm 块煤智能干选+6 mm 脱粉+70-6 mm 中块重介浅槽分选+6 mm 以下末煤不分选。

2018—2021 年，哈尔乌素及准能选煤厂相继开展了智能输送、智能跳汰、智能浅槽、智能煤泥水、智能装车、智能干选等项目的探索研究，同时开展带式输送机巡检机器人、清仓机器人的研发工作。有代表性的智能化研究、建设内容如下。

1. 智能输送系统

对哈尔乌素原煤车间 3 号输送系统开展了研究，形成由破碎站受料斗料位控制单元、智能视频皮带调速控制单元及智能配仓单元组成的智能输送系统。运输系统可根据带式输送机实时输煤量，自动调节带式输送机转速，达到节约能耗、延长设备使用寿命的目的；实现利用机器人代替人工智能巡检，利用视频、红外、声音等智能识别技术对 $M^3 1$ 进行高效准确的全天候巡检；实现智能化、多功能、全天候的动态巡检；实现输送带纵撕保护、智能故障识别。目前整体建设达到预期要求。能够实现根据不同带煤量下的带式输送机调速功能，3 号破碎站运输系统节约电耗约 15%，带式输送机巡检机器人视频图像识别功能应用良好，不足之处在于对带式输送机托辊运行时产生不同噪声的故障识别能力相对较弱。

2. 重介浅槽工艺智能洗选系统

1）哈尔乌素 1×10^7 t 重介浅槽智能化研究

哈尔乌素选煤厂在重介浅槽 C、D 系统上形成一套重介浅槽智能洗选控制系统示范工程，实现重介浅槽参数的智能调节，保证了产品质量稳定。在正常生产情况下，矸石带煤率小于3%。原煤煤质或市场需求发生较大变化时，根据变化情况智能确定合适的产品灰分，使精煤、矸石指标达到最优；系统生产效率提高4%以上，重介浅槽故障报警系统报警准确率达到99.5%以上。实现浅槽密度智能控制调节，建立了浅槽分选系统给料、产品排料计量监测系统。搭建了浅槽洗选系统设备、运行参数数据监测预警分析平台。

2）煤泥水智能化研究

对煤泥水浓缩系统智能化、无人值守压滤智能化、煤泥水系统智能化数据决策中心构建以及工艺事故和设备故障智能化预测处理系统开展了研究。形成了一整套成熟的煤泥水智能处理系统，可代替人工实现加药、压滤、采样等工作智能化运行，减少人为因素对煤泥生产过程控制的不良影响，提升生产效率，降低生产成本，增加效益。

3. 智能装车

开展了智能装车、智能配仓、精准配煤、智能管理研究，每个子系统下由若干功能模块实现具体任务。"无人装车""智能配仓""精准配煤"三个子系统均可独立运行，可根据生产需要选择性开启。无人装车子系统包括可实现装车各环节全自动，将供煤、定量、装载、检验以及防冻、封尘等辅助系统进行智能化集成，安全稳定地完成装载任务。智能配仓子系统用于实现产品煤科学配仓和智能化仓储管理，实现仓内物料的质量跟踪、储量跟踪，为精准配煤提供数据基础。精准配煤子系统用于科学计算配煤比例，精准测量数质量指标，全自动完成配煤设备启停和调节。智能管理子系统涵盖了装车日常所需的流程管理、质量管理、设备管理、数据管理、人员管理等各个方面，全方位地提升装配管理水平。截至2022年一季度自动装车已累计完成 2.095×10^7 t 装车任务。

4. 跳汰机智能洗选

对准能选煤厂一组跳汰洗选系统（含2台跳汰机）进行研究，目前已经取得一定阶段性成果，正在继续开展研究工作。目标是研制出国内领先水平的适合准能选煤厂煤质特性的跳汰机智能洗选控制系统，根据预设的精煤灰分指标，通过灰分仪实时监测精煤灰分并反馈给控制模型，实现跳汰机参数的智能调节，精煤灰分实现精准控制。系统可根据原煤灰分确定合适的产品灰分，使精煤、中煤、矸石灰分指标达到最优。实现了对给料装置、排料装置、浮杆、摇床、旋转风阀、床层、顶水压力异常情况准确检测及报警。最终，实现了跳汰洗选系统各环节数据实时监测与控制，达到最佳洗选效果。

5. 块煤智能干选

哈尔乌素选煤厂新型分选工艺主要以 C 系统为主系统进行改造实施，通过增加块煤智能分选系统，有效降低了重介浅槽系统入料上限，优化了生产系统负荷分配，同时减少了原煤入水量。

主要分选设备采用（TDS32-300-A3）三产品智能干选机（图11-24）1台，设备入料粒度为200-70 mm，处理能力为320 t/h，年处理能力可达 1.5×10^6 t，由布料系统、识别系统、执行系统、辅助系统组成。物料通过 X 射线激光仪和图像识别系统进行精准识别，再利用电磁阀控制的高压气枪实现精准打击，最终实现精煤、中煤、矸石三产品分离，分选后的精煤平均发热量达 2.177×10^4 kJ/kg、中煤发热量 1.256×10^4 kJ/kg，矸石带煤率不大于3%。

图 11-24 智能干选机

11.2.2 神延煤炭西湾露天矿选煤厂

西湾露天矿选煤厂属于地面生产系统，规模 10.0 Mt/a，原煤经过破碎、筛分分级作为电煤、化工用煤销售。2021 年西湾露天矿选煤厂开启智能化提升建设工作，目前工程已基本完工，有代表性的建设内容如下。

1. 汽车发运系统

汽车发运系统智能化改造实现的功能如下。

（1）发运计划管理。结合客户派车计划和煤矿当前生产情况编制发运计划，计划内容包括客户运输煤种、吨数、派车日期、来车型号、车牌号、驾驶人员等信息，系统支持客户派车计划的导入。

（2）自助制票/制卡。外运车辆驾驶员利用身份证件在制票/制卡室自助办理提煤单、身份 IC 卡、结算单、票据自动打票分拣盖章等功能。

（3）无人值守自动入厂。实现外运车辆车牌自动识别验证、自动抬杆放行和车辆离开自动落杆。

（4）无人值守过磅（轻车、重车）。实现车牌自动识别验证、自动抬杆上下磅、自动车辆位置红外检测、自动红绿灯和语音提示、自动采集称重数据、自动 LED 显示屏信息展示。

车辆称重完毕时，系统控制安装在汽车衡两端的监控摄像机对车头、车尾进行拍照，并将照片与过磅数据合并保存，以便于日后查询追溯。

（5）无人值守装车。实现车牌自动识别验证、自动抬杆进出装车位、自动车辆位置红外检测、自动识别确认车辆参数、自动控制装车量、自动调整装车溜槽位置、自动拍照留存。系统支持自动装车和人工干预装车的功能切换，正常情况下采取自动装车模式，装车过程出现异常时通过人工干预完成装车。

（6）现场自助刷卡和语音交互。当现场出现车牌识别、基础设施故障等问题时，驾驶员可利用本地语音交互系统与远程监控人员进行通话，通过自助机刷卡完成车辆验证，通报现场出现的问题。

（7）统计分析。系统自动生成煤炭销售发运日报、月报等报表，可按客户、煤种等维度进行数据的综合统计分析，全面满足煤矿相关业务管理需要。

（8）系统集成。系统现场端实现与智能一体化控制系统、智能视频监控系统的集成，系统管理端实现与智能一体化生产执行系统、集团ERP系统的集成。

2. 基于AI视频带式输送机智能调速

以选煤厂201、301、302、303带式输送机为实施对象，在带式输送机上安装摄像仪，在现有变频控制系统的基础上，结合视频信号、人工智能算法，开发了基于动态煤量的带式输送机智能感知矢量调速系统（图11-25）。

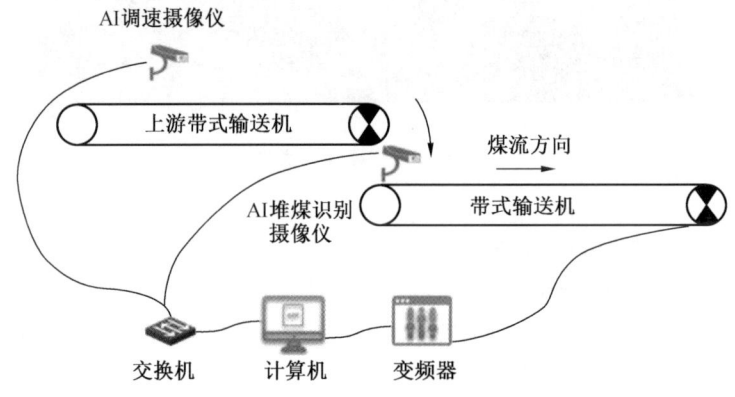

图11-25 带式输送机智能调速系统示意图

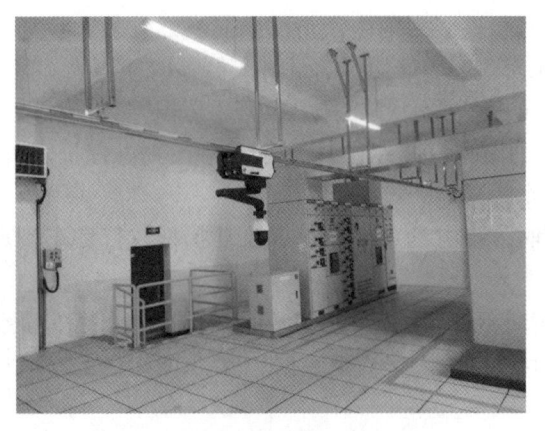

图11-26 配电室智能巡检机器人

根据逆煤流方向前级输送机空载时间、煤量大小来控制后级输送设备的启停和运行速度以及控制顺序；实现带式输送机负载分布监测、视频识别和报警、单条带式输送机和整个运输系统的智能化动态运行控制；同时系统可进行堆煤识别，实现搭接点的堆煤状况实时识别与语音报警，控制堆煤带来的压带风险。

3. 配电室智能机器人

1）配电间巡检

机器人（图11-26~图11-28）根据后台设定，定时对配电间内各配电柜进行巡检，对配电柜上的表盘进行识别；机器人可根据后台指令，自动定位至需要监视的配电柜，对配电柜进行监控及表计识别。

2）倒闸操作

西湾露天矿选煤厂配电室实现了高、低压柜的机器人倒闸操作。机器人可根据指令，自动定位至需要操作的配电柜前，并进行倒闸操作。高压配电柜机器人主要进行柜门关闭后，开关的旋入旋出操作，同时利用指示灯判定倒闸操作完成情况（图11-29）。低压配电柜机器人通过抽拉抽屉完成断电作业。

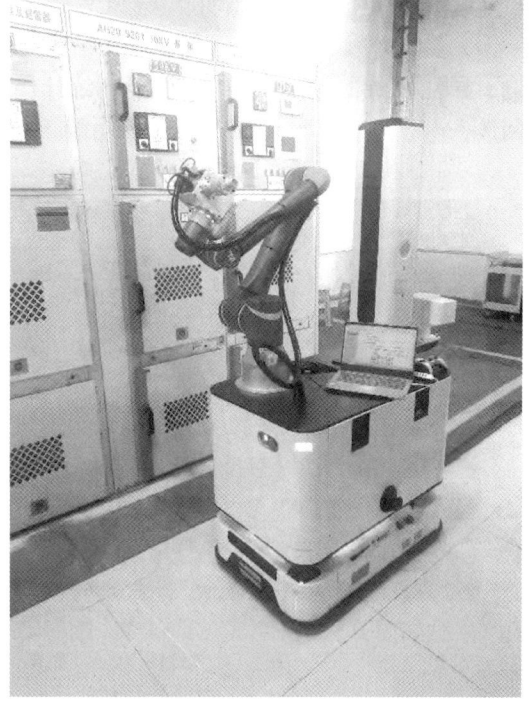

图 11-27　低压配电柜操作机器人　　　　图 11-28　高压配电柜操作机器人

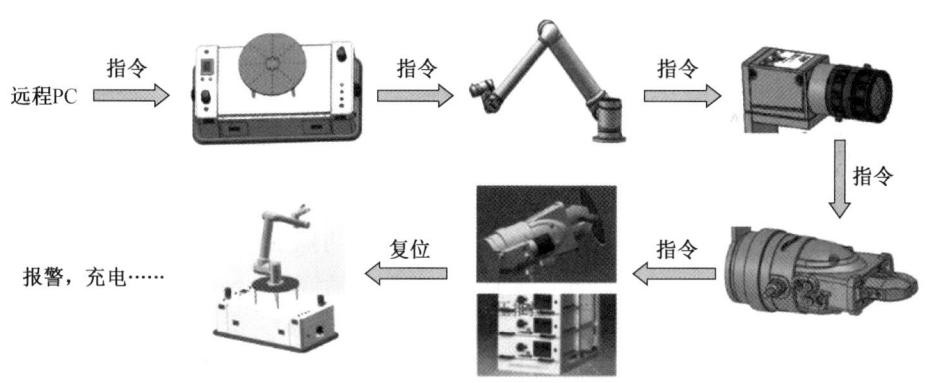

图 11-29　配电室智能机器人工作流程

3）机器人其他功能

进行倒闸操作前，机器人在地面投射警戒线，提醒工作人员在警戒线外等候，如有人员闯入警戒线，机器人暂停运动。机器人配有语音对讲功能，远方监控室内的工作人员可以与配电间的工作人员通过机器人通话。机器人可以通过远方监控系统控制，也可以在确认工作人员权限的基础上通过机器人的遥控器进行控制。

机器人系统预留有通信数据接口，便于原有系统集中管理平台进行数据采集。巡检机器人系统采集的图像、声音、信息以及巡检机器人系统软件的分析结果（如报警、图像识别结果等）可通过该数据接口提供给集中管理平台，便于系统集中管理平台对机器人的运行状态进行监控。

4. 人员定位及智能照明

人员定位及智能照明系统（图 11-30）可实现智能照明控制及管理、灯具状态实时监测、异常报警、亮灯时间统计、能耗统计、人员定位实时位置监控与管理、人员历史轨迹回放、电子围栏、人员 SOS 报警等功能。

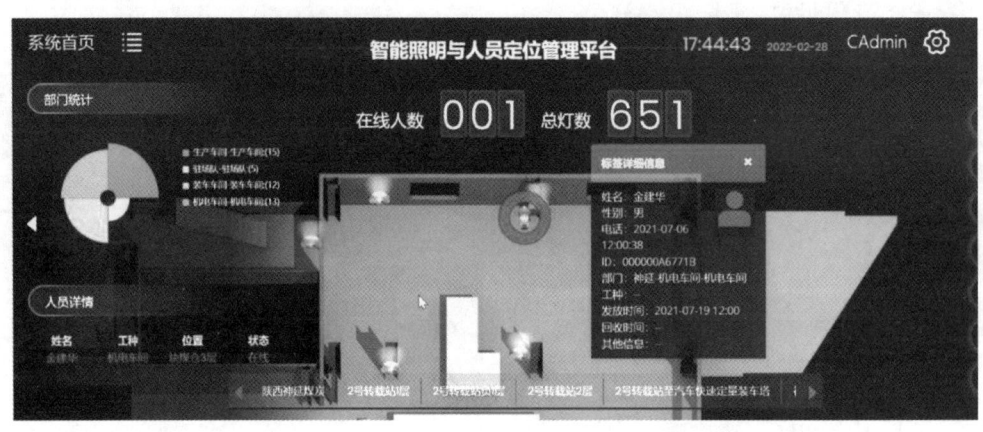

图 11-30 人员定位及智能照明管理系统

1）智能照明

（1）系统具备完善的灯具智能控制功能，可对厂区灯具进行自由分组，实现灯具的全控、分组控、单控等。可通过时控计划任务，对灯具进行任意分组，进行定时控制、调光控制；也可对灯具是否执行"人来灯亮、人走灯灭"模式，对感应距离、延迟时间等参数进行设置。

（2）系统具备智能巡检功能，且巡检快捷、状态准确，灯具可主动上报电压、电流、功率等实时数据，系统可实时掌握灯具运行状态、统计功耗数据。灯具及控台具备供电电源实时监测功能，掉电后会第一时间上报平台，并短信通知维护人员，从而避免影响安全生产。

（3）智能照明与人员定位系统对灯具发出的控制指令（开灯、关灯、调光等）及时控计划，通过无线网络传输至灯具内部控制器。灯具与控台之间可双向实时、可靠通信。各控台可根据现场周围的灯具情况及时调整所管辖灯具的数量，并可调整各自网络的通信信号，以避免网络自身的干扰，确保高速实时通信。

2）人员定位系统

（1）人员定位系统实现厂区主要作业区域的人员位置的实时监测和管控。人员定位系统以灯具作为定位基站，当携带定位卡的人员出现在灯具或者定位装置周围时，多个灯具及定位装置可分别测算出该定位卡与自身的距离，并将原始数据进行噪声剔除、卡尔曼滤波、初步测距算法等处理，将人员定位卡信息及距离信息上传至服务器端（图 11-31）。经过服务器运算，分析出人员的坐标位置，并展示在平台端。人员定位系统人员定位精度达 3~5 m，人员定位与灯具的开关可实现较好的联动，平台端人员定位更新响应时间小于 3 s。

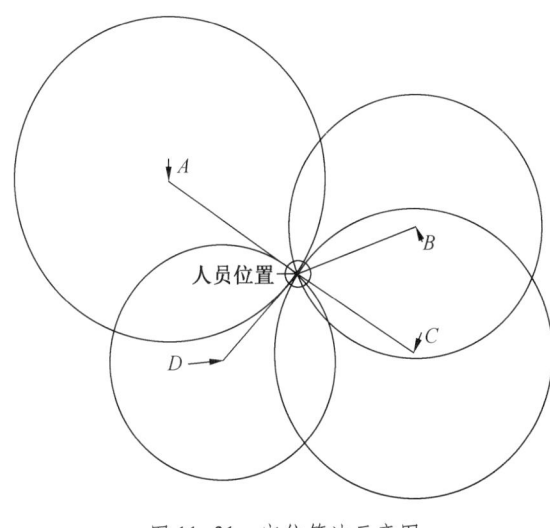

图 11-31 定位算法示意图

(2) 人员定位卡可实时采集员工基本健康数据,平台端实时显示定位人员的心率、心电图、血压、血氧及行走步数,实时监测在岗作业人员的基本健康状况。当人员定位卡主动发出 SOS 报警信号时,全网络最高优先级响应,及时将报警信息可靠传输至后台系统,后台系统第一时间做出相关处理。

11.2.3 神东煤炭集团上湾选煤厂

上湾选煤厂为动力煤选煤厂,规模 14.0 Mt/a,自 2013 年开始进行智能化建设。有代表性的智能化建设内容如下。

1. 煤泥水检测

上湾选煤厂正在开展煤泥水跑粗、煤泥水粒度分析及浓缩智能加药研究,根据煤泥水浓度、粒度等参数,以及界面仪检测数据等建立浓缩智能加药模型。目前,现场设置了粒度智能检测仪,已针对煤泥离心机离心液、压滤机滤液、水力旋流器溢流、浓缩机入料、浓缩机底流等 5 个方面开展了煤泥水智能采样建设(安装管道采样器),实现粒度在线智能分析检测,煤泥水粒度分析效果接近于实验室小筛分精度水平,从采样至出结果仅需十几分钟。浓缩智能加药研究方面,在煤泥水管道设置了不受煤泥水管道充填系数影响的浓度计,浓度检测取得了较好效果。煤泥水粒度分析仪及管道采样器如图 11-32 所示。

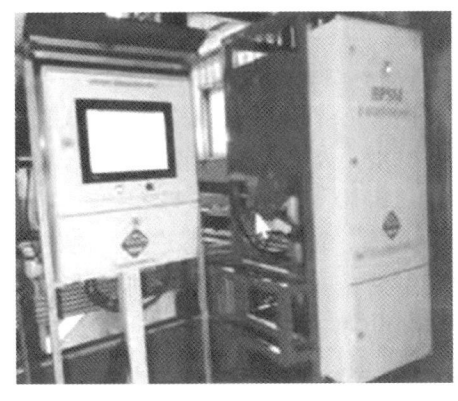

图 11-32 煤泥水粒度分析仪及管道采样器

2. 4G 专网与移动控制

在选煤厂区域搭建了企业专用 4G 专网(有效覆盖直径 1 km),实现了有线网络与无线网络的无缝对接。解决了信息孤岛问题,实现管理网、监控网、控制网的数据融合。具有网络可靠性高、低时延的特点。在 4G 专网的支撑下,实现生产系统由集中控制向远程移动终端控制的转变,值班班长配移动控制平板终端,生产人员配移动终端,实现生产移动控制与管理、移动办公。

3. 超粒度及金属识别

在洗混煤输送带安装智能视频分析装置,对因筛板破损、脱落等产生的大块煤进行识别。当智能视频系统检测到超限粒时会发出提醒,若提醒持续时间超过 5 min,则视为上游设备跑粗,提醒检查分级筛筛板。超限粒智能视频检测系统在上湾选煤厂取得了较成功的应用。

在原煤带式输送机上安装了金属检测仪,当发现小螺栓、钢板碎片等小型金属时,与带式输送机机头的除铁器配合将铁器清除。对于锚杆、托辊等大型铁器,可根据智能算法,识别铁器类别,当铁器较大不易清除时,可与上游设备进行闭锁停机,通过人工进行清除,自 2017 年投用至今,已累计检测出铁器七千余次,其中小型铁器 7169 次,大型铁器 59 次,有效保障了生产安全。

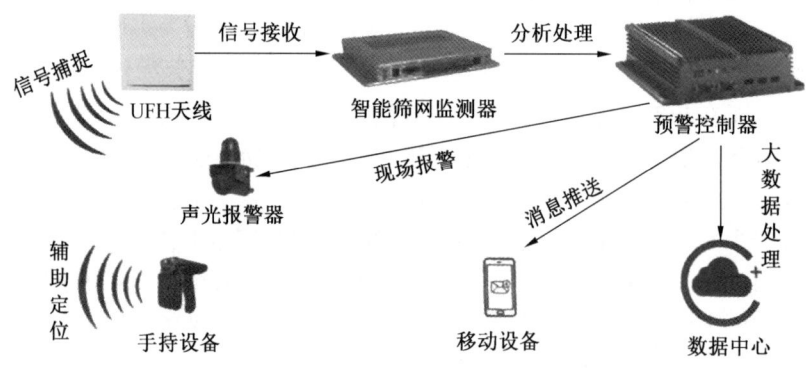

图 11-33 振动筛筛板脱落监测示意图

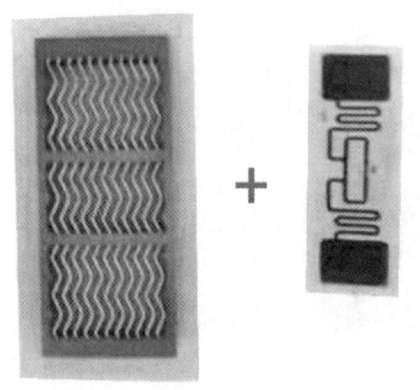

图 11-34 振动筛筛板及"RFID"芯片

4. 振动筛筛板脱落智能监测

上湾选煤厂对振动筛板脱落监测(图 11-33)开展了大量研究工作,探索了在振动筛筛板内置"RFID"芯片(图 11-34)、在下游带式输送机上安装专用扫描装置进行监测的方法。当筛板发生脱落并经过带式输送机扫描装置时,扫描装置经识别、分析、判断,进一步发出声光报警并传送至移动终端,从而在第一时间实现筛板脱落报警,防止生产事故扩大,保障选煤厂生产稳定及产品质量。

12 煤炭智能化储运装系统

12.1 智能化储运装系统框架

煤炭储运装系统的功能是调节产运，一般工艺流程如下：运煤车辆进站后进行称重、卸车；通过输送设备将煤炭运输到储煤棚内；存储在储煤棚内不同品种的煤炭通过底部给料装置放入转运带式输送机，之后通过混配设备进行配煤；最后将煤炭转运至快速装车系统装车外运。

传统煤炭储运装系统存在环境污染严重、能力不足、效率不高、自动化程度低等问题。智能储装将物联网、5G、大数据、云计算、人工智能等技术引入储运装系统建设中，实现生产过程控制智能化、经营管理信息化，构建高效、节能、环保的煤炭储运装系统。系统基于采集到的数据通过机器学习方法，实现生产参数和指标的自适应调整，减少生产过程中人为因素的干扰；建立储运装系统设备的故障诊断及预测模型，实时掌握设备的运行状态，减少设备故障时间，切实保证安全生产；通过大数据分析，优化生产组织及管理流程，实现管控信息化、智能化。智能储运装系统提高了我国储运装系统成套装备的性能和智能化水平，提高了生产效率，促进了煤炭储运装安全生产及节能环保的进步。

智能储运装系统总体应用架构包括：基础设施层；智能生产管控层、智能分析决策层、多维展示层，系统框架如图12-1所示。基础设施层通过各种数据采集、存储设备获得现场数据，并通过网络将其传输给智能生产管控层；智能生产管控层将从PLC、传感器、MES等获得的数据接入大数据平台，建立统一的数据标准，达到信息互联互通，进而实现整个系统的智能化管控；智能分析决策层通过建立的智能化模型，实现对生产、安全、质量等进行智能分析预警与决策；多维展示层通过网络将采集到的数据以可视化的形式推送到各种网络终端。

12.2 智能化储运装系统实施方案

12.2.1 储煤子系统方案

1. 封闭式储存

露天储存方式存在以下问题：环境污染较大，煤在露天堆场中日晒雨淋后含水率变化很大，煤焦油流失严重，降低了煤的热效能，易引起自燃等。为了减少煤炭污染环境以及受气候的影响造成煤的损失和质量的降低，封闭式储煤技术得到了越来越广泛的应用，也是智能化储运装系统的重要组成部分。封闭式储煤方式包括封闭式储煤场和储煤仓，其中封闭式储煤场主要包括条形储煤场和圆形储煤场，封闭式储煤仓主要包括槽仓、圆筒仓和方仓。封闭式储煤场储煤量较大，更适合智能化储运装系统的建设。

1) 全封闭条形储煤场

全封闭条形储煤场分为汽车堆煤和输送机堆煤两种形式。

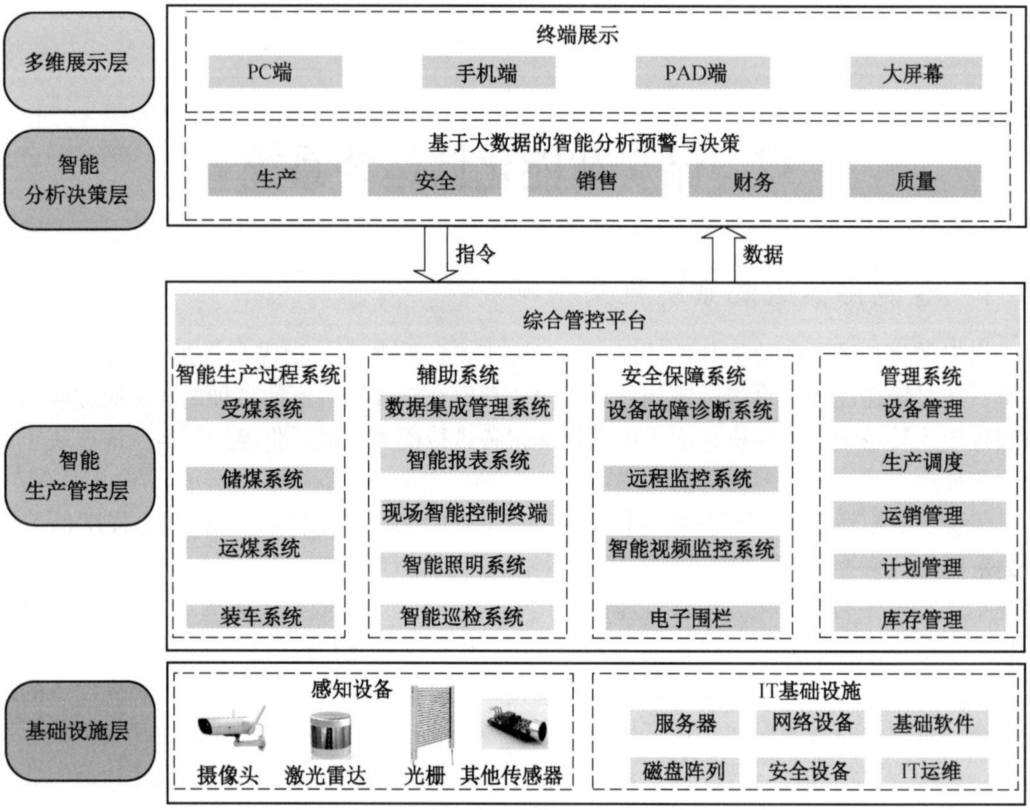

图 12-1 智能储运装系统框架图

汽车堆煤方式的条形储煤场外形如图 12-2 所示，运煤车直接进入储煤场卸载，不需要设置独立的受煤系统。此种储煤场优点是环节少，设备数量较少，设备运行能耗较低，工程投资较低。但这种储煤场也存在一些缺点，如占地面积大；自流回煤率低，为保证装车能力，需推土机、前装机辅助；汽车卸煤不能直接对受煤坑，需推土机、前装机再次平整煤堆；汽车需上煤堆卸煤，将煤压实，造成回煤不通畅，加大推土机、前装机工作量，运营费用高；作业环境恶劣，存在生产安全隐患，煤炭储装项目较少采用此种方案。

输送机堆煤方式的条形储煤场外形如图 12-3 所示，自卸卡车在受煤棚内卸煤，卸出的煤炭经受煤仓下的给煤机给至储带式输送机，再经布料带式输送机将煤卸至全封闭条形储煤场储存。

图 12-2 条形储煤场—汽车堆煤

图 12-3 全封闭条形储煤场—输送机堆煤

此种储煤方式的优点是占地面积较小，储煤量大；自动化程度高，可自动堆煤；减少了推土机、前装机作业量，运营成本低；运煤车在受煤站内卸载，不必进入煤场爬坡作业，减少安全隐患；减低了劳动强度。其缺点是设备台数较多，装机总功率较大，初期投资较汽车堆煤方案大。

2）全封闭圆形储煤场

全封闭圆形储煤场外形如图 12-4 所示，主要组成部分如下：中心柱及下部的圆锥形煤斗、堆料机、取料机、电气和控制设备、土建结构及其他相关辅助设施等。汽车来煤在卸煤坑处翻卸，经坑下的给煤机给至储带式输送机，再由堆取料机上的旋转带式输送机卸入圆形储煤场。煤场设备为圆形料场堆取料机，堆取料作业可独立进行，互不干涉。若运量较大，则需要在圆形煤场地面适当位置设置煤斗和活化给料机。

图 12-4 全封闭圆形储煤场

根据上述几种储煤场的优缺点，在实际工程应用中可以根据投资情况、现场需求等进行具体的选择。

2. 数字化煤场

在上述封闭式储煤方式的基础上利用各种传感装置可打造数字化煤场。通过安装堆密度传感器、激光雷达、视频监控设备、采样设备等实时掌握煤堆的煤质、储量、位置、高度等信息，为储运装自动化、智能化作业提供基础数据支撑。

1）煤炭堆场动态三维重构

煤炭堆场是煤炭行业变化最频繁的对象之一，有别于其他固定建筑及设备，固定对象三维建模之后一般不需要再对模型进行修改，煤炭堆场的变化取决于来煤量以及外运装车量，因此，需要针对煤炭堆场开发一套动态三维重构方案及算法，使得三维数字化模型能够快速响应煤炭堆场的实际变化。

目前用于三维建模的非接触测量方法主要有主动和被动测量两种方法，激光雷达和双目视觉测量方法是这两种方法的典型代表，也是目前应用最为广泛的两种方法。激光雷达测量方法能够直接得到深度信息，重建结果精确，但是价格比较高。双目视觉测量方法需要通过参数标定才能得到深度信息，但是算法相对成熟，价格相对低。基于上述两种方法的优缺点，可选择主动和被动相结合的方法获得三维点云数据：采用双目视觉方法获得整个场景的三维点云数据；采用激光雷达方法获得频繁变化的局部场景的三维点云数据（图 12-5）。

建立三维模型过程中获取的原始三维点云数据量巨大，庞大的数据为数据的快速重建带来困难，不利于煤炭堆场的动态三维重建，需要结合煤炭堆场测量数据特点，构建数据轻量化算法，有效平衡数据重建效率和成像精度之间的矛盾。三维重建流程如图 12-6 所示。

2）堆密度在线检测设备

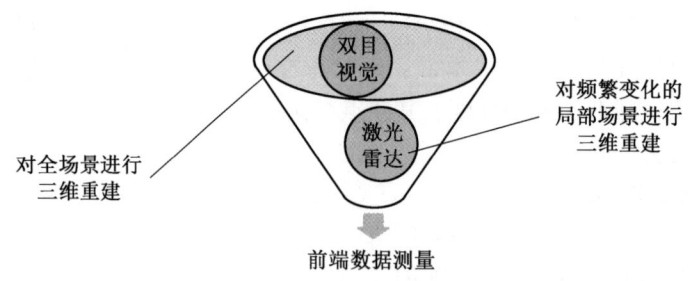

图 12-5 点云数据获取方案示意图

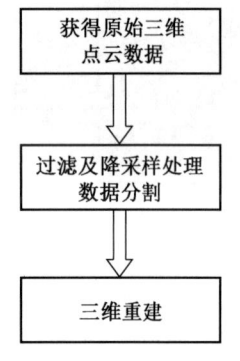

图 12-6 三维重建框图

要实现数字化煤场,除了通过上述三维扫描的方式获得堆积煤炭的体积,还需要通过在线测量技术检测煤炭堆密度,结合堆场的体积得到堆场堆煤的质量。不同品种、不同粒径的煤炭的堆积角和密度并不相同,这就需要在堆场进行堆积角和堆密度在线检测。煤炭堆密度在线检测装置示意图如图 12-7 所示。装置主要由以下几个部分组成:旁路采样装置、旁路采样仓、样品台、散料堆积形态传感器、称重传感器、样品台清理器、中央处理器。其中采样仓配置有采样闸门,中央处理器中设有堆积角运算器以及堆密度运算器。

该检测方法将测量堆积角的非接触测量应用在体积测量中,摒弃了传统容器测量方式,使用平板承载物料样品,直接在平板上形成圆锥形堆积,在测量堆积角的同时测出圆锥体的外形尺寸,经过简单的计算就能够获得堆密度。

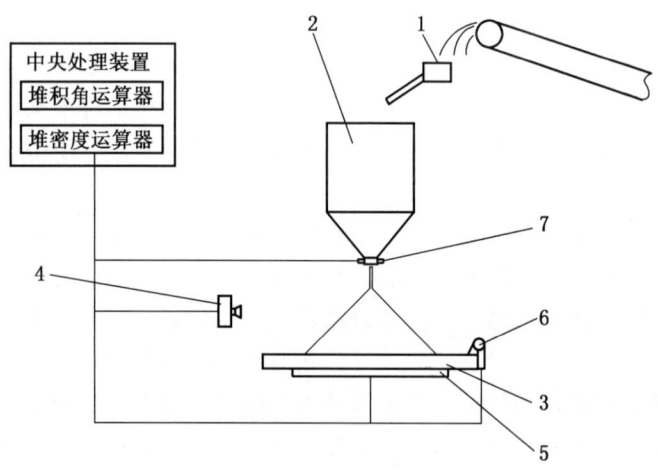

1—旁路采样装置;2—旁路采样仓;3—样品台;4—散料堆积形态传感器;
5—称重传感器;6—样品台清理器;7—采样闸门

图 12-7 煤炭堆密度在线测量装置示意图

该方法能够在储运装过程中在线检测煤炭物料的堆密度。在线检测的要求是在储运装过程中必须能够迅速检测,指导生产作业。比如在装车过程中,从获得待装物料的信息之后，到装车的列车将要进站之前，采样、堆积、测量等一系列动作必须在尽可能短的时间内完成，以满足装车的要求。该测量方法不使用容器，而采用平板堆积物料的方式，以及使用一套物料外形识别，同时完成了堆积角和堆密度测量所需要的数据采集。

旁路采样装置从带式输送机或者缓冲仓等装车中间物流环节对当前运输的散装物料进行采样。采样的数量可以不论粒径的大小，按照检测最多需要量进行采集并储存在旁路采样仓中。旁路采样仓为圆柱形或棱柱形，采样闸门设在采样仓的底部或下部侧面，根据装车的位置和空间的需要可以设计成不同的形式。在采样闸门与样品台之间设置能够通过旋转选择输料方向的输料槽，当进行测量时，输料槽的出口对准样品台，测量完成后，输料槽的出口对向缓冲仓或其他能够放料的地方，将旁路采样仓中剩余的物料放空。

样品堆积形状检测传感器通过对物体外形的扫描和识别获得圆锥形堆积的外形几何尺寸，用于堆积角和堆密度的计算。样品堆积形状检测传感器可以采用各种非接触传感器，如：3D摄像机、激光雷达等。

3) 煤炭堆场三维数据特征提取及预测

煤炭堆场是其所在工业场景内动态更新最频繁的对象之一，掌握其力学稳定性特征对自动化取料作业、堆场的安全稳定性分析等应用有着重要意义。由于其频繁变化的特点，加装接触式测量传感器不容易实施。可以在采集煤炭堆场数据进行三维重建的同时，对三维数据进行快速特征提取，采用人工神经网络将提取的特征应用到堆场力学稳定性分析上，并且根据历史样本数据对堆场在受轻微扰动下的特征进行预测。计算的速度越快，越能满足各种应用对数据实时化的需求，一般采用投影寻踪、主成分分析等方法对煤炭堆场三维数据特征进行处理，降低特征分析和预测的计算时间。力学稳定性评估示意图如图12-8所示。

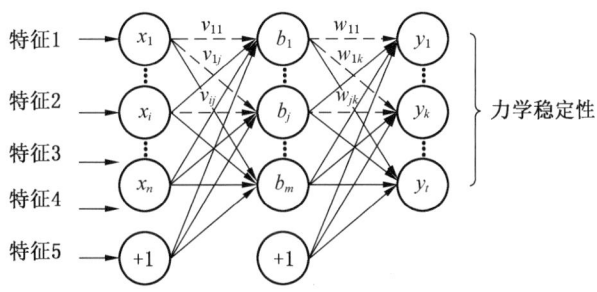

图 12-8 力学稳定性评估示意图

12.2.2 输煤子系统方案

在传统装车工艺流程中，由于缺乏需求量驱动的散料流智能调节技术，装车时必须将散料先输送到装车站的缓冲仓中，再由缓冲仓向定量仓进行放料，最终实现散料的精确计量和装车。缓冲仓的存在使得装车系统需要以高塔形建筑的方式实现，系统如果采用需求量驱动的散料流智能调节系统，使输送带代替部分缓冲仓的临时储料功能，可以使目前装车站的大型缓冲仓的容量显著降低。需求量驱动的散料流智能调节系统能够实现按照生产需求量进行散料输送的目标。散料流智能输送调节系统示意图如图12-9所示。

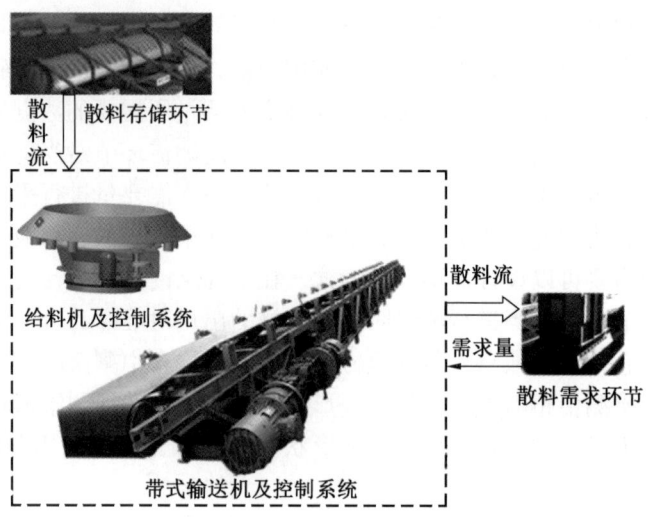

图 12-9 散料流智能调节系统示意图

系统的控制原理图如图 12-10 所示。智能控制中心收到散料需求量后，计算出带式输送机和给料机的控制频率，并将相应指令下发给 PLC 控制器，PLC 控制器将指令下发给给料机变频器和带式输送机变频器，实现给料机和带式输送机的智能控制。系统的工作流程及功能如下：

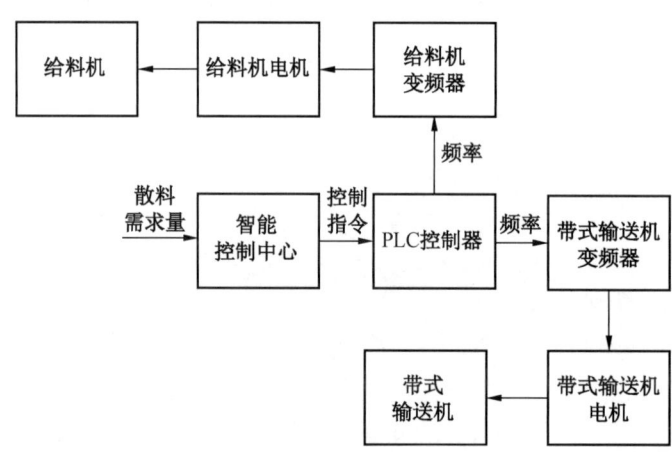

图 12-10 控制原理图

（1）通过控制主机接收生产端，如装车站发来的实时散料需求量。
（2）根据散料需求量信息，控制给煤机的给料量及带式输送机的带速。
（3）利用激光雷达扫描输送带上散料的体积，并结合实时密度测量装置测量的本批散料流的密度，求得输送带上散料的质量。
（4）当目前的散料供给速度与实时需求量不匹配时，对给料速度进行调整直到二者匹配。

12.2.3 配煤子系统方案

配煤是把低硫、低灰、低发热量的煤与高硫、高灰、高发热量的煤自动混配，从而生产出适合客户需求的低成本、环保型、高质量的均质煤炭。配煤是整合煤炭资源、提高能源利用效率的高科技技术。智能配煤系统由检测元器件、在线灰分仪、皮带秤、定重给煤机、执行机构、带式输送机和控制器等构成。配煤系统采用智能算法建立配煤方案，并针对系统反馈控制过程具有大时滞、非线性以及难以建立精确的数学模型的特点，结合模糊 PID 等算法完成配煤控制过程。智能配煤控制系统将设定的发热量（给定值）与实际发热量（测量值）之间的差值即煤质的偏差值作为输入信号，通过对输入信号进行处理后输出控制信号去改变某一个或多个煤种的给煤量，最终使混配煤质达到用户要求。智能化配煤示意图如图 12-11 所示。

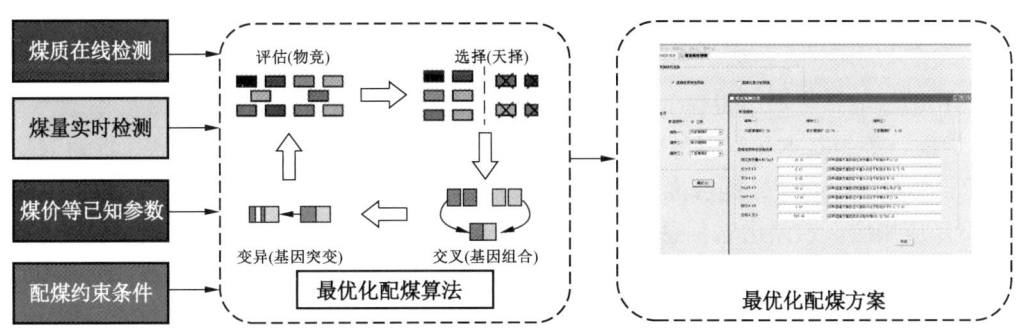

图 12-11 智能化配煤示意图

12.2.4 装车子系统方案

智能无人化快速定量装车系统基于大型料斗秤的工作原理，预先在称重仓中按车皮标重进行快速配料和精确称重，通过控制闸门和装车溜槽向行进中的车厢快速装载，实现动态快速精确定量装车，是目前最为先进的大宗散装物料装车方式。系统主要由大型钢结构塔架、装车机械设备、称重系统、液压系统、电控系统、计算机管控系统等组成，能够实现装载全过程所有设备的运行控制、保护、监测和显示。

智能无人化快速定量装车系统基于煤炭散体物料流动性特征分析，采用多传感器数据融合技术、图像识别技术、三维激光扫描技术及模糊控制算法，智能完成车厢识别、定位、测速、配料、称重、卸料和自适应物料堆积等功能；在掌握装车过程信息的基础上，建立高稳定性、高可靠性、兼容性强的智能化控制系统，实现从物料上料、高精度定重称量配料到向车厢卸料的全工艺流程的智能无人化装车过程；引入人工智能技术，采用深度学习算法自主学习操作控制，不断优化控制参数，提升控制精度。

1. 智能快速定量装车系统架构

智能快速定量装车系统主要包括物理层、数据层和应用层 3 个层次（图 12-12）。

（1）物理层。建立在以太网通信基础上的一系列传感器，可实现车号扫描、车辆位置判别、车厢情况监测、车厢偏载检测等。同时该层与铁路车站系统相连，可获取煤炭外运等相关信息。

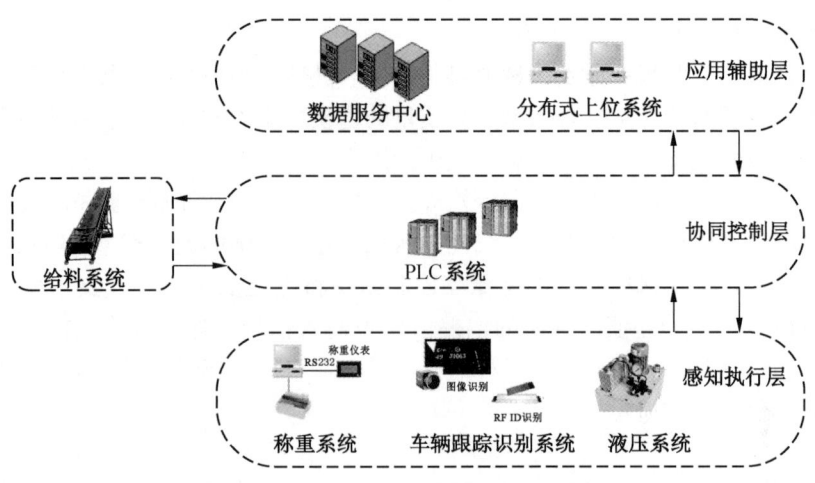

图 12-12 智能化装车系统的三个层次

（2）数据层。数据组织模型设计采用面向对象的设计思想，以"列车""车辆""机车""货物"等为基本元素，每个元素相关应用数据唯一存储，列车、车辆、货物信息与实际运行情况——对应，能够准确、及时地反映现实运输生产过程中的真实作业情况。

（3）应用层。铁路运输信息集成平台为业务应用提供信息服务方式，包括数据库级服务和应用级服务，直接读取铁路运输信息集成平台的共享数据库信息。

2. 多传感器信息融合技术

采用检测技术、多维激光雷达检测技术、机器视觉技术、射频识别技术等对装车相关的信息进行检测，包括车位、车速、车号、车型、物料形态等，将这些来自多传感器的信息和数据进行分析和综合，实现多传感器信息融合的装车信息动态跟踪测量，为完成智能无人化快速定量装车过程所需要的决策提供支持。多传感器系统框架图如图 12-13 所示。

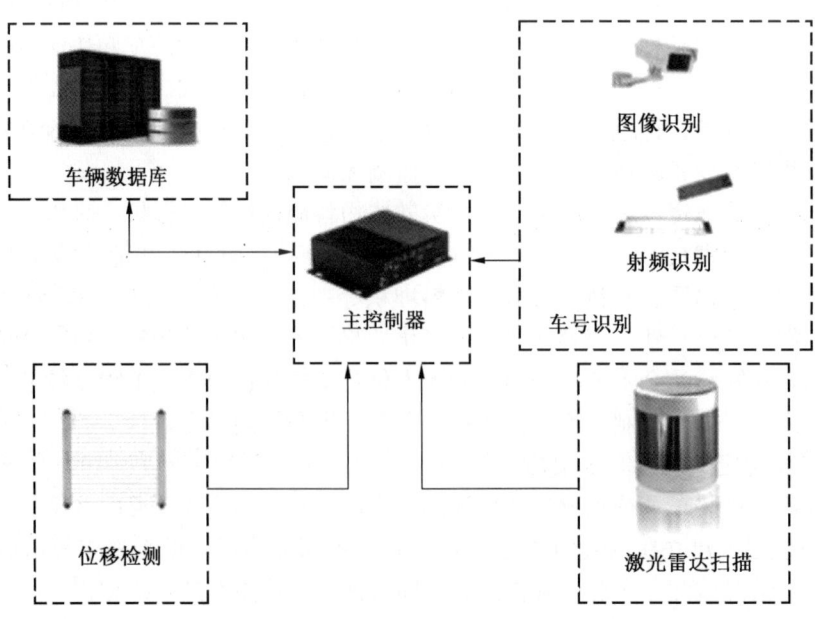

图 12-13 多传感器系统框架图

3. 基于机器学习的装车参数智能调节技术

智能快速定量装车系统是一个多变量、非线性的复杂控制系统,采用传统方法难以建立适合的控制模型。通过机器学习,对已完成的装车历史数据进行分析,不断调整完善溜槽落料方案,从而改进后续车厢装车物料分布的均匀性。

选用人工神经网络(图12-14)建立控制模型,输入人工神经网络的历史数据为车厢前进速度、车厢位置及尺寸、物料高度、落料量等,输出的是给后部车厢的实时落料指令,包含前端给料的快速配仓、慢速配仓和精确配仓的落料控制参数,溜槽的位置、高度、角度和开口大小等参数。随着已装车的车厢数量不断增加,输入到算法中的历史数据量也不断增加,经过不断地算法迭代和调节结果的多次反馈,最终实现对溜槽落料过程的精确控制。

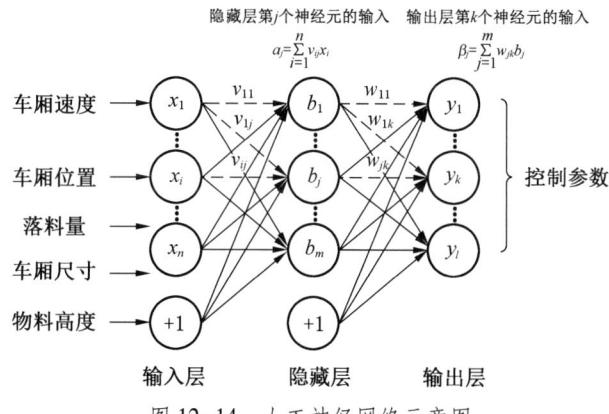

图12-14 人工神经网络示意图

4. 智能无人化装车

智能无人化装车系统是在原有半自动化装车系统基础上,融入最新的传感器检测设备和控制元件,包括车位判别、车型识别、车速测量、图像识别、变频+液压驱动高精度伺服控制等,对装车工程进行智能化无人控制,实现从输送带上料到往车厢卸料的智能化控制过程。智能装车的工艺流程框架如图12-15所示。智能装车系统配备车辆信息、物料信息以及装车设备信息的专家数据库,该专家数据库存储各类车厢的规格信息以及各种物料的物理特性信息,为自动化装车过程中的设备控制提供数据支持。装车前根据现场传感器采集到的信息,系统从数据库提取该车辆的基本信息(包括装车品种、车次、到站、总节数等)。装车时,系统首先进行自检,确认系统处于正常状态,而后,配套液压系统、除尘系统、喷洒系统等按工艺流程依次进入运行状态。接着,当车辆驶入装车区域时,系统基于车辆识别和检测系统,自动判断车辆到位状态和车辆位置,并开始自动装车。

整个智能无人化装车流程如下:①启动装车系统→②车辆识别系统获取车辆车号及标载信息→③根据车辆识别系统的信息和专家库提供的标载等信息,自动控制缓冲仓闸门向定量仓中放料→④对定量仓中的物料进行定重称量→⑤检测正在装车的车厢的动态位置和高度,装车溜槽自动控制至下方卸料位→⑥根据车厢位置自动控制定量仓闸门开启往车厢卸料至空仓后关闭→⑦卸料过程中自动控制溜槽位置实现煤料分布和平车作业,在本车卸料作业结束后抬起溜槽至安全位置→⑧保存当前车辆装车数据至数据库系统→⑨随着车厢移动,循环完成装车作业④-⑧步直至全部车厢完成装车作业→⑩完成智能无人化装车,

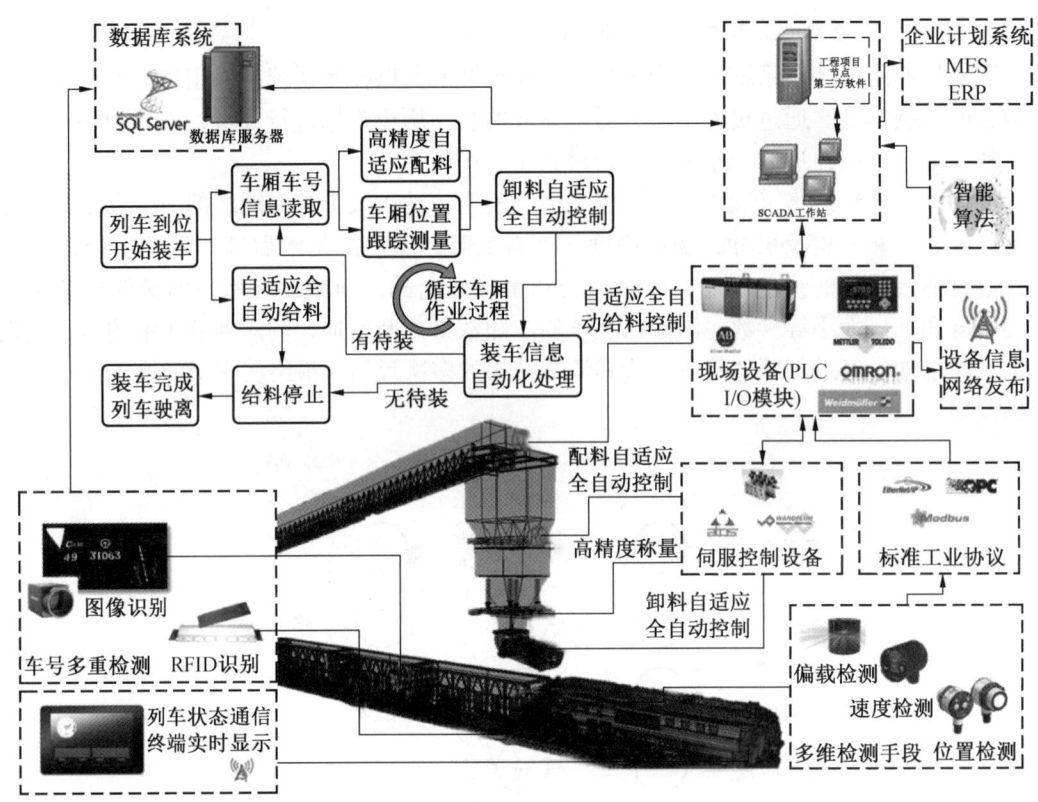

图 12-15　智能装车的工艺流程框架图

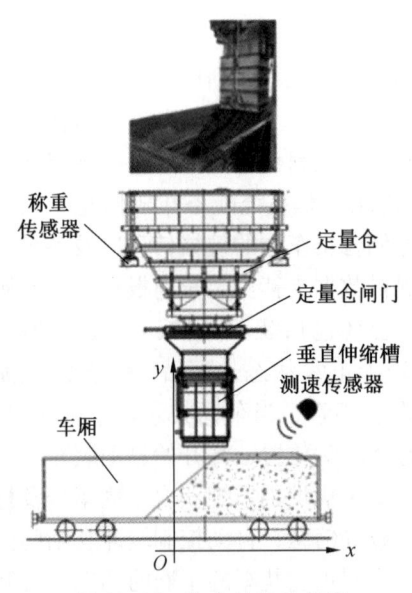

图 12-16　装车过程示意图

装车系统停止运行,并自动生成整列装车报表。装车过程示意图如图 12-16 所示。

智能无人化装车过程中,生产参数以及装车效果不断通过迭代实现数据的回归分析,最终达到控制系统参数的自适应过程。司机通过云平台技术等能及时获得车辆信息,指导司机控制车速和位置等辅助自动化装车的完成。此外,通过车辆信息识别检测系统得到车辆信息,包括车号、车型、载重、高度、长度、位置、速度等,通过该信息可控制溜槽下放至车厢上方合适位置,自动根据额定重量配料。智能装车系统实景图如图 12-17 所示。

5. 智能防冻液喷洒方案

智能防冻液喷洒系统包括制液系统和喷洒系统,可实现防冻液自动喷洒。喷洒装置为旋转升降式,不装车时平行于铁路,装车时垂直于铁路,置于车厢上方,可调节最佳高度后进行喷洒。系统可实现自动记录、打印、黏度自动检测和单车计量。系统自动调节喷洒高度,自动检测防冻液黏度,自动调节喷洒流量及速度,根据车辆运行状态自适应喷洒,将防冻液快速、均匀地喷洒到火车车厢内的 5 个内表面上,实现

智能铁路快速定量装车系统
装车能力 5400 t/h
年装车能力 1.2×10^7 t
缓冲仓仓容 300 t
称重范围 ≤100 t
计量方式 定量计量
装车精度 0.1%
适用车型 现有各类在用车型

智能集装箱快速定量装车系统
装车能力 6500 t/h
缓冲仓仓容 500 t
定量仓 2×60 t
称重范围 ≤100 t
计量方式 定量计量
装车精度 0.1%

图 12-17 智能装车系统实景图

无人操作智能化作业。防冻液智能喷洒装置如图 12-18 所示。

6. 智能列车整平压实方案

智能列车整平压实装置采用钢结构，主要包含初压滚筒和终压滚筒，可实现压实滚筒自动整平压实。压实装置置于车厢上方，调节最佳高度后进行整平压实。采用电动提升机对滚筒进行提升，设有安全自锁装置，保证滚筒在故障时不下落，实现了无人操作智能化作业。压实装置实物图如图 12-19 所示。

图 12-18 防冻液智能喷洒装置

图 12-19 压实装置实物图

7. 智能固化剂喷洒方案

煤炭装载完成后，为了避免出场后途中的风吹扬尘，通过固化剂喷洒系统在煤炭上喷洒固化剂，形成表面固化处理。智能固化剂喷洒系统包括制液系统和喷洒系统，能够实现全自动升降和喷洒，设有防撞、断电自动提升和安全定位保护装置，配有车位识别检测机

图 12-20 固化剂喷洒

构,保证机车安全通行。喷洒装置设有两车钩间防漏液装置,防止漏液污染车钩和车皮外侧。系统不受温度的影响,抗冻融、抗风蚀,实现了无人操作智能化作业。固化剂喷洒实景图如图 12-20 所示。

12.2.5 抑尘方案

煤炭散料在输运过程中呈现出散体特征,其物理性质介于固体和液体之间,从单个颗粒的角度来说,它是固体,而多个颗粒形成的集合体又显现出流体的性态,具有流动性,能在一定范围内保持其形状。基于煤炭散料的上述特点,采用离散单元法(DEM)对其进行流动性分析,研究煤炭物料在运输过程以及转载过程中的产尘机理和粉尘逸散规律,提出基于诱导气流分析的产尘机理分析方法以及综合抑尘技术,降低物料下落时的产尘量,满足集运站绿色环保的建设需求。

自动旋转喷洒降尘系统具有射程远、喷水强度大、控制简单、快速降尘抑尘等特点,因而广泛应用于高大空间的降尘。自动旋转喷洒降尘系统由给水管道、自动旋转喷枪、电磁阀、过滤器、闸阀以及传感器等组成,如图 12-21 所示。喷枪和传感器的位置根据 DEM 的仿真结果进行布置,系统根据检测到的粉尘浓度进行自动喷雾降尘。生产过程中,当有降尘需要时,打开系统控制器,控制打开喷枪前的电磁阀,水流通过给水管道进入自动旋转喷枪喷出,撞击喷枪出口处的碎水器,形成大量雾化水滴喷出,与场棚内空气中的悬浮颗粒物接触、凝聚、重力下沉,从而实现降尘效果;同时喷洒液体可以增加堆场表面物料的湿度,达到抑制物料扬尘的目的。自动旋转喷洒降尘应用实景如图 12-22 所示。

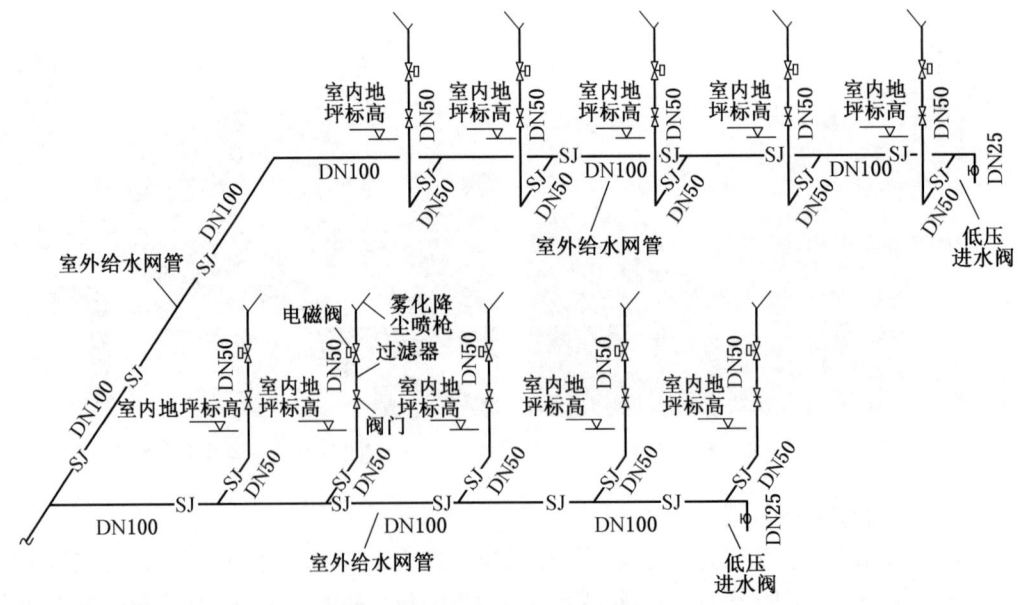

图 12-21 储煤场棚自动旋转喷洒降尘系统

图 12-22　自动旋转喷洒降尘应用实景

12.2.6　智能协同控制方案

煤炭外运智能化的目的是实现煤炭在储运装过程中无人操作、智能化运行。煤炭储运装控制系统主要包括受煤、储煤、运煤、装车等四个关键系统,各系统的自动控制过程需通过细化分析建立模型,并逐步实现集成运行。在集运站大规模设备协同应用中,一次设备协同过程需要大范围内的众多设备共同完成,对设备协同过程的安全性、可靠性及通信的效率要求高,具有设备数量多、种类复杂、协同规模大、时延敏感、同步要求高等特点,主要研究如何支持设备协同的大规模性、控制的快捷性和协同的安全性,包括建立设备协同系统体系结构;建立设备模型,实现大量异构设备的抽象与接入;通过设备协同流程建模语言实现协同流程建模,并支持设备协同的智能化;在设备协同系统中,使用不同的任务调度策略对设备资源、计算资源、存储资源进行分配,实现多任务并行执行,确保系统高效执行。设备协同系统模型如图 12-23 所示。

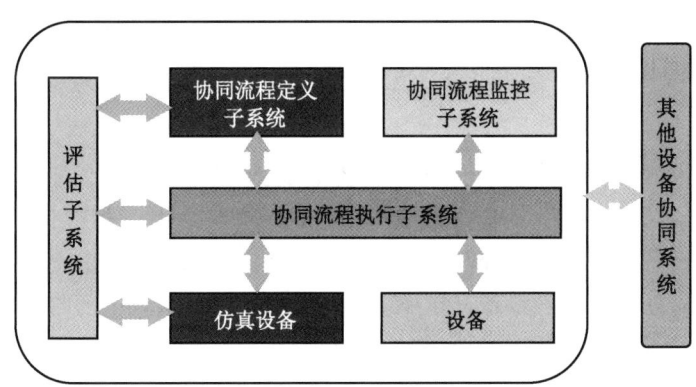

图 12-23　设备协同系统模型

12.2.7　设备远程运维方案

将"互联网+"引入储运装设备管理中,以储运装机电设备为核心,利用智能传感器、工业互联网、云计算、人工智能等技术对机电设备进行全运行周期的状态监测，并进行数据管理和分析，为用户提供设备故障预测、故障诊断与分析、设备劣化趋势、健康状态评估、运行状态监测、远程专家系统、智能巡检、设备管理等一系列设备安全与可靠性管理服务，有效提高设备运行的安全性、经济性及可靠性。

系统基于云平台架构，架构图如图12-24所示，利用宽带或者4G或者5G网络将PLC的设备信息发送至储运装设备云中，储运装设备应用服务也部署在云平台上，系统从储运装设备云中调取信息，形成所需要的逻辑应用服务，供接入互联网的移动互联设备使用。

图12-24　云平台架构

系统采用先进的云技术手段，使储运装设备管理高效、准确，实现"五化"管理，即"位置精确化、过程透明化、信息准确化、管理精细化、行为标准化"，降低现场设备管理成本，减少设备安全隐患，提高企业设备管理效能。通过部署在云服务器上的软件服务，系统能够接入任何互联网设备（电脑、手机或PAD），实现了随时随地查询设备的基本参数、实时运行数据、运行报警信息，以及进行工单任务的管理与监视等功能。设备云服务用户界面如图12-25、图12-26所示。

12.2.8　基于物联网的煤炭物流信息管理方案

面对日趋激烈的煤炭竞争环境，煤炭企业亟须利用信息技术进一步提升煤炭物流管理水平。从生产、调运、仓储再到销售服务，各业务环节和流程环环相扣、相辅相成而又相互制约。在物流管理中，必须实时、精确地了解和掌握整个调运环节中的物流、信息流和

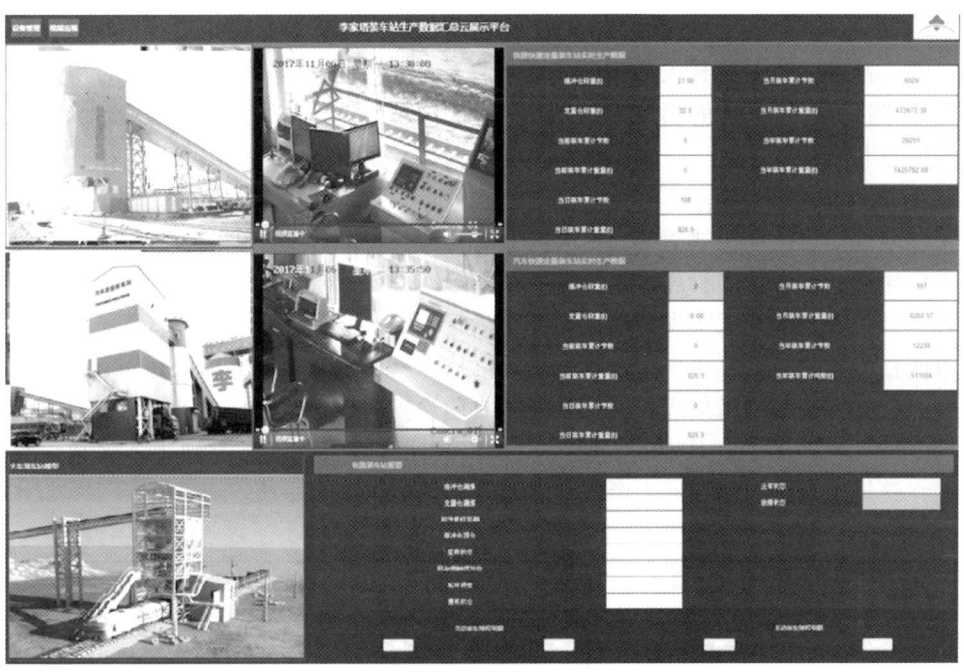

图 12-25 设备云服务用户界面-生产信息

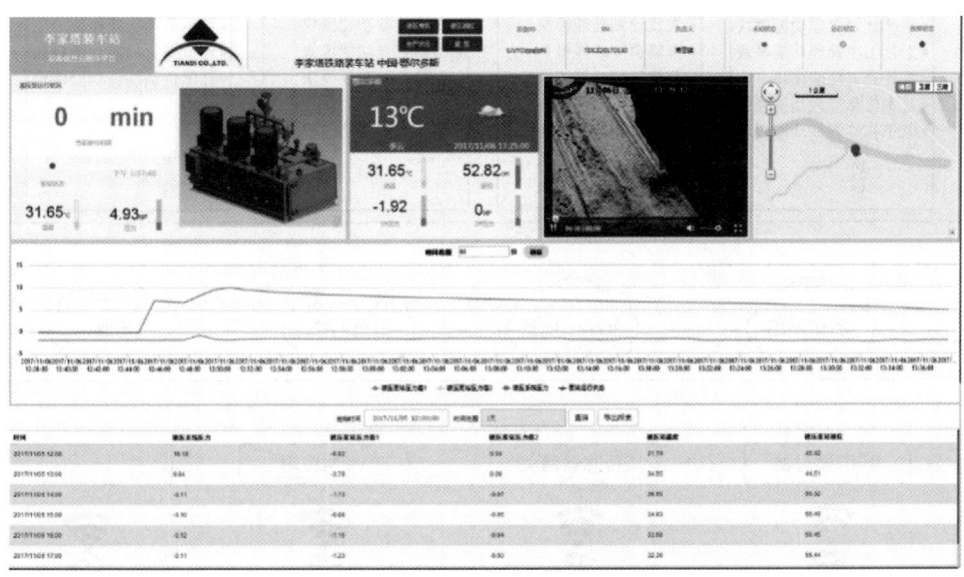

图 12-26 设备云服务用户界面-设备参数

资金流的动向。

物联网技术提供了快速和准确的数据采集和输入的有效手段,能充分克服目前纵向一体化煤炭物流管理中存在的问题,从而建立敏捷而高效的管理体系。基于物联网技术的纵向一体化煤炭物流管理旨在为各相关企业提供产、运、销各个环节的信息分享和信息互动,实现煤炭物流的高度协同管理。基于物联网技术实现管控过程中各种信息的共享,涉及产、运、销各个节点的相关数据感知与收集,这些数据均来自于各节点的物联网子系统,进一步将这些子系统的相关数据纳入统一的网络中进行监测、控制与管理,从而实现全面的信息共享。

1. 系统框架

系统通过信息交互与通信实现更为高效的管理与资源分配:生产管理子系统实现煤炭产能单位生产和安全集中管理;销售管理子系统实现订单管理、采购管理以及运输等业务信息化;调运管理子系统实现调运计划、车辆管理以及路径规划;库存管理子系统实现煤炭物料库存监管。将以上4个子系统利用通信技术、信息处理技术集成到一起,形成物理上融合、功能多样、网络集成、数据共享和协调管控的纵向一体化煤炭物流管理平台。系统框架如图12-27所示,其中煤炭销售企业往往拥有完善的库存管理子系统和销售管理子系统,这里重点阐述储煤场生产管理子系统和调运管理子系统。

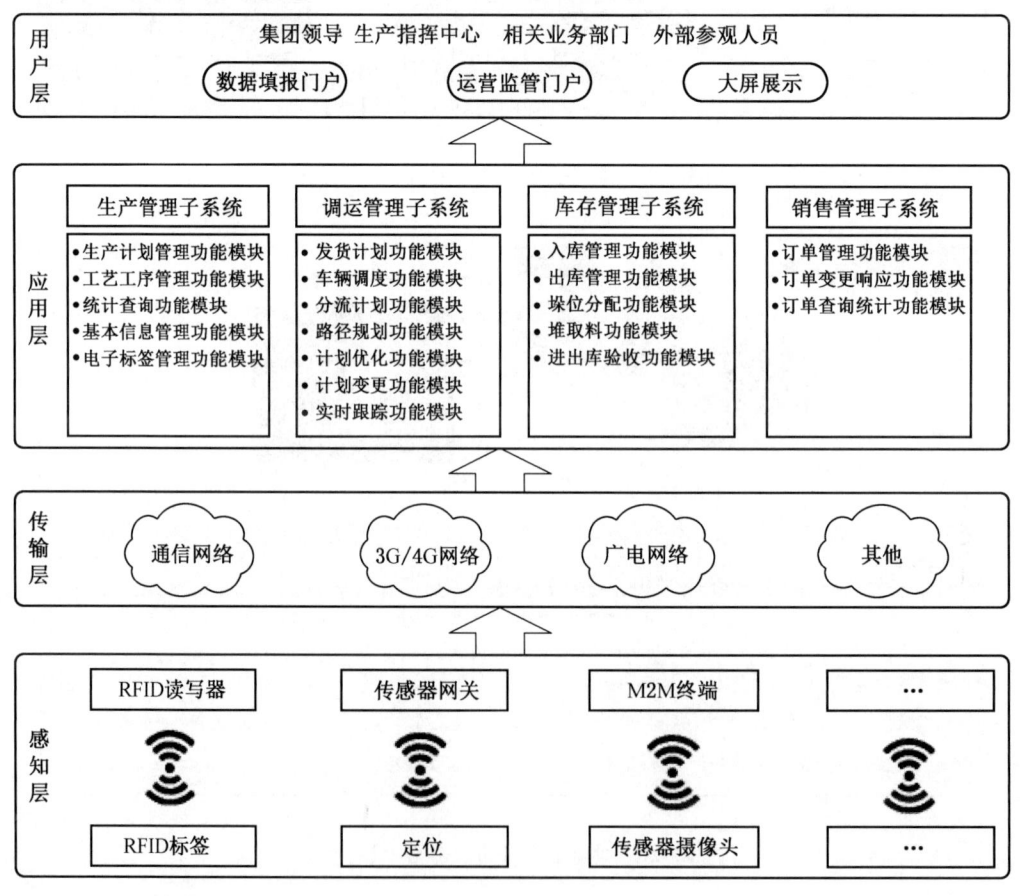

图12-27 系统框架

2. 系统设计

利用物联网技术实现管控过程的信息共享,其基本思路是首先给待识别物品附加电子标签,之后在物品储存或经过的关键节点安装相应的标签读写器。当附着有电子标签的待识别物品出现在读写器的读写范围内时,读写器自动以非接触的方式读取电子标签的约定识别信息,从而实现自动识别物品或自动识别物品标识信息的功能。因此,读写器就可以实现对待识别物品存储或经过的多个关键地点的实时跟踪,而且,此过程是自动的,无须人工参与。利用物联网技术实现管控过程的信息共享,保证了数据采集的实时性和准确性。此外,还需要有强大的计算机网络系统支撑,以实现对所识别的数据进行处理,并实现信息共享。

1) 生产管理子系统

煤炭的生产运输活动是企业生命的基础,贯穿于纵向一体化产业链的全过程。对于煤炭生产运输的管理主要包括生产计划管理和来煤储存状态监控两个核心方面。

(1) 生产作业计划管理。生产作业计划管理就是管理煤炭外运生产日程计划、调整生产作业进程和密度等。生产作业计划管理的核心功能是编制生产作业计划,即根据销售端提供的客户订单需求信息,在订单要求完成期内,规定出生产的煤种和数量。根据生产计划制定的情况,计划和安排人力、设备、资源、工艺流程以及生产进度等。

(2) 生产状态监控管理。在实际的生产过程当中,管理者要明确生产进度、协调各个子系统间的生产作业计划,保证整体运行平稳有序,实现效益最大化,就必须实时掌握储运装各环节的生产状况,有效地监督生产的全过程。

(3) 生产信息管理。信息是生产作业计划管理和生产监控管理的支撑点,信息的采集、处理和传输是生产信息管理的核心内容,不能及时获取实时作业信息,生产计划管理和生产监控管理无从谈起。生产信息管理事实上是对物料在生产过程中流动产生的信息管理的过程,实际生产中物料的流动,物料的数量、规格和种类的变化以及物料所处的工序位置和消耗都是按照实际生产计划来进行的。

2) 调运管理子系统

煤炭调运管理是煤炭物流顺畅运行的纽带与桥梁,实现了煤炭资源地理上的转移。它的任务是利用自有和国有铁路网络,并根据掌握的上下游动态信息,完成从矿区装车到将货物交到用户手中的整个物流过程。调运管理子系统实现的具体目标如下:

(1) 实现纵向一体化煤炭运输作业流程标准化和统一化。

(2) 提高车辆运输的效率。

(3) 实现车辆合理调度,协调车辆运输作业。

(4) 实现车进、销、存全程跟踪和车辆实时监控。

调运管理子系统功能规划如下:

(1) 调运计划管理。在调运环节,通过更新车载标签的信息,使管理员可以通过电脑实施精确的调度优化控制,大大加快资源配置速度,提高分流过程的效率与准确率,并能减少人工和降低成本。根据各个客户的需求订单要求以及上游煤炭生产单位提报的资源信息情况,制定系统、统一的发货计划、配车计划、装车计划以及分流计划。

(2) 调运监督指挥。充分利用为每一辆运输车辆制定合理、高效以及运输成本小的路线,及时掌握监控车辆、货物等信息情况。在出现突发情况和运输计划有变时及时对车辆进行调度,给车辆正确的指示和引导。调度监控系统将物联网技术应用于信息化监管,使车辆和货物能在关键环节被有效地管理和控制。

（3）应用管理部分。基于物联网技术的调运管理子系统根据信息收集层和物联网信息传输网络传输来的信息进行处理，统筹制定最优的发货计划、配车计划、装车计划以及分流计划等，并对在途车辆进行实时跟踪、实时调度和路径规划。

调运管理子系统关键功能模块如下：

（1）发货计划功能模块。该模块主要功能是制定和实施调运发货计划。根据各个客户要求到货时间表、自身运力情况、经济的周期性因素以及路况信息等客观原因，在确保货物能准确按时送到的原则下制定发货计划。

（2）车辆调度功能模块。该模块主要对运输车辆进行调度，充分发挥物联网信息共享和资源互换的原则。统筹协调配置车辆的运输任务，避免出现车辆闲置和某项任务运力不足等情况。

（3）分流计划功能模块。该模块为企业管理者和具体工作人员提供分流信息的查询功能。查询功能包括每个车辆运输的起止点、途径关键分流节点、每辆车所承担的货物品种和数量以及车辆行走路线等具体信息。

（4）路径规划功能模块。该模块为每一辆运输车辆制定合理、高效和运输成本小的路线。

（5）计划优化功能模块。发货计划的制定往往只是从一部分客观因素出发，结合企业自身的运力情况和经济的周期性因素，只要求做到运输配送准确按时到达即可。但是在企业实际进行运输时，往往会考虑使用最小的成本完成运输配送任务。计划优化功能模块基于物联网的信息共享和资源共享，如果在同一地区的企业对同运输目的地区有运输计划，可以将不同企业的运输计划进行整合，采用中间站编组成大列等形式进行统一运输，从而提高运输效率，对于某一企业对不同运输目的地区有运输计划，可以采用大列装车随后拆分分流等形式减少运输次数，降低企业的平均运输成本。

（6）计划变更功能模块。该模块就是在管理层人员对调运计划做出变更后，及时向不同的管理子系统和车辆发出通知，原计划与相关信息都会得到更新。

（7）实时跟踪功能模块。该模块提供两个查询功能，一是面向企业管理者和一线工作人员提供在途运输车辆信息和货物信息的跟踪查询，为在途运输车辆提供当前路况和天气信息查询。如果运输车辆在途发生事故和意外，该功能模块也将提供最及时的抢救方法，联系最近的施救单位；二是为客户提供运输的查询功能，该功能是企业为客户开发的查询系统，架设在物联网网络服务器，客户只需登录物联网服务器便可随时跟踪自己的订单车辆，查询运输的完成情况与完成进度。

3）物流交易综合服务平台

将互联网化和产业金融一体化作为新时期发展的目标，发挥行业、资源、业务优势，利用互联网和电子商务技术，打造煤炭行业的物流交易综合服务平台，整合煤炭运销的各个环节，服务于煤炭生产、销售企业。综合服务系统汇聚了煤炭行业内生产和销售企业，是一个面向煤炭行业的第三方电子商务平台，利用先进的互联网和物联网技术，结合传统贸易方式，实现煤炭供应链物流全程控制和服务。智能物流交易综合服务平台如图12-28所示。

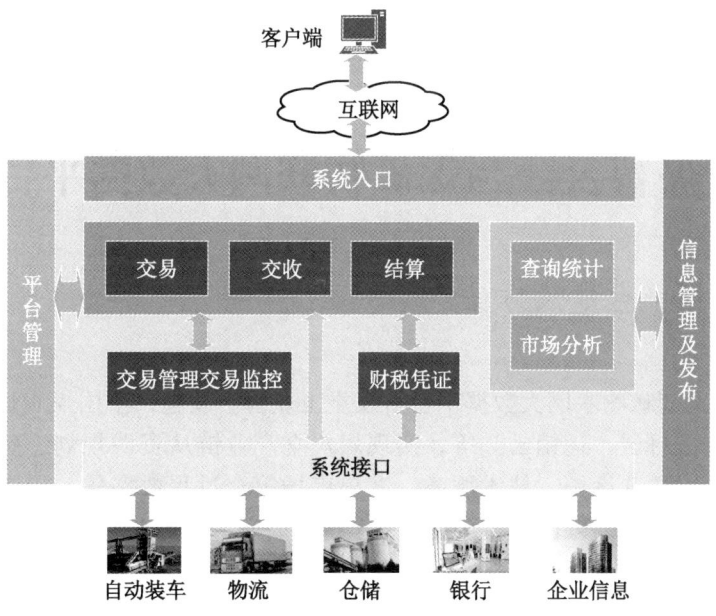

图 12-28 智能物流交易综合服务平台图

13 "煤智云"与煤矿物联网大数据平台建设

13.1 大数据平台建设方案

13.1.1 平台定位

"煤智云"与煤矿物联网大数据平台由煤炭工业协会发起,中国煤炭科工承建,协同融合"安监云、安标云、运销云"等,实现煤炭全产业链从资源规划、矿井设计、装备制造、安全生产、洗选运销、技术服务、客户市场等全过程数字化,围绕数据采集、传输、存储、建模、分析、可视化等全过程、全生命周期、全要素的数据价值利用,为国家及行业提供全面的技术赋能服务,支撑煤炭工业数字化转型。

"煤智云"与煤矿物联网大数据平台将政府、协会、高校、企业、个人进行有效的协同,形成"产、学、研、用"一体化的煤炭行业演进生态,促进煤炭行业数字化转型发展。

13.1.2 建设原则

1. 统筹规划、集约建设

加强行业各组织、企业、机构部门业务和数据统筹,通过统一规划、整体推进,确保大数据平台统一的一体化大数据中心的建设效率和使用效果,实现云基础设施的绿色集约建设与专业运营,有效减少重复投资,降低建设和运维成本。

2. 消除孤岛、数据融合

打通煤炭产业信息壁垒,推进信息资源整合,促进数据融合和信息资源共享,加快大数据发展与专业应用,实现煤炭行业云数据资源、计算资源及应用的互查、互访、浏览等,实现计算与存储资源的充分利用、数据资源的最大化流通。

3. 需求先行、分步实施

立足现有信息化工作基础,推动信息技术与煤炭行业业务的融合,促进信息化技术在煤炭行业工作的各个业务领域应用。依照煤炭行业业务数据管理共享需求、煤质云数据服务共享需求、煤炭行业现场数据采集需求,以需求为导向、分布推进、逐步实现共享和服务,最终建设成数据融合、应用丰富的煤炭行业云共享服务、大数据服务与协同工作平台。

4. 标准约束、科学规范

坚持技术发展与信息安全并重,加强信息安全战略筹划,建立健全网络安全标准体系,落实网络安全责任制。加大依法管理网络和保护数据安全的力度,加强要害信息系统和关键信息基础设施保护,积极防御、综合防范,确保网络和信息安全可控。加强网络安全意识,按照"谁主管谁负责,谁运行谁负责"的原则,提升技术能力、强化数据保护,形成与社会发展水平相协调的安全保障体系。

13.1.3 系统架构

1. 建设思路

总体设计采用工业互联网架构设计思路，将云计算、大数据、物联网、人工智能等新一代信息技术与煤炭行业业务深度融合，实现煤炭产业链资源统一汇聚、互联互通，构建以数据驱动、知识驱动为核心的煤炭产业互联网生态体系，深度挖掘煤炭生产、安全、管理、运销等全过程数据资源价值，开展大数据知识服务，提供创新性、数字化、智能化的工作平台，提升煤炭产业链数字生态融合创新能力，促进煤炭行业转型发展。

围绕煤矿智能化建设和煤炭产业链上下游资源优化配置需求，建设"煤智云"与煤矿物联网大数据平台行业基础设施建设工程，引领煤炭产业资源云化、服务化，实现全链数字化。

2. 建设内容

总体架构包括6个部分：基础设施层、平台支撑层、智能应用层、统一运营体系、统一安全管理和多端应用集成门户，6部分建设内容互为支撑，形成面向煤炭行业的"煤智云"与煤矿物联网大数据平台计算中心，内容架构如图13-1所示。

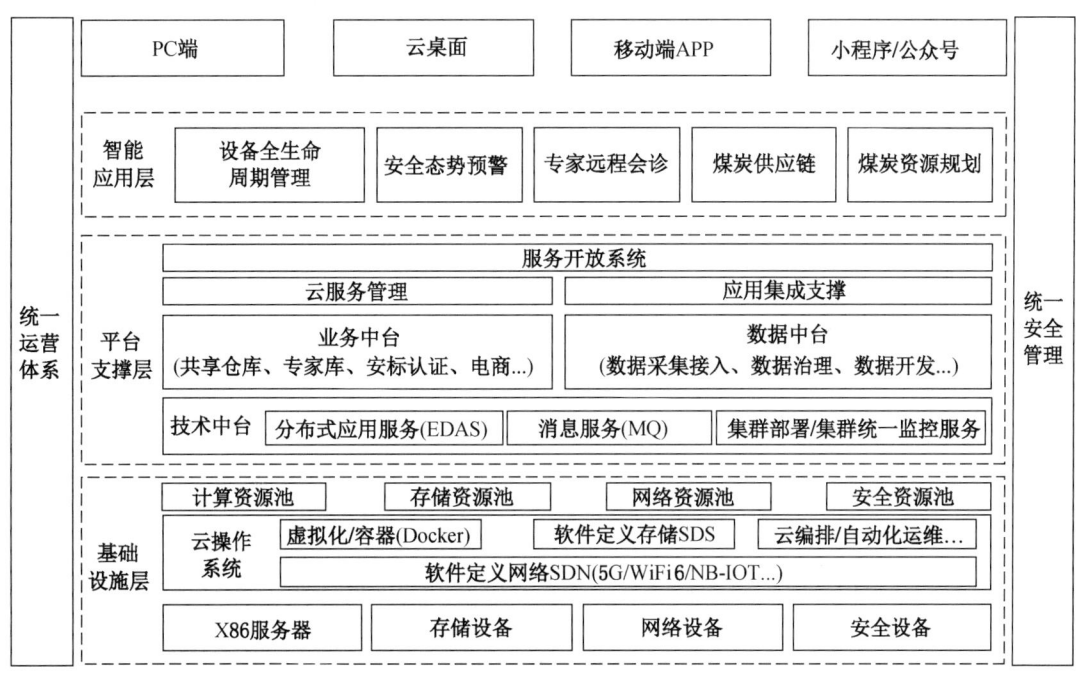

图13-1 "煤智云"与煤矿物联网大数据平台建设方案总体架构

1）基础设施层

构建云操作系统，统一整合硬件资源，实现计算、存储、网络等资源的统一管理，通过综合运用虚拟化、分布式存储、容器等技术，将底层硬件资源进行资源池化，构建计算资源池、存储资源池和网络资源池，保障大数据平台基础设施资源具备动态扩展和弹性伸缩能力，实现基础设施层与平台支撑层云服务管理对接。

2）平台支撑层

平台支撑层由业务中台、数据中台、技术中台和服务管理、大数据管理层、应用集成支撑构成，并构建服务开放系统，通过平台支撑层建设，实现煤炭行业的数据统一汇聚分发、治理、共享交换、分析和服务，对下实现对大数据平台基础设施的运维管理，对上实现对各类智能应用的支撑。

（1）业务中台提供面向煤炭行业全产业链、煤矿智能化建设相关业务能力，整合供应链上下游企业资源，如煤机备件前置仓库、电商、专家库、标准库、安标认证等一系列资源库，提供面向行业产业链全过程服务。

（2）数据中台提供数据接入、存储、检索、分析、展示等数据处理工具和组件；将大数据平台处理后的数据进行集成、开发、治理、计算、服务和可视化。

（3）技术中台提供支撑平台服务能力的基础平台和中间件，如分布式应用服务（EDAS）、消息服务（MQ）、集群部署与统一监控服务等。

（4）云服务管理系统通过与基础设施的适配，构建可垂直扩展和水平扩展的弹性运行环境，实现基础设施的运维管理，并对其他业务支撑平台和系统提供计算、存储和网络资源服务，对大数据管理系统提供计算服务、存储服务和中间件服务。

（5）应用集成支撑系统以数据共享开放为核心，面向应用提供快速构建的通用业务支撑服务统一用户、统一认证、统一权限、统一消息、统一审计和数据共享交换。数据共享交换实现数据采集、汇聚至大数据中心，同时支持脱密可共享数据与大数据平台的互联互通。

3）智能应用层

通过开展调研，将目前煤炭行业全产业链、煤矿安全生产全过程业务数字化需求全面梳理，构建覆盖全链条、全过程、全生命周期的智能应用，包括不限于设备全生命周期管理、煤矿安全生产大数据服务、安全态势预警、专家远程会诊、供应链协同、煤炭资源规划等业务应用，通过大数据平台基础设施建设和平台支撑层建设，满足智能应用层各类服务的部署运营。

4）多端应用集成门户

构建多端应用基础门户，满足PC端、云桌面、移动APP、小程序/公众号等信息集成与应用服务，实现用户快速浏览。整合应用、集合信息、聚集数据，打破信息屏障和孤岛，实现数据资源展示、服务资源展示、数据标准展示和平台管理等对外综合服务能力。

5）建设统一的运营体系

构建统一运营运维体系，按照"一切资源化、资源目录化"的原则，实现所有基础设施资源、各类软件资源、数据资源、应用资源、服务资源等的统一运营运维管理。

6）建设统一的安全管理体系

构建大数据平台"安全可信、可管可控、智能运营"的统一安全管理体系，提供安全的通信网络、区域边界、计算环境及管理中心，为大数据平台信息系统安全保驾护航。

3. 业务架构

"煤智云"与煤矿物联网大数据平台主要业务是通过构建行业云基础设施，搭建煤炭工业互联网平台和煤炭工业大数据中心，汇聚煤炭行业全产业链数据资源，通过感知、互联、分析、自学习、预测、决策、控制技术集成，提供面向行业上下游企业、政府、协会等综合数据服务，从而促进煤炭产业数字化能力提升，如图13-2所示。

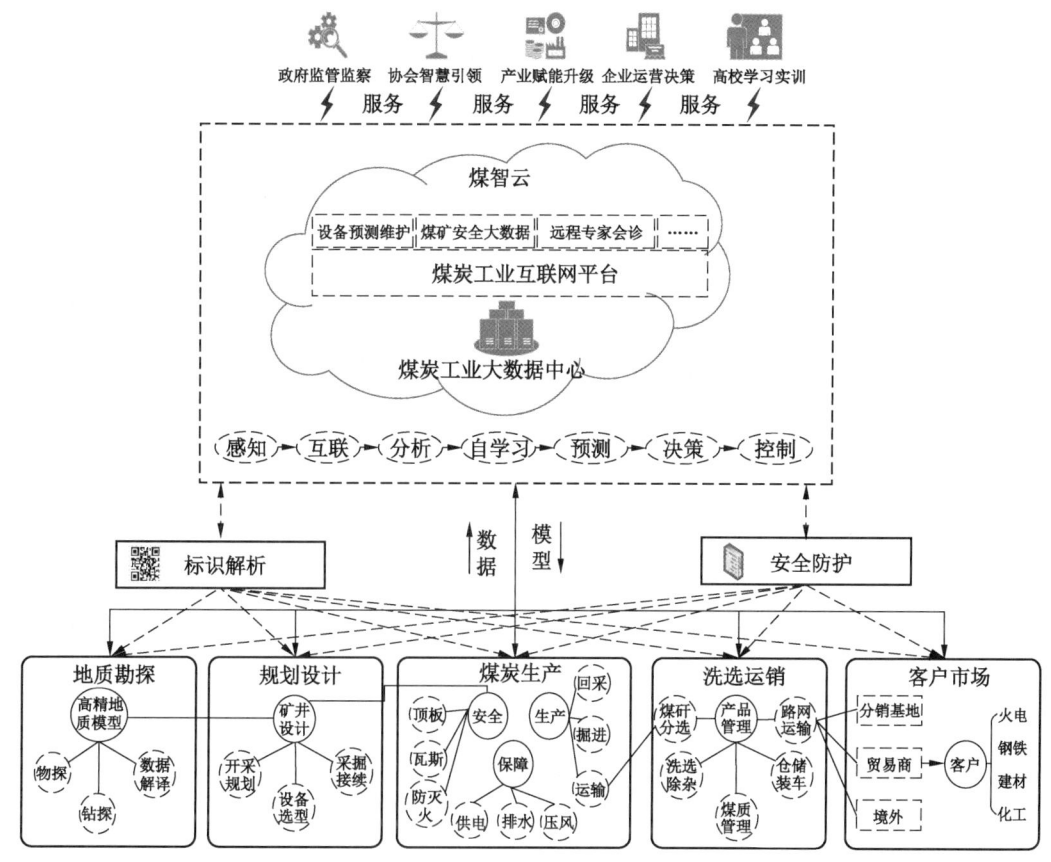

图 13-2 业务架构

4. 数据架构

根据总体架构及业务架构要求,设计"煤智云"与煤矿物联网大数据平台数据架构,数据架构是以煤炭行业发展愿景、使命、战略定位为中心,通过建立行业数据标准体系,梳理行业产业数据模型,以贯穿数据全生命周期的数据治理体系为框架,基于虚拟化、软件定义存储、软件定义网络和云编排等云底座技术,打通从煤矿数据来源、数据采集到数据湖引擎能力构建通道,形成煤炭产业数据仓库、数据计算和数据开发等全数据链路运行环境,构建基于数据湖、数据仓库的融合架构生态,实现煤矿数据在不同企业,不同环节系统、设备之间自由流动,激发创新应用,并实现对数据进行资产化管理,对外提供数据交换、共享、挖掘、分析服务,不断产生新的价值,如图 13-3 所示。

13.2 实施方案

13.2.1 建设规模

"煤智云"与煤矿物联网大数据平台建设,面向全国 3000 个主要大型煤矿和其他中小型煤矿,保障其业务上云所需的计算、存储、网络的资源要求。同时,又需要支持多云互联互通的开放和共享原则,又能够确保所有的煤矿企业信息化安全需求能够达到等保三级的安全等级要求,按需开展"三地+一中心+N 验证场"的数据中心建设。

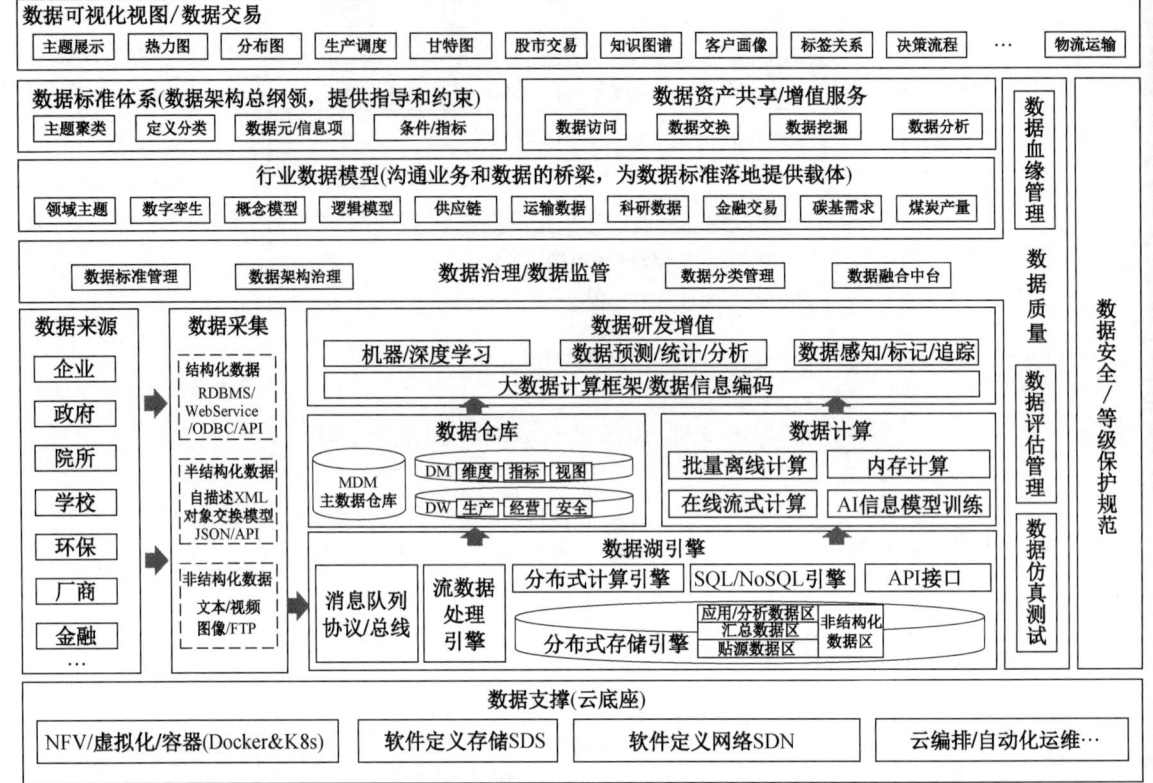

图 13-3 "煤智云"与煤矿物联网大数据平台数据架构

13.2.2 实施规划

1. IDC 规划

面向全国 3000 个主要大型煤矿和其他中小型煤矿，保障其业务上云的所需的计算、存储、网络的资源要求，支持多云互联互通的开放和共享原则，建设地址选择按照"三地+一中心+N 验证场"的模式进行地址选择。

"三地"指银川、常州和北京，"一中心"指北京集团总部作为大数据平台综合管控一体化总指挥调度决策中心，"N 验证场"指王坡煤矿、太原研究院、常州研究院、沈阳研究院等验证场所。

2. 云平台规划

1) 国产化"自主可控"的云平台系统

国家信息基础设施的安全问题日益突出，各种国际安全事件频发，越发体现出"自主可控"的重要性。国家专门成立网信办主抓信息安全管理工作。多个国家机构明确发文表示推动信息系统的国产化进程，并提出明确的指标。采用国内厂商自主研发、安全可控的信息技术产品，已经成为政府 IT 发展的明确趋势。同时在"自主可控"的大背景下，开源项目也越来越多地成为企业用户的选择。但是某些开源项目来源于外国政府机构发起的项目，由国外开发组织所主导，由国外大型企业投资的基金会赞助，虽然开源但仍旧存在不自主、不可控、不安全的隐患，所以在系统选型的过程中应予以考虑，并慎重选择。

系统选型过程中将坚持在安全可靠的基础上，尽可能地采用国产化的自主可控的系统。

2）全方位安全防护体系

互联网安全防护实践，从网络安全（如 DDoS/CC 攻击）、系统安全（如黑客入侵）、移动安全（如 App 安全）、业务安全（如业务欺诈）等层面，可为客户提供全方位的、业内最专业的互联网安全防护。同时与专有云的安全、稳定的个性化服务需求结合，在等保框架下，构建云平台更加强大、有效、动态的安全防护能力。

专有云提供了全方位的安全能力，保证访问和数据安全。所有控制台均需要通过 HTTPS 证书的方式访问。专有云提供完善的角色授权机制，保证在多租户模式下资源访问的安全可控。支持不同的安全角色，包括安全管理员、系统管理员、安全审计员。

另外，云产品本身既有前台服务，又有后台系统，所以专有云安全架构分为两层：平台层和用户层。

平台层安全架构包含底层平台和云产品安全架构，强调对系统的控制力；用户层安全架构强调用户层面的安全策略。

3）国内外全方位的云平台权威认证

（1）国内监管认证类。通过中央网信办云计算服务网络安全审查，通过公安部云计算等级保护新标准试点测评，通过工信部云计算服务能力评估试点。

（2）产品和服务认证类。获得可信云服务（云主机、对象存储、云数据库、内容分发、全局负载均衡）认证，获得云计算安全综合防御产品（云盾）销售许可证，通过大数据系统通用规范最高等级评测，获得 CNAS 云产品（数加）国家实验室认证。

（3）国际认证类。获得 CSA STAR 全球金牌认证，获得新版 ISO/IEC22301 国际认证，ISO27001 信息安全管理体系认证，新版 ISO/IEC20000-1：2011 认证，金融行业要求的 PCI-DSS 安全认证，通过新加坡政府要求的 MTCS 最高安全评级 T3 认证，通过美国注册会计师协会（AICPA）SOC2 审计。

4）一体化、可扩展的技术体系架构

基于底层系统的统一框架，提供从云计算服务、大数据存储及计算引擎服务、大规模交易中间件服务到机器学习算法平台，从互联网上的公共云服务到客户隔离环境下的专有云服务，各产品组件无缝组合，为客户提供一体化、高集成的技术架构。基于一体化架构可为面向未来的业务创新和持续增长提供灵活的扩展。

5）统一的云管理系统

统一的运维管理系统，包含云服务控制台和运维监控控制台。可以通过控制台来进行账号管理、分配云服务资源、处理告警、升级系统、审计管理等操作。

专有云平台由云操作系统、云管理平台、虚拟计算、虚拟存储、虚拟网络、分布式数据库、分布式中间件及安全服务等各个模块组成。云操作系统是云数据中心的基础，各云产品构筑在云操作系统之上，既可以灵活组合，又可以整体进行深度融合。统一化的运维管理系统实现统一账号、统一权限、统一运维、统一运营。

6）引领业界实践的大数据、人工智能服务能力

基于大数据技术和产品积累，包括离线计算、实时计算、流计算等多种大数据基础产

品、敏捷报表、画像分析、公众趋势分析等大数据工具，通过成熟、全系列、高度集成的大数据产品，为客户提供卓越的大数据服务能力。

7）自主可控的研发能力，可快速定制化开发

专有云面对用户复杂的业务系统、技术路线多样、第三方软硬件产品的支撑需求以及运维监控定制化的要求。凭借云完全自主研发的优势，以及互联网产品快速更新迭代机制与管理平台的高扩展能力，可通过制定二次定制开发计划，根据用户的实际需求，不断地完善、升级。基于云平台的自研和互联网的快速研发能力，提供不断完善的云管功能定制开发服务。

大规模分布式计算内核优势，为上层的服务提供存储、计算和调度等方面的底层支持，其中包括：远程过程调用、安全管理、资源管理、分布式文件系统、任务调度和协调服务。

8）优秀的业务连续性支撑能力

云上产品包括云主机、云存储、负载均衡、安全产品等，通过软件定义的方式实现，默认采用高可用、多付本的设计方式。同时依托平台本身，并结合用户实际情况，可对多机房、备份、异地容灾等进行设计，以达到云平台整体高可用性与数据高可靠性要求。

9）广泛的开放性和生态共创能力

完备的运维管理系统，提供全面的云产品管理及监控的 OpenAPI，所有的云平台产品的 API 接口、示例代码等均对外开放，方便用户、第三方开发公司查询使用。同时云平台厂商提供完善的原厂课程体系、知识体系、认证体系，有助于帮助广泛的第三方开发公司提升能力，建立快速敏捷的云上开发运维模式，拓展业务增长。

开放的 OpenAPI 平台提供丰富的 SDK 包和 RESTful API 接口。允许用户可以使用开放接口来灵活访问专有云提供的各种云服务。另外对于运维管理，通过 OpenAPI 还能获取云平台的基础管控信息，可以实现自定义管控系统的研发。

10）ASO 自动化部署与智能化运维能力

ASO（统一部署、运维管理平台）提供了云服务产品的自动化部署、智能化运维、统一化验证、授权和管控能力，为云服务提供基础性的支撑。

3. 数据中台规划

1）离线计算需求

离线计算引擎支持提供 TB/PB 级别数据、实时性要求不高的批量处理能力，主要应用于互联网日志分析、机器学习数据和算力的支持、智能数据仓库、数据挖掘分析、商业智能等领域。离线计算引擎为用户提供一种便捷的分析处理海量数据的手段。用户可以不必关心分布式计算细节，从而达到分析大数据的目的。离线计算引擎需支持以下功能。

（1）数据导入通道。离线计算引擎支持将各种异构数据源通过通道服务导入离线计算引擎或从离线计算引擎导出，提供高吞吐、持续稳定的服务，同时支持多种不同方案通过 Restful API 接口，提供 Java SDK，可以方便用户编程。

数据通道需具备以下能力：数据进出离线计算引擎的通道，高并发上传下载，服务能力水平扩展，可支持每天 1P 吞吐量，分为批量及实时两种模式，实时模式支持 pub/sub（发布/订阅）模型，基于离线计算引擎的工具有 TT、CDP、Flume、Fluentd 等，支持对表的读写，写表是追加（Append）模式，并发以提高总体吞吐量，避免频繁提交，上传

数据时，目标分区必须存在实时上传模式。

（2）SQL 计算。离线计算引擎需支持标准 SQL 实现数据开发和治理。支持常规的 count、sum、avg、max、min 等以及个性化的统计分析函数。支持 join 表顺序自动选择、编码列 groupby 优化、count 优化、索引选择、数据延迟加载、数据预排序等优化策略。DML 支持分区动态过滤，有效减少数据量读取，提高计算效率。支持表与视图的创建、删除、重命名并支持生命周期管理，数据生命周期功能可以极大地减轻对过期数据的管理成本，减少无效的存储空间占用。支持用户使用 Python 和 Java 自定义函数完成标量函数、聚合函数、表函数与隐式转换。支持完善的内建函数体系，支持字符串函数、日期函数、数学函数、正则函数、窗口函数。

（3）MapReduce 计算。离线计算引擎需提供 MapReduce 编程接口。用户可以使用 MapReduce 提供的接口（Java API）编写 MapReduce 程序来处理离线计算引擎中的数据。

离线计算引擎支持灵活的 MapReduce 计算方法及灵活的 MapReduce 设置体系，能够进行 MapReduce 资源控制。支持扩展 MapReduce 增强计算过程，即可以支持 Map 后连接任意多个 Reduce 操作，比如 Map-Reduce-Reduce。支持 MapReduce 计算的多表输入和输出。

（4）Spark。离线计算引擎无缝运行使用 Spark 的增强方案，提供原生 Spark 的使用体验以及 Spark 原生的组件及 API；提供存取离线计算引擎数据源的能力；提供多租户场景更好的安全能力；提供管控平台，让 Spark 作业与离线计算引擎作业共享资源、存储、用户体系，保证高性能和低成本。

（5）UDF。当离线计算引擎内置函数无法满足需求时，需要支持快速开发 UDF 自定义函数。

（6）TB 级离线数据加速查询。离线计算引擎在离线数据不进行迁移的情况下，支持 TB 级数据的离线加速查询，支持查询资源、离线计算资源的配置、隔离和弹性伸缩。

（7）数据安全体系。离线计算引擎支持创建用户项目空间，项目空间之间资源隔离，支持跨项目空间访问；角色授权，可以自定义角色，把用户指定为相应角色。不同角色给予不同权限；支持多级租户管理机制，多层账号管理体制，子账号管理和数据细粒度授权提供精细的数据和操作权限管理；完善的沙箱机制可以限制 MapReduce 和 UDF 程序中对系统资源的访问，提高系统安全度。

（8）计算任务调度。离线计算引擎具备多种异构计算框架的混合调度能力，支持作业优先级设置功能，对作业任务资源分配优先级进行细粒度控制。支持 DAG 模式的作业处理方式，支持超大规模的离线计算，支持准实时查询，可支持多级优先级设置。

（9）开放性。离线计算引擎需要具备完善的开发支持，提供基于 SQL 的数据处理模式，内建完善的函数体系，支持基于 Java 或 PYTHON 等开发用户自定义函数（UDF）。支持完整 RESTful API，提供多种语言编程接口，允许有权限的用户远程调用系统数据及运算能力。

（10）多集群管控。离线计算引擎需支持多计算集群架构，在单个计算集群无法满足计算能力需求的情况下可以进行水平的扩展，而且多个集群间的数据可以互通。如控制集群与计算集群都采用多集群的模式，多个控制集群一方面可以实现对请求处理的负载均衡，也可以提升服务的可用性，在一个控制集群不可用时，可以快速地将请求切换到另一个控制集群上。同时，离线计算的计算集群可以分布在不同的机房中，为了提升访问数据时的性能以及增加数据的可用性，离线计算支持自动地将数据复制到不同的集群上。离线计算全局资源规划系统会分析跨集群的数据调用情况，进行资源的优化配置。

（11）大规模计算能力。离线计算引擎支持的集群及用户规模极大，同时能够支持极高的作业并发数，支持同城或异地多数据中心的多计算集群架构。

2）实时计算需求

流式计算引擎需基于 Flink 框架实现，支持对流式数据高并发、低延迟的实时计算。流式计算引擎需支持以下功能。

（1）数据采集。为最大化利用用户现有的流式存储系统，实时计算引擎对接了多种上游的流式存储，例如：分布式消息系统 Kafka、LogService、IoTHub、表格存储和 MQ，让用户可以不用进行数据采集、数据集成即可享受现有的数据流式存储。具备千万级别记录每秒的高吞吐和亚秒级的流式实时处理能力，单集群吞吐峰值可达亿级别规模。

实时计算引擎提供包括关系型数据库、在线计算分析引擎、表格存储等数据存储系统的管理界面。让用户无须跨越多种产品的管理页面，使用实时计算引擎平台，即可让用户一站式管理用户的云上数据存储。实时计算引擎具备多种流式数据源接入能力，支持不同维度聚合计算级联，支持流式 CEP 前置规则引擎功能，具备复杂事件处理能力。支持 Exactly-Once 语义保证数据计算不重不丢，数据计算保证严格正确性。

（2）数据计算任务定制实施。实时计算引擎具备完善的开发支持能力，提供完善的 SQL 开发套件，支持自动提示、语法高亮、语法检测，支持在线流计算作业调试，支持丰富的系统函数，包括字符串处理、时间处理、数学处理等，支持常规统计分析和自定义函数，支持窗口功能，包括滚动窗口、滑动窗口、会话窗口、OVER 窗口等；提供全托管的在线开发平台，集成多种 SQL 辅助功能，包括 Flink SQL 语法检查、Flink SQL 智能提示和 Flink SQL 语法高亮。

Flink SQL 语法检查，在修改 IDE 文本后即可进行自动保存，保存操作可以触发 SQL 语法检查功能。语法校验出错误后，将在 IDE 界面提示出错行数、列数以及错误原因。

Flink SQL 智能提示，在输入 Flink SQL 过程中，IDE 提供包括关键字、内置函数、表/字段智能记忆等提示功能。

Flink SQL 语法高亮，针对 Flink SQL 关键字，提供不同颜色的语法高亮功能，以区分 Flink SQL 不同结构。

实时计算引擎支持 SQL 版本管理，数据开发涵盖了日常开发工作的关键领域，包括代码辅助、代码版本。数据开发模块提供了一个代码版本管理功能。用户每次提交即可生成一个代码版本，代码版本为追踪修改以及日后回滚所用。

实时计算引擎提供一整套数据存储管理的便捷工具，用户通过在"开发"注册数据存储，即可享受到多种遍历的数据存储服务，包括数据预览、DDL 辅助生成。

实时计算引擎支持数据预览，在数据开发页面中，为各类数据存储类型提供数据预览功能。使用数据预览可以有效辅助用户洞察上下游数据特征，识别关键业务逻辑，快速完成业务开发工作。

实时计算引擎支持 DDL 辅助生成，实时计算 DDL 生成工作大部分均属于比较机械的翻译工作，即将需要映射的数据存储 DDL 语句人工翻译为实时计算的 DDL 语句。实时计算提供辅助生成 DDL 工作，进一步减少用户手工编写流式作业的复杂度，有效降低人工编写 SQL 的错误率，并最终提供实时计算业务产出效率。

实时计算引擎支持使用标准 SQL 进行实时数据清洗、统计汇总、数据分析，支持通用的聚合函数，支持流数据和静态数据关联查询。

实时计算引擎提供了一套模拟的运行环境，用户可以在调试环境中自定义上传数据，模拟运行，检查输出结果。

(3) 数据运维。实时计算引擎提供以下运维监控功能：作业状态、数据曲线、FailOver、CheckPoints、JobManager、TaskExecutor、血缘关系和属性参数。

(4) 数据安全。实时计算引擎具备完善的权限控制机制，提供流计算项目的分权管理，支持不同账号间工作空间、业务逻辑、资源分配的相互隔离，支持用户操作审计功能。

实时计算引擎支持项目隔离安全，实时计算对不同的项目进行了严格的项目权限区分。不同用户或项目无法访问或操作项目内的所有子产品实体。项目级别的资源隔离能够保证与其他用户在使用资源时不会相互干扰。

实时计算引擎支持业务流程安全，实时计算对于流式计算开发进行了严格的流程定义，区分了数据开发和数据运维。保证了整体业务流程的完整和安全性。

(5) 作业管理及控制。实时计算引擎具备流处理作业管理能力，支持流计算作业的状态控制，包括流计算作业启动、暂停、恢复、停止等功能，支持流计算作业断点续跑，支持手工调优模型、智能调优模型。提供作业物理执行拓扑图和针对 Job 和机器的分析工具，支持查看底层运行组件的各类状态信息。

(6) 监控报警。实时计算引擎支持实时监控 Job 的健康度，并对接了监控平台。云监控服务可用于收集获取云资源的监控指标或用户自定义的监控指标，探测服务可用性，以及针对指标设置警报，使用户全面了解云上的资源使用情况、业务的运行状况和健康度，并及时收到异常报警并做出反应，保证应用程序顺畅运行。实时计算现支持以下四种类型报警：业务延时、读入 RPS、写出 RPS 和 FailoverRate。

(7) 自动化目标检测和优化。实时计算引擎支持作业的各个算子和流作业上下游性能达标和稳定的前提下，自动配置检测功能可以更合理地分配各算子的资源和并发度等配置。全局优化所有作业，调节作业吞吐量不足、作业全链路的反压等性能调优的问题。

(8) 高可用及高计算性能。实时计算引擎具备错误检测和恢复机制，支持节点自动重启技术，支持失效节点的检测和恢复。支持实时计算作业各种 FailOver 场景，保证流式处理过程异常自动可恢复，并且恢复过程数据不丢。使用 Exactly-Once 语义保证数据计算不重不丢，数据计算保证严格正确性。实时计算引擎具备容错机制，支持作业级容错。

支持实时计算作业各种 FailOver 场景，组件集群化，包括负载均衡、计算服务节点，可用性不低于 99.99%。无单点故障；支持多机房容灾；服务可用性不低于 99.9%；实时计算引擎支持实时计算集群线性扩展。采用分布式计算框架提供流式计算服务，可按需扩容。

关键性能指标超越开源 Flink 的 3~4 倍，数据计算延迟优化到秒级乃至亚秒级，单个作业吞吐量可做到百万（记录/秒）级别。

实时计算集群最高可扩容支持 1000 台的计算能力，单集群内支持资源按需扩容、缩容；扩容、缩容过程不影响在线业务使用。

3）交互式分析需求

交互式分析引擎需提供 TB/PB 级别大数据场景下的交互式分析能力。能够提供实时场景下的计算能力。交互式计算引擎为用户提供完整的自助式、实时化的缝隙能力。支撑用户复杂的分析场景。能够支撑用户高并发的即席分析场景。交互式分析引擎需支持以下功能。

（1）数据导入和导出能力。交互式计算引擎需要支持丰富的数据导入和导出模式，同时提供高吞吐、持续稳定的导入导出能力。

数据导入和导出需要具备以下能力：支持文件导入的模式，支持导出到文件的能力，支持无须依赖其他任何的工具，即可从离线计算引擎导入数据，支持无须依赖其他任何的工具，即可向离线计算引擎写入数据，支持 JDBC 等导入模式，并支持 JDBC PreparedStatement 语义，支持对接 Flink/SparkStreaming 等实时计算框架，数据实时写入，支持高并发高吞吐的写入能力。

（2）SQL 语言支持。交互式计算引擎需要兼容 PostgreSQL 生态。支持标准的 SQL 语法，包括 DDL 和 DML。具备数据 insert、delete、update 的能力。支持主流数据类型，包括数值型、字符型、日期型、二进制型等各种数据类型，同时支持行存储引擎和列存储引擎，以适应不同的查询特征，提供不同场景下的极致查询性能。支持聚簇索引、位图索引、字典编码、分段键等，提升查询速度。支持值（List）表分区，可以将 TEXT、VARCHAR 以及 INT 类型的数据作为分区键（Partition Key）。无须预先进行数据建模，支持 SQL 标准语法对数据进行多维分析、数据透视、数据筛选，能够对任意字段进行组合查询。支持 join 表顺序自动选择、编码列 groupby 优化、count 优化、索引选择、数据延迟加载、数据预排序等优化策略。支持视图，以提高数据管理能力。能够支持窗口函数。具备数据生命周期管理功能，过期数据系统自动清理。为了应对复杂的分析场景，能够支持向量检索能力。为了应对复杂的空间地理分析要求，能够支持处理 GIS 数据。

（3）联邦查询能力。交互式计算引擎可以和离线计算引擎打通，支持离线实时一体化计算，能够对离线计算引擎中的数据进行查询加速，无须数据搬迁即可查询离线计算引擎中的数据，并可以提供交互式计算引擎中的数据和离线计算引擎数据的联邦查询和关联查询。

（4）海量数据高性能查询。交互式计算引擎需要提供海量数据高性能查询，包括聚合查询、关联查询、分组查询等查询场景，以支持 OLAP 场景。支持行存、列混存 2 种存储模式，支持表级别配置存储模式，实现最优化的查询性能。支持各类索引，包括支持 bitmap、dictionary_ encoding、clustering 等索引。

（5）数据安全能力。交互式计算引擎需要具备完备的数据安全能力。具体能力如下：具备 RBAC 的用户权限管理体系，能够提供细颗粒度的用户权限管理能力，可以针对具体的用户控制其对于实例、数据库、表级别的权限，能够对于用户的具体操作进行赋权，例如能够限制用户仅能查询数据，不能修改数据等，具备数据脱敏能力，可配置多种脱敏策略（电话、地址、身份证等），具备客户端 IP 白名单设置，能够控制访问实例的 IP。

（6）大规模计算能力。交互式计算引擎需支持分布式架构，能够支持平滑扩容，单集群规模可以扩展至 1000 台物理服务器以上。单个应用实例可以支持不少于 300 个数据库。单个数据库可以支持不少于 1PB 的数据量,生产环境中单个实例可以支持至少 300 个数据库。生产环境单个数据库支持 3 万张表及以上。

(7) 兼容性。交互式计算引擎为支持用户常见自助分析需求和开发需求,可以对接市面上主流的商业 BI 软件,例如 Tableau、SmartBI、FineBI、FineReport 等;同时需要支持主流的数据库管理工具,例如 pgadmin、SQL workbench、Navicat 等。

4) 全文检索需求

全文检索引擎需提供排序干预、SQL 查询语法、非结构化数据搜索,以及基于 NLP 算法的 Query 理解、实体识别、分词等强大能力,支持基于 tensorflow 的算法模型扩展,并且 100% 兼容当下最流行的 Apache 开源搜索引擎 Elasticsearch 的 RESTful web 接口和交互语法。提供智能化、可扩展、实时、稳定、可靠、快速且安装使用方便的搜索软件。

提供智能化自研搜索服务,在文档搜索、行业搜索、图像搜索、地址空间搜索、视频/声纹搜索等方向上提供开箱即用的标准搜索功能,并且提供权限管控、自动报表生成等功能。

4. 平台运维规划

大数据平台运维提供统一运维与管控,可视化掌握平台运行健康状况,以及业务监控与诊断能力,具体能力设计如下。

(1) 监控大盘。提供统一巡检的核心指标仪表盘,包括流量、延时、集群利用率等方面,提供统一的库存管理视图,包括水位信息等。

(2) 离线存储和计算运维。提供租户级的独立空间管理能力,包括配置修改,计算/存储/上传下载消耗统计。

支持服务的管控能力,如控制、调度、存储、数据通道等;支持服务角色的重启、服务角色实例管理、配置管理、核心指标展示、健康状态;支持资源分配管理能力,如集群资源组分配;支持全局的即时作业资源消耗、排队、状态管理视图;支持多个统计纬度的资源分析视图,如租户空间、任务、表、耗时、启动、引擎等;支持对离线作业进行图形化的诊断与调优;支持对分布式文件存储系统中的小文件做图形化分析与合并;支持不同域不同服务间的异地容灾管理,如数据同步和恢复;支持对租户级空间内数据的存储加密管理,以及 BYOK 的数据重新加密。

(3) 流式计算运维。支持全局的租户空间列表、作业列表、资源组列表查看,包含各自纬度的资源消耗,状态展示;支持对服务的核心指标查看能力,如调度、存储;支持实时计算各集群的整体流量,故障统计;支持对实时计算作业做诊断分析并给出改进建议。

(4) 实时数据分发平台运维。支持全局的租户空间列表、日志源列表查看,包含各自纬度的读写流量统计,存储统计等指标;支持租户空间详情视图,包括流量、延时统计、日志源的状态监控;支持日志源详情视图,包括流量、延时统计、订阅管理、表结构查看等;支持对平台服务的核心指标查看能力,如控制、调度、存储。

(5) 数据同步与调度运维。支持单日全局任务完成统计与历史同比视图;支持平台资源分配管理能力,如任务调度资源组管理;支持任务调度资源组内统计分析。

(6) 大规模集群稳定性运维。支持大规模集群中故障节点/故障数据盘的高时效性发现;支持节点/数据盘故障发现后的自动化业务无损隔离,自动化送修;支持维修全流程管理，包括工单列表、状态维护；支持维修后的节点/数据盘自动化检查和扩容上线；支持单节点核心系统指标在大规模集群下的聚类分析，如负载、内核态使用率等，并支持分析后异常节点的隔离操作。

5. 智能应用场景规划

将目前煤炭行业全产业链、煤矿安全生产全过程业务数字化需求全面梳理，构建覆盖全链条、全过程、全生命周期的智能应用，包括不限于智能矿山综合管控平台、设备故障诊断与全生命周期健康管理、煤矿安全态势预警与灾害防控、专家远程会诊、供应链协同、煤炭资源规划等业务应用，通过"煤智云"与煤矿物联网大数据平台基础设施建设和平台支撑层建设，满足智能应用层各类服务的部署运营。

（1）智能煤矿综合管控平台（私有云）。基于云服务架构，以大数据平台、融合通信平台、AI平台及统一身份认证为底座，设立智能生产监管中心、安全态势预警中心、运营管理中心、决策指挥中心及基础设施管控中心等，实现生产、安全、经营、决策及信息化管理的多业务协同和一体化管控。

（2）设备故障诊断与全生命周期健康管理（图13-4）。机电大型设备在现代煤矿安全生产中占据重要位置，本应用在于从机电设备的研发、设计、制造、交付、运维乃至再制造的全生命周期，通过大数据分析工具和手段，对设备进行全方位健康监测评估和全生命周期管理，提高设备的安全性与可靠性，并降低企业生产管理成本。

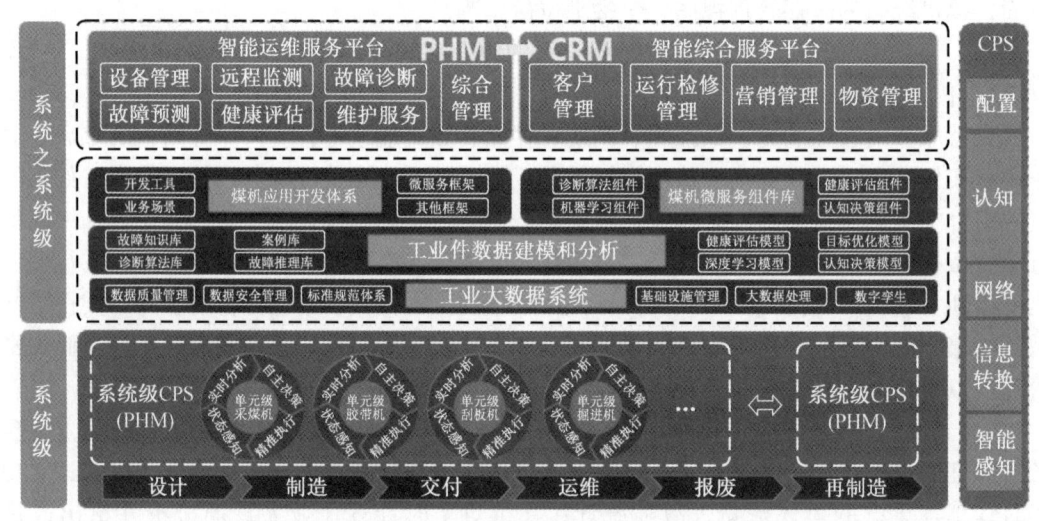

图13-4　设备故障诊断与全生命周期健康管理

（3）煤机装备后市场产业链数字化服务。由于煤机装备可被实时联网监测，其工况及健康状况参数被采集，被云端AI软件分析，可被煤矿企业及煤矿厂家作为设备管控的重要依据，对于煤矿企业，实现了设备运行可视化，健康状态一目了然；对于煤机厂家，可带来煤机营销活动的便利性。

（4）围岩-装备参数优化设计与研制大数据分析。通过传感器采集井下参数，对工况、应力、安全系数、应力频谱、周期来压等参数进行分析，对于装备参数优化设计和研制提供大数据分析手段，对于产品的精确研制、快速部署具有重要意义。

（5）煤矿安全态势预警与灾害防控（图13-5）。采用基于本安型分布式瓦斯、粉尘、火灾温度场、水害、顶板、冲击地压等捕获技术与装备，实现瓦斯及内、外因火灾、水害及冲击地压等的全方位、全要素监测和智能预警。

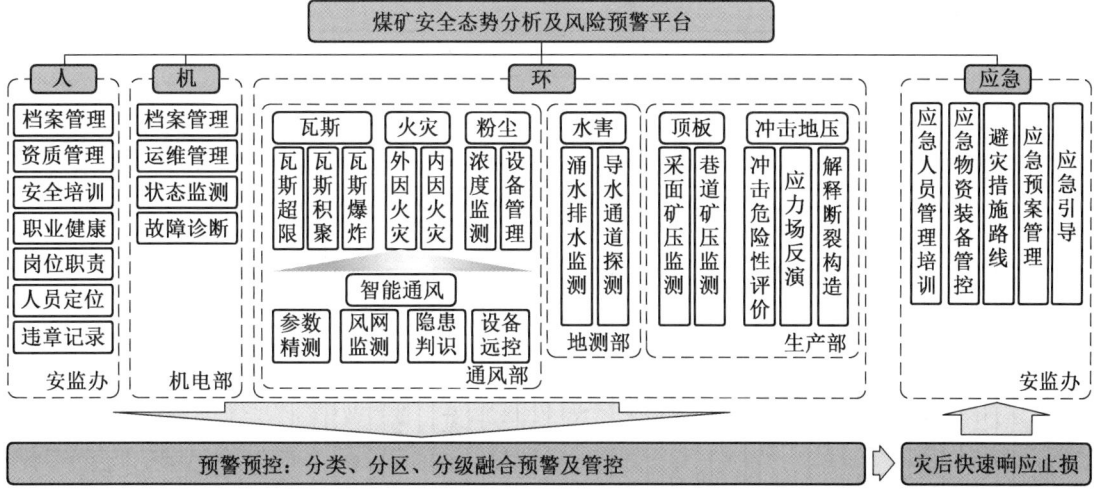

图13-5　煤矿安全态势预警与灾害防控

（6）AI视频煤矿监管监察应用（图13-6）。分析确定典型违章图像识别应用场景，采集典型场景图像样本进行标注并建立样本库，以"深度神经网络"及"双目三维重建"理论为基础构建图像识别模型及算法，结合迁移学习、数据增广等技术，通过大样本训练提升模型对场景的适应能力、识别速度、准确性，最后将训练成熟的算法移植到相关设备中并部署到现场应用。

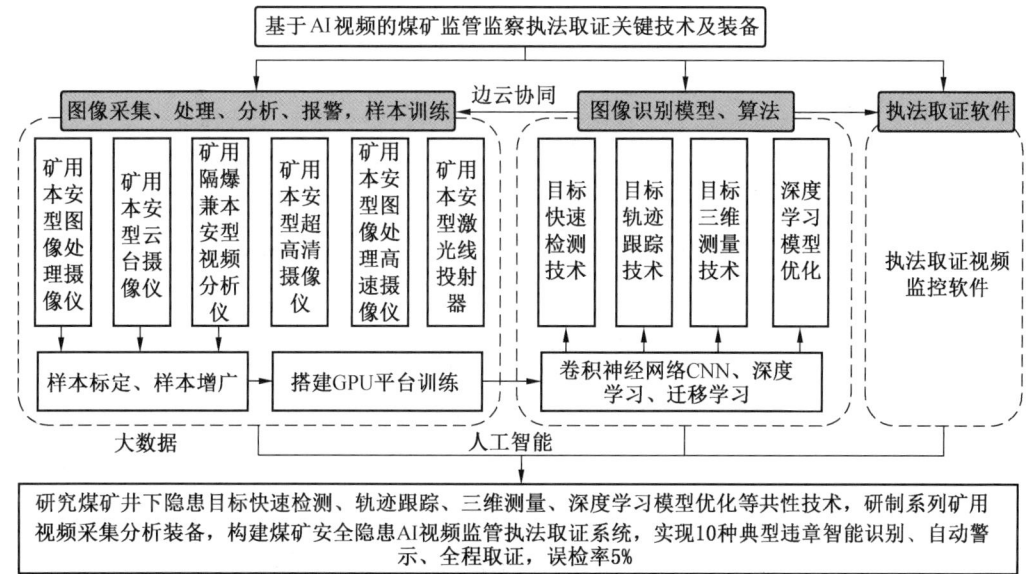

图13-6　AI视频煤矿监管监察应用

（7）煤矿重大灾害警示教育培训应用（图13-7）。借助先进的VR应急装备，搭建VR交互培训平台。搭建适用于虚拟现实引擎的爆炸扩散模型、火灾扩散模型等关键技术，利用三维虚拟现实技术搭建井下灾变环境，打造煤矿重大灾害警示教育培训系统，实现全沉浸式的煤矿重大灾害交互式培训演练，提升煤矿从业人员的灾害知识水平。

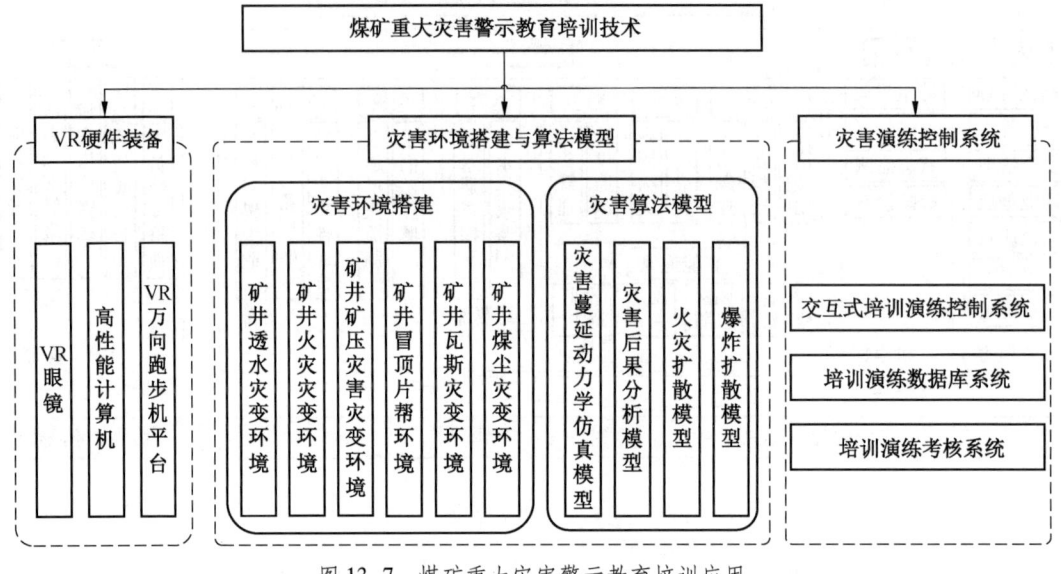

图13-7 煤矿重大灾害警示教育培训应用

（8）煤矿系统合规性监测应用（图13-8）。围绕煤矿监控系统合规性监测技术，通过解读煤矿安全监控系统领域法律法规，形成满足煤矿法律法规要求的合规性字典库，建立监测分析和判定规则引擎，通过配置采集传感器等设备的安装地点、姿态数据、健康状态、标校和断电操作日志等信息，通过分析和判定规则，进行可视化合规性状态监测和评估。

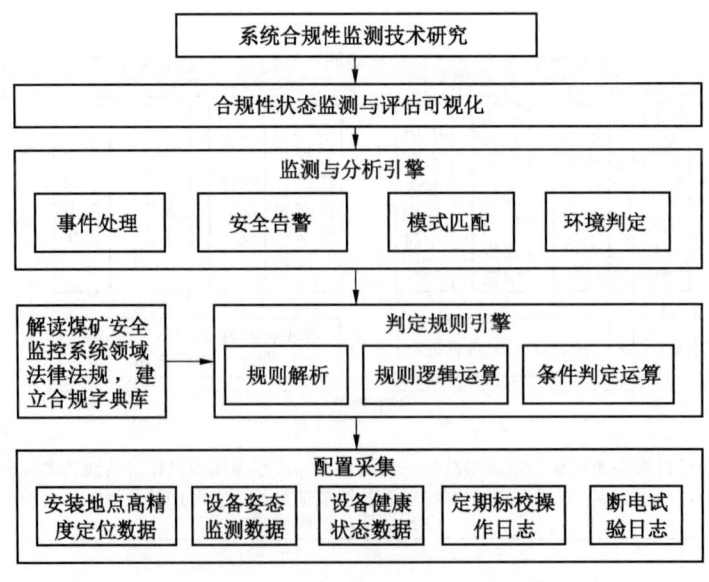

图13-8 煤矿系统合规性监测应用

(9) 煤炭安全高效开采与清洁利用专家远程咨询问诊（图 13-9）。围绕煤炭安全高效开采与清洁利用业务需求，规划设计相关专业领域的技术及装备服务，如勘探设计、建井开拓、掘进回采、安全保障、通风排水、洗选运输、自动化、清洁利用等，根据专业分工形成整合后的专家技术资源的分类体系，根据专业需求匹配专家技术资源，建立动态响应机制，实现线上技术支持体系。

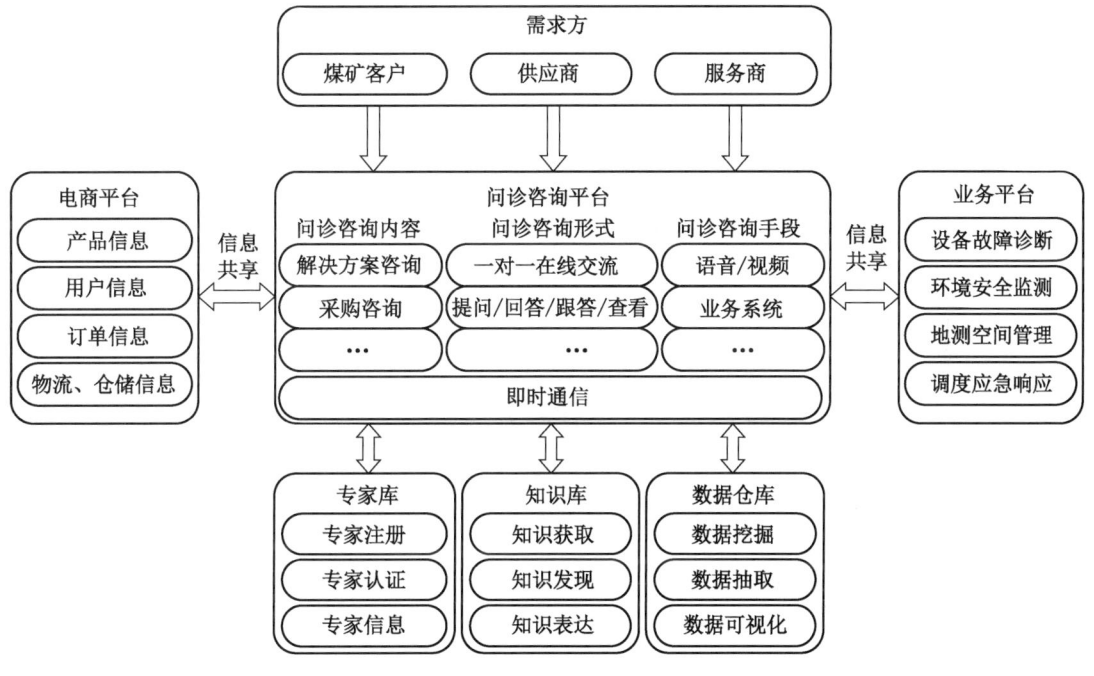

图 13-9　煤炭安全高效开采与清洁利用专家远程咨询问诊

集成接入故障诊断、安全监测、地测空间管理、调度数据作为支撑，以语音、视频、应用 APP 等形式对咨询技术难点、解决方案进行远程协同，更加快速便捷地推送给需求客户。

(10) 矿用设备安标准入与溯源管理支撑服务。实现"从原料到矿山生产一线""从原料到报废"全过程信息的采集与追溯管理。包括设备物料信息、设计研发信息、工艺结构信息、采购信息、生产装配信息、调试试验信息、出厂信息、安检信息、销售信息、物流信息、仓储信息、安装信息、运行工况信息、故障信息、维修信息、备件采购更换信息、位置及工作环境信息、事故信息、报废信息、处置信息等全流程信息的采集、存储、管理等。为新设备安标取证指标提供数据源依据，为不同制造商设备安标检测、可靠性评估、诚信评级、退出机制提供支撑系统。

(11) 煤炭化工能源大宗商品交易服务（图 13-10）。以交易平台产生的订单为核心，通过资源和信息整合将煤炭板块、化工板块、工业品板块的在线交易平台、物流平台、仓储平台、检测平台进行联通，实现商流流转；利用信息平台规范煤炭、化工品和工业品交易活动、物流活动，使煤炭、化工品和工业品物资可控、有序地流动，由金融服务平台引入的商业银行、金融公司和核心企业（包括自建的金融服务平台）的供应链金融服务，利用平台构建的交易模式保障供应链金融的安全，从而加速资金流动效率，产生价值增值；利用整个电子商务综合服务体系的数据积累与沉淀，并基于大数据分析平台功能对供应链各环节的海量数据进行分析，包括交易数据、物流数据、用户数据、日志数据等，从而实现供需自动匹配、物流资源自动调配、仓库的优化利用、资金的最优配置，为整个供应链的参与者包括政府部门、生产企业、物流企业、消费者提供全方位的服务。

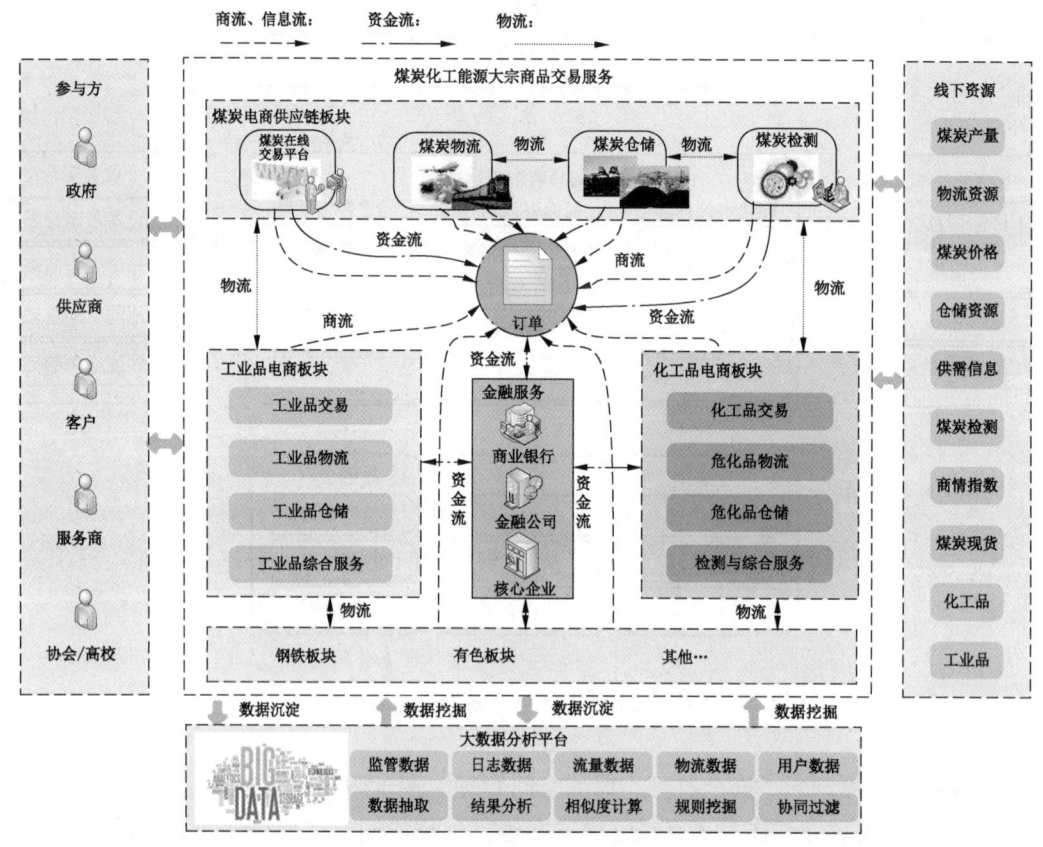

图 13-10　煤炭化工能源大宗商品交易服务

13.3　商业模式与运营方案

13.3.1　商业模式

根据煤炭行业"煤智云"与煤矿物联网大数据平台建设定位和市场分析，构建煤炭产业链新型数字生态和平台经济模式。

大数据平台通过整合后的行业资源形成平台运营模式，以软件工具、接口、问诊服务、咨询服务、金融服务等，吸引聚拢大量免费用户，通过专业化运营活跃平台，培育用户由免费到收费升级，衍生收费服务、产品销售、项目实施等需求。价值漏斗模型如图13-11所示。

煤矿智能化建设解决方案咨询服务包含以下内容。

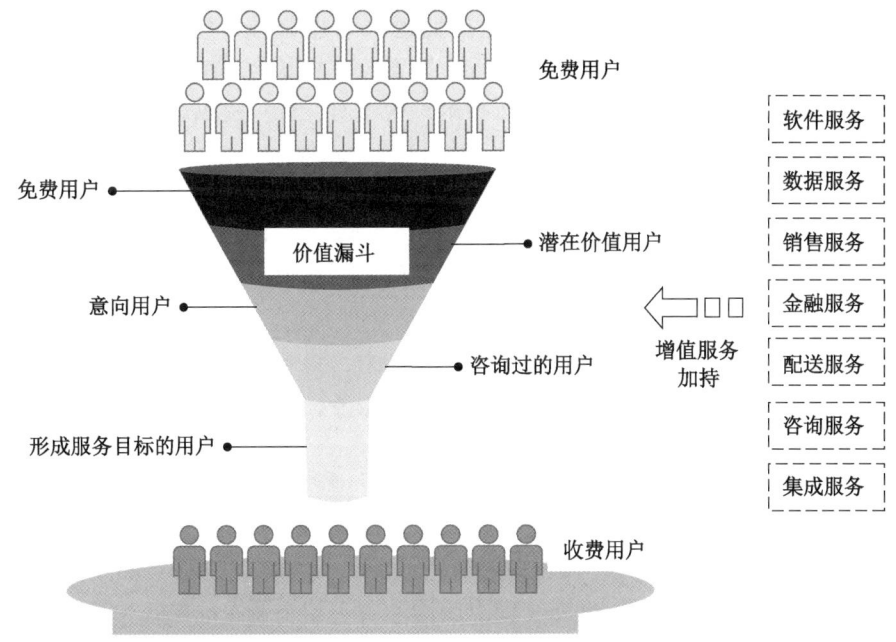

图 13-11 价值漏斗模型

（1）云存储资源服务。云存储资源服务提供云服务器 ECS、云主机、服务器托管、弹性计算、桌面云、网盘等服务。

（2）煤炭全产业链数字平台和工业 APP 服务。该服务提供煤矿私有云、混合云部署，提供统一数字化平台、综合管控平台、边缘计算平台、IoT 物联网平台和应用 APP 设计、开发、部署、运维服务。

（3）煤矿专网建设及相关基础设施服务。4G/5G、WiFi6、LoRa、700M+2.XG 融合组网，核心网络设备、边缘计算服务器、智能控制器，打通端、边、云数据共享通道，建设工业互联网标识解析二级节点，提供统一数据标准解析服务。

（4）设备安全、控制安全、网络安全、数据安全、应用安全一体化解决方案服务。提供基于区块链技术的安全签名加密技术进行可信保障服务，确保数据的不可篡改、共识、受限访问、隐私、智能合约和数据资产溯源服务。

（5）煤炭数字产业新业态。煤机设备远程运维、煤矿安全大数据（重大危险源监管、态势分析与灾害预警）、矿用产品全生命周期追溯管理、煤矿数字化服务云平台（CAD、GIS、BIM、AR/VR、数字孪生/元宇宙）、煤炭柔性生产与供应链大数据服务、煤机装备及配件供应链协同服务、煤炭价格预测与煤质分析服务等。

（6）软件服务。提供煤炭企业管理信息化、煤矿智能化、工程数字化软件开发及运维服务，利用基于工业互联网的管控一体化平台推广相关软件服务，通过煤矿智能化建设项目实现合同额增长。

（7）系统集成服务。整合煤矿智能化建设咨询以及产品、研发、科研等一系列能力，提供一体化煤矿智能化建设实施系统集成服务，对标能源局指南、各省市指南、大型煤企集团指南等，实现煤矿智能化整体水平提升，促进煤炭行业转型发展。

（8）数据服务。提供基于煤炭行业全产业链大数据服务，包括企业、煤矿、系统、设备等运行信息，建立区域矿山安全数据云，与安监总局联合，结合平台整合的矿山安全技术领域专家资源，同时利用大数据分析技术，为政府、客户提供煤矿安全大数据服务。

（9）营销大数据分析服务。大数据平台提供企业画像服务，实现精准匹配客户需求，提供精准营销服务。

（10）销售服务。通过产品数据积累，结合煤机装备电子商务平台功能，实现从煤机装备制造、销售、物流配送、工程服务、售后维修等一系列服务。

（11）金融服务。利用集团公司金融租赁、商业保理公司业务基础，基于煤矿智能化建设项目，开展融资租赁服务，通过整合第三方能力，将煤炭企业、煤矿资源、产能、管理水平、社会评价等一系列数据封装为标准化金融服务，实现基于数据的资信评估，让急需资金支持的煤矿也能开展智能化建设。

13.3.2 运营方案

云服务发展如火如荼，成为各大型企业争相布局的新兴产业。国际上有亚马孙、微软、谷歌等大型互联网公司提供 AWS 云服务、Azure 云服务、Google Cloud 服务等，国内有阿里、腾讯、金山等公有云提供商，同时国内亦有大型企业布局新基建云数据中心，提供地区数据中心、云服务。

1. 从运营内容上划分

从运营内容上可分为基础设施运营、云服务运营、数据服务运营、产业服务运营等部分。

（1）基础设施运营。具备云计算数据中心通用基本功能，满足煤炭行业产业链上下游企业需求，包括数据中心服务器托管、空间租用、网络带宽接入、容灾备份等服务。提供空间及硬件设备的租赁，及统一的安全服务、运维服务，免去客户自身建设数据中心所带来的土地成本、安全体系建设成本、维护成本等，满足客户高标准、高安全、低成本运营的需求。

（2）云服务运营。具备煤炭行业专属服务的托管运营，包括云计算、云存储、云备份、云数据库、专网带宽接入等服务。通过云计算技术，实现 IT 基础资源云化，建设计算资源池、存储资源池、网络资源池，实现统一管理、按需分配部署、资源动态调度，免去客户硬件等固定资产投资所带来的成本支出，仅有 OPEX 支出，满足客户按需付费、弹性扩容的需求。

（3）数据服务运营。具备煤炭产业链全过程数据服务，包括第三方数据开发、数据挖掘分析服务、数据交易、数据清洗装载、数据可视化等服务。围绕推动数据资源开放、流通、应用，帮助企业和个人激活海量数据资产，建立有效、便捷的数据资源汇聚机制和公平、公正的数据资源交换机制，广泛聚集大数据提供方、开发者、使用者和投资者，满足不同产业生态系统间数据交换需求，释放数据外部价值，为企业间数据交易提供独立第三方保证。

（4）产业服务运营。具备煤炭行业特色的产业数字化服务，包括供应链协同、煤机装备故障诊断与远程维护、煤矿安全大数据服务等。面向煤炭集团、煤矿、技术装备服务企业、个人从业者，提供：①便捷的云边协同分析功能及操作环境等；②一体化的技术支持和服务，包括专家指导、技术支撑、软件服务、市场咨询等；③云端信息化资源，依托大数据平台,可实现产品的快速敏捷开发和产品的快速云化,减轻上云企业信息化投入。发挥央企在煤炭产业数字化、新模式培育中的基石作用,培育壮大煤炭数字新兴产业,促进煤炭行业转型升级。

(5) 合作市场拓展。依托大数据平台服务体系,向行业市场拓展,帮助企业构建私有云、数据管控平台,如煤矿企业数据工业云等。

2. 从运营对象上划分

(1) ToB 面向行业企业。面向行业客户提供企业专属云及行业云服务,包括企业私有云空间、行业共性云平台等,助力企业以少量成本快速启动数字化转型;同时行业共性能力可充分开放给产业链上下游企业共同使用,如资本、硬件设施、市场、供应链等,加快推动产业转型升级。

(2) ToC 面向个人消费者。面向消费者提供公有云服务,包括虚拟云主机、存储云盘、专线接入、Web 云服务等产品,给个人用户分配私人云空间,便于消费者便捷访问。消费者按需支付相关资源费用。

(3) ToG 面向行业。面向云服务,包括业务迁移上云、云备份、业务双活、数据共享交换、数据开放交易、安全、运维等多种类型服务,单位统筹向大数据平台运营单位支付年度/季度服务费。

3. 从运营组织上划分

根据大数据平台投资属性分析,平台建设依托于煤科总院,为全资国有资本法人实体,运营团队由煤科总院数字化中心承担,在项目规划、建设过程中应全程参与,并开展运营工作。

13.4 应用前景

13.4.1 国家及行业应用

1. 国家政策推动行业转型、促进云计算产业创新发展

2020 年接连推出《中小企业数字化赋能专项行动方案》及《关于推进"上云用数赋智"行动培育新经济发展实施方案》促进我国云计算软件应用发展,内容涉及中小企业上云用云、构建产业平台。2021 年的"十四五"规划中,数字中国建设被提到新的高度,云计算是重点产业之一,云计算软件将迎来新的发展。"数字经济"成为经济活动和社会生活中的一个热词,以互联网、物联网、大数据、人工智能等新技术为代表的数字经济,在不断发展中迸发出引领时代的巨大能量。

据中商情报网数据显示,中国数字经济增加值规模已由 2005 年的 2.6 万亿元,增长至 2019 年的 35.8 万亿元,数字经济占 GDP 比重已提升到 36.2%,在国民经济中的地位进一步凸显。2020 年,数字经济进一步发展,尤其在新冠疫情下发挥着重要作用。2020年,我国数字经济规模占 GDP 比重已近四成,对 GDP 贡献率近七成。总体来看,2020 年我国数字经济增加值规模将突破 40 万亿元大关,预计 2021 年将进一步增长至 47.56 亿元,如图 13-12 所示。

2. 煤炭工业发展亟须与新一代信息技术深度融合

煤炭行业各个环节也积极开展信息化建设,大数据时代的信息技术发挥了巨大的推动作用,煤矿生产所依赖的感知、采集网络产生的大量数据,限于服务器存储和数据算法的

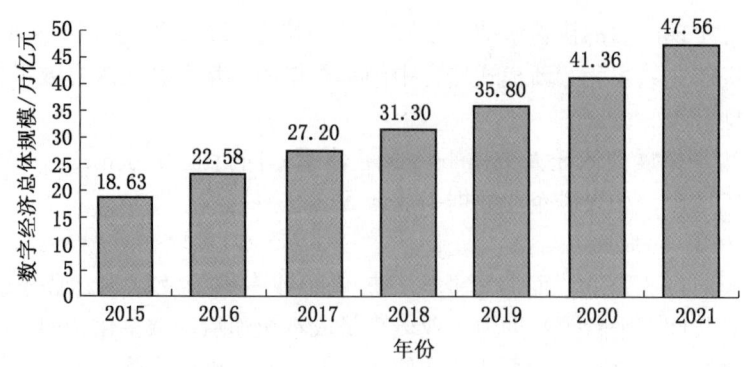

图 13-12　2015—2021 年中国数字经济总体规模及预测

局限性,不能够被长期存储和即时运用,制约了煤矿安全生产的可靠性和可控能力,事故风险的预报预警系统还没有构成,事故追溯和灾后评估的科学性和真实性得不到满足,煤矿企业对数据传递、存储、分析的需求日渐高涨。

3. 政府监管监察需求

1）存在问题及需求

（1）监管难度大。我国煤矿分布较散,监管难度较大,政府部门对煤矿企业基础数据采集困难、数据利用率较低,需要利用新一代信息技术,以大数据中心或云平台为纽带,结合政府业务需要,将企业基础数据有效融合在一起,通过数据分析,实现应用创新,为政府应急管理与安全生产决策提供数据支撑。

（2）海量数据未深度利用。煤炭行业的各种资源数据量,达到了亿万吨的海量级别,鉴于数据规模的庞大性,监管监察部门需借助煤炭工业互联网和深度挖掘技术,通过对矿井生产海量数据的分析,准确预测安全生产事故,从而满足大幅度降低事故发生概率的安全需求。

（3）未形成基于数据驱动的精准监管及服务。依托煤炭工业互联网,将煤矿企业安全生产中产生的数据进行有效采集应用。通过大数据分析平台,建立安全生产预警分析模型,实现安全生产及时预测、预警等功能。政府监管监察部门可按照职责要求远程调阅煤矿现场情况,查阅监测监控数据,实现精准监管、精准服务。

2）市场趋势及预测

（1）趋势分析。据国家煤监局数据,2020 年煤矿隐患统计累计共 73481 项,主要集中在安全管理、监控与通信、防治水、通风系统、开采、瓦斯管理、运输提升、防灭火等方面,隐患排查治理任务艰巨（图 13-13）。

应急管理事业改革发展以来,各产煤地区、煤矿安全监管监察部门、煤矿企业强化红线意识,监管监察执法效能不断提高,防灾治灾能力不断增强,煤矿智能化建设不断加快,煤矿安全基础不断夯实,安全生产形势持续稳定好转。2010—2019 年,全国煤矿死亡事故、死亡人数、百万吨死亡率逐年降低。2019 年,全国煤矿发生死亡事故 170 起、死亡 316 人,比 2010 年分别下降 87.9% 和 87.0%,相较于 2015 年分别下降 51.7% 和 47.2%;2019 年煤矿百万吨死亡率为 0.083,与 2010 年和 2015 年相比分别下降 89.7% 和 47.8%（图 13-14）。

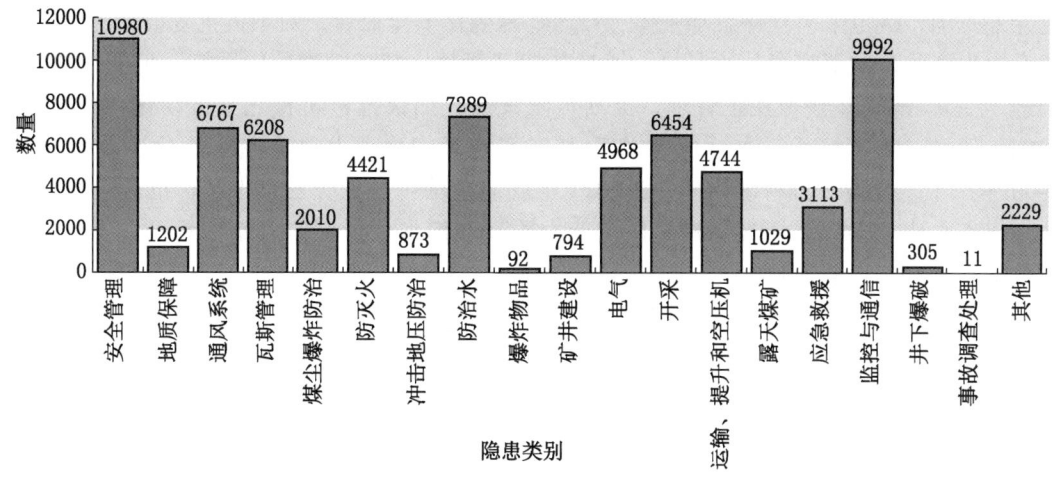

图 13-13　2020 年隐患统计分布情况

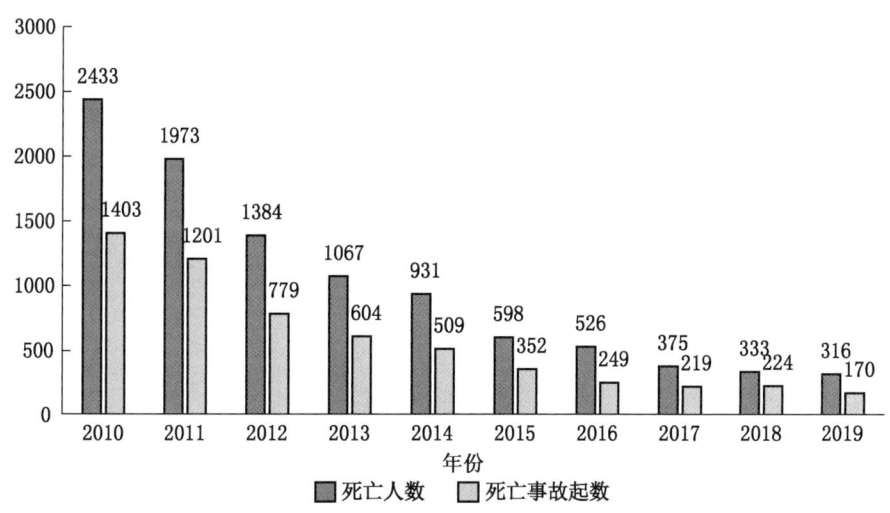

图 13-14　2010—2019 年全国煤矿死亡事故起数和死亡人数

通过各种安全技术手段和管理措施，煤矿安全生产形势得到了很大改善，处于一个稳定好转的态势。但是煤矿安全形势还是脆弱的，没有走出事故多发易发阶段，保稳定、防反弹的任务仍然艰巨。

（2）需求预测。2020 年 4 月 1 日，国务院安全生产委员会关于印发《全国安全生产专项整治三年行动计划的通知》，对煤矿安全生产提出了具体要求，一是加大冲击地压、煤与瓦斯突出和水害等重大灾害精准治理，在"十四五"时期推进实施一批瓦斯综合治理和水害、火灾、冲击地压防治工程，研究建立煤矿深部开采和冲击地压防治国家工程研究中心，加大重大灾害治理政策和资金支持。二是加大淘汰退出落后产能力度，积极推进 $3×10^5$ t/a 以下煤矿分类处置，坚决关闭不具备安全生产条件的煤矿，全国煤矿数量减少至 4000 处左右，大型煤矿产量占比达到 80% 以上。三是坚持资源合理开发利用，科学划定开采范围，规范采矿秩序，加强整合技改扩能煤矿安全监管，对不按批复设计施工、边建设边生产的，取消整合技改资格。四是坚持"管理、装备、素质、系统"四并重原则，推进"一优三减"，规范用工管理，提高员工素质，加快推进机械化、自动化、信息化、智能化建设，灾害严重矿井采掘工作面基本实现智能化，力争采掘智能化工作面达到1000个以上，建设一批智能化矿井，2022年底前全国一、二级安全生产标准化管理体系达标煤矿占比70%以上。五是提高执法能力质量和信息化远程监管监察水平，生产建设矿井基本实现远程监管监察。

面对煤炭行业新形势下的安全管理，对灾害的精准预警与防治提出了新要求，基于灾害数据的预测预报项目必将迎来新一轮建设高潮。

13.4.2 煤炭产业链应用

1. 煤炭产业链结构复杂，起着能源"压舱石"作用

煤炭行业上游产业主要为煤炭勘探设计、开采和洗选业，中游产业主要为煤炭贸易商、运销企业等，下游产业主要集中在电力、钢铁、建材、化工四大领域，其余为民用煤、其他行业等。分析2020年煤炭行业下游需求，电力行业约占总需求的55%，钢铁行业约占16%，建材行业约占13%，化工行业约占6%。此外，与煤炭行业密切相关的还有煤矿设备、装备制造企业等。

根据国家统计局相关数据分析，目前火电发电量占比仍在70%左右，并且近10年和近5年火电发电量分别保持着5.6%和4.9%的复合增速（图13-15）。未来5年，火电在电源结构中主体地位仍将稳固，承担着电力供应的"压舱石"和"稳定器"重任。

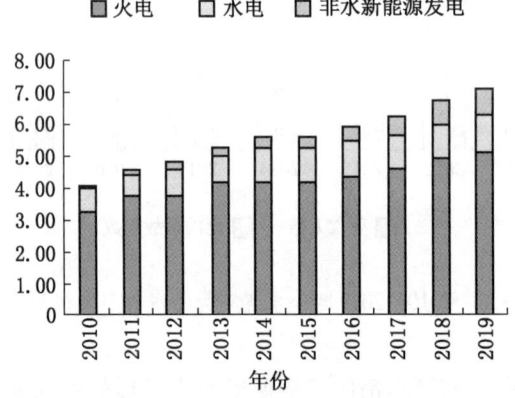

图 13-15　2010—2019年火电发电量复合增速趋势图

2. 产业集中度亟须提升

目前国内煤炭生产集中度较低，产能排名前八的煤企总产量占比仅为40.5%，2020年开始煤企重组整合有提速之势。比如山东省内山东能源和兖矿集团重组合并，山西原有七大国有煤企也相继重组整合。在目前行业集中度不高的背景下，煤企重组整合顺应行业发展趋势，也有利于国企做大做强，发挥规模经济优势。

3. 碳中和下，国内煤炭产量先升后降

中国2060年实现"碳中和"是一个宏伟目标。相应的政策与法律法规是保证"碳中

和"目标达成的必要条件。从"十四五"规划开始，未来40年各个五年规划中都将提出阶段性的减排目标，并配以相应的减排政策支持。煤炭产量在"碳达峰"前会上升，随着减排目标的落实，则随之下降。为实现"碳中和"目标，煤炭产业需实现按需供给的柔性供应链模式，以碳排放指标为限定条件供给煤炭资源，以销定产，因此需要煤炭工业产业链大数据支持，全产业链数字化是基础前提。

大数据平台建设涵盖勘测、采矿、物流、消费等环节的煤炭全产业链协同，上游延伸至卫星行业领域，获取地质、水文、气象等信息，服务于勘探、安全生产，下游延伸至能源行业领域，将产业链与供应链深度融合，促进价值链提升，建设大数据赋能平台，实现对于煤炭资源的分布、储量、消费情况的动态感知，保障煤炭战略资源的宏观配给，提升突发事件的应急处置能力，助力国家现代化治理体系和治理能力建设。

13.4.3 煤炭企业应用

1. 煤矿智能化发展需求

煤矿多年来致力追求的"零事故"目标，经过十多年的积极探索研究和稳步发展，逐步形成了智能化煤矿的共识，建设智能化煤矿已经成为煤矿本质安全的必由之路。智能煤矿是以煤矿采掘系统的完整过程和具体需求为基础，以地理空间为参考系，以物联网技术、大数据技术、人工智能技术、在线数据检测技术、计算机技术、3S技术、网络技术和采矿专用技术为支撑，建立起系列化的数据采集、传输、分析、输出和决策支持模型以及软硬件系统。根据安永测算，单矿井智能化改造费用在1.49亿~2.63亿元。考虑到不同产能的改造金额不同，预计智能矿山整体市场规模超万亿元，与智能化相关的基础设施、集成平台市场约2000亿元。

各主要产煤省区结合实际相继制定了本地区煤矿智能化发展的政策文件，具体方案见表13-1。

表13-1 各省份陆续出台地方煤矿智能化建设方案

地区	方案
山西	2020年2月，山西五部门联合发布通知，确定10座煤矿为山西省智能煤矿建设试点，50个综采工作面为山西省智能综采工作面建设试点； 2020年5月，《山西省煤矿智能化建设实施意见》印发； 2020年12月，山西省政府制定了《2021年度全省深入推进煤矿智能化建设工作方案》，提出2021年要推动全省1000个智能化采掘工作面建设，拓展智能化应用场景，全面推进煤矿固定场所无人值守、关键环节机器人替代，实现智能化采煤工作面减人60%，全省井工矿单班入井人数减少10%~20%
内蒙古	2020年6月，九部门联合印发《关于加快全区煤矿智能化建设的实施意见》，提出到2021年，建成50个智能工作面；重点在冲击低压、煤与瓦斯突出等灾害严重矿井、存在3种较大安全风险的煤矿、近两年竣工投产的3×10^6 t/a以上煤矿实现智能化；到2025年，117处井工矿实现全部固定岗位机器人作业
河北	2020年6月，四部门联合印发《关于进一步推进河北省煤矿智能化建设和防冲击地压工作的意见》，提出到2021年底，煤与瓦斯突出矿井的突出危险区域、水文地质条件极复杂的采煤工作面必须实现智能化开采；到2025年底，大中型煤矿和灾害严重煤矿实现智能化开采
山东	2019年11月，《山东省煤矿智能化建设实施方案》通过； 2020年5月，《山东省煤矿智能化验收办法（试行）》印发； 2020年12月，多部门联合印发《关于加快推进全省煤矿智能化发展的实施意见》，提出到2021年，省属煤矿、生产能力1.2×10^6 t/a以上的大型煤矿、高瓦斯煤矿、煤与瓦斯突出煤矿实现智能化开采，采煤和掘进工作面作业人员分别控制在16人和9人以内；到2025年，全省煤矿完成智能化改造

表 13-1（续）

地区	方案
安徽	2020年6月，安徽省发改委、安徽省能源局等九部门联合印发《关于加快煤矿智能化发展的实施意见》，提出到2021年，全省共建成6处智能化示范煤矿；到2025年，全省45%左右的煤矿基本实现智能化；到2035年，全省各类煤矿基本实现智能化，建成智能感知、智能决策、自动执行的煤矿智能化体系
河南	2019年8月，河南通过了《河南省煤矿智能化建设实施方案》，提出到2021年底，全省年产6×10^5 t及以上煤矿基本完成智能化升级改造，年产6×10^5 t以下煤矿淘汰炮采工艺
贵州	2020年7月，贵州省能源局等八部门联合印发《贵州省煤矿智能化发展实施方案（2020—2025年）》，提出到2022年底，力争建成智能化采掘工作面60个以上；到2025年底，大型煤矿基本建成智能煤矿，全省生产煤矿综采、综掘工作面基本实现智能化； 2020年12月，贵州印发《贵州省智能煤矿建设指引（试行）》
云南	2020年11月，八部门联合印发《云南省加快煤矿智能化发展实施意见》，提出到2025年，云南省将推动建成一批智能化示范煤矿，所有大型煤矿和灾害严重煤矿基本实现智能化；到2035年，全省各类煤矿基本实现智能化
宁夏	2020年8月，《宁夏回族自治区煤矿智能化发展实施方案》印发，提出到2021年，建成1座智能化示范煤矿，建成5个以上智能化综采示范工作面；到2025年，1.2×10^6 t/a及以上大型煤矿和灾害严重煤矿基本实现智能化；到2035年，宁夏各类煤矿基本实现智能化

根据中国煤炭工业协会，光大证券研究所整理数据，2015年全国煤矿仅有3个智能化采掘工作面，2019年达275个，2020年增至494个、同比增加80%；已有采煤、钻锚、巡检等19种机器人在煤矿现场实施应用，如图13-16所示。

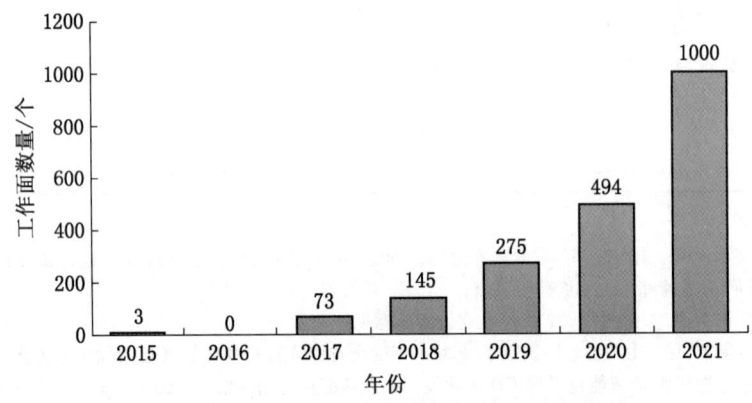

图 13-16 2015—2021年我国煤矿智能化采掘工作面趋势

"煤智云"与煤矿物联网大数据平台的建设加速新一代信息技术落地煤矿具体工业应用场景，引领煤矿智能化建设进入新的发展阶段，实现采矿过程的网络化、数字化、智能化管控运行，大大降低了安全生产事故的发生。

2. 煤炭企业数字化转型诉求

煤炭企业经营管理、安全生产业务过程长年积累了大量数据、机理、经验，但长期以来并未进行较好的存储利用，数据资产化、经验知识化和机理数据化、模型化尚未普及应用，在设备故障诊断与预测性维护、灾害预警、安全态势预测、生产成本分析等方面急需大数据、云计算技术支撑，赋能企业业务数字化转型。针对数字化转型诉求，以国能集团、陕煤化集团、山东能源为代表的企业，开展了积极的实施。

1) 国能集团"基石"项目

国家能源集团"基石"项目是面向内部信息化、产业数字化构建的基础平台,具有数据集成、在线监视、运营计划、智能调度、统计分析和应急指挥业务功能,构建"一体化集中管控、智能化高效协同、可视化高度融合"协同调度指挥智能化平台,实现"系统、智能、共享、协同、安全"的运营指挥,为国家能源产业链实现数字化转型提供技术"赋能"。

2020年9月,国家能源集团神东煤炭集团自主搭建了煤矿生产数据库,截至2021年8月20日,已持续采集了公司13矿14井10145台套设备的生产数据,在用测点267996个,存储数据1.4775万亿条,占用空间6.56T,平均每天数据增长20.1667亿条。

神东煤炭集团生产数据库的建设,为集团公司数字化转型提供了如何采集数据、如何管理数据、如何应用数据的典型案例。随着煤炭行业信息化、智能化建设加速推进,煤矿生产数据越来越受到重视,数据成为煤矿智能生产的基础设施,生产数据的标准采集、集中存储、自主可控、可视化和智能分析是煤矿智能化实现的基础。

2) 陕西煤业化工集团数字化转型、智能化建设

陕煤化集团全面推进煤矿机械化、自动化、信息化、智能化"四化"建设工作,构建"三网一平台""智慧运销"和"智慧零售"实时管理平台。36对矿井整体建成了业务集成、数据共享、智能分析的管控一体化的安全生产信息共享平台,已经建成36个智能化采煤工作面、23套快速掘进系统、792个集中控制生产辅助系统,全面建成投产97个矿用机器人。筹建"陕煤化集团5G+工业互联网研究院",大力推进具有陕煤化集团特色的"一云两网三平台"新型基础设施建设,将加速实现"数字化、信息化、智能化、智慧化"转变,围绕"安全、高效、绿色、智能"的"智慧陕煤"发展要求,全力实现"智能矿井、智慧矿区、一流企业"的目标。

3) 山东能源集团全面数字化转型

"十三五"以来,山东能源集团投入科研经费177亿元,340项成果获得国家级和省部级科技奖励。推动数字化、网络化、智能化融合发展。加快数字化转型,着力构建数据集成应用"资源池",打造大数据决策平台、业务管控十大共享平台和数字矿山平台。加快网络化升级,全力打造数据互联互通"高速路"。实施信息网络建设工程、5G新基建应用工程、工业互联网生态工程,建成齐鲁云商、中国能源矿产交易中心等物资交易平台,累计在线交易额超过1700亿元。加快智能化改造,打造煤矿安全高效发展制高点。山东本部冲击地压矿井全部实现智能化开采,建成80个智能采煤工作面、71个智能掘进工作面、10个智能矿山示范点。

"煤智云"与煤矿物联网大数据平台的建设有利于企业内部不同职能、不同专业背景相互协同,优化生产组织、供应链效率,并实现企业内外协同的"专家远程会诊"模式,及时解决企业生产过程遇到的问题,极大程度地降本增效。

13.4.4 煤炭从业者应用

人才是行业发展的原动力,煤炭行业从业者以采矿、地质、机电、安全、通信等传统专业为主,煤矿智能化建设急需复合型人才,将新一代信息技术与传统专业深度融合,需要对现有煤炭行业从业人员进行培训,培育煤矿智能化人才生长环境,"煤智云"与煤矿物联网大数据平台的建设能够将政府、协会、高校、企业、个人进行有效的串联和协同,形成"产、学、研、用"一体化的行业演进生态,促进煤炭行业转型发展。

14　煤矿 5G 专网与 F5G、WiFi6 等融合应用

14.1　智能矿山通信网络需求与场景

2020 年 3 月，由国家发展改革委、能源局、应急部、煤监局、工信部、财政部、科技部、教育部八部委联合印发了《关于加快煤矿智能化发展的指导意见》（以下简称《指导意见》）。《指导意见》要求到 2021 年，建成多种类型、不同模式的智能化示范煤矿；到 2025 年，大型煤矿和灾害严重煤矿基本实现智能化；到 2035 年，各类煤矿基本实现智能化，建成智能感知、智能决策、自动执行的煤矿智能化体系。其中，主要任务中明确提出"推广新一代信息技术应用"，提出"加快工业互联网和车联网、新一代通信技术、云计算、大数据、人工智能、虚拟现实等现代信息技术在煤炭工业领域的推广应用"。

煤矿通信网络的应用环境不同于常规公众通信的应用环境，煤矿井下信号需要覆盖长达千米的巷道，无线信号传输的干扰因素复杂、需要通信网络具有较强的抗干扰能力，煤矿井下的存在瓦斯等可燃性气体、设备需要进行防爆设计，并根据发送天线的最大总功率考核防爆性能，针对各类监控数据、音视频数据传输的实际需求、矿用通信网络上行传输的资源需求更为显著。因此，需要按照煤矿工况的实际环境需求，建设安全可靠高效的数据采集和信息传输系统，推动新一代网络信息技术与安全高效智能矿井的高速融合，实现人、机、物全面深度互联，提升煤炭工业全产业链、全要素的数字化、网络化、智能化水平，推动煤矿井下少人化、无人化进程的快速发展，促进煤矿安全生产形势的进一步好转。

从智慧矿山的应用场景看，对通信网络的需求大致可以分为三种类型：一类是以上行数据为主的信息采集类，比如视频信息的采集、各类传感器信息的采集；一类是以下行数据传输为主的控制类应用，比如远程操控、自动驾驶等；还有一类是双向交互类，比如语音通信等。采集类的应用一般对上行带宽和支持的连接数要求比较高，例如视频采集类，一台 1080p 的摄像头就需要至少 4Mbps 的上行容量；控制类的应用主要是对时延和可靠性要求比较高；交互类业务对带宽、延迟要求中等，上下行流量基本对称。

14.1.1　应用需求与典型场景

1. 智能采煤

采煤工作面环境复杂、地质条件相对较为恶劣，水、瓦斯、顶板、粉尘等自然灾害的潜在威胁普遍存在，采煤工作的少人化、无人化一直是矿山智能化建设的重要目标。采煤工作面传统的信号传输一般采用有线的方式，但是由于液压支架、采煤机、刮板输送机经常需要移动，信号传输线缆经过多次折叠后容易发生断裂，迫切需要更为便捷、高效、可靠的通信方式。

通过在作业现场部署多个高清摄像头和采煤装备监测传感，基于移动通信网络和前端边缘计算单元，将现场环境信息完整地传送到监控中心，将采集到的设备状态、姿态、位

置和环境参数等数据以及现场音、视频信息实时回传至采煤控制中心，控制中心的操作员发出操作指令，通过网络下发给采矿设备，采矿设备执行相应的指令，可实现采煤工作面三机一架的有序协同联动和连续高效作业，以实现作业现场少人化、无人化。

2. 智能掘进

掘进和回采是煤矿企业生产流程中非常重要的两个环节，掘进技术的先进性直接影响煤矿能否高效安全地进行生产。煤矿巷道掘进施工是一个复杂的多工序交替进行的过程。传统掘进机与操作中心采用光纤通信，由于掘进机的来回移动存在光缆被刮断的风险。

通过在掘进工作面部署移动通信网络并利用网络切片技术，为不同类型的业务提供相应的支撑，可对掘进设备的远程智能操控，并实时回传现场监控图像。除了掘进机的远程视频监控和远程遥控外，还具有锚杆机、破碎机、皮带机等机器高清视频回传、指挥调度、AR 现场作业/培训、生产数据统计等应用。

3. 智能运输

安全高效的煤矿井下运输系统能促进煤矿生产效率的提高。通过实现运输车辆的井下精准定位，辅以高清摄像头返回的实时图像，使调度员准确掌握井下的实时路况，可实现对井下运输系统的管控、调度、导航。以无轨胶轮车、矿用电机车、单轨车等为主的应用场景，可通过移动通信网络实现车辆与巷道基础设施、路侧单元、作业人员、其他车辆之间实现相互通信，实现井下远程（无人）驾驶。

在露天煤矿的作业现场，无人矿卡的应用可降低矿区的安全事故，减少司机的人员成本。矿用卡车可配备高清摄像头、毫米波雷达、北斗高精度定位系统以及车辆远程控制终端，通过覆盖作业面的移动通信网络，可实现矿卡-矿卡、矿卡-监控中心的实时通信和监控中心的实时调度，从而实现无人矿卡的远程操控、精准停靠、自动装卸、停车避让等作业任务。

4. 视频监控

视频监控是矿山智能化应用场景的一个普适需求，随着煤矿智能化建设的不断深入，视频监视应用的范围将更为广泛，高清视频传输的需求也将日益显著。煤矿井下需要传输视频的场所主要包括：带式输送机的中部、机头尾、落煤点、受煤点，机电硐室的配电室、配电点、泵房、排水点，瓦斯抽采钻场，车场的前部、中部、后部，采掘工作面的架载视频、采煤机机载视频，机器人等巡检设备的机载视频，井下重要场所的场景智能识别，以及其他应用场景。

5. 智能巡检

煤矿井下变电所、水泵房、带式输送机、大巷、井筒、管道、采煤工作面等具有智能巡检的需求，可通过采集实时视频、热像图、环境气体参数、烟雾、设备运行工况等信息并分析处理后，实时控制开关柜、阀门、机泵及采掘设备等。可通过移动通信网络实时传输高清摄像头、环境参数、语音通话、红外热成像等实时监测数据，从而实现煤矿井下的智能巡检。

14.1.2 通信需求

1. 大带宽

主要面向视频监控、远程控制场景的实时数据回传以及监测监控数据传输，以视频监控为例，为了保证视频画面的清晰度和流畅性，以 H.264 标准编码时，一路 1080p 的摄像头至少需要 4 Mbps 带宽，设计要求应达到 60 Mbps 以上，在高清摄像头密集的环境要求会更高。与传统公众电信网络下行传输需要大带宽不同，煤矿通信网络需要上行传输具有更大的带宽。

2. 低时延/高可靠

主要面向远程控制、远程（无人）驾驶等场景的时延和可靠性需求，一般要求双向时延小于 20 ms，可靠性达到 99.99% 或者 99.999% 以上。例如远程驾驶应用场景需要支持最低 5ms 时延、99.999% 可靠性、上行 25 Mpbs、下行 1 Mbps 通信速率的需求指标，高级自动驾驶需要支持最低 3 ms、99.999% 可靠性、53 Mbps 的车车/车巷通信速率等需求指标。

3. 移动性

自动巡检、自动驾驶等均有移动性的要求；还有一些运动机械的操控，目前大多是光缆连接，由于光缆的磨损和弯曲损耗严重，也存在无线系统备份的需求。

4. 数据安全

矿山网络业务包括作业环境感知、控制信息下发、流程调度等，具备典型的封闭生产区域的特点，对数据安全性有很高的要求，数据不出园区，矿山通信网络业务与运营商公网业务必须保证有良好的隔离。

5. 设备安全

由于煤矿井下环境特殊，瓦斯、煤尘都对设备的防爆特性有着很高的要求，因此井下安装设备必须要通过安标国家矿用产品安全标志中心的认证，并获得相关的煤矿安全证书。

传统移动通信网络都存在一定的短板，无法全面满足智慧矿山通信的系统需求。例如 WiFi 系统工作在非授权频谱、系统拥塞时难以确保通信性能稳定；工业专用无线网络，如 WIA-PA/FA、WirelessHART、ISA100.11，产业链较窄，部署成本高；现网的 2G/3G/4G 无线带宽容量不够，也无法支持远程控制等时延敏感型业务。因此，基于 5G 无线网络和 F5G 光纤有线网络、支持融合的矿井通信网络，可实现矿山的全面感知，实时互联，将是煤矿通信系统的最佳选择，是智慧矿山通信网络基石。

14.2　智能矿山通信网络总体架构

智能矿山通信可分为感知设备层、通信网络层、应用服务层（图 14-1）。

感知设备层提供现场环境参数采集、环境监控、设备监测、人员精确管理等技术手段，主要设备为通信联络设备和监测监控设备，包括手机、集群通信终端、音响、通信模组、独立环境监测设备或者多参数智能环境监测设备、设备状态监控装置、摄像机及其他传感器等。

通信网络层主要承担无线/有线数据传输、数据互联互通的功能。主要包括无线通信的煤矿 5G/4G 专网、有线通信的 F5G 网络等。

应用服务层可以通过融合通信平台实现数据互联互通、将现场数据应用服务层汇聚，实现系统联动、应用可调度，支持智能采煤、智能掘进、智能运输、视频监控、智能巡检等智能矿山典型应用。

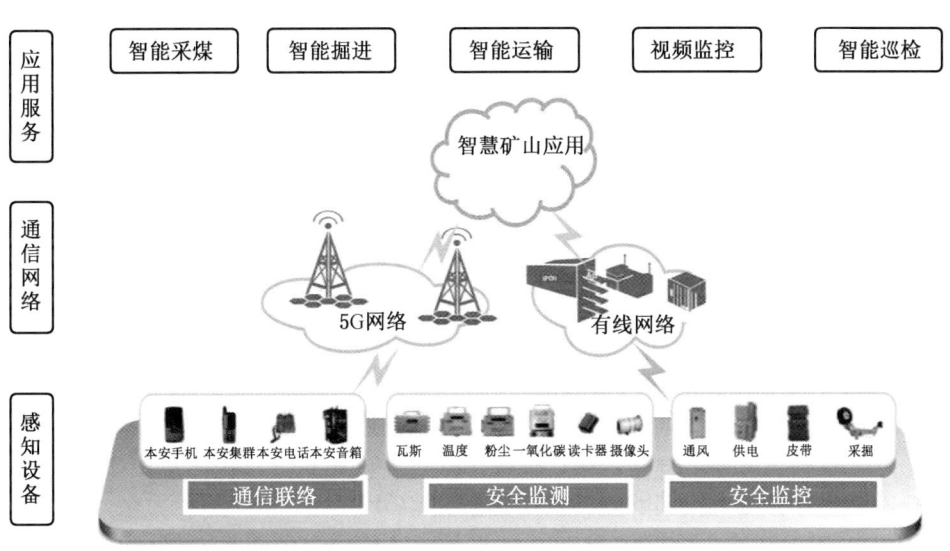

图 14-1 智能矿山通信网络总体架构示意图

14.3 智能矿山通信网络关键技术

14.3.1 煤矿 5G 专网技术

1. 煤矿 5G 专网总体架构及主要设备

矿用 5G 专网系统主要由核心网、主干传输网络和无线接入网络三部分,包括专网核心网、核心交换机、5G 交换机、基站控制器、5G 基站设备、5G 本安型无线网关、5G 终端设备等组成。典型的煤矿 5G 专网系统总体架构如图 14-2 所示。

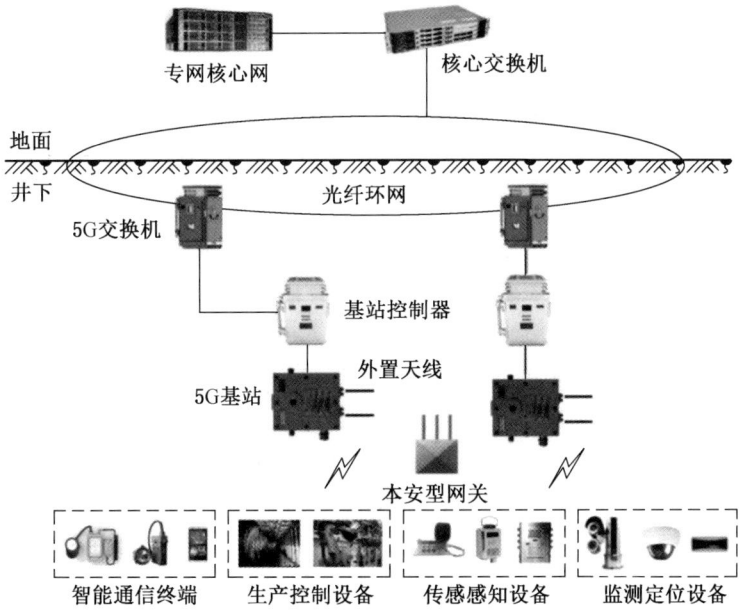

图 14-2 煤矿 5G 专网系统总体架构

1) 核心网

5G 专网的核心网设备需要满足煤矿业务及安全需求，同时向行业用户提供部分网络管理、监测、独立运维运营等能力的 5G 核心网，5GC 控制面遵循 3GPP 标准和运营商相关企标，同时 5G UPF&MEC 下沉到矿区。另外 5G 核心网可以全部下沉到矿区，包括 5GC 控制面、UPF&MEC 等。核心网在功能、性能及可靠性方面有以下要求。

(1) 功能要求。①UPF 支持煤矿数据分流功能：支持从煤矿终端、煤矿移动办公终端到煤矿应用系统的数据分发；②具备煤矿应用系统平台的能力：煤矿部分应用系统可部署在 MEC 平台上，支持煤矿应用的生命周期管理功能；MEC 应提供安全管理功能，包括煤矿应用系统认证和鉴权服务，组网安全防护能力，即 ACL 过滤、端口防护、DDOS 攻击等，以及保证数据安全，包含数据加密、数据隔离、数据防篡改、数据访问控制、数据防泄漏等；③支持网络能力的开放：用户精确位置、带宽管理能力等连接能力被煤矿应用系统调用；④提供计算能力：编解码转换、加解密、GPU、AI 等计算能力被煤矿应用系统调用；⑤提供 NAT 功能：可以将分流用户的源地址按分配的煤矿专网地址池进行转换，隐藏了内部网络结构，通过终端与煤矿服务端构建 L2-LAN 专线，方便煤矿应用对终端的操控管理。

(2) 性能要求。①煤矿内接入 MEC 的同时在线会话数不低于 1 万；②系统吞吐量不低于 10Gbps；③MEC 平台支持 APP 应用以虚机模式部署，平台资源可根据应用需求灵活扩容。

(3) 可靠性要求。①系统关键软件、硬件应有一定的备份措施，进行 $N+1$ 或 $1+1$ 冗余备份，保证系统的不间断运行，系统应具有软件、硬件故障在线恢复的能力；②要求与运营商大网做容灾备份，当煤矿的设备出现故障后，能快速切换到运营商网络的备份设备，保障业务不中断。煤矿系统和运营商系统间可组成资源池，实现容灾自动切换；③当井上网络故障或井下井上传输中断时，矿区井下无线业务仍然能可靠稳定运行，至少 2 h 以上。

2) 主干传输网络

对于小型煤矿，可考虑无须切片的 10 Gbps 的传输网络；对于中大型煤矿，建议采取 50Gbps 支持切片功能的网络。其在功能、性能、可靠性方面要求如下。

(1) 功能要求。①井下主干网络设备满足《爆炸性环境第 1 部分：设备通用要求》(GB3836.1—2021)。②井下主干网络支持集中管理和控制的 SDN 架构：采用基于 SDN 管控融合架构，支持业务部署和运维的自动化能力，以及感知网络状态并进行实时优化的网络自优化能力。③井下主干网络支持基于灵活以太网（FlexE）切片技术，采用时分复用方式基于以太网 PHY 层提供硬管道隔离及监视技术，遵从 OIF FlexE 规范；具备将一张物理网络切割成多个硬隔离切片网络。多个切片网络间带宽、时延、抖动严格硬隔离。支持的切片颗粒度小于或等于 1 Gbps。④井下主干网络设备支持硬隔离切片带宽的动态调整，且硬隔离切片带宽调整时，保障切片内业务无损。⑤井下主干网络支持电信级故障检测和性能管理：具备网络级的分层 OAM 故障检测和性能管理能力，支持对网络中各逻辑层次、各类网络连接、各类业务通过 OAM 机制进行连通性、丢包率、时延、抖动等质量属性进行监测和管理。⑥井下主干网络支持高可靠网络保护，具备网络级的分层保护能力。支持基于设备转发面预置保护倒换机制，在转发面检测到故障时进行电信级快速保护倒换;支持基于 SDN 控制器通过协议实时感知网络拓扑状态,在感知到网络状态变化后重新计算业务最优路径。⑦井下主干网络设备支持低时延转发:支持网络级三层就近转发和设备级物理层低时延转发能力,匹配时延敏感业务的传送要求。⑧井下主干网络设备应支持点对点、点对多点、多点对多点业务承载需求,支持 L2VPN 和 L3VPN 业务模型。井下主干网络设备应支持基于 MPLS 或 SR(segment routing)的隧道层技术。⑨井下主干网络设备支持环形组网、链形组网、树形组网等满足不同的场景需求。⑩井下主干网络设备支持时钟和时间同步机制:支持同步以太网功能,实现稳定可靠的频率同步;支持 1588 等时间同步协议,实现高精度的时间同步。

(2)性能要求。①井下主干网络设备单端口最大传输速率基于规模、复杂性需灵活考虑 10 Gbps、50 Gbps 等规格;支持 100 Mbps、1000 Mbps 的光接口和电接口以及 10 Gbps、50 Gbps 的光接口。100 Mbps、1000 Mbsp 接口用于接入井下传感器或固定摄像头,10 Gbps 接口用于连接基站,50 Gbps(或小型的 10 Gbps)接口用于连接地面。其中,50 Gbps 接口支持切片,满足不同业务隔离要求。②井下主干网络光端口最大传输距离不低于 40 km,满足不同长度巷道回传的需求;传输速率为 1 Gbps、10 Gbps、50 Gbps(选配)的光端口,支持 10 km 和 40 km 的单纤双向能力,节省井下光缆资源。③井下主干网络设备支持以太端口级、切片端口级、管道级均值流速、峰值流速、带宽利用率统计检测,当带宽达到设定门限,支持上报告警。④井下主干网络设备能够端到端或逐跳检测切片网络内不同业务的时延、抖动、流速等性能指标。检测到端到端性能异常后,能够自动触发逐跳检测,精准发现故障点。

(3)可靠性要求。井下主干网络设备应支持交换单元、主控单元、信令控制单元(当支持控制平面时)等主要功能单元的 1+1 冗余备份能力。在上述功能单元的冗余单元启动 1+1 保护后,系统转发性能应不受影响。

3)无线接入网络

矿井 5G 无线接入网络包含基站及终端(含手机、CPE、USB dongle、AR 路由器、模组等)。基站形态可以多样化:分布式基站分为基站控制器单元(BBU)和基站射频单元(RRU),中间还可以有中继扩展单元(RHub);集中式基站控制单元与射频单元一体化,可内置及外接天线。其功能、性能要求如下。

(1)功能要求。①满足《爆炸性环境 第 1 部分:设备通用要求》(GB3836.1—2021)。基于 5G 基站 xTxR 的多通道特点,要求多路射频输出峰功率小于等于 6W。②满足蜂窝系统通信行业标准规定的蜂窝系统通信功能要求。③井下无线接入设备具备 LTE/NR 多频多模硬件能力,以及 eMBB、URLLC、mMTC 业务能力。④5G 终端接入支持 5G 蜂窝终端,IoT 模组的接入认证,访问和处理数据。⑤支持数据路由功能,终端、基站到网络的数据路由配置管理。⑥支持将工业应用映射为相应的服务等级,管道能力具备差异化 SLA 控制,能为不同业务如数传类、远控类、视频类提供差异化传送服务等级。⑦基站具备定位能力,可支持设备、人员的定位,定位精度要求在米级或者亚米级。⑧网络接入的管理要求,支持对蜂窝网络设备的操作和管理功能,可对蜂窝网络功能进行创建、删除、配置、监控和故障排除;应支持对蜂窝网络的实时监控功能,包括关键应用的 QoS、蜂窝网络设备的通信和连接状态及一般服务可用性等;应支持和工业网络管理系统的对接,应支持工业网络的故障告警、拓扑生成及设备管理等;应支持业务质量可视、可评估

（如 5G 连接的时延、速率）。

（2）性能要求。①数据传输速率要求：单基站覆盖，最低要求平均吞吐率满足上行 160 Mbps；边缘上行吞吐率大于 10 Mbps/用户。②并发用户数要求（重点针对视频业务）：单基站覆盖，至少满足 30~40 个摄像头类终端数据并发；多路视频并发传送基本无卡顿。③网络时延要求：对于控制类业务，网络时延应小于 50 ms。

2. 煤矿 5G 专网特性及关键技术

由于煤矿无线通信环境的特殊性，5G 技术应用于煤矿，特别是煤矿井下场景时，会与传统公众电信网络的建设存在不同的需求。具体不同如下。

1）上行增强技术

公众电信网络面向普通消费者的数据需求，下行流量需求远大于上行流量，因此多采用下行资源占比大的帧结构配置；煤矿 5G 专网的典型业务则以感知类业务为主，需要实时回传现场视频流以及各类传感器信息，上行传输速率需求更高。因此，煤矿 5G 专网需要侧重支持上行增强技术。

煤矿 5G 专网的帧结构方案需要采用特定的配置，提供上行占比更高的帧结构配置（如 1D3U），且由于矿井基站的覆盖范围基本上局限于井下封闭区域，跟运营商公网网络没有重叠覆盖，因此不存在不同帧结构之间的相互干扰。

上行载波聚合是提升上行传输速率的另一关键技术，即在上行链路上同时通过两个或两个以上的载波来发送数据，从而获得更高的峰值速率。载波聚合技术还可支持 TDD 中频段载波（比如 3.5 GHz）和 FDD 低频段载波（比如 2.1 GHz）的时频双聚合技术，终端发射天线灵活地在 FDD/TDD 载波之间切换，从而获得最大的吞吐量增益。得益于 FDD 频段良好的覆盖特性，该技术不仅能增强上行的容量，而且对上行的覆盖范围也会带来较大的增益。

上行辅助 SUL（Supplementary UpLink）技术在 3GPP Releas15 中定义，也是一种上行增强的关键技术。SUL 技术为了保证上行远点覆盖，在小区除了配置正常中高 NR 频段，还新增 1 个低频上行频段，专门用来保证上行远点覆盖。例如，在中高频 NR 载波上行覆盖区域 A，使用中高频载波上行进行数据发送。超出 NR 覆盖范围，终端采用低频载波上行进行数据发送（远点）。终端可以在中高频和低频载波中动态选择上行链路，但同一时刻只能选择其中一条上行发送链路。

2）精确定位技术

对于井下应用来讲，实时了解设备在井下的位置具有非常重要的意义。井下设备由于无法使用卫星定位（例如北斗或者 GPS），因此 5G 网络带来的精准定位就显得非常有价值。当前，基于射频指纹定位算法室内定位精度可以达到 5 m 以内。

3GPP Release 16 开展了 NR 定位技术研究和标准化，定位性能指标为室内场景横向和纵向误差均小于 3 m（80%），室外场景横向误差小于 10 m、纵向误差小于 3 m（80%），端到端时延小于 1 s。Release 16 NR 定位研究了"RAT-dependent"以及混合定位技术以提高定位精度。主要方案为：gNB 周期性发送下行 PRS（Positioning Reference Signal），支持 DL（Downlink）-TDOA、DL-AoD（Angle of Departure）测量、E-CID（Enhanced Cell Identification）检测；终端发送用于定位的上行 SRS（Sounding Reference Symbol），支持 UL（Uplink）-TDOA、UL-AoA（Angle of Arrival）测量；支持上下行组合进行 RTT

(Round Trip Time) 测量，可基于多个基站测得 Multi-RTT 进行位置定位。

Release 16 NR 定位还支持"无线接入技术无关 (RAT-independent)"的定位技术，包括 GNSS、大气压力传感器定位、WLAN 定位、惯导定位、蓝牙定位、地面信标系统定位。

3GPP Release 17 开展了 NR 定位增强技术研究和标准化，针对常规商用场景，定位指标为分米级精度（<1 m）、时延小于 100 ms；针对工业互联网 IIoT（Industrial Internet of Things）场景，定位精度小于 0.2 m、时延小于 10 ms。

随着 3GPP NR 定位技术演进和产业化落地，未来将为 5G 专网提供更加优化的定位技术方案。

3）空口低时延高可靠技术

针对控制类、自动驾驶类等应用场景需要的低时延高可靠保障，5G URLLC 设计了特定的技术已实现降低时延和提高可靠性的目标。

（1）低时延技术。①迷你时隙（Mini-Slot）。增强移动宽带的最小时间资源单位就是 1 个时隙（Slot），由 14 个 OFDM 符号组成。对于超高可靠低时延业务而言，可以使用更短的迷你时隙（Mini-Slot），最小可以由 2 个 OFDM 符号组成，可以支持传输实现更短的调度时间、更低的数据传输处理时延。②上行免调度传输（Grant-Free）。上行免授权就是指基站通过激活一次上行授权给终端，在未收到去激活的情况下，将会一直使用第一次上行授权所指定资源进行上行传输，而不需要新的调度信令。相对于动态调度的数据传输，上行免调度传输省去了调度请求和数据调度的时延。③抢占机制（Pre-emption）。当 URLLC 业务需要传输，无法等待 eMBB 业务数据传输完成之后再进行调度，基站可将已经调度分配给 eMBB 业务的传输资源重新分配给 URLLC 业务。为了避免过高的 eMBB 数据被抢占，基站可通过特定的下行控制信令通知 eMBB 用户具体抢占的资源位置，从而尽可能保障系统总体性能。

（2）高可靠技术。①编码调制。在相同的信道条件下，超高可靠低时延业务的自适应编码调制结果更趋保守，调制阶数偏低，更低的调制阶数能减少星座图上的星座点，从而增强调制解调的容错性。同时，在相同的 MCS 下，目标码率配置更低，从而提高了抗干扰能力。②重复传输。重复传输是指对一个数据在一个周期内连续的 k 个时隙上重复传输 k 次，每个时隙上只有一个传输时机，同时 k 次重复传输所使用符号的位置和数量都相同。引入重复传输机制可以提高传输的可靠性。

4）无线切片技术

5G 网络切片技术能够为不同的业务需求提供差异化的服务。网络切片使得运营商能够为不同的网络需求提供差异化的网络服务。通过切片，运营商可以将其网络客户区分成不同的类型，不同的类型要求有不同的业务需求，基于他们差异化的业务级协议以及用户注册信息，能够选择不同的切片为其服务。

网络切片是一个端到端的概念，包括接入网子切片、传输网子切片、核心网子切片，分别由接入网子切片实例、传输网子切片实例、核心网子切片实例来承载。端到端切片的满足依赖于各个子切片能力的满足。对于接入网子切片，接入网通过调度以及差异化的层一、层二配置实现不同的接入网子切片。一个接入网能够同时支持多个不同切片，能够感知不同的切片，并对不同切片进行差异化的调度和配置，能够基于用户提供的切片信息进行核心网选择。

煤矿 5G 专网业务数据流向如图 14-3 所示，井下 5G 终端设备连接 5G 基站，通过承载网中的核心交换机将终端数据分流到煤矿企业内网，实现内网业务流的本地闭环，保障内网数据的安全性。

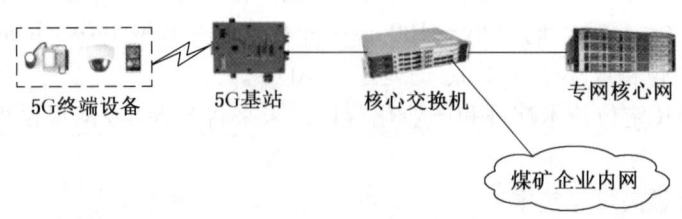

图 14-3　煤矿 5G 专网业务数据流向

对于矿井应用和公网应用共享无线网络的场景，可以通过无线切片来实现逻辑隔离。切片实施可以采用两种模式：一种是基于 QoS 调度的软隔离，优先保障高优先级的业务；另一种是基于 PRB 资源预留的硬隔离，这对高优先级的保障力度更大，但会导致资源利用率的降低。

5）灵活以太网 FlexE 技术

灵活以太网 FlexE（Flexible Ethernet）是在 Ethernet 技术基础上，为满足高速传送、带宽配置灵活等需求实现业务隔离和网络切片的一种接口技术。FlexE 在传统 Ethernet 优势基础上还具备多粒度速率灵活可变、与光传输能力解耦、IP 与光融合组网、面向多业务承载的增强 QoS 能力。

FlexE 技术通过引入 FlexE Shim 层实现了 MAC（Media Access Control，介质访问控制子层）与 PHY 层（Physical Layer，物理层）解耦，从而实现了灵活的速率匹配。FlexE 的核心功能通过 FlexE Shim 层实现，它可以把 FlexE Group 中的每个 100GE PHY 划分为 20 个 Slot（时隙）的数据承载通道，每个 PHY 所对应的这一组 Slot 被称为一个 Sub-calendar，其中每个 Slot 所对应的带宽为 5Gbps。FlexE Client 原始数据流中的以太网帧以 Block 原子数据块（为 64/66B 编码的数据块）为单位进行切分，这些原子数据块可以通过 FlexE Shim 实现在 FlexE Group 中的多个 PHY 与时隙之间的分发。根据 FlexE 的技术特点，Client 可向上层应用提供各种灵活的带宽而不拘泥于物理 PHY 带宽。根据 Client 与 Group 的映射关系，FlexE 可提供 3 种主要功能：①捆绑（Bonding），多路 PHY 一起工作，支持更高速率；②通道化（Channelization），多路低速率 MAC 数据流共享一路或者多路 PHY；③子速率（Sub-Rate），单一低速率 MAC 数据流共享一路或者多路 PHY，并通过特殊定义的 Error Control Block 实现降速工作。标准 Ethernet 与 FlexE 结构对比如图 14-4 所示。

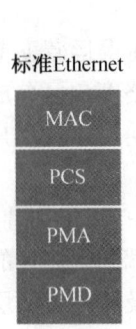 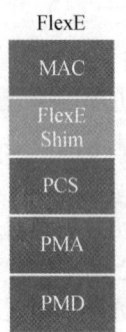

图 14-4　标准 Ethernet 与 FlexE 结构对比

煤矿智能化大带宽、低时延、高可靠的承载网必不可少。FlexE 通道化功能，可以实现不同的 FlexE Client 的物理切片和物理隔离，使得网络可以通过 FlexE（硬隔离）、VPN（软隔离）相结合的方式，更好地满足 5G 网络切片需求。FlexE 的捆绑功能以现有的端口速率为基础，通过捆绑端口的方式快速构建更大带宽，更好地满足 5G 业务带宽爆炸式增长的需求。FlexE 技术介于 MAC 层、PCS 层之间，端到端传输过程不必绕经上层网络，使其传输时延大大降低，并且 FlexE 构建的管道为硬管道，可以大大提升传输的可靠性。因此，在 VPN 技术构建软管道的基础上，通过 FlexE 技术构建端到端的硬管道，实现"软管道+硬管道"相结合的方式，为不同重要等级、不同业务需求的应用提供差异化的服务，既能最大限度利用网络资源，又能为 URLLC 等高价值应用提供可靠保障。

基于 FlexE 的煤矿承载网根据时间敏感和时间不敏感视频、时间敏感和时间不敏感音频、人员定位、车辆定位、设备定位、安全监控、供电监控、运输监控、排水监控、采煤工作面监控、掘进工作面监控等不同业务对带宽、时延和可靠性的需求，分配不同的信道和带宽资源，既满足了地面远程控制、人员定位、安全监控等不同业务对带宽、时延和可靠性的需求，又实现了煤矿智能化信息一网融合，降低了维护难度和工作量。

6）直连通信技术

针对智能交通和自动驾驶类车联网（Vehicle to Everything，V2X）业务、公共安全业务，5G 专门设计了 NR Sidelink 直连通信技术，支持车车通信、车路通信、车与网络通信、车与行人通信，同时支持公共安全通信终端和商用终端的直接通信。

NR 直连通信支持单播、组播、广播的通信方式，不同的车联网业务可支持不同的通信方式；单播、组播支持直通链路反馈机制，确保通信的高可靠性；支持多种基带参数配置，可支持不同业务的时延和移动性需求；支持基站调度直通链路资源（Mode1）和终端自主选择直通链路资源（Mode2）的资源分配方式；Mode2 引入重评估和抢占机制，从而支持周期性业务和非周期业务的可靠传输；支持 LTE 直连通信和 NR 直连通信的异信道共存机制，满足两种直连通信链路接入技术与系统将长期共存的需要；支持直连通信链路同步机制，可在煤矿井下、隧道等无卫星信号覆盖场景实现通信设备的时间同步；支持终端节电机制，以满足行人手持终端的节电需求；支持终端之间基于协调的资源选择机制，进一步提升业务可靠性。

由于煤矿井下无线通信的上行链路传输需求显著，NR 直连通信技术的发展和产业化落地，将支持基于智能交通专用频段传输智能交通和自动驾驶类业务，减轻 5G 网络的上行链路负荷，支持煤矿井下网联式自动驾驶技术的试验和应用。

3. 煤矿 5G 专网部署原则

（1）安全原则。煤矿井下 5G 通信系统应满足安标国家矿用产品安全标志中心发布的《煤矿 5G 通信系统安全技术要求（试行）》和《煤矿 5G 通信系统安全标志管理方案（试行）》规定，取得矿用安全标志。同时，应满足矿用网络安全与信息安全的相关规定。

（2）可靠性原则。矿井 5G 网络应在矿井各类复杂环境下长时间稳定运行，满足井下工作面、带式输送运输巷、机电硐室等特殊环境对网络传输高可靠性、高实时性、高上行带宽的需要，并能够支持上下行带宽时隙调整。

（3）融合原则。矿井 5G 网络建设应与在用的矿井通信网络实现高度融合。无论是依托运营商集成还是矿井企业自建,需遵循国家通信规范及既有频谱进行合理规划及部署实施。地面5G通信采用公网号码资源,井下5G通信应与原有资源相结合。矿井5G通信在经过网络安全隔离后,可与公网连接,在保障数据安全的条件下实现全方位的互联互通。

14.3.2 煤矿F5G技术

F5G是以10GPON、WiFi6、200G/400G等技术为代表的第五代固定网络,具备大带宽、低时延、高可靠、无源、易部署、易扩展的特点,国内已经实现广泛部署、高度产业化。与传统的工业交换机环网相比,煤矿F5G具有以下优势:网络架构极简、无源,可实现井下网络零防爆箱;自生长网络,适合煤矿作业面的变化;高保护、低时延、可靠性强;免熔纤、易运维、井下部署简便。二者的详细对比见表14-1。

表14-1 传统网络和F5G的性能对比

对比类别	工业交换机环网	F5G网络
国产化	国外厂家居多,如赫斯曼等工业品牌	全国产化设备
承载业务多样性	传统万兆目前不支持RS485等工业协议	具备传输以太网、RS485、CAN等协议
网络结构	井下部署大多使用环形结合星形结构,随着业务的增长结构越来越复杂	扁平化部署,ORH通过ORP直接下挂ORE设备,物理上只有2层
兼容性	目前收敛速度比较快的环网协议大多是私有的,不同型号之间兼容性较差	不同型号设备可以下挂到同一台ORH上,实现组网的多样性
运维	井下结构复杂,难以快速定位故障点	采用统一网络管理平台,通过特有协议可以快速定位光纤故障点,误差小于0.5 m
部署难易程度	新设备部署时,或者需要提前搜集需求做好预配置后,到井下根据配置安装;或者需要在井下安装后再做配置,部署有一定难度	所有配置下发都在ORH设备上,通过网络管理平台可以统一下发配置,部署容易
成本	根据不同配置价格不同	与环网相同配置前提下,可节约成本30%以上

WiFi6是最新一代的无线局域网传输技术,同时也是F5G的重要技术组成。WiFi6的工作频段为2.4 GHz和5 GHz,传输速率最高可达9.6 Gbit/s,每个接入点最多支持1024个无线终端,并发用户数最大可达74个,网络时延不大于20 ms。凭借传输速率高、系统简单、成本低等优势,WiFi6在煤矿智能化中具有重要的应用价值,进一步拓展了煤矿F5G的应用场景。

1. 矿井F5G网络典型架构

矿井F5G采用环形结构,由光环网头端设备ORH、光环网终端设备ORE、无源光环网设备ORP三部分组成,其网络架构、拓扑结构如图14-5、图14-6所示。

ORH设备(图14-7)用于汇聚井下各种业务数据流,并上传到是数据中心,同时把数据中心传下来的控制数据下发到井下各设备,其网络侧通过千兆、万兆等以太网接口与核心交换机通信,其用户侧提供工业光接口接入井下网络。

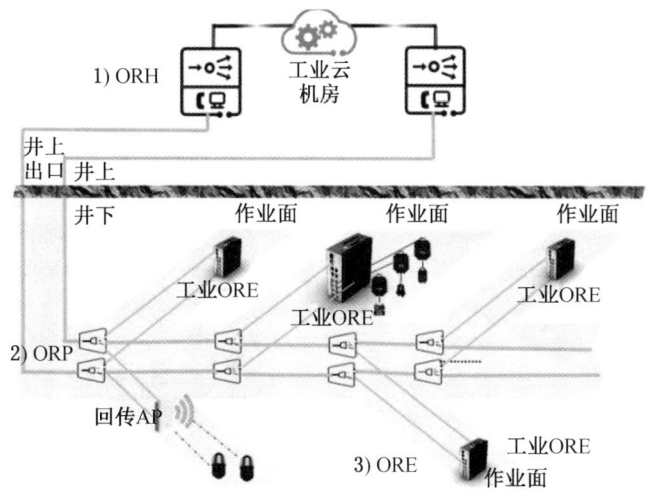

图 14-5 煤矿 F5G 典型网络架构

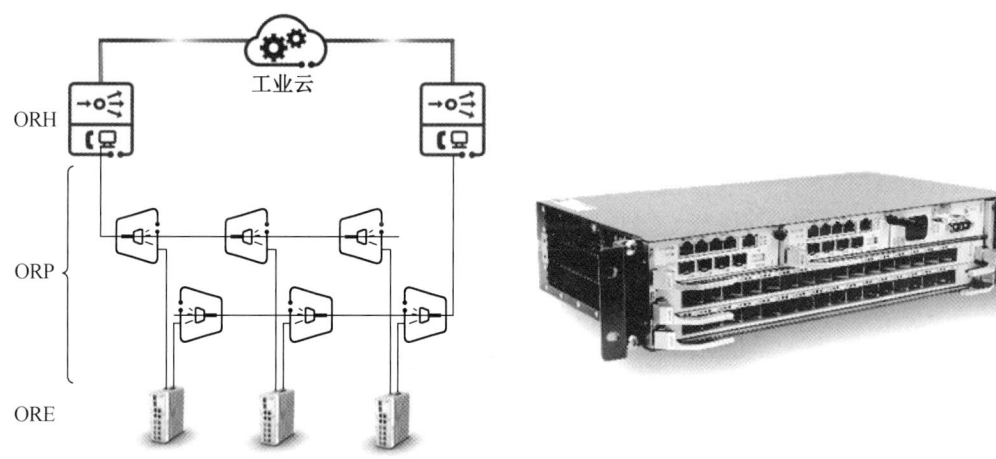

图 14-6 工业光环网 IOR 网络拓扑结构　　图 14-7 ORH 光环网头端设备

ORE 设备（图 14-8）把井下各终端的数据，通过 ORP 上传到 ORH 设备，同时把 ORH 设备下来的数据传送给各终端设备，其网络侧通过 ORP 分光器与 ORH 的工业光接口连接，其用户侧通过以太网口、工业串口（RS485）连接井下各终端设备，比如井下视频摄像头，井下温度、湿度传感器等。

ORP 设备用于连接 ORH 和 ORE，负责把一个 ORH 的工业光接口连接到多个 ORE 设备，ORP 包含光纤光缆和分光器（图 14-9），其中分光器一般为不等比分光，以支持矿井巷道和作业面链形的应用场景。

2. 矿井 F5G 业务承载设计

井下的有线网络承载的业务系统主要分为两类：一类是生产设备的控制和维护管理系统，一类是人员、环境、车辆等监测类系统。系统对网络的要求高可靠、低时延、高安全，随着智能化应用变多，井下摄像头、AP 将增多，网络带宽要求会逐渐提高。工业光

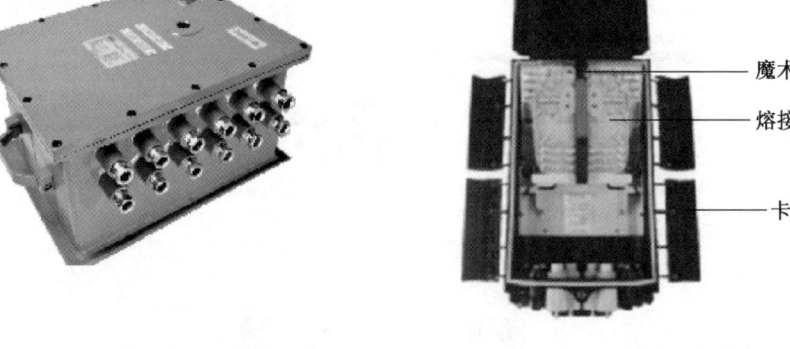

图 14-8　ORE 矿用光环网终端设备　　　　图 14-9　ORP 矿用主分光器

网可以提供高可靠、低时延、高安全、大带宽的有线网络。

（1）高可靠性。设备级和部件级可靠性要求设备的重要部件如主控板、电源、上联口支持 1+1 冗余备份。组网可靠性保证分为两部分：PON（无源光网络）采用 Type C 双归属保护（图 14-10），一旦 PON 网络出问题，可以 50ms 切换到备用，对外体现业务不中断；ORH 上行组网可靠性保证，核心交换机堆叠，ORH 上行接口 LAG，保证上行传输的可靠性。

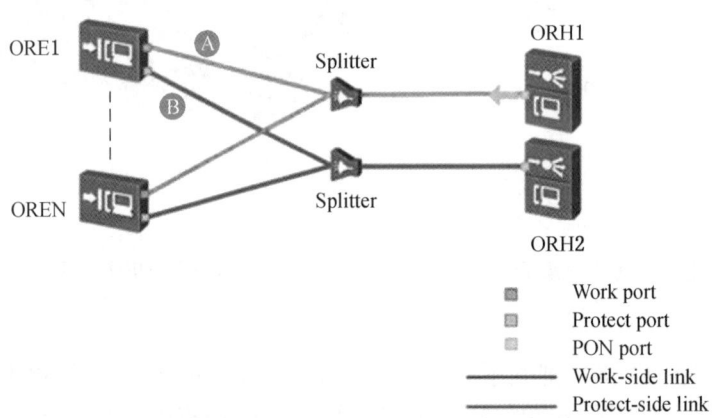

图 14-10　F5G 网络的 TypeC 双归属保护

（2）低时延保证。全光网络采用二层数据承载技术，需要利用 VLAN 技术来对不同业务划分不同的 VLAN（图 14-11），这样可以做到不同业务相互隔离，互不影响。不同的业务选用不同的优先级，保证重要业务高优先级。重要的低时延业务可以选用固定带宽，保证带宽和时延不受网络拥塞的影响。

（3）高安全保证。F5G 链路支持 AES-128 加密（图 14-12），可以保证传输报文的高安全性。

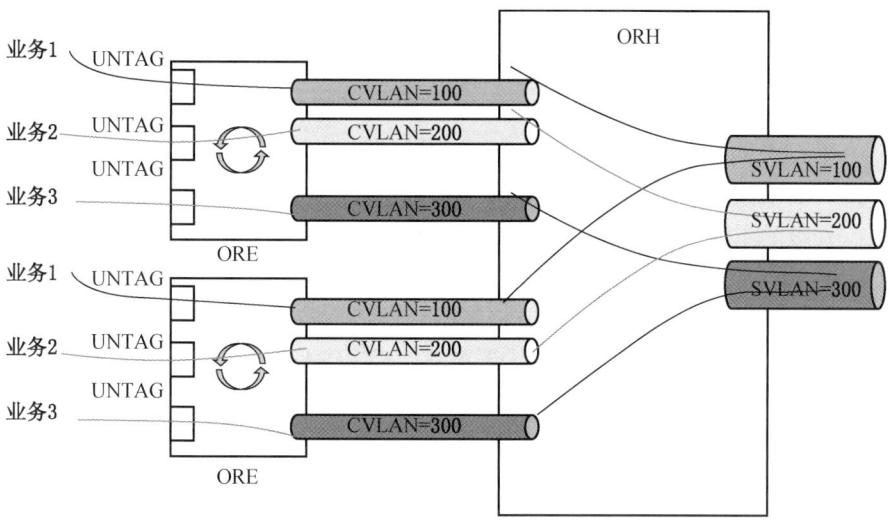

图 14-11 F5G 网络的 VLAN 划分

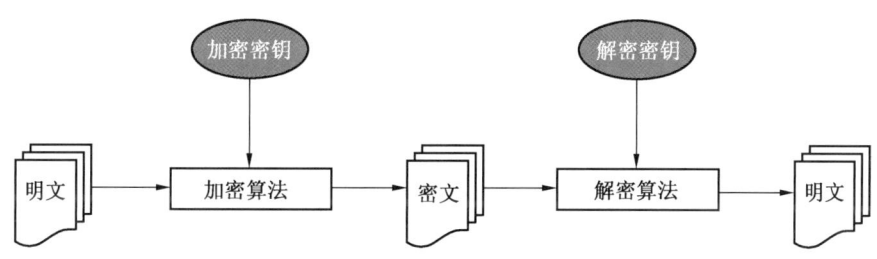

图 14-12 F5G 网络的报文加密

（4）大带宽保证。为了满足矿井应用后续大带宽要求，选用当前主流的 10G PON 组网，保证一个 PON 口的带宽上下行各 10Gbps。ORH 和 ORE 提供配置手段，保证各种业务或者各个 ORE 带宽的灵活配置。

3. 矿井 F5G 典型应用系统

（1）视频传输网。F5G 系统可用于视频传输网，支持煤矿各场景的视频传输。包括带式输送机的中部、机头尾、落煤点、受煤点，机电硐室的配电室、配电点、泵房、排水点，瓦斯抽采钻场，车场的前部、中部、后部，采掘工作面的架载视频、采煤机机载视频、机器人等巡检设备的机载视频，井下重要场所的场景智能识别等。

（2）远程控制网。F5G 系统可用于视频传输网井下各种工业集控区域的远程控制网，如采掘面（采煤机、液压支架、掘进机）、变电所、水泵房、带式输送机、大巷、井筒、管道等场所需进行远程控制系统的有线/无线接入，可采用 F5G 网络部署、一跳直达，时延更低，也可避免传统 IP 网络的网络风暴。

（3）煤矿安全监控系统传输网。F5G 系统可用于煤矿安全监控系统的传输网，传输甲烷、一氧化碳、二氧化碳等气体浓度、矿尘浓度、风速、风压、湿度、温度、馈电状态、风门状态、风筒状态、局部通风机开停、主要风机开停等监控数据。按照《煤矿安全规程》煤矿安全监控系统不与视频传输共用一芯，因此采用 ORH 的不同端口、连接不同芯光缆入井将适用于监控系统改造，可显著提升煤矿安全监控系统传输稳定性。

（4）煤矿人员定位系统传输网。F5G 系统可用于煤矿人员定位系统的传输网，传输井下人员位置、人员出入井时间、重点区域/限制区域出入时刻、井下和重点区域人员数量、井下人员活动路线等数据，也可支持车辆、设备定位数据传输。目前全矿井精确定位系统是煤矿升级的主流，基于 F5G 的可扩展性可显著降低全矿井覆盖带来的网络改造量。

（5）其他物联系统接入网。煤矿井下需要物联传输数据的系统还有顶板离层监测、地压监测系统、通风监测系统、电力监控系统、立斜井及井筒安全监测系统，设备故障诊断系统等，借助于 F5G 架构简单、可扩展性强、高保护、低时延、易维护等特点，将在全矿井共缆应用。

4. 矿井 F5G 网络部署要求

（1）ORH 部署。通常应在井上机房部署两台 ORH，分别出主干光缆从主井和副井进入井下，组成 TypeC 保护，最终连接 ORE。ORH 可根据不同的煤矿规模和业务需求选择不同类型的插卡，一般需要具备双电源输入、双控制器等硬件冗余及双软件备份功能，以进一步提升网络设备的可靠性。

（2）ORE 部署。煤矿井下 ORE 通常应支持 TypeC 保护的工业级 ORE，以提升网络可靠性、保障煤矿生产。ORE 在井下应带有防爆箱。ORE 可根据煤矿井下的业务需求和具体的数据点位进行灵活安装，ORE 宜安装到靠近终端设备接入设备，比如摄像头、温度、湿度传感器等，以使 ORE 的双保护延伸至终端设备，提升整网可靠性。

（3）ORP 部署。ORP 为无源设备、不需要防爆箱。由于大部分煤矿在智能化升级时已经铺设了环网光缆，F5G 的建设可利用原主干光缆，可将 ORP 的安装位置选择在原有环网交换机的位置。ORP 和 ORP 间可以串联起来安装形成多级分光，根据井下的设备和数据传输需求来进行灵活组网。

14.3.3 煤矿融合通信技术

煤矿数字化建设中尚存在系统独立建设、不同通信系统之间内聚度低但成本较高、部署复杂度高、维护困难等问题。针对煤矿通信融合的实际需求，需要实现煤矿融合通信管理，将煤矿井下各子系统进行统一接入、管理和调度，能够有效地对矿山的生产、安全、信息、设备、材料等建立一体化管控机制，实现对整个矿山的安全生产的标准化和精细化管理。

1. 煤矿融合通信典型架构

煤矿融合通信系统遵循数字矿山"一网一站+"的总体要求，对煤矿井下无线通信、程控调度、数字广播、工业视频、人车定位、GIS 地图和工业自动接入等一系列系统进行融合，构建煤矿融合通信管理平台，地面调度台可实现有线、无线、广播、监控、定位的立体化综合调度；井下使用本安型融合分站可实现千兆传输、4G/5G 通信、WiFi 数传的一体化管控。煤矿融合通信系统架构如图 14-13 所示。

2. 煤矿融合通信典型应用系统

1）蜂窝无线通信子系统

煤矿井下蜂窝无线通信子系统目前主要是 4G/5G 无线通信系统，支持 VOLTE/VONR 高清音视频通话、井下数据无线传输功能。矿用手机需要实现 VOLTE 和 VONR 互通、实

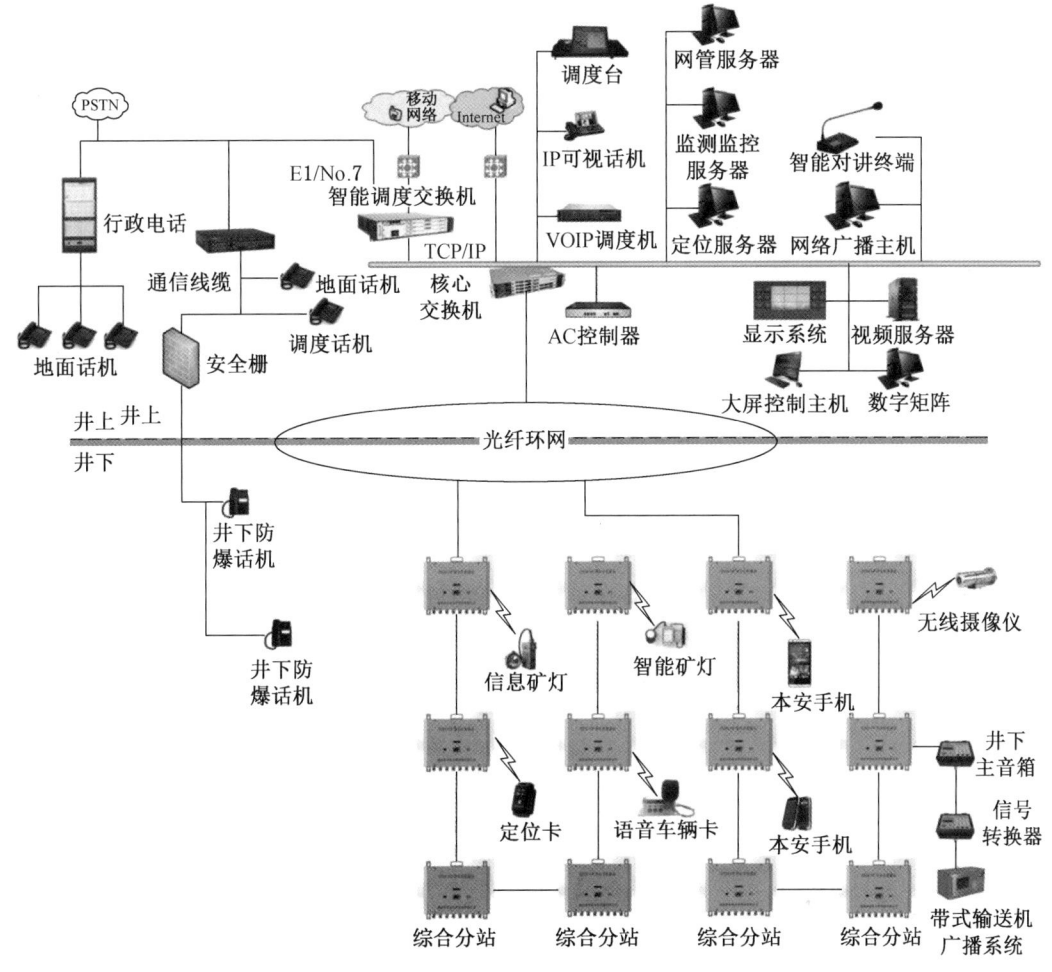

图 14-13 煤矿融合通信系统架构

现 4G/5G 手机之前的语音通话，支持不同接入技术的手机直接接入公共通信系统，实现井下地面一机通，同时该系统可与有线电话系统、语音广播系统联网实现互联互通、统一调度等功能。

2) 定位子系统

井下高精度定位系统，支持对井下人员、车辆、设备的实时定位及管理，提高井下环境的安全性及井下人、车、设备管理的效率。

目前 UWB 技术是煤矿高精度定位的主流技术。根据 FCC 的规定，UWB 技术是相对带宽大于 0.2 或者绝对带宽大于 500 MHz（3.1～10.6 GHz 范围）的技术，在 IEEE 801.15.4 系列协议被定义。其中 IEEE 802.15.4a-2007 物理层定义了 UWB 和 CSS（Chirp 线性调频）两种定位技术，UWB 在 802.15.4f-2012、802.15.4z-2020 中进行了两次演进。UWB 定位的收发设备，交互 ns 级的脉冲信号进行测距并生成脉冲加扰时间戳序列，收发设备预配置或者在定位请求中约定，只有测距双方能够获知并检测，支持单程双边测距、双程双边测距和 TDOA 3 种测距定位方式，定位精度可达静态 0.3 m。

3) 程控调度子系统

程控调度子系统主要基于 TCP/IP 的组网方式，分配统一编号和 IP 地址，可以根据煤矿井下的实际情况灵活采用链形、星形、树形、数字环形和双中心网状等多种组网方式，满足煤矿井下对程控调度业务的多种需求。

程控调度通常采用数字时分交换技术，通过 4096×4096 全数字交换网络，应支持 G.711 A/u、G.729、G.726-32k、ilbc 等多种语音编码方式，支持单呼、组呼、群呼、会议、强插、强拆、呼叫转移、转接、振铃多种呼叫功能，支持主控制器、交换网、会议资源、音源、扩展、驱动等关键接口部件的 1+1 热备份功能，提供关键设备和数据的安全保障。需要支持回音抵消和呼叫线路自动选择功能，保证煤矿井下通话质量，还可具备录音接口，支持接入多通道数字录音仪，实现通话实时录音及备份功能。应支持 SIP 2.0（RFC3261）协议，实现与煤矿井下 4G/5G 移动通信、广播系统、地面调度台之间的互联互通，实现矿山调度通信系统、广播系统和行政电话之间的融合联动。还可通过统一网管软件集中对多台设备进行配置、升级、告警管理、故障定位等操作，使话音、传真、数据在同一 IP 网络中传送。

4) 监测监控子系统

支持监测监控模块接入井下传感器，实现对井下环境参数、工作人员健康情况的实时监测监控，提高井下的安全性。煤矿井下关键场所需要部署高清摄像头，利用视频采集、分析、处理、集控接入等关键技术，对井下特定场所进行火点、烟雾、温度，综采面刮板输送机断链和井下人员危险区域的进入/离开区域等监控，实现井下危险行为分析预警及安防联动功能。信息矿灯、本安型手环、手表等智能穿戴设备可实现气体数据、视频信息以及人员位置信息（安装人员定位卡情况下）的实时监测、数据历史查询、音视频通话调度、语音广播、文本信息下发以及系统管理等功能，全天候连续测量井下工作人员的心率、血压、运动距离、卡路里消耗情况等人体生命体征数据，利用井下 4G/WiFi/5G 高速传输通道将实时数据传回服务器端，实时监控井下人员的身体状态，保障生产安全，为煤矿的安全生产提供智能决策。

5) 无线局域网通信子系统

支持无线设备之间数据的传输，支持 WLAN 接入管理与控制、VLAN 划分、QoS 管理、DHCP 划分、用户接入管理及控制能力、用户切换、WEP/WPA/WPA2/802.1x 无线网络安全方式、无线 IPS/IDS、二层用户隔离等。

无线局域网通信中，WiFi 在煤矿井下应用广泛。WiFi 是 IEEE 定义的无线局域网通信技术，先后基于 802.11a、802.11b、802.11g、802.11n（WiFi4）、802.11ac（WiFi）等协议实现。IEEE 802.11ax（WiFi6）采用 OFDMA 正交频分多址技术、MU-MIMO 技术、空间复用技术，能够大幅度提升传输速率和通信性能，其主要特性增强技术如下：

（1）OFDMA 正交频分多址技术。传统的 WiFi 是时分复用的通信技术，而 WiFi6 采用的 OFDMA 是将频域上的一整个无线信号通道分割为多条，从而形成数个资源单元。当需要传输数据的时候，数据将会按需分配到每个资源单元上，而不是像 WiFi 的早期版本那样需要占据整个信号通道。名称中的"多址"可以理解为多用户，表示可以实现为多用户同时服务，提高资源利用率。

（2）MU-MIMO 技术。在传统的传输模式中，虽然也支持多个设备同时传输，但是如果碰巧在相同时刻,都挤在相同的信号通道中,那么就等待信道空闲后逐一接入。而 MU-MIMO 技术的加入,可以实现多个设备同时在相同信号通道中同时传输。因此,WiFi6 可将 WiFi 信号通道的频宽从 80 MHz 提升到 160 MHz。

(3)着色机制和空间复用技术。WiFi 的着色机制是将从 1 到 63 的索引号赋予颜色,该索引号与信道分配一起手动或通过无线资源管理协调地分配给各个接入点。同一位置附近共享同一信道的接入点应具有不同的颜色。如果在同一信道上运行的两个设备具有相同的颜色,则检测站发送颜色冲突报告以警告所连接的接入点。接入点可以随时通过在每个信标和探测响应帧中发送的 BSS 颜色变化通知元素来通知 BSS 颜色变化,从而实现资源的空间复用。

6)语音广播子系统

语音广播子系统可在突发事件发生、需要紧急撤离的情况下,由地面调度指挥中心工作人员使用对讲话筒,通过设在井下重点防范区域的扩音喇叭装置,以扩音喊话的方式对现场进行疏散和疏导,指挥现场人员迅速、有序、安全撤离危险区域,最大限度减少灾害影响和灾害救援过程中的次生影响。

正常生产时,语音广播子系统可在井下各地点播放背景音乐、新闻、宣传报道、安全知识等,通过网络可以实时进行区域广播,作为煤矿宣传和安全教育的方式。系统应具有高度可靠性、适应井下高温、高湿等严格的工作环境,安全稳定运行。

7)工业自动化接入子系统

支持可供工业自动化系统接入的不同接口,如以太网接口和 RS485 接口。以太网接口适用于后期新建系统的接入,RS485 接口适用于综合分站较远距离系统的接入。

8)GIS 地图互操作子系统

支持 GIS 展示地图,并能在一张 GIS 地图上实时显示当前井下人数、井下车辆数量、固话数量、广播数量和信息矿灯上传的图片、录像、设备报警等多类信息,支持 GIS 图上对终端、广播的监测和通信,对人员、车辆和设备进行实时精确定位、通信联络,对 GIS 地图上选中的目标区域进行数字广播和视频流调用。

3. 煤矿融合通信部署原则

(1)支持升级改造、避免重复建设。煤矿融合通信系统建设应基于"一网一站+"煤矿发展升级理念,支持对井下现有系统进行升级改造,有效整合井下现有系统,减少煤矿功能重复性投资和建设。各子系统可接入井下以太网环网系统,建设全 IP 网络架构,稳定可靠灵活,便于部署和管理。

(2)支持数据互联互通、系统联动。煤矿融合通信系统部署应支持多系统数据面互联互通,支持无线通信子系统、定位子系统、程控调度子系统、监测监控子系统、无线宽带子系统、语音广播子系统、工业自动化接入子系统、GIS 地图互操作子系统的兼容共存、管理界面可定义、可实现数据互通、应用功能可调度。基于 GIS 井下地图应可再现井下全貌,监控软件界面应可支持人员、车辆、设备的分布和运动情况,实现监控,支持系统联动。

(3)兼容性高、扩展性强。煤矿融合通信系统部署应充分考虑已有系统接口的兼容性,并可支持新系统接口的扩展。综合分站应支持高集成、模块化、可插拔设计,包括 4G/5G 无线基站、接入交换机、定位基站、IP 电话和串口网关,实现共电源,共传输、定位基站与 4G/5G 无线基站信号共用天线覆盖，集成以太网光口、以太网电口、RS-485 接口、RJ11 接口、传感器接口、无线 WiFi 接口等，可兼容多种井下系统接口。

14.4 智能矿山通信网络应用案例

14.4.1 国家能源集团神东上湾煤矿 5G 专网案例

1. 现场情况

上湾煤矿位于内蒙古自治区鄂尔多斯市伊金霍洛旗境内，是神东煤炭集团的主力生产矿井之一，井田面积 61.8 km^2，核定生产能力 $1.4×10^7$ t/a。上湾煤矿井下已经部署了 4G 系统，端到端时延 100ms，上行传输尚难以支持井下工业控制、视频传输等应用的通信网络需求。

2. 部署方案

上湾煤矿基于 5G 通信的智能矿山基础平台建设项目由煤炭科学技术研究院有限公司承建，以自主研发的大带宽、低时延、高可靠 5G 移动通信系统为核心，项目整体采用神东煤炭集团中心和矿区的二级网络架构。

5G SA 核心网部署于神东煤炭集团中心机房，UPF 按需下沉，满足矿区 5G 转发需求，具备电信级安全高可靠性和面向未来的持续演进能力。硬件可满足二十万级用户接入需求，同时在神东煤炭集团核心机房中部署吞吐量为 50Gbps 的 5G 核心网用户面网元 UPF，可以承载现有无线传输业务以及未来将要规模应用的无线传输业务，在上湾煤矿机房部署吞吐量为 50Gbps 的 MEC，承载上湾煤矿的 5G 业务。针对上湾煤矿存在低时延和数据不出矿区需求，采用上湾煤矿机房部署的 5G UPF 网元承载业务接续和分流，向上接入神东煤炭集团核心机房部署的 5G SA 核心网控制面各网元实现 5G 业务处理，核心网网元统一通过 U2020 进行设备状态管理维护。采用 SA 独立组网架构，以 3GPP 标准服务化架构独立组网，验证服务化架构、网络切片关键新能力，控制面在神东煤炭集团核心机房集中部署，转发面部署在各个分矿区，提供超大带宽和超低时延的 5G 网络接入。

5G 环网选用 IPRAN 组网方式建设，采用分层组网方式，设备支持网络切片、SR、EVPN 等网络新特性。以 5G 通信网络为基础，充分利用 5G 异构定位架构，融合 UWB 单基站定位技术，可同时解决定位精度和定位覆盖两大核心问题，实现一体化的通信和定位覆盖。井下接入网主要支撑终端设备信息传输，实现井下区域的 5G 无线信号的覆盖，以及无线终端的接入功能。采用"BBU+RHUB+pRRU+CPE/终端"的组网架构设计，主要设备包括矿用隔爆基站控制器（基带处理器 BBU、数据汇集器 RHUB）、矿用隔爆基站及基站天线单元、矿用本安 5G 通信终端、5G+UWB 智能矿灯、井下车载通信终端等。矿用 5G 通信系统采用分布式基站设计，部署的基带控制单元 BBU 通过光纤环网与井下数据汇集器设备（也可地面部署）及基站天线单元相连。井下无线资源帧结构采用上下行 3∶1 的资源配置，以满足上行大带宽的传输需求。神东上湾煤矿 5G 专网部署架构如图 14-14 所示。

3. 应用效果

神东上湾煤矿 5G 专网支持 5G+UWB 信号全覆盖，神东上湾煤矿 5G 专网支持 5G SA 组网，端到端时延可达最高 20 ms，可支持基于 UWB 的井下人、车精确定位，为井下无人驾驶、井下高清视频传输、综采及掘进数字孪生工作面、井下工业控制、机器人智能巡

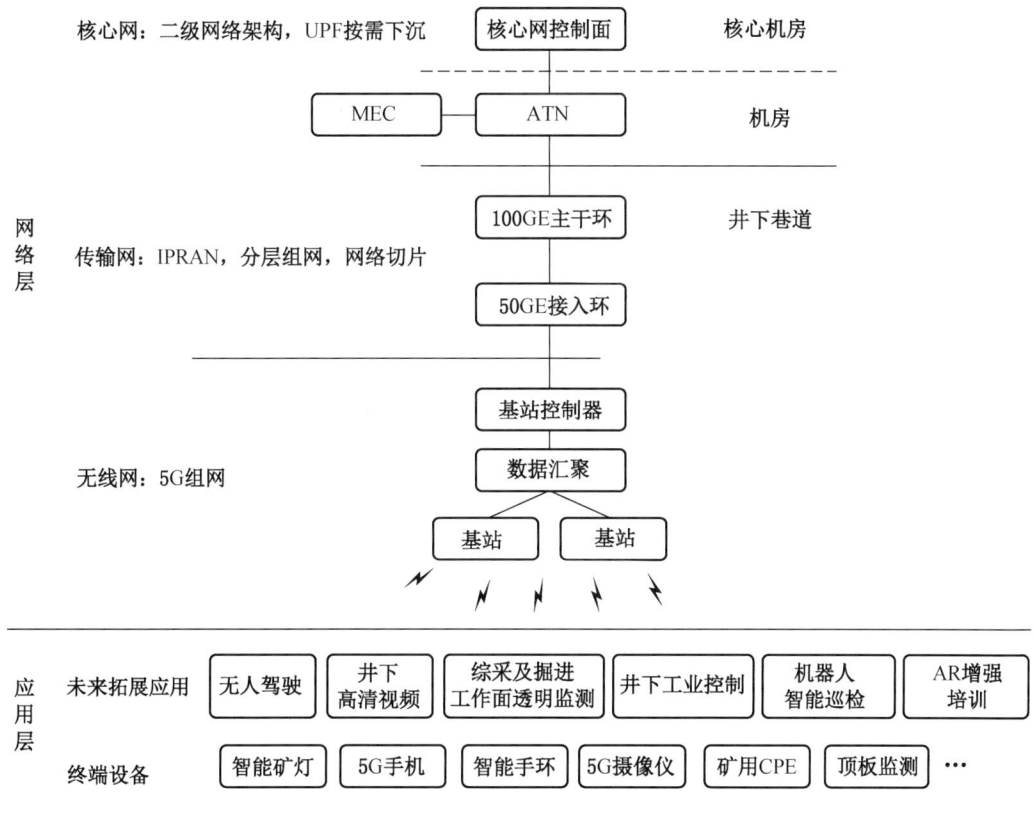

图 14-14 国家能源集团神东上湾煤矿 5G 专网部署架构

检、基于 5G 的 AR 增强培训及未来井下基于 5G 的智能应用打下坚实的技术基础。

14.4.2 国家能源集团神东保德煤矿 F5G 案例

1. 现场情况

保德煤矿位于山西省保德县境内，隶属于国家能源集团神东煤炭分公司。井田面积 55.9 km^2，核定生产能力 $5×10^6$ t/a。保德煤矿井下已经部署了传统工业以太网，其骨干层是万兆环网，接入层采用千兆树型组网，环网交换机的 1 个千兆口最多下挂 16 个综合分站，应用中面临如下痛点：树型长链路无保护，故障无法隔离；网络抗突发能力弱，业务拥塞严重；依赖人工现场排查，运维效率低下；视频业务挤占带宽，数据传输困难。

2. 部署方案

保德煤矿的 F5G 网络升级改造项目由煤炭科学技术研究院有限公司承建，旨在将井下传统工业网演进到 F5G 无源全光工业网。从井下现有综合分站中，选取 24 台进行 F5G 无源全光工业网终端改造，并在井下建设 3 条 F5G 无源全光工业网万兆专线，每条万兆专线接入 8 台升级改造后的综合分站设备。另外，还在井下带式输送机运输多摄像头区域，建设 1 条 F5G 无源全光工业网万兆视频专线，部署 5 台全光工业网终端设备，用于视频业务接入。F5G 无源全光工业网终端设备万兆上行，接入业务一跳到井上。通过 F5G 无源全光工业网的创新，将万兆下沉至业务点，减少业务网络跳数，解决井下业务拥塞。保德煤矿 F5G 部署架构如图 14-15 所示。

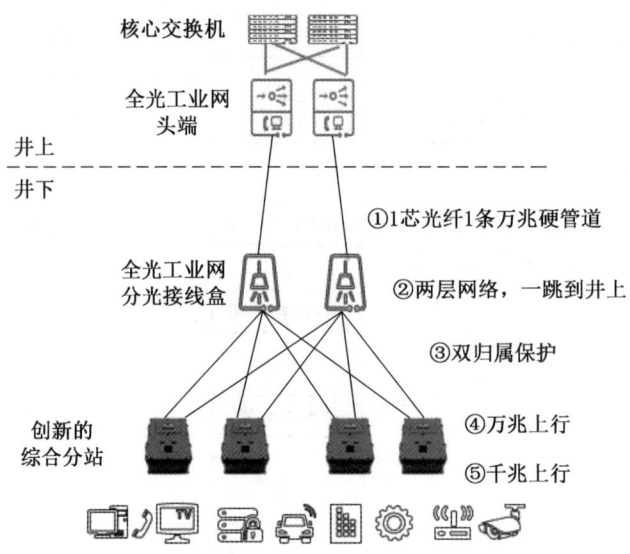

图 14-15　国家能源集团神东保德煤矿 F5G 部署架构

基于 F5G 无源全光工业网创新，引入轻量级的网管系统（图 14-16），实现全光工业网络的拓扑还原、集中告警、智能报表、多种业务维护接口开发等远程运维手段，并进行煤矿工业网络智能运维探索。

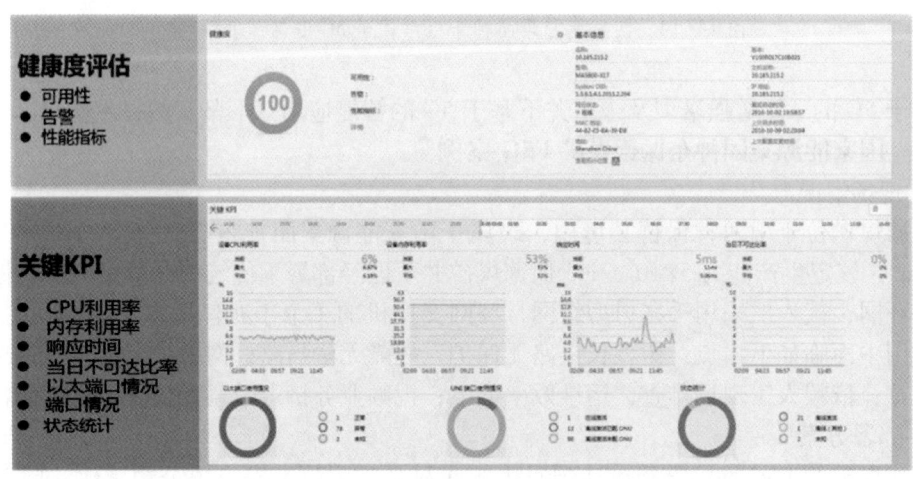

图 14-16　F5G 网管系统界面图

3. 应用效果

通过 F5G 无源全光工业网的创新方案，构建新一代井下通信网络，万兆下沉到业务点，一台设备故障，不影响其他设备，网络具备安全可靠、极简部署、可视运维、灵活扩展、边缘智能等功能。项目实现以下先进效果。

实现网络的可靠保护。全光工业网终端设备到头端设备间全光网络实现 Type C 的双归属保护，光网络支持故障自恢复，自愈时间满足智能化矿山标准要求。F5G 无源全光工业网 1 芯光纤级联多台全光工业网终端设备，一台全光工业网终端设备故障，其下级联的全光工业网终端设备不受影响。

支持合分站级联与业务互通。F5G 无源全光工业网 1 芯光纤 1 条万兆硬管道，1 条万兆硬管道可级联 8 台全光工业网终端设备。全光工业网终端设备万兆上联、千兆接入，接入业务一跳到井上。

实现井下通信设备管理。通过网管系统，支持 F5G 无源全光工业网络拓扑还原、集中告警、智能报表、多种业务运维接口开发等。

建立大视频业务的独立专线。利用现有井下光缆中两芯空闲光纤，可提供 1 条 F5G 无源全光工业网的视频专线，万兆上联、千兆接入，可在综采面、带式输送机等多摄像头区域灵活部署。

支持井下光纤连接产品可靠便捷维护。基于 F5G 无源全光工业网，实现煤矿井下光纤快连接应用，即插即用，免熔纤。

14.4.3 融合通信系统案例

1. 山西天地王坡煤业矿融合通信案例

1）现场情况

王坡煤矿位于山西省晋城市泽州县境内，是由中煤科工能源科技发展有限公司、煤炭科学技术研究院有限公司和泽州县国有资本投资运营有限公司共同出资组建的有限责任公司。井田面积 25.35 km²，核定生产能力 3×10^6 t/a。项目基于王坡煤矿已经部署的有线调度系统和小灵通系统，建设 5G 专网系统、4G 专网系统以及 KJ236 煤矿人员管理系统，需要实现各子系统之间互联互通及联动调度的融合通信目标。

2）部署方案

山西天地王坡煤业矿融合通信项目由煤炭科学技术研究院有限公司承建。4G 系统主要承载井下、井上语音业务，涉及 70 台本安型基站、4 台地面基站以及 100 部本安型手机；5G 系统配有 4 台基站、10 部手机、4 台 CPE，主要承载井下采煤机、电液控系统的远程控制业务以及 3308 工作面的语音业务。

项目中 4G 系统内通过 VOLTE 实现语音业务，5G 系统通过 VONR 实现语音通话；4G、5G 系统在未增加其他网关外设的情况下，通过打通 4G IMS 与 5G IMS 路由，以 SIP Trunk 方式对接实现 4G、5G 语音互通。

3）应用效果

王坡煤矿 4G 专网实现系统内 VOLTE 通话以及与 5G 系统、调度电话的语音通话；井下实现了基于 5G 网络的采煤机、电液控远程控制系统以及 5G 系统内的 VONR 通话与 4G 系统的语音通话。该项目打破不同通信系统和设备的信息交换壁垒，实现高度集成、统一承载的新型矿用通信系统。

2. 内蒙古汇能集团宝平湾煤矿融合通信案例

1）现场情况

宝平湾煤矿位于内蒙古自治区鄂尔多斯市准格尔旗境内，隶属于内蒙古汇能集团。井田面积 26.4492 km²，核定生产能力 1.2×10^6 t/a。宝平湾煤矿先前部署 KJ236 煤矿人员管理系统和有线调度系统，包括 60 部电话、40 部小灵通，应用中面临如下痛点：有线调度、小灵通和广播通信之间无法互联互通；现有人员定位系统为区域定位的范畴，在人员入井口未建设唯一性检测装置；有线调度、小灵通数量少，覆盖范围低，难以实现井下全人员的实时通信。

2）部署方案

宝平湾煤矿的立体融合通信系统升级改造项目由煤炭科学技术研究院有限公司承建。系统在一个调度台的一个调度软件上支持有线调度、无线通信、工业视频、人员定位等综合调度，支持矿井的融合调度指挥、调度资源整合。升级有线调度系统，增设 6 个数字语音网关，192 路有线电话，满足煤矿井下各区域有线通信的需求。建设井下 4G 移动通信系统、实现全矿井下的移动网络覆盖，配置 80 台本安型智能手机，支持 VOLTE 语音通话、视频通话业务；升级人员定位系统，支持全矿井人员的精准定位。

宝平湾煤矿的立体融合通信系统升级改造项目将井下摄像机与融合通信基站、矿用本安型电话、音箱和信息矿灯绑定，一旦井下工作人员向调度中心发起通话时，调度中心的调度员通过定位卡信息定位工作人员的位置，通过摄像头、信息矿灯上传视频可以查看到井下通话人员周围的环境情况，当电话挂断后，图像信息立即消失；当调度中心调度人员需要掌握井下的实时动态信息，通过多媒体调度台向井下融合通信基站或矿用本安型电话发起通话时，平台会自动调取视频图像供调度人员查看，当电话挂断后视频图像自动消失。矿井发生突发险情时，平台可以智能联通各子系统，在 GIS 地图上快速定位到险情发生的位置，联动周围设备，调用现场视频流，广播避险方案，引导工作人员高效精准避险。还可在 GIS 地图上关键位置设置电子围栏，利用摄像头、人车定位卡、智能矿灯等多种方式对目标区域进行监控，当有工作人员进入目标区域或者进入目标区域的人员数量超过阈值，调度台上会立刻进行声光报警，根据设置的预案，对目标区域进行告警广播，提醒工作人员注意事项，避免事故的发生。

3）应用效果

宝平湾煤矿的立体融合通信系统实现了有线调度系统、无线通信系统、车辆管理系统、人员定位系统进行升级改造，建设一套立体融合调度指挥系统。系统能够实现 4G 移动通信、WiFi、精确人员定位、有线调度融合组网、支持千兆环网，打破不同系统和设备的信息交换壁垒，实现高度集成、统一承载；采用 UWB+TDOA 的精确定位技术，实现矿井目标精确定位、人员管理唯一性检测等各项功能。

15　智能化煤矿双重预防体系与智能化管理

15.1　煤矿安全管理与双重预防机制

由于煤矿生产的特殊性，以及煤矿从业人员的整体情况，长期以来煤矿都是典型的涉危行业，安全在煤炭企业的生产经营活动中占据及其重要的地位。正如2021年6月修改的《安全生产法》中所说："安全生产工作应当以人为本，坚持人民至上、生命至上，把保护人民生命安全摆在首位，树牢安全发展理念，坚持安全第一、预防为主、综合治理的方针，从源头上防范化解重大安全风险"，可以说安全已成为煤矿生产经营中最为各方所重视的因素。

15.1.1　煤矿安全管理的隐患排查与闭环管理

安全管理的本质是在各种安全资源优化配置的基础上，通过安全计划、组织、协调、指挥、控制等管理职能，实现"人、机、环、管"各要素能够持续处于合适的状态之中，避免事故的发生。为了做好安全管理，人们很早就认识到应该对危险有害因素进行管控，并制定了详细的管控要求、规范、标准等，如我国长期以来执行并不断演化的安全生产标准化、《煤矿安全规程》《防治煤与瓦斯突出细则》《煤矿防治水细则》《防治煤矿冲击地压细则》（即"一规程三细则"）等，而且各煤炭企业、煤矿也往往在这些共性要求基础上，进一步制定了诸多的个性化要求。

这些管控危险有害因素的各种措施在煤矿落地过程中，往往会因为各种原因而难以全面、持续、彻底执行，从而给煤矿安全生产带来危险，导致可能发生职业健康损害或事故。这些风险管控不到位的原因一般可分为四类，即：人的不安全行为、物的不安全状态、环境的不安全因素和管理上的缺陷，一般称之为隐患，也称事故隐患。

因此，长期以来，我国煤矿企业非常重视各种类型的隐患排查工作，力求能够尽可能发现存在的各种隐患。煤矿常规的隐患排查种类非常多，如：月度排查、专业排查、日常排查、专项排查、领导带班排查等，此外煤矿安全监管部门等外部单位也会参与对煤矿的隐患排查。隐患排查出来后，必须对其尽快进行处理，否则危险依然存在。这方面的教训非常多，由于隐患拒不整改、整改不到位、整改不及时等原因，虽然发现存在隐患，但最终依然没有避免事故发生。强调隐患从发现到治理、验收全过程管理的隐患闭环管理成为21世纪后各煤矿安全管理的核心之一。大量的隐患排查工作在对煤矿安全生产做出巨大贡献的同时，也占用了巨大的人力、物力，但各种事故仍时有发生。

隐患闭环管理模式属于对危险因素严防死守的模式，不但要求投入大，而且始终处于一种紧张状态之中，难以从根本上解决问题。很多企业容易陷入一个循环：长期严管安全态势好；安全态势好出现麻痹大意情绪；一旦麻痹大意，则发生事故；事故发生后立刻紧张起来；紧张起来后，安全水平迅速提升。很多从事煤矿安全管理的人员都感到日常工作压力巨大，始终处于一种不知道将来会不会发生事故的紧张之中，对于安全管理没有自信。之所以面临这种困境，主要是传统的隐患闭环管理模式只能治标，不能治本，无法从根本上改变原有的安全管理模式。2015年，我国连续发生多起影响恶劣的重特大事故，给人民群众的生命财产造成了巨大的损失，也促使我们深入思考如何采取标本兼治的安全管理模式，创新安全管理方法。

15.1.2 双重预防机制建设的要求

在这种背景下，急需一种既体现国际安全管理发展方向，又符合我国企业长期以来安全管理特点的安全管理思想和方法，统领我国企业安全生产管理工作，标本兼治，建立风险防范化解机制。2015年底，习近平总书记在政治局常委会上提出"必须坚决遏制重特大事故频发势头，对易发重特大事故的行业领域采取风险分级管控、隐患排查治理双重预防性工作机制，推动安全生产关口前移"，正式提出双重预防机制。

2016年，国务院安委办先后印发《标本兼治遏制重特大事故工作指南》（安委办〔2016〕3号）和《关于实施遏制重特大事故工作指南构建双重预防机制的意见》（安委办〔2016〕11号），拉开了全国涉危行业双重预防机制建设的大幕。随后一系列重要文件都将双重预防机制作为安全管理的重要措施列入其中，如：2016年12月9日，中共中央、国务院印发的《关于推进安全生产领域改革发展的意见》（中发〔2016〕32号），2018年4月8日，中共中央办公厅、国务院办公厅印发的《地方党政领导干部安全生产责任制规定》（厅字〔2018〕13号）和2020年4月1日，国务院安委会印发的《全国安全生产专项整治三年行动计划》（安委〔2020〕3号）等。到2021年6月新修改《安全生产法》发布，对双重预防机制建设提出了系统性、强制性的要求，从此构建双重预防机制成为生产经营单位必须履行的法律责任。

15.1.3 煤矿双重预防机制遏制事故的基本逻辑

双重预防机制之所以得到各方广泛的重视，主要还是因为双重预防机制能够夯实各级安全生产职责，有效遏制重大事故发生，而且能够成为企业安全生产的核心逻辑。

双重预防机制的核心思路是先明确有什么风险需要管控，然后确定如何管控、谁来管控，万一没有管控好，如何尽快恢复管控，即解决我国安全管理长期存在的"想不到、管不到、管不住"的问题。双重预防机制的流程逻辑示意图如图15-1所示。

按照管理体系PDCA（Plan-Do-Check-Action）循环的思路，双重预防机制日常管理的核心逻辑可以分为4个阶段。

1. 风险辨识评估与管控清单编制（Plan）

企业组织人员对本企业存在的各种风险进行辨识，同时采用风险评估方法，对静态风险大小进行评估。静态风险也称初始风险，是不考虑公司现有各种管控措施情况下的风险情况，其辨识的目的是明确企业安全管理工作的重点，而非当前实际的风险大小情况。

根据风险大小，企业结合国家法律法规、行业相关规章制度、标准等，编制各风险的管控措施。煤矿可将《煤矿安全生产标准化管理体系基本要求及评分方法（试行）》中"质量控制"要素的相关要求落实到各相应风险的管控要求中。这样做既能够满足对风险管控的要求，确保各风险能够降低到可接受水平，而且能够满足安全生产标准化的相关要求，并在日常工作中得以有效落地。

风险管控措施如果全部有效落地，煤矿生产中的各个风险都应能够得到有效控制，但在实际中往往出现管控责任没人管或管控责任不清出现漏洞，最终导致事故发生。因此双

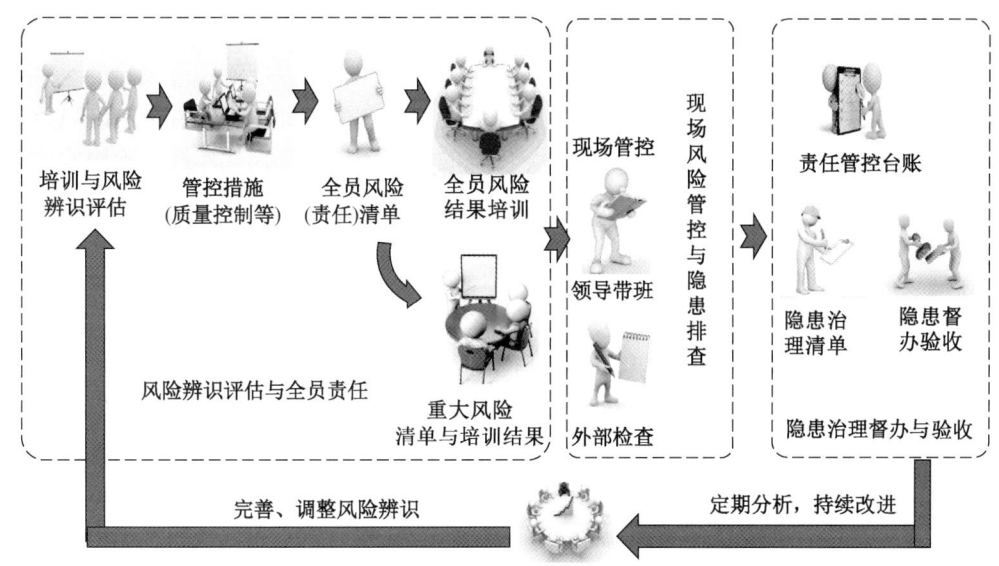

图 15-1 双重预防机制的流程逻辑示意图

重预防机制在制定所有风险管控措施后,还要求按照管理层级、专业、岗位等,编制所有部门、人员的安全风险管控责任清单。通过安全风险管控责任清单夯实所有人员的安全风险管控职责,确保所有的风险都有人管,所有的人都有各自的风险管控责任,实现双向全覆盖。

风险辨识评估与管控清单编制解决了煤矿安全管理中长期存在的"不清楚要管什么、谁去管"的问题,真正夯实了安全责任,为企业安全管理工作奠定了基础。

2. 现场安全风险管控与隐患排查(Do)

现场安全风险管控与隐患排查一体化进行,常见的如日常现场管控、领导带班、外部检查等几类。每一类检查基本流程都基本类似:如果现场检查人员负有安全风险管控职责,则根据自身安全风险管控责任清单,对需要管控的风险的相应措施落实情况进行检查;如果没有安全风险管控职责,则主要对现场存在的重大风险或较大风险管控情况进行检查。如果发现有管控措施不到位,则立即形成隐患。现场安全管控措施众多,不可能每一条措施都列入安全风险管控责任清单或是针对重大风险或较大风险的管控。现场检查人员发现在风险管控之外的问题,即应该进行治理,对于不在自身风险管控责任清单上的隐患,按照隐患排查进行记录。从某种意义上,现场管控发现的隐患分为两类:风险管控发现的隐患和隐患排查治理发现的隐患。

3. 隐患治理督办与验收(Check)

现场风险管控与隐患排查发现隐患后,在形成台账的同时,将隐患信息传递给责任单位,由安全监管部门进行督办。责任单位治理完成后,根据企业制度,由安全监管部门或隐患发现人员或技术科室进行验收。验收通过后,予以销号处理,如果验收没有通过或在隐患治理截止日期仍无法验收的隐患,则应提级督办。

重大隐患的危害程度更大、治理难度也更大,一般需要更加复杂、规范的流程,但其核心思路与一般隐患治理基本一致。

4. 定期完善风险辨识结果和管控清单（Action）

隐患的出现意味着企业预先设置的某些风险管控措施失效，因而相应风险的水平超出了预期，而隐患的验收则意味着风险重新回到了受控状态，实际风险或称为动态风险、现有风险水平相对较低，处于可接受程度。与传统的隐患闭环管理模式不同，隐患验收并不代表双重预防机制流程的结束，相反其后还有一个非常重要的闭环环节，即通过数据分析定期完善风险辨识结果和管控清单。

在现场风险管控与隐患排查中，从风险管控中发现的隐患和隐患排查中发现的隐患虽然治理流程相同，但其代表的含义完全不同。风险管控发现了隐患，则意味着风险管控的责任没有履行好，虽然能够确保其在出现后短时间内被发现，并被纳入处理流程（这点与隐患排查发现的隐患有明显区别），但毕竟出现了管控不符合情况。如果类似的风险管控隐患反复出现或某些重要的隐患出现，则意味着风险管控不到位，或风险措施难以有效落实。企业需要对风险进行再次辨识评估，制定、优化风险管控措施，并对应修改风险管控责任人员的风险管控责任清单，以期下一周期风险管控达到令人满意的水平。隐患排查发现的隐患中，如果存在反复出现、有代表性或比较重要的隐患，则意味着这些隐患不能忽视，一方面考虑是否调整、优化对应管控措施，另一方可以考虑是否将其纳入某个层级、岗位的风险管控责任清单，在下一个周期加强对该风险管控措施的落地。通过这样的风险辨识结果和管控清单完善环节，确保所有风险的重要管控措施都能够有责任人，都能够得到有效落实，从而使得该风险能够得到持续、有效管控，避免重大事故发生。

双重预防机制的日常运行遵循上述 PDCA 逻辑，能够在企业中不断循环、提升安全管理水平，彻底解决原来隐患闭环管理方法的关键问题。

双重预防机制的建设水平与企业落实情况、管理水平和安全管理技术水平都有密切的联系。在缺乏信息化、智能化技术应用时，企业难以实现对风险水平动态评估，更多地依赖管理工作实现双重预防机制的运行，通过双重预防机制的基本逻辑实现对事故的遏制。双重预防机制遏制事故的基本逻辑如图 15-2 所示。

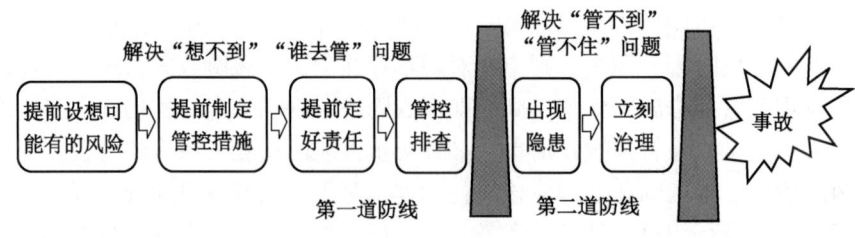

图 15-2　双重预防机制遏制事故的逻辑

根据双重预防机制的运作流程，我们可以知道，从初始的风险辨识评估到现场的风险管控与隐患排查解决的是"想不到"，以及想到了后"谁去管"的问题，构成了遏制事故的第一道防线；隐患出现后，迅速通过隐患闭环治理消除隐患，解决"管不到""管不住"的问题，构成了遏制事故的第二道防线，因此称之为双重预防机制。具体来说，双重预防机制首先通过辨识风险，明确有哪些需要管控的风险，心中有数，解决"想不到"的问题；进而通过部门和岗位的风险管控责任清单，解决"谁去管"的问题；然后根据专业和级别，通过全员的风险管控与隐患排查工作，解决"管不到"的问题；最后通过隐患闭环治理，解决"管不住"的问题。

15.1.4 双重预防机制对于煤矿安全管理的意义

双重预防机制是适应我国新时代需要的重要安全管理创新，对于各个行业都具有重要的意义，对于煤矿行业更加凸显。

1. 实现以风险为核心的安全管理思想在行业落地

长期以来，煤矿由于各种原因，在安全管理上过于依赖隐患闭环管理，对于风险的认识不足。2011 年以神华集团和中国矿业大学牵头起草的《煤矿安全风险预控管理体系规范》（AQ/T 1093—2011）虽然已经提出了对风险的管控，但长期局限在神华集团内部。双重预防机制借助煤矿安全生产标准化和煤矿安全生产标准化管理体系的东风，在煤炭行业内实现了快速落地，将全行业的安全管理思想大大向前推进了一步。

2. 解决了长期依赖仅靠隐患闭环管理模式的不足

隐患闭环管理重视排查隐患、治理隐患，但对隐患产生的原因却关注不足，导致隐患常查常有，而且反复出现的隐患也并不鲜见。这种模式的安全管理方法始终无法回答如何才能确保隐患，尤其是比较重要的隐患都查出来了，查到的隐患是什么时候产生的等问题。这就使得企业安全生产始终处于一个被动应对的状态，一旦放松或思想麻痹，安全风险就快速上升。这也是我国煤矿长期以来安全生产面临的困境，即出事后非常重视，隐患排查也认真，安全生产水平快速提升；时间一久，心态放松，排查隐患质量明显下降，安全事故时有发生。双重预防机制虽然也有隐患排查治理部分，但其内涵与原有的隐患闭环管理还是有着巨大的区别。

3. 能够有效整合煤矿各种安全管理方法，形成合力

隐患闭环管理是最基本的管理方法之一，对于其他个性化安全管理方法的兼容性、支持度不足。所以煤矿往往会提出各种个性化的安全管理模式，导致现场管理工作复杂度高，而且有些安全管理方法之间存在重叠或衔接逻辑不畅等问题。双重预防机制提供了一个完整、科学的安全管理逻辑框架，能够有效兼容各种个性化安全管理方法，成为未来企业个性化安全管理体系的核心逻辑。

4. 以 PDCA 的内在逻辑，推动企业安全管理水平逐步提升

传统隐患闭环管理耗费了大量的精力，但安全管理水平往往在原地踏步，稍有放松还可能会下滑。双重预防机制借鉴各种管理体系，包括国内外典型安全管理体系的经验，以 PDCA 逻辑贯穿双重预防机制的日常运行过程。闭环式的安全管理模式，不但确保风险管控措施、部门和岗位的安全风险管控责任清单与现实的吻合性，而且能够不断积累安全管理数据，实现安全管理水平的不断提升。

正是由于双重预防机制的科学性和先进性，而且契合我国当前新时代新旧风险叠加等特点，因此其自提出后就得到了政府、企业和研究部门的广泛重视，先后在诸多行业开展了不同程度的建设和运行，并取得了显著的效果。

15.2 智能化对煤矿安全管理的影响

安全生产的风险来自于对于各危险因素状态和对未来发展趋势了解的不确定性，衡量的是一种可能性。对于与风险有关各要素的了解越充分，对于企业的管控指导意义就更加

突出，从而风险就越小。煤炭企业长期以来工作环境多变，不确定性大，井工煤矿尤其突出，属于典型的涉危行业。2020年2月，自国家发展改革委、国家能源局等八部委印发《关于加快煤矿智能化发展的指导意见》（发改能源〔2020〕283号）后，煤炭行业向智能化方向快速发展。伴随着大量信息化相关投入和基础设施建设，煤矿对生产全过程、全要素的透彻感知、全面互联、智能决策水平大幅度提升，为安全管理变革提供了全新的可能。

15.2.1 煤矿双重预防机制建设现状与存在的问题

当前煤炭行业在煤矿安全生产标准化和煤矿安全生产标准化管理体系的宣贯和创建过程中，在各省级安全监管部门对双重预防机制建设的推动下，煤矿双重预防机制建设走在了全国各行业的前列，全行业的安全风险意识和基础管理水平都得到了显著的提升，取得了巨大的成就。当然，煤矿双重预防机制建设也存在一些不容忽视的问题，限制了双重预防机制的深入发展。

1. 双重预防机制理解不到位，风险和隐患两张皮现象突出

虽然双重预防机制至今已经不是新鲜事物，但仍有一些企业对双重预防机制的理解存在偏差，极大地影响了安全管理效果的发挥。一些企业仍然将其理解为两个相互独立的组成部分，不但流程彼此独立，而且负责部门也各不相同。这种情况下，一些企业安全风险分级管控工作流于形式，隐患排查治理仍与之前的隐患闭环管理没有区别，整个工作沦为形式主义。

2. 双重预防机制在现场落地难，各种安全管理方法缺乏整合，双重预防机制与现场工作两张皮

企业安全管理工作是一个整体，无论采取多少具体安全管理方法，都应形成一个有机整体，否则各种具体工作的堆积，反而给安全生产工作带来负担，彼此间甚至可能存在冲突。当前一些煤矿在双重预防机制建设时，将其当作一个独立要求对待，侧重内业材料编写。这种做法给一线的工作人员带来了巨大的困扰，不利于双重预防机制落地。

3. 双重预防机制信息化建设落后，与企业实际操作，与其他系统两张皮

一些企业用传统的信息流程套在双重预防机制的框架上，甚至只是改了几个功能模块的名称，无论是功能还是数据，都与双重预防机制相去甚远。信息系统包含的业务流程与企业实际安全管理流程不符，导致一些信息系统采购回来后无法运行，也使得双重预防机制因缺乏有效抓手而无法落地。

此外，影响安全的因素非常多，很多系统都在一定层面上有反映煤矿安全生产情况的信息，但由于数据孤岛的存在，各个系统之间两张皮，彼此独立，无法实现对安全工作的全面分析。

4. 风险辨识结果缺乏动态更新，风险管控内容与实际情况逐渐成为两张皮

双重预防机制要保证在企业中有效运行，就必须要保证风险管控措施要求与现场实际情况一致，否则无论是在责任范围内的风险管控还是隐患排查，都缺乏依据。煤矿生产条件、环境等经常动态发生变化，如果缺乏一个动态更新机制，即使开始能够运行的双重预防机制也会逐渐因与实际不符而难以为继。但对风险辨识结果的更新，需要在大量的数据分析基础之上进行，而现有的一些技术又限制了相关数据的采集和应用。

以上四个"两张皮"的问题，对煤矿安全双重预防机制的建设和运行提出了挑战。

不仅一些小煤矿、管理基础较为薄弱的煤矿，也包括一些大矿，因为投入人员素质、数量、工作量等因素，双重预防机制容易沦为形式主义，造成了恶劣的负面影响。

15.2.2 智能化建设对安全管理的机遇

智能化建设的深入，使煤矿能够对与安全有关的因素实现全面、全时空采集和智能化分析，从而从两个角度一举解决当前双重预防机制，也是当前煤矿安全管理面临的难题，即：一是如何降低员工工作量，实现自动化数据采集、传输和推动；二是如何深入加工各种安全信息，实现对各危险因素全时空监控、加工。

智能化建设或智能化前期的、以三大系统（监测监控、人员定位、工业视频）为代表的安全信息系统建设，都为企业的智能化双重预防机制建设带来了巨大的机遇。无论煤矿的智能化建设到了什么程度，对于各危险因素的感知和掌握都远高于传统安全管理体系，因此，都能够为安全管理带来革命性的改进。

1. 智能化对安全影响因素的感知，使企业能够掌握安全管理主动权

由于智能化建设极大地降低了企业对各种安全影响因素的不确定性，因此能够更加主动开展安全管理工作，针对安全管理重点，优化资源配置，编制可行、动态变化的安全管理计划。

2. 智能化技术的应用，降低了各类数据的采集成本，减少了系统运行的工作量

非智能化情况下，双重预防信息系统的数据主要依赖员工录入。在现场安全检查的环境下录入数据给企业安全检查人员带来了巨大的负担。检查完毕后，回到办公室录入数据，也给员工带来了额外的工作，很多企业因此对管理信息系统有抵触情绪。这种负面情绪极大地影响了双重预防信息系统的落地。智能化技术的应用，大量数据通过技术方式获取，如机器设备运行工况数据、环境传感器数据、人员行为的视频识别数据等，以及采用安全机器人、无人机等进行巡查的数据等，最大限度上减少了员工的工作量。

3. 智能化对安全影响因素的掌握、评估，使安全风险的不确定性下降

安全生产影响因素包括"人、机、环、管"四个方面，原有的安全管理方法主要依赖于通过"管"的方式，得到各种信息。不但信息来源有限、精度不足，而且数据分析难度大，对于安全风险的不确定性非常高。智能化建设能够极大丰富企业对各种安全影响因素情况的掌握，安全风险的不确定性大大下降，从而提高了企业安全水平。

4. 智能化对安全影响因素发展的预测，为安全风险超前管控提供了可能

在非智能化情况下，企业对未来可能出现情况的判断主要依赖少数经验丰富、业务水平高的管理和技术人员。不但人员数量少，而且准确性、及时性、全面性都无法保证。智能化建设后，企业可以通过对既往数据的分析，预测风险未来的发展趋势，从而在风险失控前，提前采取措施，实现对风险的超前管控。

5. 智能化提供了强大的分析功能，为安全管理水平提升提供了决策支持

对与安全相关的全部数据的大数据分析是智能化双重预防机制的重要功能之一，从中可以更加准确发现隐患出现的规律、风险管控失效的情况，从而为风险辨识结果、管控措施的优化提供决策建议，极大地方便了安全管理决策，为管理水平的持续提升提供了数据保障。

正是因为智能化矿山建设为双重预防机制建设带来的巨大机遇，以及双重预防机制自身的特点，使智能化双重预防机制就是煤矿的智能化安全体系。因此，企业应将智能化双

重预防纳入智能化建设规划中，同时，甚至应优先开展智能化双重预防机制建设。由于对煤矿安全相关信息的集成是一个不断增加的过程，而全国所有煤矿都已经完成了三大系统的建设和联网，所以即使短期没有智能化矿井建设规划的煤矿，也应在现有安全相关信息系统数据与双重预防管理数据集成的基础上，开展智能化双重预防机制的建设，推动企业安全管理水平实现革命性的提升。

15.2.3　智能化双重预防体系及其逻辑

智能化建设与双重预防机制的结合，使双重预防机制有了最强大的支持工具，而其有效运行还应包含与之相配套的管理体系，如思想、组织、人员、管理等方面的改进，从而形成新的智能化双重预防体系。

智能化双重预防体系极大地提升了原有双重预防机制的业务流程效率，减少了体系运行的内部成本。智能化双重预防体系逻辑可分为风险辨识与静态评估、风险动态管控、隐患排查治理、持续改进四个环节，如图15-3所示。

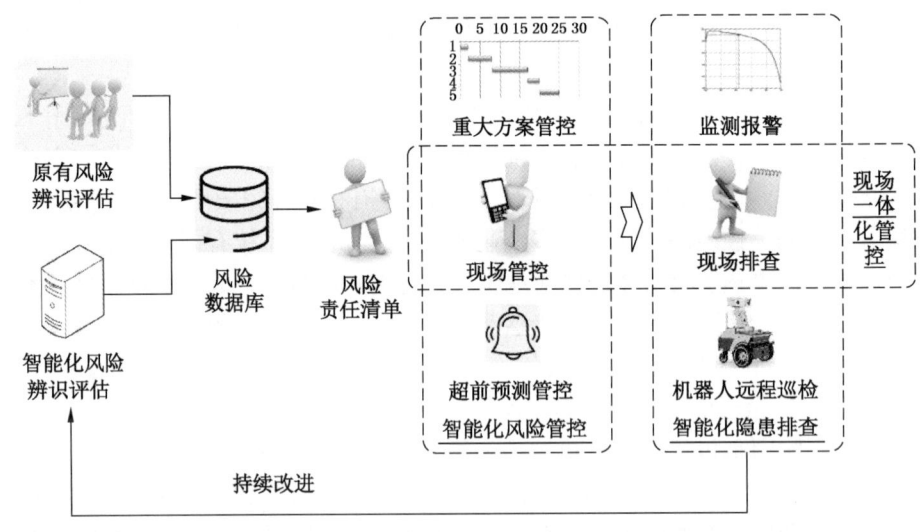

图15-3　智能化双重预防体系流程逻辑示意图

1. 风险辨识与静态评估

风险辨识与静态评估是双重预防机制的基础，解决了"管什么、怎么管、谁去管"的问题。智能化双重预防能够根据煤矿之前的风险管控、隐患排查数据，提出需要调整、新增的风险，并对风险等级进行动态评估，提出管控措施完善建议，减少了对人员经验的依赖。

2. 风险动态管控

风险动态管控是智能化双重预防体系与原有双重预防机制最大的区别。除了保留原有双重预防机制的现场管控、重大方案管控渠道以外，智能化双重预防体系增加了对风险的动态评估和预测预警。风险的动态评估充分利用各种与安全有关的数据，得到更加全面、科学的风险评估结果，使煤矿能够提前掌握风险变化趋势。同时，风险动态管控还可以根据对未来风险预测的变化，及时发现可能出现的隐患，实现对风险的超前管控，使煤矿能够真正掌握安全管理的主动权。

3. 隐患排查治理

智能化双重预防体系的隐患排查治理充分利用智能化技术的能力，在对原有隐患排查模式进行改进的基础上，增加了两个隐患排查渠道，切实扎牢了安全的第二道防线。通过井（坑）下精确定位，实现各种信息与现场单兵装备的互联互通，降低了现场工作的复杂性，提高了现场工作的针对性；动态监控各种与安全相关监测监控系统、工业视频等数据，一旦超出阈值直接视为出现隐患；利用安全巡检机器人、无人机等智能化设备，实现在地面开展远程巡检。三种不同方式的隐患排查方法，降低了现场数据对人工采集的依赖，极大地提高了双重预防体系的数据时效性、全面性和可运行性。

4. 持续改进

通过对与煤矿风险、隐患相关大量数据的动态分析，一方面能够定期对风险辨识结果、管控效果等进行分析，动态优化管控重点、管控措施，调整风险等级等，确保日常双重预防工作的有效性；另一方面，通过双重预防体系绩效等的分析，对体系的持续改进提供决策参考。

智能化技术从数据存储、数据加工、智能化装备几方面极大地改变了双重预防机制的逻辑，更加凸显了双重预防机制在风险超前管控、遏制事故发生方面的巨大作用。

15.2.4 智能化双重预防体系的优点与意义

新的智能化双重预防体系包括制度体系、保证制度和智能化双重预防系统，较原有双重预防机制而言，具有以下四方面优点：

（1）安全风险全数据管理，实现了对安全有关数据的全面集成。原有的双重预防机制信息系统只包含风险管控和隐患排查的管理数据，缺乏对传感器、工业视频、灾害防控等方面数据的利用。智能化双重预防最大范围内集成了煤矿的安全数据，为全时空、全要素的安全管理提供了基础。

（2）动态评估安全变化情况，根据预测结果超前处置。智能化双重预防采用人工智能算法对采集到的全面安全数据进行分析，能够对煤矿、工作面、重点区域的风险变化情况进行动态评估，同时还能预测未来风险变化情况。根据对未来的预测，提前通知责任单位处理，从而将安全风险管控挺在隐患前面。

（3）隐患排查数据来源多样化，减少对现场隐患排查的依赖。原有双重预防系统的隐患主要依赖现场检查录入，成为系统落地的一个关键性障碍。智能化双重预防通过各种传感器、监测仪器、工业视频等实时监控危险因素的变化情况，一旦出现超出阈值的情况，则立刻向责任单位发出示警，从而将隐患排查治理挺在事故前面。

（4）对安全风险管控和隐患排查数据进行挖掘，动态更新风险数据库。风险数据库的动态更新是双重预防机制长期有效运行的基础。智能化双重预防系统借助人工智能算法，对各种风险管控和隐患排查数据进行分析，动态完善风险等级、管控措施等信息，实现持续改进。

智能化双重预防体系是智能化建设的重要组成部分，也是双重预防机制的发展方向，从根本上重构了煤矿双重预防机制，真正解决了双重预防机制落地的问题。智能化双重预防体系是我国煤矿未来安全管理的必然趋势，必将开辟煤矿安全生产的新时代。

15.3 智能化双重预防体系

智能化双重预防体系是建立在智能化基础上的双重预防管理体系。为了充分发挥智能化技术的优势，又能够确保智能化双重预防有效落地，必须明确双重预防机制整体和每个逻辑流程如何与智能化技术有机结合，同时明确新的方法需要什么样的支撑要素才能够有效运行，即智能化双重预防体系必须是一个在智能化技术加持下的、完整的安全管理体系。

15.3.1 智能化双重预防体系概述

管理体系是在某个限定管理范围内，为维持业务运作和取得绩效的一系列紧密联系要素组成的整体，一般至少包括指导思想或原则、机构人员、作业活动等。企业所采用的管理体系很多，如质量管理体系 ISO 9000、环境管理体系 ISO 14001、职业健康安全管理体系 GB/T45001 等。

从企业管理角度而言，这些管理体系的运行有其共性特点，因此各体系中的要素都是在一个完整逻辑框架内相互关联、相互作用的，而且这些要素一般包括但不限于：领导作用、职责权限、管理策划、资源配置、运行实现、监视测量、持续改进等要素。无论是双重预防或智能化双重预防都是一整套要素在企业运行，并取得安全绩效，因此在企业中也应体现为一个完整的安全管理体系，否则难以有效落地。

智能化双重预防体系是指智能化技术与风险分级管控和隐患排查治理流程有机融合，在风险辨识管控和隐患排查治理的效率、效果等方面有显著提升的双重预防体系，是智能化的安全管理体系。显然，智能化双重预防体系建立在智能化技术在企业应用的基础上，其核心在于获取更多的安全信息，通过数据加工提高各个决策的质量，从而提高安全管理活动的绩效。

除去确保管理体系有效运行的要素，智能化双重预防体系的核心可称之为"三位一体"，即：以各类安全相关数据集成为基础，对数据采取统一管理；以人工智能算法为核心，对风险进行动态评估，从而实现对煤矿安全态势、未来安全发展趋势进行预判；以平台数据与现场单兵装备互联互通，实现智能化数据的应用，如图 15-4 所示。

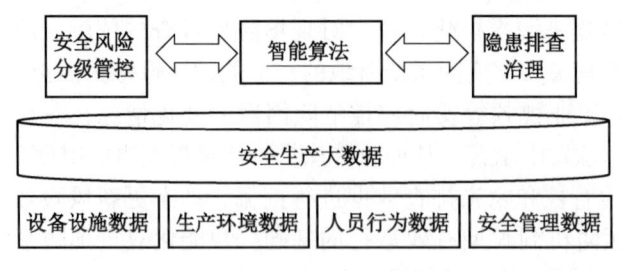

图 15-4 智能化双重预防核心"三位一体"示意图

智能化双重预防体系有了智能化技术的加持，其管控风险、遏制事故的逻辑较一般双重预防机制有所不同，对风险管控手段更加多样、更加有力，也更加有效。一般双重预防机制的提前防范主要体现在提前辨识风险、制定管控措施上，做到了"心中有数"，而智能化双重预防体系则将风险超前管控的工作延伸到了风险管控过程中,有效扎牢了减少隐患的第一道防线。智能化双重预防体系遏制事故的逻辑如图15-5所示。

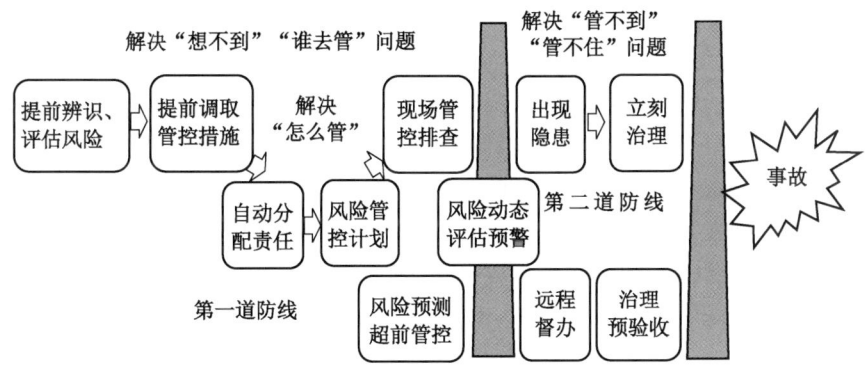

图 15-5 智能化双重预防体系遏制事故逻辑

除了一般双重预防机制遏制事故的逻辑外,智能化双重预防体系还有其自身的特殊逻辑,真正做到了把安全风险管控挺在隐患前面,把隐患排查治理挺在事故前面,成为企业风险防范化解机制的核心。

1. 智能化双重预防体系通过风险管控计划,优化配置管控资源

一般双重预防机制并没有风险管控计划,只有安全风险管控责任清单。智能化双重预防体系则根据静态风险的情况、隐患排查情况、远程督办、治理验收和预验收的数据,结合企业生产计划,制定下一周期风险管控计划,确保安全管理力量的分布与可能出现的隐患分布保持一致,优化资源配置。

2. 智能化双重预防体系对风险进行动态评估预警,第一时间发现隐患

一般双重预防虽然较隐患闭环管理模式能够更快地发现隐患,确定隐患出现的时间段,从而极大地限制了隐患恶化的可能性。一般双重预防发现隐患也需要一个检查周期,而智能化双重预防体系则可以通过动态的风险评估,或直接通过对采集的安全相关数据中的异常数据进行判定,直接作为隐患下发责任单位整改,则能够极大地减少隐患存在的时间,使隐患能够在刚萌发之初就被有效治理。

3. 智能化双重预防体系通过对风险的预测,对风险可能的失控情况超前管控

通过对智能化双重预防体系中各种安全相关数(理论上应够包含与企业安全生产有关的数据)的分析,企业能够对各主要危险因素的变化情况进行数据分析,并得出未来某个风险失控的可能性。智能双重预防体系能够在风险失控之前就对其进行干预、处理,从而避免管控措施真正失效,有效扎牢第一道防线。

4. 智能化双重预防体系通过远程督办,确保隐患及时治理

一般双重预防机制要发现风险失控情况或有效发现隐患,就必须要到现场,受人员能力、时间、经验等限制,有些隐患科学的风险管控措施落实不到位或不能检查出来,这就给企业工作带来较大的复杂性。智能化双重预防体系则创新远程督办和隐患预验收技术,方便了督办环节在企业的落实,也确保风险治理过程中危险或治理错误情况不会出现。

与一般双重预防机制相比，智能化双重预防体系还有一个非常重要的优点，就是对人员录入数据的要求大幅度降低，从而极大地降低了智能化双重预防落地的难度，提高了实施的成功率，能够更加有效地发挥其对遏制事故的作用。

15.3.2 智能化风险分级管控

双重预防机制中的风险分级管控分为广义和狭义两个概念，广义的风险分级管控范围涵盖风险辨识、评估、管控措施制定、岗位风险管控责任清单编制，以及按计划或方案开展的风险分级管控。最后这个风险分级管控是狭义的概念，主要就是指各个部门、岗位根据自身安全风险管控责任的要求，开展的各种具体风险管控活动。广义的风险分级管控关键在于全面、准确地发现各个风险，狭义的风险分级管控则是履行职责的活动。

广义的风险分级管控与智能化技术存在诸多的契合点，极大地改变了风险分级管控的过程。智能化风险分级管控流程如图15-6所示。

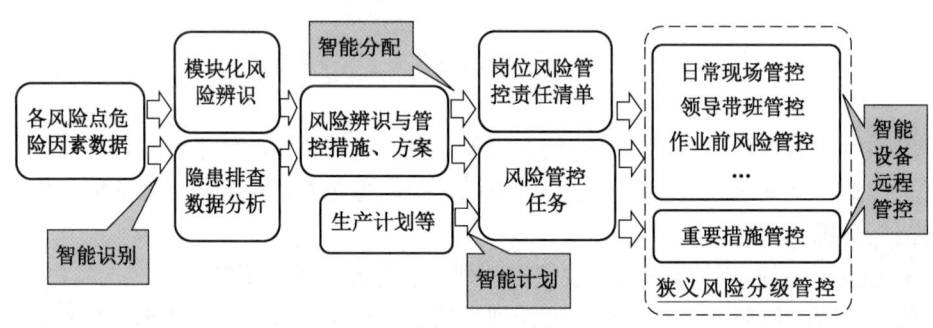

图15-6 智能化风险分级管控流程

1. 智能化识别风险与管控方案

在智能化风险分级管控数据充分的情况下，可以在各风险点危险因素数据基础上，结合过往模块化数据库和隐患排查数据分析，形成新的风险辨识结果和管控方案，同时完善模块化风险辨识数据库。

2. 智能化风险管控责任分配

风险管控措施、方案根据风险等级、专业等，自动形成各部门、岗位的安全风险管控责任清单，减少人工管理的不确定性。

3. 智能化风险管控计划制定

当前煤矿风险管控时一般缺乏计划管理，更多还是采用传统的个人判断模式或专项任务模式。智能化风险管控计划能够根据生产计划、管控措施、隐患排查结果等信息，自动排定风险管控任务计划。

4. 智能设备远程管控

狭义的风险分级管控中，除了人员的管控活动外，还可以利用智能化设备远程对危险因素的属性或管控措施的状态进行监测，从而实现更加准确、实时的管控。

15.3.3 智能化隐患排查治理

智能化技术除了大幅度提升了数据加工能力外，也促进了大量智能化设备的产生和应用。现场风险管控、隐患排查的途径应多样化、智能化，实现技术对人力作业的替代，如巡检机器人、无人机等。智能化隐患排查治理流程如图15-7所示。

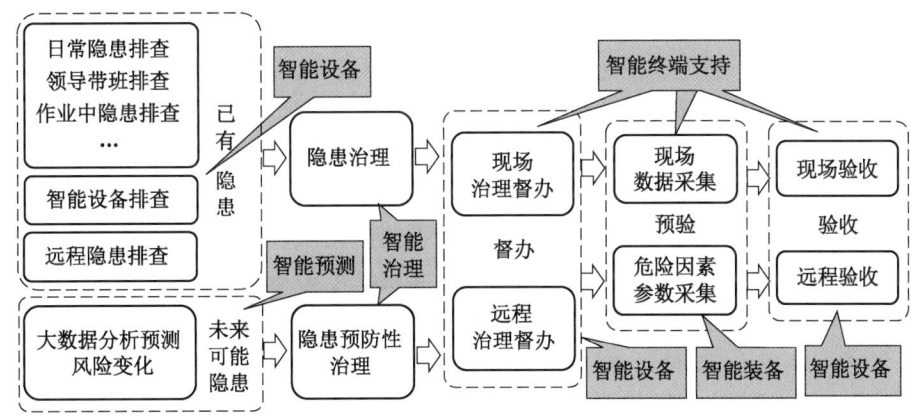

图15-7 智能化隐患排查治理流程

1. 智能化隐患排查

隐患排查和风险管控是一体两面的工作。具体到隐患排查工作，可以分为面向已有隐患的排查和面向未来可能隐患的排查两类。对于已有隐患，即已经成为客观事实的隐患，除了现场排查外，还可以通过对装有各类传感器的智能装备对装备工况、环境参数等的监测，来及时发现相关数值超出阈值的情况。一旦某些数值超出预期的阈值，则表示存在隐患，可以直接下达给相关责任单位。另外，也可以通过巡检机器人等智能化设备，远程对现场隐患进行排查，发现问题也下达相关责任部门。此外，智能化隐患排查可以通过对大数据分析，提前预测风险变化情况，预测可能出现的隐患，在隐患真正出现前，将问题下达给责任单位，真正实现将安全风险管控挺在隐患前面。

2. 智能化隐患治理

责任单位在收到了需要治理的隐患信息后，传统隐患治理是由责任单位根据自己的知识和理解，对隐患进行治理。智能化隐患治理则根据系统中存在的各种治理方案，可以自动选择最优方案推送给责任单位，既方便了责任单位的治理，又减少了工作失误的可能。

3. 智能化隐患督办

不能当班治理完成的隐患在治理过程中要进行督办，以确保隐患治理方法和时间。无论是对已有的隐患，还是对于尚未发生的隐患，都可以通过智能化终端，如智能手机支持督办人员的工作，如主动提示隐患的存在、隐患的信息以及治理方法等，极大地降低了督办工作的难度；也可以通过智能设备进行远程督办，减少督办工作量。

4. 智能化隐患预验收与验收

传统隐患闭环存在隐患治理后验收不及时问题，导致企业所掌握的信息与井下存在一个时间差，可能会对企业的一些决策产生误导。智能化隐患排查治理在验收环节上可以分为预验收和验收两部分。预验收是责任单位完成隐患治理，只是尚未得到隐患验收部门的正式确认。预验收的数据可以来自两个方面：第一，责任单位治理完成后，将相关信息通过智能化终端上传；第二，与设施等相关的隐患经过治理后，关键数据又回到了阈值范围内,即风险重新得到了管控,风险水平下降到可接受水平。正式验收与督办情况类似,也可以通过智能终端现场验收,或通过智能设备远程验收。

从整个智能化双重预防的核心流程来看,智能化技术的引入,使双重预防机制在数据的采集、传输、存储、加工、使用上都有了巨大的变化,既提高了业务流程的效率,使风险超出预期的时间和程度都有了明显的下降,而且降低了安全管理人员的工作复杂性和工作量,极大地方便了双重预防机制在煤矿的有效运行。

15.3.4 智能化双重预防持续改进

持续改进虽然包括根据外部的新要求和新情况进行挑战,但其核心是根据管理体系运行情况不断进行挑战,使管理体系更加适合实际情况,取得更加好的管理绩效。因其以对管理体系运行情况分析为基础,所以智能化双重预防体系有着极其巨大的优势。

与一般管理体系不同的是,双重预防机制日常运行对风险辨识结果依赖性很高,可以说日常管理的工作都围绕年度辨识的结果展开。然而由于辨识工作质量、现场实际情况的变化、现场管控效果等诸多方面的因素,辨识结果可能并不一定适合企业现场的实际情况。比较典型的如:风险管控人员发现自己的风险管控责任清单中的内容与某个风险点的实际情况不符,无法按照风险管控责任清单开展工作。这种情况的发生将导致整个双重预防机制在现场无法落地,长此以往就会逐渐废弃或沦为形式主义。因此智能化双重预防体系还有一个重要的优点,即定期分析风险管控和隐患排查情况,分析重要管控措施没有落实的原因,典型、反复出现隐患对应管控措施的落地方式等,提出下一周期风险管控措施、责任人等挑战建议,从而确保风险辨识结果始终与实际保持一致。一般而言,企业每月可以分析一次隐患排查治理情况,重大风险管控情况,重点明确下一周期风险管控的重点,提升下月隐患排查的绩效;每季度可对本季度重要或典型风险管控失效的原因进行分析,尤其是重大风险的管控措施失效情况,要制定新的对策,使下一个季度重大风险管控绩效有所提升。显然,智能化双重预防体系较一般双重预防机制的可持续性更强,现场工作量和内业工作量都大幅度下降,确保双重预防机制能够有效落地。

15.3.5 智能化安全双重预防管控平台

智能化双重预防的有效建设、落地,离不开一个功能强大的、体现双重预防思想的信息管控平台。智能化安全双重预防管控平台的建设不仅仅是技术团队的工作,而是技术与管理的结合,是建设团队与煤矿人员共同努力的硕果。当前有些信息技术服务商对煤矿了解不足,对安全研究不够深入,对双重预防机制理解不到位,很容易陷入就技术谈技术的陷阱中,只是严格按照技术方案实现技术功能,忽视了煤矿的实际情况和安全管理需求。中国矿业大学安全科学与应急管理研究院是我国最早从事煤矿双重预防机制研究的科研团队,提出了完整的双重预防机制理论框架和实践方法,参与了煤矿安全生产标准化管理体系中"安全风险分级管控"和"事故隐患排查治理"两要素的修订,并先后主持、参与相关煤炭行业团体标准、多省份地方标准和企业标准的编制十余项。本书以研究院研发的智能化安全双重预防管控平台为例,对智能化双重预防信息化进行简要介绍。中国矿业大学安全科学与应急管理研究院研发的平台以双重预防机制理论为指导,结合《智能化示范煤矿验收管理办法(试行)》(国能发煤炭规〔2021〕69号)的要求,在实践中取得了良好的效果。其架构如图15-8所示。

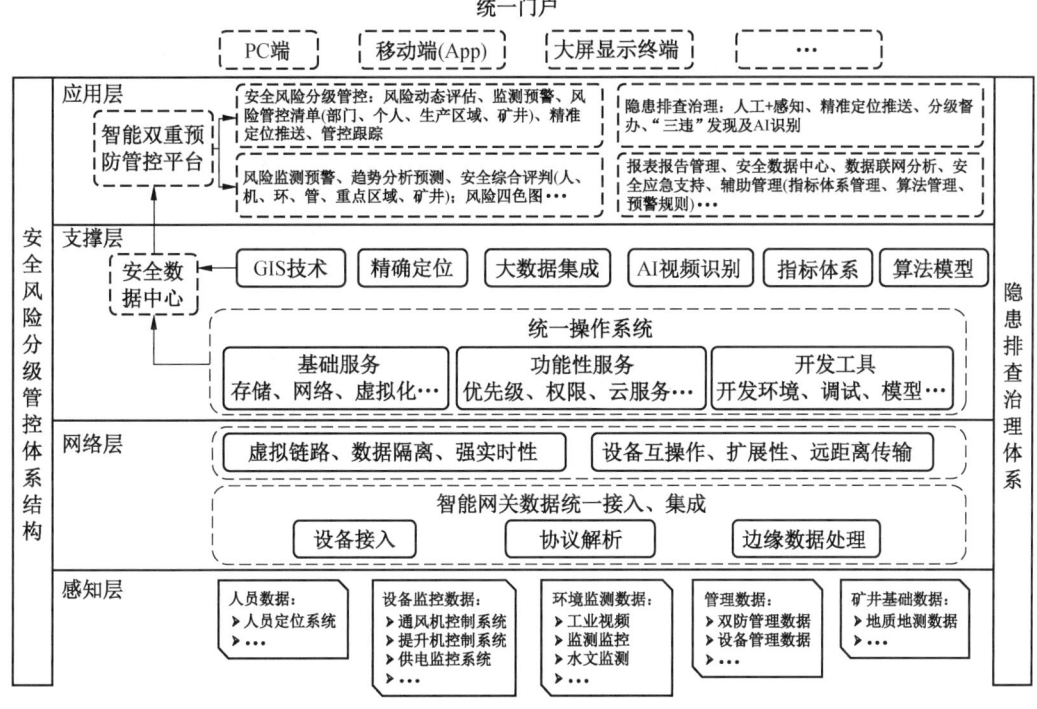

图 15-8 智能化安全双重预防管控平台架构图

煤矿智能化安全双重预防管控平台，以双重预防风险分级管控、隐患排查治理核心业务为指引，全面集成矿井安全生产感知数据，建立数据仓库，基于国家自然科学基金研究成果构建指标体系及风险分析预警算法模型，实现安全风险监测预警、重点区域和矿井安全态势综合评判，实现系统数据与人员装备实时互联、管理全要素可视化联动展现，推进双重预防体系建设，同时兼顾应急管理的需求，为矿井的安全管理、生产调度、应急决策提供信息支撑，推动煤矿智能化建设迈向更高水平。煤矿智能化安全双重预防管控平台主界面如图 15-9 所示。

中国矿业大学安全科学与应急管理研究院的煤矿智能化安全双重预防管控平台已经在多个煤矿得到了不同程度的应用，取得了良好的效果。该管控平台的特点主要体现在以下五方面：

（1）实现双重预防机制与企业的管理、技术体系有机融合，发挥机器智能的积极作用，通过与现场单兵装备的交互，将矿井安全管理工作提升到"人工+机器智能"发展阶段，极大地提升安全风险管控、隐患排查治理工作效率和效能。

（2）突破了人工安全管理数据不及时、不准确、不完整的局限性，通过图像识别、数据挖掘等技术，实现矿井隐患、人员"三违"行为的智能识别，并通过联动机制，主动下发相关责任单位和人员，充分发挥智能化技术在煤矿安全管理中的积极作用，扩展了数据来源。

（3）构建包含"人、机、环、管"的系统性安全指标体系，涵盖了影响安全风险的各方面数据，通过神经网络等人工智能算法，实现对工作面、重点区域、煤矿不同层级，

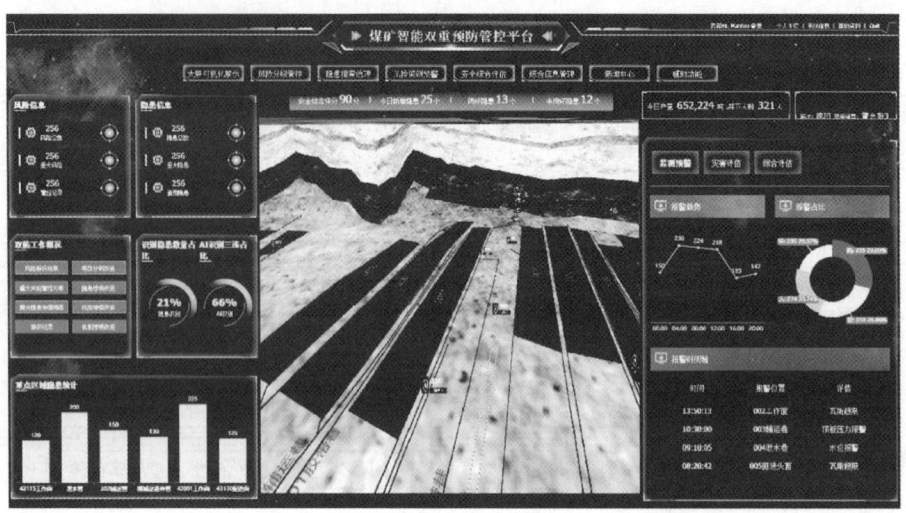

图 15-9　煤矿智能化安全双重预防管控平台主界面

以及瓦斯、水、火灾、顶板、冲击地压、粉尘等不同风险的动态风险评估,并实现了多维度的风险动态评估和可视化展示,为不同的安全管理场景提供数据支持。

(4) 通过风险变化趋势预测,督促责任部门在隐患发生前开展有针对性的风险管控,真正掌握风险管理的主动权,实现将风险管控挺在隐患前面,有效遏制事故发生的目标。

(5) 将应急管理纳入智能化安全双重预防管控平台,形成风险、隐患、应急全过程管理,为应急救援工作及指挥提供数据和平台支撑。

15.4　智能化煤矿安全管理模式变革

智能化安全双重预防管控平台为智能化煤矿的安全管理提供了保障,但煤矿要将智能化双重预防有效建立并真正运行起来,还需要夯实自身技术和管理基础,并开展业务流程重组或优化工作,使业务流程与新技术有机结合起来。

15.4.1　智能化双重预防体系与现有管理体系的区别

智能化双重预防体系虽也是一个完整的安全管理体系,但由于其管理与技术深度结合的特点,使其与现有的一些安全管理体系有明显的区别,即使是与一般的双重预防机制相比,它们虽然原理相同,流程相似,但具体管理、活动作业和对人员要求等都有所不同。智能化双重预防体系与现有管理体系的区别主要体现在以下几方面:

1. 智能化双重预防体系以计划管理为基础

从管理理论角度而言,管理各职能中首推计划。然而当前安全管理方面计划的成分非常少,即使有部分计划也只是考虑任务量的相对合理分工,距离计划管理中优化资源配置的概念有一定的距离。计划管理应使工作资源和任务有效匹配,具体到安全管理上,就是应使安全风险管控、隐患排查力量与企业风险分布情况、隐患可能出现的情况保持一致。这种匹配能够极大地提升自由的利用效率,在当前很多政府监管部门、企业安全管理力量不足的当下,具有更加重要的意义。

2. 智能化双重预防体系对风险实现了超前管控

安全管理由于其面对的是风险，而风险本身具有突出的不确定性，也就是时刻处于不断变化之中。这种不确定性使得从事安全管理的人往往压力巨大，要么扮演严防死守的角色，要么疲于奔命陷入不断救火的尴尬境地，而且对于安全事故是否会发生仍然没有把握。双重预防机制要求实现"把安全风险管控挺在隐患前面"，这样才能真正有效地遏制事故。这种"超前"管控要在真正意义上完全实现，而不仅仅是提前"掌握"，就需要对风险的变化趋势能够准确预测，在隐患成为现实之前，及时采取措施扎牢防线，尽量减少隐患的发生。显然，需要对风险进行动态评估、预测预警，必须在智能化双重预防体系条件下才能实现。

3. 智能化双重预防体系数据采集方式更加多元化，减少人员数据录入工作

当前各种安全管理方式虽然比较多，但"管理"的色彩都相对较为浓厚，即使是采用部分智能终端等提高工作效率，其核心工作仍然对人的工作依赖性非常大。对人的依赖体现在很多方面，其中各安全管理信息系统都极端依赖检查人员、隐患责任部门等录入隐患排查、治理、督办、验收等信息，给很多企业带来了较为沉重的负担，员工对此意见较大。当前很多煤矿各类安全管理信息系统使用效率不高、数据不及时、真实性差，数据完整性更加无法实现，人员录入数据带来的额外工作是一个重要的原因。智能化双重预防体系虽然仍然保留人员数据录入方式，但一方面其从其他系统采集数据数量庞大，丰富了系统数据来源，另一方面为人员数据录入工作提供了极大的方便，大大降低了录入成本。在这两方面的努力下，智能化双重预防体系较一般双重预防机制等安全管理方法更加容易在煤矿落地生根。

4. 智能化双重预防体系的精准性、智能性，改变了对人员的要求

智能化双重预防体系在可能的范围内集成了与安全管理相关的所有数据，在大数据分析、人工智能等算法支持下，对整个煤矿复杂系统有了更加充分、及时的理解，因此对风险的分布情况、动态变化情况、未来发展趋势等信息的掌握就更加详细、准确。煤矿安全生产从一个灰色偏黑色的系统，变成一个灰色偏白色的系统，一个经过培训的新员工可以按照智能化双重预防管控平台的数据开展安全管理工作，达到甚至超过有经验员工的工作效果。智能化双重预防体系同时降低了对人员数量和质量的要求，对于人才流失、新人才引入难度较大的煤炭行业而言，具有更加重要的意义。

5. 智能化双重预防体系改变了现有安全管理组织职责分工

智能化双重预防体系对全面安全生产信息的采集、需求，以及由此带来的工作方式变化，都对现有煤矿组织机构的设置、组织的职责划分等带来一定的冲击。典型的如设备管理工作。随着智能化矿山建设的推进，煤矿机电设备数量大幅增加，机电设备对企业生产的重要性空前提高，同时，机电设备故障发生的可能性，以及一旦发生对安全生产造成的负面影响都更加巨大。无论企业对设备运行情况掌握水平如何，预防性维检已成为企业设备管理的一个必然趋势。从某种意义上说，设备的预防性维检实际上就是对风险的"超前"防控，其职责与安全管理部门是否有所相关？如何界定安全管理部门和其余部门的关系等，都需要深入考虑。

正是因为智能化双重预防体系与原有安全管理方法的巨大不同，甚至可以说是煤矿安全管理的一次革命，导致煤矿如果仍按照以往安全管理信息系统建设方式对待智能化双重预防体系及其管控平台，很可能无法有效发挥出智能化建设的作用，甚至会造成整个安全

管理体系不协调。因此，煤矿应充分认识到智能化双重预防体系建设的重要性，同步开展管理体系相关变革，有效支持这个新的安全管理体系落地，推动企业安全管理层次的跃升。

15.4.2 智能化双重预防体系的目标与原则

安全管理的目标是零死亡，但要达到零死亡就不能就事故谈事故防控，因此必须要向前一步，对隐患进行管控。这也是我国煤矿长期以来重视隐患闭环管理的原因。然而仅靠对隐患的管理仍然会存在防不胜防的问题，其难点不在确保隐患得到有效治理（虽然这个已经不易），更在于如何能够在隐患刚一发生即能够发现。因为如果隐患存在却没有被发现，当然就谈不上被治理，而相应风险的数值则已经超出了可接受范围。这种情况一旦达到一定数量，从概率角度来说，发生事故就成为大概率事件。基于此，我们需要再向前一步，对风险进行管控，尽可能减少隐患出现，一旦出现隐患能够在最短时间内发现、治理。双重预防机制的提出解决了管控风险的理论问题，即所谓标本兼治，而智能化双重预防体系则从技术上为管控风险提供了手段。

基于上述分析，智能化双重预防体系的目标是通过智能技术与双重预防机制的融合，形成一套完整的主动的安全管理体系，实现对安全风险的超前管控，尽可能减少隐患的发生；实现对隐患的及时治理，坚决遏制事故的发生，同时实现安全资源的优化配置。

上述目标的建立并不是一个一蹴而就的事情，也不是一个零与一的关系。智能化双重预防体系的建设是一个逐渐深入的过程，企业在建设、运行智能化双重预防体系时，一般应遵循以下几个基本原则。

1. 整体规划，分步实施

智能化双重预防体系依赖于对煤矿安全生产各危险因素的全时空透彻感知，即使白系统能够达到，煤矿从一个什么都不清楚的黑系统到什么都能掌握的白系统也是一个漫长的过程。相关智能化技术的应用程度应该与企业的经营战略相匹配，智能化双重预防体系也是一个逐渐建设的过程。但是由于智能化双重预防体系以对与安全相关大数据的管理为技术基石，因此在规划时应考虑到未来新危险因素监控指标或现有危险因素新增指标的情况，提前做好数据接口规范，避免未来因数据问题带来负面影响。

2. 技术为基，管理为主

智能化双重预防体系与一般双重预防的区别就来自于智能化技术的应用，企业应从数据的感知、采集、传输、存储、加工、使用/联动流程考虑智能化软件、硬件、网络和数据库技术的使用，关注各系统之间的协同。除了技术以外，还要关注管理制度、职责、流程等的匹配，不能忽视管理因素对智能化双重预防体系的影响，要分析体系建设和运行中的常见问题，提前考虑予以避免。

3. 重视智能，动态调整

智能化技术的基础虽然很多，但其顶层业务应用层还是要重点关注智能化软件、硬件对流程的影响，尤其是智能化软件的作用。企业应不断提升对风险动态评估、趋势预测预警等的理解，不断优化相关算法，提高业务的管理效率和效果。各种资源的配置、岗位责任清单等都要根据智能化分析的结果予以动态调整、更新，体现出安全管理随时间而变化的需求。

4. 流程优化，职责匹配

新的技术引入不但能够大幅度提升现有流程的效率，而且能够产生新的业务流程。企业在引入自己个性化安全管理方法的同时，要关注在智能化背景下各种流程的优化问题，如安全管理和设备全生命周期管理流程的融合，安全管理部门与机电部的职责界限等。新的生产力往往需要与之相配套的生产关系才能真正发挥其潜力，新的智能化双重预防体系往往也需要与之相配套的组织和职责体系。

智能化双重预防体系是技术和管理的有机融合，要充分发挥两个方面的优势，就要提前设想两者之间的分工、工作接口。适合由机器去做的，尽量交给机器；机器做起来成本比较高或难度较大、不稳定的，则交给人去做。对于机器做的部分需要不断分析关键指标变化情况，调整、优化机器；对于人做的部分，则需要在计划基础上引入考核，不断提升安全管理水平。

15.4.3 智能化双重预防体系的流程与管理模式变革

在智能化双重预防体系中，所有的业务存在智能化技术流程和人工作业流程，这两个流程并不是完全独立的，存在较为明显的交叉，尤其是隐患的治理和验收环节更是如此。由于智能化技术流程涉及人员活动不多，因此这里只以有人参与的煤矿智能化安全双重预防日常管理流程为例进行说明，如图15-10所示。

显然，在智能化信息支持之下，安全管理人员的工作既有新的限制，又更加容易进行，在开展工作之前能够得到远多于原来能够获得的信息支持。这样的流程下，企业的安全管理模式在以下几方面会发生明显的变化。

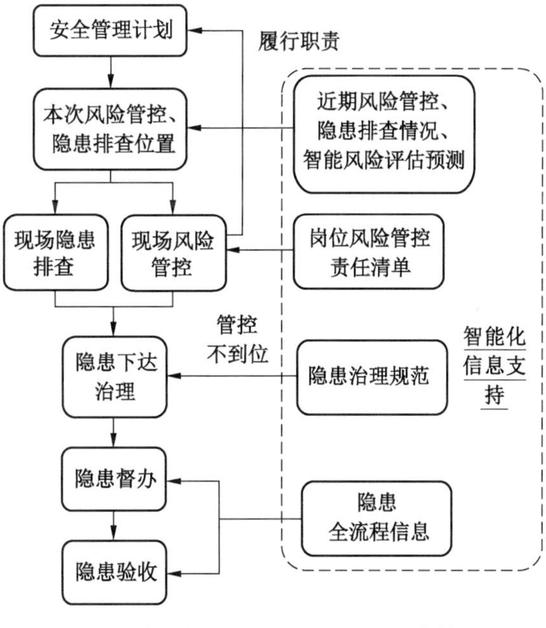

1. 安全生产责任制与绩效考核管理

全员安全生产责任制是企业安全生产主体责任履职的基础，也是2021年9月施行的新修改《安全生产法》中重点强调的变化之一。由于安全计划编制的可能，结合各部门、岗位安全风险管控责任清单等内容，便可以明确全员安全生产责任制的内容。

而且，有了直接针对每个人的安全管理计划，考核也可以将履职考核和结果考核结合起来，有力督促全员安全生产责任制的履行。

图15-10 煤矿智能化安全双重预防日常管理流程

2. 安全相关设备管理

当前安全相关各种设备管理统一都由机电部门负责，常见的管理方式除了发现问题进行维修（即隐患排查治理）外，还包括定期地主动维护。原来的主动维护周期相对粗疏，缺乏数据支持。智能化双重预防体系下，可以更加准确判断各设备当前的工作状态以及出现问题（即出现隐患）的可能性，从而实现动态的、更加精准的、主动预防维护，有效控制因设备因素造成的隐患。

3. 人力资源安全素质管理

人员是安全管理的重要方面，当前事故绝大多数也与人有关。智能化双重预防体系对人员安全素质的要求也与一般安全管理模式有较大的区别。对一般安全管理人员而言，智能化双重预防体系对其的安全知识、素养要求实质上是下降的，可以依靠智能化双重预防体系予以支持，但对于少数安全能力强、素质高的人才的依赖性则进一步增加了，以不断改进、提高智能化双重预防体系。而且，企业必须培养出部分既懂安全管理、熟悉双重预防机制，又懂信息化技术，理解智能化算法的人才，承担相关技术基础设施的维护和提升职责。整体而言，煤矿传统偏科学管理模式的人力资源管理模式要向以人为本的管理模式转变。

在智能化双重预防体系的支持下，煤矿的安全生产变被动管理为主动管理，使煤矿所有安全资源能够有序、高效投入，提升了煤矿对安全的把握程度，实现煤矿安全的精益、科学管理，推进企业基层安全治理效能现代化。

15.4.4 智能化双重预防体系组织与职责变革

对于任何一个管理体系，在确定了管理方针和目标后，就需要重新确定组织及其职责，以确保新的管理体系能够有效运行，从而实现管理目标。智能化双重预防体系在确定了上述要素后，也面临如何进行组织重组的问题。

从某种意义上说，组织的存在是为了更好地完成企业的各项业务活动，提高投入产出比。煤矿现有的组织结构及其分工是为现有的业务流程和职能等服务的。智能化双重预防体系的建立、运行，必然需要原有的组织结构及职责有所变革。显然组织机构变革对于任何一个企业都具有极大的挑战性，组织机构变革的完成需要仔细规划路径，且往往需要一定的时间。这里我们简要探讨一下智能化双重预防体系下，煤矿安全相关部门及职责划分问题。

安全生产水平随着企业技术水平的提升而提升，而在一定的技术条件下，影响煤矿安全生产的因素可分为"人、机、环、管"四个方面。习近平总书记强调：安全生产工作实行"管行业必须管安全、管业务必须管安全、管生产经营必须管安全"，这一点在2021年9月实施的新修改《安全生产法》中也有明确的要求。"三必须"对于企业也是适用的，具体而言企业董事长和总经理是主要负责人，也是企业安全生产第一责任人，而各个副职则要对分管领域的安全责任负责，如：分管人力资源的副总经理要对安全管理团队配备到位与否负责；分管财务的副总经理要对企业里安全投入到位与否负责；管生产的副总经理抓生产的同时必须兼顾安全，否则出了事故以后，管生产的副总经理也是要负责任的。

相较而言，《安全生产法》中规定企业安全生产管理部门的职责包括：检查本单位的安全生产状况，及时排查生产安全事故隐患，提出改进安全生产管理的建议；督促落实本单位重大危险源的安全管理措施和安全生产整改措施等。这些职责主要是检查和督促各职能部门落实各自部门的安全生产责任。结合智能化双重预防体系，我们认为安全生产管理部门和各职能部门之间的职责分工应该体现在以下几方面。

1. 安全生产管理部门职责

安全生产管理部门制定安全管理相关的制度，参与各职能部门安全生产责任制的制定，编制安全生产相关计划，负责全员安全生产责任制考核；检查和督促各职能部门履行安全生产责任；检查和督促安全管控措施落实情况和安全生产整改措施执行；组织安全生产相关培训；制止和纠正不安全行为等。

安全生产管理部门的职责在于制定安全生产制度，使各部门知道该做什么，确保大家会做，进而督促大家在日常工作中落实自己的责任，最后为确保大家真正做好自己的本职工作，进行考核。安全生产管理部门对企业的安全"管"方面的问题负责，"人"的方面的问题负一部分责。

2. 各职能部门安全生产职责

各职能部门在职责范围内对安全生产工作负责。如生产科室和区队要对采掘等生产活动中的安全生产工作负责，如年度风险辨识评估、管控措施制定、现场风险管控和隐患排查、工作过程中的岗位隐患排查、需要开展的专项辨识等；机电科和区队对全矿的机电设备安全管理工作负责，一样包括年度风险辨识评估、管控措施制定、现场风险管控和隐患排查、定期开展的各项维检、需要开展的专项辨识等。也就是说，各职能部门应根据职责范围对"环""机"的问题负责，对"人"的方面问题负主要责任。

对于智能化双重预防体系，由于其横跨技术和管理两个方面，又以技术为基础，因此仅靠安全生产部门或信息化部门单独管理存在一定的难度。煤矿可以成立联合管理小组，以技术或安全生产管理部门为主，明确各方管理责任，从而确保智能化双重预防体系能够有效运行。

智能化双重预防体系是安全管理与智能化技术的有机结合，对现代信息技术的依赖性明显。长期以来，煤矿中既懂安全管理业务，又懂智能化技术的员工属于稀缺人才，对智能化安全双重预防管控平台建设、运行都造成了负面影响。为充分发挥智能化建设的效果，煤矿应重视复合专家的培养，配备符合质量和数量要求的人才，是智能化双重预防体系建设和运行最基本，也是最重要的保障。

16 6S智能化煤矿的技术特征和要求

16.1 6S智能化煤矿内涵和架构

"十四五"时期以及更长时期，5G、大数据、人工智能、区块链等先进信息技术加速对传统产业的融合与渗透，各种能源的比较优势从根本上取决于其技术创新的进展程度，以煤矿智能化为标志的煤炭技术革命、技术创新成为行业发展的核心驱动力，煤炭智能绿色开发与清洁低碳利用是发展主题，煤炭低碳利用技术的颠覆性创新将使煤炭成为最有竞争力的能源和原材料资源。

在双碳目标下，我国能源结构在化石能源主体基础上加快向多能融合发展，建立多能融合供应体系将是"十四五"时期及未来一段时间能源发展的重要任务：促进化石能源的清洁高效低碳利用，大力发展可再生能源，安全有序发展核电。到2030年非化石能源在能源供应中的比重力争达到25%左右，将形成煤炭、石油、天然气和非化石能源"四分天下"的格局。

在双碳等新形势下，煤矿生产方式亟须变革，智能化绿色化是新时期煤炭行业高质量发展的必由之路。这对于煤矿智能化提出了更高的要求，煤炭人满怀信心地迈向6S智能化煤矿时代。

6S智能化煤矿以安全（Safety）与可靠（Security）为基础，通过专业化服务（Service）构建煤矿智慧生态（Smartness），从而建设以煤矿智能化为支撑的柔性煤炭开发供给体系（Sensitivity），最终保障煤炭可持续高质量发展（Sustainability）。6S智能化煤矿是以资源与环境和谐可持续开发为理念，以智能开发技术与装备为保障，以生态环境保护为硬约束，运用先进科学技术与现代管理理念，实现煤炭资源安全、智能、绿色开发，构建和谐有序、协调一致、智能高效、绿色可持续的煤炭资源开发模式。6S智能化煤矿技术特征与架构如图16-1所示。

16.2 6S智能化煤矿的技术特征

16.2.1 安全（Safety）

1. 智能安全双重预防机制

智能安全双重预防机制将智能化软件、硬件技术与双重预防机制有机融合，在对煤矿个性化安全管理方法全面兼容的基础上，实现了从风险辨识、评估、分级管控、隐患排查、治理验收全流程的智能化，极大提升企业安全治理效能，既是安全管理的未来发展方向，也是双重预防机制自我完善和发展的必然方向。

智能安全双重预防机制的创新性功能和技术特征主要体现在以下几个方面：

（1）风险智能辨识和管控措施自动关联。通过智能视频识别、数据聚类、关联分析等方法，智能安全双重预防机制能够实现对风险的智能识别、管控措施的自动关联，极大

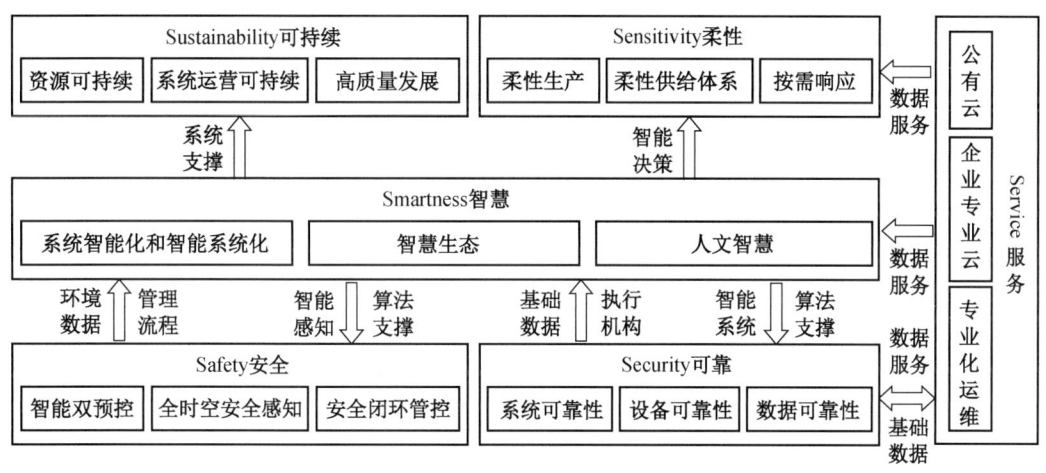

图16-1　6S智能化煤矿技术特征与架构

地减少了辨识工作量。

（2）风险静态与动态智能评估。通过大数据分析，准确了解煤矿安全风险管控重点，科学评价静态风险等级；同时基于对与安全相关"人、机、环、管"数据的全面集成，采用机器学习等算法对不同层级的风险进行综合、动态评估，并对风险变化情况进行预测、预警。

（3）智能风险管控与隐患排查。根据静态风险评估结果，优化企业安全管理资源计划，并根据动态评估的预测结果，动态调整资源配置。同时，可采用机器视觉、井下巡检机器人等智能化装备，实现远程、无人巡检。

（4）根据数据监测和预警信息，智能下发隐患整改任务，改变了隐患排查过于依靠人工的不足。根据监测数据的阈值、模式异常判断、风险预警等信息，直接向相关责任单位下发隐患整改计划，掌握隐患排查的主动权。

（5）智能双重预防管理机制持续改进。根据对双重预防管理机制（图16-2）运行过程数据的分析，智能双重预防能够对隐患排查、风险辨识与管控，以及整个管理体系自动提出改进建议，如隐患排查重点的调整、风险及其管控措施的改进、等级调整等，推动企业安全治理能力不断提升。

2. 全时空安全信息感知监测系统

智能化煤矿的安全管理依赖于对煤矿各安全相关要素更加透彻、实时、全面的掌握。全时空安全信息感知监测系统能够对井（坑）下人、机、环等各要素进行全面、精细感知，将相关数据通过4/5G或专网传输到中心数据库或数据中台，并通过三维GIS、数字孪生等技术实现数据的可视化，为管理决策提供直观支持，为其他系统的数据分析等提供数据原料。

全时空安全信息感知监测系统的功能和技术特征包括：

（1）建立面向人、机、环各要素的全面、实时监测监控传感体系。通过大量监测监控系统、设备工况系统、系统运行监控、不安全行为监控系统，如瓦斯气体、风速、矿压、水量、设备温度、电压、转速、定位、工业视频、智能摄像头等，对危险因素进行全

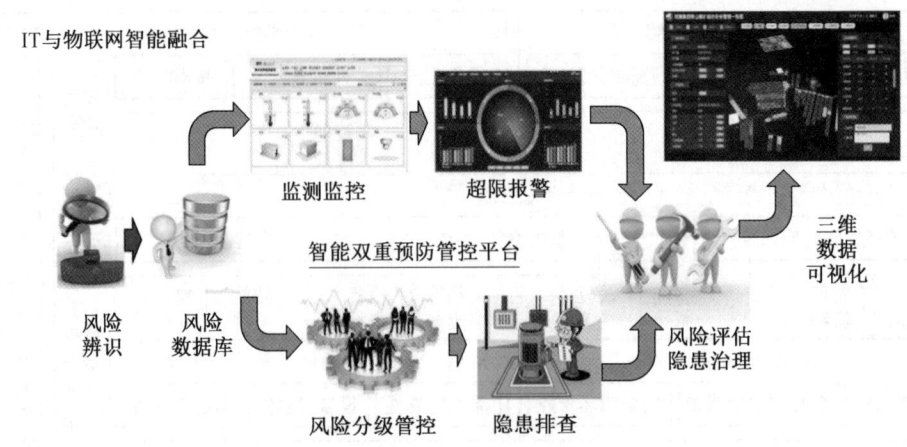

图 16-2　智能双重预防管理体制

面智能感知。

（2）建立数据传输与数据中台（数据湖）。通过井（坑）下高速网络，将各类数据快速采集到企业的信息中心站或直接存储入数据中台（数据湖）。该部分功能还需要明确各类不同数据的格式和口径等，对各种数据进行预处理，为其他各系统的使用奠定基础。

（3）实现数据孪生（数据可视化）。以各感知监测系统等获取的全面、实时动态数据，结合各种数据可视化方法在虚拟空间建立煤矿的数字孪生模型，实时反映井（坑）下的实际情况，为生产过程的透彻感知、安全管理的预测预控、经营活动的精益管理等各种决策提供直观支持。

3. 智能安全闭环管控系统

安全管理必须要确保每一项工作都得到有效落实，使每一个危险因素都得到有效控制，为此必须要对安全工作进行闭环管控。智能化安全闭环管控系统能够实现从隐患排查计划、执行、上报、治理、督办、验收、销号的全过程闭环管控，及时明确各环节的责任，确保整个工作的高效率、高质量完成。

智能安全闭环管控系统的功能和技术特征包括：

（1）实现隐患排查计划管理。根据风险分布情况和既往隐患排查数据，制定当期隐患排查计划。当计划与实际情况存在较大偏离时，该功能能够向责任单位、责任人发出提示和预警。

（2）智能化隐患排查管理。各管理、技术、安监人员根据计划要求开展隐患排查工作，隐患排查具体行程通过人员定位系统与隐患排查计划管理系统相互印证。

（3）智能化隐患治理与督办。隐患排查过程中发现隐患后或智能化监测监控系统发现异常、超限后，系统生成隐患信息发送给责任单位和责任人，以及督办单位和督办人。系统支持责任人对隐患治理情况的完善，支持多媒体数据；支持对督办人的提示和督办信息的处理与推送。

（4）智能化隐患验收与销号。系统在收到隐患责任人提交的信息或多媒体数据时，或通过监测监控系统感知异常、超限数据消失后，可以生成预验收，并通知验收人尽快验收。验收人验收后，系统对该隐患销号，实现全流程的闭环管理。

（5）智能化数据分析。系统能够根据积累的隐患数据、闭环管理数据进行多维度数据分析，及时发现存在问题，为下一周期安全管理决策提供科学依据。

16.2.2 可靠（Security）

智能化煤矿建设是高新技术融入矿山场景、渐进迭代发展的过程，智能化煤矿应具有3个基本要素：信息感知与获取能力、数据分析与决策能力和自动执行能力。实现数据智能和装备智能是实现煤矿智能化的重要抓手。系统可靠性则作为基础，为各种智能化高效实现提供了关键保障。

1. 煤矿巨系统可靠性

煤矿系统包含的子系统种类繁多，数量庞大，如地质勘探、巷道掘进、工作面回采、煤流运输、"一通三防"等，各系统变量众多且相互关联机制复杂，构成复杂巨系统。由于煤矿涉及系统众多，系统链任一环节出现问题都将对系统产生较大影响。因此煤矿巨系统可靠性对于煤矿高效运行具有重要意义。

对于智能化煤矿巨系统，因其各系统相互之间的耦合关联机制，其系统可靠性也较为复杂，具体表现包括设备可靠性、传感器可靠性、数据可靠性、软件系统可靠性、人员可靠性等各种方面。针对煤矿巨系统应构建其可靠性工程，保障煤矿巨系统高效运行。

可靠性工程主要包括可靠性设计、可靠性试验、可靠性生产和可靠性管理等内容。可靠性设计发展得比较成熟。它包括：根据系统的原理建立"可靠性模型"；将系统可靠性指标分配给各级组成部分的"可靠性分配"；根据设计方案对系统的可靠性进行预估的"可靠性预计"；在设计阶段就从设计资料上寻找可靠性薄弱环节的"故障模式影响及危害性分析（FMECA）"及"故障树分析（FTA）"；为降低工作应力提高可靠性和提高系统性能可靠性的"容差分析"；防止电磁干扰引起不可靠的"电磁兼容设计"；防止软件出现错误的"软件可靠性分析"等。

另外，对于煤矿巨系统管理过程也应构建可靠性管理体系，包括建立质量保证体系、制定可靠性工作计划、对转承制方及供应方的监督和控制、可靠性大纲评审、故障审查及组织、确定可靠性关键件和重要件、制定可靠性标准等，从而保证系统薄弱环节有效解决，避免因部分系统的故障造成系统全面停摆。

2. 数据可靠性

实现矿井人机环管的全面感知，实时互联，自主分析与决策。推进煤炭生产企业建立安全、共享、高效的煤矿智能化大数据应用平台，构建实时、透明的煤矿采、掘、机、运、通、洗选等数据链条，实现煤矿智能化和大数据的深度融合与应用，是煤矿智能化的关键基础特征。数据是否准确可靠决定整个系统运行的结果。数据可靠性是指在数据的生命周期内，所有数据都是完全的、一致的和准确的。当前对于煤矿数据，其可靠性难以得到有效的保障，综合而言表现在以下方面：

（1）多数数据采集还依赖于手动输入，难以保证数据准确性和及时性。

（2）数据在使用和流转过程中容易被篡改。

（3）各系统数据格式不一致，数据冗余、数据值冲突、模式不匹配等问题突出。

因此，在煤矿智能化建设过程中，首先应构建煤矿数据全生命周期管理，以企业级数据字典为依据，制定数据质量检核和监控规则，以数据服务化的形式提供高可用、可管控、快捷的数据开放共享服务，构建煤矿数据生态。

煤矿数据全生命周期管理以数据质量管理为核心，对主数据、元数据、业务数据构建采集、存储、管理全生命周期管理，以基础类数据标准为指导，以关键系统数据模型为参考，通过元数据管理系统提供统一视图，为问题分析提供支撑，圈定影响范围，明确数据质量影响；根据规则分析机制制定规则，基于规则监控数据状况，提供数据告警和分析报告。数据管理平台可基于区块链技术，发挥区块链在促进数据共享、优化业务流程、降低运营成本、提升协同效率、建设可信体系等方面的作用，实现数据准确性、可用性、数据更改等方面的数据监管。

3. 设备可靠性

煤机装备工作的地下开采环境随机性强，对设备的瞬间作用可能超出其正常负荷的几倍甚至几十倍，现有装备往往更注重新技术的应用，增大功率、尺寸等参数，但在内在品质、易用性、寿命等产品基础性能方面关注不够。而设备的可靠性是实现系统高效运行的核心基础。因此，必须深化构建煤矿关键元部件研发及可靠性保障体系。

综合而言，目前煤矿智能装备关键元部件主要集中于轻型高强度防爆材料、装备动力及驱动元部件、装备核心控制单元、长时供馈电技术等几个方面（图16-3）。

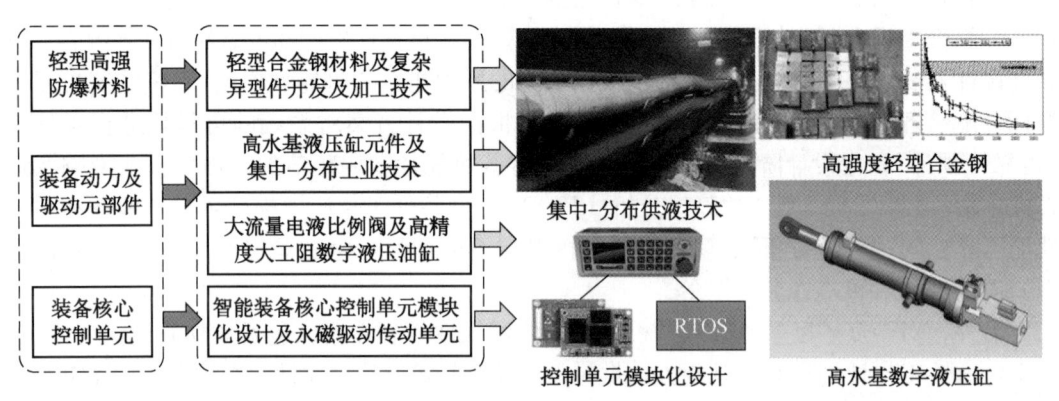

图16-3 煤炭智能装备关键元部件研发

另一方面，针对我国大型煤机装备存在的质量差、寿命短、可靠性低等问题，构建煤矿装备全生命周期管理体系：在设计、制造环节进行可靠性仿真分析，研究数字样机在环境载荷组合条件下的温度、震动、应力响应，优化设计和制造工艺；在使用阶段进行设备健康管理，开展包括采煤机、液压支架和刮板输送机的寿命评估、故障预测、性能趋势监控技术和方法研究；开展虚拟维修技术与维修策略研究；完成煤机装备全生命周期故障发生规律及其故障预防、控制和修复，大幅提升煤机装备的可靠性水平，实现装备质量的跨越发展，降低维修费用和企业运行成本，提升企业核心竞争力。

特别是以系统维护安全损失最小、总维护成本率最低和总维修时间最少为优化目标，自动识别生产状态与设备维修维护状态，提出生产调度与维护行为联合驱动的开采系统决策优化目标，进而生成维护策略，建立基于生产调度和维护行为的双层机会维修预知决策系统（图16-4）。

16.2.3 可持续（Sustainability）

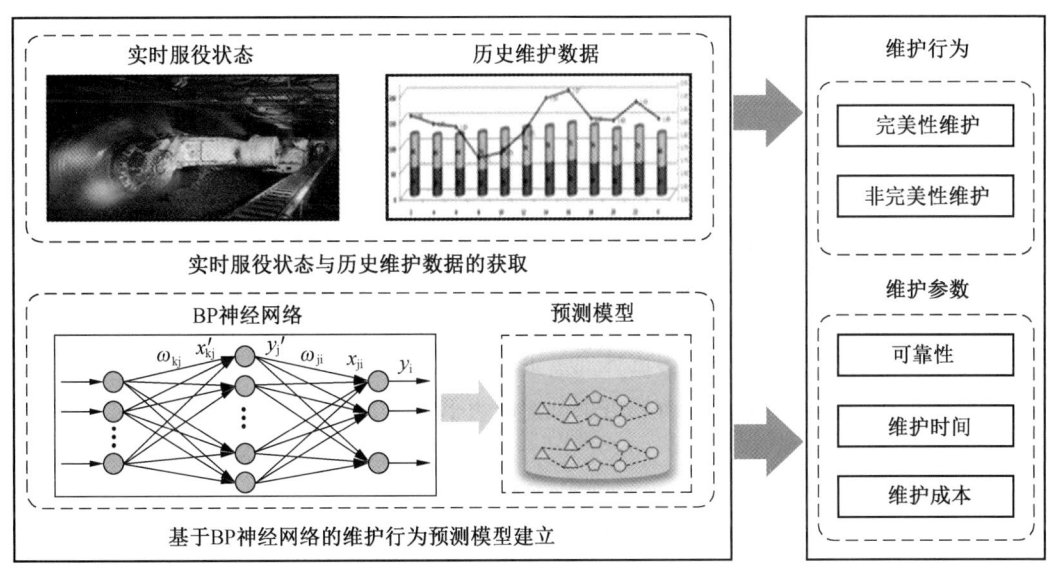

图 16-4 基于生产调度和维护行为的双层机会维修预知决策系统

1. 资源保障可持续

近年来,随着煤炭资源的大规模、高强度、持续开发,导致浅部优质煤炭资源储量逐年减少,中东部矿区开采深度已经达到千米以上,部分省区后续储备不足,资源枯竭导致部分煤矿停产、限产、关停,严重制约了煤炭资源的安全稳定供给。

煤炭资源保障可持续是指基于国家能源消费需求及供给结构现状,预测国家能源消费结构及供需变化趋势,并根据预测科学有序制定煤炭资源开发规划,保障煤炭资源持续、稳定、可靠供给。针对煤炭资源开发利用现状,应加大煤炭资源管理和地质勘探,调整煤炭生产供给结构,提高煤炭资源采出率与利用效率,将煤炭资源采出率与利用率作为一项重要的考核指标,制定相关奖惩机制,提高煤炭资源开发与利用水平。制定煤炭资源开发利用和可持续发展规划,实现煤炭资源的科学、有序、稳定供给。

2. 高质量发展可持续(含生态环境可持续)

近年来,我国煤炭产业发展取得了长足的进步,但在发展过程中仍然存在不协调、不平衡、不充分、不可持续等问题,制约了煤炭工业高质量发展。加快推进煤炭资源智能绿色开发,带动整个煤炭行业发掘其潜在的经济影响和价值创造,是实现煤炭行业高质量发展的核心技术支撑。

高质量发展可持续应遵循"四个革命、一个合作"的能源安全新战略原则,以创新为动力,实现煤炭开发利用全过程、全要素、全周期、全方位的高质量发展及绿色生态保护。其特征表现为:集约化开采模式、智能绿色开采技术与装备、高效率与高效益、井下无人少人作业、煤炭清洁低碳高效利用,实现环境生态化、开采方式智能化、资源利用高效化、管理信息数字化和矿区社区和谐化。

煤炭高质量发展可持续除应实现安全、高效、智能、绿色开发及清洁、低碳、高效利用以外,还应建立常态化的煤矿退出机制,推进老旧矿区生产与转型的超前对接。另外,还应考虑煤炭与太阳能、风能等非化石能源的深度耦合,走多能融合、多能互补的道路。

16.2.4 柔性（敏感）（Sensitivity）

1. 柔性生产系统

煤炭智能柔性开发供给体系是将新一代信息技术与煤炭开发、运输、仓储、需求预测等进行深度融合，建立以数字化为基础、智能化赋能的多层次网状煤炭开发供应链，实现对煤炭需求的超前精准预测，并基于预测结果对煤炭生产、运输、仓储等进行自动智能优化调节，实现煤炭资源安全、高效、稳定、柔性供给。

柔性生产系统是指生产系统能够根据外部市场的需求变化而进行生产能力的动态响应，煤矿生产系统柔性是智能化柔性煤炭开发供给体系的核心，主要依托煤矿智能化开采技术装备及智能管理系统实现。根据外部需求变化对矿井生产能力进行动态调整，当市场需求旺盛时可快速增加产能，当市场需求低迷时可低成本抑制产能，能够充分满足订单式生产要求。

2. 市场敏感性（供需响应）

煤炭市场敏感性（供需响应）可以用煤炭开发供给柔性度来衡量，包括煤炭生产能力柔性系数、煤炭运销能力柔性系数、煤炭开发供给综合柔性度。煤矿生产能力柔性即煤矿生产能力、实际产量能够灵活变化以及时应对煤炭需求变化的能力；煤炭运销能力柔性即煤炭供应链上的铁路、港口等煤炭运输能力应对煤炭需求变化的能力。

3. 柔性供给体系

智能柔性煤矿建设是煤炭柔性开发供给体系的基础，将新一代信息技术（5G、人工智能、物联网、云计算、大数据、区块链等）与煤炭开发、运输、销售、利用等进行深度融合，支撑构建煤炭智能柔性开发供给体系。煤炭智能柔性开发供给体系以煤矿生产系统柔性和运输柔性为核心，以煤炭开发供给柔性度为基础，以物联网、大数据、区块链等新一代信息技术为代表的支撑技术和以横向集成、纵向集成等使能技术为支撑，实现煤炭供给的智能柔性生产、安全稳定供给、动态供需平衡目标。

16.2.5 服务（Service）

推广新一代信息技术应用，分级建设智能化平台是煤矿智能化建设的重要任务之一，其依赖于煤矿生产管理经营大数据的综合管控。在煤矿行业集聚不同生产模式、不同地质条件煤矿企业的数据，深度整合数据信息，深耕数据应用场景，以庞大的数据中心加上专用的数据终端，形成数据采集、信息萃取、价值传递的完整链条，能够实现煤矿行业数据价值最大化。

由于煤矿场景复杂多变，急需具有专业背景及了解煤矿工艺的相关技术人员进行专业化的处理，才能够实现数据知识化。现有数据由各大煤矿企业进行数据存储，专业研究人员可接触到的数据较少，而煤矿企业面对数据又无从下手，造成数据上下游无法打通。

综合来说，针对煤矿大数据服务模式，主要应在公有云增值服务、企业内部专业化服务、社会专业化运维服务几个方面发力，打通不同层面之间的数据，构建数据生态，使开发、应用、优化成为有机整体。

1. 公有云增值服务

公有云增值服务主要通过构建行业云基础设施，搭建煤炭工业互联网平台和煤炭工业大数据中心，汇聚煤炭行业全产业链数据资源，通过感知、互联、分析、自学习、预测、决策、控制技术集成，提供面向行业上下游企业、政府、协会等综合数据服务，从而促进煤炭产业数字化能力提升,如图 16-5 所示。

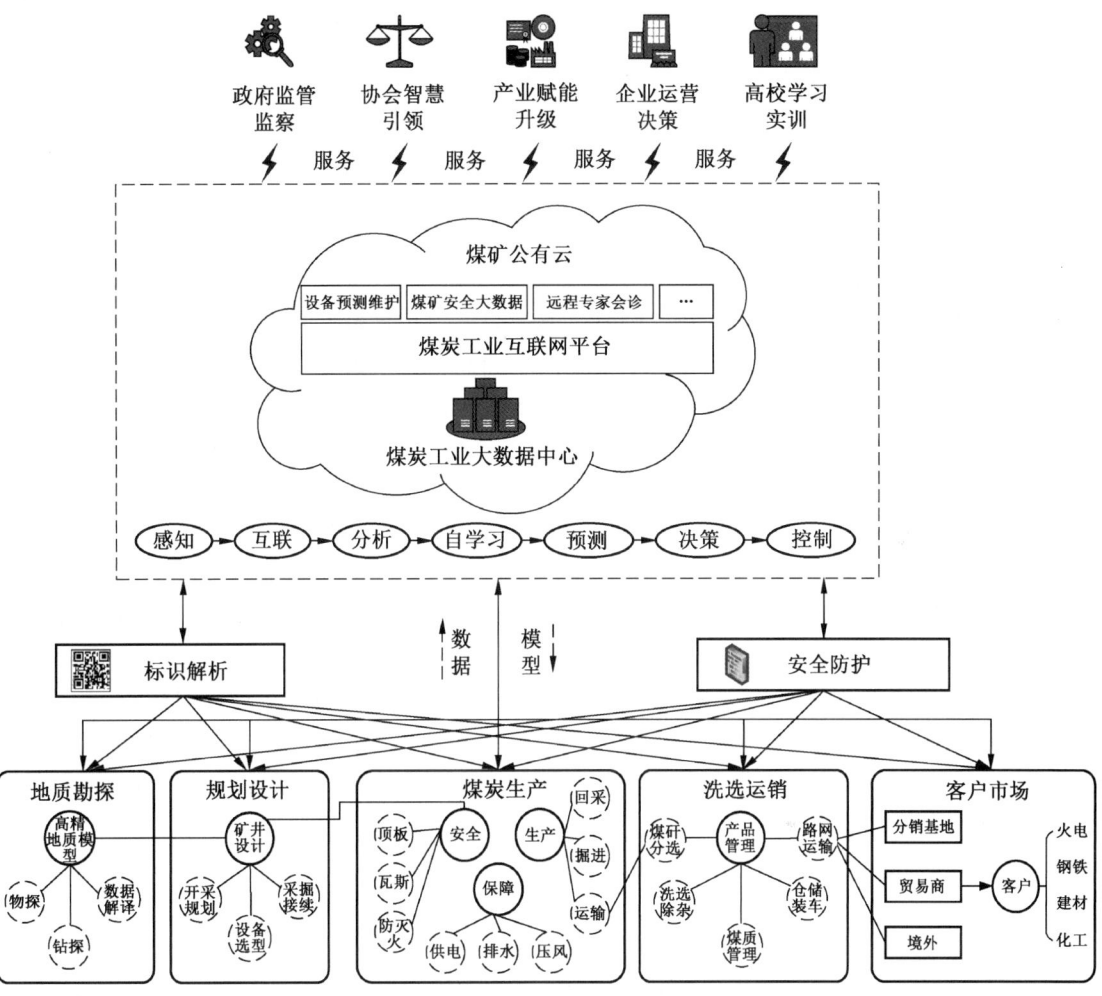

图 16-5 煤炭公有云业务架构

公有云围绕煤炭行业业务特点,以全中心资源共享开放为核心,面向专业应用提供快速构建的通用业务支撑服务,统一用户、统一认证、统一权限,以满足不同用户的需求。统一汇聚煤炭行业共性服务接口(数据服务接口和应用服务接口),通过抽取和提炼应用系统的共性业务需求,进行模块化封装,基于应用支撑平台提供的 API 网关服务能力,将共性业务模块以接口的形式对外发布,支持其他业务应用访问及调用,满足业务应用的快速开发需求,实现部门之间的业务互通,助力应用创新。

通过公有云服务,一方面为中小型煤矿企业提供资源、算力及运维服务;另一方面,构建开发者(研究单位)与应用者(煤矿企业)之间的共享平台,解决煤矿生产系统信息孤岛问题,将数字与算法真正资产化,促进煤矿企业与研究机构之间的互联互通。

2. 企业内部专业化服务

企业内部专业化服务面向煤矿实际生产场景,一方面,在矿端构建数据全生命周期管理系统，通过数据服务的形式支撑各业务系统，避免原有点对点的数据对接，打通信息壁垒，构建煤矿主体化专业化的大数据的数据服务；另一方面，在集团侧部署云数据中心，构建区域化协同分析，将同类地质条件工况情况下的各类数据进行关联分析，应用人工智能算法构建智能数据引擎，完成模型训练，知识库构建等，并可为各矿侧提供算力，保证业务有效落地。

数据集市服务是基于数据资产管理的数据共享开放功能建立，利用数据资产管理建立不同的业务或服务主题，经过数据管理员的授权提供数据服务，为煤矿业务应用系统、第三方应用系统提供数据支持。

数据集市服务在技术架构上，使用微服务架构和开放 API 形式对外提供服务，具备高内聚、低耦合的轻量级松散架构，同时具备权限控制和基于主题的授权功能。在扩展性上支持灵活的数据建模功能，可持续对外提供不同的数据主题服务。

现阶段煤矿数据集市主要提供以下功能服务：①地图数据服务；②空间数据服务；③生产数据服务；④安全数据服务；⑤管理数据服务；⑥市场动态数据服务；⑦消息数据服务。

以地图、空间数据服务为例，数据移动平台的地图、空间数据调度任务，从"一张图"GIS 系统中抽取相关地理信息数据，进入数据融合平台存入地图、空间库，数据管理员在数据分析平台中可根据地图、空间库，自助设计相关可视化展示界面，也可在数据资产管理平台中，建立地图、空间主题并设置权限开放共享，供其他系统使用。

3. 社会专业化运维服务（含设备系统供应商全生命周期运维服务模式创新）

目前，各矿加大煤矿智能化建设投入，但在各先进系统建设的同时，由于煤矿智能化相关技术人才匮乏，各煤矿的智能化技术与装备主要由设备厂家进行维护，存在维护不及时、整体性差、易扯皮等问题，严重影响智能化设备、系统的稳定可靠运行。煤矿缺乏专业化运维团队问题凸显。

在公有云模式下，各设备厂商、专业院所可为煤矿企业、能源局、安监局等部委提供专业化的运维及咨询服务。专业人员以软件工具、接口、问诊服务、咨询服务、金融服务等，吸引聚拢大量免费用户，通过专业化运营活跃平台，培育用户体验感，衍生服务、产品销售、项目实施等需求。

具体而言，从系统维护尤其是信息化系统运维的角度，通过公有云构建统一远程运维运营专线体系，按照"一切资源化、资源目录化"的原则，实现所有基础设施资源、各类软件资源、数据资源、应用资源、服务资源等的统一运营运维管理；对于设备运维管理，设备系统供应商可从设计到使用建立全生命周期管理运维服务模式，对设备从出厂到使用全寿命过程的健康状况进行监测与管理，并根据设备健康特征对于维修策略进行决策并给出合理维修建议，从而实现对于煤矿全工位机电设备健康智能管理；另外，可由专业团队对于生产安全等煤矿关键数据进行态势分析，主动向煤矿生产企业或监管部门推送分析报告并给出合理化建议策略，实现安全态势预警、专家远程会诊、供应链协同、煤炭资源规划等业务应用。

16.2.6 智慧（Smartness）

1. 系统智能化与智能系统化

煤矿智能化应实现结合现代煤炭开采工艺和装备技术，将矿山信息化和工业自动化深度融合，建立全面感知、实时互联、分析决策、自主学习、动态预测、协同控制的智能化系统。实现矿山数据的精准实时采集和高效可靠传输、信息的有序规范集成和动态可视展现、生产的自动协同运行和自主决策控制、业务的安全高效运营和全面精细管控。通过工艺、技术和管理持续改进与创新，建设煤炭无人少人化生产的安全、高效、绿色新型矿山。

智慧是煤矿智能化的基本特征，其包含两个方面的内涵。一方面是对于现有生产及安全系统与新一代信息技术相结合，包括5G高可靠性传输网络、应用先进智能传感手段，应用大数据人工智能等实现数据赋能等，使原有系统具有智能化特征，更好地为煤矿服务；另一方面，借助目前机器视觉等新的人工智能技术与煤矿实际应用场景相结合，使之成为"感知—决策—执行"的完整系统（图16-6），从而解决煤矿现有系统的不足，助力煤矿智能化升级。

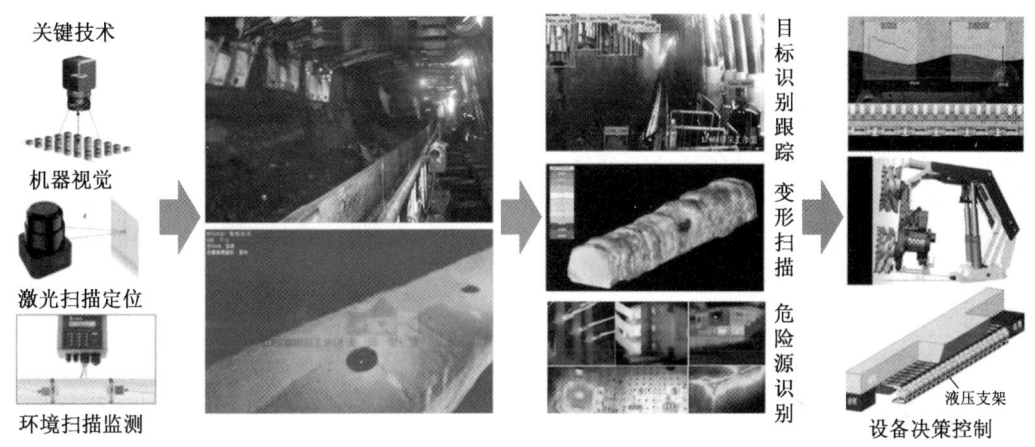

图16-6 机器视觉在综采工作面的智能系统化

2. 系统智能与人文智慧融合的煤矿生态

新型智慧矿山建设应强调"以人为本"，以造福职工，创造企业价值，建设以人为本的智慧矿山新生态为根本目标。智慧矿山是系统智能与人文智慧的融合。系统智能是指矿山运行系统具有全流程人-机-环-管数字互联高效协同，智能决策自动化运行的能力；人文智慧在矿山运营中的决定性作用，是借助信息通信技术和人工智能技术，将管理者的思想、知识、要求等变成系统决策的依据，提高决策水平，降低劳动强度，实现安全高效、绿色低碳、健康运行。

以信息化、自动化、智能化带动矿井行业的改造和发展，开创安全、高效、绿色和可持续发展的新模式。形成智慧生产、安全保障、智能决策的组织机构和保障体系，融技术管理、生产管理、经营管理、安全环保、新技术推广应用为一体的智能管理体系。

对于智能化生产管理集成系统设计、生产接续计划、生产技术、地质及测量、机电运输、生产调度、煤质进行优化，特别是对安全生产进行优化，打通全矿数据从人、机、环、管四个角度实现矿井"大安全"。根据智能化要求，设立技术服务中心、生产管理中心、安全保障中心、运维保障中心和经营管理中心这五大职能中心，各中心内部、外部协同工作。

3. 与社会协同的智慧生态

新型智慧矿山在打造煤矿自身生态圈的同时，也应注重与社会实现协同的智慧生态。主要表现在以下几个方面。

（1）建设智能绿色矿业与社会协调发展国家级综合试验区。在西部资源富集区设立智能绿色矿业与社会协调发展国家级综合试验区，设立智能绿色开发技术实验中心与实践基地，建设国家级智能绿色示范矿井、智慧矿区，高质量开发利用西部矿产资源，将西部资源优势转化为经济优势，引领西部地区产业升级，推进西部大开发形成新格局、高质量。

（2）建设智能绿色矿业示范基地。打造一批支撑试验区建设的智慧矿山、矿区生态环境修复、矿井下空间利用等示范基地。大型露天矿开发与生态治理并举，以开发促生态改善。推进矿产开发、废弃闭坑矿井资源开发利用，智慧矿山建设与区域经济一体化高质量发展，优化资源配置，构建国家级智能绿色矿业样板工程，形成全面智能运行、科学绿色开发的新型矿业产业生态。

（3）创新培育矿产资源型地区（城市）数字化产业新业态。支持矿产资源型地区（城市）培育新一代信息技术、高端装备、新能源、绿色环保等产业。加强对综合试验区"5G+工业互联网"基础建设的支持力度，建设智慧矿区公共信息服务平台，发展以数字化为核心的智慧物流、智能制造、机器人等产业，形成一批战略性新兴产业集群，支持在示范区建设数字产业急需应用型人才培养基地。

（4）开展矿区-城市智慧绿色小镇建设示范。在综合示范区打造集矿业科技研发、能源与技术交易、数字产业技术孵化、技术交流培训、工业文化展示、地域风情旅游和绿色智慧生活空间等为一体的矿区-城市智慧绿色小镇，深化矿区与城市双向互动，探索融汇绿色能源、绿色生态、智慧物流、数字产业-特色文化的矿区-城市融合新模式，为资源型地区矿业与社会协调发展新型城镇建设提供样板。

（5）建立矿区立体化开发体系。推进煤与共伴生矿产资源、地热资源、动力能量等资源协同化勘查、开发与利用；推进矿产资源协同开发，在矿区就近开发建设智能化选矿、矿产深加工，延伸产业链和价值链。

（6）建设多能耦合低碳发展体系。以煤电为核心，与太阳能、风电协同发展，构建风、光、电、热、气多元协同的清洁能源系统。利用废弃矿井开展抽水储能、压缩空气储能。

16.3 6G智能化煤矿建设要求

6G智能化煤矿建设是一把手工程，一把手应具有创新、开放、追求一流的理念和职业情怀，有良好的企业文化生态。具有大规模、安全高效开发的资源条件、环境条件、生产技术条件和建设条件。遵循一流标准、科学一流的总体规划和顶层设计、系统协同设计和一流的工程建设实施质量。全面配套一流高可靠性智能装备、无突出短板、高水平全生命周期健康运维管理。系统智能与人文智慧深度融合，高质量运行和管理团队、管理体系。一流的安全、生态、效率、效益，一流的职工工作条件和物质文化获得感。

由于我国不同区域煤矿的地质条件、建设基础等存在较大差异，应根据矿井建设条件与基础进行矿井智能化整体规划设计，确定矿井柔性科学产能与智能开采供给计划，通过将智能化软件、硬件技术与双重预防机制进行有机融合，实现从风险辨识、评估、分级管控、隐患排查、治理验收全流程的智能化，提高矿井安全水平；采用新一代信息技术（5G、大数据、物联网、云计算、区块链等）对井下人、机、环、管等信息进行全面感知、传输、分析、处理、控制，通过构建公有云、私有云或混合云，实现矿井数据资产的云化存储与模型化应用，提高系统可靠性及智能化水平；通过采用高可靠技术与装备，实现减人、增安、提效目标。采用智能绿色开采与生态复垦一体化技术，实现矿井的可持续高质量开发。

17 煤炭智能柔性开发供给体系

近年来,受极端天气、疫情等突发事件影响,我国能源需求呈现出较大的波动性与不确定性,新能源的不稳定性和国内外经济环境变化,增加了能源需求侧的不确定性,亟须建立适应需求侧不确定性的能源智能柔性开发供给保障体系,保障国家能源安全稳定供给。2020年,我国原油对外依存度达73%,天然气对外依存度达43%,在国际能源博弈和地缘政治冲突不断加剧的背景下,油气进口安全风险增加。风、光等新能源短期内难以形成稳定可靠供给,且恶劣天气下其不稳定供给增加了新能源体系的脆弱性,尚难以大规模接入我国现有能源供给体系。我国煤炭资源储量丰富,构建煤炭智能柔性开发供给体系,利用煤炭、煤电作为提升新能源占比的稳定器和压舱石,实现新能源和煤炭相互助力、耦合发展将是我国形成多种能源融合稳定供给的必由之路。

在我国推进高质量发展进程中,受产业调整和能源转型等多重因素影响,煤炭市场波动异常剧烈,煤炭价格不稳定性因素增大,甚至出现由于缺煤导致拉闸限电等现象,煤炭现有生产与供给模式将难以适应新发展要求,亟须建立以煤矿智能化支撑的煤炭智能柔性生产和供给体系,充分发挥煤炭为能源安全兜底、为国家安全兜底的保障作用。

17.1 煤炭高质量稳定供给需求分析

17.1.1 煤炭高质量稳定供给现状与挑战

我国相对富煤贫油少气的资源赋存条件决定了煤炭在今后相当长一段时间内仍将是我国的主体能源,油气资源的高度对外依赖性需要稳定的煤炭供给发挥保障能源安全压舱石的作用,但我国煤炭资源开发供给的不均衡性和需求变化的不确定性给能源安全稳定供给带来巨大挑战,主要表现在以下几个方面。

(1)煤炭生产区域不均衡加剧了煤炭供需的区域性失衡局面。我国煤炭资源区域分布极不平衡,生产和消费空间格局存在很大错位。东部地区浅层煤炭资源逐渐枯竭,煤炭资源开发深度逐年增加,开发难度加大,但东部地区作为社会经济最发达的地区,是我国能源消费的主要区域,对能源的需求逐年增加,每年需要从外部调入大量的煤炭资源;西部地区对能源的需求较少,但优质煤炭资源储量丰富,开发潜力巨大,已经成为我国煤炭主产区。

截至2021年6月,我国西部地区煤矿数量、产能分别约为2316处、$2.337×10^9$ t,占全国的55.1%和54.3%。东部地区煤炭产量占比已经由1978年的42.3%下降到2020年的6.9%;西部地区煤炭产量占比由1978年的21.2%增加到2020年的59.7%。2020年晋陕蒙三省(区)原煤产量$2.79×10^9$ t,占全国的71.5%,三省(区)调出煤炭$1.73×10^9$ t左右。2019年,除晋陕蒙新四省(区)外,其他省区煤炭生产量均小于消费量,尤其是山东、江苏和河北煤炭缺口达$2×10^8$ t以上,缺口达$1×10^8$ t以上的省份还有广东、浙江、辽宁、河南和湖北等地区;东部地区煤炭产量为$2.23×10^8$ t,煤炭调入量为$1.324×10^8$ t,进

口量为 $1.64×10^8$ t，煤炭消费量为 $1.524×10^8$ t，东部地区煤炭对外依存度高达 85% 左右。随着煤炭生产继续向西部资源富集区聚集，将进一步加剧煤炭供需的区域性矛盾。

（2）煤炭需求季节性波动和时段性紧张局面加剧。煤炭需求季节性波动的峰谷差值逐渐加大，对煤炭供给柔性要求增加。2017—2020 年全国商品煤消耗量在每年的 12 月出现峰值，平均约为 $3.8×10^8$ t；在每年的 2 月出现峰谷，平均约为 $2.9×10^8$ t。近年来，煤炭消费的峰谷差值呈逐渐加大趋势，2017—2020 年峰谷差值分别为 $5.8×10^7$ t、$6.4×10^7$ t、$7×10^7$ t 和 $1.35×10^8$ t，如图 17-1 所示。

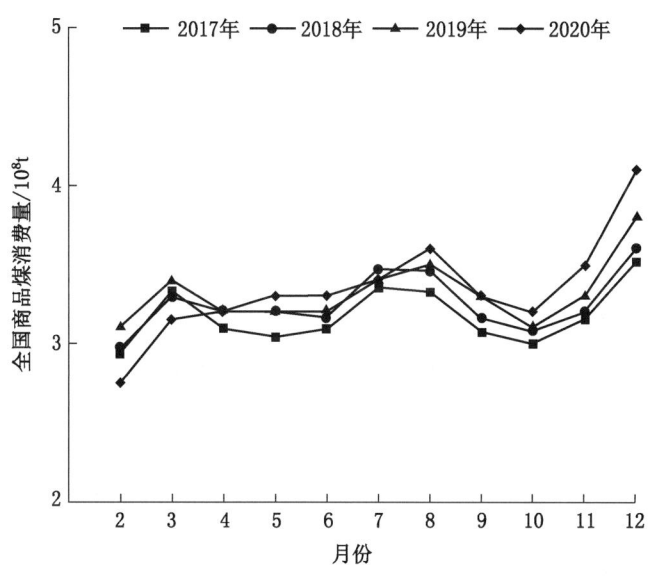

图 17-1　2017—2020 年全国商品煤月度消费量

极端天气、新冠疫情等突发事件增大了煤炭需求的不稳定性。近年来由于极端天气逐年增加，煤炭供需频繁出现区域性、时段性紧张的现象，导致拉闸限电、煤价暴涨等一系列不良现象。如 2021 年 9 月，"拉闸限电"现象已波及黑龙江、吉林、辽宁、广东、江苏等 10 余个省份，而煤价也涨至历史高点，煤炭供需异常紧张的现象极不利于煤炭工业的可持续发展，对国家经济社会稳定发展也造成了较大影响。

（3）煤炭对能源调峰作用的重要性逐年凸显，增强了构建煤炭智能柔性供给体系的迫切性与重要意义。2020 年，风电、太阳能发电总装机容量突破 $5.3×10^{11}$ W，发电量占比 9.5%；到 2025 年，风电、太阳能发电量占比 16.5% 左右；到 2030 年，风电、太阳能发电装机总量达到 $1.2×10^{12}$ W。随着新能源加速发展和用电结构调整，由于风电、光伏等新能源的波动性和间歇性，电力系统对煤电调峰容量的需求将不断提高。同时，对煤电调峰能力要求越来越高，相应地对电煤供给柔性的需求也随之增大。

17.1.2　煤炭高质量稳定供给需求与趋势

当前，中国经济由高速增长阶段转向高质量发展阶段，高质量发展急需高质量的能源供给支撑。受制于大规模、低成本储能技术还未能取得实质性突破，新能源尚难以全面或高比例纳入现有能源体系，煤炭资源清洁低碳开发利用和"新能源+储能"两大能源转型方向将长期并存。能源低碳转型迫切需要构建更高质量的煤炭供给保障体系,《中华人民共和国国民经济和社会发展第十四个五年规划和 2035 年远景目标纲要》中明确提出:"提高能源供给保障能力,增强能源持续稳定供应和风险管控能力,实现煤炭供应安全兜底"。2021 年 10 月 9 日,国家能源委员会会议强调:"能源需求不可避免继续增长,必须以保障安全为前提构建现代能源体系,不断丰富能源安全供应的保险工具"。

我国煤炭年产量达到近 4×10^9 t,如图 17-2 所示,单个工作面的年生产能力突破 1.5×10^7 t,基本实现了安全、高效、高采出率开采,但煤炭高质量稳定供给能力仍较低,主要表现在以下几个方面。

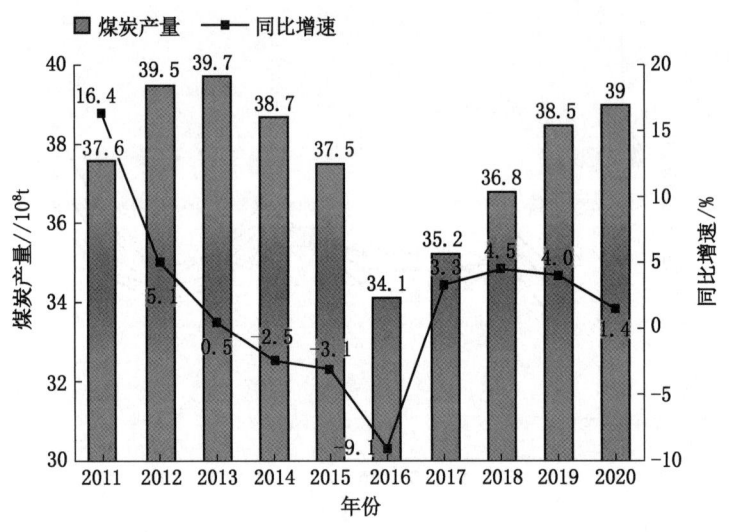

图 17-2 2011—2020 年全国煤炭生产情况

(1) 现有生产方式的产能调节能力有限,难以适应需求侧异常波动。传统煤炭开采方式需要大量的人力支撑,且生产效率较低、效益较差,为了维持矿井正常运营及盈利目标,煤矿必须完成一定的产量目标。由于传统煤炭开采方式对工人数量具有较强的依赖性,难以实现在煤炭需求高峰时段短期内进行增人、增产,并在煤炭需求低谷时段进行大规模裁员减产,因此,亟须加快推进煤矿智能柔性化建设,支撑建立煤矿智能柔性供给生产系统,在保障安全、降低开采成本、保证开采效率与效益的前提下,根据需求侧的变化实现煤炭产量的智能柔性调整。

(2) 由于缺少对煤炭需求的精准预测、预警,现有煤炭生产与运输衔接方式制约了短期内实现煤炭智能柔性供给。煤炭运输主要通过铁路、公路和水运,但铁路的装车能力、公路的发车能力、港口码头的运输能力等需要对国家各种供应物资进行统筹安排,尤其是铁路运输,煤炭季节性、突发性调峰协调难度大。另外,由于煤运输时间较长,大秦线的运输需要 20 多天,由山西到中南地区、东南沿海地区铁路运输也要 7~15 天,应急功能有限,亟须基于新一代信息技术对煤炭需求进行超前预测、预警,提前对煤炭生产运输进行协调安排。

(3) 现有生产管理方式难以适应供给侧弹性变化要求。根据 2021 年 4 月应急管理部、国家矿山安监局、国家发展改革委、国家能源局联合发布修订后的《煤矿生产能力管理办法》相关规定，煤矿月度原煤产量不得超过生产能力的10%，调节范围较小，难以发挥调峰作用。

提高煤炭开发供给体系的柔性关键在于提高生产端、运输侧的柔性。近年来，新一代信息技术与煤炭开发、运输等技术进行了深度融合发展，推动构建了减人、增安、提效的煤矿智能化开发、运输系统，为传统开发方式受制于人数多、产能调整成本高、难以实现柔性供给等难题提供了解决方案。同时，基于物联网、大数据、区块链等技术，构建煤炭供需预测模型，优化现有煤炭运输仓储体系，为实现煤炭运输侧的超前预测与柔性供给提供了技术支撑。

17.2 煤炭智能柔性开发供给内涵及柔性度分析

17.2.1 煤炭智能柔性开发供给体系内涵与特征

煤炭智能柔性开发供给体系是将新一代信息技术与煤炭开发、运输、仓储、需求预测等进行深度融合，建立以数字化为基础、智能化赋能的多层次网状煤炭开发供应链，实现对煤炭需求的超前精准预测，并基于预测结果对煤炭生产、运输、仓储等进行自动智能优化调节，实现煤炭资源安全、高效、稳定、柔性供给。

生产系统柔性是指生产系统能够根据外部市场的需求变化而进行生产能力调整的动态响应，煤矿生产系统柔性是智能化柔性煤炭开发供给体系的核心，主要依托煤矿智能化开采技术装备及智能管理系统实现。由于煤矿智能化开采技术可以大幅降低井下作业人员数量，煤矿生产能力不再受煤矿作业人员数量的制约，可以根据外部需求变化对矿井生产能力进行动态调整，当市场需求旺盛时可快速增加产能，当市场需求低迷时可低成本抑制产能，能够充分满足订单式生产要求。

煤炭供给柔性则主要依托大数据、区块链等技术，对煤炭供给与需求的平衡度进行超前预测预警。基于区块链技术的分布式采集存储、信息不可篡改、智能合约等特点，并结合大数据技术对低价值密度、海量多源信息进行数据建模，构建全国煤炭供需监测预警平台/中心，对煤炭供需柔性度进行分析计算，如图17-3所示，根据供需柔性度对煤炭的需求量进行精准预测反馈，并将预测结果反馈给煤炭生产、运输、仓储等各个环节，使各环节能够进行及时调整。

煤炭智能柔性开发供给体系应以最低的生产、运输成本和最优的调控能力对煤炭供需变化进行超前快速响应，该体系应具有敏捷性、精准性和协同性的特征。

（1）敏捷性。敏捷性的本质是对煤炭供需变化快速精准感知，并将市场信息高效地传递、反馈给煤炭生产供给系统。煤炭智能柔性开发供给体系基于大数据、物联网、区块链、人工智能等新一代信息技术，实现需求驱动、超前预测、智能预警、快速响应、按需生产，对生产运输侧进行灵活调整。

（2）精准性。采用物联网、区块链等技术对煤炭生产、运输、销售、利用等各种数据进行全面采集与深度挖掘，精准洞察生产运输侧与需求侧的变化，超前制定合理的生产、运输、仓储方案。

（3）协同性。煤炭供需平衡体系是一个十分复杂的系统，需要生产、运输、仓储、消费等整个供应链上的各部门进行协同作业，且每个环节内部也需要多系统的协同，从而

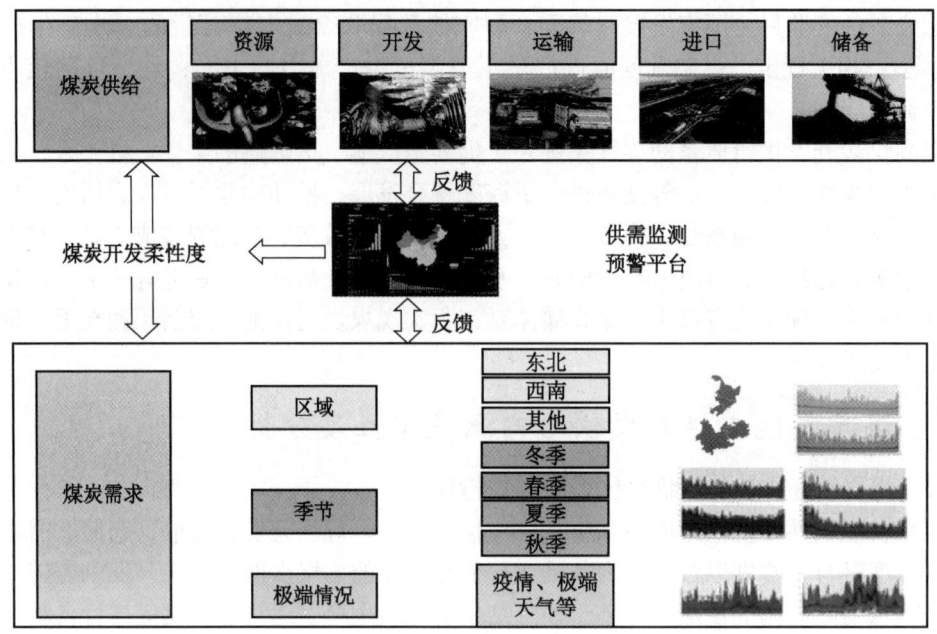

图 17-3　煤炭开发供给柔性度计算逻辑

实现上下游产业链之间的协同。

17.2.2　煤炭开发供给柔性度

煤炭开发供给柔性度可用煤矿生产能力柔性系数和煤炭运销能力柔性系数表征。煤矿生产能力柔性即煤矿生产能力、实际产量能够灵活变化以及时应对煤炭需求变化的能力；煤炭运销能力柔性即煤炭供应链上的铁路、港口等煤炭运输能力应对煤炭需求变化的能力。

1. 煤矿生产能力柔性系数

煤矿生产能力柔性系数用煤矿核定基本生产能力+科学增产潜能与实际产量之比来表示。

$$U_1 = \frac{\sum(\varphi_i + z_i)}{\sum X_i} \tag{17-1}$$

其中，U_1 为煤矿生产能力柔性系数；i 为煤矿（$i=1,\cdots,I$）；φ_i 为煤矿 i 的基本生产能力；z_i 为煤矿 i 的科学增产能力；X_i 为煤矿 i 的实际产量。

核定基本生产能力是矿井常态生产计划依据，科学增产潜能是根据矿井生产技术条件和智能化水平核定的具有安全可靠增产能力。若 $U_1=1$，则说明煤矿正处于全负荷生产；若 $U_1>1$，则说明煤矿具有柔性增产潜力；若 $U_1<1$，则说明煤矿正处于超安全能力生产。

2. 煤炭运销能力柔性系数

煤炭运销能力柔性系数用煤炭每周实际运输量+可增加运量潜力与（每周煤炭销售量+每周煤炭产量）/2 之比表示，即：

$$U_2 = \frac{\alpha + \alpha_z}{(M + X_p)/2} \tag{17-2}$$

其中，U_2为煤炭运销能力柔性系数；α为煤炭每周实际运输量；α_z为每周可增加运量潜力，M为每周煤炭销售量，X_p为每周煤炭生产量。

若$U_2=1$，则说明产-运-销能力基本平衡；若$U_2>1$，则说明运输能力富裕（因生产侧、消费侧一般都会有一定库存，用短期生产与消费量可以体现产-运-销情况，敏感捕捉运输销售端的问题）；若$U_2<1$，则说明运力不足。

3. 煤炭开发供给综合柔性度

煤炭开发供给柔性度用（每周煤炭生产量+每周煤炭运输量）/2 与（每周煤炭消费总量-每周煤炭进口量）之比表示，即：

$$U=\frac{X_p+\alpha}{2(K-H)} \tag{17-3}$$

其中，U为煤炭开发供给柔性度；K为每周煤炭消费总量；H为每周煤炭进口量。

将$U=1$为供给平衡点，可设定$U=0.99$为紧平衡点，高于1则表明供应侧宽松或出现过剩，U低于0.95黄色预警，U低于0.90红色预警。

可结合煤矿生产能力柔性系数与煤炭运销能力柔性系数对煤炭开发供给综合柔性度的具体内涵及产生原因进行分析判断。

17.3 煤炭智能柔性开发供给技术体系

17.3.1 煤炭智能柔性开发供给体系核心要素

智能化煤矿建设是构建煤炭柔性开发供给体系的基础，将新一代信息技术（5G、人工智能、物联网、云计算、大数据、区块链等）与煤炭开发、运输、销售、利用等进行深度融合，支撑构建煤炭智能柔性开发供给体系。煤炭智能柔性开发供给体系以煤矿生产系统柔性和运输柔性为核心，以煤炭开发供给柔性度为基础，以物联网、大数据、区块链等新一代信息技术为代表的支撑技术和以横向集成、纵向扩展等使能技术为支撑，实现煤炭供给的智能柔性生产、安全稳定供给、动态供需平衡目标，如图17-4所示。

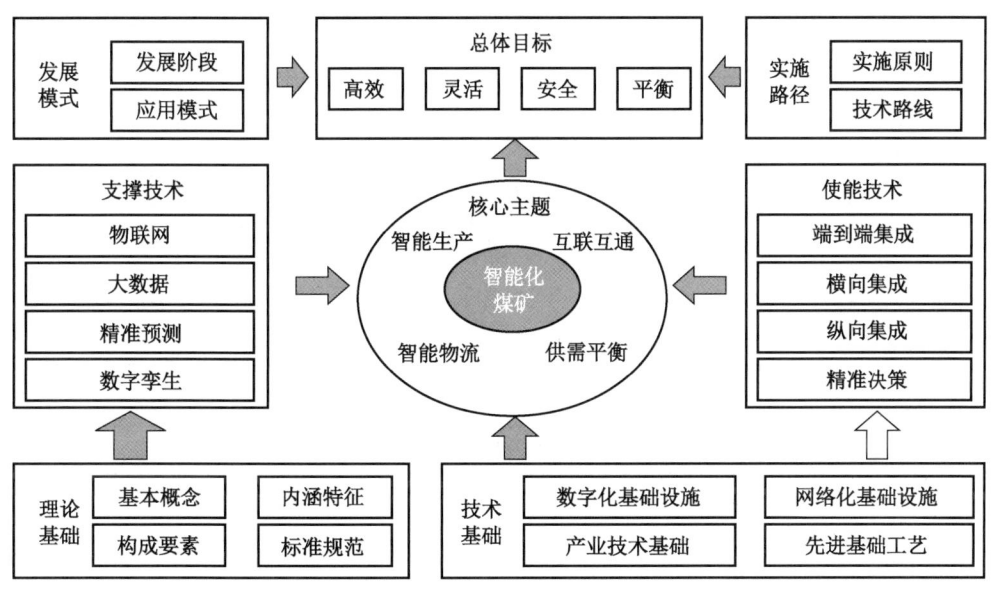

图17-4 煤炭智能柔性开发供给体系架构

煤炭智能柔性开发供给体系具有以下核心要素：

（1）智能化柔性煤矿是建设煤炭智能柔性开发供给体系的关键。提高煤炭开发供给体系的柔性，关键在于提高生产端的柔性，由于传统煤炭开发方式的产能利用率普遍呈刚性，由式（16-1）可知，增加煤矿生产能力柔性系数的关键在于通过智能化开采技术对煤矿的产能进行柔性调节。

（2）新一代信息技术与煤炭开发、运输、销售进行融合是建设煤炭智能柔性开发供给体系的基础。5G通信技术以其特有的大带宽、低延时和广连接优势，不仅可以为煤矿智能化建设构建数据高速稳定传输通道，还可以为煤炭智能柔性供给体系的构建搭建数据传输高速公路，确保信息高速、可靠传输。运用物联网、大数据等技术不仅可以对煤矿进行实时、多维度安全监控，从而实现煤矿减人、增安、提效，而且可以为煤炭供需响应模型的构建提供数据、算法支撑。区块链、大数据技术将助力实现信息的安全、可靠及深度挖掘与融合应用，通过区块链的去中心化、信息共享和数据不可篡改性等特征可以保证煤炭产销量数据的准确性，并利用大数据算法对煤炭产销平衡及供给方案进行数据建模与优化。因此，新一代信息技术与煤炭开发、运输、销售进行融合，是构建广泛互联、精准预测、智能运行和科学决策的煤炭智能柔性开发供给体系的基础。

（3）构建柔性协同管理系统是实现煤炭智能柔性供给的保障。建设煤炭智能柔性开发供给体系，不仅需要在支撑技术、使能技术等方面发力，更需要用系统思维对供应链中的信息流、物流进行规划和控制，围绕智能柔性供给目标，促进信息共享和协调经营，以提高各环节运作效率和动态响应水平，实现安全、稳定、柔性的供需关系。基于新一代信息技术构建从集团至矿业公司再至企业的多级大数据中心，通过煤矿开采全过程的数据链条，支撑煤矿决策的智能化和运行的自动化，达到集成化管理，实现煤炭智能柔性供给，如图17-5所示。

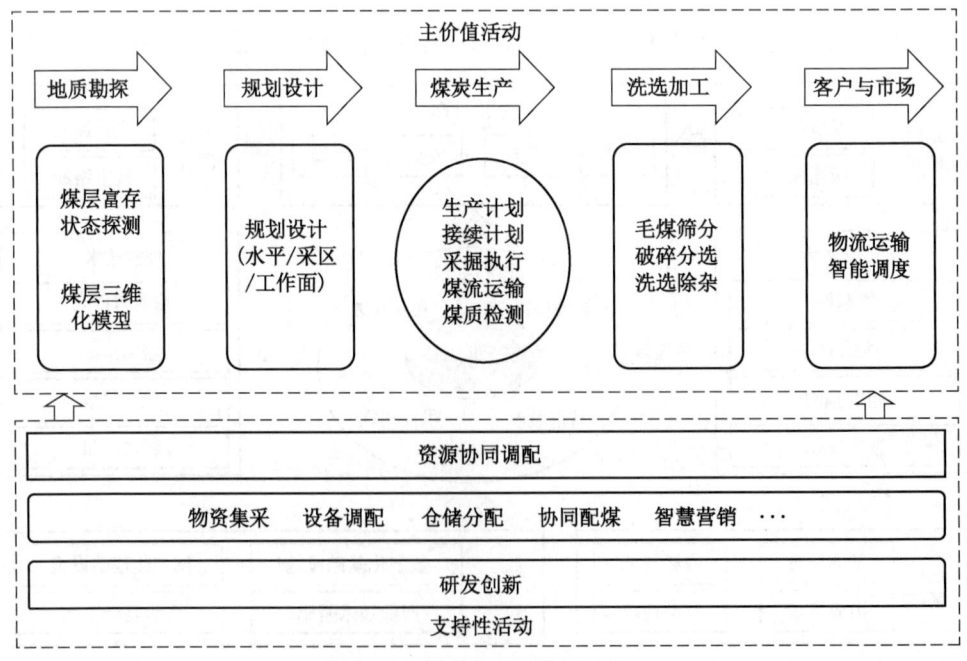

图17-5 煤矿智能柔性协同管理

17.3.2 煤炭智能柔性开发供给支撑技术

煤炭智能柔性开发供给支撑技术主要包括生产端支撑技术、运输端支撑技术、消费端支撑技术及基础平台支撑技术。

（1）生产端支撑技术。智能化柔性煤矿是煤炭智能柔性开发供给体系的关键，建设智能化柔性煤矿仍需深入开展井下海量多源异构数据融合分析、复杂环境与开采系统耦合机理、重大危险源致灾机理与智能预测预警等基础理论研究，并对井下智能地质探测仪器、高可靠性智能采掘装备、井下防爆作业重载机器人等短板技术进行攻关，解决制约复杂条件煤矿智能化发展的理论与技术短板；加大对高端综采综掘智能化装备、智能化无人值守运输提升装备、重大灾害应急救援智能装备和煤矿机器人等重大装备的研发和应用，为煤矿智能化建设提供高可靠性的先进装备保障；建设安全、共享、高效的全国煤矿大数据中心，开发煤矿多源异构数据的深度融合处理与高效利用技术、煤矿系统装备云端运维的远程专业化分析处理等增值服务，形成煤矿全时空多源信息实时感知，安全风险双重预防闭环管控，生产运营全流程人-机-环-管数字互联高效协同，智能决策自动化运行的能力和高质量运行新模式。

（2）运输端支撑技术。构建煤炭智能物流运输体系需要从煤炭企业自营铁路建设、公路运输建设、港口建设等多个方面入手，共同推动煤炭物流运输数字化、网络化和智能化水平提升，形成高效的煤炭物流运输系统。煤炭企业自营铁路需建设机车车载数据传输系统、车辆调度和导航系统、铁轨故障预警系统等；铁路运输专线要加快5G、物联网、自动驾驶技术的研发推广应用，大力提高列车安全、稳定和智能化调度运行水平；构建覆盖全国的煤炭运输地理信息平台和感知网络，推进铁路、公路、水路运输数字化展现，深度挖掘5G、物联网、大数据、区块链等技术在煤炭物流体系的运用潜力，研究基于区块链架构的"供应链-物流链"双链融合技术、基于大数据分析的智能化物流运营管理新模式，整合煤矿、铁路、公路、水路和港口信息资源，提高煤炭物流应急、调度、决策、监控分析和管控能力。

（3）消费端支撑技术。将电厂、化工、钢铁、建材等重点耗煤用户纳入监控体系，基于区块链技术的分布式采集存储及去中心化的思想，建设国家级煤炭消费智能监测系统，制定信息采集与传输、存储、共享与交换、服务等相关标准，保证煤炭的产-运-储-销-用数据全生命周期管理与多源异构数据的深度融合及高效利用，基于重点用煤行业、企业、区域的煤炭消费大数据，建立煤炭消费预报、预警技术体系，为煤炭产-运-储-销-用全链条柔性供给提供信息和决策支持。

（4）基础平台支撑技术。构建全国煤炭供需监测预警平台/中心，涵盖生产端、运输端、销售端、用户以及物流服务商、银行保险金融机构等各环节，将现有的煤炭行业和区域级交易统一纳入其中；基于新一代信息技术实现对煤炭的存量信息、消耗量信息、交易信息等全面及时可靠采集，对煤炭的实时交易信息进行监管；基于区块链技术实现煤炭交易的透明化、公平化，提高市场对煤炭供需的引导水平。研究广覆盖的多样用能精准监控技术，基于AI数据驱动模式的用能负荷精准预测，借助5G低时延、广覆盖的特性，结合人工智能技术的强感知、挖掘、预测能力，在获取海量用户数据基础上对能源、煤炭消费情况做出精准预测，实现煤炭流动展示、煤炭生产消费战略推演模拟等，建立煤炭供需科学决策体系。

17.4 煤炭智能柔性开发供给运行模式

基于新一代信息技术与煤炭开发、运输、消费等全产业链的深度融合，形成需求驱动、精准预测、上下游协同、一体化运行的煤炭智能柔性开发供给运行模式，实现煤炭供给的精准化、平台化、协同化。

煤炭智能柔性开发供给体系运行主要包括四个方面：①进行智能化煤矿柔性调节科学增产潜能评估和备案；②建设"煤矿-集团-省级-国家级"煤矿生产和交易智能化平台，进行安全生产、高效产能精准分析及预测，实现供需信息共享；③建立生产、销售、运输和消费监测分析服务机构与机制，确定合理的供应链柔性度；④强化政府指导调节和政策激励机制，如图17-6所示。

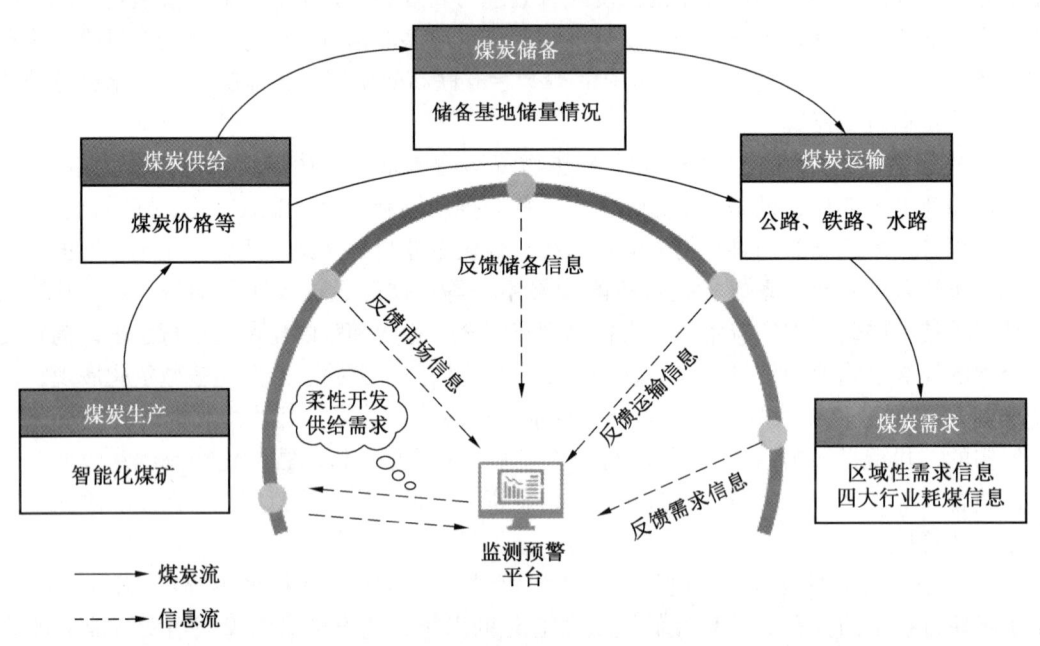

图17-6 智能柔性煤炭开发供给体系运行方式

（1）进行智能化煤矿柔性调节科学增产潜能评估和备案。对传统煤炭开发方式进行智能化升级改造，提升煤矿生产系统的柔性度，对改造后的智能化煤矿柔性调节科学增产潜能进行综合评估，并将评估结果进行备案。

（2）建设"煤矿-集团-省级-国家级"煤矿生产和交易智能化平台。该平台涵盖生产端、供货端、销售端、用户以及物流服务商、银行保险金融机构等各环节，采用区块链技术将现有的煤炭行业和区域级交易统一纳入其中，进行安全生产、高效产能精准分析及预测，实现供需信息共享。

（3）建立生产、销售、运输和消费监测分析服务机构与机制。基于"煤矿-集团-省级-国家级"煤矿生产和交易智能化平台监测数据，构建全国煤炭供需监测预警平台/中心，设立专业数据分析服务机构，对煤炭产-运-储-销-用全流程进行全方位信息分析、预测、预警，确定合理的供应链柔性度。

（4）强化政府指导调节和政策激励机制。虽然采用物联网、区块链等技术实现了煤炭产-运-储-销-用全流程数据的可靠采集与精准预测，并自动将最优的柔性供给方案向各节点进行推送，但根据柔性供给方案进行煤矿生产能力调节、运输能力调整等还需要政府进行干预和指导，制定相关的激励机制，推动煤炭智能柔性开发供给实现需求牵引、数据模型驱动、市场调节、政策激励、柔性供给的全产业链协同运行，确保国家能源的安全稳定供给。

第三篇

煤矿智能化理论、技术与装备研发新进展

18 智能化煤矿信息化关键技术研发的新进展

18.1 矿用 SPN 高速切片分组网络技术

18.1.1 井下工业环网技术痛点

井下工业环网能力不足。行业内工业环网主要以万兆/千兆传输为主，技术及相关系统方案较为成熟。其核心交换机以 Moxa、赫兹曼等国外厂家为主；随着煤矿信息化、智能化的不断推进及 5G、WiFi6 等高带宽无线通信系统的建设，井下工业生产过程需要的带宽远远超过万兆/千兆工业环网的承载能力。

网络结构复杂、可靠性差。为了解决传输带宽的问题，普遍采用重复建设多个工业环网的办法，将煤炭井下的业务系统大体可分为监控、定位、通信和视频 4 大类，不同的业务分别建立井下环网，这在一定程度上满足了不同业务系统不同的组网要求，但也带来网络建设成本高、结构复杂、可靠性差、运维工作难度大等问题。

现有网络不支持切片管理功能，现有工业环网交换机仅能提供简单的状态查看、配置修改等功能，无法进行网络切片、切片颗粒度管理等功能，难以满足按业务需要进行网络切片管理、安全管理等功能。

同时随着煤矿智能化发展，网络规模越来越大，智能终端越来越多，网络受到的威胁也持续提升。网络攻击、设备中毒等安全事件往往引起网络瘫痪，进而导致生产的中断。网络切片技术可以通过不同数据间的硬隔离最大限度地提升煤矿网络的防御能力，保障煤矿生产的持续性和安全性。

18.1.2 SPN 切片网络的特点及优势

1. SPN 切片网络的特点

随着煤矿智能化、5G 网络的大规模部署及全业务发展战略的推进，各种新兴的 IP 化业务应用对承载网的带宽、调度灵活度和服务质量等提出了越来越高的要求，矿井原有的工业以太网已难以满足应用需求，以 SPN 为代表的新型传输设备应运而生。

SPN（Slicing Packet Network，切片分组网）是 5G 网络中的关键技术，它是在承载 3G/4G 回传的分组传送网络（PTN，Packet Transport Network）技术基础上，面向 5G 承载需求提出的新一代传送网架构及理念。

SPN 采用 ITU-T 层网络模型，基础是以太网技术，将 TDM 和分组有机融合，使 L0~L3 多层网络功能融为一体，能够满足大带宽、低时延、网络切片、灵活连接、超高精度时间同步等应用需求；SPN 支持端到端承载，通过不同的切片特性，能支持多业务的综合承载。

SPN 技术架构包括切片分组层（SPL）、切片通道层（SCL）、切片传送层（STL）以及时钟/时间同步功能模块和 SDN 控制功能模块。

切片分组层（SPL）：可实现对 IP、以太网、CBR 等业务的承载管道封装和寻址转发，提供 L2VPN、L3VPN 等多种业务类型承载能力。对于分组业务，SPL 支持基于 Segment Routing 增强的 SR-TP 隧道技术，通过增加标志连接的通路段标识，提供面向连接和无连接的多类型承载管道，实现双向隧道能力。

切片通道层（SCL）：为网络业务和切片业务提供端到端硬隔离通道，以实现低时延传送数据，其单跳设备转发时延 1~10 μs，较传统交换机时延降低一个数量级；创新以太网通道层 OAM 机制，通过替换 Idle 块插入 OAM 实现通道层端到端监视，OAM 监视周期最小可达百微秒级，满足高可靠业务传输需求；SCL 能够提供端到端基于以太网 TDM 隔离的链路，支持网络拓扑重构和切片，满足 5G 业务超低时延、硬隔离切片的需求。

切片传送层（STL）：切片传送层提供 SPN 网络的物理层连接，基于 IEEE 802.3 以太网物理层技术和基于 WDM 简化的光分叉复用（OADM）技术，实现了高效的大带宽传送能力；通过引入 G.mtn 段层功能实现了 MAC 与 PHY 的解耦，支持 MAC 与 PHY 的灵活对应，可实现多个 PHY 绑定，在低成本、低速率光模块的基础上实现高速率的以太网接口，对于带宽扩展性和传输距离存在更高要求的应用，SPN 采用以太网+DWDM 技术，实现 10T 级别容量和数百千米的大容量长距组网应用。

管控一体的 SDN 控制平台：以"管控一体，集中为主，分布为辅"为设计思路，通过 SDN 集中控制面增强业务动态能力，采用云化平台构建 SDN 控制器，可管控网络节点规模达到数十万量级；在接口方面引入成熟的 Netconf、PCEP 和 BGP-LS 技术，通过扩展 PCEP 支持 SR-TP 实现对 SR-TP 新业务的 SDN 灵活业务创建，并支持多层多域的协同机制，将管控融合的能力进一步提升。

2. SPN 切片网络方案优势

（1）切片以太网及 SE-XC 端到端管道。基于以太分组、SPN Channel 的分层交换：具备以太分组包交换能力，支持分组业务的灵活连接调度；具备 SPN Channel 交换能力，支持业务的硬管道隔离和带宽保障；具备光层波分交叉能力，支持大带宽平滑扩容和大颗粒业务调度。

（2）基于 FlexE 的小颗粒硬切片技术：支持最小 10 M 颗粒，涵盖 N×10 M 大小的 TDM 硬管道。可以灵活接入各种高要求、严隔离、低时延的高优先级业务。

（3）网络切片：具备在一张物理网络进行资源切片隔离，形成多个虚拟网络，为多种业务提供差异化（如带宽、时延、抖动等）的业务承载服务。

（4）集中管理和控制的 SDN 架构，打造敏捷网络。采用基于 SDN 管控融合架构，支持业务部署和运维的自动化能力，以及感知网络状态并进行实时优化的网络自优化能力。同时，基于 SDN 的管控融合架构提供简化网络协议、开放网络、跨网络域/技术域业务协同等能力。

（5）分组层面向连接和面向无连接业务统一承载：具备通过 SR-TP 隧道技术提供面向连接业务承载能力，为对点到点或点到多点连接业务提供高质量、易运维传输服务；同时具备通过 SR-TP 隧道技术提供面向无连接业务承载能力，为多点到多点业务提供易部署、高可靠传输服务。

（6）电信级故障检测和性能管理：具备网络级的分层 OAM 故障检测和性能管理能力，支持对网络中各逻辑层次、各类网络连接、各类业务通过 OAM 机制进行连通性、丢包率、时延、抖动等质量属性进行监测和管理。

（7）高可靠网络保护：具备网络级的分层保护能力。支持基于设备转发面预置保护倒换机制，在转发面检测到故障时进行电信级快速保护倒换；支持基于 SDN 控制器通过协议实时感知网络拓扑状态，在感知到网络状态变化后重新计算业务最优路径。

（8）超高精度时间同步：在时间源方面，通过共模共视或者双频段接收等降低卫星接收噪声，提升卫星授时的精度，改善时间源的长期稳定性和短期稳定性，实现超高精度时间基准源；在传输节点方面，通过对光模块、芯片处理的内部时延的精准控制和补偿，对系统时钟算法的滤波特性和跟踪特性的优化，对时间同步协议中倒换瞬变响应能力的提升，支持同步以太网功能，实现稳定可靠的频率同步；支持 IEEE 1588 功能，实现高精度的时间同步，实现单节点 5ns 级的时间误差精度。

（9）低时延转发：支持网络级三层就近转发和设备级物理层低时延转发能力，匹配时延敏感业务的传送要求。

（10）业务模型丰富：支持通过 MPLS-TP 线性保护、MPLS-TP 环网保护、PW 双归保护、静态 L2/L3VPN 等技术承载集团客户、家庭宽带、LTE 业务；支持基于 SR-TP、SE-BE 源路由技术的 L3VPN 灵活调度功能，L3 到边缘，方便 MEC 灵活部署和调度。

（11）高效大带宽技术：核心汇聚设备单端口最高支持 200 Gbit/s，整机容量达到 32 Tbit/s；接入设备单端口最高支持 100 GB/s，整机容量达到 640 GB/s，并可以平滑演进到更大带宽。

（12）带内随流检测技术：IP 业务流级端到端、逐跳 SLA（主要包括丢包率、时延、抖动、实时流量）测量能力，可快速感知网络故障，并进行精准定界、排障，是未来承载网络运维的重要手段，是智能网络的关键技术。

18.1.3 煤矿 SPN 切片网络总体方案

按照智能化矿井"一张网"的建设要求进行网络规划，整个 SPN 采用扁平化架构，只部署 1 个层次，1 个 SPN 环网即可综合接入各种类型的业务并承载 5G 专网无线信号的回传，结构简单，安全易维护。

SPN 环网可替代现有工业以太环网以及井上 1 张办公系统环网。井下各业务系统通过 SPN 环网进行统一承载，隔离的业务系统通过网可满足 GE、10G、25G、50G 和 100G 带宽接入，根据井下环网现状需求，环网带宽可选 50G 或 100G。

煤矿 SPN 切片网络拓扑如图 18-1 所示。

1. 环网业务承载方案

采用 L3VPN 方案综合承载 5G 回传业务及有线接入的其他 IP 化业务。物理层采用 FlexE 灵活以太网技术进行网络切片，隧道层采用 SR-TP 隧道技术，业务层面采用 L3VPN 方案。对于非 IP 化业务采用 L2VPN 方案。

2. 业务切片方案

SPN 设备采用 FlexE 分片技术为井下工业环网、视频网络、EPON 视频网络、5G 基站业务等独立分片，保障业务高带宽、低时延的业务要求。同时使用 NCE 智能运维，使能全生命周期运维自动化和智能化，SPN 切片网络应用示意图如图 18-2 所示。

SPN 网络可根据业务对网络的需求进行灵活的切片，将带宽需求大、流量抖动大的视频类业务和生产控制类业务、数据采集类业务放在不同的切片，满足矿井现场各类不同业务的传输需求及业务质量。

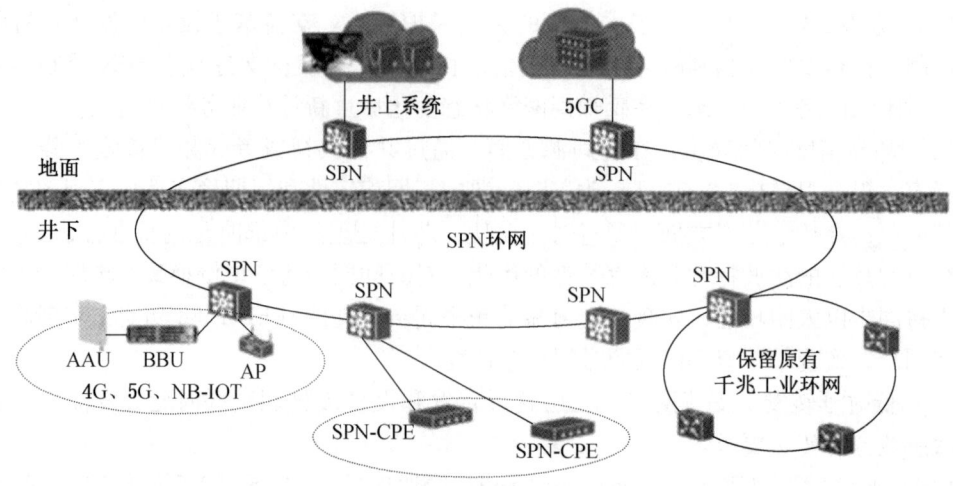

图 18-1 煤矿 SPN 切片网络拓扑图

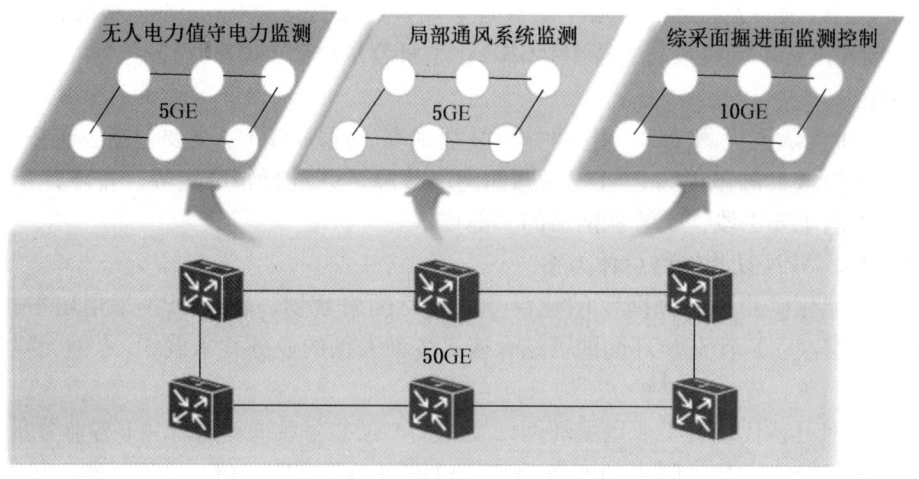

图 18-2 煤矿 SPN 切片网络应用示意图

井下综采面的部分重要业务可以采用如图 18-3 的方式进行切片部署保证各业务的正常运行。

3. 网络保护方案

SPN 具备端到端业务保护功能：端到端的 LSP（Label Switched Path，标签转发路径）保护，故障保护倒换时间小于 50 ms。LSP 单发/双发选收，当工作路径失效时，收端将自动倒换到保护路径上，其具体指标如下：

（1）硬件完成失效检测和倒换，每 3.3 ms 下插一次 OAM 报文，连续三次 10 ms 就可以检测出故障。

（2）倒换时间小于 50 ms。

（3）与拓扑结构无关的端到端 APS（Automatic Protection Switching）（1+1 和 1∶1）。

（4）倒换功能在线卡上完成，在系统控制单元失效时，仍然可以完成倒换。

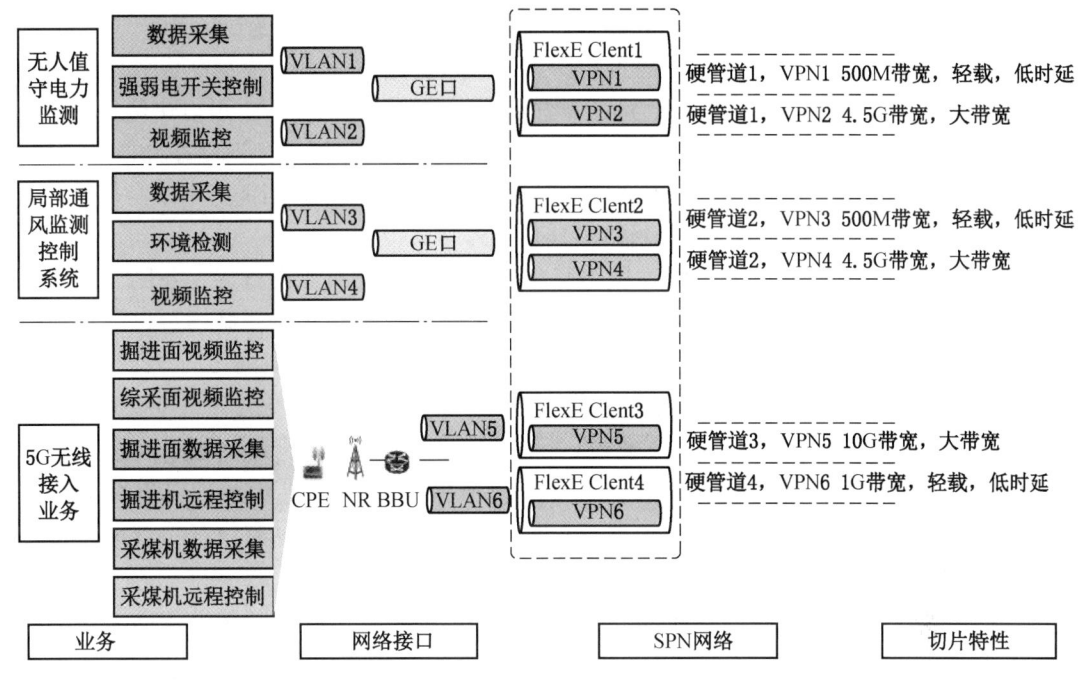

图 18-3 煤矿 SPN 切片网络综采面应用示意图

(5) 倒换触发条件：LOS，LOF，以太网 SD，SF，AIS，CC-LOS 等。

如图 18-4 所示，网络保护拓扑图 PE3 与 PE1 有两条隧道 LSP1、LSP2，互为保护；PE3 与 PE2 有两条隧道 LSP3、LSP4，互为保护。同时 PE1 和 PE2 提供 VPN-FRR 保护；PE1 和 PE2 因为处于核心汇聚的位置，可以在 PE1 和 PE2 之间部署多链路来进一步保护业务的安全性。

图 18-4 网络保护方案示意图

4. 独立网管方案

SPN 网管系统基于分布式、多进程、模块化设计；具有配置管理、故障管理、性能管理、维护管理、路径管理、安全管理、系统管理和报表管理等功能。在保障设备功能的稳定性基础上，实现对网元和区域网络的管理和控制，具有强大的管理功能和灵活的组网能力。

(1) 便捷智能的业务变迁。SPN 承载网络工程现场的存量业务，由于方案变迁、网络调整原型，对于某些特定的组网场景，需要进行批量改造。网管提供了业务变迁工具，可以实现业务的快速批量改造。

支持以太网业务普通双归改 DNI 双归（PTN）、TDM 业务无保护改 DNI 双归（PTN）、

TDM 多段伪线封闭式保护改为 DNI 双归（IPRAN）三种通用的业务变迁场景。

（2）实效的故障抢通。故障抢通工具，可以实现链路中断时，快速完成故障链路的抢通工作。仅需在网管上选中故障链路，为故障链路设置替代路由后，可以快速找到涉及的隧道，并可为选中隧道进行应急路由计算，实现业务的快速抢通。当业务抢通完成后，自动保存为抢通任务，用户可通过抢通任务查看已经抢通的业务，当链路中断修复后，也可对该业务执行回迁操作，自动回复到抢通前状态。

（3）高效的智能配置工具。SPN 网络日常运维中，涉及网元设备多，各网元的业务配置往往很复杂，同类型的不同网元配置也不完全一样，不能简单复制拷贝，配置耗时长，易出错，效率极低；针对这种情况，开发了智能配置工具支持多网元的业务模板，包括 IPRAN 场景的基站业务批量开通、数据中心的 VXLAN 和端到端开通等，可以智能化地完成多业务场景配置，大大地提高了效率。

（4）可视的业务质量管理工具。采用视图化的业务质量管理工具，提供层次化的 SQM 配置功能，定制业务质量监控模板，实时监控在线业务，一旦发生网络性能劣化可以快速发现网络风险，使得网络运维可视、可测和可控。

（5）支持 FlexE 业务配置。FlexE（Flexible Ethernet）灵活以太网是基于高速以太网接口，将以太网 MAC 层与 PHY 层解耦而实现的低成本、高可靠性、可动态配置的电信级接口技术，网管系统包含 FlexE group 接口配置、FlexE client 配置、FlexE VEI 接口配置、FlexE OAM 配置及 FlexE client 交叉配置等功能，满足 SPN 网络业务配置的需要。

18.1.4 矿用 SPN 切片网络主要产品

1. 地面 SPN 交换机

地面 SPN 交换机主要由电源板区、主控板区、业务板区及风扇区等构成。交换机设备的业务接口板卡种类涵盖 GE、10GE、25GE、50GE、100GE 等种类，并至少有 14 个业务槽位，支持 FLEXE 交叉，交叉容量 400 GB/s，支持 MTN 2.0 小颗粒 10 MB/s 硬切片。

整机至少 640 GB/s 端口能力；

基于硬件的 BFD 功能，BFD 协议和状态机，全部由硬件处理；

支持电信级保护倒换 50 ms，保障隧道主备保护倒换在 50 ms 内完成。

交换机融合了分组交换与传送技术的优势，采用分组交换为内核的体系构架，集成了多业务传送技术的适配接口、VPN、同步时钟、电信级 OAM 和保护等功能，在此基础上实现以太网和 TDM 业务的处理和传送。

1) 产品特点

（1）业务融合，统一承载。具备丰富的业务接口，支持 TDM 仿真，充分满足各种组网需求。支持 SR 和 EVPN，可简化网络部署，使得网络具备高度的灵活性和可扩展性。实现 2G、3G、4G、5G 制式统一承载。支持 50GE、100GE FlexE binding 大带宽解决方案。

（2）多维保护，终极保障。支持进程重启和 NSR、ISSU 等高级软件特性。关键部件冗余，转发、控制、管理平面分离，软硬件组件模块化，全方位打造高可靠系统。支持快速故障检测，实现故障快速恢复，满足关键业务的电信级保护要求，支持信号劣化保护。支持 AAA 认证、CPU 保护、uRPF、BGP-FS 等安全技术，最大限度地保证设备和网络的安全。

（3）弹性网络，全面开放。支持多种开放的 SDN 南向接口，包括 NETCONF、PCEP、

BGP-LS。通过与 SDN 控制器的配合，实现网络的智能化，提高整网资源利用率，缩短新业务部署周期。

（4）高精度时间同步。基于 FlexE 可实现纳秒级高精度时间同步。具备低时延转发功能，单跳设备转发延迟小于 3 μs。

2）产品功能

（1）以太网链路功能。以太网接口支持以下功能：支持流量控制和速率协商，支持 Ethernet 接口 MTU 设置，支持 Jumbo 帧，支持端口内环回和外环回，支持 TPID 设置，支持 VLAN、VLAN range 和 QinQ，支持 VLAN range 子接口，支持 SG 捆绑接口板内和板间捆绑，支持同步以太网和 1588v2，支持接口振荡抑制，支持静态 MAC。

（2）E1 链路功能。E1 属于 ITU-T 建议的数字通信体系，数据传输速率为 2.048 MB/s。E1 接口是指可通道化的 E1，即 Channelized E1 接口，分为 E1 工作模式（Clear Channel）和 CE1 工作模式（Channelized）。支持链路层 PPP，支持接口内环回和外环回，支持接口时钟源设定，支持接口振荡抑制，支持成帧和非成帧通道设置。

（3）L2 功能。交换机支持以下以太网基本功能，支持端口全双工工作模式，支持端口 1000 M 和 100 M 自动协商功能（电接口），支持端口速率、双工模式、流控、MTU 用户可配，支持以下 L2 交换功能（MAC 地址学习、MAC 地址绑定、MAC 地址过滤）支持基于全双工方式下 IEEE 802.3x Pause 帧机制的端口流控功能，支持入向和出向端口镜像功能，支持广播/组播/未知单播包的风暴抑制功能（基于端口，按百分率或规定速率控制），支持 Jumbo 帧功能，Jumbo 最大可达 9K 字节，支持 802.1ab 定义的 LLDP 链路层发现功能。

（4）L3 功能。交换机支持以下 L3 基本功能：①L3 接口基于 Ethernet 的三层接口，基于 VLAN 的三层接口，基于 QinQ 的三层接口，②ARP 协议支持动态 ARP 请求，支持 ARP 应答，支持动态 ARP 老化，老化时间可设置，支持静态 ARP 配置；③单播路由转发：支持 IPv4/IPv6 单播路由线速转发，支持 IPv4/IPv6 基本单播路由转发，支持硬件路由表最佳匹配；④静态路由、ECMP 协议、ICMP 协议、UDP 协议、TCP 协议、L3 路由协议、IPV6 相关功能、L3 组播。

2. 矿用隔爆兼本安型 SPN 网络接口 KT28E（5G）-J

1）供电电源

（1）额定供电电压：AC127 V/380 V/660 V。

（2）输入视在功率：≤400 V·A。

2）使用环境条件

（1）环境温度：0~+40 ℃。

（2）平均相对湿度：不大于 95%（+25 ℃）。

（3）大气压力：80~106 kPa。

（4）煤矿井下有瓦斯、煤尘爆炸性混合物，但无破坏绝缘的腐蚀性气体的场合。

3）设备特点

（1）矿用隔爆兼本安型，符合煤矿井下应用要求，与地面 SPN 设备配套构成矿井 SPN 网络。

（2）交换机内支持主控 1∶1 冗余备份，支持可扩展槽位 8 个，支持 FLEXE 交叉，支持交叉容量 200 GB/s，支持 MTN2.0 小颗粒 10 MB/s 硬切片。

（3）基于硬件的 BFD 功能，BFD 协议和状态机，全部有硬件处理。

（4）支持电信级保护倒换 50 ms，保障隧道主备保护倒换在 50 ms 内完成。

（5）交设备可靠性：MTBF200000 h，MTTR＜0.5 h，可靠性≥99.999%。

（6）具有多业务统一承载平台：基于分组架构，采用的 MPLS-TP/MPLS 隧道技术及 PWE3 仿真技术，支持 Ethernet 和 TDM 等业务及 L2/L3 VPN 部署，全面满足全业务发展需要，降低网络 TCO（Total Cost of Ownership 即总拥有成本）。

（7）具有完善的端到端 QoS 解决方案：提供端到端的 QoS 管理，充分保证不同业务对延迟、抖动、带宽的要求。支持基于 Diff-Serv 模型的 QoS 调度，根据端口、VLAN、DSCP/TOS 等实现业务区分和标记，满足用户级多业务的带宽控制，真正实现业务接入的 SLA，为系统运营提供保障。

4）功能与特性

（1）TDM 业务。井下交换机通过 PWE3 实现 TDM 等业务的综合承载，在 PSN（分组交换网）中为多种业务提供透明传输通道。在通道中，用户业务彼此相互隔离，传输过程中业务属性不发生改变。PWE3 集成了原有的接入模式和现有的 IP 骨干网，减少了 CAPEX 和 OPEX。

（2）Ethernet 业务。提供 GE、10GE、25GE、50GE、100GE 等 Ethernet 接口来支持 Ethernet 业务的接入和传送。

（3）FlexE 功能。FlexE 技术是在 IEEE802.3 的协议栈的 RS（Regenerator Section）和 PCS（Physical Coding Sublayer）层之间增加一个 FlexE Shim 层，将业务逻辑层和物理层隔开，通过绑定多条 PHY 链路来传输大流量的以太网业务，这样逻辑层面可以实现链路捆绑、子速率、通道化等功能。FlexE 交叉技术（FlexE+），在标准 FlexE 接口技术基础上扩展到组网技术，通过 FlexE 比特块的交叉，形成端到端的 FlexE 组网架构，可降低 FlexE 交换时延。FlexE 交叉端到端报文转发，PE 节点基于分组转发实现统计复用，P 节点支持 FlexE 交叉，实现 L1 层的报文透传。

（4）以太网基本功能。支持端口全双工工作模式；支持端口 1000M 和 100M 自动协商功能（电接口）；支持端口速率、双工模式、流控、MTU 用户可配；支持 L2 交换功能。

（5）L3 基本功能。基于 Ethernet 的三层接口；基于 VLAN 的三层接口；基于 QinQ 的三层接口。

（6）ARP 协议。井下交换机支持 ARP（地址解析协议）；支持动态 ARP 请求；支持 ARP 应答；支持静态 ARP 配置。

18.1.5　矿用 SPN 网络应用小结

矿用 SPN 网络中井上采用一对地面 SPN 交换机设备互为主备，提高网络的健壮性；在井下设置若干台矿用隔爆兼本安型 SPN 网络接口设备，组成 50G/100G 骨干光环网，为矿井提供了各类型业务所需的大带宽传输网络；SPN 网络按需要进行 FLEXE 切片时隙隔离，为矿井各类不同类型的业务提供了综合承载，一张物理网络切分为多个逻辑网络，节省组网成本，保障了各业务的可靠传输及安全；网管软件可提供智能运维功能，实现自动化和智能化，提升了效率，简化了运维。

矿用 SPN 网络在井下的应用也为矿用 5G 通信系统提供了可靠的承载网解决方案，对于5G技术在矿井的应用具有促进作用。

18.2 矿用WiFi6无线通信技术

18.2.1 WiFi6技术介绍

WiFi为数十亿设备提供连接,也是越来越多的用户上网接入的首选方式并且有逐步取代有线接入的趋势。为适应新的业务应用和减小与有线网络带宽的差距,每一代802.11的标准都在大幅度地提升其速率。

1997年IEEE制定出第一个无线局域网标准802.11,802.11b、802.11a、802.11g、802.11n、802.11ac等标准相继发布并应用。随着视频会议、无线互动VR、移动教学等业务应用越来越丰富,WiFi接入终端越来越多,物联网IoT的发展和应用使得更多的移动终端接入无线网络;WiFi网络随着越来越多的无线终端设备的接入而变得十分拥挤。2019年,802.11ax标准发布,该标准使用了OFDMA、MU-MIMO(多用户多入多出)等技术,其最高速率可达9.6Gbit/s,允许与多达8个设备通信,使得网络速率、效率大幅提高。WiFi6是802.11ax标准的简称,是根据WFA(WIFI ALLIANCE)新一代命名方法命名的WiFi标准。WiFi6兼容之前的802.11 a/b/g/n/ac标准,原有的WiFi终端可以无缝接入802.11ax网络。

18.2.2 WiFi 6的核心技术

1. OFDMA频分复用技术

802.11ax之前,采用OFDM数据传输模式,用户是通过不同时间片段区分出来的,一个用户完整占据一个时间片段所有的子载波,并且发送一个完整的数据包。802.11ax中引入了更高效的OFDMA数据传输模式,即MU-OFDMA,它通过将子载波分配给不同用户并在OFDM系统中添加多址的方法来实现上下行多用户复用信道资源。OFDMA相比OFDM有以下优点:

(1)更细的信道资源分配。可以根据信道质量分配发送功率,分配信道时频资源时更加细化。

(2)提供更好的QOS。802.11ax以前的WiFi标准都是占用整个信道传输数据的,一定要等之前的发送者释放完整个信道才能发送另一个QOS数据包,可能会导致较大的时延。802.11ax采用的OFDMA模式中由于发送者仅占用信道的部分资源,一次可以发送多个用户的数据,能够有效减少QOS节点的时延。

(3)更多的用户并发及更高的用户带宽。OFDMA将整个信道资源划分割成许多个子载波,子载波按不同RU类型被分成若干组,每个用户可以占用一组或多组RU以满足不同带宽需求的业务。802.11ax中最小RU为2MHz,最小子载波带宽是78.125KHz,因此最小RU类型为26子载波RU;还支持52、106、242、484及996子载波RU,RU数量越多,发送小包报文时多用户处理效率越高,吞吐量也越高。

2. MU-MIMO技术

MU-MIMO使用信道的空间分集来在相同带宽上发送独立的数据流,带来多路复用的带宽增益。WiFi6 AP中引入MU-MIMO技术,可以实现AP与多个终端之间同时传输数据,提升了吞吐量。

在802.11ax在802.11ac中基础上增加了下行DL MU-MIMO数量,可支持DL 8x8

MU-MIMO；结合 OFDMA 技术，可同时进行 MU-MIMO 传输和分配不同 RU 进行多用户多址传输，既增加了系统并发接入量，又均衡了吞吐量。802.11ax 中还引入了上行 UL MU-MIMO，借助 UL OFDMA 技术（上行），可同时进行 MU-MIMO 传输和分配不同 RU 进行多用户多址传输，提升多用户并发场景效率，大大降低了应用时延。

3. 高阶的调制技术（1024-QAM）

802.11ac 采用的 256-QAM 正交幅度调制，每个符号传输 8B 数据，802.11ax 采用 1024-QAM 正交幅度调制，每个符号位传输 10bit 数据，802.11ax 的单条空间流数据吞吐量比 802.11ac 提高了 25%。

4. BSS Coloring 着色机制

802.11ax 中引入了一种被称为 BSS Coloring 着色机制的同频传输识别机制，通过在 PHY 报文头中添加 BSS color 字段对来自不同 BSS 的数据进行"染色"，为每个通道分配一种颜色，该颜色标识一组不应干扰的基本服务集（BSS），接收端可以及早识别同频传输干扰信号并停止接收，避免浪费收发机时间。如果颜色相同，则认为是同一 BSS 内的干扰信号，发送将推迟；如果颜色不同，则认为两者之间无干扰，两个 WiFi 设备可同信道同频并行传输。以这种方式设计的网络，那些具有相同颜色的信道彼此相距很远，此时可利用动态 CCA 机制将这种信号设置为不敏感，从而实现空间复用。

5. 扩展覆盖范围（ER）

802.11ax 标准采用 Long OFDM symbol 发送机制，每次数据发送持续时间从 802.11ac 标准的 3.2us 提升到 12.8us，更长的发送时间可降低终端丢包率；802.11ax 最小可使用 2MHz 频宽进行窄带传输，有效降低频段噪声干扰，提升了终端接收灵敏度，增加了覆盖距离。

6. 目标唤醒时间（TWT）

802.11ax 支持目标唤醒时间 TWT（Target Wakeup Time）功能，TWT 允许设备协商他们什么时候和多久会被唤醒，然后发送或接收数据。WiFi AP 可以将客户端设备分组到不同的 TWT 周期，从而减少多个不同 STA 之间的竞争和重叠情况。TWT 还增加了设备睡眠时间，终端在自身的 TWT 来临之前进入睡眠状态，对采用电池供电的终端来说，大大提高了电池寿命。

18.2.3 WiFi6 和 5G 技术对比

5G 是蜂窝数字移动通信技术，既可用于广域高速移动通信，又可用于室内无线上网，具有传输速率高、时延小、并发能力强等优点，但系统复杂、成本高。WiFi6 是无线接入技术，主要用于室内短距离无线传输，具有传输速率高、系统简单、成本低等优点，但移动性能较差，在 AP 间移动切换时易出现卡顿、中断。5G 和 WiFi6 具有以下特点：

（1）5G 理论峰值传输速率达 10 GB/s 及以上，目前矿用系统采用 3U1D 时隙实测可达上行 710 MB/s，下行双流 480 MB/s。WiFi6 在带宽为 160 MHz、8 条空间流的情况下，峰值速率达 9.6 GB/s（单流 1.2 GB/s）。

（2）5G 在 eMBB 场景下时延小于 4 ms，在 uRLLC 场景下时延小于 1 ms。WIFI6 平均时延为 20 ms，远高于 5G 的时延。因此，在时延方面，5G 优于 WIFI6。

（3）5G 移动性强，可实现跨区网络无缝切换。WiFi6 移动性一般，跨区建立连接慢，易出现中断。

（4）5G系统复杂、设备种类多、成本高，WiFi6系统简单、设备种类少、成本低。

（5）5G系统设备功耗大，大多只能设计成隔爆型防爆产品，大而笨重，安装应用不便。WiFi6产品在优化设计的情况下，可设计为矿用本安型产品，体积小、重量轻，使用方便并可安装到工作面等危险场所。

（6）5G基站目前不支持接入矿用以太环网，需单独布置专网传输线路。WiFi6可接入矿井现有矿用以太环网。

因此，WiFi6在矿用方面与5G相比具有差不多的性能，甚至在某些功能方面还略有优势，在今后较长的一段时间内成为矿井无线通信系统的主流技术之一。

18.2.4 WiFi6在煤矿的应用

矿用WiFi无线通信系统仍以WiFi4（802.11n）为主，WiFi5（802.11ac）由于采用5GH在频段，目前在矿井应用较少。随着支持2.4GHz频段的WIFI6（802.11ax）的应用，将推动矿用WiFi系统升级：首先，2.4GHz频段兼容老旧设备；其次，无线通信系统中，频率较高的信号比频率较低的信号更容易穿透障碍物，而频率越低，波长越长，绕射能力越强，穿透能力越差，信号损失衰减越小，传输距离越远，虽然5GHz频段具有更高的传播速度，但信号衰减也越大，所以覆盖范围比2.4GHz要小；最后，WiFi6较WiFi4在用户数、传输效率、吞吐量等方面有较大优势。

1. 矿用WiFi6系统的特点

（1）矿用WiFi6无线通信系统可接入井下工业以太环网，无须额外建设专用的语音传输线路，可减少线路建设资金的投入。

（2）矿用WiFi6基站无线速率可达1800 MB/s，可实现语音、数据、图像的综合传输。

（3）矿用WiFi6基站最多支持200个用户接入。

（4）系统可实现井上井下通信一体化、有线无线一体化、调度通信行政通信一体化。

（5）系统组网灵活，既可接入矿方现有的工业环网，又可独立组网。

（6）无线基站之间可采用光缆连接方式，主传输线路采用星型结合树型的混合拓扑结构，便于安装使用。

（7）采用开放的WiFi协议，任何符合WiFi协议标准的设备均可接入，从而可实现全矿井安全生产各环节的无线数据传输。

（8）无线基站、手机等设备均采用本质安全型设计，可在工作面、回风巷等危险场所使用。

2. 矿用WiFi6系统架构

矿用WiFi6无线通信系统由调度交换机、录音服务器、无线管理控制器、触摸屏调度台、地面无线基站、矿用本安型无线基站、矿用本安型手机、矿用隔爆兼本安型电源及其他配套设备所组成，系统接入矿井在用工业以太环网，其系统架构图如图18-5所示。

矿用WiFi6系统具有传输带宽高、系统简单、建设维护成本低等优点，但也存在移动性差、传输时延较5G大、通话质量低等劣势。适用于矿井下有大量并发流量、移动性/通话质量要求不高的场景，除提供语音通信外还可用于移动宽带传输、高清视频传输、应急救灾通信、井下无线互联等，同时，还可与人员定位、调度通信等系统深度融合，构建多系统融合一体化网络，推动智能化矿山的建设与发展。

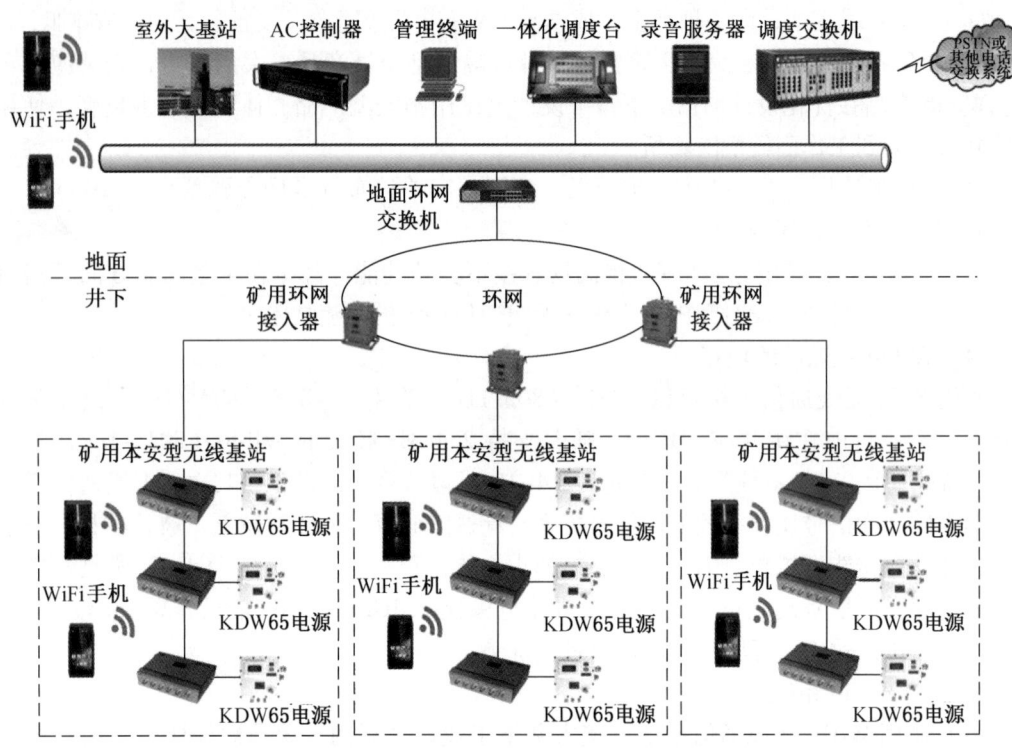

图 18-5　矿用 WiFi6 系统架构图

18.3　矿用 5G+无线通信技术

18.3.1　5G+技术概述

　　随着 5G 技术的商用，5G 应用于矿山也提上日程。2020 年 3 月 24 日，工信部发布《关于推动 5G 加快发展的通知》（工信部通信 2020 49 号文），全力推进 5G 网络建设、应用推广、技术发展和安全保障，充分发挥 5G 新型基础设施的规模效应和带动作用，支撑经济高质量发展。

　　2020 年 2 月 25 日国家发展改革委、国家能源局、应急部、国家煤矿安监局、工业和信息化部、财政部、科技部、教育部联合印发《关于加快煤矿智能化发展的指导意见》发改能源〔2020〕283 号文，加快推进煤炭行业供给侧结构性改革，推动智能化技术与煤炭产业融合发展，提升煤矿智能化水平。

　　2021 年 6 月，国家能源局、国家矿山安全监察局联合印发《煤矿智能化建设指南（2021年版）》，引导全行业科学有序地开展煤矿智能化建设。当前，全国主要产煤省区、大型煤炭生产企业均已启动了智能化示范煤矿建设，煤矿智能化已从被动建设转为主动建设。

　　2021 年 6 月 7 日，为拓展能源领域 5G 应用场景，探索可复制、易推广的 5G 应用新模式、新业态，支撑能源产业高质量发展，国家发改委、国家能源局、中央网信办、工信部联合印发了《能源领域 5G 应用实施方案》。方案结合发展总体要求、主要任务和保障措施，为能源领域 5G 应用提供了重要指引。

　　2021 年 7 月 12 日，工业和信息化部、中央网信办、发展改革委等十个部门联合印发

《5G应用"扬帆"行动计划（2021—2023年）》，面向信息消费、实体经济、民生服务三大领域，重点推进5G在工业互联网、车联网、智慧港口、智慧采矿等15个行业的应用，通过三年时间初步形成5G创新应用体系。

我国已经完成超过150.6万个5G站点部署，5G用户超过3.84亿。不同于历代移动通信网络，5G是面向应用和业务的一代网络，其高带宽、低时延、大连接及灵活的组网能力，成为实现各行各业智能化、改变现有通信连接方式和催生新业务新应用的主要推动力，为智慧矿山的建设提供强有力的通信手段。经过网络运营商、设备供应商、煤炭生产企业以及科研院所、高校的多方努力，矿用5G技术取得了较大的发展。

18.3.2 矿用5G专网建设

1. 矿用5G无线通信专网系统

利用5G网络"大带宽、低时延、广连接"的特性，为煤矿构建一张高性能、可靠的5G通信网络，实现生产区域高速率、低延时的数据传输，助力煤矿智能化的建设。

矿用5G无线通信专网系统采用SA架构组网，5G核心网本地化部署，5G无线专网与公网物理隔离，核心网、基站均在煤矿本地部署，以保证数据不出矿区，提高数据传输的安全性和可靠性。

矿用5G无线通信专网系统集语音、数据、视频为一体，可承载高清视频传输及可视化指挥调度业务，满足智能工作面、VR培训及AR智能巡检、高清视频回传、智能巡检机器人、矿山车辆远程驾驶或无人驾驶等5G特色业务的需求。支持VoNR高清语音和视频通话功能接入煤矿融合调度平台，实现多种调度功能，为煤矿智能化打造"高速公路"，赋能智慧矿山建设。

矿用5G无线通信专网如图18-6所示。

2. 矿用4G+5G无线通信专网系统

在原来的矿用4G无线通信系统的基础上，新建5G系统与之共用语音调度平台，实现有线/无线、4G/5G统一编号，融合一体通信调度，矿用4G+5G融合组网示意如图18-7所示。

4G+5G融合组网方案如下：

（1）现有的4G融合业务交换机进行软硬件升级，使其可支持5G的VoNR，提供高清语音、视频通信，语音通话不用回落到4G，呼叫建立时间短，通信质量更好。

（2）支持与现有4G系统融合共用一个IMS综合业务交换调度机，实现有线/无线、4G/5G多媒体融合调度，提供丰富的语音、视频通话、视频监控、调度业务，有效提高矿山安全生产调度水平。

（3）能够实现完整的融合调度通信功能，具有完整的语音调度、视频会议、视频调度、录音等功能。

（4）研制的矿用5G基站能够支持多频多模，可以根据需求，灵活选择合适的频段和制式，一次实现4/5G信号全覆盖。

3. 5G专网能力提升

支持多频多模，一次实现4G/5G信号全覆盖，矿用5G基站支持1.8G/2.3G/2.6G或1.8G/2.1G/3.5G多频并发工作；支持5G NR、LTE多模接入，可根据需要灵活选择。

矿用5G基站设备有效辐射功率小于6W的安标要求，无线覆盖半径根据巷道环境可达100~400 m。

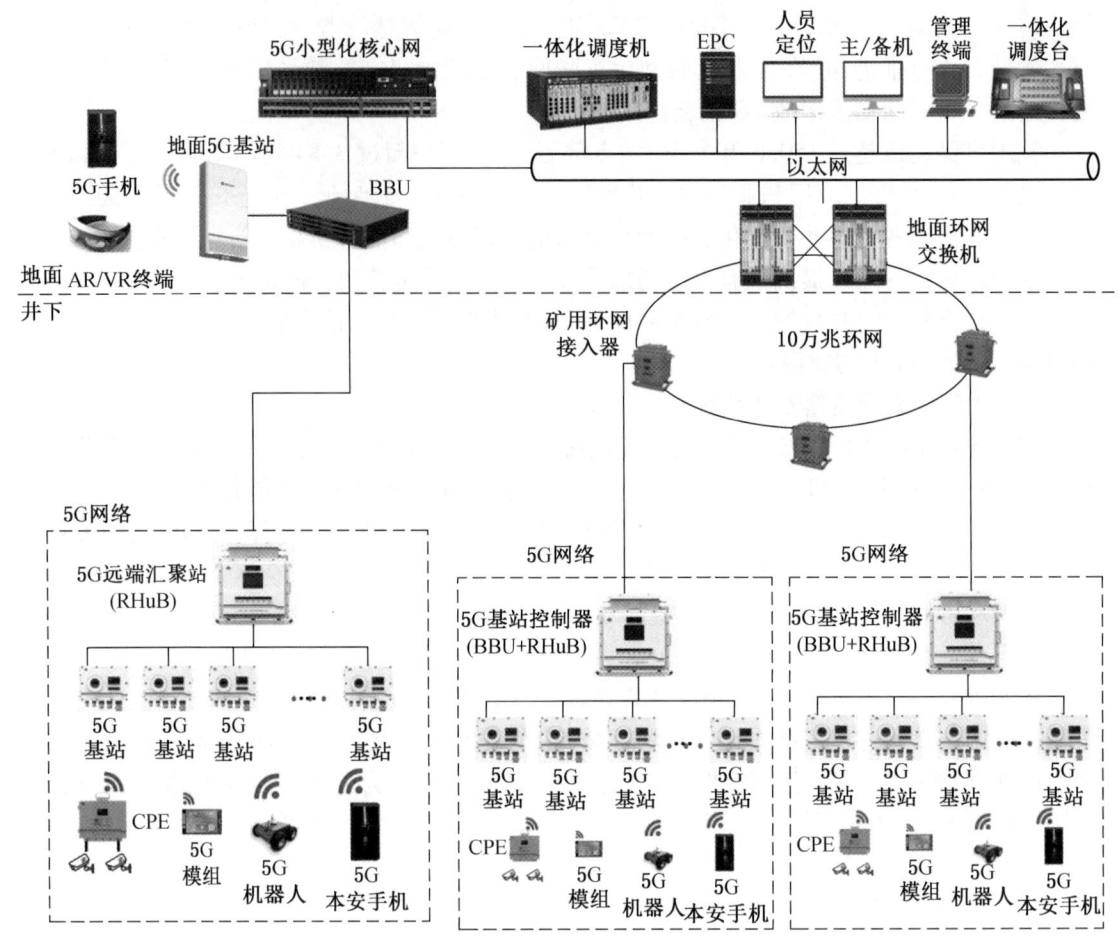

图 18-6 矿用 5G 无线通信专网系统

支持大上行传输方案,在不改变 5G 基站硬件的情况下,可根据需要调整上下行时隙,满足井下工作面视频回传等场景的上行大容量需求:采用传统 2U:8D 可实现上行 230 MB/s,下行 1.2 GB/s;采用时隙 3U:1D 可实现上行 710 MB/s,下行 480 MB/s。

支持井下本地分流,满足业务就近处理,通过在 BBU 机框内增加一块单板,提供在 BBU 侧进行本地分流的能力,方便矿山将需要访问井下监控中心的数据流卸载到井下,避免井上井下的迂回,缩短终端访问服务器的时延,有效提升访问体验。本地分流策略支持基于域名、IP 五元组、切片标识以及多网号等,可以满足不同业务的差异化需求。

支持断链保活,提升系统可靠性,在外部网络故障或者断开时,5G 专网系统应该能够实现安全、独立、稳定运行,保证无线通信及数据传输的可靠性、稳定性。可支持两个等级的容灾保护:

(1) 容灾等级 L1:在矿区仅部署了下沉的 UPF 时,当园区到运营商大区的 N2、N4 链路故障,已建立会话可保持 24 h。

(2) 容灾等级 L2:在矿区部署了轻量化 5G 核心网,当园区到运营商大区的 N2、N4 链路同时发生故障,终端可重连至 5G 核心网快速恢复业务,进行中的会话可保持 24 h。

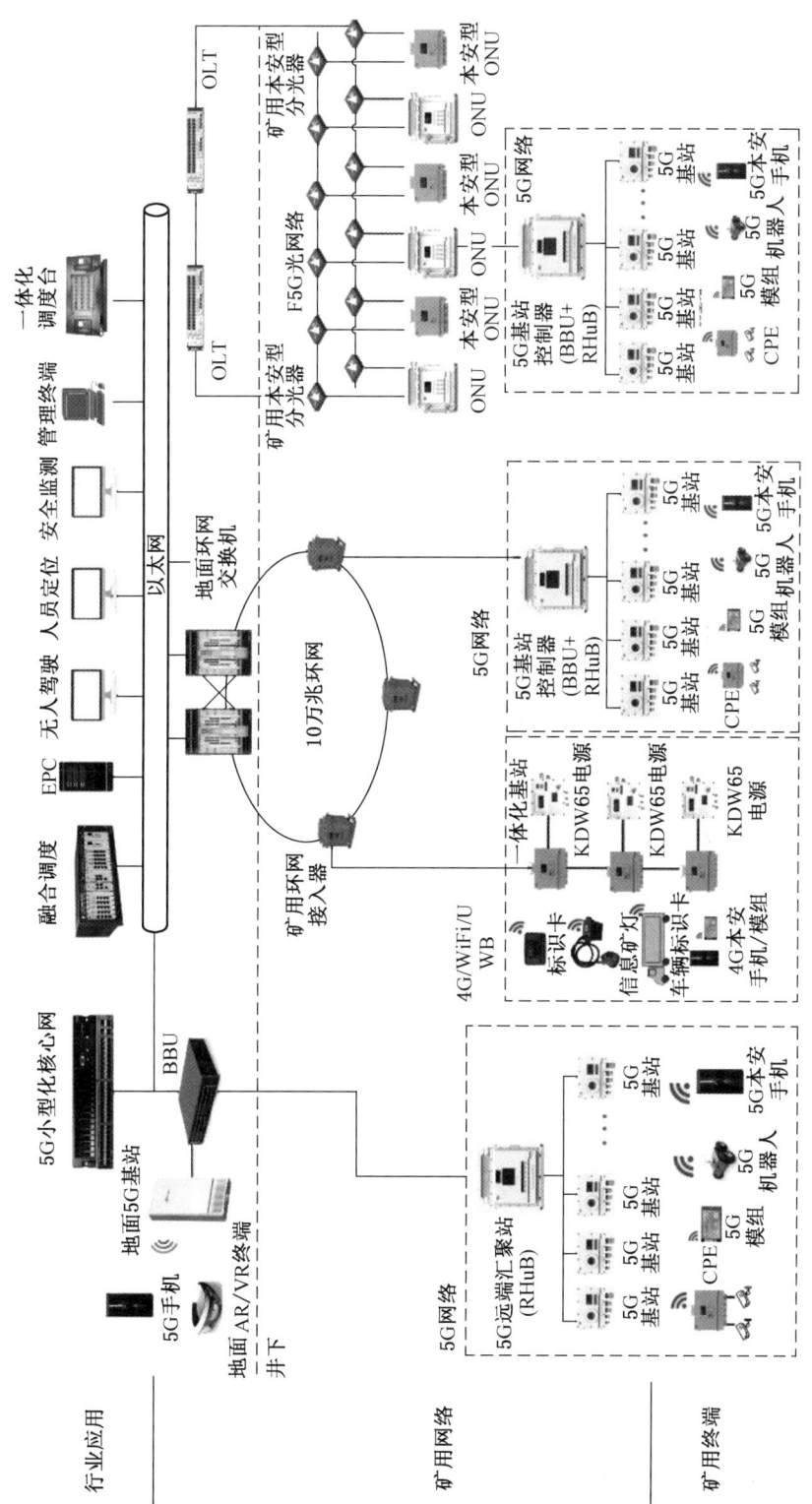

图 18-7 矿用 4G+5G 融合组网示意图

矿用本安型 5G 基站面世，井下 5G 隔爆基站重量已从最初的 100 kg 减少到 25 kg 左右，但仍较为笨重；随着 5G 技术的发展，已有厂家开发出符合本安要求的矿用 5G 基站，将进一步促进 5G 的推广应用。

煤矿专用 5G 模组，煤矿设备主要通过 5G CPE 接入 5G 网络，严重限制了 5G 系统低时延、大带宽、广连接性能，因此急需开发煤矿专用 5G 模组，实现各种主机装备及网络设备的接入。行业内现已开发出煤矿专用 5G 模组，但受限于模组的价格高、功耗大等因素，尚未得到大规模应用。

5G 终端设备的研制，已开发出具备 5G 通信能力的矿用摄像仪、矿用车载台、矿用陀螺仪等多种终端设备，丰富煤矿 5G 终端设备形态。

18.3.3 矿用 5G 的典型业务应用

1. 智能化工作面应用

智能化工作面集控平台整合数据采集、分析和控制等功能，实现对采煤机、液压支架、刮板运输机、转载机和破碎机等设备的工作状态的监测与生产运行自动化集中控制，通过与视频监控技术的结合，实现工作面远程视频监控，逐步实现操作人员离开工作面，对综采设备进行远程控制，实现少人采煤甚至无人化采煤，大幅提高生产效率，有效提升安全生产水平。

基于 5G 的智能工作面系统由地面集控中心、工作面巷道控制中心和工作面综采设备构成。

地面集控中心主要由采煤机设备控制台、控制计算机、服务器、交换机、5G 核心网和 5G BBU 等组成。利用 5G "大带宽、低时延、广连接" 的特性，实时监控工作面生产画面和生产实时监控数据和历史统计数据；也可以接管工作面巷道控制中心的控制功能，在地面控制中心实现对综采面采煤机、液压支架等设备的远程操控。

工作面巷道控制中心由主要由控制计算机、显示器、交换机、设备操作控制台、扩音电话等组成，利用各类传感器、摄像头及 5G 网络采集、传输各类信息到工作面巷道控制中心，实现在工作面巷道监控中心对设备的远程操控，达到工作面少人化乃至无人化开采的目的。

工作面设备主要包括液压支架、采煤机、刮板输送机、带式输送机、供液系统。这些设备根据接口配置相应的综合接入器（内置 5G 传输模块），通过井下 5G 基站实现视频和监控及控制信号无线传输，从而实现远程控制功能。

2. 智能化快速掘锚系统

智能化快速掘锚系统由掘锚一体机、锚杆台车、转载机和带式输送机等设备构成，系统集快速掘进、护盾防护、超前探放、掘锚同步、智能导向、封闭除尘、智能检测、故障诊断等功能于一体，具有"高效、环保、安全、可靠"的特点，完全契合国家煤炭产业安全高效与智能化的发展要求，是真正实现掘进、锚护同步作业的煤矿高端智能化掘进装备。

智能掘进系统设备主要部署在掘锚一体机和锚杆台车上，系统包含惯性导航系统、3D 扫描成像系统、定位智能截割系统、安全防护系统、电气控制系统、视频监控系统、5G 无线通信系统、光纤传输环网、井下控制系统和地面控制中心等几部分。

其中，5G 通信网络系统包含 5G 核心网、5G 基站控制器、5G 基站、5G CPE 等设备，

5G 基站和 5G CPE 可以根据设备型号和安装条件等，灵活部署在掘锚一体机或锚杆台车上。矿用高清摄像机、3D 扫描成像数据、传感器以及电气控制系统通过 5G CPE 接入 5G 网络，经由 5G 核心网与井下控制中心和地面控制中心的监控系统和业务应用系统进行对接，利用 5G 网络传输高带宽和低时延的特点，实现掘锚设备实时工况数据、3D 成像数据、高清视频和远程控制指令等的传输。

3. AI 视频监控与分析

借助 5G 大带宽、低时延的特性，实时传输高清视频到后台应用，实现对输送带运输、探放水、工作人员活动行为等重点信息的自动识别；通过分析视频图像，及时发现现场灾害（透水、火光、浓烟雾、大粉尘、冒顶等）、人员违规、人员状态异常等情况，通过边缘计算服务器的视频分析，实时输出分析结果，为煤矿安全生产提供智能安全预警，保护煤矿人员及财产安全。

4. 生产设备监控维护

利用 5G 的先进的传输性能，基于设备大数据和故障模型，针对煤矿生产设备/大型装备产品进行远程数据监控及控制，提供远程运维，包括生产设备关键参数监测、生产设备预测性维护、生产设备运行工况监测和产品运行监控、远程维保等。

5. 井下智能机器人巡检

矿用巡检机器人采用矿用 5G 无线技术，实现了机器人在轨道自动或手动控制运行，对整个轨迹内的声音、图像、气体等参数的实时采集、回传、存储及分析。矿用巡检机器人搭载热成像视频监控模块、多参数传感器及语音识别系统，能够替代矿山巡检人员进行可靠巡检，实时采集、存储、传输现场的图像、声音、温度、烟雾、甲烷等数据，通过对数据的分析，判断是否存在设备故障并进行故障定位，减轻工作人员的劳动强度、降低劳动风险，及时发现问题，避免事故扩大化，降低生产过程中的非正常停机时间。

6. VR/AR 智能应用

1) VR/AR 虚拟实训

针对性地定制开发集文字、图像、动画于一体的仿真培训环境；基于 5G 网络，实时传输操作场景画面，新员工通过 VR/AR 设备进入实训虚拟场景，进行远程控制，并通过与现实物体的对比，在培训中集成分步操作讲解、训练模拟、出错提醒、出错现象呈现等功能。虚拟仿真培训室更逼真地还原现场环境，可以协助培训师提高培训效率与质量，还可以提高学员实操能力与应变能力。

系统可以实现如下几方面的培训：

（1）生产系统科目培训。井下通风系统 VR 培训、井下运煤过程 VR 培训。

（2）安全事故案例培训。井下瓦斯爆炸事案例培训、井下煤与瓦斯突出事故案例培训、井下冒顶事故预兆案例培训、井下冒顶事故案例培训、井下透水事故预兆案例培训、安全视频点播系统。

（3）违规行为矫正培训。典型违章事故 VR 案例培训、井下跑掘工作面违章行为 3D 矫正、井下综掘工作面违章行为 3D 矫正、井下综采工作面违章行为 3D 矫正、

（4）事故隐患识别培训。井下跑掘工作面事故隐患 3D 识别、井下综掘工作面事故隐患 3D 识别、井下综采工作面事故隐患 3D 识别。

（5）井下应急处置培训。井下火灾事故应急逃生 3D 实训、井下透水事故应急逃生

3D 实训、安全标志 3D 交互学习。

（6）设备操作维修 AR 培训。井下设备采煤机、采煤机、液压支架、刮板运输机、转载机、破碎机、带式输送机等设备操作维修 AR 培训。

2）AR 智能巡检

通过 AR 巡检系统将现有的巡检内容（如文字、图片、视频、3D 动画）进行编辑，排序形成标准化的巡检流程，转化成可视化巡检资料，可快速更新迭代巡检资料，传输给智能眼镜终端，实时指引巡检人员按照标准规范的完成巡检工作。

3）AR 智能运维

当设备异常告警时，现场维护人员可以借助 AR 眼镜维修指导，完成基本的维修检查及操作处理。当现场维护人员遇到无法独立解决的问题时，通过求助在线远程专家系统进行音、视频多媒体交互，进行远程诊断与指导。

7. 露天矿车远程驾驶

在露天矿区作业环境下，通过 5G 网络将高清视频和矿卡传感监控数据上传到矿山控制中心，实现对矿卡的远程遥控。

矿卡内摄像头、路侧摄像头采集到的高清视频、矿车内传感器数据和位置数据，借助 5G CPE、经 5G 网络上传至无人驾驶平台、GIS 服务器、视频服务器等。

根据视频频感知信息、位置信息和采集的车辆传感数据信息，借助 5G 系统低时延高可靠的通信能力，远程遥控中心可以给矿卡下发控制指令，实时远程遥控驾驶矿卡。

18.3.4 存在的问题及发展方向

1. 存在的问题

煤矿 5G 大规模推广应用仍面临着以下问题：

（1）由于煤矿井下现场特殊环境要求，下井通信设备需要符合矿用产品防爆要求，发射功率及天线增益受射频阈值 6W 的限制，矿用 5G 基站覆盖距离有限，基站数量大幅增加，网络建设成本偏高。

（2）矿用 5G 设备，包括核心网、基站、手机终端及通信模组价格仍偏高。

（3）矿用 5G 设备由于自身功耗较高，大都为隔爆型设备，安装使用不便；本安型 5G 基站设备虽然已在研制中，但其性能有待现场实际应用来检验。

（4）煤矿 5G 应用仍集中在视频传输、远程遥控等少数领域，仍需进一步挖掘、培育新的应用场景。

2. 发展方向

"十四五"期间，从煤矿高可靠融合网络建设、5G、多业务联动功能设计、高精度定位、矿井业务统一通信接口设计方面展开关键技术研究和攻关，研制高适配能力的煤矿 5G 专用技术和配套产品，构建矿用 F5G、100G 工业环网、5G、WiFi6、UWB 等多技术融合为基础的泛在连接的智慧矿山通信定位系统，具备灵活的网络切片功能，可满足高带宽、低时延高可靠、大连接等不同应用场景的通信需求，具备高清实时视频、远程实时操控及矿井物联网通信等功能，在煤矿形成智能采掘及生产控制、环境监测与安全防护、无人驾驶、虚拟交互等一批 5G 典型应用场景，完善创新协同、开放合作的煤矿 5G 应用生态，有力提升煤矿数字化与智能化发展水平。

18.4 矿山多元信息系统开放式综合管控平台技术

18.4.1 平台研究背景

国家在《煤矿安全监控系统升级改造技术方案》中对监控系统多系统融合提出了明确要求：要促进安全监控多元数据融合和信息共享，实现紧急情况下的应急联动，提高煤矿安全预警、预报水平。国内相关研究院所相继在新升级的安全监控系统中对系统融合和应急联动进行了研究，并制定了两种融合方案：一种是研制煤矿井下融合分站或"一网一站"，在分站接口和通信链路上进行融合，使不同类型和不同接口的传感设备统一接入融合分站，进而通过以太网络与各自的监控主机通信；另一种是研制地面计算机软件平台来实现融合。实际的软件融合应用中，有些融合软件平台是独立开发的，通过对相关监控系统、人员定位数据进行采集并建立关联规则，实现融合及与应急广播系统联动；有些融合软件平台是在监控系统软件中实现的，通过制定第三方融合协议，将人员定位系统数据、应急广播系统进行关联，进而实现融合与联动。该方案本质是在原监控系统软件基础上另外开发融合软件平台，通过制定规则对不同系统的数据进行二次集成。

2020年初，国家发改委、能源局等八部委联合发布了《关于加快煤矿智能化发展的指导意见》（以下简称《指导意见》），对煤矿智能化建设提出了明确的目标和时间节点，其智能化技术领域涉及工业物联网、云计算、大数据、人工智能等，最终形成具有全面感知、实时互联、自主学习、协同控制、动态预测能力的一体化、智能化安全生产过程系统。王国法院士指出：智能化煤矿的基础支撑技术为矿山工业互联网+煤矿大数据。众所周知，煤矿智能化安全生产过程系统包括现场生产设备自身、感知装置、执行装置、物联网传输装置、区域边缘计算装置、地面安全生产协同管控平台、大数据分析平台等多个环节。煤矿智能化需要每个环节的智能化做支撑，每个环节的智能化需要数据来驱动，而数据则需要通过感知、交互等物联网技术手段来实现，因此，研究基于工业物联网的智能矿山基础信息平台对于智能矿山建设显得尤为重要。

煤矿自动化与监测监控系统主要以单系统为主，每个监控系统都是以某类监控业务为主，有自己的监控系统软件平台，譬如安全监控系统、人员定位系统、输送带运输监控系统、胶轮车监控系统、风机监控系统等。由于系统软件平台相对独立，互相之间没有关联，各系统之间数据相对孤立，难以实现数据之间的融合，对于大数据分析非常不利，严重阻碍了智能矿山建设。虽然出现了综合自动化系统，但从目前使用效果来看，未达到预期效果，由于该系统同样是通过在应用层面建立第三方数据通信协议，把数据从其他系统上位机软件汇聚到一起，本质上只是把原来的系统数据重新搬了家，从上位机搬到了综合自动化系统，由于不同系统产生的数据在时间和位置上没有统一，且数据之间没有产生关联关系，譬如，同一作业地点在不同系统中可能会产生不同的命名，导致难以实现数据的综合利用。

18.4.2 平台研究意义

在煤炭行业监控系统大融合和智能化矿山建设的背景下，天地（常州）自动化股份有限公司（以下简称"公司"）通过构建统一技术架构、统一技术栈、统一技术规范、统一模板的方式开发研制了矿山多元信息系统开放式综合管控平台，为矿山安全监控类、过程控制类、移动目标监控类系统软件开发人员提供了低代码或无代码快速二次开发框架，满足煤矿自动化系统软件快速开发需求;形成的软件平台可以实现全矿井各类智能感知数据的统一采集、分类存储、交互、融合分析,并实现与控制执行装置的联动控制,满足矿山单一监控类系统软件、多监控业务融合系统软件、智能矿山管控一体化平台的应用需要。

该平台突破原有各自动化系统烟囱式建设、数据之间没有交集的限制,通过分布式部署提升数据的处理能力,实现真正意义上的煤矿井下人、机、环一体化监测监控。该平台作为全矿唯一的数据源,为工业 App 和云端大数据分析平台提供一致的数据。平台统一架构组成如图 18-8 所示。

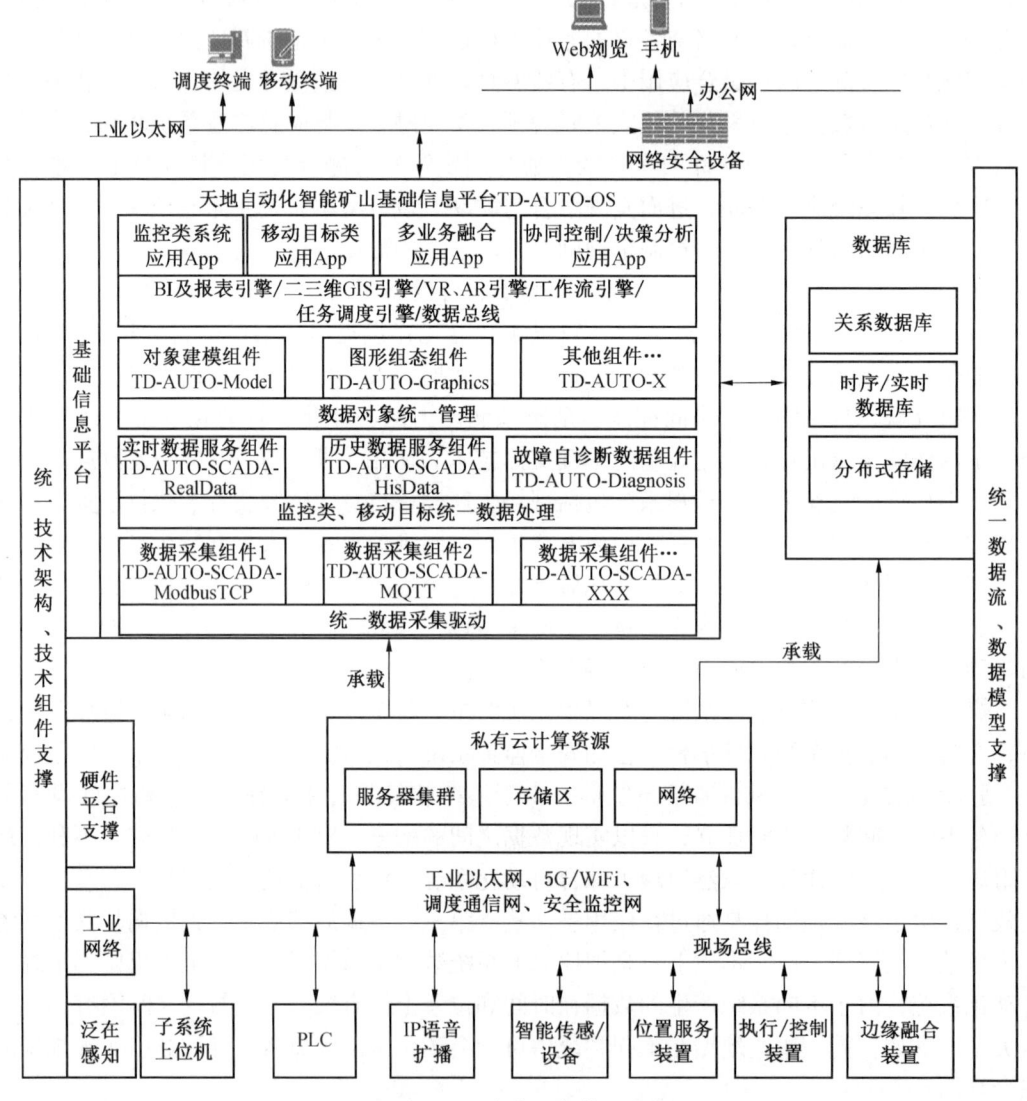

图 18-8 平台统一架构组成图

18.4.3 平台形成系列技术成果

1. 形成了矿山监控类软件统一架构及系列组件库

通过对矿山监控系统、移动目标监控系统、生产控制系统、移动 App、组态软件、工业互联网平台等分析研究,形成了可满足矿山整体融合监控与智能化应用的公共技术架构和消息中间件、智能报表、工作流、多种数据通信驱动、双机热备、数据库同步等20多个可复用在各类矿山监控系统中的组件库。保证在矿山融合监控类系统应用中，只需按照要求开发或选择相应的硬件通信驱动，即可作为单一监控系统、融合监控系统、智能矿山综合管控平台直接使用。软件统一架构及系列组件如图18-9所示。

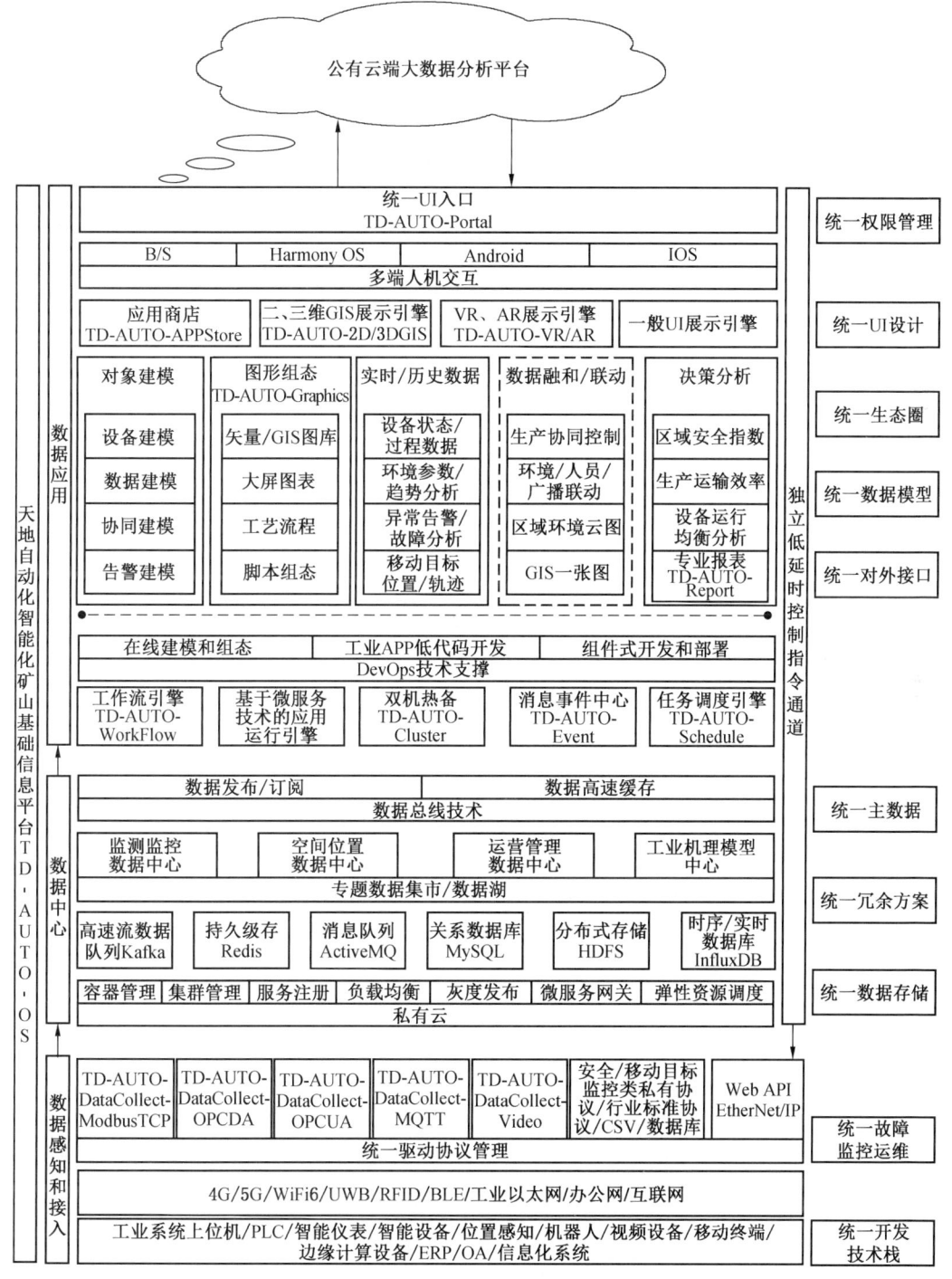

图18-9 软件统一架构及系列组件

2. 形成了多元信息系统开放式综合管控平台

该平台位于传感层、边缘计算层与业务应用层之间，通过标准物联网协议或加载私有协议驱动的方式从传感层实现对矿山多元海量异构数据的高速、稳定、可靠的采集、治理、处理和存取，包括矿山安全监控、人员精确定位和运输车辆位置跟踪、"掘、采、运、通、选、排"等生产过程控制、安全生产管理、经营管理等数据信息，同时具备独立低延迟的控制指令下发机制、灵活可配的业务工作流驱动机制，可在统一平台中实现矿山安全生产数据融合、协同控制与业务联动。平台可作为安全监控系统等自动化系统的独立系统软件平台、安全生产综合一体化监测与控制平台、智能矿山综合管控平台的底座。矿山多元信息系统开放式综合管控平台如图18-10所示。

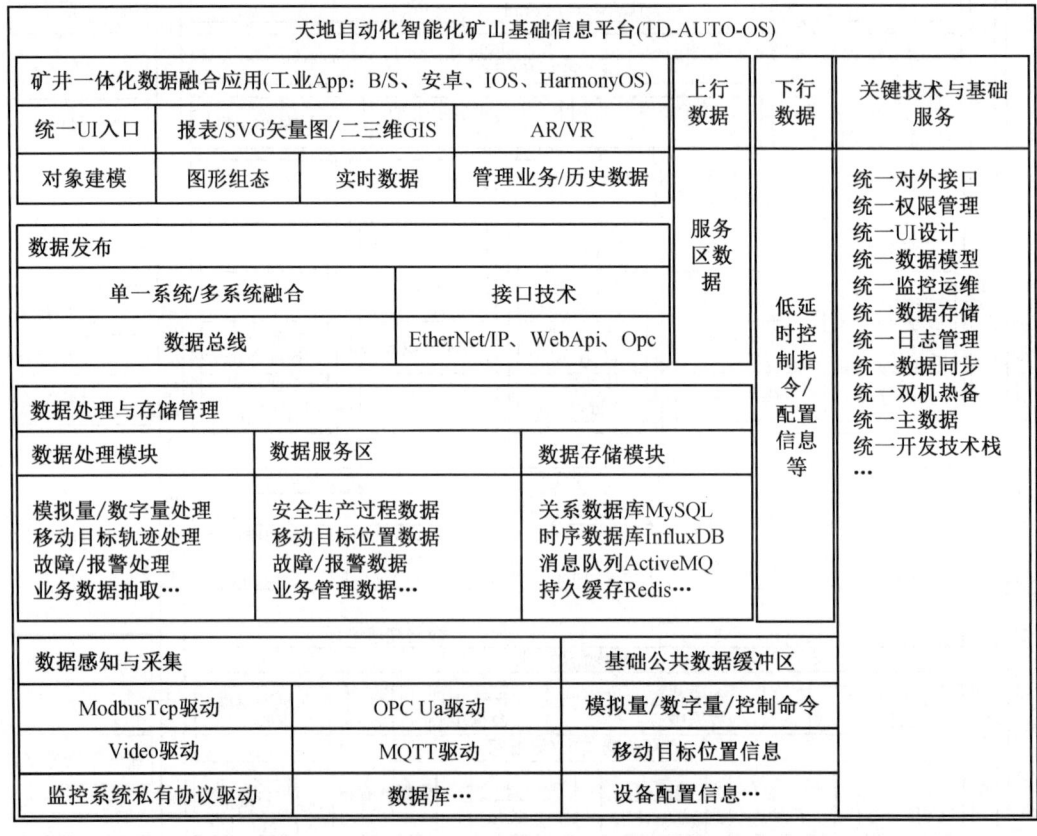

图18-10　矿山多元信息系统开放式综合管控平台

3. 研发了多系统融合与联动技术

通过建立统一的技术架构、技术栈、统一的主数据、统一的数据存储机制、统一的数据模型、统一的权限和UI模式、统一的数据同步与双机热备机制等统一技术和服务体系，有效实现了在同一软件平台上多种业务系统和数据的有机融合。

由于所有系统数据同步采集、处理、存储，形成的各类数据消息、控制指令和API接口在虚拟总线上共享，且支持发布/订阅，通过设置联动规则实现数据融合和系统联动

(图 18-11、图 18-12)。

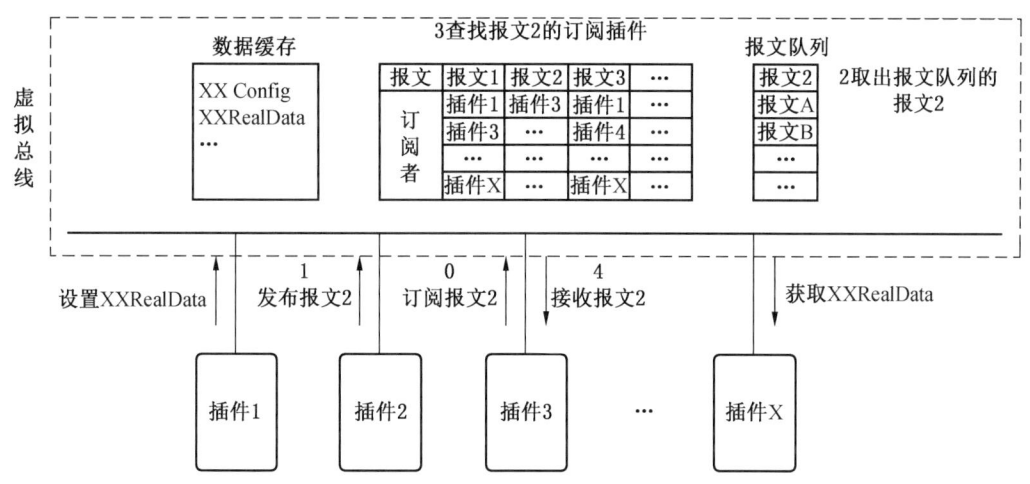

图 18-11 数据的订阅发布

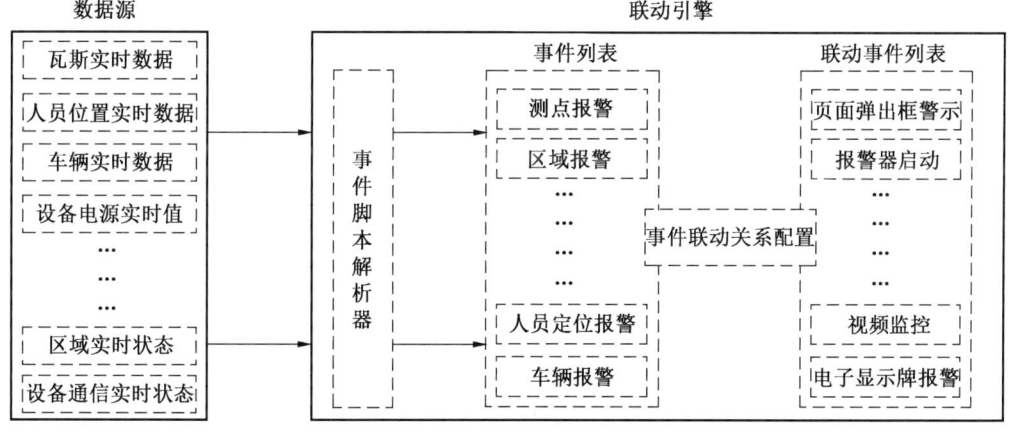

图 18-12 事件联动

4. 形成了矿山监控类软件二、三维一体化应用

针对煤矿一张图应用需求，研发形成了轻量级二、三维一体化可视化软件平台，该平台承载了安全监控类、移动目标监控类业务应用，使得该平台可以直接应用于安全监控系统、人员精确定位系统、车辆辅助运输监控系统、智能通风、智能综合管控平台等与状态和位置监控相关的系统，同时能够实现二、三维任意平滑切换。

平台可以根据对移动端设备和 PC 应用的自动检测，实现对可视化资源的动态加载，从而满足移动端设备和 PC 端自适应应用。

18.4.4 平台与国内外同类技术对比

1. 与"工业互联网操作系统"相比

作为矿山多元信息系统开放式综合管控平台，平台内置了大量矿山监测、控制、位置服务、GIS、工作流引擎、智能报表等与智能矿山建设相关的基础功能,基础功能开箱即用,满足矿山监控类系统无代码或少代码快速二次开发需求。

2. 与工业领域组态软件相比

(1) 具备工业组态软件功能,可直接代替工业组态软件,满足矿山生产过程控制系统需求。

(2) 具备矿山监测监控专有业务功能,内置了矿山安全类监控、过程控制、移动目标监控、位置服务、GIS 等组态软件不具有的专有处理能力。

(3) 具备工作流、智能报表、Portal 门户、权限认证、消息事件等管理信息化系统基础功能,满足智能矿山管控一体化要求。

工业组态软件对比如图 18-13 所示。

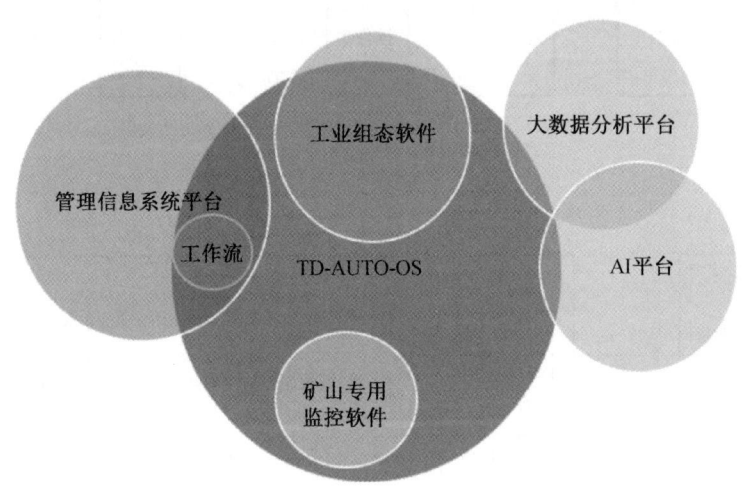

图 18-13 工业组态软件对比

3. 与大型的云端数据分析平台相比

平台具备较强的伸缩性,可以在云端分布式部署,承载矿山多元信息系统融合应用;也可以缩小到单台工控机部署,作为安全监控、过程控制、移动目标监控等单一业务监控系统应用。

18.4.5 平台解决的关键技术

(1) 制定了煤矿关键主数据、各层级数据交互接口、关键数据结构、开发技术栈等标准规范,解决了矿山各类监控系统软件技术架构和技术栈的一致性、数据快速融合和技术功能复用难题。

(2) 研发了适合矿山监控类系统应用的物联网数据驱动、数据治理、可视化矢量图形、轻量级二三维 GIS、智能报表、工作流等共性基础支撑技术,实现了监控类系统软件的共性技术功能复用。

(3) 突破原有自动化系统烟囱式建设、数据之间没有交集的限制,研发了矿山多元信息系统开放式综合管控平台,实现了矿山现有安全监控、移动目标监控、过程控制等系统的多元数据融合、共享与协同控制。

(4) 研发了矿山虚拟总线和具有行业应用主题的开放性数据中台，满足不同类型多用户低代码或无代码开发应用需求，为满足多个厂家共享一份数据源、开发不同智能化应用和大数据分析提供服务。

(5) 建立了矿山设备对象信息数据模型，具有动态扩展静态属性和动态感知数据、空间位置属性的能力，支持对矿山设备全方位、全生命周期管控。

19 智能开采地质保障技术研发进展

地质保障技术作为煤矿智能化建设的核心部分，横跨煤田地质勘探、井田区域划分、矿井建井设计、巷道开拓掘进、智能安全回采、煤炭综合利用、矿井关闭利用等不同阶段，贯穿于煤炭工业的全生命周期，是实现煤炭资源安全高效智能绿色开采的基础和前提，在灾害防治、隐蔽致灾因素探查、煤炭智能开采等方面发挥着关键作用。

19.1 透明地质保障平台

智能开采地质保障技术的载体是透明地质保障平台，集成智能测绘、智能物探、钻探装备与技术，构建水害防治、掘进、回采等应用场景，建立独具特色的煤矿地质透明化技术体系，以实现减人、提效、保安的煤矿智能化建设目标。

19.1.1 透明地质保障平台设计

透明地质主要包括两层含义，一是三维地质可视化，即利用先进的计算机、信息技术手段，将过去零散的、孤立的多元地质信息集成起来，构建起服务于特定目标的三维地质可视化模型；二是采用先进的探测、检测、监测、预测及预警等技术手段，提高采掘前方地质体的探测精度，通过融合工程采掘信息，形成一个高精度、动态优化的三维透明地质模型，支撑煤矿智能化采掘两条作业线的高效运转。实际上，"透明地质"不是为了好看而是为了好用，应当以高精度综合探测技术为核心、以三维地质可视化平台为支撑，为煤矿智能化提供三维地质数据的可视化分析、可视化设计和可视化决策的地质服务。经过不断探索和实践，煤矿形成了透明地质建设的顶层设计思路（图19-1），地质数据经历采集、传输、存储、管理四个阶段，将抽象的地质模型转换为数字化工程地质模型，支撑1个水害智能治理系统及矿山钻、掘、采3大地质工程，实现数据与业务一体化，使得地质与工程能够无缝衔接，在安全可控的地质环境中高效率完成地质工程作业。

（1）构建地质数据库。收集地质调查、钻探、三维地震、物探、化探、抽水试验、采样测试、测量变形、位移、地表沉陷和岩移观测等数据，按数据规范要求对各阶段勘探成果数据统一入库管理，建立地质勘查、观测资料数据库；重新数字化各种与地质、测量、水文、储量有关的柱状图、平面图、剖面图、素描图、物探成果解析图等并配置属性，通过分析、对比、校验、补探、补测等进行入库，得到完善的、准确的、可再利用的包括煤岩层、地质构造、灾害防治、井巷工程、采空区、帷幕等矿井地测历史资料和图库关联的数字化空间信息库系统。

（2）地层及构造地质模型。综合利用钻探、物探、井巷揭露、采掘揭露等数据，采用数据分级、空间配准、交叉验证等手段实现多源异构数据融合，构建高精度的三维地质几何模型，实现地层、构造的三维可视化，地质模型任意剖切及剖面图件输出。

（3）水文地质模型。利用地质、水文地质及水文探测数据，建立水文地质模型，实现各含、隔水层、富水区的空间关系、产状、赋存状态（潜水、承压）、水位水压的可视

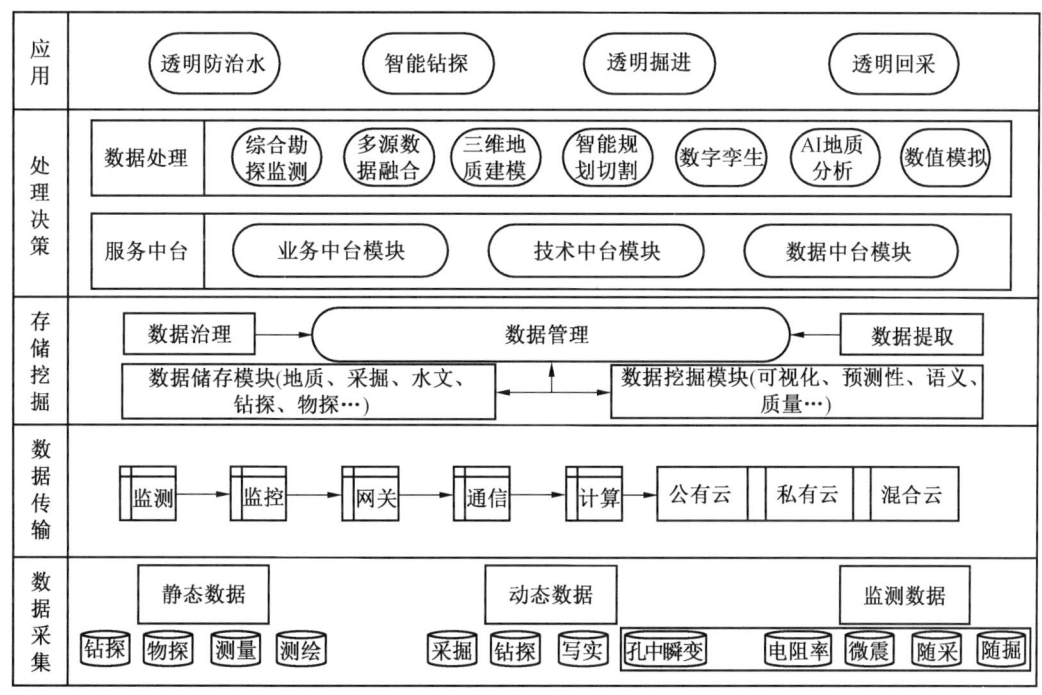

图 19-1 智能地质保障的顶层设计

化,实现充水水源、导水通道的动态可视化和预警。对地面定向分支孔、井下定向孔分支孔轨迹建模,实现了水害超前区域治理数字化工程评价、出水点信息、注浆量统计信息的三维展示,注浆工程的管理、水文监测系统的实时数据更新、动态成图显示。

(4) 瓦斯地质模型。利用瓦斯涌出初速度、瓦斯释放量、瓦斯吸附性试验数据,结合煤层瓦斯赋存状态(连续分布型、构造依附型等),预测煤层中瓦斯压力和瓦斯含量分布,在地质模型基础上结合采掘破坏规律,构建瓦斯地质模型,实时接入瓦斯监测数据,实现瓦斯动态演变的三维可视化。

(5) 火区地质建模。综合分析地层、煤层自然发火特性、漏风供氧、采空区气体及温度、围岩温度等基础数据,对煤层火区煤氧复合化学场、放热温度场、煤岩变形应力场进行耦合分析,根据火区燃烧特性、燃烧反应速率,构建火区地质模型,接入束管监测、光纤温度监测等数据,实现火区动态演变的可视化及预测。

(6) 扰动地质及力学建模。根据煤、岩的力学性质和测试结果,结合矿压、地应力等监测数据,求出煤层各分区的损伤变量,预测采掘对煤岩层的破坏深度,通过对煤层受载过程中的裂隙的演化规律分析,构建煤层的扰动地质及力学模型,作为采掘扰动下煤岩变形引发地质灾害分析基础。

(7) 综合地质模型。综合上述技术成果,融合地层构造地质模型、水文地质模型、火区地质模型、扰动地质及力学模型,实现包括地质体的各种物理、化学属性的可视化,建立完整的、全息的透明地质体,并可进行各种剖切、透视等可视化操作,为精准地质灾害预警奠定信息基础。

19.1.2 透明地质保障系统架构

针对煤矿地质保障系统开发面临的数据来源多样,集成地质监测系统开发语言不统一,软件的定制化开发导致的地质保障平台在不同煤矿适应性差的问题,提出了微服务的透明地质保障系统开发4层架构,将通用的技术业务固化在开发架构,将需要集成的地质类子系统等专业属性强的业务通过微服务方式进行开发和部署运行。本架构集成了当下成熟、流行的开发语言,采用前后端分离的开发模式。使用微服务的地质保障系统架构(图19-2)进行软件开发,可降低集成其他地质子系统的技术复杂度,借助架构的跨平台特性提高系统的多平台移植性。

微服务的地质保障系统架构图分别是展示层、网关层、服务层和基础设施层。展示层采用VUE用户界面渐进式前端框架进行开发,形成了以透明地质、地质灾害监测预警、地质工作台为主要功能的用户交互界面。

19.1.3 唐家会煤矿示范案例

唐家会煤矿透明地质保障系统软件平台的搭建中,围绕顶层设计的总体思路,按照煤矿应用场景对地质保障的实际需求,主要设计开发了透明地质模型、透明防治水、透明掘进、透明回采以及地质数据中心几大功能模块。

地质数据中心模块主要汇聚了唐家会煤矿地质勘探的所有历史数据,并动态接入最新的地质探测、动态监测、采掘反馈等数据,为透明地质建模提供基础数据库;透明地质模型设计采用地面、地下地质场景建模分类、分级搭建的方式,在三维地质、水文地质初始模型基础上,不断融入新的数据信息进行模型优化,为上述"3"个目标的实现提供三维地质动态模型;透明防治水模块是在三维水文地质模型上,开展地面、井下防治水钻孔的WE3设计以及工程实见信息的接入,形成"设计-施工-设计优化-施工调整"的闭环作业;透明掘进模块具备以透明地质模型为基础给掘进机提供地质预测剖面的功能,同时融入定向钻探、智能钻探、钻孔物探等超前探测信息,实现掘进工作面前方煤层赋存形态及地质异常体动态可视化展现;透明回采模块设计的主要功能是以动态地质透明模型为基础,形成规划截割曲线并下发至采煤机控制系统,同时对回采过程中底板破坏深度及奥灰水导升高度的微震监测、电法监测结果实时再现。

地质保障平台主要具备的三大功能:

(1)地质灾害综合预警。将水文监测数据(含水层及采空区水位、水温、水压、管道流量监测、水质监测、电阻率监测等)、瓦斯监测数据(瓦斯浓度、分布规律)、火区监测数据等数据信息接入系统,与三维模型进行同步映射显示,以图和表的形式对数据进行融合分析和展示,从而构建动态多属性地质模型,并通过设置综合预警阈值组合,实现多系统的联动预警。

(2)掘进地质透明化及灾害预警。为减缓掘、探作业时间矛盾,提高掘进工效,利用三维地震资料地质动态解释与随掘随探数据,动态融合掘进揭露的煤层信息,构建掘进工作前方的动态地质模型,实现掘进前方未掘区0~100 m范围内的局部地质透明化,为掘锚一体机快速掘进提供预测预报与地质导航。平台通过构建掘进工作面透明地质模型,实现了掘进巷道动态更新、自动规划、掘进断面自动下发的地质导航功能;集成煤矿长距离定向钻、孔中物探显示掘进前方地质异常,提高掘进安全和速度;实时显示随掘随探提高掘进前方探测精度,为快速掘进保驾护航。

(3)回采地质透明及灾害预警。平台搭建了以地震动态解释、随采随探、微震监测、电法监测以及水文监测等为核心的集成化智能地质保障系统,基于采前槽波勘探、音频电

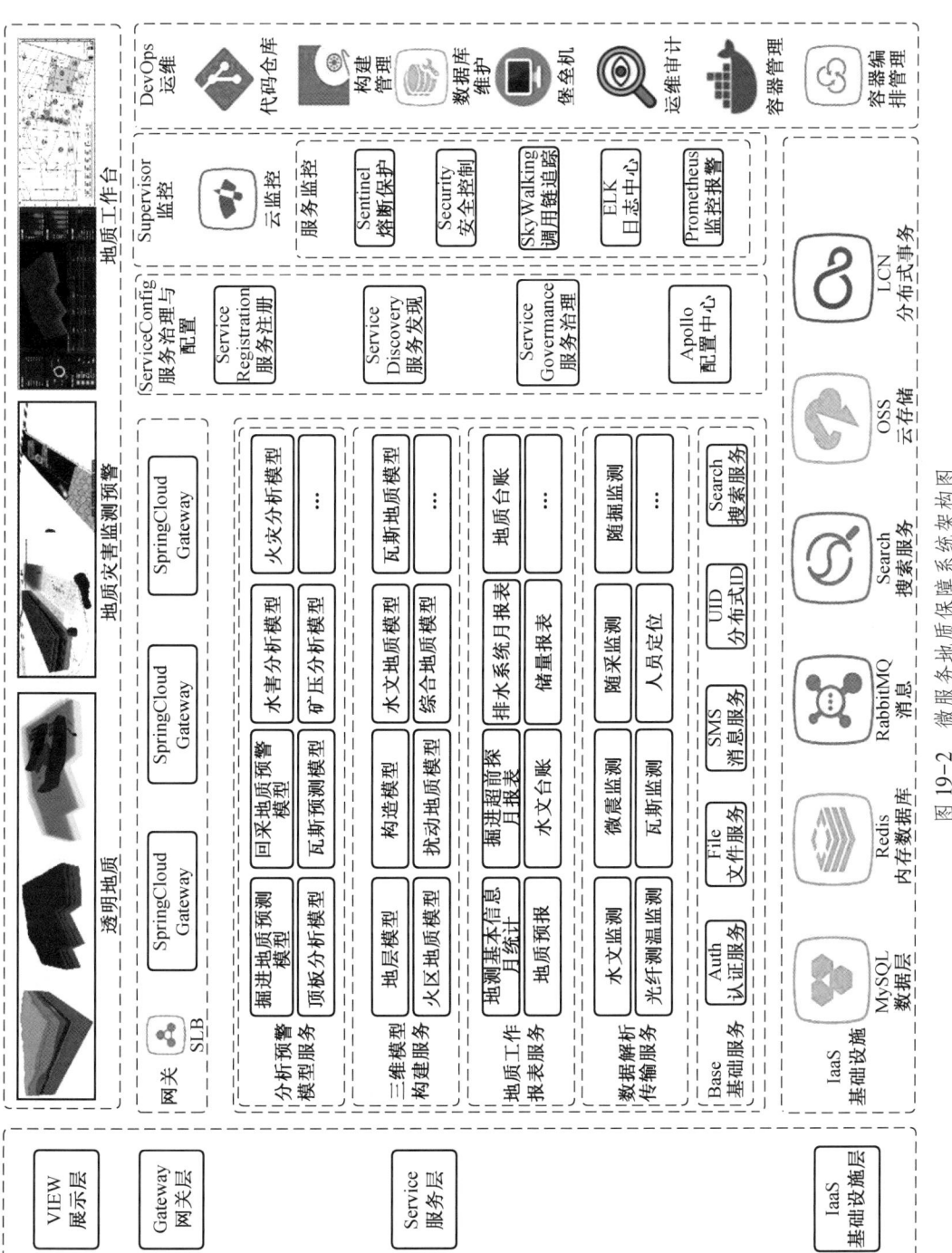

图 19-2　微服务地质保障系统架构图

透视、孔中瞬变成果，采中微震监测、随采地震监测、孔中电阻率监测的在线分析实现了回采前方地质信息的同步映射；微震监测实时预警底板破坏深度和顶板裂隙发育高度，与电阻率监测实时的富水异常区叠加分析，实现水害初步预警；随采地震实时采集采煤机振动信号，分析工作面内部地质异常和应力变化。地质保障平台三维环境中的动态透明回采工作面地质环境，提高了采煤工作面安全性。

透明地质保障系统建设过程中，智能测绘、钻探、物探装备的升级换代刻不容缓，地质保障系统在智能采煤活动的基础作用重要性日益突出。5G通信支撑下的Web3.0平台化应用改变了地质保障服务企业与煤矿业主之间的关系，为地质保障生态带来一种新型的业务形态。从矿山资源勘探、建井、生产到闭坑，通过平台深度参与并管理地质保障流程，在统一数字化模型中对数据进行统一管理，形成专有的数字化资产，在安全生产动态监控中起到关键的支撑作用。

19.2　工作面三维激光扫描

地理信息测绘、地质要素测量在前期煤炭地质工作中占据较大的比例，为了提升工作效率、提高精度，摆脱单一手工测绘带来的数字化、智能化难题，包括激光扫描、倾斜摄影装备与技术在一定区域内得到了应用，并在智能化矿山建设中得到了大力推广。近期智能煤矿建设过程中测量装备与技术升级过程中，激光同步定位与图像构建（Simultaneous Localization And Mapping，SLAM）技术，在煤矿数字模型中的成像与监测功能得到了加强，应用范围从地面延伸到地下，装备适应性大为拓展，是当下与未来最具有潜力的智能测量发展方向。

以巷道中应用激光扫描技术为例，提出利用三维激光扫描重建技术构建高精度透明工作面巷道模型的技术思路。在煤矿井下工况环境中，分析长距离三维激光扫描面临的技术难题的基础上，研究三维激光扫描原理和空间点坐标计算方法，并提出透明工作面巷道三维激光扫描重建技术流程（图19-3）。

1. 三维激光扫描系统动态标定和坐标转换方法

（1）煤矿井下三维激光扫描技术坐标标定面临的难题。三维激光扫描系统获得的点云数据，是以扫描系统激光雷达中心为原点的仪器坐标系。三维激光扫描系统仪器坐标系的具体定义：原点位于激光光源点（激光发射器），X 轴正方向与激光雷达水平安装时 $0°$ 激光线的发射方向一致，X 轴顺时针旋转 $90°$ 即为 Y 轴正方向，Z 轴垂直于 X 轴与 Y 轴组成的平面上为正。

在煤矿井下环境作业时，三维激光扫描系统自身的位姿必须通过惯性测量单元和里程计确定，由于组成惯性测量单元的陀螺仪存在漂移问题，长时间累积计算会产生较大误差。为了获取准确的点云坐标，点云数据单次采集时间不宜过长，而且必须对三维激光扫描系统的坐标进行动态标定。

（2）坐标变换。在煤矿井下具有已知导线点（测量坐标点）的位置作为采集的起始点。三维激光扫描系统放置在导线点的正下方，巷道两旁布置两个高反标定物，并拿全站仪测量高反标定物中心的坐标。在激光扫描开始工作前，计算仪器采集的高反标志物的中心坐标与全站仪测量高反标定物中心坐标，得出动态标定系数，其本质是两个三维空间坐标的3个平移和3个旋转运算，可动态设定尺度变换参数。

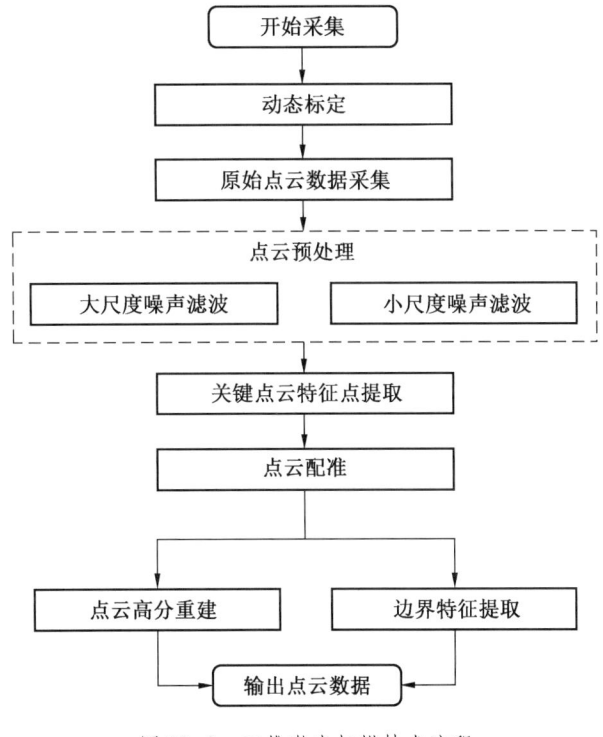

图 19-3 三维激光扫描技术流程

2. 点云预处理技术中基于统计滤波法的大尺度噪声滤波方法和基于移动最小二乘的小尺度噪声滤波算法

(1) 大尺度噪声滤波。大尺度噪声指在主体点云周围，偏离主体点云且空间分布较稀疏的点或距离主体点云中心较远的点云，一般认为距离主体点云位置较远的点云所含的特征信息不丰富，可以考虑为噪点。

(2) 小尺度噪声滤波。小尺度噪声指混合在主体点云中的噪点，会影响点云模型的平整度，造成点云模型失真。移动最小二乘平滑滤波主要以重采样点偏差的平方和最小，对给定点集定义一个隐式全面，将采样点局部区域中的点投影到该曲面上，并用高阶多项式逼近以实现采样点的平滑和去噪。

3. 点云关键点提取与特征描述技术中 SIFT 特征检测算法和 FPFH 特征描述算法

在三维点云空间关键点提取与特征描述时，除了考虑常规的坐标和特征外，需要考虑法线方向、曲率、纹理特征等描述子。点云关键点的数量相比于原始点云减少很多。与局部特征描述子结合在一起，可以完整的描述整个点云且不失代表性和描述性。综合考虑到特征描述子应具备旋转不变性、较强的表征力和不包含任何手工特征等因素，点云关键点提取选用尺度不变特征转换 (Scale Invariant Feature Transform, SIFT)，特征描述选用快速点特征直方图 (Fast Point Feature Histograms, FPFH)。

1) SIFT 特征检测算法

SIFT 特征检测算法是 D. G Lowe 在 1999 年提出的一种局部特征描述算法，2004 年完善后引入到三维点云中，实现了对点云特征的提取，具有对亮度变化、噪声、旋转和平移等因素保持较好的不变性。SIFT 算法的主要步骤如下：

(1) 构建尺度空间。

(2) 尺度函数空间内检测极值点。将每一个采样点与同层、相邻层的所有相邻点进行比较,得到局部极值点(最大值或最小值)并作为下一个候选关键点。

(3) 特征点过滤及定位。对局部极值点进行三维二次函数拟合可以得出特征点的位置和尺度,尺度函数进行泰勒展开并求偏导,去掉低对比度的特征点和不稳定的边缘点后得到极值点的位置。

(4) 确定关键点方向值。利用梯度直方图统计领域像素的梯度方向,梯度直方图的主峰值为关键点的主方向。

(5) 建立包含尺度、位置、方向等信息的特征描述子。

2) FPFH 特征描述算法

点特征直方图(Point Feature Histograms,PFH)算法是 R. B. Radu 等于 2008 年提出的基于特征点与其邻域点的空间几何关系来编码的特征描述算法,n 个点云计算 PFH 特征的时间复杂度为 $O(nk^2)$,效率较低。在保留 PFH 算法核心思想的基础上 R. B. Radu 于 2009 年又提出了快速点特征直方图(FPFH)特征描述子,计算时间复杂度降到 $O(nk)$。

4. 点云配准技术中基于 FPFH 特征描述算法的粗配准技术和基于迭代最近点算法的精配准技术

1) 粗配准

粗配准指在点云相对位姿未知的情况下对点云进行配准,可以为精配准提供较好的初始值。采用 FPFH 特征描述算法,得到初始的变换矩阵,将源点云配准到目标点云上,具体步骤如下:

(1) 预先设置阈值 δ',在源点云 p_s 中选择几个特征点并确定这些点的空间距离大于阈值 δ',保证每个特征点的 FPFH 特征不同。

(2) 依据特征点的 FPFH 特征,在目标点云 p_t 中找到相似的 FPFH 特征一个或多个点,并从这些相似点中随机选取至少 3 个点作为源点云在目标点云中的一一对应点。

(3) 计算对应点间的刚体变换矩阵。先求出源点云与目标点云间的变换关系,然后依据该变换关系计算对应点变换后的距离误差和函数,将此函数作为评配准性能指标。

粗配准后源点云与目标点云间的旋转和平移误差缩小,获得较好的初始位置。

2) 精配准

迭代最近点 ICP(Iterative Closest Point)算法是点云精配准使用最多的方法之一。基本原理是,在待匹配的源点云集合 Q 和目标点云集合 P 中,按照一定的约束条件,找到最邻近点 (p_i, q_i),然后计算出最优匹配参数 R 和 t,使得误差函数 $E(R, t)$ 最小。

5. 应用案例

以某矿井工作面为研究对象,利用自主研发的移动式三维激光扫描系统从三维激光扫描施工流程、巷道点云数据采集、边界轮廓线提取、巷道与工作面联合建模等方面进行实践应用。结果表明,提出的基于三维激光扫描技术的工作面巷道三维重建思路在技术上是可行的,能为复杂巷道的快速三维扫描、重建提供一条可行的技术路径。巷道模型与工作面激光点云图像如图 19-4 所示。

图 19-5b 中,黑色部分为工作面地质模型,灰色部分为传统手段构建的巷道模型,浅灰色部分为巷道点云模型采集区域。采用点云模型投影到 XOY 平面提取的轮廓线的数

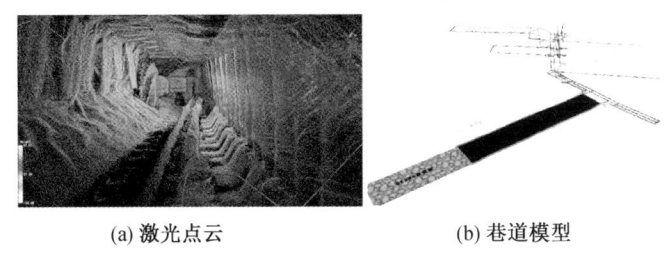

(a) 激光点云　　　　　(b) 巷道模型

图 19-4　巷道模型与工作面激光点云图像

据点坐标,过该坐标点作平行于 Z 轴的切片并采用软件系统配套软件测量出巷道纵向高度。提取出巷道关键位置的坐标信息并与 CAD 图纸构建的巷道模型进行局部修正,较精确地构建巷道模型。在此基础上,将巷道模型和扫描后的点云巷道模型融合可以实现待回采工作面巷道的快速测量,使得工作面巷道模型能够快速动态更新。

19.3　智能物探

地质保障是数据驱动的高时效性智能系统,利用静态地质数据构建基础地质信息模型后,如何高时效性的获取实时地质数据是智能地质保障实施的关键。目前最具应用前景的实时地质数据获取手段是以随掘地震、随采地震为代表的智能探测技术。

19.3.1　随掘地震探测

煤矿巷道掘进过程中,掘进机截割头截割煤岩体时会激发出震动波,波的特性与地震波类似,也称之为地震波。由于截割头截割动作不固定,震源在波形态上呈现为随机出现的脉冲信号。信号以截割部位为中心,不断向外传播,其中一部分地震波向着巷道掘进前方传播,若巷道前方存在断层等具有波阻抗反射界面的地质异常体,地震波到达异常体位置后,会产生反射波,反射波向着巷道掘进后方反向传播。此时若在巷道两帮安装检波器,便能接收到反射回来的地震波,利用数据处理系统实时处理接收到的地震波信号,就能得到巷道超前方向可能存在的地质异常分布情况,从而为掘进地质透明化提供实时的数据支撑。

随掘地震探测时,随着掘进机截割头连续切割煤岩层,此时的震源特征上呈现为连续多个脉冲信号,其中,单个脉冲信号可类比为单次炸药震源激发的弹性波。为有效处理随掘地震信号,首先要基于互相关干涉原理,将连续震源信号变换为脉冲型号。某一道信号关于频率 ω 的谐波分量为

$$f(x, t, \omega) = F(k)\exp[i(kx-wt)] \tag{19-1}$$

式中,x 为距离;t 为时间;F 为频谱;k 为波数;i 为虚数单位;ω 为波频。

针对地震信号 $r(x_0, t_0, F)$ 的互相关函数 $\gamma(x, t, F)$ 表示为

$$r(x, t, \omega) = f(x, t, \omega)f^*(x_0, t_0, \omega) = F(k)F^*(k)\exp i[k(x-x_0)-\omega(t-t_0)] \tag{19-2}$$

式中,x_0 为参考道传播距离;t_0 为参考道传播时长;f 与 f^*、F 与 F^* 互为共轭复数。

具体工程布置时,一般选择在工作面后方巷道两帮安装检波器,检波器间距可设置 15~20 m,探测距离可以达到巷道超前方向 100~200 m,整个系统可以随着巷道的不断掘进向前滚动监测。该系统与常规超前探测手段相比具有以下优势:①不干扰矿方掘进施工;②不使用炸药震源,可安全应用于高瓦斯矿井;③随掘随探,不间断连续监测;④可

以通过多次叠加提高探查精度;⑤可探查构造和应力异常区。

随掘地震探测结果为巷道掘进工作面前方的实时构造成像,利用此结果可为掘进地质建模提供超前构造地质信息,也可为掘进地质预报提供地质数据依据,实现数据驱动的实时动态地质建模及构造预报。

19.3.2 随采地震探测

与前述随掘地震原理类似,采煤机在采煤过程中,截齿截割煤壁时也会激发出地震波信号。信号以采煤机截齿与煤壁接触位置为中心,向四周传播。在工作面超前方向两巷道煤壁上安装检波器,接收随采产生的地震波,若工作面内存在影响地震波传播的地质异常体,则检波器接收到的波形信号将发生改变。通过专用数据处理软件自动处理信号,可精确解释地质异常体的位置及范围信息,并可通过先进的处理和成像手段,对异常体采用层析成像法进行实时成像。针对矩形探测区域,利用矩形小网格进行离散,此时射线走时为

$$t_j = t_{j0} + \sum_{q=1}^{N} s_q l_{jq} \qquad (19\text{-}3)$$

式中,l_{jq} 为 j 射线落在第 q 个网格范围内的长度;s_q 为第 q 个网格的慢度;t_{j0} 为 j 射线的发震时刻;N 为网格总数。

同理 u 射线走时为

$$t_u = t_{u0} + \sum_{q=1}^{N} s_q l_{uq} \qquad (19\text{-}4)$$

针对同一炮集的不同射线,$t_{j0} = t_{u0}$,j 和 u 射线走时作差为

$$\Delta t_{ju} = t_j - t_u = \sum_{q=1}^{N} [s_q \cdot (l_{jq} - l_{uq})] \qquad (19\text{-}5)$$

当存在 M 条射线时,可表示为

$$\Delta l \cdot s = \Delta t \qquad (19\text{-}6)$$

当同时反演多个震源时

$$\Delta l^n \cdot s = \Delta t^n \quad (n = 1, 2, \cdots, K) \qquad (19\text{-}7)$$

式中,K 为相关得到的互相关炮集数;n 为互相关震源数。

与槽波地震相比,可避免使用炸药震源,方便在高瓦斯矿井应用;实现对工作面采煤全周期的动态监测,能够对采动影响下工作面内隐蔽地质构造和应力异常进行动态监测成像(图19-5)。

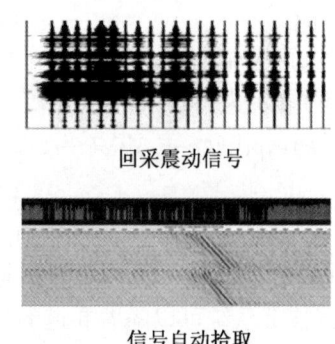

回采震动信号

信号自动拾取

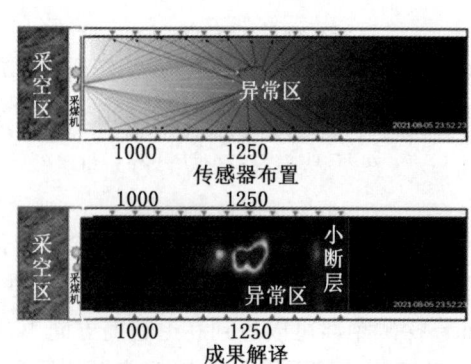

传感器布置

成果解译

图 19-5 随采地震探测技术

19.4 基于透明地质的水害防治

常规物探探查、钻探验证、井上下联合治理的方式基本保证了带压开采。但由于技术与装备水平参差不齐，技术方案因人而变，对导水构造的形态、富水性探查不够精确，存在点线面体不连贯、数据信息不透明的问题；治理工程实施过程中，对治理效果的评价缺乏有效的检测手段，存在差异大、浪费多、局部区域效果差的问题；回采过程中，对底板隔水层富水情况的监测不足，与采掘动态的适应性不够，决策判断不及时，智能化程度不够。地质保障系统的建设，新的物探方法的使用，为水害防治提供了新的思路。基于透明地质系统，通过动态更新地质模型，精准预测采掘前方煤层起伏形态和厚度变化指导采掘工作，同时，接入采前探测成果和采中监测数据，对矿井采掘过程中可能存在的断层、隐伏构造、富水异常体等做出预判，配合治理工程，保障安全生产。

19.4.1 透明地质模型构建

应用大量地质、水文地质数据建立在水文地质模型（图 19-6、图 19-7、图 19-8），形成了"物探钻探探查、井上下联合注浆治理、孔中瞬变电磁精细探查、注浆效果孔间电阻率检测、煤层底板微震电法联合监测"的智能水害防治技术思路。

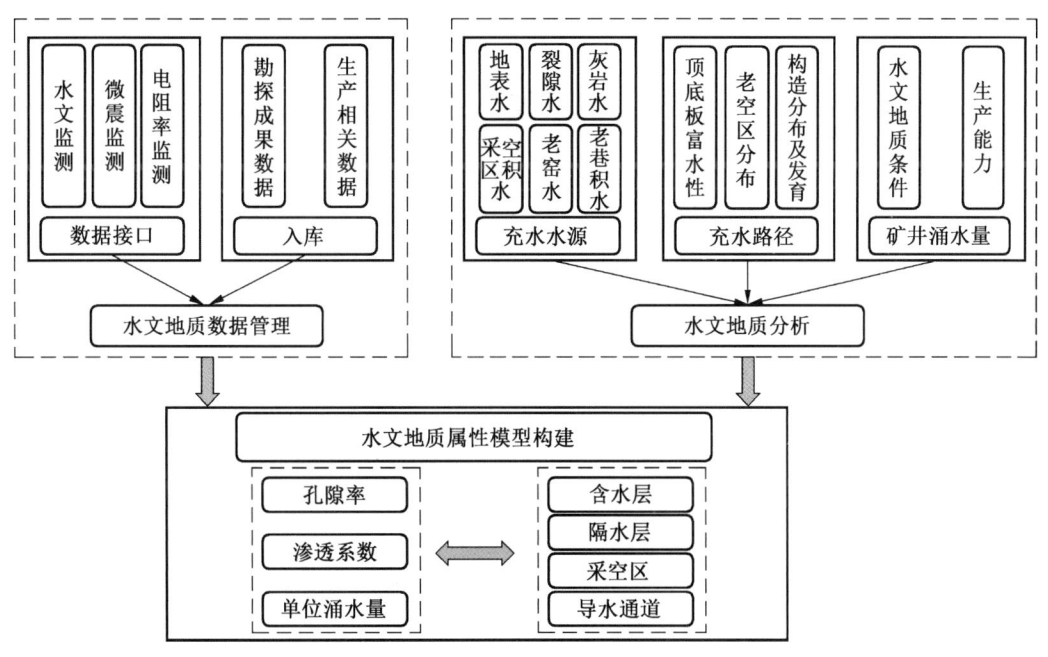

图 19-6 水文地质属性模型构建

基于水文勘探和监测数据，详细分析矿区水文地质条件，包括充水水源、充水路径以及矿井涌水量等，结合孔隙率、渗透系数和单位涌水量，构建水文地质属性模型，通过含水层、隔水层、采空区以及其他水文地质要素的模型表达，通过融合各类静态数据、动态数据、实时数据，完成断层、破碎带、含水层、低阻异常区等充水因素的数字建模，使各类地质体、钻探物探数据可视化、透明化，以此为依托，建立了一套基于透明地质的奥灰

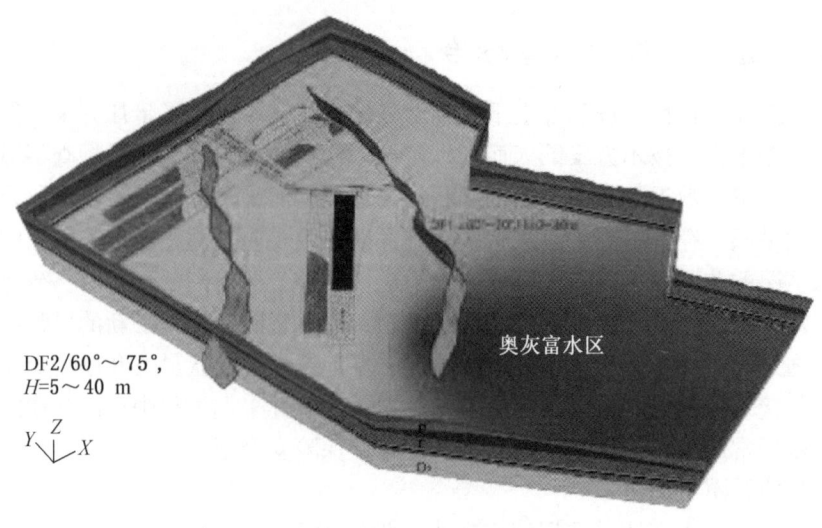

图 19-7　矿井水文地质模型

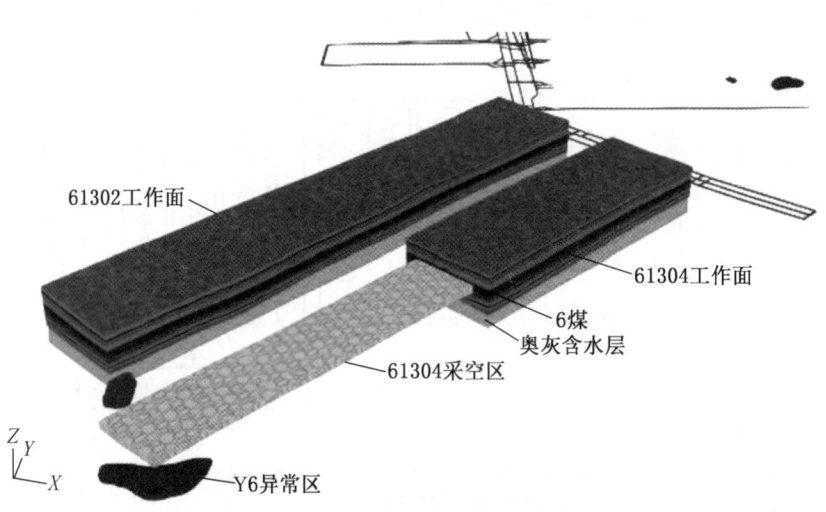

图 19-8　工作面水文地质模型

水害全时空防控体系，实现了带压开采条件下奥灰水害的精细探查、靶向治理、效果检测和回采监测，取得了良好的应用效果。

19.4.2　智能水害防治

应用动态监测数据、地质水文分析、大数据分析等技术，打通数据孤岛，进一步挖掘数据的潜在价值。对于采动前方的预警，应参考随采地震探测数据，若发现地质异常，则实施钻探工程进行验证、治理。对于采动区域的预警，应从充水水源和充水通道两个重点出发，利用突水系数法反算煤层有效隔水层厚度，建立数字模型；动态收集微震事件空间位置、采动前方探测情况，低阻区域变化情况；结合水文观测数据，总结水位变化规律。若出现微震事件突破最低界面、低阻区域变化明显、奥灰水位波动异常时，即形成奥灰突水条件。通过微震事件判断出水可能的范围，低阻区域变化判断出水可能的时间，水位变化判断出水可能的规模,并协同决策系统,模拟生成最快避灾路线,是实现水害预警的一种思路。

井上下联合治理-重点区域精细探测-注浆效果检测-回采监测-预报预警的奥灰水防治模式,通过地质保障系统的构建,实现了防治水全过程的精准、可视。先进物探设备的使用,实现了物探数据实时上传、物探成果实时显示,提高了防治水的时效性。孔中瞬变电磁的使用,使探测装备能够直接抵近目标区域,避免了巷道异物影响,扩大了探测范围,提高了探测精度,一孔多用,实现了重点区域的精准钻探、物探联合探查。孔间电阻率完成了对治理区域的注浆效果动态检测和采动区域地下水体运移状态的实时监测。微震监测对采动过程中顶底板应力异常和破碎情况进行监测。预警平台的建设主要为单源数据异常的分析预警,对于静态数据和动态数据的融合尚有不足。提出了从水源和通道两方面出发,合理利用智能地质保障系统和先进物探技术,通过监测地下水运移、构造发育、扰动破坏等充水因素,实现智能水害预测预报(图19-9)。

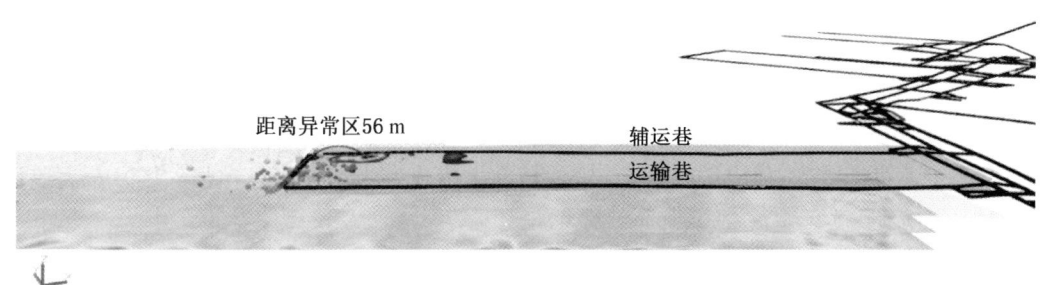

图 19-9 预测预报三维视图

20 基于时空地理信息系统的工作面智能化开采技术

20.1 受限空间高精度定位及导航技术与装备

煤矿井下主要的生产、活动场所均为深地受限空间，常见的全球定位系统等定位和导航手段均无法使用，国内外矿山受限空间定位及导航技术主要包括：

（1）煤矿综采工作面采煤机机身的红外对射识别支架号，只能识别采煤机在某架附近，且经常会跳架，定位精度一个架间距（一般是 1.75 m，取决于支架规格）。

（2）煤矿基于综采工作面采煤机驱动轴的编码器定位，只能识别采煤机在刮板输送机上的一维位置，定位精度米级。

（3）基于 UWB 的精确定位技术，适用于井下大巷等全矿井的精确人员定位，在工作面主要用于人员和支架动作闭锁场景，定位精度米级或亚米级，而且在强磁场、金属遮挡时候误差影响大。

（4）基于激光雷达获取井下巷道三维点云信息后，通过 SLAM 进行点云配准、特征提取、点云滤波、孔洞修复、点云精简等点云预处理可以得到用于表达巷道轮廓的管状特征点云。三维激光点云技术可应用于矿井大巷建模，在工作面生产环境下无法使用，且点云数据量大，数据需要后处理，定位精度分米厘米级。

（5）基于惯导和编码器的组合导航定位技术，能实现高精度导航定位，但是长航时运行后惯导漂移会导致大地坐标定位误差越来越大，定位精度亚分米级。

（6）工作面全自动全站仪的导航定位技术，能实现高精度导航定位，定位精度厘米毫米级，但是需要人工找平和干预且至少两个后视控制点，无法无人值守自动运行。

（7）基于陀螺仪高精度寻北的陀螺全站仪能够自主定向，只需要一个控制点，减少了对外部控制依赖，定位精度毫米级。

为了满足智能开采对大地坐标导航定位精度的要求，工作面基于惯导和编码器的组合导航定位+全自动陀螺全站仪高精度定位是矿山受限空间高精度定位及导航的必然趋势。

20.2 煤矿时空 GIS 协同一张图技术

矿山开采是采掘活动在三维空间及时间维度上不断发生变化的过程，从地质勘探到建井、掘进和回采，随着已知数据不断增多，其空间形态和属性伴随着一个由"黑色"、"深灰"变为"浅灰"，无限接近直至达到"白色"的过程，因此，实现智能开采的前提是建立多专业协同、动态变化的矿山时空数据模型（图20-1）。煤矿时空地理信息系统平台在二维 (x,y) 或三维空间 (x,y,z) 的基础上加入了时间维度 t，从而能够表达地理现象时间特征的 GIS 系统，能够跟踪和分析随时间变化的空间、非空间信息，在统一地

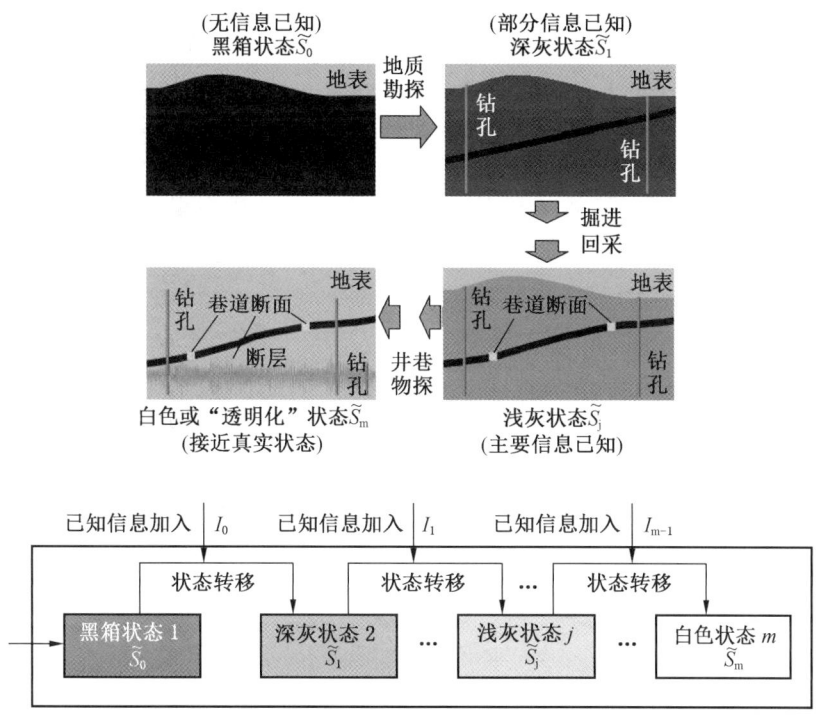

图 20-1 煤矿时空 GIS 数据模型

理信息平台规范基础上,将煤矿生产过程流程化、标准化、协同化,实现"采、掘、机、运、通"和"水、火、瓦斯、矿压"等业务全过程一体化管控,同时可以全面整合三维数字高程模型、建筑模型、地质模型、巷道模型、设备模型和开采环境模型等,并在生产过程中实时更新、动态修正形成 GIS 时空模型,实现对矿山时空信息的实时、共享、协同和可视化处理,是实现智能化矿山建设必须解决的基础关键技术之一。

面向智能开采的煤矿 GIS 时空数据库需要兼顾开采全过程要素的空间、时间、专题属性三方面特征(图 20-2),能够表达和存储要素状态和变化过程。传统矿山 GIS 主要用于管理空间数据及描述空间关系,表达的是某一时刻的空间形态,是矿山数据模型"由灰变白"过程的某一个快照。空间和时间是研究智能开采过程两个密不可分的内容,空间数据是在某一时刻或某一时间段测量或采集得到的。传统开采模式,在对实时性、自适应性要求不高的情况下,一般会忽略空间数据时间维度信息。在矿井日常生产应用中,技术人员会要求尽可能使用"最新"数据,但其本质上仍是一种"静态"数据。由于智能开采具有自动化、协同化、在线化的特点,要求作为基础支撑的空间数据能够"动态"变化、"实时"更新,同时通过空间、时间关联接入开采环节相关的各类专题属性数据,包括实时数据、历史数据等。

煤矿时空 GIS 协同一张图平台面向时空数据管理需求,提供对时态数据融合的支持,提供强大的可视化、空间数据管理、地质建模、空间分析、时态版本、历史回溯、空间信息集成、发布与共享等能力,提供空间数据采集、存储、管理、分析、处理、制图与可视化功能,是智能化煤矿建设的重要技术中台,可基于"一张图"模式实现各类业务数据与基础地理数据的叠加集成、汇交更新(图 20-3),为智能化矿山、智能开采提供时空数

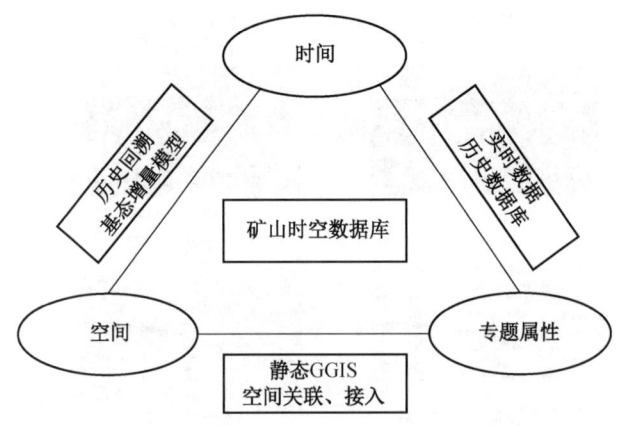

图 20-2 煤矿 GIS 时空数据库构成体系

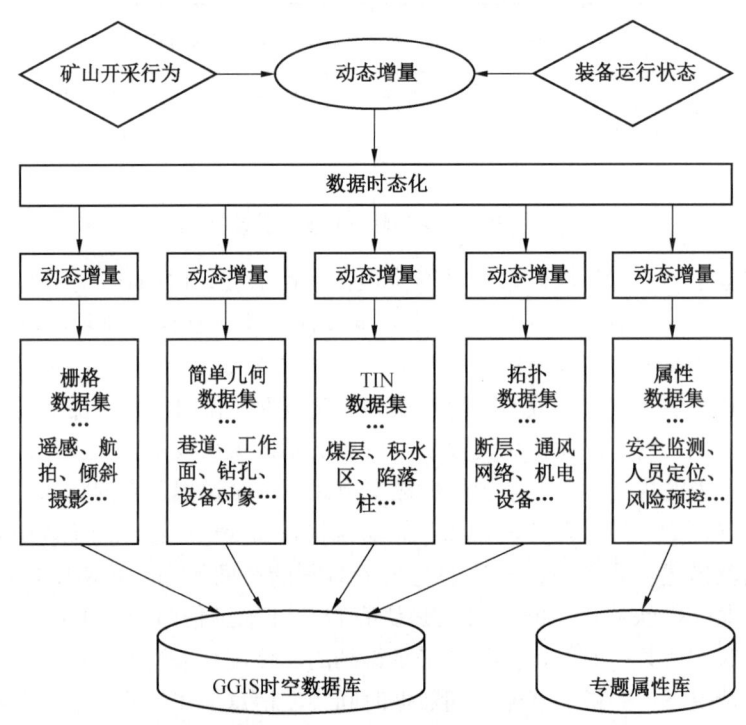

图 20-3 煤矿 GIS 时空数据协同处理数据模型

据管理、高精度地质建模、多业务数据融合等关键支撑。

面对智能开采对各类过程要素的实时性、协同性要求，时空 GIS 协同一张图"版本-增量"时空数据模型可以继承空间数据库海量存储、高并发访问的优势，快速进行空间数据的综合分析和应用。根据不同的图件类型，提取相应的空间数据，叠加组合生成所需要的图件。如可以提取巷道及其注记数据、勘探线、钻孔等数据，叠加组合后生成特定比例尺的专题图形，或者通过比例尺变换，自动生成所需要的各种常用比例尺的采掘工程平面图。同时，由于增量模型本身具有数据小、处理速度快的特点，对空间数据的编辑、修改等控制操作可以精确到每一个空间实体，从而可以实现多用户的并发编辑，消除了数据冗余、大大提高工作效率，实现智能开采环境下各类空间数据、属性数据的高性能协同化处理时空一体化存储，生成了矿山"开采前、开采中、开采后"的时空演化过程（图20-4），基于过去设计生产，基于现在预测未来，基于预测指导生产，实现自适应的智能矿山开采。

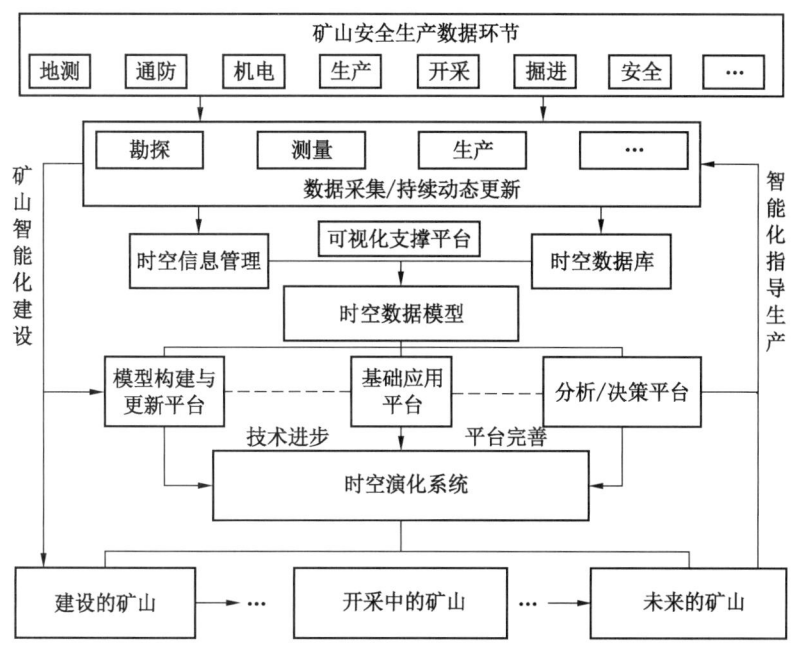

图20-4 智能矿山时空演化过程

煤矿时空GIS协同一张图平台是C/S、B/S混合模式的分布式体系架构系统，可以支持桌面端、Web端、移动端等多端GIS数据处理及应用，由GIS服务子系统、GIS图形平台子系统、地测协同管理子系统、通防协同管理子系统、采掘辅助设计协同管理子系统、供电设计协同管理子系统等一系列子系统构成，具有类似传统图形软件的大量图形编辑功能，以及地质、测量、防治水、通防、机电、生产设计等各类专业辅助功能，最终完成"一张图"协同的目的，GIS协同管理模式如图20-5所示。

煤矿时空GIS协同一张图平台一方面提供基础的一张图协同数据获取、数据提交、版本查询及回溯、协同数据管理等功能；另一方面基础平台也是各个业务系统的支撑，提供所有图形、属性数据的统一存储，以及专业应用的图形交互及操作环境。

同时，基于煤矿时空GIS协同一张图成果，可以将煤矿"采、掘、机、运、通"等主要生产系统以及井下环境安全、人员定位等实时系统进行融合，形成全面感知、实时互联、分析决策、自主学习、动态预测、协同控制的安全生产智能化管控平台，对井上下海量多源异构数据可视化展示、分析、挖掘和利用，实现矿井多部门、多专业、多管理层面的数据集中应用、交互共享和决策支持，实现各主要业务系统的智能操控与协同联动控制，服务于智能综采、综掘、通风、提升、运输等业务部门，为企业领导层正确决策提供科学依据，使领导和管理部门能够及时、全面、准确地掌握情况，实现对"地域、业务"的全覆盖，提升煤矿安全生产管理水平。

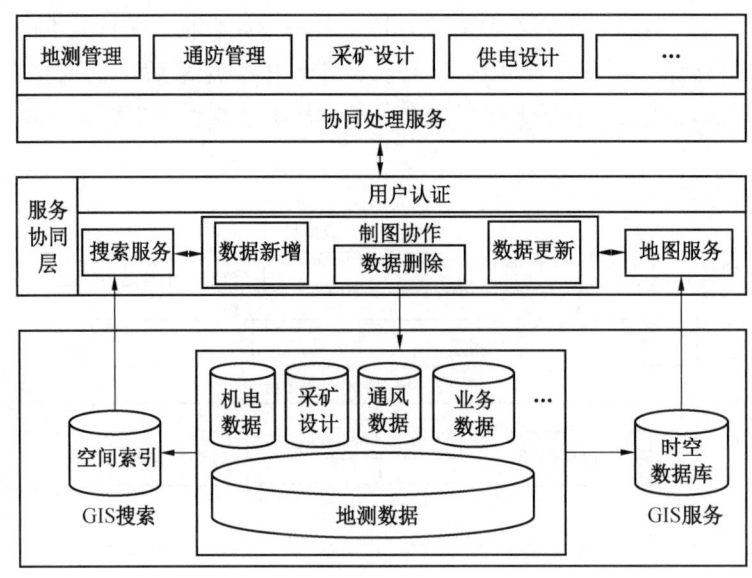

图 20-5　GIS 协同管理模式

20.3　煤矿时空 GIS 透明化矿山技术

煤矿时空 GIS 透明化矿山平台面向矿山透明化、智能化需求，基于时空 GIS 平台全面整合数字地面模型、三维地质模型、三维设备模型、三维环境模型等，融合设备位置和姿态、环境状态等实时数据，在生产过程中实时更新、修正形成煤矿动态四维模型，实现地质信息、工程信息、设备信息的有效融合及高精度建模，形成高精度、透明化数字孪生矿山，为智能化矿山应用提供二、三维一体化的位置服务、协同设计服务、组态化服务、三维可视化仿真模拟、矿山工程及设备的全生命周期管理等服务，涉及技术包括：

（1）二、三维一体化。二、三维时空数据库无缝集成，能够自动创建和更新巷道、煤层、断层、陷落柱及瓦斯和水等三维模型，实现三维地理信息数据及模型的快速创建和自动更新。

（2）高精度地质模型及动态修正。采用 TIN、ARTP 等建模技术，实现复杂地质构造、陷落柱等三维模型的交互式和全自动生成，以及巷道、地层等宏观模型与机电设备等局部精细化模型的无缝集成。

（3）支持数字孪生矿山管控应用。基于 GIS+BIM 技术和统一的大地坐标系，实现地质模型、设备模型、开采环境与机电设备控制之间的拓扑和逻辑关系的一体化集成，为智能化控制提供可视化地理环境。

（4）智能化煤矿数据和业务标准。建立了时空地理信息系统统一标准化、协同化工作体系，将安全生产过程流程化、标准化、协同化，为各业务系统提供统一的地理信息服务，实现基于地理信息系统的"采、掘、机、运、通"等安全生产全过程的一体化管理。

基于煤矿时空 GIS 透明化矿山平台，建立可动态生成、更新的煤矿三维地质模型、巷道模型和机电设备模型、开采环境模型及矿井采、掘、机、运、通各专业子系统仿真模拟系统，实现多部门、多专业、多层面空间业务数据、机电设备运行状态实时数据的集成与可视化展示，构建真实地理空间、高精度、透明化的矿山数字化场景及应用环境，并集成安全监测、人员定位、视频监控、供电、排水、通风、压风、皮带运输、工作面系统等实时工况数据，实现数据的实时共享与更新，与空间物理状态保持一致，形成高精度、透明化的智能化工作面，进而为智能开采、智慧矿山建设提供支撑。

煤矿时空 GIS 透明化矿山平台基于统一地理坐标系统建立高精度地质模型、精细化设备模型，以及设备模型与开采环境的耦合，构建透明化、三维形态的智能化管控场景。结合煤矿安全生产管理及智能化开采的需求，透明化矿山智能管控平台采用三层系统技术架构设计，包括底层三维引擎层、透明化智能煤矿平台层、智能煤矿生产操作层。透明化矿山智能管控平台架构如图 20-6 所示。

第一层为底层引擎层：底层引擎是整个透明化三维地理信息系统平台的基础，它包括启动控制核心、专业领域对象扩展模块、网络行为处理模块、系统环境控制模块、脚本语言、角色控制模块、后期处理特效模块、三维音源系统、AI 与寻路系统、性能分析模块、地形系统、材质系统、装备载具控制模块、点线面基础数据模型、操作系统 SDK、GUI 驱动系统、粒子系统、物理仿真系统和植被系统等。

第二层为透明化智能煤矿平台层，是在三维引擎之上开发的算法处理层，包括以下 5 部分内容：

（1）数据建模：高精度矿区地质模型、高精度工作面地质模型、关键场所机电设备模型、巷道采空区积水区等模型、地表和地表工业广场模型。

（2）数据存储：分布式文件存储、生产业务数据库存储、地测模型数据存储、综合自动化实时数据存储和时空数据高性能检索。

（3）数据可视化：井上下基础漫游、UI 界面、三维空间查询、三维空间量测、历史数据回溯与三维数据更新。

（4）空间分析：三维通风实时解算、三维避灾路线生成、三维缓冲区分析与预警、监测设备布置与数据绑定、设备效能分析。

（5）专业应用：三维地质剖切、三维储量计算、监测数据可视化、工业视频集成和应急救援辅助决策等。

第三层为智能煤矿生产系统层，包括工作面安全智能开采和培训考核系统两个部分。工作面安全智能开采的系统中，采煤机和液压支架的精确定位技术、三维工作面设备模型建模技术、三维高精度工作面生成技术、三维角色动作技术构成了系统的客户端，根据设备业务逻辑和安全生产规程，对智能开采的截割控制模板进行后端的计算和自动生成构成了系统的服务端。通过控制井下设备信号开展割煤工作，并得到煤岩层等技术识别的最新地质数据，将最新数据反馈给透明工作面系统，从而形成一个自适应的智能开采流程。在培训考核系统中，则重点应用了多人协同逻辑和设备交互逻辑，对多角色操控设备的过程进行判断，最终实现了基于虚拟现实的煤矿安全生产培训考核功能。

透明化矿山智能管控平台通过二、三维一体化机制及分布式协同、时态 GIS、3DGIS+BIM 等技术，建立可动态生成、更新的煤矿三维地质模型、巷道模型和机电设备模型、开采环境模型及矿井采、掘、机、运、通各专业子系统仿真模拟系统，实现多部门、多专业、多层面空间业务数据、机电设备运行状态实时数据的集成与可视化展示，构建真实地理空间、高精度、透明化的矿山数字化场景及应用环境，并集成安全监测、人员定位、视频监控、供电、排水、通风、压风、输送带运输、工作面系统等实时工况数据，为智能开

图 20-6 透明化矿山智能管控平台架构

采、智慧矿山建设提供支撑。

20.4 煤矿时空 GIS 智能管控平台技术

智能化矿山管控平台技术是智能化矿山建设的核心之一，其平台也是国家能源局和各省市智能化煤矿验收的主要内容。煤矿安全生产相关的各类数据天然具有地理空间上的关联，需要实现统一标准、统一平台、统一管理和共享应用。通过煤矿时空 GIS 平台，可以采集、汇聚基础地质测量数据、安全监测、人员定位及生产业务数据，实时更新到"一张图时空数据库"，并以实时消息服务、GIS 地图服务的方式为面向智能化管控的 GIS 组态控制、透明化工作面控制、安全生产管控等应用提供支撑。煤矿时空 GIS 平台将整个矿井的地形、采掘、地质、机电、通风、安全、运输、安全数据，与生产技术管理中的地测、设计、调度、掘进、回采、运输、物资、培训等业务系统叠加，共同构建一个统一的多维信息共享平台，实现对煤矿安全生产运营情况"看得见、管得了、控得住"和"一盘棋、一张网、一张图、一个库"的高科技矿山的管理，为智能化开采提供"实时、动态、全面"的全域信息支撑体系。

煤矿时空 GIS 智能管控平台是指以分布式协同 GIS "一张图"为纽带，高度集成矿山安全、生产、生产辅助、工业视频、网络通信、经营管理等管理信息化、综合自动化和智能化分析数据，实现生产安全可视可控、实时监测、定位追溯、调度指挥、预警报警、趋势研判、安全防范、决策支持、协同控制等功能，实现智能化矿山"分析在线化，控制协同化"的管理模式创新。基于煤矿时空 GIS 的智能矿山架构如图 20-7 所示。

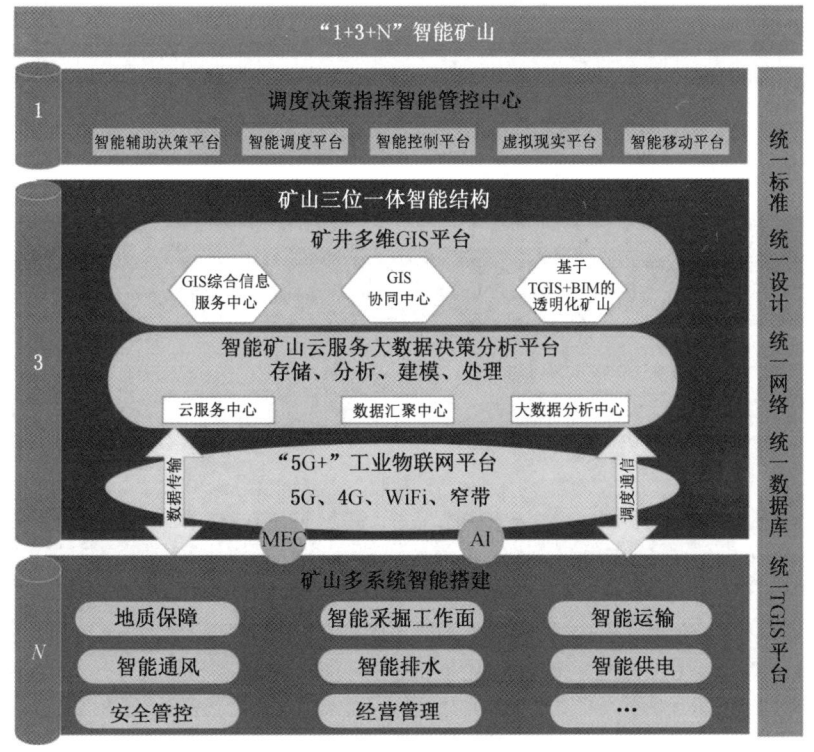

图 20-7　基于煤矿时空 GIS 的智能矿山架构

煤矿时空 GIS 智能管控平台建设技术路线如下：

（1）建设智能化矿山标准规范，包括元数据标准规范、设备层标准规范、传输层标准规范、应用层标准规范、煤矿地理信息平台服务接口规范。

（2）构建时态 GIS 的数据处理架构和机制，基于时空 GIS 平台实现多维系统图形联动和地层、巷道、开采环境、机电设备等数据的动态更新及实时展示，具体界面如图 20-8 所示。

图 20-8　透明化矿山管控平台

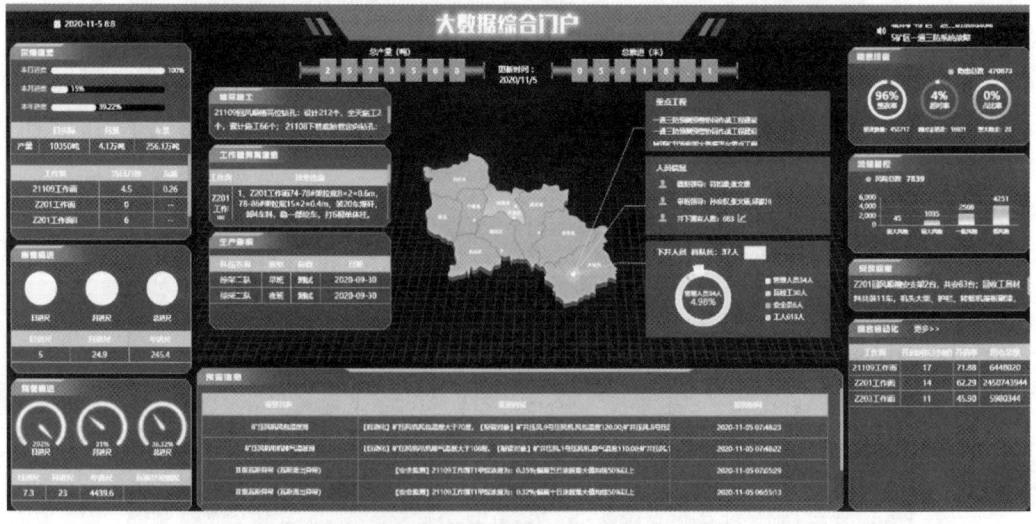

图 20-9　时空 GIS 管控平台综合展示

(3) 建立分布式一张图平台,包括时空数据库与数据引擎、分布式协同数据管理与更新、一张图多维数据服务发布、一张图多维数据服务接口。

(4) 建立煤矿安全生产共享平台,实现全矿井"采、掘、机、运、通""水、火、瓦斯、矿压""人、财、物""产、供、销"等系统的信息融通,建立基于时空 GIS 平台的智能控制中心、智能调度中心、智能联动中心,具体界面如图 20-9、图 20-10 所示。

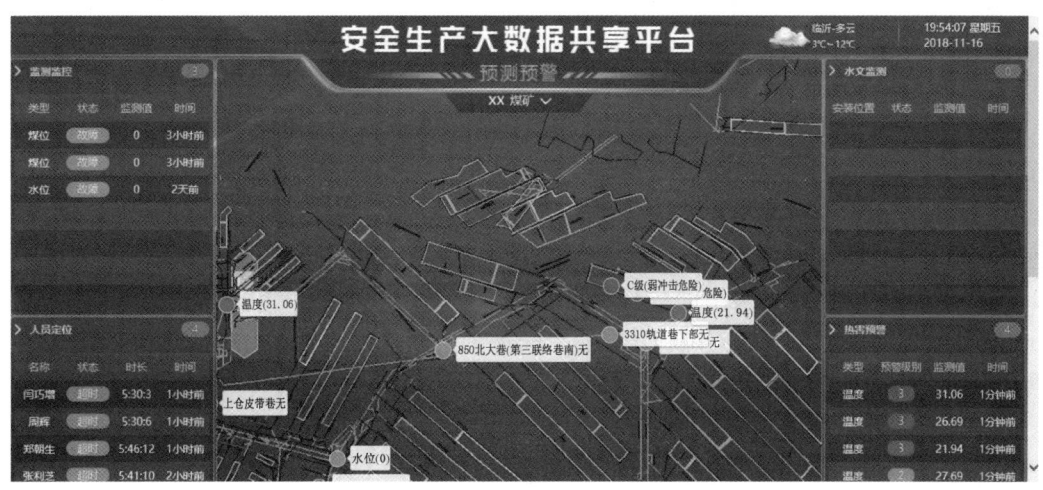

图 20-10 时空 GIS 管控平台预测预警

(5) 基于时空 GIS 平台时空数据库,通过机器学习、深度学习等人工智能算法,建立矿山时空大数据挖掘与智能分析决策、大数据可视化,具体界面如图 20-11 所示。

图 20-11 时空 GIS 管控平台大数据平台

(6) 构建煤矿智能综合自动化系统集成,实现基于时空 GIS 平台的智能化开采系统、主煤流运输系统、主排水系统、电力系统、辅助运输系统、副井提升系统、主通风机系统、环境监测系统、人员精确定位系统等智能化系统管控。

20.5 基于时空地理信息系统的工作面智能化开采技术

基于时空 GIS 的工作面智能开采管控平台以"一张图时空数据库"为核心，以智能化开采运行控制为主线，赋予各类煤矿专题数据以 (x, y, t)、(x, y, z, t) 的表现形式，通过二三维一体化机制及分布式协同、时空 GIS、GIS+BIM 等技术，建立可动态生成、更新的煤矿三维地质模型、巷道模型和机电设备模型、开采环境模型及矿井采、掘、机、运、通各专业子系统仿真模拟系统，实现多部门、多专业、多层面空间业务数据、机电设备运行状态实时数据的集成与可视化展示，构建真实地理空间、高精度、透明化的矿山数字化场景及应用环境，并集成安全监测、人员定位、视频监控、供电、排水、通风、压风、输送带运输、工作面系统等实时工况数据，同时开发、适配各类智能化装备的控制接口，提供实时运行、自适应控制的二维 GIS 组态管控、透明化矿山管控应用系统，实现数据的实时共享与更新，与空间物理状态保持一致，形成高精度、透明化的智能化工作面，将 GIS 应用领域从以往的空间信息管理拓展到了面向智能化矿山的管理和控制。

20.5.1 时空 GIS 工作面管控平台

根据工作面智能化开采需求，时空 GIS 工作面智能管控是在时态地理信息系统平台基础上，建设面向智能化管理和控制的"数据系统"（数据采集与控制）、"服务系统"（实时数据及"一张图"服务）和"控制系统"（智能化装备控制），平台框架如图 20-12 所示。

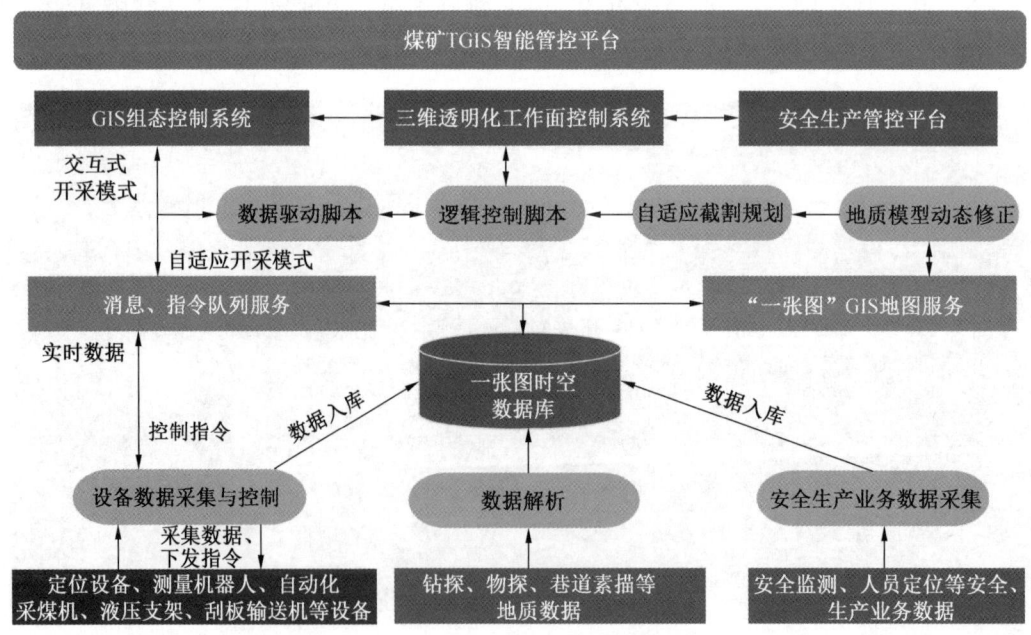

图 20-12 面向煤矿智能管控的时空 GIS 平台框架

1. 煤矿时空地理信息系统平台

煤矿时空地理信息系统平台可兼顾智能化开采全过程要素的空间、时间、专题属性三方面特征,从而能够表达和存储要素状态和变化过程。空间和时间是研究智能开采过程两个密不可分的内容,空间数据是在某一时刻或某一时间段测量或采集得到的。传统开采模式,在对实时性、自适应性要求不高的情况下,一般会忽略空间数据时间维度信息。在矿井日常生产应用中,技术人员会要求尽可能使用"最新"数据,但其本质上仍是一种"静态"数据。由于智能开采具有自动化、协同化、在线化的特点,要求作为基础支撑的空间数据能够"动态"变化、"实时"更新,同时通过空间、时间关联接入开采环节相关的各类专题属性数据,包括实时数据、历史数据等。

2. 数据采集与控制子系统

采集与控制子系统实现管理平台自动化数据和信息化数据的实时采集与控制,自动化数据包括采煤机、液压支架、刮板输送机、工作面其他自动化系统等,以及高精度定位导航、测量机器人、煤岩层识别等智能化工作面辅助设备;信息化系统数据包括地质建模、设备模型(BIM)、安全监控系统、人员定位系统、工业视频系统、安全生产管理系统等。

数据采集与控制系统基于 OPC、Modbus、Socket、Http 等公有通信协议及特定厂家的私有通信协议,开发系统的数据接入与控制模块,实现对自动化系统和信息化系统的数据采集与控制,将采集的自动化系统和信息化系统的数据通过消息队列系统发布出去,供基于时空 GIS 的可视化管控系统和大数据分析联控系统使用。同时,数据采集及控制系统也订阅时空 GIS 可视化管控系统和大数据分析联控系统的指令消息,对各类设备子系统进行集中控制。

采集的设备数据、各类地质数据、安全生产业务数据等统一存储到"一张图"时空数据库。时空数据库是 GIS 空间数据库的扩充和完善,其构建是在传统空间数据库技术的基础上,增加对时态数据融合的支持,实现矿山"开采前、开采中、开采后"整个时空演化过程的全流程管理和存储。

面对智能开采对各类过程要素的实时性、协同性要求,时空数据库"版本-增量"时空数据模型可以继承空间数据库海量存储、高并发访问的优势,快速进行空间数据的综合分析和应用。由于增量模型本身具有数据小、处理速度快的特点,对空间数据的编辑、修改等控制操作可以精确到每一个空间实体,从而可以实现多用户的并发编辑,消除了数据冗余、大大提高工作效率,实现智能开采环境下各类空间数据、属性数据的高性能协同化处理时空一体化存储,生成了矿山"开采前、开采中、开采后"的时空演化过程,基于过去设计生产,基于现在预测未来,基于预测指导生产,实现自适应的智能矿山开采。

3. 工作面实时数据及"一张图"服务子系统

实时数据及"一张图"服务子系统基于一张图时空数据库,提供工作面基础地理空间数据发布及更新服务,并通过对开采实时数据的分析处理,结合工作面透明化地质模型,提供开采区域模型动态更新、实时剖切、采煤截隔线、俯仰采规划线等所有与空间数据相关的应用服务接口,是衔接地质模型空间场景与井下智能开采设备场景的中枢环节,实现了地质模型与开采设备模型的无缝耦合。

实时数据分发与存储系统主要用于将自动化数据利用消息队列方式进行实时发布以及存储,分发及存储。消息队列系统是整个平台数据的神经中枢,对外提供消息队列发布订阅服务,负责平台所有实时数据及消息的发布与订阅,保证各个系统之间消息、数据、指令的即时传输。同时,消息队列系统还为第三方系统提供数据接口服务并归档存储变化的历史数据到数据库系统。数据库系统采用大数据存储系统，实现多源异构的数据归档和存储，供可视化管控系统进行历史数据查询、分析、数据挖掘。

"一张图"数据服务系统提供所有与空间位置相关的基础地理、地质模型、安全生产、业务管理等数据存储和分析应用。针对智能开采的自适应采煤需求，"一张图"GIS服务可利用采煤机上一刀实际截割轨迹（绝对坐标）和采煤机进刀深度，将工作面高精度地质模型剖切出下一刀的煤层顶底板数据，结合采煤机采高和卧底调整量限定，规划下一刀的顶底预测板截割线，发送给采煤机规划截割模块，按照截割线自动割煤。利用安装在煤机机身的高精度惯导生成采煤机当前刀运行轨迹并记录采煤机下一刀运行轨迹，根据刮板实际曲线和目标轮廓直线计算出每台支架的移架行程调整量，并将调整量发给电液控系统，由电液控系统控制单台支架的下一循环推刮板输送机行程，最终达到工作面调直的目的。

4. 智能开采控制子系统

智能开采控制系统采用 GIS 可视化方式，提供二维、三维管控系统。该系统是整个平台所有数据可视化管理和远程控制的自动或人机交互系统，实现矿井信息的融合集成、展示，提供基于地理空间可视化环境的井上下各类系统、设备的远程交互式管理和控制，以及跨系统、数据的大数据联控分析，实现矿井少人或无人工作。

二维、三维可视化管控系统接收服务层发布的实时自动化数据，对智能开采的全过程进行可视化管理和远程控制，其中控制系统可分为自适应控制模式和交互式控制模式。时空 GIS 可视化管控系统提供包括地层、巷道、设备、人员及采掘专题内容等在内的矿井二维及三维地理空间可视化环境，实时获取消息队列系统发布的自动化数据和信息化数据，以 GIS 组态控制、三维透明化场景控制、安全生产管控平台的方式提供管控应用。

22.5.2 工作面精确定位技术

时空 GIS 工作面智能化开采需实时获取采煤机的姿态和位置坐标与三维地质模型耦合，并基于二、三维"一张图"实现采煤机基于地质模型的路径规划和导航定位。综采、综掘工作面场景下主要采用惯导技术定位，如何基于时空信息智能处理平台，建立统一大地坐标系统下受限空间的高精度、长航时的导航定位系统是智能化开采过程中必须解决的问题，其技术框架如图 20-13 所示。

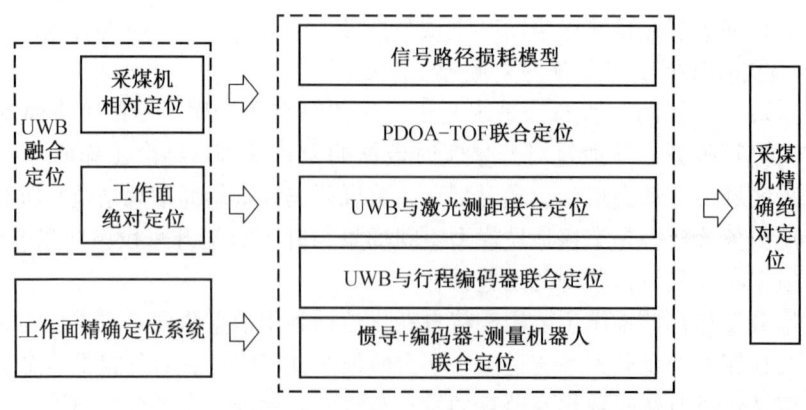

图 20-13　高精度定位与导航技术框架

针对矿山井下 GNSS 导航失效的问题，研究受限空间高精度定位及导航技术：

（1）研究基于测量机器人系统的综采综掘工作面设备精确定位技术，实现综采综掘工作面内大地坐标传导和目标点（固定和移动）三维大地坐标精确测量。

（2）研究基于激光点云的井下高精度地图（SLAM）自动构建与应用技术，包括防爆激光扫描装置研制与开发、稠密三维地图构建方法。

（3）研究基于 UWB、PDR、4G/5G 多数据融合的井下定位导航算法，研究移动端一张图、人员定位、传感器定位、路径规划、人员导航、车辆导航等功能的智能定位导航系统和装置。

为实时获取煤机的姿态和位置坐标，采用满足精度要求的高精度国产捷联式光纤惯性导航系统，实现采煤机在三维空间中的定姿、定位；研发测量机器人应用系统，自动读取工作面巷道导线点绝对大地坐标，自动追踪煤机机身棱镜，动态修正惯导系统的测量误差，并最终形成基于"惯导+编码器+测量机器人系统"组合而成的精确定位导航技术。

光纤惯导提供采煤机实时位置、方位、水平姿态以及水平加速度等信息；高精度编码器提供采煤机里程信息（Lt）；惯导和编码器组合定位系统最终输出采煤机的 (X, Y, Z) 三维坐标、航向角（H）、俯仰角（P）、横滚角（R）。

测量机器人是一种精密定向、定位设备，由陀螺寻北仪和全站仪组成，陀螺寻北仪可自动确定目标相对于北向的精确方位角，全站仪自动测量、自动跟踪测量目标点三维（X, Y, Z）大地坐标。其主要特点是定位精度高、定位速度快、自动化程度高。

测量机器人的测量精度等价于传统地测部门的导线测量精度，在综采工作面理想环境下可以达到毫米级，一般情况下达厘米级，完全满足智能开采工作面的设备定位精度要求。具体技术和工程实践如下：

（1）惯导：安装在采煤机机身并与其刚性连接的合适位置。

（2）编码器：编码器安装在采煤机的行走轮上。

（3）测量机器人安装在矿井综采工作面与控制点棱镜能够通视、相对稳定的机头或者机尾液压支架顶梁上合适位置。

（4）控制点棱镜：控制点棱镜安装在工作面巷道的煤壁上（每间隔 N 米安装一个），且预先通过人工采用导线测量等测量方式确定其大地坐标。

（5）采煤机棱镜：采煤机棱镜安装在采煤机机身靠近测量机器人一侧且和采煤机刚性连接的合适位置。

若测量机器人和采煤机棱镜通视，则追踪锁定采煤机棱镜，测量采煤机的三维大地坐标作为采煤机的定位坐标，并根据该三维大地坐标校正惯导和编码器组合定位系统的三维坐标；若测量机器人和采煤机棱镜无法通视，则通过惯导和编码器组合定位系统测量采煤机的三维大地坐标作为采煤机的定位坐标。这样就实现了惯导、编码器、测量机器人组合导航定位系统给采煤机提供精确大地坐标并实现精确定位的目的，彻底解决了惯导、编码器长航时运行漂移的缺陷。在机头或机尾，如果采用后方距离交会法，测量机器人可无须陀螺寻北仪，直接后视两个巷道控制点测量倾角斜距，通过距离交会算法计算测量机器人设站点坐标。组合精确定位导航系统工作原理示意如图 20-14 所示。

20.5.3 透明化工作面构建技术

透明化工作面是工作面智能化开采的前提和基础，利用 GIS+BIM 技术构建透明化工

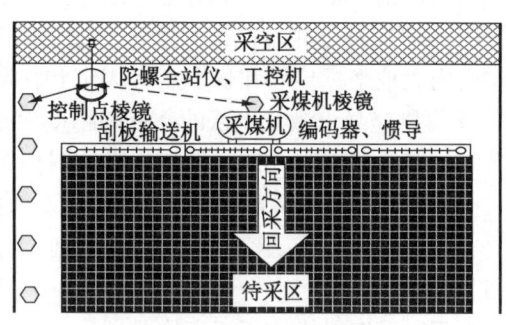

(a) 井下安装和工作原理三维示意图　　(b) 工作原理平面示意图

图 20-14　惯导+编码器+测量机器人的组合精确定位导航系统工作原理示意图

作面高精度三维地测模型、设备模型和开采环境。通过当前回采工作面及周边一定范围内的钻探、物探、巷道素描等煤层和构造数据构建初始高精度三维地质模型；设计机电设备和开采环境模型的技术规范、编码标准和数据交换标准，在同一体系框架下实现井下机电设备精细模型、工作面采掘工程精细场景模型等各类模型的构建；将三维模型与井下设备监测监控信息相关联、融合设备位置和姿态、环境状态等实时数据，实现数据的实时共享与更新，与空间物理状态保持一致，形成高精度、透明化、基于统一大地坐标系的综采工作面三维空间系统（图 20-15）。构建透明化工作面涉及 4 方面具体技术。

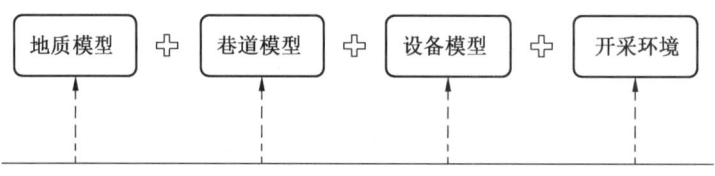

图 20-15　透明化工作面的构建

1. 高精度地质体建模

采集矿井所能提供的综采工作面外扩多边形范围内所有能控制煤层和构造三维形态的相关数据，如地面勘探钻孔、井下钻孔、巷道素描图、勘探线和预想剖面图、三维地震等通过钻探或物探手段获取的煤层顶底板数据、煤厚数据和构造数据；在数据采集过程中，尽量高密度采集煤层特征点（如拐点）数据，以提高工作面煤层三维地质模型的精度；煤层特征点指能够控制煤层形态的特殊点，如起伏时最高点和最低点，若以剖面线表达煤层起伏状态，可将剖面线的拐点称为特征点，如巷道素描图中以 1 m 或 2 m 为间隔距离提取煤层底板数据和煤厚数据。高精度地质体建模主要采用 TIN、ARTP 技术，以自动生成三维模型。

以当前回采工作面边界为基础，向外扩预设距离，绘制一个能包含当前回采工作面和相邻回采工作面，以及尽量包含当前回采工作面周边较多煤层控制数据的规则或不规则多边形；创建回采工作面外扩边界的目的是为了包含当前回采工作面周边更多的煤层和构造控制数据，以保证煤层地质形态的趋势性和煤层地质模型的精度，回采工作面的外扩多边形示意如图20-16所示。

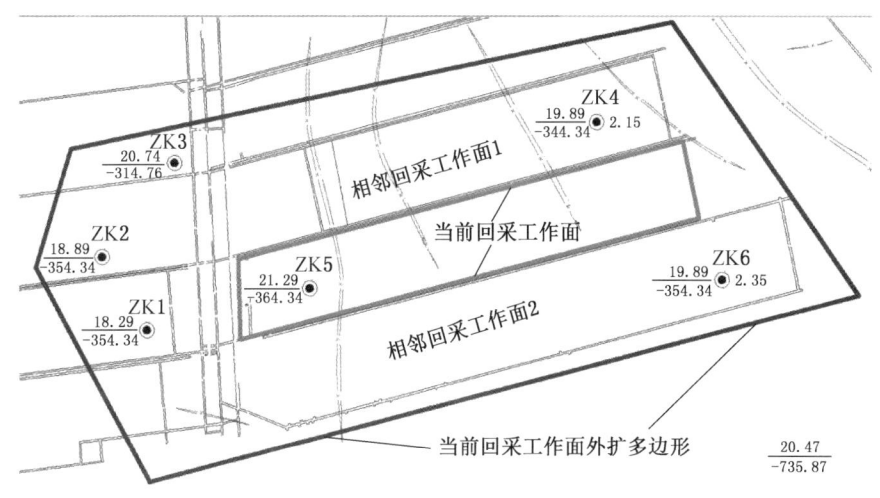

图20-16 回采工作面的外扩多边形示意图

采集矿井所能提供的外扩多边形范围内所有能控制煤层和构造三维形态的相关数据，如：地面勘探钻孔、井下钻孔、巷道素描图、切眼素描图、勘探线和预想剖面图三维地震、地质雷达等通过钻探或物探手段获取的煤层顶底板数据、煤厚数据和构造数据；在数据采集过程中，尽量高密度采集煤层控制点和煤层特征点（如拐点）数据，以提高工作面煤层三维地质模型的精度，煤层控制点指可以控制煤层高低起伏形态和煤层厚度特征的点；煤层特征点指能够控制煤层形态的特殊点，如起伏时最高点和最低点，若以剖面线表达煤层起伏状态，可将剖面线的拐点称为特征点，如巷道素描图中以1 m或2 m为间隔距离提取煤层底板数据和煤厚数据，其中，煤层是有厚度的，煤层顶部称为煤层顶板，煤层底部称为煤层底板，煤层中某一点的煤层底板高程指的是该点的煤层底板的高程（或海拔）。

2. 巷道几何建模

巷道断面形态控制巷道的几何形态，巷道中心线控制巷道的空间位置。算法主要原理是：每条巷道中心线的结点和中间点加载断面，计算出断面上控制点坐标，将这些控制点一一对应连接起来，形成规则巷道的三角面片。

3. 设备建模

设备建模采用BIM模型加PBR（Physically Based Rendering）工作流的方式，BIM保证设备模型准确性，PRB保证设备模型真实的可视化效果。以BIM模型为基础，经过翻模、UV拆分、烘图、绘图几步产生适用于PBR工作流的贴图，最终将模型和贴图导入到平台中进行渲染。

设备BIM模型中包含几何形状信息和属性信息，并以几何形状信息为基础模型进行翻模工作，属性信息如采煤机生产厂家、型号等可直接导入平台使用。翻模是将基础模型同时制作成高精度模型和低精度模型，这里的精度主要是指模型面数的多少。高模一般面数多、结构复杂、细节表现丰富，低模一般面数少、结构相对简单、细节较少。同时制作高模和低模的原因是高低模对烘，将高模烘出的贴图放到低模上，使低模表达更丰富的细节效果。UV拆分是对设备模型进行UV纹理坐标的划分，UV拉伸影响最终展示效果，一般使用均匀平铺UV的方式。烘图是使用设备高模进行AO（Ambient Occlusion）图、法线图、置换图、高度图等的烘焙。绘图为绘制设备的基础颜色图、金属度图、粗糙度图、脏迹贴图等。

4. 脚本描述

脚本描述即用脚本语言对设备进行功能开发。设备模型制作完成后，需要对设备模型进行脚本描述，对模型的动作、模型展现效果等进行定制化功能开发。脚本描述内容多种多样，可以是模型可视化效果的描述，如颜色、粗糙度、反光程度等；可以是模型动作的描述，如采煤机牵引、液压支架升降立柱、刮板链运动等；还可以是模型实时数据的描述，如采煤机左右摇臂实时位置数据、液压支架顶梁俯仰角数据、瓦斯传感器监测数据等；也可以是模型特效的描述，如液压支架喷雾效果、采煤机割煤落煤效果等。下面主要对模型动作的脚本描述进行阐述。

设备动作脚本描述是对设备单个部件动作进行逐级封装，达到局部动作和整体动作都方便调用的目的。局部动作即为设备单个部件或多个部件的运动，如采煤机摇臂升降；整体动作即为整个设备的动作，如采煤机左右牵引等。设备动作描述一般分为设备动作拆解、单个动作描述、组合动作描述3个步骤。

（1）设备动作拆解依据业务层面对设备动作的要求和设备自身机械结构进行动作分解。设备由多个零部件组成，如果按设备自身运动能力拆分将得到成百上千个分解动作，所以实际制作中按业务层面对设备动作需求制作，如变电设备业务层面只需展示液晶面板监测数据和打开前门，则只需要描述模型中液晶面板动作和开前门动作即可。

（2）单个动作描述是对分解动作进行封装、实现。单个动作描述分为数据驱动和仿真模拟两类，类型不同设定的参数不同。一般来讲数据驱动动作参数为部件的最终参数，而仿真模拟动作参数为部件变化特性参数，如变电设备前门开动作采用数据驱动时参数为前门相对设备的旋转角度，而采用仿真模拟时参数为前门开或关的动作及开关门总时间，具体前门角度依据参数自动计算。

（3）组合动作描述在单个动作描述的基础上依据业务需求对多个分解动作进行组合封装、实现。组合动作描述一般涉及设备的多个部件，液压支架升立柱就属于组合动作，涉及立柱、顶梁、掩护梁、前梁杆、后梁杆等多个部件运动。组合动作也可分为数据驱动和仿真模拟两类。数据驱动方式需要组合动作涉及的所有部件运动的数据，而仿真模拟则可只指定最终部件参数，其余部件参数依据物理关系自动插值。

5. 设备模型与场景的耦合

设备模型与场景耦合在于定坐标和定姿态，地质模型由钻孔等数据生成，具有大地坐标，而制作的设备模型没有大地坐标，设备模型和地质模型及场景通过大地坐标进行耦合。

设备模型与场景模型耦合的过程分三步，确定坐标、确定姿态、确定约束关系。坐标可通过惯导、测量机器人等多种测量设备以及控制点坐标计算获得；姿态可通过惯导、角度传感器以及设备设计参数等计算得出；约束关系主要包括设备与设备的约束关系以及设备与场景的约束关系。如通过测量机器人将已知控制点的大地坐标传导给采煤机得到采煤机大地坐标；通过惯导得到采煤机整体的姿态，通过采煤机设计参数得到采煤机零部件相对于整体的姿态，进而得到采煤机零部件在大地坐标系下的姿态；采煤机约束关系包括采煤机需在刮板运输机上运行等与设备之间约束关系以及采煤机滚筒高度需在煤层顶底板线附近等与环境的约束关系。通过上述步骤就可以实现采煤机与具有大地坐标系的三维地质模型的耦合。智能工作面包含地质模型、设备模型以及场景等。

20.5.4 数字孪生智能综采面构建技术

数字孪生是将现有物理对象数字化，在虚拟空间构建可以表征物理对象特征、过程和行为的虚拟数字化表达，通过实测、仿真和数据分析来实时感知、诊断物理对象的工作状态，通过分析和预测来调控物理对象中设备的行为，达到优化物理对象的目的。于时空 GIS 的数字孪生智能综采面集成时态地理信息技术和数字孪生技术，基于物理综采面在虚拟场景中构建与其对应的透明化综采面，通过对地质模型、设备模型实时数据的采集、接入、分析来仿真物理综采面运行工况；通过大数据、人工智能等技术对透明化综采面地质环境、设备状态进行分析预测并将结果反馈给物理综采面，为自适应割煤提供地质保障，达到安全高效开采的目的。

基于时空 GIS 的数字孪生智能工作面包括物理实体综采面、孪生综采面和数据信息交换三部分。物理实体工作面在原有的工作面基础上，增加大量的传感器，记录开采环境和设备运行状态，为数字孪生综采面提供基础的运行数据。如在液压支架上安装角度、长度传感器，获取液压支架的部件的姿态和相对位置；在采煤机上安装惯导设备获取采煤机实时地理坐标等，在井下布设 5G 网络，充分利用 5G 低延时、大传输量的特性，将井下综采面的数据高效的传输到地面；在液压支架上安装测量机器人对采煤机等相关的设备进行位置测量和校正。

数字孪生工作面依据工作面开采条件、工作面设备机体结构和物理属性构建整个工作面的虚拟环境模型，包括工作面高精度地质模型，工作面中采煤机、液压支架、刮板输送机、转载机、破碎机、带式输送机等设备模型。在工作面虚拟环境模型的基础上接入动态更新的地质信息以及实时监测的设备运行信息、安全监测信息、工业视频等数据，依据作业规程模型及生产管理模型，进行回采面采煤流程的仿真。系统结合实际采煤机的截割曲线和煤层地质规律进行后续 10 刀截割线的预测并将预测的截割曲线传递给智能采煤机，为采煤机的自适应割煤提供地质保障。

描述物理综采面、孪生综采面及信息交换三部分关系一般包含 4 个步骤：

（1）基于物理综采面的物理特性和科学知识，在虚拟空间构建综采面面的数字孪生。

（2）通过传感器、控制单元等获取的物理综采面的设备实时运行数据和历史运维数据传输到孪生综采面并进行仿真优化。

（3）在虚拟空间里构建体现真实综采面开采环境的虚拟环境，将数字孪生综采面在虚拟环境里仿真，模拟物理综采面实体在真实环境里运行的状态。

（4）对模拟仿真的结果进行分析，生成有价值的信息，反馈给物理综采面实体，优化物理综采面实体的生产过程和运行维护等。

依据物理实体综采面面、孪生综采面及数据信息交换三部分的功能及三者之间的关系，设计了数字孪生智能综采面技术路线（图20-17）。

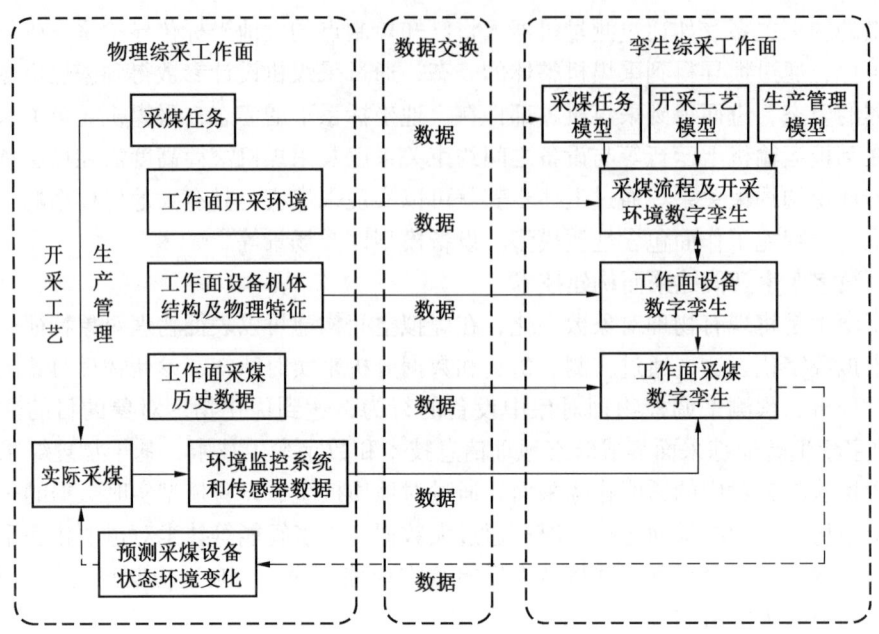

图 20-17 数字孪生智能综采工作面构建技术路线图

（1）物理空间实际割煤。物理空间中有工作面实际开采环境，包括顶底板岩性、断层、瓦斯赋存情况等，还有放置在工作面中设备，包括采煤机、液压支架、刮板输送机等，每一个设备存在其物理特性和机体结构。下达采煤任务后，依据开采工艺和生产管理方案进行实际的采煤，开采过程中有环境监控系统及传感器产生的大量数据。

（2）通过数据交换部分将采煤任务、工作面开采环境、工作面设备机体结构及物理特性、工作面采煤历史数据、环境监控系统及传感器数据传递给到虚拟空间。

（3）在虚拟空间中建立透明化综采工作面模型、采煤任务模型、开采工艺模型、生产管理模型以构建采煤流程及开采环境数字孪生。依据工作面设备机体结构及物理特性构建工作面设备数字孪生，两个数字孪生体之间相互共享数据并结合综采工作面采煤历史数据构建综采工作面采煤数字孪生。综采工作面采煤数字孪生结合实时环境监控系统和传感器数据可预测后续采煤过程中设备状态和开采环境的变化并将预测信息返回物理综采工作面指导生产。

依据数字孪生智能综采工作面技术体系及技术原理，在物理智能综采工作面中安装大量传感器，获取设备实时运行数据和环境监测数据，通过 SCADA 系统与数字孪生智能综采工作面软件系统进行数据信息的交互，通过监测、仿真物理综采工作面运行工况，动态的修正地质模型，预测未来 N 刀截割曲线，反馈给采煤机，指导采煤机自动调整空间姿态，实现自适应割煤。

20.5.5　透明化工作面动态修正技术

记忆割煤是通过记住上一刀的采煤机运行数据来约束当前刀的采煤机的运行，若当前刀的煤层空间形态与上一刀相比发生变化时，需要人工手动调整进行更新记忆，缺乏在当前回采工作面对采煤机前方煤层空间形态的预测；而基于虚拟轨迹控制的采煤机自适应截割方法是利用当前回采工作面的煤层顶底板线来约束采煤机运行路径,该方法只是考虑了当前回采工作面煤层顶底板线对采煤机运行路径的约束,未考虑上一刀割煤顶部实际截割线与当前回采工作面煤层顶底板线的关系,也未考虑根据基于最新生产信息动态修正得到的煤层高精度三维动态地质模型生成的未来 N 刀的煤层空间形态的变化,使得当前智能割煤技术的实用性受限很大的影响。

因此,在智能开采实用化上要实现未来 N 刀割煤的自适应截割,必须将未来 N 刀的煤层空间起伏形态"透明化",必须以统一坐标系下的回采工作面高精度三维动态地质模型为基础,获取当前回采位置未来 N 刀的煤层空间高精度三维地质模型和基于惯导定位技术与采煤机姿态计算获取的上一刀割煤实际顶底板线空间坐标,再结合采煤机前后滚筒调整量、采煤机滚筒截割深度、刮板输送机垂直弯曲角度、工作面最大采高和最小采高等机械设备和采煤工艺的约束条件,自动计算出未来 N 刀的截割面采煤机前后滚筒的调整量。将每刀的采煤机前后滚筒调整量通过采煤机 GMP(地质模型接口协议)模块派发给采煤机,约束采煤机在割煤过程中动态的修正采煤机前后滚筒调整量,实现采煤机的自适应割煤。

回采工作面高精度透明化三维动态地质模型必须满足智能开采对地质条件的时空需求,一方面要确保回采工作面前方未采区域一定范围内煤层地质条件的"透明化",为生成相对精准的预想截割线提供数据支持,另一方面要在采煤机完成一定回采距离或在检修班时,结合煤岩层位识别及检修班人工测量新获取的煤层和构造及分析成果数据,快速完成回采工作面煤层高精度三维地质模型的动态修正,以反应煤层在三维空间的最新变化,为生产班的自主割煤服务。

基于回采工作面高精度三维动态地质模型、采煤机前后滚筒调整量、采煤机滚筒截割深度、刮板输送机垂直弯曲角度、工作面最大采高和最小采高等机械设备和采煤工艺的约束条件,自动计算采煤未来 N 刀的预测截割线和俯仰采基线,将未来 N 刀计算的采煤机前后滚筒调整量派发给采煤机,在采煤割煤过程中不断修正采煤机的前后滚筒截割高程,约束采煤机实现未来 N 刀的自适应割煤。

由于透明化综采工作面中的设备模型是根据设计图形按 1:1 的比例建模而成,所以其模型精度能够得到保障,只是模型的空间位置和姿态会随着工作面的回采发生变化。模型位置和姿态的变化可以根据传感器感知、精确测量等技术手段得到的结果加以移动实现,其空间形态和位置属于完全已知,属于透明的范畴。下面主要介绍透明化三维地质模型的动态修正。

就勘测技术和成本预算而言,一次性实现整个综采工作面煤层空间形态和属性的完全已知和透明既不现实,也没有必要,只要动态确保工作面煤壁附近的信息尽量已知和透明即可,即煤层的空间形态和属性伴随着一个局部修正和精度不断提高的透明化过程。

透明化三维地质模型必须满足智能开采对地质条件的时空需求,一方面要确保回采工作面前方煤壁附近未采区域一定范围内煤层地质条件的"透明化",生成透明化的三维地质模型,为生成相对精准的预想截割线提供数据支持,另一方面要在采煤机完成一定回采距离或在检修班时,结合煤岩层位识别及检修班人工测量新获取的煤层和构造及分析成果数据,快速完成回采工作面煤层高精度三维地质模型的动态修正,以反应煤层在三维空间的最新变化,为生产班的自适应割煤服务。

透明化工作面地质模型动态修正具体流程如下：

（1）以煤矿时空 GIS 平台为基础，通过多种数据类型的存储或导入、拓扑关系分析、空间数据插值、平剖对应、膨胀收索、TIN 模型构建等技术和算法，构建初始三维地质模型。

（2）在已有三维地质模型中融合最新获取的地质数据，通过模型自动重构功能，实现三维地质模型的动态更新。

（3）根据采煤机运行绝对坐标轨迹获取最新的回采截割位置，实现采空区与未采区地质模型及各自范围的自动更新。

20.5.6 采煤机与地质模型的耦合技术

基于精确大地坐标的综采工作面自适应开采的关键是实现工作面采煤机和地质模型的耦合联动，采煤机与地质模型耦合技术流程如图 20-18 所示，主要包括设备端、服务端及空间数据库端三部分。

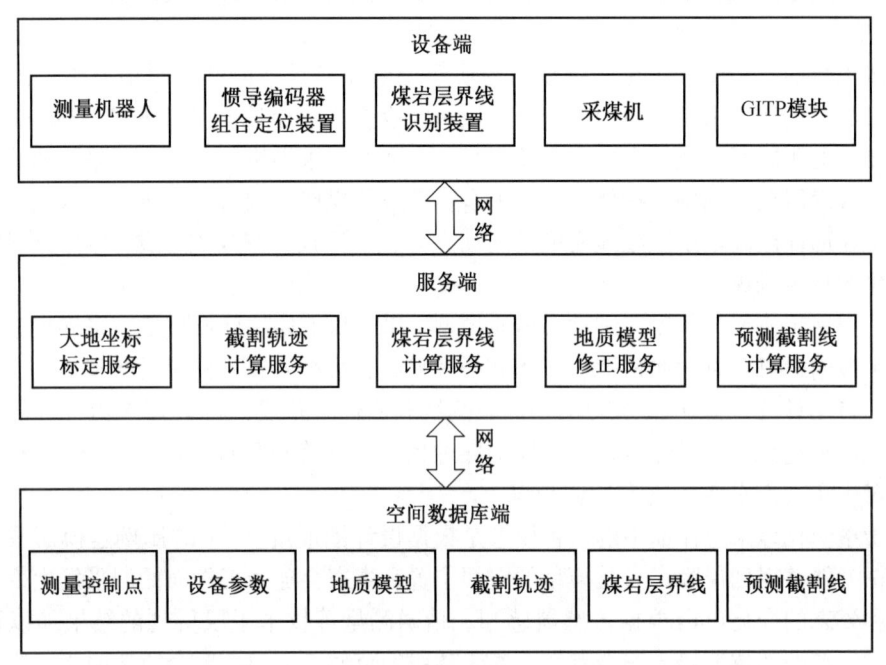

图 20-18 采煤机与地质模型耦合技术流程图

具体实施路线如下：

（1）设备端的测量机器人和惯导编码器组合定位装置精准测量采煤机等设备大地坐标，实现设备与具有大地坐标的三维地质模型的空间位置融合。

（2）服务端的预测截割计算服务自动计算出未来 N 刀的采煤截割线和网格 Δh（相邻两刀截割线的同一网格高程差值），结合当前工作面位置、采煤机滚筒截割深度、历史截割轨迹、工作面刮板运输机垂直弯曲角度、工作面最大及最小采高等约束条件，计算出采煤机两个滚筒的采高和卧底修正数据序列并发送给地质信息传输协议（Geological Information Transmission Protocol，GITP）模块，数据序列一般设置为网格间隔 50 cm 为一组。

（3）采煤机接收到修正数据后，对数据进行校验，并反馈数据使用状态和是否有效，当数据校验通过后开启自适应割煤，割煤过程中两个滚筒根据修正数据实时调节滚筒高度以适应煤层起伏变化。

（4）空间数据库端提供自适应采煤过程中的测量控制点、设备参数、地质模型、截割轨迹、煤岩层界线、预测截割线的存储和查询功能。

21 矿用 5G 设备与应用场景试验研究进展

煤矿专用通信系统作为煤矿智能化发展的基座，是连接终端边缘设备与上层应用系统平台的关键。煤矿智能化系统的快速发展对网络性能提出了越来越高的要求，传统以 4G 为基础的网络系统已难以满足煤矿智能化的发展的需求，5G 以其大带宽、低时延、广连接的特性日益受到重视并被逐步应用到煤矿智能化建设中。2020 年煤炭科技企业、生产企业、通信运营商、5G 设备制造商等通力合作，在 5G 防爆设备设计、5G 井下通信可行性测试、5G 应用场景探索性试验等方面做了大量工作，初步验证了 5G 井下应用的可行性，为 5G 在煤矿的应用奠定了基础。

21.1 矿用 5G 设备研究进展

2021 年 5G 设备最大的进展是 5G 专网和其核心装备的研发。5G 专网系统的研发成功为打造符合煤矿安全和计算需求的专用网络提供了支撑。

21.1.1 高可靠 5G 专网系统

1. 5G 专网系统架构及组成

井下 5G 专网系统根据实际需求，可以构建矿井有线无线一张网和 4G/5G 混合组网模式（图 21-1、图 21-2）。系统主要特点包括专网独立运行、控制面功能下沉、多层环形

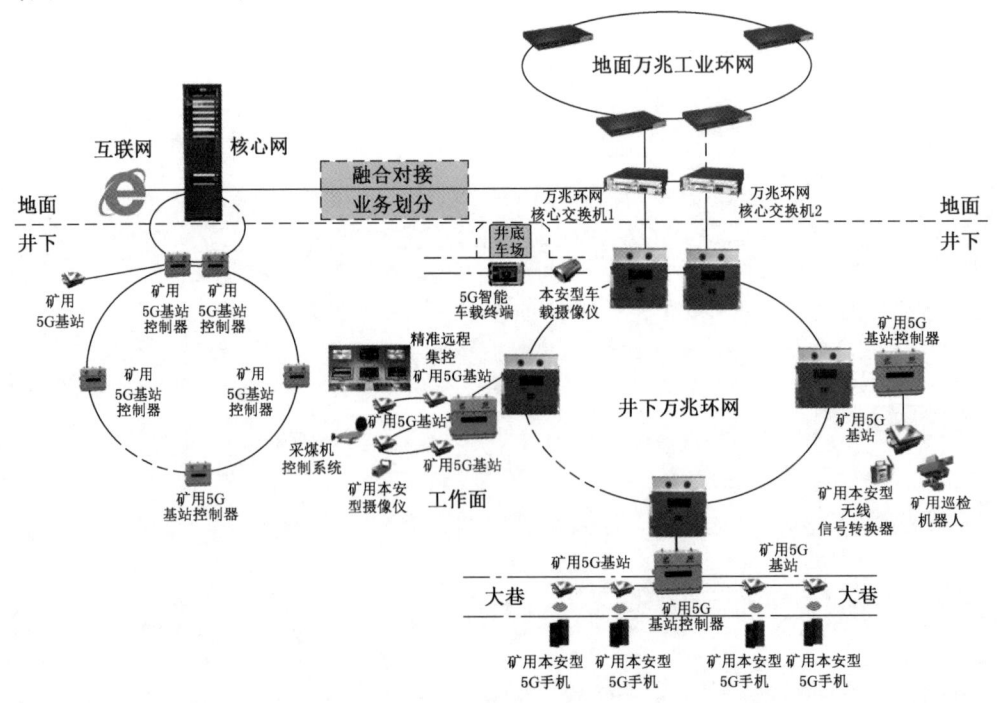

图 21-1 井上井下一张网

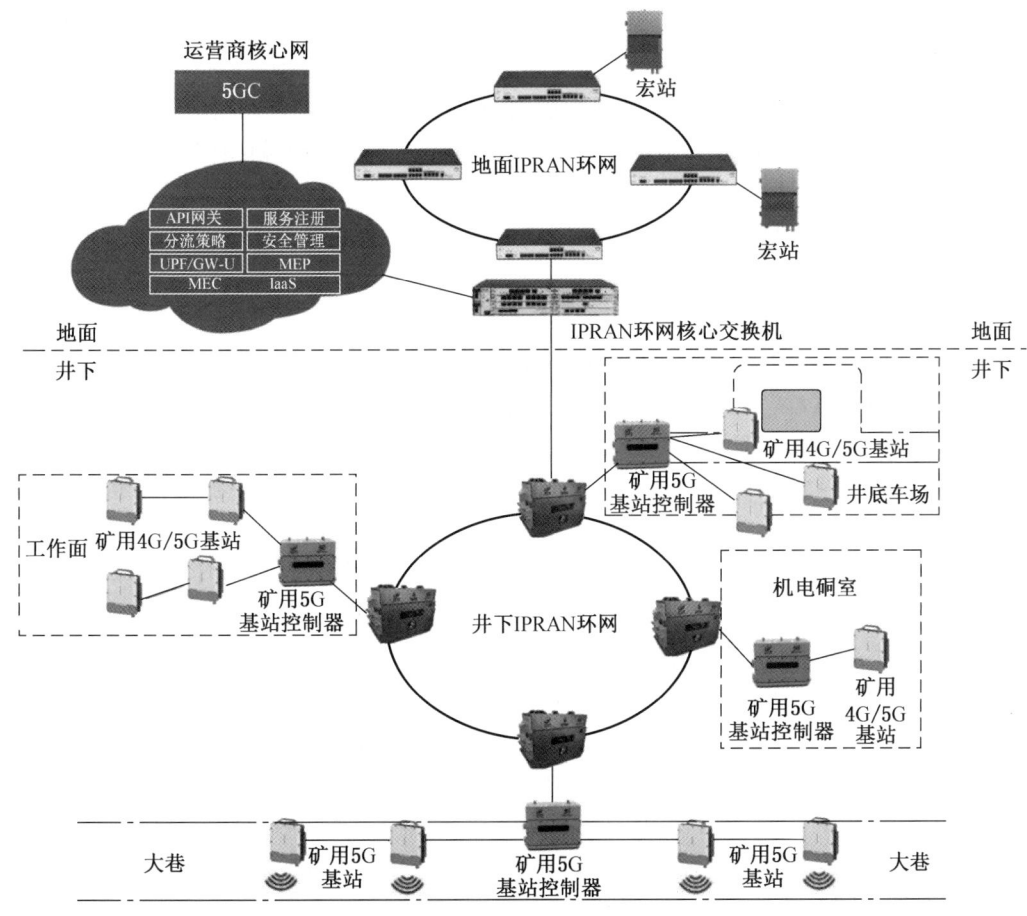

图 21-2 4G/5G 混合组网

组网、多元参数平衡等。

高可靠 5G 专网系统包括矿用 5G 核心网及相关软硬件，矿用 5G 传输网、接入网、智能终端和网管系统。

（1）矿用 5G 核心网及相关软硬件。在矿井地面机房安装一套支持私有云部署，含小型虚拟化数据中心的矿用 5G 核心网、融合通信平台、时钟服务器、万兆工业以太网核心交换机（支持高精度时钟）及移动终端管理平台等软硬件。

（2）矿用 5G 传输网。采用支持高精度时钟的地面万兆工业以太网核心交换机、矿用 5G 基站控制器的方式进行环形组网组成矿用 5G 传输网。结合矿井工业环网的现状及现有光缆资源，独立建设矿用 5G 传输环网的同时，部署工业信息安全防护系统，既满足工业环网与矿用 5G 系统安全隔离的需要，也满足各生产子系统无线数据传输的需要。

（3）矿用 5G 接入网。矿用 5G 基站通过光缆连接至矿用 5G 基站控制器，然后通过矿用 5G 基站控制器环网连接至地面矿用 5G 核心网。在需要高可靠通信的区域，将矿用 5G 基站与矿用 5G 基站控制器之间组成环型连接，提高系统组网可靠性。根据井下实际条件，一般按照每 400 m 到 500 m 间隔布置 1 台矿用 5G 无线基站，确保重点区域的覆盖效果和数据传输质量。

（4）智能终端。配备矿用 5G 智能终端，可实现通过安装工业 App 软件实现煤矿辅助运输系统智能调度、机电设备状态监测、智能远程协同检维修等场景数据的实时传输。在井下部署的摄像机等有线网络设备可通过矿用 5G 信号接入器将以太网信号转换为 5G 信号，接入到矿用 5G 无线通信系统上传至地面调度室，实现高清视频图像和数据的无线高速实时传输。

（5）网管系统：在地面部署一套矿用 5G 网管系统，实现整个系统的统一远程管理和维护。

2. 5G 专网系统主要优点

相较于依托 5G 公网的系统，5G 专网的主要优点如下：

（1）专网独立运行。为企业提供定制化网络自由度，根据使用场所、工作类型提供不同配置，在隐私和安全方面都有明显优势。矿用 5G 核心网直接部署在矿井地面机房，不受运营商网络影响，与井下矿用 5G 设备共同组成一套完整的、可独立运行的专网系统，保障了信息的安全性。

（2）轻量化核心网。矿用 5G 核心网针对企业级用户定制开发，同时预留煤矿综合自动化、智能辅助运输等业务系统数据接口，提高煤矿业务数据集成能力和传输效率。采用模块化架构设计，支持核心网和接入网解耦，支持控制面和用户面分离，支持网络性能动态优化调整，具有易部署、易操作、易维护等特点。

（3）核心网功能下沉。将 5G 核心网控制面和用户面网元下沉至井下，实现了现场数据就地转发，关键场景独立运行，没有其他厂家有同类功能产品，属国内首创。所有软硬件设备均采用高可靠工业级设计，可在矿井下各类复杂环境下长时间稳定运行。

（4）分层环形组网。地面矿用 5G 核心网与井下矿用 5G 基站控制器之间、井下矿用 5G 基站控制器之间、井下矿用 5G 基站控制器与基站之间，三个层次均使用环型组网结构，增强了网络可靠性。

（5）信号冗余覆盖。基站采用异频设计，可在同一区域安装 2 台矿用 5G 基站，实现 5G 信号冗余覆盖的同时避免同频率信号在同一覆盖范围内的同频干扰。

（6）多元参数平衡。充分考虑网络安全、传输速率、系统延时、覆盖距离等多方面因素，专注系统的实用性，根据业务需要动态调整网络上下行配比，满足矿井不同生产业务需要。

（7）系统支持统一网管功能。支持设备状态实时监测、故障实时告警、业务远程动态配置、用户和角色管理、操作日志管理等功能。

21.1.2 5G 核心装备

5G 核心装备主要包括矿用 5GC 核心网服务器、专网用工业以太网交换机、矿用隔爆兼本安型网络服务器、矿用隔爆兼本安型基站控制器、矿用隔爆兼本安型基站和矿用本安型无线信号转换器。

1. 矿用 5GC 核心网服务器

矿用 5GC 核心网服务器部署于矿井云计算数据中心，工业云平台通过融合分布式文件存储系统，构建了深度融合的云计算架构，包含计算、网络、存储和安全功能模块。

2. 专网用工业以太网交换机

专网用用工业以太网交换机主要包含交换功能和路由功能。

(1) 交换功能：支持 VLAN、PVLAN、端口聚合、端口流控、端口限速，支持广播风暴抑制。

(2) 路由技术：支持 IPV4、IPV6 的静态路由，RIP v1/v2、RIPng、OSPF、OSPF v3、BGP、ISIS 等路由协议。

3. 矿用隔爆兼本安型网络服务器

(1) 型号：KT659（5G）-F1。

(2) 最大吞吐量：不小于 4 GB/s。

(3) 最大并发用户数：不小于 200。

(4) 时延：≤10 ms（32 字节）。

4. 矿用隔爆兼本安型基站控制器

矿用 5G 基站控制器主要用于负责基带数字信号处理。矿用 5G 基站控制器支持软件远程升级，支持连接多核心网等功能。

5. 矿用隔爆兼本安型基站

矿用隔爆兼本安型基站主要用于将基带数字信号转换成模拟信号，然后调制成高频射频信号，再通过功放单元放大功率，通过天线发射出去。矿用 5G 基站支持 ALC 控制、射频通道按需开停、输出功率实时读取、本地联机调测和软件升级以及本地/远程复位等功能。

6. 矿用本安型无线信号转换器（CPE）

转换器主要性能参数如下：

(1) 型号：型号：KT659（5G）-Z。

(2) 防爆型式：本质安全型（Exib I Mb）。

(3) 支持频段：2515 MHz-2675 MHz。

(4) 工作带宽：80 MHz。

(5) 天线数量：1 根。

(6) 覆盖距离：≥300 m（大巷）。

21.1.3 5G 终端研究进展

已研发成功并取得安全标志证书的 5G 终端包括 5G 手机、5G 手环和 5G 矿灯等，以 5G 手机为例，井下可选的主流手机其性能参数如下：

1. 矿用本安型手机 1

产品采用三防设计，具备 IP68 防护等级设计。采用主流安卓手机配置，Android 操作系统，网络制式支持 5G 全网通。

1) 型号

KT659（5G）-S。

2) 基本功能

手机具有电话本功能；手机自动保存已拨电话记录；手机自动保存未接听电话记录；手机自动保存已接听电话记录；以上都可以选中进行重新呼叫，保存到电话簿，手动清除记录。

手机自动记录通话开始时间以及通话时长，手机具有与基站进行 5G 通信的功能，支持编辑及收发短信息，可对短信息进行回复、转发、删除等操作。电量指示：实时显示当前剩余电量。

充电指示：通过电池充电指示灯和屏幕上图标显示明确"充电中"和"充电完成"两种状态。

3）主要参数

外观尺寸：158.2 mm×72.6 mm×8.95 mm。

操作系统版本：Android 10。

CPU 平台名称：海思麒麟 990 5G。

运行内存：8 GB。

手机存储：256 GB。

屏幕尺寸：6.58 英寸。

分辨率数值：2640×1200。

后置摄像头像素：5000 万像素超感知镜头+4000 万像素超广角镜头+3D 摄像头。

IO 接口接口类型：Type-C，USB。

WLAN 协议：802.11a/b/g/ac/ax，支持 WiFi 2＊2 MIMO 技术。

电池容量：3400 mA·h（锰酸锂防爆电池）。

电压：DC3.7V。

2. 矿用本安型手机 2

产品采用工业三防设计，具备 IP69 防护等级设计。采用主流安卓手机配置，Android 操作系统，网络制式支持 5G 全网通。

1）型号

KT659-S1。

2）基本功能

手机具有电话本功能；手机自动保存已拨电话记录；手机自动保存未接听电话记录；手机自动保存已接听电话记录；以上都可以选中进行重新呼叫，保存到电话簿，手动清除记录。手机自动记录通话开始时间以及通话时长，可实现矿用手机"双系统"模式，实现在工作模式下手机应用的全面安全管理。

3）主要参数

外观尺寸：173.8 mm×81 mm×12.4 mm。

操作系统版本：Android P。

CPU 平台名称：展锐。

运行内存：6 GB。

手机存储：128 GB。

屏幕尺寸：6.53 英寸。

分辨率数值：2340×1080（19.5∶9）。

后置摄像头像素：48M+2M 红外+8M 广角+2M 微距。

IO 接口类型：Type-C，USB3.0。

WLAN 协议：802.11a/b/g/n/AC 支持 mimo。

电池宣传容量（典型值）：4400 mA·h（锰酸锂防爆电池）。

电压：DC3.7 V。

21.2 5G 应用场景研究进展

21.2.1 5G 专网试验

(1) 东滩煤矿 5G 专网试验。东滩煤矿 5G 专网系统由 1 套 5G 核心网工业云服务器、8 台基站控制器、25 台基站、1 台 1588 时钟服务器、1 台万兆核心交换机组成,矿用 5G 专网通过系统配套的安全隔离防火墙,实现 5G 业务的隔离防护,并预留其他业务网络的融合接口。

根据矿方业务需求,井下先后完成南翼辅运巷、6306 采煤面、6302 掘进面、14320 采煤面、6307 掘进面、3308 采煤面实现了以上区域 5G 信号的稳定覆盖。

(2) 鲍店煤矿 5G 专网试验。鲍店煤矿 5G 专网系统由 1 套 5G 核心网工业云服务器、11 台基站控制器、28 台基站、1 台 1588 时钟服务器、1 台万兆核心交换机组成,矿用 5G 专网通过系统配套的安全隔离防火墙,实现 5G 业务的隔离防护,并预留其他业务网络的融合接口。

鲍店煤矿 5G 专网系统主要覆盖井下 7302 采煤工作面(已完成回采撤面)、8 采煤工作面、九采掘进工作面、地面的调度信息中心、"双创"基地以及 35 kV 变电所等区域,信号测试稳定。

(3) 赵楼煤矿 5G 专网试验。赵楼煤矿 5G 专网系统由 1 套 5G 核心网工业云服务器、8 台基站控制器、34 台基站、1 台 1588 时钟服务器、1 台万兆核心交换机、1 台安全隔离防火墙等设备组成。截至 2021 年 10 月,赵楼煤矿完成矿用 5G 专网在 7302 采煤工作面、1 个掘进工作面(7304 综掘工作面)和七采辅运大巷、中部制冷硐室等区域的安装部署,共装设矿用 5G 基站控制器 8 台、矿用 5G 基站 34 台,实现了以上区域 5G 信号的稳定覆盖。

21.2.2 工作面 5G 应用试验

(1) 5G+智能综采工作面惯导装置(LASC/IMOSS)。通过 5G 通信系统同惯导系统相结合,将惯导系统数据通过无线方式进行传输,减少因采煤机和支架工作导致的线路故障和布线难题,配合采煤机记忆截割、液压支架自动跟机、时序自动放煤等功能,实现全流程智能化生产。工作面总共配置 4 台 5G 基站,实现了全工作面 5G 信号的稳定覆盖,测试期间惯导信号传输稳定、延时小于 50ms。

(2) 5G+智能综采工作面采煤机摄像仪。通过 5G 通信系统同矿用摄像机结合,可以将摄像机拍摄的画面通过无线方式进行传输,减少因采煤机和支架工作导致的线路故障和布线难题,显示井下高清画面的实时传输。测试在往年高清视频测试的基础上测试了视频信号与传感信号同传的稳定性,试验结果显示两者均可稳定传输。

(3) 5G+采区供液中心智能巡检机器人。通过 5G 通信系统同矿用智能巡检机器人相结合,使得七采区集中供液中心巡检机器人沿 U 型轨道对泵站进行不间断视频监控、红外测温、声音拾取等全方位自动巡检,实现故障报警、无人值守。

21.2.3 掘进工作面 5G 应用试验

(1) 5G+智能掘进工作面掘锚一体机远程控制。通过对鲍店煤矿九采掘进工作面进行 5G 信号覆盖,实现掘锚一体机远程控制作业,达到现场作业无人化。

(2) 5G+掘进工作面智能巡检机器人。通过 5G 通信系统同矿用智能巡检机器人相结合，使得九采掘进巡检机器人沿 U 型轨道对掘进情况进行不间断视频监控、红外测温、声音拾取等全方位自动巡检，实现故障报警、无人值守。

21.2.4　5G+井下辅助运输车载视频

通过 5G 通信系统同井下车辆车载视频系统相结合，实现井下车辆视频信号实时上传，下一步在实现视频信号稳定传输的基础上结合 AI 分析实现车辆信息实时监控、故障报警等功能。

21.2.5　5G+地面 35 kV 高压配电室巡检机器人

通过对鲍店煤矿 35 kV 变电所进行 5G 覆盖，将智能巡检机器人通过云台摄像头监控系统识别到的可疑人员、仪表数据进行数据传输。可通过 Web 平台远程操控，实时查看变电所设备的运行状态、电流参数等，对变电所关键节点和综合环境进行实时监测。

21.2.6　煤矿工业互联网平台在 5G 专网环境下应用

煤矿工业互联网平台以安全为宗旨，通过 5G 智能终端上的 App 进行数据采集并通过矿用 5G 通信系统完成数据自动上传，是智慧矿山建设不可或缺的一部分。通过煤矿工业互联网平台的建设，实现了矿井的安全生产和降本提效以及集团对矿井的有效监督与管理，最终达到安全生产运营管控的目的。

21.2.7　5G+会议协调平台

通过 5G 智能终端上的云智能会议系统利用矿用 5G 通信系统进行远程连线，可以实现井上以及多个井下关键地点的实时交流，并可以利用视频分析和支持系统实现井下远程故障诊断等功能。

21.2.8　5G+综合自动化 App 应用

通过 5G 智能终端上的综合自动化 App 将地面调度信息中心大屏上的综合自动化数据展示出来，方便煤矿管理人员在井下了解矿井各个重要地点的运行情况和关键数据，是实现数字矿山、透明矿山、智慧矿山中不可或缺的一部分。

22 矿用智能传感器研发与应用

随着煤矿智能化建设的不断发展，未来智能矿山系统用传感器不再作为一个传统的测量终端，而要变成一个智能终端，不但具有传统的、单一的测量功能，而且还要具有内部数据、内部状态信息的远程访问，边缘计算，远程控制等功能，将测试技术与数字技术进行有机融合，将人工智能与仪器仪表进行充分结合，发展成为具有高度稳定、可靠的智能传感器。

22.1 矿用传感器技术现状

煤炭行业安全监控技术及装备经过近十几年的发展，国内煤炭生产企业已基本实现安全监测监控系统装备的安装与使用，并朝着无人值守、数字化矿山的建设目标发展。国内矿用传感器生产企业从 2016 年开始，围绕国家提出的《煤矿安全监控系统升级改造技术方案》（煤安监函〔2016〕5 号），在传感检测方面实现了传感器到分站的数字化传输、抗干扰技术、激光甲烷检测技术、无线甲烷检测技术、多参数检测技术、IP65 防护技术、数据本地存储技术、基本故障自诊断技术、传感器定期维护标校标识技术等开展了大量的研究工作。目前国内煤矿安全监控系统升级改造已经完成，上述技术及装备已得到全面应用与实施，有效提升了煤矿安全监控系统的可靠性与稳定性，少部分矿井甚至建成了 WiFi6、5G 无线通信平台，为矿井智能化提供了更进一步的发展平台。

煤矿在用传感设备虽然已按照指导文件完成了升级，初步具备了一定智能化水平，其功能及性能基本能满足目前煤矿安全监控需求，但技术升级后面临的问题也表现得较为突出：

（1）传感器监测参数单一，智能化水平仍然较低。监控系统采用数字总线通信后，数据传输量增大，但传感设备监测及上传信息仍较为单一，"高速公路上跑拖拉机"，未充分发挥数字化传输优势，还远未达到智能化仪表的功能要求，系统监测信息量、近远程交互控制等还有待进一步提升。

（2）传感器大多数采用的 RS485 数字总线传输技术，虽然兼容性及通用性较好，但受制于技术协议及数据传输工作机制影响，各传感器、分站、电源自身各项功能独立，未实现上传或本地数据融合，仅仅实现满足自身数据上传的基本功能；而且主从式轮询结构，通信效率低，实时性差，不具容错与故障节点自隔离功能，网络可靠性存在缺陷，无法支撑快速响应、容量扩展、数据融合、可靠性诊断等功能，不能真正满足矿山物联网物物相联、泛在感知的要求。

22.2 矿用智能传感器发展思路和目标

22.2.1 发展思路

在智能计算单元部分，重点开展研究矿用智能传感器的边缘计算技术、自动校验技术、设备故障感知和诊断技术等；在传感单元，研究一氧化碳、乙烯、乙炔小型化激光检测技术及低功耗 MEMS 气体检测技术；优化传感器主板电路设计，研究提高设备稳定性和适应性的低功耗设计技术、抗干扰技术；在接口单元部分，研究用于传感设备间互联互通的高带宽、低延时、大容量、透明传输的 WiFi6、5G、F5G 光通信技术；研究传感器空间应用轨迹跟踪的自主精确定位技术；研究构建监测数据智能分析、趋势分析模型，实现伪数据甄别、系统故障预警报警；开展自动控制、高可靠、高稳定性研究。

22.2.2 发展目标

探索解决矿用智能传感器高带宽、低延时、大容量、透明传输技术，实现传感器与系统的数据高速交互；实现传感器的自主定位，保障传感监测真实有效合法；使传感检测设备具备边缘计算能力和数据智能分析能力；实现传感器的自动校准、自动诊断；研制出全断面风速传感检测设备和基于激光检测的采空区发火参数测量设备等当前煤矿急需的检测技术与装备；研究低功耗传感检测技术，实现传感器无线自组网应用；研究构建监测数据智能分析、趋势分析模型，实现伪数据甄别、传感器故障预警报警，实现传感器智能融合判断。

22.3 矿用智能传感器研究进展及应用

22.3.1 自动校准

智能传感器可根据自带的某一标准量，调用自动校准软件对传感器进行调零或校准。传感器自动校准是保障传感器长期准确可靠工作的有效手段，也是传感器智能化的重要标志和体现。

1. 线性智能校正激光甲烷传感器

激光甲烷传感器采用国际先进的可调谐半导体激光吸收光谱技术（TDLAS）技术，实现甲烷浓度的全量程 $0\sim100\%\,CH_4$ 的高精度测量，测量误差不超过 $\pm4\%$，工作稳定性时间 180 d 以上。

DFB 激光器所发射的激光波长对激光器温度敏感，波长漂移对谐波检测信号的测量结果影响较大。图 22-1 所示为甲烷气体的一个光谱吸收峰，从图 22-1a 中可以看出，1653 nm 附近的甲烷吸收峰覆盖了一定的波长区域（1652.60~1653.40 nm）。随着激光器温度控制系统使用时间的增长，温度控制电路由于电路元器件老化控制精度下降、激光器自身的漂移等因素，激光器扫描输出波长随着环境温度的变化而发生漂移。图 22-1b 波长漂移至 1652.80~1653.80 nm，此时的甲烷吸收调制获得的谐波相较于之前的波形发生了失真变化，需要通过一定的方法来获取中心波长的位置和相对漂移量。

线性智能校正激光甲烷传感器在激光甲烷气体检测传感系统中引入一个参考气室作为一个标装量，对激光波长的微小漂移进行补偿。由于参考气室封存有固定浓度的甲烷气体，且参考气室处于一个较为恒定的环境中，激光波长漂移所产生的甲烷吸收谐波变化会反映到对参考气室甲烷浓度的测定数值上，当参考气室的甲烷测定浓度值偏离已知密封甲烷浓度时，即可用偏离的数值对其他测量气室进行相关性补偿，具体的线性智能校正原理图如图 22-2 所示。

为实现高精度测量和自动线性校正功能，采用高精度自适应的 PID 控制技术对 DFB 激光器温度进行恒温控制，通过光路复用技术将光束分别通过测量气室和参考气室，利用

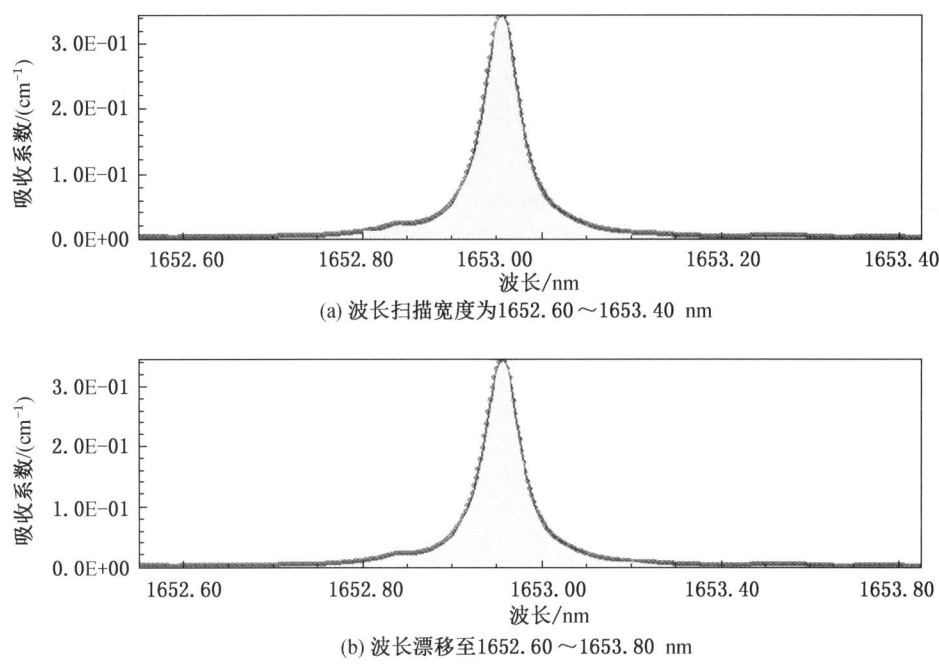

图 22-1 波长漂移引起的吸收波形变化

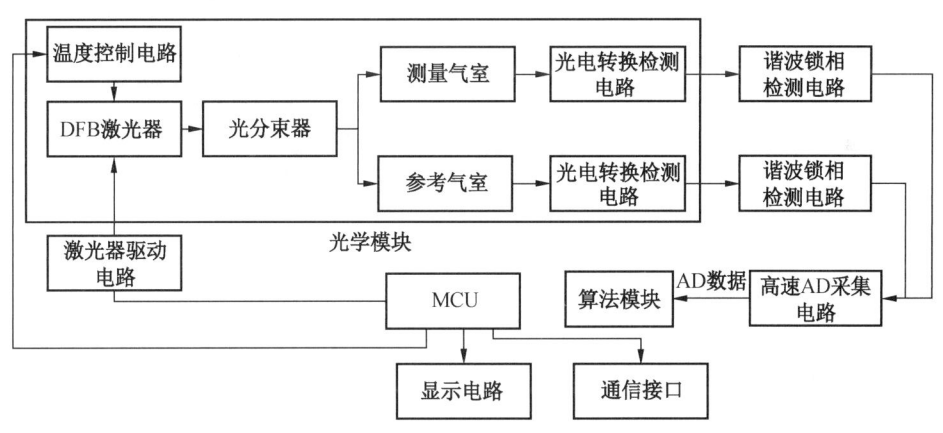

图 22-2 激光甲烷传感器智能校正原理图

谐波锁相解调检测技术获得测量气室、参考气室两个浓度数据；MCU 实时对比参考浓度值和激光器中心波长位置，采用线性校正算法对测量气室浓度进行高精度校正，以保证传感器的长期工作稳定性，减少工作人员下井维护频次。

2. 分布式多点激光甲烷监测装置

"十三五"期间，国家重点研发计划项目"煤矿典型动力灾害风险判识及监控预警技术研究"在煤矿动力灾害前兆信息传感技术研究方向成功研制了分布式多点激光甲烷监测装置。基于 TDLAS 激光吸收光谱原理，利用光纤光路复用技术，结合参考气室自校正技术实现关键区域多个测点瓦斯浓度同步精度测量，提高传感器的稳定性和测量精度。分布式多点激光甲烷监测装置实现了8个通道同步高精度测量,测量范围0~100% CH_4,测量误差不超过±3%,标校周期达到120 d以上。

分布式激光甲烷监测装置的系统架构框图如图22-3所示,实物如图22-4所示。激光器温控驱动模块控制触发1653 nm激光,光波经多路光分束器转换成8路光波,经过光缆传输至各测量气室,通过光电探测器将光信号转换成电信号,经过放大、滤波、锁相、相关等信号处理,得到待测信号的一次谐波和二次谐波波形,最后通过数值分析反演得到待测甲烷气体的浓度。为提高系统的稳定性,在8路测量光路的基础上,再引入了独立的第9路参考光路通道,内置甲烷浓度恒定的参考气室,用于自动锁定激光器出射中心波长和光谱范围,并根据解算的参考气室内甲烷的浓度值对系统检测值进行实时修正。

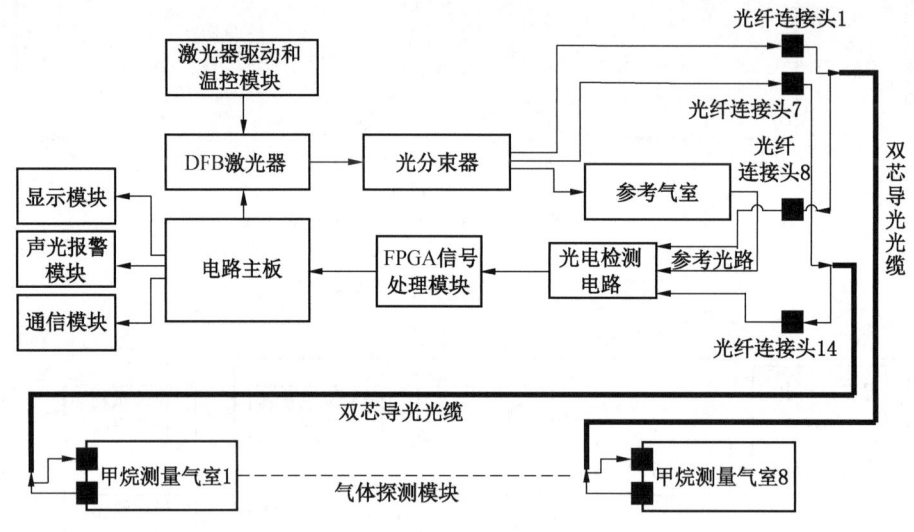

图22-3 分布式多点激光甲烷检测系统组成框图

该装置在山西新景矿煤业有限责任公司井下工作面巷道安装试运行。在近3个月的工作过程中,通过2.55% CH_4 标气进行通气实验,8个气室测量点线性精度未发生漂移,测量误差在±3%以内。

3. 研究基于TDLAS技术采空区煤自燃典型指标气体激光检测装置

中国有50多处煤田火区昼夜燃烧,每年损失约40亿元,造成严重的空气污染问题。采空区自然发火,约占煤矿煤自燃火灾的60%,严重威胁煤矿的安全生产。煤自燃指标气体检测是采空区自然发火监测预报的主要手段。色谱类束管监测系统设备复杂度高、体积大,不便井下安装;在实际应用中存在抽气管路长、易出现堵塞、漏气、断管、监测数据可信度差等问

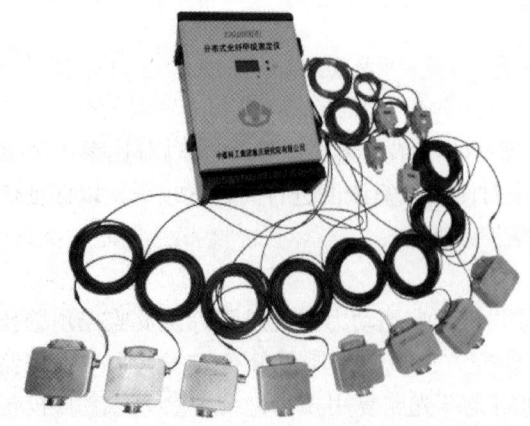

图22-4 分布式多点激光甲烷监测装置

题,监测结果不能够真实地反应被测地点的实际情况。将具备自校准功能的可调谐半导体激光光谱吸收技术研究应用于采空区煤自燃指标气体检测,是下一步采空区自然发火监测领域研究的一个重要方向。

研制适用于煤矿井下应用的煤自燃指标气体在线监测分析装置,实现对 C_2H_2、C_2H_4、C_2H_6、CO 气体 ppm 量级分辨率测量,同时集成 CH_4、CO_2、O_2 等气体测量功能,集成基于指标气体的专家预警模型,实现采空区自然发火就地预警预报功能,替代传统的地面色谱类束管监测仪。拟达到的气体测量技术指标如下:

(1) C_2H_2 测量量程:0~100ppm,分辨率 1ppm。
(2) C_2H_4 测量量程:0~200ppm,分辨率 1ppm。
(3) C_2H_6 测量量程:0~200ppm,分辨率 1ppm。
(4) CO 测量量程:0~1000ppm,分辨率 1ppm。

该技术将推动 TDLAS 技术在煤矿采空区自然火灾中的应用,预期研发的新型气体检测装备(图 22-5)将实现煤矿采空区自然火灾特征气体浓度检测手段的全面升级,大幅度提升采空区火灾感知、反应能力。

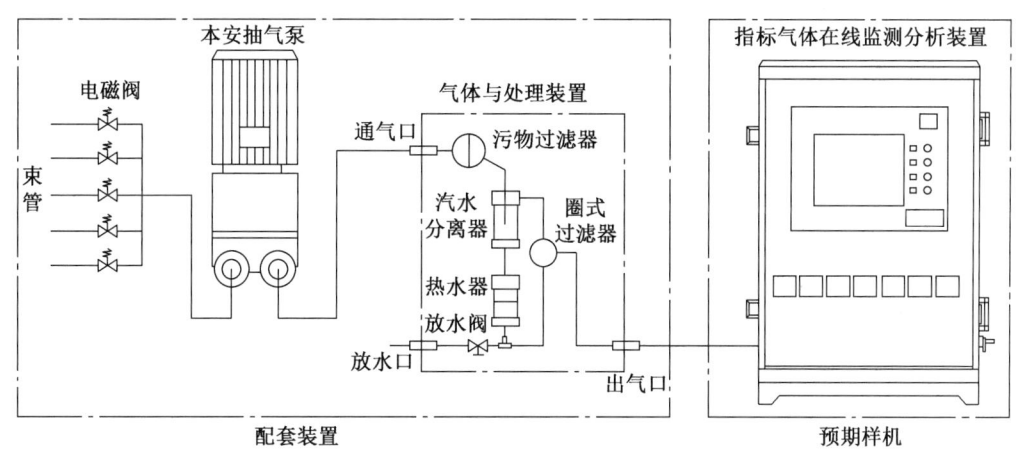

图 22-5 煤自燃指标气体在线监测装置预期样机

4. 零点智能校准双向风速传感器

双向风速传感器采用差压测量原理和皮托管取压装置,实现正、反向 0~15.0 m/s,误差±0.2 m/s 的风速测量。矿用风速传感器采用了一种利用自动清零校准技术实现风速参数的测量准确性。双向风速传感器的零点智能校准原理如图 22-6 所示。

对皮托管取压装置进行优化设计,使其在性能不受影响的情况下具有更好的防尘防水性能,并创新性地实现了正向风速和反向风速的统一测量。首先开启差压回路调节装置,确定装置是否为清零状态;否则接通自动清零组件的接口,使差压元件的正负极处于同一压力环境中并达到设定清零时间;然后切换差压装置至测量状态,使微压差元件检测风流引起的差压,并将差压信号转换为电信号送至 MCU 单元,计算得出风速参数数据。MCU单元将信号输出至数据输出单元,并根据检测到的风速值低于下限值高于上限值或风向反向时,控制报警单元报警。

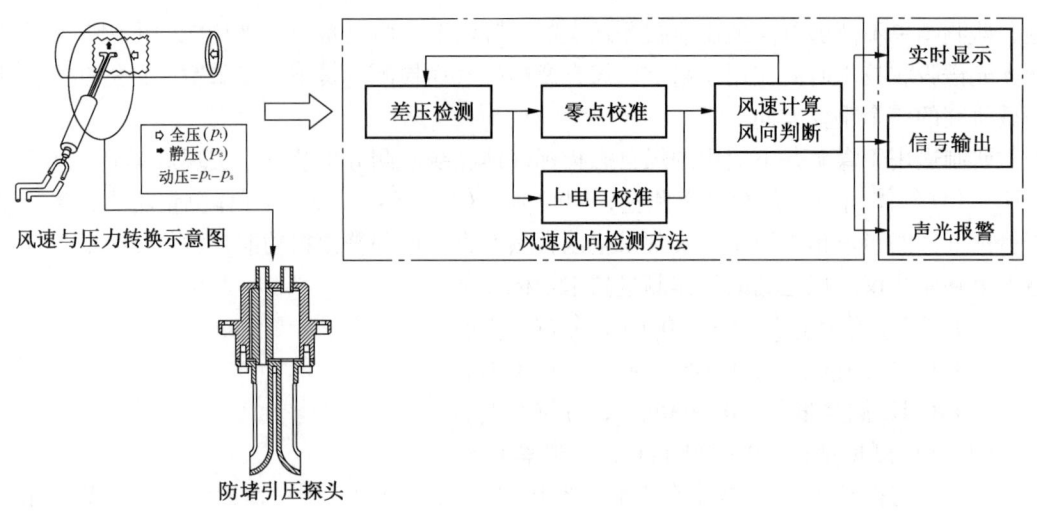

图 22-6 双向风速传感器智能校准原理框图

采用实时零点智能校准技术，减低了温度、湿度、大气压力变化对低风速测量的负面影响，提高了正、反向 0.4 m/s 以下风速测量的精度和可靠性，降低了传感器的维护时间，提高了传感器的工作可靠性。

5. 研究全断面风速测量技术及装置

由于巷道通风的不均匀性，风速测量"以点代面"监测方式风量计算误差较大，且存在下限测量盲区（＜0.3 m/s），难以满足智能通风建设需求。开展基于超声波时差法技术风速测量装置，实现巷道断面风速风量在线实时测量，直接性一次测量断面的平均风速，解决长久以来"以点代面"风速测量误差过大的问题；巷道断面风速采用多声道超声波测量，配合加权积分算法测量断面风量，准确度更高；实现低风速、微风量的准确测量，巷道断面风速测量下限低至 0.1 m/s；巷道断面安装无活动部件、无阻力，测量过程中不影响真实的风速风量。巷道断面风速分布图及测量如图 22-7 所示。

该装置拟实现巷道全断面的多参数一体化在线检测，风速测量范围 0~20 m/s，测量误差±0.1 m/s。

22.3.2 自动诊断

开展了自动诊断硬件设计及算法的研究。通过对供电欠压、电压芯片损坏、元件断丝、振动、跌落等造成的信号波动进行大数据分析，训练专家阈值故障识别算法，实现对供电故障、电气故障、元件故障、机械故障及通信故障等造成异常的识别判断，从本质上提高传感器的智能性和可靠性。

22.3.3 自适应

矿用智能传感器通常的工作环境温度范围在 0~40 ℃，大气压力 80~116 kPa；对于适用在瓦斯抽放管道的传感器其大气压力工作范围一般在 50~150 kPa。矿用甲烷、一氧化碳、硫化氢等气体检测类传感器，其测量值会随着环境温度、压力的变化而产生的偏差，需要通过实时检测环境温度、压力两个参数对传感器进行自适应的线性补偿和修正，保证传感器的测量精度和可靠性。对于测量量程小的载体催化类甲烷、电化学一氧化碳和硫化

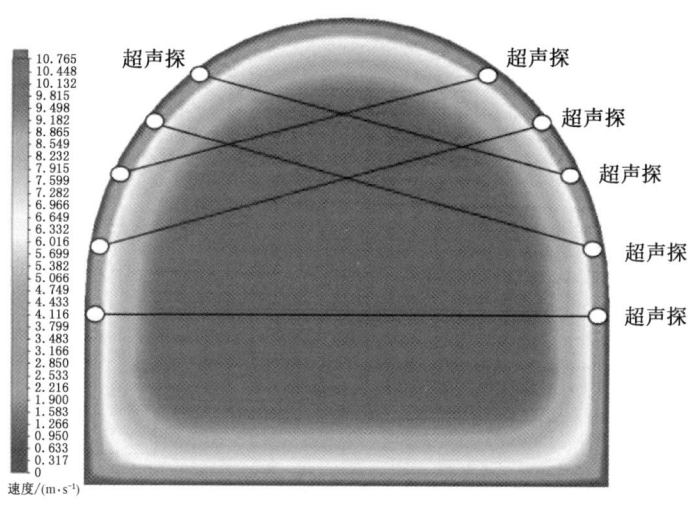

图 22-7 巷道断面风速分布图及测量

氢传感器,其传感原理受环境温度影响较小,通过气体温度实验可获得补偿数据,建立基于经验数据的补偿算法。

1. 温度自适应补偿算法

基于光谱吸收原理的红外、激光类传感器,由于吸收光谱受温度影响较大且为非线性模型,针对激光甲烷传感器在不同温度和甲烷浓度条件下得到的大量离散实验数据,采用数值分析的方法,结合激光甲烷传感器在现场测试时无法获知真实环境中甲烷浓度的实际情况,提出一种基于大量基础测试数据的多变量自适应插值迭代补偿方法对传感器的温度特性进行补偿。算法流程如图 22-8 所示。

选取初始未做温度补偿的浓度值 C_0(以默认温度计算),代入真实温度 T 后通过温度补偿得到的浓度值 C' 较 C 更接近于被测气体的真实浓度 C_z,再将温度补偿得到的浓度值代入温度补偿得到的浓度值 C'' 较 C' 更接近于被测气体的真实浓度 C_z,继续将 C'' 代入到温度补偿进行迭代,多次迭代的温度补偿值将逐渐趋近于被测气体的真实浓度 C_z。当前迭代后得出的气体浓度值与前一次迭代的浓度值的绝对误差小于 0.001 时,完成迭代过程。

2. 压强自适应补偿算法

气体压强变化对甲烷吸收光谱影响明显。随着气体压强增大,甲烷吸收峰的峰值逐渐增大,吸收谱线范围展宽。气体压强变化主要影响气体分子密度的变化,进而影响分子碰撞展宽的概率,分子吸收谱线宽度随压强变化较大。在常温条件下,利用气体压强测试装置,对激光甲烷传感器进行气体压强实验:在 35~200 kPa 范围内,每间隔 10 kPa 测定一个压强点,待传感器示值稳定后,记录每个压强测试点对应的压强值、浓度信号值和浓度显示值。

在温度补偿算法研究的基础上,提出基于分段插值和重心插值的气体压强自适应迭代算法,传感器通过检索测得的初始浓度值 C 和气体压强值 P,进行多次自适应迭代补偿,最终求解出真实的甲烷气体浓度,以消除气体压强对测量的影响。

22.3.4 双向通信网络传输方面

矿用智能传感器主要采用 RS485 总线进行数据传输,通信速率较慢。随着矿山物联

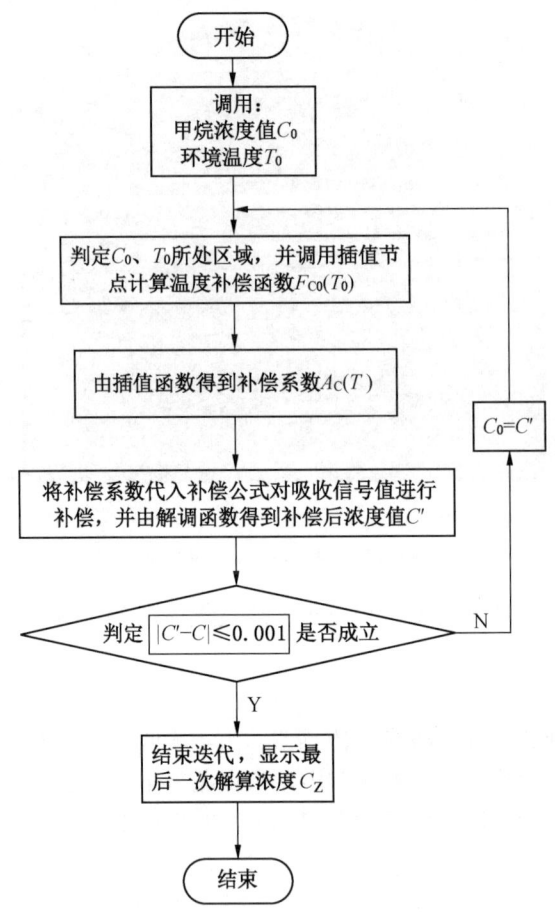

图 22-8 温度自适应迭代算法流程图

网系统集成和处理技术快速发展，以架构矿山传输网络、构建信息通道为主业的基本产业等已现雏形，高速工业以太网和 4G、5G 网络、WiFi、ZigBee、Bluetooth、RFID、UWB 等技术已经成功应用于煤矿井下，这些技术主要应用于通信、人员定位、矿压监测、移动设备等信息交互。无线甲烷传感器主要采用 ZigBee、433M 私有网络进行数据传输。5G 网络相比 4G 技术将拥有更快的数据传输速率，已在山西、内蒙古多个矿井试点应用。低功率广域网技术，包括 LoRa、NB-IoT 等技术，目前在地面物联网已经基本完成试点工作，但在井下尚无产品化应用，其中国内最主流的 NB-IoT 已经开始大规模推广商用，主要面向运营商覆盖网络范围内的公共事业和智能城市建设，而 LoRa 在国外应用较为广泛，在国内受 NB-IoT 影响应用市场受到挤压，但是由于这两项技术拥有超远距离和极低功耗的优势，仍有许多应用场景适应这两项技术，主要包括水表数据上传、远郊农场数据传输等应用，在煤矿尚无应用案例。

随着华为煤矿军团与煤矿设备生产企业的深入合作，其主推的 5G、F5G 光通信技术将逐步在矿用智能传感器得到应用。

22.3.5 智能组态

根据智能传感器的种类及特性，采用模块化主板设计思路，将电化学检测原理、光学检测原理、催化检测原理等多种原理技术的传感器敏感元件信号处理电路有机统一规划硬件电路主板设计，设计模块化的敏感元件采样组件，制定多元件通信识别协议。根据不同的应用需求和检测种类，可改变其模块的组合状态，实现多传感单元、多参量的复合测量。

22.3.6 信息存储和记忆

矿用智能传感器在微处理器芯片内部或外置设计非易失存储单元芯片，将传感器的空间位置、校准零点、校准精度、测量数据的最大值信息、工作状态等关键信息动态进行变值存储。传感器上电时首先读取存储的各项关键参数，保持传感器工作的准确性和稳定性。

22.3.7 自推演

与传统单一传感器相比，智能传感器能将多传感信息融合，表征信号间独立与协作、竞争与互补等关系，增加信息的维度和置信度，在时间域和空间域的覆盖范围更广，信号采集系统的鲁棒性和容错性更高，能增强与特征信息无关的量，获取更加准确完备的特征信息。

利用高度集成的嵌入型系统按时序采集多源传感元件的信息在一定准则下加以自动分析、综合以完成所需的决策和估计任务而进行的信息处理过程。多传感信息融合方法可以归为以下几类：数据层信息融合、特征层信息融合、决策层数据融合或者直接当成多维信号处理。而融合算法包括贝叶斯估计、平均加权、极大似然估计、D-S证据理论、卡尔曼滤波等经典算法以及聚类分析、专家系统、神经网络、支持向量机等在人工智能基础上发展起来的现代算法。

22.3.8 自学习

智能传感器可利用高度集成的嵌入型系统结合 AI 芯片实现自学习。近几年来常见的机器学习方法有支持向量机、专家系统、遗传算法、卷积神经网络、循环神经网络等。机器自学习的方法无须其他复杂的处理就可以提取高阶特征。通过神经网络模型较强的自学习、更新能力，不断调整优化模型参数适应环境的变化，系统鲁棒性有所增强。机器自学习的方法在样本库构建过程中借助自学习能力可以实现自动更新，可以降低人力采集数据构建样本库的成本。

采用长短时记忆网络结构（Long Short Term Memory，LSTM）的循环神经网络比标准的循环神经网络表现更好。作为深度学习的新型算法之一，LSTM 要具有以下优势：

（1）深度学习算法能从海里的复杂数据中提取表征被监测对象运行状态的特征信息，实现端对端的模型构建，不需要人为提取特征信号信息，从而减少因人的因素导致诊断的不确定性；

（2）深度学习的深层模型能很好地表征大数据环境下复杂信号与被监测对象况的映射关系。LSTM 最大的特点是能够处理时间序列，能够将智能机器某一时刻的运行状态与之前时刻的运行状态并行考虑，以提高感知精度，且训练难度得到了简化。因此将 LSTM 应用到智能机器自主感知领域，具有较强的通用性和适应性。

22.3.9 即插即用

规范设计矿用智能传感器与安全监控系统通信协议，对各种类型传感器分配有 ID 号和系统属性。ID 号用于描述传感器类别、量程等基本属性。基于 RS485 总线传输的智能传感器将 ID 号上传至分站，分站在正确接收到该信息后，可以识别所接智能传感器的报警点、工作状态属性及所属业务，并显示测量实时值，同时将所接传感器的 ID 号通过交换机及光纤以太网直接传送至地面中心站。系统软件接收到该 ID 号后，提示操作人员配置该设备的安装位置，根据实际情况修改报警点、断电点配置参数，确认该设备接入，实现设备的即插即用功能。

在分站与地面中心站的通信中断后，分站利用其自身的大容量存储器，存储通信中断期间传感器设备的过程数据，即断线数据。当分站与中心站的通信恢复后，根据分站与主机通信接口方式不同，采取不同的方式完成断线数据上传。基于 RS485 接口的分站采用读取断线续传数据方式，基于以太网接口的分站采用主动发送断线续传数据方式。

22.3.10 数据安全特性

监测数据的安全性问题一直是安全监测系统关注的焦点之一，在地面中心站数据库，采用数据库加密的方式防止监测数据被篡改和非法利用，而矿用智能传感器层面的数据安全研究较少。

随着安全监控系统数字化通信改造的完成，让通过技术手段防止传感器非法接入系统成为可能。最近两年，中煤科工集团重庆研究院通过制定加密通信协议，对接入系统的传感器的唯一性、安全性、有效性进行识别，对授权接入 KJ90X 煤矿安全监控系统的传感器发放识别码，进行正常接入应用，而未经授权的传感器将无法上传监测数据，从而实现了矿用智能传感器的数据安全传输，确保了监控系统设备合法有效，传感器监测数据真实有效。

23 煤矿机器人研发进展与集群应用综合管控

我国煤矿机器人的研发经历了概念设计、基础技术攻关、样机研发到推广应用的过程。自国家煤监局大力推动煤矿机器人研发应用工作以来，煤炭行业、科研机构和制造企业基本形成了研发应用机器人、加快发展智能装备的共识，研发应用的自觉性进一步增强。由于煤矿井下作业条件差，煤矿机器人的研发难度大大增加，从最初的灾后危险气体环境探测机器人起步，各大研究院所、高校、装备企业逐步研发煤矿多场景巡检机器人、水仓清淤或喷浆等作业机器人及救援机器人，已基本形成了较为完整的煤矿机器人技术体系。煤矿机器人的研发应用对推动煤炭开采技术革命、实现煤炭工业高质量发展、保障国家能源安全供应具有重要意义。

23.1 煤矿机器人研发进展

23.1.1 煤矿机器人产品研发进展

列入《煤矿机器人重点研发目录》中的 5 大类 38 种机器人有着不同程度的研发应用，依据实际客户需求及现场应用，可重新定义分类，如图 23-1 所示。安控类中绝大部分机器人为巡检类；采煤、掘进、运输三类中，除去重型装备，其余为作业类；救援类仍归结为救援类。其中，掘进机器人、掘进工作面机器人、探水钻孔机器人、钻锚机器人等大型工程装备类机器人主要为智能化改造，其他按照功能可分为巡检、作业和救援三大类。其中巡检类主要包括了工作面巡检机器人、危险气体巡检机器人、巷道巡检机器人等；作业类机器人主要包括自动排水机器人、选矸机器人、搬运机器人等；救援类机器人主要包括灾后搜救水陆两栖机器人、矿井救援机器人、井下抢险作业机器人等。

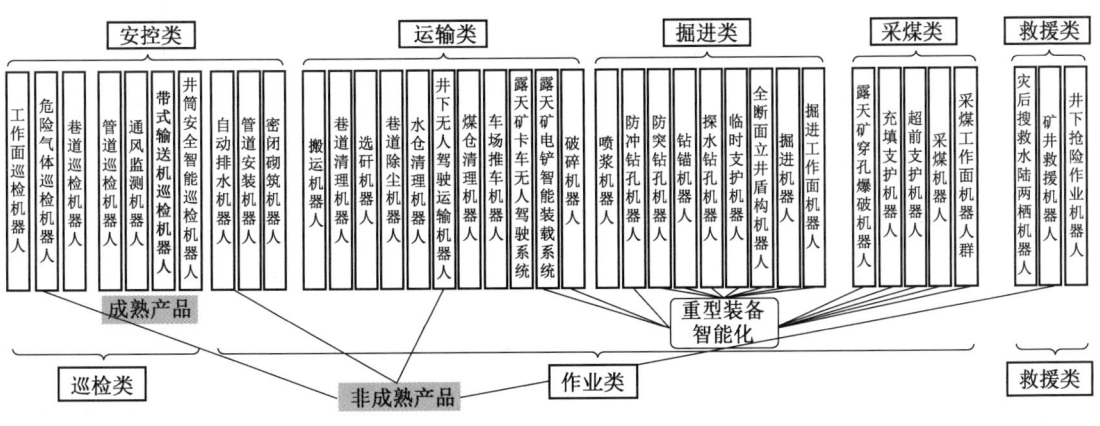

图 23-1 煤矿机器人功能分类

依据国家能源集团煤矿智能化建设水平分级指南来看，可将巡检类机器人、作业类机器人、救援类机器人定义为初级、中级、高级。巡检类机器人初级水平：运动机构仅适用于良好环境；具备环境感知、遥操作；可实现短距离自主巡检。巡检类机器人中级水平：运动机构覆盖绝大部分场景；具有自主分析与人工决策功能；可靠性大幅提升；可实现人机协同下长距离长时巡检。巡检类机器人高级水平：运动机构覆盖所有场景；具备融合分析、自决策、自诊断功能；可实现长时间、长距离全域自主协同巡检。

作业类机器人初级水平：作业单元仅适用于良好环境作业工况；具备环境感知、人工操作。作业类机器人中级水平：作业单元覆盖绝大部分场景；能够实现半自主行走；针对静态对象可实现全自主作业，动态对象可实现人机协同作业。作业类机器人高级水平：作业单元覆盖所有场景；可实现自主行走、自主作业、自主充电、自主维护、自主决策、协同作业；实现面向动态对象的感知决策作业一体化。

救援类机器人初级水平：满足防爆要求；具备环境感知、遥操作；行走方式多为履带式。救援类机器人中级水平：可实现变结构、基于仿生技术研制机器人、满足防爆要求的同时实现轻量化；可实现自主分析与人工决策；人机协同救援。救援类机器人高级水平：具有水陆两栖功能、可实现飞行探测，机器人整机满足小型化、模块化，可实现长时全域救援；全自主及多机器人协同救援。

通过市场调研发现，除《煤矿机器人重点研发目录》中5大类38种机器人外，煤矿企业实际需求中还包括一些其他场景的机器人，当前提出煤矿机器人共计44种。因此，结合各个企业产品研发和煤矿现场应用情况，总结出当前煤矿机器人的整体研发进展（图23-2）。

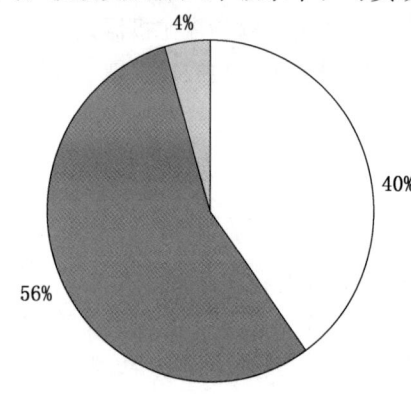

图23-2 煤矿机器人整体研发进展

1. 巡检类机器人研发进展

巡检类机器人共11种，现有8种机器人已经在煤矿现场实现了不同程度的应用，4种正在研发。对比以上水平等级划分，巡检类机器人正处于中级阶段，其研发应用情况及参与单位情况见表23-1。由于通风监测机器人技术路线并不成熟，应用情况没有达到理想效果，因此，中煤科工集团沈阳研究院和中煤科工集团北京煤科总院正在进行研发，故有4种产品属于正在研发中。巡检类机器人占据较大市场，下一步应继续提升技术水平，拓展市场容量。

表23-1 巡检类机器人研发应用情况

名称	所处阶段	现有种类	主要研发单位	技术路线是否成熟	典型应用
工作面巡检机器人	已有应用	1	北京天地玛珂电液控制系统有限公司	较成熟	黄陵一号煤矿
管道巡检机器人	正在研发	1	中煤科工集团沈阳研究院	不成熟	—
	已有应用	1	山东品诺科技	不成熟	枣矿集团
通风监测机器人	正在研发	2	中煤科工集团沈阳研究院、中煤科工集团北京煤科总院	不成熟	—

表23-1（续）

名称	所处阶段	现有种类	主要研发单位	技术路线是否成熟	典型应用
危险气体巡检机器人	已有应用	2	中煤科工集团沈阳研究院	基本成熟	淮南顾桥煤矿、王坡煤矿
带式输送机巡检机器人	已有应用	挂轨式，约6种	中煤科工集团沈阳研究院、中信重工开诚、山西戴德	基本成熟	张家峁煤矿、王坡煤矿、国神敏东一矿、蒙大煤矿、神华北电、同煤塔山煤矿
硐室固定场所巡检机器人	已有应用	挂轨式约6种	中煤科工集团沈阳研究院、中信重工开诚	基本成熟	张家峁煤矿、巴拉素煤矿
硐室固定场所巡检机器人	已有应用	轮式约2种	中煤科工集团沈阳研究院	基本成熟	淮南顾桥煤矿
巷道巡检机器人	已有应用	挂轨式约6种	中煤科工集团沈阳研究院、中信重工开诚、山西戴德	基本成熟	张家峁煤矿、同煤塔山煤矿
巷道巡检机器人	已有应用	轮式约4种	中煤科工集团沈阳研究院	基本成熟	淮南顾桥煤矿、王坡煤矿
井筒安全智能巡检机器人	已有应用	2	中煤科工集团沈阳研究院、中信重工开诚	较成熟	枣矿七五煤矿
洗煤厂巡检机器人	已有应用	1	中煤科工集团沈阳研究院	较成熟	上湾煤矿
电缆沟巡检机器人	正在研发	1	中煤科工集团沈阳研究院	不成熟	—
飞行巡检机器人	正在研发	—	中煤科工集团沈阳研究院	不成熟	—

煤矿井下巡检机器人较为成熟的主要有悬挂轨道式和轮式2种行走方式，同时针对井下不同场景检测需求，中煤科工集团沈阳研究院有限公司现已研发出仿生四足式和轮履复合式，此外也在针对飞行式巡检机器人进行研发。

1）悬挂轨道式巡检机器人

悬挂轨道式巡检机器人由轨道模块、机械本体、行走机构、供电模块、智能感知模块、控制模块和通信模块组成，可在轨道上往复行进，具备自动行走、自主定位、皮带运行参数检测、温度与烟雾感知、煤流监测、环境参数监测及预警等功能，替代人工实现应用场景的智能化监测。

针对井下变电所场景，中煤科工集团沈阳研究院、中信重工开诚智能等企业都研发应用了工字钢轨道巡检机器人（图23-3、图23-4），搭载红外热像仪、多参数气体传感器、拾音器、可见光摄像仪等多种智能传感器，实现

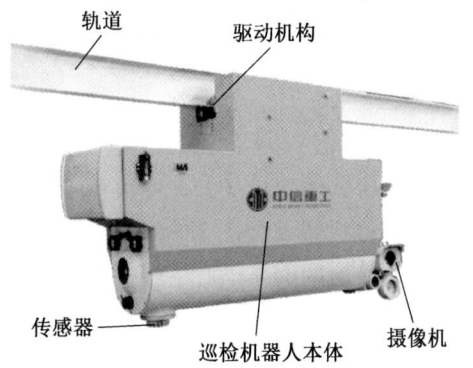

图23-3 中信重工开诚轨道巡检机器人

实时采集、存储、传输现场的图像、声音、温度、烟雾、甲烷等数据，通过数据分析，判断设备故障及故障位置，提升了井下变电所的智能化管理水平。

图 23-4　中煤科工集团沈阳研究院工字钢轨道巡检机器人

针对井下回风巷道，中煤科工集团沈阳研究院研发钢丝绳牵引式巡检机器人（图 23-5），机器人由视觉系统、测温系统、环境监测系统、对讲系统、供电系统、避障系统、无线通信系统、管理决策系统、充电系统组成，实现对回风巷道的巡检，实时监测巷道情况及内部环境状态。

图 23-5　中煤科工集团沈阳研究院回风巷道巡检机器人

针对带式输送机场景，中煤科工集团沈阳研究院、中信重工开诚智能研发钢丝绳牵引自发电巡检机器人（图 23-6、图 23-7）。机器人采用轨道自发电供电模式，利用机器人行走时与轨道间的摩擦产生机器人动力源。该机器人具备物料运输系统无人化巡检、物料运输系统组件发热检测报警、噪音识别、皮带跑偏识别、皮带破损识别报警等核心功能，且通过配套集控软件能够对皮带机巡检机器人控制、并能够对大量的皮带机输送系统数据进行采集与大数据分析，通过人工智能算法实现物料运输系统巡检、零部件检测、系统报警为一体的智能化运维。

图 23-6 中煤科工集团沈阳研究院钢丝绳牵引自发电巡检机器人

图 23-7 中信重工开诚钢丝绳牵引自发电巡检机器人

其中沈阳研究院钢丝绳牵引自发电巡检机器人应用于乌审旗某煤矿主运巷道带式输送机系统。针对带式输送机的使用工况和巡检要求，突破电源模块自管理及自灭弧技术、防爆升降云台等关键技术，完成钢丝绳自行走巡检机器人结构、状态感知及智能控制系统、充电管理系统、通信系统等分系统开发。此外，针对工字钢轨道铺设成本较高问题，沈阳研究院采用圆钢作为轨道，还研发了攀爬行走及连续行走两种方式的圆钢挂轨机器人（图23-8）。

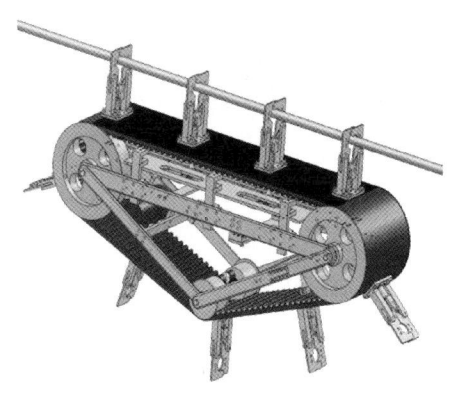 

图 23-8 攀爬行走及连续行走圆钢挂轨巡检机器人

针对-40 ℃的露天矿低温区煤矿带式输送机场景，中煤科工集团沈阳研究院研制低温带式输送机巡检机器人（图23-9），为保证机器人在极寒环境能够稳定高效地工作，选用高性能的锂离子低温电池，电池组采用隔热保温设计，通过电池组的BMS系统监控电池组的温度变化，实现低温电池使用。已在神华北电煤矿现场应用。

图 23-9 低温区巡检机器人

2）轮式巡检机器人

针对变电所、水泵房等硐室固定场所，中煤科工集团沈阳研究院研制了扫拖一体轮式巡检机器人、协作机械臂 AGV 巡检机器人等 4 种不同形式的轮式巡检机器人（图 23-10），实现在淮南某煤矿井下变电所应用。机器人由行走机构、机械本体、供电模块、智能感知模块、通信模块和控制模块组成。可沿设定路线行进自主行走，具备精确定位和智能避障功能，实现对场景下设备状态及待检参数的实时监测和巡检。其应用多传感器融合技术，在机器人本体上搭载多种传感器实现多参数监测，通过通信系统可向远程控制端传输监测数据，并具备语音对讲和智能报警功能。

图 23-10 变电所轮式巡检机器人

针对井下巷道场景，中煤科工集团沈阳研究院研制"探险者号"危险气体巡检机器人和六轮系长距离多功能巡检机器人（图 23-11、图 23-12）。采用电动防爆轮式底盘，独立悬挂设计，对标乘用车标准，经两代完善阿克曼转向角度，配合不断研发实验获得的适合机器人轮车底盘的内倾、外倾、后倾角度和车轮前束参数，使得车辆在遥控端拥有绝佳的直线性能，在算法端有精准、稳定的反馈及执行命令。通过混合导航方式进行路径识别，自动回充，安全避障，分别到待检测区域进行瓦斯浓度检测，然后将检测结果通过网络传输至监测后台。机器人已成功应用于神东大柳塔煤矿，并在主巷道内稳定运行。能够对巷道甲烷、氧气、一氧化碳、二氧化碳等进行准确感知，准确率达 95% 以上，且当测得数据大于设定阈值时,机器人可以实时报警给控制终端;搭载激光雷达、甲烷遥测传感器及各种矿用传感器,实现井下巷道内甲烷聚集区域判定、甲烷聚集浓度监测、巷道视频监控、粉尘浓度监测等功能,有效替代瓦斯检查员对巷道进行高效巡检。

3)仿生四足式巡检机器人

仿生四足巡检机器人(图23-13)专门针对多层次结构空间研制,爬楼梯、越障性能良好,机器人除包含仿生四足巡检机器人机械本体外,载有多线三维激光雷达、多参数传感器(甲烷、一氧化碳、二氧化碳、氧气浓度、粉尘浓度、环境温湿度)、测温型双光谱摄像头、烟雾传感器、拾音器等多个检测模块。已在上湾洗煤厂内进行应用,解决了岗位工巡检设备,减少人工干预,实现岗位无人化,保证选煤厂安全可靠的运行。

图 23-11 "探险者号"危险气体巡检机器人

图 23-12 六轮系长距离多功能巡检机器人

 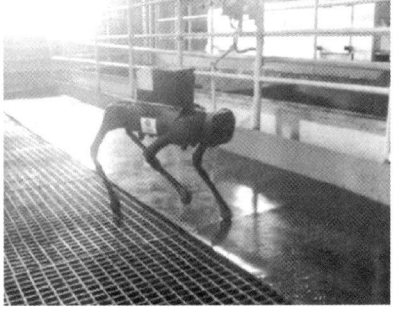

图 23-13 仿生四足巡检机器人及其工作状态

4）工作面巡检机器人

由于工作面采场实时变换且设备安装空间狭小，对巡检机器人的设计和轨道安装有着更高的要求。北京天地玛珂电液控制系统有限公司通过技术攻关，研发了一款工作面巡检机器人，以电池供电驱动行走机构，沿刮板输送机电缆槽外侧的轨道实现快速移动，轨道之间采用具有一定承载能力的弹簧连接件实现柔性连接，如图23-14所示。该机器人搭载惯性导航系统、三维激光扫描装置、红外热成像摄像仪、可见光摄像仪、无线移动终端等装备，可完成对综采工作面直线度、水平度检测、工作面精确定位、工作面点云扫描、采煤机运行状态巡检。通过在神东榆家梁煤矿43101综采工作面应用，实现了最大巡检速度可达60 m/min。

图23-14　综采工作面巡检机器人现场布置及样机

2. 作业类机器人研发进展

作业类机器人共13种，有3种机器人已经在煤矿现场实现了不同程度的应用，9种正在研发，1种尚未开始研发；对比以上水平等级划分，作业类机器人目前处于初级阶段（表23-2）。

表23-2　作业类机器人研发应用情况

名称	所处阶段	现有种类	主要研发单位	技术路线是否成熟	典型应用
喷浆机器人	已有应用	2	山东天河科技公司、中煤科工集团沈阳研究院	较成熟	中煤新庄煤矿、柠条塔煤矿
搬运机器人	正在研发	1	中煤科工集团沈阳研究院	不成熟	—
快速打钻机器人	正在研发	1	中煤科工集团重庆研究院	不成熟	—
巷道清理机器人	正在研发	1	中煤科工集团沈阳研究院	不成熟	—
煤仓清理机器人	正在研发	1	中煤科工集团沈阳研究院	不成熟	—
水仓清淤机器人	正在研发	2	中煤科工集团沈阳研究院	不成熟	—
选矸机器人	已有应用	2	天津美腾科技公司、中煤科工集团沈阳研究院	较成熟	晋煤赵庄选煤厂
巷道冲尘机器人	正在研发	1	中煤科工集团重庆研究院	不成熟	—

表23-2（续）

名称	所处阶段	现有种类	主要研发单位	技术路线是否成熟	典型应用
自动排水机器人	已有应用	1	山西焦煤集团	不成熟	山西焦煤集团
密闭砌筑机器人	正在研发	1	中煤科工集团沈阳研究院	不成熟	—
管道安装机器人	正在研发	1	中煤科工集团沈阳研究院	不成熟	—
管道清理机器人	正在研发	1	中煤科工集团沈阳研究院	不成熟	—
摊铺机器人	尚未研发	—	—	—	—

煤矿井下作业类机器人主要受大量共性关键技术尚未解决的制约，导致产品少、实用性差，相对较为成熟的为喷浆机器人和选矸机器人。作业类机器人主要研发单位中煤科工集团沈阳研究院先后研制出水仓清淤机器人、喷浆机器人、巷道清理机器人和选矸机器人等样机，部分进行了试点应用（柠条塔、红柳等煤矿）；同步在研搬运机器人、管路安装机器人、摊铺机器人和煤仓清理机器人等，实现了辅助作业机器人从无到有，但面对客户深度需求仍存在技术壁垒。

1) 喷浆机器人

沈阳研究院喷浆机器人（图23-15）行走及机械臂为遥控操作，喷浆效率可达 $7\sim8\ m^3/h$，喷浆回弹率 $<30\%$；在进行自主行走及喷浆作业研发过程中存在的问题主要为自主行走 5 km 偏差 21 m，机械臂运行轨迹偏差量大导致回弹率较高，机械臂控制精度差导致喷浆厚度不均匀，最大厚度 20 cm，最小厚度 5 cm。

山东天河科技公司研发的煤矿喷浆机器人（图23-16），机器人为远程遥控操作，喷头可实现 $360°$ 旋转，$180°$ 摆动，伸缩臂行程可达 2100 mm，同时实现 $-60°\sim70°$ 俯仰操作，最大工作高度可达 6.9 m，最大工作宽度可达 8.8 m，适用于 $15\sim60\ m^2$ 的巷道断面。

2) 选矸机器人

天津美腾科技股份有限公司的干法智能分选机器人如图23-17所示。选矸机器人研发企业较多，技术相对成熟，中煤科工集团沈阳研究院有限公司、天津美腾科技股份有限公司、深圳时维智能装备、唐山渤海冶金、北京巨龙融智和深圳煜禾森科技等公司的产品已在开滦集团、内蒙古伊泰能源、潞安集团、国家电力投资集团等煤矿企业投入使用，代替人工操作，取得了较好效果。其中，应用最广泛的是天津美腾公司的气动喷吹煤矿分选系统，在山东能源临矿集团王楼煤矿应用选矸机器人实现井下 50 mm 块煤和矸石的自动分选。

图23-15 中煤科工沈阳研究院喷浆机器人

图 23-16　山东天河喷浆机器人

图 23-17　天津美腾科技股份有限公司的干法智能分选机器人

中煤科工集团沈阳研究院有限公司研发一款基于双重识别系统（图像视觉+X 射线）和多重分选系统（机械手+气锤+风枪）的多元识别及广域分选机器人（图 23-18）。三种分选机构应对不同粒度，各有优势，粒度规格兼容性更好，可实现 30~1000 mm 粒度矸石的分选。

图 23-18　中煤科工集团沈阳研究院选矸机器人

3) 清理类作业机器人

中煤科工集团沈阳研究院、山东优宝特、山东鲁科和京奥普科星公司已开展巷道清理机器人、煤仓清理机器人的研发；中煤科工集团重庆研究院开展了巷道冲尘机器人和快速打钻机器人的研制，完成了部分样机的试制，还未进行井下试验。

水仓清理机器人研发的厂家相对较多，徐州天科机械、山东鲁科自动化等公司具备水仓清理机方面的研制基础，已实现清理作业的遥控操作，开滦集团与煤科院唐山分院也开展了合作研发，主要解决水仓清理系统自动化、智能化的问题。中煤科工集团沈阳研究院着力攻克机器人定位导航、水仓避障安全机制、清淤量自动识别等关键技术，解决水仓清理需排空水作业、效率低及清仓周期长的问题，可实现高效清仓作业，其样机如图23-19所示。

图23-19 中煤科工集团沈阳研究院水仓清淤机器人

4) 搬运、抓取类作业机器人

潞安集团、陕煤化集团等都对搬运机器人提出了具体需求，江苏天煤机电、山西科达自控公司已研发一种辅助锚杆搬运机械臂并完成了样机的试制；北京玉麟科技公司的无人驾驶运输车辆已经获下井资质，处于软件开发与测试阶段；中煤科工集团沈阳研究院针对目标识别成功率较低，机械臂搬运和抓取重量不足，不能满足实际搬运作业需求，提出并研究重负荷、高灵敏度防爆液压柔性机械臂及其控制技术以及复杂工况下作业目标位姿的精准测量技术，使机器人能够实现自主搬运和管路抓取。

3. 救援类机器人研发进展

我国煤矿机器人的研发始于煤矿救援机器人，最早提出煤矿机器人的概念是通过机器人下井替代救护队员开展危险区域探测、救援作业。然而，由于煤矿灾后环境具有极大的不可预知危险性，煤矿电气设备灾后环境下的防爆要求比常规工况要求更高，因此给各类煤矿救援机器人的研发带来了巨大挑战。现有救援类机器人6种，2种机器人已经在煤矿现场实现了不同程度的应用，4种处在研发阶段；对比以上水平等级划分，救援类机器人尚且处于初级阶段，具体见表23-3。

表23-3 救援类机器人研发应用情况

名称	所处阶段	现有种类	主要研发单位	技术路线是否成熟	典型应用
井下抢险作业机器人	已有应用	1	新松机器人	基本成熟	山能集团
矿井救援机器人	已有应用	1	中信重工开诚	不成熟	梁宝寺煤矿
灾后搜救水陆两栖机器人	正在研发	—	中煤科工集团沈阳研究院	不成熟	
井下灭火机器人	正在研发	—	中煤科工集团沈阳研究院	不成熟	
起缝机器人	正在研发	—	中煤科工集团沈阳研究院	不成熟	
放生蛇形探测机器人	正在研发	—	中煤科工集团沈阳研究院	不成熟	

图23-20 煤矿灭火救援机器人样机

中国矿业大学（北京）与中信重工开诚智能装备公司产学研合作，成功研发了危险气体探测、灾后灭火救援等系列煤矿安控类机器人，煤矿灭火救援机器人样机如图23-20所示，主要用于矿井危险作业区域的环境探测和灭火救援，可以代替救援人员深入灾害事故现场进行侦察和搜救。

中煤科工集团沈阳研究院有限公司与神东技术研究院合作，展开煤矿救援机器人群研制，包括面向煤矿狭窄空间的起缝辅助救援机器人、面向煤矿狭小空间救援任务的仿生蛇形机器人和煤矿水陆两栖侦检机器人。

4. 重型装备智能化改造机器人研发进展

重型装备智能化改造升级类机器人14种，6种已经在煤矿现场实现了不同程度的应用，7种处在研发阶段，1种尚未开始研发，具体见表23-4。

表23-4 重型装备智能化改造类机器人研发应用情况

名称	所处阶段	现有种类	主要研发单位	技术路线是否成熟	典型应用
露天矿电铲智能装载系统	正在研发	—	中钢集团马鞍山矿山研究院有限公司	不成熟	—
破碎机器人	正在研发	—	上海矿山机械制造有限公司	不成熟	
防突钻孔机器人	正在研发	—	河南铁福来装备公司	不成熟	
探水钻孔机器人	正在研发	—	山东天河科技公司	不成熟	
钻锚机器人	已有应用	1	冀凯河北机电科技公司	基本成熟	冀中能源集团、峰峰集团

表 23-4（续）

名称	所处阶段	现有种类	主要研发单位	技术路线是否成熟	典型应用
临时支护机器人	正在研发	—	西安煤矿机械有限公司	不成熟	—
全断面立井盾构机器人	已有应用	1	中国铁建重工集团	基本成熟	陕煤化集团榆北煤业、曹家滩煤矿
掘进机器人	已有应用	1	石家庄煤矿机械有限公司	基本成熟	国家能源集团新疆涝坝湾煤矿
掘进工作面机器人群	已有应用	3	中国矿业大学、西安重工装备集团	基本成熟	陕煤化集团榆北煤业、小保当煤矿
露天矿穿孔爆破机器人	尚未研发	—	—	—	—
充填支护机器人	正在研发	—	北京天地玛珂电液控制系统有限公司	不成熟	—
超前支护机器人	正在研发	—	郑州煤矿机械集团	不成熟	神东煤炭集团
采煤机器人	已有应用	5	中国煤炭科工集团天地科技、西安重工装备集团	基本成熟	神东煤炭集团
采煤工作面机器人群	已有应用	3	天地科技股份有限公司	基本成熟	转龙湾煤矿

1）钻锚、钻孔类机器人

开滦集团、兖矿集团、山东能源集团等煤矿企业对钻锚机器人的需求迫切，北京景隆重工机械有限公司、冀凯河北机电科技有限公司、山东祥德机电有限公司等企业具备钻锚台车方面的技术优势。山东能源重装集团和石家庄金必德机械制造厂合作研制样机；冀凯河北机电科技有限公司与新汶矿业集团合作，完成样机试制和厂内测试；廊坊景隆重工研制的样机在神东哈拉沟矿进行工业性实验；山东祥德机电公司的样机已经实现第 1 阶段遥控及自动装卸钻杆并在皖北恒源煤电试用。钻锚机器人仍以遥控操作为主，自主移动为辅，中国煤炭科工集团重庆研究院等科研单位已组织科技攻关，重点解决钻孔机器人的井下自主移动、导航定位、自动钻进等问题。

掘进机器人的研发难点在于工作面作业空间严重受限，掘进头前方区域地质条件突变、灾后情况不可预知，掘进空间内粉尘浓度大导致图像等视觉手段无法正常工作。因此，掘进机器人的发展需要针对不同作业工况提出差异化的成套解决方案，对于建井开拓、井下永久大巷等矿井永久基础设施的建设施工可加大力度推广盾构机器人方案的使用，随着未来盾构技术的进一步发展和成本控制，还可以向采区巷道继续延伸；对于煤层赋存条件好、顶底板条件好的矿区，岩巷、煤巷掘进可研发应用基于综掘机或连采机的一体化机器人群掘进系统解决方案，逐步实现掘、支、锚、运等多工序平行协调作业，提高掘进效率；对于部分不具备条件的矿井，可考虑在传统掘进机基础上进行智能化改造，通过视频、激光、惯导等多传感器融合技术发展遥控和半自主化掘进作业；同时，掘锚一体机、多臂锚杆台车和各类自动化钻孔机器人也是未来发展的趋势之一，可通过机器人技术实现 2~3 个作业工序的并行，也可大幅提高掘进效率、减少掘进头人员数量。

2）采煤类机器人

近年来，诸如中煤科工集团上海研究院有限公司、郑州煤矿机械集团、北京天地玛珂电液控制系统有限公司、天津华宁电子有限公司、四川航天电液控制有限公司等企业在综采工作面系统集成和智能化建设方面取得了长足进步，分别针对薄煤层、中厚煤层、大采高智能化工作面开展了技术攻关和成品装备的研发和集成应用。其中，中煤科工集团上海研究院、天地科技股份有限公司研制的产品分别如图23-21、图23-22所示。截至2020年底，全国共建成智能化工作面550个以上。

图23-21　中煤科工集团上海研究院研制产品

图23-22　天地科技股份有限公司研制产品

对于我国特厚煤层放顶煤开采工艺的智能化，需要重点研究解决放煤过程的煤矸识别、放煤量识别、顶煤厚度探测等技术难题，通过引入机器学习等手段将人工放煤经验植入放煤工作面智能化系统，提高放煤工作面生产效率，降低混矸率、提高资源采出率。

23.1.2　煤矿机器人关键技术研发进展

煤矿机器人总体目标在于积极推进煤矿的机械化、自动化和智能化建设，从而推动机械化换人、自动化减人和智能装备替代高危岗位作业。为服务国家能源安全战略，有效遏制煤矿重特大事故，聚焦煤矿巡检、作业、救援机器人相关的重大科学问题和关键技术难题，可将煤矿机器人关键技术分为以下几项：防爆及井下受限空间约束下机器人防爆一体化设计理论；煤矿机器人井下充电技术；封闭环境下机器人精准定位导航技术；煤矿机器人驱动单元的高效高机动技术；大粉尘、低光照、高潮湿环境下机器人可靠感知技术；煤矿机器人高可靠、抗干扰通信技术；煤矿机器人可靠性测试评估技术；煤矿井下受限空间重负荷作业机械臂技术；机器人群协同指挥调度技术研究。

随着井下煤矿机器人应用数量的增多，机器人防爆技术、井下充电技术、高效驱动技术、通信技术等都取得了一定的进展和突破。此时，机器人向高智能化发展的最大阻碍是井下机器人精准定位导航技术、大粉尘低光照条件下视觉感知技术以及煤矿井下受限空间重负荷作业机械臂技术。

1. 井下机器人精准定位导航技术

井下机器人实现精准定位导航是完成作业要求的重要保障。煤矿巷道、采掘工作面等作业区域具有典型的半结构化或非结构化环境特征，且 GPS 技术无法直接应用于井下，亟须构建适用于煤矿机器人的自主定位系统方案，解决井下机器人精确定位、姿态感知等问题。如何快速突破惯导、激光、超声波、UWB 和视觉等多信息融合的井下机器人精准感知与定位技术，是实现井下机器人局部自主的关键。

1）现有研发成果

根据煤矿井下非结构环境需求，沈阳研究院特种机器人事业部从多种导航方式着手研究不同导航方式，形成发展煤矿井下导航定位系统的新技术、新方法和新应用的探索。共计探索研究了 13 种导航方式，除了单一方法的导航技术研发，包括二维码导航、磁导航（磁条/磁钉）、视觉导航（基于 RGBD 的深度摄像机/基于单目摄像头/基于多目摄像头）、惯性导航和激光导航（二维激光雷达/三维激光雷达）；还研究了多种混合导航方式，包括磁钉+惯性导航、视觉+IMU、激光雷达+IMU、激光雷达+视觉导航等。煤矿机器人导航技术研发情况及规划如图 23-23 所示。

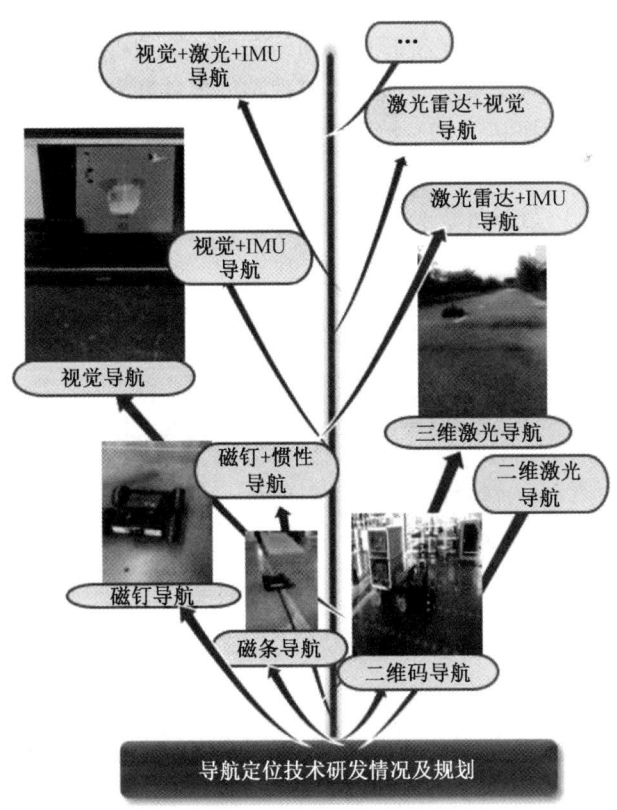

图 23-23　煤矿机器人导航技术研发情况及规划

经过现场试验应用，针对以上导航方式总结了其在煤矿环境下的优缺点。二维码导航方式对于煤矿变电所等小范围封闭场景较为适用，优点在于定位稳定性好、技术成熟、成本较低，缺点是需要在移动机器人运行路线上铺设大量二维码、施工工程量大，同时二维码需要定期进行维护更换，维护工作量大且需要在光照良好环境下应用；磁导航方式包括铺设磁钉或磁条，磁钉导航通过磁导航传感器检测磁钉的磁信号还寻找进行路径，磁条导航是使移动机器人通过测量路径上的磁场信号获取车辆自身相对于目标跟踪路径之间的位置偏差，从而实现车辆的控制及导航。磁条和磁钉导航的优点在于技术成熟可靠、定位稳定性好，缺点在于都需要对地面进行施工，施工工作量大，在路线变更时需要重新铺设，柔性差，维护成本高。二维码和磁导航应用过程中其缺点逐步显现，最为关键的是这几种方式不能实现机器人的智能避让，或通过控制系统实时更改任务。

随着视觉和激光雷达自身硬件的不断升级，现有煤矿机器人导航技术多为基于视觉和激光展开研发的。一是基于SLAM算法的激光雷达导航，即机器人通过搭载激光雷达并应用SLAM技术进行机器人当前位姿的推算、轨迹估计与环境建模；二是基于机器视觉的导航，应用图像处理技术及边缘提取技术实现机器人的定位与跟踪。

激光雷达导航方面，沈阳研究院对激光雷达的建图方式、定位方式、路径规划以及避碰策略等进行了研究，形成了较为丰富的研究成果。研发了16线双激光雷达建图方法，验证了导航算法在边缘服务器的实现，完成了四轮巡检机器人、六轮巡检机器人、仿生四足巡检机器人三种不同底层运控需求的导航系统构建，其中仿生四足巡检机器人已在上湾洗煤厂和布尔台现场进行了导航系统验证；四轮和六轮巡检机器人在神东建设一厂进行了导航系统测试，针对现有导航算法直线行驶出现跑偏现象开发了机器人路径规划直线优化算法，直线导航纠偏能力提高了82%。同时，在厂区内搭建模拟巷道内存在沙石、土包、泥浆等使路面颠簸不平的情况，验证机器人导航算法的有效性。实现厂区及办公区的精准点云地图构建，如图23-24所示。

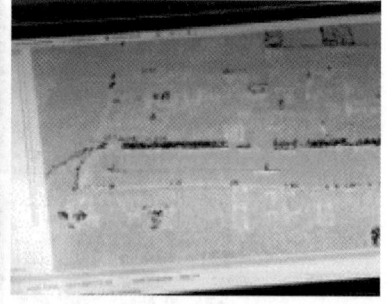

图23-24 实现厂区及办公区的精准点云地图构建

视觉导航方面，沈阳研究院针对井下相对环境光照较好条件的巷道等开放性环境，设计了一种适用于煤矿机器人的基于RGBD的视觉导航系统，已实现煤矿场景下基于RGBD的视觉导航，定位导航精度良好，重复定位精度最大6.8 cm，定位偏差小于14 cm，角度误差小于12°，验证了该视觉导航架构及算法流程具有较好的稳定性和鲁棒性。建图方面采用ORB_ SLAM2/SVO特征点法匹配建图，即基于灰度梯度产生特征点并进行特征向量描述，后续根据特征点与特征向量的匹配完成地图的构建，实现了基于 ORB_ SLAM2/SVO 算法的视觉三维建图，已在厂区进行了验证；自主定位方面采用 AMCL 方法定位，即基于粒子群滤波的方法估计机器人位置。

视觉与激光雷达融合方面，以 Kinect v2 相机和思岚 mapper 激光雷达作为数据采集平台，基于自主研发四轮机器人硬件平台编制完成，实现基于 RGBD 深度相机和二维雷达融合 RTAB-MAP 导航。采用单线激光作为里程计，辅助视觉传感器建图与回环检测，进一步提高了建图的质量，建图准确度提高 70%。

团队正在对激光雷达导航、视觉导航、IMU 进行混合研究，力求打造更加精准的导航定位系统。

2）正在研发的导航技术

煤矿巷道、采掘工作面等作业区域具有典型的半结构化或非结构化环境特征，单一的或两种方式混合的导航方式都难以解决煤矿机器人在长距离场景下的自主定位、自主行走问题。亟须找到适用于多煤尘、低照度、场景退化条件下的多层次高精地图构建原理和方法，突破多种传感器融合下的混合导航技术，实现煤矿机器人在复杂场景和路况条件下自主行走控制。因此，沈阳研究院开展视觉+激光雷达+IMU 的混合导航方式，该项技术在国内外都属于首例研发。但该项技术存在诸多难点，如难以解决煤矿机器人本体所固有的控制噪声以及探测过程中转向和快速移动导致原始采集数据的延迟和模糊问题；难以解决实际环境中地面凹凸导致数据的采集无法保持在同一水平面而引起观测数据歧义问题；难以解决多传感器同步采集数据时，硬件采集或软件获取同步问题以及不同传感器的置信度不同需要制定对应设计优化策略问题；难以解决大尺度地图或特征较多的地图重定位时间过长导致系统崩溃的问题；难以解决如何依据栅格地图规划出一条距离最短且没有碰撞的最优路径并且保证机器人的工作效率和安全性问题。

沈阳研究院以煤矿井下移动机器人作为研究对象，针对煤矿复杂场景下的巡检、探查等移动机器人长期自主环境下适应问题，开展大范围复杂场景三维建模和多层次环境地图构建方法、面向煤矿井下长距离巡检场景的机器人巡线规划算法、移动机器人自主场景理解及导航自主环境适应技术研究，实现复杂环境下机器人的自主定位、动态避障、路径规划与智能运行等功能，并在煤矿长距离航道或者突发事件场所进行应用验证。技术层面应达到：视觉与 IMU、激光雷达联合标定结果误差小于 0.5 像素；井下场景空间 100 m 范围内定位绝对误差小于 0.1%；井下环境的实时空间三维重建，点云平均精确度达到厘米级别。SLAM 巷道建图如图 23-25 所示。

2. 大粉尘低光照条件下视觉感知技术

井下带式输送机、水泵房、压风机房、巷道等多数场景照度低、光照不均且巷道、工作面等场景宏观尺度大，现有视觉相机在井下应用过程中会出现采集信息信噪比低、RGB 信息获取不明显、像素点稀疏、目标图像及点云相对精度低等问题。因此亟须研发复杂工况下视觉测量识别技术，实现作业目标位姿的精准测量、巷道断面实时监测、路面积水识别、输送带异物、撕裂、跑偏识别等功能。中煤科工集团沈阳研究院已经布局研究视觉识别和测量技术，研究了 halcon 图像识别技术，实现了对电压表的指针位置信息以及仪表示数的准确识别；研究了通过相机和传感器，获取指示灯的图片信息，然后对图像进行二值化处理，经过形态学处理及基于颜色信息的阈值分割处理，实现了指示灯状态信息的识

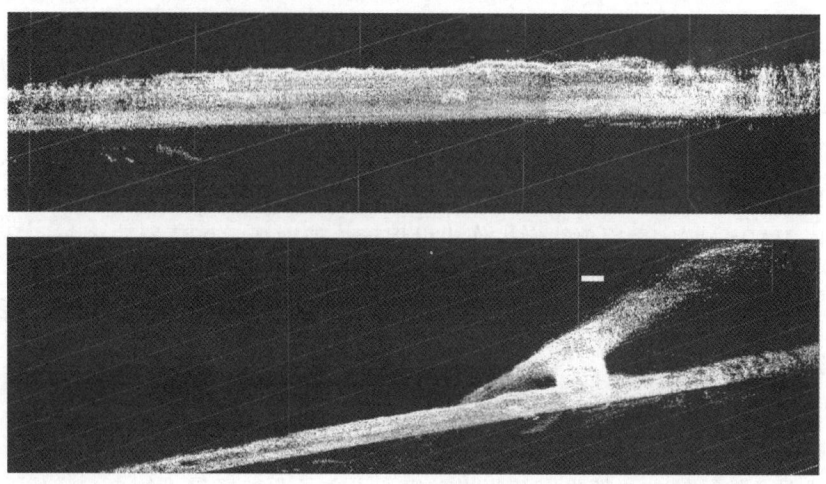

图 23-25 中煤科工沈阳研究院 SLAM 巷道建图

别；研究了基于井下低照度的图像识别算法，实现在井下照度不佳的环境下，通过图像增强，完成管道识别。但面对巷道长距离、低光照等特征，难以解决相机视场受限导致的管道信息获取不完整、全局目标位姿估计受限的问题，正在进行准确度测试及坐标值误差优化试验。下一阶段研究计划主要面向巷道场景，对积水识别、巷道断面监测、管路位姿精准测量等方面进行技术攻关，实现机器人自主识别与作业。

1）视觉识别技术

针对煤矿井下暗黑、弱光以及大粉尘等典型半结构化环境特征下的图像识别不清晰，现有图像去噪及增强算法在处理煤矿复杂环境图像时，大都存在图像不清晰、图像失真、细节丢失以及处理效率低等问题，导致识别精度低下，进而可能造成巡检信息不能及时预警，增加煤矿安全事故。中煤科工集团沈阳研究院结合巡检机器人实际巡检需求，以井下变电所开关和仪表常规巡检内容为研究对象，提出低光照高粉尘服役工况下的多场景图像识别方法，解决高粉尘强扰动下巷道积水检测和变电所仪表、指示灯识别不准确的技术难题，采用基于深度学习、数值变换等算法，实现高匹配仪表识别、高反光重阴影下指示灯状态识别，现已完成相关实验验证。

（1）基于 Hough 变换的高匹配仪表识别方法。仪表检测作为变电所巡检机器人的常规巡检内容，其精准识别尤为重要。巡检机器人用云台拍摄的仪表表盘图像由于受到巡检环境的干扰影响，常常会出现光斑，或部分区域曝光的现象，难以直接识别指针。沈阳研究院提出一种基于 Hough 变换的高匹配仪表识别方法，研究了以图像灰度化、高斯滤波、自适应阈值分割、形态学处理为步骤的图像预处理方法，提出了分块区域霍夫变换理论，建立了仪表数据集，实现对井下变电所圆形仪表盘的精准识别。仪表指针识别过程如图23-26 所示。

该方法验证了图像预处理方法的及分块区域霍夫变换理论的正确性和可行性，识别指针读数准确率可达 90%。

（2）高反光重阴影下指示灯状态识别方法。考虑到现场指示灯的状态不一，拍摄图像中存在阴影、反光区域、指示灯轮廓变形等干扰，沈阳研究院提出了基于概率潜在语义

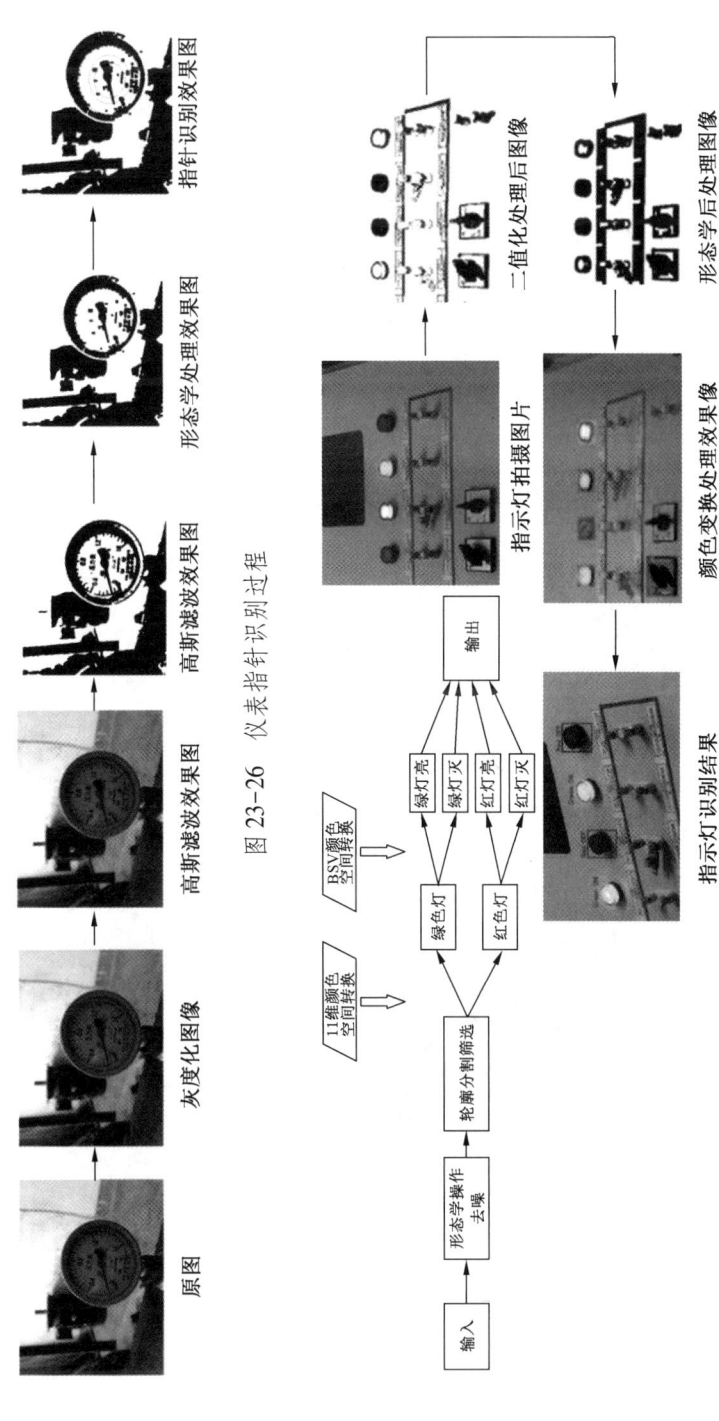

图 23-26 仪表指针识别过程

图 23-27 指示灯识别过程

分析模型的颜色命名算法和 HSV 亮度识别相结合的状态指示灯检测方法。对每一张输入的待检测图像,首先将图像做基本的形态学操作去噪,获得图像中所有的待检测轮廓,并根据面积大小和长宽比做一个初步的筛选。然后通过结合轮廓区域在颜色属性转换后的颜色分布特征确定指示灯轮廓,接着通过 HSV 中的亮度值确定每盏指示灯的亮暗状态。该方法有效避免了阴影、反光区域、指示灯轮廓变形等图像噪声的干扰,识别准确率高,且只在轮廓内区域进行处理,提高了识别效率。指示灯识别过程如图 23-27 所示。

(3) 输送带异物、跑偏检测。研究面向挂轨巡检机器人的视觉检测技术,从煤矿带式运输机场景的图像数据前处理与数据集构建着手,设计并轻量化实现异物检测模型以及输送带边缘检测模型,在输送带状态检测方向,提出了输送带跑偏检测算法、输送带撕裂检测算法,异物目标检测模型的检出精确率≥85%,检出区域的分类准确率≥90%;带式输送机边缘检测模型的输送带边线检出率≥90%,检出边线的连续像素比例≥70%。边缘识别效果如图 23-28 所示,输送带跑偏识别效果如图 23-29 所示。

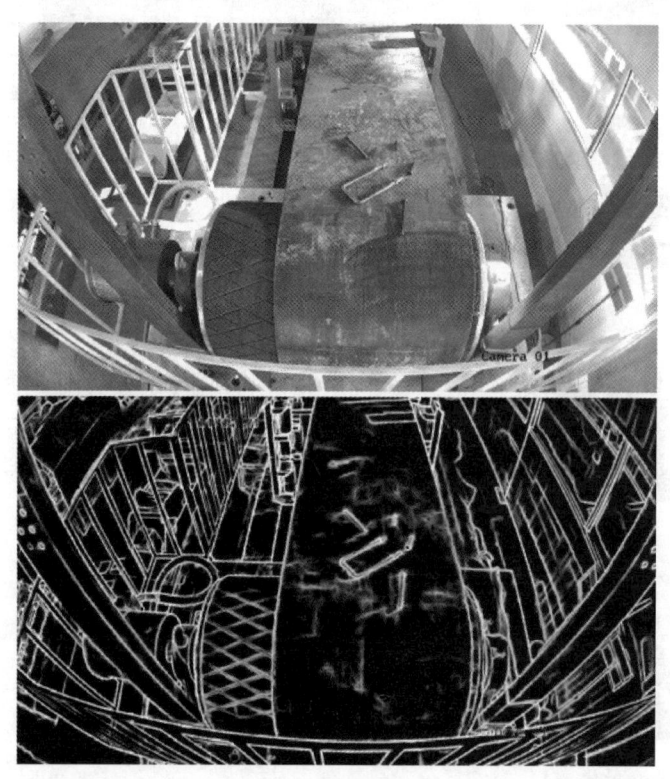

图 23-28 输送带场景边缘识别效果

2) 复杂工况下精准测量技术

特别针对井下搬运和管路安装机器人还不能实现自主识别目标物、不能自主抓取难题,沈阳研究院提出了复杂工况下的作业目标位姿精准测量技术,研究成像模型内参估计算法,计算相机畸变(图 23-30);利用外参计算实现 RGB 图像、点云的多元信息拼接融合;设计参数自适应滤波器,采用特征空间插值实现信息信噪比提升,完成图像及点云信

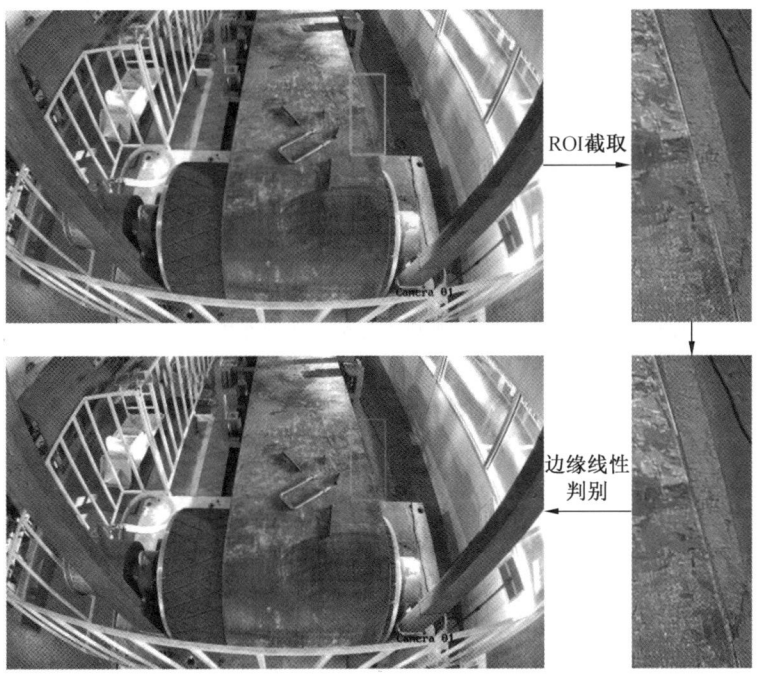

图 23-29 输送带跑偏识别效果

息增强。基于此,建立多维特征空间对目标物体进行全局特征描述,最后基于投影映射关系实现目标关键点的抓取,并结合聚类算法获得质心位置姿态,完成目标物的精准位姿。

研究目标及参数:达到基于视觉图像实现井下环境、关键设备目标对象状况的自动检测识别,平均检测准确率达到 95% 以上,处理速度达到 25 fps 以上;深度信息感知距离≥4 m,目标物轴线定位精度≤10°,目标物位姿估计时长≤2 s,基于点云实现井下环境状态,涉及关键目标对象的 3D 自动检测识别,平均检测准确率≥90%;基于视觉图像和点云,实现井下场景重点区域的自动语义分割,分割精度≥90%。平面棋盘格三维位姿标定如图 23-31 所示。

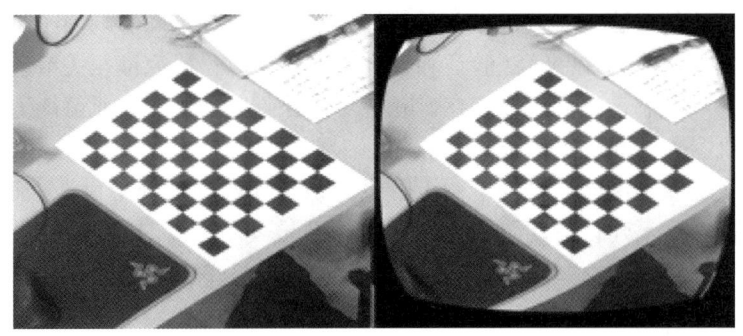

图 23-30 相机畸变校正

3. 井下受限空间重负荷作业机械臂及其高精度控制技术

矿井环境多种作业任务与机械臂密切相关。现有研究难点主要集中在防爆结构、运动

图 23-31　平面棋盘格三维位姿标定

控制和负载自适应能力三方面。在防爆结构方面,液压油缸、液位传感器等关键元件缺少防爆认证,防爆设计导致重量和尺寸极大增加,难以建立结构轻量化与刚性的矛盾解耦;运动控制方面,在构建全局稳定控制器时,难以建立合理有效的系统模型,解决补偿参数不确定性带来的影响以及抗干扰能力。负载自适应较差,不同负载具有不同的动态特性,难以解析元件参数特性与负载敏感动态特性的作用规律,提高系统对负载跟随性。

因此,中煤科工沈阳研究院特别立项"煤矿搬运类机器人关键技术研究项目",研究重负荷防爆液压机械臂及其控制技术,主要研究内容包括:

(1) 研究仿生机理下高负载自重比防爆机械臂。研究基于仿生学原理的高负载自重比防爆机械臂系统构型,实现机械臂尺寸参数的确定,使机械臂结构紧凑;研究机械臂臂长与承载力的影响规律及机械臂臂长尺寸确认方法,实现对机械臂承载能力的合理性验证;研究基于静力学和仿生学原理建立机械臂的液压关节参数模型,提高机械臂末端执行器在复杂环境下的适应性。

(2) 高负载自重比机械臂的特性分析研究。研究末端轨迹和关节空间耦合下的机械臂运动学解析方法,采用 D-H 法对机械臂进行运动学分析实现机械臂对工作区的精准控制;研究高可达空间下的机械臂作业轨迹规划算法,采用插值法对路径点间的轨迹进行规划实现机器人对路径图实时可控;研究机械臂的动力学模型的建立,利用仿真获得关节的负载特性,实现各个关节的实时负载力矩,为关节的设计和控制提供负载特性依据。

(3) 研究液压关节的设计与优化。研究机械臂液压驱动系统效率模型构建及驱动系统效率影响因子评估方法,实现机械臂系统的轻量化;研究不同影响因子与机械臂结构优化解耦方法,实现快速的控制算法验证和设计参数的选取;研究液压关节动态特性与不同扰动下自适应柔顺控制,提高机械臂在矿井下对意外碰撞的柔顺自化解能力。

23.1.3　煤矿机器人标准制定情况

现有煤矿机器人标准建设仍处于初级阶段,缺乏统筹规划顶层设计,造成交叉规定,存在规范不明确及重复建设等问题,现有相关标准见表 23-5。与煤矿机器人相关国家标准及行业标准多为通用技术规范或技术条件,如 GB—3836(爆炸性气体环境用电气设备)、GB/T 34679—2017(智慧矿山信息系统通用技术规范)、GB/T 25517—2010(矿山机械　安全标志)、MT/T 661—2011(煤矿井下用电器设备通用技术条件),未有针对某一种类煤矿机器人进行标准制定。

现有煤矿机器人标准大多为团体标准,约为 15 项,其中沈阳院已获批 12 项。对标现有成熟产品,其中煤矿固定场所巡检机器人技术标准、煤矿带式输送机巡检机器人技术条件、煤矿工作场所有害气体巡检机器人技术条件、煤矿轨道式巡检机器人通用技术条件4项标准可升级为行业标准或国家标准。

表23-5 现有煤矿机器人相关标准情况

标准等级	标准制定情况
国家标准	GB—3836（爆炸性气体环境用电气设备）
	GB/T 34679—2017（智慧矿山信息系统通用技术规范）
	GB/T 25517—2010（矿山机械 安全标志）
行业标准	MT/T 782.1—1998（煤矿机电设备温度传感器）
	MT/T 382—2011（矿用烟雾传感器通用技术条件）
	MT/T 1113—2011（煤矿轨道运输监控系统通用技术条件）
	MT/T 661—2011（煤矿井下用电器设备通用技术条件）
团体标准（此12项为沈阳研究院编制）	煤矿固定场所巡检机器人技术标准
	煤矿带式输送机巡检机器人技术条件
	煤矿工作场所有害气体巡检机器人技术条件
	煤矿电机故障诊断预警系统技术标准
	煤矿移动式巡检机器人通用技术标准
	煤矿辅助作业机械臂通用技术条件
	煤矿轨道式巡检机器人通用技术条件
	煤矿水仓清淤机器人技术标准
	井下抢险救援机器人技术标准
	煤矿重负荷搬运机器人标准
	煤矿机器人集群协同管控系统技术标准
	低温区露天煤矿机器人技术条件

23.2 煤矿机器人集群应用综合管控情况

国家各部委陆续印发了《关于加快煤矿智能化发展的指导意见》《煤矿机器人重点研发目录》等，旨在通过煤矿机器人技术推动智能化与煤炭产业融合发展，提升煤矿智能化水平。有关煤矿智能化攻关企业也相继开展了智能感知、高效驱动、精准导航等多项煤矿机器人技术创新与实践，研制了主运输系统和变电所、水泵房、巷道等井下多场景巡检机器人群，并在机器人群协同指挥调度、科学精准管理、高效分析决策等方面取得突破，形成了一批具有代表性的技术成果，为煤矿智能化建设提供了技术与应用支撑。

23.2.1 煤矿机器人群调度指挥系统研发进展

据不完全统计，未来应用到煤矿的机器人种类不少于70种，大致分为安控类、掘进类、救援类、运输类以及采煤类，煤矿多种场景的机器人化已经成为煤矿智能化发展的必然趋势。在煤矿应用领域，实现机器人群协同指挥功能还面临诸多挑战，主要体现在以下3个方面。一是缺少完整的基础理论研究。机器人群与协同指控系统结合的新机制新理论研究还较为薄弱，缺少将煤矿机器人群与煤矿现场指挥调度系统有机结合的理论指导，对如何提升机器人群在任务执行过程中的监测监控和自我分析决策能力研究较少。二是未充分形成信息集成优势。机器人在执行任务的过程中，场景分散且独立，每台机器人所获信息共享率低，易造成机器人任务规划模糊、突发煤矿事件应对迟缓等局面。三是机器人群多场景多任务的协同规划研究仍处于探索阶段。研究主要面向的是同一种类机器人的路径规划和任务分配，针对异构机器人及其群体的总体规划、相互协作及控制指令下达少有研究。因此，如何对多种机器人进行必要的指挥调度，使其能够协同作业、协同感知、协同决策是亟待解决的问题。

中煤科工集团沈阳研究院有限公司研发了煤矿机器人群调度指挥系统，构建了系统整体架构，分析当前现有机器人在煤矿场景下的问题难点并重点阐述了关键技术和发展思路；提出了煤矿机器人群调度指挥系统应具备的功能，重点攻克机器人群的体系化建设和整合、协同监控与预警、基础数据汇集与分类管理、辅助决策、仿真模拟、智能决策调度，同时将多个机器人获取的数据信息进行整合，完成数据挖掘与分类、一体化决策，完成煤矿机器人系统的运维管理，实现机器人群数据通信的标准化，提高机器人群平台的交互性，提高机器人群的作业效率，并借助数字孪生系统，实现管理人员信息获取的立体化。基于以上，可达到科学分管、精准调度的集群管理目标，提升煤矿机器人群的管理水平和工作效率。

1. 煤矿机器人群调度指挥系统总体架构

机器人群指挥调度系统架构如图 23-32 所示。煤矿机器人群调度指挥系统分为三部分：第 1 部分为机器人实体群，由安控类、掘进类、救援类、运输类、采煤类 5 大类机器人组成，分布于煤矿各个场景，系统支持单一场景中同时布置多个机器人，这些机器人可通过调度指挥系统协作完成指定工作；第 2 部分为数据传输层，负责对机器人本体数据和工作环境参数采集，并实现调度和决策信息下发；第 3 部分为数据处理和展示层，负责对图像、声音、各种数字量、模拟量等所有数据信息进行存储并进行综合分析处理，通过数据挖掘，最终实现生成决策意见、规划机器人行走路径、生成多种数据报表、机器人状态评估等功能。系统支持安卓移动端实时操作，手机端可支持鸿蒙系统，PC 端可支持鲲鹏系统；支持煤矿多场景模拟仿真，系统整体显示效果如图 23-33 所示。

2. 煤矿机器人群调度指挥系统关键技术及其发展思路

（1）高保真数据采集与稳定传输技术。煤矿井下粉尘、淋水、潮湿等环境因素的复杂性以及大型设备产生的强磁场环境导致数据采集和传输过程中很容易数据缺失、数据异常、数据精度不可靠，因此机器人群的数据管理平台需要高保真的数据采集与稳定传输技术作为支撑。高保真数据采集与稳定传输技术如图 23-34 所示。

（2）机器人状态、环境感知等关键元素在线监测和远程诊断技术。结合设备诊断实时性要求和人机交互友好的原则，研究机器人群监测和管理平台及移动 App 等远程设备访问接口，形成机器人状态、环境感知等关键元素的在线监测和远程诊断技术。基于状态监测的评估与诊断结果，构建机器人智能决策模型，结合提出的远程控制策略，实现危险因素预警、远程起停机操作。机器人关键元素在线监测和远程诊断技术及机器人作业监测界面如图 23-35、图 23-36 所示。

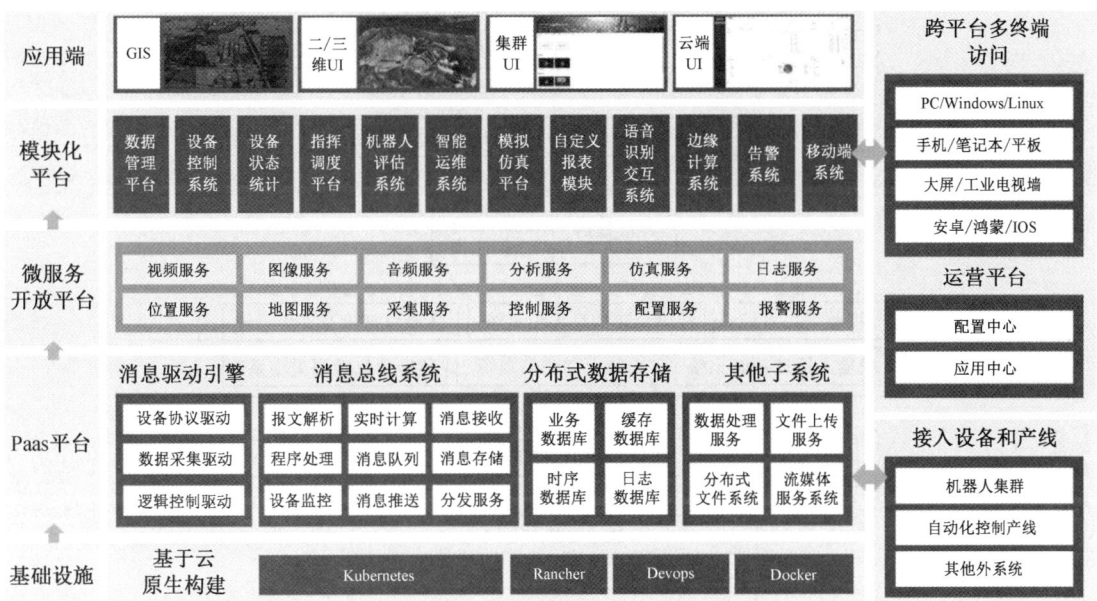

图 23-32　机器人群调度指挥系统总体架构

图 23-33　系统整体显示效果

（3）基于矿区环网的煤矿机器人群云端运维管理技术。煤矿机器人运行环境极为复杂，机器人本身结构也超出常见的工业机器人，维护成本高，作业人员能力也要强。为解决这一问题，煤矿机器人集群调度指挥系统提出了 4G/5G 边缘计算智能网关，建立井下煤矿机器人智能远程运维管理系统。机器人群通过矿区环网将各自的传感器数据、位置信息、任务信息等大量的、多频次的状态数据实时传送至云平台，可实现故障实时报警、在

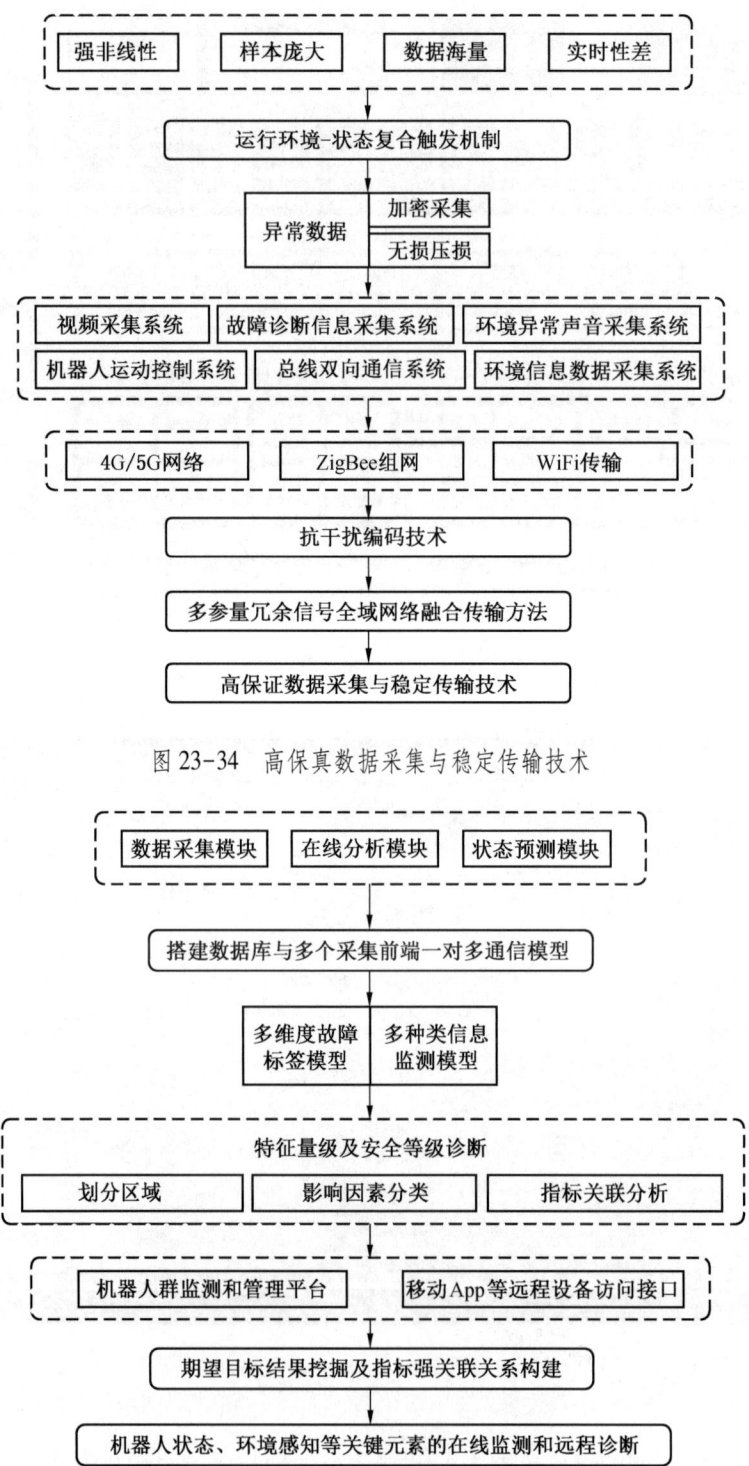

图 23-34 高保真数据采集与稳定传输技术

图 23-35 机器人关键元素在线监测和远程诊断技术

线远程监测、数据分析对比分析挖掘，还可实现在线远程诊断的机器人群运维系统。单体机器人调度监控信息及机器人本体信息如图 23-37、图 23-38 所示。

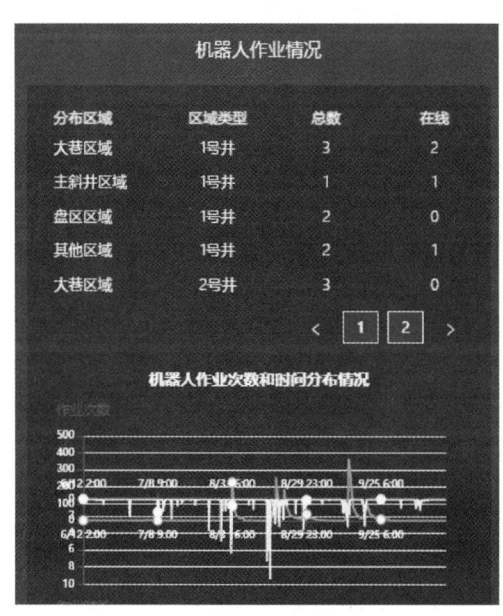

图 23-36　机器人作业监测界面

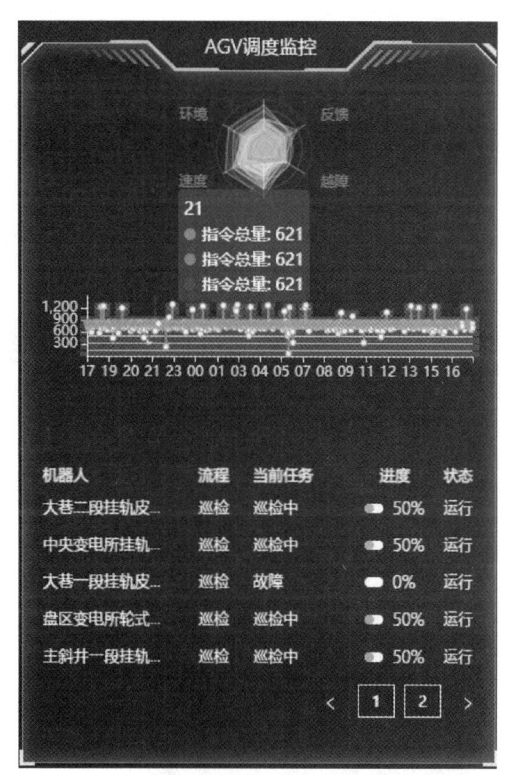

图 23-37　单体机器人调度监控信息

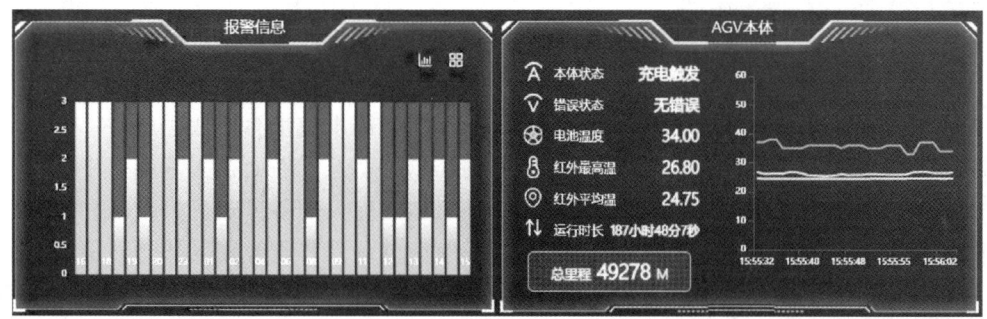

图 23-38　机器人本体信息

23.2.2　煤矿机器人群调度指挥系统主要功能及应用情况

煤矿机器人群是基础，数据信息是支撑，集群运维管理是目标。实现真正面向煤矿场景的煤矿机器人群指挥协同，机器人群调度指挥系统功能至少应包括机器人群指挥调度引擎（图 23-39）、煤矿多场景模拟仿真、机器人状态诊断评估、集群统一运维、基础数据管理、任务使命下达、机器人定位融合等。其中，机器人指挥调度功能、煤矿多场景模拟仿真功能和机器人状态诊断评估功能是本系统紧密结合煤矿特殊场景及煤矿机器人特种装备，创新提出的贴合现状并能真正解决用户痛点的创造性功能。

1. 机器人指挥调度功能

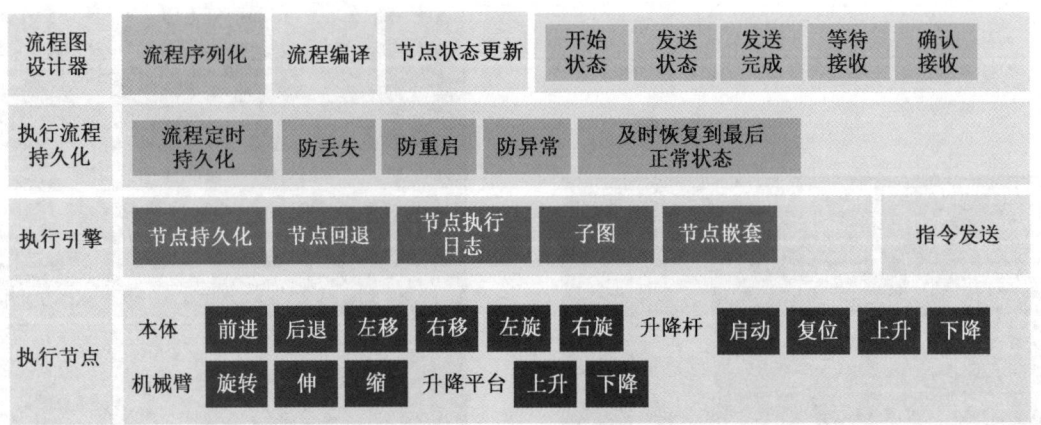

图 23-39 机器人群指挥调度引擎

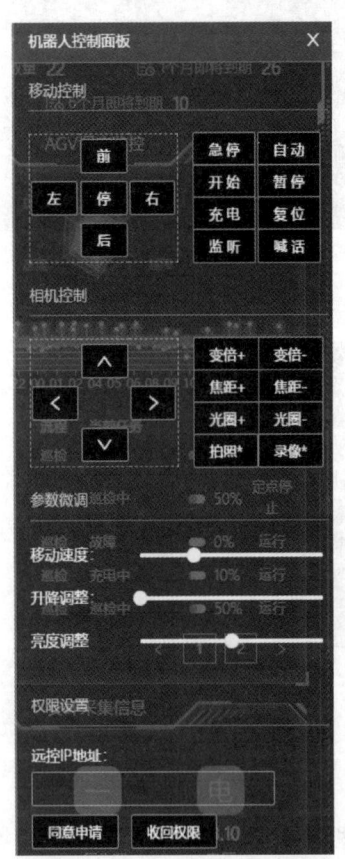

图 23-40 机器人手动控制界面

通过智能化信息数字系统替代传统模拟系统，实现机器人群指挥系统的数字化、网络化及智能化。利用计算机智能硬件和网络的成熟技术以及必要的音频、视频和信息技术将其相互融合，构建出具有有效调度、快速响应、智能分析决策、智能任务规划以及任务执行效率评估等功能的智能调度指挥系统，提高人员决策的效率，缩短决策时间，使复杂任务指挥更智能。

（1）单体机器人自主调度。单体机器人主要任务是在煤矿固定场景下进行巡检或作业，包括自动模式和手动模式，保障所在区域内安全稳定。在中小型煤矿中，机器人工作区域范围和功能需求数量有限，因此对单体煤矿机器人调度的硬性需求不明显。然而在大型煤矿中，煤矿固定场所场景下拥有数量庞大的各样式待检设备和目标多样的作业需求以及复杂的局部和整体路况状态，单纯的自主运行不能完全适应环境的发展和变化。因此，提出单体机器人自主调度功能，从而解决初始设置不全面导致的功能固化问题。机器人手动控制界面如图 23-40 所示。

（2）同类机器人覆盖作业调度。同类机器人覆盖作业调度主要是为解决区域范围内突发问题，同时也能完成区域内正常巡检作业任务。此功能依托系统中间层数据层，采用网格化管理，将同类机器人应用场景划分为若干区域，按区域分配机器人保障每一场景下的正常巡检。网格化管理应以调度时间为准，调度时间是衡量机器人响应速度的主要指标，在有限的机器人资源配置下，合理部署才能保障区域内机器人响应时间最短。在日常调度指挥中，单体机器人自主调度和同类机器人覆盖作业调度虽然是两种不同类型的资源部署方法，但两者在实际应用中往往相互配合使用。首先对关键紧急场景进行任务下达，在此基础上再进行区域移动巡检作业的部署。同类机器人覆盖作业调度流程如图 23-41 所示。

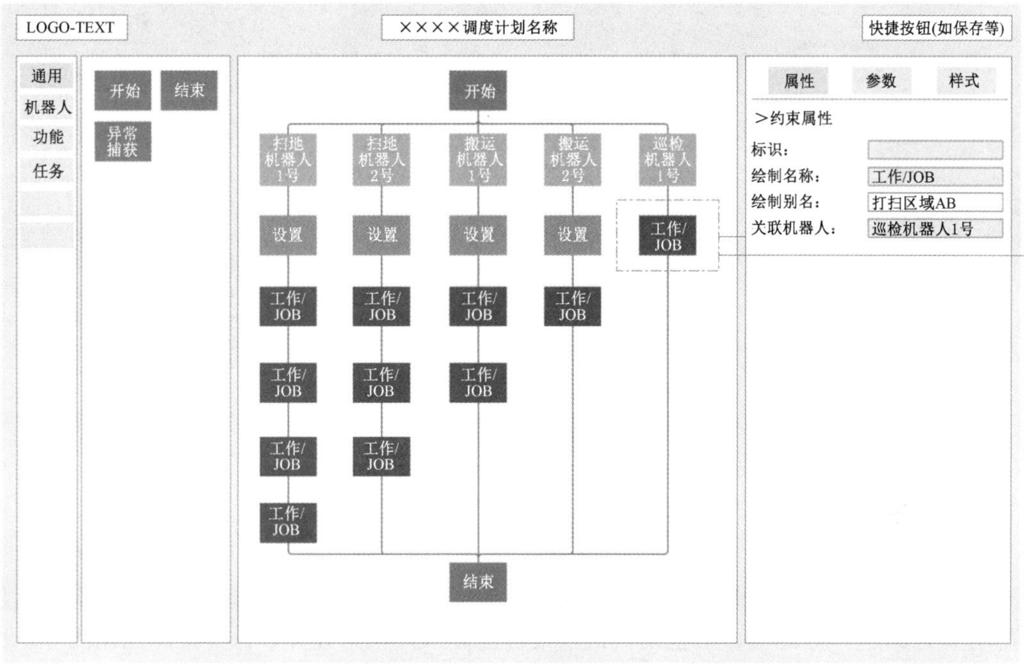

图 23-41 同类机器人覆盖作业调度流程

（3）异构机器人协同作业调度。在煤矿日常运行中，事故突发性较强，单体调度和同类机器人调度不能完全满足多场景下的事故处理需要，因此需要实现异构机器人系统作业调度功能。通过掌握不同类型机器人资源状况，提升机器人执行效率，实现异构机器人任务使命下达是更为合理高效的机器人调派模式。如根据煤矿机器人所在位置情况，结合实际环境路况信息，搜索事故地点距离最近的有效机器人资源，规划最快的救援路径。

煤矿机器人在未来煤矿中的趋势是协同作业作战，单体机器人通常只具备一种功能，多种类型的煤矿机器人协同作业，拓展了机器人集群的适用范围，使得执行的任务多样化，极大地提高了任务可靠性。

2. 煤矿多场景模拟仿真功能

为了保证多种不同类别机器人能够在同一场景下协同工作，提出面向于机器人群复合作业的交互仿真平台，单体仿真如图 23-42 所示。能够实时调用每个机器人的运动信息、结构参数信息以及规划轨迹信息并对整个作业流程进行合理规划，实现机器人群的整体仿真。煤矿机器人相关理论算法、结构参数以及运动性能都可在仿真平台验证与优化，为机器人群在煤矿场景下的实际应用提供重要的技术支撑。

3. 机器人状态诊断评估功能

综合多个评估体系，本系统将导航能力评估、运行性能评估、续航能力评估、集群作业能力评估作为机器人群的评估标准。导航能力评估涵盖磁导航、二维码导航、激光导航等多种导航方式，可视指标包括定位精确、规划路径灵活度、覆盖范围大小等参数；运行

图 23-42 单体仿真图

性能评估包括接地比压、驱动能力、地面阻力、转向能力、越障能力、平顺性、稳定性等，可涵盖轮式、履带式、轮-腿-履带复合式、四周履带式、连续履带式等不同驱动方式的机器人；续航能力评估包括放电电压、电流、SOC 的数据实时监测，定时系统电量信息分析；集群作业能力评估包括机器人集群任务条件概率计算、任务可靠性预测等。机器人健康评估如图 23-43 所示。

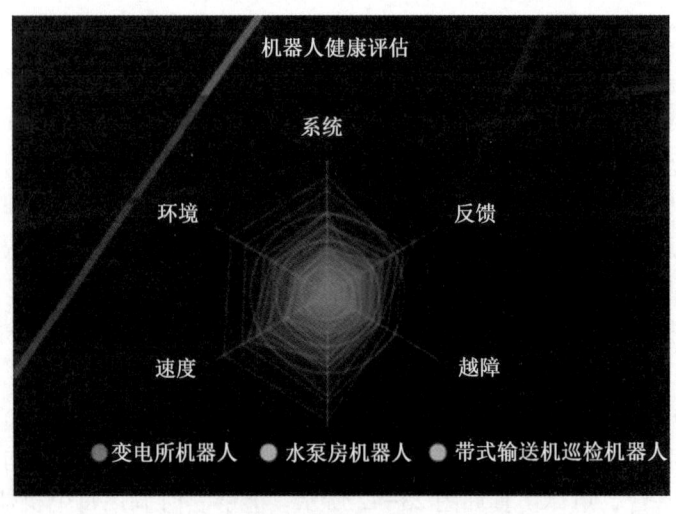

图 23-43 机器人健康评估

4. 煤矿机器人群调度指挥系统应用情况

煤矿机器人群调度指挥系统以机器人集群信息为基础，依据合理的机器人群协同作业与指控调度总体架构，发挥机器人群的信息集成优势，提高机器人的信息获取能力与任务执行力度，增强调度系统整体的态势感知水平与任务处理能力。区别于智能化信息管控平台，该系统不仅能够进行数据和记录分析，还能实现机器人群的协同、高效指挥调度，是真正面向煤矿机器人集群的管控系统。

由中煤科工集团沈阳研究院研发的煤矿机器人群调度指挥系统1.0已在小保当煤矿成功应用，可将多个厂家的机器人数据成功接入集群管理系统，实现了集群统一运维、机器人状态诊断、基础数据管理、使命任务下达、单体机器人自主调度、同类机器人覆盖作业调度、异构机器人协同作业调度、机器人定位融合及煤矿多场景模拟仿真功能。GIS平台信息数据兼容率≥85%；单体机器人任务分配正确率≥90%；同类机器人任务分配正确率≥80%；异构机器人任务分配正确率≥60%；数据库存储中非关系型数据库每条数据插入的平均时间≤70 μs；关系型数据库平均时间≤100 μs。在手机端可实现鸿蒙系统搭建，PC端可实现鲲鹏系统搭建。

24 智能高效大功率变频一体机及永磁传动

24.1 变频一体机的分类及发展现状

24.1.1 矿用变频调速一体机

矿用变频调速一体机已广泛应用于各种煤矿井下工作，可以根据电压等级（表24-1）和电机类型（表24-2）进行分类。各类型设备实物如图24-1所示。

表24-1 变频调速一体机的电压等级

电压等级	分类
1140 V 及以下	低压变频调速一体机
3300 V~6 kV（不含）	中压变频调速一体机
6~10 kV	高压变频调速一体机

表24-2 一体机的分类

电机类型	分类
异步电动机	异步变频调速一体机
同步电动机	永磁同步变频调速一体机
	直驱式永磁同步变频调速一体机
	减速式永磁同步变频调速一体机
	永磁同步变频调速一体式电动滚筒

1. 异步变频调速一体机

异步变频调速一体机主要由变频器、异步电机及智能控制单元组成，具有起动转矩大、起停平稳、对电网冲击小，电磁干扰小，体积小、重量轻，多电机动态平衡调节性好等优点。

2. 永磁同步变频调速一体机

永磁同步变频调速一体机主要由变频器、同步电机及智能控制单元组成，具有起动转矩大、起停平稳、对电网冲击小，电磁干扰小，效率高，重载软启动、动态平衡性好等优点。

3. 直驱式永磁同步变频调速一体机

直驱式永磁同步变频调速一体机主要由变频器、同步电机及智能控制单元组成，具有起动转矩大、起停平稳、对电网冲击小，电磁干扰小，效率高，可直接驱动设备、省略中间减速机构，重载软启动、动态平衡性好等优点。

(a) 异步变频调速一体机

(b) 永磁同步变频调速一体机

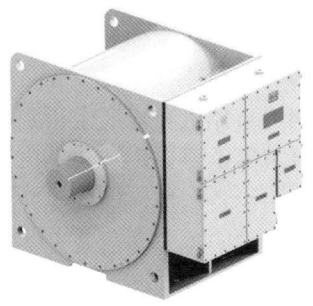
(c) 直驱式永磁同步变频调速一体机

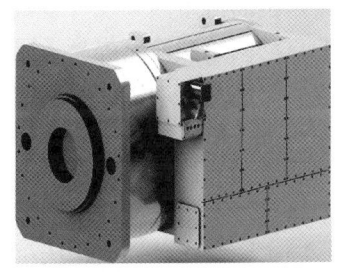
(d) 减速式永磁同步变频调速一体机

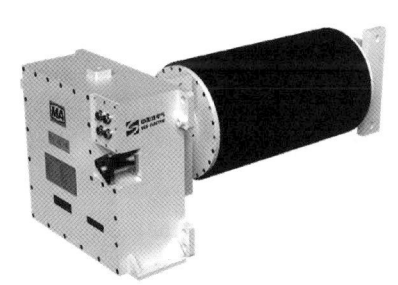
(e) 永磁同步变频调速一体式电动滚筒

图 24-1 变频调速一体机/电动滚筒

4. 减速式永磁同步变频调速一体机

减速式永磁同步变频调速一体机是将变频调速一体机与减速机构进一步融合，配合行业发展而衍生出的新一代变频调速一体机，主要应用于刮板输送机、带式输送机，具有体积、重量大幅度减小、起停平稳、对设备冲击小、输出转速范围广等优点。

5. 永磁同步变频调速一体式电动滚筒

永磁同步变频调速一体式电动滚筒属于新一代产品，通常应用于矿井中需要使用带式输送机，利用外部转动的转子来驱动输送带转动，主要由永磁电动滚筒与变频器及智能控制单元组成，其中永磁电动滚筒是定子在内、转子在外的永磁电机，变频部分则采用可分体式设计，具有不占用额外安装空间、体积小、功率密度大、直接驱动负载等优点。

24.1.2 矿用变频调速一体机的发展现状及应用场景

1. 发展现状

国务院印发《"十四五"节能减排综合工作方案》提出，到 2025 年，全国单位国内生产总值能源消耗比 2020 年下降 13.5%，这是经济社会发展的主要约束性指标之一。多年来煤炭在我国能源消费构成中一直占主导地位，巨大的消耗量带动着煤炭开采量的不断攀升。2021 年，全国共生产原煤 4.07 Gt，比上年增长 4.7%。为了实现节能减排建设绿色矿山的目标，煤炭开采的能源消耗必须得到控制，大型矿用装备节能传动技术创新是的重要途径。

矿用异步变频调速一体机、永磁同步变频调速一体机和永磁同步变频调速一体式电动滚筒等技术和产品研发与应用解决了传统传动模式存在的起动转矩小、起停冲击大、对电网冲击大和刮板输送机断链事故频发、多机动态功率无法平衡调节等难题。还能够实现在不同应用场景下的自动调速功能，提高了驱动系统的整体效率，减少了电能的浪费，具有节能减排、操作智能等优点。因此，矿用变频调速一体机在煤矿上得到了广泛的应用。

在矿用刮板输送机、带式输送机和乳化液泵站等重要矿山装备上广泛应用变频调速一体机是新一代的传动技术和产品，实现了大型矿用设备调控性能的提升和节能运行，有力支撑了智能化煤矿建设。在第十九届中国国际煤炭采矿技术交流及设备展览会，多款异步变频调速一体机、同步永磁变频调速一体机、永磁同步变频调速一体式电动滚筒等新产品节能传动技术的推广应用，引领了大型矿用设备驱动的技术变革，是实施"双碳"战略及节能减排的重要技术支撑。

2. 应用场景

异步变频调速一体机功率已覆盖 55~3000 kW，永磁变频调速一体机功率为 45~2000 kW，电压 660 V~10 kV 的全系列产品；同时永磁同步变频调速一体式电动滚筒适用皮带宽度为 50~240 mm，滚筒直径为 50~160 mm。

1）刮板输送机

变频调速一体机在刮板输送机上的应用，解决了刮板输送机在运转中容易出现的首尾电机功率分配失衡，链传动系统的刮板链损伤、重载起动困难等问题，同时具有断链保护、过载预警、自动调速等功能，大大提升了刮板输送机系统的效率和稳定性。

变频调速一体机在刮板输送机上主要有以下典型应用：

（1）薄煤层三机驱动系统应用，方案配置如图 24-2 所示。

（2）放顶煤三机驱动系统配置，方案配置如图 24-3 所示。

2）带式输送机

我国的带式输送机驱动方式大致分为双速电机、软启动、调速型液力耦合器驱动、CST 驱动、变频器驱动、变频一体机驱动等。从技术先进性和调速性能来说，变频器和变频一体机驱动具有其他几种方式无法比拟的优势，同时变频驱动还具有低能耗、智能化的特点。变频调速一体机采用一体化设计，节省了安装空间，变频输出到电机的电缆封闭在防爆壳体内部，不会对外围设备造成谐波干扰，同时一体机还集成了电机轴承、绕组等的温度检测和超温报警保护功能，有效地保障了驱动系统的可靠运行。

变频调速一体机在带式输送机上主要有三种应用方式：

（1）异步变频调速一体机+减速器。异步变频调速一体机+减速器驱动带式输送机的方式（图 24-4），具有灵活性高、方便检修、可重载起动等优点，能满足绝大多数的工况需求。

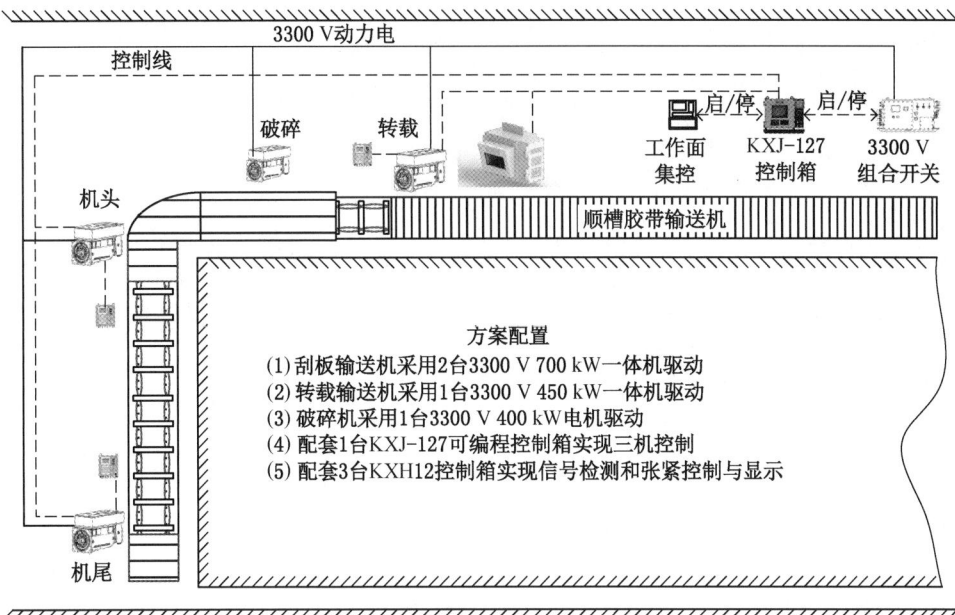

图 24-2 薄煤层三机驱动系统配置

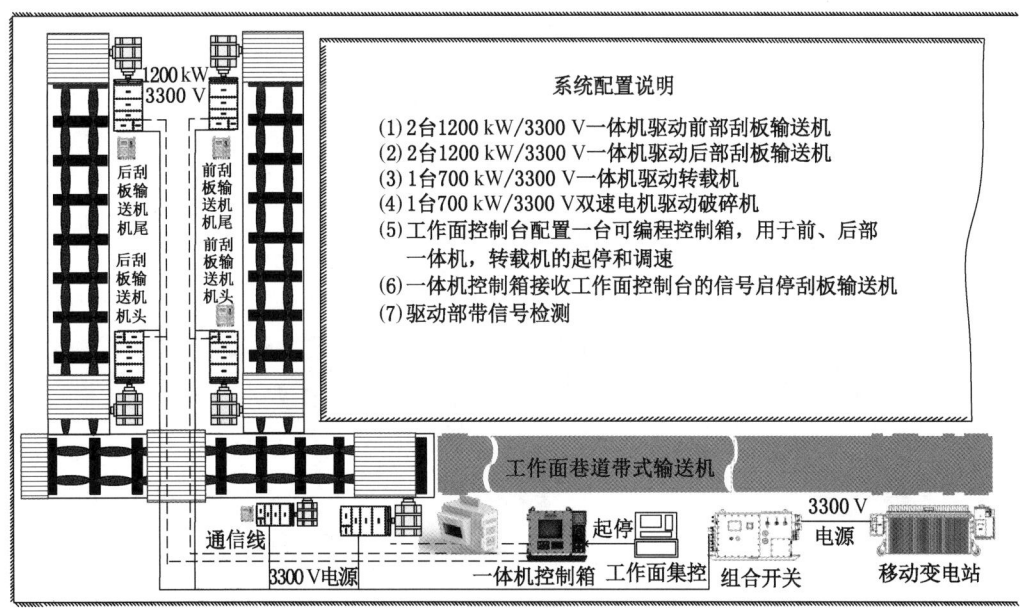

图 24-3 放顶煤三机驱动系统配置

（2）直驱式永磁同步变频调速一体机。直驱式永磁同步变频调速一体机集减速机、液力耦合器（CST）、变频器、变频电机功能及优点于一身，具有占地空间小、系统简单、起动转矩大等优点，主要应用于煤矿辅运及主运带式输送机运输系统中。带式输送机永磁同步变频调速一体机直驱方案如图 24-5 所示。

图 24-4 异步变频调速一体机+减速器驱动带式输送机

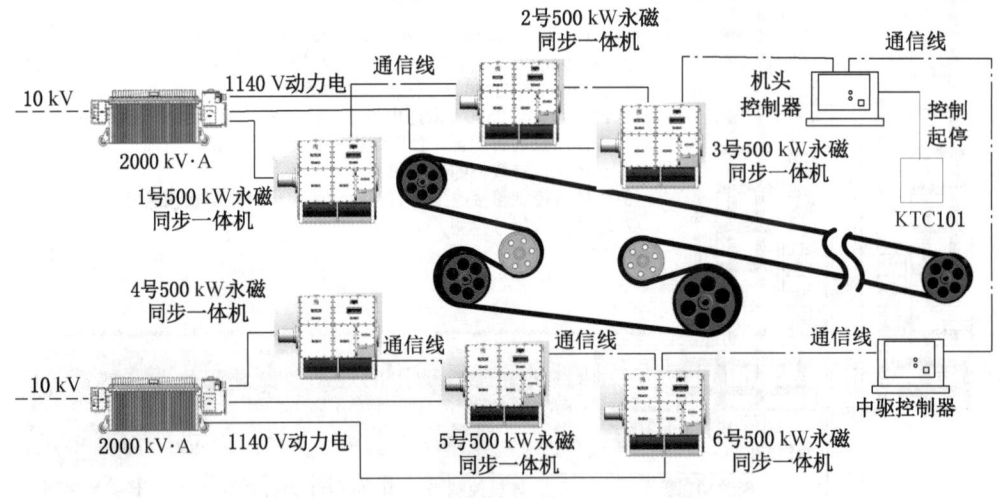

图 24-5 带式输送机永磁同步变频调速一体机直驱方案示意图

（3）永磁同步变频调速一体式电动滚筒。永磁同步变频调速一体式电动滚筒作为带式输送机运输驱动装置前沿的驱动设施，集滚筒与驱动电机、变频驱动于一体，进一步简化了系统结构，节省了占地空间，主要应用于煤矿辅运及工作面巷道带式输送机运输系统中。带式输送机永磁同步变频调速一体式电动滚筒直驱方案如图 24-6 所示。

（4）泵站。变频调速一体机在乳化液泵站上使用，可以实现恒压供液的功能，并且

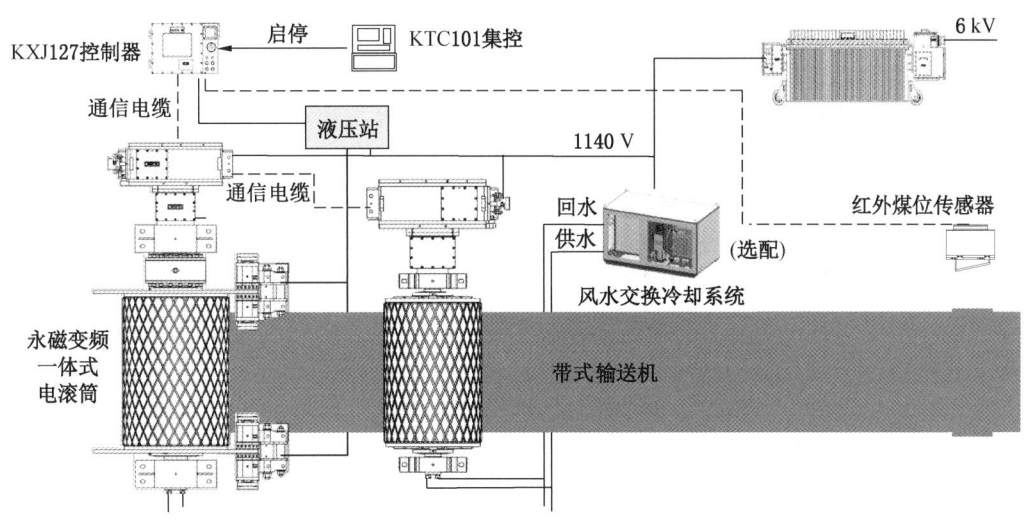

图 24-6 带式输送机永磁同步变频调速一体式电动滚筒驱动方案示意图

具有噪声小、冲击小、占地空间小、自动化程度高等优点。在泵站上使用可以根据系统压力自动调整加载区间,在满足恒压供液的同时还具有节约能源的优势。

(5) 其他。变频调速一体机除了上述应用场景外,还可以应用在矿井压风机、刨煤机、绞车、等高采煤拖缆系统等场景中,同时变频调速一体机还可以引入预防性维护的理念,内置温度、振动、电参数等传感器,实现故障预测,从而采取对应的预防措施,减少生产计划外停机,提高设备开机率,将事后维修转化为预防性维护,将被动响应转化为主动预防。

24.2 变频一体机的关键技术

24.2.1 变频一体机研发共性关键技术

1. 变频一体机电磁计算及仿真技术

变频一体机的电磁计算与常规变频电机基本一致,但需要关注的技术指标项点有所差别,指标要求亦更多,对指标的要求也存在差异。

变频一体机不是单纯的电机与变频器的简单叠加,而是需要做到电机与变频器从结构到电气、到控制策略的全方位协同,这就要求电机的电磁设计要符合变频器的控制特点,设计参数更便于变频器的精确控制需求,对全功率段、全速率段的电流、电压、效率、功率因数等运行参数及共振频率、临界转速等都要兼顾,对某些指标也要有所取舍,同时更要了解设备使用工况与特点,这样设计制造的产品或许在某些指标上不是很突出,但却更能满足使用需求。

变频一体机的电磁设计,通常采用路算和场算相结合的方式,辅以流体和热场分析,多耦合场联合仿真等,并与变频器控制模式联合仿真,快速建立一体机模型、模拟运行状态、分析潜在问题,对产品性能指标进行预判,大大缩短设计周期,提高样机试制成功率。

常用的电磁设计软件有 ANSYS Maxwell、Motor-CAD、JMAG、SPEED、MagneForce

等，各软件功能基本相仿，计算仿真结果相当，但各软件也有其各自的特点，针对的电机类型也有所差异，产品开发企业及设计人员的选择也不尽相同。以 ANSYS Maxwell 电磁设计软件为例，设计时可以利用软件自带的模型，快速方便地建立电机模型，先通过路算方式进行测算，分析设计结果，关注重点指标、参数进行分析、修正，直到得出相对满意的计算结果，在此基础上，再进行二维或三维电磁场有限元仿真分析，对关注的过载能力、绕组温升等指标进行评估，查勘是否存在畸变或异常指标等，经过多轮修正，直至符合要求为止，这样可以节省仿真时间周期。

对于永磁电机的电磁计算，除技术指标参数外，还需要重点关注磁钢的退磁、绕组温度等。这些指标不仅与结构布局有关还与材料选型等密切相关。

从永磁电机结构上分析，磁钢的布局方式分为表贴式、内嵌式等，内嵌式又分为切向磁场、径向磁场和"V"形磁钢布局，不同的磁钢布局方式适用于不同的电机类型，各有优缺点，磁钢利用率差异也较大，间接影响到电机制造成本，从抗退磁能力讲，内嵌式优于表贴式，切向式优于径向式，需要根据不同的使用工况来确定采用何种磁钢布局模式；通常低速永磁采用内嵌式切向磁钢布局，高速永磁采用内嵌式径向磁场或"V"形磁钢布局，永磁电滚筒采用表贴式磁钢布局模式。

永磁电机的退磁是客户比较关注的问题，也是电磁设计中需要重点关注的对象，导致永磁体退磁的原因有表面防护不当、不可控短路电流冲击（反向充磁磁场）、高温失磁、振动冲击等。表面防护不当关键在于磁钢的抗腐能力上，因此防腐涂层的选择、装配时防止涂层损伤、装配后整体防护等都是制造工艺重点关注的问题，电磁设计增加安全裕量，保证在产品寿命周期内不会因自然失磁导致电机性能降低。不可控短路电流冲击失磁需要在仿真时重点考核，将最大抗去磁能力设计在合理的范围之内，而且变频器的保护要及时有效。高温失磁是相对比较容易控制的，电磁设计时永磁电机的热负荷要比异步电机低，绕组工作温度要远离磁钢最高退磁温度点，以保证磁钢不会因温度过高而失磁，同时，由于磁钢表面会存在涡流，局部温度会比较高，在仿真时也要考虑避免，磁钢尺寸也要合理选择，以减少涡流损耗，必要时可选择黏结磁钢。振动冲击产生的退磁学术界尚未有明确的结论，究竟在什么样的振动频率、振动幅度下可能产生退磁暂无法准确评估，但更倾向于高频振荡产生的退磁，此类高频振荡，在采煤设备中几乎不存在，且经过多年、多种工况的使用验证，尚未发生过因振动引起的磁钢退磁故障，也未见相关报导，因此在电磁设计时，重点关注生产制造工艺中的减振、防碎裂措施即可。

磁钢牌号的选择：当电机尺寸空间相对紧张、散热困难时，考虑选用磁能积和耐温等级较高的磁钢，体积转矩密度会更高，当空间尺寸没有严格限制时，散热条件也比较容易满足，可以选用磁能积和耐温等级较低牌号的磁钢。

硅钢片牌号的选择：由于是变频器供电，电源谐波含量高、质量差，电机的铁损较工频电机都要高，因此，硅钢片通常要选较高牌号或更薄的规格型号，建议 50DW470 或 35DW470 以上牌号。

2. 变频一体机多物理场仿真技术

1）变频一体机流场、温度场仿真

在一体机的设计中，有别于传统电机，由于一体机是将变频器电子器件置于壳体内部，变频器内部有隔离变压器、大功率器件、电抗器、滤波器等，这些器件在电机运行期间所产生的损耗都将以热的形式散发,若散热结构设计不当,一体机运行所产生的热量将无法及时散出,内部电子器件的故障率会相应提高,整机的使用寿命也会呈幂指数下降,因此在设计一体机时不仅要考虑到电机本体的温升散热,还需要考虑一体机变频等电力电子器件的温升是否在正常范围内,以提高一体机的稳定性和可靠性,根据不同的设计需求,一体机各部分安装器件不同、结构不同,散发的热量也不同,因此需根据需求设计不同的冷却结构,随着仿真技术的发展,这些问题也将得到解决。图24-7所示为变频一体机变频部分风冷及水冷结构仿真散热云图。

 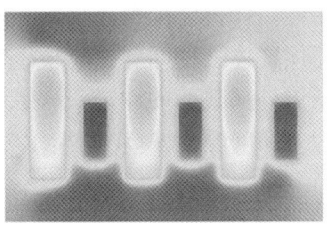

(a) 水冷结构仿真

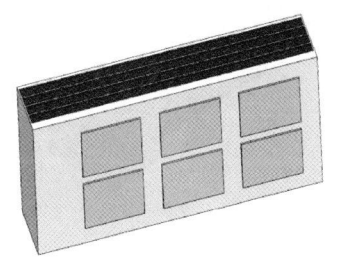 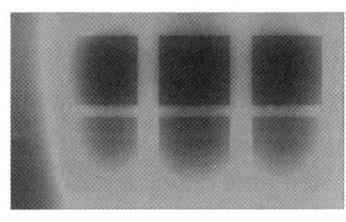

(b) 风冷结构仿真

图 24-7　变频一体机变频仿真云图

流体流动传热问题的求解方法主要有解析法和数值法两种。由于解析法只能求解些简单的流动情况,因而在工程实际中大多采用数值法。数值计算的结果不仅可以显示出不同位置上的基本物理量,而且通过观测这些物理量随时间的变化情况,可以确定出漩涡分布的特性以及脱流区等。在对变频一体机内部的流体场、温度场进行计算的过程中会涉及较多领域的理论知识,这其中包括流体力学、传热学、数值计算方法等方面。市面应用较多的流体仿真软件主要有 Fluent、StarCCM+。

基于电磁分析获得电机整机损耗,基于一体机实际运行工况获得变频器内部损耗,基于电机的实际运行工况进行散热设计,进行流体动力学及散热性能分析,获得变频一体机各组件详细温度场、速度场以及压力场等参数,基于数值仿真结果对流体流动区域的结构进行相应的优化设计,达到对整机性能的优化。

2) 变频一体机结构强度、刚度、稳定性仿真

电机的部件种类繁多,转动过程中部件承受极大的惯性力,这些部件除采用高强度材料外,还需对其进行结构强度、刚度、稳定性校核,以降低设计中采用的安全系数,而一

体机除电机本体强度设计外,还需将变频部分置于电机之上,这就对整机的机械强度提出了更高的要求。传统电机的强度设计主要基于材料力学基础对其进行近似计算。除部分部件可以用材料力学理论进行校核,大多部件都无法简化为简单的梁或杆件来进行处理,随着有限元技术的发展和成熟,可对复杂零部件进行包括强度、刚度、稳定性仿真,市面应用较广的专业力学计算软件主要有 Nastran、Abaqus、Ansys 等。

变频一体机在结构设计中往往需要考虑在额定工况下的应力和变形,基于 CAE 仿真软件主要解决的工程问题有离心力作用下的转子强度,电磁力作用下转子定子的强度和刚度,额定扭矩下的转轴强度及挠度,热套、过盈配合中过盈量、配合力以及过盈装配应力之间的关系,变频一体机装配螺栓预紧和螺栓强度问题,变频壳体在防爆气体压力下的强度问题,变频壳体支撑强度问题,转子、轴径、联轴器的使用寿命和断裂安全性问题,转子、定子能够抵御外部载荷的冲击,满足疲劳强度的要求,具有足够的疲劳寿命问题以及其他零件的疲劳寿命问题。图 24-8 所示为变频一体机两倍额定载荷仿真云图。

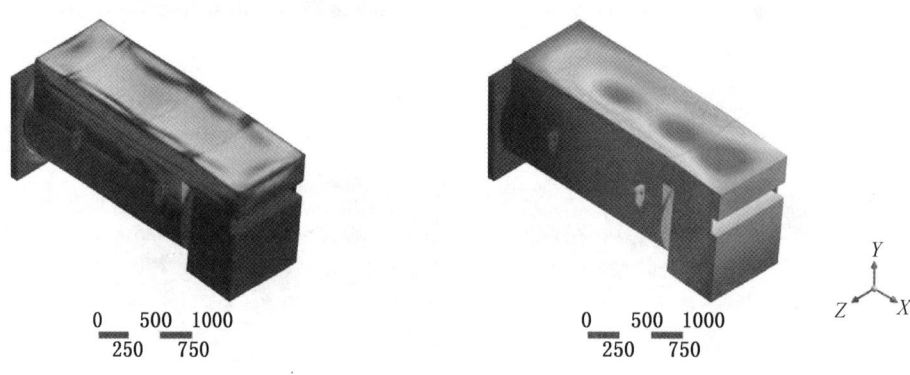

图 24-8 变频一体机两倍额定载荷仿真云图

3. 通风散热结构设计

通风散热结构是变频一体机设计中重要的一环,优良的散热结构设计可以增加变频一体机的使用性能,延长其寿命。散热结构设计可以从一体机尺寸、材料的选择、装配的难易程度以及可维护性方面着手,从使用的环境、材料的导热性能等方面进行综合考虑。变频一体机的散热方式主要有风冷、液冷两种方式,不同的散热方式结构也不同,图 24-9 所示为风冷散热系统和液冷散热系统。风冷散热系统中散热结构以增加机壳与空气之间的接触面积为主,机身的扇叶结构可增加与空气的接触,依靠空气的流动带走一体机内部的热量;液冷系统散热结构可在机壳内部嵌套圆周型、螺旋型、轴向型以及复合型等形式的流道(图 24-10),通过驱动装置使冷却液在流道中循环流动吸收一体机内部的热量,是目前变频一体机散热方式当中使用最广泛的一种,冷却液通常采用水。

用圆周型水道冷却系统的水道压降、换热能力以及水道均温性三项指标对圆周型水道进行综合优化;螺旋型冷却流道的冷却效果和螺旋圈数有关,适当增加螺旋圈数能够提高其冷却效果,但是从螺旋型水道截面面积来说,增加水道截面尺寸会使电机温度升高;轴向型结构在机壳外圈中沿轴线平行排列,在机壳两端拐弯折回,结构示意如图 24-11 所

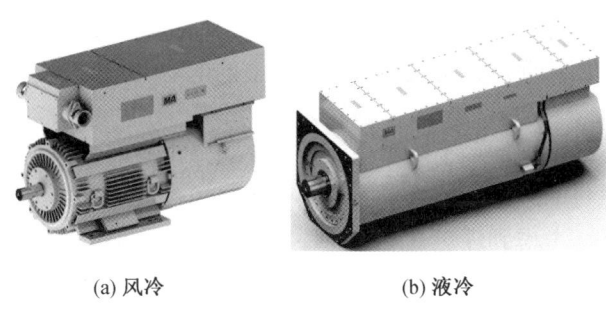

(a) 风冷　　　　　(b) 液冷

图 24-9　风冷散热系统和液冷散热系统

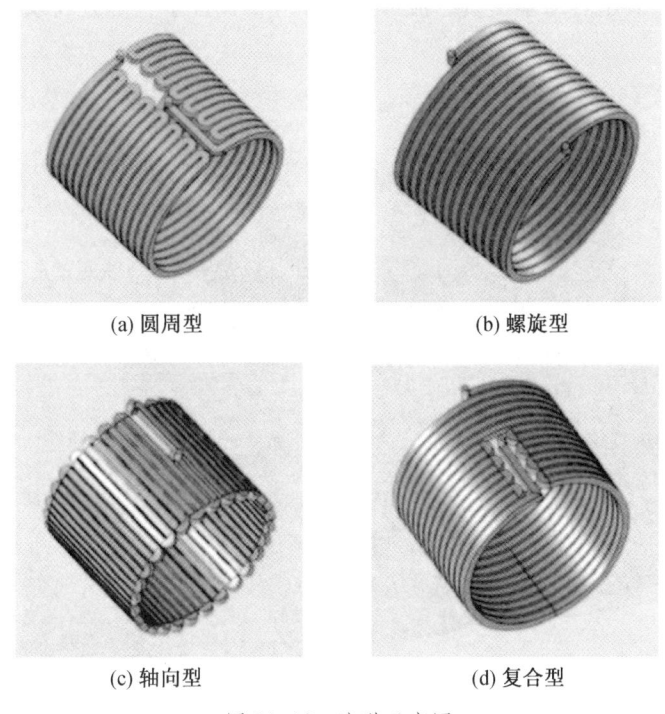

(a) 圆周型　　　　　(b) 螺旋型

(c) 轴向型　　　　　(d) 复合型

图 24-10　流道示意图

示，充分考虑流动阻力和传热系统对水道冷却效果的影响，减小水流阻力，增强一体机的散热效果。

此外，在散热结构设计时，可辅助热导率高的材料进行导热，如铜材、铝材的传热效率高于钢材的传热效率，可将部分功率器件安装在铜材、铝材制成的平板上，增加散热面积，提高散热效率。

4. 变频电机集成的关键技术

变频驱动和电机一体化集成设计并不是电机与变频器独立设计、后期集成，而

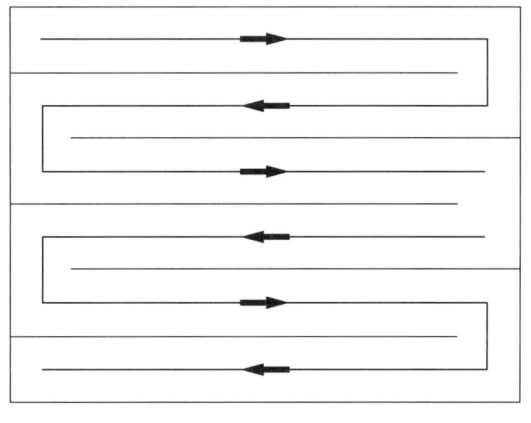

图 24-11　轴向型水冷结构示意图

是深度集成机械结构、电气控制、数据采集与处理、电磁场路耦合等技术，结合各自特点与需求，相互制约、相互促进，实现了真正意义上的电动机—变频器—监测监控装置的机电一体化设计。

将电机和变频驱动结合在一个防爆壳体内，变频输出与电机输入直接连接，有效地缩短了变频输出侧与电机的距离，消除了因变频输出电缆过长对外部设备造成的电磁干扰以及对电机绝缘的损害。考虑到煤矿井下作业环境空间狭小、检修时间短等特点造成的维保难题，一体机内部采用功率单元、驱动单元、充电单元、控制单元、检测单元、滤波单元、储能单元的模块化结构设计，如图24-12所示，模块之间通过快插端子进行连接，方便组装和快速更换。一体机采用一体式散热网络，兼顾了电机绕组、轴承以及变频功率单元的散热需求，应用热力学仿真、流体力学原理，保证了各部分高效无死区散热。

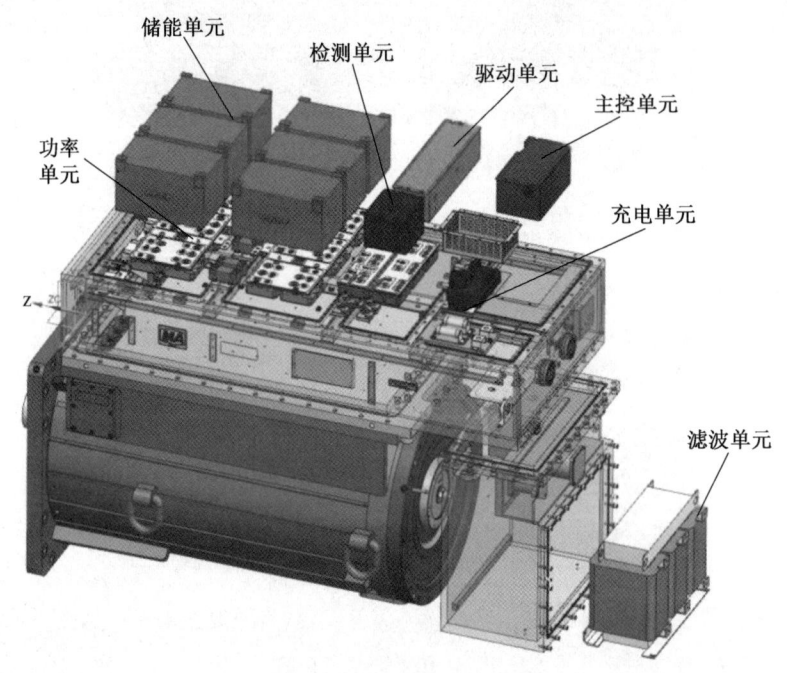

图 24-12 变频一体机模块化结构

除了在结构上的集成，一体机在变频电机的基础上集成变频器的功能，通过监控电机的电磁状态，配合变频控制策略能够达到近乎完美的电机控制，实现变频电机的软启动和无级调速功能。同时利用对电机绕组、轴承的温度、电机的振动、噪声等状态的检测，实现对故障的预判，有效地抑制了事故的发生，延长了设备使用寿命，提高了可靠性。

5. 煤矿井下可靠安全运行的关键技术

煤矿井下作业环境特殊，变频一体机应用到井下需要解决防爆、防潮、抗震等问题。

防爆是为防止点燃周围爆炸性混合物而对电气设备采取的特定安全措施。我国井下常用的类型以隔爆型、增安型、本质安全型及混合型为主，变频一体机是一个组成结构复杂的设备，仅一种防爆类型无法满足煤矿井下高安全性运行的要求，需多种防爆类型结合。市场上主要以隔爆兼本质安全型的防爆类型为主：在结构上主要是隔爆外壳及附在壳上的零部件,为实现隔爆性能,要研究隔爆外壳的强度和材料、隔爆间隙、电气间隙、爬电距离等,可采用变频腔、电抗腔、电机腔3个独立腔通过隔爆连接件连接的结构模式,各腔体内部刷耐弧漆,抑制电火花向外传导,上盖采用螺栓紧固,保证设备的隔爆性能;在电气方面需要限制电路的能量、控制电流产生的热效应,利用系统或电路的电气参数,将短路、误操作等各种状态下可能发生的电火花限制在安全范围内,实现本质安全型电路的设计。

基于煤矿井下通风系统的性能受限,同时由于变频一体机安装位置特殊,所处空间环境相对湿度较高,为防止出现因受潮引起的设备内部爬电距离和电气间隙减小而造成设备损坏的现象,保证变频一体机在潮湿的环境下安全可靠的运行,一体机需要进行必要的防潮设计。如可在各结合面处设置密封条,并采用防腐蚀型涂层,防止隔爆面锈蚀,提高了防潮性能;在一体机内部装有高效吸湿防潮效果的防潮除湿剂和空气循环系统,通过快速吸收一体机内部的水汽,保证一体机内部的湿度在允许的范围内。

因与负载直接相连,使系统驱动产生的振动传导至一体机内部,影响其运行时的稳定性,一体机利用振动传感器对一体机各部位的振幅、加速度进行检测,结合各部位实际的振动强度和抗振要求,进行针对性的抗振处理。如针对较脆弱器件的固定,增设减振垫;连接处易出现松动现象,可通过涂抹加固胶的方式提升其稳定性。

6. 电磁兼容技术

变频调速技术以其优良的调速性能、良好的节能效果、较高的可靠性在煤矿井下得到了广泛应用。但是变频逆变器采用PWM技术在高速开关的过程中会产生大量的电磁噪声,对周围的电力电子设备造成干扰,如何降低变频在运行时产生的高次谐波对本身和周围设备造成的干扰以及如何增强自身的抗电磁干扰能力成为变频一体机应用中的重要一环,也是实现煤矿智能化的前提条件。

变频一体机的强电部分和控制系统在设计时应在空间上分开布置并通过光电或电磁等手段进行电气隔离,以满足电磁兼容性的设计要求,解决强弱电系统间电磁干扰的问题。在空间布置上可采用三维建模技术,对关键电子器件进行三维设计,从零件图到装配图进行结构设计,在设计中充分考虑强弱电系统间的电磁干扰问题及电磁屏蔽手段,进行结构的优化设计;应用层叠母线技术,用宽平正负母线极板把功率模块与滤波电容连接起来,使寄生电感更小,有效切断功率母线对控制电路的干扰。在电气隔离方面,可在电源和放大器之间的电源线上采用隔离变压器来避免传导干扰。电源隔离变压器可应用噪声隔离变压器,也可采用光电转换技术将易受干扰的小电压电流信号转换成光信号进行传输,增强系统的抗干扰性。

屏蔽干扰源是抑制干扰最有效的方法。变频一体机将变频驱动和电机集成在一个全封闭式的金属防爆壳体内,变频到电机的输出电缆长度极短,极大地减少了电磁干扰和干扰的外泄。

另外,一体机外部通常设有专用的接地端子,内部采用汇流铜排接地,保证一体机接地系统的可靠性。一体机良好的接地系统也是抑制内部噪声耦合和防止外部干扰的有效手段。

7. 小型化集成技术

煤矿井下生产环境恶劣、设备安装空间狭小,促使驱动输送机的设备应当具备体积小、检修方便、操作简单等特点。因此在满足电磁兼容的基础上如何在狭小的安装空间内合理安排器件，使结构体积缩小，是变频一体机结构设计需要重点解决的问题。

变频一体机结构设计通常采用顶部为变频和控制单元、下部为电动机的方式。变频内部通过功率及储能模块由下而上层状排布，提高了变频控制装置在长度、宽度以及高度空间上的结构紧凑度，不但可以减小变频控制装置的体积，使变频控制装置的结构更加紧凑、合理，而且还有利于增加高压元件与壳体之间的电气间距，也更有利于在高压元件周围增设电气绝缘保护装置，提高变频控制装置的高压绝缘性能；电力电容可采用插接方式，直接插接在叠层母排连接柱上，把功率模块与滤波电容直接连起来，无须电缆或铜排连接，减小了设备整体的体积。变频与电机的小型化集成设计结构紧凑，变频一体机的外形和相关尺寸基本压缩到同类常规电机产品级别，实现了通用性和互换性，适用于煤矿井下工作面空间狭小的环境，方便工作人员安全操作。

此外，结构紧凑主要得益于电机与变频器的高度集成和相互协调。为适应变频器扁平、细长的特点，电机主要尺寸的确定在参考标准系列的同时，一般选相邻低一档或两档的机座号；同时，由于电机水冷机壳壁厚，可借用部分磁路降低定子轭部磁密，适当增加定子内圆尺寸，加长铁芯长度，这样电机细长且绕组端部短，更利于散热且空间利用率也更高。

8. 变频控制技术

变频一体机变频部分主要采用交—直—交的方式，把工频交流电源通过整流单元转换为直流电源，再通过 IGBT 等逆变模块的通断将直流电源转换成频率、电压均可调节控制的交流电源，从而控制电机部分的转速、转矩，实现变频控制的目的。变频控制主要有 V/F 控制、直接转矩控制、空间矢量控制等方式。传统的 V/F 控制模式不能满足变频一体机在煤矿井下大功率、重载启动以及多机驱动功率平衡应用场景的要求，必须引入直接转矩控制或空间矢量控制等更加先进的控制理论。

直接转矩控制是变频控制中一种独特的电机控制方式，以转矩为中心进行磁链、转矩的综合控制，强调的是转矩的直接控制与效果。变频一体机控制系统通过电机的核心变量磁通和转矩的状态选择电压空间矢量，进而决定逆变器的开关状态，把磁链和转矩控制在一定容差范围内，达到对磁链和转矩的直接控制。以图 24-13 为例，利用一种具体的控制方式对变频一体机的直接转矩控制思路进行分析。该控制方式中自适应电机模型以测量的电机电流和直流电压作为输入，输出精确的转矩和磁通值。转矩比较器及磁通比较器分别将转矩的实际值和磁通的实际值与调节器的给定值进行分析比较，并输出相应的数值。依靠来自这两个比较器的输出，优化脉冲选择器决定逆变器的最佳开关状态，使逆变器的每一次开关状态都是单独确定的，这意味着传动可以产生最佳的开关组合并对负载扰动和瞬时掉电等动态变化做出快速响应。

变频一体机矢量控制系统通过变频控制系统测量电机定子电流矢量，将其分解为励磁分量和与此垂直的转矩分量，通过"直-交变换"将两个分量等效地转换成同样是互相垂直的二相旋转磁场的信号，又通过"2/3 变换"把二相旋转磁场的信号等效地转换成三相旋转磁场的信号，利用该信号控制逆变单元中开关器件的工作，控制变频一体机的转速。此外在一体机运行过程中，当因负载发生波动导致转速变化时，可通过转速反馈环节反馈到控制电路，通过调整转矩信号，对变频一体机的转速进行控制。

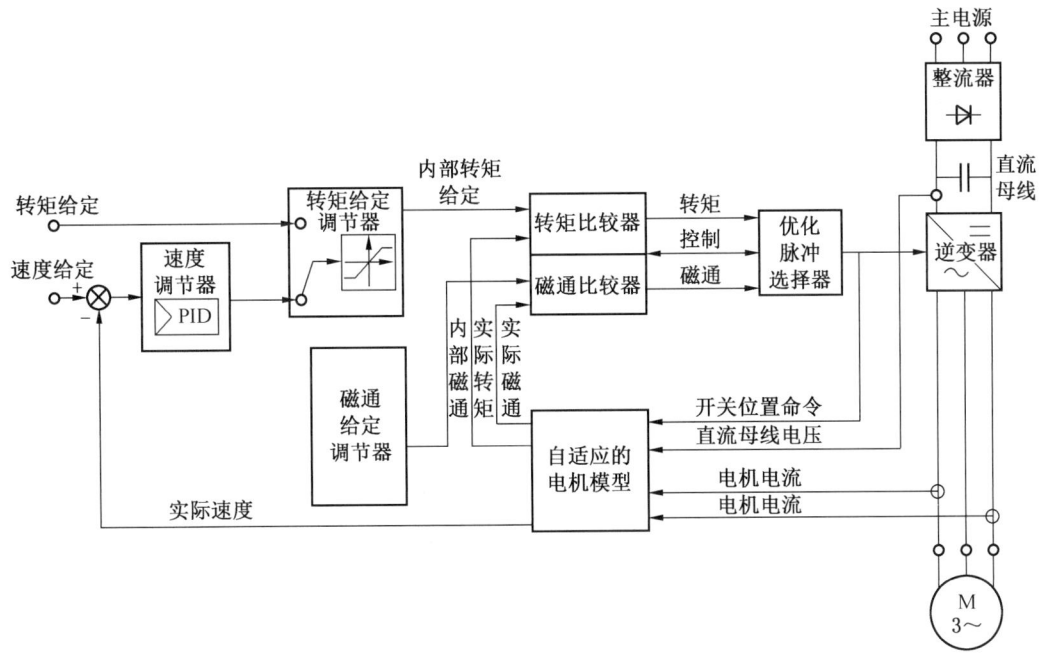

图 24-13　直接转矩控制功能块图

变频一体机的矢量控制方式按照是否需要外部的转速反馈环节分为有反馈闭环矢量控制方式和无反馈开环矢量控制方式两种。有反馈闭环矢量控制方式其转速的反馈信号大多由旋转编码器测得；而无反馈开环矢量控制主要是指无速度传感器的矢量控制系统，其利用检测的电动机电压、电流信号进行转速辨识，并将辨识的转速反馈给控制系统。

9. 变频一体机的智能化技术

变频一体机的智能感知及综合保护系统通过主控单元、电压及电流检测单元、驱动控制单元完成对电机转矩和转速的精确测量和智能化控制，对拖动负载进行转矩保护和变频调速，达到拖动设备节能、降耗、环保的目的；通过高压检测单元、漏电检测单元、信号指示单元和温湿度检测单元，完成高压信号带电指示、绝缘监视、漏电保护和温湿度保护，实现动态和全面的智能防护，达到保护人身安全和设备安全的目的。

此外，变频一体机对外预留通信接口，支持常见工业通信协议或 OPCUA 工业物联网，可将设备运行过程中的数据信息实时传至云端，通过云端进行集中部署、运维监测以及预警处置等，实现负荷自动匹配、恒功率自动调节以及自动化控制，提高系统智能化水平。

10. 变频一体机集成应用技术

由于智能化、无人化、节能化的发展需求，相较于传统驱动方式，变频和自动化控制相结合的应用方式在井下驱动的各个环节中体现出了更为优势的一面。变频一体机以其诸多优点，在煤矿应用的场景越来越多，孕育出了很多针对特定应用场合的变频自动化驱动控制技术，比如无传感器反馈变频调速技术、适用于井下输送设备的多电机驱动功率平衡技术、适用于井下输送设备的自适应调速技术等，这些技术的蓬勃发展为智能化煤矿的实现提供了有力支撑。

（1）无传感器反馈变频调速技术。柱塞类泵在工业领域应用非常广泛，在煤炭开采行业中，采煤工作面使用的乳化液泵和喷雾泵都属于柱塞类泵，传统柱塞类泵工作时采用工频电机直接驱动，泵体上带有压力调节阀（卸载阀），当泵的输出压力大于卸载压力时，卸载阀动作，此时泵输出的液体直接回到泵体中，泵工作在无效状态，浪费了电能并且增加了泵的磨损，减少了泵的使用寿命。随着变频技术的发展，采用变频器驱动泵电机，泵工作在卸载状态时降低泵电机的输出转速，从而降低无效的电能损耗和磨损，所以变频驱动的泵在煤矿应用中也越来越广泛。但依赖传感器的变频驱动方法在现场应用中进行自动调速时，因检测环节的增加，在井下泵站应用的自动调速过程中会出现输出需求量增大时，变频加速时间内的输出转矩无法及时满足实际需求量，影响整套系统响应速度的问题。而变频一体机使用的无传感器反馈变频调速技术，通过研究变频调速系统与负载设备输出压力的变化规律，分析变频系统的运行速度和运行转矩与负载设备输出压力的作用机理，通过特定的算法分析对泵站加载状态下的调速周期和对应的变频给定速度进行分段调速，遵循慢减速（一步步减速）、快加速（一步加速）的调速原则，满足现场使用的同时降低功耗，有利于节能减排。

（2）适用于井下输送设备的多电机驱动功率平衡技术。煤矿井下输送设备的驱动电机之间为半刚性或柔性连接，普通防爆电动机转速和转矩无法控制，经常会出现多台电机之间负载不平衡、负载设备磨损严重等问题。变频一体机采用的多电机驱动功率平衡技术具有主从控制模式，在系统运行时可以提取系统所有变频设备的运行转矩与运行速度，以主机动态的转矩和速度为参照，通过PID调节对从机的转矩进行修正，使主从设备的转矩实时保持在一定的差值范围内，达到多工况自适应的功率平衡，有效减少负载设备的磨损，提高驱动系统的使用寿命。

（3）适用于井下输送设备的自适应调速技术。大型现代化矿井，井田面积较大，设计生产能力高，矿井带式输送机的设计输送能力留有较大过载系数，而各个采区在同时采煤时对主运输和采区运输的生产调度无法实现自动化输送，更无法实现按煤流负载自动调速输送，空载、欠载能量消耗高，给调度管理提出了很高的要求。

变频一体机研究的自适应调速技术，利用转矩值与负载重量和转速之间的对应关系，对主从设备的转矩进行分析运算，根据转矩值调节变频器的给定速度，有利于调速系统根据实际运输量对运输设备的速度进行相应的调整，极大地减少了电能浪费，增加了生产效益。

24.2.2 变频一体机试验测试技术

为保障变频一体机的技术指标和产品质量，一体机在出厂和新品验证阶段需要进行种类繁多且复杂的实验，如效率、谐波、速度稳定度、过载能力、转矩特性、最大转矩、振动噪声、各类保护性实验、EMC、温升、工频耐压等。这样一体机的研发制造厂家就需要具备整套完善的变频一体机加载和性能测试的试验系统，以满足变频一体机系列化产品和配套设备的形式试验和出厂试验要求，并对一体机核心指标进行科学验证。

变频一体机的试验系统由供电系统、驱动加载系统、继电保护系统和监控系统组成。以图24-14为例，系统通过高压柜将电网的工频交流电送至变压器，利用变压器或调压器输出不同的电压等级，以满足一体机测试时需要的电压。加载电机由四象限变频器控制输出不同的转矩，给变频一体机加不同比例的载荷，以模拟变频一体机实际运转工况，对其各项性能指标进行试验和测试。加载电机和四象限变频器的回馈功能，可将机械能转换成电能，回馈到供电网络中，不仅满足了变频一体机的形式试验和出厂试验要求，还可节约能源。

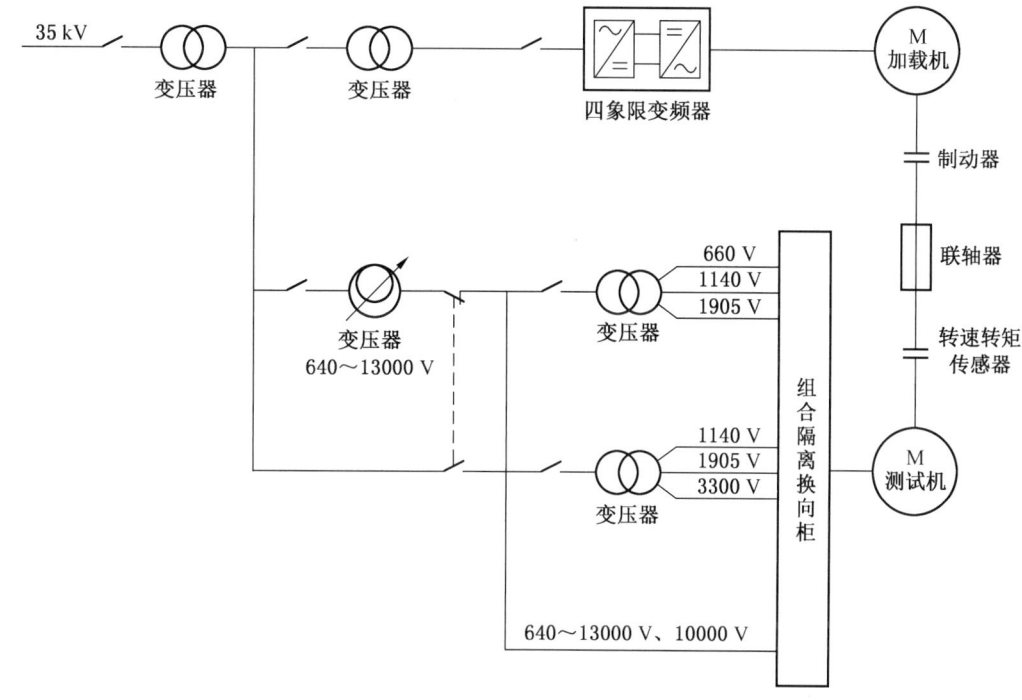

图 24-14　测试平台电气原理示意图

监控系统由工业控制计算机+服务器+测量仪表组成局域网，如图 24-15 所示。试验过程中根据不同的试验项目，工业控制计算机选择相应的测量仪表，实时采集测量仪表数据并保存到数据库，试验管理软件对试验数据进行处理，生成试验报告和试验曲线。

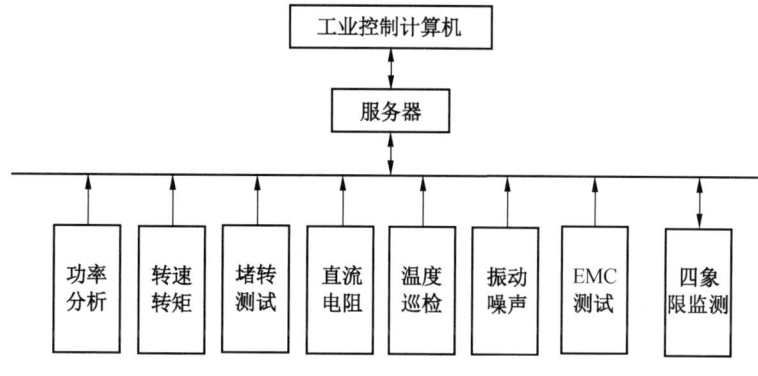

图 24-15　测试平台监控系统结构图

24.3　永磁传动技术及应用

随着以电力电子技术、微电子技术和自动控制技术为代表的变频控制技术的发展，变频调速永磁电动机及其一体机应运而生，为永磁传动系统取得了长足的提升和发展空间。与感应电动机相比，永磁电动机传动效率和功率因数高、体积小、重量轻、结构形式灵活多样。与传统的直流电动机相比，永磁电动机无须电流励磁，可以取消换向装置，大大提高了在爆炸性环境下的可靠性。基于以上特点，永磁传动产品在工业伺服控制、交通运输（新能源汽车，无人机）、工程机械、能源开采等领域均展现出了强大的生命力，有的已成为驱动系统的主流方案。在煤矿应用方面，随着分数槽集中绕组的研究、推广和普及，采用分数槽集中绕组的永磁电动机、一体机凭借优良的低速性能、较高的综合效率，使传动系统取消减速机构成为现实。包括采用外转子的永磁电动滚筒在内，永磁直驱、半直驱传动系统在带式输送机、刮板输送机等煤矿机械上得到了爆发式发展。随着矿山智能化、高效化、专特化程度的加快，永磁传动一体机的占有率将会进一步提升，应用前景十分广阔。

24.3.1　永磁电机的发展概况

19 世纪 20 年代，Barlow 将永磁体应用在电机中，自此世界上首台永磁同步电机问世。该类电机一出现，就以体积小、功率密度高、功率因数高等优点受到了广泛关注，随后便被迅速应用到航天国防等高科技领域，后来学者们意识到永磁体的性能对电机设计有着十分重要的影响。永磁电机技术的逐渐成熟离不开永磁体性能的提高。随着材料科学的发展，在 1938 年确定了永磁材料的相关成分和晶体结构，于 1947 年开发了第一代永磁体——铁氧体，其具有较高的矫顽力和较大的晶体各向异性，开始应用到永磁电机中。在 20 世纪六七十年代，研发人员将稀土元素应用到永磁体研发中，提高了永磁体的磁特性，被称为第二代永磁体——钐钴，此后永磁体获得了长足的发展。20 世纪 80 年代初，由日本住友公司研发的钕铁硼永磁体问世，被称为第三代永磁体，因其具有很高的磁能积、较高的温度稳定性且价格相对较低等优点，逐渐占据了较大的市场份额。随着永磁材料性能的逐步提高，掀起了广泛的永磁电机研究热潮。如在创建永磁电机数学模型时，需要考虑交叉耦合的问题并提出利用分析电机交直轴分量进行解耦的方法。国内学者也对此进行分析，提出利用永磁电机的电枢反应，解出电机的交直轴电感，此后再分析交叉耦合对电机的影响的方法。永磁电机自问世以来就得到了十分迅速的发展，学者从不同的角度对永磁电机进行了大量的研究，使其性能逐渐被改善，为将来的永磁直驱技术打好了理论基础。

我国是稀土资源大国，在永磁电机的研发和生产上具有天然优势，我国开始研发低速永磁电机是在 20 世纪 80 年代，是世界上研究低速电机领域为数不多的国家之一。

低速同步电机分为电励磁式和永磁体励磁式。由于电励磁式需要直流励磁电源，结构复杂，所以只适用于大容量特殊场合。永磁低速电机通过永磁体产生的励磁磁场，使结构大大简化。在研究传统内转子结构电机的同时，国内外学者也致力于研发其他结构的电机来满足不同工况的要求。如在煤矿领域，研发低速大转矩外转子永磁同步电动滚筒来代替传统异步电机加减速机驱动滚筒的庞大系统，带来的效果就是整体效率高、占用空间小、无须频繁维护等，给生产带来便利，产值得以进一步提高。

用户现场应用的永磁同步电动机及其配套的变频器多为不同厂家独立开发，匹配程度低,从而导致控制精度低、成本高、安装空间大,变频器与电机的安装位置相距较远,变频器输出电压的线路压降增大,使电机端电压低于额定值。输电线之间线路互相干扰,电流畸变,系统效率降低,输出的高频谐波产生高频辐射还对周围设备造成干扰。鉴于此,国内外学者开始研发变频器与永磁电机相结合的永磁同步变频一体机,一体机技术使电机可以就地控制、起停,方便设备检修和控制,结构紧凑,使用更方便,设备数量更少,节约成本与空间,系统可靠性提高,这对于煤矿井下狭小空间的应用工况非常适用,故永磁直驱变频调速一体机必将是煤矿领域发展的趋势之一。

永磁变频调速一体机在煤矿上应用有以下优势:

(1) 系统化。电机与控制系统相结合,国外的电机制造企业早已不再拘泥于只生产电机,而是以机电产品的形式上市,形成了完整的调速系统。

(2) 智能化。电机科技性越来越高,速度控制系统不仅包括变频电机,还包括电力电子元件和各种控制电路,使电力电子、电机和控制不仅仅集成在结构上,还集成在功能上,成为智能一体机。

(3) 可靠性高。永磁电机及其控制系统的性能和可靠性是衡量产品好坏的首要标准。效率高、功率因数高、宽频范围和高容错性使其成为现代交流调速系统的重要标志。

(4) 适用性强。永磁一体机功能多样,可取代异步电机、减速机、液力耦合器等传统驱动设备。

24.3.2 永磁电机及驱动系统的关键技术

1. 永磁电机的磁路结构

永磁电机的定子与感应电机相似,永磁体一般装配在转子上。按照永磁体在转子上位置的不同,永磁同步电动机常见的磁路结构一般分为表贴式和内置式两种。

1) 表贴式永磁电机转子结构

表贴式的转子磁路结构,又分为凸出式和插入式两种,如图24-16所示。

表贴凸出式转子磁路结构,由于永磁材料的相对回复磁导率接近1,其有效气隙长度是气隙和径向永磁体厚度的总和,d轴和q轴电感相等,转子不具有凸极效应,不产生磁阻转矩,因此表面凸出式转子磁路结构属于隐极结构。由于永磁体直

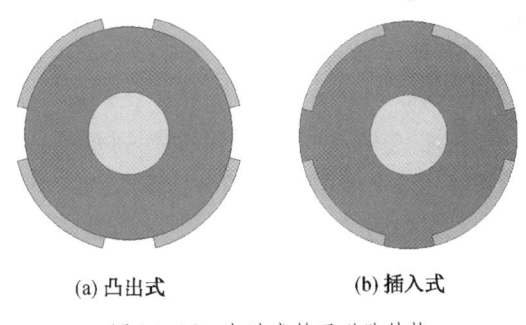

(a) 凸出式   (b) 插入式

图24-16 表贴式转子磁路结构

接暴露在气隙磁场中,易退磁,其弱磁能力受到限制,但因其具有结构简单、制造成本低、转动惯量小等优点,在恒功率运行范围不宽的正弦波永磁同步电动机中得到了广泛应用。

表贴插入式转子结构,这种结构的q轴电感大于d轴电感,转子具有凸极效应,有磁阻转矩产生,利用磁阻转矩可以充分提高电动机的功率密度,动态性能较表贴凸出式转子有所改善,制造工艺较为简单,但漏磁系数和制造成本均大于表贴凸出式结构。

2) 内置式永磁电机转子结构

内置式永磁电机按永磁体磁化方向可分为径向式和切向式两种结构,如图24-17所示。

这类结构的永磁体位于转子内部,其外表面与定子内圆之间有铁磁物质制成的极靴,

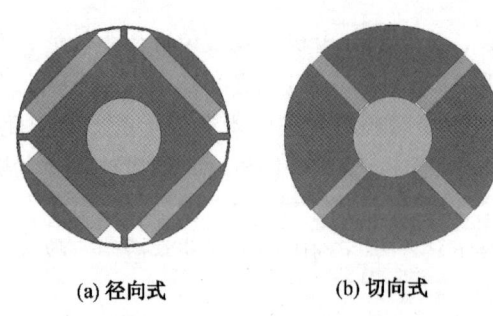

(a) 径向式　　(b) 切向式

图 24-17　内置式转子磁路结构

永磁体受到极靴的保护，而且 q 轴电感大于 d 轴电感，这种转子磁路结构的不对称性所产生的磁阻转矩有助于提高电机的过载能力和功率密度，而且易于"弱磁"扩速。另外，由于永磁体埋于转子铁芯内部，使转子结构更加牢固，同时增加了电机高速运行的安全性。

内置径向式结构的优点是漏磁少、转子结构机械强度高、电机的轴上不需要采用隔磁套等。在径向结构中，一对极的两块磁钢是串联的，因此是一块磁钢截面对每极气隙提供磁通，而两块永磁体的磁化方向长度对磁路提供磁动势，故电机气隙磁感应强度近似等于永磁体工作点的磁通密度；切向式结构中，一个极矩下的磁通由相邻的两个永磁体并联提供，因此可以得到更大的每极磁通，尤其当电机极数较多、径向式结构不能提供足够的每极磁通时，这种结构的优势更显突出。此外，采用切向式转子结构的永磁同步的磁阻转矩在电机总电磁转矩中的比例可达 40%，这对充分利用磁阻转矩、提高电机功率密度和扩展电机的恒功率运行范围都非常有利。

2. 永磁电机的控制策略

永磁电机变速运行靠的是控制，控制转速本质上是控制电机的电磁转矩。电机的电磁转矩大于负载转矩时电机就加速；电磁转矩小于负载转矩时电机就减速；电磁转矩等于负载转矩时电机就恒速稳定运行，因此控制转矩才是调速运行的本质。

永磁电机的电磁转矩与定子电流之间的关系可以用矩角特性来表示，即

$$T = p[\psi_f I_s \sin\beta + 0.5(L_d - L_q) I_s^2 \sin2\beta]$$

当 I_s 为定值时，电磁转矩 T 随定子电流与转子直轴之间的夹角 β 变化。当 β 达到一定值（对表贴式 $\beta = 90°$；对内置式 $\beta > 90°$）时，转矩达到最大值。定子电流越大，转矩能够达到的最大值也越大。当电流达到变频器能够输出的最大值时，电机的输出转矩也就达到了最大值。如果维持峰值转矩不变，逐渐提高电机的转速 ω，电机的输出功率就成正比的增大，即电机在恒转矩运行。因为磁场大小不变，转速的增加使电机的感应电势成比例的增大，当转速增大到一定值时，感应电势与变频器输出的电压限值相等，这个转速称为转折转速，表达式为

$$\omega^2[(\psi_f + I_d L_d)^2 + (I_q L_q)^2] \leq U_{max}^2$$

式中，$I_d = I_s \cos\beta$，$I_q = I_s \sin\beta$，$I_d^2 + I_q^2 = I_s^2$。这时如果想要再提高转速，只能调节 β 角，增加定子电流的直轴分量 I_d，降低磁场的大小来实现，称为弱磁扩速。I_d 增加意味着 I_q 的减小，即电机的输出转矩降低了。在弱磁扩速的初始阶段，虽然由于磁场减弱使转矩有所降低，但转速在增大，因此功率可基本保持不变，这段区间称之为恒功率运行区间。当转速进一步增高到一定程度，弱磁导致的转矩下降加剧，以致转速的增大无法弥补转矩的降低，因此功率就不能再维持恒定，而是随着转速进一步增高而降低，此时只能是在电压、电流极限范围内尽可能地输出最大功率。图 24-18 所示为一款电机的最大输出转矩与转速的关系曲线。

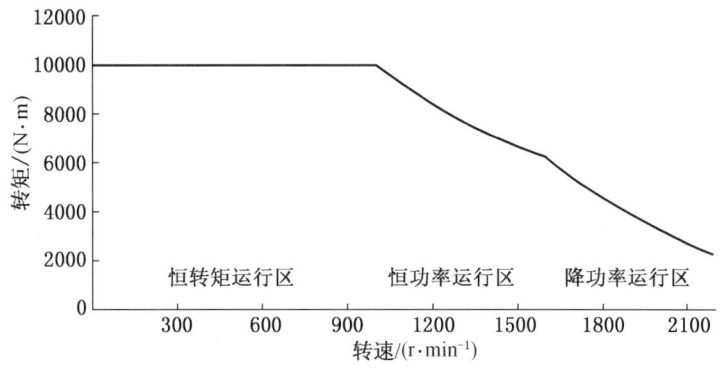

图 24-18　转速—峰值转矩曲线

总之，变频驱动的永磁电机在不同的运行工况下，均有最合适的控制策略。低速运行时，通常采用最大转矩电流比（MTPA）的策略来进行恒转矩控制；中速运行时，通常采用恒功率弱磁控制策略进行恒功率控制；高速运行时，通常采用最大功率输出策略来进行输出功率最大化控制。

3. 分数槽绕组

众所周知，定子绕组相数表示为 m，定子槽数表示为 Z，永磁转子极对数表示为 p 时，每极每相槽数 q 定义为

$$q = \frac{Z}{2mp}$$

每极每相槽数 q 为分数的绕组称为分数槽绕组。分数槽绕组曾较广泛地应用于低速水轮同步发电机的定子绕组中。由于低速水轮发电机极数较多，极距相对较小，不能取得过大，否则会增加发电机定子的外径并给制造带来困难。后来发展了分数槽集中绕组永磁电机，其每极的每相绕组环绕一个齿距，即绕组的节距为 1。图 24-19 所示为一款分数槽集中绕组的示意。

分数槽集中绕组逐渐成为研究热点，采用分数槽集中绕组的永磁电机具有以下特点：

（1）线圈节距 $y=1$ 的集中式绕组设计，线圈绕制在一个齿上，大幅缩短电机轴向端部尺寸，减少用铜量，电机绕组电阻减小，铜耗降低，进而提高电机效率，降低温升。

（2）方便使用专用绕线机，直接将线圈绕在齿上，取代传统嵌线工艺；方便采用定子拼装式结构，提高作业效率，方便大规模生产。

（3）极数和槽数相近的极槽配合可有效降低电机齿槽转矩，有利于减小振动和提高运行稳定性。若极槽配合选取不合适，磁动势谐波与基波极对数接近的齿谐波将产生低阶力波振动。

（4）可以很容易实现多极数设计，特别适合

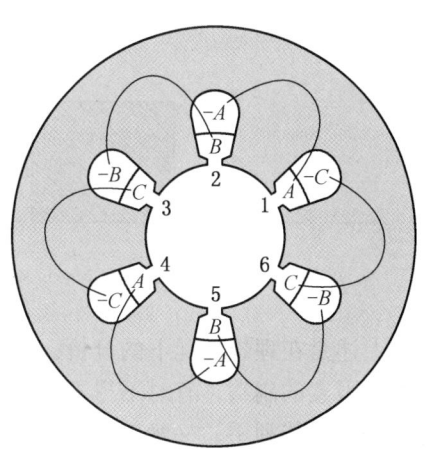

图 24-19　分数槽集中绕组

低速大转矩的设计要求。

总之，分数槽集中绕组技术的应用有利于永磁电机的性能改善、节能、节材，小型化、轻量化、节省生产工时，从而可降低产品成本，增强产品竞争力。

4. 永磁体工作点的确定及退磁校核

永磁电机设计时，为了充分利用永磁材料，缩小整个电机的尺寸，力求使用最小的永磁体体积在气隙中建立最大磁能的磁场。由于主流使用的钕铁硼永磁体的退磁曲线为直线，设永磁体所提供的磁通为 Φ_D，磁动势为 F_D，则磁能 J 为

$$J = \frac{1}{2}\Phi_D F_D = \frac{1}{2}BA_m H h_{Mp} \times 10^{-6}$$

由此得出永磁体体积为

$$V_m = \frac{\Phi_D F_D}{BH} \times 10^6$$

式中可看出在 $\Phi_D F_D$ 不变的情况下，永磁体体积与工作点磁能积成反比。因此，应该使永磁体工作位于回复线上有最大磁能积的点。

最大磁能时永磁体工作图如图 24-20 所示，从图 24-20 中可看出，永磁体的磁能正比于四边形 $A\Phi_D O F_D$ 的面积，而若想使面积最大，则由数学知识可知，工作点 A 在回复线中点时，四边形面积最大，即永磁体具有最大的磁通量，则永磁体最佳工作点的标幺值为

$$b_D = \Phi_D = 0.5$$

然而在永磁电机中存在漏磁通，实际参与机电能量转化的磁能并不是永磁体提供的总磁能。因此为了使得修正后的四边形 $ABB'A'$ 面积最大，永磁体最佳工作点应该在有效磁能 $\Phi_r K$ 回复线的中点，如图 24-21 所示。

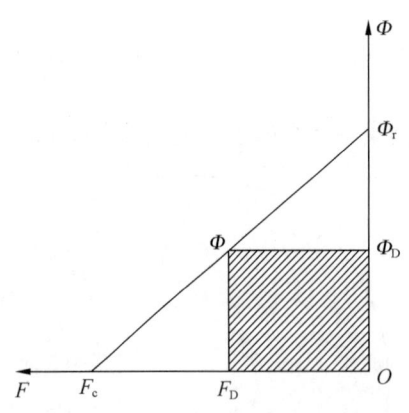
图 24-20 最大磁能时永磁体工作图

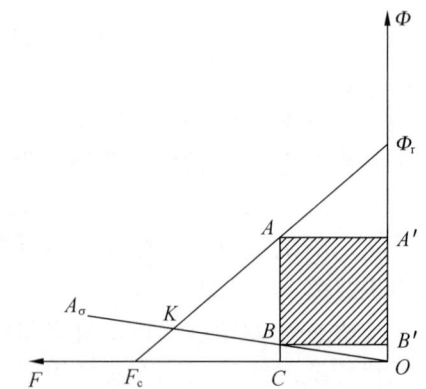
图 24-21 考虑漏磁的最大磁能时永磁体工作图

上述是在理想情况下的分析，但是在实际生产中，考虑到永磁体设计尺寸、加工工艺等其他因素的制约，有时不得不偏移最佳工作点，为了考虑电机的最佳性能，不得不放弃永磁体的最佳利用，一般工作点取在 0.6~0.85，这需要针对电机的具体需求，经过方案比较后确定。

永磁电机的局部失磁一直是研究热点，特别是用于煤炭领域的大功率永磁电机越来

多，失磁问题更加引人关注。变频调速驱动系统中存在大量的功率器件，由于功率器件采取了保护措施，就会造成电机短路。发生短路后在机械系统惯性的作用下电机在电枢中会产生很大的短路去磁磁动势，从而增大了永磁体发生退磁或局部失磁的可能性。所以进行最大去磁工作点校核非常重要。

有限元法是最常用的校核最大去磁工作点的方法。在电机三相短路后，短路电流的合成磁动势会从零变化到最大，振荡后稳定，变成一个恒定的圆形旋转磁场，对每个初始角分析后可以得出结论，永磁体的最大去磁工作点与短路电机发生短路的时刻无关。在有限元仿真时，可以使用软件设置外电路并三相短接，设定电机转速为额定转速，利用瞬态场仿真分析，最大短路电流可能会超过额定电流的三倍以上，短路电流不是一个恒定的正弦波，而是由一个随时间衰减直流分量和一个正弦分量构成，随着时间变化，电枢磁动势对永磁体的去磁作用不同。对每个短路电流时间步长的磁场进行分析就可以得到每个时刻的永磁体最大去磁工作点，校核应保证最大去磁工作点最小的点的磁通要在永磁体退磁曲线的拐点以上，这样即使电机发生三相短路，也不会使永磁体发生不可逆退磁。

增加永磁体厚度、改变永磁体的安装结构和增大漏抗都可以提高永磁体的最大去磁工作点，转子带极靴结构的电机的永磁体最大去磁工作点最高，抗去磁能力最强。

5. 齿槽转矩与纹波转矩

齿槽转矩是由于定子开槽，齿槽对应的气隙磁导不均匀造成的，它的产生与永磁电机是否通电无关，其强度随磁场的强度大小而变化，齿槽转矩大小与气隙磁密正相关。分数槽永磁电机的优势之一就是可以减小齿槽转矩，当绕组设计成真分数槽绕组时即每极每相槽数 q 为真分数时，由于极数和槽数较为接近，因此不存在低阶齿槽转矩，但高阶的齿槽转矩仍然存在，这是因为真分数槽电机的定子槽数较少，相对于机械圆周而言齿槽转矩的谐波次数并不低，它不仅引起电机的转矩脉动，还会引起振动和噪声，增大电机的损耗，降低电机的效率，因此需要通过一些优化手段来削弱齿槽转矩。

斜槽（或斜极）是最有效的削弱齿槽转矩的措施，但斜槽（或斜极）会影响电动机的其他性能参数，如效率、最大转矩等，传统的适用于整数槽电机的斜一个定子齿距的方法已经不能使用在真分数槽低速永磁电机上，而斜槽（斜极）的机械角度需要理论分析，明确地计算出来。根据相关论文的推导，真分数槽电机斜槽（斜极）的机械角度可以表示为

$$p_\theta = \arctan\frac{k\pi D_{i1}}{LCM(Q_1, 2p)L} \quad (k=1, 2, 3, \cdots)$$

式中，p_θ 为斜槽（斜极）的机械角度；L 为电机的有效长度；D_{i1} 为定子内径；$LCM(Q_1, 2p)$ 为定子槽数 Q_1 和电机极数 $2p$ 的最大公约数。

此时齿槽转矩几乎为零，且斜槽（斜极）前后的总磁导不变。

永磁体励磁磁场和定子绕组磁场的空间分布不可能完全是正弦的，所以感应电动势的波形必定发生畸变，变频电源馈入电机定子的电压尽管可以接近正弦波，但其中仍含有许多高次谐波。因感应电动势或电流波形畸变引起的谐波转矩称为纹波转矩。削弱谐波电动势的方法主要有：

（1）采用对称的 Y 接绕组。当绕组采用 Y 接时，感应电动势中的 3 及 3 的倍数次谐波会在三相之间相互抵消，可以在一定程度上削弱纹波转矩。

(2) 采用不均匀气隙。不均匀气隙则是通过工艺加工实现，在每极对应的气隙要达到中间小、两端大的分布，使得气隙中的磁动势中间大、两端小，接近正弦分布，进一步削弱反电动势的谐波幅值，从而达到削弱齿槽转矩和纹波转矩的目的。

(3) 采用短距绕组。由于反电势中 3、5、7 次谐波相对幅值较大，而 3 次谐波可通过 Y 接消除，通常选用节距只为 5/6 倍的极距即可同时削弱 5 次和 7 次谐波。

(4) 采用分布绕组。当每极每相槽数 q 越大时，谐波电动势的分布系数的总趋势变小，从而抑制谐波电动势的效果越好。但 q 增大时，电机成本会相应增加。对于真分数槽绕组来说，虽然每极每相槽数 $q=a/b$ 小于 1，但却具有很大的分布作用，具体来说，其分布系数和 $q=a$ 的整数槽分布系数在分布效果上是等效的，通过分布效应改善反电动势的波形同时也提高了绕组系数。

(5) 优化极弧系数。极弧系数为永磁电机转子磁极所占转子外径的比例，由于感应电动势谐波分量成分主要取决于励磁磁场及永磁体产生的磁场，而永磁体的形状和极弧系数可以决定在一个正周期内磁动势分布的比例，从而使磁动势更加接近正弦波，有更低的谐波分量。因此在设计永磁电机时，选择合适的极弧系数十分重要。

24.3.3 永磁传动技术在煤矿中的应用

永磁电机及其驱动系统在煤炭行业的应用起步较晚，客户认知度并不高，受相关行业发展及国家节能减排政策的影响，经过近几年来的技术推广，在煤矿行业的应用也从零星、单品种逐步向全方位、多品种发展、覆盖，处于快速增长阶段，主要机型包括永磁直驱（低速）、永磁半直驱（集成一级或二级减速机）、永磁高速、永磁电动滚筒及其与变频器高度集成的一体式机型等，主要应用于带式输送机、刮板输送机、液压泵站、通风机、采煤机等设备，根据使用场所的不同，电压涵盖了煤矿井下各种电压等级，最高功率达 1600 kW 以上，最大扭矩 450 kN·m 以上，最低转速 30 r/min，最高转速达 3000 r/min 以上。

应用最多的场景为带式输送机用永磁电机，以永磁直驱和永磁电滚筒为主，二者各有所长，前者体积大、占用空间多，但日常维护简单，后者体积紧凑，几乎不占额外空间，但维修相对不便，单机容量受限。在用永磁直驱电机最大功率为 1600 kW，永磁电滚筒最大功率为 560 kW，青岛中加特开发的 630 kW 永磁电滚筒一体机已成功下线，待工业性验证试验。

刮板输送机、转载机、破碎机工况应用的永磁电机，由于受安装空间限制，大多以高速或半直驱永磁电机为主，高速是指用常规永磁电机直接替代原异步电机，接口尺寸不变，可以实现永磁、异步互换，代表产品有青岛中加特与天津 SEW 联合推出的直连式永磁同步一体机，已经在刮板输送机上投入使用，用户反馈良好；青岛中加特开发的减速式永磁一体机也成功应用在刮板输送机上，其结构紧凑，机头、机尾均可实现平行部或垂直部互换安装；由神东能源集团委托张家口煤机、天地奔牛与青岛中加特联合开发的 1600 kW、1200 kW 刮板输送机减速式永磁一体机及配套破碎机、转载机永磁电机系统也在研制中。

表 24-3 列出了各类型的永磁电机及一体机应用场景。

表24-3 各类型的永磁电机及一体机应用场景

电机类型	特点	电压等级	功率等级	转速范围	主要应用场景	代表产品生产企业
直驱式永磁同变频调速电动机/一体机	优点：无须减速机，效率高、使用维护成本低 缺点：体积大，不适用狭小安装空间	660 V 1140 V 3300 V 6 kV 10 kV	55～2000 kW	30～100 r/min 100～300 r/min	带式输送机 转载机	中加特 舜华 欧瑞安等
减速式永磁同步变频调速电动机/一体机	优点：结构紧凑、系统效率高 缺点：未完全脱离减速机，需整机维护	660 V 1140 V 3300 V	400～1600 kW	30～100 r/min 100～300 r/min	带式输送机 刮板输送机 转载机 破碎机	中加特 维达 大连智鼎等
永磁同步变频调速电动机/一体机	优点：电机效率高，可直接替代异步电机，配套设备不需变更 缺点：适用场所受限	660 V 1140 V 3300 V	55～1600 kW	1000 r/min 1500 r/min 3000 r/min	乳化液泵站 刮板输送机 转载机 破碎机 风机	中加特
永磁同步变频调速电动滚筒/一体式电动滚筒	优点：集成度高，效率高，几乎不占安装空间 缺点：维修不方便、转矩受限	660 V 1140 V	22～630 kW	30～100 r/min	带式输送机	中加特 嘉轩
采煤机用永磁电机	优点：效率高，结构紧凑 缺点：抗冲击能力不及异步电机	660 V 1140 V	1000 kW以内	3000 r/min以内	采煤机泵电机 截割电机 牵引电机等	中加特

24.4 变频一体机在煤矿驱动系统中的智能化应用

24.4.1 变频一体机在8.8 m超大采高运输系统中的研究与应用

上湾煤矿是神华神东煤炭集团有限责任公司主力生产矿井之一，该矿12401综采工作面是四盘区12煤首采面，综采工作面走向长299.2 m，推进长度5254.8 m，设计采高8.8 m，可采面积为1572236.16 m^2，可采出煤量为17.98 Mt。该采面是上湾煤矿的主采面，设计月产能1258300 t，服务年限14.3个月。该采面的刮板输送机采用SGZ1388/4800型变频刮板。传动装置采用3台YJVFG-500L5-5T型3300V/1600 kW高压变频一体机驱动，实现对刮板输送机的重载平滑启动。转载机采用YJVFG-450M1-4T型3300 V/700 kW变频一体机驱动。变频三机系统能很好地解决刮板输送机重载启动难、负载波动大的问题；同时一体机驱动刮板输送机启停平稳，对刮板输送机链条、链轮的机械冲击小；变频一体机的启动电流小于1.5倍额定电流，减少了对前级供电网络的电气冲击。变频一体机驱动刮板输送机既满足了设备运量需求，同时还具备完善的保护功能，延长了刮板输送机的使用寿命，减少了设备维护量。

1. 三机运输系统驱动方案

8.8 m工作面是世界首个智能超大采高工作面，该工作面配置的液压支架、刮板输送机、乳化液泵站等配套设备均创下多个国内、世界纪录。输送机的变频一体机创造了世界首台1600 kW变频一体机纪录，以前的变频一体机最大单机功率是1200 kW。1600 kW变频一体机是青岛中加特电气股份有限公司针对市场需求而开发的一款新产品，用于刮板输送机或带式输送机等运输系统。12401 工作面的三机运输系统中刮板输送机和转载机均采用 3300 V 变频一体机，系统驱动布置如图 24-22 所示。

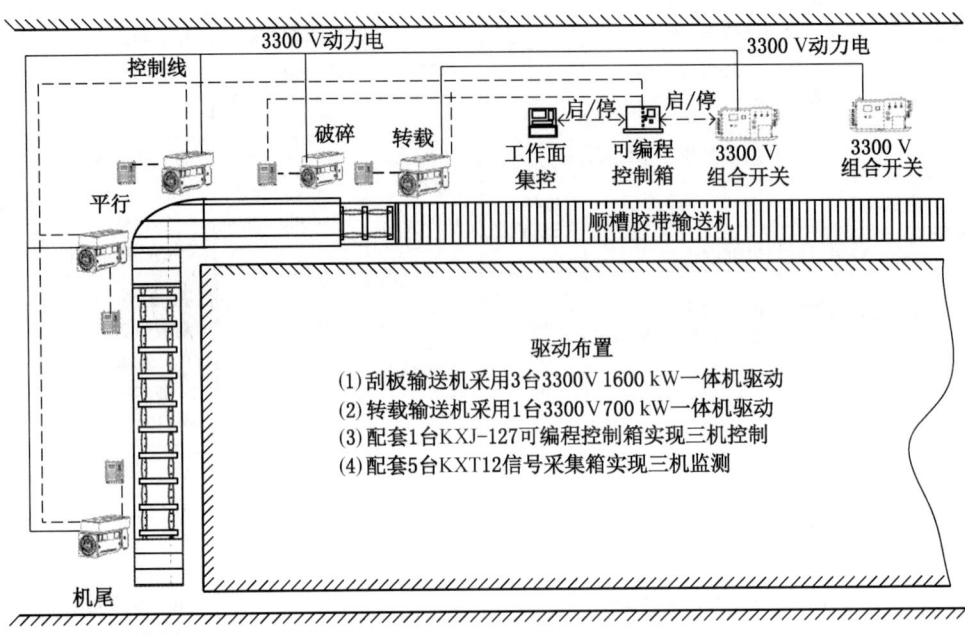

图 24-22　上湾矿 8.8 m 超大采高系统驱动布置图

2. 方案简介

变频一体机采用单路 3300 V/50 Hz 电源供电，输入电源采用快速电缆连接器引入装置，接线方便，采用常规 3300 V 移动变电站供电，不需要特种变压器供电，这是与 3300 V 变频器的最大区别。一体机之间通过本安通信快插电缆连接，通信电缆和一体机都是快插结构设计，连接简单。一体机控制箱和一体机之间通过 CAN 总线通信，实现控制箱对一体机的控制和运行数据显示。控制箱和 KTC101 集控台之间通过硬接线连接，实现刮板输送机和转载机的启停操作。控制箱和组合开关之间通过硬接线连接，实现对输送机的电源控制。

3. 信号检测

在以往的刮板输送机驱动系统中，电动机和减速机一般都配有相应的温度传感器，但是没有配置检测装置对该传感器信号进行检测并集中显示，加上三机系统的配套厂家众多，设备兼容性差，每一设备厂家只负责对自家设备的检测和保护，与其他厂家设备不兼容。变频一体机集变频与电动机于一体，实现了对电机的温度检测和保护，同时配置的信号采集箱还能检测减速机的温度、压力等信号，通 CAN 总线传到一体机控制箱，实现减速机温度信号的集中显示和超温保护停机功能。控制检测方案如图 24-23 所示。

4. 变频一体机应用于刮板输送机解决的问题

（1）启动转矩大，启停平稳、对电网冲击小。变频一体机加减速时间可自行设置，

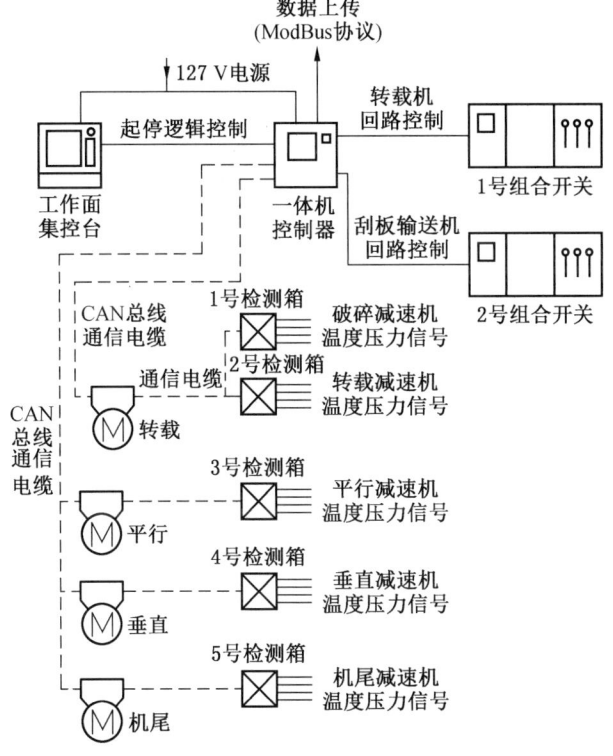

图 24-23 控制检测方案

很好地实现了刮板输送机的平滑启动，减小了对刮板输送机的冲击，延长了刮板输送机的使用寿命，降低了维修费用，启动电流小于 1.5 倍额定电流，启动时对电网冲击小。

（2）降低断链事故发生率。当刮板输送机发生卡链情况时，普通隔爆电机只能不断提高输出转矩，如果前级开关不及时切断电源，极易造成断链，进而影响生产；变频一体机内的主控器可以独立地进行状态判断，可以在第一时间辨识卡链故障，然后停机报警。外置一体机控制器也可以根据一体机反馈的数据进行逻辑判断，识别到系统运行状态异常时，使一体机停机。双重保护可以降低断链事故发生的概率。

（3）实现多机的动态功率平衡调节。刮板输送机驱动电机之间为半刚性连接，如果是普通防爆电动机，转速和转矩无法控制，经常会出现多台电机负载不平衡问题。变频一体机自带主从控制模式可以实现多机功率平衡。

（4）灵活的操作和控制功能。变频一体机配套的控制箱具有高、中、低 3 个档位速度旋钮，在一体机正常运行中可一键实现不同速度档的切换。每一个挡位的速度可以在参数设置界面进行灵活调节，满足不同工况的生产需求。

变频一体机还具备一键设置正反转功能，在刮板输送机检修期间，经常需要对刮板输送机进行低速反转操作，一体机简便的操作模式方便检修设备，减少了工人的维护工作量。

24.4.2 变频一体机在乳化液泵站中的研究与应用

乳化液泵站是用来向综采工作面液压支架或普采工作面的单体液压支柱输送压力液体

（乳化液）的动力设备，是维持采煤工作面生产必须运转的设备之一。矿井要实现高效、高产，液压支架的支护速度、支护能力必须能满足要求，作为液压动力源的乳化液泵站高效、可靠运行则至关重要。在矿井实际生产过程中，液压支架的移架、升柱、降柱等动作和相邻液压支架的动作都是不连续的，工作面需求的供液量远小于乳化泵的实际输出能力。为保证液压支架处于随时可移动状态，乳化液泵站需要不间断运转，这样会造成大量不必要的机械磨损和电能浪费。因此，乳化液泵站运行时引入变频调速控制就非常有必要。

淄矿双欣矿业有限公司4110工作面走向长度为1078 m，面长202 m，煤层平均厚度6 m，可采储量近1.6 Mt，采煤机牵引速度达到10~15 m/min，平均每小时生产原煤1200 t。采用青岛中加特电气股份有限公司 YJVFT-355L1-4 1140 V/315 kW 变频一体机驱动 BRW 315/31.5 系列乳化液泵站，实现了液压泵站无人自配比供液、无压力传感器变频调速等功能，系统配置如图24-24所示。

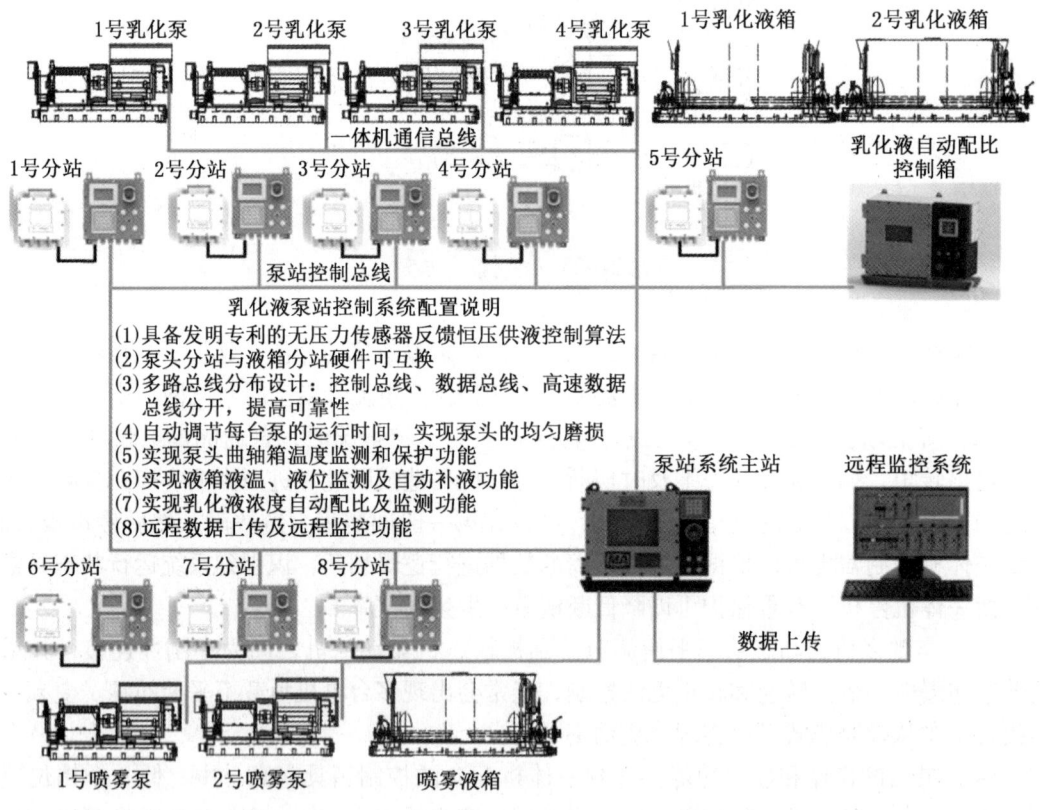

图24-24 变频一体机在乳化液泵站应用中的系统配置

因乳化液泵站工作在卸载状态下是不往管道中输出流量的，卸载状态下的电机负载接近空载。电机通过变频器控制时，通过变频器能读取电机的实时负载转矩。乳化液泵站在加载状态时电机转矩在70%~85%，在卸载状态时电机转矩在20%以下。通过电机的输出转矩，可以准确判断出乳化液泵站的工作状态。根据乳化液泵站的工作状态确定乳化液泵站的最大转速和最小转速后,在转速范围内通过固定时间段流量积分值来判断下一个固定时间段内的流量需求值,以此为基准调整下时间段内泵的转速给定,从而实现无压力传感器变频调速。

在乳化液泵站的出液总管上加装系统压力传感器,通过系统压力传感器的实时动态监测,将压力值实时反馈给变频一体机,一体机根据当前系统总管的压力值来进行相应的速度调节,当系统总管压力低于最小值时,变频一体机开始工作,逐渐提高自身的转速,从而提升总管压力,当系统总管压力高于最大值时,变频一体机开始工作在卸载模式下,逐渐降低速度直至停机。在监测总管压力的同时,也监测单台泵出口压力,当该泵压力已达到最大而总管压力还维持较低水平时,则开启备用泵,以此类推,从而实现多台泵轮换及节能的功能。

变频一体机应用于乳化液泵站可解决以下问题:
(1) 乳化液泵站运行转速降低,现场噪声明显减小。
(2) 没有出现移架慢、支架支撑力不足等情况。
(3) 乳化液泵站的密封件损坏频率明显比之前工频运行时低。
(4) 乳化液泵站的故障率比工频运行时明显降低。

24.4.3 10 kV 变频一体机在超长主平硐皮带运输系统中的研究与应用

国家能源集团国神公司三道沟煤矿位于陕西省榆林市府谷县庙沟门镇,井田面积 174.1346 km^2,储量 1.542 Gt,该矿设计规模 9 Mt/a。该矿主平硐一部带式输送机输送带长度 5039.9 m,输送量 3800 t/h,带速 4.5 m/s,带宽 1600 mm,主电机采用 4 台青岛中加特电气股份有限公司生产的 YJVFG-560S-4T 10 kV/1000 kW 矿用隔爆兼本质安全型高压变频调速一体机,布置方式采用输送机头部 3 驱+尾部 1 驱的方式,如图 24-25 所示。

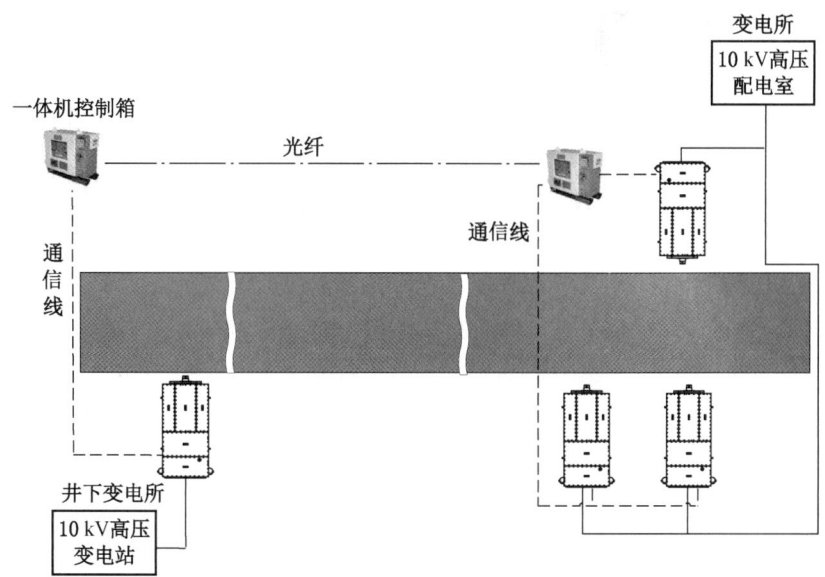

图 24-25 三道沟主平硐驱动方案图

变频一体机直接驱动滚筒,无须减速器及 CST 等中间环节,提高了驱动效率。10 kV 电源直接接入,节省了变压器、变频器等中间环节,现场安装空间更小,多机动态功率平衡效果好。

1. 系统简介

头部驱采用 3 台 YJVFG-560S-4T 10 kV/1000 kW 矿用隔爆兼本质安全型高压变频调速一体机作为驱动，尾部采用 1 台 YJVFG-560S-4T 10 kV/1000 kW 矿用隔爆兼本质安全型高压变频调速一体机作为驱动，头部距尾部约 5003 米，头部与尾部均放置一台一体机控制箱，两台控制箱之间采用矿用通信光缆通信，其中尾部控制箱作为从机，接受头部控制箱的控制。

2. 多电机驱动的动态功率平衡调节

带式输送机采用多机驱动时，虽然每个驱动部之间是完全相同的配置形式和基本参数，但是因为制造差异、安装点的工况不一致，都会造成驱动滚筒理论牵引力与实际牵引力有偏差，影响牵引力的平均分配，造成启动困难、运行不稳定等状况的发生。

采用变频一体机驱动带式输送机，通过主从机的动态功率平衡调节可实现输送机牵引力的均衡分配，使牵引力维持在理想的分配比水平。在长运距大功率带式输送机的驱动方式中以机头驱动加中间驱动的应用最为广泛，以本系统为例进行多机功率平衡调节介绍。

功率平衡的调节过程：机头 3 台一体机的任意 1 台都可以作为主机，在控制箱高级参数中可设置；主机采用速度控制，根据控制箱的给定速度运行，从机采用转矩控制，从机速度值为控制箱给定速度与 PID 调节速度差值之和；变频一体机的控制箱将速度设定值发送给所有一体机的控制单元，控制单元按照给定速度值和实际速度反馈值进行闭环控制，始终使主机转速偏差保持在 ±0.1% 的范围内；控制箱将主机的实际转速值和实际转矩值发送给其他 3 台从机，从机跟随主机转速运行，同时从机根据主机的转矩值对自身输出转矩进行 PID 调节；当某一台从机输出转矩大于主机时，在原跟随主机转速值基础上降速微调，转矩偏差越大，微调的速度值越大，反之越小；当从机转矩小于主机时，在原跟随主机转速值基础上加速微调，转矩偏差值越大，微调速度值越大，反之越小，以此达到主从机的动态功率平衡调节；当从机转矩小于主机时，从机加速，由于主从机之间通过输送带连接，从机加速会对主机有拖动作用，从而使主机转矩值降低；当从机转矩大于主机时，从机降速，主机对从机有拖动作用，从而使从机转矩值减小。控制箱与一体机之间采用 CAN 总线连接，波特率 50 kB/s，数据更新周期 20 ms，保证了功率平衡调节的快速响应，整个系统的功率不平衡度小于 2%。

3. 10 kV 变频一体机应用于超长带式输送机运输系统解决的问题

（1）10 kV 高压电缆直接接入，省去中间环节，占地空间更小。

（2）加速曲线可设置，加减速时间可调节，根据不同的驱动场合选择不同的加速曲线，根据负载调节加减速时间，满足重载启动需求。

（3）启停平稳，实现输送机的重载平滑启动，减少对设备的机械冲击和电气冲击。

（4）保护功能完善，具备过载、过压、欠压、漏电、缺相、接地、短路等保护功能。

（5）动态功率平衡效果好，多机驱动时，能自动调节主从机的功率平衡，主从机间的功率不平衡度小于 2%。

（6）可根据负荷情况长期运行在低速大转矩场合且保证具有不低于 1.5 倍额定输出转矩。

（7）具有功能强大的控制器，能够融入原来的控制系统中并实现远程控制和自动控制以及数据上传等功能。

24.4.4 1140 V 永磁变频一体机在工作面巷道带式输送机的研究与应用

唐口煤业有限公司是淄矿集团生产能力最大的矿井,设计年生产能力 3 Mt。该矿南郊一部带式输送机长 2928 m,输送量 3000 t/h,带速 4 m/s,带宽 1400 mm,输送带型号为 ST2000S,主电机采用 4 台青岛中加特电气股份有限公司生产的 TJVFT-500/60YC 1140V/500kW 矿用隔爆兼本质安全型永磁同步变频调速一体机,布置方式采用头部 4 驱的方式,如图 24-26 所示。

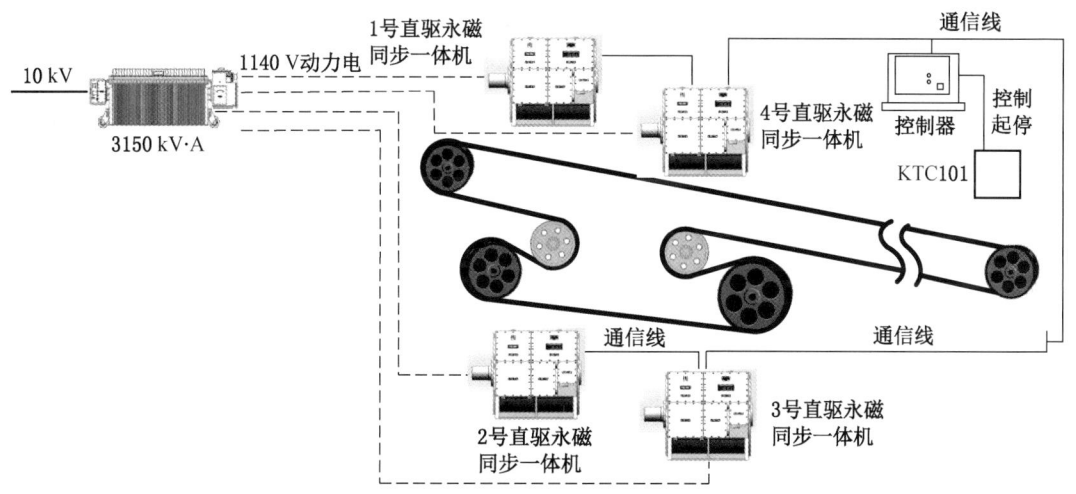

图 24-26 唐口矿东郊一部带式输送机驱动方案图

1. 系统方案

(1) 永磁一体机通过涨紧套直接与驱动辊筒连接,省却减速机。

(2) 所有永磁一体机之间通过通信线连接,与控制器通信,接受控制器的控制。

(3) 一体机控制器可以显示各一体机工作状态、运行数据、故障信息,控制一体机运行。

(4) 一体机冷却方式为外壳水冷,可采用井下直供水冷却或循环水冷却装置两种方式。

(5) 四台一体机驱动整条带式输送机,使整条带式输送机平稳启动,实现动态功率平衡,具备同步调速功能。

2. 1140 V 永磁变频一体机用于带式运输机解决的问题

(1) 永磁电机用永磁体取代电励磁,无励磁损耗;转子无绕组,无转子铜耗,无转子铁耗,效率比同容量异步电动机提高 3%~15%。

(2) 永磁体使用的钕铁硼具有很高的磁能积,它的剩余磁感应强度、矫顽力都较大,用较少的钕铁硼永磁体就能产生足够的电机磁能积,因此电机体积、尺寸可以大为减小。

(3) 直接驱动滚筒,省去减速机,减少机械损耗,简化驱动系统。

(4) 永磁变频一体机比永磁电机加变频器的组合方式占用空间小,在煤矿井下有限的空间内适用性更强。

24.4.5 基于变频一体机的皮带运输系统煤流检测与自适应调速控制技术研究与应用

带式输送机是煤矿生产的主要运输设备，大中型矿井带式输送机运输能力已经达到 2000~5000 t/h，运输距离达到 5000~10000 m，年运输量达到 5~15 Mt。带式输送机系统用电量占矿井生产总用电量的比重很大，输送带及设备损耗所占总机电设备损耗比重也很大。传统带式输送机采用防爆开关人工控制，控制方式简单粗放。矿井带式输送机虽然采用了集中控制系统，但在煤炭运输过程中并不具备依据实时煤量进行调速的功能，当煤产量较小或带式输送机空载时仍会以额定速度运行，造成了不必要的电能浪费，增加了皮带和托辊的磨损，使皮带相关设备寿命相应变短，造成不必要的生产装备和经济效益损失。

煤矿主煤流运输系统大都采用大功率带式输送机进行原煤运输，运输距离长、运输能力大、功率消耗高。矿用隔爆兼本安型煤量检测装置，实时监测输送带或刮板上煤流量的变化，实时向变频一体机的控制器传输汇报煤流量数据，依托变频一体机的自动调速控制功能，根据输送带煤流量的大小，实时改变带式输送机电机频率来改变运行速度，从而使输送带的速度随着煤流量的变化而变化，实现主煤流运输系统带式输送机的自适应智能动态控制，达到高效运行和节能的目标。

煤流检测自适应变频调速系统主要由煤量检测装置、一体机控制器、变频一体机和带式输送机构成，其硬件系统原理如图 24-27 所示。

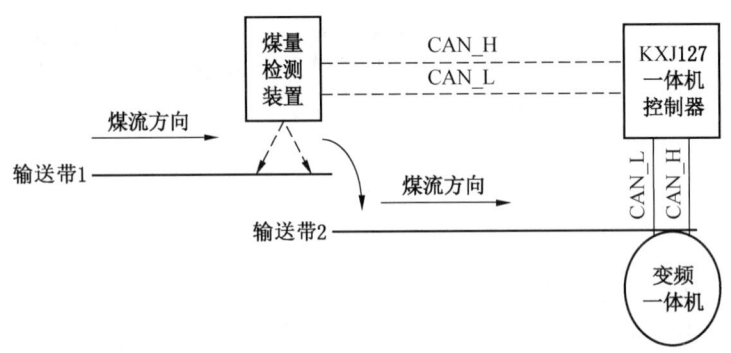

图 24-27　煤量自适应硬件系统原理图

煤流检测自适应控制系统是用一条输送带上的煤量检测装置获取的煤量信息来控制下一条输送带的运行速度，以实现自适应调速控制。其具体实现是：

（1）在顺煤流方向上煤流先经过输送带 1，然后流向输送带 2。

（2）在输送带 1 的带头位置，距带头约 80 m 安装煤量检测装置。

（3）煤量检测装置通过所扫描的空输送带基线和煤流经过时的上轮廓线所形成的受测煤流横截面积闭合曲线来计算煤流量的瞬时厚度和瞬时面积。

（4）煤量检测装置实时输出瞬时厚度和瞬时面积等信息，传输给输送带 2 的 KXJ127 一体机控制器。

（5）KXJ127 一体机控制器根据煤量自适应逻辑，控制变频一体机的速度和转矩。

煤量检测装置与一体机控制器通过 CAN 总线相连。当传输距离较远时，如大于 1 km，可通过光纤 CAN 集线器将 CAN 的电信号转成光纤信号进行数据传输。

当矿井下各个输送带都加装了煤量检测装置，且煤量信息实时传输到下一级 KXJ127 一体机控制器，使控制器根据煤流自适应变频调速，这时整个矿井的输送带就实现了煤流智能自适应。

双欣煤矿煤量自适应运输系统由上仓输送带、主井输送带、中间巷和 222208 工作面巷道及工作面部分组成。其中各个传感器和采集分站的实际安装位置和输送带的构成如图 24-28 所示。

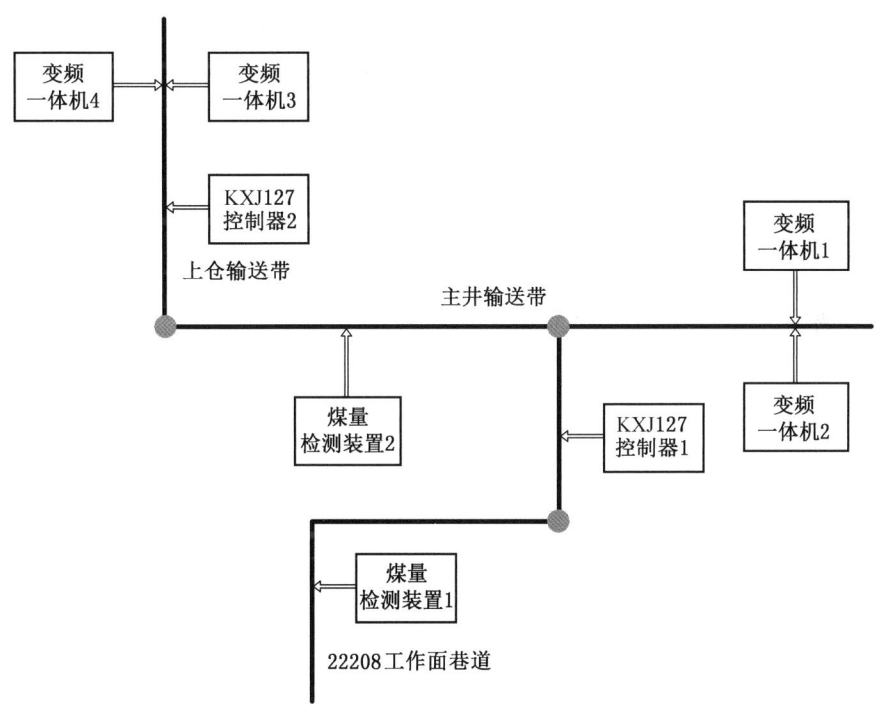

图 24-28 双欣矿业带式输送机运输煤流量检测自适应控制系统原理图

在综采工作面巷道输送带头部安装煤量检测装置 1，煤量检测装置 1 将瞬时煤量信息（煤量横截面积，平均厚度）通过 CAN 总线传输给主井输送带一体机控制器，主井输送带一体机控制器通过瞬时煤量信息、历史煤量信息、综采工作面巷道输送带转速、主井输送带当前转速和内部调速逻辑得出当前是加速、保持还是减速的操作动作。如果需要加/减速，控制器通过 CAN 总线操作变频一体机 1、变频一体机 2 进行相应的操作。

同样，在主井输送带头部安装煤量检测装置 2，煤量检测装置 2 以同样的方式采集煤量的信息并传输给上仓输送带控制器，控制器再通过 CAN 总线操作变频一体机 3、变频一体机 4 进行相应的操作。

带式输送机速度的调节过程中，需要选择输送带总煤量和瞬时煤量双重条件来判断以防堆煤，从而实现煤多快运、煤少慢跑。

输送带速度由变频一体机控制，煤的容重（密度）在一段时间内一般为一个定值，变化不大。由公式瞬时运量=煤的容种（密度）×横截面积×输送带速度，可以计算出瞬时运煤量。其在带式输送机整个长度上的积分是总运量载荷,这个计算出来的总运量载荷正好与变频一体机的运行转矩相互印证。控制带式输送机运行经济速度时既要考虑瞬时运煤量,避免发生煤流外溢;又要考虑整体运煤量载荷,避免拉不动压死输送带。

主运输系统实现了顺煤流一键自动启车功能。当系统接到一键启车命令后,系统会先取消原有的联锁逻辑,并对主运输系统中的刮板输送机、转载机、工作面巷道输送带、主井输送带、上仓输送带等煤流和煤量进行实时监测。根据煤流位置预测到达下级设备的时间,自动选择下级设备起动时机。当全部设备正常运转后,再恢复正常的设备联锁,保证生产安全。

在进行顺煤流一键起动流程中,起动前环境为刮板输送机和转载机有煤,工作面巷道输送带上基本为空,主井输送带上煤量为空,上仓输送带煤量为空。在这种情况下,根据顺煤流起动顺序和加减速逻辑进行一键起动,在起动过程中实现加减速逻辑。当采煤机和刮板输送机开采 20 s 后,这时工作面上实际没有进行割煤作业,刮板输送机到转载机上的煤主要是浮煤,量很少,所以 222208 工作面巷道带式输送机开始缓慢起动。由于煤量很少,此时工作面巷道输送带煤量还未达到中部,这时 9 min 后主井输送带开始起动。在大约 7 min 后,刮板输送机上煤量开始增加,14 min 内工作面巷道输送带几乎达到满速。此时根据煤量的情况,主井带式输送机已经达到 70% 以上的运转速度,主井输送带上的总煤量已经达到 50% 左右。这种起动方式比逆煤流起动时先起动主井最后起动采煤机的过程效率得到有效提升。

主运输顺煤流调速控制系统投入后,实现带式输送机系统煤流运输的集中监控和调速控制,保证了矿井高产高效生产,避免了因操作人员对生产情况的误判、速度误调而出现的生产事故。

煤流检测自适应变频调速控制系统对带式输送机带速控制较为准确,加减速响应快,实现了矿井带式输送机控制系统的开启、停止和运行的集中控制。因其具有较高的可靠性,降低了故障的发生率,节省了用于频繁检测维护的时间。时间的节约,便是效率最直接的体现。如采用本系统后,仅按平均每月减少原煤输送机系统机械事故处理 2 h 计算,每年可节约 24 h,按实际运量 2000 t/h 运力计算,每年可减少 48000 t 原煤损失,按原煤出矿价 200 元/t 计算,每年可节省 960 万元。

25 快速掘进智能化成套装备研发新进展

25.1 快速掘进智能化成套装备发展概况

智能化掘进工作面是煤矿智能化建设的重要组成部分，经过近十几年的发展，我国煤矿智能掘进技术水平有了大幅提高。特别是近两年来，随着智能化掘进成套装备创新步伐的加快，我国智能化掘进工作面建设速度不断加快，有效减少了煤矿作业人员，提高了掘进速度，防范化解了掘进施工过程中地质隐患、机械伤害等安全风险。据不完全统计，2021年，全国智能掘进工作面已达336个，与2020年相比增加109%，占全国智能化采掘工作面总数的40%，2021年全国煤矿事故91起、死亡178人，分别下降26%和21.9%。2018年以来，全国共推广掘锚一体机为龙头的快速掘进智能化成套装备100余套，按掘进速度提升50%计算，共减少掘进队伍33队（每队平均60人），约2000人。基于不同煤层地质条件，我国科研人员对智能截割、掘进定位导航、智能支护钻锚、智能协同控制和远程集控等掘进共性技术进一步升级，研发了掘支运一体化智能掘进、连续采煤机智能连掘、岩巷快速掘进、护盾式掘进机机器人系统四类快速掘进智能化成套装备，开展了智能化掘进工作面建设示范工程，取得了显著成效。

25.1.1 掘支运一体化智能掘进成套装备

掘支运一体化智能掘进成套装备主要是以中煤科工太原研究院、铁建重工等为代表的企业开发的以掘锚一体机为核心、配套锚杆转载机、液压锚杆钻车和柔性连续运输系统等装备形成的智能掘进系统，该系统可在稳定、中等稳定、三软煤层等多种围岩条件下代替单一功能的掘进机、单体钻机、桥式转载机进行大断面煤及半煤岩巷掘进施工，有效解决了掘支平行、掘进装备协同等问题，形成了掘进、支护、运输平行作业的掘进作业线，通过掘进远程集控平台和数字化孪生系统，实现掘进工作面全息感知与场景再现，初步形成了人机高效协同智能掘进新模式。

1. 基于地质条件适应性的快速掘进系统集成配套

我国煤层赋存条件复杂多样，使得不同条件下进行掘进工作面智能化建设的难易程度与最终效果存在一定差异，因此快速掘进系统首先应解决地质条件适应性问题。根据巷道的空顶距、空帮距等参数，对巷道围岩条件进行分类与评估，形成了4种掘支运一体化智能掘进配套方式，具体见表25-1。

表25-1 掘支运一体化智能掘进配套方式

序号	空顶距/m	空帮距/m	月进尺/km	配套设备
1	20	25	2.5	掘锚一体机+转载破碎机+柔性连续运输系统+跨骑式锚杆钻车
2	2.5	4	1.5	掘锚探一体机+锚杆转载机+柔性连续运输系统+集控中心

表 25-1（续）

序号	空顶距/m	空帮距/m	月进尺/km	配套设备
3	1.5	2.5	0.7	掘锚探一体机+锚杆转载机+柔性连续运输系统（桥式转载机+自移机尾）+集控中心
4	0.5	1.0	0.4	适应软弱围岩巷道的掘锚探一体机+锚杆转载机+桥式转载机+自移机尾+集控中心

（1）配套方式1主要应用于神东等矿区的稳定围岩条件（半坚硬~坚硬顶底板），如图25-1所示，掘锚一体机截割落煤，煤岩经破碎转载机缓冲、破碎后，通过下穿于跨骑式锚杆钻车的柔性连续运输系统出料，柔性搭接系统搭接100 m，满足月进尺2500 m的搭接要求；跨骑式锚杆钻车机载多臂钻机进行锚杆支护，实现掘支完全独立；跨骑式锚杆钻车集成集控中心功能，实现自动截割、可视化监控、流程起停等功能。

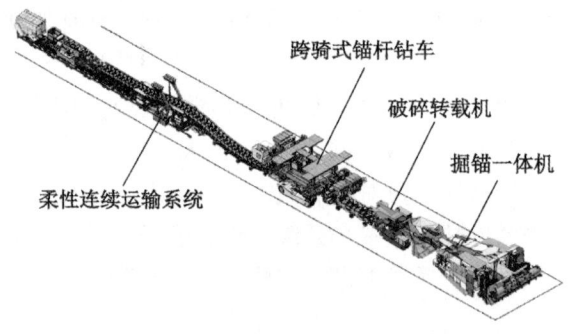

图 25-1　配套方式1的系统组成

（2）配套方式2主要应用于榆林大部、鄂尔多斯北部等地区的中等稳定围岩条件（半坚硬顶底板），采用掘锚一体机和锚杆转载机进行平行支护，锚杆转载机兼作转载单元，柔性连续运输系统搭接50 m左右，满足月进尺1500 m的搭接要求；集控中心安装于柔性连续运输系统后部，具有多机协同控制、可视化监控等功能。

（3）配套方式3主要应用于中等复杂围岩条件（软弱~半坚硬顶底板）。与配套方式2相比，可采用桥式转载机+自移机尾+自延伸托辊系统替换原有的柔性连续运输系统，搭接25 m左右，满足月进尺700 m的搭接要求，自移机尾后部集成缆线存储、材料暂存等装置并安装集控中心。

（4）配套方式4主要应用于复杂围岩条件（软弱顶底板）。与配套方式3相比，掘锚一体机需要采用小空顶、小空帮距、低比压等特殊设计。

另外，为解决快掘系统最后1公里狭窄空间内物料装、运、卸、存的机械化作业问题，太原研究院研发了1.2 m机宽防爆柴油机无轨轮车（图25-2），该车配备随车吊和升降平台且可双向驾驶或遥控驾

图 25-2　防爆柴油机无轨轮车

车,有效降低了工人劳动强度,提高了作业安全性。

2. 掘锚一体机研发新进展

1) 掘锚探一体机

掘锚一体机因机身庞大,传统坑道钻机无法布置到迎头施工,通常采用耳巷钻孔或长探施工方式,施工效率低,掘锚探一体机是将超前钻机有效集成到掘锚一体机上,满足超前钻探需求。超前钻探装置安装在掘锚一体机截割臂上,截割、装载、运输动作与钻探动作通过电气闭锁,截割升降油缸可选择调整模式动作,从而调整钻机角度。由马达驱动的丝杠滑移机构实现前探钻机的整体进给,通过回转减速器实现钻机的水平调姿。

掘锚探一体机受机身空间限制,尚不能集成全自动钻机,因此,全自动钻机小型化是该技术的发展方向。另外,掘锚探一体机集成的超前钻机往往进给行程较小,施工效率较低,因此双臂超前钻机与掘锚一体机的有效集成是该技术另一个发展方向。掘锚一体机机载钻探装置如图25-3所示。

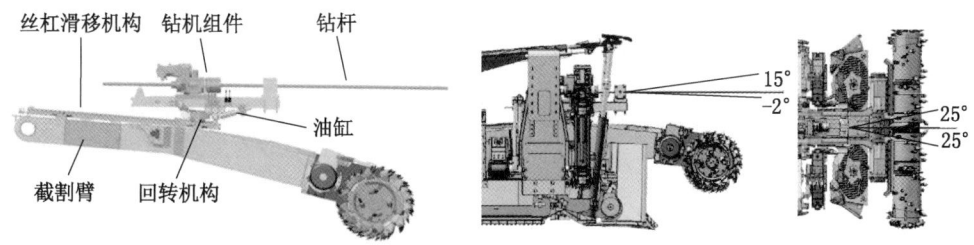

图25-3 掘锚一体机机载钻探装置

2) 小空顶掘锚一体机

针对传统掘锚一体机空顶(帮)距大、无法适应三软等复杂地质条件的难题,太原研究院研制了小空顶掘锚一体机(图25-4),开发了多钻机大行程整体滑移技术,创新研制升降式锚钻平台,有效降低了整机通过高度;平台上安装3台钻机,内侧钻机可滑移至巷道中部,实现中部锚杆支护,外侧钻机可摆动水平进行侧帮支护。实现了掘锚一体机永久空顶距由2.5 m缩短至0.5 m、空帮距由3.5 m缩短至1.1 m的技术跨越。整机机载4台顶锚钻机,实现顶锚支护全覆盖,内侧钻机能够滑移至巷道中部,实现中部锚杆支护,外侧钻机可摆动水平进行侧帮支护;整机后部上下共布置4台帮锚钻机,实现1.4 m以上水平侧帮支护全覆盖,有效解决高片帮和低片帮等施工难题。

该设备于2020年12月在山阳矿三采区应用,该工作面为典型的三软工作面,伪顶、直接底均为砂质泥岩,巷道宽度5.2 m,高度3.85 m,设备应用有效减轻支护作业劳动强度,保障了作业安全,掘进效率提高了30%。

3) 薄煤层掘锚一体机

针对薄煤层巷道快速掘进的难题,太原研究院等企业研制了薄煤层掘锚一体机(图25-5),该产品通过高度仅1.8 m,适应巷道高度2.2~3.5 m。针对半煤岩截割工况,开发了半煤岩截割滚筒,单刀力大,截割效率高;顶锚钻机可横向滑移0.4 m且高低位置

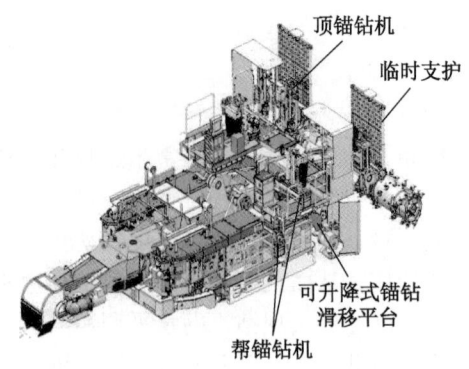

图 25-4　小空顶距掘锚一体机

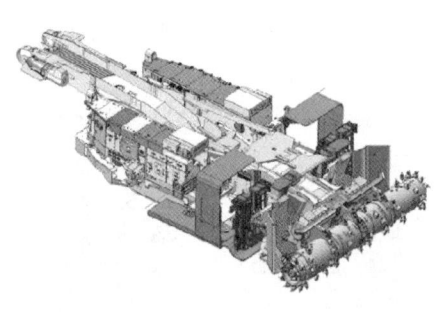

图 25-5　薄煤层掘锚一体机

可调,满足大范围垂直支护要求;对底板积水工况,开发了装载液驱系统并可与电机驱动实现快速切换。

针对传统掘锚一体机在半煤岩及坚硬煤层全宽截割时截割功率不足的问题,成功研制双驱动高速合流截割减速器,截割功率接近 600 kW,功率同比提升 1 倍。为提高其功率密度,采用合流—分流方式,经一级双锥齿轮传动和两级行星齿轮传动,将动力传到两侧输出主轴,最终将动力传至截割滚筒,实现截割齿轮箱由两台截割电机高速合流驱动。为解决大功率密度截割减速器热功率失衡问题,成功开发了自动力强制冷却润滑系统,集主动润滑+强制冷却于一体,实现减速器全位姿润滑和重载连续运行。

该设备在智能化方面主要进展如下:

(1) 具有掘锚一体机状态监测功能。掘锚一体机运行状态在掘进工作面监控操作台上及地面分控中心显示,包含铲板星轮、履带、滚筒、截割电机、油泵电机工作状态的监控,对油箱温度、油箱油位等参数的监控,以及掘锚一体机电气故障自诊和信息推送功能。

(2) 具有掘锚一体机远程控制功能。掘进工作面监控操作台和地面分控中心可通过操作台或地面分控中心向掘锚一体机发送控制指令进行远程控制功能。控制功能包括启停液压泵电机,启停截割电机,更改行进方向,截割臂升降调节,钻机自动启停等。为保证控制指令及时有效，网络控制信令延时小于 300 ms。

（3）具有掘锚一体机定形截割功能。掘进工作面监控操作台能够控制掘锚一体机开启、停止记忆截割、自动截割功能，集控主机将控制指令发送给掘锚一体机控制箱，由掘锚一体机控制箱将控制指令下达给掘锚一体机，结合机身定位装置的输出定位和姿态参数，实现掘锚一体机定形截割。

（4）具有截割轨迹在线监测功能。生成巷道断面模型，获取掘锚一体机组合导航模块输出的掘锚一体机位姿状态信息，实现截割位置轨迹监测，监控软件对已经截割和未截割区域用不同颜色填充；具有设备姿态感知、工作环境状态识别与预警功能。

（5）具有掘锚一体机远控/就地切换功能。当掘进工作面监控系统出现故障或工作面地质条件变化时，可随时切换到就地操作模式，确保生产不受到影响。

（6）具有进尺自动记录功能。基于掘锚一体机定位装置的输出定位，采集掘锚一体机掏槽油缸伸缩位置信号，并将其转化为掘锚一体机的进尺距离信号，提供进尺查询功能，具有班累计、日累计、月累计、年累计的进尺报表生成功能。

（7）视频监控。安装高清视频系统，采用无线或有线传输方式，将掘锚一体机在工作面的位置状态及现场画面传送到后方操作台，使操作人员能够对设备进行监控和操作。

（8）掘锚一体机具备对掘进工作面环境（粉尘、瓦斯等）进行智能监测与智能分析决策功能，实现掘、支、锚、运和除尘装置启停等工序的智能联动。

3. 锚杆转载设备研发新进展

1）锚杆转载机

锚杆转载机是为提高掘支平行作业率而研制的一种具备煤流缓冲、转载、破碎、锚杆支护为一体的支护类设备，其又称为液压锚杆台车（图 25-6）。根据不同的支护工艺参数、通过模块化钻臂组合，该设备已实现集成多组臂的定制化，从而实现对顶、帮不同位置和姿态的锚杆（索）支护。该设备已形成两种设计方式，一种是大容积料斗缓冲+下入料单滚筒式破碎+低速转载，另一种是小容积料斗装载+上入料双辊式破碎+高速转载。两种设计方式各有优点，第一种方式对带式输送机运量要求低，且下入式破碎不易产生循环煤，而第二种方式则要求带式输送机运量高，上入式破碎易产生循环煤，但其料斗占用空间小，能够在小断面巷道使用。

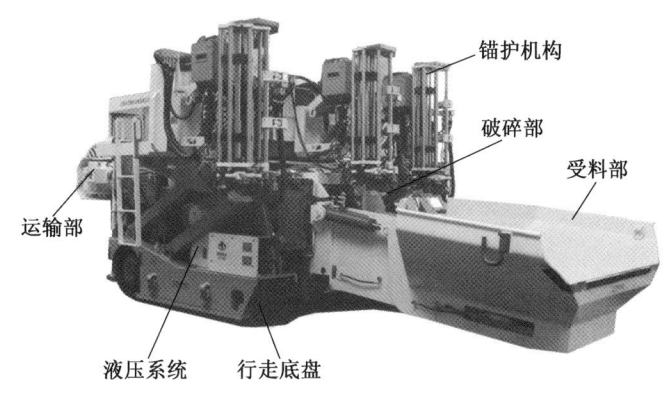

图 25-6 锚杆转载机

该设备在智能化方面的主要进展如下：

（1）具有锚杆转载机状态监测功能。锚杆转载机运行状态在掘进工作面监控操作台上及地面分控中心显示，包含履带、油泵、钻机、破碎、转运等部件运行状态的监控，以及锚杆转载机电气故障自诊断和定期维修保养提示及信息推送功能，保证监测数据与原机开放接口数据一致。

（2）具有锚杆转载机远程控制功能。掘进工作面监控操作台和地面分控中心可通过操作台或地面分控中心向锚杆转载机发送控制指令进行远程控制功能。控制功能包括启停液压泵电机、启停破碎机、启停运输机电机、更改行进方向、运输机升降调节等。为保证控制指令及时有效，网络控制信令延时小于 300 ms。

（3）具有锚杆转载机远控/就地切换功能。当掘进工作面监控系统出现故障时，可随时切换到就地操作模式，确保生产不受到影响。

（4）视频监控。实现了料斗、运输巷煤流的在线监控，使集控操作人员能够对设备进行监控和操作。

2）跨骑式锚杆钻车

为实现掘进和支护完全独立，基于锚杆运输空间分离化工艺要求，太原研究院研制了跨骑式锚杆钻车（图 25-7），跨骑式锚杆钻车通过跨骑式底盘实现运输机相对穿行，即通过在跨骑式底盘上竖直和侧向内置导向轮组，为带式输送机的移动提供导向；同时机载多组钻机（最多10组）同时支护，从而实现支护作业与掘进、运输作业分离。该设备已扩展应用至综掘工作面，采用迈步临时支护+悬臂式掘进机+可弯曲输送带转载机+跨骑式锚杆钻车的配套方式，将掘进工序和支护工序从空间上分离。

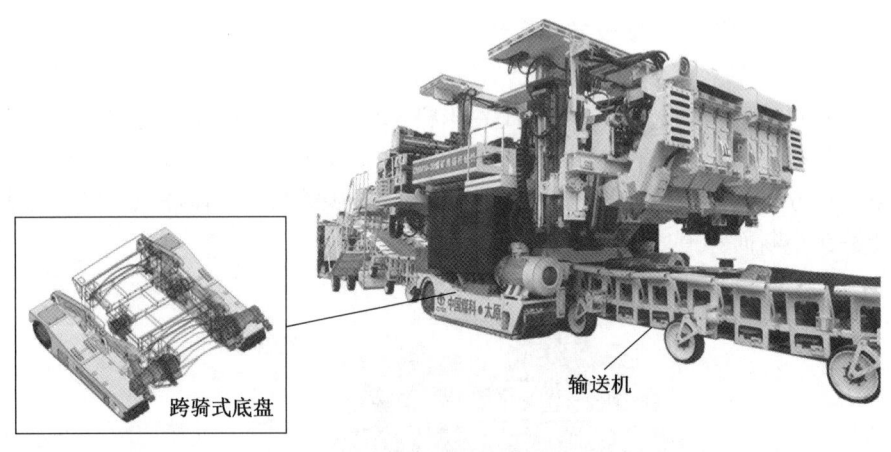

图 25-7　跨骑式锚杆钻车

在设备智能化方面，以该设备为控制中心，通过集控平台有效集成，实现了对成套装备的可视化集中控制操作、装备运行数据的远程传输和地面监控。

4. 连续运输系统研发新进展

连续运输系统主要具备以下智能化功能：

（1）具有运输设备状态监测功能：运输系统运行状态在掘进工作面监控操作台上及

地面分控中心显示，包含运输设备启停状态、跑偏报警、堆煤报警、烟雾报警、撕带报警、打滑报警、超温洒水等，同时还应监测输送带保护系统急停，显示闭锁时闭锁位置。矿方提供输送带控制及综合保护系统，开放通信接口，协议为标准以太网协议，如 Modbus TCP 或 TCP/IP 协议。

（2）具有运输设备远程控制功能。掘进工作面监控操作台和地面分控中心可通过操作台或地面分控中心向运输设备发送控制指令进行远程启停控制。为保证控制指令及时有效，网络控制信令延时不大于 300 ms。

（3）具有运输设备远控/就地切换功能。当掘进工作面监控系统出现故障时，可随时切换到就地操作模式，确保生产不受影响。

（4）具有运输设备自移和张紧力控制功能。自移机尾跟随掘进设备和锚护设备行走移动并且能够实现纠偏，保证设备安全。

（5）能够实现多部带式输送机煤流集中、连续运输控制；运输系统与掘进效率相匹配，具有基于煤流监测数据的煤流运输系统集中控制和智能调速功能。

连续运输系统主要分为柔性连续运输系统、大跨距桥式转载系统、自动延伸系统三类。

（1）柔性连续运输系统。为提高快掘工作面运输效率，太原研究院突破带式输送机长距离往复搭接、小半径转弯输送、工作面巷道带式输送机主动延伸等关键技术，研制了柔性连续运输系统，实现小半径 90°转弯输送和 150 m 往复搭接、连续转载，保障了圆班连续掘进。该系统由移动式带式输送机、迈步式自移机尾、穿梭动力站构成（图 25-8）。弯曲输送带采用自动张紧装置，有效避免弯曲输送过程中因输送长度变化导致输送带出现松弛、跳带、跑偏、打滑等故障；机尾集成纠偏和减摩降阻机构，使输送机和机尾搭接不受结构和巷道条件限制，转载搭接长度增至 150 m，消除圆班延机尾工序；机尾集材料、风筒、供电等功能于一体，同时在侧部设计电缆槽，通过拖链结构实现缆线自动往复随动；穿梭动力站基于销齿传动技术，与牵引头车联动，对输送机协同牵引。该系统已发展为适应带宽 0.8 m、1.0 m 和 1.2 m 三大系列，根据不同地质条件，实现了系统轻量化、小型化。

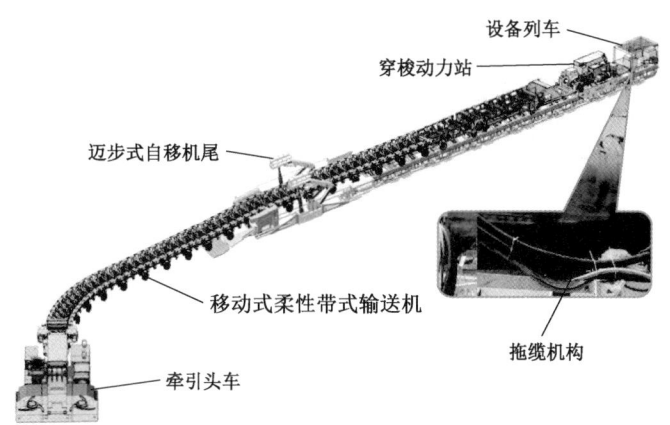

图 25-8　柔性连续运输系统

（2）大跨距桥式转载系统。柔性连续运输系统巷道条件适应性强，但设备费用较高，我国一些企业相继研发了大跨距桥式转载系统，通过结构强化，一般搭接长度可达 50~60 m，该系统有中间支撑式、斜拉索式及可重构式等多种设计方式，均配有迈步式自移机尾实现工作面巷道输送带延伸、材料架自移等功能。其中，可重构式桥式转载系统（图 25-9）可通过多组输送带重叠实现长行程搭接，最大搭接长度 100 m，但该系统存在系统复杂、管理难度大等缺点。另外，相关企业研制了免插架托辊组，通过剪叉大伸缩比机构实现免插架托辊组随机尾移动随动展开，免去生产班安装输送带支撑 H 架工序。

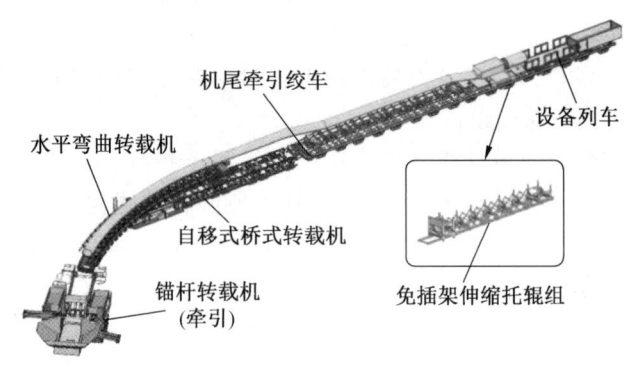

图 25-9　可重构式大跨距桥式转载系统

（3）自动延伸系统。为简化运输系统，实现一部带运输，国内一些企业研发了自动延伸系统（图 25-10），该系统采用履带式自移机尾实现 6000 m 输送机输送带牵引，采用大容量储带仓实现 6000 m 储带；同时配有自动插架装置，实现带式输送机刚性架半自动安装，可不停机延伸输送带，大大减少带式输送机停机次数。

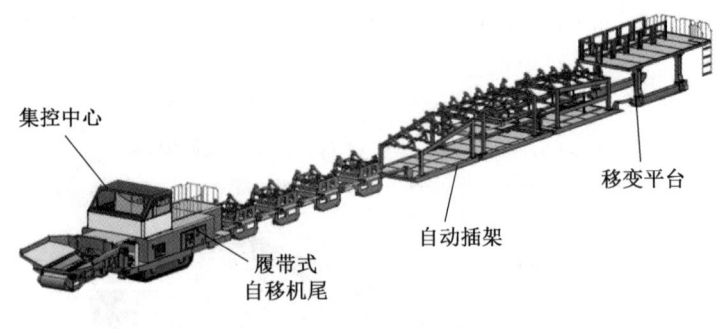

图 25-10　自动延伸系统

以自移机尾集控中心为载体，实现了工作面运输系统控制"一张图"，如图 25-11 所示。

25.1.2　连续采煤机智能连掘成套装备

1. 连续采煤机智能化成套装备组成与扩展

为实现连掘工作面自动化，传统的连续采煤机、梭车、锚杆钻车、破碎机的连掘配套

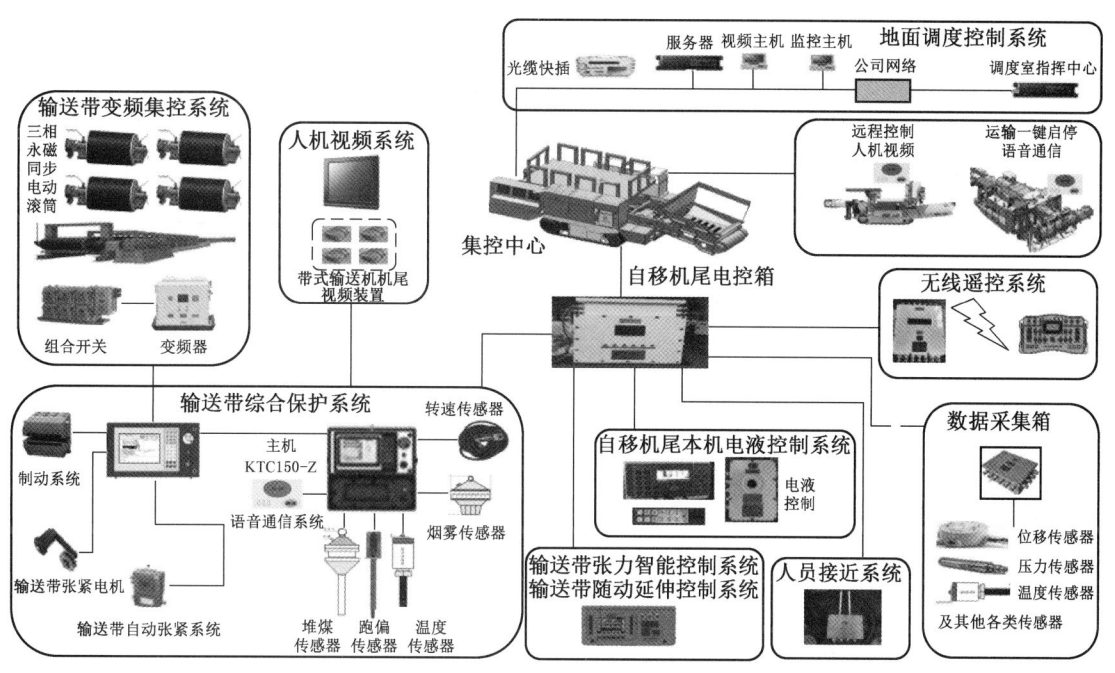

图 25-11 工作面运输系统控制架构

装备已不能满足要求。自动卷缆车的出现使连续采煤机的电缆管理初步实现了自动化，而连掘工作面集中控制系统使工作面实现初步自动化，该系统是控制系统、通信系统和监控系统的有机融合，可实现工作面监控中心或者地面调度中心对连掘工作面设备的协调管理与集中控制，主要实现连续采煤机远控割煤、梭车自主驾驶和破碎机自动启停三种自动化功能。其中，破碎机自动启停是指，当梭车进入自主卸料泊位时，破碎机和可伸缩带式输送机自动启动，当梭车远离泊位时，破碎机结合负载电流情况，适时停机。

连掘工作面集中控制系统如图 25-12 所示，连掘工作面集中控制系统主要由单机设备层（第一层）、工作面巷道监控中心（第二层）和地面调度中心（第三层）三部分组成。连掘工作面单机设备层由连采机控制系统、梭车控制系统、锚杆机控制系统和破碎机控制系统组成；工作面巷道监控中心实现工作面监测、工作面控制、工作面数据视频显示；地面调度中心实现工作面监控和数据存储、分析。

2. 连续采煤机智能化研发新进展

通过对连续采煤机自动化升级，连续采煤机自动化割煤方式已实现连续采煤机就地控制、远程控制和自动化割煤三种模式。远程控制实现方式如图 25-13 所示，连续采煤机成巷分切槽和采垛工序，为保证连续采煤机正确调动入位，连续采煤机两侧各安装 2 组激光测距传感器，实时采集并计算连续采煤机与两帮的夹角和距离；通过惯性导航系统实现掘进定向；截割臂和输送机尾回转中心均安装角度传感器，实时检测采高和运输机摆动角度；通过角度传感器并安装 360°云台摄像仪和红外线摄像仪，实时监测割煤和运煤过程，基于多传感器融合技术，实时监测工作环境信息（甲烷、粉尘）、工作电压和电流、液压系统压力、温度、液位、流量、执行机构的振动、位移、压力等运行参数和运行状态，基于近感探测技术实现连续采煤机与梭车的自动测距并进行数据融合，避免设备碰撞。

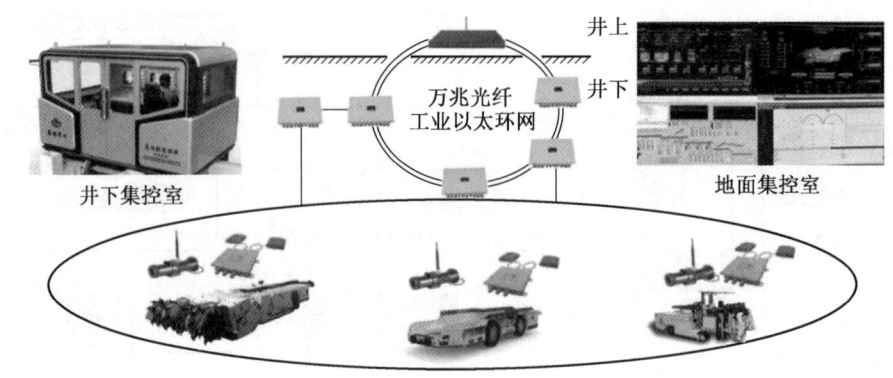

图 25-12 连掘工作面集中控制系统

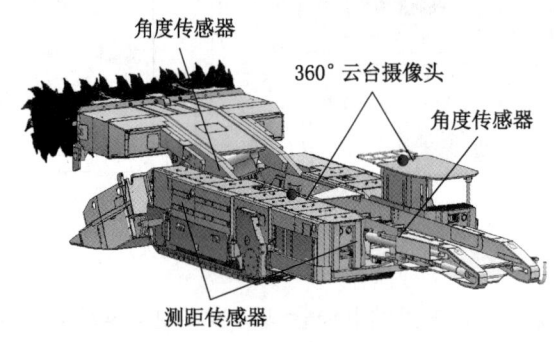

图 25-13 连续采煤机传感器布置

3. 梭车智能化研发新进展

梭车自主驾驶技术尚处于试验阶段,该技术包括梭车自主行走和自主卸料泊位、自主装料泊位三部分。梭车自主行走是通过激光扫描和 UWB 定位技术融合测距技术实施巷道路径跟踪,保证梭车外廓点与巷道侧壁及巷道内障碍物的距离保持相对稳定,从而实现梭车按巷道中心直线行走,当梭车进行联巷转弯时,在转弯点安装转向定位标签,实现按目标转弯;梭车自主卸料泊位通过在破碎机安装自主泊位标签,通过毫米波雷达判断是否进入卸料泊车位;梭车自主装料泊位需要已知连续采煤机的位置,并在连续采煤机上安装定位标识卡,一般设计梭车泊位处于巷道中心,连续采煤机摆动机尾卸料,当梭车与连采机距离小于 10 m 时,梭车控制进入装料泊位程序,降低车速,通过超声雷达精确微调进入泊位。

25.1.3 岩巷快速掘进成套装备

1. 硬岩悬臂式掘进机快速掘进系统的组成与扩展

为实现岩巷掘进工作面自动化,传统的岩巷掘进机、带式输送机、气动手持式钻机的配套装备已不能满足岩巷快速掘进的要求。随着由硬岩悬臂式掘进机、带式转载机、迈步式自移机尾、干式除尘系统、锚杆钻车、工作面巷道车组成的岩巷快速掘进成套装备的出现,使岩巷掘进工作面初步实现了自动化。掘进机与锚杆钻车相互配合,主要进行快速截割、出料与支护,减小工作面空顶距,保障人员安全。带式转载机主要与迈步自移机尾相互配合、重合搭接,保障连续掘进,干式除尘系统置于自移机尾上方,主要是对工作面粉尘进行治理,降低岩巷掘进工作面粉尘浓度,岩巷快速掘进成套装备的使用可有效助推岩巷综掘工作面实现安全、减人、增效。岩巷快速掘进成套装备如图 25-14 所示。

2. 硬岩悬臂式掘进机智能化研发新进展

通过对硬岩悬臂式掘进机自动化升级,在硬岩悬臂式掘进机上集成智能控制系统,如

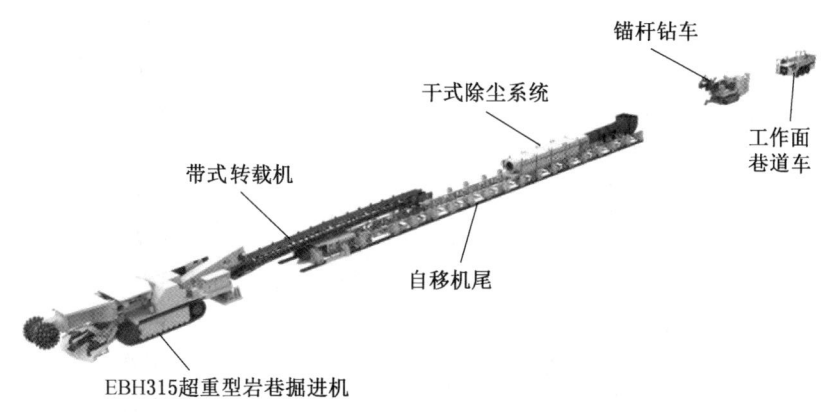

图 25-14 岩巷快速掘进成套装备

图 25-15 所示。智能控制系统主要由工况监控和故障诊断系统、人员安全预警系统、工作面数据远程传输系统、设备远程控制系统、断面截割成形控制系统和智能化软件系统组成。系统采用"无线+有线"的组合方式实现数据的远程传输,具有工况参数监控、故障诊断和关键部件寿命预测、工作面音视频远程重现、工作面人员安全预警、掘进机机身与侧帮接近预警、悬臂与铲板防碰撞预警、截割超欠挖预警以及巷道坐标系下截割头位姿检测、姿态自动调整、自主导航、边界标定、记忆截割、自动截割、远程集控等功能。同时具有本机、井下离机视距、井下离机任意距离超视距和地面实时控制、超视距和地面控制与迎头双向语音对讲功能,视频、音频和控制都无延时且四种控制独立操作,相互闭锁。

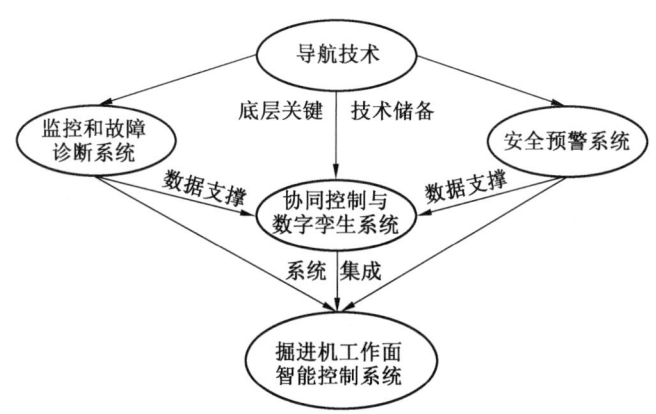

图 25-15 硬岩悬臂式掘进机工作面传智能控制系统

如图 25-16 所示,采用无线测距技术实现机身与左右两帮测距,当机身与两帮距离达到设置参数时,语音报警装置语音提示,同时上位机画面预警提示。实现对掘进机悬臂升降、悬臂摆动、铲板升降和后支撑升降所有位置运动机构实时状态的准确测量及视野盲区的自动安全预警。

25.1.4 护盾式快速掘进智能化成套装备

1. 系统组成及协同控制工艺

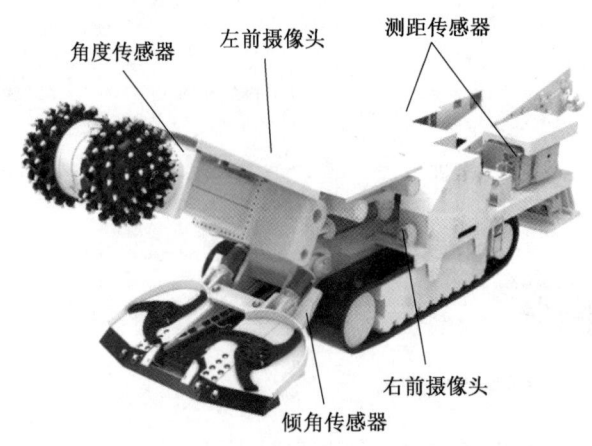

图 25-16 硬岩掘进机传感器布置

针对巷道断面大、片帮与夹矸并存的复杂地质条件，提出了一种全新的煤矿智能掘进机器人系统。该系统由截割机器人、临时支护机器人Ⅰ和Ⅱ、钻锚机器人、锚网运输机器人、运输与通风除尘系统和电液控平台等组成，如图 25-17 所示。煤矿智能掘进机器人系统集掘、支、锚、运、通风、除尘等功能于一体，具有智能定位定向、智能定形截割、智能行驶纠偏、智能运网布网、多机器人协同控制与并行作业、数字孪生驱动的远程智能监测监控等功能，实现了地面与井下全系统虚拟智能测控和一键启停，破解了煤矿巷道夹矸与片帮共存掘进的难题，提高了掘进效率，保障了安全生产，解放了生产力，引领掘进技术革命，是掘进之重器、煤炭之重器、国家之重器，对于打造智能矿井、构建智慧矿区具有里程碑式的意义和深远影响。

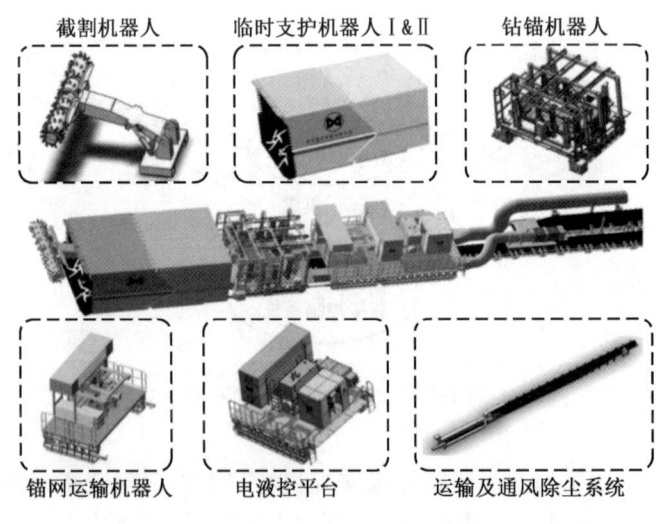

图 25-17 煤矿智能掘进机器人系统构成

煤矿智能掘进机器人系统主要部件及功能如下：
（1）煤矿智能掘进机器人系统由截割机器人、临时支护机器人Ⅰ和Ⅱ、钻锚机器人、锚网运输机器人、电液控平台、运输、通风和除尘系统等组成。

（2）截割机器人具有全断面高效精确智能定形截割等功能。

（3）临时支护机器人Ⅰ和Ⅱ，具有对围岩及时支护、拖动机器人整体自主行驶、自主导航与位姿控制等功能。

（4）钻锚机器人具有人机协同钻锚等功能。

（5）锚网运输机器人具有自动取网、运网、布网等功能。

（6）"惯导+数字式全站仪+油缸行程"测量系统具有精准定位、定向等功能。

（7）监测监控系统具有本地、近程、远程测控，智能并行协同控制，基于数字孪生的虚拟智能测控，一键启停等功能。

煤矿智能掘进机器人系统工艺流程如图25-18所示，根据图中系统工艺流程进行多个机器人协同控制。当机器人系统启动后，截割机器人与钻锚机器人可以同时作业，实现掘进与支护的平行作业。当截割机器人及钻锚机器人完成各自任务后，各自复位。临时支护机器人Ⅰ和Ⅱ通过推拉作用，完成自身设备及机器人系统的前移运动。当临时支护机器人Ⅰ和Ⅱ向前推移到指定位置时，锚网运输机器人开始自动布网作业，之后掘进机器人及钻锚机器人又开始下一轮作业。

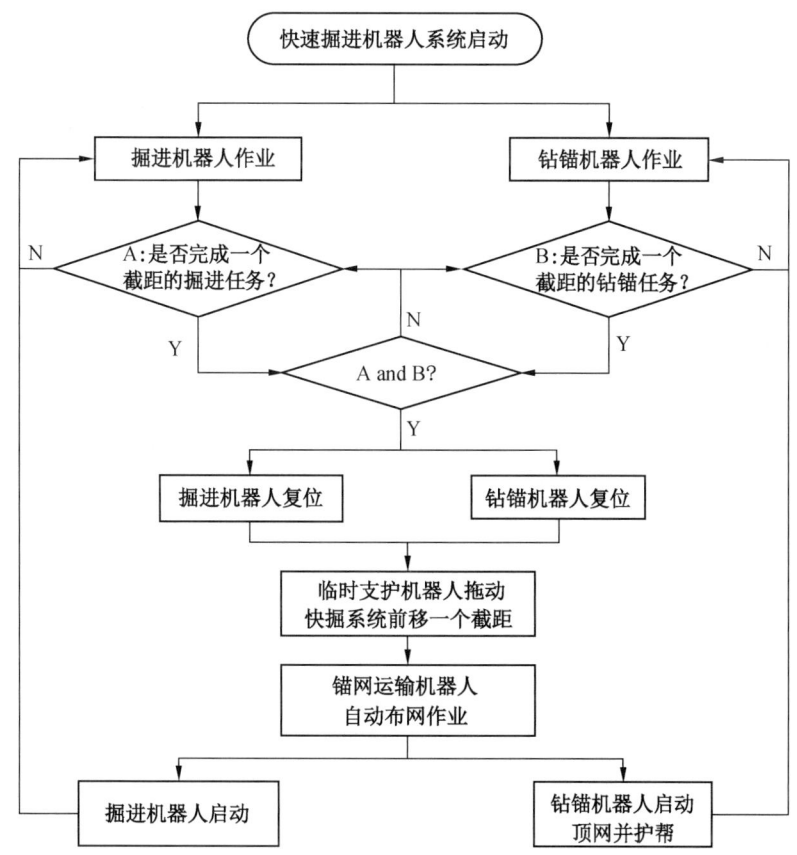

图 25-18　智能掘进机器人系统工艺流程图

2. 机器人各部分组成及原理

(1) 截割机器人。截割机器人安装于临时支护机器人下盾体上,主要包括全宽横轴截割滚筒、截割臂、全宽可伸缩铲板、前后滑移基座等组成（图25-19）。截割机器人以全宽横轴截割臂为主体,可对巷道进行快速高效的截割,截割硬度可达$f4$。截割滚筒与铲板均可以伸缩,并根据需要调整滚筒长度及铲板的宽度。截割机器人通过防爆数字式全站仪和惯导系统信息融合实现自身位姿精确检测,可实现本地人工操控、遥控操作和远程监控功能以及自主掘进作业功能,其中自主掘进作业能实现机身精确定位、定向掘进和截割断面自动成形控制功能,防止超挖、欠挖。

(2) 临时支护机器人。为截割机器人及相关操作人员提供一个安全区域,保障截割机器人正常掘进及工作人员的安全。临时支护由机器人Ⅰ和Ⅱ组成,可实现自主行走与定位,具有自动纠偏和姿态控制功能。模块化设计,便于拆装、搬运和维护,实物如图25-20所示。

图25-19 截割机器人

图25-20 临时支护机器人

临时支护机器人Ⅰ上有4个垂直液压缸,左右各2个,可实现临时支护机器人Ⅰ上盖的升降运动。同理,临时支护机器人Ⅱ上的4个垂直液压缸,可实现临时支护机器人Ⅰ上盖的升降运动。临时支护机器人Ⅰ与临时支护机器人Ⅱ之间还有4个水平液压缸,上、下各2个。前进时,临时支护机器人Ⅱ撑顶,临时支护机器人Ⅰ降压不离顶,推力使临时支护机器人Ⅰ依靠水平液压缸推力前进,临时支护机器人Ⅰ移动到相应的位置后,临时支护机器人Ⅰ撑顶,临时支护机器人Ⅱ降压不离顶,临时支护机器人Ⅱ依靠水平液压缸的拉力实现前移。在前向推进的过程中,通过上、下4个油缸的复合运动对掘进机器人系统的俯仰角及航向角进行纠偏,实现机器人系统的定向运动。为缩短掘进机器人系统空顶距离,临时支护机器人Ⅰ上设置前探梁装置,能够最大限度地缩短空顶距,保证巷道的稳定性。

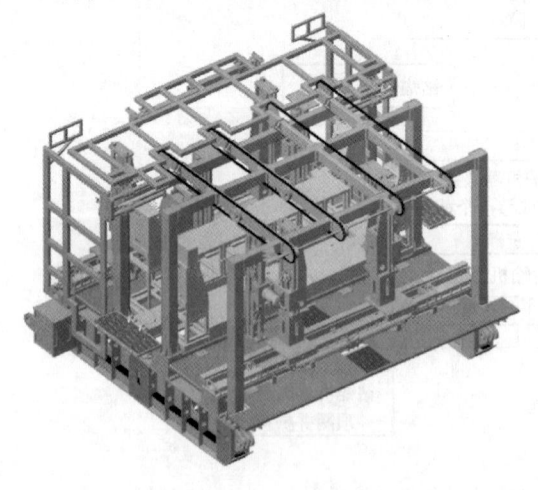

图25-21 钻锚机器人

（3）钻锚机器人。钻锚机器人采用框架式结构，集钻、锚、护帮、运网、布网于一体，由钻机、左右侧帮护盾、操作台、可升降工作平台、送网机构、顶网支撑等部分组成，如图25-21所示。钻机采用可伸缩、可移动、可旋转机构，能够精确实现位姿调整；钻机优化布置，较短时间内完成锚杆、锚索的钻锚任务。钻孔作业时，污水经过导水槽流到钻锚机器人正下方的带式输送机上，随煤一起运走。锚网输送机构由链轮机构组成且能够与运网机器人搭接，实现将锚网送至钻锚机器人顶网机构处，通过人机协同不仅能够实现运网、布网和钻锚高效作业，提高钻锚效率，还能够可靠护帮。钻锚机器人左右两侧采用可伸缩护盾结构，有效预防片帮。钻锚机器人行走方式为滑靴结构，靠临时支护机器人Ⅱ的拉拽实现前移运动，滑靴机构简单，易于控制。钻锚机器人液压驱动系统与锚网运输系统均集成在电液控平台上。

（4）锚网运输机器人。锚网运输机器人由运网机械手、锚网库、滑靴、平台、操作台、滑靴驱动油缸、锚杆仓、其他料仓、电控箱等部分组成，行走机构为滑靴机构，动力源来自前置机器人的拖拽前移或者是在滑靴驱动油缸的驱动下前移，示意如图25-22所示。锚网运输机器人由锚网机械手、链式锚网运输机构、展网与顶网机构和锚网库等组成，实现自动取网、运网、布网和顶网，锚网运输机器人可以为钻锚机器人提供锚网及钻杆等物料，可辅助钻锚机器人实现快速支护。锚网运输机器人行走方式为滑靴结构，靠临时支护机器人Ⅱ的拉拽实现前移运动，滑靴结构简单，易于控制。锚网运输机器人上的锚网是通过桁架机械手实现的，机械手可以左右、前后移动，并通过机械臂的上下移动实现顶网及放网运动，通过机械臂及机械手的配合运动，实现锚网自动运送到钻锚机器人的链式送网机构上。

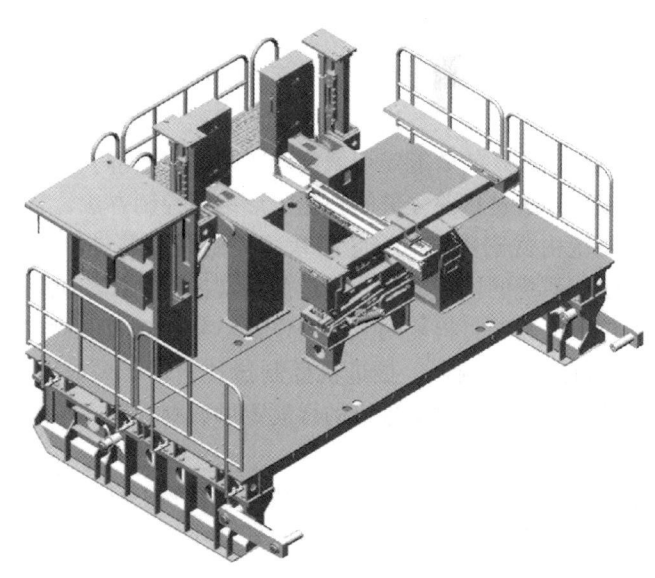

图25-22 锚网运输机器人

（5）电液控平台。电液控平台由变电站、液压泵站、集中监测监控平台等组成。变电站和液压泵站为智能掘进机器人系统提供动力，示意如图25-23所示。集中监控平台具有对截割机器人、临时支护机器人、钻锚机器人、锚网运输机器人、运输系统、通风除尘系统等进行运行状态、环境信息、关键参数等的实时监测，还具有近程干预、一键启停等功能。

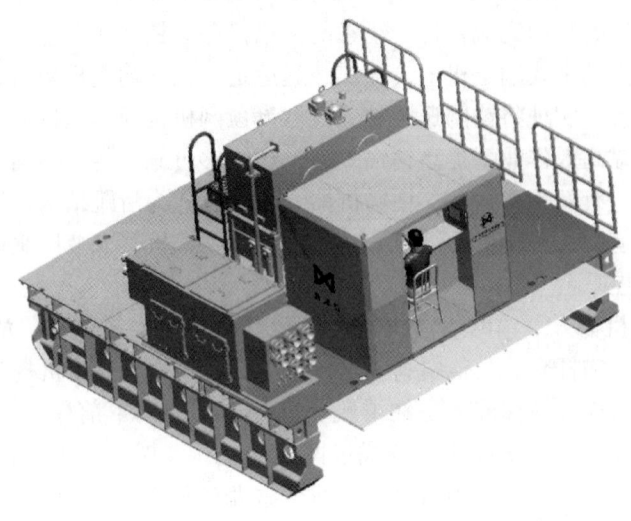

图 25-23　电液控平台

25.2　快速掘进智能化关键共性技术新进展

25.2.1　智能截割技术

1. 智能定形截割技术

煤矿巷道成形是通过掘进机截割多个单一截面逐渐形成的，为了实现智能截割，需要深入研究智能定形截割技术。悬臂式掘进机智能定形截割难度较大，破解了该掘进机的智能定形截割问题，其他掘进方式的智能定形截割问题则迎刃而解。基于视觉伺服的悬臂式掘进机智能定形截割控制方法是目前先进的智能定形截割控制方法，其系统构成及工作原理如图 25-24 所示。系统由截割头位置测量模块、控制器和掘进机截割执行机构等部分组成，以控制器作为控制系统的主控平台，通过截割臂视觉测量和机身位姿检测实现截割头在巷道断面的精确位置检测，将检测的截割头位置与截割规划位置对比获得截割控制偏差，将偏差实时反馈给掘进机控制器，掘进机控制器利用基于模糊 PID 控制等智能控制方法控制液压伺服系统，从而实现对掘进机的智能定形截割控制。

2. 自适应截割技术

煤矿巷道掘进常常存在夹矸、半煤岩等截割载荷交变的工况，必须研究自适应截割方法，优化截割参数，才能提高截割的安全性、高效性。在掘进装备的自适应截割方面，国内外主要研究截割臂摆速自适应控制方法，分别为基于油缸压力判断和截割电流判断的截割臂摆速调节方法。基于多传感器信息融合的 BP 神经网络自适应截割控制方法是目前先进的掘进机自适应控制方法，其控制原理如图 25-25 所示。将截割臂摆速作为控制量，通过遗传算法优化的 BP 神经网络来保证截割电机恒功率输出。在控制过程中，实时检测

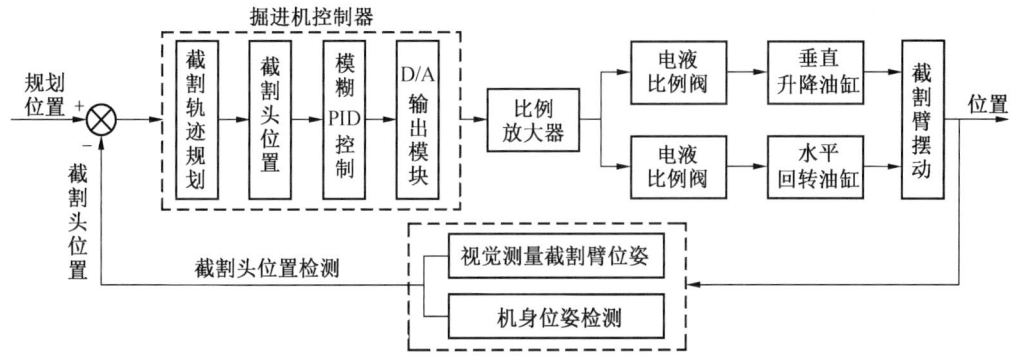

图 25-24 视觉伺服的悬臂式掘进机智能定形截割控制系统

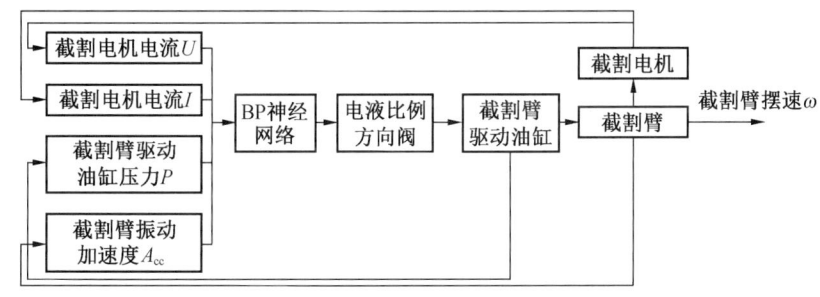

图 25-25 基于 BP 神经网络的自适应截割控制系统

截割电机的电压 U 和电流 I、截割臂驱动油缸的压力 P 和截割臂振动加速度,并将其输入 GA-BP 神经网络,将 GA-BP 神经网络的输出作为控制信号,通过控制电液比例方向阀来控制截割臂驱动油缸伸缩速度,进而对截割臂摆速进行控制,保证截割电机恒功率输出。

3. 掘锚一体机自动截割技术

掘锚一体机自动截割分为记忆截割、自适应截割、自主截割三个层次,我国已初步掌握记忆截割、自适应截割技术,但自适应截割技术成熟度不高,需要进一步研究其可靠性和实用性,自主截割技术处于理论探索阶段,尚未有应用案例。

掘锚一体机记忆截割是通过学习人工示范路径后,系统可以自动生成相同的截割路径,滚筒沿系统设置的截割路径程序或示范记忆轨迹自动进行截割作业,同时记录截割实时轨迹,具有人工干预记忆模式、人工干预不记忆两种模式。掘锚一体机截割工艺较简单,只有升刀、扫顶、下切、扫底 4 个工序。通过对掏槽油缸、截割升降油缸进行精确测控,即可实现记忆截割。掘锚一体机自动截割示意如图 25-26 所示,掏槽位移通过位移传感器测量,截割高度则通过编码器或位移传感器间接测量。

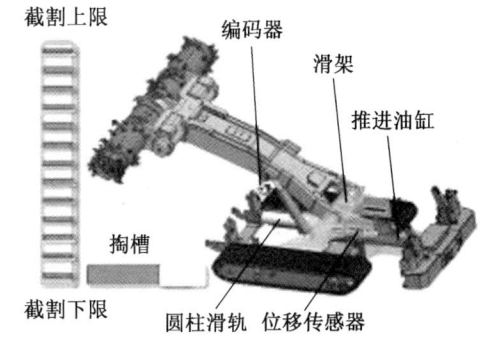

图 25-26 掘锚一体机自动截割示意图

掘锚一体机自适应截割技术是通过自动调整截割速度来适应截割、装载、运输等负载变化和瓦斯、粉尘浓度变化,使各电机工作在恒功率状态,从而提高掘进效率,同时实现截割与环境的自配准,其控制架构如图25-27所示。该控制系统的功能主要有截割动作与瓦斯含量联动闭锁、截割动作与截割齿轮箱温度和流量的联动闭锁、截割速度与装载、运输电机温度的自适应控制、截割速度与截割电机的自适应控制。掘锚一体机截割速度与后配套运输系统的匹配性是自适应截割技术的主要研究方向,通过料斗缓冲煤量的视觉识别、破碎电机负载监测、输送带撒煤监测等来调整截割速度,实现截割与运输系统实时匹配。

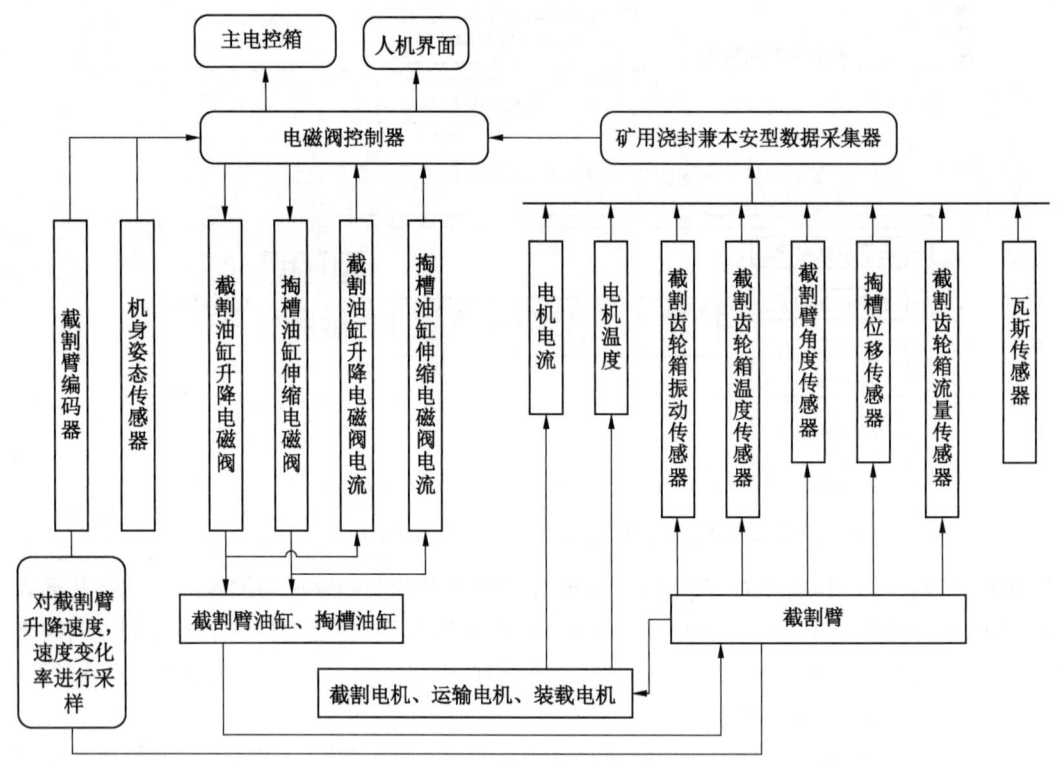

图25-27 自适应截割控制架构

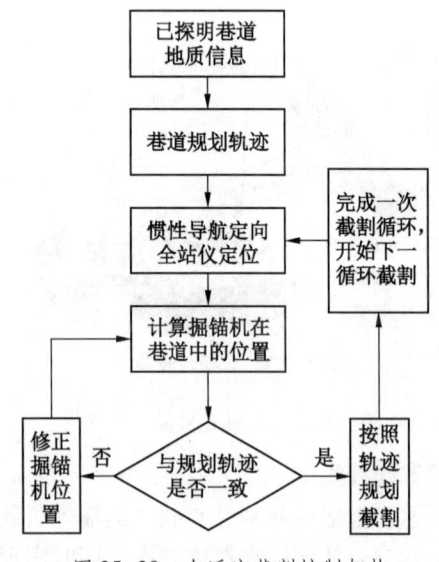

图25-28 自适应截割控制架构

掘锚一体机自主截割技术是指完全不依赖人工操作,实现掘进自主感知方向、位置、姿态、自主纠偏,自动规划截割工艺路径,实现按照巷道规划自主完成截割的全过程;该技术需要结合已探明煤矿透明地质信息和规划开采轨迹,与掘锚一体机导航系统相融合,使掘锚一体机能够按照规划路径实现坡度追踪、自动截割,其控制原理如图25-28所示。顶底煤探测技术还不成熟,尚待进一步攻关。

25.2.2 掘进定位导航技术

1. 掘进装备定位导航方法

煤矿巷道掘进装备工作在井下低照度、高粉尘、无GPS和北斗导航信号的受限巷道空间内,并且要求掘进装备的导航控制精度≤±50 mm。因此,掘进装备定位导航技术成为智能掘进的关键技术之一。传统定位技术是在煤矿巷道中线位置安装一个激光指向仪,掘进机司机通过观察激光光斑的位置来定位,该方法只能人工定位。为了实现掘进装备自动定位导航,国内外学者主要探索了超声波定位技术、无线电定位技术、激光标靶定位技术、超宽带(Ultra Wide Band,UWB)定位、里程计定位、全站仪定位和机器视觉定位技术等单一定位技术,以及捷联惯导与视觉组合、捷联惯导与全站仪组合、捷联惯导与里程计组合、捷联惯导与超宽带(Ultra Wide Band,UWB)组合等组合定位技术。受巷道环境及掘进装备运动复杂性的影响,单一定位技术难以满足掘进装备精确定位检测精度要求。因此,国内外学者开展了基于捷联惯导的组合定位方法研究。结合现有的捷联惯导组合定位方法的特点,捷联惯导、位移传感器与数字全站仪的多源信息融合精确定位方法是解决煤矿井下掘进装备精确定位难题的最佳努力方向。掘进装备的导航控制是智能导航的关键,国内外研究者主要研究了悬臂式掘进机和硬岩隧道掘进机的纠偏控制方法,对于掘进装备的智能导航控制具有借鉴作用。掘进装备导航需要动态规划导航路径,并且液压伺服控制系统是非线性控制系统,要求导航控制算法能够实现非线性自适应控制,自适应神经网络控制算法能够实现非线性自适应控制。

掘进系统按照行走形式分为履带式掘进系统和液压推移式掘进系统。掘进系统智能导航技术包括掘进系统精确定位技术和智能导航控制技术。

2. 履带式掘进系统定位导航方法

采用惯导与视觉组合方法检测履带式掘进系统的机身位姿,机身位姿测量原理如图25-29所示,包括单目工业相机、两平行激光指向仪、捷联惯导、雷达测距传感器和防爆计算机。系统通过建立基于无迹粒子滤波与非线性紧组合机制的组合定位系统数学模型,对惯导与视觉信息进行融合,从而获得机身的精确位姿。

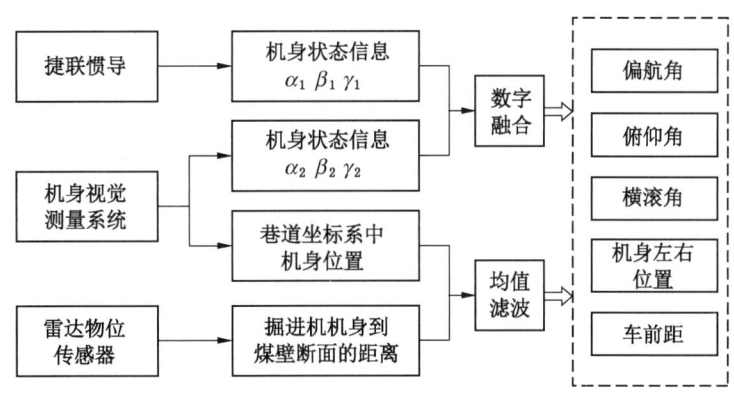

图 25-29 履带式掘进系统的机身位姿测量原理

履带式掘进系统智能导航控制原理图 25-30 所示,系统由导航控制器、机身位姿检测系统、行走驱动组成。通过视觉、雷达测距、捷联惯导等多传感器信息融合,实现掘进系统精确定位。以掘进系统精确位姿检测为基础,通过神经网络 PID 或模糊 PID 控制等智能控制算法驱动掘进系统履带行走部,实现掘进系统智能导航。

3. 液压推移式掘进系统智能导航控制方法

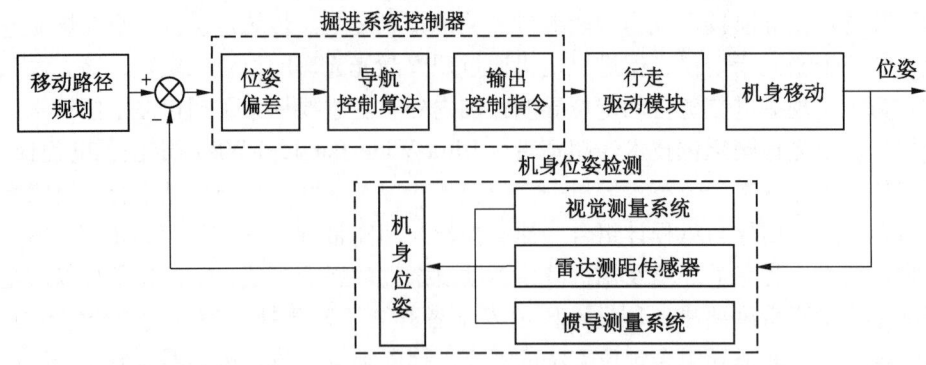

图 25-30 履带式掘进系统智能导航控制原理

液压推移式掘进系统采用光纤惯导、数字全站仪、油缸行程传感器信息融合进行精确定位检测，定位原理如图 25-31 所示。通过高精度的光纤捷联惯导测量速度和角速度增量、油缸行程传感器测量系统推移行程，经过数学解算系统得出煤矿智能掘进系统的实时位姿。油缸行程传感器和惯导组合会产生位置累积误差，而数字全站仪可以测量出煤矿智能掘进系统的精确位置，因此运用数字全站仪修正惯导与油缸行程组合的位置误差，实现煤矿智能掘进系统的精准位姿检测。

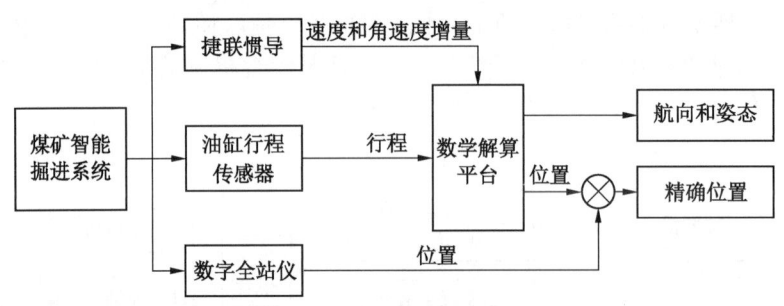

图 25-31 捷联惯导与数字全站仪、油缸行程传感器融合定位定向原理

液压推移式掘进系统智能导航控制原理如图 25-32 所示，系统主要由机身位姿检测系统、掘进系统控制器、液压驱动系统等组成。运用卡尔曼滤波算法对"捷联惯导+数字式全站仪+油缸行程传感器"的多传感器信息进行融合，实现煤矿智能掘进系统精确定位，定向精度≤±0.01°、定位精度≤30 mm。将智能掘进系统精确位姿检测信息实时传递到神经网络 PID 智能导航控制算法，然后智能导航控制算法驱动行走部液压油缸进行自动纠偏控制，最终实现液压推移式掘进系统智能导航控制。

4. 惯导+全站仪组合导航技术

捷联惯导+全站仪组合导航技术是应用较为广泛的掘进导航定位技术。其基本原理是，通过全自动全站仪获取巷道空间坐标系的位置信息，实现厘米级定位；捷联惯导系统精确测量掘锚一体机机身姿态及惯性参数并进行各传感器信号的获取及解算。

针对掘进工作面特殊的工况环境，太原研究院突破了三轴激光陀螺和加速度计的三轴

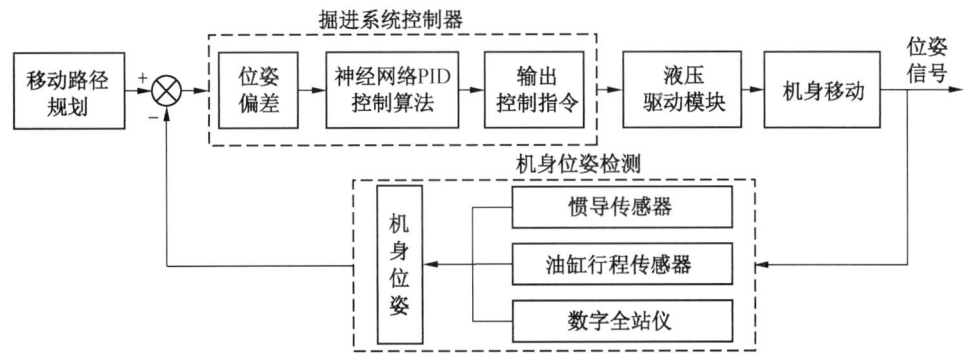

图 25-32 液压推移式掘进系统智能导航控制原理

轴向耦合、闭环激光陀螺内部光路设计、电源滤波器等关键技术，自主开发了掘进高精度激光惯性导航系统（图 25-33），航向精度达 $0.03°/h$，横滚、俯仰精度 $0.03°$。

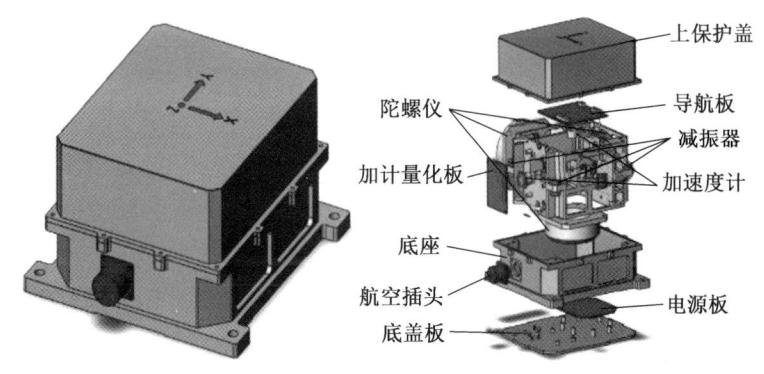

图 25-33 高精度激光惯性导航系统

1）惯性导航系统构成。

惯导组件的组成包括三个激光陀螺仪、石英加速度计、V/F 采集电路、结构组件、导航计算机电路、电源电路、相关软件，惯性导航系统组成框图如图 25-34 所示。

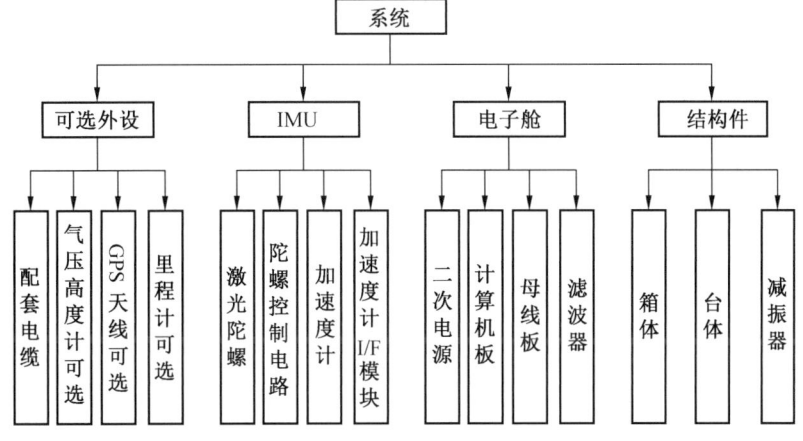

图 25-34 惯性导航系统组成框图

2) 惯导具备功能及工作原理

SINS（惯导组件）是把惯性仪表直接固接在载体上，基本原理如图 25-35 所示。SINS 的重要特征是用计算机来完成导航平台的功能，即采用"数学平台"。数学平台就是用捷联陀螺测量的载体角速度来计算姿态矩阵，从姿态矩阵的元素中提取载体的姿态和航向信息，并用姿态矩阵把加速度计的输出从载体坐标系变换到导航坐标系，然后计算速度、位置等导航信息。

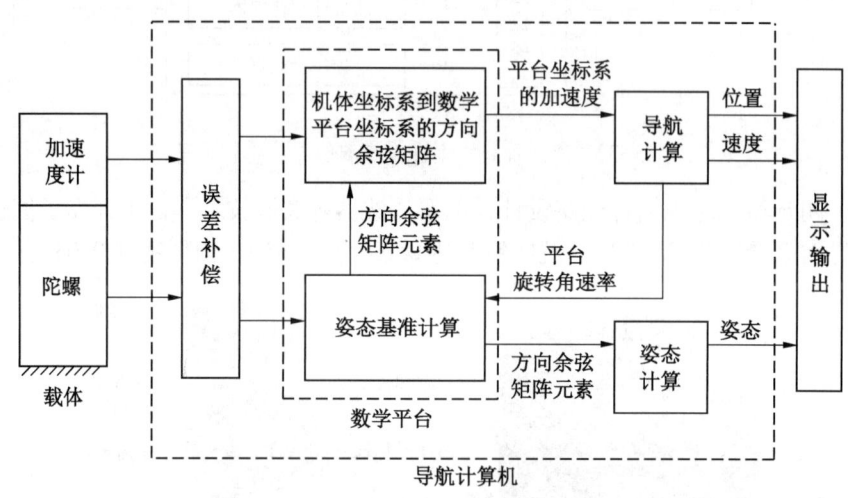

图 25-35 捷联惯导组件基本原理图

3) 导航人机交互系统介绍

上位机软件监控系统主要实现采掘装备的位姿信息、行驶路径等数据的实时远程显示，同时完成视频的实时监控和数据的历史查询、数据的曲线绘制、导航相关参数的基本分析功能。

(1) 通信方式与端口通信协议设计。

上位机软件与采掘装备的惯性导航系统配合使用，综合考虑数据传输的实时性和可靠性，借助网线连接的各类型传感器经过交换机进行传输，并通过激光传输的有线方式连接将巷道内采集信息可靠地传至巷道外。

上位软件系统采用 Modbus 协议，并在此基础上制定符合数据传输要求的私有通信协议。原则上，上位软件采集其他模块的数据，以主站的形式进行数据请求即 Client 端，汇总后上传数据中心，可作为 TCP/IP 协议的服务端或客户端。

由于采掘装备系统复杂，惯性导航系统中集合了多种传感器芯片，实时采集数据（如温度、湿度等），惯性导航系统已经将导航数据进行解算和处理，由网络经过交换机传至工控机的数据库中存储，再由工控机连接电脑上的终端软件进行调取和分析。从数据安全性考虑，需要在传感器数据链路传输的过程中加密，并在上位机数据库端解密进行数据分析。

(2) 软件功能界面设计。

上位机软件需要实时显示采掘装备关键运行参数、惯性导航系统数据及通信状态、巷道开采信息并对惯性导航系统进行有效控制和数据管理,功能设计分为显示、控制、通信三部分,软件的功能设计如图 25-36 所示。

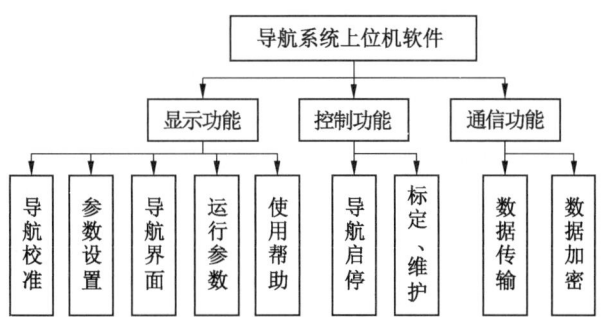

图 25-36　软件的功能设计

上位机软件需要实时与导航系统进行数据交换,为保证数据传输的可靠稳定,软件制定符合 Modbus 协议的私有协议,同时配合数据加密机制,进一步保证数据传输和设备安全,人机交互界面如图 25-37 所示。

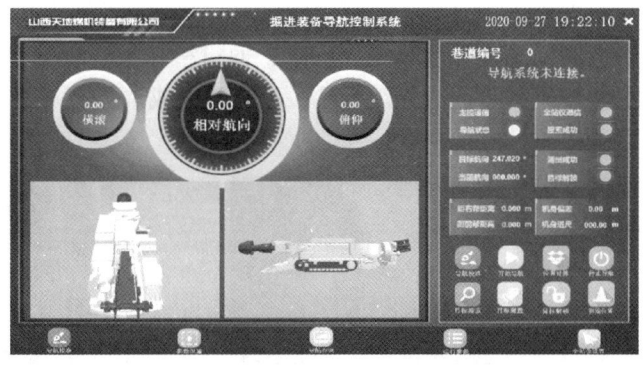

图 25-37　快速掘进成套装备导航控制系统用户界面

掘进导航不仅需要高精度的位姿信息,还需要高精度的姿态调整技术,液压行走驱动技术难以满足高精度纠偏要求,因此太原研究院的掘锚一体机采用履带交流变频驱动技术,结合捷联惯导+全站仪组合导航技术,实现了掘锚一体机精确导航,导航综合偏差 ±10 cm/100 m。

25.2.3　智能支护技术

1. 全自动锚杆支护技术

全自动锚杆钻机是指可自主完成定位、挂网、钻孔、上药卷、装锚杆、紧固锚杆等锚杆支护的全部工序或大部分工序。我国部分企业对该技术进行了有益的探索,但仍没有常态化应用案例,主要技术难点有全流程自动化钻架机械系统、钻机轨迹跟踪与定位找孔、树脂锚护剂自动装填、自动铺网、自适应钻孔等。

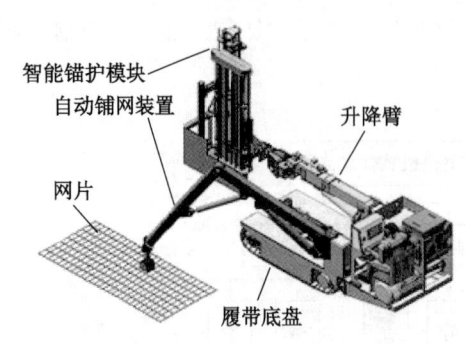

图 25-38　全自动锚杆钻车

景隆重工推出了全自动两臂顶锚杆钻车,采用锚固剂与锚杆串联组合的方案,存在适应巷道高度高、对孔困难、成本高等问题;铁建重工推出了智能型掘锚一体机,采用内置锚固剂一体式锚杆+钻杆机械手+旋转式锚杆仓方案,存在锚固强度无法达标、换杆对中性差等问题;太原研究院开发的全自动两臂锚杆钻车(图 25-38),采用钻/锚箱切换+链式锚杆仓+气动锚杆喷射+自动铺网安装臂方案,已在国能、中煤、山能等矿区示范应用,取得了一定效果,但在可靠性及定位技术等方面有待提升。

国内一些企业仍在探索全自动锚杆支护技术,如钻锚一体化锚杆、高效精细化自动喷涂临时支护、单循环式自动钻机等。

2. 锚索自动连续钻孔技术

针对锚索支护人工手动施工、用人多、劳动强度大等问题,太原院研制的国内首台锚索机器人已具备常态化应用条件,锚索连续钻孔成功率达 90%(图 25-39)。该机器人具有锚索一键自动连续钻孔功能,实现锚索支护由多人单机手工间断操作向单人多机一键式操作的技术跨越。该机器人设钻杆仓,可存储 10 根钻杆;按照巷道锚索支护深度,设置锚索入孔深度,可智能判断钻进深度和锚固状态;通过机械手实现钻杆自动抓取、接杆、拆杆、回仓等动作,整个过程不需要人工干预,可自动完成。

图 25-39　锚索机器人

3. 钻机电液控制技术

针对锚杆钻机数字化应用需求,太原院于国内率先研制的电液控锚杆钻机已发展至第三代(图 25-40),电液控面板、遥控器均升级为 IP67 防水等级,具有钻孔一键启停自动控制、锚杆进给一键控制、根据岩石硬度实时调整钻进速度、锚杆锚固质量自检测、锚杆计数及故障预警等功能。电液控技术是将压力、流量等变量转化为数字信号控制,按键式操作替代手柄操作,实现定位、钻孔、锚固等环节电液操控;控制系统具有转速、压力等故障自诊断功能,具有应用灵活性强、可移植性强、抗污染能力强、工作可靠性高等优点;该系统配置了便携式遥控器,遥控器可控制 3 组钻机。国内基于电液控制技术的"顶板地图"技术尚不成熟,需要进一步研发内置煤层分析图的电液控制系统,才能对顶板支护质量进行有效预测。

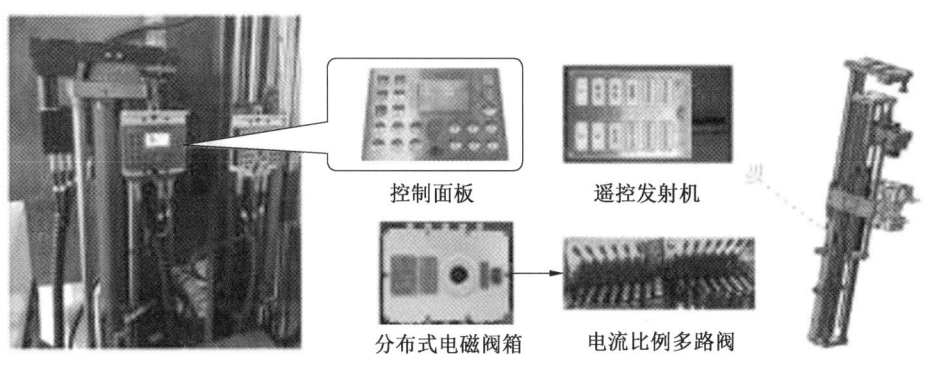

图 25-40 电液控锚杆钻机硬件组成

基于钻机电液控制技术,太原研究院开发了数字锚护监管系统(图 25-41),实现了锚杆支护数量和位置统计、锚护率分析、钻机状态在线监测等功能。

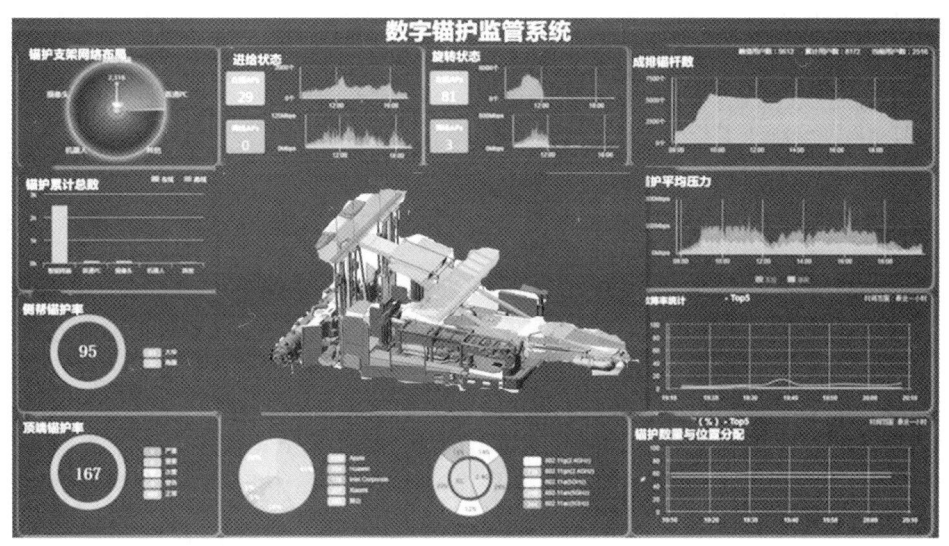

图 25-41 数字锚护监管系统

25.2.4 智能协同控制技术

1. 多任务并行控制方法

煤矿智能掘进机器人系统包含掘、支、钻、锚、运、排等并行作业任务子系统,单个子系统的合理并行作业是实现智能掘进的重要前提。在实现单个子系统智能控制的基础上，如何通过对煤矿智能掘进系统多个任务并行与多个子系统智能协同控制，成为实现煤矿智能掘进机器人系统整机有效控制的重要保证。

随着智能机器人系统的多任务多目标需求复杂程度的不断增加，解决多任务环境下的分布式、并行控制问题成为国内外研究的热点。煤矿智能掘进机器人系统多任务、多工序、多资源、多主体的分配问题，通过强化学习、遗传算法、Agent 联盟、P 学习、粒子群等方法构建多任务分配算法及并行控制机制，以实现掘、支、钻、锚、运、排等子系统的并行作业。

分析煤矿智能掘进机器人系统的并行作业特征，通过揭示多机器人、掘进作业任务数目以及与任务完成时间等关键参数之间的关系，实现煤矿智能掘进机器人系统有效、可靠的并行作业控制系统。假设多机器人系统由 m 个机器人子系统组成，分别完成掘、支、钻、锚、运、排等 n 个掘进作业工艺，结合机器人系统环境与自身状态感知信息，建立基于并行作业特征的多机器人控制系统架构（图 25-42）。

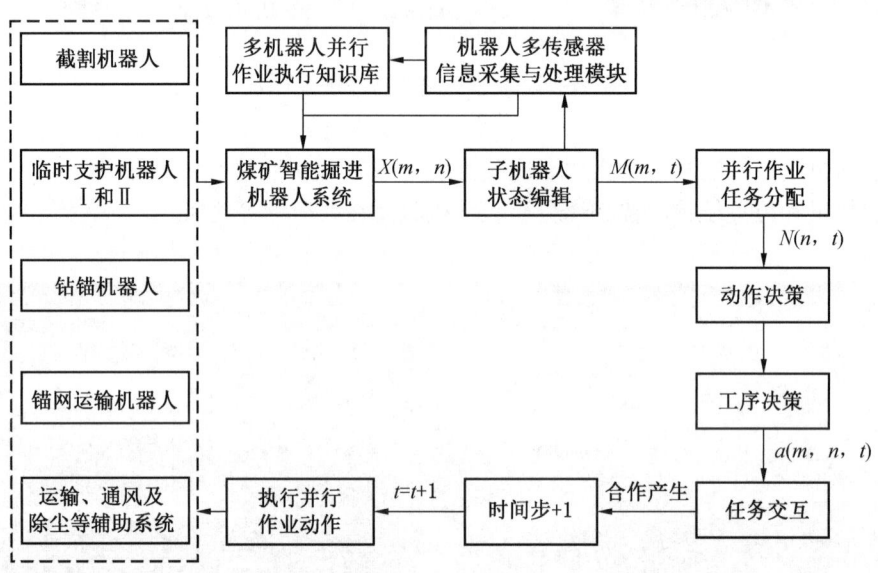

图 25-42　基于并行作业特征的多机器人控制系统架构

基于掘进作业最优任务分配的多机器人并行作业流程如下：

（1）建立机器人感知系统，结合数据采集与处理模块，构建煤矿智能掘进机器人系统并行作业执行知识库，获取各子机器人系统的状态。

（2）基于掘进作业工艺，构建并行作业任务分配模型，确定各子机器人对应的作业任务。

（3）根据各子机器人并行作业任务，构建动作决策模型，依据掘进工艺制定工序决策。

（4）根据多机器人并行作业任务分配、动作决策与工序决策模型问题的适应度，评价各子机器人的适应度值。

（5）依据多机器人并行作业的任务交互问题描述，建立合作机制，产生下一时间并行作业执行动作,从而确定多机器人系统最优并行作业方案。

2. 多机协同控制系统

中煤科工太原研究院根据快速掘进系统装备及工艺特点,开发了多机协同控制系统,旨在保证掘进面人-机-环境安全条件下,解决系统的自动跟机、煤流启停、一键启停等基本问题,实现设备间联动、互锁、保护。通过在掘锚一体机、锚杆转载机、自移机尾等设备布置相对位置监测传感器,实时监测多机间的相对位置关系,为多机联动提供依据,实现多机间的协调联动。系统采用超限处理、区间警报、设备姿态调整、区间停车等多种控制方式,减少设备操作人员、设备空转时间,最大限度降低能耗,提升设备安全水平,实现快速掘进系统自调试性、自组织性和自稳定性。

为解决工作面多移动设备通信问题,以无线网络通信技术为基础,构建设备间联网协议,各单机设备通过无线节点接入无线局域网,局域网通过令牌传递管理网络(图25-43),实现信息互通,消除信息孤岛。

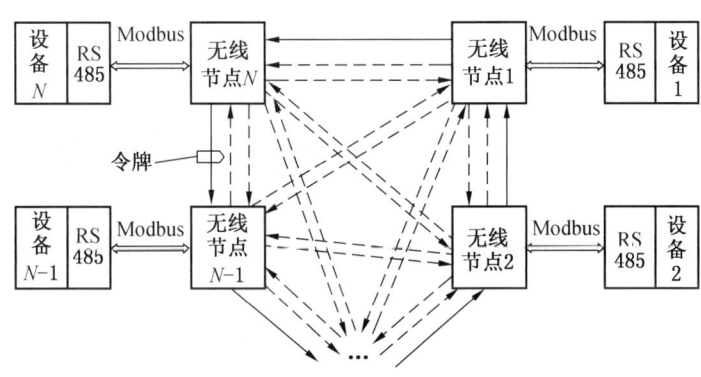

图 25-43 网络结构图

1)多设备自动跟机

工作跟机过程顺序如下:控制系统首先采集各设备的状态信息和相对位移信息,包括掘锚一体机与锚杆转载机间相对距离信息、掘锚一体机的输送机与锚杆转载机的料斗相对位置信息、输送机的位置信息,如设备位置信息不满足系统设定要求,则启动相应的设备,使其达到系统设定要求,相对位置信息满足设定要求后,掘锚一体机开始进行截割工作,掘进一个工作循环后,掘锚一体机前移→锚杆转载机前移→自移机尾前移,并由控制系统再次判断转载机是否达到前极限位置,如未达到极限位置,则继续进行截割,进行掘锚一体机前移→锚杆转载机前移→自移机尾前移工作。

(1)掘锚一体机与锚杆转载机的自动跟机控制。掘锚一体机与锚杆转载机跟机控制包括受料位置、锚杆转载机定位、协同行走防碰撞三方面,如图25-44所示,其控制原理如图25-45所示,锚杆转载机定位有导航系统定位和巷道相对定位两种方式,因锚杆转载机采取液压马达行走驱动,其纠偏精度较低,需要人工参与。当系统处于同步行走模式时,若掘锚一体机与锚杆转载机的距离超过设定值,锚杆转载机继续行走直至达到设定距离。当该距离小于设定值时,设备声光报警,提示作业人员人工干预操作,避免碰撞,进入强制停机距离区域时则设备停机。

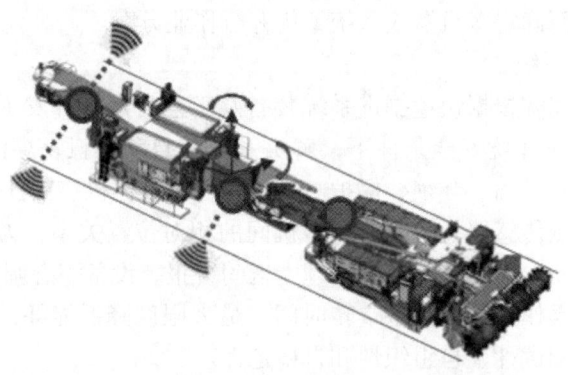

图 25-44 掘锚一体机与锚杆转载机的自动跟机示意

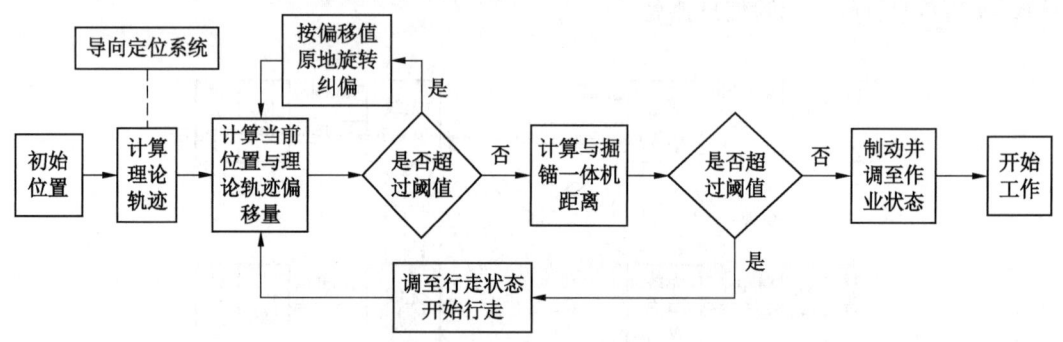

图 25-45 掘锚一体机与锚杆转载机跟机控制原理图

传感器布置（图 25-46）：掘锚一体机刮板运输机的机尾下端安装无线测距传感器，用于测量掘锚一体机一运相对锚杆转载机料斗间的相对位置；锚杆转载机前端料斗的前面安装无线测距传感器，用于测量掘锚一体机和锚杆转载机间的相对距离；锚杆转载机的机身两侧分别安装超声波传感器，用于测量锚杆转载机与两侧巷道侧帮的距离，防止锚杆转载机严重跑偏。

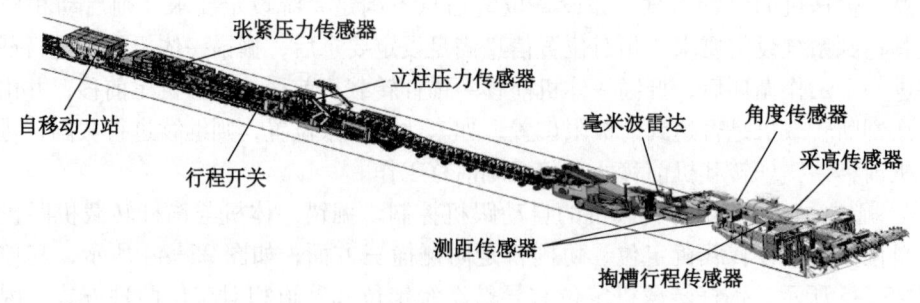

图 25-46 快速掘进成套装备主要传感器布置

（2）锚杆转载机与可弯曲带式转载机的自动跟机控制。可弯曲带式转载机前进动作通过锚杆转载机牵引，而后退动作则是通过自身的动力站完成。通过二者相互之间的信息传输,可以得知对方的移动方向,当其中的任一设备向前或者向后移动时,另外一台设备也将随着一起向前或者向后移动,从而增加设备移动的牵引力,实现整套设备的快速移动,提高巷道的掘进速度。

(3)迈步自移机尾与可弯曲带式转载机的自动跟机控制。当迈步自移机尾接收到前进信号时,可弯曲带式转载机则向后行走,其向后行走的牵引力将会减少迈步自移机尾的前进阻力,保障迈步自移机尾的快速移动,迈步式自移机尾首尾两侧安装测距传感器(实现有效行走调偏),安装碰撞开关检测其与带式转载机的相对位置,从而确定其行走路程。协同行走控制系统终端显示如图25-47所示。

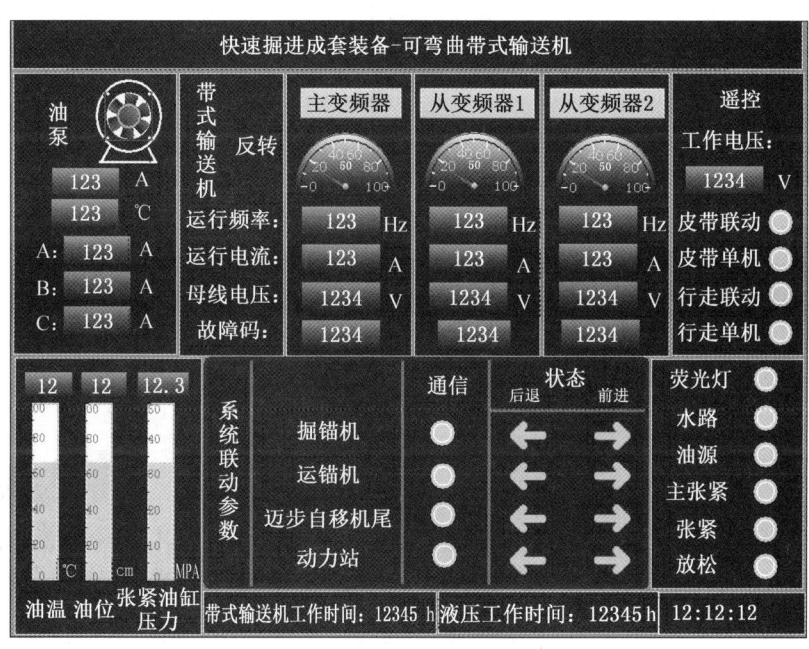

图25-47 协同行走控制系统终端显示

2)掘进与破碎协同作业控制

采集掘锚一体机截割功率、掘进速度、液压系统压力、锚杆转载机破碎电机的状态等数据,通过PLC的综合分析,然后通过程序控制使掘进速度与掘锚一体机的截割功率、破碎电机能力自动优化匹配,并自动启动自动巡航功能,达到保护设备、节能、提高效率的目的,其控制原理如图25-48所示。在掘进速度与掘锚一体机截割功率的自匹配基础上,如此时破碎电机的工作能力小于掘锚一体机的输送能力且未达到自身额定的工作能力时,掘锚一体机PLC自动优化通过网络控制破碎电机提高工作速度,以提高掘进效率。如此时破碎电机的工作能力小于掘锚一体机的输送能力且达到或超过自身额定工作能力时,掘掘锚一体机PLC自动优化通过自动控制降低掘进速度,使掘进速度与破碎机的能力达到最佳匹配,达到保护破碎电机、提高掘锚一体机效率的目的。

3)运输系统联动控制

快速掘进运输系统包括掘锚一体机刮板输送机、锚杆转载机运输机、可弯曲带式转载

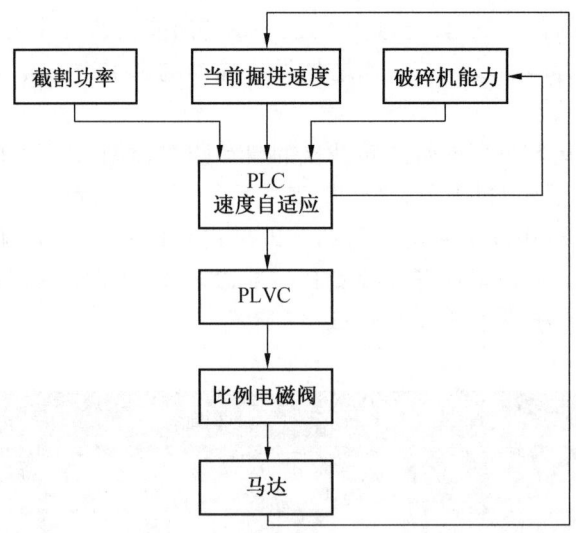

图 25-48 掘进与破碎协同作业流程

机、工作面巷道带式输送机、转运带式输送机、主巷带式输送机。输送系统实现了输送机间的联动控制功能，提高了系统运行效率和可靠性，减少了设备空转时间，最大限度地降低了能耗，运输系统启停顺序如图 25-49 所示。具体的联动控制功能如下：

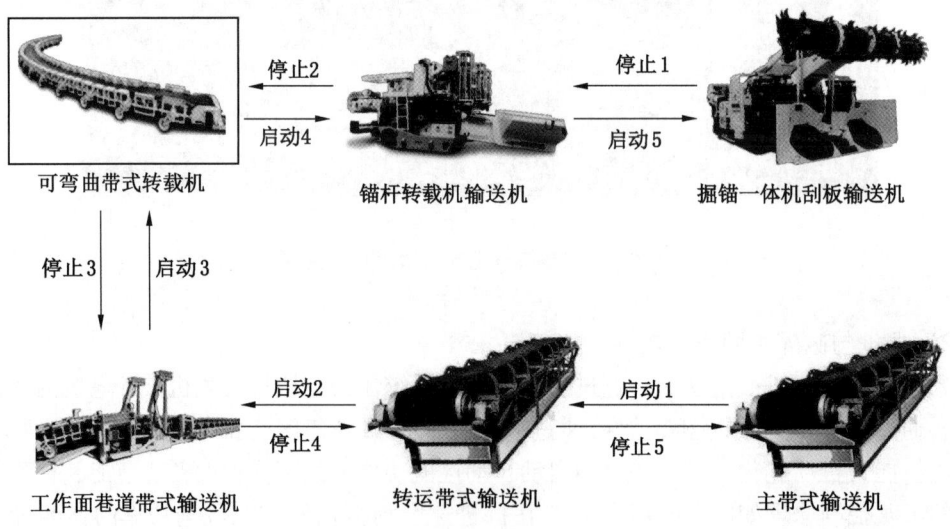

图 25-49 运输系统启停顺序图

（1）自动化重载启动。可弯曲带式转载机采用头尾变频驱动方式，充分利用变频电机软启动启动力矩大、带负载能力强、机械冲击强度小的特点，实现了输送机中再启动。

（2）逆煤流启动。当启动输送系统指令发出后，首先启动大巷主带式输送机，当主带式输送机启动平稳后，再给转运带式输送机发出启动信号，以此类推，按照主带式输送机-转运带式输送机-工作面巷道带式输送机-可弯曲带式转载机-破碎机刮板输送机-掘锚一体机刮板输送机的顺序启动输送系统。

（3）自动化顺煤流停车，当停止输送系统指令发出后，首先掘锚一体机刮板输送机停，然后发出锚杆转载机运输机停机信号，以此类推，按照掘锚一体机刮板输送机-锚杆转载机运输机-可弯曲带式转载机-工作面巷道带式输送机转运带式输送机-主带式输送机的顺序关闭输送系统。

（4）联动控制联锁功能表现为当掘锚一体机刮板输送机、锚杆转载机运输机、可弯曲带式转载机、工作面巷道带式输送机、转运带式输送机、主巷带式输送机中任何一个输送系统发生故障时，整个输送系统停机。

25.2.5 远程集控技术

远程集控技术是解决地面和井下远程集控中心对掘进工作面人-机-环协同、自主管控问题，实现多机协同控制、设备状态可视监控与健康诊断、环境智能检测、主动安全防护、无线数据网络管理、供配电等功能。

供配电与可靠通信。工作面设备采用多回路组合开关对设备进行统一管理。针对系统多源异构数据量大、无法信息互通的难题，基于无线网络通信技术，构建工作面4G无线局域网，通过中继器解决由遮挡造成的信号衰减问题，通过"设备现场总线网络+工作面无线局域网+矿山工业以太网"的方式，实现工作面巷道集控中心、地面调度室和设备端三方互联、工作面数据交互。远程集控网络架构如图25-50所示。

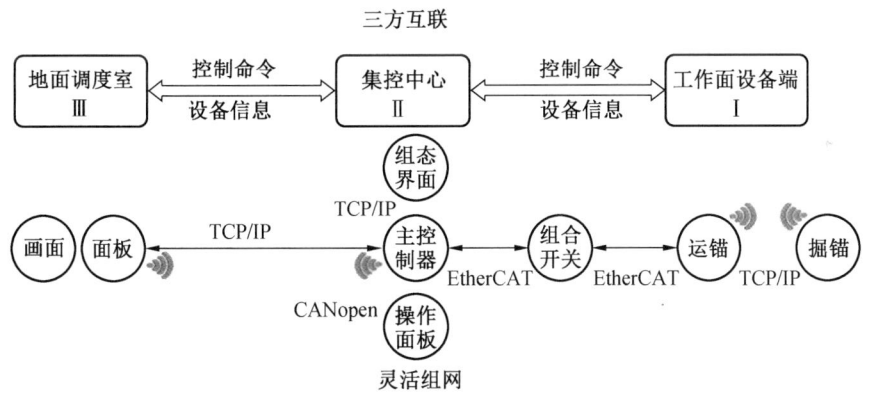

图 25-50 远程集控网络架构

主动安全防护技术是将掘锚一体机工作区域划分为危险、停机和安全三种区域，采用UWB测距+红外热成像目标识别融合技术，实现危险区域人员接近识别、报警或停机，实现人员双重保护，同时具有设备主动避害、双向报警、特殊人员管理、速度补偿等功能。

1. 远程集控系统架构及主要功能

太原研究院开发了基于掘支运一体化智能掘进技术的远程集控系统，该系统基于WINCE嵌入式软件、分布式实时数据库和MACS-SCADA工控组态软件等技术实现远程可视监控、故障在线可视化诊断、设备维护预警、信息共享与多点访问等功能，基于视频拼接、图像识别、全景成像、高清防尘摄像等技术实现工作面的视频采集和处理，具有工作面巷道和地面调度室两种集控方式，其架构如图25-51所示。

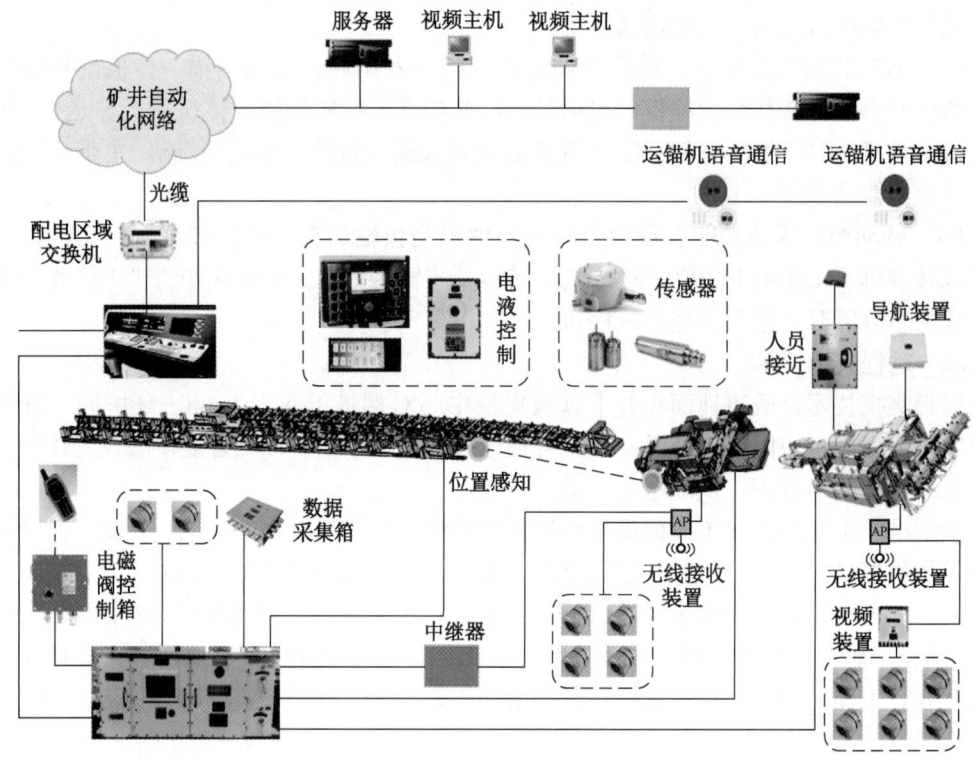

图 25-51 掘支运一体化智能快掘远程集控系统架构

1）工作面巷道集控平台

（1）硬件系统。集控平台硬件系统组成如图 25-52 所示，内部集成 6 台控制主机、6 台 21 寸宽屏显示箱、嵌入式操作面板、键鼠一体式不锈钢键盘、音箱、麦克风、照明灯、360 度球形摄像仪和急停按钮等。集控平台顶部和后部防水设计，整体布局科学，采用高强度喷塑金属外壳、拼接式框架结构、导轨式有机玻璃门窗等。将操作台、防爆显示器等设备合理布局后置于其中，大屏独立显示，给操作人员提供安静、优良的工作环境。集控平台可机载于输送带刚性架实现随掘移动，也可放置于硐室或风门处，借助网络通信信号实现工作面所有设备的远程集中控制。

以上六屏集控平台外部效果如图 25-53 所示，平台采用前侧双开导轨式对拉门设计，顶部装设 4×1.5 t 吊装环，方便井下施工安置。平台主架构选择不低于 4 mm 厚特殊高强度合金钢材搭建，覆盖件及其余连接处均进行了抗振、防松处理，抗振、抗拉性能极强。为便于平台通风及观察工作面设备作业情况，平台两侧采用气动斜拉式有机玻璃门窗设计。平台内部设置一主一副两个操作工位，座椅采用滑轨式（带固定位置扣），可根据坐姿需求左右、前后、上下 6 个维度实时调整，给操作人员方便舒适的作业体验。据三维校核和平台实景体验，身高不超过 1.8 m 的成年男性工友穿戴胶靴、安全帽及矿灯情况下，操作舒适顺畅。此外，操作台分为总集控单元与分集控单元，操作面板采用内嵌式操作台的方式，操作台整体 10°~15°斜坡式放置，方便人员操作。

液晶显示器采用 21 寸矿用本安型显示屏，具备 VGA 或 HDMI 等计算机信号输入接

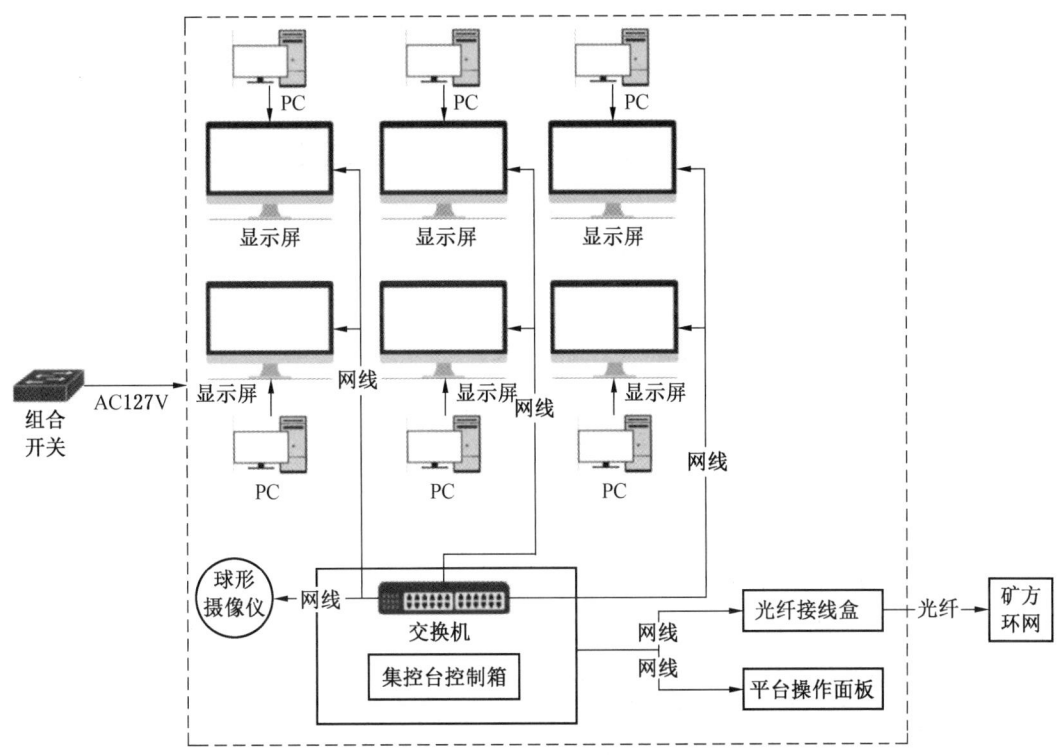

图 25-52　集控平台内部硬件拓扑图

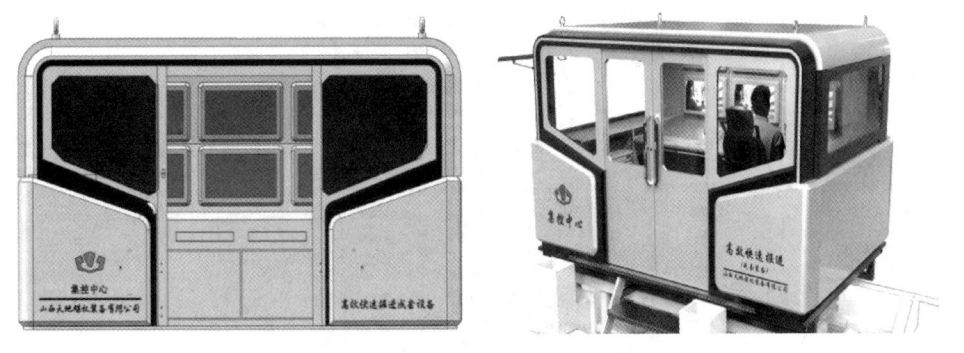

图 25-53　集控平台外部效果图

口。上侧三台显示器下倾布置、下侧三台显示器与操作人员视距平行，此设计理念经三维软件校核，与人体工程学完美契合，防止用户视觉疲劳的同时，增强舒适度与可视性。

考虑集控平台与地面控制中心的互联互通，集控平台顶部装设球形摄像仪，视频信号经井下以太环网传输，可在地面实现井下集控平台内部情况的 360°无死角巡视，具备观察集控台内的操作情况、确认安全信息等功能。

（2）软件架构。平台软件设计如下采用 .Net 平台+基于 OpenGL 的 3D 开发，软件架构如图 25-54 所示。

采用基于 .Net 框架的高级编程语言通过 TCP/IP 取得下位机数据，同时将数据进行

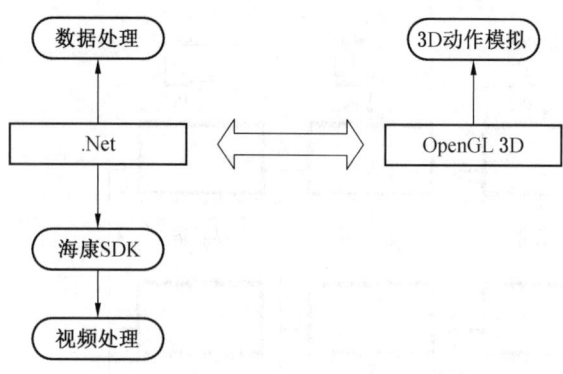

图 25-54 软件架构图

动态展示和存储。

利用 OpenGL 技术将 3D 模型动作同步关联设备数据，实现软件的虚拟现实化。

视频采用海康威视的 SDK 进行二次开发，实现了视频预览、抓图、录像存储等功能。

集控平台显示界面如图 25-55 所示，软件功能如下：左上 1 屏为工作面所有视频显示；中上 2 屏为成套装备数字孪生动作显示；右上 3 屏为导航系统状态显示；下 4、5、6 屏分别显示带式运输机、锚杆转载机和掘锚一体机状态参数和孪生动作显示，并实现远程控制和远程参数设置；上述显示画面根据实际条件随时切换。

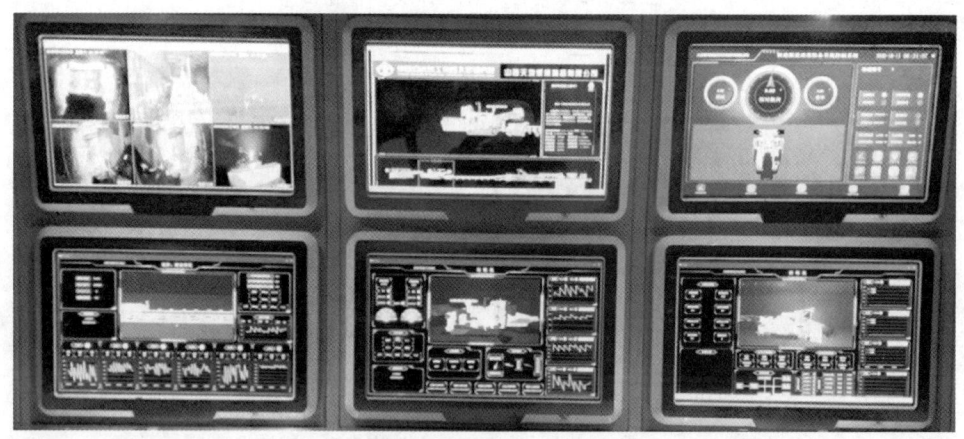

图 25-55 集控平台显示界面

2）地面集控中心

地面集控中心配置高性能计算机、显示器，嵌入式操作面板设备实现地面的远程集控功能（图 25-56）。依靠井下网络建设，将工作面音视频信息、设备参数上传至地面集控中心，同时将地面集控中心的控制信号发送至工作面设备，进行地面远程控制。

具体功能包括：

（1）系统音视频监控：①根据观察视频角度的环境因数，选用不同成像原理的摄像仪进行工作面及相关视角成像；②含有多路视频画面，合理分配摄像仪装配位置，建设合

图 25-56 地面集控中心

适的网络传输通道,保证高清晰度、低延迟;③视频监控系统可适应工作面粉尘环境,摄像头具有一定透尘能力。

(2) 工作面设备数据实时显示:画面显示各传感器实时数据,并在醒目位置显示预警信息,同时各姿态信息与三维模型进行关联,实时显示掘进机各个执行机构的状态。

(3) 地面远程控制。工作面设备同时具备本机手动控制、视距无线遥控操作($\geqslant 50$ m)、井下任意距离超视距遥控操作($\geqslant 1000$ m)和地面调度室4种控制方式。4种控制方式都可对掘锚一体机及后配套进行独立控制并相互闭锁且能够实现一键启动、一键紧急停机(急停按钮)。

(4) 记录、统计和报表功能。自动记录登录、控制、设置、告警和报警等信息,支持模糊查询,对登录时间、登录账号、控制命令、设置内容、操作时间、告警和报警内容等详细信息进行查询;统计掘进设备自动化率、人工干预率以及智能化设备的开机率和故障率等数据,并按照给定时间生成相应报表。

2. 掘进工作面数字孪生系统

太原研究院基于数字孪生技术,开发了快速掘进成套装备的数字孪生系统,通过采集掘进工作面设备的实时姿态、动作数据的三维模型数据,实现工作面装备动作和运行参数的实时显示。

西安研究院开发了掘进工作面数字孪生系统,利用物探和钻探结合技术建立了巷道孪生模型,实现顶底板、巷道走向显示,具备超前探测信息、巷道成形质量与三维地质模型融合、构建功能,并根据掘进过程中揭露的实际地质信息与工程信息对模型进行动态修正及动态显示功能。同时具备粉尘、CO、瓦斯、风流温度智能化监测功能分析与显示功能,可按照设定超限报警数值和警戒停机数值。

掘进工作面已实现装备级部分动作和少部分运行参数数字孪生的初步应用,对装备级数字孪生深度尚待加强,对于全工作面、全息全景、系统级数字孪生尚待进一步研究,需要攻克巷道顶底板高精度智能感知识别、低可视空间多模态主动感知、巷道结构信息构建等技术,并对数字孪生虚实一致性、混合现实数字孪生系统开展进一步研究,扩展人员安全培训、技能培训、技能考核等掘进工作面数字孪生技术应用场景。

3. 设备故障诊断与维护预警

远程集控系统已具备初步的在线可视化故障诊断和故障报警功能，其故障诊断流程如图 25-57 所示。通过数据统计、分析电机等主要设备的工作状态，液压系统压力、油箱温度、油箱油位的指示状态，实现工作面设备电气、液压故障自诊断和定期维修保养提示的功能。可设定定期检修报警时间，到达设置时间后，工控机自动报警提示更换检修部件，如截割电机、刮板输送机马达、行走马达、关键电气元件等（根据连续工作时间及开停次数）。

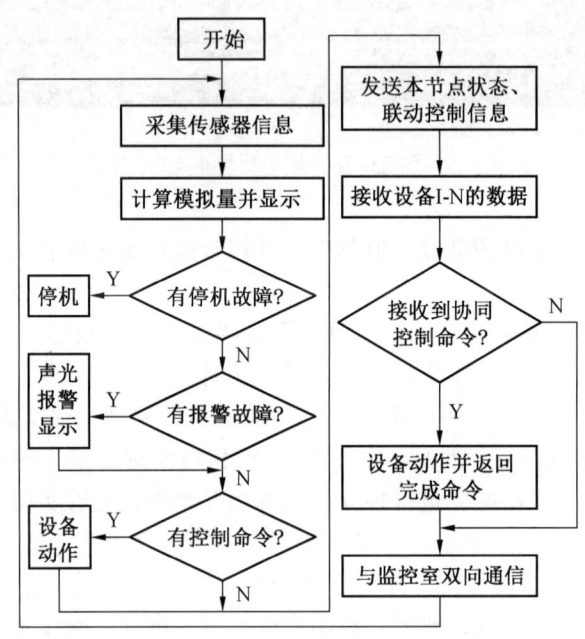

图 25-57　故障诊断流程图

具体功能如下：

（1）具有故障实时诊断分析功能，实现故障准确定位与维修指导。

（2）故障程度、类别可视化直观显示，系统可实时直观显示设备故障等级。

（3）预警报警功能，实现设备异常状态报警与诊断报告自动生成，能动态地显示门限值、故障报警，工作人员可随时掌握设备运行状态，发生超限、故障时，系统能发出声音报警。

（4）全寿命周期跟踪分析功能，通过实时监测设备运行状态信息，实现设备全寿命周期运行状态分析。

（5）实现故障状况的本地存储，确保设备异常停机时可以实现"黑匣子"功能。

（6）机电设备远程集中监测诊断技术与功能，通过以太网及 RS485 接口，确保原始数据与诊断结果的连续记录与上传，实现信息共享与多点访问。

设备故障诊断与维护预警技术正在向智能决策支撑、远程运维、机器性能评估与优化方向发展。现有的设备监测信息需要进一步在深度和广度上挖掘，建立基于大数据驱动的智能掘进决策支撑系统，实现掘进设备群、采掘安全联动、采掘生产衔接等业务拓展；远程运维是利用互联网+技术,由专业团队远程判断设备运行状态,下发采用VR技术的经典维护教程,指导系统的运行维护。机器性能评估与优化是将设备工况数据经过多传感器融合处理,通过特征提取、模式识别和可信度判定等环节,对虚拟样机模型和物理模型进行相互验证和确认,指导装备作业性能评估、寿命预测、关键部件优化等,形成从设备设计到使用的闭环反馈。

25.3 快速掘进智能化工作面建设典型案例

25.3.1 黄陵二矿智能化快掘工作面

1. 建设背景

黄陵矿区地处鄂尔多斯盆地南沿,属黄土高原中等切割区,侵蚀构造地形。地势西高东低,是典型的黄土高原地貌特征。东北部以黄土塬地形为主,沟谷纵横,塬面支离破碎,煤层地质条件复杂,煤、油、气共生,高瓦斯矿井,灾害严重。黄陵矿业公司所属4个矿井6个综采面全部实现智能化开采,但所属掘进队全部依靠综掘机+单体锚杆钻机支护的作业方式,综掘工作面作业环境差,粉尘、水、瓦斯等时刻威胁作业人员的安全,月均进尺270 m左右,掘进单进水平低。

黄陵矿业集团积极推进智能化掘进工作面建设,形成了煤巷掘支运一体化智能掘进、悬臂式掘进机硬岩智能掘进、半煤岩薄煤层智能掘进为代表的三类掘进技术体系,为行业提供智能化掘进工作面示范,尤其煤巷掘支运一体化智能掘进系统的工程示范,开创了掘支运一体化智能掘进技术在复杂地质条件下成功应用的先河,使掘支运一体化智能掘进的普适性得到了质的飞跃。该系统以井下集控中心和地面调度室作为工作面远程控制和人机交互平台,构建了集群设备多信息融合网络,具备工况监测与故障诊断功能,突破了成套装备一键启停、自动截割、自主行走、自动化锚护等关键技术,实现了快速掘进成套装备集中远程控制和自动化作业,创建了"无人跟机作业,有人安全值守"的掘进新模式。

掘支运一体化智能掘进系统应用于陕西黄陵二矿303工作面输送带巷,长度4092 m,煤层厚度变化较稳定,煤层厚度2.8~5.75 m,平均煤厚4.2 m,煤层倾角0°~4°,平均1°,煤层下部含0~1层夹矸,煤层普氏硬度$f=2~3$,夹矸普氏硬度$f=3~5$,煤层以暗煤为主,亮煤次之,丝炭少量,属半暗型煤,自然发火期55 d,煤尘具有爆炸性。煤层顶底板情况见表25-2。

表25-2 煤层顶底板情况

顶底板	岩层名称	厚度/m	岩性特征
基本顶	粉砂岩	7~12	深灰色-灰黑色,中夹薄层粉砂质泥岩,水平层理-缓波状层理,较坚硬,含植物化石碎片
直接顶	细粒砂岩、粉砂岩	1.2~17	灰色-灰黑色为主,局部浅灰-灰白色,缓波状层理,岩石成分以石英、长石为主,含少量暗色矿物,泥质胶结,含丰富的植物化石及炭屑
直接底	炭质泥岩、泥岩	1.2~4	灰黑色,岩石团块状,易风化破碎,具滑面,含少量镜煤条带,含植物根化石
基本底	细粒砂岩、粉砂岩	8~10	灰绿色,结构疏松,易风化破碎,可见滑面

该工作面巷道掘进时正常涌水量为 3~5 m³/h，最大涌水量为 20 m³/h，瓦斯含量 0.33~0.90 m³/t，平均 0.54 m³/t，区域内油型气含量较高，开采煤层的直接顶、底板孔隙度低，不利于煤层气逸散。

2. 智能化快速掘进工作面总体设计

1) 系统综合配套

依据黄陵矿区特殊的地质条件，对掘进工作面工艺、工序、工位、工步进行流程分析，研究工作面可用空间，实现工作面受限空间下生产要素一体化，依据工作面围岩条件和支护参数进行设备综合配套（图25-58）。构建以低比压掘锚一体机为主掘设备，低比压掘锚一体机+六臂锚杆转载机为支护设备，柔性连续运输系统为转载设备，适应黄陵矿区复杂条件的掘、支、运一体化作业系统，系统主要参数和配套装备明细见表25-3、表25-4。

图 25-58 系统总体配套图

表 25-3 快速掘进系统总参数

项目	参数值	项目	参数值
适应巷道宽度/m	4.9~5.4	输送带搭接行程/m	50
适应巷道高度/m	2.8~3.8	系统总长/m	135
最小空顶距/m	0.4	总功率/kW	1477
适应巷道倾角/(°)	±18	输送能力/(t·h⁻¹)	1200

表 25-4 系统配套装备明细

序号	名称	型号	功率/kW	数量
1	掘锚一体机	EJM340/4-2H	720	1
2	锚杆转载机	MZHB6-1200/25	257	1
3	带式转载机	DZY100/160/135	135	1
4	带式输送机自移机尾	DWZY1000/1500	45	1
5	带式输送机	DSJ100/80/2×160	320	2
6	移动变电站	KBSGZY-1600/10		1
7	矿用隔爆型组合开关	QJZ2-1600/1140（660）-6		1
8	防爆胶轮工作面巷道车	WC3Y（B）		1

2）掘进工艺

巷道断面 5.4 m×3.6 m，如图 25-59 所示。顶板采用 $\Phi22\times2800$ mm 左旋螺纹钢锚杆配合钢筋托梁进行支护，排距 0.8 m，每排 6 根；采用 $\Phi21.8\times7300$ mm、1×19 股高强度低松弛预应力钢绞线锚索，结合 T140 钢带进行顶板支护，每排 4 根，排距为 1.6 m；两帮锚杆排距 0.8 m，每排 8 根。

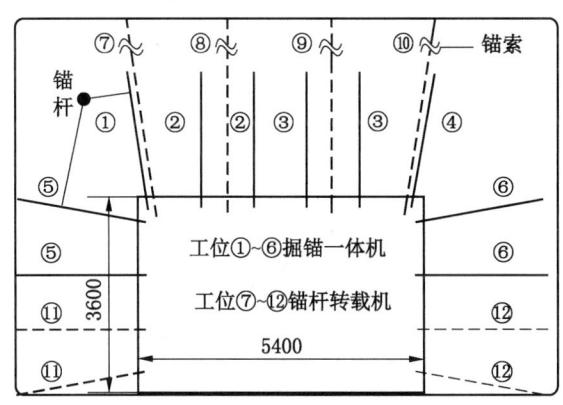

图 25-59 支护断面图

临时支护工序：由掘锚一体机超前临时支护机构完成，该临时支护具有前探功能，实现前探深度与采高的联动、互锁，并能通过调整前探深度将空顶距由 1.2 m 减至 0.4 m，提高系统对顶板的适应性。

截割、运煤工序：由掘锚一体机全宽落煤，铲板装煤后经运输机依次由锚杆转载机、柔性连续运输系统连续运煤。

支护工序：顶锚杆和上 2 排帮锚杆均由掘锚一体机完成（顶 4 帮 2 钻机共 6 工位），顶锚索和下 2 排帮锚杆由锚杆转载机同步施工（图 25-59）。掘锚一体机具有自动铺网装置，实现了锚网的储存、输送和自动挂网等功能，减轻工人劳动强度，提高了系统的自动化程度。

瓦斯钻场施工：掘锚一体机正巷掘进至钻场位置，侧偏开掘瓦斯钻场，完成支护后，回归正巷掘进；前探钻机行走至钻场进行探孔作业，实现掘进与钻探平行作业。综合掘进推进速度、前探钻进速度、瓦斯抽放孔数量，确定瓦斯钻场间距为 80 m，最大程度匹配掘、探工艺。

3）主要创新技术应用

（1）一键启停。掘锚一体机、锚杆转载机、可弯曲带式输送机联动控制，保证设备行走的一致性、运输系统运输的一致性。其特点为系统稳定、待机时间短、运转效率高。

（2）掘锚一体机自动截割。根据截割负载、煤层硬度及瓦斯浓度等感知数据，通过截割动载荷识别系统，自动调整截割掏槽和升降速度，实现掘锚一体机按照预设的截割高度、截割宽度、掏槽距离、滚筒起止位置、截割路线等参数自动截割成形。

（3）掘锚一体机自主行走。采用多传感器融合的导航定位技术，获取装备姿态、航向及位置信息，掘锚一体机根据惯性导航系统航向指示和姿态，实现自主行走，并在行走过程中进行纠偏控制。

（4）远程辅助锚护。一键自动控制锚护钻架，钻孔、锚护的速度根据顶板的硬度自动调节，并实时显示钻箱运行时间、锚杆的支护数量等。

（5）全自动锚索机器人。锚杆装载机具有锚索一键自动打孔功能。锚索钻架设钻杆仓，放置10根钻杆，按照巷道锚索支护深度，设置锚索入孔深度，钻架自动按照锚护深度抓取钻杆，自动接杆、自动拆杆并放入钻杆仓，整个过程不需要人工干预，自动完成。

4）集控系统

工作面集控中心（图25-60）具有工作面视频监控、设备工况监测与故障诊断、自动截割控制、自主行走和煤流启停控制、人员定位采集及电子围栏等功能，实现了快速掘进成套装备集中远程控制和自动化作业。

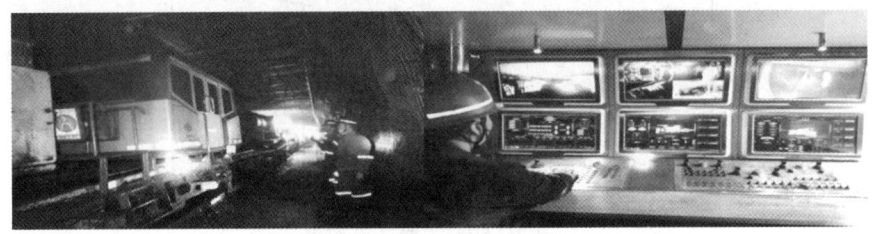

图25-60 黄陵二矿掘进工作面集控中心

地面远程监控中心（图25-61）实现成套装备一键启停，具有设备状态监测与远程控制、动作实时展示、远控与就地切换、环境状态监测、动力系统监测与安全监控等功能。

图25-61 黄陵二矿地面远程监控中心

5）实施效果

该工作面率先实现锚索支护机器人和地面掘进远程监控技术的井下应用，系统平均月进尺约605 m，与传统综掘（270 m/月）相比，掘进速度提高2~3倍；快速掘进系统平均人均工效约7.5 m³/d，比传统综掘人均功效多5 m³/d，提效约2倍；成套国产化装备4400万元，进口掘锚一体机+梭车后配套形式总价格6000万元，节约成本1600万元。项目加快了综采面接续频率，公司间接实现年产值3.5亿元，实现年利税2.66亿元。

25.3.2 榆北小保当煤矿智能化快掘工作面

针对榆北小保当一号煤矿112204掘进工作面巷道断面尺寸大（6.5 m×4.25 m）、夹矸厚度大（0.8~2.1 m）且硬度高（$f5$~$f6$）、易片帮等掘进难题，陕煤化集团联合西安科技大学、西安煤矿机械有限公司成功研发出了全国首套护盾式智能掘进机器人系统，实物如图25-62所示。该系统由截割机器人、临时支护机器人Ⅰ、临时支护机器人Ⅱ、钻锚机器人、锚网运输机器人、电液控平台以及运输通风除尘系统等组成，具有自动定位定向、定形截割、行驶纠偏、运网布网、多机器人协同控制与并行作业、数字孪生驱动的远程智能监测监控等功能，实现了地面与井下全系统虚拟智能测控和一键启停。

图25-62 煤矿护盾式智能掘进机器人系统实物图

煤矿井下工业性试验结果表明：截割机器人实现了全断面高效精确定形截割和超前探测；矩形护盾式临时支护机器人实现了对围岩及时支护和机器人系统自主行驶；钻锚机器人通过人机协同高效完成了锚杆、锚索的钻锚任务；锚网运输机器人实现了自动运网、布网等功能，"捷联惯导+油缸行程传感器+数字式全站仪"精确定位系统实现了机器人系统的精准定位，如图25-63所示；协同控制系统实现了多机器人智能协同控制与并行作业；数字孪生驱动的虚拟智能监测监控系统实现了本地、近程、远程测控功能和井下与地面的全系统虚拟智能测控。智能掘进机器人系统的设备运行工况、环境参数及视频监控都利用矿井网络传输至地面矿调度中心，且在地面调度中心实现了设备运行工况数据、图像和数据驱动的三维虚拟模型动态显示，远程测控系统展示如图25-64所示。智能掘进机器人系统利用传感器数据驱动设备虚拟模型，在集控室和地面屏幕上展现设备实时动作，同时在屏幕上显示实时视频监控图像和三维虚拟模型，如图25-65所示，实现了虚实同步控制。该系统成功应用于小保当煤矿，最高日进尺56 m，极大地促进了夹矸与片帮并存地质条件的掘进工作面自动化、智能化发展。

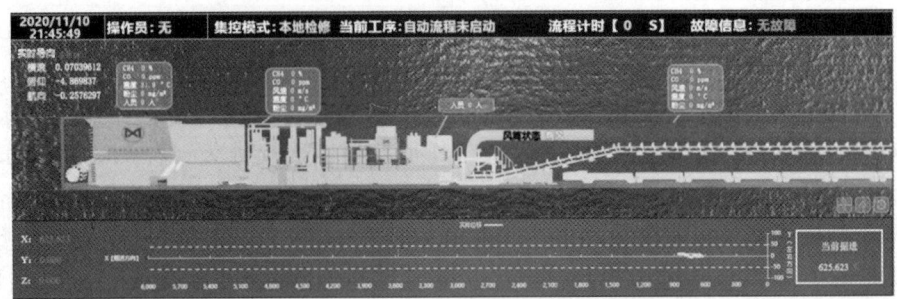

图 25-63　煤矿巷道掘进机器导航上位机软件界面

图 25-64　煤矿智能掘进机器人系统地面远程测控系统展示

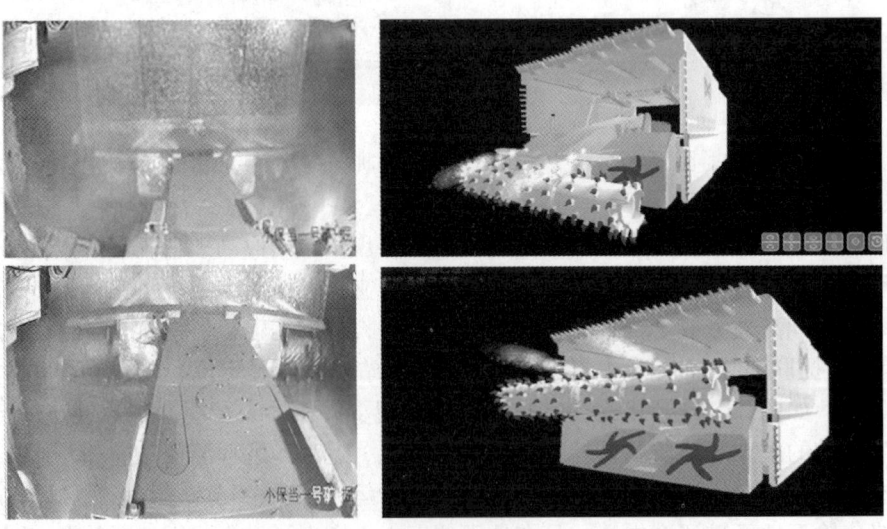

图 25-65　煤矿智能掘进机器人虚实同步控制展示

26 特厚硬煤层超大采高智能化综放成套装备

综采放顶煤开采在我国兖矿、阳泉、大同等矿区取得了巨大的成功,也是我国煤炭开采取得的处于世界领先水平的标志性成果,然而由于我国煤层赋存条件多样,放顶煤开采技术仍然需要继续创新、发展和完善。特别对于西部矿区而言,该矿区赋存有大量的 9~13 m 以上特厚硬煤层,如采用常规方式将不能满足绿色、高效开采要求。主要面临三大技术难题:一是没有适应 9 m 以上特厚硬煤层的高效开采工艺,现有技术装备无法满足 9 m 以上特厚煤层一次采全厚,分层或普通综放开采存在回收率低、安全风险高等问题;二是传统综放工作面成套装备难以满足超大采高综放采-运-支-放成套装备协同控制;三是智能化放煤理论与控制策略对于精准放煤的指导亟须提高。

26.1 基于中厚板理论的关键岩层理论解析

26.1.1 基本假设与边界条件

上覆岩层中厚且坚硬的关键岩层可能不止一层,基本顶对工作面矿压显现起着关键作用,因此认为基本顶是关键岩层之一。对基本顶或者厚且坚硬的关键岩层而言,岩性变化相对较小且可以认为是均质材料,可以做出如下假设:厚且坚硬的关键岩层在破断之前属于弹性变形范畴,符合胡克定律;厚且坚硬的关键岩层裂隙少,在工作面范围内认为是连续的;岩层与岩层之间只传递法向载荷,不存在剪切力;关键岩层对软弱岩层起到控制作用,软弱岩层为载荷层;关键岩层以上的载荷层按照冒落带高度和岩层之间挠度大小进行判断,在厚松散层条件,按照松散层成拱的高度内散体重量进行计算。

不同开采顺序会形成不同边界条件,包括应力边界和位移边界等,如图 26-1 所示。在 y 方向依次布置三个工作面 A、B 和 C,当开采工作面 B 时,左右工作面 A 和 C 没有开采,关键岩层在初次来压之前处于四边固支状态,周期来压时处于三边固支、一边自由;

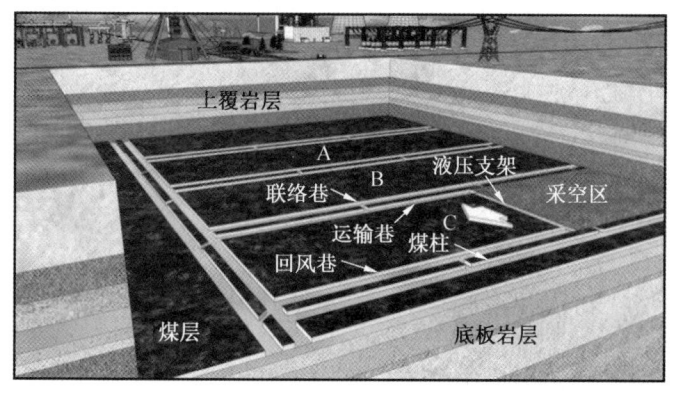

图 26-1 不同开采顺序关键岩层边界条件

当采完工作面 B 采工作面 A 或 C 时，初次来压之前，关键岩层处于三边固支、一边简支，周期来压时，则处于两边固支、一边简支、一边自由；如果先开采完工作面 A 和 C，则工作面 B 在初次来压前处于两边固支、两边简支，周期来压期间则处于一边固支、两边简支、一边自由。

同一煤层开采顺序一般是按顺序开采，即按 A、B、C……顺序开采；当遇到特殊条件时也可以进行跳采，即按照 A、C……；不合理开采顺序会形成孤岛工作面，这对于坚硬关键岩层、埋深大、有冲击倾向性煤层开采非常不利，因此应该合理采掘规划，避免应力和能量集中，减少强矿压显现。

26.1.2 初次来压关键岩层理论解析

孤岛工作面一般是采区或者盘区内两侧都已完成了开采的工作面，因其周围已经采空，关键岩层经历了充分破断，并且回采巷道也经历了重复采动影响。因此，无论从采场围岩控制还是巷道围岩控制都是最困难的。孤岛工作面关键岩层周围约束减少，关键岩层更容易破断，来压显现更剧烈。因此，对孤岛工作面进行关键岩层受力、破断分析，对实际生产具有重要意义。

根据孤岛工作面初次来压时关键岩层的边界条件，将关键岩层简化成一长宽为 a、b，厚度为 h 的矩形中厚板，沿弹性主方向建立直角坐标系，板四边中有两边固支（$x=0$，a），两边简支（$y=0$，b）。开切眼、煤壁以及回风巷、运输巷位置如图 26-2 所示。

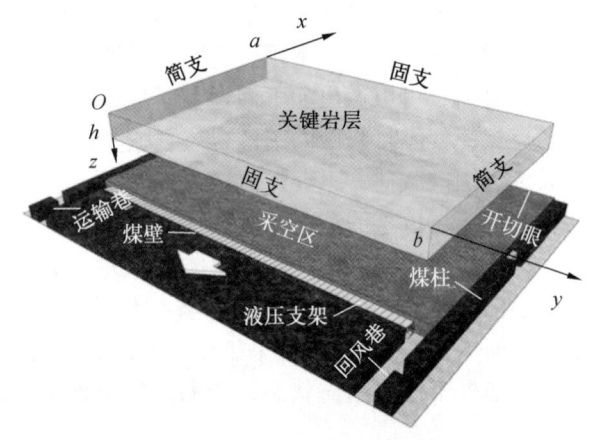

图 26-2 初次来压关键岩层基本顶示意图

孤岛工作面初次来压关键岩层的边界条件：

$$\begin{cases} u=v=w=0 & x=0,\ a \\ u=w=0,\ \sigma_y=0 & y=0,\ b \end{cases} \tag{26-1}$$

引入边界位移函数，对孤岛工作面初次来压矩形中厚单层关键岩层的位移 u 作如下假设：

$$u=\bar{u}+f_1(x)u^{(0)}(y,\ z)+f_2(x)u^{(a)}(y,\ z) \tag{26-2}$$

式中，$u^{(0)}(y,\ z)$、$u^{(a)}(y,\ z)$ 为待定固支边 $x=0$ 以及待定固支边 $x=a$ 处的边界位移函数，与边界条件有关；$f_1(x)$、$f_2(x)$ 为孤岛工作面初次来压矩形中厚单层关键岩层内关于自变量 x 的多项式函数。

得到位移应力相关表达式为

$$\boldsymbol{\Psi}_n \frac{\mathrm{d}}{\mathrm{d}z}\boldsymbol{\Omega}_n(z) = \overline{\boldsymbol{\Psi}}_n \boldsymbol{\Omega}_n(z) \tag{26-3}$$

式中，

$$\boldsymbol{\Omega}_n(z) = \begin{bmatrix} \overline{r}_{1n}(z) & \overline{r}_{3n}(z) & \cdots & \overline{r}_{mn}(z) & u_n^{(0)}(z) \end{bmatrix};$$

$$\overline{\boldsymbol{r}}_{mn}(z) = \begin{bmatrix} \overline{u}_{mn}(z) & v_{mm}(z) & \sigma_{zmn}(z) & \tau_{yzmn}(z) & \tau_{zxmn}(z) & w_{mn}(z) \end{bmatrix}^T \circ$$

$$\boldsymbol{\Psi}_n(z) = \begin{bmatrix} \boldsymbol{I} & \boldsymbol{0} & \cdots & \boldsymbol{0} & \boldsymbol{B}_{1n} \\ \boldsymbol{0} & \boldsymbol{I} & \cdots & \boldsymbol{0} & \boldsymbol{B}_{3n} \\ \vdots & \vdots & \ddots & \vdots & \vdots \\ \boldsymbol{0} & \boldsymbol{0} & \cdots & \boldsymbol{I} & \boldsymbol{B}_{mn} \\ \boldsymbol{\theta} & \boldsymbol{\theta} & \cdots & \boldsymbol{\theta} & 1 \end{bmatrix} \quad \overline{\boldsymbol{\Psi}}_n(z) = \begin{bmatrix} \boldsymbol{D}_{1n} & \boldsymbol{0} & \cdots & \boldsymbol{0} & \overline{\boldsymbol{B}}_{1n} \\ \boldsymbol{0} & \boldsymbol{D}_{3n} & \cdots & \boldsymbol{0} & \overline{\boldsymbol{B}}_{3n} \\ \vdots & \vdots & \ddots & \vdots & \vdots \\ \boldsymbol{0} & \boldsymbol{0} & \cdots & \boldsymbol{D}_{mn} & \overline{\boldsymbol{B}}_{mn} \\ \boldsymbol{0} & \boldsymbol{0} & \cdots & \boldsymbol{0} & 0 \end{bmatrix}$$

其中，I 为 6×6 的单位矩阵；D_{mn} 为 6×6 的矩阵；θ 为 1×6 的矩阵；$\boldsymbol{\Psi}_n(z)$、$\overline{\boldsymbol{\Psi}}_n(z)$ 均为 $(3m+4) \times (3m+4)$ 的矩阵；$\boldsymbol{\Omega}_n(z)$ 为 $(3m+4) \times 1$ 的矩阵；$\boldsymbol{B}_{mn}$ 和 $\overline{\boldsymbol{B}}_{mn}$ 均为 6×1 的矩阵，且有

$$\boldsymbol{B}_{mn} = \begin{bmatrix} \dfrac{2(1-\cos m\pi)}{m^2\pi^2} & 0 & 0 & 0 & 0 & 0 \end{bmatrix}^T, \quad \overline{\boldsymbol{B}}_{mn} = \begin{bmatrix} \dfrac{2(\cos m\pi-1)}{m^2\pi^2} & 0 & 0 & 0 & 0 & 0 \end{bmatrix}^T \circ$$

进而可以求出孤岛工作面初次来压条件下关键岩层位移和应力。初次来压以后，边界条件发生变化，基本顶位移和应力也会发生变化。

26.1.3 周期来压关键岩层理论解析

根据孤岛工作面周期来压时关键岩层的边界条件，将关键岩层简化成一长宽为 a、b，厚度为 h 的矩形中厚板，沿弹性主方向建立直角坐标系，板的四边中有一边固支（$x=0$），一边自由（$x=a$），两对边简支（$y=0,b$），周期来压关键岩层示意如图 26-3 所示。

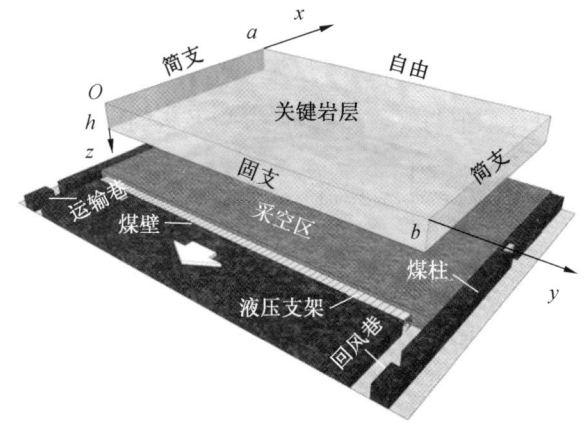

图 26-3　周期来压关键岩层示意图

孤岛工作面周期来压关键岩层的边界条件：

$$\begin{cases} u=v=w=0 & x=0 \\ \sigma_x=\tau_{xy}=\tau_{zx}=0 & x=a \\ u=w=0, \ \sigma_y=0 & y=0, \ b \end{cases} \quad (26\text{-}4)$$

引入边界位移函数，对关键岩层的位移 u、v 作如下假设：

$$\begin{cases} u=\bar{u}+f_1(x)u^{(0)}(y, z)+f'_2(x)u^{(a)}(y, z) \\ v=\bar{v}-f_2(x)\dfrac{\partial}{\partial y}u^{(0)}(y, z) \end{cases} \quad (26\text{-}5)$$

式中，$u^0(y, z)$、$u^{(a)}(y, z)$ 为待定固支边 $x=0$ 以及待定自由边 $x=a$ 处的边界位移函数，与边界条件有关；$f_1(x)$、$f_2(x)$ 为孤岛工作面周期来压关键岩层内关于自变量 x 的多项式函数。

进而得到位移应力相关表达式：

$$\boldsymbol{\Psi}_n \frac{\mathrm{d}}{\mathrm{d}z}\boldsymbol{\Omega}_n(z)=\bar{\boldsymbol{\Psi}}_n\boldsymbol{\Omega}_n(z) \quad (26\text{-}6)$$

式中，

$\boldsymbol{\Omega}_n(z)=\begin{bmatrix}\bar{r}_{0n}(z) & \bar{r}_{1n}(z) & \cdots & \bar{r}_{mn}(z) & u_n^{(0)}(z) & u_n^{(a)}(z)\end{bmatrix}$；

$\bar{r}_{mn}(z)=\begin{bmatrix}\bar{u}_{mn}(z) & v_{mn}(z) & \sigma_{zmn}(z) & \tau_{yzmn}(z) & \tau_{zxmn}(z) & w_{mn}(z)\end{bmatrix}^T$；

$$\boldsymbol{\Psi}_n(z)=\begin{bmatrix} \boldsymbol{I} & \boldsymbol{0} & \cdots & \boldsymbol{0} & \boldsymbol{B}_{0n}^{(0)} & \boldsymbol{B}_{0n}^{(n)} \\ \boldsymbol{0} & \boldsymbol{I} & \cdots & \boldsymbol{0} & \boldsymbol{B}_{1n}^{(0)} & \boldsymbol{B}_{1n}^{(a)} \\ \vdots & \vdots & \ddots & \vdots & \vdots & \vdots \\ \boldsymbol{0} & \boldsymbol{0} & \cdots & \boldsymbol{I} & \boldsymbol{B}_{mn}^{(0)} & \boldsymbol{B}_{mn}^{(a)} \\ \boldsymbol{\theta} & \boldsymbol{\theta} & \cdots & \boldsymbol{\theta} & 1 & 0 \\ \boldsymbol{\theta}_0 & \boldsymbol{\theta}_1 & \cdots & \boldsymbol{\theta}_m & 0 & 1 \end{bmatrix}; \quad \bar{\boldsymbol{\Psi}}_n(z)=\begin{bmatrix} \boldsymbol{D}_{0n} & \boldsymbol{0} & \cdots & \boldsymbol{0} & \bar{\boldsymbol{B}}_{0n}^{(0)} & \bar{\boldsymbol{B}}_{0n}^{(n)} \\ \boldsymbol{0} & \boldsymbol{D}_{1n} & \cdots & \boldsymbol{0} & \bar{\boldsymbol{B}}_{1n}^{(0)} & \bar{\boldsymbol{B}}_{1n}^{(a)} \\ \vdots & \vdots & \ddots & \vdots & \vdots & \vdots \\ \boldsymbol{0} & \boldsymbol{0} & \cdots & \boldsymbol{D}_{mn} & \bar{\boldsymbol{B}}_{mn}^{(0)} & \bar{\boldsymbol{B}}_{mn}^{(a)} \\ 0 & 0 & \cdots & 0 & 0 & 0 \\ 0 & 0 & \cdots & 0 & 0 & 0 \end{bmatrix}$$

其中，I 为 6×6 的单位矩阵；D_{mn} 为 6×6 的矩阵；θ 为 1×6 的矩阵；$\boldsymbol{\Psi}_n(z)$、$\bar{\boldsymbol{\Psi}}_n(z)$ 均为 $(6m+2)\times(6m+2)$ 的矩阵；$\boldsymbol{\Omega}_n(z)$ 为 $(6m+2)\times 1$ 的矩阵；$\boldsymbol{B}_{mn}^{(0)}$、$\boldsymbol{B}_{mn}^{(a)}$、$\bar{\boldsymbol{B}}_{mn}^{(0)}$、$\bar{\boldsymbol{B}}_{mn}^{(a)}$ 均为 6×1 的矩阵，具体取值与级数项数 m、n 以及板的尺寸 a、b 等参数有关，且有 $\theta=\begin{bmatrix}1 & 0 & 0 & 0 & 0 & 0\end{bmatrix}$，$\theta_m=\begin{bmatrix}(-1)^m\left(C_{11}-\dfrac{C_{13}^2}{C_{33}}\right)\dfrac{m\pi}{a} & \alpha & (-1)^{m+1}\dfrac{C_{13}}{C_{33}} & 0 & 0 & 0\end{bmatrix}$，$\alpha=(-1)^m\left(C_{12}-\dfrac{C_{13}C_{23}}{C_{33}}\right)\dfrac{n\pi}{b}$。

进而可以求出孤岛工作面周期来压条件下关键岩层位移和应力。

26.2 采场关键岩层破断模式和判据

26.2.1 基于薄板理论的拉伸破断模式

薄板理论将采场上方关键岩层视为厚度明显小于工作面长度和推进距离的薄板，在这个假设的基础上，采用弹性理论得到四周固支和三边固支一边自由关键岩层内部的拉应力分布（图26-4），最大拉应力出现在四周的固支边上。因此，传统矿压理论认为采场关键岩层以拉伸破断为主，主要呈现 O-X 型破断形式。

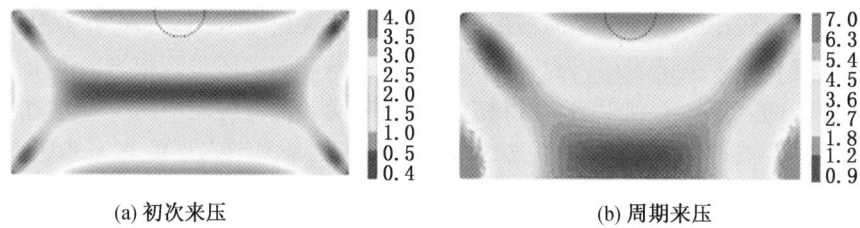

(a) 初次来压　　　　　　　　(b) 周期来压

图 26-4　关键岩层内部的拉应力分布

在关键岩层厚度较小的工作面，由于厚度小，强度相对低，所以不论是初次来压（图 26-5a）还是周期来压（图 26-5b），该条件下的来压步距都较小，关键岩层不会悬露较长的距离。薄板在破坏时多发生的是 O-X 型拉伸破断，破断后的关键岩层沿支点旋转形成铰接结构，不会对工作面造成太大载荷。当结构发生失稳时，形成较小块度的岩块，对工作面形成的载荷也较小，所以该类工作面的顶板灾害问题并不严峻。关键岩层多发生拉伸破断这一现象可以认为厚度较小的关键岩层内部的拉应力首先达到抗拉强度，所以关键岩层的破断由拉应力主导，破坏模式符合薄板理论。

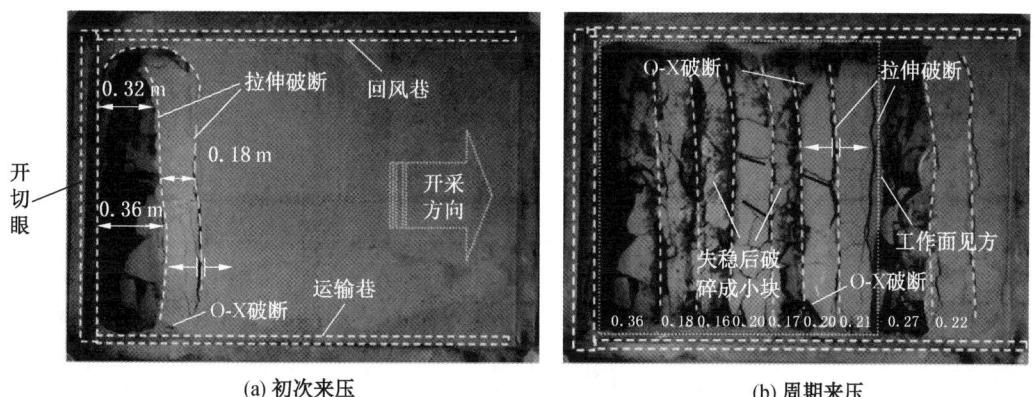

(a) 初次来压　　　　　　　　(b) 周期来压

图 26-5　薄关键岩层拉伸破断模式

在 O-X 破断模式的基础上，采用上限定理可以得到关键岩层发生拉伸破断的判据，得到初次来压前关键岩层可承受的极限载荷 q_{si} 同工作面推进距离 a 之间的关系：

$$q_{si} = 8M_s \frac{2bm+a^2}{ma^2(3b-2m)} \quad (26-7)$$

周期来压前关键岩层可承受的极限载荷 q_{sp}：

$$q_{sp} = 6M_s \frac{2m^2+bm+4c^2}{mc^2(3b-2m)} \quad (26-8)$$

由式（26-7）和式（26-8）可知，关键岩层极限承载能力随着工作面推进距离的增加而降低，当关键岩层自重及随动载荷达到其极限承载能力时，关键岩层发生破断。

26.2.2 基于中厚板理论的剪切破断模式

关键岩层厚度较小的条件下，薄板理论合理解释了采场来压现象，但在部分矿区，存在单层甚至是复合坚硬关键岩层，此时，关键岩层的厚度同来压步距相当，该条件下仍将基本顶视为薄板的合理性受到影响。材料力学理论表明，关键岩层中的拉应力随其厚度的增减而减小，若关键岩层仍为拉伸破断模式，则坚硬厚关键岩层的来压步距应明显增大。我国神东矿区的生产实践表明，一定条件下，该类关键岩层条件的采场来压步距不但没有增大，反而较常规采场表现出减小的趋势，且顶板破断瞬间发生，容易造成切落压架现象。中厚板理论可较好地解释上述现象，随着关键岩层厚度的增加，其内部的拉应力减小，但其中分布的切应力则呈现升高的趋势，岩石力学理论结果表明，岩石的各类强度关系为抗拉强度<抗剪强度<抗压强度。

因此对于具有单层或复合坚硬厚关键岩层的工作面，其关键岩层内部切应力成为发生破断的主要因素，关键岩层破断模式由抗拉强度主导。坚硬厚关键岩层随着悬露长度的增大，并未发生沿着支点旋转的拉伸破断，而是出现了局部区域或者工作面布置方向整体范围的剪切破断（图26-6），这与理论解析方法得到的结论（传统薄板O-X型破断中的O所在的四条边，在坚硬厚关键岩层的剪切破断中，只在O的两个长边容易发生破断）相吻合。关键岩层发生剪切破断后无法形成类似于薄板拉伸破断后的铰接结构，破断后的岩层以动载形式作用于工作面液压支架上，造成支架载荷明显增大，严重则会造成压架、倒架、大面积片帮等顶板灾害事故。

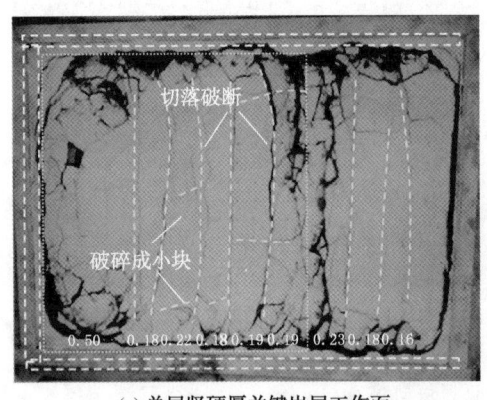
(a) 单层坚硬厚关键岩层工作面

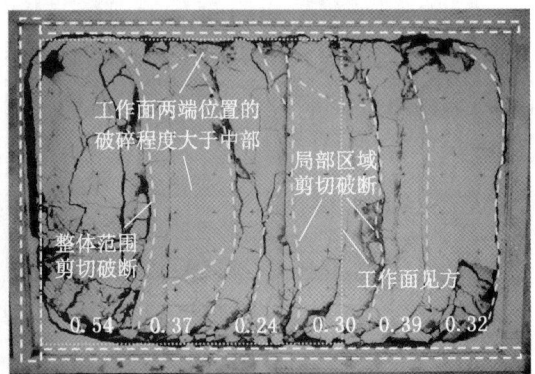
(b) 复合坚硬厚关键岩层工作面

图26-6 坚硬厚关键岩层剪切破断模式

此外，在初次来压前后，在工作面两端，单层或复合坚硬关键岩层中的应变能增大，而工作面中部的应变能降低，如图26-7所示，同样在周期来压时位于工作面中部的应变能出现下降，这也印证了工作面中部位置的关键岩层由于内部存在较高的切应力，较其他位置会更早发生剪切破断，关键岩层破断后发生应变能的降低，周期来压前后也有类似规律。

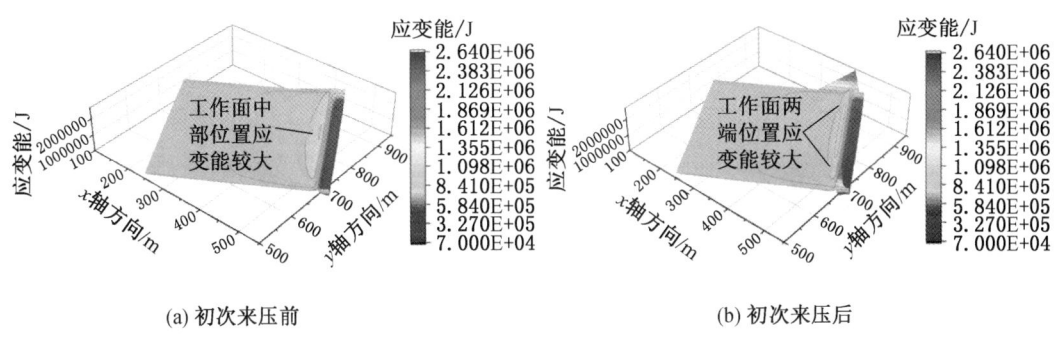

图 26-7　来压前后坚硬厚关键岩层应变能变化

综上，对于具有单层或复合坚硬厚关键岩层的工作面而言，随着工作面的推进，若关键岩层中分布的切应力达到其抗剪强度 [式（26-9）]，则采场关键岩层发生剪切破断。

$$\tau = \tau_c \quad (26-9)$$

式中，τ 为悬露基本顶内部的切应力；τ_c 为基本顶的抗剪强度。

26.2.3　关键岩层破断模式判据

工作面推进过程中，受控于覆岩条件，采场基本顶既可能发生式（26-7）和式（26-8）控制的拉伸破断模式，也可能发生式（26-9）控制的剪切破断模式。关键岩层中拉应力和切应力随关键岩层厚度变化规律如图 26-8 所示，覆岩条件一定的条件下，若关键岩层厚度较小，则其中的最大拉应力首先达到其抗拉强度，则关键岩层首先发生拉伸破断；随着关键岩层厚度的增加，其内分布的拉应力减小，切应力增大，使最大拉应力达到抗拉强度和最大切应力达到抗剪强度的时间大致相同，此时，关键岩层发生拉剪混合破断；若关键岩层厚度继续增大，则其内部的最大切应力首先达到抗剪强度，此时，关键岩层发生剪切破断。基于中厚板理论研究的对象主要指位于拉剪混合破断区和剪切破断区的坚硬厚关键岩层。

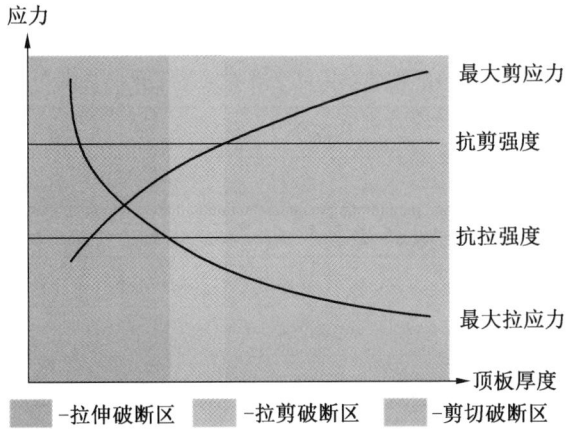

图 26-8　关键岩层破断模式分区

基于中厚板理论对存在坚硬厚关键岩层的孤岛工作面在初次来压、周期来压时关键岩层的位移及应力分布情况进行了研究，讨论了关键岩层厚度对切应力分布的影响，主要得到以下结论：

（1）关键岩层的破断模式在一定程度上受关键岩层厚度影响。随着关键岩层厚度的增加，其内部的最大拉应力在逐渐减小，最大剪应力在逐渐增大，相应地破断模式由拉伸破断逐步转变为拉伸混合破断以及剪切破断。

（2）不同厚度关键岩层破断后对工作面造成的影响不同。关键岩层厚度较小，在破断时多发生的是拉伸破断，破断后的关键岩层沿支点旋转形成铰接结构，对工作面造成载荷较小；关键岩层较厚且坚硬，则多发生局部区域或者工作面布置方向整体范围的剪切破断，会对工作面造成冲击。

（3）易发生剪切破断的坚硬厚关键岩层与传统薄板理论所描述的O-X型破断形式的破断发生位置不同。初次来压时，在O-X型破断中容易发生破断的X位置，在坚硬厚关键岩层的剪切破断中则为较安全、不容易发生剪切的位置，而O-X型破断中的O所在的四条边，在坚硬厚关键岩层的剪切破断中也仅在O的两个长边发生剪切；周期来压时，相比于O-X型破断，坚硬厚关键岩层中的切应力分布更为集中，意味着关键岩层发生剪切破断的范围可能会更小，强度更高。

（4）坚硬厚关键岩层内分布的切应力随着厚度的增加而增大，来压前后，关键岩层内部的应变能峰值由中部向工作面两端转移；相比于薄板的O-X型破断形式，造成坚硬厚关键岩层内破断的切应力分布更为集中，将切应力集中分布的这部分区域作为围岩控制的重点，实现工作面灾害分区域、分级防控，以最小的成本预防顶板灾害事故的发生。

26.3 特厚硬煤超大采高综放

26.3.1 特厚硬煤超大采高综放开采工艺

26.3.1.1 工程概况

陕北榆神矿区侏罗纪煤田是我国最主要的特大型煤炭生产基地之一，主采 2^{-2} 和 3 号煤层，为实现特厚煤层的安全、高效和高采出率回采，此类煤层主要采用大采高综放和超大采高综采开采，典型特厚硬煤赋存条件及开采方法见表 26-1。

表 26-1 榆神矿区部分矿井煤厚及开采方法

矿井	煤厚/m	开采方法
金鸡滩（西翼）	5.5~8.5	8 m 超大采高综采
神树畔	9.8~12.2	大采高综放
千树塔	9.8~12.2	大采高综放
双　山	8.2~11.4	大采高综放
麻黄梁	7.5~10.4	大采高综放
榆树湾	10.8~12.4	分层综采

该矿区煤层普氏硬度系数一般大于2.5，煤层完整性好，厚度大。煤厚约8.5 m以下的一般采用超大采高综采，大于9 m煤层以大采高综放开采为主，通过现场实测分析发现

其上覆顶煤呈悬臂状态，顶煤破坏块度大易成拱，煤壁稳定性良好，工作面采高加大后回收率有增高趋势，如图 26-9 所示。

(a) 支架上方上覆顶煤

(b) 工作面煤壁

图 26-9　榆神矿区特厚硬煤综放开采工作面顶煤及煤壁

金鸡滩煤矿位于陕西榆神矿区，行政区划隶属陕西省榆林市金鸡滩镇和孟家湾乡管辖。首采盘区一盘区位于井田东南半部，采区南邻杭来湾煤矿，西邻银河榆林煤矿，东邻曹家滩煤矿，北邻二盘区，位置及布置示意如图 26-10 所示。金鸡滩煤矿一盘区东西长 11.5 km，南北宽 5.1 km，埋深 210~287 m，在中间布置大巷，分为东、西两翼开采。西翼煤层厚度 5.5~8.5 m，采用 8 m 一次采全高工艺实现高回收率高产高效。东翼煤层厚度 9~13 m，煤层平均硬度 $f≈2.8$，属于典型特厚硬煤层。如采用分层开采，下分层开采难度大，整体成本高、效率低；继续增大一次采全高高度将导致煤壁稳定性难以控制；常规综放对坚硬特厚煤层适应性差。根据本区域生产实践经验，增大综放工作面机采高度有利于提高顶煤和煤炭总体回收率，但是煤壁与顶煤均受到超前支承压力影响，随着割煤高度的增加煤壁稳定性降低，不利于矿压控制。研究确定合理的采放比是提高坚硬特厚煤层回收率和提升安全、高效、绿色开采水平的关键。

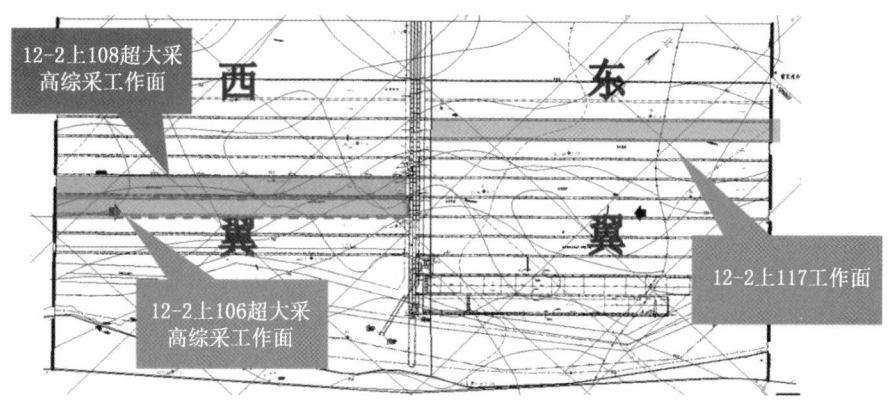

图 26-10　金鸡滩一盘区位置及布置示意图

26.3.1.2　特厚硬煤综放合理采放比

1. 不同采放比对煤炭回收率的影响

不同采放比对煤炭回收率的影响主要体现在 4 个方面：一是机采高度部分的煤炭其回

收率一般可达98%以上,顶煤回收率一般为70%~90%,明显低于机采割煤回收率,增大机采高度可提高煤炭回收率;二是超前支承压力峰值及影响范围随着机采高度增大而增大,顶煤塑性破坏系数 Y 与割煤高度 h_g 及自然常数 e 之间存在幂函数关系式:

$$Y = 1.8728e^{0.2494h_g} \quad (26\text{-}10)$$

割煤高度增大顶煤塑性破坏系数呈指数增大,有利于改善顶煤破碎效果;三是在给定煤厚条件下,小采放比(即机采高度大)支架后部放煤空间增大,更利于降低其成拱概率促使顶煤放出;四是小采放比综放散体煤矸在运动方向上的重力分量增大,煤矸流速变快,同时对放煤控制提出更高要求。

综放开采煤炭回收率与采放比关系可表示成

$$C = \frac{h_g C_g + h_f C_f}{h_g + h_f} \quad (26\text{-}11)$$

式中,C 为煤炭回收率,%;C_g 为割煤回收率,取 98%;C_f 为顶煤回收率,一般为 65%~80%;h_g 为割煤高度,m;h_f 为放煤高度,m。

煤厚12m采放比为3∶9、4∶8、5∶7、6∶6和7∶5时顶煤回收率如图26-11所示。

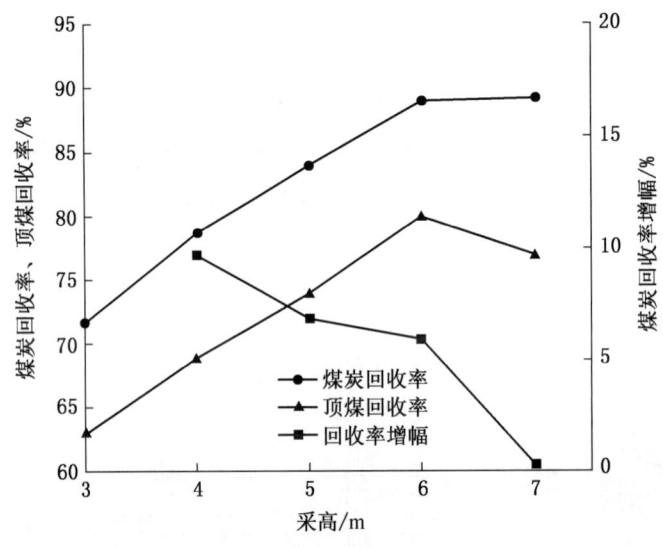

图 26-11 不同采放比煤炭回收数值模拟分析结果

顶煤回收率与顶煤高度、脊背煤损失和放煤管理水平有关。当煤层厚度一定,随着顶煤厚度即采放比减小,工作面煤炭采出率趋近于割煤回收率,其增加幅度随着采高的增加降低,当顶煤较薄时,顶煤放出率对煤炭回收率影响降低,工作面总回收率不断升高趋近于一次采全高综采采出率。对于特厚硬煤层,通过"以采为主,以放为辅"的小采放比综放开采工艺,可提高顶煤和煤炭的回收率。需要注意的是,随着割煤高度的增大,顶煤厚度过小容易造成混矸,这对工作面放煤管理及煤质控制提出了更高要求。

2. 采放比对煤壁稳定性的影响

煤厚一定时采放比的减小有利于提高煤炭回收率,确定合理采放比主要是确定采高的上限值,即采煤机最大割煤高度。确定此值除要考虑由采煤机的结构参数决定的采高外,主要分析在给定煤层条件下煤壁易发生片帮冒顶的极限高度。

与一次采全高综采不同的是，综放开采煤壁稳定性由于受到上部松散顶煤的影响，其煤壁片帮受力分析模型与综采工作面存在显著区别。由摩尔-库仑定律可知，在割煤高度上端与顶煤下端边界面处，必会在水平方向产生摩擦力以阻止煤壁向采空区方向的水平运动，则可将分界面处简化为刚度为 K 的弹性支座。根据煤壁下端水平与铅垂方向位移受约束但转角不受限制的特点，下部可简化为铰支座，则煤壁稳定性分析模型可简化为图 26-12 所示的下部铰支、顶部弹性支座。

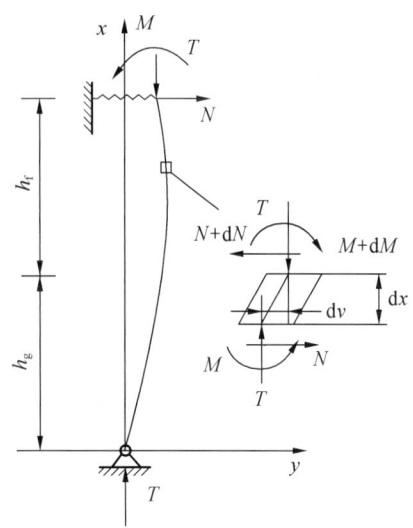

图 26-12　煤壁片帮受力分析模型

由图 26-12 可知，在任意截面处，由静力平衡条件 $dN=0$，$\dfrac{dM}{dx}=N-T\dfrac{dv}{dx}$，$N$ 为剪力，结合弯矩 (M) 与挠度 (v) 关系 $EIv''=M$，得微分方程

$$EI\frac{d^4v}{dx^4}+T\frac{d^2v}{dx^2}=0 \tag{26-12}$$

将边界条件 $v(0)=v''(0)=v''(h_g)=0$，$T(h_g)=Kv(h_g)$ 代入上式通解 $v(x)=c_0+c_1x+c_2x\cos\alpha+c_3x\sin\alpha$，可得煤壁稳定性方程

$$Kh_g-T=0 \quad 或 \quad h_g\sin\alpha=0 \tag{26-13}$$

式 (26-12)、式 (26-13) 中，M 为弯矩；v 为挠度；E 为弹性模量；I 为惯性矩；T 为顶板压力；$\alpha=\sqrt{\dfrac{T}{EI}}$；$c_0$、$c_1$、$c_2$、$c_3$ 均为积分常数。弹性支座的临界刚度 $K_e=\pi^2EI/h_g^3$，其与煤体弹性模量 (E) 成正比，易知硬度较大的煤体多出现弯曲失稳，且临界刚度与机采高度的三次方成反比，即采高增大煤壁失稳概率随之增大。

通过数值模拟分析软件对不同机采高度煤壁水平位移分布规律进行分析：随着机采高度增大，煤壁水平位移增加，最大水平位移区域位于割煤高度 0.6~0.8h_g 处，当机采高度增加至 7 m 以上时，其片帮量达到约 500 mm，为保证金鸡滩煤矿综放开采煤壁控制效果，为实现工作面煤炭回收率和煤壁稳定性，确定超大采高综放割煤高度不大于 7.0 m，采放比约为 1:0.7，属于采放比小于 1:1 的小采放比综放开采。

26.3.1.3　超大采高综放工作面"马鞍形"开采工艺

根据采场应力分布规律，首次提出并应用了"马鞍形"开采工艺（图 26-13），提高了煤炭采出率。综合考虑煤壁稳定性及顶煤冒落块度，确定中部采高为 6~6.5 m；因端部

图 26-13　超大采高综放"马鞍形"开采工艺

悬顶不易垮，增加过渡段采高至 7 m，应用此工艺首采工作面多回收煤炭约 60000 t。

26.3.2 超大采高综放工作面成套设备与配套

26.3.2.1 采煤机关键技术

金鸡滩煤矿煤层硬度较高，需较大截割功率，12-2 上 117 工作面采高 6.0~6.8 m，采用 MG1000/2650-GWD 型采煤机，具备智能远程控制、状态监测和故障诊断等功能，采煤机主要参数及特点如下：

（1）滚筒截割功率：2×1000 kW；装机总功率：2650 kW；滚筒直径：3500 mm。

（2）按照所记录的工作方向与位置参数、姿态参数、滚筒高度轨迹，进行智能化运算，形成记忆截割模板，实现记忆截割。

（3）具备就机操作、远程自动控制两种模式互锁功能，可实现实时通信状态检测，提高采煤机运行可靠性。

（4）配置惯导系统，可实现工作面直线度调整。

26.3.2.2 大运量运输系统

硬煤超大采高综放开采，煤炭产量高、块度大，需要大运量的智能化运输系统保证工作面运输流畅。12-2 上 117 工作面经过多次设备配套研讨，制定工作面设备配套原则，实现了前、后部刮板输送机、转载机以及带式输送机高速运行参数匹配，优化了后部刮板输送机及转载机交叉侧卸方案，通过智能调速实现运输系统煤流负荷平衡，研发了可靠性高、结构简单的连续破碎技术，建立了刮板输送机煤流卸载口、转载机入料口、破碎机及转载机卸料口四级破碎系统（图 26-14），解决工作面输送机卸载点和转载机入口点大块煤堵塞的问题，实现大块煤的连续破碎，降低人工破碎大块煤的劳动强度和不安全因素，保障工作面智能化方案顺利实施，实现了超大采高综放开采智能化高速煤流运输。

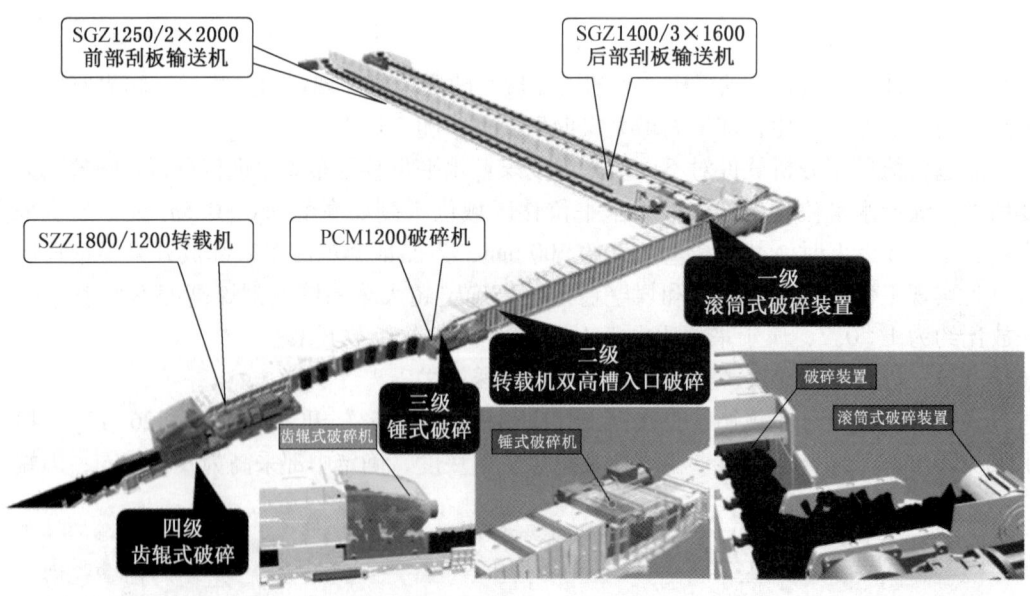

图 26-14 首套"四级"破碎智能煤流超大运力运输系统

26.3.2.3 超大采高放顶煤液压支架

根据公式估算、经验类比及数值模拟，确定支架支护强度不小于 1.6 MPa，支架中心距选取 2050 mm，工作阻力确定为 21000 kN，采用两柱掩护式支架（图 26-15）。

图 26-15　ZFY21000/35.5/70D 两柱强力放顶煤液压支架

片帮控制是超大采高工作面围岩控制的关键，提高支架初撑力和前端支顶力，增加煤壁支护面积和支护强度，可减轻煤壁压力，有利于煤壁稳定。支架设计整体顶梁带伸缩梁加二级护帮机构，护帮高度达 3.0 m，二级护帮采用液压联动技术，能更好地自动贴合煤壁，可有效防止煤壁片帮，保证工作面的安全性。

支架顶梁、底座柱窝采用高强度材料锻造，柱窝下部采用"井"字形箱型结构，双层 U 型板加固，支架立柱压板采用上位压板形式，保证了支架关键受力部位的结构及强度，伸缩梁采取内伸缩式，5 腔结构增强伸缩梁抗弯能力，保证结构的高可靠性。

为改善硬煤冒落性能，支架采用强扰动、高强度放煤机构，改变传统低位放顶煤放煤机构形式，增加一级尾梁，变为二级尾梁+插板的三级放煤机构，增大放煤口尺寸，采用基于多传感识别技术的控制系统，优化硬煤综放智能控制系统。

支架配置姿态感知自适应系统，自主研发立柱自动增压初撑力保证系统，提高支护质量和支护速度。

26.3.2.4 工作面后部运输交叉侧卸技术

在综放工作面后部输送机与转载机实现交叉侧卸布置，降低机头卸载高度，有利于机头过渡架放煤。金鸡滩超大采高综放工作面前部刮板输送机卸载方式采用端卸，机头电机平行布置，机尾电机垂直布置；后部刮板输送机卸载方式采用交叉侧卸（图 26-16），机头电机一个垂直、一个平行布置，机尾电机平行布置。

交叉侧卸方式相对端卸的优点：①机头架卸载高度低，机头端面不进行卸载煤炭；②机头架中板升角小；③转载机机尾相对输送机机头架滞后量小；④拉回煤现象较少；⑤工作面上窜下滑时，卸载距离不变。

26.3.2.5 超大采高综放工作面端头区支护

工作面采高最大约 7 m，巷道高度为 4.2 m，之间存在 2~3 m 的高度差，在过渡区设置中间过渡支架，高度与中部支架相同，在靠近巷道侧安装能覆盖高差的侧板，直接将高度过渡到巷道高度。过渡支架在巷道侧顶梁加可回转 90°的侧翻板，在前部刮板运输机卸载点安装单片超前支架，该超前支架安装侧翻板，用于支护垂直布置电机的上部空间，后部输送机卸载点采用两架巷尾支架进行支护。机尾支护方式同样采用大梯度过渡方式，如图 26-17 所示。

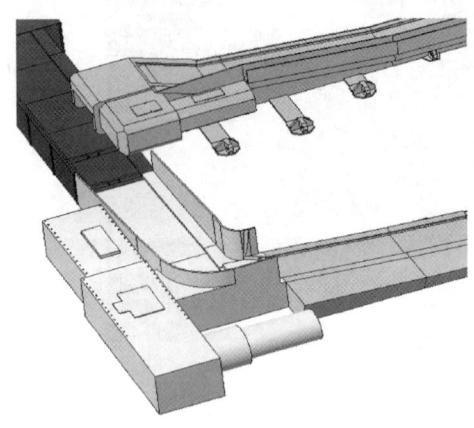

图 26-16 后部刮板输送机交叉侧卸卸载方式

图 26-17 超大采高综放工作面端头区支护

26.3.3 智能化综放开采关键技术

（1）研究了掩护梁倾斜角度、摩擦因数与煤炭运移的相对关系，使顶煤从拉架被动放煤变成主动滑移冒落，揭示了特厚硬煤层超大采高条件下顶煤"瀑布式"运移规律（图 26-18）。根据煤矸滑落至放煤口的时间差，结合矿压显现与顶煤块度的双周期关系，

图 26-18 超大采高综放开采小采放比放煤模型

确定最佳放煤口动作时间，改变了传统"见矸关门"作业方式，实现了顶煤混矸率小于5%的控制目标。

（2）建立综采放顶煤液压支架空间位姿与受力状态解算模型，攻克井下恶劣工况下信号传输及供电、数据处理等技术难题，研制了液压支架状态监控系统，具有支架高度、姿态和受力监测功能，为液压支架精确感知提供了保障，为超大采高综放多应力场耦合围岩稳定性智能控制和智能放煤提供基础。

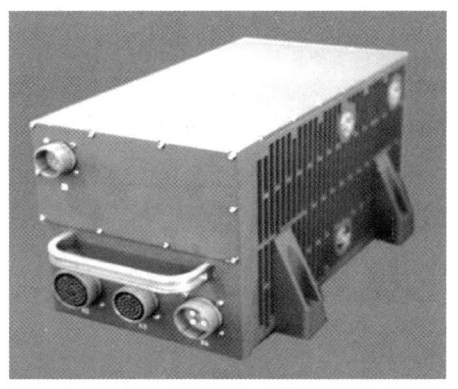

图 26-19　国产采煤机高精度惯导

（3）研发了采煤机国产惯性导航系统（图26-19），实现了 300 m 工作面直线度偏差≤500 mm 的目标；研发了综放智能开采控制系统，具备精准支护及记忆放煤、智能控制功能；创新了数字马达紧链与链张力自动控制系统，建立了破碎机阀控软启动理论，发明了煤流自适应智能刮板输送机及其智能调控方法，如图 26-20 所示；实现了超大采高综放开采成套装备智能开采。

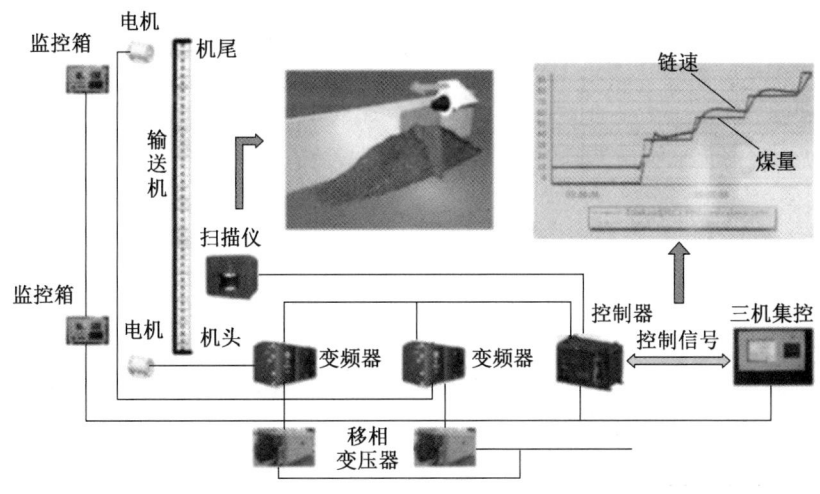

图 26-20　刮板输送机煤量监测及调控系统

26.3.4　超大采高小采放比开采应用效果

金鸡滩煤矿 12-2 上 117 工作面长度 300 m，煤层厚度 9~13 m，成套装备配套和井下开采分别如图 26-21、图 26-22 所示。工作面日割煤 14~15 刀，生产班每班割煤约 6 刀，放煤 3~4 次；检修班每班割煤 2~3 刀，放煤 1 次；开机率 85% 左右，日推进 10~15 m，日产 5 万~6 万 t，月产 1.5~1.8 Mt，最高日产 79000 t，最高月产达到 2.02 Mt，成套具备年产 20 Mt 能力，工作面回收率约 90.2%，含矸率约 4.3%。

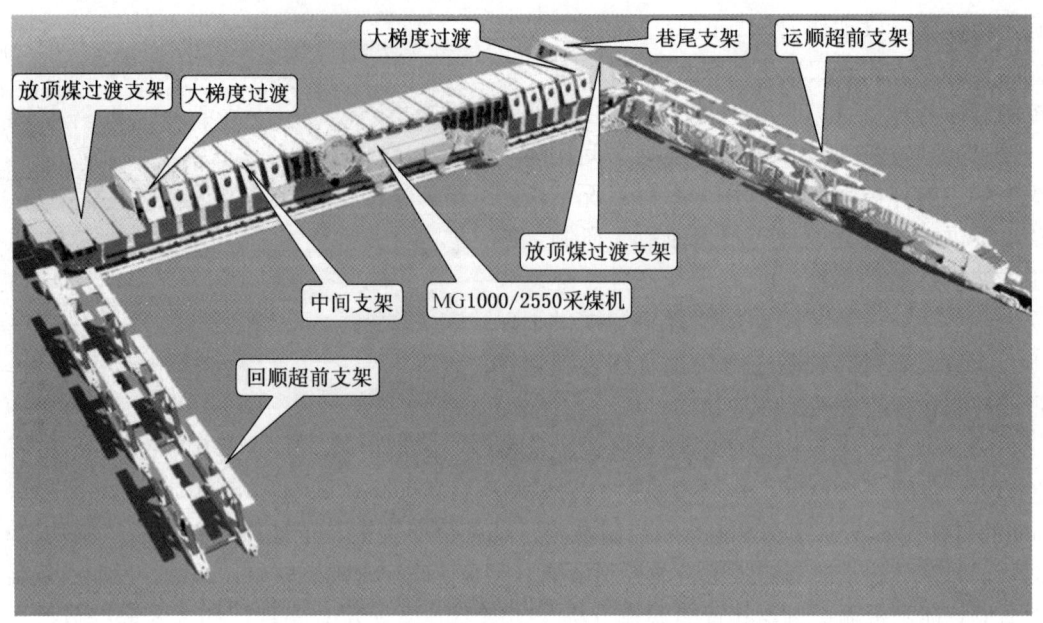

图 26-21　金鸡滩煤矿 7 m 超大采高综放工作面主要设备布置

图 26-22　金鸡滩煤矿 7 m 超大采高综放工作面

26.4　特厚硬煤超大采高综采装备最新进展

超大采高开采及其成套装备的研发推动了我国煤炭开采的快速发展。为适应我国煤矿综采机械化的发展，国内综采设备科研设计和制造企业已研制开发出具有独立知识产权、较先进技术水平的开采装备，综采设备生产能力已经达到 10 Mt 以上，研制开发的新型大采高综采装备技术参数已接近国外先进水平，工作面综采支护装备水平已经处于世界领先水平。

2016 年，我国第一个一次采全高高度达到 8 m 级的工作面在兖矿集团金鸡滩煤矿诞生；2018 年，被称为"世界第一高"神东煤炭集团 8.8 m 超大采高智能综采工作面在神东上湾煤矿投入运行,标志着我国超大采高开采技术迈入了新的时期;2020年,中煤新集口孜东矿千米深井智能开采工作面投产,成为华东地区首套7 m超大采高智能开采工作面。

超大采高关键技术及成套装备的研究全面提升了我国煤矿围岩控制及智能开采技术水平,更进一步实现煤矿安全、高效、绿色、智能开采,经济和社会效益十分显著,在此基础上,对于工作面一次开采高度及效率提升的探索并未停止。

2020年,陕煤化集团10 m超大采高综采关键技术及装备项目启动,经前期论证,工作面采用ZY29000/45/100 m两柱式超大采高液压支架(图26-23),中心距2400 mm,立柱直径630 mm,单架重量约120 t;采煤机装机总功率大于3000 kW,滚筒直径4800 mm,配置记忆截割、位姿监测等智能化功能;刮板输送机采用1600 mm槽宽,总装机功率3×2000 kW,配置煤量监测及煤流负荷平衡控制等功能。2021年,10 m超大采高成套装备研制进入实质研发阶段,部分装备参与第十九届中国国际采矿展览。

图26-23　ZY29000/45/100 m超大采高液压支架样机

27 辅助运输智能化系统及应用进展

27.1 辅助运输装备智能化技术

煤矿辅助运输装备智能化技术方面,积极响应国家建设安全、高效、绿色矿山建设的要求,从辅运装备动力系统、驱动控制、智能保护等方面着力提升辅运装备智能化水平。

27.1.1 辅运装备清洁智能高效动力技术

1. 智能防爆柴油机电控喷油及尾气控制技术

研制开发出非道路国三排放指标的全功率段系列高压共轨防爆电喷柴油机,如图27-1、图27-2所示。突破了防爆高压共轨电控燃油喷射、尾气净化处理、高灵敏高精度防爆传感器等多项关键技术,全面配套我国煤矿井下防爆柴油机无轨胶轮车及轨道机车,CO和NO_x等有害气体排放下降60%以上,颗粒物排放降低80%以上,能够显著改善煤矿井下作业环境,推动煤矿辅助运输系统的节能减排,淘汰落后技术和工艺。

图 27-1 防爆高压电控燃油喷射核心元部件

图 27-2 中国煤炭科工集团太原研究院研制的全功率段高压共轨防爆电喷柴油机

2. 大容量高比能量防爆锂离子蓄电池技术

攻克了适用于煤矿井下防爆纯电动车辆中的重大共性关键技术、大容量高比能量防爆锂离子蓄电池技术。2021年新规范发布后,中国煤炭科工集团太原研究院率先研发并成功应用228 A·h大容量防爆锂离子蓄电池,相比原100 A·h容量的防爆锂电池,比能量提高20%,防爆蓄电池车辆的续驶里程有效提升20%。同时,研发智能防爆蓄电池电源管理和防爆蓄电池智能充电技术,高比能量防爆锂离子蓄电池及管理系统如图27-3所示。实现了防爆锂电池智能高效充电和能量均衡,提升循环使用次数,降低维护量;探索煤矿专用高可靠、大容量新型石墨烯超级电容电池技术及电容管理技术,实现了矿井的清洁、高效辅助运输。

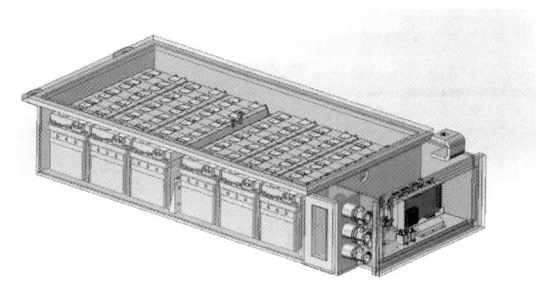 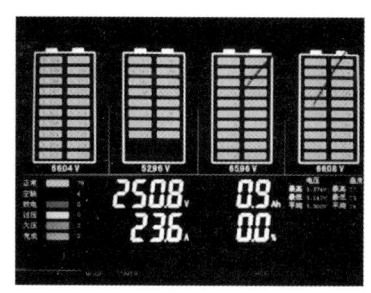

图27-3 高比能量防爆锂离子蓄电池及管理

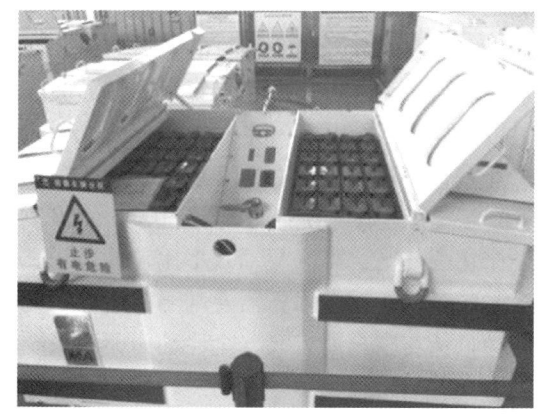

图27-4 防爆铅酸蓄电池电源装置

3. 大容量防爆铅酸蓄电池快换及快充技术

防爆铅酸蓄电池主要用于煤矿井下特种作业车辆的动力源。国内使用的防爆铅酸电池单体是在地面铅酸电池的基础上进行防爆处理,将各个单体电池按照煤矿标准安装在一个金属制壳体内组成电源装置,防爆铅酸电池单体容量有530 A·h、900 A·h、1200 A·h、2000 A·h等规格,典型装置如图27-4所示。为有效提升防爆铅酸蓄电池车辆的续驶里程,解决作业车辆的"里程焦虑"问题,通过蓄电池的快充及快换技术解决该类设备续航问题。中国煤炭科工集团太原研究院根据防爆蓄电池作业车辆特点,首创了"钩取式蓄电池智能快换机构"和"大功率蓄电池智能防爆充电装置",大功率蓄电池智能防爆充电装置如图27-5所示。有效提升了该类设备的井巷工况适应性,大幅降低了煤矿井下特种辅助运输作业的尾气排放和噪音指标,改善了工人作业环境。

27.1.2 辅运装备智能自适应驱动控制技术

当前防爆电动无轨辅助运输装备动力驱动系统传动方式主要有两驱和四驱。两驱类运输装备通过防爆驱动电机取代原来的防爆柴油机,动力通过变速箱、传动轴、驱动桥传递至车轮,有前驱和后驱两种配置。四驱类车辆主要有单电机+分动箱+前后驱动桥系统、双电机+变速箱+前后驱动桥系统、双电机+前后驱动桥系统、四电机+轮边减速器驱动系统四类。上述各种动力驱动系统均在矿用电动无轨辅助运输装备上得到了应用,但普遍暴露出传动效率低、作业时间短和可靠性差等问题,究其原因主要是该类装备的动力驱动系

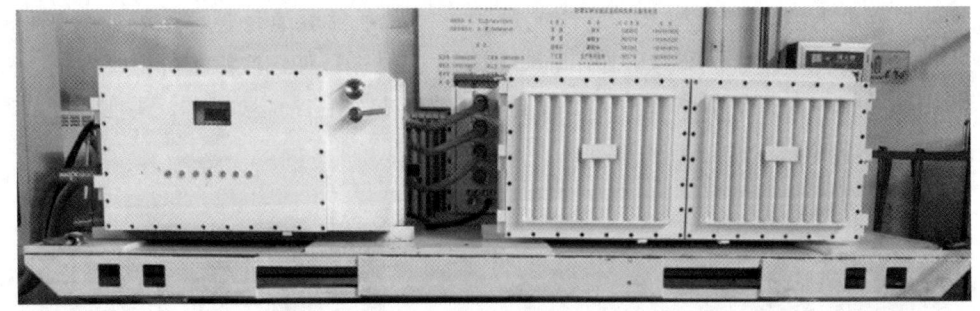

图 27-5 中国煤炭科工集团太原研究院研制的大功率蓄电池智能防爆充电装置

统关键元部件选型困难,未与使用工况进行准确的动力性和经济性匹配,普遍出现"大马拉小车"现象。

煤矿无轨辅助运输装备通常需求最高车速 40 km/h,最大爬坡能力为 14°,使得防爆驱动电机必须具备低速大扭矩和高速小扭矩特性,对电机本身性能提出了较为苛刻的要求。应用的防爆驱动电机主要有交流感应电机、开关磁阻电机和永磁电机,功率范围覆盖 15~100 kW。交流感应电机主要以矢量控制为主,通过调节三相电压的幅值和频率改变电机的转速和转矩。开关磁阻电机和永磁电机,主要通过调节电压和切换绕组的导通关断时序实现电机调速。当前该类装备应用的防爆电机及控制系统基本都是对地面非防爆电机进行了防爆处理,未真正结合装备运行工况需求开发,使得整个防爆驱动系统高效区覆盖整机运行工况的区域较小,85%以上的系统效率覆盖装备运行工况区域不足 60%,使得装备常用工况下对应的驱动系统综合效率未完全工作在高效区,整个驱动效率比较低。

防爆驱动控制技术是矿用电动无轨辅助运输装备的关键技术,需要基于矿用电动无轨辅助运输装备低速大扭矩、功率需求突变频繁等特殊需求,研究高安全性动力驱动系统匹配技术,较好适应频繁爬坡、制动、加减速等工况,从电机设计理论出发,优化电机运行过程兼顾低速、高速性能,在完善电机控制的基础上,建立整车各子控制单元之间的联系,主要涉及动力总成控制单元、防爆电机驱动控制子系统、防爆蓄电池管理系统和车辆显示终端等,并从矿用纯电动防爆车辆的工况和整车系统方面优化控制结果,对结果进行显示和监控,达到优化整车性能、提高舒适性、操作性和安全性等目的。

为提升防爆蓄电池车辆对煤矿井下复杂作业环境及井巷路面的适应性,研究优化防爆蓄电池车辆的驱动控制技术,对牵引逆变交流变频调速、防爆永磁直驱、分布式多轮驱动转矩协同控制、铰接车辆防爆线控转向和电液联合制动技术等关键技术进行攻关研究,控制原理图如图 27-6 所示。有效提升防爆蓄电池车辆的自适应驱动控制性能,减少寄生能量消耗,提升防爆车辆续驶里程。

27.1.3 第四代智能机车保护(控制)装置

第四代智能机车保护(控制)装置具备整车电气参数监测、环境参数感知、图像监控、距离数据监测、整车灯光控制、数据传输以及语音调度通信等功能,系统组成如图 27-7 所示。装置可根据用户需求裁剪功能,适用于井下各种防爆车辆,以满足整车智能化需求,保障车辆行车安全。实现智能机车保护的智能化产品见表 27-1。

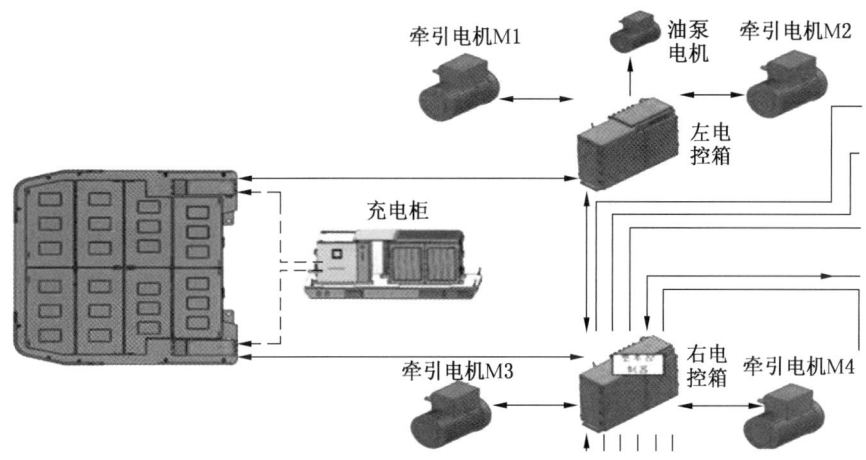

图 27-6 分布式多轮驱动转矩协同控制原理图

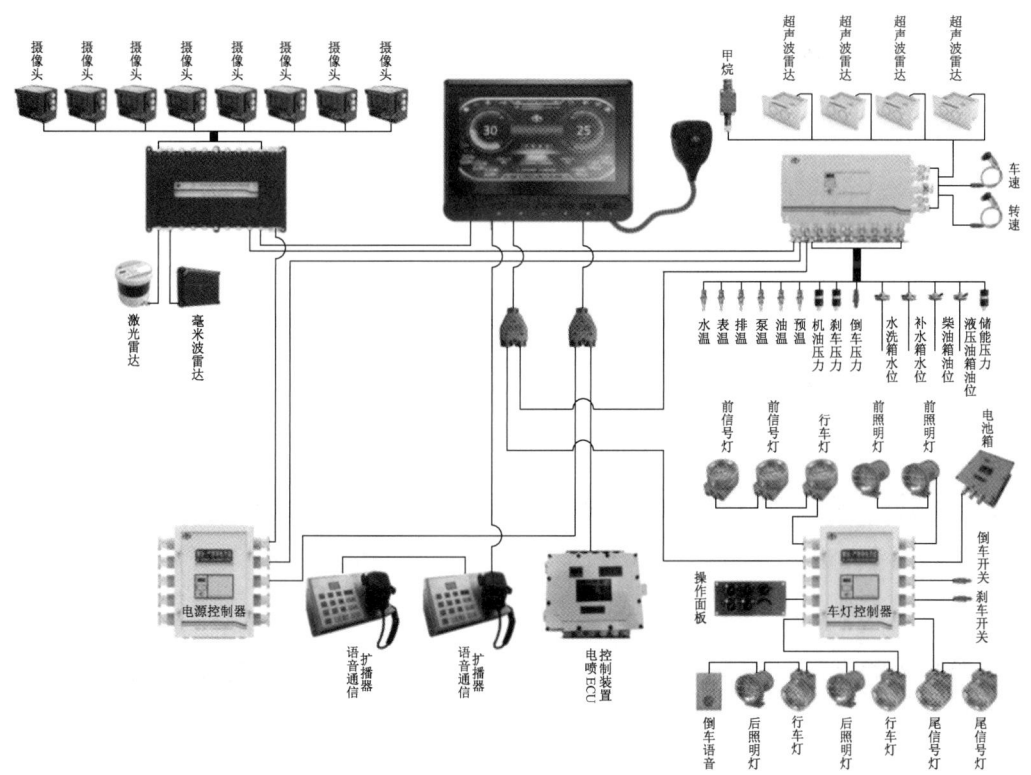

图 27-7 第四代智能机车保护（控制）装置系统组成

表 27-1 智能化产品列表

序号	产品名称	备注
1	隔爆兼本安型电源控制器	系统电源
2	本安型数据采集器	保护装置数据采集

表 27-1（续）

序号	产品名称	备注
3	本安型多功能显示器	综合显示器
4	本安型车载操控面板	车辆灯光控制
5	隔爆兼本安型控制器	
6	本安型数据传输终端	数据传输
7	本安型行车安全报警主机	驾驶辅助
8	本安型高清摄像仪	
9	本安型车载超声波雷达	
10	本安型车载毫米波雷达	
11	浇封兼本安型保护装置主机	智能机车保护

PH12（D）矿用多功能显示器（车载终端）（图 27-8）主要技术参数如下：

（1）输入电源数量：2 路，均为 DC 10~14 V。

（2）3 路 CAN 通信接口、1 路 RS485 通信接口、1 路以太网口。

（3）WiFi 通信（可选配）、4G/5G 通信（可选配）。

（4）2 路视频输入音频输入输出。

（5）存储内容：行车参数和视频。存储容量：不小于 64G；不小于 7 天，可 TF 卡扩展。

（6）液晶显示 9 寸，分辨率不小于 1024×768。

（7）具有按键、遥控、触摸模式。

（8）声音报警：报警声声级强度应不小于 75 dB（A）。

ZFB18-Z 矿用本安型行车安全预警主机（图 27-9）主要技术参数如下：

图 27-8　多功能显示器

图 27-9　安全预警主机

（1）12 路 DC12~13.5 V 供电。

（2）2 路 CAN 通信接口、4 路 RS485 通信接口、2 路百兆以太网、6 路千兆以太网、10 路模拟视频输入，2 路音频输入。

（3）2 路 NX 计算模组，单路 21TOPS 算力。

(4) 主机可外接毫米波雷达、超声波雷达、摄像头、激光雷达等传感器设备实现高级辅助（自动）驾驶的功能。

(5) 能实现行车影像记录与传输、防碰撞预警、盲区检测等功能。

ZBC24（C）-Z 矿用浇封兼本安型保护装置主机(图 27-10) 主要技术参数如下：

(1) 输入电压范围：DC 20~36 V。

(2) CAN 通信接口、RS232 通信接口、RS485 通信接口。

(3) 6 路温度信号采集。

(4) 8 路开关量/模拟量液位/模拟量压力测量。

(5) 2 路转速/车速霍尔传感器信号采集。

(6) 2 路甲烷传感器/一氧化碳传感器信号采集。

(7) 3 路开关量有源输出接口。

(8) 数据存储：具有数据存储功能，能够对设备的配置数据进行断电。

矿用本安型车载毫米波雷达传感器（图 27-11）主要技术参数如下：

图 27-10　保护装置主机

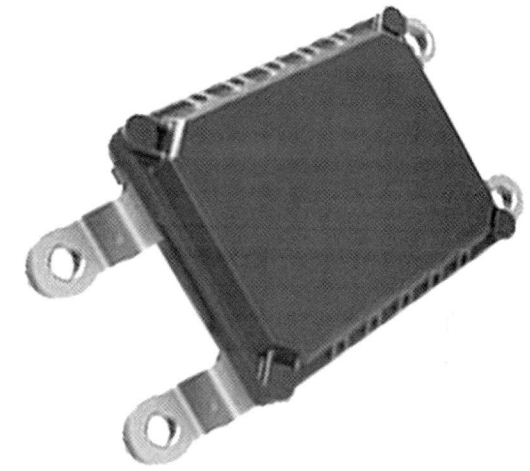

图 27-11　本安型毫米波雷达传感器

(1) 工作电压：DC9~13 V。

(2) 工作电流：≤250 mA。

(3) 工作频率：77 GHz。

(4) 探测距离：3~40.0 m。

(5) 测量角度：水平方位角 100°。

(6) 俯仰角：14°。

(7) 测速范围：-70~70 km/h。

(8) 目标检测物：≥8 个。

(9) 输出接口：CAN 总线接口。

GUJ50 矿用本安型激光雷达传感器（图 27-12）主要技术参数如下：

(1) 1 路本安电源供电：DC 11~24.5 V。

图 27-12 本安型激光雷达传感器　　　　图 27-13 本安型摄像仪

（2）16 线。

（3）100M 以太网。

（4）70 m 工作视距/±5 cm 绝对精度。

（5）分辨率：±2 mm。

（6）视场角（垂直）：±15°。

（7）出点数：≥30 万。

KBA12（B）矿用本安型摄像仪（图 27-13）主要技术参数如下：

（1）工作电压：DC12V；工作电流：≤0.3 A。

（2）图像质量（照度在 50~300 lux 条件下）：①图像灰度等级（即亮度鉴别等级）7 级；②最低照度（即亮度灵敏度）不大于 0.05 lux；③清晰度不小于 720P。

（3）能将采集到的图像转换为视频 AHD 模拟信号输出，支持辅助照明补光的功能，当环境照度过低时，红外补光灯会自动启动。

矿用本安型车载超声波雷达传感器（图 27-14）主要技术参数如下：

（1）额定工作电压：DC12 V。

（2）工作电流：≤50 mA。

（3）1 路 RS485 传输接口。

（4）测距性能指标：①测距范围 0.1~1 m；②测距误差±10 mm。

（5）超声波雷达用于监测矿用车辆倒车时距离障碍物的距离采集，可以与煤矿用柴油机车保护装置配套使用。

车灯控制器及操控面板（图 27-15）主要技术参数如下：

（1）工作电压：DC20~36 V。

（2）1 路 CAN 总线接口。

（3）车灯控制器具备远光、近光、左转、右转、双跳、雨刮、雨刮+喷水、暖风、预热、润滑共 10 个节点，输出非安节点可定义。

（4）每个节点具备自诊断功能。

图 27-14 本安型超声波雷达传感器　　图 27-15 车灯控制器及控制面板

（5）操控面板具备 10 个开关接点信号采集，并通过 CAN 总线发出。

（6）通过总线接入显示设备，方便显示当前动作指示和非安节点诊断信息。

27.2　智能辅助运输装备及应用

27.2.1　80 吨级分布式电驱动重型铲板式搬运车

1. 应用场景

80 吨级分布式电驱动重型铲板式搬运车（图 27-16）。主要适用于煤矿井下 7 m 大采高综采工作面搬家工艺中 80 t 以下液压支架及其他大型部件的回撤和摆放。

图 27-16　80 t 级分布式电驱动重型铲板式搬运车

2. 功能特点

（1）以铅酸蓄电池为动力源，低噪声、零排放，极大改善了局部作业环境。

（2）采用四电机分布式驱动，传动效率高、传动系统故障率低。

（3）分布式多点驱动牵引力动态分配和防滑控制技术。

（4）智能化健康管理系统，可实现数据存储和上传、故障自诊断。

（5）智能人员安防系统，提高车辆作业安全性，作业车辆智能人员接近预警系统如图 27-17 所示。

3. 技术指标

图 27-17　作业车辆智能人员接近预警系统

搬运车的主要性能技术指标见表27-2。

表27-2 80吨级分布式电驱动重型铲板式搬运车主要性能技术指标

外形尺寸	13700 mm×3500 mm×2100 mm
额定承载	80000 kg
电机额定功率	4×75 kW
空载车速	0~8 km/h
满载车速	0~5 km/h
最大爬坡度	12°
最小离地间隙	300 mm
电池电量	480 kW·h
行车制动	弹簧制动液压释放
最大牵引力	560 kN

4. 使用效果

80吨级分布式电驱动铲板式搬运车已经推广应用两台，于2020年4月6日交付神东生产服务中心。车辆主要用于7 m及以上综采工作面搬家倒面时液压支架、移变、破碎机、采煤机的安装和回撤。截至2022年3月已顺利运行24个月，先后在神东公司大柳塔、补连塔、上湾、三道沟、寸草塔等多个矿区参与综采工作面回撤和安装共30余次，安装回撤支架1500余架，累计运行超4000 km，车辆故障率低，续航里程长，赢得了客户的认可和好评。

5. 市场前景

80吨级分布式电驱动铲板式支架搬运车提高了7 m及以上大采高综采工作面搬家倒面的效率，同时该车具有零排放、低噪音的特点，符合国家绿色矿山建设需求。相比进口电驱车辆，采用分布式驱动方式，缩短了传动链，传动系统故障率低、传动效率高、续驶里程长。

神东公司作为全国最先进的煤炭生产基地，该产品在神东公司的成功推广应用，具有很强的示范效应。据统计，除神东公司外，我国大型煤炭企业下属矿井处于开采状态的7~9 m大采高综采工作面，主要分布于兖矿集团的转龙湾煤矿和金鸡滩煤矿，陕煤化集团的红柳林煤矿和柠条塔煤矿，在山西省以潞安王庄煤矿、同煤塔山煤矿、中煤崖坪煤矿为主，这些煤矿主要以综放开采为主，放顶煤液压支架的重量在70 t左右。随着煤炭资源进一步整合，大采高综采工作面和综放工作面的数量还会逐步增加，预计市场需求超10亿元。

同时，攻关的分布式电驱动控制技术，因其具有底盘布置灵活的优点，该种传动方式可有效降低车身高度，能满足薄煤层综采搬运装备低矮车身需求，可彻底解决薄煤层综采工作面搬家作业劳动强度大、安全性差、机械化程度低的突出问题。我国薄煤层储量丰富且煤质较好，在近80个矿区中的400多个矿井中赋存750多层薄煤层，保有工业储量9.83 Gt，可采储量约为6.5 Gt，约占全部可采储量的20%。针对"薄煤层、厚装备"的突出问题,已经成功研制了薄煤层采煤装备,与之配套的搬家倒面搬运装备还处于空白。据统计,神东煤炭集团、中煤能源集团、内蒙古伊泰集团、山东枣庄矿业均有薄煤层综采回撤搬运装备需求,初步估算市场需求超 15 亿元。

27.2.2 快掘工作面物料搬运车

1. 应用场景

窄型智能物料运输车是针对煤矿井下掘进工作面、工作面巷道等空间受限巷道内物料运输而研发的专用装备,可实现狭窄空间内物料装、运、卸、存的机械化作业,提升辅助运输技术水平,优化作业程序,缩短辅助作业时间,降低工人劳动强度,减少作业人数,提高作业效率和安全性。掘进工作面物料运输工艺如图 27-18 所示。

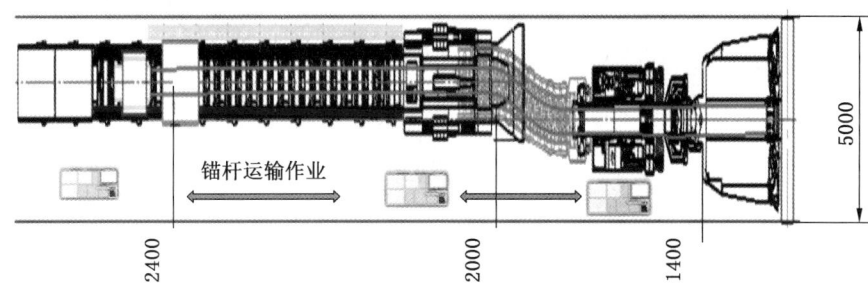

图 27-18 掘进工作面物料运输工艺图

2. 功能特点

(1) 用于掘进工作面、工作面巷道狭窄空间内物料装、运、卸的机械化作业。

(2) 两种车型:①采用防爆蓄电池动力源的车型具有低噪音、低污染、效率高、蓄电池可快速更换的特点;②采用防爆柴油机为动力的车型,具有履带行走、复杂路面适应性好、多种平台形式,可满足多种物料搬运需求。

(3) 最大宽度 1.2 m,可双向驾驶,结构紧凑、机动灵活。

(4) 配备 270°旋转随车吊,吊装作业机械化程度高。

(5) 滑移转向,可实现原地掉头。

(6) 高可靠可视化智能遥控驾驶控制技术(图 27-19)。

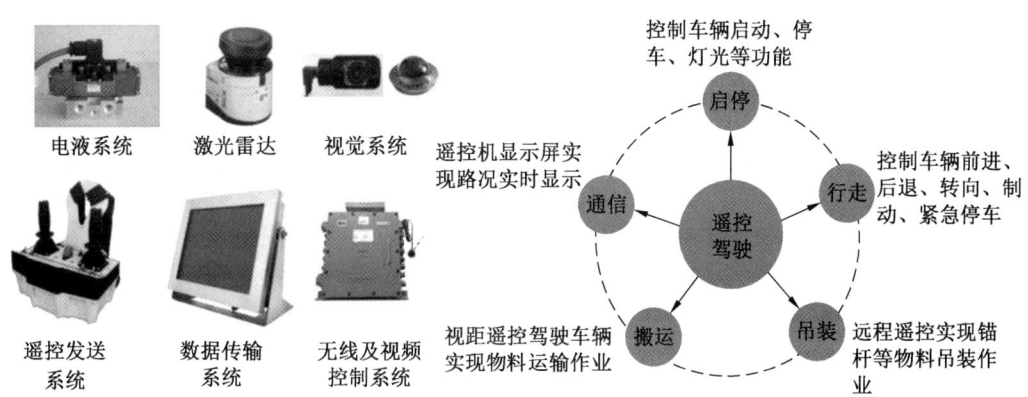

图 27-19 高可靠可视化智能遥控驾驶控制技术

(7) 具备数据存储和无线传输功能。

3. 技术指标

(1) 防爆蓄电池车型。防爆蓄电池快掘工作面物料搬运车（图27-20）主要性能技术指标见表27-3。

图27-20 防爆蓄电池快掘工作面物料搬运车

表27-3 主要性能技术指标

外形尺寸（长×宽×高）	≤3900 mm×1200 mm×1900 mm
最大爬坡度	14°
整机功率	15 kW
额定载重量	1000 kg
电池总容量	28 kW·h
最高车速	5 km/h
驾驶方式	本地/遥控驾驶
有效遥控距离	20 m

(2) 防爆柴油机车型。防爆柴油机快掘工作面物料搬运车（图27-21）主要性能技术指标见表27-4。

表27-4 主要性能技术参数

外形尺寸（长×宽×高）	≤3700 mm×1200 mm×1800 mm
最大爬坡度	18°
整机功率	45 kW

表27-4（续）

额定载重量	2000 kg
最高车速	3.6 km/h
驾驶方式	本地/遥控驾驶
有效遥控距离	20 m

图 27-21 防爆柴油机快掘工作面物料搬运车

4. 使用效果

以快掘工作面锚护物料运输为主要应用场景，按照日进尺 50 m 计算主要锚护材料使用及运输工作量，采用窄型智能物料运输车后，作业人员减少 80% 以上，搬运效率可提升 200% 以上，人工搬运与物料运输车搬运效果对比见表 27-5，有效实现减人增效，契合"少人则安，无人则安"的安全生产理念。

表 27-5 人工搬运与物料运输车搬运效果对比

	运输方案	作业人员数量	运输效率对比	操作安全性
物料：$\phi 20 \times 2.4$ m 锚杆 数量：500 根 重量：1250 kg 物料：2 m×2 m 锚网 数量：200 张 重量：1200 kg 其他辅助材料：550 kg 运距：200 m	人工搬运	4~5 人	25 kg/次，合计 120 次； 20 min/次，4~5 人； 合计 8~10 h	人工搬运安全性差易发生安全事故
	窄型物料运输车	1 人	1000 kg/次，合计 3 次； 15 min/次，1 人； 合计 1 h	机械化搬运、吊装作业，安全性高，效率高

27.2.3 新能源电动皮卡指挥车

在创新驱动和低碳战略引领下，中国煤炭科工集团太原研究院推出全新一代新能源电动皮卡指挥车（图 27-22）。

图 27-22　新能源电动皮卡指挥车

全新一代电动皮卡指挥车诞生于 FBC01 电动平台，得益于高度灵活的拓展适应性，长 5350 mm、宽 1900 mm、高 1890 mm、轴距 3230 mm，乘坐空间显著提升；流线型的车身和线条，掀背式后货箱，心动由外而生。

采用领先的无级调速控制系统，搭载 50 kW 永磁同步电机，峰值扭矩达 240 N·m，比传统电机效率提升 30% 以上，能量密度比完全超越同品质车型，动力和续驶里程间达到了最佳的平衡状态；配合使用全幅全尺寸轮胎，让电机性能发挥得淋漓尽致，完美征服矿井复杂路面；结合制动能量回馈功能，综合续驶里程达 120 km，完全超越市场同类车型。

全新一代电动皮卡指挥车采用 7 英寸全彩液晶数字仪表、9 英寸中控大屏，集控式电动升降车窗，软质饰条和缝线搭配，前双横臂独立悬架，后钢板悬架，全面提高内饰及驾乘操作舒适性；配置了感知驾驶辅助系统，实现 360°全景影像、全车雷达、数据上传并预留无人驾驶开发接口功能；采用 CAN 总线通信控制，电气设备均符合 GB 3836.1～3836.4 防爆管理规定，并已取得防爆合格证和矿用产品安全标志。

作为煤矿的主力车型，电动皮卡指挥车可广泛用于指挥巡视（2~3 人），安全巡检（3~4 人）、检修维护（4~5 人）等日常工作，以其低碳节能、零排放、低噪声的优势助力煤矿快速发展。

27.3　驾驶辅助系统技术及应用

27.3.1　驾驶辅助系统现状

矿用无轨胶轮车作为煤矿井下辅助运输主要运输工具，应用越来越广泛。整车主要由车架系统、动力系统、液压系统、电气系统等组成，其中电气系统由照明与信号装置、警示装置、仪器与仪表、车辆电气监测与自动保护装置组成。矿用无轨胶轮车的行业标准为 MT/T 989—2006《矿用防爆柴油机无轨胶轮车通用技术条件》，为了保证整车安全，电气系统中仅对照明、信号、自动保护装置作了基本要求，信息化和智能化在该标准中没有提及，使得在过去的很长时间内，整车的电气系统信息化和智能化水平仍然停留在一个单机报警和简单控制阶段。

经过近 10 多年的市场推广和工业实践应用检验，结合即将发布的新增内容，以及多年来与整车厂的技术交流经验和煤矿对无轨胶轮车招投标要求，总结出无轨胶轮车车载驾驶辅助系统领域主要存在问题和需求：

（1）在自动保护装置方面存在一些问题。如监测参数接口种类、数量变化；参数报警值变更；无轨胶轮车租赁市场对里程、运行时间等累积量同步需求等。

（2）在车辆电气自动控制方面，灯光控制反馈检测、刹车、倒车自动控制等。

（3）在驾驶辅助方面，车辆周围360°全影像覆盖（含倒车影像）；与障碍物之间的距离检测等。

（4）在数据记录方面，要求对驾驶员行为进行监测，对行车沿途影像数据记录与存储，对自动保护装置中电气监测数据记录与存储等。

（5）在车辆通信与定位方面，要求车辆与人员一样，能够实现实时定位车辆位置；车辆运行的数据（电气监测参数数据与影像数据）上传；车载语音通信装置（驾驶室与调度系统通信；驾驶室与乘员厢通信）需求等。

然而这些需求在市场还未形成成熟的技术方案或者主要以单机各个功能拼凑为主，没有对矿用无轨胶轮车车载电气信息化和智能化作统一规划，是时候对矿用无轨胶轮车车载电气监测与控制方面的产品作统一规划，研究形成合适框架平台，并形成模块化可组合的产品或装置，通过设计安装方便、结构兼容、配置可增减的平台级产品、装置或系统，使其满足行业标准和市场需求，并为后续的车辆监控智能化应用算法开发奠定硬件基础，对于提升无轨胶轮车信息化和智能化水平、丰富和充实无轨胶轮车的驾驶辅助产品具有积极意义。

27.3.2 驾驶辅助系统智能化方案

研究煤矿井下防爆无轨胶轮车整车电气参数监测、周围环境参数感知、图形图像监控、距离数据测算以及整车灯光控制。以多传感器融合方式感知车辆整车电气参数和环境参数，通过显示设备进行人机交互，以此满足日益递增的整车信息化需求、行业标准提升要求，减少驾驶安全事故发生，同时也为高级驾驶辅助（ADAS）进行一定技术积累。

（1）采用系统级别的多路本安电源、电源控制器，使得每路本安电源输出能力达到13.5 V/1600 mA，为装置中本安设备供电。

（2）设计无轨胶轮车自动保护装置主机产品，由机车保护装置主机以及配套传感器组成（温度元件、转速元件、机油压力元件、倒车检测元件、刹车检测元件、开关量水位元件、模拟量液位元件、倾角传感器、甲烷传感器、一氧化碳传感器、超声波雷达传感器等）。使得满足即将发布新修订的行业标准，通过软件配置满足客户的低、中、高端不同需求。

（3）设计车载显示设备，使得具备仪表显示界面、全景影像显示、大容量数据存储和无线数据传输功能（4G/5G、WiFi）。

（4）设计车灯控制装置，由面板型旋钮开关以及隔爆兼本安型车灯控制器组成，使得具备车灯自诊断功能、刹车、倒车自动控制功能、多路非安控制开出能力。

（5）设计无轨胶轮车360°车身周围影像全覆盖及测距产品，使得整车布置6~10个低照度摄像头就能够实现车辆周围全景影像。近距离探测使用超声波雷达，探测距离为0.1~1.5 m，远距离探测使用毫米波雷达，探测距离为2~40 m。

（6）将UWB精确定位产品集成到成套装置中，使得装置出厂可选配定位功能，可接入精确定位系统。

（7）设计车载语音通信终端，使车辆具备驾驶室、乘员厢以及与调度系统之间语音通信功能。
27.3.3 系统功能
具备 9 路 13.5 V/1600 mA 本安电源输出能力（电源控制器 6 路，保护装置主机 2 路，车灯控制器 1 路）。

自动保护装置具备 6 路温度（水温、表温、排温、泵温、油温等）、8 路模拟量（开关量水位/压力、模拟量液位/压力、倒车开关/压力、刹车开关/压力等可自由搭配）、2 路车速/转速、4 路超声波雷达信号监；具备 1 路 RS485 总线（甲烷传感器、一氧化碳传感器、激光甲烷传感器、多参数传感器可选配）、1 路 CAN 总线接口；具备 3 路非安开关量输出接口（熄火输出、倒车控制、刹车控制）。

显示器具备整车仪表显示界面、倒车和行车影像显示叠加；具备数据存储功能；具备人机交互功能（红外遥控、按键、触摸屏、喇叭）；具备无线数据传输功能（4G/5G、WiFi）和语音通信（手咪）。

装置具备驾驶室、乘员厢、调度系统之间语音通信。

车灯控制装置具备 10 路非安控制开关，单路开关能力 DC24V/2A，且每路触点带自诊断功能，车灯控制信号及反馈信号可在显示设备上显示和提示。

装置具备 360°车辆周围全影像覆盖、测距及行车安全预警功能。行车安全报警装置主机可接入 10 路高清摄像仪，整车通过布置多个低照度摄像头就能够实现车辆周围全景影像覆盖；近距离探测使用超声波雷达，测距范围为 0.1~1.5 m，远距离探测使用毫米波雷达，探测距离为 2~40 m。

装置可接入激光雷达传感器，在显示器上显示激光雷达探测点云图；后期可叠加相关软件算法，实现车辆高级驾驶辅助功能。

装置可接入和显示无轨胶轮车柴油机 ECU 电控装置发出的信息，使电控装置故障诊断一目了然，便于维护人员诊断和维修。

UWB 精确定位产品集成到成套装置中，使装置出厂可选配定位功能，具备接入车辆和人员精确定位系统。

27.3.4 应用案例
青龙寺煤矿基于雷达、高清视频等多传感融合的技术，综合利用 UWB 定位数据，解决胶轮车运行过程中的防碰撞问题。青龙寺煤矿驾驶辅助装置组成如图 27-23 所示。

（1）近距离探测：通过在胶轮车上安装超声波雷达，用于距离内障碍物探测，可探测范围为 0.1~1.5 m，单车可最多安装 4 个超声波雷达，特别适用于倒车等慢速应用场景。

（2）远距离探测：车辆配备行车安全报警装置主机，通过激光传感器输出巷道环境探测点云图（图 27-24）。根据巷道的实际条件，在驾驶辅助主机上定制开发障碍物识别算法。其基本原理是通过激光雷达数据的采集分析与处理，估算出本车前方距离最近的前后方目标的距离和相对速度，通过计算碰撞时间 TTC（自车与目标障碍物之间的距离除以相对速度），根据 TCC 时间阈值的设定预警区域（一般研究当提前 2.5 s 给予一个车辆警告的话，人的反应时间和刹车的距离基本上可以做到车刹停下来，即 TCC≤2.5 s 时），输出声光预警信息警示驾驶员。可探测范围 0.5~50 m。当发现车辆前方人/车目标（≤20 m）进入预警行驶范围时，系统立即发出声光警示，提醒驾驶员采取措施。

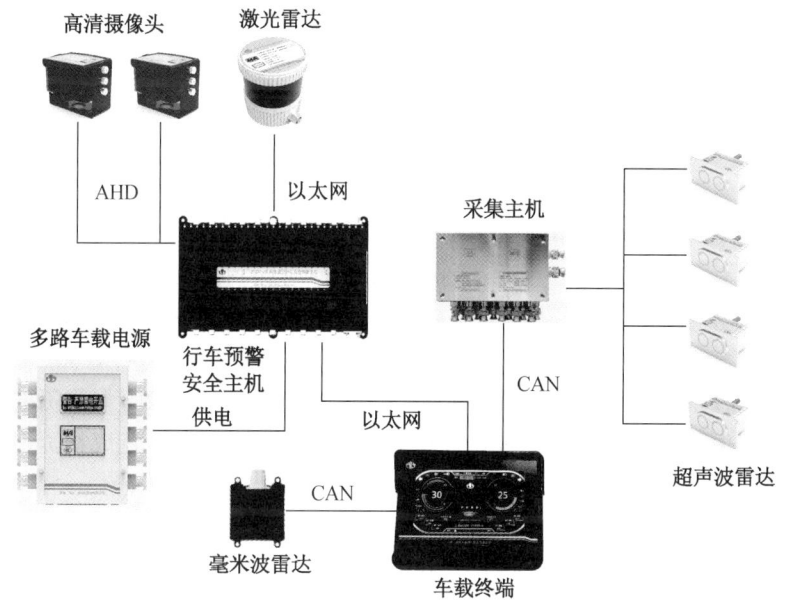

图 27-23　青龙寺煤矿驾驶辅助装置组成

（3）低成本中远距离障碍物探测：在车辆上安装毫米波雷达，通过毫米波提供障碍物的大小、距离，经车载终端综合判断后给出预警信息，探测距离 1~50 m。

（4）基于视频的障碍物探测：基于视频流的智能图像识别，通过在车辆上安装高清摄像头，在车辆行进过程中拍摄，利用最新的深度学习与大数据技术，代替人眼自动识别障碍物，为安全生产保驾护航。

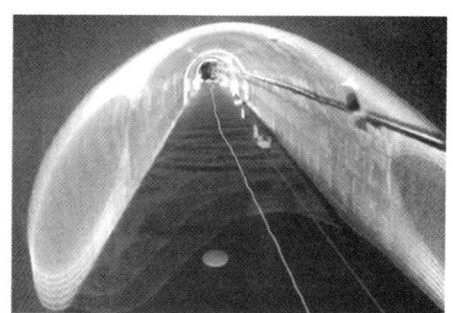

图 27-24　巷道环境探测点云图

（5）现场传感器安装示范如图 27-25 所示。

图 27-25　传感器安装示范

27.4 智能物资管控系统及应用

27.4.1 物资管控系统存在的主要问题

1. 相对封闭的仓储管理

很多煤矿仍然使用传统的物流管理流程,即用料部门提单→领导审批→仓库出料→物资运输→生产使用,在整个环节中,物资的管理未延伸至井下,人们只知道是哪个部门提出的用料申请,至于物资出库以后运送到了哪里、何时送到、具体哪个部门在使用等信息却无法知晓,这样的管理流程必然会导致效率低、成本高、运输过程无法监控等问题存在。

成熟的仓储管理系统虽然在物资的入库、出库等方面非常细致,但物资的数据相对封闭,与其他流程很难形成对接,导致物资的管理形成了信息孤岛,造成物资出库即消失的现象。

2. 煤矿辅助运输的物资编码和信息交互缺少标准规范

物资编码作为物资信息的唯一标识,在物资信息的互联与融合中起着关键作用,同时也是未来矿山物联网的基础。我国物联网标准的制订工作虽处于起步阶段但发展迅速,物联网标准化组织纷纷成立,标准修订数量逐年增长。其中具有我国自主知识产权的物联网标识体系(Ecode)已在农业、林业、交通、卫生、医疗、公安等物联网各应用领域应用,该编码体系整合了 OID、Handle、Ucode、Mcode 等国内外主流编码方案,具有广泛的包容性。

煤矿的物资编码都是根据厂家和煤矿对物资分类的理解形成的编码体系,虽然具有一定的实用性,但是缺少通用性和标准,也就意味着这种体系只能适合煤矿自身,不但制约了辅助运输智能化的发展,而且无法融入即将到来的"万物互联"。

物资编码是基础,信息交互是渠道,二者都是煤矿物联网不可或缺的一部分。煤矿的物资信息交互基本上还处于"手写、眼看"的阶段,没有实现交互的信息化与智能化,这种情况也是煤矿物联网的一个重大阻碍。物联网还没有作为一个应用体系真正列入国家标准建设规划,矿山物联网标准基本处于空白。由于行业标准缺失,导致煤炭行业形成的各类自动化系统难以实现数据融合,造成资源浪费。

27.4.2 物资管控系统智能化方案

1. 开放仓储管理系统的数据权限

将仓储管理系统纳入智能化矿山的一部分,将物资信息、入库信息、库存信息等数据作为数据来源融入整个矿山的数据湖中,为辅助运输、生产经营提供数据共享渠道,避免信息孤岛的存在。

2. 建立统一的物资编码和信息交互标准规范

物资管理系统是煤矿信息化建设的重要组成部分,通过物资管理系统的建设,煤矿物资的申请、采购、入库和出库实现了标准化、信息化,而物资编码作为物资管理系统的核心,贯穿于物流业务的全过程,是基础的、有序的物资标识。随着智能化煤矿的推进和建设,物资编码是物资管理系统融入整个煤矿智能化的唯一桥梁。煤矿的物资一般分为消耗类、设备类、配件类,每个种类下面还可以细分很多级的子类,根据级别和种类最终形成物资的唯一编码,这个唯一编码将是物资信息传递与共享的唯一标识,也是矿山万物互联

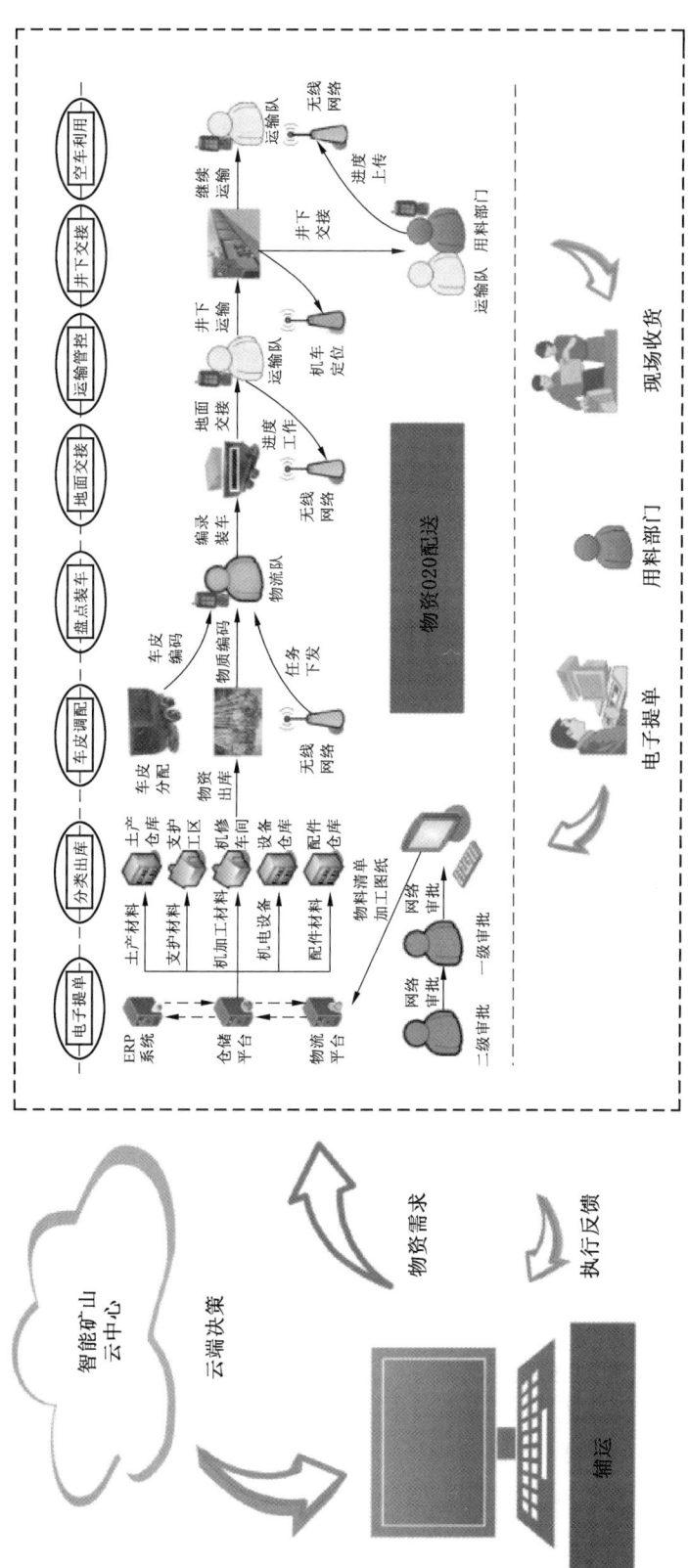

图 27-26 智能物资管控系统

的基础。

物资信息交互可以采用无源标签卡或二维码方式,物资在装车后由相关工作人员通过手机App软件对物资进行读卡或扫码,将读取到的物资信息与领料单或用车申请进行比对,防止错拿或漏拿,并开始物资运输的监测。最终物资的交接也用同样的方式进行比对,完成整个流程的闭环。

3. 建立健全物资运输的全过程监测

建立物资从出库到使用的全过程监测,可关联SAP或井口物资超市等智能物资管理系统,如图27-26所示。利用统一的物资编码和信息交互方式将物资信息完整输出,通过车辆与物资的绑定关系,结合车辆定位系统,实时定位物资在井下的位置,运输过程中的转运、交接均由手机App实时确认,避免物资漏拿、错拿、丢失情况发生,实现物资的位置、申请部门、使用部门、交接信息、运输环节的实时查看。

27.4.3 应用案例

柴里煤矿辅助运输管理系统应用情况如下:

(1) 用料(用车)申请、审批设计。各区队材料员可利用现有仓储系统进行物资申请,通过现有系统的审批流程,最终生成领料单。物资运输管理系统关联现有系统的领料单,进行用车申请、审批流程。各区队其他人员在现场也可进行无领料单用车申请如物料回收,进入审批流程。物资申请审批流程化、无纸化。物资回收时,井下的空车辆可进行物资回收申请,流程与物料申请流程一致。

(2) 物资运送过程设计。物资运送过程包括物资装载、物资转运、物资卸载及确认,流程图如图27-27所示。

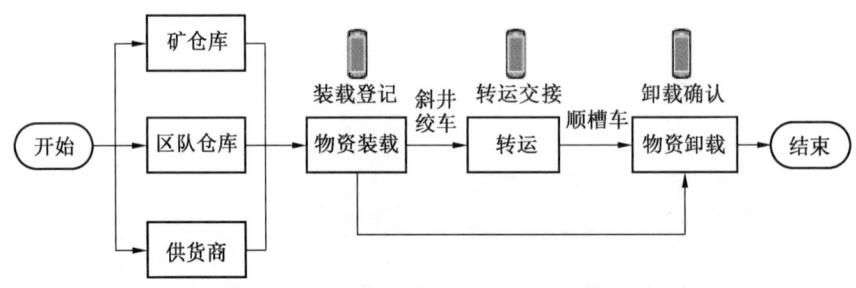

图 27-27 物资运送流程图

(3) 物资实时跟踪及管理设计。辅助运输车辆实现UWB精准定位,装料、转运、卸载时利用手机App功能将物资与运输车辆进行逻辑绑定,通过车辆的定位信息来获取物资的实时位置,从而实现运输车辆、运输物资的实时跟踪定位、实时位置查询及闭环管理,手机App操作界面如图27-28所示。

(4) 数据统计、分析及报表生成设计。系统采用B/S架构,主要由数据库、数据服务、接口服务、辅运协同管控平台软件和手机App组成。数据库用来进行日常数据的存储;数据服务将需要保存的数据存入数据库,自动生成各类报表,查询时将数据取出供外部使用,如图27-29所示。接口服务可灵活接入现有的第三方系统数据,如内部大市场、车辆定位、车辆调度等系统;智能物流系统管理平台软件可进行日常的申请、审批、查看等;手机App由装料人员和卸料人员使用,实现物资与车辆的绑定与交接。

图 27-28 手机 APP 操作界面

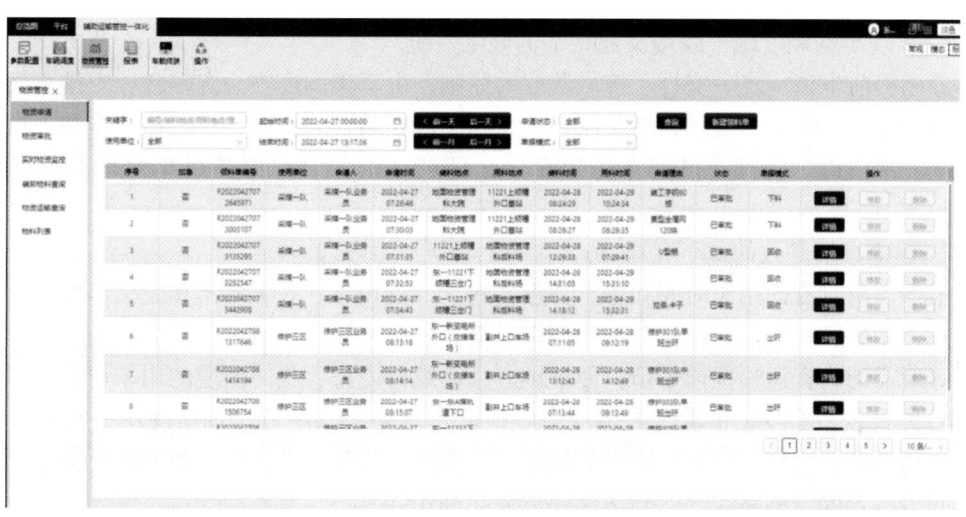

图 27-29 物资管理界面

27.5 车辆智能调度系统及应用

27.5.1 调度运输系统存在的主要问题

1. 车辆调度运输缺乏统一管理和信息化手段

各煤矿的调度流程多种多样，根据矿井结构和运输线路，整个运输流程被分成多个环节，入井、转运、提升、回收又由不同的部门负责，缺少统一管理，形成了"各管一段"的现象，造成运输时间长、效率低、周转慢、车辆使用率不高等问题的存在。

部分煤矿还采用纸质用车申请单作为车辆运输的日常流程，运输数据无法自动统计，申请单一旦出现损毁或丢失，对车辆和司机的考核都会受到一定影响。

2. 井下交通缺少灵活便捷方法

下井的工作人员一般先乘坐架空乘人索道、无轨胶轮车或罐笼到达井下，有的矿井还需要再转乘其他车辆到达工作地点，因为井下运人车辆采用的是间隔发车、流动发车的方法，所以工作人员从一个位置需要转移到其他位置时，只能在固定地点等待过路胶轮车，整个用车流程非常不方便而且运人效率很低，不但降低了工作人员在井下的有效工作时间，而且造成了高峰期车辆不够用、低谷期车辆空跑的现象。

3. 车辆管控的需求

伴随井下巷道延续及车辆在矿井下的大面积使用，运输范围、运输环节等均大量增加，但井下巷道窄、视线受限，行车状况复杂，极其容易出现车辆位置不明及造成车辆顶牛等现象。由于缺少可靠的调度与物资管理的方式，无法对车辆的自动调度和司机行为进行监管以及对物资的使用进行跟踪，增加了生产建设成本，影响运输效率，带来安全隐患，运输过程时常发生超速行驶等违章驾驶事件，矿井车辆运输中的违章事件得不到有效的监管、违章操作不能有效地遏制、车辆保护措施不能有效实施，甚至危及车辆、人员和矿井安全。

27.5.2 调度运输系统智能化方案

1. 实现车辆调度统一管理及建立车辆调度系统

遵循提前申请、统一安排、按需调度的原则，由车辆调度中心统一合理安排车辆数量及运输任务，车辆调度采用管理手段和信息化手段相结合的方式。将运输工作和人员全部交由统一部门进行管理，贯彻按需用车、合理调度的原则，提高用车效率，降低用车成本。

2. 建立灵活高效的井下交通方式

根据煤矿自身的用车时间和用车特点，建立计划用车、井下叫车和公交车相结合的用车方式，做到物资运输有计划、临时用车有流程、高峰期用车有方法。煤矿的日常生产和维修等所需的物资运输提前申请，便于调度中心统筹安排；临时所需的用车请求可通过手机 App 向调度中心发出请求，由调度中心根据行车路线及附近车辆情况统一调度；在上下班的高峰期会出现人员集中乘车的情况，可根据工作地点和工作人数安排公交车，在固定时间段行走固定的路线，达到车辆的最大化利用。

3. 车辆管控

车辆管控主要包含车辆定位和信号闭锁两个功能，并以二维 GIS 图形的方式实时展示车辆和设备的状态信息。

（1）车辆定位：基于 UWB 精确定位技术实现对车辆在井下的实时位置信息监测，并能够以车辆的位置信息为基础进行车辆行驶避让信号的自动控制，能够以车辆位置信息为基础进行车辆运行信息统计分析；定位设备布置合理、定位准确，为信号闭锁提供车辆接近、进入和离开信号，为控制区域提供实时的、准确的依据。

（2）信号闭锁：系统能够按照矿井车辆运行方式、矿井条件和车辆的定位信息，自动控制井下交叉路口、错车硐室设置的信号灯。信号自动控制时，可实现车辆接近优先闭锁、区间占用闭锁、区间车辆超限闭锁。地面系统主备机、传输网络故障时，不影响井下信号控制功能的正常运行。

辅助运输管控一体化总览如图 27-30 所示。

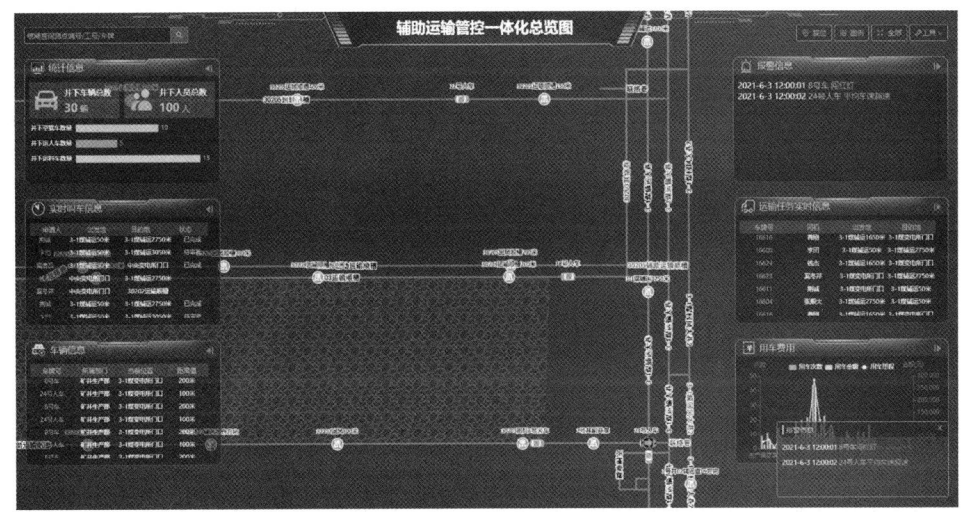

图 27-30 辅助运输管控一体化总览图

27.5.3 潘二煤矿应用案例

（1）用车申请。以新增计划用车为例，关联领料单，则本次用车申请用途为运料，需要填写上料人、卸料人、转运人信息。若填写转运人，则代表本次用车会经历转运点转运环节。

（2）用车审批。当新建用车申请提交成功后，会生成一条待审批的用车申请数据，本页面将这些数据呈现给有相应审批权限的操作人，点击批准或驳回对该条数据进行操作。

（3）实时调度状态。罗列出无轨胶轮车、轨道矿车（左）和司机（右）的实时调度状态，可直观看出车辆和司机是工作状态还是空闲状态，可作为派车的依据。

（4）派车。列出已经审批通过的用车申请，点击审批详情按钮，可查看审批该申请的审批流程，点击派车按钮，可打开派车页面，根据用车申请的车辆类型和数量，选择车辆和司机，然后点击提交按钮进行派车。

（5）补单。选择开始时间和结束时间，点击查询按钮，可以查询该时间范围内补过的单，点击新增按钮，可打开新增补单页面，输入出发地、目的地、里程、金额等信息可以进行补单，该功能主要针对的是由于特殊原因导致的车辆正常运输但未能计入核算的情况，可通过补单对车辆和司机进行核算补充。

（6）叫车查询。依次选择开始时间、结束时间和审批状态，点击查询按钮，可查询该时间范围内的叫车订单，其中审批状态分为已申请、已审批、已派车、已完成、已取消。点击叫车详情链接，可查询叫车订单的具体信息。

（7）结束用车申请。列表中列出已经派过车的用车申请，但是由于车辆定位或者网络等问题导致的运输流程未能自动完成闭环，实际上车辆已经完成了运输任务，此时可以点击结束用车申请按钮手动结束用车申请。

图 27-31 所示为潘二煤矿车辆调度服务平台，图 27-32 所示为管控平台车辆调度界面，图 27-33 所示为手机 App 车辆调度应用界面。

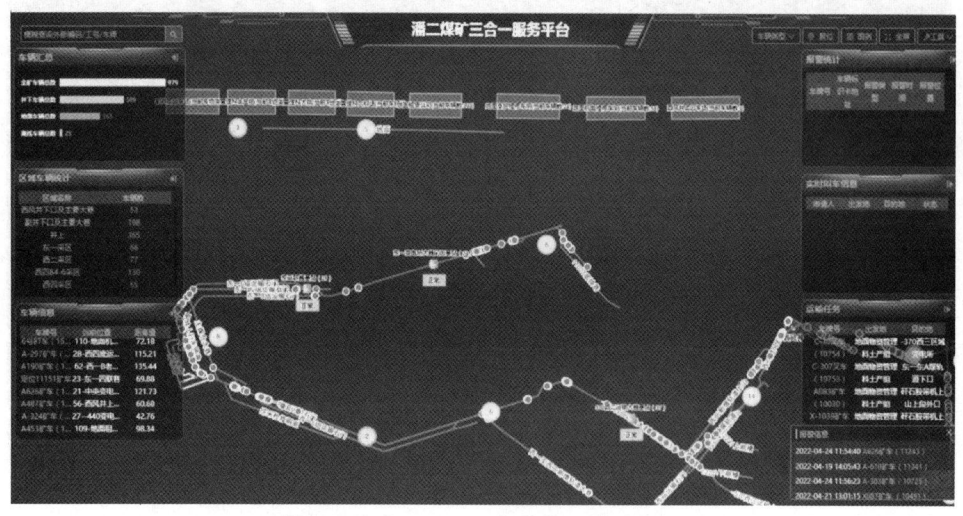

图 27-31　潘二矿三合一服务平台主界面

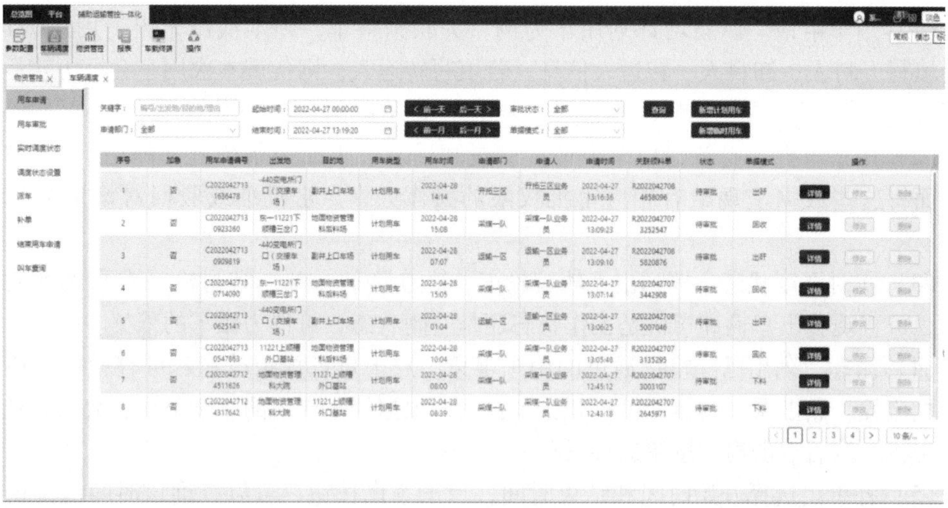

图 27-32　管控平台车辆调度界面

27.5.4　陕西煤业小保当煤矿应用案例

小保当辅助运输系统是将现有的车辆定位数据、人员定位数据、GIS 图形坐标、井下信号灯、物流监控、车辆调度、叫车系统等多个系统的数据整合在一起，形成的贯穿煤矿井下辅助运输全过程的信息化生产管控系统。平台包含车辆调度、物资管理、运输过程监测等辅助运输的各个环节，各环节之间的数据紧密结合，最终形成一套人、车、物三位一

图 27-33　手机 App 车辆调度应用界面

体的辅助运输生产执行过程管控平台软件。

1. 为多系统提供标准化接口

二、三维 GIS 组件作为通用组件，可向各业务系统的开发人员提供标准化的二次开发接口，可对各系统业务需求进行梳理，归纳整理出组件需具备的通用数据接口，如人员轨迹展示、风险点展示等。

2. 二、三维一体化

三维依赖的数据库为 C++构建的基于 ORM 的 SQL Server 数据库，技术体系与规划需包含的空间数据库不符。二、三维孤立的数据体系难以实现一体化，为使二、三维基于统一坐标系进行表达，实现一体化配置，需对组件的空间数据结构及存储体系进行重构。

3. 基于统一软件框架的系统由后台通信服务子系统和 Web 展示平台组成

后台通信子系统基于 C++的后台服务程序，主要功能模块包括定位数据采集模块、控制命令转发模块、定位数据优化算法模块等。其中高并发定位数据的采集以及定位算法的优化是需要着重攻关的难点。数据采集采用多线程池模型+任务队列的方式最大限度缩短巡检周期保证数据及时安全的传递。可靠的定位算法在保证精确定位轨迹的平滑连续性、人车速度计算、防碰撞功能等方面至关重要，卡尔曼滤波、高斯算法等多种经典理论算法将会运用到通信子系统各个功能子模块中。

Web 交互平台主要功能模块包括 GIS 组件、报表组件、融合联动接口、权限管控模块等。其中 GIS 组件和权限管控模块是技术难点，GIS 操作的简单化、便捷化是趋势，GIS 组件需要兼容矢量图形和非矢量图两种模式，同时怎样实现 GIS 巷道模型在线编辑功能也是需要重点考虑的。人员定位系统在轨迹和考勤报表查询的权限要求较高，煤矿上部门结构较复杂，角色管理需求五花八门，需要较为强大的权限工作流体系来支撑。

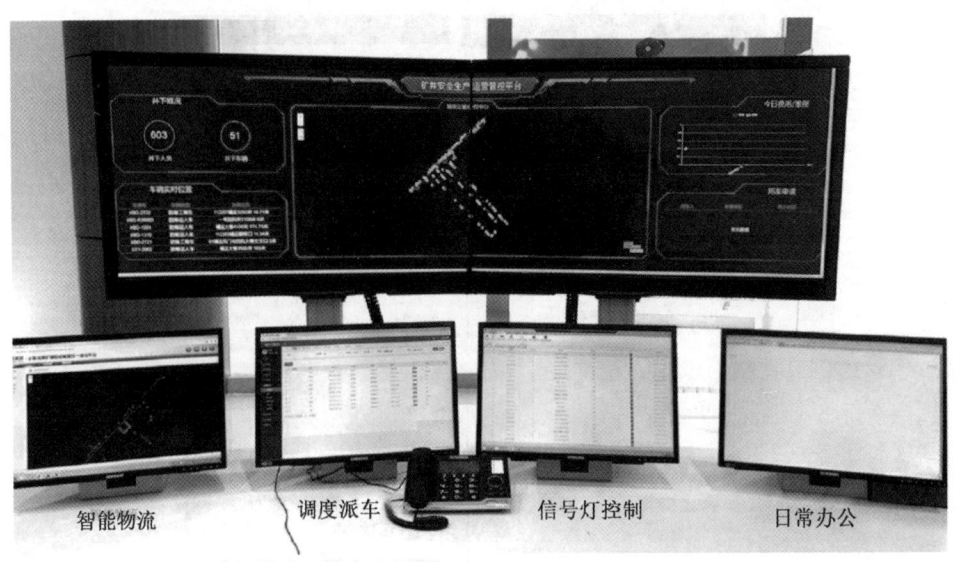

图 27-34 辅助运输分控中心实施效果

辅助运输分控中心以不同人机应用界面进行协同管控，实施效果如图 27-34 所示。

（1）大屏主界面：井下车辆信息、车辆人员位置分布、用车申请和费用。

（2）分界面 1：智能物流系统，物料运输的申请和监测。系统功能：可进行用料申请，自定义审批流程，支持第三方仓储或物资管理系统的数据对接，也可以 EXCEL 表格的形式导入物料信息，物料的装载和卸载通过手机 App 与车辆进行绑定，结合定位系统监测车辆和物料的实时位置信息。

（3）分界面 2：车辆调度系统，计划用车、临时用车及井下叫车的申请与调度指派。系统功能：通过各部门用车需求提交电子申请表单，经自定义审批流程审批后，由车辆调度管理部门进行车辆和司机的指派，最后由司机驾驶相应车辆在约定时间执行运输任务。

（4）分界面 3：井下信号灯信息。系统功能：当车辆行驶到岔路口或其他需要会车的地方时，根据先入先出的原则，提前对优先行驶方向的车辆进行放行，其他方向信号灯进行闭锁，极大地提高了通行效率，避免了碰撞事故的发生。

27.6 井工矿无人驾驶技术及应用

27.6.1 井工矿无人驾驶技术现状

煤矿井下运输具有运行频繁、运输量大和运行距离长等特点，煤矿井下巷道狭窄，光线阴暗，沿线道路环境复杂，机车司机视线受阻、注意力不集中等情况容易造成机车追尾、相撞等安全事故的发生。运输安全是煤矿安全生产的重要组成部分，对整个矿区的发展举足轻重。

在类似煤矿井下封闭受限空间中针对车辆采用自动驾驶技术实现自主智能运行的案例也已经相对成熟。如在地面码头、机场、车站及工业园区等封闭场所，一些特殊车辆（如摆渡车、扫地车、搬运车等）在无人参与的情况下实现了安全高效自主运行。封闭环境下的自动驾驶技术已经达到 L4 级水平，伴随 5G+车联网技术的应用，L4 级更具安全性和稳定性。国外如小松、卡特彼勒、沃尔沃等工程车辆巨头较早对露天矿区自动驾驶矿卡和地下铲运车自动驾驶进行了研究和应用。小松采用全线控自动驾驶平台设计的技术路线，2016年底在澳大利亚力拓矿区实现73台自动驾驶矿卡24 h不间断运输工作，截至2017年底在澳洲、南北美洲的6座矿山累计使用的自动驾驶矿卡总数超过100台，此外还计划增强无人运输系统在混合型车队的应用能力，即一个车队中同时运行有人驾驶和自动驾驶卡车，有利于现有矿山逐渐过渡到全自动矿山；卡特彼勒采用自动驾驶改装的技术路线，联合卡耐基梅隆大学开发矿区无人运输机器人，2019年在澳大利亚力拓皮尔巴拉矿（大规模装备卡特彼勒机械）投入20辆自动驾驶矿卡，当年年底在澳大利亚FMG公司铁矿石矿山约有137台自动驾驶矿卡。

国内如徐工集团、同力重工、北方股份、重汽等主机厂也进入该领域，很多自动驾驶公司瞄准露天矿区，提出自己的自动驾驶方案，配合矿企联合推进自动驾驶在露天矿区的落地应用。

井工开拓的煤矿井下环境相较于露天煤矿存在无GNSS信号、顶板条件突变、光照度极低、伴有粉尘和水汽、有爆炸性和腐蚀性气体等复杂工况，且井下产品电气方面受到煤矿防爆和安标认证的严格限制，地面自动驾驶相关硬件产品、软件算法等无法直接应用于煤矿井下，技术门槛较高、落地难度较大，已知部分企业在麻地梁煤矿、张家峁煤矿、小保当煤矿、布尔台煤矿、上湾煤矿、曹家滩煤矿等煤矿现场开展了井下无轨胶轮车自动驾驶的相关测试和应用。上述自动驾驶系统在井工煤矿现场的应用案例中，除曹家滩煤矿的实施案例外，均采用单车智能的模式，由单车完成所有自动驾驶的感知决策功能，不依赖于C-V2X车联网架构，无法通过车与路侧单元（V2I）、车与云网平台（V2N）、车与车（V2V）、车与人（V2P）的数据交互获取周边动目标及路况信息，为车辆提供超视距感知、变道碰撞预警、自适应巡航、车辆编队协同决策等多种技术能力。所有车载传感装备均未按照煤矿井下安全要求及规程进行本安化处理，导致在井下只能实现低速自动驾驶。自动驾驶车辆的改装成本高、车辆无法合法下井运营和满足常态化运行。

综上所述，随着5G技术的应用，车联网、云计算或边缘计算架构的应用和AI技术的发展，自动驾驶技术有望在井工煤矿中大面积推广应用，推动煤矿开采的无人化进程，市场潜力巨大，处于快速增长阶段。

27.6.2 无人驾驶系统技术架构

井工煤矿车联网协同自动驾驶系统由井下车联网系统与车载自动驾驶系统组成。井下车联网系统主要基于智能路侧单元、井下C-V2X蜂窝网络和远程管控平台构建。车载自动驾驶系统主要由车机交互单元、车载智能感知系统以及车载决策控制系统组成。互相之间紧密关联，其整体架构与基于矿山物联网、大数据和人工智能的煤矿智能化矿山整体架构密不可分，是煤矿智能化建设中局部智慧体的重要体现。

井下车联网系统可管控矿井车、人、移动设备等全部动目标，构建车与车（V2V）、车与人（V2P）、车与矿用路侧单元MRSU等基础设施（V2I）、车与远程管控平台（V2N）的综合数据交互通道；实现车辆的监控、车路协同、物资与随车人员和车辆运输调度管控、任务派单与路径规划等功能；通过工业环网、5G网络等实现自动驾驶车辆的远控与紧急接管。

车载自动驾驶系统通过车载智能感知系统中的本安激光、毫米波和超声波雷达等多传感融合感知，实现井下复杂工况环境下人、车辆、路锥、管道等障碍物与多场景的精准识别；通过车载决策控制系统，实现上层域控制器与底层线控系统的通信、完成基于预瞄轨迹点的车辆横向与纵向控制并进行自动避障行驶与路径合理优化，实现车身安全控制。

27.6.3 井下车联网系统

井下车联网系统架构如图27-35所示，主要由MRSU矿用智能路侧单元、井下C-V2X蜂窝网络与远程管控平台组成。

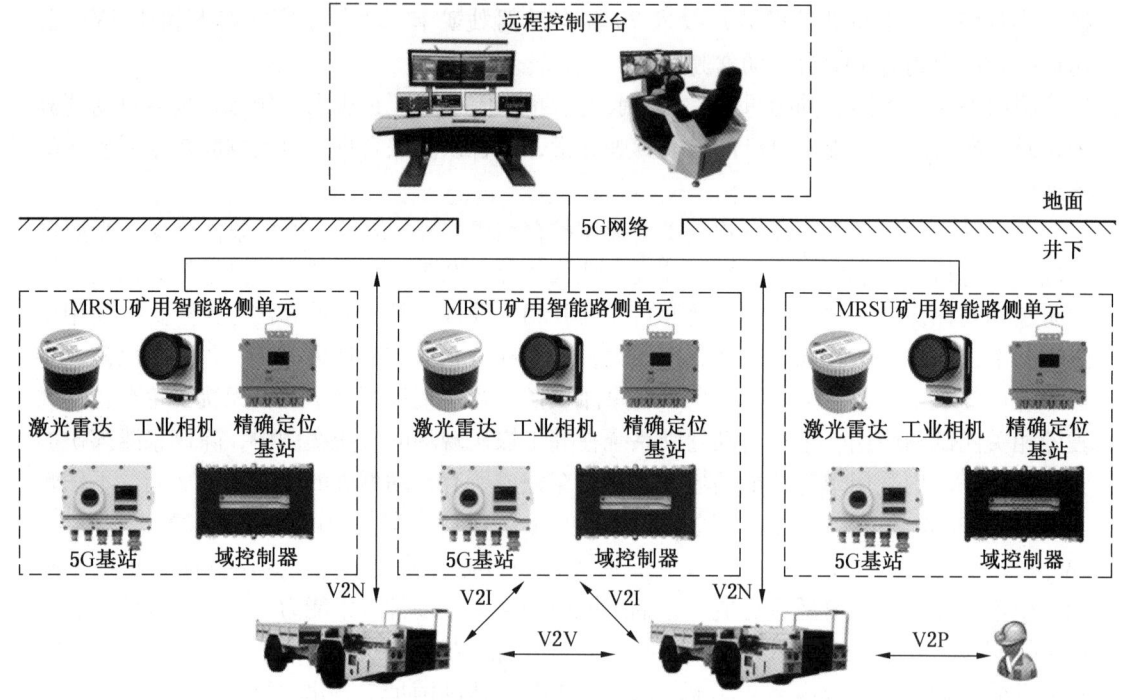

图27-35 井下车联网系统架构

1. 井下C-V2X蜂窝网技术

根据使用的技术范畴不同，车联网技术实现分成两个阵营：以专用短程通信技术DSRC为主的车联网和以C-V2X为主的车联网。DSRC需要建设专用的通信网络，通信频段为5.9G，在国内存在诸多潜在干扰；C-V2X基于3GPP全球标准的通信技术，包括LTE-V2X和5G-V2X，最大的特点是可以重复使用现有的移动蜂窝基站基础设施和频谱。从成本、发展趋势、井下现状等角度考虑，C-V2X技术更适合井下车联网。

C-V2X为体系内成员信息交互提供两种通信模式的空中接口：U_u接口用于实现长距离通信，将车辆、基础设施、行人等通过移动基站接入网络或者云服务器，即V2N/P2N，实现1 km以上的大带宽、大覆盖通信服务；PC5接口提供短距离内车的车通信（V2V）、车人通信（V2P）、车与基础设施通信（V2I），可满足快速链接、低时延、高可靠性的通信需求。

车路协同对参与其中的所有交通成员均要实现彼此间的通信，仅依靠C-V2X的Uu

和 PC5 通信方式不能满足整个井下车联网的通信需求，车联网不同层次对网络的时延需求不同。

井下 C-V2X 蜂窝车联网通信架构如图 27-36 所示。

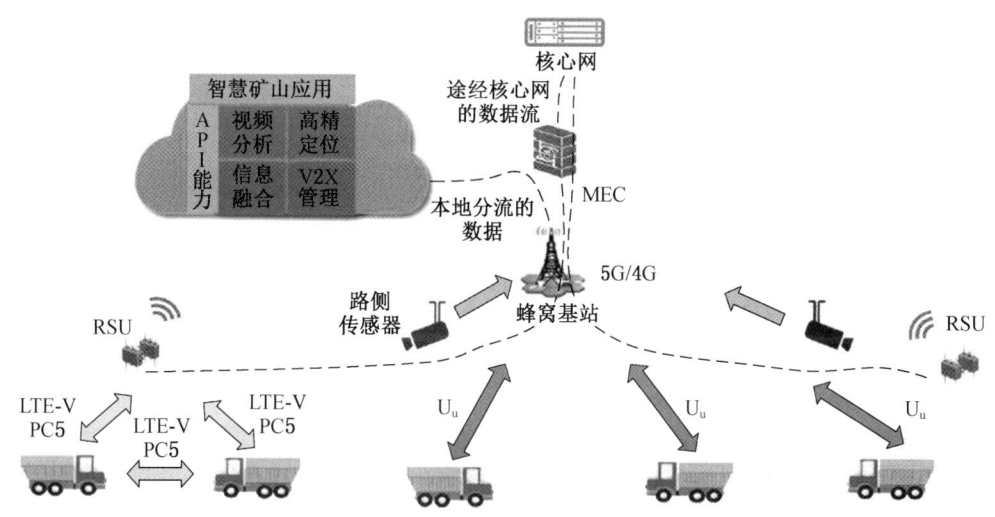

图 27-36　井下 C-V2X 蜂窝车联网通信架构

V2V 与 V2I 主要基于 C-V2X 提供的两种直接通信方式进行数据传输，路侧单元设置则通过井下 4G/5G 基站、WiFi 或工业环网网络接入上层的平台，地面中心依托 5G 网络和工业环网实时监控所有车联网中的参与者。

2. 智能路侧单元

智能路侧单元是车联网中的重要组成部分，是车路协同的基础设施，可以为自动驾驶车辆提供路侧和超视距的结果信息，弥补自动驾驶车辆主动感知的不足、提升车辆超视距感知能力，基于 UWB 的精确定位系统可解决井下无 GNSS 环境下的定位问题，作为自动驾驶车辆的补充，降低自动驾驶车辆对即时定位和避障的算力和精度要求。

智能路侧单元中提供通信的 5G/4G 基站可实现路侧单元与车、路侧单元与矿工、路侧单元与平台的全方位连接；基于 UWB 的精确定位基站可与车端直接通信，提供实时定位信息，解决井下无 GNSS 环境下的定位难题；感知单元则由一系列的传感检测设备与处理设备组成，实现本地巷道信息环境和状态的实时感知，如井下交通信号灯、区域交通参与者信息获取、巷道意外事件信息、行人和车辆的定位信息等；本安域控制器是路侧单元的计算中心，完成数据储存、处理与应用，并为车端提供分布式算力。

车载终端设备与智能路侧单元的多源感知融合，有利于对巷道环境实时状态进行感知、分析和决策，在可能发生危险或者碰撞的情况下（如某个巷道的封闭、巷道临时施工、巷道意外事故等），提前给自动驾驶车辆和地面中心发出警告。通过本地信息收集、分析和决策，为感知环境极差的井下巷道环境提供车辆碰撞预警等服务，为无轨胶轮车提供辅助决策能力，提升井下辅助运输体系整体安全；降低车辆适应井下特殊环境的硬件成本，加速井下自动驾驶技术落地。

3. 远程管控平台

井下巷道和工作面复杂交错，远程管控平台中存储的矿山语义级高精地图可辅助定位，配合 GIS 模块实现巷道交通系统网联化、智能化，构建井下巷道智慧交通系统，通过动态调配巷道路网资源，实现辅助运输高峰期的拥堵提醒、优化巷道路线诱导功能，为不同的无轨胶轮车（指挥车、人车、料车、工程车等）分配不同的等级权限，提升井下辅助运输运行效率。此外，矿工在固定时间通过人车运送至井下工作面进行作业，临时性下井需求同样较大，因此提供井下约车功能有较强的实际用途，满足井下和地面之间人员的运输任务，是提升煤矿运营、矿工出行水平的重要保障措施。同时，远程管控平台可实时监测环境数据、设备数据和车辆动态信息，实现井地自动驾驶全景交互、应急干预，并可在触发紧急预警信号后，实现对车辆的远程接管，保障车辆行驶安全。

27.6.4 井下车载自动驾驶系统

27.6.4.1 智能车机交互单元

智能车机交互单元可供车辆安全员通过矿用本安型智能显示屏、语音通信终端等与车联网平台和自动驾驶系统实现交互，同时其集成车载 OBU 终端功能，与 WiFi/4G/5G 通信网络和 UWB 定位网络进行信息交互。通过智能车机交互单元构建车联网车端生态应用，除了基本的车况信息实现显示外，可做故障报警及语音提示等功能。整体具备以下功能：

（1）多种通信接口（CAN、RS485、以太网、AHD 视频、音频、WiFi、4G/5G）。

（2）具备装置内部设备 CAN 总线通信功能（装置内部设备包括电源控制器、数据采集器、灯光控制器、保护装置主机等）。

（3）具备装置对外 CAN 总线通信功能。

（4）具备与自动驾驶主机通信功能。

（5）具备无线传输 T-BOX 功能（WiFi、4G/5G）。

（6）具备 AHD 视频解码功能。

（7）具备音频编解码及传输功能（拾音器、语音通信终端）。

（8）具备历史数据存储功能。

（9）具备人机交互功能（彩色液晶、视频显示、参数显示、视频参数叠加显示、红外遥控、按键、触摸屏、喇叭）。

（10）其他功能。①接收车辆的实时状态测点数据和下发配置参数数据；②报警记录带时标存储，通过用户输入调取历史记录；③可显示视频图像信息，通过用户输入调取视频信息；④提供历史记录的导出功能，支持网络传输和本地复制。

27.6.4.2 矿用车载感知系统

自动驾驶车辆感知依靠各种传感器识别外界环境，地面常见的激光雷达、毫米波雷达、超声波雷达、摄像头等，因其没有经过煤安认证，无法直接在井下应用，为满足井下电气设备安全规程的要求，需对上述传感器进行本安化改造。

面向地面的自动驾驶传统算法在煤矿井下无法直接使用，还需重点考虑煤矿井下特种工况环境下的特殊感知处理算法，如光照度低、个别环境存在逆光、强光炫目等、井口车辆与井口环境重影、高粉尘、高温高湿环境、地面坑洼不平等场景影响等。

表27-6 各种感知传感器优缺点对比

传感器	原理	优势	劣势	最远距离
视觉	通过摄像头采集外部图像信息,并通过算法进行图像识别	可以分辨出障碍物的大小和距离而且能识别行人交通指示牌	受到视野的影响,受恶劣天气影响,逆光或光影复杂情况效果差	6~100 m
毫米波	利用波长1~10 mm,频率30~300 GHz的毫米波,通过测量回波的时间差算出距离。车载雷达的频率主要分为24 GHz频段和77 GHz频段	不受天气情况和夜间影响,可以探测远距离物体	行人的反射波较弱,难以探测	Max:200 m
超声波	通过超声波发射装置向外发出超声波,到通过接收器接收到发送过来超声波时的时间差来测算距离。一般采用40 kHz探头	防水、防尘,监测距离在0.1~3 m	测试角度较小需要在车身安装多个	<5 m
LiDAR	通过发射和接受激光束,分析激光遇到目标对象后的折返时间,计算出目标对象与车的相对距离。常见的有8线、16线和32线激光雷达,激光雷达线束越多,测量精度越高,安全性也越高	测距精度高、方向性强、响应快,能快速复建出目标的三维模型,满足90%的自动驾驶工况	成本高,容易受天气的影响如雨雪、大雾,但随着算法和激光器的改进可以解决	100~200 m

针对单类传感器感知能力的局限性,各种感知传感器优缺点对比见表27-6。如车载摄像头受环境影响较大、缺乏深度信息,激光雷达分类准确率较低、无法获取图像信息,毫米波雷达对金属敏感、误报多,研发井下多传感器目标检测融合算法,可提高感知系统准确度与环境适应能力,实现了水幕、煤尘等恶劣环境下人、车、防撞桶等障碍物的多场景精准识别,形成自动驾驶智能感知系统(图27-37)。

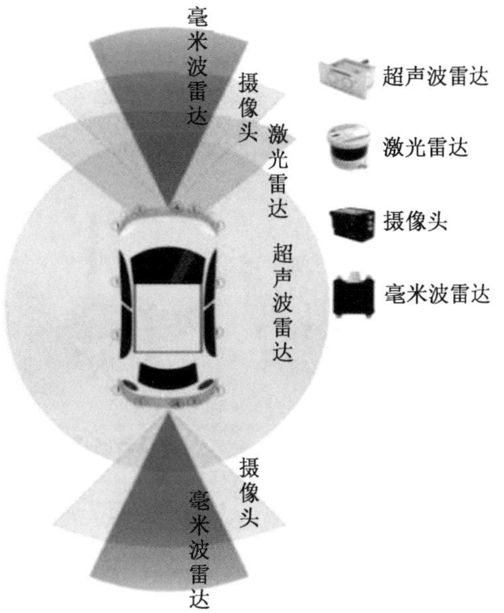

27.6.4.3 矿用车载决策控制系统

车载决策控制系统,实现上层域控制器与底层线控系统的通信、完成基于预瞄轨迹点的车辆横向与纵向控制,并进行自动避障行驶与路径合理优化,实现车身安全控制与自动驾驶。

图27-37 矿用车载智能感知系统部署图

1. 矿用线控系统

线控系统主要包括线控制动、转向和油门系统。线控油门也就是电子油门,电子油门通过用线束(导线)来代替拉索或者拉杆,在节气门那边装一只微型电动机,用电动机来驱动节气门开度。电子油门控制系统主要由油门踏板、踏板位移传感器、ECU(电控单元)、数据总线、伺服电动机和节气门执行机构组成。线控转向取消了方向盘与车轮之间的机械连接,用传感器获得方向盘的转角数据,ECU将其折算为具体的驱动力数据,用电机推动转向机转动车轮。线控制动系统即电子控制制动系统,分为机械式线控制动系统和液压式线控制动系统,其中机械式线控制动系统(简称 EMB)与常规的液压制动系统截然不同,EMB 以电能为能量来源,通过电机驱动制动垫块,由电线传递能量,数据线传递信号,EMB 是线制动系统的一种,整个系统中没有连接制动管路,结构简单,体积小,信号通过电传播,反应灵敏,减小制动距离,工作稳定,维护简单,没有液压油管路,不存在液压油泄露问题,通过 ECU 直接控制,易于实现 ABS、TCS、ESP、ACC 等功能;液压式线控制动系统(Electronic Hydraulic Brake System,EHB)是从传统的液压制动系统发展来的,但与传统制动方式有很大的不同,EHB 以电子元件替代了原有的部分机械元件,是一个先进的机电一体化系统,它将电子系统和液压系统相结合,EHB 主要由电子踏板、电子控制单元(ECU)、液压执行机构组成。电子踏板由制动踏板和踏板传感器(踏板位移传感器)组成,踏板传感器用于检测踏板行程,然后将位移信号转化成电信号传给 ECU 电控单元,实现踏板行程和制动力按比例进行调控。整个线控系统通过 CAN 总线交互方式实现域控制器与底层转向、油门、制动等线控系统执行部件的通信和电子车控,可实现自动驾驶车辆的闭环控制。

针对煤矿井下特殊使用条件,研究矿用车辆通用线控底盘技术、油门和挡位切换及线控双模转向方案、制动总成,辅以前后桥控模块、ABS 电磁阀、转向传感器、轮速机等,通过 CAN 总线交互方式,实现上层域控制器与底层线控系统的通信和电子车控,闭环控制整车达到目标要求。线控系统装置主要单元实物图如图 27-38 所示。考虑到安全冗余设计需要及煤矿井下有人/自动驾驶车队混编运营的复杂工况,设计了线控系统远程遥控工作模式用于车辆紧急接管,保障车辆安全行驶能力。线控系统装置组成如图 27-39 所示。

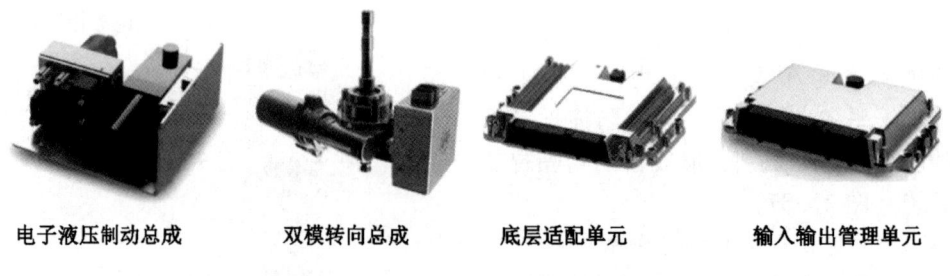

电子液压制动总成　　双模转向总成　　底层适配单元　　输入输出管理单元

图 27-38　线控系统装置主要单元实物图

2. 矿用本安域控制器单元

域控制单元是自动驾驶车辆的监测和控制核心,是取代司机的大脑中枢。矿用域控制器单元由保护控制主机和 MADAS 主机两大块构成,前者负责车身重要参数和煤矿规程要求各类井下胶轮车安全监测数据检测和控制,后者为自动驾驶计算平台,负责自动驾驶算法执行对车辆线控底盘的控制,并可承载车端车联网生态应用。

本安域控制器单元 MADAS 主机可适配井下自动驾驶系统装备的众多传感器,确保其在严苛的矿山环境下安全、稳定、可靠工作。车载域控制器单元具备同时接入高清模拟 AHD 摄像头、激光雷达、毫米波雷达、超声波雷达等环境感知传感器设备的能力,并且

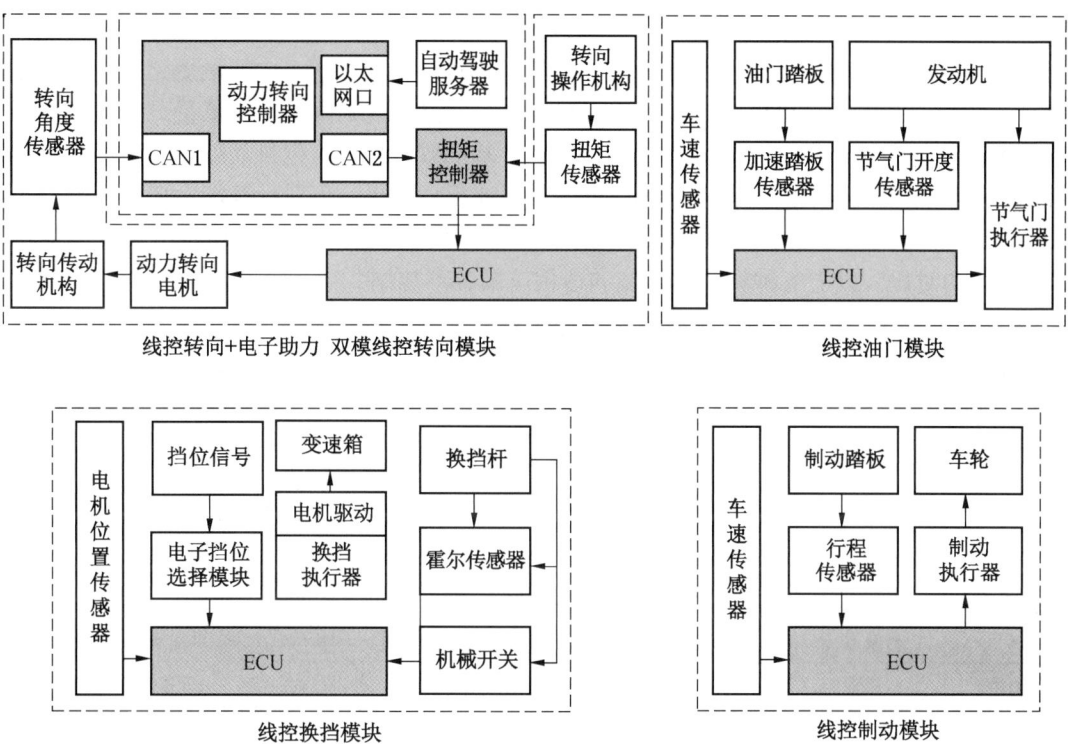

图 27-39 线控系统装置组成图

多个域控制器之间可实现级联分布式控制并行处理。车载域控制器单元作为控制单元，具备搭载多种感知、决策规划及控制算法的能力。

3. 路径规划

路径规划部分在无人驾车体系架构当中分属控制决策部分，是实现自动驾驶的关键技术之一。路径规划模块性能的高低直接关系到车辆行驶路径选择的优劣和行驶的流畅度，同时面对煤矿井下复杂多变的环境，如何在各种场景下迅速、准确地规划出一条高效路径且使其具备应对场景动态变化的能力是路径规划算法应当解决的问题。

自动驾驶车辆路径规划就是在满足一定约束条件的前提下，为车辆行驶规划出一条从起始点到目标点避开障碍物的最优路径，这些约束条件包括行走时间最短、规划路径长度最短、行驶代价最小等。根据对环境信息的把握程度可把路径规划分为基于先验完全信息的全局路径规划和基于传感器信息的局部路径规划。其中，从获取障碍物信息是静态或是动态的角度看，全局路径规划属于静态规划，局部路径规划属于动态规划。全局路径规划需要掌握所有的环境信息，根据环境地图的所有信息进行路径规划；局部路径规划只需要由传感器实时采集环境信息，了解环境地图信息，然后确定出所在地图的位置及其局部的障碍物分布情况，从而可以选出从当前结点到某一子目标结点的最优路径。

在全局路径规划算法中，大致可分为三类：传统算法（Dijkstra 算法、A*算法等）、智能算法（PSO 算法、遗传算法、强化学习等）、传统与智能相结合的算法。其中 Dijkstra 算法在起点周围不会遇到障碍的所有可能点中寻找最短路径，规划结果比较优越，但在没有足够约束条件的情况下，计算量巨大；随机采样算法是在 Dijkstra 算法基础上改良的。为了减少计算量，加入了启发式算法，配合随机采样，只计算样本中的最短路径。解决了计算量的问题，但路径可能不连续。基于差值曲线的路径规划降低了计算量，同时解决了路径不连续的问题，是比较有优势的一种算法。基于数值最优，把自动驾驶车辆姿态和环境约束条件都加入模型的一种算法可以得到较好地规划结果，但对计算能力依赖性强。

表 27-7 中给出了五种算法分别在搜索方向、启发式、增量式、适用范围和现实应用 5 个方面的对比。以上五种算法的效能和适用范围各不相同，效能高且解决问题范围广并不一定代表应用广泛，实际应用的算法应偏向竭力发挥某一算法的专长，在基础功能之上不断优化算法性能。针对煤矿井下存在的支巷硐室交错盘踞，人员车辆设备众多等影响路径规划效果的关键因素，对经典算法进行针对性改进和优化，以满足井下自动驾驶使用场景。

表 27-7 经典规划算法性能和应用对比

	搜索方向	启发式	增量式	适用范围	现实应用
Dijkstra	正向搜索	否	否	全局信息已知，静态规划	网络通信中最短路由选择
A*	正向搜索	是	否	全局信息已知，静态规划	Apollo、游戏、无人机路径规划
D*	反向搜索	否	是	部分信息已知，动态规划	机器人探测、火星探测车路径规划
LPA*	正向搜索	否	是	部分信息已知，假设其余为自由通路，动态规划	机器人路径规划
D*Lite	反向搜索	是	是	部分信息已知，假设其余为自由通路，动态规划	机器人路径规划

27.6.5 示范应用案例

1. 张家峁矿无人驾驶应用

中国煤炭科工集团太原研究院、开采研究院通过对井工煤矿辅助运输车辆智能化自动驾驶相关技术和装备进行攻关，在陕煤化集团陕北矿业张家峁矿业有限公司成功应用煤矿辅助运输智能化系统与成套装备。开发了两种辅助运输车辆、两种驱动力方式的辅助运输智能化系统及装备；实现了辅助运输智能化燃油驱动料车和锂电池驱动人车从地面到井下终点往返约 5 公里的智能驾驶，能够循迹行驶、跟车行驶、定点停车、紧急制动，实现了全过程智能驾驶。图 27-40 所示为多源数据融合效果，图 27-41 所示为无人驾驶皮卡车感知设备布置，图 27-42 所示为无人驾驶运行效果展示。

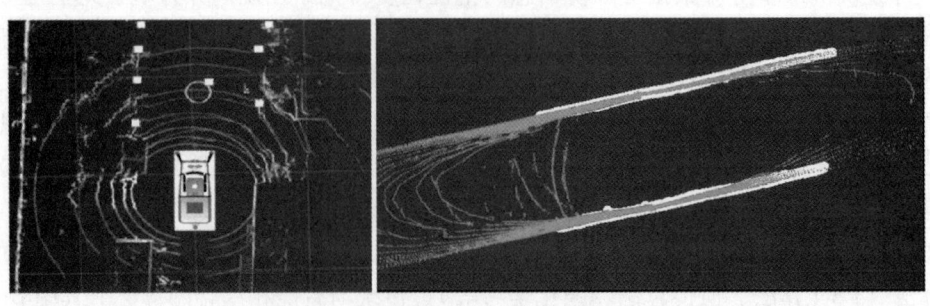

图 27-40 多源数据融合效果

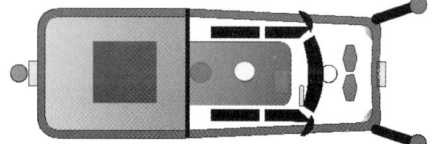

图 27-41　无人驾驶皮卡车感知设备布置

图 27-42　无人驾驶运行试验

累计井下运行 155 天，往返 115 趟次，共计 2100 km，实现了井工煤矿地面和井下的辅助运输系统智能化，为煤矿提供了安全、可靠、高效的智能化辅助运输设备和技术，对陕蒙地区及全国各大矿井辅助运输系统智能化起到了示范和引领作用。

2. 陕煤化集团榆北煤业曹家滩煤矿无人驾驶应用

2020—2021 年，中国煤科工集团常州研究院有限公司联合陕煤化集团榆北煤业信息化运维分公司在曹家滩煤矿开展了煤矿井下车联网与自身驾驶技术研究项目，项目选取了该煤矿井下副斜井井口至中央变电站作为示范工程建设路段，该路段全长约 4300 m，其中水平距离 351 m，其余路段为 7% 坡度的斜坡，含 2 个岔路口和 4 个转弯路口，并在巷道沿线布置路侧单元等车联网基础设施。

项目以卡威 WLR-5C 型无轨胶轮指挥车为基础对标 SAE International J3016TM《标准道路机动车驾驶自动化系统分类与定义》L3+ 级技术标准对车辆进行了全面改造调校，车身搭载了常州院研制的符合矿用本安标准的多功能车机交互终端、车载域控制器（MA-DAS）、组合高精度定位及惯导（UWB+IMU）、面向 VSLAM 应用的车载摄像仪、车载极小盲区超声波雷达、毫米波雷达、16 线激光雷达、车载手咪等全系列产品，部分产品在业内属首次获得煤安认证，矿用本安型车载系列装备如图 27-43 所示。其中研制的矿用多功能车机交互终端具有 9 寸和 14 寸两种尺寸，可存储历史数据，兼容多种通信接口（CAN、RS485、以太网、AHD 视频、音频、WiFi、4G/5G），实现人机交互功能（视频参数叠加显示、红外遥控、按键、触摸屏、喇叭）；研制的矿用本安型车载域控制器（MA-DAS），具备 8 路 AHD 视频输入接口、2 路 CAN 总线通信接口、4 路 RS485 总线通信接口、6 路千兆以太网高速通信接口，本安电源供电下可实现最大 42Tops（INT8 型）的算力加持；研制的 KBA18（G）千兆矿用本安型工业相机，可实现 VSLAM 及逻辑控制输出功能；研制的 16 线矿用本安型激光雷达传感器，探测距离可达 100 m，点云数量超 31 万个，扫描角度 360°；研制的 77 GHz 矿用本安型毫米波雷达传感器，探测距离覆盖 0.2～200 m 范围，支持 64 个目标同步输出，在最短时间内给出精确的探测结果；研制的矿用本安型超声波雷达传感器，探测距离 0.05～3 m，可实现极小盲区障碍物探测功能。结合常州院研发的基于 4G/5G+UWB 的一体化通信及位置服务和智能路测系统，有效消除煤矿井下"长廊效应"、无 GNSS 卫星定位信号、低照度等复杂工况的影响，能够在煤矿井下高粉尘、高湿度、爆炸性气体等恶劣环境下的全天候高精度实时检测与跟踪障碍物，实现矿用无轨胶轮车、轨道机车及单轨吊等辅助运输装备低成本、高可靠、全本安化的高级驾驶辅助及自动驾驶装备或改造。

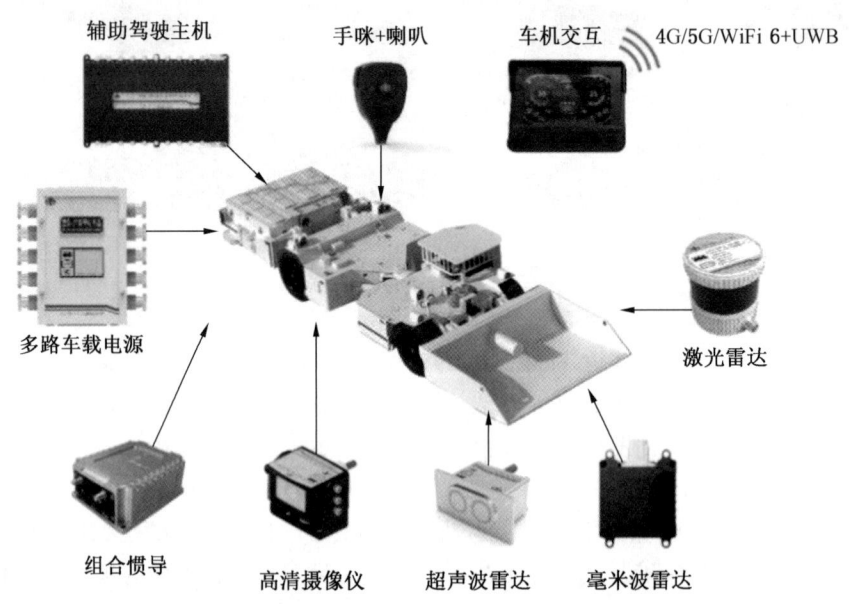

图 27-43　矿用本安型车载系列装备

项目针对井下特殊工况环境，在示范工程建设路段对车辆自动驾驶各项功能包括对前方车辆行驶状态的识别及响应、行人和车辆的识别及响应、跟车回车行驶、靠边停车、上下坡启停、弯道行驶、自动紧急制动、避障绕障、人工操作接管、远程驾驶等进行了充分测试、反复验证，在 5G+UWB 精确定位和智能路侧单元等车联网基础设施支撑下，实现了煤矿井下最高时速 22 km/h 下稳定自动驾驶，同时可在地面远程管控平台完成车辆信息监控及紧急接管，可为该矿提供安全可靠的自动送餐、送料等日常运营保障服务，现场应用如图 27-44 所示。截至 2021 年底自动驾驶车辆已安全运行里程超 1500 km，客户反馈智能化程度高、性能可靠、安全性有保障。

图 27-44　井下车联网与自动驾驶系统在陕煤化集团曹家滩煤矿现场应用

28 网络型电液控制系统与智能供液系统

28.1 网络型电液控制系统

28.1.1 网络型电液控制系统研究现状

国外最早在 20 世纪 90 年代开始研制适用于煤矿井下的网络型控制系统，比较有代表性的有美国卡特彼勒和德国玛珂的网络型电液控制系统。其中卡特比勒的可编程采矿控制系统（PMC）配置了先进的微控制器技术和更高的计算能力，可以实现全新的长壁开采自动化水平，并且卡特彼勒与中国主要煤炭生产企业如国能神东集团、同煤集团、华电集团等建立了长期的合作关系，从薄煤层开采到中厚煤层，卡特彼勒都能够提供比较全面的解决方案及技术支持。德国玛珂是最早进行煤矿综采工作面液压支架电液控制系统研究的国外企业之一，其网络型控制系统以 PM32 为主力，致力于实现煤矿数字化矿山建设，提供井下数据集成智能分析控制管理，在国内各大煤炭生产集团也有较大的市场份额。

我国对于网络型控制系统的研究则是从 2015 年开始的，2017 年北京天玛智控科技股份有限公司（原北京天地玛珂电液控制系统有限公司）推出了国内首套面向综采工作面的两芯百兆网络型控制系统，以工业以太网和多总线技术为基础，搭载通用的组态化开发平台，解决了综采工作面产品繁多、链路复杂、通信宽带低的难题。该网络型控制系统于 2019 年在新元煤矿成功示范应用并推广，标志着国内的网络型控制系统开始正式投入商用。随着对网络型控制系统研究的全面开展，近年来郑煤机、向明智控等也都推出了自研的网络型控制系统，国产网络型控制系统得到迅速推广应用，并逐步占领国内主流市场。液压支架控制系统正由以工作面自动找直为关键代表技术的设备自适应智能化开采阶段向基于透明工作面的智能化开采阶段发展，由简单单系统控制向系统联动控制发展，控制器逐步向具备一定计算力的通用边缘计算控制单元发展，通信链路由工业控制总线向工业以太网发展，百兆工业以太网、EIP 通信标准正在逐步推广。

28.1.2 网络型电液控制系统原理

28.1.2.1 系统组成

网络型电液控制系统与传统的电液控制系统均由电控部分和液压部分两部分组成，关键产品装置包括在工作面布置的网络型控制器、隔离耦合器、电磁阀驱动器、压力传感器、行程传感器、采煤机位置传感器、监控主机、电源、电磁先导阀、主阀、过滤元件、辅助阀、连接器和电源电缆等，其中供电端多路电源箱可以给工作面 6~10 架支架单元供电，不同电源组的控制器之间需要一个通信耦合器连接，每个电源箱需要配置一个电源耦合器。但是，与传统的电液控制系统相比，网络型控制系统集成了更多的自动化功能，将云边端的体系架构顺利应用至矿井下。系统不仅配置多种传感器，并且在感知端配置高清摄像头，链路端连接器具备百兆甚至千兆的高速信号传输能力，视频数据通过高速以太网链路直接上传，因此网络型控制系统在端侧的数据收集及即时上传功能非常强大。此外，网络型控制系统的有线无线网络冗余,通过无线基站或CPE能够接入WiFi/5G信号,使移动终端能够更加多元化的参与到煤矿开采活动中。最后,系统的边缘测具备网络安全管理能力,云端具备数据高速处理能力,使云边端架构更加平稳合理运行。

网络型电液控制系统(图28-1)以工业以太网和多链路通信技术为基础,以通用可编程开发平台为支撑,以人员感知定位及遥控、系统单元负载平衡为补充,解决综采工作面产品繁多、链路复杂、通信带宽低的难题,实现控制功能快速迭代开发,提升控制操作安全等级,达到对综采工作面支架控制系统性能的全面提升。

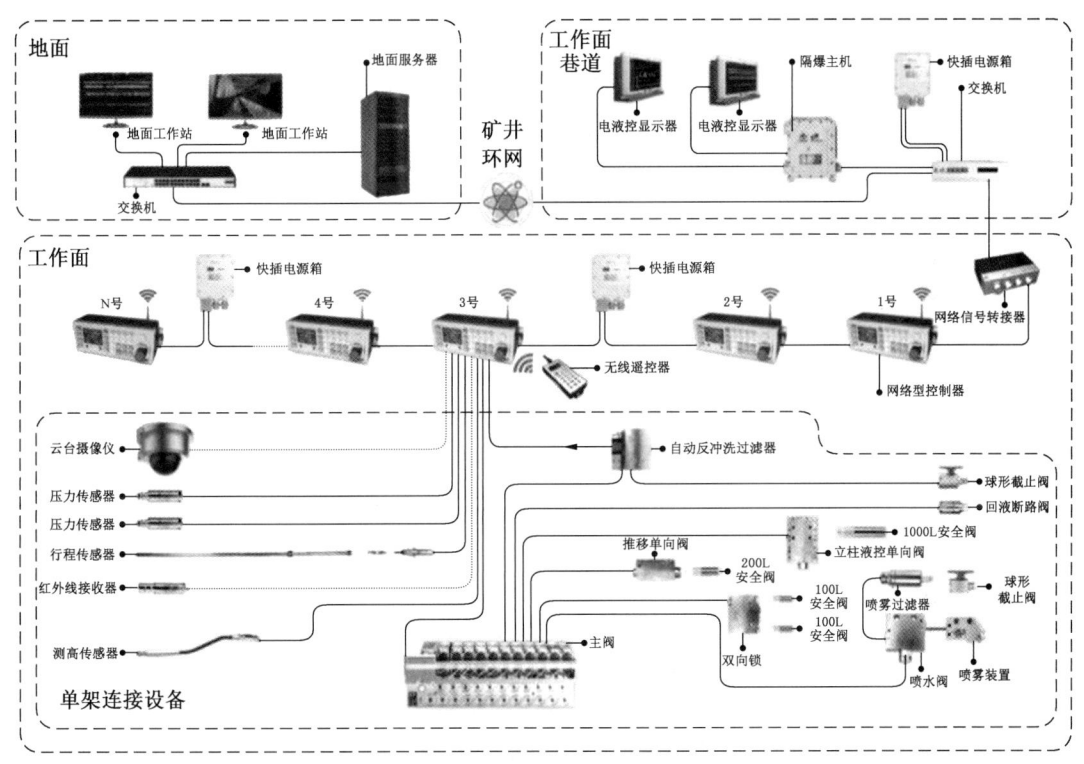

图28-1 网络型电液控制系统图

网络型控制系统大幅提升了综采装备控制系统的多方面性能,重塑智能化矿井控制层,利用技术优势创新业务模式和应用场景,进一步提升煤机装备整体的自动化、智能化水平。网络型控制系统是新一代信息技术与煤机装备行业的交汇融合,对于完善煤矿工业以太网设备层、构建云边端三体协同架构、推进数字化转型、激活煤炭领域新动能作用显著,网络型电液控制系统架构如图28-2所示。

28.1.2.2 系统特征

网络型控制系统是基于实时以太网的智能液压控制系统,将井下液压控制纳入工业互联网体系是新一代信息技术与煤机装备行业的交汇融合,对完善煤矿工业互联网设备层,构建云边端三体协同、推进数字化转型、激活煤炭领域新动能作用显著。网络型控制系统的应用大幅提升了综采装备控制系统的多方面性能,重塑智能化矿井控制层,利用技术优势创新业务模式和应用场景,进一步提升了煤机装备整体的自动化、智能化水平。

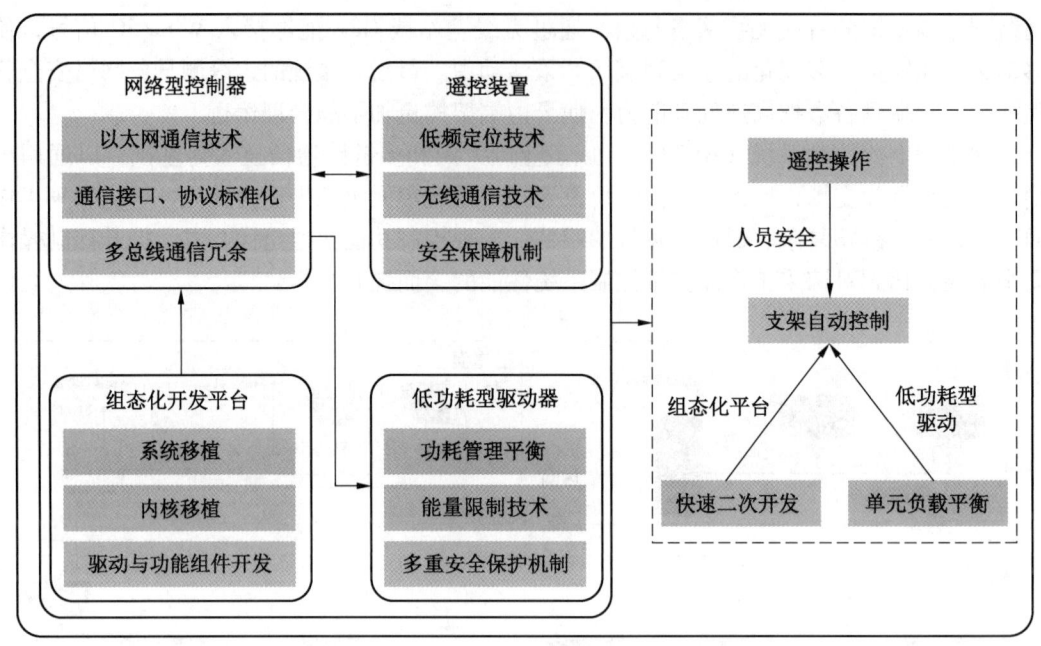

图 28-2 网络型电液控制系统架构图

（1）基于以太网的跨平台应用技术架构。与传统的现场工业总线式电控系统相比，网络型控制系统采用实时工业以太网与工业现场总线冗余的系统通信方案，通信带宽高、实时性好、系统接入能力强，并且多总线控制方式可以提供有效链路冗余，系统可靠性相对同类型控制系统更高。

（2）图形化、参数化的开发技术。传统的电控系统控制软件编写过程复杂、周期长，无法灵活调整采煤工艺。网络型控制系统采用图形化、无代码的组态化开发平台，并且提供可跨平台、跨链路的通用协议栈，二次开发更加灵活，给用户提供更佳的使用体验。

（3）低功耗的电源动态管理技术。网络型控制系统提出了精细化功率平衡模型，具备电源负载电流平衡单元系统，并且以硬件限流和控制软件保护的多重安全保护机制，对电磁阀的电流进行合理化动态调整，最大限度地达到系统低功耗目标。

（4）有线无线冗余网络平台。网络型控制系统不仅具备高速以太网有线传输链路，而且能够实现工作面的有线-无线网络冗余的拓扑结构，与传统的电液控制系统相比，能够进一步解决系统零延时、精确时钟和单一网络的不可靠问题。在工作面部署无线基站，能够形成工作面无线信号全覆盖，大大提升控制系统的网络自愈能力。

综上，网络型控制系统较国内外同类型产品具有通信带宽高、可靠性强，系统功能更加完善；图形化组态化开发平台二次开发简便；单元负载平衡，系统可扩展性强等方面优势。同传统的电液控系统对比见表 28-1。

表 28-1 网络型控制系统与传统的电液控制系统性能对比表

对比内容	网络型控制系统	传统的电控系统	客户价值
网络通信架构	基于工业以太网与工业现场总线	基于工业现场总线	提供高带宽通信链路，提升数据传输能力

表 28-1（续）

对比内容	网络型控制系统	传统的电控系统	客户价值
开发模式	图形化组态化开发平台	传统的系统开发方式	方便二次开发，提升客户使用体验
功耗管理	精细化功率平衡模式	粗放型的电源管理模式	科学的电源管理模式，有效降低系统功耗
网络可靠性	有线无线网络冗余平台，网络自愈性、可靠性强	依赖有线链路，网络可靠性差	提升网络可靠性，推进智能化开采水平
人机界面	人性化、多元化的人机交互界面（移动端更加方便）	人机界面比较单一，人机交互性差	增加人机交互性，更加了解设备的工作状态

28.1.3 网络型电液控制系统关键技术

28.1.3.1 工业以太网通信技术

1. 工业以太网通信

通过研究基于车载以太网的多总线控制技术，研制网络型液压支架控制器终端设备，实现综采工作面"一网到底"，将液压支架纳入矿井工业以太网体系；为工作面视频、控制、传感数据提供了一条统一的高速通信链路，通信速率最高可达 1Gbps。应用于支架控制系统的工业以太网通信系统技术特点主要包括：

（1）所设计的工业以太网通信网络物理层符合 IEEE Std 802.3bp 以及 IEEE Std 802.3bw 标准，采用一对双绞线传输高速以太网信号，解决了传输介质阻抗特性要求高的问题，使其能够稳定应用到煤矿井下，降低了工业现场的布线成本。

（2）应用虚拟局域网技术（VLAN），网络被划分为几个子网，一方面提高了网络的安全性，划分了 VLAN 之后，缩小了 ARP 攻击的范围；另一方面提高了网络性能，通过 VLAN 划分有效控制了广播报文的传播，缩小了广播域范围，同时不同 VLAN 间的设备也不再受其他 VLAN 中广播报文的影响。

（3）故障自动恢复，采用特有环网冗余协议，在以太网链路中有断点故障时，环网自愈时间＜20 ms。

（4）环境适应性强，工业以太网通信系统核心设备满足 IP68 防护等级，适用于煤矿综采工作面恶劣环境，同时设备具有较强的抗电磁干扰能力。

2. 工业以太网安全

随着煤矿智能化建设的不断深入，工业以太网在煤矿得到广泛应用，其复杂程度及外部链接需求正在快速增长，综采工作面工业以太网的封闭性也已经被彻底打破，正面临着各种安全风险，如病毒感染、网络入侵、数据泄密等安全问题。针对工业以太网面临的这些安全威胁，采取了以下安全措施：

（1）安全通信网络建设。通过在系统与环网边界处部署防火墙实现网络隔离。由于业务系统为工业控制类设备、PLC、嵌入式控制器等，故产品需具备对工业控制器设备的防护能力，故选择专业的工业防火墙进行防护。

（2）安全区域边界建设。基于白名单策略机制部署工业防火墙，可学习和深度识别工业协议，针对工业流量进行过滤；工业安全监测系统旁路部署实现攻击检测、分析、工业资产管理、工业安全审计，还能通过威胁情报联动，进一步实现系统内安全状态和入侵行为的检测；工业防火墙开启防病毒模块，分析进出本区域的数据包，对其中的恶意代码进行查杀，防止病毒在网络中的传播。

（3）安全计算环境设计。部署工业主机安全防护系统，通过从入口、运行、扩散三个层面进行有效防止恶意代码、病毒的破坏；通过交换机的端口镜像功能旁路部署方式安装工业安全监测审计系统。

28.1.3.2 多网融合技术

1. 多网融合与链路冗余

随着智能化煤矿建设的推进，煤矿需要基于高速无线通信系统实现融合通信功能，在统一的矿井环网平台上实现有线和无线链路融合，支持网络型支架控制器、交换机、高清摄像仪、传感器、5G/WiFi 终端等设备的接入，避免各系统自成网络，有效消除信息孤岛，提升煤矿通信系统的效率和稳定性。

与此同时，研究不同链路间数据切换技术，设计有线-无线冗余网络传输的拓扑结构，形成切换时间不大于 50 ms 的高可靠度的自愈网络，如图 28-3 所示。正常情况下井下环网优先选择有线链路传输数据，一旦有线链路出现故障，交换机会通过逻辑算法自动识别，并根据与无线基站达成的通信协议，将网络数据通过无线基站向前传输，从而跳过故障点，进一步保证综采工作面通信系统的可靠性。

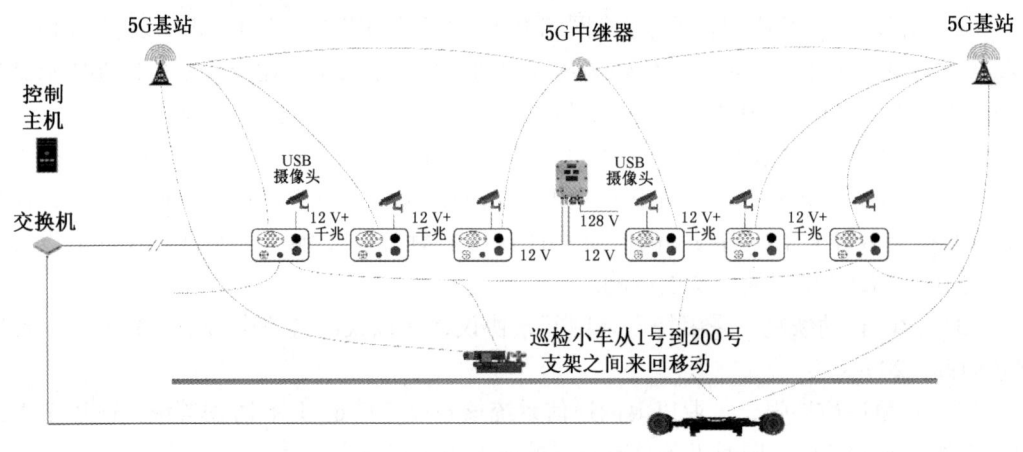

图 28-3　有线-无线冗余网络示意图

2. 高速无线通信系统

智能化开采需要大量传感数据支持，采集的信息类型多、数据生成速度快、数据增长量大；同时智能化开采需要对采煤机等设备进行远程实时监测、遥控，对数据传输的带宽和实时性要求较高，因此矿井高速无线通信系统是智能化煤矿建设的关键。

通过研究 WiFi6、5G 等无线通信技术，在综采工作面搭建高速全覆盖的无线通信网络，不仅能够减少电缆的铺设，而且能降低有线链路后期的维护成本，简化故障排除方法。无线通信系统实际带宽可达 300 MB/s，满足多路高清视频画面传输，系统控制延时不大于 100 ms，保证数据传输的实时性。高速无线通信系统具备的关键技术有：

（1）WiFi6 无线通信技术。符合 IEEE 802.11.b/g/n/ac/ax 标准，融合 OFMDA、MU-

MIMO 等特性，可实现一个无线基站在同一时刻利用不同载波向多个终端发送数据，带宽利用率成倍提升，降低通信时延。WiFi6 技术相比其他无线通信技术相比功耗更小，成本更低。

（2）天线优化设计。研究电磁波在煤、岩和金属表面的传播规律，建立电磁波在工作面空间场的分布模型，从而约束天线辐射波瓣宽度，抑制上旁瓣，优化天线辐射方向性，减小电磁波传输损耗，扩大无线信号覆盖范围。

（3）EUHT-5G 技术。EUHT-5G 技术是一项全新的无线通信技术和标准，满足国际电信联盟提出的第五代移动通信技术的全部技术要求，具有高通信带宽，低漫游时延的特点。

（4）5G 技术。矿井采用 5G 基站实现无线信号覆盖，通过远端汇聚站（RHUB）进行汇聚后，与基带处理单元（BBU）相连并入地面 5G 核心网，各单元之间通过 5G 承载网链接，具备超高带宽、超低延时、超广连接的特征。

3. 网络型控制器

网络型控制器是网络型液压控制系统的核心产品，是系统能够实现采煤机、液压支架等精确动作控制的高可靠"大脑"，实物如图 28-4 所示。网络型控制器内置基于 EIP 协议的网络处理模块，在减少了综合接入器等配套设备的同时，具备高速接入能力。网络型控制器遵循集约化的设计理念，本身集成了红外、倾角等传感器，支持视频接入，有效减少井下链路冗余压力。此外，作为智能化开采的底层端侧设备，网络型控制器具备一定的数据处理能力，能够有效分担云边端架构的数据处理压力，并且其搭载组态化图形化开发平台，大大提升了用户体验。网络型控制器搭载矿鸿系统进一步拓展了用户的操作模式，使工作面工人通过智能移动端便可以对井下设备进行控制与检测。

4. 网络型摄像仪

网络型摄像仪包括云台摄像仪、双视摄像仪等，是智能视频系统的关键产品。网络型摄像仪（图 28-5）搭载高像素摄像头，具备区域入侵侦测、越界侦测、音频异常侦测、移动侦测、视频遮挡侦测等功能，其具备的 4 芯快插接口，将电源线与高速网络线路"合二为一"，实现了摄像仪与网络型控制器的即插即用，直通互联。网络型摄像仪生成的高

图 28-4 网络型控制器

图 28-5 网络型摄像仪

质量视频数据可通过以太高速链路直接传送给网络型控制器，由控制器对视频数据进行相关处理。网络型摄像仪是系统对井下煤机监控、三机监控、集中监控等综采活动的视频信号起点，其生成的视频数据库也是云边缘进行故障预警和故障诊断的重要参考。

28.1.3.3　电源管理、功率平衡技术

在实际的工作场景中，本安电源带载能力受本质安全性能的限制，限制了设备数量的增加，并且在支架控制单元中，设备短时间动作时产生的动态电流大，长时间几乎不耗电。解决短时用电高峰与电源供电能力的矛盾，减少系统能量消耗波动，使整个电源系统负载稳定，对提高资源利用率、系统开机率、生产效率具有重要的意义。

网络型控制系统从硬件设计和软件开发控制，调整井下设备动作时的动态电流。硬件设计主要包括控制模块、核心驱动模块。控制模块实现网络型控制系统的充电、放电、升压等功能，通过控制器输入电源对系统进行恒流充电，充电由核心驱动板控制，根据检测的系统状态进行充电控制，系统放电回路进行欠压、过流、过压保护，保护阈值设置得相对低一些，可以在外部出现故障时实现快速保护；升压电路功能是将系统输出的电压进行升压满足电磁阀的电压等级。核心驱动电路由系统电路、通信接口电路、电磁阀驱动电路组成。系统电路为管理电路、通信接口芯片、电磁阀驱动芯片等提供相应的控制接口，并作为软件运行的载体，实现整个系统的通信、控制功能，保证微处理器工作稳定。低功耗型的网络型控制系统开发是在深入了解移植嵌入式操作系统的基础上，选用具有移植嵌入式操作系统微处理器模块功能，在完成实时多任务操作系统移植后，应用嵌入式操作系统提供的基本功能进行驱动程序的开发，最后实现低功耗型的软件程序功能。

低功耗型的网络型控制系统实现了对电磁先导阀的分立供电，减小电源动态电流，增加电源模块的配接设备数量。控制系统的"浅充瞬放"电源管理机制，可实现单机设备用电情况监测，动态调节控制单元内电流达到平衡，实现了全工作面电能消耗动态调节和故障预警。低功耗型的网络型控制系统充放电管理技术符合本质安全特性，并且具备硬件限流和控制软件保护的多重安全保护机制，有效降低了设备动作时系统的动态电流。

28.1.3.4　低功耗电磁驱动技术

工程上大多数直流电磁阀的控制都采用恒流启动，使得占总功率90%以上的电能消耗在磁滞、涡流及短路环上，导致线圈的有功功率大部分变成热量而损失。随着智能化工作面的不断推广应用，跟机自动化过程中需要多电磁阀成组动作，因电磁阀驱动功率限制易引起电源箱负载瞬间过大而造成输出电压失压，最终导致跟机丢架等系统可靠性问题，从而影响智能化工作面常态化运行效果和质量，故研究适用于煤矿开采智能化工作面的超低功耗技术，能显著降低电磁阀驱动功耗，精简电控系统配置，提高自动跟机过程中控制可靠性和电源带载能力。

根据电磁铁输出力同气隙成反比的特性，工作位置由于气隙较小一般输出力较大，电磁阀的低功耗驱动技术主要基于大电流启动、小电流保持的工作原理，主要包括串电阻降功耗技术、DC-DC降功耗技术、高频PWM脉宽调制技术。

1. 串电阻降功耗技术

随着先导阀加工工艺改进和加工精度提升，先导阀阀座密封力稍微大于复位弹簧力20%即可实现可靠密封，因此基于先导阀的工作特性，部分厂家采用基于延时控制的串阻回路实现大电流启动、小电流保持的结构，其结构原理如图28-6所示。

其中
$$R_x = \alpha R$$

电磁铁总损耗：
$$P_{mx} = \frac{U^2}{(1+\alpha)R}$$

线圈电磁转换损耗：
$$P_{mx1} = \frac{U^2}{(1+\alpha)^2 R}$$

热损失损耗：
$$P_{mx2} = \frac{\alpha U^2}{(1+\alpha)^2 R}$$

由于电磁输出力及转化效率主要同功率相关，因此，当新增一个分压电阻后，不仅会使一部分功率通过热能形式损失掉，同时造成输出力显著降低，导致该种形式不能有效降低系统能耗。国外主要是 Tiefenbach、DBT 等厂家采用这种电控方式。由于最终输出力同分压电阻接近平方关系，故该分压电阻不能过大，一般其阻值约为线圈电阻的 1~1.5 倍。当 $R_x = R$ 时，节能效率约为 40%。

2. DC-DC 直流降压技术

将一个固定电压的直流电转变为另一固定电压或可调电压的直流电称为 DC-DC 变换，而实现这种功能的电路称为直流-直流变换器。在各种电源模块中，DC-DC 开关电源的转换效率是最高的，其采用同步整流时转换效率可达 85%~95%。稳压电路是利用了 MOSFET 的栅极启动电压作为反馈控制，利用 MOS 管的导通性控制输出的稳压电路。这个电路的最大特点是功耗超低，整个电路的耗电极小，在 12 V 输入时，漏电流不大于 3 μA，技术原理如图 28-7 所示。

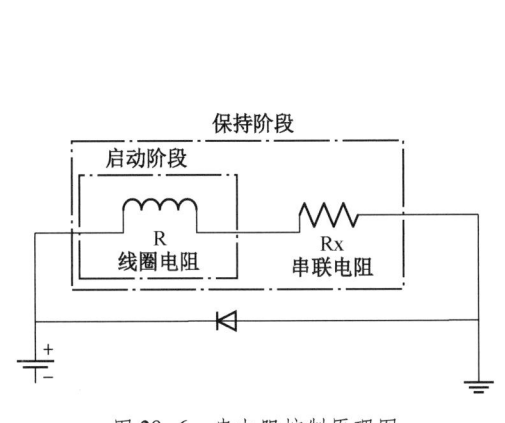

图 28-6 串电阻控制原理图

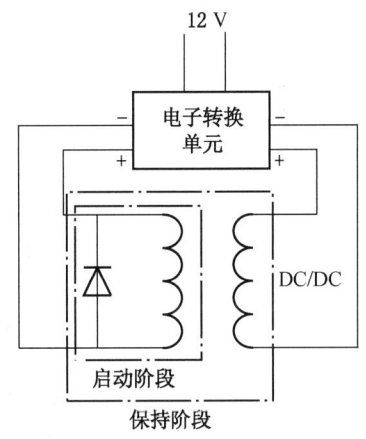

图 28-7 DC 直流降压技术原理图

控制原理：启动阶段电源 12 V 直接作用在线圈两端，此时全功率转换为电磁力；当衔铁吸合到位后通过延时电路切换到 DC-DC 变压电路，此时负载仍为线圈，但此时输出电压为 6~9 V，电子转换单元功率损耗为 10%~20%。由于没有电阻产生的发热损耗，电路具有转换效率高、能耗低等特点，在相同输出负载条件下，能耗节约在 50%~60%。

3. 高频 PWM 脉宽调制技术

脉宽调制（Pulse-Width Modulation，PWM）是利用微处理器的数字输出对模拟电路进行控制的一种非常有效的技术，通过对一系列脉冲的宽度进行调制，来等效的获得所需要的波形，即通过改变导通时间占总时间的比例（也就是占空比），达到调整电压和频率的目的。工程用阀已经采用该技术用于低功耗产品设计，通过控制驱动电流减少功率耗散。螺线管电流快速斜升以确保阀门或者继电器的打开。在最初的斜升后，螺线管电流被保持在峰值以确保正确运行，此后，为了避免过热问题并减少功率耗散，这个电流被减少至较低的水平。使用一个外部电容器对峰值电流的持续时间进行设定。电流斜波峰值和保持电平以及 PWM 频率可由外部电阻器独立设定。

28.1.3.5 推移精确位置控制技术

综采工作面直线度控制是实现工作面自动化开采的重要因素。液压系统本身具有控制滞后性，同时在连续动作过程中液压支架推移步距随刮板输送机间隙状态变化，制约了自动跟机移架功能常态化运行。

以 LASC 为代表的惯性导航技术在综采工作面的应用，实现了煤机位置轨迹、刮板输送机推进曲线的监测，为精准推移控制提供了数字化的基础。

1. 分级调速逻辑推移液压元件

为提升液压支架推移控制精度，即液压支架推移千斤顶行程控制精度，改善支架液压系统推移回路动态响应速度，设计推移逻辑阀，实现推移千斤顶的全流量快速推移和节流精确推移两级控制，有效提升推移拉架的控制精度。

分级调速液压回路和逻辑推移阀结构如图 28-8 所示。电液控换向阀执行推移动作时，逻辑阀 A、B 口之间阀芯保持正常大孔连通工作状态，支架移架、推刮板输送机液压回路控制功能与未配置逻辑阀时的液压系统功能相同；电液控换向阀执行精确推移控制动

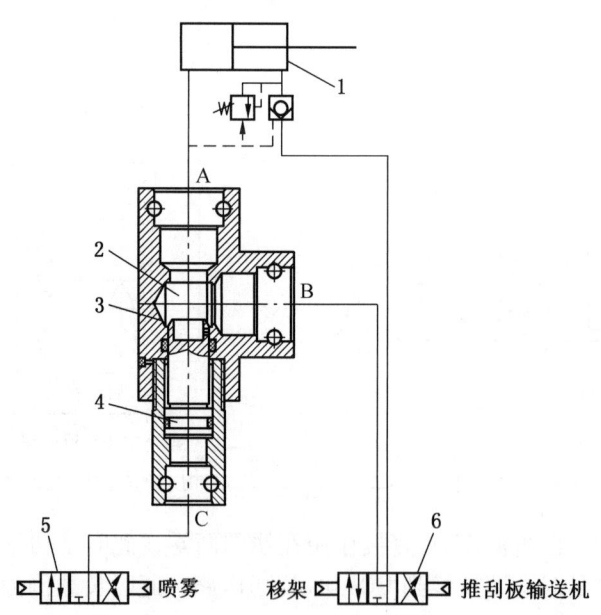

1—推移千斤顶；2—逻辑阀体；3—节流阀芯；4—控制阀；
5—电控换向阀喷雾工位；6—电控换向阀推移工位
图 28-8 分级调速液压回路和推移阀结构

作时，高压液体由 C 口进入逻辑阀，并推动进液阀杆向上运动，克服弹簧的作用力，使逻辑阀 A、B 口之间阀芯由大孔切换为小孔工作状态，实现支架移架、推刮板输送机液压回路节流供液控制。推移控制逻辑阀可根据现场不同应用条件对内部节流孔径进行调整，以便平衡移架速度与控制精度。

由于喷雾功能的辅助性，常引入喷雾装置控制液作为 C 口的精确控制高压液，喷雾动作在推移过程中触发则实现精确推移，非推移过程中对系统无影响。

2. 精确推移控制流程

配合支架液压系统配置的推移控制逻辑阀，电液控制系统通过优化自动推移程序控制流程，实现支架推移精确控制程序化运行。优化后的自动推移精确控制流程如图 28-9 所示。在支架移架阶段，当支架推移行程达到设定的精确移架目标行程阈值时，开始执行逻辑控制动作（喷雾），配合移架动作实现精确移架控制，降低液压系统控制滞后性引起的控制误差；当升柱动作结束后，同时开始执行推刮板输送机动作与逻辑控制动作，实现精

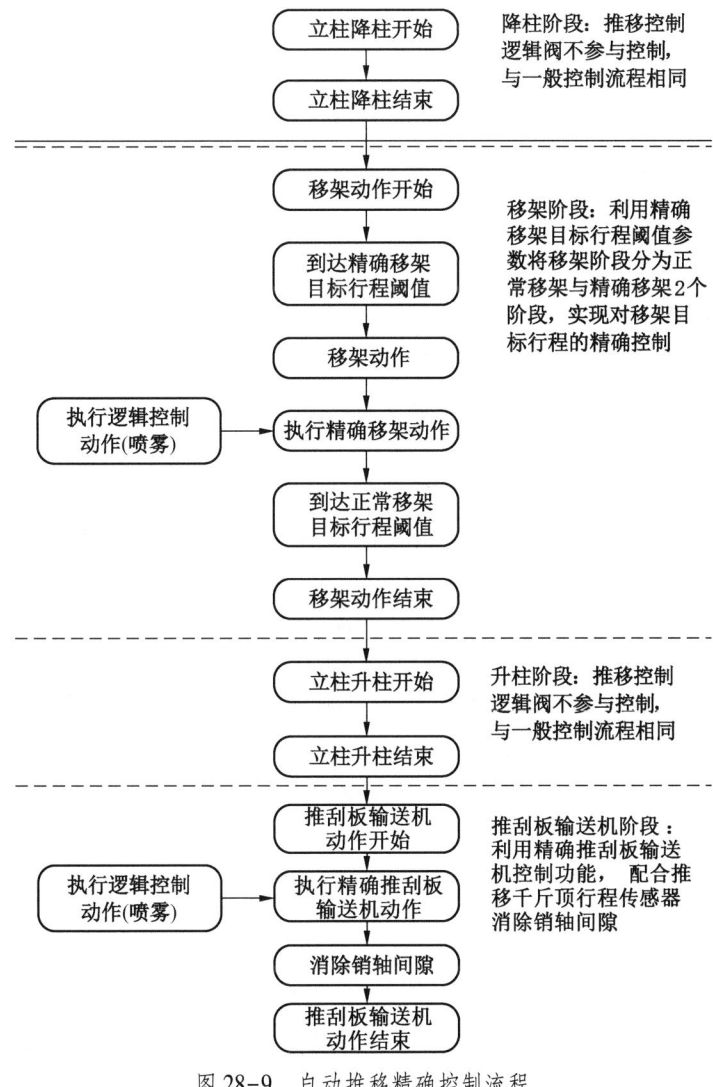

图 28-9 自动推移精确控制流程

确推刮板输送机动作,消除销轴间隙,为后续邻架移架提供充足支撑力,保证支架推移步距一致。

3. 精确推移直线度控制方案

工作面惯导曲线生成后,后处理系统按照目标线,计算每个支架中点对应的 RPC 修正数据,通过自动化主机处理下发给液压支架控制器,控制器的"找直目标"参数会根据收到的数据调整,在下一刀采煤时,液压支架按照"找直目标"数据进行推刮板输送机或拉架,从而达到工作面找直的目的。

逻辑推移阀的应用大大提升了自动化找直的精度与效率,通过现场对照验证,逻辑推移阀使推移误差降低 80% 以上,实现 ±5 mm 级别的推移精准控制。

28.1.3.6 快速移架关键技术

国内已建成多个 8 m 以上超大采高综采工作面,超大采高液压支架动作控制区别于传统系统控制,由于其大采高、大负载、大流量的特性,超大采高液压支架在大立柱快速升降柱速率、多级护帮联动控制速率、立柱大流量卸载安全性等方面制约了开采速度与自动化程度。

1. 快速移架液压系统

超大采高液压支架控制系统经历了一个明显的技术引进—消化—吸收—再创新的过程。首套超大采高工作面液压系统以典型中厚煤层的控制方法为基础,根据超大采高液压支架架型布局进行针对性改进,增加了快速供液阀,通过旁路进液实现快速升柱,但液压控制阀的增加导致系统庞杂和难以维护,国内厂家研制了采用超大流量电液控换向阀直驱、液控单向阀单阀芯升柱、双阀芯降柱的系统控制方案,液压系统原理如图 28-10 所示。该方案实现了 1000 L/min 超大流量电液控换向阀稳定供液,保持升柱时系统压力平稳,降柱时主阀与 1600 L/min 液控单向阀双路回液,多通道分级卸载快速回流,缩短降柱时间,降柱平稳。

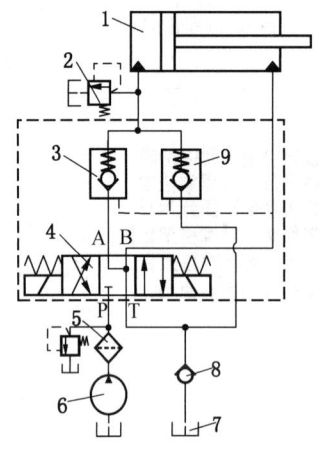

1—液压缸;2—溢流阀;3—液控单向阀 1;
4—电磁换向阀;5—过滤器;6—压力源;
7—回液口;8—回液单向阀;9—液控单向阀 2
图 28-10 快速升降柱液压系统原理图

2. 超大流量液压元部件

快速升降柱液压系统需要提高控制阀流量限制,北京天玛智控科技有限公司开发了 1600 L/min 液控单向阀、1000 L/min、40 MPa 大通径高可靠性电液控换向阀,实现流道倍增。超大流量液控单向阀需要对立柱卸载冲击瞬间有效抑制,基于阻尼减振+二级梯度卸载的液压平衡式防冲击结构通过控制腔阀芯动作顺序,实现阀芯小流量卸压、大流量泄流的梯度动作,解决超大流量立柱液控单向阀卸载瞬间的液压冲击问题,其结构原理如图 28-11 所示。

充气安全阀采用氮气作为气体弹簧,氮气弹簧具有非线性刚度,比普通的螺旋弹簧安全阀具有更优良的动态响应特性,具有良好的高频减振特性、耐久性及抗锈蚀性,体积较金属弹簧安全阀缩小 50% 以上,是大采高、高阻力、顶板来压频繁工作面的首选方案。1250 L/min 充气安全阀攻克了惰性气体密封技术,通过合理调整初始气动压力、初始密封

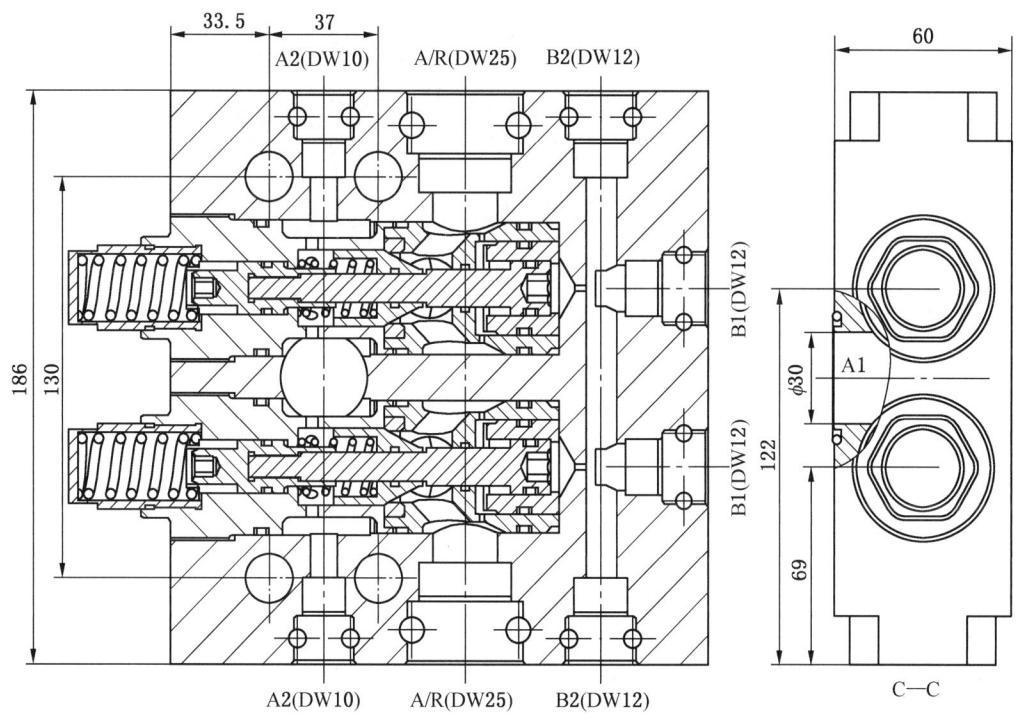

图 28-11 1600 L/min 液控单向阀冲击抑制阀芯结构

腔和阀芯面积灵活设定充气式弹簧的刚度,实现大流量安全阀产品的更新换代,其结构如图 28-12 所示。

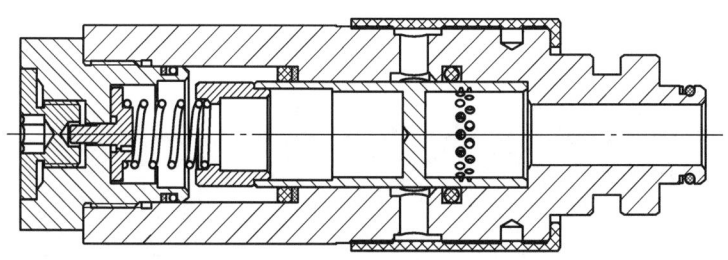

图 28-12 1250 L/min 充气安全阀结构图

公司研制了 1000 L/min、40 MPa 大通径高可靠性电液控换向阀,如图 28-13 所示,通过研究密封角度、材料、粗糙度及形位公差对硬密封及高压涨堵密封可靠性的影响机理,攻克了大通径硬密封副高低压可靠密封技术、超高压涨堵密封可靠性技术及难题;将材料热处理技术、电磁耦合技术及结构有限元技术相结合,提高了电磁力和顶杆响应特性,电磁铁防护等级达到 IP67 以上,解决了电磁先导阀存在的驱动力不足、防水性能差的问题,耐久性达 30000 次以上。

28.1.4 网络型电液控制系统应用

网络型控制系统已在国家能源集团、山东能源集团、陕煤化集团、晋能集团等各大能

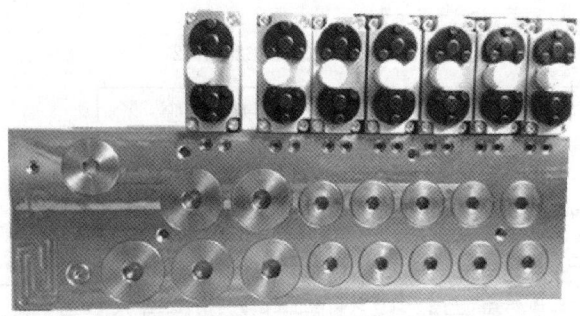

图 28-13　1000 L/min、40 MPa 大通径高可靠性电液控换向阀

源集团超过 70 个工作面推广应用，获得了客户、企业的高度认可。2019 年网络型控制系统首次在新元煤矿示范推广，采用双链路冗余架构，同时提供工业以太网通信链路和工业现场总线，有效解决了原系统通信链路复杂、速率低、实时性不足的问题，实现了工作面视频就地接入。2021 年网络型控制系统在乌兰木伦煤矿首次搭载矿鸿操作系统，实现全工作面推广应用。网络型控制系统与矿鸿操作系统的结合，改变了传统电液控制系统的操作模式，使移动端能够更加方便快捷地参与煤矿智能开采生产活动中。网络型控制系统自成功应用以来，在薄煤层、大采高等不同综采环境中都表现出了卓越的适应性，作为新一代智能型控制系统，将原有自动化、电液控系统有效结合，在工作面建立了一条高速通道，实现工作面设备的"一网到底"，减少铺设产品的种类，安装便捷，大大降低了安装、维护工作强度。同时，网络型控制系统采用标准开放的通信规约和编程平台，可以快速接入其他设备和数据系统，实现整个综采工作面底层设备的透明化，满足了煤矿智能化发展中对于设备安全高效联动、煤矿透明开采的迫切需求。网络型电液控制系统在阳煤集团应用现场如图 28-14 所示。

图 28-14　网络型电液控制系统在阳煤集团应用现场

28.1.5 电液控制系统发展趋势

随着智能化工作面的普遍应用，工作面数字传感信息的不断丰富和完善，急需液压元部件向数字液压元部件转型。主要表现在以下方面：从开关阀控制元部件向比例阀、数字阀、智能阀方向发展，后面的控制阀具有流量控制、智能通信、故障报警、超低功耗等特征；液压缸向数字液压缸技术延伸，先在精确位姿调整、流量负载较小的场景进行示范应用，最终实现整个液压支架姿态位置的实时可调、可控。

根据煤矿智能化应用场景定义，未来液压支架电液控制系统将分别从感知端、执行端、控制端、决策端进行提升。通过攻克高精度实时传感技术，对综采工作面的采煤机、液压支架、刮板输送机、巡检人员进行电气参量、音视频数据、空间定位、动作预判等全面感知，并建立有线和无线通信网络融合的传感链路，提高传感数据传输的实时性和可靠性；感知端具备端侧数据处理功能，借助感知数据实现对三机控制、设备状态监测、人员安全预警提前干预，保证工作面设备和人员的安全；通过攻克高速高可靠性通信技术，提高电磁驱动回路的灵敏度，并通过数字化反馈驱动技术，提高电磁驱动控制精度，有效提升液压支架动作效率和动作精度，实现综采工作面自动化高效开采；通过攻克低功耗电源管理控制技术，降低驱动功率，解决了为保证本质安全带来的功率制约，提升接入设备数量和支架联动数量，从根本上保证了智能化设备向多功能集成、快速响应发展的趋势；控制端集成 AI 算力，结合感知端和执行端的数据，研究"人-物-动作"识别技术，实现工作面设备、人员深度识别，动作状态智能预判，结合远程控制技术，实现工作面智能开采自动干预与调整；决策端搭建"云-边-端"系统架构，汇聚感知端、执行端、控制端的数据信息，将呈现"人-物-动作"完全透明化的工作面工作场景，利用智能化专家决策算法，对工作面所有设备工作状态、工作预判、人员安全进行实时监控和干预。

此外，网络型控制系统搭载矿鸿的应用将在"云-边-端"架构中承担更加重要的角色。矿鸿提供分布式的软总线架构，在将井下设备进行虚拟化后，通过手持移动端即可对井下设备实现"万物互联"（图 28-15）。通过这种高效的设备数字化连接，综采工作面

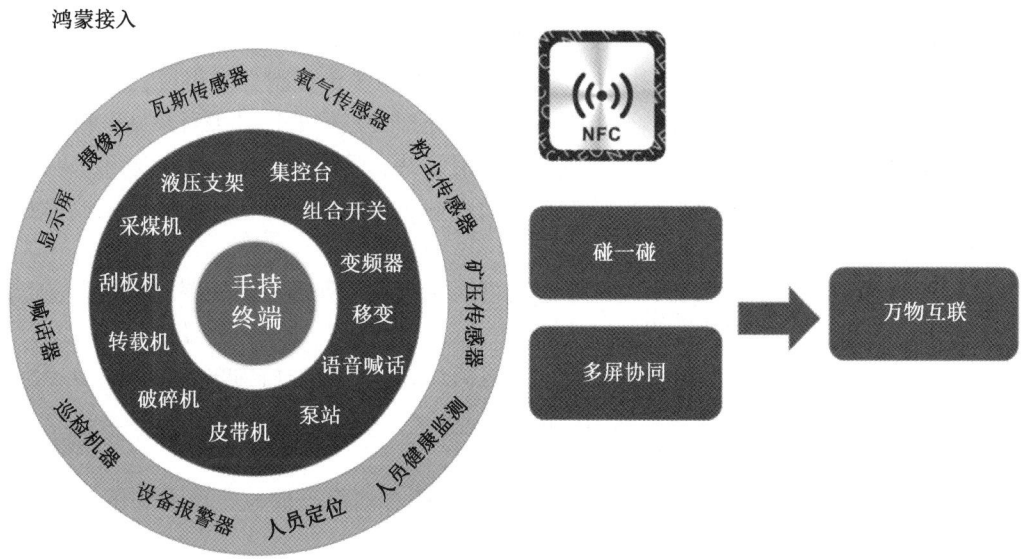

图 28-15 矿鸿系统的万物互联

在移动端即能够进行一体化控制，并且设备通过注册网络层，建立通道连接，能够实时检测设备变换，实现"零等待"体验。控制系统搭载矿鸿还能够提高数据传输效率，提升云边端架构的运行效果。

28.2 智能供液系统

我国煤矿智能化建设的高速发展，对综采综放工作面成套装备智能化的创新提出更高的要求。智能集成供液系统是为液压支架提供工作介质的电液动力装备，是整个工作面液压系统的"心脏"。随着工作面智能化水平的不断提升，智能供液技术的重要作用日渐凸显。大量的研究工作和创新成果，使智能供液技术及装备取得了长足进步，距离《中国制造2025——能源装备实施方案》中明确提出的"智能化清洁高效集成供液系统"战略目标也更近一步。

围绕着煤矿智能化生产的实际需求，智能供液技术面临许多亟待解决的新课题。随着自主感知、自主决策、自动控制功能的应用研究，高数据传输速率、稳定性和处理能力对控制系统架构提出了更严格的要求，对系统故障预测与健康管理、工作面按需供液功能方面的需求更加迫切；工作介质保障系统中，对矿井原水前处理、多级过滤、乳化液配比等各阶段的自动化、集成化、智能化程度的需求也更加强烈；生态脆弱的矿区已经将环境友好性作为硬性约束，超前提出了工作面液压工作介质纯水化的思路，并进行了先导性工程实践。随着开采深度的增加，地质条件复杂变化，亟须安全、高效、智能化供液技术及装备的创新支撑。

28.2.1 智能供液系统组成

智能集成供液系统主要包括泵站、水处理系统、乳化液自动配比系统、多级过滤系统和电控系统五大组成部分，具体由乳化液泵站、喷雾泵站、电磁卸载阀、原水箱、水处理装置及控制系统、乳化液自动配比装置、浓度监测及循环校正装置、清水过滤站、高压过滤站、回液过滤站、中央控制器、分布控制器、变频器、软件系统及连接管路等组成。"七泵四箱"智能集成供液系统的系统结构如图28-16所示。

在控制方面，集成供液电控系统设计时考虑到煤矿井下的特殊工况及液压系统模块化设计的需要，采用集中-分布式架构，由一台控制主站和多台控制分站组成，各种传感器信息由各控制分站采集后统一传输至控制主站分析处理，根据处理结果对泵站电机启停和调速、卸载阀的动作进行决策控制，实现对乳化液泵站、喷雾泵站、乳化液箱和水箱等设备的控制。电控系统接收供液需求对应的控制信息，执行相应的控制操作，与监控中心进行信息交互。

在供液方面，集成供液系统利用进水过滤站对供水进行处理后，一路连接喷雾泵，用于采煤机和液压支架喷雾降尘、设备动力传动系统的冷却等；另一路需经过深度过滤，与乳化油自动配比后输送至乳化液泵，乳化液经过高压过滤站过滤后为采煤工作面液压支架提供动力，最后经过回液过滤返回乳化液箱。

智能集成供液系统主要功能包括：

（1）主要设备状态监测、预警与保护功能：通过对油温、油位、压力和浓度等参数的实时监控，实现及时报警和停机保护。

（2）状态监测与数据保存上传功能：可以查询泵站运行和历史信息，具有数据传输

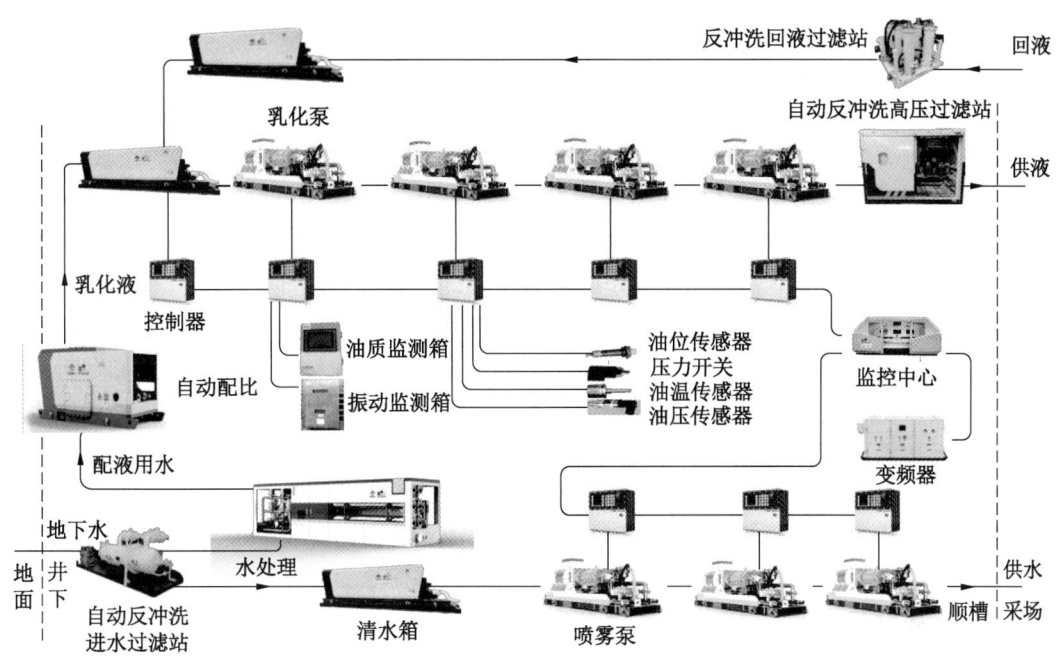

图 28-16　智能集成供液系统结构

到工作面集中控制中心的接口。

（3）泵站电磁卸载功能：通过控制软件设定乳化液泵输出压力，实现乳化液泵的高压自动卸载以及空载启停。

（4）乳化液泵站的变频控制功能：实现系统压力波动的最小化，提高泵的有效利用率，实现节能高效和稳定供液。

（5）急停、闭锁保护功能：包括单泵闭锁及多泵站的急停控制。

（6）多种控制方式：既能远程单动或就地自动控制单泵，也能远程联动控制多泵。

（7）多泵站智能联动功能：根据用液情况实现"主、次、辅、备"泵的智能启停控制。

（8）智能化操作功能：自动加水、配液、乳化液浓度在线校正。

（9）液压系统清洁度保障功能：实现对进水、高压乳化液、回液的多级高精度过滤。

（10）爆管保护功能：在胶管爆裂等突发情况下，迅速停泵，确保井下设备及操作人员安全。

28.2.2　关键技术

28.2.2.1　智能配送水基动力系统控制技术

对于智能配送水基动力系统的控制，以控制主站和控制分站为核心，电磁卸载与变频控制的结合使用，通过对多个泵站设置主、次、辅、备编组和不同调定压力，电控系统实现了多泵站的智能联动和功率匹配，突破实现了基于预测用液负载的供液关联决策、自适应高效能变流控制等技术，并研制了远距离分布式时钟同步通信系统。

1. 基于预测用液负载的供液关联决策技术

基于预测用液负载的供液关联决策技术解决远距离用液量与供液量不能及时匹配的控

制难题。

综采工作面液压支架电液控制系统已经实现了单个支架的单动作控制、成组支架动作的顺序程序控制和液压支架跟随采煤机位置的自动控制（亦称跟机控制）等功能，不仅降低了煤矿工人的劳动强度，同时提高了煤矿生产效率。支架液压系统是一个阀控缸系统，通过液压阀的动作控制液压缸的伸、收，实现升柱、降柱、拉架、平衡、侧护、抬底等功能。跟机控制过程中，液压支架的液压系统主要负载为支架各动作过程用液需求，控制目标主要实现液压支架各动作在规定时间内可靠动作到位，保证后续动作顺利进行。

通过获取综采作面的支架预估动作，结合采煤机牵引速度、液压支架动作缸径和数量等参数，通过流量函数计算液压支架动作所需的流量。液压支架执行动作前，工作面用液需求将由液压支架电控系统发送给集成供液系统，由供液系统进行泵站的变频调节，从而实现工作面按需供液。集成供液系统依托"主、次、辅、备"多泵联动机制，以变频、电磁卸载为调节手段，实现按需供液的最优控制。

在联动模式下，电控系统将根据用液需求及各泵站工况自动进行泵站启停，以达到支架频繁动作时及时开启多台泵站，动作完毕后自动停止多余泵站的功能。同时还能根据泵站各自的工作时间，调整主泵顺序，使各泵站的使用寿命更加平均，从而兼顾工作效率与节能环保。

2. 自适应高效能变流控制技术

自适应高效能变流控制技术，用全变频实时流量调节、变频与卸载柔性配合的控制方案，开发随压自动启停、阶梯压差联动等协同控制算法，解决了供液端非自动协同及压力波动问题，实现高能效供液。

智能配送水基动力系统采用机械-电控双模式的电磁卸载阀，可以根据工作面实际需求调整泵站出口压力波动范围，实现泵站空载启动及空载停机功能，保证工作面稳定供液，解决了在泵站启动瞬间电机电流过大对电网冲击的问题。空载启动、空载停泵过程与高压系统隔离，避免高压系统的振动。

将动力系统变频控制与电磁卸载相结合，两者的智能联动控制避免了变频控制导致的低速重载、运动部件磨损剧烈等问题，降低不必要的功率损耗和零部件磨损，提高了动力系统的响应速度和利用率，实现动力系统的高效、节能、稳定供液。

28.2.2.2 大流量高压力低振动水基动力技术

1. 大功率高能效液压传动技术

乳化液泵功率较"十三五"时期装备有了较大提升，"十三五"期间设备功率以500 kW为典型应用，当前设备功率以1000 kW为典型应用。乳化液泵功率等级范围以400~1000 kW为主，属于大功率动力装备，整机总效率可达到85%以上。大功率高能效液压传动技术是依托高水基或纯水为介质进行液压能-机械能转换的技术路线。高效率回转往复动力转换技术通过曲柄滑块机构实现回转-往复运动转换，结合低振低噪控制技术，联合一级齿轮减速，实现能量高效转换。乳化液泵减速箱减速方案如图28-17所示。

方案主要包括悬臂单侧斜齿传动减速、减速箱内双斜齿形一级减速、减速箱外双斜齿形一级减速等，齿轮传动效率基本可达到97%以上。其他能量损失主要体现在摩擦损耗及热损耗，主要控制手段包括传动系统中各处摩擦副的摩擦磨损控制及热损耗控制。

对常规开采而言，乳化液泵单泵运行时间可达2000 h/a，累计功耗较大。乳化液泵整

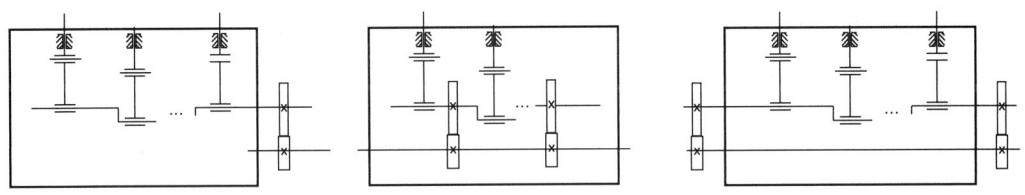

图 28-17 乳化液泵传动方案

机功率的提升对绿色开采意义较大。

2. 低延迟耐气蚀液力配流技术

水基液压传动依靠吸液、排液两组单向阀实现高压介质的吸入和排出。其配流单向阀的开启时间和滞后动作通常在 10 ms 级别。单向阀的导向、密封及结构形式通常对配流稳定性、延迟、可靠性等因素影响较大。通过优选不锈钢基体材料、表面改性处理等手段,提高平面/锥面等密封面的密封稳定性,提高对高水基介质的适应性。

3. 纯水适应性技术

纯水作为工作介质的本质安全环保性,使纯水液压技术成为煤炭绿色开采技术的研究热点之一。将纯水环境下的主要技术难题,包括高强度抗腐耐蚀材料、纯水介质吸排液可靠性技术、纯水介质高压密封技术。

以马氏体不锈钢和双相不锈钢为主的不锈钢材料其耐腐性较高,中性盐雾试验抗锈蚀性超过 800 h,材料抗拉强度可达到 800 MPa。同时,物理热渗透+不锈钢,PTFE 涂层+不锈钢,微弧氧化+钛合金 3 种表面处理和材料组配用于泵阀耐久性测试。

4. 高频动载水基介质密封技术

面向高水基高频冲击密封副材料组配优化、表面处理等技术,提升了密封副材料耐久性。优化盘根宽度/柱塞行程比,密封副寿命可达到 2000 h。一个采煤工作面开采可实现仅 2~3 次密封易损件更换。

5. 低振低噪控制技术

通过抑制声源传播路径阻止、降低、隔断噪声源的传播路径,实现吸声降噪、隔声降噪、消声降噪。直接通过革新驱动结构(如去除一级齿轮传动机构),或通过提高传动精度、齿轮修形、流道改善等一般手段,降低噪声源向传播途径释放噪声能,抑制声源降噪。

28.2.2.3 乳化液智能制配及循环周期全流程保障技术

1. 水质深度净化技术

乳化液作为煤机产品液压传动的工作介质,尤其是作为综采工作面液压支架的工作介质在煤矿井下得到了广泛应用。由于水是乳化液配制中最主要的成分(体积分数≥95%),其纯净度对液压系统核心单元的稳定运行和使用寿命有着关键影响。经粗过滤处理后的矿井水,其水中主要含有细小颗粒物、硬度离子等杂质,若直接用于乳化液配比系统,则容易引起乳化液析出,造成支架滤芯、电液阀等精密液压元件堵塞和锈蚀。因此,对粗过滤后的矿井水进行深度净化处理,对于保证乳化液介质的纯净度、降低液压系统故障率、提高综采工作面液压系统的安全可靠性尤为重要。

关键技术如下:①颗粒物梯级处理技术,针对井下给水中颗粒物粒径小、比重轻、沉降速度慢的特点，通过采用自清洗网式过滤、介质过滤、精密微滤、接触混凝等手段，实现 50 μm、10 μm、5 μm 等不同粒径等级颗粒物的梯级去除，产水浊度低于 1NTU，可回用于喷雾除尘、设备冷却等用水；②反渗透脱盐技术，通过以井下给水压力为推动力，实现反渗透膜两侧的溶质与溶剂分离，从而有效去除矿井水中的溶解性离子和有机物，脱盐率可达 99%，产水水质优于 MT76 行业标准，充分保障乳化液介质的清洁配置；③防结垢技术，针对由结垢污染所造成反渗透膜产水效率与使用寿命严重下降的技术难题，通过 CFD 分析膜面浓差极化特性，针对性开发适用于矿井水脱盐处理的反渗透电磁阻垢技术，膜使用寿命大幅提升；④智能控制及结构集成技术，将颗粒物梯级处理技术、反渗透脱盐技术、防结垢技术等高度集成为一体式或分体式水处理设备，通过设计核心控制单元、执行单元、检测环节等控制系统，实现水处理设备与乳化液配比系统的自联动功能，根据运行情况进行自动进水、蓄水、供水、自动排污清洗、故障报警自诊断等，无须专人值守，只需定期巡视或更换备件耗材，有效助推井下综采设备减人增效和智能安全生产。智能型分体式水处理设备实物如图 28-18 所示。

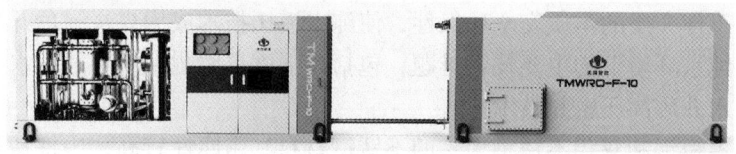

图 28-18　智能型分体式水处理设备

2. 乳化液智能配比及循环矫正技术

乳化液自动配比与浓度检测是供液系统多年无法解决的技术难题，随着技术的发展，乳化液自动配比浓度的准确度有了很大提高，但大部分配比系统只注重配比浓度的准确性，忽略了整个供液系统的浓度，乳化液浓度不达标，会造成液压元件损坏等问题。基于进水稳压装置、机械式乳化液混合器、浓度传感器、控制器及控制算法的自动配比装置，大幅提高了乳化油的利用率和乳化液配比的稳定性，乳化液配比浓度可稳定在 0.5% 以内，有效解决了手动配液工作稳定性差、劳动强度大、配比浓度不准确等问题，乳化液配比与浓度矫正系统工作原理如图 28-19 所示。

在系统自动配比时，浓度传感器监测混合器出口浓度，控制器实时读取浓度数值并通过与设定浓度值进行比较，调节电控节流阀过油孔开闭程度，保证自动配比后的乳化液浓度趋于设定数值。在自动配比过程结束后，配比管路被关闭，浓度自动矫正系统的循环泵、电动球阀开启并循环乳化液箱的乳化液，控制器通过液箱浓度检测值与目标值比较，对电控节流阀开闭程度进行控制，使乳化液液箱内循环的乳化液浓度趋于目标浓度。在理想状态下，整个工作面液压系统到乳化液泵站系统是一个闭合循环的系统，乳化液箱是闭环的一个重要节点，通过不断对乳化液箱内的乳化液浓度进行矫正从而实现整个工作面液压系统的浓度矫正。在液压系统中乳化液浓度变化是一个比较平缓的过程，基本不会出现"过山车"式的浓度跳跃，通过乳化液浓度自动校正系统的不断循环，浓度不合格的乳化液在乳化液箱内不断的矫正作用下，经过一段时间系统浓度就会趋于正常，满足综采工作

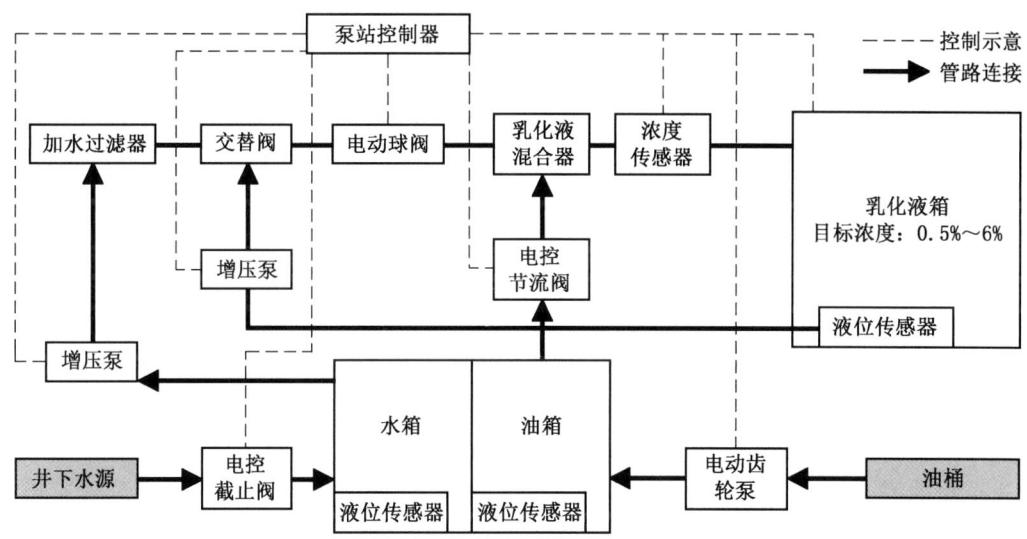

图 28-19 乳化液配比与浓度矫正系统工作原理

面大流量液压系统乳化液浓度的要求，乳化液自动配比站如图 28-20 所示。

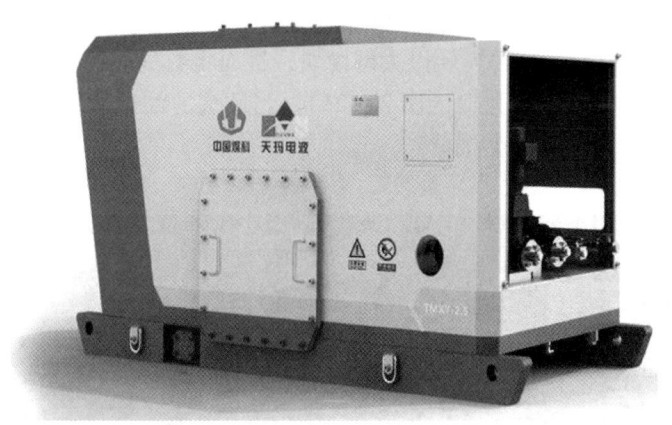

图 28-20 乳化液自动配比站

乳化液浓度传感器主要用于监测乳化液配液的浓度，该浓度值能够在控制装置的屏幕上实时显示。浓度传感器采用天玛公司自主开发的密度法传感器，测量精度最高能够达到 ±0.2%，测量更加准确。

28.2.2.4 系统状态监测和健康管理技术

恶劣的工作环境、复杂的设备结构以及变化无常的系统工况时刻影响供液系统的稳定运行，部分机械故障的发生与发展较快，极易导致设备损毁。特别地，泵站作为供液系统中的核心动力装备，具有故障模式多样化、零部件故障激励多源化等特点，故障频发的泵站对供液系统的稳定运行产生较大影响，恶性故障不仅会造成严重的经济损失，甚至导致人员伤亡，影响恶劣。因此状态监测与健康管理技术对供液系统的持续稳定运行具有重要意义。

对供液系统的状态监测主要包括对往复柱塞泵的油温、油压、液位监测以及对乳化液配比系统的浓度等监测。传统监测诊断方法已经越来越不能满足煤矿生产的智能化需求。因此，通过增加多种监测手段，获取更丰富的设备信息，对设备的健康状态进行识别和管理，可大大提升供液系统的智能化水平，如在往复柱塞泵上增加油质监测与振动监测。

1. 油质监测与健康管理

当设备的油温出现异常时，表明设备的磨损已经较为严重，因此油温监测为晚期预警。润滑油既是设备运行的保护介质又是磨损颗粒、污染物等的承载介质，因此对油液进行监测，能很好地进行早期预警，既保证设备有良好的运行润滑环境又能及时发现设备的潜在故障。

泵站中的油液主要集中在减速箱底部，通过油泵的带动，经过油冷却器，油液从底部抽送至喷油嘴，然后喷溅至减速箱齿轮上，起到润滑齿轮的作用后，再循环至减速箱底部。潜在的故障形式有齿轮磨损带来微小的金属颗粒混入油液、油冷却器破损导致水分混入油液、长时间运转后油液自身老化。由于油液氧化和各种杂质的掺入会导致黏度升高，颗粒度可有效反映机械部件表面磨损和疲劳状态，介电常数能够综合测定油液总体污染程度和质量，因此可选择油液的黏度、颗粒度、介电常数等参数作为监测参数。

在泵站外置油路加装三通接口，将油质传感器接入泵站油路，数据采集选用KXH12B型泵站控制器，通过该控制器的4~20 mA模拟量采集接口采集油质传感器的信号，控制器将数据通过CAN通信传至CAN转以太网模块，进而将数据通过以太网接口传至监控主机，监控主机显示和存储油质数据（图28-21）。当监测的油质监测参数值低于设定的阈值时，表示油液不合格，系统会报警。

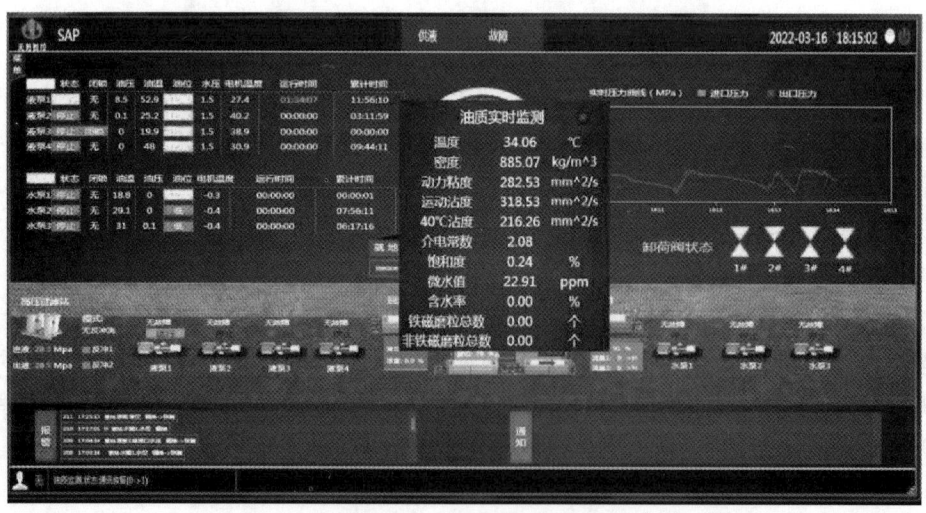

图28-21 油质实时在线检测

2. 振动监测与健康管理

振动和声发射传感器的非浸入式安装简单方便且监测数据容易获取。振动噪声的在线监测诊断一般是通过传感器将振动或噪声等表征机械状态的特征参量转化为电信号，经过放大采集、信号处理和分析后，对故障信息或故障零部件进行报警或诊断。另外，相比声发射监测技术，振动监测受外界环境影响较小。因此对泵站进行状态监测引入振动监测技术。

对往复柱塞泵关键部位的振动状态进行监测，现场实物如图28-22所示，在往复柱塞泵泵头布置了振动传感器进行泵阀状态信息的采集，在曲轴箱箱体表面也布置了传感器用于监测箱体振动和轴承振动，能够为往复柱塞泵状态的评估、零部件振动特性的分析和零部件的故障诊断提供数据基础，对往复柱塞泵的安全稳定运行具有重要的意义。

图28-22 往复柱塞泵液力端振动监测

由于时域振动信号受随机性特点影响较大，时域瞬时幅值对信息的表征效果并不理想。为了降低随机性因素的影响，常从时域振动信号中提取统计和波形等特征来描述振动信号的时域波形特点，时域特征参数包括均值、标准差、峭度、波形因子、脉冲因子等，实现对滚动轴承等零部件振动信号的特征分析，总结零部件的振动特点。

同时，设备在发生故障时，许多零部件的故障特征可以通过振动信号的频域分析来识别，如滑动轴承的倍频信号、滚动轴承的故障特征频率等。频谱分析是设备振动故障诊断的基础，最普遍的做法是应用快速傅里叶变换实现复杂信号振动频谱分析，频域分析包括幅值谱分析、功率谱分析、阶比谱分析、包络谱分析、包络阶比谱分析等。

在 BRW（1250/40）乳化液泵站上安装布置振动传感器，利用数据采集系统进行振动数据采集，对不同工况下的乳化液泵站振动数据进行分析，系统应用界面如图28-23所示。

28.2.2.5 远距离输送稳压稳流控制技术

1. 多泵站并联多级卸荷压力控制技术

随着技术的不断进步，集成供液系统不断向高压大流量方向发展，通常需要采用多台泵站进行供液。集成供液系统普遍采取每台泵站上安装一套电磁卸荷阀，以实现对单台泵站供液压力的调控。每台泵站的出口压力靠控制分站调节电磁卸荷阀来进行调控，各泵站供液管路汇总到系统总出口进行压力监测，电控系统以系统总出口供液压力值作为控制反

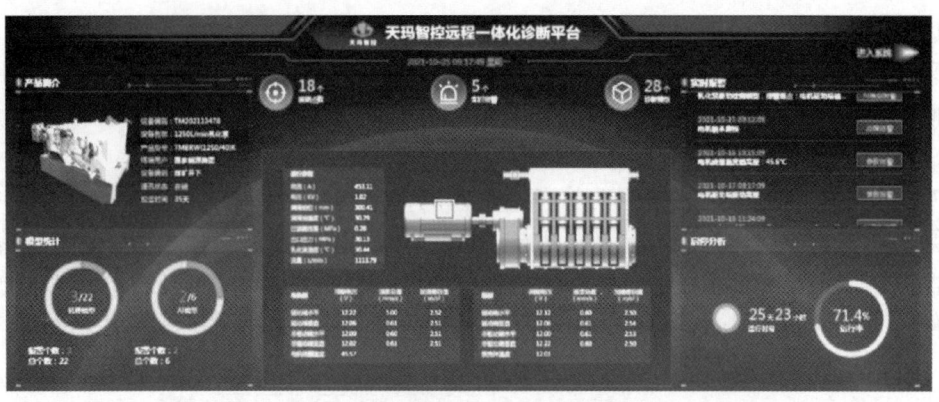

图 28-23 远程一体化诊断平台

馈依据,分别控制每一台泵站上的电磁卸载阀开启或者关闭进而对集成供液系统总体供液压力进行调控。

每一卸载阀与单台泵体刚性直接连接,空间有限单位流量下压力变化明显,系统刚性较大,受柱塞往复运动影响,泵本身压力脉动较大,易造成卸荷频繁。另一方面,每一泵体单独设置卸载阀的话,为了满足卸载压力的需要,必须要求卸载阀流量与泵相匹配,即卸载阀的卸载压力要大于或等于泵的公称压力,因此卸载阀的通径需要设计得很大。所以大流量泵所需要的卸载阀既要满足大流量需求又要满足快速响应开闭的需求,会通过频繁开启或者降低开闭频率恢复压力来实现,而频繁开启会给卸载阀的使用寿命带来很大影响。

卸载装置独立于泵体单独设计,根据实际需要卸载装置可以连接一台或者多台泵体,能够有效降低泵体压力脉动,卸载装置的流量不受泵体流量的限制,能够实现卸载装置响应时间和通径的优化合理配置,多级卸载装置如图 28-24 所示。由于卸载装置不与泵体

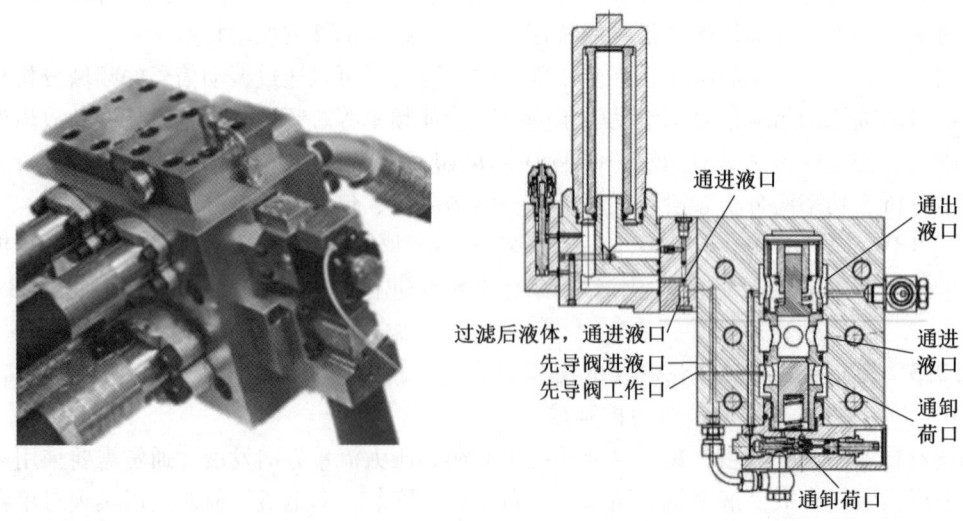

图 28-24 多级卸载装置

刚性直接连接，另外由于在卸载装置中设置了蓄能器，避免了卸载装置频繁开启，可有效提高卸载装置的使用寿命。通过控制器集中控制不同级的卸荷部件进行增压或者卸荷，能够解决多泵体情况下的压力脉动以及卸荷频繁开启问题，将泵站压力脉动幅度和频率降低，实现集成供液系统压力的控制，从而从根本上解决变频响应不足的问题。图 28-25 所示为不同压力控制方式系统压力波动对比。

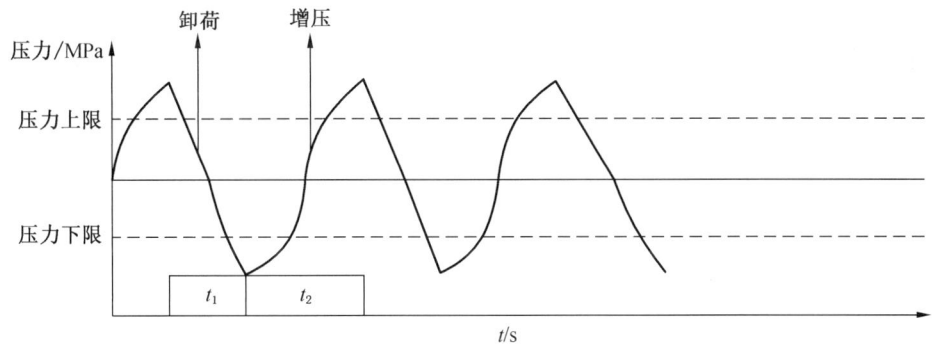

(a) 原有系统压力波动曲线

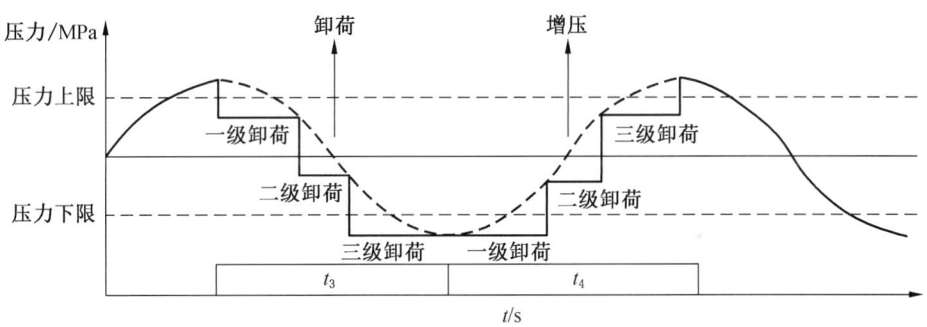

(b) 集中式分级卸荷系统压力波动曲线

图 28-25　不同压力控制方式系统压力波动对比

2. 工作面回液背压治理技术

研究流量对液压支架降柱-移架-升柱动作执行阶段稳定性与快速性的影响，对两个立柱伸缩时的总供回液流量进行仿真。研制回液中继系统，解决下行供液回液背压过大造成的工作面回液不畅问题及降柱速度慢的问题。建立工作面支架全体执行机构的空间位置递推模型，测定变负载条件下长管路压力波传播速度和体积模量，研究管道位置和流量变动时的压力脉动规律。研究大功率长管路乳化液流体紊动特性，建立高压大流量长管流体数值模拟计算方法，探析动力瞬态响应和频率响应特性。

当工作面相较于泵站系统处于较低海拔时，由于高度产生的压力损失可能会超过支架降柱时自身的初始动力，造成工作面降柱困难。通过工作面远距离回液中继系统，在近工作面段增加相应容积的中继箱，使工作面回液无阻力进入液箱后，再由增压泵提供动力使其返回系统回液箱。

回液中继箱的主要功能是为了降低工作面液压支架的回液阻力，而当工作面支架内液体进入缓冲箱时，可以使回液顺畅地进入液箱。然后由增压泵将回液输送至回液过滤站。回液中继系统控制流程如图 28-26 所示，主要工作流程如下：当工作面开始回液时，乳化液无阻力回到箱体内，箱体内液位不断上升，液位上升的数据可以通过液位传感器实时读取，并反馈至控制器内。当液位上升至预设高度时，控制器发出信号，控制增压泵启动，此时箱体内的液体通过增压泵的增压后，通过连接管路被输送回泵站系统，形成乳化液的循环。当箱体内的液位降至预设低位时，控制器发出信号，增压泵停止工作。同时，当增压泵出现故障时，为了避免箱体的外溢，可以通过控制阀改变液体流向，绕开缓冲箱使回液直接进入管道，而不影响系统的正常使用。乳化液回液中继系如图 28-27 所示。

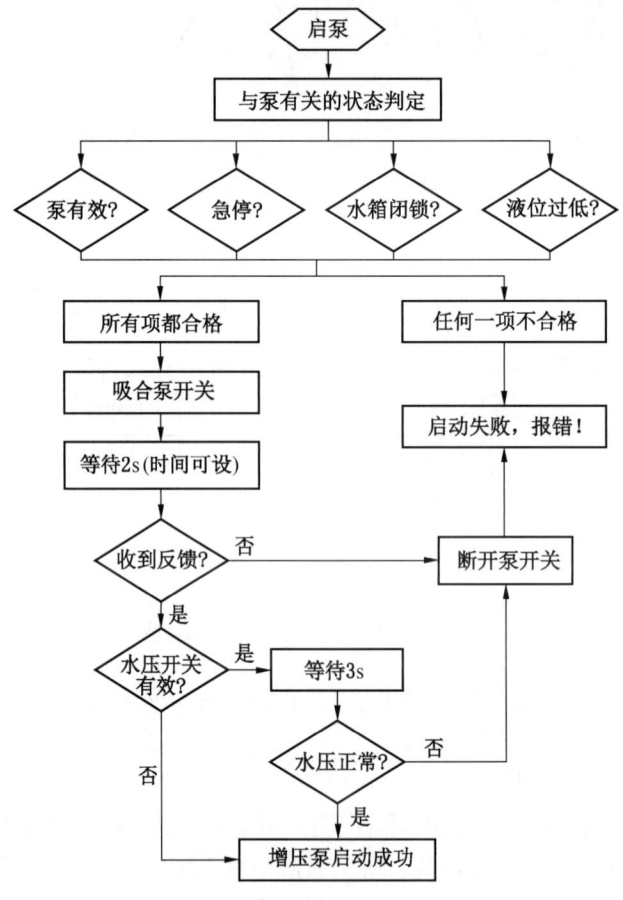

图 28-26　回液中继系统控制流程图

3. 基于水力模型、综合多参数监测的远距离监控技术

将高频压力、水听器、流量、液体品质等多参数监测相融合，攻克针对水锤、爆管、漏损、阻塞等问题的多参数管路监测。利用机器学习、大数据分析等技术手段，实现对远距离供液管路的异常评估和风险预警，状态检测流程如图 28-28 所示。

（1）数据采集获取：完成监测系统的安装布置后，数据采集单元实时采集设备的监测参数。

图 28-27 乳化液回液中继系统

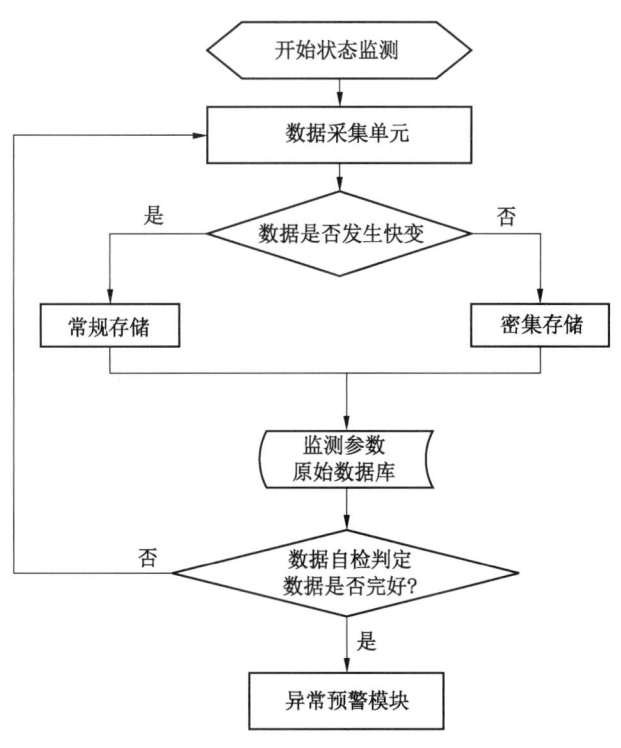

图 28-28 状态检测流程图

（2）数据存储：对非快变数据常规存储，对快变数据密集存储。由于故障的发生往往伴随着一些信号数据的快速变化，因此设定数据存储策略，根据数据是否发生快变，选择不同的存储策略，即对数据快速发生变化的时刻前后一段时间进行数据的密集存储，从而完成对快速变化过程的完整记录；否则，进行常规的存储即可。

（3）数据自检：信号完成存储以后，在进行状态指标计算之前需对硬件系统（传感器、数据采集器、线缆）的信号采集质量进行检验，防止因传感器松动或损坏、数据采集器异常以及线缆损坏等导致的测量质量不合格。若数据质量完好则进行预处理和状态指标参数的计算,否则返回检查硬件设备。

(4)异常预警学习单元是异常预警模块的核心内容。报警阈值的设置有手动设置模式和自动设置模式。手动设置模式下,状态参数的报警阈值均需要手动输入或更改,其中首次报警阈值的设定即是根据经验手动设置的初始报警;自动设置模型下,基于变工况阈值学习模型学习出的报警阈值可以自动赋予报警模块,实现报警阈值的自动更新,也可以人为确定是否更新。在选择自动更新报警阈值模式下,需要确认在模型参数自学习过程中未发生故障。多参数自适应预警方法流程如图28-29所示。

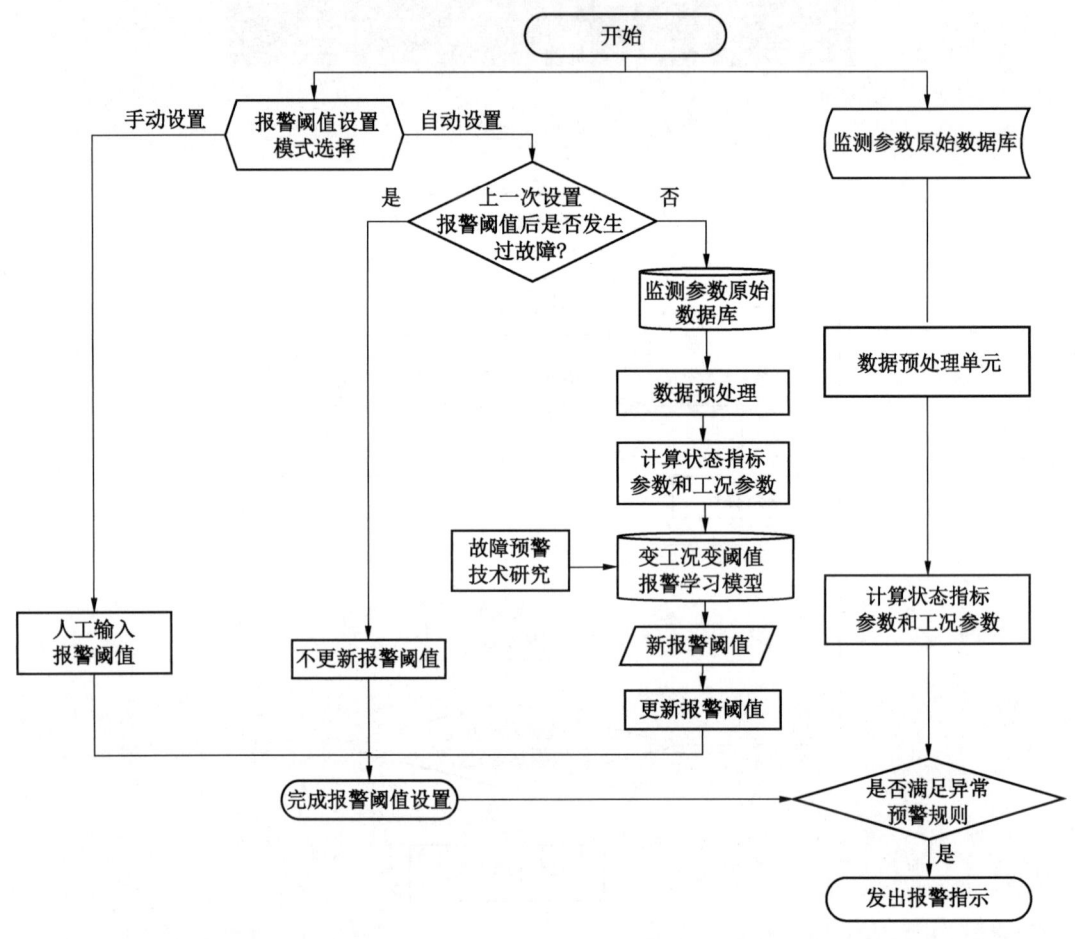

图28-29 多参数自适应预警方法流程图

(5)异常预警模块基于工况参数的报警阈值/规则赋予报警管理模块,当某一工况下实时状态指标参数满足异常预警规则后,进行数据干扰检测,判断超阈值是否为外界干扰导致的假信号,若判断为真实可信的信号,则发出报警指示。

针对管道爆裂等故障的实时监测,选择不同监测带的实时监测数值组成一个样本横向量 X 并建立数学模型:样本元素均为正常值时,响应的输出 y 接近于1;当样本元素中存在异常点时,相应的输出 y 中对应异常点的值低于 0.5,即输出 $y \in [0, 1]$ 表示的是正常运行的概率。采用径向基函数实现上述映射关系并且选择高斯函数作为核函数,可以表示为

$$y = \exp\left\{-\frac{[(x-\mu)/\mu]^2}{\delta^2}\right\}$$

式中,μ 是对应输入向量 x 的平均值;δ 表示该径向基函数的宽度。

(6)支持向量机是一种常用的分类算法,通过寻找一个超平面来分割样本并使超平面离两边的数据的间隔最大,适用于解决线性可分问题。为了降低监测信号随机性的影响,允许个别样本在模型训练过程中可以不满足约束,因此引入软间隔支持向量机。通过模型训练时的约束条件宽松化,使训练后的工况识别模型的泛化能力能够得到提升。

$$\min_{w,b} \frac{1}{2}\|w\|^2 + C\sum_{i=1}^{n}\xi_i$$
s.t. $\xi_i \geq 0$
$y_i(w^T x_i + b) \geq 1 - \xi_i$

$\longrightarrow$

$$\min_{\alpha_i}: -\sum_{i=1}^{n}\alpha_i + \frac{1}{2}\sum_{i=1}^{n}\sum_{j=1}^{n}\alpha_i\alpha_j y_i y_j x_i^T x_j$$
s.t. $\sum_{i=1}^{n}\alpha_i y_i = 0$
$0 \leq \alpha_i \leq C$

$\longrightarrow f(x) = \text{sgn}(w^* x + b^*)$

28.2.3 智能供液系统应用

SAP 型智能集成供液系统不仅具备乳化液泵站、喷雾泵站的基本供液功能,还将电磁卸荷控制与智能联动控制、自动补水、多级过滤、系统运行信息检测与上传等功能集于一体,为用户提供专业化的综采工作面供液系统整体解决方案。不仅方便用户对供液系统进行集中采购、集中管理,也避免了分散采购造成的接口不统一、参数不匹配、相互冲突等问题。通过统一规划、合理布局,可以最大限度地降低工作面巷道液压管路的复杂程度,实现液压管路布置的集约化、标准化。SAP 型智能集成供液系统,通过系统集成技术将系统内各组成设备结合成一个有机的整体,充分发挥各个设备的功能。

SAP 型智能集成供液控制系统根据用户需求,合理选择泵站及液箱的配置。乳化液泵站采用电磁卸荷与智能联动控制的供液模式,降低了系统压力波动,有效提升供液效率,满足工作面支架快速移架对泵站流量及压力的要求。

矿用本安型泵站用控制器是 SAP 型智能集成供液系统控制的核心设备,分别安装在乳化液泵、喷雾泵、液箱等位置,通过架间电缆连接。控制器的主要功能为采集、显示、传输各种传感器的数据,实现泵站的启动、停止以及电磁卸荷控制等功能。控制器内采用一体化设计,集成了相关的数字量及模拟量采集模块、输出模块、通信模块等,实现对泵站数据的采集、启停控制、泵站卸载阀控制等。集成供液系统总体配置见表 28-2。

表 28-2 集成供液系统总体配置表

序号	名称	规格型号
1	乳化液泵站	BRW630/37.5
2	喷雾泵站	BPW500/16
3	乳化液自动配比装置	TMRHYPB
4	泵站附件	TMBZFJ

表 28-2（续）

序号	名称	规格型号
5	泵站控制系统	SAP2.0
6	多级过滤	TMGLQ
7	工作面巷道远程监控系统	
8	乳化液自动配液站	TMPYZ（130/25）
9	反渗透装置	TMROJ（I-4）
10	矿用隔爆兼本安型多回路真空电磁启动器	QJZ1-240/1140(660)-8
11	矿用隔爆兼本安型组合变频器	BPQJ-(2×500、800)/1140
12	矿用隔爆兼本安型组合变频器	BPQJ-(2×500、800)/1140

28.2.4 智能供液系统发展趋势

随着煤矿智能化开采装备技术的研究和发展，煤矿开采逐渐向安全高效绿色发展。远距离供液中心作为综采工作面智能供液技术的重要发展方向，有利于解决煤矿井下工作条件恶劣、安全隐患和危害职业健康的因素多等问题。随着煤机设备可靠性、稳定性的提高，泵站供液压力及流量控制难题逐步得到解决，使得更远距离的高压乳化液供应成为可能，随着智能化开采技术的发展，采区多工作面同时或者分时供液成为必然。智能化开采技术的发展推动了多泵站供液方式、压力控制方式等技术的变革，随着供液系统高频脉动有效控制、基于变频调速的多泵站流量连续压力控制以及远距离供液压降控制等技术的攻克，已经逐步实现了复杂地形大坡度长距离工作面、超长走向千万吨工作面、综采放顶煤智能化工作面等不同条件下的远距离智能集成供液，逐步实现由现在的"一面一站"向"多工作面集中供液"过渡。

现存的支架供液系统的结构组成形式和稳压控制方法均无法对供液流量进行全范围连续调节，导致支架供液动力难以实时响应执行端负载的连续变化，适应大功率强时变负载的供液系统稳压控制成为难题。支架供液系统负载在时间序列上具有非单一周期性、非线性、非平稳性特征，关于支架的载荷预感预知技术均没有和供液系统的供液量控制建立实质联系，供液系统压力控制形式简单，导致系统压力本质上无法准确且难以快速调节，尚待研究多执行机构周期性分时动作过程的系统负载预感预知方法，以形成基于供液系统负载压力感知和需液量预测的智能稳压控制模式。支架供液网络动力传递过程受高频变化负载影响，长管路内的乳化液紊流特性十分复杂，当下的供液系统压力损失分析方法难以适应强时变负载条件下供液动力衰减的动态补偿，高压、大流量、长管路内的流体非定常流动规律有待进一步揭示，为强时变负载特征作用下的大功率供液系统长管路压力损失在线补偿方法的进一步深入研究提供依据。

泵站作为综采集成供液系统的心脏，其健康的运行状态是综采工作面安全、高产、高效生产的必要保障。泵站本身是集机、电、液为一体的复杂系统，潜在故障点多，故障模式多样化，因此依靠常规的状态参量监测，无法准确地预防或诊断。随着计算机技术、信号处理技术、数据传输技术的发展，多参量、多通道信息融合的在线监测技术，是泵站综合性、智能化监测诊断的发展方向。

智能化生命周期管理，是以故障预测与健康管理（PHM）系统为主体，能够对智能供液系统的整体和元部件的故障潜伏期进行预判断，并提供可靠、精准、智能的设备维护保养大修计划，从而保障供液系统能够在全生命周期内健康管理。主要途径是利用各类先进传感器获取装备状态信息实现状态监测，进而借助信号处理、机器学习等技术实现装备的健康评估、故障诊断和故障预测等，为装备的故障定位和维修决策提供参考信息。因此，开展基于PHM的新型智能集成供液系统的研究，提升集成供液系统的可靠性和智能化水平，增强产品核心竞争力，符合国家、行业发展趋势与要求，对推动集成供液系统的发展具有重要意义。

29 智能化煤矿水务技术创新与实践

29.1 智能化煤矿水务的建设思路

29.1.1 智能化煤矿水务的概念

煤矿水务是指由煤矿的水源（原水）、废水（污水）净化处理、供水（中水回用）、排水等单元构成的"源-净-供-排"整个水资源链以及相关的生产经营活动。煤矿水务在煤矿生产运行过程中发挥着不可替代的作用，保障着井下排水安全、生产用水安全、生活用水安全、水质达标和环保安全。煤矿水务系统结构如图29-1所示。

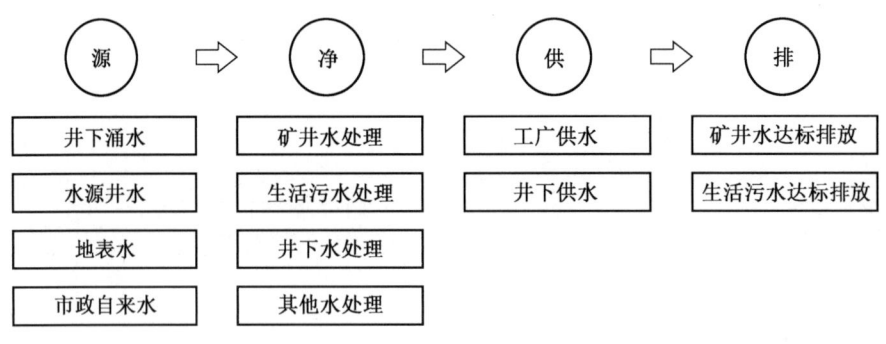

图 29-1 煤矿水务系统结构图

随着物联网、工业互联网、移动互联网、大数据、云计算、人工智能等技术不断融入工业控制领域，传统模式的控制方式或系统已被打破，随着煤矿智能化建设的不断深入，智能化将应用到煤矿生产环节的各个部分，对于煤矿水务系统亦是如此。因此，根据煤矿智能化、智能化煤矿、智能化选煤厂等相关概念和定义，提出智能化煤矿水务的概念和具体定义。

智能化煤矿水务是指以合理的水处理工艺和配套的智能装备为基础，将物联网、工业互联网、大数据、云计算、人工智能等技术应用到煤矿水务中，通过信息化和数字化手段对感知数据进行整合、分析和应用，使信息资源与生产经营深度融合，实现设备智能运行、状态智能监测、过程智能控制、参数智能调节、预测智能动态、管理智能精细、分析决策智能可靠等煤矿水务的智能化运行模式，最终达到水质合格稳定、工人劳动强度低、作业人员数量少、经济效益高的多重目标，使煤矿水务更加智能化。

29.1.2 智能化煤矿水务的需求

29.1.2.1 政策要求

2020年2月25日国家发展和改革委员会等八部门联合印发了《关于加快煤矿智能化发展的指导意见》，随后全国各大主产煤省均出台了相关文件，推动煤矿智能化发展。如山东省发改委、能源局等 13 部门发布了《关于加快推进全省煤矿智能化发展的指导意见》，山西省多部门发布了《山西省煤矿智能化建设实施意见》等。2021 年 6 月 5 日国家能源局、国家矿山安全监察局联合印发了《煤矿智能化建设指南（2021 版）》，为煤矿智能化建设提供了基本方向。该指南对于煤矿水处理系统的描述如下：建设污水智能处理系统，通过监测水泵及管路的运行参数、设备状态、运行时间等信息，实现能耗及产能分析和故障诊断；通过监测污水处理系统的各流程环节，及时调节污水处理的各项参数，降低系统运行成本，保证污水排放质量达标。

29.1.2.2 业务需求

（1）工艺智能运行需求。煤矿水务的工艺运行主要依赖控制系统有效地控制执行，控制过程包括一般控制和智能控制。一般控制多采用简单的逻辑控制构建闭环控制，是工艺运行的主要控制手段，如水泵的变频控制、恒压供水等。智能控制是以复杂模型算法为主的大闭环控制系统，智能控制以实现节能降耗、稳定工艺、运行方案择优为目的，如混凝剂投加、消毒剂投加、澄清单元排泥等，将一般控制与智能控制有机组合，实现基于模型算法的工艺智能运行。

（2）煤矿水务管理精细化需求。煤矿水务精细化管理要求通过采用先进的技术手段，提供一整套适用于煤矿水务的智能化控制、集中化监控、移动化管控以及大数据分析和科学决策于一体的智能化解决方案，要求基于数据、模型，直观展示煤矿水务的生产运行情况，分析指导生产运行调度，对整个生产过程数据进行统计，自动生成业务报表，使各级管理人员能够及时、全面地掌握生产的实时数据、历史数据及各类运行报表，从而降低总体运营成本，全面提升生产管理效率和运营水平。

（3）完善的设备管理与全流程跟踪需求。需要完善整个煤矿水务系统的管理流程，建立制度化、流程化、科学化的设备台账、设备巡检、设备维护等管理流程。设备运行状态需要及时跟踪与反馈，再通过分析结果为管理人员提供设备选型决策依据，为系统运行风险、能耗、成本分析提供基础信息。

（4）应急预案管理降低紧急事件风险需求。常规的控制系统在设计时通常只考虑理想正常情况下的运行处理，当设备故障异常时，通常采用人工干预，无法为生产运行过程中各种突发事件提供准确高效的解决方案与建议。因此亟须提供经模型检验过的科学应急预案和专家知识库，以便系统自动应对各种常见突发情况。当出现工艺问题时，相关人员或自动化设备可以在接到预警信号后，及时根据应急预案和知识专家库专家建议给出的备选处理预案，采取科学的应对策略，将事故风险降至最低。

29.1.3 智能化煤矿水务的总体架构

智能化煤矿水务的总体架构（图 29-2）大致可以分为 4 个层次，分别为感知层、ICT 基础设施层、数据平台层、应用层。

感知层位于总体架构的最底层，负责煤矿水务系统全要素信息的全面感知。感知层通过配置智能感知终端，包括监测仪表、传感器、测量装置、控制装置等设备，实现对煤矿水务系统的设备运行参数、工艺参数、水质水量参数、图像信息和供配电设备参数的获取。感知层的主要功能包含数据采集、数据管理、终端管理、生产过程控制、异常分析、运行维护管理、数据交互、协议解析、权限管理、安全防护等，为智能化煤矿水务提供数据支持。其中该层的生产单元智能控制系统用于完成各水务系统生产过程的集中智能化控

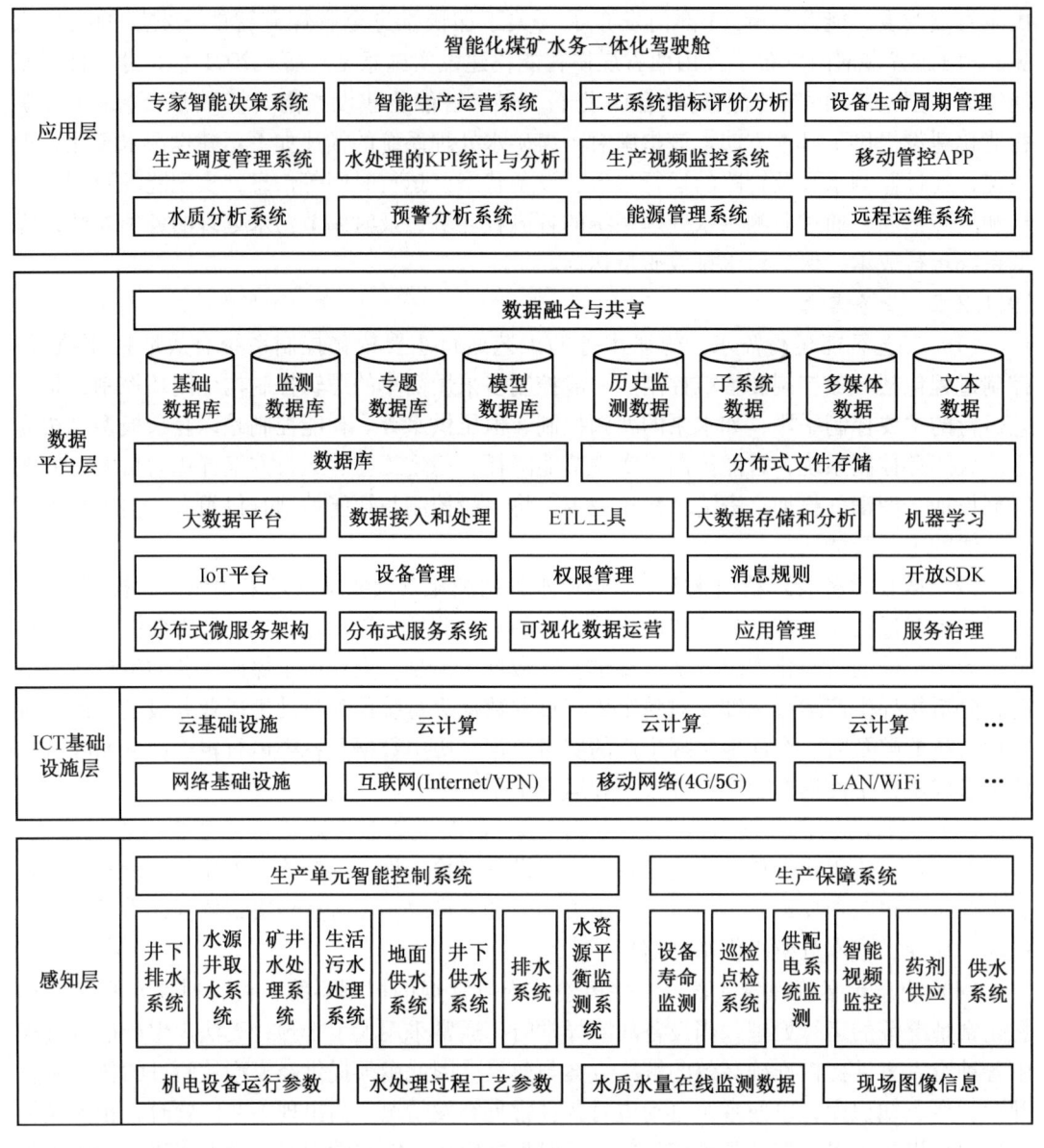

图 29-2 智能化煤矿水务总体架构图

制,生产保障系统用于完成对辅助保障系统的全面监控,两个系统直接面向生产过程,接收来自上层的各类智能决策结果,完成对煤矿水务系统各生产过程智能控制的执行和反馈。

ICT 基础设施层为智能化煤矿水务系统提供运行基础环境与互联互通的网络等,主要包括网络基础设施、云基础设施。网络基础设施主要提供网络支撑与全面智能感知数据的互联互通,实现设备运行参数、工艺参数、水质水量参数、图像信息和供配电设备参数等的全面接入,实现统一、高速、稳定、安全、弹性的网络通信环境;云基础设施需要充分利用煤矿已有的云资源,提供计算资源、存储资源、网络资源等服务,构建统一的 IssS

和 PaaS 云服务，为智能化水务系统提供基础支撑能力，为各类业务应用提供安全、稳定、可靠、按需使用、弹性伸缩的基础设施服务。

数据平台层按照统一的标准规范、数据处理工艺，将煤矿水务系统的数据进行分类、清洗、融合，形成基础数据库、监测数据库、专题数据库、模型数据库等。搭建煤矿水务数据融合平台，对煤矿水务不同层级、不同单元、不同业务系统、不同结构的数据资源进行融合。数据处理后，建立统一的数据存储与管理标准体系，为之后的数据计算与分析、共享与服务提供数据存取支撑。为满足海量的数据存储和管理要求，需要按照数据来源、数据量大小、数据格式等特点对不同数据运用不同的数据存储技术，构建统一的煤矿水务数据存储与管理中心，从而为智能化煤矿水务提供一体化的数据支撑。

应用层是面向管理层级，根据需求功能的不同，提供多种业务应用。该层采用微服务架构，实现功能个性化、资源共享和业务协同。通过向数据平台层发送应用服务请求或调用数据，获取基于大数据分析的应用结果，采用数据可视化技术，将各类业务应用结果以图形或图像的形式展现，并经过可视化的结果分析，将决策结果反馈给感知层的生产单元智能控制系统，实现煤矿水务系统的智能化运行。

29.1.4 智能化煤矿水务的目标

智能化煤矿水务的总体目标：利用先进的科学技术，使煤矿水务运营更加高效、生产更加智能、管理更加精细、决策更加科学、服务更加灵活，从而实现真正的智能化。

对于企业而言：就是提高水资源的利用率，降低运营成本，提升管理效率，实现减人少人。对于管理人员而言：就是要最大限度地发挥数据价值，使管理层的决策智能高效，使管理精细方便。对于操作工人而言：就是要降低人员的劳动强度，运行操作方便简单，出水水质能够稳定达标。

智能化煤矿水务对于智能化煤矿来讲是必不可少的部分，建设智能化煤矿水务的具体目标包含以下几个方面：

（1）煤矿水资源的高效利用。从煤矿水务系统源头的水源到中间的取水-给水-用水-排水-水处理-再生利用再到整个水环境，所有环节都处于监控之下，构建源-净-供-排的水资源综合循环利用体系，基于大数据、信息共享和人工智能技术，进行可视化的煤矿水资源优化调度、水质水量预警、水环境预测等决策支持服务，提高煤矿水资源的综合利用率。

（2）煤矿水务管理平台化。通过搭建煤矿水务基础信息管理平台与数据共享服务平台，形成标准统一、完备与动态的煤矿水务时空数据服务体系，对各类关键数据信息进行实时监视和智能分析，提供分类与分级的预警服务，以更加精细和动态的方式为管理部门统一调度提供实时水务信息。通过构建煤矿水务智能运维平台，将横向和纵向信息紧密联系到一起，实现生产调度、任务计划、水质管理、设备管理、能耗管理、成本管理等综合管理、调度、控制的目的，为科学决策提供一手资料和依据。

（3）煤矿水务运维协同化。在煤矿水务统一规划的基础上，建设给水、排水、供水、水处理、水资源利用、水环境保护等业务一体化运行管理系统，实现各种水务业务生产与服务的协作化管理，实现应用层面的联通和共享，打通业务部门和业务层级的协同，加强信息共享，包括硬件共享、软件共享和数据共享，提高设施的利用率，降低软硬件费用和成本，做到新增加业务能在"云端"进行开发而不需要额外增加设备。

(4) 煤矿水务降本增效。通过建立先进的远程控制系统,高速高效采集处理大数据,实时掌握水处理系统的运行状况,远程进行水处理系统的生产调节、设备控制、诊断调度,可以大幅减少现场生产控制、维护和管理人员,基本实现正常情况下的少人或无人值守。通过实现水处理工艺过程中关键工艺环节的智能化和精细化控制,大幅度降低电耗成本和药耗成本,提高水处理系统的经济效益。

(5) 融入智能化煤矿建设。智能化煤矿水务作为智能化煤矿建设的一个重要组成部分,在规划、设计和建设过程中应该全面考虑智能化煤矿的总体架构,切实将其作为一个子系统或子单元,全面融入智能化煤矿的建设,实现智能化煤矿综合管控平台对煤矿水务的统一管理。

29.2 智能化煤矿水务的建设方案

29.2.1 智能化煤矿水务的建设层级

根据煤矿水务的构成特点,煤矿水务的水资源链"源-净-供-排"分别包含不同的组成单元,其中"源"包括井下涌水、水源井取水、地表水、市政自来水等单元,"净"包括矿井水处理、生活污水处理、井下水处理和其他水处理等单元,"供"包括煤矿地面供水和煤矿井下供水等单元,"排"包括矿井水达标排放和生活污水达标排放等单元。煤矿水务的各个单元既可以作为一个功能单元独立运行,又与其他单元之间相互联系,密不可分,因此,智能化煤矿水务的建设是一个多层级、多单元的系统建设,需要自上而下的整体规划与设计,统筹布局,而实施过程中则需要自下而上的逐级建设,不断完善。

智能化煤矿水务的建设,一般分为三个层级实施,自上而下分别为智能化煤矿水务综合运营平台搭建、水处理单元的智能化控制和水处理单元中关键工艺环节的智能化控制,智能化煤矿水务建设层级如图 29-3 所示。

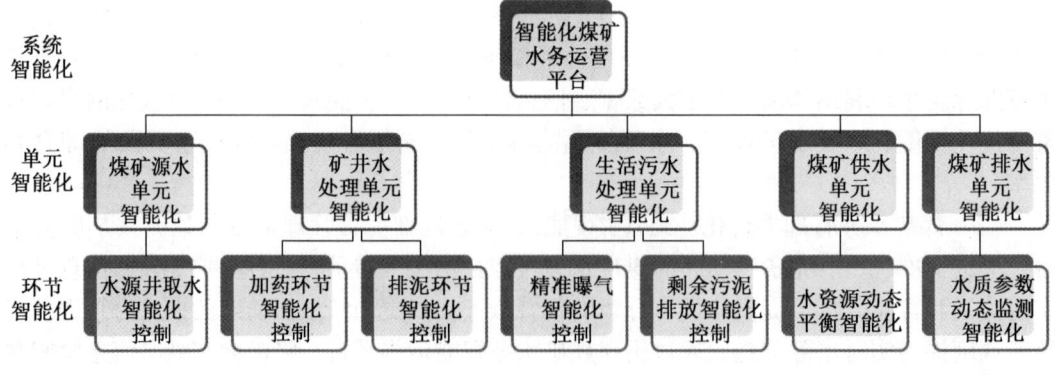

图 29-3 智能化煤矿水务建设层级

顶层的系统智能化主要是智能化煤矿水务综合运营平台的建设,该平台聚焦煤矿水务全局,把握煤矿水资源系统整体,彻底实现煤矿水务"源-净-供-排"全方位的智能化运维,真正实现运维管理平台化、生产运行精细化和智能化。

中间层的单元智能化主要是针对煤矿水务"源-净-供-排"的各个单元,不同类别的单元实施的重点任务和内容也不相同。对水源单元而言，主要是进行水质的源头监控、水质分析、资源调配、监测预警、统计分析等；对于水处理净化单元而言，主要是进行各水处理工艺全流程的运行画面模拟仿真、数据分析、报表分析、异常预警、设备管理、成本分析、风险分析等；对于供水单元而言，主要是进行水资源动态平衡监测、管网巡检、漏损分析、水质分析、调度管理等；对于排水单元而言，主要是进行水量、水质的在线监测，预警分析、报表统计分析等。

底层的环节智能化主要是各水处理单元中关键工艺环节运行控制智能化，主要是进行生产流程的自动化控制，对工艺运行参数进行精准控制，如水处理的加药环节、排泥环节、反洗环节、曝气环节、膜清洗环节等。该层功能的实现依靠智能化装备和智能化控制算法来实现。

智能化煤矿水务的建设是一个子环节不断扩充、子单元不断完善、系统不断升级的过程，在建设过程中既可以纵向进行，也可以横向进行。

29.2.2 智能化煤矿水务子单元的建设

智能化煤矿水务系统包括煤矿矿井水处理、煤矿生活污水处理、煤矿供水和排水四大子单元。智能化煤矿水务子单元的建设重点在水处理、供水和排水等方面进行智能化关键技术的创新应用，从而提高煤矿水务管理效率，保障煤矿生产安全。

29.2.2.1 矿井水处理智能化关键技术

矿井水处理智能化关键技术是煤矿智能化水务系统技术体系的重要组成部分，包括矿井水净化处理、深度处理（脱盐）、膜浓缩处理和蒸发结晶处理等方面的智能化控制技术。根据煤矿水处理运行智能化和水务管理精细化需求，智能化控制技术主要体现在工艺环节的参数调节与设备智能控制运行、流量与系统能力的匹配调节控制、污泥处理过程智能调节控制等方面。

1. 矿井水净化处理智能化关键技术

矿井水净化处理采用的主体工艺为混凝沉淀（澄清）+过滤工艺。生产运行中需要对混凝剂投加量、混凝沉淀（澄清）排泥量和过滤反洗强度等工艺参数进行重点控制，从而保证处理水量和产水水质达到要求。矿井水净化处理智能化关键技术包括混凝剂投加量智能控制技术、混凝沉淀（澄清）排泥量智能控制技术和过滤反冲洗强度智能控制技术等。

1) 矿井水净化处理混凝剂投加量智能控制技术

混凝剂投加量智能控制是指根据矿井水进出水悬浮物含量（或浊度）和进水量变化，实时适量自主调节混凝剂投加量，形成进出水质在线检测与药量调节自适应的闭环智能反馈机制，达到出水悬浮物含量（或浊度）满足要求的目的。混凝剂投加量智能控制技术包括：

（1）预沉淀优化控制技术。通过采用多级沉淀和布水优化等方式，提高处理前端去颗粒悬浮物的预沉效率，减少混凝沉淀（澄清）单元的进水水质波动幅度，从而降低后续混凝剂投加量和减少智能控制响应。

（2）混凝效果在线智能监测技术。包括效果在线监视和参数检测分析、水下絮体图像采集与识别分离、水下絮体图像灰度识别分析与可视化孪生等，根据监测数据实时调节混凝剂投加量。

(3) 混凝剂投加量智能调节算法。通过多环智能控制系统，采取预测控制、模糊控制等智能控制算法，实现混凝剂投加量的实时适量调节。

(4) 混凝剂智能闭环反馈投加系统设计。利用运行基础数据进行大数据处理和影响因素边界条件分析，在自动化投加技术的基础上形成智能闭环反馈投加系统，实现进水和出水双重变化条件下的投加量的闭环反馈智能调节功能。

2) 矿井水净化处理混凝沉淀（澄清）排泥的智能控制技术

混凝沉淀（澄清）排泥的智能控制是指在保证混凝沉淀（澄清）工艺需求的污泥量条件下，通过智能化技术达到产泥量与排泥量之间的实时动态平衡目的。矿井水净化处理混凝沉淀（澄清）排泥的智能控制技术包括：

(1) 产泥量智能预测技术。根据混凝沉淀（澄清）构筑物结构尺寸、处理进水量、排泥水量和混凝剂投加量，结合进出水悬浮颗粒物浓度，构建混凝沉淀（澄清）污泥浓度和污泥量的预测模型，形成多参数输入和多参数输出的排泥方法。

(2) 污泥量在线智能监测技术。通过污泥浓度分析仪、污泥界面仪等智能监测仪表，实时监测混凝沉淀（澄清）构筑物内的污泥浓度和污泥量，将实时监测值反馈给智能控制算法，进行排泥量的偏差消除和效果优化。

3) 矿井水净化处理过滤智能控制技术

矿井水净化处理过滤智能控制是指通过应用智能化技术手段启动过滤和反冲洗程序，实时调节管道阀门开度或气水反冲洗强度参数取值，达到过滤效果优化下的节能降耗目的。过滤工艺包括过滤流程和反冲洗流程。反冲洗流程影响着下一周期过滤效果的恢复与出水水质。因此，何时启动反冲洗程序是滤池控制的一个重要技术要素，构成了过滤智能控制的重要组成部分。矿井水净化处理过滤智能控制技术包括：

(1) 净化处理过滤流程智能控制技术。通过实时监测和调节滤池过滤流程的工艺参数，保障滤料能够可靠截留水中颗粒物，过滤后出水浊度达到要求。

(2) 净化处理过滤反冲洗智能启动控制策略技术。启动控制策略包括浊度策略、水头策略、过滤时间策略和反冲洗水量气量策略等，用于在过滤过程中依据设定的条件智能启动滤池反冲洗过程，恢复起始过滤效果。

(3) 净化处理过滤反冲洗智能控制程序。程序设计采用主程序与子程序设计方式。主程序在滤池完成一次反冲洗条件下进行系统初始化和赋值，启动正常过滤、实时读取浊度、流量、液位等监测仪表数据，依次运行基于不同智能控制策略和反冲洗控制（气冲、气水混合冲和单独水冲），并在完成反冲洗过程的控制后，返回启动正常过滤。

总之，智能化控制技术已在矿井水净化处理的混凝剂投加、澄清沉淀（澄清）排泥和过滤反冲洗等方面得到了较广泛的应用。其中，中国煤炭科工集团杭州研究院开发的矿井水净化处理药剂自动投加系统和混凝沉淀（澄清）自动排泥系统取得较好的应用效果。

2. 矿井水深度处理智能化关键技术

矿井水深度处理是指矿井水在净化处理的基础上进行其他污染物质（如总溶解性固体、离子和石油类）的去除处理。矿井水深度处理采用的主体工艺为保安过滤（或超滤）+一级（或多级）反渗透工艺。深度处理工艺设备较多和参数操作要求高，生产运行中的药剂（氧化剂、还原剂、阻垢剂等）投加量控制、超滤单元多组并列运行与清洗控制、反渗透单元运行与清洗控制成为矿井水深度处理智能控制的重要组成部分和关键技术。矿井水深度处理智能化关键技术包括药剂投加智能化控制技术、超滤单元多组并列运行与清洗的智能化控制技术和反渗透系统的运行与清洗的智能化控制技术。

1) 药剂投加智能化控制技术

（1）药剂量化分析技术。结合矿井水处理水质和投加药剂反应机理分析，依据影响因素赋值，具体量化目标药剂投加量，构建药剂投加量优化控制模型。通过多环智能控制系统，采取预测控制、模糊控制等智能控制算法，实现目标药剂投加量的实时适量调节。

（2）药剂智能闭环反馈投加系统。利用运行基础数据进行大数据处理和影响因素边界条件分析，在自动化投加技术的基础上形成智能闭环反馈投加系统，实现进水和出水双重变化条件下的药剂投加闭环反馈智能调节功能。

2) 超滤单元多组并列运行与清洗智能化控制技术

（1）单组超滤单元运行工艺参数分析。根据该组超滤单元运行过程的工艺参数，分析装置运行特点，结合装置运行的边界条件和步序逻辑关系，实时动态调整各步序的运行时间，减少单位时间内的反洗次数，提高产量和效率。

（2）反冲洗装置优化控制技术。多组超滤装置并列运行时，根据各组装置实际运行特点和现状，需要应用最优的控制算法实现"按需反洗"控制。

3) 反渗透系统的运行和清洗的智能化控制技术

（1）反渗透多参数优化工艺控制技术。通过制定系统压力、流量、温度等多参数的控制边界条件，综合反渗透膜的实际运行特点，对其影响因素或控制指标进行全面量化，建立多参数输入和多参数输出的控制模型。

（2）反渗透膜污染防控技术。利用长期累积的水量和水质数据，经过数据处理和影响因素边界条件分析，构建膜污染预测和防控模型，实现膜系统清洗的智能化控制。

3. 矿井水膜浓缩处理智能化关键技术

矿井水膜浓缩处理是指对矿井水脱盐深度处理后产生的浓盐水进一步减量浓缩。浓缩处理采用的主体工艺是预处理+一级（或二级）浓缩反渗透工艺。为了保证处理水量和产水水质达到设计要求，生产过程中药剂（软化药剂、除硅药剂、pH调节药剂、阻垢剂等）投加量控制、管式微滤控制、一级浓缩反渗透系统控制、二级浓缩反渗透系统控制成为矿井水膜浓缩处理智能化控制的重要组成部分和关键技术。其中浓缩反渗透系统的运行控制同深度处理智能化控制类似，这里不再介绍。

1) 药剂投加的智能化控制技术

（1）药剂量化分析技术。根据原水水质的离子指标与加药反应机理、各种药剂的最优反应条件，建立软化药剂、除硅药剂、阻垢剂、pH调节药剂投加的控制模型，利用最优的智能控制算法实现药剂的准确投加。

（2）药剂投加智能纠偏技术。建立单参数、多参数、单种药剂和多种药剂交叉影响投加效果的检验模型，实现药剂投加量偏差的实时动态消除。

2) 管式微滤智能化控制技术

（1）管式微滤多参数优化工艺控制技术。根据管式微滤运行的边界条件和步序关系，构建基于工艺监测参数的各步序运行效果控制模型，对各步序的逻辑关系和运行时间进行优化调整，保证管式微滤长期稳定运行。

（2）管式微滤清洗工艺智能控制技术。根据长期累积的水量和水质数据构建管式微滤膜清洗的预测模型和控制模型，实现管式微滤膜系统酸洗和碱洗的智能化控制。

4. 矿井水蒸发结晶处理智能化关键技术

矿井水蒸发结晶处理是指利用热法工艺将膜浓缩处理产生的高浓度盐水中所含的溶解性固体进行分质结晶析出的过程。热法工艺主要有多效蒸发（MED）工艺和机械蒸汽再压缩（MVR）工艺两类，两者过程智能化控制具有相似性，都是以晶浆浓度作为控制指标。以水处理为主的副产盐生产，MED及MVR装置并存，但从环保、占地、用水、人员等多方面考虑，MVR工艺更适合发展趋势，下面仅介绍MVR工艺智能化关键技术。

（1）MVR蒸发器蒸发量与机械压缩的匹配控制技术。

蒸发负荷智能控制技术。蒸发器蒸发量与机械压缩的匹配控制，需要动态调节整体温差来调节系统的总蒸发负荷。

（2）MVR工艺晶浆浓度的稳定性控制技术。

出料密度多参数智能优化控制技术。出料密度的优化控制，需要综合考虑蒸发器的物料平衡、热量平衡等的多参数影响。

29.2.2.2 煤矿生活污水处理智能化关键技术

煤矿生活污水处理采用的主体工艺为生化+过滤（或深度处理）+消毒工艺，主要构筑物包括格栅井、调节池、生化处理池、滤池和回用或排放设施等。生产运行中需要对生化曝气量、药剂投加量、活性污泥回流量和剩余污泥排泥量等工艺参数进行重点控制，从而保证处理水量和产水水质。根据煤矿生活污水处理工艺智能运行和水务管理精细化需求，智能化技术主要体现在曝气量和药剂投加量的精准控制、污泥回流量和排泥量的精准控制、完善的设备管理与全流程跟踪记录需求等方面。煤矿生活污水处理智能化关键技术包括生化曝气智能化控制技术、药剂投加智能化控制技术、污泥回流与排泥智能化控制技术等。

1. 煤矿生活污水生化曝气智能化控制技术

煤矿生活污水生化曝气智能化控制是指基于活性污泥动力学模型，计算得出生化好氧池内微生物的需氧量，从而精准控制曝气强度和溶解氧浓度，避免曝气不足和过剩问题。曝气智能化控制技术基于高级多变量控制理论，其中溶解氧是最主要的高级变量之一。煤矿生活污水生化曝气智能控制技术包括：

（1）多变量参数下的曝气智能优化技术。生化曝气智能化控制不是简单的溶解氧含量控制，而是基于模型的高级多变量控制。水中溶解氧含量影响因素较多，是非线性和时变变量，需要通过实时监测工艺数据（包括溶解氧、氧化还原电位、酸碱度、氨氮、硝酸氮、磷酸盐和有机物），建立动力学模型进行模拟计算，提高控制可靠性。

（2）生化曝气仿人智能控制技术。生化曝气溶解氧控制具有滞后、时变和强耦合的特点，考虑到已有人工操作经验积累，可参考利用传统的控制方法，实现仿人工学习PID控制。采用分层控制思想，在特征辨识上层利用智能辨识方法，模拟操作控制。在下层采用传统PID控制算法，分别对不同系统工作状态和设备设置合理的PID控制器参数，实现仿人智能决策与控制。

2. 煤矿生活污水处理药剂投加量智能化控制技术

煤矿生活污水处理药剂投加主要设置在生化处理或深度处理工艺环节中，投加药剂包括碳源、混凝剂、氧化剂等。生活污水处理药剂投加量智能控制是指根据原水中污染物含量和进水量变化,实时适量调节药剂投加量,形成进出水质在线监测与药剂量调节自适应的闭环智能反馈机制,达到出水指标满足要求的目的。煤矿生活污水处理药剂量投加智能控制关键技术与矿井水净化处理混凝剂投加类似,主要包括:

(1) 去除效果在线智能监测技术。包括效果在线监视和参数检测分析、反应搅拌强度计算、水下可视化反应现象监控等,通过多环智能控制系统,采取预测控制、模糊控制等智能控制算法,实现药剂投加量的实时适量调节。

(2) 药剂智能闭环反馈投加系统设计。利用运行基础数据进行大数据处理和影响因素边界条件分析,在自动化投加技术的基础上形成智能闭环反馈投加系统,实现进水和出水双重变化条件下的药剂投加量闭环反馈智能调节功能。

3. 煤矿生活污水处理回流与排泥智能化控制技术

煤矿生活污水处理中的回流包括不同工艺中的混合液回流和活性污泥回流。混合液回流是工艺获得脱氮效果的先决条件,混合液回流比直接影响脱氮效果。活性污泥回流和剩余污泥排泥能调节生化系统的污泥浓度,恢复其活性和吸附降解能力。因此,生活污水处理回流和排泥的控制对生化系统的影响很大,是生化系统工艺控制的重要参数。煤矿生活污水处理回流与排泥智能控制关键技术包括:

(1) 回流和排泥智能控制策略设计。控制策略设计必须能保证回流和排泥过程操作,改善出水水质。采用控制策略的生活污水处理系统主要包括生化反应池和二沉池(或滤池)。建立有效的过程控制策略应综合考虑去可溶性物质的生化反应和固液分离的要求。

(2) 回流和排泥过程模拟逻辑设计。利用模糊逻辑和神经网络技术,建立模糊神经网络模型,解决生活污水回流与排泥的操作性问题。由输入变量确定输出变量,通过仿真模拟,得到模糊控制规则,精准控制回流和排泥参数。

29.2.2.3 煤矿供水系统智能化关键技术

煤矿供水系统是保障煤矿开采生产的基础系统之一。供水系统的主要任务是满足煤矿开采生产工艺所需的水量和水压,包括地面工厂生产生活供水系统和井下生产供水系统。煤矿供水系统智能控制技术就是通过煤矿水资源信息的全面感知和控制执行,实现水资源动态平衡和调度管理,达到用水科学决策、动态优化和经济高效的目的。其中关键技术包括多水源取水智能化控制技术、水资源动态平衡和调度优化智能控制技术等。

1. 煤矿供水系统多水源取水智能化控制技术

煤矿供水水源较多,包括地下深井水、地表水、矿井水回用水和生活污水中水等。根据用水途径和水质要求不同可建设一套或多套管路。取水过程中多水源取水泵和管道高效合理运行对节能降耗和安全保障等方面具有重要意义。通过分析多个控制目标在取水过程中的影响,利用专家系统的智能控制规则,借助上位机工业控制软件和程序实现控制算法,可提高取水过程智能化程度,有效降低取水成本。

多水源取水智能专家系统是指应用人类思维模拟程序和水资源取水专家知识处理以前只有人类专家才能处理的实际问题的计算机软件程序。该专家系统有别于传统的由控制系统传递函数建立的数学模型和工程现场利用比例积分微分调节控制器参数的经典控制方法。多水源取水控制由于很难明确抽象出被控对象和建立数学模型,或被控参数目标不唯一,描述模型和参数多样化,所以并不适合这两类方法。专家系统利用已经掌握的专业知识库,根据某种特定的行为规则对用户的问题进行求解,并能对求解过程和结果做出合理的解释说明。因此，煤矿供水系统多水源取水智能控制可以采用专家系统的控制思想。

2. 煤矿供水系统水资源动态平衡和调度优化智能控制技术

水资源动态平衡和调度优化可安全可靠地供应煤矿生活、生产和消防等方面的用水，满足用水单元对水量、水质和水压的要求。煤矿供水系统调度优化智能控制技术是指利用计算机、遥测遥控技术，实时监测供水系统运行状况等信息，确定系统中各种调节装置的状况（如各供水泵站投入运行的恒速泵的型号和台数、调速泵的转速等），在保证供水管网中各节点流量、压力需求的前提下，提高供水经济性。其关键技术包括：

（1）用水需求预测。用水量预测准确度直接影响调节决策的可靠性和实用性，预测包括总用水量预测和节点用水量预测。预测方法包括结构分析法和趋势外推预测法等。煤矿供水系统是一个非线性、不确定性和时变性的系统，在传统方法预测的基础上，引入智能化方法十分必要，包括神经网络反向传播模型预测、RBF神经元网络算法和DM-RBF神经网络学习算法等。

（2）泵站控制策略设计。泵站控制首要任务是根据流量变化决定泵的台数和频率，即水泵优化调度，这会对泵站能耗产生重大影响。近年来演化算法成为泵站智能化控制策略之一。采用演化算法可研究制定泵站运行方案，在满足供水的情况下合理确定水泵的运行方式、投运台数，以达到泵站运行能耗少、运行费用低和经济安全运行的目的。

（3）管网智能优化调度。通过管网调度可提高供水的多水资源保障和安全性。在管网发生突发性断管、爆管事故时，可定位事故点，制定最优阀门关闭方案。利用水力计算系统和管网事故处理算法，确定管网优化调度方案。

（4）供水智能化仪器仪表的在线监测技术。包括流量计、压力计、液位计、水质分析仪、智能管阀件等。实现取供水用水流量监测、管网压力监测、管网多水质监测（电导率、浊度、余氯、氨氮和SS等）等功能。根据数据统计进行科学调度、智能决策和综合管理，实现煤矿水资源供水系统的大屏可视化展示，移动端和Web端的随时随地浏览。

29.2.2.4 煤矿矿井排水系统智能化控制关键技术

煤矿矿井排水系统是保证煤矿安全生产的关键系统之一，其主要任务是安全及时高效地排除矿井涌水，包括井下排水系统和地面工厂排水系统。矿井排水系统智能化控制技术是指利用先进的传感、通信、计算机和网络技术实现水泵智能控制和系统评价等功能，提高排水系统的安全经济性和应急可靠性，达到节能降耗的目的。关键技术包括智能控制系统的功能结构设计、智能控制策略优化分析、智能传感监测技术和系统评价模型建立等。

1. 煤矿矿井排水智能控制系统功能结构设计

煤矿矿井排水智能控制系统的功能结构设计需结合排水系统的布置特点进行。矿井排水智能控制系统主要包括智能控制及系统评价两大模块。智能控制模块包括智能控制、工况运行曲线、实时运行参数和故障历史记录；系统评价模块包括安全性评价、经济性评价和可靠性评价。系统层级上分为监控、运算和执行三个层级，由监控中心、数据传输、排水控制单元和交换系统组成。系统的容错结构设计可保证排水控制模块的独立运行和维护，提高控制系统安全性。系统的双模式排水控制可保证排水的安全性和经济性。双模式排水控制模式是指通过预设限值（水位/水位变化速率）和时段（水位/峰谷）启动排水系统。

2. 煤矿排水智能控制策略优化分析

煤矿排水智能控制策略主要是指采用避免峰谷的改进控制机制，即当功耗较低时，同时打开多个排水泵，将水位保持在最低控制警告线，以此释放尽可能多的存储容量，从而减少用电高峰期的排放。通过对排水的控制，系统将结合水位下降的速度确定同一时间打开水泵的数量，交替操作可以增加排水泵的使用寿命，确保经济排水。

3. 煤矿矿井排水智能传感监测技术

煤矿矿井排水系统的智能化控制需要依靠精准的传感监测技术。系统利用监测单元得到的数据经过运算分析决策后通知执行单元执行。监测单元包括水仓水位、水管流量、水泵真空度、出水口压力、电机电流电压、各闸阀状态等。执行单元包括水泵电机、真空阀、射流阀和出水阀等。

4. 煤矿矿井排水智能系统评价模型

煤矿矿井排水智能系统评价是指根据安全可靠、节能环保的系统目标，对排水系统采用系统分析的方法，从安全、环保、可靠和经济等方面对系统进行评价。系统评价包括安全性评价、经济性评价和可靠性评价。安全性评价指标通过模糊数学构建模糊综合评价模型得到，经济性和可靠性指标分别通过公式求得。依据这些系统评价结果选择最佳的系统运行方案，有助于提高排水系统的管理效率。

29.2.3 智能化煤矿水务的技术装备创新

智能化煤矿水务技术装备是煤矿水务智能化建设的重要支撑和关键环节，是新一代信息技术与煤矿水务融合的智能高端技术装备。结合煤矿水务的传统技术优势和应用需求进行技术装备创新，提高煤矿水务管理效率。中国煤炭科工集团杭州研究院开发的智能化煤矿水务技术装备包括基于图像识别的智能加药装备和井下水仓防淤积智能化装备。

29.2.3.1 基于图像识别的智能加药装备

基于图像识别的智能加药装备是利用机器视觉监测系统，以絮体性能参数值表征加药絮凝效果，提前反映出絮凝沉淀后出水水质，结果反馈至投药控制系统，从而及时准确地控制投药量，可以为煤矿矿井水和生活污水处理药剂投加控制过程中的时滞性和投加量精准性等问题提供解决方案。

基于图像识别的智能加药装备可根据原水的图像信息，进行算法处理后，获得该水质的加药量等级范围，并根据实时的浊度值和流量值，初步给定建议加药量。根据絮体的图像信息，进行算法处理后，对给定的建议加药量进行实时适量调节，优化实际加药量，使加药量达到最优。

原水和絮体的图像信息来自机器视觉系统对原水和水处理絮凝过程中絮体的性能参数检测与数据处理。首先利用工业数字相机对絮凝过程中的絮体进行图像采集，然后对采集的图像去噪声、增加图片对比度等预处理，运用目标检测识别算法对絮体图像进行目标检测识别与分割，再采用数学形态学分析法对图像进行简化处理，使图像清晰便于分析。最后利用连通域扫描识别算法对目标特征参数（个数、长度、面积和周长等）进行提取，并用程序运算后得到目标絮体性能参数（包括絮体数量、等效粒径和分形维数等）为后续精准加药提供参数指导。

智能加药装备在煤矿水务中的应用可获得以下效果：原水水质对加药量等级范围的限定；加药量与混凝过程直接关联；加药量精准控制，降低药耗，节约成本；加药过程智能化调节和控制，保证出水水质；减少技术人员的工作量，达到减人、少人的目的。

29.2.3.2 井下水仓防淤积智能化装备

井下水仓防淤积智能化装备是指通过数据采集与视频监控远程传输技术，代替人工在井下恶劣环境下进行长时间的防淤和清淤工作，并实时监控防淤清淤装备作业现场场景和各种监控参数，同时具有网络化监控及手机 App 监控与查询系统，提高智能防淤清淤的实时性和可靠性。

该智能化装备集互联网+、物联网、远程遥控、视觉采集和智能监测等手段为一体，可提供高质量的智能化信息化井下水仓防淤清淤工作。智能化装备根据矿井水中颗粒物和悬浮物粒径不同，包含了高效筛分去除智能装备子系统、高效旋分去除智能装备子系统和高效速沉去除智能装备子系统等。通过在井下采区水仓或中央水仓前端布置，在矿井水进入水仓前进行净化处理，确保清水进仓，可以增加水仓有效容积，延长水仓清淤周期，减少设备损耗，提高主排水泵排水效率。

装备结合井下特殊环境，通过井下或地面集中控制中心远程智能管控平台，将装备中的筛选、旋分、沉降、监测、通信、其他设备等集成到一个平台，打通装备不同子系统和其他设备之间的数据壁垒，实现子系统和设备的数据互联互通和协同控制联动。

29.2.4 智能化煤矿水务综合运维平台的建设

智能化煤矿水务综合运维平台的建设，主要包括数据信息的建设、数据分析与挖掘系统的建设、业务功能场景的建设。智能化煤矿水务综合运维平台的数据流自下而上，决策流自上而下，实现数据流和决策流闭环控制。

29.2.4.1 数据信息系统的建设

以煤矿水务系统的数据信息全面感知为目标，借助物联网技术，将各类传感器引入煤矿水务系统中，通过传感器获取水资源系统全要素数据信息，利用有线或无线的方式，按一定的通信协议将数据接入数据信息系统中。

数据信息系统包括硬件与软件的建设，硬件部分充分利用煤矿已有的数据中心。软件部分采用统一的数据标准，将所获监测监控数据、业务管理数据、基础信息数据有机整合，形成煤矿水务数据信息中心。数据信息中心以数据库为基础，主要包括基础信息数据库、业务信息数据库、监测数据库等。各个数据库用于支撑不同的应用功能。

基础信息数据库用来存储和管理各应用系统在处理业务中均需要使用的基础性信息，包括设备基础信息、位置信息、代码信息、指标信息等。业务信息数据库用来为业务应用系统提供数据管理和支撑，存储业务应用系统处理业务过程中产生的业务过程信息和业务结果信息，如系统运维数据库、工艺参数数据库、日常监测管理数据库等。分析数据库是面向分析决策的专用数据库，其数据来源于基础信息数据库和业务信息数据库，是经过数据抽取而新组建的数据库，用于更加方便地对数据进行多层次的深度分析。

29.2.4.2 数据分析与挖掘系统的建设

（1）数据分析模型构建。构建与煤矿水务系统相适应的数据分析模型、预测模型、预警模型、控制模型，从而对已获取的多元化数据进行有效的数据价值挖掘，得到有用的可执行信息和指令，对煤矿水务系统进行决策控制。如构建煤矿供水系统的管网水力模型、水质模型，借助海量数据进行多模型模拟分析，对供水系统进行科学的预警和预测；构建矿井水处理系统的多参数融合加药控制模型，实现对加药量的精准控制；构建自适应边界的指标趋势预测模型，对水处理重要指标进行预测。

(2) 多源异构数据融合。对水资源系统不同功能单元获取的多源异构数据进行关联和融合，基于水资源流程管理，通过换算和转换，将相关联数据信息融合到具体的工艺流程段中，更加真实地表达水处理流向和水处理工艺流程，既为系统的运行控制提供数据支撑，又为管理层的分析决策提供依据。

(3) 知识经验库构建。煤矿水务系统许多有效的知识来源于一线现场，有些无法通过理论或者实验获得，通过构建专家知识经验库，替代普通的人工经验并以人机交互的方式将专家知识经验库进行分享，在特定环境中对知识库进行扩充和升级，应用到异常处置和工艺优化中。

29.2.4.3 业务功能场景的建设

(1) 以信息化监测为目标的业务场景。主要解决煤矿水务系统的工作过程不透明、工作质量难以考核追溯、管理沟通成本高的问题，以信息化的方式管理煤矿水务系统，实现由粗放式管理模式到精细化管理模式的转变。建立设备、材料、工艺流程、管网、人员等相关数据信息体系，并进行规范化、标准化，通过各类分析和图形化展示，指导煤矿水务生产调度、设备维护保养、运行工况分析、信息查询等，为管理层对煤矿水务进行运营绩效评估、辅助决策提供科学有效的数据依据。

(2) 以预测预警为目标的业务场景。对工艺设备、工艺流程、工艺环节进行多参数指标的监测，以数据分析模型的输出结果为依据，对各类参数指标进行预测和预警，根据预测结果对水处理的工艺参数、运行方式、运行时间进行调整，根据预警信息的类型和等级对各类故障信息进行溯源，降低运行风险和设备故障率，同时根据预警发生的来源、频次等形成一定的数据积累，进一步掌握故障发生的规律。

(3) 以虚拟仿真现实为目标的业务场景。基于3D虚拟仿真对煤矿水务系统的生产工艺流程、设备、操作人员进行实时监控，将关键数据在各工艺构筑物上展示，各级人员可以通过运行画面直观地看到各类生产数据，掌握运营情况；在工艺设施或流程进行调整时，可根据实际需要进行编辑；当有异常报警时，能够实时将报警信息推送给订阅报警的相关人员，便于管理人员和运维人员远程查看现场的实时视频监控画面，便于掌握现场实时情况，对异常工况可以快速定位，快速诊断并排除故障。

(4) 以巡检运维为目标的业务场景。主要是简化运行管理人员的工作方式和内容，降低生产运行过程中人工干预程度，减少现场值班人员和巡检维护人员，实现少人和无人的目的。通过信息系统建立全过程、精细化的巡检管理模式，对巡检产生的各类记录和数据进行综合管理，挖掘实时数据和历史数据的价值，进行同比环比分析、趋势分析、相关分析等，从多个角度掌握数据变化规律，指导生产过程中设备的维护保养、工艺参数的调整等，完成对煤矿水务系统运营状况的量化考核，包括管理质量、工艺运行参数、能耗、药耗、评价指标、设备运行效率等多个方面的综合评定，从而发现运行管理的薄弱环节，了解生产运行状况，为管理层决策提供参考依据。

29.2.4.4 智能化煤矿水务综合运维平台的功能要求

(1) 大屏可视化。通过可视化大屏为各级生产运营管理层人员提供统一的功能管理入口，对全矿水务系统各项指标数据进行图形化显示，为管理层提供科学有效的决策依据。可视化大屏展示管理层最关心的数据，更直观地看到水务系统当前的生产工况及水量、水质、设备及能耗情况。在大屏首页显著位置设置生产运行重要事件提醒图标，显示当前全矿水务系统运行的事件统计总览，包括各类指标变化情况、实时运行告警情况等，用户可以通过点击统计图标进行相关详细信息的查询。

（2）运行监控。对水务系统的所有设备设施、不同工艺段的各个环节节点进行集中监视，让各级管理人员能够及时、准确、全面、直观地掌握设备设施的运行状况。应急情况下，通过加密的控制指令，可实现水务系统重要设备的远程控制。

（3）视频监控。平台集成视频监控系统，用户可以通过平台实时浏览或回放相关监控视频，也可实现对视频监控系统的权限、设备、报警、录像等的全面管理。在平台中可依据生产工艺段进行分类实时视频浏览，如用户可选取查看设备的所有相关视频，进行故障的诊断和分析。

（4）智能预警。平台可以实现对主要工艺段运行异常的有效监测，提供实时的报警提示。当数据越限时，系统会发出报警信息，提示用户及相关人员及时处置，实现智能预警、报警。报警设置：用户可以根据现场的情况，自己设定报警规则，报警接受人和接受方式。报警统计：系统可以根据工艺段、设备等的报警情况进行统计和智能报警综合分析，为管理决策提供支持。

（5）数据分析。数据分析不仅可以展示各监控测点的实时数据、历史数据，也可将历史数据以曲线、饼状图、柱状图等多种形式进行展示，同时也可选择展示的时间段、时间间隔等，具体实现功能包括对任意时段之间的数据进行同比和环比分析，支持曲线图的导出，可导出 jpg 格式图片，并支持打印 PDF 格式的数据文件。

（6）智能业务报表。平台可以提供各类数据挖掘和分析用的业务报表，报表的数据来源可以基于原始数据生成，也可以基于自动优化后的数据生成，或者二者的混合，主要是面向用户的数据分析与处理，全面解决设备设施运行数据处理与采集、报表展现、自定义分析和权限管理的需求。

（7）专家决策支持。平台依托大数据的优势，建立科学有效的专家决策知识库，可以对生产实时数据、设备运行状态和统计分析数据（进出水指标、能耗药耗统计、设备利用率、设备故障率等）进行深入挖掘，提高设备运行效率，优化生产运行工艺参数。采用指标趋势变化、上下限阈值等方法进行规则定义，建立一套可人为定义的后台规则库，从而为决策支持服务提供丰富的知识库。关键指标数据的来源包括现场采集数据、设备巡检数据、设备维修数据及设备缺陷数据等。

（8）移动管控。移动管控 App 提供智能水务管控平台的手机 APP 应用，可实现管控平台的大部分功能。

29.3 智能化煤矿水务的工程实践

29.3.1 智能化煤矿水务在正通煤矿的工程实践

29.3.1.1 项目概况

正通煤矿地面矿井水净化处理工程自动化控制系统采用"上位机+PLC+仪表"的模式，基本实现了整个水处理的自动化控制，其中上位机由 3 台安装组态软件的工控机来实现，PLC 系统由 21 套西门子 S7-300 及 S7-1200 系列 PLC 构成，并通过工业以太网组成局域网。

根据关键工艺环节设置了智能化子系统，如智能加药子系统、智能排泥子系统、智能过滤子系统等,这些智能子系统构建成一个矿井水处理智能化单元。整个单元处理过程中实时采集设备运行状态、工艺参数等数据,但是这些数据仅在上位机上展示,并没有对外的信息联系,仅依靠运行人员的数据报表向管理人员进行汇报,成为一个信息的孤岛。为了使与该项目相关的用户均能随时随地了解水处理厂的运行数据,并为水处理厂的运行管理提供必要的技术支持和上层决策,利用物联网、云计算、数字化、移动化等信息化技术,建设了正通煤矿矿井水处理智能化运营平台。

29.3.1.2 智能化平台的建设

1. 项目总体架构

以已经建成的底层 PLC 控制系统作为感知层,全面完成所有数据的实时采集,部署本地化服务器,并接入工业控制以太环网,服务器与感知层的 PLC 进行实时数据通信,在服务器中开发相关业务应用程序,构建智能化运营平台,实现远程 Web 端对整个矿井水处理厂实时监控和管理。正通煤矿智能化煤矿水务平台总体架构如图 29-4 所示。

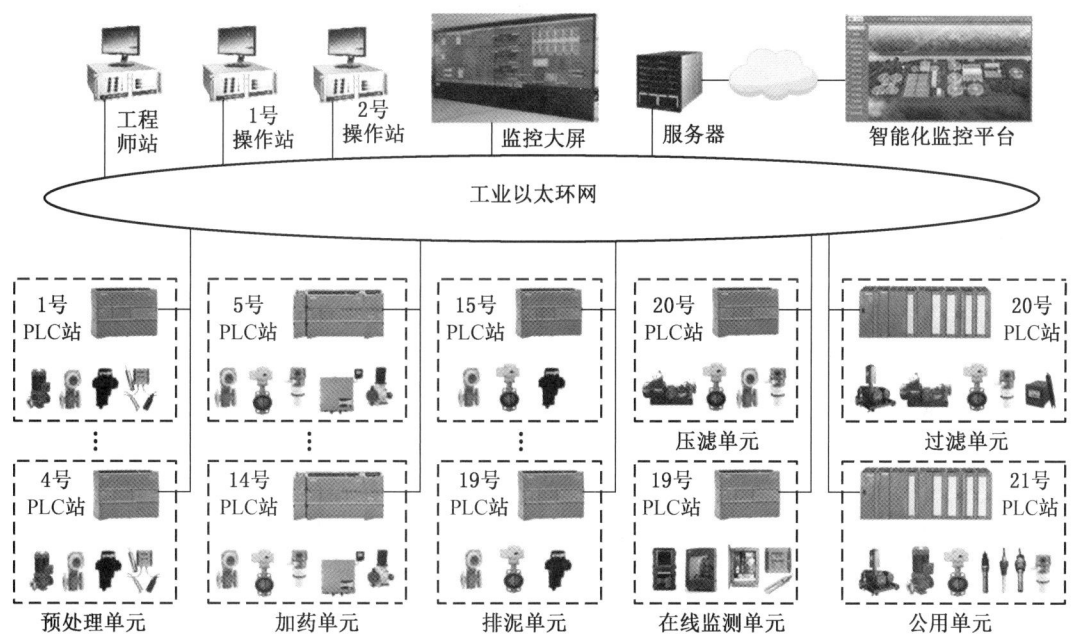

图 29-4 正通煤矿智能化煤矿水务平台总体架构图

2. 智能化平台的建设

(1) 硬件部分。在矿井水处理厂监控机房部署本地化服务器,并接入矿井水处理厂的工业以太环网,与现场级的 PLC 直接进行通信,同时,本地服务器通过煤矿网络以端口映射方式接入互联网,向远程 Web 端提供服务。

(2) 软件部分。在本地化服务器上安装有数据采集软件、工业数据库软件、智能化煤矿水务工业互联网平台软件。数据采集软件依靠西门子 PLC 的硬件驱动程序从 PLC 系统中采集所有数据到服务器中,工业数据库软件与数据采集软件通过内部接口协议,将采集到的实时数据存储到工业数据库中,智能化煤矿水务工业互联网平台软件与工业数据库进行实时数据交换，智能化煤矿水务工业互联网平台软件上开发有工艺流程、设备监控、数据趋势曲线、数据报表、视频监控、预警报警等系统，远程客户端可以通过互联网实时访问整个水处理系统的运行状况，并可以定制化的生成各类信息报表和数据曲线。

正通煤矿智能化煤矿水务平台的相关界面如图29-5所示。

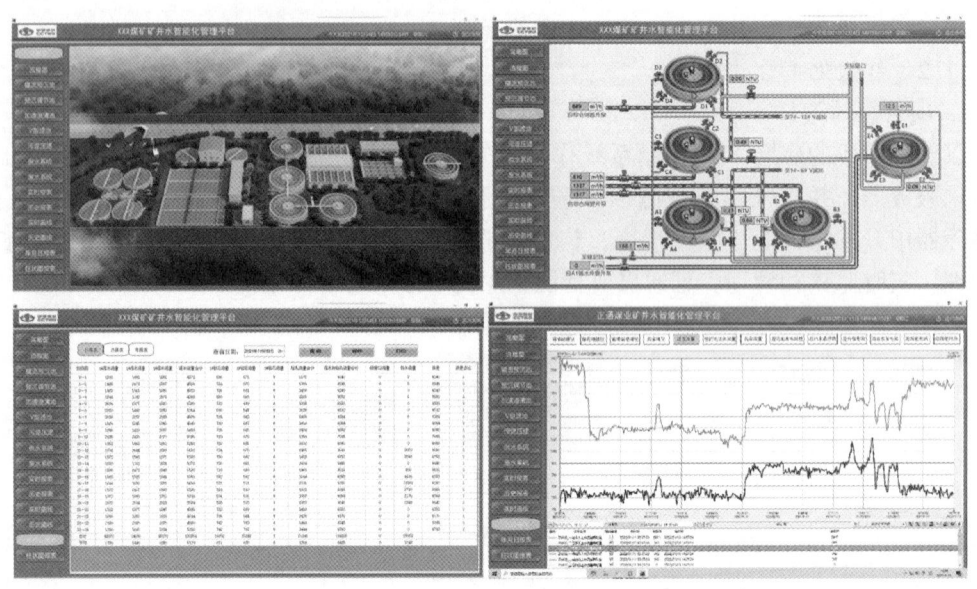

图29-5　正通煤矿智能化煤矿水务平台

29.3.1.3　主要业务功能

（1）生产运行监控。实时获取水处理系统生产过程中的工艺运行数据和设备工况数据，以动态模拟的方式对生产过程进行实时监控和展示，实现对整个水处理系统生产过程各环节进行全过程监控，包括各类生产情况、加药情况、排泥情况、压滤情况、设备运行状况、水质参数、工艺参数等，使各级管理人员能够及时、准确、全面、直观地了解和掌握生产状况。

（2）数据统计分析。对采集到的流量、压力、液位、浊度、悬浮物、COD、氨氮、设备状态等监测数据进行统计分析，包括趋势、累计、同比、类比、关联等分析，同时支持实时数据和历史数据的统计查询，支持自定义比对时间、统计维度（按日统计、按月统计、按年统计）等筛选条件自由组合进行所选监测数据的查询。

（3）智能报表。对生产过程中产生的数据进行记录和保存，根据具体业务需求，提供不同类别和不同时间周期的统计报表，统计报表以设定格式的方式展现用户关注的各类信息，展示方式灵活多样，报表类型包括常用Excel表格格式以及过程趋势线图、柱形图、折线图、散点图等，报表可以清晰明了地展现运行数据，为管理层的分析决策提供科学依据。

（4）智能预警。根据各水系统的工艺特征，利用长期累积的数据信息和各类预警模型，包括水量、水质、设备设施处理能力、加药量、排泥量等预警模型等，实现各类不同等级和类别智能预警,并发出信息,提醒生产运行人员和管理人员进行处理,同时系统对各种预警信息进行分类管理和记录。

(5)可视化展示。通过基于 B/S 架构的服务平台,提供 Web 版和数据大屏等多种浏览和展示方式,满足管理人员对水处理系统相关信息的共享需求。

29.3.2 智能化煤矿水务在王坡煤矿的工程实践

29.3.2.1 项目简介

王坡煤矿的水务系统根据建设情况分为 4 个处理单元,即矿井水处理单元、生活污水生化处理单元、生活污水深度处理单元、生活饮用水单元。

四个处理单元在建设时均设有自动化控制系统,采用"上位机+PLC+仪表"的模式,基本实现了单个处理单元的就地自动化控制,实时采集的运行参数和设备工况状态在上位机上显示。根据王坡煤矿建设智能化煤矿的总体方案,在 4 个水处理单元现有自动化系统的基础上,通过完善各子单元的智能化控制硬件和软件,实现数据信息的全面感知,搭建以太网通信链路,实现数据高效快速传输,构建智能化煤矿水务子系统平台,并与王坡煤矿智能化综合管控平台集成融合。

29.3.2.2 智能化平台的建设

1. 子单元智能化系统的完善

(1)生活污水生化处理单元。生活污水生化处理单元通过增加流量计、液位计、溶解氧、pH 等传感器,实现对水处理工艺运行参数的实时监测;对 PLC 控制程序进行更新,增加相关设备的运行控制逻辑功能;对上位机的控制功能、报表功能、报警功能、曲线分析功能等进行完善和提升,实现该单元就地运行控制的智能化。

(2)生活污水深度处理单元。生活污水深度处理单元也通过增加相关传感器,实现工艺运行参数的实时监测;同时对 PLC 控制程序和上位机监控程序进行了完善和提升。

(3)矿井水处理单元。矿井水处理单元通过对原有控制系统进行整体更换,包括仪表监测系统、PLC 控制系统、上位机监控系统、电气控制系统等,构建了完整的矿井水处理智能化控制系统。

2. 通信网络的建设

根据王坡煤矿地面工业网络的建设情况,先将水处理系统的 3 个子单元通过敷设光缆组成千兆工业小环网,再接入地面环网交换机,实现与矿井数据中心的通信。

3. 平台的建设

(1)硬件部分。硬件部分充分利用王坡煤矿的数据中心,该数据中心采用私有云平台,将多台物理服务器整合到一块作为计算和存储资源,用于承载煤矿所有智能化子系统硬件物理环境,煤矿水务智能化平台就运行在该私有云平台提供的计算机服务器上。

(2)软件部分。煤矿水务的智能化平台基于王坡煤矿一体化智能管控平台进行开发,该平台基于工业互联网架构,具有设备标准接入、数据融合共享、智能协同管控等功能。该平台的数据采集基于 EIP 模型,各水处理子单元通过 EIP 协议的改造,将现有的 OPC 通信方式全部转换为 EIP 协议,进而与平台所构建设备 EIP 模型进行通信,实现数据采集。在数据采集的基础上,通过构建各类数据分析模型,开发相应的组态界面、报表界面、曲线界面、报警界面等,实现煤矿水务系统的可视化分析和展示。

王坡煤矿智能化煤矿水务的总体架构如图 29-6 所示,智能化平台的相关画面如图

29-7 所示。

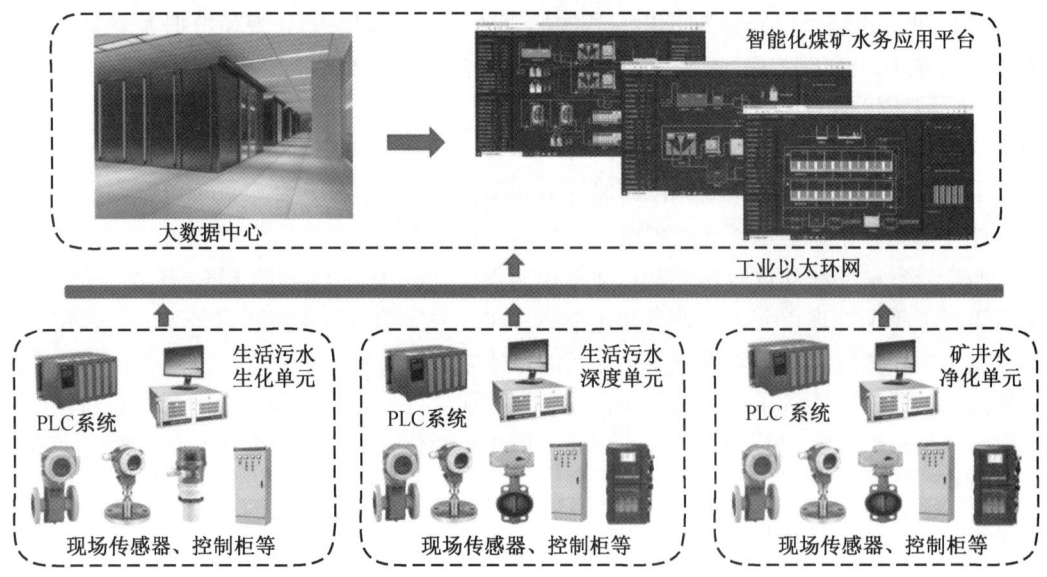

图 29-6　王坡煤矿智能化煤矿水务平台总图架构图

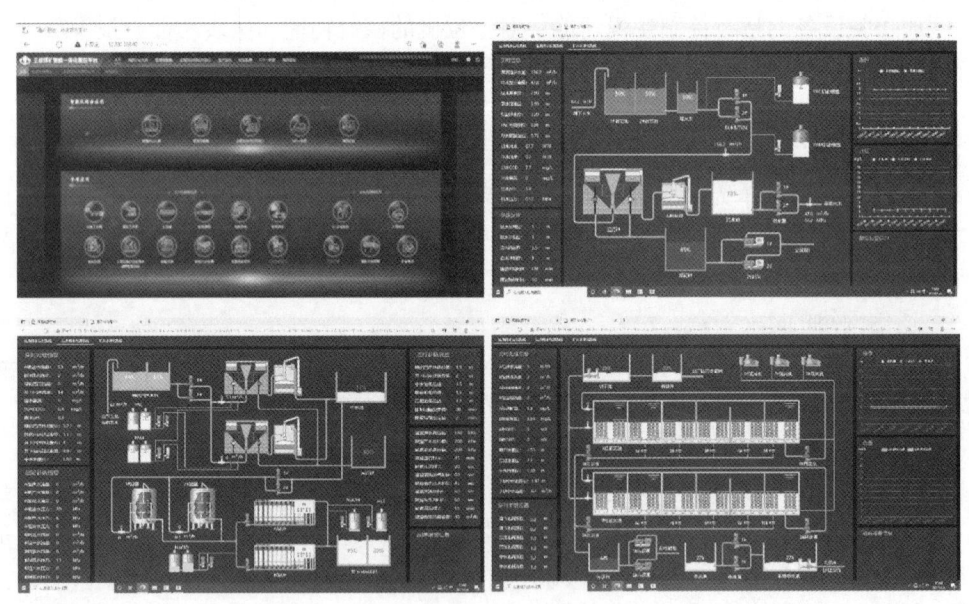

图 29-7　王坡煤矿智能化煤矿水务平台画面

29.3.2.3　主要业务功能

（1）煤矿水务综合视图。全面整合各水处理子单元的设备运行情况、设施运行情况、监测点位类别和数量、在线监测数据、预警告警信息等，以多样化的图表技术进行可视化展现，让管理者直观地从全局把控整个煤矿水务系统。

（2）实时监测。结合所有设施设备监测点位的设置，全面感知水处理系统全要素信息，包括水泵、风机、搅拌机、流量计、液位计、pH 计、电导率仪、浊度仪、溶解氧仪等设备仪表的信息、工况、实时监测值等，通过查看设施设备即可获得相应的实时监测数据。

（3）预警报警管理。系统具有基于数据统计分析的预警报警功能，包括水量预警、水质预警、设备故障预警等。同时可以实现不同类型、不同时间段报警信息的统计，可以统计某一单元在不同时间段内的报警次数，或者可统计同一时间段内不同地区的报警次数与报警类型。

（4）报表统计分析。以柱状图、曲线图等形式展示水处理设备、管网、设施等的运行情况，为直观掌握一段时间内水处理系统的设备运行状况、进出水水质变化情况、排水量变化情况、标准化排水口水质情况等提供数据支持。同时，实现对不同监测点、不同时间段、不同监测参数的历史数据的查询与分析，并可以按照用户需求，通过选择不同监测设备、统计时间间隔、统计报表类型自动生成监测数据的各种报表。

30 露天煤矿智能开采技术与成套装备

30.1 露天煤矿全连续智能开采技术

30.1.1 露天煤矿连续开采工艺简介

1. 连续开采工艺发展历程

轮斗连续开采工艺自 1916 年首次投入应用经过不断的改良、升级，至今已经有 100 余年的发展历史。1916 年，轮斗挖掘机在德国贝格威茨褐煤露天矿首次应用。1919 年，世界上第一台配备履带行走装置的自动铲斗机诞生。1925 年，德国洪堡机械制造厂设计出能够实现岩层选采的露天矿用轮斗挖掘机，促进了轮斗设备在采煤行业的推广应用。1933 年，ATG 公司制造的轮斗设备应用于褐煤开采，标志着轮斗连续工艺首次实现对煤层的开采。1934 年，吕贝克机械制造公司生产的配备可调节履带的轮斗挖掘机在露天煤矿投入使用，该设备被誉为轮斗挖掘机的经典机型，在后续轮斗设备发展过程中一直围绕这一设计理念。1955 年，诞生了世界上第一台日生产能力达到 10000 m^3 的巨型轮斗设备。20 世纪 50 年代之后，经过不断改良的轮斗连续工艺在露天采矿业发达国家得以广泛应用，能满足表土剥离、岩层剥离、原煤开采等需求。

2. 连续开采工艺的特点

相比于间断工艺与半连续工艺，连续开采工艺具备以下优点：①采掘、运输及排弃生产环节是连续作业，生产效率高；②节约穿孔、爆破、原煤一次破碎等生产环节，生产工艺简化，安全环保且成本低；③轮斗设备在工作时，所受动载荷小，各个组件磨损程度较轻，设备故障率低；④可以实现以电代油，动力消耗低，运营成本降低的同时可减少碳排放量；⑤工艺中的带式输送机满足物料大角度提升需求，可以节省大量运距；⑥开采后的工作面形态规整，连续开采工艺成套设备多采用集中控制，易于实现自动化、少人化和无人化。

然而连续开采工艺也存在以下不足：①设备初期投资大，轮斗设备设计、选型复杂，准备时间长；②各环节通过串联系统联系在一起，对系统整体可靠性要求高；③对挖掘物的物理力学性质和气候较为敏感；④设备管理和维护专业性强，对用户的技术水平要求高。

3. 连续开采工艺的适用场景

连续开采工艺在露天煤矿可以分别应用于对松散层、软岩的剥离以及采煤，两种作业场景如图 30-1 所示。应用于剥离作业的连续工艺主要由轮斗挖掘机、转载机、带式输送机和排土机 4 种设备组合而成，轮斗挖掘机对物料进行挖掘，斗轮卸载的物料经由自身的卸载皮带、转载机运送至工作面带式输送机，物料从工作面带式输送机转载至端帮带式输送机，再次经过转载运送至排土带式输送机，最终经排土机排弃，进而完成剥离物挖掘、运输、排弃的整个流程；应用于采煤作业的连续工艺主要由轮斗挖掘机、转载机、带式输送机和装车仓（选煤厂）组合而成，全连续采煤工艺同样采用轮斗挖掘机对煤层进行采掘和破碎，破碎的原煤经由转载机运送至工作面带式输送机，再转载至端帮带式输送机或通过大倾角连续运输装备直接运至地面，最后由地面带式输送机运至装车仓直接装车或者选煤厂进行加工，采煤作业通常选择大切割力紧凑型轮斗挖掘机。

图 30-1　连续开采工艺应用于剥离与采煤作业实景图

30.1.2　国内外应用现状

1. 国外应用现状

以轮斗挖掘机为主采设备的连续开采工艺在德国、俄罗斯、美国、捷克等近 40 个国家的露天矿中得到了广泛应用，较为典型的是德国莱茵矿区的 3 个露天矿山，共有 20 台轮斗在运行，年采煤 100 Mt、剥离 450 Mm^3。截至 2018 年，仅德国克虏伯公司生产的轮斗挖掘机在全世界就已投入使用 600 多台，且均为连续开采工艺。山特维克矿山系统公司的产品能力在 150~10000 m^3/h，挖掘力可以到达 20 MPa。塔克拉夫公司生产的 SRs8000 是迄今为止世界上制造的最大轮斗挖掘机，其最大的紧凑型轮斗能力为 6700 m^3/h，切割力为 100 kN/m。德国 FAM 公司可生产能力 1000~14000 m^3/h 的轮斗挖掘机，紧凑型轮斗挖掘机最大能力为 6600 m^3/h，线切割力为 110 kN/m。总体上看，国外轮斗挖掘机技术较为成熟，设备能力范围广，系列化程度高，但对物料性质和气候等因素较为敏感，设备线切割力仍处于一般水平，限制了设备的适用范围。

2. 国内应用现状

我国的轮斗连续开采工艺的研究与应用起步较晚，始于 20 世纪 70 年代。1975 年，我国自行设计了第一台 WLD1300/(5.7)30 型轮斗挖掘机。1976 年，杭州重型机械厂研制了 WUD400/700 型轮斗挖掘机，1986 年，该厂又研制出 WD520/(0.9)15 中型轮斗挖掘机应用于小龙潭露天煤矿。20 世纪 90 年代，由中国重型机械总公司和德国塔克拉夫加工制造的轮斗挖掘机在元宝山露天煤矿成功应用，生产能力达到 3600 m^3/h。1996 年，黑岱沟露天煤矿购入 4 台太原重工股份有限公司与德国克虏伯合作生产的 C3100ZG 型轮斗挖掘机，生产能力为 3100 m^3/h。2018 年华能伊敏露天矿进口一套德国克虏伯公司紧凑型轮斗挖掘机及其成套装备，轮斗挖掘机生产能力为 6700 m^3/h，工艺应用效果良好。以上引进的连续开采装备均应用于表土与软岩的剥离，且很长一段时间内国产轮斗挖掘机的发展一直处于停滞状态。直到 2014 年，中煤科工集团沈阳设计研究院有限公司联合大连重工通用机械有限公司在国投哈密一矿应用了一台 DWY3000 型全液压轮斗挖掘机，为我国首次实现国产轮斗挖掘机对原煤的开采。2019 年在疆纳矿业兴盛露天矿又研制一套 DWY2000 型全液压紧凑型轮斗挖掘机及其成套装备，为我国首次对原煤实现连续开采的全连续工艺。国产轮斗挖掘机在使用过程中取得了较好的经济效益，但同时也暴露出设备故障率高、稳定性和可靠性差、切割力不足、铲斗及斗齿损坏频率过高、整机结构有待优化、智能化水平低等问题，难以适应行业的发展需求。我国露天煤矿轮斗挖掘机应用情况见表 30-1。

表 30-1 我国露天煤矿轮斗挖掘机使用情况

项目	型号	理论生产能力/ $(m^3 \cdot h^{-1})$	生产厂家	数量	引进时间	备注
小龙潭露天煤矿	WUD400/700	400/700	杭州重型机械有限公司	1	1986 年	结束服役
布沼坝露天矿	DW520/0.9.15	1500/2000	杭州重型机械有限公司	1	1986 年	结束服役
布沼坝露天矿	VABE5500	1785/2200	中奥联合制造	1	1986 年	结束服役
黑岱沟露天煤矿	C3100ZG	3100	太原重工股份有限公司克虏伯公司	4	1996 年	结束服役
元宝山露天煤矿	SRs1602	3600	中国重型机械总公司塔克拉夫公司	2	1990 年	运行
扎哈淖尔露天煤矿	SRs（K）2000	6600	塔克拉夫公司	1	2014 年	现役最大
国投哈密一矿	DWY3000	1500/3000	大连重工通用机械有限公司	2	2014 年	运行采煤
伊敏露天煤矿	K900	6700	克虏伯公司	1	2018 年	亚洲最大
兴盛露天矿	DWY2000	2000	大连重工通用机械有限公司	1	2019 年	运行采煤

30.1.3 露天煤矿全连续智能开采关键技术

1. 轮斗挖掘机状态感知技术

（1）轮斗挖掘机设备姿态及开采环境感知。包括轮斗工作面物料区域识别技术；轮斗周边障碍物识别技术；轮斗位姿信息采集融合技术。通过对图像识别、数据感知、机器学习、高精定位以及数据感知等多学科的融合，实现对轮斗位置信息、姿态信息和切割参数等基础信息的感知、分析进而决策的功能。

（2）轮斗自主行走。包括轮斗行走路径智能优化技术和轮斗自主导航技术。通过采集设备对轮斗挖掘机的实时位置坐标和结构姿态信息，配合高宽带和低时延的 5G 通信技术和工业物联网技术，实现实时定位追踪设备的位置姿态。基于轮斗作业流程、切割参数和计划开采区域，计算轮斗设备铲挖路径及走行轨迹，实现轮斗作业行走路径的自动生成和自主导航功能。

（3）轮斗挖掘机故障感知。包括轮斗运行状态和故障信息采集监测技术、轮斗状态和故障报警信息分析和诊断技术、轮斗状态和故障报警信息数据传输和管理技术。在状态故障检测系统中，针对每种设备检测信号特点，配置不同种类的传感和变送单元。根据不同传感器特点，配备相应的数据采集器，实现 A/D 等数据转换功能。然后，经传输系统将采集的数据通过控制器进行数据存储、计算和故障判断。实现对整个运行状态监测和故障监测诊断，优化作业数据，完善设备检修。

2. 轮斗挖掘机智能控制技术

(1) 姿态控制。包括可编程逻辑控制、工业物联网、人机界面、二位倾角传感器和旋转编码器等技术，依据轮斗挖掘机智能控制生产工艺要求，以分布式控制器为核心，经工业物联网实现全数字的信息交互和共享，便捷的人机交互方式完成设备运行数据的优化和状态可视化。通过预先设置的逻辑程序智能控制轮斗挖掘机回转、俯仰、步进等机构姿态运行，自动完成取料作业。

(2) 记忆切割。为提高轮斗挖掘机作业效率和自动化程度，应保证轮斗挖掘机具备定位、终点及位置跟踪和记忆功能，按预置参数范围，自动记忆完成取料作业。通过绝对值编码器检测和激光测距传感器技术，完成对行走、回转、俯仰位置检测，并通过检测数值逻辑控制建模和数值的累积误差修正，与预置参数值进行逻辑比较计算，完成轮斗挖掘机的记忆切割运行。

(3) 自适应切割。由于轮斗挖掘机工艺的特殊性、露天矿工作环境的复杂性、复杂地质条件的未知性，以及配套检测技术的不稳定性，轮斗挖掘机尚未实现自适应自主切割开采；但是自适应开采是智能化建设的方向，也是煤炭开采技术发展的必然趋势。随着传感器、精确定位、煤岩识别、动态地质检测等核心技术的不断发展，如何通过精确的工作面找寻，准确的自动生成切割深度、俯仰高度、走行直线度基线，自主识别煤岩并快速自适应调整，实现稳定的轮斗挖掘机自适应切割运行。

3. 设备群协同控制

轮斗挖掘机设备群的协同控制是确保系统连续性的关键，国内轮斗挖掘机移设仍然采用单一传感器和视频监控的方式，需要人工操作完成对中，精确性差，时效性低，影响连续操作效率，如何通过精确定位检测、激光检测传感器、三维仿真辅助可视化等多技术手段融合，在有效调整范围内，达到精准智能自动对中对接，通过轮斗挖掘机设备群优先级启动和联锁工艺顺序控制，实现轮斗挖掘机与其串联装备连续运行和设备群协同控制。

30.2 露天煤矿全连续智能开采成套装备研发

30.2.1 轮斗挖掘机

1. 装备研发面临的主要技术难题

1) 近水平及缓倾斜煤/剥离层轮斗连续开采关键技术

基于轮斗连续开采工艺的作业特点和作业条件，研究不同煤/剥离层倾角、厚度和层结构条件下的台阶划分和工艺系统布置方法；建立高强度开采时二机一线、一机一线连续开采工艺系统的适用场景和设备配套标准；研究单一物料层和多物料层开采条件下轮斗连续开采系统的布设方法、开拓运输系统设计技术以及多工艺协同开采技术。

2) 大切割力紧凑型轮斗挖掘机整机设计

(1) 斗轮装置切削机理及结构优化技术。斗轮装置是轮斗挖掘机的核心部件，对设备切割能力影响最大，现有国内外轮斗挖掘机斗轮装置关键部件技术参数均达不到切割硬岩物料的要求。斗轮体的开采参数与切割力关系，斗齿几何形状、安装角度、斗齿与斗唇连接方式与切削阻力关系的切削机理研究一直没有突破，这是制约轮斗挖掘机高效工作以及适应硬物料挖掘所面临的棘手问题，严重制约着大切割力轮斗挖掘机技术的发展。

(2) 重型复杂钢结构力学性能分析技术。斗轮挖掘机主体结构均为大型复杂钢结构，尤其是主承载梁部分，承接着受料臂、卸料臂、俯仰机构以及履带底盘，承载着设备大部分的载荷,对结构的强度、刚度以及疲劳寿命等都有着非常高的要求,设计过程中有很多难点,需要有较强的理论计算及模拟分析技术予以支撑,是设备整机设计的核心难点之一。

（3）基于虚拟样机技术的设备动态特性分析技术。包括轮斗挖掘机关键部件在切割复杂煤矸物料工况下的振动特性、动载荷以及动应力的研究。间断切削工况下产生的颤动对设备关键部件的疲劳损伤问题是国内外研究者们面临的技术难题。如何通过优化关键部件如铲斗在斗轮体上的布置、斗轮臂、卸料臂结构形式以及斗轮臂与承载梁的连接方式等来降低间断切削下的设备振动技术,是制约轮斗挖掘机技术发展的世界性难题。

（4）重型履带行走机构的计算与性能分析技术。包括履带行走机构各种工况下阻力计算、系统功率计算,装置结构形式包括驱动轮、导向轮、支重轮横向、纵向平衡梁的布置方式对行走性能影响研究,履带行走机构转向性能研究等难题。

2. 研发进展及成果简介

中煤科工集团沈阳设计研究院有限公司自主研发的具有完全自主知识产权的紧凑型轮斗挖掘机系列产品（图30-2）,在设备的切割力、整机稳定性和智能化水平等方面有了很大提升。在轮斗挖掘机切削机理、整机结构形式、稳定性、机械结构强度等方面做了深入的研究并取得了重要进展,其中设备线切割力最大达到220 kN/m,已经达到世界先进水平,可满足我国大部分露天矿山煤及软岩剥离物的采剥工程,属于重大技术突破,部分研究试验及模拟结果如图30-3、图30-4所示,研发的轮斗挖掘机系列产品见表30-2。

图30-2 中煤科工沈阳设计研究院有限公司研发的大切割力紧凑型轮斗挖掘机

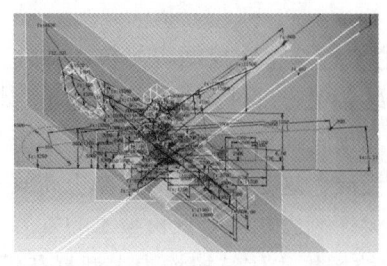

图30-3 整机稳定性分析

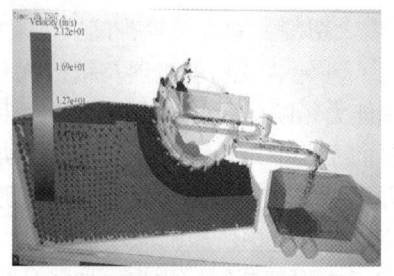

图30-4 切削模拟实验

表 30-2 紧凑型轮斗挖掘机产品型号表

型号	理论生产能力/$(m^3 \cdot h^{-1})$	线切割力 kN/m	采高/m	排高/m	行走速度/$(m \cdot s^{-1})$	接地比压/MPa	爬坡能力	总重/t	年产量/Mt
SRS1000	1000	80~100	-0.5~7.5	3.5~7	0~8	0.1	1:8	~280	2
SRS1500	1500	80~125	-0.5~8.5	4~8	0~8	0.11	1:10	~350	2.5
SRS2000	2000	100~150	-1~10	4.5~9	0~8	0.11	1:10	~500	3
SRS3000	3000	160~180	-1~12	5~9	0~8	0.12	1:10	~800	4
SRS3900	3900	160~220	-1~15	5.5~10	0~8	0.12	1:15	~1000	5
SRS4500	4500	160~220	-1~16	6~12	0~8	0.13	1:15	~1250	6.5
SRS5500	5500	160~220	-1~18	6~12	0~8	0.13	1:15	~1500	7.5

30.2.2 端帮大倾角带式输送机

1. 装备研发面临的主要技术难题

普通带式输送机的连续出坑运输方式和大倾角带式输送机连续出坑运输方式的主要运输设备均为固定式带式输送机，适用于在端帮位置长期固定不变的露天矿应用。国内外露天煤矿的剥离物主要以内排方式为主，工作面不断推进的同时，内排土场随之动态前进，端帮前端不断地从工作面揭露出来，同时端帮的后端又不断地被内排土场掩埋，端帮位置处于不断动态"前进"过程中。端帮位置的不断变化给露天煤矿端帮大倾角连续运输设备提出了沿端帮自动移动的功能需求。

（1）端帮大跨度连续运输设备的端帮移动技术。端帮大跨度连续运输设备为解决与剥离运输系统设备交叉问题，采用大跨度高架桁架沿端帮大角度倾斜布置的结构形式，端帮大跨度连续运输设备在端帮上的移动本质上是解决大跨度桁架在多组履带行走机构的支承下沿端帮平盘快速移动的问题。为避免多组履带移动的位置、速度、方向的不一致产生对桁架的附加作用力损坏桁架结构，一方面应严格控制各履带行走机构的移动位置、速度和方向的精确度，另一方面由于履带移动相对误差难以避免，端帮大跨度连续运输设备还应该具备吸收一定量的履带移动相对误差的能力。因此，履带协同移动精确控制技术、多履带移动相对误差吸收技术等将成为端帮大跨度大倾角连续运输设备在露天矿推广应用亟待解决的技术问题。

（2）适应端帮形态变化的姿态自适应调整技术。受露天矿的地质地形变化影响，端帮大跨度连续运输设备沿端帮移动过程中，端帮高度、边坡角度、平盘数量、平盘高度等端帮参数随时发生变化，端帮大跨度连续运输设备的各履带站立平盘高度不断变化导致桁架角度、桁架与履带之间的相对位置关系不断变化，为保证移动过程中桁架与履带之间的相对位置关系变化的连续性和平稳性，实现端帮大跨度连续运输设备连续快速移设，端帮大跨度连续运输设备亟待解决桁架随端帮形态变化的自适应俯仰以及桁架与支承结构之间的自由度控制等技术问题。

2. 研发进展及成果简介

中煤科工集团沈阳设计研究院有限公司自主研发了端帮自移式大倾角输送设备，设备提升能力 3500 t/h，单节长度 90 m，俯仰高度范围 0~45 m，最大适应边坡角度 40°。产品的工艺布置图及结构如图30-5、图30-6所示。

图30-5　工艺系统布置

图30-6　设备结构图

30.2.3　排土机

1. 装备研发面临的主要技术难题

国内企业拥有了设计制造大型排土机的能力，但与国际先进水平相比还有很大差距。同时由于大型排土机市场长期被国外少数企业占据，国内企业缺少在实际使用中验证与改进自身技术的机会，限制了技术的发展与迭代。面对已存在的差距，指望在机械结构方面逐渐积累经验，逐步赶上甚至赶超国外先进企业，注定是一个艰难和漫长的过程。只有在排土机的智能化、自动化上面多下功夫，才能对国外同类产品形成比较优势，采用差异化竞争，为国内企业赢得市场份额，在实践中逐步补齐自身在机械结构设计方面的短板。因此，研究提高排土机的智能化、自动化水平，是国产设备赶超国外先进水平的必由之路。随着连续和半连续开采工艺在露天煤矿的广泛应用，排土机将会向大型化、集成化、远程控制、智能控制方向发展。主要的关键技术如下：

（1）排土机在5G技术下低时延、高质量、快响应的远程控制技术。排土机（含卸料车）设备工作场所环境恶劣，将5G技术应用于此类环境中，验证该技术的可行性和解决其控制过程中信号干扰、延迟及加密等问题。

（2）排土机自适应调整控制技术，关键零部件故障诊断及寿命预估技术。排土机（含卸料车）的智能化排土技术，包含排土机姿态自适应、润滑及温度自适应技术、回转动载伺服反馈调节技术、带速自动调节技术、关键零部件故障诊断与寿命预估等。

（3）自识别料堆的3D机器视觉技术。复杂环境下基于人工智能技术的料堆识别技术，其中涉及温度检测与智能感知保护、智能消防安全系统、振动检测与智能保护、雷达防撞智能保护功能、危险源智能识别技术等。

图30-7　排土机配合卸料车作业

2. 研发进展及成果简介

中煤科工集团天地奔牛公司与沈阳设计研究院有限公司联合针对露天矿山剥离系统研发的排土机如图30-7、图30-8所示，生产能力达9000 t/h，受料臂长达71 m，卸料臂长达60 m。

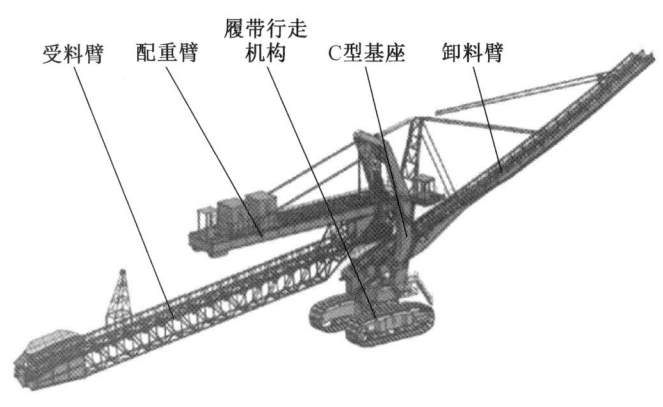

图 30-8　排土机设备

30.2.4　轮斗连续开采工艺系统综合管控平台

1. 管控平台开发面临的主要技术难题

（1）管控平台数据采集技术。连续工艺设备的监控数据采集是管控平台对海量数据处理的首要程序，直接决定着平台的大数据分析处理结果，但国内轮斗连续工艺尚未建立终端数据通信协议与格式的统一标准，对异构多源多模态数据进行集成与融合是研发此平台的主要技术难题。

（2）管控平台数据融合技术。露天矿的生产、经营、安全、环境及综合保障等信息系统独立，各系统自成体系，具有不同的数据库、信息中心、应用软件和界面，只是实现了局部信息化应用，亟须构建一个涵盖全矿业务的大数据仓库，突破露天矿信息数据跨系统、跨工艺、跨部件的互通互联技术瓶颈。

（3）工艺设备故障预测技术。国内在设备故障预测研究方面起步较晚，与西方国家间仍有一定的技术差距。该技术难点在于设备运行数据的实时采集存在外部环境影响，产生大量的噪点数据，选择合适的去噪方法，提高设备故障预测模型准确度，是建立设备故障预测模型的关键。

2. 研发进展及成果简介

中煤科工集团沈阳设计研究院有限公司自主研发的轮斗连续开采工艺系统综合管控平台（图30-9），已基本实现轮斗系统多源异构数据融合、连续生产工艺过程的数字孪生等功能。成功应用于新疆疆纳露天煤矿轮斗连续开采工艺系统中，结合轮斗连续采煤工艺的特点，为矿山企业实现精细化管理，达到安全生产、智能开采、提产增效的目标。

图 30-9　轮斗连续开采工艺系统管控平台

30.3 露天煤矿全连续智能开采工程实践

30.3.1 华能伊敏露天煤矿剥离全连续开采工艺系统

华能伊敏露天煤矿引进的剥离全连续开采工艺系统由蒂森克虏伯设计制造，主要开采露天矿上部约 20 m 厚度的剥离物。2020 年全套工艺系统已开始系统调试及试产运行，是国际上智能化程度最高的轮斗全连续开采工艺系统。全连续开采工艺系统包含轮斗挖掘机、转载机、漏斗及电缆车、带式输送机 L1~L4、排土机和卸料车，年剥离能力不小于 $1.1×10^7$ m^3（实方）。已基本实现全连续少人化智能开采，工程试验效果整体良好。

30.3.2 中煤科工集团沈阳设计研究院有限公司采煤全连续开采工艺系统

中煤科工集团沈阳设计院有限公司以承包运营的业务模式，在新疆某露天煤矿开展了工程试验，应用了自主研发的轮斗挖掘机全连续采煤工艺系统，为全国首台套，开创了国内轮斗连续采煤工艺的先河。此套轮斗采煤连续工艺系统在新疆运行稳定，工程试验效果整体良好，基本实现了安全、高效、绿色开采的目标要求。

30.4 露天矿卡智能化编组运行工程实践

30.4.1 中煤集团平朔东露天煤矿

中煤平朔集团有限公司（以下简称"平朔集团"）将"东露天矿智能化建设关键技术与工程示范"列为重大科技专项进行重点攻关。2021 年 11 月，中煤集团在平朔东露天煤矿采用国内领先的智能感知系统、深度融合激光雷达、毫米波雷达、北斗定位等多种感知技术，对复杂环境机群设备的三维高精定位、系统仿真及测试、矿山决策指挥系统、作业设备感知以及智能控制技术进行深入研究，实现了车铲对位、自主导航、自主卸载、主动避障、复杂路况无人驾驶以及指定区域精准卸载等。

平朔东露天矿智能卡车无人驾驶项目对 7 台卡车进行无人化改造，在 1 台电铲、1 台推土机及相关的辅助设备上安排终端系统，主要包括中心端、传输端、设备端三大模块。中心端包括无人运输作业智能管理系统、无人运输仿真系统、远程应急接管系统；传输端包括 V2X 无线通信与输出系统、差分定位系统；设备端包括电铲协同作业管理系统、矿卡无人驾驶系统、装备协同作业系统。通过以上改造，矿卡具备单车自动行驶能力，并能够感知环境与障碍物信息、发出单车范围内的决策命令、具备自动避障及控制能力；可接收调度中心发出的作业、行驶指令以及与电铲、推土机的协同作业指令，实现自动驾驶行走等功能。

东露天煤矿无人驾驶场景下，该项目现已实现编组无人驾驶车队的连续稳定运行。随着技术优化提升，单车单日平均拉运趟数由 8 趟提升至 24 趟。无人卡车平均时速由 30 km/h 提升至 35 km/h。卡车无人驾驶试验已安全测试 257 d，总里程 173500 千米，拉运土方 51.95 万方。

30.4.2 雁宝能源宝日希勒露天煤矿

2021 年 6 月，世界首个极寒工况 5G+220 吨级无人驾驶卡车编组项目于国能宝日希勒露天煤矿开展矿用卡车的无人驾驶编组运行，并达到工业性运行要求，如图 30-10 所示。宝日希勒露天煤矿地处高寒地区，最低气温为-50 ℃，属大陆性亚寒带气候，冬季时间长且寒冷，自卸卡车用于露天煤矿岩石和煤炭的运输，作业条件艰苦，工作环境恶劣。

图 30-10 无人驾驶矿卡在严寒环境下的白班全流程测试

该项目是国内首台套极寒工况无人驾驶编组应用,无人驾驶系统经受住了冬季极寒气温的考验,依托 5G 网络环境,对 5 台 220 t 矿卡进行无人驾驶改造,与 1 台推土机、1 台电铲及洒水车、平路机、指挥车等辅助作业车辆形成 1 套完整的露天矿无人运输作业系统。已实现了车内无安全员状态全天候不间断运行,截至 2021 年 9 月 15 日项目验收,5 台 220 t 无人驾驶卡车累计编组运行 50000 km,累计土方运输量超过 $6.4×10^5$ m^3,无人驾驶系统可动率>96.7%。

该项目在 2020 年 12 月 26 日入围 2020 年度央企十大创新工程,2021 年 1 月 18 日,获得 2020 年国家能源集团奖励基金一等奖。2021 年 9 月 17 日,获得 5G 应用征集大赛——智慧矿山专题赛一等奖。2021 年 9 月 30 日,获煤炭行业两化深度融合重点推荐优秀项目,是唯一露天矿无人驾驶项目。

在安全项目方面,已实现车内无安全员运行,从根本上杜绝因车辆侧翻、刮碰、失控、跌落等安全事故造成的人身伤害,达到本质安全的目的。

从经济效益方面,人均年工资按照 20 万元计算,对 5 台矿卡进行无人化改造完成后,可替换 16 名矿卡驾驶人员(按四班三倒),每年将节约人工成本 320 万元,随着后续系统性能进一步提升,将在运输量、节油、减少损耗备件等方面取得一定效果。

从社会效益方面,该项目的实施填补了世界极寒地区矿山设备无人化运行的空白,推进煤炭产业与智能化技术深度融合,加快煤矿智能化建设,防范化解煤矿安全风险,实现煤炭行业高质量和可持续发展,有效推动露天矿高效、安全、绿色与可持续发展。

30.4.3 国电投内蒙古南露天煤矿

智慧矿山建设成为能源行业热点之一,从国家到地方,相关政策频频发布,各大能源企业也在积极推动智能矿山的搭建。依托 5G 网络的技术优势,2020 年 9 月,内蒙古公司以南露天煤矿为试点,着手开展大型运矿卡车的无人驾驶项目总体规划方案研究编制工作。

2020 年 10 月,国家电投集团内蒙古公司(以下简称"内蒙古公司")与多家矿用车生产企业和无人驾驶服务商达成最终合作意向，进行无人驾驶改造。百吨级自卸车无人驾驶改造与电铲远程操控技术研究项目，首次实现智能车路协同、车铲协同，与破碎站协同的作业能力，具有操作灵活、交互稳定、决策智能、弹性扩展等功能优势，形成一套完整的露天煤矿无人运输作业系统。

该项目通过云控平台对无人驾驶车辆进行了智能调度，搭建了由车载智能终端、云端调度平台及车联网通信组成的整套矿山无人运输系统并且持续稳定运行，对露天矿山企业提升效率、增强安全、降低能耗具有重要意义，具有较大的推广价值。

内蒙古公司南露天煤矿于 2021 年 6 月末实现了 5 台百吨级自卸车无人驾驶编组运行。逐步实现"少人、无人、机械换人"的智慧安全高效运输。

30.4.4 华能伊敏露天矿

2020 年，在国家发改委、国家能源局提出了智能化技术与现代煤炭产业深度融合，实现煤矿智能化的发展要求后，华能伊敏煤电公司积极响应，在当年 5 月就开始与多家矿山无人驾驶公司展开深度合作，对伊敏露天矿的矿用运输设备进行无人化升级改造。

该项目自 2020 年正式启动后，经受了地区极端气候、松软地质等复杂环境考验。通过在电气化、自动驾驶、智能调度、感知定位、高精度地图等领域不断进行技术落地，项目已实现了车铲对位、自主导航、自主卸载、主动避障，可在多岔路口、复杂路况进行无人驾驶，并完成排土场等指定区域的精准卸载，矿山自动化作业的功能种类和效率居行业领先位置。

在项目联合运营过程中，煤矿运输作业已经实现了"采—运—排"的自动化流程，可实现 24 h 三班倒连续作业，并保证在全工况条件下自动作业效率基本达到人工水准，为缓解东北地区严峻的煤炭紧张形势提供保证。

基于在矿用车无人运输领域的技术创新价值以及行业指导意义，项目成功入选国家首批智能化示范建设煤矿，并获批立项《智慧矿山矿用车辆自动驾驶协同作业系统》团体标准。未来，项目建设方将携手加快推进先进标准体系建设，推动相关领域科研成果的产业化应用，以高标准引领行业高质量发展，提升产业经济的整体竞争力。

第四篇

智能化示范煤矿建设实践和经验

31　国家能源集团智能化示范煤矿建设实践

国家能源集团拥有"煤电运化一体化"运营模式，现有生产煤矿73处，产能6.2×10^8 t/a。国家能源集团积极贯彻"四个革命、一个合作"能源安全新战略，深入落实八部委《关于加快煤矿智能化发展的指导意见》，按照"安全、高效、绿色、智能"的建设理念，以"减人、增安、提效"为根本目的，经过多年的创新实践，探索形成了"1套体系全面统筹、2种模式激发创新、3类煤矿示范引领、5位1体高效推进"的"1235"煤矿智能化建设模式，全力开展煤矿智能化建设，加快企业数字化转型升级，坚定不移地推动煤炭工业高质量发展。

国家能源集团以国家"十四五"规划为指引，集团公司"十四五"规划为统领，编制了智能矿山"十四五"规划，明确了智能矿山的建设目标、应用蓝图、实施路线和保障措施，确定了2022年和2025年两个阶段目标；2022年，实现"五个100%"（煤矿智能化技术及建设100%覆盖、采煤工作面100%实现智能化、掘进工作面100%实现智能化、选煤厂100%实现智能化、固定岗位100%实现无人值守）建设目标，为我国煤炭工业高质量发展贡献力量；2025年，煤矿全部实现智能化，煤矿智能化建设迈入新阶段。

31.1　神东大柳塔煤矿

大柳塔煤矿是国能神东煤炭集团下属的一座特大型现代化矿井，产能3.3×10^7 t/a，是全球最大的井工煤矿。1987年建矿至今，始终坚持党的领导、加强党的建设，全面贯彻落实党的路线方针政策、中央重大决策部署和集团发展战略，率先打破传统工业化井工煤矿建设模式，确立了"高起点、高技术、高质量、高效率、高效益"的建设方针，全力打造高产高效、安全智能、人才一流、管理领先的世界一流矿井，先后实现了单井千万吨、双井双千万吨、双井三千万吨跨越式发展，为煤炭行业技术进步和创新发展做出了巨大贡献。

31.1.1　智能化建设目标及规划

1. 智能化建设目标

大柳塔煤矿紧紧围绕国家、地方、集团公司智能化建设指南，本着"生命至上、效益至上、发展至上、人民至上"的使命，以"机械化换人、自动化减人、智能化无人"为建设原则，按照神东"0587"建设目标，根据两个矿井不同生产地质条件，提出"1024"智能化建设理念，以建设国家首批智能化示范矿井为主线、追求无人化生产为目标，在智能化开采、安全保障、经营决策和清洁环保等四大板块，全力打造万物互联、数据驱动、人机交互、专家决策于一体的智能化矿井。

2. 智能化建设研究内容

大柳塔煤矿智能化建设规划共设置五大研究课题。

（1）无人化智能开采示范工程。以煤炭安全、绿色、智能开采为核心，围绕智能化开采的核心技术难题，建立从环境-设备数据感知、过程控制到设备维护的实时决策、交互管理、远程监控的煤炭生产全过程智能开采系统。

（2）少人化智能掘进示范工程。根据大柳塔矿实际特点确定合理的掘进技术与装备，配套高效的辅助作业系统，逐步实现掘支平行作业，使掘进工作面生产系统具有智能感知、自主决策和自动控制的功能，实现掘进工作面少人、系统高效协同运行。

（3）生产辅助系统智能化无人示范工程。以"安全、可靠、无人、节能"为核心理念，以"无人值守、减人增效"为目标，通过实施智能化项目实现固定岗位100%无人值守，保证生产辅助系统稳定、高效运行。

（4）智能通风及灾害精准预警示范工程。构建灾害精准预警平台，实现通风系统智能化升级，多维度融合灾害信息，为煤矿安全生产提供决策依据。

（5）智能化信息基础建设及智慧园区示范工程。结合煤矿实际业务和组织架构特点，整体规划并建立数据中心，支撑业务系统所需的服务器资源；从安全生产、组织管理、信息发布、智能办公、生活环境管理等多个方面提升煤矿智能化水平。

31.1.2 智能化建设进展

1. 信息基础设施

建成井下万兆生产控制环网，网络安全达到国家级智能化建设水平。建成井下人员定位系统、视频监控系统、应急广播系统、有线调度系统和无线通信系统，为井下安全生产提供信息保障。采掘工作面已成功部署5G通信网络，实现采煤机、连采机、机器人等移动设备数据上传和视频传输，搭建了井下数据传输的高速通道。

2. 地质保障系统

引进履带式智能钻机，最大钻孔深度400 m，具备自动装卸钻杆，一键自动钻进，遥控控制功能。建成矿图一体化协同平台，是以采掘工程平面图为基础，将10个专业的图形统一存储、集中管理、实时更新。

3. 掘进系统

智能掘进取得了重大突破，建成国内首个智能连掘系统。神东首台六臂锚杆机工业性试验，实现掘支运平行作业。引进移动设备人员接近闭锁防护系统，保障作业人员安全。破碎机与梭车联动控制，真正做到掘进工作面少人化，运输系统无人化。连掘、掘锚、综掘工作面供电、供风、运输系统完成集控。

4. 采煤系统

建成神东首个基于5G网络的高级智能综采工作面，通过在工作面部署5G通信网络，实现工作面"视频跟机、有人巡视、自主割煤和远程干预"的采煤模式。刮板机、转载机结合煤机位置、割煤工艺、运行电流和视频画面等数据，实现自适应调速等功能。工作面供电、供液和运输系统全部实现集中控制。

5. 主煤流运输系统

主运输带式输送机实现上位机远程集中监控、防爆移动终端在线监测全部无人值守、视频调速；实现部署钢丝绳带芯无损检测系统、智能除铁装置和智能集中润滑装置，引进钢丝绳牵引和轨道式智能巡检机器人代人工巡检。应用基于AI的图像识别技术，对无人值守带式输送机堆煤、跑偏和异物进行智能识别分析。

6. 辅助运输系统

运输车辆安装了智能车载终端,实现车辆的实时定位、音视频通话、数据上传等功能。建成区间测速系统、红绿灯管理系统、胶轮车防跑车装置、坡道车辆制动检测、井口道闸系统、巷口门禁系统,保障辅助运输安全。

7. 通风与压风系统

主要通风机实现风机单机远程控制,具备一键启停,一键不停风倒机功能。局部通风机实现了风电闭锁与瓦斯电闭锁,采用智能变频驱动,实现智能低噪运行。压风机具备排气压力、风包压力、排气温度、排气流量、电参数、振动等参数的在线监测功能,实现了远程控制。

8. 供电与供排水系统

变电所全部实现无人值守,部署了防越级跳闸系统,电缆火灾监测预警系统和智能防灭火系统,全天候监测处理变电所火情。高压防爆配电柜实现柜内远程可视化监控。变电所、水泵房部署智能巡检机器人,实现智能巡检。

9. 安全监控系统

建有瓦斯监测装置、水文监测系统、红外束管系统、色谱束管分析系统、矿山压力分析系统和沿空留巷顶板监测系统,能够对井下主要灾害进行实时监测预警,保障矿井安全生产。建立安全风险分级管控体系,具有完善的安全风险分级管控和隐患排查治理双重防控机制。

10. 智能化园区与经营管理系统

园区交通管理主要通过违章抓拍系统进行检测,建成无人化灯房管理系统,地面园区实现5G应用全覆盖。经营管理系统主要以生产执行系统为主,从计划排程、绩效考核管理、材料成本管控等典型问题入手,实现统一的经营管控平台。

31.1.3 典型经验做法及建设亮点

1. 科技引领,建设系统集成智能化矿井国家示范

一是打造一体化智能综合管控中心。以煤矿高产高效与综合应用为核心,融合神东亿吨级煤炭生产集中控制系统,实时感知全矿主要生产系统,最远控制距离达50 km,监测数据点位17万余个,控制设备11000余台,集成展示、关联控制、智能报警,为矿井无人值守提供系统保障。

二是首创5G+高级智能综采工作面。搭建万兆生产控制环网与一体化综合通信分站,建立大带宽数据高速传输通道,以设备姿态自感知、截割自适应、人员接近防护、智能巡检机器人等技术结合透明工作面数字模型和AI智能算法模型,形成"自主割煤+无人跟机+智能决策"采煤模式,将工作面作业人员由5人减少至2人,逐步迈向无人化开采。

三是建设全国首个5G+智能掘进工作面。构建"自主掘进协同作业+远程监控"的智能掘进模式,实现掘支运平行作业,多臂同时支护,连续破碎运输和智能化远程操控,真正做到掘进工作面少人化,运输系统无人化,将工人从高粉尘、高噪音、高风险等恶劣的工作环境中解放出来,整体引领煤炭行业掘进装备的智能化转型。

四是研发应用煤矿机器人集群及智能装备。全矿40部带式输送机(约40000 m运输长度)、21个变电所、7个供排水泵房实现无人值守,远程集中监控,取消固定作业岗位62个,减少作业人员200余人。研发推广锚杆支护机器人、喷浆机器人等8类智能装备,有效降低了工人作业强度,改善了作业环境,提高了作业效率,有效带动煤炭行业智能化

转型发展。

2. 创新驱动，建设高产高效现代化矿井行业标杆

一是创新采掘布局，开创煤矿开采新模式。首创无盘区布置，取消盘区集中大巷，简化了生产系统，实现了集中开采。首创超长工作面布置，工作面推进长度普遍增加到 6000 m，直达井田边界，工作面宽度增加到 350 m，万吨煤掘进率大幅度减少，资源回收率显著提升，实现了高效回采。

二是创新采掘工艺，引领行业发展新高度。首创特厚硬煤层上分层综采下分层综放开采工艺。该回采工艺集合了分层开采和放顶煤开采的优势，上层回采时底板不需要铺网，下层综放时 2 m 顶煤既作为架前顶煤又可以架后放煤回收，实现了顶板安全，提高了资源回收率，为特厚硬煤层安全、高效回采提供了新技术、新方法。首创特厚煤层分层开采下分层大断面切眼在极近综采采空区下安全掘进技术。应用"马丽散'先注后掘'+全锚锚杆和锚索+钢带网片+单体钢梁棚"等联合支护新方法，掘锚机和连采机两台设备前后两次成巷短掘短支工艺，实现了综采采空区下极近层间距（3.5~4 m）大断面切眼安全掘进，保证了后续 4 个工作面 1.2×10^7 t 煤量的安全回收，也为类似条件下大断面巷道掘进提供了宝贵经验。

三是生产辅助系统无人值守，首创"地面跟班"新模式。依托活鸡兔井综合控制中心，将井下带式输送机司机、变电工、泵房巡视工从井下向地面"煤白领"转变，控制井下 13 km 主运带式输送机、10 个变电所、4 个排水泵房生产设备，实现井下生产辅助系统"地面跟班"模式变革。

3. 示范引领，全面探索行业领先的新技术、新装备

（1）基于矿鸿系统的工作面巡检机器人技术。为进一步提高大柳塔煤矿综采工作面自动化水平，提出基于矿鸿系统的工作面巡检机器人技术方案。通过辅助巡检机器人搭载红外成像仪及视频摄像头，具有工作面视频监视、采煤机滚筒及其他设备温度探测、同步跟机、甲烷浓度监测等功能，代替人工巡检。同时通过手机与 NFC 卡触碰，对机器人的参数进行查看、修改及控制。

（2）综采工作面沉浸式全景视频拼接技术。针对综采面作业中现场信息感知所存在的问题，提出基于大视差的智能拼接综采工作面采煤工况全画幅再现技术的创新技术方案，攻破行业十多年来一直未解决的工作面全景视频拼接难题，实现危险工作场所的少人无人目标。达到以下效果和价值：身临其"井"，实现工作面整体看得全、看得到，细节看得准、看得清，异常看得懂，危险止得住。

（3）基于无源光纤传输的巷道围岩监测技术。针对巷道围岩监测存在的技术难点，提出光纤传感器无源在线监测系统的技术方案，主要完成大量程光纤离层传感器开发及安装工艺技术研究、高强度光纤锚杆（索）应力传感器及安装工艺研究、光纤钻孔应力传感器及安装工艺研究、光纤顶板动态监测系统预警参数研究，为隧道围岩控制和支护及维护提供了数据支撑。

（4）主运输系统智能调速技术。大柳塔煤矿主运输带式输送机大多超功率配置，针对长期轻载或空载状态造成用电效率低、设备损耗大等问题，提出主运输系统智能调速技术方案，通过视频识别技术判断瞬时煤流，并自动下发指令，实现带式输送机的智能调速控制，降低空转率，延长设备使用寿命。全系统每年节省电能 160 多万千瓦时，节约成本

100多万元。

（5）无轨胶轮车防跑车技术。无轨胶轮车行驶过程中，速度过快带来的非稳定性安全隐患一直存在，一旦制动失灵车辆失控、人为操作不当将会造成人员以及设备损伤，发生严重的煤矿生产事故，因此在 52 煤副斜井使用无轨胶轮车防跑车失速装置，该装置在矿内所有胶轮车上安装失速脱钩装置，设置车速超过 30 km/h 时发出车辆超速报警，车速超过 39 km/h 时，车辆控制器触发自动脱钩，并给巷道控制器发送跳绳指令。当失速胶轮车通过时，脱下的尾钩钩住弹起的钢丝绳，在吸能器的缓冲作用下，钢丝绳能有效地拦截失速运行的胶轮车。

（6）基于 UWB 无线通信人员设备接近防护技术。为防止掘进工作面连采机、梭车、锚杆机在作业过程中需交替循环作业中移动设备伤人，提出基于 UWB 无线通信技术人员设备接近防护技术方案，在连采机、梭车、锚杆机、破碎机部署基于 UWB 人员接近设备，当人员设备接近防护系统时实现主动避害、闯入报警、双向报警、检测预警、应急停机等功能，保护作业人员的生命安全。

（7）综放工作面远程集中供电、供液技术。在煤矿井下边角煤回采设计中，往往将面临同一盘区并列布置多个纵向距离很短的回采工作面。在探索煤炭资源最优的开采工艺过程中，提出井下综采远程集中供电、供液系统的实施方案，主要完成了远程设备列车布置、管路电缆布置校验和远程控制系统，重点攻克了综采机尾推移技术，替代了传统单轨吊装置，取消了工人传统拉移变列车的工作量，提高了作业人员安全系数。

（8）六臂锚杆机组。大柳塔煤矿连掘工作面施工帮网往往需要 9~12 个人使用风动锚头施工，劳动强度大，登高作业期间安全隐患大，为此引进满足巷道宽度范围 5.0~6.5 m、高度范围 2.5~3.8 m 的支护作业的六臂锚杆机，进行帮锚杆和顶锚索的支护，降低员工支护帮网的劳动强度、提高支护效率和支护质量，为矿井安全生产提供坚强保障。

（9）矿用锚杆转载机组。为进一步满足锚索布置的支护工艺，配合掘锚机完成中位和低位帮锚杆支护，从而实现全断面机械化协同支护作业的目标，提高支护效率，引进集锚、运、破、转载功能于一体的矿用锚杆转载机组，实现减少现场人员工作量，远程控制，远离工作面，减少人员受伤害的可能性。

（10）水仓清淤机器人。大柳塔煤矿矿井水仓清理淤泥原来大部分采用装载机清淤方式，不仅清淤时间长、投入人工多、清淤效率低下，而且容易造成安全事故，为此引进水仓清淤机器人，在水仓中将煤泥挖装运输至搅拌桶内，在搅拌桶中将煤泥混合均匀后经煤泥输送泵输送至煤泥脱水装置进行煤水分离，经过脱水的煤泥可直接进入带式输送机运输系统。减少人员劳动强度解放劳动力，达到人机分离，消除巷道二次污染，保障作业人员安全。

（11）智能掏槽机器人。大柳塔煤矿砌风墙、永久性密闭墙体开槽、联巷掏水窝、巷道内纵向排水沟完全由人工用最原始的方法手持风镐开挖，工人劳动强度大，尤其顶部开挖更加困难效率低，飞落的煤块容易伤及施工人员，为此引进智能掏槽机器人，通过左右移动滑鞍、伸缩副臂、截割部弯曲，可满足不同断面铣槽作业，截割工作时采用水雾降尘，链式截割部直接深入截割面、截割深度一次成形，且截割面平整，开挖一道槽口工作时间由需 3~5 个工作日降低至 1 个工作日。

（12）矿用巡检机器人。引进钢丝绳牵引、轨道、轮式 3 种智能巡检机器人，分别实现变电所智能巡检、人脸识别停送电、环境监测、系统联动、主排水泵房智能巡查、仪器仪表数据识别记录、设备点检及带式输送机运行系统全面的监测，实现了变电所、水泵房、带式输送机无人值守。

31.1.4 示范效果

1. 能源供应"压舱石"作用充分发挥

建矿 34 年以来，大胆进行高产高效矿井模式的探索和实践，矿井产能由最初的 $3.6×10^6$ t 提高到 $3.3×10^7$ t，为神东"千万吨矿井群"建设奠定了基础，成为煤炭行业竞相效仿的样板，累计回采煤炭 $5.7×10^8$ t，为国家能源稳定供应做出了突出贡献。

2. 国有资产保值增值成效显著

建矿至今累计创造利润 857.36 亿元，上缴税费 292.96 亿元，为国家经济社会发展和财政增收做出应有贡献，成为壮大综合国力、促进经济社会发展、保障和改善民生的重要力量。

3. 能源革命"排头兵"作用凸显

大力推进"机械化换人、自动化减人、智能化无人"智能矿山建设，以装备升级带动生产系统和劳动组织优化，设备开机率达 90%，采煤工作面月均产量 $6.47×10^5$ t，掘进工作面月均进尺 973.33 m，全员工效 56.21 t/工，有效提高了生产效率、释放了发展活力，为促进煤炭产业转型升级和高质量发展提供了宝贵经验。

4. 引领煤炭行业技术革命

累计完成科技创新项目 1052 项，获得授权专利 116 项，发表科技论文 685 篇，《生产现代化矿区建设与生产技术》获 2000 年国家科技进步一等奖；《千万吨矿井群资源与环境协调开发技术》获 2012 年国家科技进步二等奖，成为高产高效矿井和绿色智能矿山建设的示范单位。

5. 助力煤炭行业人才供给

不断加大高端人才和行业发展急需人才的培养力度，构筑行业人才高地，为全国煤炭行业培养和输送了企业高管、矿长、技术精英等人才 800 多名，成为中国煤炭行业人才培育的摇篮。

31.2 神东上湾煤矿

上湾煤矿作为神府东胜煤田最早开发建设的矿井之一，始建于 1987 年，是一座千万吨级特大型现代化矿井，位于内蒙古自治区鄂尔多斯市伊金霍洛旗乌兰木伦镇，矿井采用平硐-斜井综合开拓方式，核定生产能力 1600 万 t/a。

31.2.1 智能化建设理念及目标

1. 建设理念

上湾煤矿以习近平新时代中国特色社会主义思想为指导，认真贯彻党的十九大和十九届二中、三中、四中、五中、六中全会精神，深入落实"四个革命，一个合作"能源安全新战略，聚焦率先建成世界一流智能化示范矿井宏伟目标，将智能和绿色矿山建设作为"头号工程"，逐步推进矿井"四大转变"（"井下操作"向"地面远控"转变；"黑领矿工"向"金领采煤师"转变；人员密集向技术密集转变；高危环境向本质安全转变），建成首个"四化矿井"（业务数据化、数据能力化、能力平台化、平台资产化）。在推动上湾煤矿高质量发展的同时，率先引领煤矿进入数字时代，为世界一流智能化示范矿井的建设提供"上湾路径"。

2. 建设目标

率先建成世界一流智能、绿色"5110"示范矿井（5G引领、一体化数字智能管控平台、10个100%智能化）。

（1）建成首个"5G+UWB"网络全覆盖矿井，实现"5G+机器人""5G+无人驾驶"应用。

（2）自主打造一体化数字智能管控平台。实现井下（采、掘、机、运、通）及安全、经营、园区等系统智能感知、智能决策、自动执行。

（3）采煤工作面实现100%智能化，掘进工作面实现100%智能化，固定岗位实现100%无人值守，新能源电动车应用100%，通风系统实现100%远程控制，主要灾害实现100%精准预警，地面厂区与井下5G信号100%全覆盖，5类机器人100%全覆盖，配套选煤厂实现100%智能化，地面及井下100%达到绿色矿山建设标准。

31.2.2 智能化建设情况

1. 建成矿井智能化综合管控平台

2014年，开始实施"区域中央自动化控制系统"项目，实现了"五个一"（即：一个平台、一个中心、一张图、一张网、一个标准），实现了信息的高度集成和共享。2019年10月，自主研发的"生产数据管理平台"上线运行，实现了矿井主要设备通信协议与接口的统一。同时，该平台具备大数据分析、工业监控等功能，共计76个子系统，已存储了400多亿条数据，贯通了生产执行层与控制层数据，通过区队集控中心以及全员配置的移动终端，改变了各级管理及操作检修人员的工作模式，实现了18名带式输送机司机工作模式由井下巡检向远程诊断转变，2021年至今月均处理设备异常报警37条，确保了各系统机电设备可靠运行。

2. 形成"万兆"信息化传输通道

2012年8月，通过和华为公司开展技术交流，确定了"一网一站"建设思路，并于2014年9月率先建成井下"一网一站"智能信息化平台，该平台包含井下4G无线通信系统、人员车辆定位系统、工业电视系统、调度指挥系统、工业自动化系统、安全监控系统等，为井下的数据和地面的系统搭建起了"煤炭信息仓库"，2014年底实现了井下4G网络全覆盖，标志着上湾煤矿已达到"万兆"信息化传输水平。"一网一站"的实施将井下通信线路由"捆"变为"根"，全矿井信息化维护工仅4人。目前，上湾煤矿地面及井下5G+UWB网络已全覆盖投入使用，高可靠、高带宽和低时延的性能为智能矿山建设提供了高质量的网络基础。

3. 智能综采工作面常态化自动生产

通过在12403综采工作面（8.8 m）应用支架自动化、支架远控、集中控制中心、三机自动调速、油液在线监测、设备在线点检、单轨吊落地等61项智能化项目，该工作面已常态自动化均衡生产，工作面综合平均自动化率为92%。

4. 主运输系统率先实现无人值守和五个"全覆盖"

通过在带式输送机机头驱动部、张紧部、落料点、搭接点、除铁器处、机尾滚筒处安设AI智能摄像头，精准识别带式输送机堆煤、跑偏、洒煤等异常图像，并实时推送报警信息，主运输系统于 2020 年实现了无人值守。同时，主运输系统所有设备全覆盖实现了在线点检，所有钢丝绳带面全覆盖实现了在线无损检测，集运带式输送机全覆盖实现了油液在线监测，带式输送机沿线全覆盖实现了温度在线监测，顺槽带式输送机全覆盖实现了带扣监测。主运输系统连续 1500 多天实现了零故障，减少固定岗位工 18 人，实现带式输送机司机由"井下操作"向"地面远控"的转变。

5. 建成了"全流程、分段化"安全、绿色辅助运输系统

（1）井口-电子化入井车辆检查员：辅运平硐口安装了"防爆道闸系统"，该系统具备号牌识别功能，且与车辆制动检测系统、车辆点检系统数据联动，只有车辆制动检测合格且经驾驶员点检正常的车辆方具备入井资格。

（2）入井斜坡-制动测试+应急制动：辅运平硐斜坡段安装了坡道制动检测放行系统及车辆失速保护装置，入井车辆需根据巷道顶部的 LED 屏和红绿灯提示，进行制动测试，并对强行通过的车辆进行抓拍。当车辆制动失灵，车辆失速保护装置动作，实现紧急停车，确保人员及车辆安全。

（3）交叉口、转弯处-红绿灯+违章抓拍：井下交叉口、转弯处全覆盖安装了基于地感线圈和激光探测的红绿灯交通指挥系统及闯红灯抓拍系统，确保车辆在关键点、风险点有序通行。

（4）采掘顺槽-环境检测+区域门禁：综采及掘进工作面顺槽入口处安装了环境检测及区域门禁系统，可结合现有安全监测系统、车辆定位系统，在巷道入口通过 LED 屏实时播报区域巷道内车辆数及 CO 浓度。顺槽口安装了激光栅栏和抓拍摄像头，当车辆数和 CO 浓度超标时，激光栅栏显示红色激光，车辆需在等待区熄火等待。

（5）新能源电动车应用"第一矿"：作为神东煤炭集团新能源电动车试验基地，上湾煤矿积极响应国家创新、绿色发展的要求，从 2017 年 12 月开始联合装备制造企业共同开发矿用电动车。目前，上湾煤矿在用电动车共计 80 辆，电动车占比 51.94%。预计 2022 年底实现新能源电动车全覆盖。同时，上湾煤矿与上述厂家共同研究、试验并应用了"电池快换""超快充电"等项目，很好地解决了新能源车电池续航能力不足、利用率低等问题。计划 2022 年底建成基于光伏发电的能源供应车库、井下充电硐室，满足电动车需求，实现辅助运输系统绿色零排放。

此外，通过应用倒车影像、倒车雷达、车辆状态在线监测等安保功能，2021 年至今，全矿实现了人员 100% 系挂安全带，未发生过辅助运输事故。

6. 打造智能通风

所有风门均实现了自动化远程控制，具有远程控制、光控、红外感知三种控制功能，在 2-2 煤安设了短路风门，在灾变条件下通过自动或远程控制自动风门，将火灾烟流通过短路风门直接排入总回风巷，避免烟流进入盘区采掘工作面。在主要控风地点安装远程控制调节风窗，对风窗的开度、风速、风量等参数实时采集，实现了风量远程智能快速调控，解决了矿井通风线路长、设施多、测风员调风作业效率低等问题。通过主要通风机智能化升级改造，实现了主要通风机远程"一键切换"和无人值守，主要通风机连续 8 年"零"停风。

7. 供电与供排水系统无人化

井下变电所全覆盖安装了自动灭火装置，通过感温光缆实时监测地沟内电缆温度，并

使用干粉灭火器自动灭火；变电所均安装具备虹膜识别、远程准入、NFC 卡准入的门禁系统，调度员可在地面调度指挥中心远程监控变电所高低压电气设备，实现了变电所无人值守；高压停送电工作票、操作票实现电子化申请、审批、执行、存档管理；建立了能耗管理系统，作业人员可通过移动设备查看设备能耗情况。2022 年上半年，供电系统未发生影响生产的故障，连续 3 年全矿未发生任何供电类事故。

供排水系统于 2011 年全部实现了无人值守。其中，供水系统全部实现了变频恒压自动供水模式；排水设备全部实现了远程集中监控；回风巷气动隔膜泵实现了自动排水远程监控；供排水管路上的关键位置均安装有压力传感器和流量计，作业人员可通过手机查看系统运行情况，实现了"一人、一车、一手机、一盘区"的巡检排水模式。

8. 构建多维度、一体化智能安全监控系统

基于"一网一站"，建成了井下目标精确定位、无线通信、应急广播、水文监测、环境监测、调度指挥、通风监控、供电监控、视频监测的多维度、一体化智能安全监控系统，实现了井下人员、车辆等目标精确定位，4G、5G 网络全覆盖，无网络应急通话、水害实时预警、采空区及其他易高温区域温度实时监控、综采工作面及带式输送机运输巷粉尘实时监控等功能，将过去 5 台主机合成 1 台，调度员操作不同系统无须再切换主机或系统，大大提高了操作的可靠性和效率。

9. 打造以业务协同平台为核心的智能化经营管理模式

常态化使用的业务协同平台，集计划管理、生产管理、调度管理、机电管理、一通三防、应急管理、安全管理、煤质管理、设计管理、环保管理、综合分析、岗位标准、车辆管理、检测管理、图纸管理共计 15 个模块于一体，打通管理孤岛、数据孤岛，是一套智能化经营管理平台，其覆盖了煤矿的管理决策、财务、生产、人力、物资、机电、预算、安环、调度、项目管理等多项领域，实现了经营数据、生产数据、绩效数据、管理分析数据等实时展现，为经营决策提供参考和依据。

10. 井下 5G+UWB 网络全覆盖

通过应用高可靠、大带宽、广接入和低延时性能的"5G"通信系统，实现传输速率 1.46 Gbps，网络延时 10~20 ms，为井下无人驾驶、高清视频传输、综采及掘进工作面透明监测、井下工业控制、机器人智能巡检、AR 增强培训等技术提供了高质量的网络基础。同时，在 5G 网络及基础上，积极推广应用各类机器人，目前掏槽机器人、带式输送机巡检机器人、喷浆机器人已投入使用，将掏槽、巷道清扫 2 个重体力劳动岗位升级为机械操作类岗位，且作业效率翻番，实现了"人员密集"向"技术密集"转变。此外，预计 2022 年底前完成变电所巡检机器人、水泵房巡检机器人、水仓清淤机器人等矿井机器人应用。

通过应用高可靠、大带宽、广接入和低延时性能的"5G"通信系统和 UWB 精准定位功能，实现了井下无人驾驶。无人驾驶车辆为矿用 19 人锂离子无轨胶轮车改造而成，主要由车辆精准定位导航系统、新型感知系统、车路协同系统、智能调度管理系统、远程监控和应急接管系统等组成，2021 年 9 月 15 日入井测试成功。

31.3 神东布尔台煤矿

布尔台煤矿隶属于国能神东煤炭集团，位于内蒙古自治区鄂尔多斯市伊金霍洛旗境

内，井田面积192.63 km², 矿井设计生产能力 $2.0×10^7$ t/a；共含可采煤层10层，地质储量3.3 Gt, 可采储量2.0 Gt。井田褶皱发育较大，断层及冲刷构造多，煤层埋深大，矿压明显；水文地质类型相对复杂，煤层自燃倾向性均为Ⅰ级容易自燃，且煤尘均具有爆炸性，属于瓦斯矿井。矿井采用斜井—平硐—立井综合开拓方式，布置三个综采工作面、六个掘进工作面，其中两个综放工作面，掘进全部采用掘锚工艺。

面对复杂条件下井田开采技术难度大、员工工作强度高的状况，布尔台煤矿坚决贯彻习近平总书记关于科技创新和能源革命一系列重要指示精神，按照"机械化换人、自动化减人、智能化无人"要求，对标发展新定位，立足发展新阶段，精心谋划、高位推动，大力实施科技创新和智能化建设，依靠装备提升带动生产系统和劳动组织优化，全面推动矿井向安全高效智能化开采加速转型，促进了生产方式根本性变革，形成了"无人则安、少人则安"的安全生产新局面。

31.3.1 智能化建设总体思路

面对发展重任，布尔台煤矿科学把握行业发展趋势、紧跟科技创新步伐，加速实现矿井智能化。按照"总体设计，分步实施，重点突破，谋划长远"的原则，以安全、高效、绿色、智能为导向，深入践行国家能源集团"一个目标、三型五化、七个一流"发展战略，坚持高起点、高标准，同时兼顾前瞻性、经济性、实用性、可靠性、开放性，扎实推进布尔台矿智能化体系建设落实落地。

2021—2022年总投入建设资金2.87亿元，重点建设智能采掘工作面、智能主运输系统、固定岗位智能化集控系统、智能调度与通信系统、智能通风系统、安全态势精准预警系统等11个版块93个项目，实现煤矿全系统智能化，完成物联网、云计算、大数据、人工智能、自动控制、移动互联网、机器人装备等与现代矿山开发技术相融合，开辟完整的煤炭科学、智能、绿色开采运行新模式，将布尔台煤矿打造成为复杂条件下特大型煤矿智能化建设的标杆和典范。

31.3.2 信息基础设施建设

1. 强基固本，夯实网络基础，畅通信息高速公路

打造了井下4G+5G+WiFi的综合无线通信系统、实现了井下万兆工业环形专网全覆盖；建成集人员车辆定位系统、工业电视系统、调度指挥系统、工业自动化系统、安全监控系统于一体的"一网一站"智能信息化平台。同时，主要采掘工作面部署完成5G网络，利用其大带宽、低延时的优势，助力实现工作面设备远程"零时差"操控，为矿井智能化升级提供了可靠的网络保障。

2. 顺势而为、统筹推进，打造智能化一体管控平台

以综合智能控制为基础，以安全、高效、协同作业为目标，针对矿井生产控制系统、安全监测系统、生产执行系统分散和独立的问题，打造了基于全国产软件的具有完全自主知识产权的生产管控平台，实现了综采、连掘、主运、供电、供排水、通风、压风及瓦斯抽放等32个子系统的集中管控融合。基于此平台的统一标准协议，对智能管控及数据通信流程进行了全面整合、优化和固化，在行业开创性地探索出了一条多设备、多接口、多参数统一融合的新途径，解决了矿井各类设备通信接口和协议不统一、数据采集困难的问题，贯通了生产执行层与控制层的数据智能交互，彻底解决了信息孤岛问题。

3. 未雨绸缪、先手布局，建成完全自主可控的智能数据湖

将矿井生产的海量生产数据进行全过程采集、集中智能存储,通过自主研发实现全部硬件国产化,统一矿井生产数据存储标准,实现生产数据模型固化,建成行业首个煤炭生产大数据湖;通过数据建模、智能分类、大数据分析等技术,深挖数据潜在价值,指导矿井安全生产。自主智能数据湖的建立,彻底摆脱了数据分析对国外的依赖,既保障了自有数据的绝对安全、稳定,又保障了数据的高效交互与共享。

4. 先行先试、善作善成,首推华为鸿蒙操作系统在煤矿井下应用

布尔台煤矿作为国内首家"矿鸿操作系统"(鸿蒙工控系统)用户,已经在综采液压支架主控器、工作面三机通信控制器、带式输送机控制器、组合开关显示控制器及馈电开关等8类204台套设备上成功应用;通过鸿蒙"软总线技术"实现设备间"近场通信""端端"数据互通,自动智能无感数据采集,进入识别范围时,手机自动连接设备,可查看各系统参数并实现手机端控制。实现了"无屏变有屏、小屏变大屏、固定按键操作变手机移动可视化组态操作",极大地提高了设备操作及管控效率。布尔台矿为鸿蒙系统在煤矿工控系统应用、建立鸿蒙煤矿工控系统应用生态,实现煤矿工控"安全可控、自主可信、智能互联"的目标,积累了宝贵经验,做出了积极贡献。

31.3.3 灾害预警系统建设

1. 建成一体化矿压灾害预警平台

矿井部分盘区局部埋深超过400 m,按照地方政府煤监部门高标准、严要求,布尔台矿比照冲击地压矿井进行管理,建成了智能化矿压监测中心,集微震监测、煤体应力监测、地音监测、PASAT-M便携式微震探测、锚杆(索)应力监测、顶板离层仪在线监测、支架压力在线监测系统于一体的灾害预警平台,实现矿图及矿压监测数据的三维集中展示,做到矿压分析"一张图"管理。并实现矿压监测数据与神东公司、鄂尔多斯市能源局平台数据的同步交互,做到了矿压数据的共享与联动分析。

2. 实现矿压灾害的精准预警

经过近年来矿压研究与应用,有效克服了各监测系统监测参量单一且独立、监测数据多、人工定时分析、联合分析时效性差、多参量联合监测水平低的问题;开发应用了布尔台煤矿矿压预警平台,实现矿压监测数据全覆盖,完善了"以计算机智能预警为主、人工预警为辅"的矿压危险性智能预警模式,全面提升了多参量实时监测预警水平。来压范围、来压时间预测准确率达到95%以上,形成了大能量事件100%监测、全方位综合分析体系。附加长短钻孔水力压裂、煤体大孔径卸压钻孔施工、超前大阻力支架支护、巷道补强支护、高分子材料加固、矿压现场安全管理6项措施,达到区域超前综合治理、矿压监测实时预警、数据分析指导生产、煤体应力集中有效释放、巷道围岩变形合理控制、工作面来压强度大幅降低、安全生产标准化全面提升,实现了矿压的可防、可控、可治,保证了人员和设备安全,避免了"压架"或影响安全生产等事件的发生。

3. 打造矿压研究重点实验室

目前布尔台矿建设的神东矿区矿压研究重点实验室已经挂牌成立,打造集技术平台、研究平台、服务平台、管理平台、智慧平台于一体的实验中心,重点研究采掘工作面三维透视采场算法及仿真模拟应用、构建布尔台煤矿采场空间联动监测体系,实现矿压研究分析智慧化,服务神东矿区、覆盖晋陕蒙三地类似地层结构的矿井群研究,为矿压研究与治理提供技术支持。

4. 建设基于视频 AI 分析的区域智能限员系统

综采工作面作业人数相对较多且集中，人员进出频繁，工作面人员实时统计、管控困难；为严格执行国家煤矿安全监察局关于《煤矿井下单班作业人数限员规定（试行）》（煤安监行管〔2018〕38 号），布尔台煤矿积极推动"三新"技术应用，遵循矿压防控"严要求、强管控"的原则，依托国能神东公司矿压研究重点实验室这一平台，针对工作面人员数量监控难的问题，探索通过智能化手段解决制约矿井安全生产的实际难题，成功研发出一套区域 AI 智能限员监控系统。该系统结合 AI 人工智能技术、图像精准识别和深度分析技术，无须人员操作，实现全程智能化运行。通过多维度、多角度的视频识别、分析及统计，对区域作业人数实现动态管控，对限员区域作业人数实现实时监测与显示，并可根据实际自动设定每班限员人数，超员自动报警。相比通过人员定位系统实现限员，该系统具有识别精准快速，识别模糊地带小，机头机尾同步联动，进出人员识别无遗漏，对外来人员可全部纳入监控等优点。进一步提升了复杂条件下煤矿智能化科技保安、智能防控及安全生产管理水平。

5. 实现灾害精准预警多系统集中融合

灾害精准预警平台集成了除矿压精准预测预报监测系统外，还集成了基于分布式多点实施监控的矿井水文监测系统，基于飞行无人机巡视的地表沉降、火灾预警监测系统，基于智能通风的瓦斯防控等系统，实现多参量时空联合分析，并与调度指挥系统融入联动，进一步提高矿井重大致灾"耦合"监测水平，更好地发挥平台功能，做到矿压危险性的精准预测预报，实现靶向解危，进一步提高安全生产管理水平。

31.3.4 生产系统智能化建设

面对发展重任，布尔台煤矿深刻把握行业发展趋势，始终保持发展定力，攻坚克难、激流勇进，加快装备升级换代步伐，并在补齐短板中提档升级、引领发展。全面提升智能化建设水平。

1. 创新争先，打造智能高效采煤工作面

采煤工作面 100% 实现智能化。针对矿井地质条件相对复杂、厚煤层放顶煤工艺资源回收率低、薄煤层开采受技术及现场限制等现状，布尔台煤矿大力推进综采智能化建设，目前三个综采工作面 100% 实现智能化，其中两个放顶煤智能工作面实现了"记忆割煤+自动跟机拉架+自动拉后溜"，一个综采智能工作面实现"协同作业+有人巡视+远程干预"模式的常态化应用。在此基础上重点建成综采工作面单轨吊自移系统、绞车遥控系统，通过手机操作即可实现列车和管缆线推移，优化了移变列车和管缆线拉移工艺，简化了系统装备，提高了作业的安全性和工作效率。建设乳化液智能配比系统、设备状态在线监测和智能分析系统、设备集中远程控制系统、采煤机视频追踪监控、工作面全景视频监视系统、刮板机自动调速及状态监测系统等智能化建设项目，推动采煤智能工作面的全面升级。

搭建基于 5G+4K 超高清无延时视频追踪监测系统的远程控制割煤新模式。工作面建成基于 5G 通信技术和 4K 视频技术的无延时超高清视频追踪系统，具有视频镜头跟随采煤机随动过度、大块煤智能识别、护帮板收打智能识别功能；建立顺槽集控中心和地面远程控制系统，实现顺槽、地面远程割煤和工作面所有设备的集中控制。工作面单班作业人员由以前的 11 人减少到 5 人以下，在安全完成生产任务的前提下，不仅将作业人员从危险环境中解放出来,而且职业健康得到有效保障,员工幸福指数显著提升。

开拓进取、求是创新,自动化放煤系统应用初见成效。布尔台煤矿拥有两个放顶煤综采工作面,长期以来,液压支架的自动放煤技术一直是制约综放工作面减人的一大阻碍,始终无法将放煤工从工作面支架间的恶劣环境中解放出来,针对这一情况布尔台煤矿充分发挥勤于探索、勇于突破、直面碰撞精神,先后探索基于 AI 视频智能分析、煤岩感知技术和时间动态可控技术的放顶煤支架自动放煤系统;初步实现综放工作面无人值守的自动化放煤控制,放煤效果好,效率高,成本低,安全系数高,放顶煤支架自动动态放煤的难题有望被彻底攻克。

2. 敢闯敢试,建成快速智能掘进工作面,掘进 100% 实现智能化

挖掘现有掘进装备潜力,推进掘进装备工艺革新,加快掘进装备研发,开创智能、高效、快速掘进运行新模式。

(1) 薄煤层掘进工作面智能化建设成效显著。由国能神东煤炭集团和中铁建联合研发的国内首套薄煤层掘锚机,综合运用感知定位、自动控制、数据交互、远程遥控等先进技术,具备自适应割煤和远控一键自动截割、设备 360°全景影像、连运自动协同等功能。目前已实现地面远程可视化割煤及后配套设备的远程操控功能,工作面生产班作业人员由之前的 9 人减少到 5 人,在克服煤层薄、割矸量大、支护量大、片帮塌孔严重等困难的条件下,月进尺不降反增,试运行 3 个月后,单进水平达到 560 m,掘进效率提高 77%。

(2) 打造基于机器人群的神东快速掘进新模式。布尔台煤矿埋深大,地质条件复杂,掘进断层多、顶底板破碎,两帮片帮严重,支护期间卡钻杆、塌孔严重,员工工作强度大、支护效率低,严重制约掘进生产进尺。基于这一状况,布尔台煤矿本着以人为本的理念,研发功能多样的机器人群代替人工作业,打造出"掘锚一体机+锚运破一体机+大跨距桥式转载机+两臂锚杆钻机+机器人群"协同作业的神东快速掘进新模式。

建成掘进工作面集控中心。实现供电系统远程停送电、局部通风机远程可视化切换、带式输送机远程启停和智能监控;工作面所有掘进设备实现远程启停集中控制,锚运破一体机、大跨距桥式转载机、带式输送机一键启停及协同联动作业。

研发锚运破一体机,实现了掘进工作面掘支破运协同作业,一人可同时控制多个钻臂进行自动化、智能化锚固作业;通过与掘锚机进行合理的掘锚作业分工,有效突破了掘进工作面支护量大导致掘进效率低的瓶颈。研发智能化水平较高的智能钻锚机器人,实现"自动定位+自动钻锚+远程干预"的高效智能锚固模式;单人持遥控器对设备进行适时干预即可完成巷道全程锚固作业。相比以前两人抱锚头人工支护劳动强度大、作业环境差、锚固效率低的方式,智能钻锚机器人代替人工支护作业,真正实现了"无人则安"。研发智能钻探机器人。配备自动安卸钻杆的自动换杆系统,实现掘进工作面探放水智能化作业,解决人工钻孔淋水大、危险系数高的问题,极大解放了劳动力,效率由之前的 3 人每班 120 m,提高到现在 1 人每班 160 m。研发智能管路抓举机器人,实现了管路安全、精准、高效的智能化安装。研发智能开槽机器人代替人工手持风镐开槽、起底、挑顶、扩帮、施工水泵窝和开关壁龛作业,极大地解放了劳动力,提高了作业的安全性。研发智能喷浆机器人,人员远程遥控完成自动喷浆,代替了人工抱喷头作业,极大降低了作业人员的劳动强度,改善了工作环境,效率是原来的 3.5 倍。

上述神东快速掘进新模式的应用,实现了掘进工作面所有工序作业的智能化和少人

化,全流程智能装备作业替代人工,有效降低了劳动强度,保证了作业安全。目前该快速掘进模式应用于布尔台煤矿 42207 辅运顺槽掘进工作面,掘进进尺由之前常规掘进模式下的 510 m/月提高至在目前调试完善阶段的 960 m/月,掘进效率提高 86%,且巷道调车硐室、回撤通道、切眼等一次性全部掘进到位,不再需要后续配套队伍施工。预计该配套快速掘进模式正常运行后月进尺可突破 1000 m,将创造同类条件和装备下的掘进新纪录,也打破了行业快速掘进系统只能走直线,不能掘硐室、联巷或回撤通道、切眼,并且需提前准备安装硐室和回撤硐室,同时辅助运输长距离倒车安全隐患大的困局。

3. 创新引领,打造绿色、安全、高效主运输系统

按照能力匹配、集约简单、安全高效的要求,突出关键环节,做好优化文章,最大限度释放系统潜能。

特大型复杂主运输系统,实现无人化智能运行。布尔台煤矿主运输系统共有主运输带式输送机 22 部,运距全长 51.5 km,主斜井、上仓全部采用带宽为 2.2 m 的提升带式输送机,带速最高达 4.7 m/s,运输能力 7000 t/h,承担着每年近 $2.0×10^7$ t 煤炭的运输任务。单个工作面最远运输距离达 23.5 km,需经过 11 次转载方可将原煤运输到煤仓。具有运输系统复杂、运输距离超长、转载次数多、运输负荷大、主运带宽大等显著特点,属典型特大型复杂主运输系统。针对以上现状,通过建立视频监测智能分析预警系统,对带式输送机跑偏、堆煤、区域入侵等异常情况进行实时监控、智能判断,实现异常情况弹屏报警、停机;通过安装智能除铁装置、钢丝绳输送带无损检测、设备状态在线监测智能分析系统和自动润滑等系统,替代原有固定岗位人员视觉、听觉、触觉和感知功能。在此基础上建立地面机运集控室,值班人员通过远程监控、智能分析及语音预警系统等,对井下主运输系统进行实时监控,通过一系列智能化项目的建设真正实现了主运输系统无人值守,减员 63 人;达到了"一人、一终端管理一个盘区"的目标。

打造绿色、节能主运输系统。为打造绿色节能主运输系统,实现能耗与运输效率双赢,布尔台煤矿直面困难,始终坚持积极探索节能降耗路径,但由于主运输系统运距长、搭接点多、转载复杂等特殊客观现状,对当前主运输实现自动调速的各种可能手段进行了研究和试验。最后优选"负载敏感型智能调速方案",通过实时采集驱动电机的负荷电流,针对主井上仓带式输送机、盘区主运带式输送机、综采顺槽带式输送机及掘进顺槽带式输送机的不同运行特性,合理进行逻辑分析判断,给定带式输送机控制器和变频器的调速动作指令。目前从上仓到主井、盘区主运及综采顺槽带式输送机、掘进顺槽带式输送机,全系统实现主运输系统自主智能调速,真正达到了带式输送机"轻载降速、重载提速、有煤快跑、无煤慢跑"的效果,减少无功消耗,降低了主运输系统运维成本。每年可节约电能 $2.1×10^7$ kW·h,节省电费 4300 余万元;同时,布尔台煤矿还研发了顺煤流启动系统和带式输送机空载监测系统,平均每天可缩短运输系统空载运行时间 130 min、节约电耗 21343 kW·t,能耗降低 17%。另外,为进一步弥补煤量不平衡、煤量突变带来的瞬间堆煤和撒煤的隐患,布尔台煤矿还在进一步探索视频 AI 煤流智能识别调速技术,将其作为当前电流敏感型调速的辅助手段,形成一套独具特色的电流敏感型为主、煤流视频 AI 识别为辅的主运输智能调速系统,进一步提高主运输系统智能调速的精准性和可靠性。

自主研发 6 km 长运距、无基础、单点驱动带式输送机,实现主运输系统安全高效运

行。针对单条顺槽运距长、转载点多的实际情况，应用了完全自主研发的长运距无基础（6000 m、5400 m、3200 m、2500 m）单点驱动+不锈钢中间架+不锈钢低阻力托辊+芳纶输送带+永磁同步电机的世界最长单点驱动低功耗带式输送机。在保证运输能力的同时大大提高了效率，同比减少电耗约23%；大幅减少带式输送机安装数量的同时，减少了带式输送机基础矿务工程。仅2021年，少施工5部带式输送机基础，减少开挖起底量和混凝土使用量各3250 m³，节省起底机台班140个、装载机台班120个、工程车台班1300个，节省混凝土浇筑人工650个、设备安装及回撤人工120个，共计节省费用337.67万元。每部带式输送机每年节约电耗 1.6×10^6 kW·h；岗位工数量较之前使用单部运输长度1000 m带式输送机大幅减少，每次安装、回撤效率提高200%，综合效率提升达70%以上。

研发并推广钢丝绳牵引主运输巡检机器人。巡检机器人采用钢丝绳牵引、轨道行走自发电技术，无须外接充电，用于代人巡检，进一步提高了主运输系统无人值守可靠性。同时机器人基于矿鸿系统近场通信技术，巡检期间具备沿线鸿蒙设备自动连接、信息自动自主交互、异常信息采集及自动上传分析的功能，扩宽了巡检机器人巡检信息采集的广度提高了采集效率。

4. 多措并举，打造安全、绿色、智能辅助运输系统

布尔台煤矿始终坚持"每一台车辆就是一个移动的危险源"的理念，充分运用智能化手段，确保辅助运输安全可靠运行。

车辆安全管理系统，筑牢辅助运输安全基石。充分利用生产管控平台辅助运输安全管理系统，建成集井下智能交通管理、车辆运行数据采集、车辆定位、红绿灯抓拍等功能于一体的辅助运输安全管理体系，实现了对车辆的精准定位、车速实时监控、驾驶员行车记录全程采集和车辆水温、表温、排温、里程等数据上传。

打造辅助运输绿色运行新模式。大力推广清洁能源车替代燃油车，现电动车占车辆总数的28.6%，井下运输单程15 km以内的运人车，全部实现电动化，全年减少碳排放206 t。同时，建立井下区域门禁系统，利用智能化手段合理限制顺槽柴油车进入数量，杜绝同一顺槽同一时间车辆聚集，既减少了安全隐患，又杜绝了车辆尾气造成的一氧化碳超限。

坡道制动测试系统和车辆失速自动报警拦截装置，构筑辅助运输安全的坚实防线。通过对车辆刹车系统的事前检查预防和事后隐患消除，双管齐下，有效保障辅助运输的安全运行。

"滴滴打车"模式进一步促进辅助运输系统高效运行。依托辅助运输车辆"智能感知"系统，用车人员或单位通过手机提交申请，司机即可就近接单，方便了井下员工的同时，提高了车辆使用率。实现了车辆共享，达到了车辆供需平衡的目的，切实做到车辆随叫随到，杜绝了跑空车现象，极大保障高效生产运行，是"共享经济"在布尔台煤矿辅助运输的生动写照。车辆使用率提高了15.5%，出车次数平均每月减少310次，车辆总里程月度减少约9500 km。

无人驾驶助力"无人则安"。探索应用基于RFID射频动态扫描技术、惯性导航技术、固态激光雷达制导技术的辅助运输无人驾驶系统，具备环境自主感知、智能建模、自主避障、自动路径分析、自适应导航、智能预警、紧急停机等功能。实现布尔台煤矿主要巷道运输车辆的无人驾驶，是"无人则安"的安全管理理念真切实践。

5. 数管齐下，固定岗位全面实现无人值守

全面推广应用智能巡检机器人。目前布尔台煤矿主要变电所、水泵房全部实现机器人巡检。一台机器人就可以代替巡检工、瓦检员、资料员、安全检查员的所有巡查工作。同时通过矿鸿工控系统赋能机器人，使机器人智能化水平进一步提升，可自动与现场所有采用鸿蒙工控系统的设备建立数据通信通道，实现数据智能采集与交互，并对现场视频、图形及运行数据采集后进行"前端分析"，将分析结果反馈给地面监控中心或者指定人员的手机端，不仅极大地提高了数据采集、问题发现和对设备的管控效率，且机器人与监控中心通信仅需占用极小带宽，传输效率极高，为生产控制方式的变革做出了重要探索。

研发变电所智能型高压柜，实现高压操作可视、可控。可实时监测动静触头温湿度，实现了分合闸、地刀动作可视化远程控制，断路器手车远程电动投退，取消传统检修开盖挂接地工序，缩小了停电范围、停电时间，提高了电气作业的安全性和工作效率。智能高压柜的使用解决了一直以来煤矿井下高压供电远程操作可视化的行业难题，为智能化矿山建设提供了装备和技术保障。

研发远程智能漏电试验技术。为了解决井下低压配电点点多面广、每天漏电试验费时费力的问题，采用电力载波技术，对井下移变、馈电、照明综保等设备进行集中远程漏电试验，且试验记录可一键导出、自动生成报表备查，提高了漏电试验的效率，达到了减员增效的目的。

行业内首家研发应用电缆绝缘在线监测系统。基于行波技术，在井下变电所部署高压动力电缆绝缘故障监测系统，在每条电缆接地金属屏蔽层上安装高频传感器，将电缆在发生故障前的微弱的暂态电流信号进行采集分析，诊断绝缘故障情况并定位绝缘故障位置。经验证绝缘检测准确性较高，绝缘故障定位准确，1000 m 范围内定位误差可达 10 m 左右，有效提高了供电系统的安全性和稳定性。

开发并推广使用电子两票。通过自主开发电子高压停送电"两票"，有效解决两票填写、办理、执行中存在的效率低、错填、漏填，现场执行不到位问题，供配电电气操作效率和安全性得到进一步提高。

打造智能供排水系统。供水系统实现变频恒压供水、参数动态监测、系统实时调节；主排水泵房和中转水仓实现预警水位动态启停、均衡排水、排水设备智能切换、数据在线监测、管网远程切换；分散排水点电泵和风泵 100% 实现自动排水，改变了原来"人工巡检、就地操作"原始排水方式，达到节能减耗、减员增效的效果。

研发应用回风巷风泵自动排水技术。为解决回风大巷巡视工作，巷道内粉尘浓度大、视线差，作业风险高，同时风泵长时间"干抽"容易造成能耗损失大、设备损坏率高的问题，引进风泵智能排水系统，采用光缆监测积水点水位，根据水位情况自动控制风泵启停，并实现风泵健康状况在线检测，异常自动预警，提醒检修人员及时处理故障。自推广应用以来效果良好，能耗平均每年降低 40%。

深度挖潜、科技保安，通风智能化进一步实现减员增效。推广应用智能调节风窗，实现风量的自主实时调节和远程调控。所有风门实现自动化远程控制，配合短路风门的应用，有效提高了灾变情况下的应急处置能力。通过对瓦斯泵房进行智能化升级改造，实现瓦斯泵远程自动切换，自动补水等功能，应用设备状态在线监测系统、视频 AI 智能巡检技术，实时掌握设备运行情况，瓦斯泵房全面实现无人值守，通风智能化进一步实现减员

增效，累计减员 41 人。

通过深入推进智能供电、智能供排水和智能通风，不仅保证了系统安全，实现零伤害，同时带来生产组织模式的新变革，由"人找问题"变成"问题找人"。以布尔台煤矿机电队的巡检工为例，以前每个盘区安排 3 人进行不间断巡检，逐条巷道、逐台设备排查问题；现在每个巡检工配上防爆手机，通过打开手机端一体化管控 App，员工可以随时实时掌握巡检区域内的所有设备运行情况，同时根据移动端 App 上的设备异常报警信息，可以有针对性地处理问题，真正实现了"一个人、一部手机、一台车管理一个盘区"，"员工少跑腿、信息多跑路"已成为常态。经过统计，布尔台煤矿 7 个盘区，每个班巡检工由原来的 21 人减少至 7 人；车辆由以前的每班行走 65 km，减少为 25 km，达到了减员增效、节能降耗和保障安全的目的。

只有认识局、理解局、控制局，才有可能破局。布尔台煤矿针对矿井复杂地质条件，因地施策，锐意创新、敢闯敢干，成功打造了可实现多系统融合的灾害精准预警系统，不仅筑牢了本矿安全生产稳定基石，同时为行业对矿井的安全管控探索做出积极贡献；面对特大型复杂主运输系统这一客观实际，布尔台煤矿积极响应低碳环保号召，化被动为主动、转劣势为优势，积极作为，主动探索研发出一套绿色、高效的主运输系统运行方案，实现了能耗与效益的双提升。针对井下开采盘区多、队伍多、管理难度大的问题，布尔台煤矿激流勇进，在采掘机运通各大版块智能化建设方面进行了深度探索与实践，以减人、增安、提效为目标，大力推广实施智能化项目，实现了采煤 100% 智能化、掘进 100% 智能化、固定岗位 100% 无人值守；同时基于一体化生产管控平台，将各大采掘系统进行交互融合，实现了矿井全系统、全业务流程的集中管控，成功走出了一条更具人性化、更有效率效益的生产方式变革之路，是特大型综合智能化示范矿井的真实写照。

布尔台煤矿作为特大型复杂条件下智能化示范矿井建设的典型代表，从其智能化建设过程中的不断探索和成功实践，可总结出以下几点经验：一是信息网络保障是基础。要建设好智能化煤矿必须先搭建好基础信息网络，畅通信息高速公路，在这基础上整合矿井生产各大子系统数据，建成一体化生产管控平台，这样才能实现矿井全系统、全业务流程的集中管控，为矿井各大系统的智能化升级提供好技术保障。二是安全可靠是目标。针对地质条件复杂的矿井，我们在智能化建设全面开展之前，必须充分认识自身的薄弱环节和需要重点管控要点，建立好可实现地质保障系统、智能通风保障系统等各大系统融合的灾害综合精准预警平台，为矿井智能化建设建立安全屏障，筑牢了安全生产稳定基石。三是科技创新是手段。推进煤矿智能化需要集聚优势资源要素，充分利用现有前沿技术，与科研院所、高校深度合作，突破一批重大研发成果，形成产、学、研一体化发展格局，为煤炭产业的发展不断贡献新的技术装备。四是大胆探索是关键。面对制约安全生产的实际难题，必须拿出敢于亮剑、正面突围的魄力，大胆探寻问题解决方案，只有不断探索，方知现有"方子"行不行，方知前方"路子"通不通，方知未来方向对不对，布尔台矿多项行业首创的智能化解决方案就是最典型的成功案例。下一步，布尔台煤矿将不断推动"智能化-智慧化"建设再深化、再发展、再突破，"跳起摸高"，为全面开启"二次创业"新征程，打造复杂条件下特大型安全、高效、绿色、智能综合示范矿井，助推行业高质量发展再上新台阶。

31.4 神东榆家梁煤矿

31.4.1 智能矿山建设目标及思路

1. 建设目标

榆家梁煤矿智能化煤矿建设智能化矿山建设项目总体规划 10 大类 56 个项目，预计费用 2 亿元。建成两个智能综采工作面，一个智能掘进工作面，构建"风量准确监测+动力无人值守+风门自动控制+系统平台管理"智能通风模式，构建"全面监测+精准感知+准确报警"灾害预警模式，矿井生产固定岗位（通风、压风、主运、供电、供排水等）实现 100% 无人值守，建成智能化 I 类中级煤矿。

2. 建设思路

榆家梁煤矿智能化建设按照"总体规划、分步实施、全面提升"的实施原则进行，根据全国智能矿山建设现状，榆家梁煤矿成立智能矿山攻关小组，将智能矿山建设压力层层压实。积极开展调研、交流、对标等工作，结合集团智能矿山建设目录，制定实施项目和计划，分项开展技术交流。通过撰写方案、编审标书、提报计划、招标采购、到货安装、验收总结等流程按项建设智能矿山。

31.4.2 智能化建设主要成效

1. 网络促使智能化建设驶入"快车道"

依托矿井现有信息化数据大平台的优势，榆家梁煤矿目前已经实现井下 4G 网络全覆盖，形成了"万兆传输、千兆汇聚、百兆采集"的数字化、信息化网络大框架结构。同时将网络与业务相融合，集成一体化通信、人员定位、WiFi、矿井应急广播等功能，实现"多网合一、多站集成"，扩大了数据采集范围和传输能力，提高了网络可靠性，降低了运维难度，保证了矿井通信信息的准确性，信息化传输的便捷性在矿井上下凸显。

2. 打造可视化大数据管控平台

推行设备通信接口与协议标准、建立数据分类体系、自主建立标准数据仓库、进行大数据挖掘。形成一体化的中央式集控中心，对矿井各个生产运行系统进行优化匹配，达到智能化在线监测的最佳状态。

榆家梁煤矿生产管控平台系统将井下采掘、运输、供电、工业视频等多个子系统进行整合，实现了基础功能、数据集成、远程监控、数据分析、辅助决策等功能。

榆家梁煤矿智能集控平台系统对井下主运输、供电、供排水、通风等各系统设备进行远程控制，通过工业电视远程监控现场运行情况，减少人为干预，实现无人值守自动化，在减人增效的同时推动矿井智能化在生产现场的成熟应用。

3. 巩固成果，智能化取得显著成效

（1）综采系统智能化技术发展历程。2007 年建成首个 400 m 加长综采工作面，2008 年 44305 工作面建成全国第一个中厚偏薄煤层自动化工作面，2013 年 43308 工作面在神东矿区率先成功应用柔模混凝土沿空留巷，2018 年 43101 工作面建成全国第一个自主智能割煤工作面，主要包含自动化割煤加远程干预技术、工作面巡检技术、以太环网通信+采煤机 5G 数据上传技术、设备集中控制技术、全景视频监控技术和采煤机电缆拖拽技术等六个方面的关键技术，来减轻作业人员劳动强度和作业安全。

（2）连掘系统智能技术应用。2015 年 52401 工作面首次实施沿空掘巷无煤柱开采技术，目前在52304掘进工作面设置集中控制中心，集中控制中心与各设备进行通信，实现带式输送机集中启停控制、故障信息查看、远程修改控制器参数的操作；实现局部通风机运行状态远程监测、风机远程切换、停送电等功能；实现移动变电站、馈电运行数据监测、远程参数调整、远程停送电功能；破碎机、梭车与带式输送机实现智能联动。对设备进行集中管理，方便检修，减轻员工劳动强度，提高生产效率；避免设备无效空转，节约电能，减轻链条的磨损程度，减少设备故障率。

(3) 智能化助力矿井固定岗位无人值守。

①主运输系统智能化。榆家梁煤矿主运系统包括5部带式输送机和1部原煤仓刮板输送机，其中采用变频软启动方式1部，采用CST软启动方式3部。各部带式输送机全部具有跑偏、打滑、堆煤、急停、高温、烟雾、自动洒水、张紧等保护功能，接入天津华宁电子有限公司生产的通信控制保护系统，实现对带式输送机保护的实时监测，并具备现场启停控制功能。各部带式输送机已实现远程集中监控功能，可通过地面、井下集控中心远程单独或联动启动所有带式输送机，带式输送机实现100%无人值守，先后实施并完成建设设备健康管理与智能分析系统、钢丝绳芯无损监测系统、纵向撕裂监测装置和设备集中自动润滑装置等子项目，同时通过建立实时在线集控中心，设置专职巡检工，以"机械化换人、自动化减人"为目标，提升了主运输自动化应用成效。

②供电系统智能化。供电系统具有遥信、遥测、遥控、遥视功能，实现无人值守；矿井变电所实现自动在线数据监测和故障报警排查，监控画面和数据实时在线检测并上传至地面分控中心，实现了基于不间断视频监控和运行数据监测功能的远程控制；采集数据具有自动存储和分析功能；矿井主要通风机变电所配备轨道式和轮式巡检机器人，通过机器人推送监控画面，能够及时发现隐患，保障了供电系统可靠运行。

推广应用电缆在线测温系统，实现电缆温度实时在线监测；井下所有变电所安装门禁系统，实现人员进出智能管理、现场巡检考勤、事件记录查询等数据自动采集，达到人脸识别开锁、远程视频监控、门禁智能化高效管理的目标。

③矿井智能均衡供排水。水泵房变频恒压自动供排水系统利用计算机技术、综合分析算法、智能预判断、设备健康诊断等，依托实时在线监测、固定人机画面和定制管理App，实现井下供排水岗位无人值守，安装风泵自动排水装置，实现风泵自动启停，降低员工劳动强度。

④辅助装备智能提升。矿井辅助运输系统已实现车辆精确定位，所有车辆安装有车载智能终端，通过生产数据管理平台建设车辆管理系统，实现了对车辆的精准定位、车速实时监控、驾驶员行车记录全程采集和车辆水温、表温、排温、里程等数据的实时上传。同时建设有井下红绿灯信号控制系统、红绿灯抓拍系统、车辆失速装置等系统，提高辅助运行安全性。

(4) 智能化建设亮点。

①基于智能化技术的"5+2+X"单井运行管理模式。榆家梁煤矿依托智能化大数据平台经验优势，结合矿井生产运行实际，在4-3煤夜班生产过程中应用"5+2+X"运行管理模式。该模式的应用，能实现矿井生产全系统人员配置的最优化，并且以集中式一体化的视频大数据监控平台实现对4-3煤全井带式输送机运输系统、巷道安全监控、供电供排水等全系统、全过程的监控。标志着智能化和信息化应用迈进了更为重要的一步，为

更好地服务于矿井安全生产提供了坚实的技术保障。

"5"即通过综采工作面在采煤机记忆割煤、支架跟机拉架的基础上，依托三维建模和惯导技术，实现工作面自主智能割煤和支架自动找直功能，同时借助于地面远程控制技术，实现工作面人数由 10 人减为 5 人，通过 5 人的协同配合就完成了工作面出煤任务。

"2"即充分发挥当班安监员和瓦检员"两员"一职多能作用，在对井下日常安全检查的同时，动态化的对井下全煤层巷道、设备设施隐患、供电供排水进行检查。

"X"即在 4-3 煤地面分控中心设置监控值班人员和应急检修人员 X 人。

"5+2+X"生产运行模式的应用效果明显，通过该模式应用，不仅降低矿井用工成本，还提升了矿井系统智能化建设水平，并逐步加快了煤矿自动化和信息化的应用提升，为建设安全、高效、智能的矿山迈进了一大步。

②综采面与顺槽带式输送机四岗合一。结合综采队现有人员情况和实际生产需要，基于智能化建设网络和软件优势，将刮板运输机、顺槽带式输送机、控制台进行一体化集中控制，可减少岗位工 3 名，实现了"四岗合一"运行管理的新模式，达到人岗生产过程中的最优化的匹配。

③应用机器人智能巡检技术，自动化换人减员提效。榆家梁煤矿首个智能化工作面投入运行以来，先后引入了视频巡检机器人、三维激光扫描机器人和自动拖缆机器人，配合工作面支架跟机视频，实现工作面机器人群的协同作业，为工作面自动割煤、自主割煤的大数据系统提供有力的数据支撑和运行保障。

与此同时，供电系统引进了轨道机器人、轮式机器人，具有自主和远控两种智能巡检模式，通过视频抓拍和红外感知，全面监控设备运行状态。

机器人的应用实现机器人代替人工作业，解决一些长期困扰煤炭开采的难题，改变了传统的生产作业方式，成为推动煤矿发展的新生动力。

31.5 国能宁夏煤业公司

31.5.1 建设目标和主要任务

按照"总体规划、分步建设、有序推进、按期达标"的要求，先后制定印发了《国家能源集团宁夏煤业有限责任公司煤矿智能化建设实施方案》《国家能源集团宁夏煤业有限责任公司智能化矿山建设总体规划》，明确了分阶段、分批次推进煤矿智能化建设。

到 2022 年底，达到国家能源集团 5 个 100% 的要求。煤矿智能化技术及建设 100% 覆盖，采煤工作面 100% 实现智能化，掘进工作面 100% 实现智能化，选煤厂 100% 实现智能化，固定岗位 100% 实现无人值守。同时建成 3 个国家级智能化示范煤矿，1 个集团公司级示范煤矿，示范矿井均达到中级智能化，非示范矿井全部达到初级智能化。

到 2025 年底，煤矿全部实现中级智能化，示范煤矿全面推进高级智能化建设，推动煤矿安全生产治理体系和治理能力现代化，引领行业发展，实现少人、安全、高效、绿色、智能生产。

31.5.2 智能化矿井建设进展

宁夏煤业公司金凤、红柳、枣泉煤矿被列入国家级智能化建设示范矿井。目前，红柳、金凤、麦垛山煤矿智能化建设项目合同、技术协议已通过公司审核，正在走线上流程，智能化项目实施方案已编制完成，待审核。项目承建单位人员已驻矿开展工作，部分设备已到矿。枣泉煤矿智能化建设项目正在开展招标采购工作，同时，项目实施方案正在编制中。

1. 金凤煤矿

金凤煤矿智能化建设项目"基于TGIS的矿井智能开采与安全管控平台的研究与应用"，是国家能源集团批复的"2030煤炭清洁高效利用"重大先导攻关研究项目，主要研究内容为：基于TGIS三维透明化工作面的智能开采与安全管控平台，智能开采设备综合定位系统，煤矿井下综采工作面智能化开采技术研究，矿井5G无线通信系统的技术研究与应用。通过上述4个方面的研究，形成透明化工作面核心技术和主要平台实现国产化，形成透明化自适应智能开采成套技术，初步实现"基于大地坐标的自适应智能采煤"目标，确保在装备智能化的基础上，实现智能开采的地表或远程"决策在线化，控制协同化"。

具体进展情况：已完成011815工作面槽波勘探、雷达勘探数据处理，并形成相应报告材料。完成管控平台搭建，监测数据的集成（安全监测、人员定位、工业视频）接入与应用，综合调度、生产管理、一通三防、地测防治水、安全管理模块功能上线。完成二维综合一张图、专业一张图应用开发；完成三维管控平台数据接口标准梳理与部分接口开发；完成整体三维平台效果展示；管控平台智能巡检功能的制作，协同联控功能的制作；与北京天玛智控科技股份有限公司、西安煤矿机械有限公司完成采煤设备通信的接口协议及功能开发工作；完成011815工作面三维建模工作量的35%。

2. 红柳煤矿

红柳煤矿智能化建设项目"无人化智能井工煤矿关键技术研发与工程示范"主要研究内容为：多场景安控机器人研制，辅助运输远程操控无人化技术研究，主煤流运输安全保障运行关键技术研究，综采智能化开采控制技术研究，"5G+工业互联网"智能矿井关键技术及装备集成示范，副立井提升系统电梯式智能化控制研究。

具体进展情况：水仓清理作业机器人，本体基本装配完成；主巷皮带巡检的新型井下无人飞行器研究与应用，行走装置、电气、软件设计中；主煤流运输安全保障运行关键技术研究，正在修改编制项目施工方案；"5G+工业互联网"智能矿井关键技术及装备集成示范项目，完成施工方案编制。

3. 枣泉煤矿

枣泉煤矿智能化建设项目"枣泉煤矿智能化研究与示范工程"主要研究内容为：智能矿山管控平台关键技术研究，主运煤流生产关键技术研究，智能生产系统关键技术研究，智能矿山示范工程。通过以上研究项目，可以实现主运输无人化常态安全运行，选矸系统实现智能识别，替代人工，实现选矸无人化。井下固定岗位实现远程监控。

具体进展情况：智能矿山管控平台关键技术研究，由中煤科工常州研究院有限公司（常州研究院）进行软件定制建模；主运煤流生产关键技术研究，已制定现场实施方案；智能综采关键技术研究，常州研究院与其他公司沟通确认项目系统实施方案工作；矿山机器人关键技术研究与应用，设备正在进行研制及调试工作。集控中心改造项目，常州研究院正在和机房厂家及海康公司等外购单位沟通进行设备选型工作；数据中心建设项目，常州研究院与华为公司在进行商务谈判工作；网络安全防护项目，正在进行技术规格书审核、清单确认工作。工业环网扩容，交换机已到货，正在进行联调工作；卡轨车监控与调度，正在编制施工方案及安全措施；架空乘人车自动化改造，正在进行方案及清单核对检查工作。

4. 麦垛山煤矿

麦垛山煤矿智能化建设项目"麦垛山煤矿灾害精准预警与智能通风关键技术研究及示范矿井建设"主要研究内容为：地质建模和透明地质系统软件开发、水文监测预警系统、矿压灾害监测预警系统、火灾监测预警系统、重大灾害监测预警软件开发、局部通风机智能控制、电气远程控制无压风门改造、电气远程控制风窗、通风智能决策及控制系统、通风环境参数感知系统、智能通风与灾害精准防控综合信息平台、数据中心建设、工业环网升级改造、调度室大屏改造。

具体进展情况：智能通风与基础设施建设施工方案已编制完成，灾害预警系统施工方案正在编制中。

31.5.3 取得成效

截至目前，2处煤矿正在建设基于5G的智能化系统；已建成12个智能化采煤工作面，建成11个智能化掘进工作面，实现385个固定岗位无人值守，占固定岗位总数的65%。

31.5.4 主要经验和做法

依托创新平台。宁夏煤业公司依据国家能源集团《关于规范煤矿智能化协同创新中心管理工作的通知》相关规定，依托国家能源集团和中国煤炭科工集团联合设立的协同创新中心平台，采用单一来源采购方式，委托中国煤炭科工集团承担公司煤矿智能化科技项目，相比传统分拆招投标，时间成本上节省很多，建设方案通过公司党委会决议后，即可开展预投工作，无须等待后续流程完成。有效保障了煤矿智能化建设项目的整体推进。同时，避免重复投资，可最大化保障项目实施过程及实施后效果。

加强组织领导。宁夏煤业公司成立了以董事长为组长的煤矿智能化建设工作领导小组；抽调各专业人员成立煤矿智能化建设专班，负责协调推动煤矿智能化建设工作；各矿负责本单位智能化项目建设管理；信息中心负责智能化建设技术支持。

采取激励政策。制定了《国家能源集团宁夏煤业有限责任公司煤矿智能化建设管理办法》，设立了专项奖励基金，明确了建成智能化采煤工作面、智能化掘进工作面、智能化选煤厂、智能化煤矿等项目奖励标准，同时在季度考核中进行加分，通过这些激励措施，极大地调动了人员的积极性，有效地促进了煤矿智能化建设工作有序推进。

加强监督指导。一是定期召开煤矿智能化建设推进会，全面安排部署智能化建设阶段性目标任务，重点围绕矿井初步设计、装备升级改造、科技支撑、人才队伍等方面扎实推动煤矿智能化建设。2022年4月初，公司召开煤矿智能化建设推进协调会，要求煤矿及选煤厂把智能化建设作为"一把手"工程，主要负责人要亲自谋划、靠前指挥，确保按期完成建设任务。二是落实监督考核措施。对智能化建设不积极、不主动、推进不力，未按要求完成建设任务的煤矿，进行通报批评，并在季度绩效中考核，同时对等处罚相关责任人。

31.6 国能乌海能源公司

国能乌海能源公司现有煤矿10座，均为井工开采，大部分矿井开采年限较长，采掘条件复杂，水、火、瓦斯等自然灾害普遍存在。2018年，公司着手开展智能化建设规划。

2019年，确定了主要对黄白茨、老石旦、公乌素、五虎山、利民等5座煤矿进行智能化建设的规划。2020年，智能化建设逐步开展。2021年实现全覆盖，2座矿井、4个智能化采煤工作面通过自治区验收。2022年计划完成集团5个100%奋斗目标，全部通过验收。

31.6.1 建设背景

1. 落实国家、地方政府决策部署

十九大报告提出："加快建设制造强国，加快发展先进制造业，推动互联网、大数据、人工智能和实体经济深度融合"。2020年2月，国家八部委联合印发了《关于加快煤矿智能化发展的指导意见》，明确了我国煤炭工业智能化发展方向。2021年1月，内蒙古自治区印发了《内蒙古自治区推进煤矿智能化建设三年行动实施方案》，确定了智能化建设方向。

2. 落实国家能源集团智能化建设战略

国家能源集团提出"一个目标、三型五化、七个一流"发展战略，确立了"2022年智能化建设实现5个100%全覆盖"发展战略目标，先后发布了《关于加快煤矿智能化建设的实施意见》《关于进一步加快煤矿智能化建设的通知》《国家能源集团关于建设安全高效绿色智能煤矿推动煤炭产业高质量发展的实施意见》《国家能源集团煤矿智能化建设指南（2022年版）》《国家能源集团煤矿智能化建设验收评级及奖励办法（试行）》等文件，明确了集团推进煤矿智能化建设目标任务、建设标准、保障措施和考核机制。

3. 乌海能源公司发展需求

建设煤矿智能化，是实现乌海能源公司"五个提升"总体目标的重要举措；是将党建工作与企业管理、业务技能融合的具体手段，是落实党建引领能力提升的重要举措；是改变矿井劳动环境，保障员工生命安全，提升安全环保水平的治本之策；是促进乌海能源公司转型升级，实现高质量发展，提升产业发展水平的重要途径；是提升煤矿核心竞争力，创造更大价值，提升经营管理水平的实际行动；是提升员工幸福指数，满足矿工对美好生活向往的迫切需求。

31.6.2 具体做法

1. 党建引领、统一思想

以一流党建引领智能化建设，通过强化政治引领、规范组织建设，成立了7支青年突击队，发挥党员先锋模范作用；组织最美奋斗者形成一支党引领的智能化建设队伍，通过创新工作手段、加强全员宣传、提升组织能力，大力推进党建工作与智能化建设工作深度融合。

2. 高度重视、组织保障

2020年成立董事长任组长的智能化领导小组、分管领导任组长的建设工作组，各建设单位成立了相应智能化领导机构、专职部门，将智能化建设作为"一把手"工程，统筹协调、定向把关、责任到人，并将智能化建设目标列入年度考核，自上而下构建起网格化责任体系。

3. 统筹规划、一矿一策

在项目规划中，以智能化建设相关政策和企业发展过程中的需求为依据，以实现"减人、提效、保安"为目标，结合乌海能源公司各单位系统特点、赋存条件等实际情况和智能化相关技术发展现状，形成了一矿一策的建设格局。

4. 循序渐进、重点突破

在建设推进过程中，结合全面建设资金投入大，智能化技术日新月异等综合因素，制定了示范先行、逐步推进、持续升级的建设思路。确定了黄白茨煤矿国家级智能化示范矿井、老石旦煤矿集团级智能化示范矿井、骆驼山智能化洗煤厂示范工程先行建设，其他生产矿（厂）逐步推行，基建、停产矿（厂）依照建设、复工进度同步推进智能化。未来根据智能化技术发展情况持续进行系统优化、技术升级。

5. 倒排工期、挂图作战

建立协调推动机制，成立智能化推进组，抽调各单位智能化技术骨干集中办公，组成"会战阵地"。按照先确定项目竣工时间，再回推各节点完成时间，绘制项目推进网络图、考核表，形成"会战地图"，营造了作战氛围，全力推进智能化建设。

6. 多措并举、资金配套

根据公司整体发展规划，结合经营发展情况，科学、合理进行智能化建设。充分利用专项资金、国补资金等渠道，通过集团立项、科技项目、自筹等途径确保建设资金到位。

7. 科技创新、技术先行

坚持自主创新、协同合作，采取消化吸收、重点攻关的形式，将智能化建设与生产工艺、管理机制、风险管控、绿色发展相结合，推动企业数字化转型、高质量发展。突破了智能化薄煤层+沿空留巷技术、复杂地质条件快速掘进技术、固定岗位可视化远程集中控制等技术。承担了集团"2030煤炭清洁高效利用"重大先导项目，形成一套推进智能化建设的科技管理体系。

8. 分级培养、人才支撑

注重智能化人才培养，制定分级人才培养计划，包括：育英计划，培养适于智能化集控岗位人员；菁英计划，培养适于智能化运维岗位人员；卓越计划，构成公司智能化战略人才。

31.6.3 建设规划

1. 总体架构

乌海能源公司智能矿山总体构架分为四层，包含：决策展示层、业务应用层、数据层、煤矿层。

决策展示层是智能矿山的"大脑中枢"，实现对全公司所属单位各类生产系统、业务应用层的集中协同控制，是全公司智能矿山的控制核心。

业务应用层包含安全生产管理、经营管理、党群管理等3个平台。通过对所属各单位生产数据统筹调度，经营数据的统筹分析，党建业务统筹引领。

数据层包含公司级大数据平台、企业云，通过采集、分析、归集、挖掘各单位业务数据、监测数据等，为业务应用层提供基础信息。

煤矿层主要在生产矿井建设综合一体化控制平台、综合一体化监测平台、智慧园区系统，实现设备智能远程控制、工作环境智能监测，并将关键数据上传至公司决策展示平台。建设完善公司"一张网"，为智慧矿山的四层架构提供安全高效可靠的网信基础，形成基层单位与公司网络高速实时互联。

2. 建设目标

2022年7月，黄白茨煤矿国家级智能化示范矿井、老石旦煤矿集团级智能化示范矿井、骆驼山智能化洗煤厂通过验收。2022年底利民煤矿、五虎山煤矿、公乌素煤矿、路天煤矿通过集团、自治区验收；骆驼山煤矿、乌达煤炭加工中心、平沟煤矿依照基建、复工进度开展智能化建设。

3. 效果及进度

（1）智能采煤。2021年已建成4个智能采煤工作面，2022年计划建成3个智能采煤工作面。

黄白茨煤矿薄煤层智能化+沿空留巷工作面。2021年，建成黄白茨煤矿021301薄煤层综采工作面在实现智能化的基础上，融合揉模混凝土沿空留巷技术，首次实现了挡矸支架协同控制；同时，集成LASC找直系统、上窜下滑控制系统，提高工作面推进控制能力。

老石旦煤矿音视频智能综放工作面。老石旦煤矿16402综放工作面实现了支架自动跟机、采煤机记忆截割、设备远程集中控制，工作面作业人员由原来的15人减少至5人，已通过自治区验收。正在研发基于音、视频多参数融合的智能放煤系统，预期解决智能放煤难题，计划2022年10月完成。

公乌素煤矿大倾角智能化综放工作面。公乌素煤矿021601综放工作面倾角平均为20°、最大为29°，已实现设备一键启停、采煤机记忆截割、液压支架自动跟机、遥控放煤、工作面设备协同控制等功能，通过了自治区验收；是乌海首个大倾角智能化综放工作面。

利民煤矿复杂地质条件下的智能综采工作面。利民煤矿901综采工作面实现了复杂地质条件下的智能化采煤，工作面采用惯性导航系统找直，最大偏差小于±0.2 m，采煤设备全部安设健康诊断系统，实现对设备运行工况的实时监控和诊断，工作面自动化率达到87%以上。

（2）智能掘进。根据各矿地质条件、支护工艺、巷道尺寸，规划建设5大类智能掘进工作面。到2021年乌海能源公司已建成了4个智能掘进工作面，2022年规划建设5个，实现生产矿井智能掘进全覆盖。

2020年建成利民煤矿1个复杂地质条件掘锚一体机快速掘进工作面。通过使用掘锚一体机成套装备，实现了截割、装载、运输和锚护同步作业，总结了大量现场掘锚作业、远程控制、辅助系统协同方面的经验。在此基础上，2022年利民煤矿制定了掘锚成套装备升级改造方案。升级后可实现自动截割、自动行走、设备状态智能监测、远程集控等功能。

2021年黄白茨煤矿建成了1个半煤岩巷智能掘进工作面。在瓦斯含量高、巷道空间有限的情况下，使用自移式联排支架、悬臂式掘进机、除尘装置、锚杆钻车组成的智能掘进成套装备，实现截割工艺远程控制，掘、支、锚、运平行作业，功效提高1.5倍，通过了自治区验收，获得了地市级科技进步奖。2022年黄白茨煤矿继续推广1套，实现子系统协同控制，生产设备与工艺智能联动。

2021年老石旦煤矿建成2个智能掘进工作面，平台式4臂纵轴智能掘进工作面1个，实现了远程可视化集中控制、自动截割、惯导定位、地面一键启动等功能，采用滑移平台解决了锚护作业空间问题，已通过自治区验收。双臂纵轴智能掘进工作面1个，采用两个后置锚臂，定位精度高，体积小，适应巷道能力强，作业灵活。2022年继续推广应用2

套,用于公乌素煤矿、五虎山煤矿。

2022年,公司计划新建1个中厚煤层智能掘锚工作面,实现煤巷自动截割、掘锚同步作业;新建1个薄煤层矮机身智能掘锚工作面,实现高度2.5 m巷道的零控顶距快速掘进;同时,均应用5G通信、组合导航技术,实现单班多循环连续作业。

公司承担了集团掘支锚运探一体式智能掘进科研项目,采用掘支、动力、控制分体布置,实现锚钻自动精准定位、自动铺网、随掘微震探测、场景再现、截割和锚护多循环连续作业等功能。正在积极探索近距离煤层自动架棚支护技术,计划研发全自动架棚机械臂,以解决特殊掘进工艺下的智能掘进。

(3) 固定岗位无人值守。乌海能源公司规划在6座矿井建设74个固定岗位无人值守项目,已建设完成53个,正在建设21个,计划2022年底全部建设完成。

综合一体化管控平台。通过一体化平台利用工业环网和视频监测系统对智能主运、辅运、供水、排水、通风、压风、供电、注氮、抽放系统进行远程可视化集中控制,实现在生产指挥中心集中操控现场设备、监视运行状态,生产过程全程可视、重点部位智能预警、操作过程视频联动。

视频联动。通过建设视频专网、完善视频管理软件、补充机器视觉功能,在充分利用原有摄像仪的基础上,实现了固定岗位视频全覆盖,综合一体化管控平台与视频管理系统实时联动。当进行设备启停操作、设备发生报警等情况时,视频自动切换到该设备运行画面,并且控制摄像仪自动转向该设备故障部位,同时系统会联动摄像仪并强制弹窗发出报警信息,使调度人员第一时间掌握现场实景,及时做出判断并协调处理,提高了调度应急指挥效率。

工艺联动。智能化系统建设始终保证和工艺完美结合,保证控制流程安全高效。例如智能排水系统,通过对涌水量、水仓容量的前期预测,结合模糊控制与PID控制相结合的控制算法,对矿井水系统的随机性、非线性时变的特点进行预测,构建出涌水量模型,确保整个系统高效排水,并通过与水文监测系统匹配联动精确计划排水量。

智能识别。构建AI图像智能识别管理平台,在高风险地点安装智能摄像仪,对人的不安全行为、物的不安全状态进行监测,自动发出报警信号,与相关设备、系统联动、信息推送,形成有效的智能安全管理机制。

(4) 智能洗选。公司正在推进5座智能化洗煤厂建设,其中骆驼山洗煤厂为独立运营,智能化建设为国家能源集团"2030煤炭清洁高效利用"重大先导项目、智能洗选示范工程,计划2022年6月建成;乌达煤炭加工项目为基建工程,智能化建设同步实施;老石旦洗煤厂、公乌素洗煤厂、利民洗煤厂为矿井配套洗煤厂,智能化建设计划2022年底完成。

各洗煤厂按照示范洗煤厂进行建设,建成以选煤工艺流程为核心的智能生产控制系统,以数据为核心的一体化管控平台,以自主可控DCS为核心的工业控制系统。实现所有子系统数据共享、信息联通、实时监测及过程优化控制。通过系统自动、智能运行代替人工操作,优化人员结构,降低生产与维修成本,稳定产品质量,提高生产效率与经济效益。

(5) 智能通风。规划建设5个煤矿智能通风系统。黄白茨、老石旦、利民煤矿已安装完成,正在进行数据分析、调试,五虎山、公乌素煤矿计划年底完成。

系统对通风设施的智能化改造、增设风流感知设备、构建智能通风控制平台，实现矿井通风参数无人化测量、矿井风量远程调控、通风隐患自动识别、通风灾变联动控制，对风门、风窗、风机、测风装置等通风设施的远程调控。达到矿井通风智能化、远程化控制的目标。

（6）灾害精准预警系统。2022年建成全公司统一的灾害精准预警系统，老石旦、黄白茨、利民煤矿已开工建设。系统采集海量数据，建立各类型数据库，运用实时互联、决策分析、预期推演、协同控制等手段，实现灾种分类、灾害分级、风险信息动态推送，建立多角度、多指标的可视化展示。形成公司协调调度，矿井贯彻执行的灾害精准预警系统体系。

（7）地质保障。公司正在推进透明地质保障系统建设，已委托集团科创中心实施，在矿端建设基础平台、公司建设管理平台，利用矿区工程地质、水文地质、钻探资料、测井资料、电法、磁法勘探数据和基础地形地貌、地表高程等信息，通过TIM技术建模，形成矿井动态透明地质系统。为地测部门提供制图功能，为采掘、通风、供电、运输、排水、安全管理等业务部门提供地测图形及数据的共享服务。

（8）工业网络。建成了工业控制网络示范工程。其中老石旦煤矿建成5G通信网络，实现井上、下全覆盖，智能掘进监控和设备智能监控与报警系统已形成应用场景；骆驼山煤矿建成电力专网示点，实现供电数据专网传输，低时延、高可靠；黄白茨煤矿正在采煤工作面建设WiFi6网络，实现支架电液控制器的有线+无线冗余通信，提高智能化运行稳定性。

31.6.4　建设成效

公司煤矿智能化建设正在有效推进，建成的项目已在"减人、增效、保安"方面取得一定成效，照此考虑，到智能化项目建设完成，可获得如下成效。

1. 操作人员大幅减少

通过智能化建设，全公司固定岗位操作人员从原来的现场操作转移到生产指挥中心远程可视化控制，实现了"指挥中心看工厂"；同时，原来由多人操作的设备，实现了集中控制，一名远控人员，可同时操作多个系统，大幅减少现场人员。经统计，全公司共调整岗位人员241名，实现了人力资源管理的变革。

2. 经济效益有效提高

通过智能化建设，采煤工作面自动化截割率达到80%，工效提高3倍；实现了不同形式的快速掘进，月进尺提高1.5倍；固定岗位实现了"一人多机"操作，功效普遍提高3倍。同时，实现智能化后，设备使用更加科学，维修量大幅减少，故障率下降；通过经营一体化管控，提高管理效率，生产成本大幅降低，经济效益有效提高，助力企业高质量发展。

3. 安全管理得到保障

通过"机械化换人、自动化减人"将操作人员从危险岗位上替换下来，并取消夜班生产制，极大降低了职工劳动强度，提高安全系数。通过智能通风系统、灾害精准预警系统、透明地质系统建设，实现了对水、火、瓦斯、顶板等危险因素智能感知、预警，极大提高了矿井对灾害的预防能力。通过安全生产管理系统、综合一体化管控系统建设使安全管理更具科学性，提高了企业安全管理能力。

31.7 国能新疆乌东煤矿

国能新疆乌东煤矿按照"总体设计、分步实施、重点突破、有序推进"的原则,对照《煤矿智能化建设指南(2021年版)》《国家能源集团煤矿智能化矿山建设指南》《智能化示范煤矿验收管理办法(试行)》等文件要求,同时结合乌东煤矿地质类型复杂、生产环节多、开采工艺特殊、灾害多等特点,采取"1131"建设模式(基于一张图,依托一张网,构建三大平台,打造一个中心),全面以"智"赋能十大系统(信息基础设施、地质保障系统、掘进系统、采煤系统、主煤流运输系统、辅助运输系统、供电与供排水系统、安全监控系统、智能化园区与经营管理系统),将乌东煤矿打造成急倾斜特厚煤层复杂地质和多种耦合灾害条件下的特色示范矿井,目前矿井智能化建设已基本完成。

31.7.1 智能化建设成效

1. 以"智"保安

乌东煤矿井下变电所、水泵房、带式输送机等固定岗位全部实现井下无人值守、地面远程集中控制,采掘工作面采用智能化装备,实现了"少人则安"的目标;同时建立灾害预警平台,对水、火、瓦斯、冲击地压等重大灾害进行监测、分析、评估、预警,延长了矿井安全生产周期。

2. 以"智"增效

智能化矿山建设矿井减员295人,原煤生产效率提升1.038 t/工。

3. 以"智"降本

通过减人,节省人工成本0.6亿元,吨煤成本较2021年由66.25元/t降低11.93元/t,降低了18%。

4. 以"智"提质

乌东煤矿取消夜班生产,实行2班制,生产作业时长由24 h缩短至16 h,员工在井下的时间越来越少,工作强度更是越来越低,彻底将员工从艰苦的工作环境中解脱出来,由"前线"转为"后方",变成机器设备的"统领者",增强了员工的获得感、幸福感、安全感。

31.7.2 智能化建设经验

1. 精准谋划,明确目标,优化方案,细化工程节点,有序推进

乌东煤矿按照"总体设计、分步实施、重点突破、有序推进"的建设原则,在建设过程中实行"分包责任制"强化责任落实,即分管领导和责任单位根据建设内容和要求,细化建设时间节点,明确每个人员与每一个节点之间的联动责任,确保衔接有序到位、以细保快。

2. 筑牢技术基础、超前融入、打造专业化队伍

从矿井智能化建设之初着手,融入培训工作,组织人员在学中干、干中学,系统学、全面学,逐步建立采、掘、机电、运输、通风、安全等多支煤矿智能化专业自营服务队伍,实现优质、高效、精干的专业化服务,为矿井智能化建设保驾护航。

3. 试点先行+集中攻克,形成可复制、可借鉴的智能采掘建设经验

为杜绝问题屡见迭出,矿井针对性提出"试点先行+集中攻克"的智能采掘建设思路,即先将1个采煤面和1个掘进面作为试点建设,集中技术力量优势,逐一攻克技术难

点，总结建设经验，形成符合自身特色的智能采掘建设技术体系和技术标准，为其他采掘面建设提供可复制、可借鉴的宝贵经验，高效推进智能采掘建设。

31.7.3 智能化建设亮点

乌东煤矿地质条件复杂特殊，属急倾斜特厚煤层，在智能化建设过程中，智能采煤、地质保障系统、灾害预警等均实现技术突破，为国内急倾斜特厚煤层智能化建设提供了一定的借鉴和示范作用。

1. 建成国内首个急倾斜短壁特厚煤层智能综采工作面

针对复杂的煤层地质条件及特殊的短壁工作面中部进刀开采工艺和单摇臂滚筒采煤机特点，完成了核心技术优化设计，首次实现了基于单摇臂滚筒采煤机的 8 个工艺段的记忆截割和自动跟机。

2. 建成全国首个急倾斜特厚煤层高精度多维地质保障系统

乌东煤矿煤层平均倾角 87°，属于急倾斜特厚煤层，基于 4DGIS、一张图、高精度地质建模技术，融合矿井地面钻探、物探、遥感、航测和井下钻探、物探及井巷所揭露的地质资料，建成全国首个急倾斜高精度多维地质保障系统，为矿井智能生产提供了模型和数据，为煤矿智能化建设提供了数据集成与分析应用三维可视化平台。

3. 建成多种耦合灾害预警平台

针对矿井巷道布局复杂、通风管理难度大和多灾因素种类多，在全面完善安全监控、人员定位、水文、火灾、瓦斯、通风、冲击地压等安全监测系统的基础上，建设智能一体化灾害精准预警平台，实现了灾害集中监测、智能分析和预警联动，煤矿安全综合预警能力显著提升，为超前预防、超前治理提供科学依据和手段。

4. 建成多种场景智能巡检机器人

矿井机器人应用主要采用防爆轨道式巡检机器人和防爆轮式巡检机器人，其中轨道式巡检机器人主要应用于带式输送机，防爆式巡检机器人主要应用于井下中央变电所，目前矿井基本实现主运带式输送机巡检机器人全覆盖，代替人工巡检，实现无人值守。

31.8 国能国神黄玉川煤矿

黄玉川煤矿积极响应集团要求，及时贯彻智能矿山建设要求，遵循集团信息化建设"六统一、大集中"原则，以及集团智能矿山建设 5 个 100% 目标。结合煤矿当前智能化建设现状与生产智能化、无人化目标的差距，以及公司发展战略、业务特点和管理提升要求，在全面梳理煤矿生产工艺提升目标、生产装备可靠性改进方向和生产自动化、智能化应用现状及存在问题的基础上，结合新技术应用现状和行业内外部先进经验，构建智能矿山建设蓝图和实施路线，加快推进智能矿山建设，打造世界一流水平的安全、高效、绿色、智能煤矿，引领并推动行业发展。

31.8.1 智能化建设目标

1. 主要建设目标

到 2022 年，初步实现煤矿开拓设计、地质保障、生产、安全等主要环节的信息化传输、自动化运行技术体系，基本实现掘进工作面减人提效、综采工作面少人操作，选煤厂实现智能化，井下固定岗位实现无人值守与远程监控。

到 2025 年，基本实现智能化，实现开拓设计、地质保障、采掘、运输、通风、洗选物流等系统的智能化决策和自动化协同运行，井下重点岗位机器人作业。

2. 阶段规划目标

2021年，建成智能化带式输送机调速系统，主斜井机器人巡检系统，井下4G信号主要运输巷道全覆盖，主通风机自动切换，实现自动充灯，智慧监测；全面升级工业环网和调度有线通信系统，实现人员精准定位；实现综放工作面自动化割煤，综采工作面记忆割煤+自动跟机拉架，掘进工作面集中控制；实现带式输送机在线监测，盘区变电所智能供电；建成中央变电所瓦检机器人巡检系统，重点区域实现自动隔爆挪移装置，建成矿井污水自动控制系统；井下固定岗位全部实现无人值守、远程操控；建成煤质化验数字化实验室，整合各子系统；实现智能分选、自动装车及智能加药系统。

2022年，实现综采工作面自动割煤，掘进工作面半自动支护；建成智能车辆调度系统；中央变电所和盘区变电所实现机器人巡检，智能仓储与运输系统；应用危险区域机器人巡检；基于束管监测系统、压风注氮监控系统和安全监控系统的数据整合实现对通风设备（设施）的智能管控。

2023年，应用多种形式的机器人，实现井下智能监测系统，实现开拓设计、地质保障智能化决策。

2024—2025年，实现井下重点岗位机器人作业，完善智能应急管理系统，完善智能化矿山建设。

31.8.2 智能化建设成果

1. 综合监测平台

综合监测平台实现一张图综合监控，可同时展示人员定位、通信、安全监测、通风等系统信息；以二三维场景、图表、动画等可视化方式融合展示全矿井实时状态；视频、通信、设备、人员等信息根据空间位置的关联，实时进行关联展示；起到节能、降耗、增效的目的。

2. 信息基础设施

建成了办公网、工业控制网、视频监控网、安全监控网及无线网，井上下实现4G网络全覆盖；实现内外网物理隔离，保障矿井应用系统网络安全，已完成矿井工业万兆环网建设，具备网络安全集中管理、资产管理、性能监控、日志集中管理功能，可以针对性能数据和日志数据进行统一的告警分析。5G系统正在招标采购建设中。

3. 安全管控系统

建成火情监测、安全监测、水文监测、矿压在线监测、束管监测、应急指挥等系统。

4. 智能化综放工作面

具备远程控制采煤机、支架、三机启停、乳化液泵、喷雾泵、增压泵，显示乳化泵总管压力、液箱液位、水箱水位；实时显示各个系统的报警以及采煤机割煤的实时曲线。煤机通过示范刀学习记录工作面的轮廓，并可以自动重复学习刀的滚筒轨迹。工作面从机头到机尾可实现自动清洁、全景监视、自动跟机功能，主要设备实现了定位功能。支架系统采用惯性导航系统，实现支架的自动找直功能。三机系统智能调速，可根据采煤机截割电流和煤流量对刮板输送机进行自动调速。泵站系统实现泵站的集中和分布控制。远程供液系统改变了以往"一面一站"分散供液方式，真正做到了"一采区一泵站"。

5. 智能化掘进系统

实现对掘锚机油温、油位、故障信息等数据的采集，实现对掘锚机动作的全遥控，可进行本地控制/视距遥控/远程遥控，同时具备本地控制与远程控制的互锁。

实现掘进带式输送机集中启停控制、故障信息查看以及带式输送机供电设备的远程控制功能；实现局部通风机运行状态远程监测、风机远程切换、风机供电设备远程停送电等功能。

6. 智能主运输系统

主运输集中控制系统和"主运输管控一张图"综合信息可视化，实现对主运输系统逆煤流、顺煤流远程一键式流程启停控制、给煤机智能配煤系统、智能调速系统、巡检机器人、输送带纵向撕裂监测、钢丝绳输送带 X 射线无损探伤、火情在线监测。实现地面主运输分控台的直接远程控制和视频监控的有效配合，带式输送机无人值守，集控故障复位功能。

7. 智能洗选

（1）建成智能装车系统，实现在装车过程中自动定位车辆位置，自动完成溜槽升降、闸板开关等设备控制动作，火车车号自动识别，自动完成整列车厢的装车动作，装车质量的自动检验；装车任务自动对接；防冻液抑尘剂自动控制等功能。

（2）建成智能配煤系统，可实现自动选仓及配比计算、自动选择并控制给煤机、自动调节煤量和热值、过程自动换仓及自动切换给煤机，对配煤过程中流量、热值、合格率等关键数据进行统计，直观展现配煤效果。

（3）建成智能图像识别系统，实现超温识别、火灾探测和电子围栏不安全行为检测。

（4）建成机器人智能巡检系统。

8. 智能提升系统

（1）实现自动阻车功能，车辆进入罐笼内后，把钩工操作遥控器阻车器实现快速可靠掩车，罐笼到位后，把钩工遥控快速打开阻车器，减少操作时间。

（2）建成视频监控自动卷帘门，人员进入罐笼后信号把钩工操作遥控器实现卷帘门可靠关闭，在罐笼到位后卷帘门自动打开方便人员快速出罐。

9. 智能供电、排水系统

（1）中央变电所、水泵房。建成巡检机器人完全代替巡检工，减轻工作人员的劳动强度、降低劳动风险，及时发现出现的问题，避免事故扩大化，大大降低生产过程中的非正常停机时间。

（2）门禁系统。井下一水平、二水平中央变电所各安设门禁系统一套，可实现人脸识别开门、运程呼叫开门及入门人员记录等功能。

（3）自动排水。在矿集控中心建设矿井供排水综合控制系统平台，实现供排水集中控制功能；实现离散水窝集中控制功能。

（4）防越级跳闸系统。可以有效地阻断越级跳闸现象，实现供电系统的动态监测和远程停送电作业。

10. 智能通风

（1）主通风机控制系统。在矿集控中心建设矿井通风综合控制系统平台，实现对一、二水平风机的智能运行、远程监控。

（2）压风机控制系统。在矿集控中心建设矿井压风综合控制系统平台，实现压风集中控制、智能运行、远程监控。

（3）自动风门控制系统。自动风门控制系统能够监测识别风门的开闭状态；当车辆要通过时闪烁灯光3次，风门就会自动开启。

（4）自动调节风窗。通风调节风窗控制系统能够监测识别调节风窗的开闭状态；具有开度检测、开度调节、堵转检测、限位检测等功能。

11. 设备振动温度在线监测

在线状态监测系统通过在设备振动明显部位安装传感器进行设备运行数据的实时采集，并根据设备的运行特性配置针对性的数据采集策略，抓取对分析定位设备故障有效的振动、温度数据，并借助智能报警策略，及时发现设备的运行异常状态。检修人员可以通过电脑和手持终端访问系统数据、实现设备故障诊断分析，及时发现隐患提前做好检修安排减少关键设备非计划停机造成的巨大损失，提供可靠的安全保障。

31.8.3　智能化建设亮点

1. 远程供液系统

一是远程供液系统可节省设备列车长度135 m，以22602综放工作面为例，工作面长度245 m，平均煤层厚度12.1 m，可多开采煤炭 $5.6×10^5$ t，每个工作面可创造利润4482.32万元，该系统可服务4个工作面，将累计创造利益1.79亿元。二是每个工作面搬家倒面节约费用62.48万元，材料费约37.46万元，4个工作面合计节约费用399.76万元。三是搬家倒面工期能缩短3天，降低了安全风险等。

2. 主运输智能调速系统

一是主运输集中控制系统和"主运输管控一张图"综合信息可视化，实现对主运输系统逆煤流、顺煤流远程一键式流程启停控制。实现地面主运输分控台的直接远程控制和视频监控的有效配合，带式输送机无人值守。实现了集控故障复位功能，集控系统投用主运输系统较以往减员18人；开机节省时间15.3 h/月，实现了减人增效并提高了生产效率。

二是给煤机智能配煤系统，通过调节变频器实现煤量的动态给定、数据监测，实现了远程启停和无人值守功能。智能计算出最合理主运带式输送机载量值，给定井下一水平煤仓最优放煤量，监测井下煤仓煤量数据，防止顶仓、空仓，避免了主运过载现象，实现了主运带式输送机连续、高效运行。该系统投入使用后较以往减员4人；彻底避免了因配煤不当导致的运输系统过载现象。

三是主运输智能调速系统：优化运输控制系统充分发挥变频调速的功能，通过智能计算，在确保带式输送机安全运行的前提下，根据带式输送机上的实时煤量以及带式输送机电机电流值，自动调整带式输送机速度。视频智能调速投用后，粗略计算电费节省418.56万元/年，托辊和带面磨损较以往节省163.5万元/年。

31.9　国能国神上榆泉煤矿

新一轮能源革命中，"智能"已成为煤炭行业发展的方向和潮流。上榆泉煤矿以智能化建设为路径，突出顶层设计，强化战略导向，不断完善创新体制机制，搭建开放协同创新平台，坚定不移推进煤矿智能化建设，不断向煤炭产业高质量发展迈进。

31.9.1　智能化建设目标和规划

2022年底实现五个100%目标，即煤矿智能化技术及建设100%覆盖，采煤工作面100%实现智能化，掘进工作面100%实现智能化，选煤厂100%实现智能化，固定岗位100%实现无人值守。

"十四五"智能化建设目标规划：全面进行智能化升级改造，根据两级公司及山西省煤矿智能化建设的基本要求，结合上榆泉煤矿实际情况，到2022年末，上榆泉煤矿将全面达到智能化中级水平，建成2个中级智能采煤工作面，2个中级智能掘进工作面，1个中级智能选煤厂，智能通风系统达到中级标准，固定岗位实现无人值守，并完成上榆泉煤矿智能一体化管控平台、煤矿云计算数据中心、井下局域无线网络建设、地面环网建设、人员精确定位系统扩容、网络安全主动防御体系建设、智能化园区建设。到2024年末，上榆泉煤矿将通过技术创新、管理创新和体制机制创新全面提升煤矿智能化开采水平，有效降低矿井用人，实现减人、增安、提效，持续推进煤矿高级智能化建设水平。

31.9.2 智能化建设总体情况

按照国家能源集团《关于加快煤矿智能化建设的实施意见》《关于进一步加快煤矿智能化建设的通知》等相关要求，以及国神公司2022年制定的煤矿智能化建设实现五个100%目标，上榆泉煤矿先后实施并完善了采煤工作面记忆割煤与自动跟机拉架项目、掘锚工作面远程集中控制项目、主运输系统远程集中控制项目、精准人员定位系统、变电所智能巡检机器人、风门远程集中控制、主通风机一键切换、洗选TDS智能矸选等项目，各系统均已成熟运行三个月以上。

31.9.3 智能化建设主要亮点项目

上榆泉煤矿利用5G网络架构，围绕5G+智慧矿山，依托5G+将新型工业互联网关键技术与智能矿山相结合，重构工业网络体系，打造煤炭产业新生态，致力于5G技术与矿山安全生产深度融合，实现无人、少人综采工作面、生产装备机械远程操控、煤炭数字孪生以及AI智能视频分析等煤炭生产核心信息化服务。

1. 井下5G网络覆盖

上榆泉煤矿2021年9月完成井下4G+5G混合组网系统试点建设，由中国电信集团忻州分公司承建，该系统主要由一套核心网管、两套环网交换机、八套本安型无线基站组成。无线基站分别设立在井下中央变电所、采区变电所、综采工作面、掘进工作面、污水仓。

该系统利用5G技术高速率（峰值传输速率达到10 Gbit/s）、低时延（端到端时延达到毫秒级）的特点，通过与工业环网融合，实现井下云会议、AR眼镜等智能业务场景应用。上榆泉煤矿将利用5G网络架构，为实现无人/少人综采工作面、生产装备机械远程操控、AI智能视频分析等煤炭生产核心信息化服务提供有效支撑。

上榆泉煤矿井下5G试验矿用专网以SA独立组网模式开通，具备专网生产数据试点应用条件，通过井上下"一卡一号"采用智能手机终端，实现了4K高清视频回传和井上下协同生产、VR/AR生产辅助、矿用资产管理等，有效地解决了井上下调度协同性低、定位不准确、数据网络传输带宽低、自动化程度低等问题。

2. 井下5G+智能综采工作面

上榆泉煤矿1021009智能化综采工作面，采煤机利用5G与瓦斯监控系统实现联动控制，并具备智能调速、自动调高、记忆截割功能，具备与支架防碰撞、故障诊断与预警功能。采煤机可适用多种工况下记忆割煤，能够根据工作面地质参数实现工作面优化调整，煤机电缆具备自动拖拽功能；液压支架实现自动操作，具备自动补液、支护状态监测与预警功能，液压支架实现与煤机的联动控制与自适应，实现自动拉架、放煤与泵站的联动控制。生产过程中实现自动找直和远程干预；放顶煤实现记忆放煤及远程干预，放煤、割煤、推溜作业能够根据三机煤量实现动态平衡控制。工作面运输实现远程控制和智能无人操控，工作面三机实现一键启停，设备运行数据实时上传，刮板输送机采用智能变频调速控制，具备机尾链条智能张紧功能，并与采煤机进行智能联动，具备煤量、带速、温度等智能监测功能。工作面泵站实现自动运行，根据支架工作状态实现变频供液，液箱实现自动补液及反冲洗，乳化液浓度在线监测；设备列车实现快速自移，机头、机尾超前支护实现智能无人联动；工作面实现 5G 网络全覆盖，云摄像头实时监控工作面工程质量及设备动态，实现对人员与设备动作安全联动管控。

智能化综采工作面投入使用后，生产班所需人数在原来的基础上减少 3 人，预计将每年减少约 90 万元的费用。从指令下达到机器响应，过去要几百毫秒，现在只要 20 ms，各个作业点的画面、数据都能实时传回地面，自主截割、视频监控及人员靠近报警、故障自诊断与信息推送等多项智能化技术，降低了矿工劳动强度，提高了安全生产水平，真正实现了减人提效。

3. 井下 5G+智能掘进工作面

上榆泉煤矿在掘进工作面智能化建设中围绕制约煤炭高质量发展的核心技术展开攻关，始终坚持实用、适用、安全、高效的原则，利用传感器+控制算法+5G 通信技术相结合，完成了 MB670 掘锚机及连运车的智能远程控制，掘锚机具备位姿测量、位姿补偿、多参数感知、状态监测与故障报警、远程遥控干预、故障诊断、故障预警、故障报警、智能辅助决策等功能，最终实现掘锚机高精度定向、位姿调整、自适应截割及掘进环境可视化，连运车智能自动化控制及远程控制。

其主要关键技术是利用激光雷达传感器收集巷道激光基准线，从而实现横向定位，利用设定倾角参数与现场倾角传感器实际参数结合控制算法形成闭环控制，达到纵向定位的目标，同时结合现场智能视频监控装置和位置传感器实现掘锚机位姿检测和补偿，从而达到掘锚机自主截割功能，此次智能化改造掘锚定位未使用惯性导航技术，有效解决了高成本与井下工况条件下的振动漂移等问题。

上榆泉煤矿通过对掘进工作面进行智能化改造，生产班单班岗位人员减少至 5 人，全面提升了矿井智能化掘进水平，有效降低了矿井用人，实现无人化、少人化生产。

4. 井下 5G+智能机器人巡检+AI 智能主运输带式输送机检测监控系统

上榆泉煤矿主运输带式输送机无人值守智能化系统，于 2021 年 12 月进行升级改造，运用物联网、PLC、传感器、5G 通信技术以及管控一体化软件开发等技术，研究开发了一套带式输送机无人值守智能化系统。涵盖带式输送机管控一体化平台建设，带式输送机手机 App 平台、智能视频调速及保护、感温光纤监测系统、火灾监控系统、温度振动传感系统、视频巡检系统、供配电风险隐患智能预警系统、输煤流启动系统以及带式输送机各个系统的数据融合和综合管控，同时配合巡检机器人能够模拟人员对井下设备进行日常检查，所收集到的信息通过井下环网传输到地面。对矿井大倾角带式输送机进行 24 h 自动巡检，解决了井下环境复杂、倾角大且管控风险大、人员巡检距离长等多种问题，机器人通过视频读取周边设备仪表的运行参数，通过内置的传感器感知硐室的温湿度、有害气体等，实现故障多维度统计和大数据分析，以此代替人工从事高强度、长时间的重复性巡检工作，实现危险工作区域的无人化、少人化作业，在减员增效方面起到极大的效果，全面提升了矿井智能化水平。

智能巡检机器人在中央变电所已投入使用，北翼变电所、地面厂区、主要通风机机房等位置计划安装。中央变电所智能巡检机器人如图31-1所示。无人值守智能化系统及机器人上岗后，能够减员80%以上，践行了矿井机械化换人、自动化减人战略方针，实现了高产高效、少人无人的智能化建设目标。

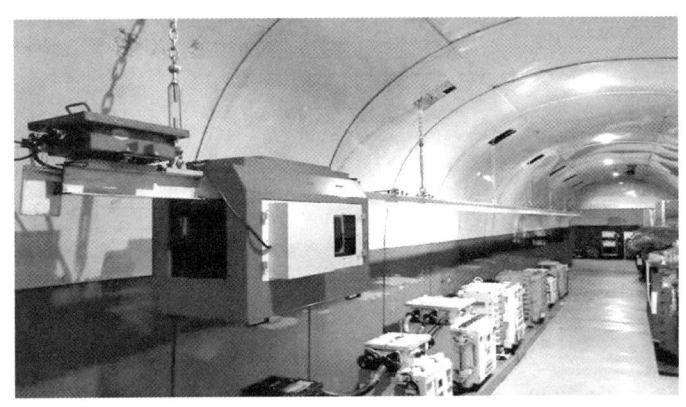

图31-1 中央变电所智能巡检机器人

5. 精准人员定位系统

上榆泉煤矿的精准人员定位系统KJ133（A）基于UWB技术、采用TOF+TDOA模式算法，通过厘米级精确定位、远距离覆盖、数据建模，实现煤矿井下人车物高精度实时定位管理和超前预警管理的新一代智能矿山精确定位系统。

上榆泉煤矿精准人员定位系统能使人员静态定位精度达到20~30 cm，人员动态定位精度小于1 m，车辆运行定位精度小于1 m。其信号覆盖范围广，无遮挡情况下半径可达到1000 m以上。

上榆泉煤矿将井下人员精确定位与无线通信、应急广播三网进行了融合改造，在地面搭建一个总平台，井下的每个工作地点由一条线缆带一台基站，一台基站带精确定位、无线通信和应急广播，成功实现"三网融合"。

6. 智能选煤系统

上榆泉煤矿洗选中心煤泥减量化项目是国家能源集团提质增效重点项目之一，该项目所使用的TDS智能矸选机替代原有动筛跳汰机，TDS智能矸选机智能分选原理如图31-2所示。使用弛张筛替代原有圆振筛，通过粉煤不入洗、块煤不见水，来降低洗选煤泥产率并提高商品煤回收率。

该项目所用的TDS智能矸选机单台处理量为330 t/h，采用智能识别方法进行分选，原煤经过弛张筛进行脱粉分级后，粒度为50~300 mm的块煤经过手选带除杂后，在布料器上达到均匀单层布料的效果。当煤与矸石通过X射线装置时，由于煤与矸石所含元素不同,其对辐射的吸收量不同,矸石吸收能力强而煤的吸收能力弱,探测器根据接收到的射线强弱不同,建立针对不同的煤质特征相适应的分析模型,通过大数据分析,对煤与矸石的元素、位置等进行数字化识别后,由高压风将 50~300 mm 粒度级的矸石吹出,实现煤与矸石的分离,达到分选的目的。

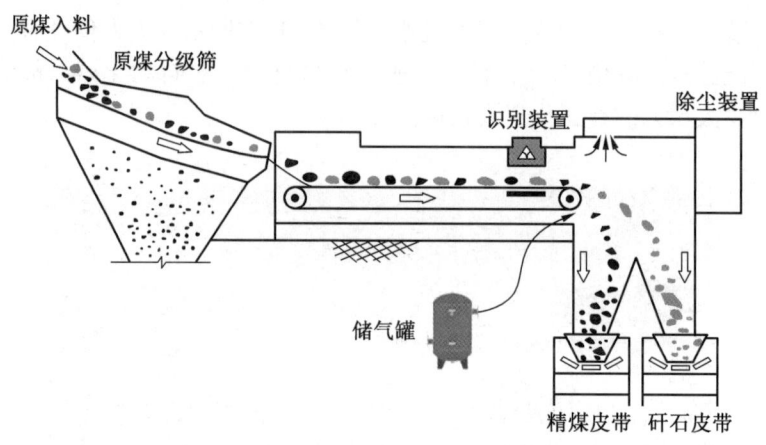

图 31-2 TDS 智能矸选机智能分选原理示意图

智能选矸系统调试运行成功后,只需要安排一名职工日常巡视,有效提高了工作效率,降低了职工辛苦指数。更好地提高了煤质,极大地减少块煤中的矸石含量。改造后大大节省电费和维修费,更加符合国家环保政策和节能减排要求。

31.10 国能国神大南湖二矿

31.10.1 智能化建设规划及总体情况

大南湖二矿高度重视矿智能化建设工作,2021 年成立智能化领导小组,并设立智能化办公室统筹智能化建设工作。计划到"十四五"末期矿智能化建设程度达到中级智能化水平,"十四五"期间的智能化建设工作将围绕矿实际需求进行开展,依据国家能源集团发布的《国家能源集团煤矿智能化建设行动指南(2022 版)》《国家能源集团煤矿智能化建设验收评级及奖励办法(试行)》等智能化指导文件进行建设,建设内容包括基础设施、智能穿爆、智能采剥、灾害预警、智能辅助等 5 个方面。目前矿智能化程度距初级智能化还有一定的差距,计划到 2022 年 10 月底达到初级智能化水平,实现煤矿开采设计、地质保障、生产、安全等主要环节的信息化传输、自动化运行技术体系以及固定岗位的无人值守和远程监控;2026 年达到中级智能化水平,实现开采设计、地质保障、采剥、运输、洗选等系统的智能化决策和自动化协同运行,以及无人化运输;2036 年达到高级智能化水平,构建成多产业链、多系统集成的煤矿智能化系统,建成智能感知、智能决策、自动执行的煤矿智能化体系。

31.10.2 智能化建设进展

1. 信息基础设施

正在开展的智能一体化管控平台项目、无线工业网络建设项目、万兆主干网网络设备购置项目及人员定位系统购置项目可以加强网络基础建设。实现矿区网络传输带宽不低于万兆，核心节点实现冗余配置，部署 WiFi6 等无线通信网络。智能一体化管控平台项目实现包括矿山人员、财务、物资、安全外包工程管理，以及生态保护、节能等辅助环节管理的智能化，建成基于网络的跨时空联网查询、管理、运行、调度、保障、服务，露天矿边坡安全、网络安全、安全培训、防碰撞技术与装备、粉尘控制、有毒有害物质治理、疏干水合理利用、清洁能源利用、大型专家知识库和数据仓库、可视化智能决策平台、基于大数据的智能决策平台、数据通信、办公自动化、办公环境智能化的智能一体化管控平台项目。项目完备后使基础设施方面评级结果达到中级。

2. 智能穿爆

目前的钻孔、爆破由新疆安顺达矿山工程技术有限公司承揽实施，其钻孔、爆破作业情况依据智能穿爆评分表进行自评，自评分值距初级有一定差距。为提高矿穿爆作业智能化水平，要求新疆安顺达矿山工程技术有限公司配备 1 台智能化穿孔设备和爆破设计智能化系统，配置完备后使智能穿爆评级结果达到初级。

3. 智能采剥

目前建成车载可视化管理系统，实现车辆行驶信息监控可视化管理、车辆驾驶员行为监控可视化管理、车辆行驶安全辅助系统功能、车辆监控调度可视化管理及平台数据月、季、年度统计管理功能。正在开展的无人驾驶运输系统应用与研究、带式输送机栈桥巡检机器人购置项目及远程控制挖掘机与无人驾驶宽体卡车协同作业示范项目，实现采剥工程智能化、无人化，可以较好补充智能采剥方面的缺陷，项目完成后使智能采剥评级结果达到初级。

4. 灾害预警

正在开展降雨量监测仪购置、岩土含水饱和度监测仪器购置及矿山地测管理与地质灾害预警信息系统项目，实现矿区气象资料收集，分析全年降雨情况，建立降雨量基础台账，采用专用岩土含水饱和度（岩土含水量）监测仪器，测量含水层的含水量，分析含水层含水量对安全生产的影响，监测数据与智能一体化管控平台项目数据融合，项目建设完成灾害预警评级达到初级。

5. 智能辅助

建成矿区无人机智能安全巡检和生产辅助系统，实现智能化无人，使用无人机对采场边坡到界区域、排土场塌陷区域进行定期巡检，及时发现并排除存在的问题隐患，绘制矿区三维图。经软件处理后形成现场实时三维，能够及时掌握月度计划的中间执行情况，并对现场生产安全状况进行无人检查，及时反馈采场生产现状；建成三维激光测量系统，实现最远扫描距离大于 1000 m，实现最大扫描速度 100 万点/s，扫描精度 1.2 mm+10 ppm；实现变电所和升压站巡检机器人定时自动巡检，通过机器人搭载各种传感设备，并采用系统分析，对供电设备各项数据进行智能分析和诊断，实现对设备缺陷的判别和自动报警。正在开展智能防排水系统、供电系统电能监测系统建设，实现泄洪坑抽水泵远程开关泵；实现全矿供电能耗统计、峰谷电能计量、电能质量分析等功能，可以按能耗性质（如生活能耗、办公能耗、生产能耗等）进行分类统计，也可以按管理需要设计相关报表，并以柱状图、饼状图、曲线等直观的形式做对比分析。项目建设完成后智能辅助方面评级达到初级。

31.10.3 智能化建设主要亮点项目

1. 智能化无人值守变电所

通过对变电所、升压站消防系统的升级改造和增设室内挂轨智能机器人及巡检控制系统，原变电站由有人值守改为无人值守，只需安排人员定期巡视和维护即可。作业人数由之前的 8 人对变电站运行巡检调整为 2 人对全矿供配电场所设备巡检及卫生清扫，彻底解决了矿变电站运行人员缺员问题，同时也消除因人员巡检不到位导致的安全隐患，实现了减员提效，同时兼顾设备运行的安全、稳定、可靠。

2. 带式输送机栈桥巡检机器人

生产系统加装一套集自动化、传感器、计算机网络通信为一体的带式输送机智能巡检机器人自动监控系统，投入运行后预计减少巡检人员 3 人，减少了人工巡视可能发生的危险事故，降低工人的劳动强度，提高检修快速反应能力，提升设备可靠性，通过机器人集成红外热成像、声音、高清在线监测功能，将生产现场和设备运行数据实时采集，实现了对带式输送机的工作环境进行全程实时监测，预防和减少因托辊损坏、断带、纵撕、跑偏等事故造成设备损坏甚至人员伤亡的重大损失。

3. 无人驾驶运输系统

无人驾驶运输系统项目是国家能源集团在新疆地区首个正式立项的宽体矿用卡车无人驾驶运输系统研发项目，也是新疆首个露天煤矿无人驾驶宽体卡车项目。无人驾驶运输系统是 5G 物联网框架下高可靠性、高安全性的典型应用，运输系统核心包括无人驾驶宽体自卸车、智能辅助车辆、场站端协同设备、云平台调度系统。无人驾驶运输系统全面应用于矿山生产后，可以大大减少对矿用卡车司机的需求量，减少由于人员操作失误引起的安全事故，运输效率将提高 10% 以上，燃油消耗将降低 10% 左右，生产运营成本将降低 10% 左右，促进提高煤矿生产管理能力和水平。

31.11 国能国神三道沟煤矿

三道沟煤矿智能化矿山建设的总体目标是按照"安全、绿色、高效、智能"的建设理念，通过软件定义矿山、数据驱动业务，构建全时空感知、全要素联动、全周期迭代的智能化矿山。

31.11.1 智能化建设目标

通过智能化矿山建设，实现三道沟煤矿各子系统的互联互通、融合联动，实现地质、测量、水文、储量、通风、生产、机电、调度、安全以及精细化管理等矿山业务的信息化协同管理，实现矿山回采、掘进、运输、通风、压风、排水、供电等主要生产环节的自动化运行和智能化决策，实现矿山无人或少人化作业，实现设备故障与重大隐患（水、火、瓦斯、顶板、地压）的实时预警、主动预防和应急处置与联动，创建本质安全型矿山。利用物联网智能感知技术与精准勘探技术，实现矿山主要生产环节的模拟运行及虚拟矿山、真实矿山的相互影响与动态修正。

31.11.2 智能化建设规划

一是在实现集团公司 5 个 100% 建设目标基础上，力争 2022 年底进入国家能源集团智能化建设第一梯队。

（1）完成采掘核心系统智能化升级，建成 2 个中级智能综采工作面、2 个中级智能掘进工作面，实现采煤工作面"3"人作业目标；实现掘进工作面"7"人作业目标。

（2）主运输系统坚持"智能感知、智能决策、自动执行"，实现煤流全线"常态化智能运行+机器人+智能巡视"。

（3）全面升级智能辅助系统，实现智能辅助供电、供排水、压风注氮系统高级智能化。

（4）通风系统力争年底前完成智能通风项目设备安装，达到中级智能化水平。

（5）加快智能一体化管控平台及智控指挥中心实施进度，建成安全集中监控平台，构建"集中监控、全面可视、智能联动"智控中枢，全面提升智能矿山应用水平。

（6）建成智能应用 App 平台。

（7）建成 B 类数据中心机房。

（8）建成井上下 5G 通信系统。

二是 2023—2024 年，在实现高级智能化矿井基础上，建设无人采煤工作面及井下无人驾驶辅助运输系统。

三是 2024—2025 年，成熟应用矿用特种机器人，建设 3D 全息投影生产指挥平台，应用无托辊电磁悬浮带式输送机。

31.11.3 智能化建设进展情况

目前矿井在智能一体化管控平台、智能采煤、智能掘进、智能供电、智能供排水、智能运输等方面取得一定成效，为煤矿安全生产提供了有力支撑。

1. 智能一体化管控平台建设

建设智能一体化管控平台，完成 GIS 一张图、生产集中控制系统建设，初步建成全要素联动、全周期迭代的智控平台，建成的智控指挥中心已投入使用，实现各生产系统数据融合集成、业务高效协同，全面提升煤矿安全生产管理效率与水平。

2. 智能化采煤工作面建设

三道沟煤矿充分借鉴行业先进智能采煤工作面建设经验，结合实际情况，以"数据采集、融合联动、自主分析、智能控制"的核心思路，通过设备升级改造、投用智能化设备，目前已建成一个中级大采高智能化工作面，一个初级小采高智能化工作面，工作面实现采煤机远程控制和在线检测。

3. 智能化掘进工作面建设

运用 PLC 工业控制、红外线热成像、无线通信、摄像机智能识别算法等技术，实现多部带式输送机、供电设备、破碎机、局部通风机、连采机远程集中控制，已建成一个初级智能化掘进工作面，一个中级智能化掘进工作面。

4. 固定岗位无人值守

主运输系统投用变频一体机、AI 智能识别技术、智能巡检机器人、门禁系统、设备在线监测等设备和技术实现无人值守。

供电系统采用先进智能综合保护器、电力监控分站等设备，实现供电系统和防越级跳闸及"五遥"功能，完善电力监控系统故障滤波、谐波分析、电子挂牌、一键顺控功能，进一步提高供电系统可靠性，目前矿井主要变电所和固定配电点均实现无人值守。

供排水系统八盘区水泵房、八盘区中转水仓、六联巷水仓、75 处分散排水点全部实现远程集中监控，通过"数据采集+控制联动+视频监控"的监测监控模式，实现矿井四处主要水泵房无人值守。

5. 信息基础建设

按照智能化矿山总体规划，结合矿井智能化建设需求，开展千兆工业环网升级、网络安全加固，针对矿井现有千兆、万兆环网业务现状，按照"横向隔离、纵向认证、网络分区、专网专用"原则，将现有工业网络业务重新分割，为矿井智能化建设提供高效、安全的信息传输高速公路。

31.11.4 智能化建设工作亮点

1. 创新管理方法

提出"1353"智能化建设路线，"1"即以建设世界一流智能化矿山为目标，"3"即坚持问题导向、价值导向、结果导向为原则，"5"即构建核心生产系统、固定岗位无人值守系统、安全保障系统、灾害预警系统、低碳园区系统；"3"即全面提升矿井生产效率、安全水平、保障能力。成立矿智能化领导小组、科室智能化专职工作组、区队智能化班组，建成矿井三级智能化建设队伍，全面提升矿井智能化建设能力和系统运维保障能力。

2. 智能一体化管控平台

智能一体化管控平台系统基于统一数据标准、工业互联架构，遵循总体应用架构建设要求，采用"云边协同"模式部署，建成煤矿生产多业务领域高度融合的一体化综合性管控平台，在完善建设生产集中控制系统、一张图系统、安全集中监测系统的同时，实现全矿区现场分散异构智能装备、智能监测、智能控制系统的智能一体化集中监测控制，通过基于数据标准体系与智能分析模型，实现时空"一张图"的位置服务，实现数据融合集成、业务高效协同，逐步达到无人或少人化作业，全面提升安全生产管理效率与水平。

管控平台以"安全监控实时化，过程控制自动化"为目标，构建全矿井统一、稳定、高效的集控平台，以原煤生产为主线，对"采、掘、机、运、通、筛"等主要安全生产环节，进行多要素全流程的集中、协同、优化控制与智能运行，以数字孪生"全息一张图"为依托，以大屏、PC和移动端为载体，服务于煤矿生产，具有立体化展示、协同工作、事先预控、智能报警与联动、应急救援与指挥、智能决策与分析功能，构成面向企业安全、生产、调度的综合性管控平台。

3. 智能主运输系统

以"智能感知、智能决策、智能执行"为核心，全力打造高级智能化主运输系统。完成主井一部变频一体机改造，应用AI智能识别技术实现带式输送机智能变频调速，违规作业检测、大块煤、异物、带面撕裂识别、煤流监测等功能；在主井一部、二部带式输送机和四盘区带式输送机安装智能巡检机器人、温振传感器实现机器人智能巡检、设备状态在线监测与故障统计分析功能，用精准的监测数据代替传统的人工测温、测振、听诊，各运输子系统数据统一接入融合，搭建矿井智能主运输平台与主运输分控中心。2022年主运输系统已全面实现无人值守，减少固定岗位8个。

4. 连续采煤机远程可视化操控

在井下掘进工作面搭建一套局部区域无线通信系统，利用无线基站、MIMO天线，实现连续采煤机双巷道掘进图像、控制数据无线传输，构建井下巷道移动设备数据传输通道。

对连续采煤机 Ge Fanuc 90-30 PLC 控制程序进行优化，使用 C++编写连续采煤机电控、液压系统启动上位机逻辑控制程序，连续采煤机机身安装无线基站、网络交换机、高清摄像仪、激光标靶，配合巷道顶板顶部垂直面激光发射器，实现连续采煤机定向、姿态感知功能，截割臂上安装倾角传感器，控制连续采煤机滚筒截割高度，最终实现连续采煤机的远程可视化操控功能，逐步达到掘进工作面迎头无人作业、安全高效人机协同控制。

5. 分散排水点集中控制

采用电力线载波通信技术结合智能保护器技术，利用低压供电电缆构建通信网络，将智能传感器与保护器相结合，建立起分布式集中排水系统，实现排水系统的集中管理，完成数据采集、运行状态监视、远程集中控制，存储、查询和统计整个系统的运行数据、运行记录、故障报警记录等功能，通过故障预警、智能分析、智能启停排水设备系统，确保井下分散排水系统的安全、高效运行。

系统由三部分构成，第一部分是终端设备，主要由水泵、起动器、传感器和智能保护器等设备组成，通过智能保护器实时采集排水点水泵的运行状态以及排水点水位状态。第二部分是电力线通信分站，分站通过电力线与智能保护器通信，通过以太网与地面监控中心通信。第三部分是地面监控站，主要由工控机、打印机、后备电源 UPS 构成，实时监控井下排水点设备的运行状态，构建矿井分散排水点远程集中监控系统。

6. 新装备、新技术的应用

采煤工作面迈步自移列车、智能巡检机器人成功应用，代替传统绞车移动列车与人工巡检工作面，不仅降低员工的劳动强度，提高工作效率，更有安全保障。矿井应用 UWB 人员精确定位系统，具备人员和设备精确定位、唯一性检测、紧急呼叫等功能，通过计算人员和设备距离实现移动设备人员接近防护预警停机功能，有效提升矿井人员安全管理水平。

三道沟煤矿将坚定不移地遵循《煤矿智能化建设指南（2021 年版）》《国家能源集团网络安全和信息化"十四五"规划》《国家能源集团智能矿山规划》《国家能源集团煤矿智能化建设指南（2022 年版）》等相关文件要求，充分总结经验、发挥优势，合理借鉴行业智能化建设先进经验和实践，结合 5G、云计算、大数据、物联网、移动应用和人工智能等先进技术应用，立足近期、放眼长远地开展智能矿山建设工作，为打造国内领先、行业一流的智能矿山提供强有力的支撑。

31.12 国能准能集团

31.12.1 煤矿智能化建设规划

1. 智能化建设目标

根据集团《关于进一步加快煤矿智能化建设的通知》等文件要求，准能集团加快对 5G 通信等先进技术的研发与应用，加大人员、资金投入，力争在 2022 年实现矿用自卸卡车无人驾驶，选煤厂全面实现智能化，2025 年煤矿全面实现智能化，煤矿智能化技术引领行业智能化水平，最终达到煤炭全产业链智能高级排程和智慧联动管控，为"智慧国家能源"建设做出新的贡献。

2. 智能化建设规划

准能集团在智能化建设上不断发力，加大智能传感器、物联网、5G 通信等先进技术的应用,重点实施卡车、电铲、钻机等矿用大型设备的无人驾驶技术研发,开发露天煤矿三维可视化现场作业管理、大数据人工智能分析等系统,加大机器人研究应用,大力开展智能化选煤厂建设,实现煤炭全产业链智能高级排程和智慧联动管控,打造以"生产智能化、运营数字化、创新自主化、管理智慧化"为核心的国家智能矿山建设示范标杆,建立适用于智慧矿山企业生产与运维建设的规范。

3. 智能化建设总体进展

2021年,准能集团设立准能集团露天煤矿无人运输作业系统关键技术研究与应用、准能集团露天煤矿5G网络应用研究创新示范项目,对黑岱沟露天煤矿和哈尔乌素露天煤矿总计183台矿用卡车进行无人驾驶改造。截至2022年5月,两矿已完成36台无人驾驶卡车改造,正在开展编组重载测试。网络方面,矿区目前已实现4G专网的全覆盖,承载了矿山智能卡车调度、语音集群对讲、物联网数据回传等应用,5G项目计划对工业区及矿区全部区域进行统一规划和设计,实现全区域5G无线网络覆盖,目前已累计敷设5G光缆89.26 km,安装铁塔37座,安装基站41套。

2021年,准能集团露天矿特大型选煤厂智能化研究及应用项目立项,合同金额2.16亿元。项目包括智能洗选、智能供配电、智能安全保障、智能设备状态感知、生产辅助系统、智能管理系统、基础平台优化等7个方面的智能化建设,预计该项目完成后将使选煤厂智能化建设达到中级以上标准。项目分五个阶段进行,第一阶段已完成专家验收,目前正在开展第二阶段的方案审核及设备验收工作。

31.12.2 智能化示范煤矿建设进展

1. 智能矿山建设

生产智能化方面,以生产工艺环节为依托,开发了三维采矿设计软件、智能爆破设计系统、卡车智能调度系统等多个智能化系统,实现了采矿设计、爆破设计、钻机布孔、装药和起爆、运输、排弃以及供电等环节的智能化。

在安全保障和设备精益化管理方面,建成了卡车防撞预警、毫米波雷达防碰撞、超速管理、司机疲劳预警等系统,实现了运输卡车遇到危险情况的自动预警、智能刹车,确保了运输安全;边坡雷达检测系统,对边坡进行24 h实时监测,实现边坡滑移的精准预报;矿用卡车轮胎监测系统、燃油监控系统、矿用设备供配电管理系统,实现了轮胎安全运行的在线管理,以及燃油、用电的全过程监管。

与国内矿用设备制造企业、智能化科研院所共同开展了矿用卡车、电铲以及钻机的无人驾驶和远程控制等方面的研究工作,逐步实现主采设备的无人化。2021年3月,露天煤矿无人运输作业系统关键技术研究与应用项目完成立项,采用4D光场、激光雷达、毫米波雷达、北斗定位等多种感知技术融合以及V2X通信等技术,并通过新建103个5G宏站实现应用落地,将5G、AI、高清视频、大数据、云计算等新兴通信技术与计算技术应用于智慧矿山建设,正在针对两矿183台矿用卡车实现无人驾驶、42台大型采掘设备实现远程遥控、配套的120台工程设备和至少1000台辅助车辆实现互联互通进行研发试验,实现矿山生产环节的智能感知、泛在连接和精准控制,催生成熟无人驾驶、远程控制、智能采煤、智能巡检等多个5G应用场景,实现露天矿山生产本质安全,提升生产运营效益。

2. 智能选煤厂建设

黑岱沟、哈尔乌素露天煤矿配套选煤厂采用跳汰洗选和重介浅槽洗选综合工艺，正在推进的准能集团露天矿特大型选煤厂智能化研究及应用项目涵盖了选煤厂全工艺环节智能化，可有序衔接主系统和各辅助系统，实现煤炭洗选连续工艺的整体智能化。原煤破碎环节，通过应用智能煤流控制、纵撕保护及 AI 视频识别等技术，实现智能巡检、配仓、故障识别等功能。煤炭洗选加工环节，通过应用自动控制、质量监控、故障预警技术，实时智能调节设备工艺参数，实现洗后产品质量的精准控制，提升产品效益。产品配煤装车环节，通过应用煤质在线检测、料位监测等技术，实现智能配仓、精准配煤、自动装车等功能，大幅提升商品煤质量和装车效率。

3. IT 基础设施建设

准能集团露天煤矿 5G 网络应用研究创新示范项目采用"北斗+5G"通导一体化组网方式，满足露天矿范围内机动车辆、施工机械、作业人员等应用场景对通信、定位、导航的需求，准能集团是国内第一家 5G 核心网本地部署应用的企业，其中 4 项新技术在露天煤矿实现国内"首家"应用，即首家 5G 超级上行技术在露天煤矿领域的应用、首家拖拽式智能液压升降塔在露天煤矿通信领域的应用、首家高频智能微波环网在露天煤矿的应用、首家 5G 基站搬迁仿真算法在露天煤矿的应用。

31.13 国能神延西湾露天矿

31.13.1 智能化建设成果

1. 无人驾驶项目

西湾露天矿现有 XDE240 矿用卡车 31 台，2021 年完成 11 台矿用卡车线控改造工作，完成 6 台无人驾驶矿用卡车空载、重载试验，实现 6 台无人驾驶矿用卡车协同作业。截至目前已完成 16 台矿用卡车线控改造工作，线控改造进度百分比为 52%；完成 30 台协同作业设备改造工作，协同作业设备改造完成 60%。空载区开展 2 台远程驾驶舱测试工作、模拟装运卸全流程运行，异常情况可通过远程驾驶舱实现车辆接管运行。

2021 年 12 月 15 日，通过国家矿山机械质量检验检测中心权威质检认证。神延煤炭无人驾驶项目是国内首个矿山级规模无人驾驶批量应用项目，也是国内首个一次性通过功能、性能、安全等 33 项检测认证的矿用卡车无人驾驶项目。

截至 2022 年 5 月 1 日，无人驾驶系统安全运行 365 天。4 月 1—30 日无人驾驶岩石剥离试生产 28 天，运行里程 8356 km，运行 4998 车次，岩石剥离量 4.4×10^5 m^3。

2022 年 5 月 1 日，开展 2 铲 10 车混合编组试生产。截至 5 月 5 日，运行里程 5906 km，混编 1796 车次，岩石剥离 1.1×10^5 m^3。

2. 智能选煤厂

选煤厂智能化项目包括智能门禁系统接入、带式输送机智能调速系统、人员定位智能照明系统、配电室智能巡检机器人、智能视频监控系统等，项目实施完成后实现操作人员调度控制室远程集中监控作业、现场无人值守、少人巡检的智能化生产，达到选煤厂智能装备、智能控制、智能管理、减员增效的目的。

3. 生产系统辅助智能化改造项目

项目实施完成后实现供配电和供排水系统的数据实时监测、远程集中监控作业、现场无人值守、少人巡检的智能化生产。

4. 集控升级改造项目

完成燃油监测管理系统建设，完成调度管理系统、生产运营监测系统、班组管理系统上线试运行，项目建成后将实现煤矿生产智能协同管理，利用云计算、大数据、物联网等新技术打通数据壁垒，建设西湾数据湖，为企业管理、领导决策提供信息化管理平台。

5. 5G 网络项目

已实现采区 5G 网络信号覆盖、空载试验区 5G 专网覆盖。

31.13.2 智能化建设经验

科学合理布局，智能化建设与安全生产协同并进。从研究总体规划、编写方案、项目立项、制定措施、构建体系等方面多方位完善智能化矿山建设顶层设计，明晰实施路径，制定分区域、分系统的智能化矿山建设方案；智能化建设的同时统筹安全生产，坚持红线意识、底线思维，着力防范重大安全风险，不断夯实安全生产基础。

提升管理能力水平，积极解决问题。为确保项目实施有效推进，建立健全工作推进机制，成立专项领导工作组，明确职责分工，定期听取进度汇报，及时协调解决问题。按照预定计划，逐个项目倒排工期，并结合完成时间和质量，制定奖罚措施，保证智能矿山建设的推进速度。

加快人才队伍建设，保障人才需求。打造智能化矿山的前提是有人才支撑。智能化煤矿在运维方面，需要专业的操作人员和维护人员，为避免出现人才断层危机，大力开展人才培养计划；分层次、分类别，进行定制化培训项目，不断完善人才梯次培养支持体系。

32 中煤能源集团智能化示范煤矿建设实践

煤矿智能化已经成为行业转型发展的源动力和高质量发展的核心技术支撑。中煤能源集团现有煤矿基本覆盖了各类复杂地质条件，矿井灾害类型多、地理分布广、条件差别大，煤矿智能化建设具有典型示范意义。近年来，中煤能源集团经过不断地创新、实践，煤炭开采实现了从机械化示范、自动化迭代，到智能化建设过程，建成了多个智能化工作面，突破多项智能化关键技术，智能装备水平和智能制造能力有了很大提升，形成了涵盖一次采全高、放顶煤开采等采煤工艺的智能开采模式，形成具有中煤特色的建设经验。

近年来，中煤集团始终围绕"安全、高效、绿色、智能"的发展理念，深入贯彻落实国家、行业关于煤矿智能化建设的有关要求，坚持问题导向和结果导向，以减人、增安、提效为目标，以真抓实干、取得实效为主线，推进智能化建设由"建好"向"用好"转变，由"具备智能化功能"向"实现常态化生产"转变，全力提升煤矿智能化水平。到 2022 年底，集团所属矿井要全部实现智能化生产；采煤工作面智能化实现地面集中控制，掘进工作面智能化实现掘进姿态监测、远程操控，固定岗位实现地面集控，建成 15 处以上智能化煤矿，东露天煤矿、王家岭煤矿、大海则煤矿 3 处煤矿建成智能化煤矿行业标杆。到 2025 年底，公司所属煤矿全面实现智能化，实现井下工作面常态化无（少）人生产；井下危险、繁重岗位逐步实现机器人替代；建成一批"单班百人"矿井，打造中煤特色的全要素智能化煤矿、智慧化矿区。

32.1 平朔集团东露天煤矿智能化示范煤矿建设情况

32.1.1 东露天煤矿简介

东露天煤矿位于山西省朔州市平鲁区榆岭乡平朔矿区东北部。煤矿于 2009 年 1 月开工建设，2013 年投产。矿区面积 48.41 km^2，核定生产能力 2.0×10^7 t/a，设计服务年限 75 年，目前拟扩能至 2.5×10^7 t/a。截至 2020 年底，露天矿境界内保有储量 1.1×10^9 t，主要可采煤层为 4 号、9 号、11 号煤层，全区煤层平均厚度为 34 m。

东露天煤矿剥离采用单斗挖掘机—卡车间断工艺，采煤采用单斗挖掘机—卡车—坑下移动破碎站—端帮带式输送机半连续工艺。岩石穿爆后，使用电铲采装，卡车运输至内排土场排弃；煤层经穿爆后，使用电铲采装，卡车运输至坑下移动破碎站，煤炭破碎后经原煤巷道运输系统运输至选煤厂。主要采装设备为 25 m^3、35 m^3 和 55 m^3 级电铲，运输设备为 200 t 级、300 t 级矿用卡车，具有生产规模大、机械化程度高、安全性能好、资源回收率高等一系列优点。东露天煤矿是国家安全生产一级标准化煤矿、安全高效煤矿，2021 年被列入国家首批智能化示范煤矿建设名单。

32.1.2 东露天煤矿智能化建设情况

2021 年 12 月，东露天煤矿已完成智能化示范煤矿建设，所有子系统已投入生产试运行。

1. 信息基础设施

（1）通信网络。平朔集团在矿区建设了较为完整的有线、无线通信网络，覆盖各生产和办公区域；在原有 MESH 网及 700M 网络覆盖的基础上新建 5G 网络，为东露天煤矿无人驾驶卡车和无人值守钻机提供 5G 网络服务，满足其各工业终端设备的传感器信息采集、视频监控、远程控制等场景的网络需求，用以上传监控图像、传感器信息等数据，并下发控制指令信息，实现生产作业过程的无人化和智能化。

（2）数据中心。东露天智能化矿山建设以超融合架构搭建数据中心，采用去中心化的分布式集群管理技术、CPU 和内存调用优化技术、数据底层多重保障技术，以满足"智慧矿山"业务应用开发在高性能、高可靠性、弹性扩展及伸缩、简化基础架构管理等方面的需求，实现在自动化故障转移、容灾、全面优化数据中心软硬件资产、集成智能化运维等方面的信息化目标，从而实现智慧矿山建设的总体目标。

（3）智能综合管控平台。建成全国首个集安全、生产、经营管理、地理信息等系统数据为一体的露天煤矿管控一体化平台，采用无人机航测、三维渲染等技术，将矿坑"搬到"屏幕上，实现安全、生产信息一张图展示，集成各子系统数据，实现露天矿各系统接口标准统一，能够对露天矿"采剥、运输、供电、调度"等全环节、全周期、全过程实时数据进行统一采集、存储、管理、分析；搭建了煤矿安全风险分级管控和隐患排查治理双重预防系统，实现了标准化考核趋势分析和安全全过程闭环管理，以及边坡、水害等多种灾害监测预警与应急救援指挥调度，煤矿安全生产信息化水平得到显著提高。

2. 矿山设计

（1）地质保障。开发三维点云一体化综合管理平台软件，实现自动处理点云数据、绘制地形图、智能绘制特征线、批量计算及统计土石方工程量、采运排设计等功能；通过引进三维激光扫描和无人机航测技术及装备，构建三维立体测绘体系，准确探测和获取地质信息，实现基于多源数据的综合地质建模，地质模型实现三维可视化；建立地理信息系统，可为平朔集团各系统、各部门提供准确高效的地理信息实时综合服务，提升全矿区的生产精细化管理水平。

（2）穿孔爆破设计。三维爆破设计软件可实现智能化的参数设计、爆破效果智能模拟预测，具备绘制露天煤矿穿孔爆破设计图的能力，实现爆破作业信息化管理。

（3）采矿设计。采用 3DMine 矿业工程软件建立三维矿床模型和智能设计系统，用于指导露天矿制定短期采剥计划、中长期规划、计算日常采剥工程量、盘点年度采剥量等工作，实现开采境界、开采工艺系统、开采程序、开拓运输系统的综合优化及智能决策，实现中长期开采计划的自动排产功能。

3. 智能穿爆

东露天矿选取 1 台 CDM75E 钻机进行无人化改造，实现远程操作行走、水平找正、精准定位、自动换杆、钻孔等功能测试；建立爆破远程监控及危险预警系统，实现爆破警戒区域的远程监控和预警功能。

4. 矿山工程

建立卡车智能调度管理系统，具备露天生产管理、设备跟踪以及状态识别、车辆运行状态显示、智能配车、故障提报、历史运行回放、自动计量、燃油异常管理、轮胎消耗管理、设备调拨、平台数据集中共享等功能，实现了露天生产全过程的信息化管理；为保护露天生产设备和操作人员的安全，集中部署了卡车防碰撞系统和防疲劳系统，实现了会车、转弯、盲区、超速自动报警，以及司机驾驶提醒功能，有效预防了安全事故的发生；开展矿用卡车无人驾驶系统研究，对一台套（7台）矿用卡车进行无人化改造，以及在1台电铲、13台辅助设备上安装终端系统，实现无人驾驶卡车编组化运行。

5. 智能辅助

（1）数字孪生。管控一体化平台建设，主要是通过航拍飞行技术将东露天煤矿工业广场和矿坑全景虚拟为三维场景，将卡车和电铲做成三维模型，置于矿坑三维场景中，采用GPS定位技术形成实时移动轨迹。

（2）边坡。先后引进了合成孔径边坡雷达、测量机器人、GNSS地表位移监测设备及技术，在危险边坡区域建设并运行了9套自动化监测系统，实现了矿区边坡全天24 h实时监测与自动预警，保障了露天矿边坡稳定安全。

（3）防排水。对现有排水系统进行智能化升级改造，在现有设备基础上，增加控制层、网络层、终端传感器装置和视频监控等，实现坑底泵房集中监控、无人值守和根据水量自动抽排水。

（4）供配电。建立110 kV工业场变电站无人值守系统，具备集中监控、无人值守功能，以及智能开关和关键负荷电缆的测温和报警功能，实现变电站无人化联动监控。

6. 管理与决策

目前已建成了集ERP系统、EAM系统、OA系统、法务系统、招标系统、采购一体化平台、档案管理系统等诸多业务系统组成的信息化经营管理系统集群，极大提升了公司经营管理业务的执行效率；建成综合信息集成平台，集成井工、露天、动力、洗选、化工等各板块生产信息系统数据，为公司职能管控、生产调度、经营决策提供数据依据，实现公司对各单位现场信息的全面掌控；建成可视化系统，应用大数据技术，建设可视化管理系统，集成ERP、EAM、法律系统、电商平台、招标系统等数据，实现对物资采购、工程管理、外委维修等主要业务全流程的管理和监督考核，提升管理效率。

7. 智能化园区

建立地面智能指挥中心，集成智能化指挥、调度、管控、办公、培训、展示等功能，实现对露天矿作业现场各系统的统一协调管控。

8. 智能化选煤厂

建立选煤厂自动控制系统、选煤厂自动装车系统、东露天选煤厂生产执行（MES）管理系统和选煤厂重要区域无人值守机器人巡检，使选煤厂主要流程设备实现远程或集中联锁控制，主要生产环节的计质计量和安全监控系统齐全有效，主要选煤工艺参数监控设施齐全。

32.1.3 东露天煤矿智能化建设成果

2021年以来，东露天煤矿已完成5G基础网络建设，覆盖卡车无人驾驶、钻机无人值守区域，满足实时性、可靠性的要求；完成基于超融合架构的虚拟化数据中心建设，分批次逐步推进5G网络建设，实现矿区计算资源、存储资源的统一管理、统一运维，信息基础设施达到山西省信息化建设一级水平。

对7台卡车进行无人化改造，采用激光雷达、毫米波雷达、北斗定位等多种感知技术，运用复杂环境机群设备三维高精定位、系统仿真及测试、决策指挥系统、作业设备感知及智能控制等技术研究成果，具备了车铲对位、自主导航、自主卸载、主动避障、复杂路况无人驾驶以及指定区域精准卸载等功能，实现1台电铲+7台矿卡+13台辅助车编组运行，成为国内真实作业场景下具备常态化编组运行能力的示范项目。

对1台CDM75E钻机进行无人化改造，实现钻机在无人值守的情况下能够进行水平找正、自动布孔、无人驾驶钻孔作业、钻孔自动检测和远程控制钻机功能。

建成了全国首个集安全、生产、经营管理、地理信息等系统数据为一体的露天煤矿管控一体化平台，全面提升了矿山安全生产与管理水平，实现了监控、生产、维护、安全等多环节少人化或无人化，实现了安全可靠化、管理高效化、生产绿色化、成本最小化、效益最大化及人文和谐化。在核心技术国产化、5G等方面强力打造核心竞争力，引领煤炭行业发展方向。

另外，平朔集团于2021年初受山西省政府和工信厅委托，牵头编制完成了国内首个《智能化露天煤矿建设规范》。该规范具有行业先进性、适用性和可操作性，不仅可用于规范和指导山西省露天煤矿的智能化建设，同时为全国露天煤矿智能化建设提供了依据，对加快煤炭产业转型升级，推进能源革命具有重要意义。

32.2 华晋集团王家岭煤矿智能化示范煤矿建设情况

32.2.1 王家岭煤矿简介

王家岭煤矿隶属中煤能源集团旗下二级企业华晋集团，井田位于山西省乡宁县和河津市境内，核定生产能力 $6.0×10^6$ t/a。井田面积约 119.7 km^2，主要可采煤层为2号、3号、10号煤层，现开采煤层为2号煤层。煤种为中灰、低硫、特低磷的优质瘦煤，是极好的炼焦配煤。矿井采用平硐开拓，综采放顶煤开采工艺，中央分列式通风方式。矿井为高瓦斯矿井，煤层不易自燃，煤尘具有爆炸性，水文地质类型为中等。矿井先后获得"国家一级安全生产标准化矿井""煤炭行业特级安全高效矿井""山西省现代化示范矿井""国家绿色矿山"等荣誉称号。

2020年2月，山西省确定王家岭煤矿为智能化建设试点之一。2020年11月，王家岭煤矿入选国家首批智能化示范建设煤矿。

32.2.2 王家岭煤矿智能化建设情况

王家岭煤矿智能化顶层架构以《煤矿智能化建设指南（2021年版）》为建设目标，对标《智能化示范煤矿验收管理办法（试行）》，分为感知层、网络层、计算资源层、平台层、应用层。感知层用于获取井下设备及环境的运行参数、数据、状态等信息，同时也负责对相关设备仪器进行反向的开停，运行状态调整等控制。网络层实现井下移动通信网络的全面覆盖，用于完成高清语音通话，视频通话，井下高清视频监控，传感器数据回传，工业远程控制等任务。计算资源层的建设任务是建设统一的云数据中心。平台层融合AI平台、大数据平台、视频云平台、融合通信平台、智能办公平台、二三维GIS平台以及IoT物联网平台。应用层包括矿井综合信息集中展示、带式输送机智能化控制、数据中心和云平台控制、人员作业规范化监控、IOC大屏BI展示等实际生产经营管理系统。构建以传感器为底座，高速传输网络为通道，智能化应用为业务中心的顶层设计理念。

根据王家岭煤矿智能化建设总体应用架构，基于王家岭矿目前信息化建设现状，主要建设内容包括：信息基础设施、智能矿山管控平台、地质保障、采掘系统、辅助生产、矿井安全、智慧园区、生产运营等8个智能化部分。

1. 智能综采系统

王家岭煤矿智能综放工作面于2019年6月建成，实现了综放开采"记忆切割、自动放煤、采放同步、一键启动、无人操作、少人巡视、智能管理"目标。

一是建设五大安全监管系统，为安全生产保驾护航。建设精准人员定位和防碰撞安全保障系统，实现了对人员的精确快速定位和误入报警，通过闭锁控制可有效防范人身事故发生；建设工况监测与控制系统、大块煤堆煤检测与安全联锁控制系统、瓦斯安全联动控制系统，全面保障了采煤设备与环境的安全。

二是优化智能开采工艺，提高放煤智能化水平。安装智能煤矸识别系统，放煤时，系统利用振动传感器采集煤与矸石的振动频率，通过数学模型的构建科学定位放煤临界频率区间；通过放煤摄像头监测现场典型煤矸不同混合度的图像及声纹特征，实现在监控中心的预警提醒和远程操控放煤，有效提高了放煤智能化程度。

三是融合高新技术，推进地面集控智能管理进程。区别于传统的依靠二维图件和生产经验的管理模式，智能工作面利用VR、大数据、捷联式惯性导航系统等先进技术开发了放顶煤工作面的智能管理系统，系统通过虚拟现实环境的搭建实现了井下综放工作面地理信息与井上地形地貌的融合展示，并通过捷联式惯性导航系统与工作面三维地质模型相结合，完成采煤机的精确定姿、定位，配合液压支架电液控制系统实现工作面直线度控制。生产技术人员通过系统能够提取生产过程模型数据，从而实现精确管理，推进实现地面集中操控生产进程。

2. 智能掘进系统

智能掘进系统主要包括纵轴式智能掘进系统和横轴式智能掘进系统。为了提高掘进工作面的生产效率，实现掘锚平行作业，2021年4月王家岭煤矿引进铁建重工横轴式快速掘进成套装备，由EJM270/4-2型横轴式掘锚一体机、CMM7-20（A）型液压锚杆台车、DZQ100/80/45型带式转载机、DWZY1000/110型自移式机尾组成，目前该装备已投入使用。实现了数字陀螺智能导向、多功能锚杆钻车快速支护、掘锚远程控制、故障自诊断等功能，月进尺由300 m提高至500 m。

纵轴式智能掘进系统已完成井下工业性试验，主要亮点有：

（1）掘进工作面采用综掘机+锚杆钻车掘锚交替作业模式，利用惯性导航系统+多传感器+激光标靶+工业相机融合定位技术实现掘进机身精准定位与自主纠偏，达到小空顶大断面巷道断面自动成型的目的。

（2）安装变频智能局部通风机，风量依据瓦斯浓度和粉尘浓度自动调节，同时安装进口消音器，将噪声控制在80dB以下，减少噪声对作业人员健康的威胁。

（3）开发智能掘进管控平台，对采集信息进行数据处理、数据抽取、数据清洗、数据转换，形成了多源异构的信息服务平台和掘进工作面远程管控平台，为井下生产提供决策依据的同时，与调度指挥中心进行数据通信，有效地改善了掘进作业环境。

（4）利用AI视频识别系统实现对煤流系统跑偏、堆煤和煤量识别并分级预警，自动控制煤流系统的稳定性。

（5）引入全自动探水钻机，实现探放水过程的自动化运行。

（6）采用变频器+永磁电滚筒+遥控卷带机+自动清扫器的带式输送机，极大地减轻工人劳动强度。

（7）引进迈步式自移机尾，人员操作更简单、安全系数更高。

3. 其他系统

王家岭煤矿建设完成了井下万兆传输网络，实现了4G全覆盖，实现了采掘工作面监控系统、带式输送机运输监控系统、煤矿供电监控系统、煤矿排水监控系统、掘进工作面监控系统、压风机监控系统、主要通风机监控系统和瓦斯抽采监控系统的集中控制，实现了变电所、水泵房、空压机房的无人值守。拥有各项信息化子系统47项。

32.2.3 王家岭煤矿智能化建设成果

王家岭煤矿一直秉承"智驱生产"的理念，不断推动矿井智能化升级迭代。

2019年10月，启动了煤矿智能掘进关键技术研究项目，截至2021年底，项目已经完成井下调试，初步实现基于5G无线通信系统和有线通信系统井上下的工作面设备控制，基于组合式定位系统和煤岩硬度识别技术的掘进机自适应截割，基于多传感器+机器视觉的锚杆钻车自主定位与全流程自动化锚固，极大降低了掘进工作面的劳动强度，同时也完成了掘进工作面智能通风、智能供电、智能除尘、全流程辅助工序智能联动测试。

2020年7月，完成全国首个智能化综放工作面建设。实现"一键启停、记忆割煤、记忆放煤、采放同步"等功能，同时为了创造安全的生产环境，先后建立了瓦斯安全联动系统、基于虚拟现实融合地理信息的综放工作面仿真系统、基于精确人员定位的工作面防碰撞系统和基于AI视频识别技术的危险源分级预警系统。

2021年4月，王家岭煤矿引进铁建重工横轴式快速掘进成套装备，该装备由掘锚一体机、锚杆台车、带式转载机、自移式机尾组成，实现了数字陀螺智能导向、多功能锚杆钻车快速支护、掘锚远程控制、故障自诊断等功能。

通过进行智能化示范煤矿建设，形成了基于数据信息的联合防护网，提高了井下作业的安全性；推动了智能化设备的更新迭代，达到了减人提效的根本目的；倒逼了生产工艺的不断革新，推动了行业的技术发展。同时，提高了员工的幸福指数，改变了煤炭行业"粗犷"的面貌，吸引更多优秀人才从事煤炭智能化建设，煤炭工业正发生着巨大改变。

32.3 陕西公司大海则煤矿智能化示范煤矿建设情况

32.3.1 大海则煤矿简介

大海则煤矿位于陕西省榆林市榆横矿区西北部，是"国家首批智能化示范煤矿"之一，是省市"十三五"重点建设项目；井田面积265.63 km^2，资源总量4.786×10^9 t，核定产能2.0×10^7 t，服务年限128年；矿井地质构造简单、煤层赋存稳定、开采条件优越，煤种为特低灰、中硫、中高挥发分、特高热值的不黏煤，是良好的民用、气化及动力用煤。

大海则煤矿将煤矿业务分为生产技术、安全应急、机电设备、煤矿生产、物资供应、煤炭销售、人力资源、财务管理八条业务线，应用工业互联网思想实现单业务的纵向贯通和多业务的横向联动，并将视频语音AI、数据分析、空间建模等技术作为共有能力支撑智能矿山各类应用。

32.3.2 大海则煤矿智能化建设内容

按照"总体规划、分步实施、因地制宜、效益优先"的总体要求，坚持"前瞻性、先进性、可靠性、实用性、开放性"的设计原则，打造安全、高效、绿色、智能的现代化智能绿色矿山。将物联网、云计算、大数据、人工智能、自动控制、移动互联网、机器人等与现代矿山生产业务相融合，开发大海则煤矿感知、互联、分析、自学习、预测、决策、控制的完整智能系统，建设开拓、采掘、运通、洗选、安全保障、生态保护、生产管理、经营决策等全过程智能化运行的智能煤矿。大海则煤矿将依托中煤能源集团重大科技专项，高标准开展煤矿智能化建设。

1. 智能综采系统

智能综采工作面具备成套设备地面远程集控、四维精确动态地质建模、工作面惯性导航自动调直、设备及人的空间三维精确定位以及姿态感知、视频 AI 识别等功能，同时具备智能化工作面数字孪生展示能力。

2. 智能掘进系统

智能掘进工作面基本建成，具备多机远程协同控制、工况监测、自动定位导向、全自动掘锚、巷道快速支护、人员接近预警及设备防碰撞功能，实现工作面掘、锚、运等主要工序及除尘等辅助工序智能化运行，构建以工作面自动控制为主、集控中心远程干预为辅的自动化掘进模式。

3. 其他系统

选煤厂智能化示范工程基本建成。智能化系统覆盖选煤厂全生产链，智能重介、智能加介、智能浓缩、智能压滤、智能装车、智能配电、AI 视频、智能采制化、设备全生命周期管理等智能化系统部署完成，选煤厂可实现自动运行、自主调节和智能决策以及全系统的三维数字孪生再造，生产现场无须岗位工。

带式输送机智能调速系统实现传统的逆煤流启车向按需启动方式转变，输送带表面划伤、纵撕、脱胶等故障自动识别、分类报警停机。

智能管理平台将感知数据与设备运行参数相结合，形成融合联动。工业互联网平台完成基于微服务架构的平台构建。智能语音、视频 AI 分析、GIS+BIM 等功能引擎部署完成，实现矿山智能语音助手、人体关键骨骼点视频 AI 分析、矿井全息三维可视化等场景应用。

智能生产执行系统、智能集中控制平台已上线运行，初步完成矿山"人、机、环、管"数据智能化精准采集、网络化传输、规范化集成，实现供电、排水、通风、主运等环节的远程控制；矿用智能无线巡检机器人常态化应用于立井井筒巡检，实现对罐道梁、井筒井壁、井壁光缆、电缆和井筒装备的实时监控和智能视频分析；完成透明地质系统基本功能的开发和上线部署；完成全矿区二三维一体化空间数据库的构建、数据格式化入库和投用；完成矿区全地层真三维精细地质模型、充水强度和矿震能量指数分区模型构建，同时结合生产实际需求，对模型系统定量分析方面相关功能进行补充开发和完善。

32.3.3 大海则煤矿智能化建设成果

大海则煤矿通过推动 5G、物联网、大数据、人工智能等新兴技术与煤炭业务的深度融合，将经营管理、生产执行、生产监控类系统进行整体规划设计，涵盖了采掘机运通洗销的全流程智能化控制联动，以及人机物料环的全覆盖监测监控。

1. 智能化综采模式

针对蒙陕地区煤层赋存特点，基于槽波、地震波、孔中探测等实勘数据，结合设备运行和位置监测等实时动态数据和开采工艺,建立精确的、动态的四维工作面开采地质模型,形成采煤机规划截割曲线,实现工作面透明开采;融合精确地质模型、设备空间精确位置、设备精确姿态、工况运行、视频监控等多系统数据,辨识工作面开采条件,智能调整开采工艺,协同控制工作面设备,形成以智能集中控制系统为核心的智能化开采模式,实现复杂地质条件下的常态化智能开采;利用5G和有线网络通信技术将工作面高频、海量、多结构数据进行采集,结合大数据技术,深度挖掘各设备工况参数之间的数据关系以及设备故障与工况指标之间的关系,构建面向综采设备的健康监测和诊断系统;工作面操控人员数量降低30%以上。

2. 智能化综掘系统

基于三维地质模型和围岩条件,优化支护参数。引进电液控锚杆钻机,实现人工安置钻杆、锚杆、药卷条件下的一键式自动打孔、自动插杆、自适应调速。基于远程集中控制技术,对工作面设备协同控制,智能识别掘进工作面人员、设备、环境、管理环节的不安全因素并自主预警与联动控制,形成"可视远程干预"智能化掘进模式,实现少人化模式下的掘锚一体安全高效协调智能掘进。

3. 数字孪生智能化无人选煤厂

大海则选煤厂实现自动运行、自主调节、智能决策以及全系统的三维数字孪生再造,系统可24 h无间断运转,无机械事故造成的计划外停车,生产现场无岗位工,每日生产工人效率超过1100 t/人,分选密度波动范围低于±0.005 kg/L,分选效率超过98%,介质消耗低于0.3 kg/t。智能重介、智能加介、智能浓缩、智能压滤、智能装车及常规集控的联合应用实现了生产系统自主运行和生产参数的自主调节,选煤厂日常生产无须人工干预。

4. 智能化主运输系统

带式输送机采用永磁同步变频电动机组,能够实现主运煤流监测、智能调速功能,具有体积小、能耗低、效率高等优势;同时大海则煤矿主运系统通过高速视频分析,结合增强保护AI算法,实现周界、违章、纵撕等关于人员安全、带式输送机保护能力的增强。最终实现主运输系统内部深度融合联动,全矿井智能煤流控制、生产动态调节能力,达到国际领先水平。

5. 设备管理

构建符合大海则煤矿主煤流实际工况的设备健康诊断模型、算法,利用大数据分析、机器学习,算法优化,降低人员介入度,运用矿山工业互联网平台,提升大海则矿端设备健康管理水平,降低重大故障的发生概率,延长设备使用寿命,减少设备管理成本。

6. 通信网络

大海则煤矿构建了一张融合通信网络,将5G、工业网、经营网、安监网等统一融合设计,并首次针对煤炭业务场景进行700M和2.6G频段混建及区域化部署,在矿井大巷区域部署700M网络,提升绕射和穿透能力,有效解决井巷环境起伏等死角覆盖问题,大大减少了所需部署基站的数量,支撑辅助运输车辆和人员定位通话等应用需求,在综采综掘等场景部署2.6G网络,满足大流量高联动需求超低延迟控制等应用需求。实现煤炭行业5G-700M首发,建成全矿井融合通信"一张网",实现井下变电所各类开关远程操控、无人值守,结合智能穿戴及终端设备,形成完整融合通信生态应用。

7. 绿色矿山建设

与地方合作规划开发矿区周边"山水林田湖草沙"项目，打造优美宜居矿区，实现企地共赢。为切实解决矿井水绿色经济排放问题，谋划推动大海则煤矿井水综合利用项目。该项目分为矿井水处理及输水管线工程、化工区深度处理工程两部分，管线全长 60 km，实现矿井污水零排放，并为化工项目提供处理后的产品水作为补充水源。该项目被列为地方矿井疏干水处理示范项目，为解决区域矿井水排放问题提供了中煤方案。此外，依托中煤集团"煤矿矸石处理"重大科技专项，积极研究探索矿井充填保水开采、煤矸石及化工固废协同处置等集地表减沉、保水开采、固废零排于一体的绿色开采新模式，取得了初步成果，并被列为地方示范工程。同时，深入践行"双碳"背景下项目绿色节能建设有关要求，项目设计及设备选型积极采用光伏、变频及余热利用等节能技术，矿井主辅生产系统主要用能设备均达到国家一级能效水平，矿井运输系统建设过程全面考虑运行稳定、可靠、节能，选型选用永磁同步变频电动机，与原初步设计选型设备相比在节能减排的同时，每年能够节约电费 1128 万元，为建成安全、高效、绿色、智能现代化示范标杆矿井提供有力支撑。

32.4 中天合创公司门克庆煤矿智能化示范煤矿建设情况

32.4.1 门克庆煤矿简介

中天合创能源有限责任公司由中煤集团、中国石化、上海申能及满世集团等 4 家单位投资建设，是一家集煤炭、化工和电力生产为一体的大型煤炭深加工企业，下属门克庆煤矿为国家首批智能化示范煤矿，地处毛乌素沙漠边缘，位于内蒙古自治区鄂尔多斯市呼吉尔特矿区中部，行政区隶属乌审旗图克镇，井田面积为 88.6 km^2，可采储量 1.5×10^9 t，冲击地压矿井，核定生产能力 8.0×10^6 t/a，服务年限 133 年，项目于 2016 年 10 月建成投产，证照齐全。矿井荣获 2020—2021 年度煤炭行业唯一"鲁班奖"，内蒙古自治区"绿色矿山"等多项荣誉称号。

32.4.2 门克庆煤矿智能化建设情况

门克庆煤矿建成万兆工业环网系统、视频环网、无线通信系统、数据中心、智能管控平台、基于视频 AI 技术安全监控系统、冲击地压监测预警系统、智能调度指挥中心、智能安防、智能车辆管理、智能门禁闸机管理、智能供热系统等。采用工业互联网平台，实现生产（采、掘、机、运、通）、安全、经营、园区等各种类型数据从采集、治理、存储、分析，最终形成数据资产，对外统一提供数据服务。建成 2 个智能化采煤工作面，采煤机实现远程控制和记忆截割，与液压支架配合实现全工艺段智能开采，运输设备实现一键启停控制，各系统配合实现了采煤机最快开采速度达到 15 m/min。已建成 2 个智能化掘进工作面，实现了设备运行参数、姿态参数的实时在线工况监测、故障诊断、人员保护等，具备了自动化截割、任意断面仿形截割、记忆截割功能。

32.4.3 门克庆煤矿智能化建设成果

1. 智能化采煤工作面建设

升级建设门克庆煤矿 3105、3106 智能化工作面，首次研发上窜下滑监控技术，以集中控制系统为核心，集成割煤、支护、运输等系统，融合设备防碰撞、人员主动防护、5G 传输等先进技术，突破复杂环境下设备可靠运行、数据稳定传输等技术瓶颈，建成国内冲击地压环境下安全高效开采模式，单班作业人员减至 7 人以内，智能开采速度达 15 m/min，创国内最快割煤速度，该技术荣获多项省部级科技进步奖，入选央企数字化转型优秀案例。

2. 智能掘进工作面建设

升级建设门克庆煤矿 2102 及 3107 掘锚、综掘智能化掘进工作面，首次完成 MB670 掘锚机电控制系统国产化替代，集成各类传感器、惯导和 AI 视频，构建智能感知、人员主动防护和数字孪生系统，可实现巷道断面误差修正、摆速自适应控制、任意断面自动化截割。

3. 云平台与数据中心

基于华为云大数据平台，实现了对各个子系统的集成，通过华为云应用与数据集成平台将各系统产生的数据进行收集，智能数据湖运营平台进行治理，并沉淀数据资产，实现了数据管理的规范化、制度化和资产化。在数据融合平台的基础上，应用方面形成了"五中心"，即决策指挥中心、智能巡检中心、综合集控中心、安监生产中心、经营管理中心，从而实现矿山智能感知、信息融合、系统联动、数据挖掘和决策支持。

4. 构建全矿高速智能网络通信平台

首次实现 4G、5G 专网与公网一卡无缝漫游，构建全矿高速智能网络通信平台，实现行政通信、无线通信、调度通信、应急广播等互联互通，成为全国 5G+工业互联网在智能矿山的应用典范。建设混合云数据中心、运算管控平台，实现安全、生产、经营等数据统一采集、治理和分析，利用人工智能、大数据等技术构建控制模型，全面实现矿井安全双预控管理、可视化调度指挥、系统融合联动。

5. 智能机器人及 AI 技术应用

在门克庆选煤厂布置带式输送机 5G 巡检机器人，实现 AI 视频识别技术与 5G 通信技术相融合，AI 视频识别技术可以有效检测危险区域预警、带式输送机（矸石、锚杆、煤量、撕裂）智能视频检测、边界防护预警、固定场所人员离岗、工作面片帮等智能识别。代替巡检工实时监控带式输送机运输沿线的各种数据，及时发现带式输送机运行过程中出现的问题，避免事故扩大化，保障矿井的安全生产，把巡检工从恶劣的工作环境中解脱出来，减轻劳动强度、降低劳动风险。

6. 综采工作面智能化开采技术的研究与应用

对 4 个综采工作面智能化开采技术的研究与应用，5G 通信、惯性导航系统、上窜下滑监测装置、煤机与支架防碰撞、数字孪生、UWB 人员精确定位系统和人员接近防护等设备和技术在井下得到了应用，实现了"一键智能化、自适应截割、远程集控、矿压监测、智能联动、少人巡检"工作面智能化采煤目标。

7. 智能化通风集中管控系统平台

以物联网、大数据、信息通信和自动化技术为基础，构建矿井智能化通风集中管控系统平台，融合矿井三维通风辅助决策系统，实现矿井通风系统的三维（1∶1 等比例）显示和动态监测，形成门克庆矿井特有的通风系统模型，为通风系统调整、方案模拟、矿井规划、预案编制等提供理论支持和结果分析，并与系统中数据分析结合，实现矿井通风参数精确感知、通风设备智能控制、通风灾变智能防控、通风供需智能匹配等功能。系统已与安全监测系统、人员定位系统、语音广播系统等多系统耦合，矿井发生灾害时自动规划最优的避灾路线、自动语音提醒井下员工避灾。

在煤矿传统管理、运行模式向智能化管理运行模式转变过程中，中天合创公司在无相关成熟经验可借鉴的情况下，探索智能化管理新模式，修改完善了各系统操作规程、巡检机制、检修制度，做到了常态化、本质型智能化。

32.5 大屯公司姚桥煤矿智能化示范煤矿建设情况

32.5.1 姚桥煤矿简介

姚桥煤矿坐落于江苏省沛县和山东省微山县境内，井田面积 63.1 km²，矿井于 1972 年 3 月开工建设、1976 年建设投产，初始设计生产能力为 $1.2×10^6$ t/a；1990 年 12 月进行二期改扩建，改扩建后于 2000 年投产，目前核定生产能力为 $4.25×10^6$ t/a。该矿采用立井开拓方式，现有-400 m、-650 m 两个生产水平，主要开采山西组 7、8 层煤。该矿为低瓦斯矿井，通风方式为混合式，通风方法采用机械抽出式；煤层自燃倾向性鉴定为Ⅱ类，煤尘具有爆炸性；所采 7、8 号煤层均具有弱及中等冲击危险，整体为冲击地压矿井；两水平均设置独立排水系统，水文地质类型为中等。

煤炭运输采用带式输送机，辅助运输采用斜巷绞车、架空乘人装置和蓄电池机车，均已实现机械化生产和自动化控制；工作面采用走向长壁后退式采煤方法、综放或综采工艺，顶板管理采用全部垮落法；煤巷、半煤岩巷掘进工作面采用综掘工艺、岩巷掘进工作面采用炮掘工艺。

32.5.2 姚桥煤矿智能化建设内容

姚桥煤矿于 2020 年 12 月成功申报并列入国家首批智能化示范煤矿名单。坚持"统一规划、分步实施，融合创新、协同推进，先进成熟、安全稳定"的建设原则，结合行业技术研究应用情况和安全生产实际需求筑牢智能化示范矿井建设顶层架构。基于统一的智能矿山管控体系，构建"一张网""一张图""一平台""一朵云"四位一体智能化建设布局，通过系统间信息、数据深度融合与联动，实现煤矿开拓、采掘、机电、运输、通风、安全保障、经营管理等全过程的智能化生产运营，满足国家智能化煤矿验收管理办法要求。

姚桥煤矿智能化示范矿井建设分为起步、提升、达标三个阶段。第一阶段建设矿井万兆工业环网、大数据中心、"一张图"信息展示平台、综合智能化自动化平台，改造、融合各子系统远程监控功能；第二阶段建设矿井 5G 无线通信系统、井下人员精确定位系统、辅助运输智能管控平台、主要通风机智能化控制系统等，采掘工作面实现智能化生产；第三阶段建设地质建模系统、灾害动态监测防治系统、智能通风管理系统等，对各子系统智能化功能进行对标升级。

目前，姚桥煤矿完成大型设备能耗分析和健康诊断系统、井下 5G 通信应用、人员精确定位系统等 53 个智能化子系统建设。累计建成 3 个智能化采煤工作面，通过对工作面液压支架电液控升级，引进智能集控系统、网络系统、照明系统、语音系统，实现了综放工作面的远程可视化控制、采煤机记忆截割、"一键"启动等功能，单班作业人员减少 10 人。已在 7010、7723 掘进工作面实施掘进机智能化功能改造。将现有掘锚护一体机手动液控系统改造成电液控系统，在机身增加感知元器件，可实现在顺槽口集控仓进行远程可视化控制、遥控操作；机身具备位姿实时监测、故障预警、人员接近保护等功能。同时，在掘进工作面配备多机位摄像机，实现远程视频监视和控制功能。

32.5.3 姚桥煤矿智能化建设成果

1. 采煤工作面实现智能化作业

相继建成7263、8717、7620和7010等智能化采煤工作面，研究、配置适应华东地区复杂地质条件的智能化装备，实现煤机遥控操作、记忆截割、姿态定位，支架电液控制、自动跟机、成组移动及工作面装备远程一键启停、地面或顺槽集中控制、远程自动供液等功能，迎来"采煤机记忆截割+支架自动作业+人工远程视频监控干预"的智能化作业模式，自适应截割率达80%以上，突破自动割三角煤技术难题，单班生产作业人员由20人减少至10人，提高了作业安全系数、降低了工人劳动强度。

2. 掘进装备实现远程智能监控

煤巷掘进工作面全部配置智能化掘进机，实现工作面环境监测、多机位视频监控迎头、远程操控截割等功能，部分工作面掘进机具备姿态监测、定位截割功能；具备远程多维度可视化监测及双向语音对讲功能；掘进头和各转载点设置高清摄像仪，具备视频增强功能，能够对掘进头及生产环境进行准确识别，异物接近警戒区域能实现自动报警、自动断电停机；设备作业时能够对设备电路、液压系统性能进行实时在线监测，出现故障时自动预警。操作人员撤至距工作面危险区域300 m以外进行截割作业，降低工作面作业风险。积极推广应用适用于复杂地质条件的掘锚一体机，实现掘锚一体化作业，提高掘进作业效率，单月最高掘进进尺达600 m。

3. 矿井数据信息实现融合联动

建设矿井万兆工业以太环网和超融合数据中心，为矿井数据信息存储、调用和交互奠定坚实基础；建设矿井综合自动化平台，全方位接入提升、运输、供电、通风、采掘、安全监控等子系统，形成监测、控制、管理一体化的开放式分布控制系统；建设矿井智能综合管控平台，融合GIS全息"一张图"、安全生产大数据分析、"一通三防"和水文监测、设备故障诊断等板块，辅助矿井智能调度决策和应急管理；井下分区域建设5G、WiFi6无线通信系统，匹配大巷无人驾驶、采掘装备远程监控等应用场景，建设人员精确定位系统。

4. 井下固定岗位实现无人值守

应用新技术、新装备对固定岗位设备控制系统进行升级改造，井下变电所、架空乘人装置、主运带式输送机、主排水泵房和地面压风机房、矸石山绞车房等固定岗位均已具备远程集中控制功能，全面实现无人值守；井下斜巷轨道绞车、卡轨车具备远程操作功能，实现少人化作业；建设辅助运输管理系统，实现物料运输全过程信息化闭环管控；积极推广应用大巷机车无人驾驶、AI智能煤流监测、高压供电防越级跳闸、供电系统实时监控与调度、箕斗载重实时监测、提升钢丝绳在线监测等新技术、新装备，一定程度上代替人员作业，实现减人提效。

5. 机器人试点应用取得突破

遴选安全系数高、适应性好的场合试点机器人替代人员作业新模式。在上仓选矸系统试点应用TDS煤矸智能分选机器人，通过X射线和图像识别技术，使用压缩空气对矸石进行干式自动分选，完全代替人工作业，提高煤矸分选效率60%以上；在井下胶带巷、中央变电所开展智能巡检机器人应用，实现带式输送机、供电设备全线智能巡视及各类参数的采集、上传和预警,为实现岗位巡检无人化奠定基础。

6. 提升各类型灾害管控水平

通过完善安全监控系统智能化功能,建设基于多参量融合的煤矿灾害动态监测和智能预警系统,实现条件复杂矿井顶板、瓦斯、水害、煤尘、有害气体等多种灾害状况的动态监测和在线分析、预警,全面提升井下灾害防控水平;建设智能通风管理平台,实现通风参数实时监测、通风网络模拟解算、通风设备自动控制,为应急状况下控制井下灾变提供决策支持。

7. 开发地质服务保障功能

应用智能钻探、物探装备,实现地质数据数字化存储,满足地质模型构建和地理信息服务需求;建设地质建模系统,具备地质数据融合分析、推演、建模功能,实现矿井空间信息可视化和对地质条件、特征、状况及其变化规律的智能分析,满足各类型应用场景需要。

8. 建设现代化智能园区

建设智能调度指挥中心,集成智能化指挥、调度、管控、办公、培训、展示等功能,配套智能仓储、智能安防、车辆管理等系统,实现对井上下各系统的统一协调管控;建设生产经营管理系统和决策支持系统,配套智能化专业技术人才、管理机构、运维团队,实现智能化示范矿井安全、高效运营。

32.6 新集公司刘庄煤矿智能化示范煤矿建设情况

32.6.1 刘庄煤矿简介

刘庄煤矿是国家首批智能化示范煤矿和安徽省智能化示范煤矿。矿井遵循"存量提效、增量转型"的发展原则,坚持创新驱动,引领高质量发展,顺应安全生产"无人则安,少时则安"要求,精心谋划、科学布局智能化矿山发展蓝图,通过从"人控"到"数控"全面升级,持续推动机械化换人、自动化减人、智能化无人,全力打造减人提效、增盈保安的矿井高质量发展新模式,将矿井建设成为安全、高效、智能、绿色的行业一流智能化示范矿井。

刘庄煤矿位于淮南煤田西部,行政区划属安徽省阜阳市颍上县管辖,井田东西走向长约16.0 km,南北宽3.5~8.0 km,面积约82.2 km^2。2003年2月开工建设,2007年6月建成投产。矿井核定生产能力1.1×10^7 t/a,配套建设一座洗选能力为8.0×10^6 t/a的现代化大型矿井型选煤厂。

矿井地质类型属极复杂型,井田可采煤层13层,主要可采煤层5层。矿井水文地质类型为复杂型,属煤与瓦斯突出矿井,各煤层具有煤尘爆炸危险性且均为自燃煤层,自然倾向等级为Ⅱ类自燃。截至2021年末,矿井剩余资源储量1.43×10^9 t,其中可采储量6.1×10^8 t,剩余服务年限39.6年。

矿井采用立井开拓方式,分区通风、集中出煤。矿井目前生产水平为一水平(-762 m),矿井目前基本保持"一井两面"生产布局。

32.6.2 刘庄煤矿智能化建设情况

1. 信息基础设施建设

(1)刘庄煤矿建有安全监控环网、工业控制环网、视频综合环网3个独立环网,地面与井下分别独立成环，主要区域实现 5G 无线覆盖，主干网络传输速率 10000 Mbps，满足网络传输速率与安全要求。

（2）矿井建有数据中心，采用超融合服务器作为资源池，建立了资源分配灵活、按需扩容、管理统一的云平台，对集控中心机房原有分散服务器资源进行替代，为新建系统提供硬件资源。目前矿井生产过程控制系统已迁移到云平台，地理信息系统、大数据应用平台建设所需资源已分配完成，具备数据分类、数据分析、数据融合功能，满足矿井数据服务与安全要求。

（3）矿井建有 KJ69J 人员定位系统（采掘面已覆盖 UWB 精准定位基站），满足最大静态定位误差不大于 0.3 m，最大动态定位误差不大于 3 m 的要求。人员定位系统和应急广播系统通过矿井 KJ90X 安全监控系统实现融合联动。

（4）矿井集控平台已完成 49 个固定车间、硐室监控信息的集成，已实现井下 15 套运输设备及给煤机、主井提升系统、3 套压风系统、3 套主通风系统、主排水系统、井下中央变电所、制冷系统等 37 个系统的日常远程集控操作和无人化运行。

（5）大数据系统建设。采用阿里大数据平台，对自动化控制、生产管理、安全管理等各系统信息进行集成，构建矿井安全生产数据仓库。制定数据规范与数据质量标准，开展数据治理，规范数据管理和数据传输接口。建成统一门户平台，统一报表查询，直观展示矿井生产、安全方面的实时数据和核心指标。

2. 地质保障系统

矿井建有 KJ402 矿井水文监测系统，实现了井上下各水文监测点的水位、水压、水温、流量等信息的采集、显示、上传，超限预警功能。

建有 GIS"一张图"系统，将矿井采、掘、机、运、通等主要生产系统进行融合，实现矿井多部门、多专业、多管理层面的数据集中应用、交互共享和决策支持，实现各主要业务系统的智能操控与协同联动控制，服务于智能综采、综掘、机电、通风、地测等业务部门，提升煤矿安全生产管理水平。

3. 掘进系统

矿井于 151307 运输巷投用 EBZ260M-2 型可视遥控掘锚一体机，经过升级惯性导航装置和 5G 通信模块，配套 DZY1000/1200 型迈步式自移机尾和带式输送机，完成了具有刘庄煤矿"5G+远程掘进"的新掘进模式，实现了综掘机远程自动控制、实时参数显示，在设备工作异常状态实现故障自诊断及报警提示等功能，在保证正常进尺的情况下实现了掘进工作面迎头"无人则安"的安全保障。

4. 采煤系统

矿井持续开展工作面智能化建设，在 171105、131306 等智能化工作面成功应用智能化采煤机、智能配比泵站、液压支架电液控制系统和采煤工作面智能化控制系统等先进技术，实现了采煤机基于记忆截割的远程在线介入控制、液压支架干涉自动识别与预警、液压支架自动跟机、综采运输设备集中自动化控制等功能，通过设备远程集中监控和"一键式"启停，保障了综采工作面安全、高效开采。

5. 主煤流运输系统

矿井主提升系统已实现了远程控制、无人值守，井下 15 台主要运输设备实现了在矿集控中心远程集控，通过 VOIP 语音通信，实现带式输送机沿线载波电话与矿集控中心的井上下语音对讲、远程预警。利用AI摄像仪智能分析技术，实时监测带式输送机煤量、带面异物、水煤，实现带式输送机智能调速和异物自动报警；安装带式输送机振动温度在线监测系统，实现全部主运输机轴承振动和温度在线监测。

6. 辅助运输系统

刘庄煤矿采用电机车、无轨胶轮车、单轨吊联合运输方式，矿井建有辅助运输立体交通管控系统，具备红绿灯集中控制、车辆精确定位、机车状态信息自动采集、实时监控、运行轨迹回放等全方位立体化管控功能；为有效提高矿井辅助运输效率，一是对电机车、单轨吊设备、设施进行升级改造，实现辅助驾驶/无人驾驶；二是架空乘人装置安装远程集控系统，实现地面集控，无人值守；三是在副井投用了自动罐帘及"四超"车辆监测装置，减员同时确保副井提升安全。

7. 通风与压风系统

刘庄煤矿东区、西区、东风井各有一套压风机和主要通风机，目前上述系统已实现在矿井集控中心的信息集成和远程控制。东区和东风井主要通风机已实现一键不停风倒机。井下局部通风机实现了地面远程控制。

8. 供电与供排水系统

刘庄煤矿共有东区、西区、东风井3个110 kV变电所，8个井下变电所，目前所有变电所监控信息已在矿井集控系统集成，实现在集控中心的远程操作。矿井供排水系统已全部实现在集控中心的远程集控。

9. 安全监控

根据矿井灾害类型，刘庄煤矿建设有完善的瓦斯灾害防治、水灾防治、火灾防治、顶板灾害防治等灾害防治系统。矿井建设有安全风险分级管控和隐患排查双重预防机制。

通风系统方面，矿井建有KJ90X型煤矿安全监测监控系统，可对甲烷浓度、一氧化碳浓度、风速等参数进行实时监控、报警，并具备甲烷超限声光报警、断电和甲烷风电闭锁控制。

防火系统方面，建有JSG6N矿井火灾在线监测系统及光纤测温装置，实现在线监测井下采空区、巷道及工作面等关键区域的环境参数，并根据变化趋势实时预警。

防尘系统方面，矿井采掘工作面安设有自动喷雾装置，并与粉尘传感器联动，实现粉尘浓度超限自动喷洒；主要大巷装备ZPG127光控自动洒水降尘装置，通过断电器控制接入KJ90X安全监控系统，实现了远程手动控制开闭；岩巷工作面均安设了除尘风机，对矿井粉尘治理起到了关键作用。

瓦斯抽采方面，矿井建有瓦斯抽采监控系统，能够实现瓦斯抽采混合量和纯瓦斯量的累计量监测、显示，在线监测井上下管路及抽采泵的运行参数。

10. 智能化园区与经营管理系统

矿井智能指挥中心建有综合自动化平台、安全生产大数据平台、GIS一张图信息平台以及双重防控两级监管平台，通过一站式门户登录，实现了矿井智能化指挥、调度、管控、展示等功能。

矿井始终坚持无纸化办公，并建立了移动办公平台，提高了工作效率，降低了管理成本。矿区的消防、安防、停车、访客、餐饮、家居等进行了统一整合，形成了全面感知、实时互联、协同控制的智能园区。矿井人事、工资、绩效考核、成本核算、材料审批、工会、计生、社保、住房公积金等与职工息息相关事项都以直观的数字可视化表现出来，并配置高拍仪、多媒体自动查询机等先进设备，把管理、服务、监督、协调、规范、引导有效结合起来，做到了"依法管理、规范服务"，提升了"一站式"服务水平。

32.6.3 刘庄煤矿智能化建设成果

1. 视频图像人工智能识别技术应用

矿井建立了一套不低于实时200路视频分析能力的智能视频分析系统，依托智能视频分析平台，开展人的越界行为、外物入侵、烟雾明火等的智能识别，降低人为因素造成的误报或漏报情况，为安全生产管理过程提供技术支撑；采用就地分析AI摄像头对输送带异物、烟雾、货量等进行实时分析并与设备控制系统进行联动，为无人运行设备提供安全辅助。

2. 智能机器人应用

井下主排水泵房、中央变电所采用轨道式智能矿用巡检机器人来代替人工巡检，实时监控主排水、中央变电所供电设备的运行状态，实时采集巡检现场的图像、声音、红外热像及温度数据、烟雾、多种气体浓度参数等信息。

3. 云计算技术应用

刘庄煤矿建有私有云平台，把矿井智能化管控平台、GIS一张图系统、5G无线通信系统、虹膜考勤系统、智能化掘进系统、大数据分析系统、局部通风机控制系统、辅助运输管理系统、主煤流检测系统等应用系统都接入了私有云平台。通过Overlay的方式构建大二层和实现业务系统之间的隔离，通过NFV实现网络中所需各类网络功能资源（包括基础的路由交换、安全以及应用交付等）按需分配和灵活调度，从而实现私有云架构中的网络虚拟化。整个私有云架构中的核心组件计算资源虚拟化技术将通用的X86服务器经过aSV组件，对最终用户呈现标准的虚拟机。利用虚拟化技术"池化"集群存储卷内通用X86服务器中的本地硬盘，实现服务器存储资源的统一整合、管理及调度，最终向上层提供NFS/iSCSI存储接口，供虚拟机根据自身的存储需求自由分配使用资源池中的存储空间。

4. 5G技术应用

刘庄煤矿积极探索尝试，在多个场景进行5G技术应用。在151307掘进工作面，创新采用"5G+远程掘进"的新掘进模式，实现了掘进机的远程地面低时延控制。在171105采煤工作面，通过对单轨吊进行升级改造，利用5G网络，实现了单轨吊固定区域段内的无人驾驶运行。在中央变电所、主排水泵房，部署了5G巡检机器人，对运行设备进行智能巡检和诊断，实现了"无人值守、无人巡视"，避免了人工长时间巡检造成的主观误差，有效提高设备故障判断的准确性。未来刘庄煤矿将不断做好5G技术适配、调优等工作。

5. 大数据系统应用

刘庄煤矿采用阿里大数据平台，集成自动化、经营管理、人员定位、工业视频、安全检测等系统的相关数据，建有统一的数据采集标准，通过生产、经营、安全、矿压、水文等指标体系的建立，使数据可视化，实现数据中心大屏及电脑端、移动APP端领导驾驶舱展示，使管理层可以实时、直观了解矿井运营状况，支持管理层更好地管理决策，成为反映矿井生产状况、协调调度、监管监察和应急指挥的重要手段和展现窗口。

6. 移动互联网应用

刘庄煤矿充分利用移动互联网优势，将煤矿安全监管与移动终端相结合，通过平台将各类监控子系统及生产过程子系统的关键数据、统计信息、视频数据，随时随地传递给各级领导，为决策管理提供及时和多方位的支持。

33 陕煤化集团煤矿智能化建设实践

33.1 陕煤化集团煤矿智能化建设规划

33.1.1 数字化转型实践与应用背景

陕煤集团坚决贯彻习近平总书记关于推进数字经济和实体经济融合发展的重要指示精神，落实党中央、国务院和陕西省关于推进新一代信息技术和制造业深度融合、打造数字经济新优势等决策部署，增强推动数字化转型的责任感、使命感、紧迫感，凝聚数字化转型共识，多措并举推动煤矿智能化建设，助力经济高质量发展。

一是积极响应国家号召，实现兴能强国、智领未来的战略需求。

习近平总书记多次对推动数字经济与实体经济融合发展做出重要指示，强调要"做大做强数字经济"，建设"数字中国"和"智慧社会"。为贯彻落实"数字中国"战略部署，国家和陕西省先后出台《关于工业大数据发展的指导意见》《陕西省推进工业大数据应用促进工业企业数字化转型工作方案（2020—2025 年）》《陕西省数字化转型伙伴行动倡议》《陕西省煤矿智能化建设实施意见》等多项政策文件，为数字化转型指明了方向。

陕煤化集团作为国有特大型能源企业，坚决扛起保障能源安全稳定供应的重大责任使命，积极拥抱数字化发展的时代大势，大力实施兴能强国、智领未来战略，加快推动数字化转型，这不仅是贯彻新发展理念的内在要求，更是化理念为行动的紧迫任务。

二是满足煤炭行业发展新形势、新要求、新挑战，推动企业转型升级的必由之路。

煤炭是我国现代能源体系的"压舱石"，煤炭行业数字化、智能化发展是实现煤炭工业高质量发展的强大动力。当前，新一轮能源技术革命方兴未艾，先进信息技术与能源行业加速融合，数字化、网络化、智能化发展快速演进，能源行业面临全方位、全流程的产业升级、业态创新、服务拓展和生态重构的机遇和挑战。

2020 年国家发改委等八部委联合印发《关于加快煤矿智能化发展的指导意见》，明确提出要推动智能化技术与煤炭产业融合发展，提升煤矿智能化水平。新型基础设施建设的不断完善、新一代信息技术的纵深发展以及其他行业成功应用的经验借鉴，都为煤炭行业数字化转型、智能化发展带来无限可能。到 2025 年，大型煤矿和灾害严重煤矿基本实现智能化，形成煤矿智能化建设技术规范与标准体系。到 2035 年，各类煤矿基本实现智能化，构建多产业链、多系统集成的煤矿数字化系统，建成智能感知、智能决策、自动执行的煤矿智能化体系。这再次说明，深入开展煤矿数字化建设，不仅符合国家倡导的方向，也是顺应行业发展的需求。

三是把握工业 4.0 升级迭代方向，实现高质量发展的迫切需要。

党的十九大强调，新时代"我国经济已由高速增长阶段转向高质量发展阶段"，必须坚持"质量第一、效益优先"，推动经济发展实现"三大变革"。我国能源结构，依然是富煤、少气、缺油的特点没有改变。煤炭作为我国能源的主体组成部分，不仅直接影响国家经济发展活跃度，更关系着国家能源战略是否安全。

近年来，随着整个社会产业分布的逐步精细，社会经济运行趋于稳定的形势影响，煤炭行业的发展趋势，就是以深化煤炭供给侧结构性改革为主线，突出煤炭结构调整与转型升级，以推进传统能源向清洁能源的战略转型为主攻方向，全面加强煤炭安全高效智能化开采和清洁高效节约化利用，从而促进煤炭产业转型升级。其中，最鲜明的特点就是智能化建设，通过利用煤矿智能化建设支撑行业高效发展，利用管理创新激发产业动能，推动煤炭产业高质量发展。

33.1.2 智能化建设总体技术架构

基于陕煤化集团"三网一平台"（即煤炭安全生产网、煤炭物资供应网、煤炭运输销售网、经营调度大数据平台）建设体系，构建"一朵云、两张网、三平台、N个应用模块"的智能化综合协同管理系统，形成涵盖生产、安全、经营、管理等业务环节的三级（集团级-矿业公司级-矿井级）智能化综合管控体系；基于煤矿智能化系统之间互联互通、协同控制的要求，开发基于微服务架构的煤矿智能综合管控平台，实现陕煤化集团煤矿智能化统一建设、统一运维、统一管理；针对集团下属煤矿的资源条件和地质特征，形成四种智能化采煤模式、三种智能化快速掘进模式、多种类型井上下机器人群协同作业模式，形成不同建设条件下的智能化煤矿建设模式，全面提升陕煤化集团智能化建设水平。

1. "一朵云"（陕煤化集团煤炭板块云平台）

煤炭板块云与矿业公司的数据中心进行数据交互，各级矿业公司的数据中心又与所辖矿井（煤矿）的数据中心进行数据交互，可满足不同级别业务需求的数据交互及云计算要求。煤炭板块云是集团级的数据交互中心，各矿业公司建设有二级数据交互中心，煤矿则建设有三级数据中心。煤矿基于三级数据中心实现对井下采、掘、机、运、通等生产系统及井上生产经营管理系统的数据采集、存储和分析，根据业务需求将部分数据上传至二级矿业公司；二级矿业公司对所辖煤矿的数据进行汇总、整理，根据业务需求进行数据的分析与决策，并与煤炭板块云进行数据交互。煤炭板块云借助丰富的数据资源与强大的算力优势进行数据模型的训练与分发，具有低时延要求的数据，则在煤炭生产企业的数据中心进行数据处理。

2. "两张网"（数字化运营网和工业物联网）

将陕煤化集团现有的"三张网"按业务划分为数字化运营网和工业物联网，其中煤炭安全生产网主要为工业物联网，煤炭物资供应网、煤炭运输销售网主要为数字化运营网。

开展网络安全建设，网络安全、数据安全达到等保三级要求，核心数据按照等保二级要求建设，实现从角色到用户、从系统到功能模块等访问权限的统一认证；对于监测监控系统、传感系统、工业自动化系统、软件系统等应用平台，各业务系统之间既可满足按需访问、又可实现安全隔离，满足信息安全要求。

3. "三平台"（陕煤化集团智能化综合监管平台、矿业公司智能化生产经营管理平台、煤矿智能综合管控平台）

将陕煤化集团现有的经营调度大数据平台细分为陕煤化集团监管平台、矿业公司生产经营管理平台、煤矿智能综合管控平台，充分融合现有信息化建设体系，与现有应用系统进行充分整合、完善与扩充，全面支撑煤炭产业运行，为陕煤化集团、矿业（煤业）公司、煤矿不同管理层级和专业场景提供数据服务、应用融合与技术研发，实现陕煤化集团、矿业（煤业）公司、煤矿的三级智能化综合管控。系统架构和功能充分考虑煤炭产业各级业务需求，实现监督、管理、生产、安全、经营、物资、人员、财务等的综合协调，切实提升陕煤化集团整体运营能力和管控水平。

4. "N 个应用模块"

"N 个应用模块"指统一于煤矿智能综合管控平台的煤矿采、掘、机、运、通等各业务模块。智能综合管控平台是智能矿井的核心，基于微服务架构和"资源化、场景化、平台化"思想，围绕监测实时化、控制自动化、管理信息化、业务流转自动化、知识模型化、决策智能化的目标进行相应业务应用设计，开发用于煤炭生产、智慧生活、矿区生态的智能矿井生产系统、安监系统、智能保障系统、智能决策分析系统、智能经营管理系统、智慧园区等场景化服务。基于矿井大数据分析能力，对井上下海量数据进行分析和变现，构建煤矿大数据仓库。基于微服务架构和人工智能算法构建智能数据引擎，实现业务逻辑快速组态化构建和智能决策。

33.2 煤矿智能化开采黄陵模式创新与实践

陕煤化集团所属黄陵矿业作为全国煤矿智能化建设的引领者，始终紧盯"奋力争创一流企业"发展愿景，围绕"012558"（以安全环保"零目标"为保证，创建一流企业，实现营业收入 200 亿元，利润 50 亿元，资产总额 500 亿元，员工人数控制在 8000 人以内）战略指标体系，瞄准"智能矿井、智慧矿区"标杆示范矿井建设，积极探索应用新技术，加强产学研用一体化，充分发挥"智能化开采"等科技创新的牵引动能，走出了一条具有黄陵矿业特色自主创新的新路子。

33.2.1 运用创新成果，拓宽智能矿井、智慧矿区建设"广度"

陕煤化集团黄陵矿业以打造"智能矿井、智慧矿区"为抓手，在科技应用、安全生产、经营管理等领域大胆探索、自主创新，积极实现"四个全面"，走出了一条符合黄陵矿业实际的"绿色、安全、高效"发展之路，为陕煤化集团争创世界一流企业提供了黄陵动力。

1. "智能"驱动，实现生产效率全面提升

目前，黄陵矿业所属 4 对矿井 6 个工作面已全部实现智能化开采，在全国率先实现薄、中、厚煤层智能化采煤全覆盖。2014—2015 年，黄陵一号煤矿实现较薄煤层与中厚煤层智能化无人开采；2017 年，黄陵二号煤矿实现大采高（厚煤层）智能化开采；2018 年，双龙煤业中厚煤层和瑞能煤业薄煤层实现智能化开采。经过多年的技术积淀，黄陵矿业于 2019 年编制发布了《智能化无人综采工作面设计》《智能化无人综采工作面安装验收》等 5 项行业标准，现已成为智能化开采技术标准的制定者和发布者，填补了国家在该项技术标准方面的空白。通过充分运用先进开采技术，矿井生产效率大幅提升，例如黄陵二号煤矿通过实施小煤柱开采，单个工作面多回收煤炭 $4.0×10^5$ t，增加利润 2 亿元；瑞能煤业通过应用"无煤柱自成巷 110"采煤法，资源回采率提高了 15% 以上。同时，黄陵矿业在具备合适条件的矿井成功应用了掘锚一体快速掘进系统，实现了矿井掘进平行连续作业、一次成巷，掘进效率大幅提升。

2. 创新机制,实现安全管理全面覆盖

安全是一切工作的根基,是智能矿井、智慧矿区建设的前提。为提高安全管理水平,黄陵矿业在 2018 年引入 NOSA 五星安健环综合风险管理体系,与"四治理一优化""双重预防机制"等行之有效的安全管理制度有机融合,有效管控了安全生产中的各类风险,为安全生产工作打下坚实基础,为黄陵矿业高质量发展注入了新动能。同时,为了进一步实现安全管理全覆盖、零盲区,黄陵矿业联合华为公司,结合 NOSA 风险辨识管控清单,首创 AI+风险防控预警系统。该系统具有智能预警、实时记录、现场制止、联动闭锁四项功能,通过综合运用移动网络、大数据分析等技术,实现了对作业过程中人的不安全行为、物的不安全状态、环境的不安全因素智能监管,开创了"人工和 AI 智能系统双重管控风险"的先河。现已开发了包含 46 个生产场景、45 种违规情形、12 种标准作业程序的智能监管系统,并在黄陵一号煤矿实现井下全覆盖,在其余三对矿井实现单一盘区全覆盖。在此基础上,黄陵矿业还注重发挥信息化在安全管理中的重要作用,对生产辅助系统智能化远程集中控制和安全生产监测监控系统进行升级,提升了安全监测监控信息化平台功能,发挥了信息化系统在灾害治理中"千里眼""指挥棒"的作用,为安全生产提供了保障。

3. 强化内控,实现经营水平全面攀升

通过加强经营管控,深化内部改革,增强了企业抵御煤炭市场价格波动冲击的能力,实现了效益最大化,促进了企业持续发展,为煤矿智能化建设提供了资金支持。近年来,黄陵矿业对标国内先进煤炭企业,提出"效益好更要管得好"的经营管理理念,着力从管理增效、提质增效、降本增效等方面提升经营水平。积极对标智能化水平高、智慧矿区建设领先的企业,学习先进理念、前沿科技和科学管理方法,为黄陵智能化建设提供根本动力。主动查漏补缺,制定完善了物资采购、招投标、专用资金、期间费用管理等 42 项制度及办法,将成本管控与绩效考核、薪酬分配挂钩,构建全员、全过程、全方位为一体的成本管控模式,使降成本的各项举措落到实处。通过月度分析、季度考核、督查督办、专项审计等多种方式狠抓制度落实,切实止住了生产经营的"出血点"和"浪费点"。经测算,仅 2019 年通过强化内部经营管理带来的效益就高达 5.5 亿元。

4. "绿色"引领,实现资源回收全面领先

加快煤矿智能化发展,建设"智能+绿色"煤炭工业新体系,实现煤炭资源的安全绿色智能开发和清洁高效低碳利用,是我国煤炭工业高质量发展的战略任务。黄陵矿业全面落实习近平总书记"绿水青山就是金山银山"的重要指示精神,按照"1+2+3"的原则(1 个理念:综合防治;2 个体系:保护自然资源实施绿色开采、资源综合利用发展循环经济;3 个核心:全面达标、全力创标、全部利用),大力探索生态优先、绿色发展的新路子,通过发展煤炭循环经济产业,将所属各生产单位首尾相接,环环紧扣,形成了闭合循环的绿色产业链条。其中电厂年利用煤矸石、中煤、煤泥约 2.8×10^6 t,利用废水 200 余万吨,发电量约 3.4×10^9 kW·h,实现了资源高效回收利用。通过建设粉煤灰制砖厂,每年可消耗粉煤灰和炉渣 2.7×10^5 t,节约土地资源 6 万多平方米,达到固废"零"排放,在国内处于领先水平,实现从"被动达标"到"主动创标"的转变。

33.2.2 突破难点堵点,挖掘智能矿井、智慧矿区建设"深度"

黄陵矿业着眼于智能矿井、智慧矿区建设中技术、安全、人员劳动强度等方面问题,

坚持靶向发力，瞄准前沿科技，将新技术研发应用作为突破发展瓶颈的主要途径，确立了"巩固、提升、再创新"的发展思路。通过"两智三无三转变"（两智：智能化开采、智能化掘进；三无：无煤柱、无巷道和工作面无人作业；三转变：控制技术从手动干预、有人值守向自动控制、无人值守转变，安全管理从事后响应向事先预控转变，决策支持从经验决策向智能决策转变），不断提升煤炭开采智能化、现场作业自动化、固定设施无人化水平，煤矿安全保障能力进一步提高，企业高质量发展动力不断增强。

1. 注重煤矿智能化开采

黄陵矿业大力推广智能化开采技术，继一号煤矿中厚煤层智能化开采应用成功之后，积极开展二号煤矿大采高智能化开采技术研究，解决了大采高工作面片帮、软底拉架等多个技术难题，荣获中国煤炭工业协会科技进步一等奖。2018年，先后建成双龙煤业中厚煤层、瑞能煤业薄煤层智能化开采工作面，完成了智能化开采由标杆向标配的华丽转变。同时，对于行业面临的透明地质、工作面自动找直等智能化开采中的难点，黄陵矿业从关键技术着手进行攻关突破，开展了基于工作面三维地质透明化模型构建技术研究，实现对设备的精准控制、故障自诊断和生产工艺的智能决策，完成智能开采技术由"传统记忆截割模式的智能开采1.0阶段"向"三维空间感知和自动规划截割的智能开采3.0阶段"技术跨越。

2. 探索智能化快速掘进

针对机械化掘进方式存在的掘支分离、职工劳动强度大、安全隐患突出、掘进速度慢等严重制约矿井灾害治理和生产接续的问题，黄陵矿业在学习借鉴其他优秀单位先进经验的基础上，充分考虑矿井煤油气共生、开采条件复杂等生产现状，对如何解决采掘接续矛盾、快速形成采准系统和智能化掘进进行科研攻关，联合中国煤炭科工集团开展"煤矿智能快速掘进技术及装备研究"，实现了掘进、支护、运输平行连续作业、一次成巷，掘进效率较之前提升1倍以上。其中，复杂条件下掘、支、运一体化技术及锚索机器人项目达到国际领先水平。

3. 推广智能化无人巡检

黄陵矿业将"机械化换人，智能化减人"内化为智能化建设重要理念，积极引进智能巡检机器人，着重解决职工劳动强度高、人工巡检危险性大等问题。在井下变电所、水泵房、主运输系统推广巡检机器人60套，大大提高安全系数和巡检效率，达到了"无人值守、无人巡视"目标，真正实现了"少人则安，无人则安"。此外，黄陵矿业还注重各类实用型机器人研发工作，依托国家煤矿安全监察局煤矿机器人协同推进中心平台、中国航天科技集团，推进外骨骼助力机器人、移动环境气体监测机器人等方面的联合研发，助力无煤柱、无巷道和工作面无人开采工作取得实效，为煤矿机器人研发贡献黄陵智慧。

4. 完善信息化系统建设

智能高效的信息化系统是智慧矿区建设的基础。黄陵矿业顺应时代发展，大力推进应用网络信息技术，提出"2+2+N（即"公司决策云、矿井管控云两朵云，公司数据中心、矿井数据中心两个中心，以及智能化采、掘、生产辅助、监测监控、经营管理等N个子系统"）智能化建设整体架构。搭建5G+、4G+十万兆环网的信息高速公路，提高生产数据、通信数据高速传输的可靠性。开发公司决策和矿井管控两个云平台，实现对矿井18个业务系统902个功能点、21个生产重要场景、18000多个信息点全部可视，对采、掘、生产辅助等 45 个自动化系统联动控制，建立远程诊断、矿压分析等 340 个场景模型，形成"可视、可控、可算"的智慧大脑，实现矿井从检修模式向生产模式的一键切换。建成物资管理信息平台，实现一站采购、一键领料、日清月结，达到协同管理、过程控制、实时监管的效果。通过不懈努力，黄陵矿业成为国家首批"两化"融合先进贯标单位及陕西省"两化"融合示范企业，获得"两化"融合管理体系评定证书。

33.2.3 黄陵矿业"智能矿井、智慧矿区"建设取得的成效

目前，黄陵矿业"智能矿井、智慧矿区"雏形已基本形成，初步实现了煤炭开采智能化、现场作业自动化、固定设施无人化、运营管理信息化的目标。

1. 减员增效成果显著

智能化采煤工作面减员效果显著，各矿井生产班由原来的 19 人减至 7 人，1 个工作面每年可节约人工成本约 800 万元。实施生产辅助系统智能化远程集中控制改造后，形成"无人值守、有人巡视"运行模式，共减少岗位用工 106 人。

2. 生产效率大幅提升

实施智能化开采，减少了人工作业和多工种之间的交叉作业，提高了生产效率，薄煤层回采工效由 79 t/工提升至 133 t/工；中厚煤层回采工效由 117 t/工提升至 149 t/工；厚煤层回采工效由 136 t/工提升至 216 t/工。

3. 安全保障大幅提升

通过实施机械化换人、智能化减人，工作面仅有 1~2 名巡视工；实施安全生产监测监控系统升级，建立安全生产信息共享平台，实现视频监视、实时监测、远程控制、融合联动，提高了煤矿安全预测预警水平。

4. 智能化开采标准制定

黄陵矿业积极参与行业标准制定工作，形成了智能化综采工作面从巷道设计、设备选型到设备安装、日常操作、现场管理、工作面回采的成套标准体系，从煤炭开采技术的追赶者变成了引领者，从标准的遵循者变成了智能开采技术标准的制定者。

未来，黄陵矿业将始终把科技创新作为第一动力，把人才队伍作为第一资源，依靠科技创新力量的支撑和推动，进一步推进智能矿井、智慧矿区建设，力争到"十四五"后期，实现生产智能化、运营精细化、管理标准化、决策科学化，以崭新的姿态将黄陵矿区建设成为绿色、安全、高效、智能、可持续发展的"智慧矿区"标杆，努力将黄陵矿业打造成为智能化开采的领跑者、技术服务的输出者。

33.3 张家峁煤矿智能化巨系统研发与建设

陕煤化集团张家峁煤矿成立于 2006 年，位于陕西神木市，井田面积 51.98 km^2，地质资源量 8.65×10^8 t，核定生产能力 1.00×10^7 t/a，配套有同等规模选煤厂。

张家峁煤矿的智能化建设大致经历了三个阶段。第一阶段（2010—2015 年前后）：全面机械化向自动化的第一次迭代，实现了井下主要生产系统的全面机械化和部分单系统的自动化。第二阶段（2015—2018 年前后）：控制系统从井下延伸到地面，全面实现地面远程自动化控制常态运行，各业务系统实现信息化高效运作。在此期间，公司在自动化系统、信息化管控模式、经营管理、基础设施建设等方面做出了巨大的变革。第三阶段（2018—2020 年）：2018 年开始，张家峁煤矿基于一套标准体系，构建一张全面感知网

络，建设一条高速数据传输通道，形成一个大数据应用中心，开发一个业务云服务平台，面向不同业务需求实现信息技术服务，创建世界一流智慧煤矿。

33.3.1 全生产链子系统智能化建设

智能化综采工作面：张家峁煤矿目前已建成基于5G的智能化综采工作面，不同厚度煤层均实现了智能化开采。

掘锚一体快速掘进工作面：提出掘锚一体快速掘进工作面标准化、模块化高效设备配套方式，掘进效率提升50%。首次建立5G+多系统融合掘锚一体掘进工作面全息数字化模型，首创掘锚一体机双激光长距离精准组合导航系统，攻克了自动截割技术，与4D-GIS系统融合实现了按地质模板自动截割。

智能化主运输：实现了"地面控制为主，井下监控为辅"的控制模式，保证主运输系统的连续性和可靠性。

智能通风：采用通风系统图形化建模技术、矿井通风实时网络解算技术、矿井通风智慧决策技术、风量远程定量化调节技术、多点移动式测风技术、主运巷外因火灾局部反风技术和智能局部通风技术，建设了矿井智能通风综合管控系统。

智能水资源管理：水处理站实现集中控制，加药设备、工艺阀门实现远程控制。自动化水处理车间实现无人操作。实现井下分层供水的恒压、恒流量控制，达到全自动化要求。实现井下小水泵的零散无线化控制。实现地面绿植灌溉的智能化控制。

智能化选煤厂：构建了智能化选煤厂系统网络框架，包括管理层、生产执行层和生产过程控制层等，引入3D虚拟现实监测监控，实现定制化生产、无人值守、视频预警以及设备全生命周期管理等功能。实现综合减员30人，年增经济效益2350万元。

33.3.2 基于云计算大数据平台的智能生产控制系统

建立灵活的矿山海量、异质、时空数据库及分析应用。智能生产运行系统按照云平台统一架构，进行现场设备、传感器数据采集，完成数据的加工转换，按照统一规范的通信协议上传数据中台，保证现场采集数据与上层应用分离，为矿山工业互联网应用奠定基础。

经过数据采集、协议解析、设备建模的过程建立现场实时数据与云平台中数据中台的同步，为图形化展示和数据统计分析打好基础，同时图形看板具有配置功能并且能够调用基础的空间数据。

生产现场三维可视化。依托云平台数据服务的数字化、模型化与可视化，构建生产现场三维可视化应用；基于开放式精准地图服务，满足精准定位应用服务要求；基于业务应用场景可视化应用能力的提升，为生产调度、安全监控能力的提升创造良好的条件。

生产过程、环境监控系统集成。构建生产过程、环境监控系统的集成应用，实现数据的共享。在监测监控、地测、通风、运输、机电、调度、采矿等专业应用基础上，基于数据层的融合共享，建立统一的报警、工艺运行监视中心，提升运行管控能力。

33.3.3 张家峁煤矿智能化推广价值

张家峁煤矿智能化建设实践表明，新一代信息技术与传统煤炭行业技术融合创新，可实现产业赋能升级，推动煤炭行业高质量发展。

安全基础更加夯实。一是实现了井上下23个机房硐室，66个操作岗位的"有人巡检、无人值守"，降低了职工劳动强度，改善了职工作业环境，践行了"少人则安，无人则安"的安全管理理念。二是借助信息化、智慧化平台工具,使信息高效流通,克服了传统管理中的"信息孤岛",提高了隐患、问题的整改效率。

效率效益不断攀升。一是经营管理方面,实现了从传统粗放生产到精细化、定制化、智慧化生产经营的转变,做到了决策、管理和生产无缝对接。二是选煤厂通过自动化改造,定制化选煤与减人提效,年产生经济效益近2350万元。

企业形象不断刷新,员工幸福感不断提升。一是近年来先后获得国家级两化融合贯标示范企业、煤炭工业两化融合示范煤矿、中国能源企业信息化管理创新奖、煤炭工业两化深度融合示范项目、陕西省安全监测监控升级改造示范企业等多项荣誉称号,不断刷新了企业形象。二是智能化建设形成体系,融入企业全过程,促进了技术创新与实践应用的相互转换,提高了企业的核心竞争力。三是通过智能矿井建设,大幅降低了职工劳动强度,实现了无人则安,提高了职工安全感幸福感。四是通过智能化建设,促进了生产工艺改进和升级,助推了行业转型升级。

煤矿智能化建设是实现煤矿高质量发展和煤炭生产技术革命的重要途径,张家峁煤矿智能化建设以"运营一大脑、矿山一张网、数据一片云、资源一视图"和八大应用系统为核心,应用云计算、物联网、大数据等为代表的新一代信息技术与传统煤炭行业技术融合创新,构建结构合理、功能完整、安全稳定、管控有效、服务全面的智慧运行体系,形成覆盖生产、生活、办公、服务各个环节的安全、智能、高效、绿色煤矿综合生态圈,实现自上而下、功能完整、数据互联、协同运行的智能运行体系,该模式具有很强的推广价值。

33.4 柠条塔煤矿智能化煤矿机器人集群研发与应用

33.4.1 智能化煤矿机器人集群研发总体目标和规划

当前煤矿机器人在地质条件较好的矿井得到了部分应用,尤其是在固定场所巡检、流程化生产等关键场景有所突破。然而,在各类辅助作业岗位,还缺乏相关机器人辅助或完全替代工人操作,而这些岗位目前正是煤矿生产过程中用工人数最多、劳动强度最大的岗位。

柠条塔煤矿实施智能化煤矿机器人集群研发与工程示范,旨在创新研发煤矿机器人集群管控平台,实现对煤矿机器人的三维可视化监控、任务协同调度、电量与检修管理,突破煤矿机器人路径规划控制、机器视觉、边缘计算、数据融合等关键技术,研发多功能一体化的井下工程作业机器人,实现机器人自适应、自决策,充分发挥集群效应。具体在开采、掘进等子系统及煤流、物流、风流等作业线智能化的基础上,在关键工艺、高风险、非连续线作业岗位应用机器人。煤矿机器人应用不少于40种,其中生产相关机器人种类不少于30种,形成煤矿机器人集群,实现关键作业岗位机器换人,切实减少下井人员,降低安全风险,推进全矿井、全环节、全过程的智能化。

智能化煤矿机器人集群研发与工程示范总体分三期实施,按照"1+N"的模式开展,即1个机器人管控与协同调度平台+N个机器人。

第一期(2020—2021年12月):全面调研国内外煤矿机器人发展情况,结合柠条塔煤矿实际需求,对现有成熟机器人进行示范应用,包括探水作业、输送带巡检、固定场所巡检、智能仓储、洗煤厂生产辅助等,各种服务类机器人达20种,搭建可靠通信网络及机器人集群管控平台，实现机器人集中管控。

第二期（2022年1—12月）：改造升级，构建井下高精度位置服务平台，突破井下机器视觉、数据融合等关键技术，研发出工作面巡检、超前支护、煤矸分选等关键岗位机器人装备，机器人应用达到30种以上，通过机器人集群平台实现协同调度，形成集群效应。

第三期（2023年1—12月）：结合先进技术研发攻关，突破钻锚机器人、浮煤清理、管道清理等小型工程作业机器人，使机器人趋向多功能、一体化、轻量化，应用达40种以上，实现多机器人集群任务规划及数字孪生控制。

33.4.2　智能化煤矿机器人管控与调度平台

煤矿机器人管控与调度平台是与矿井综合管控平台相融合统一，以煤炭工业大数据为支撑，以智能化矿山基础软件平台为统一基础平台，以机器人集群协同控制为核心，开发机器人集群协同控制应用中心、生产调度协同管控中心、安全保障管理协同应用中心、专业业务应用中心、决策分析综合管控应用中心、运维监测管理中心等六个业务应用中心，形成"一支撑一平台六中心"智能化综合管控的应用架构，实现柠条塔煤矿企业数据资产沉淀，形成以数据资产运营为核心驱动力的矿山科技创新与管理转型，达成以数据为支撑的企业安全生产科学决策思维变革，实现机器人乃至全矿井的集中监控与统一调度，最终达到实现全矿集中管控与协同调度的目的。目前已构建了5类38种机器人的应用框架，完成了煤矿现有机器人场景化建模。管控平台主要包含以下四大功能模块。

1. 机器人集群管控平台集成数据接入与数据模型构建

根据各类机器人的应用情况，将机器人数据、生产作业系统数据、辅助作业系统数据，包括煤流主运输、辅运管理、通风、排水等控制系统，以及安全监控系统、人员定位系统等数据集成接入机器人集群管控平台，开发相应机器人数据模型，实现煤矿生产一体化集中监控，根据生产管控要求显示各类应用场景监控画面，构建逻辑控制模型库，实现生产系统集中监测、一键启停、分级报警等。

针对采煤机器人、掘进机器人，开发专有数据中间件或进行协议转换，实现对工作面数据的集中监控，分析数据与设备之间的驱动关系，设备相互之间的运动关系，研究数据驱动与模型仿真联合驱动方式实现对工作面机器人群的集中监控；针对辅助作业类机器人，包括巡检机器人、巷道喷浆机器人、管道抓举机器人、巷道修理机器人等，研究其数据通信需求，开发专有数据通信模块与其所开发的控制系统进行连接；根据其功能对驱动模型、数据模型进行开发，实现辅助作业机器人的综合监控、一键启停、分级报警等；针对地面厂区应用机器人，确定其通信接口与调度控制指令，开发专有中间件，保障这类机器人可无缝接入机器人集中管控平台，并实现远程集中调度，从而最终对全矿井机器人进行全面管控，实现协同调度，发挥其机器人集群效应，提高生产效率。

2. 机器人运行环境及状态远程可视化

根据井下巷道的CAD图、坐标数据等真实数据，通过3D建模的方式，将井下巷道以三维模型的方式，进行真实场景的数字可视化等比例还原；根据航测数据、地面构筑物信息、地面平面CAD图、坐标数据等真实数据，通过3D建模或实景呈现的方式，将矿井地表、地面构筑物及环境以三维模型的方式，进行真实场景的数字可视化等比例还原；根据所获得的机器人外观图、设备装配图、设计图等数据，对机器人本体及辅助装置进行三维建模；通过接入煤矿所使用的各种机器人数据并实时监测机器人状态，反映机器人实时和历史运行状态信息、操作信息、检查信息、维修信息；接入和集成 4D-GIS 系统巷道地图信息、空间位置服务系统定位信息、安全监控系统环境传感器和摄像头监测信息等数据，管控平台能够可视化展现设备区域位置和环境信息；当监测到环境及设备异常时，对危险态、故障态实时报警。

3. 机器人集群作业管控

机器人集群作业管控主要是对作业调度策略的研究，包括生产协同、运输与巡检调度、充电调度。

生产协同是在工作面采掘、支护和运输三个工艺作为一个主要协同周期的环境下，平台通过接入掘进类机器人、采煤类机器人、运输类机器人实时状态信息，制定协同控制方案，在目前各单机设备自动化的基础上，针对此类机器人集群构建生产协同体系和逻辑模型，实现掘进机器人集群、采煤机器人集群、运输机器人集群、安控类机器人多者间联动生产作业过程在多约束条件下的最优解。

运输与巡检调度以安控类巡检机器人、运输类无轨胶轮车等可区域移动的机器人为控制对象，包括运输调度、巡检调度两方面。运输调度以接入平台的无轨胶轮车运行状态信息、巷道基础地图信息、人员与物料信息为数据建立辅助运输调度模型，基于运输类机器人具有非实时调度的特性制定调度策略，并根据实际需求添加模型约束条件，优化路径规划模型，实现无轨胶轮车资源的预先调度；巡检调度则基于机器人状态、所辖区域、所在位置及群体关联关系，实现全矿井巡检作业的高效执行。

充电调度针对井下使用电池供电的机器人集群，如巡检类机器人、安控类机器人，制定井下充电调度策略，开发基于云平台的煤矿机器人充电调度管理系统，研究一种基于充电位置、自身电量、占用信息、作业区域等融合特征的充电调度算法。

4. 基于数字孪生的机器人群数据集成、集群调度与协同管控应用

研究基于数字孪生技术的机器人在线仿真与控制平台，平台中机器人的运动学模型和等比例仿真动画模型设计，以及机器人的虚拟信号接口，便于控制命令实现对模型的虚拟作业仿真，实现数字孪生虚实同步技术。建立数字孪生智能监控系统，通过矿井已有通信网络将实时采集数据传输到云存储平台，经多源数据融合后，实现物理空间与信息空间的实时交互与同步反馈，实现基于数字孪生数据驱动的机器人作业监测、虚拟操作与远程控制；分析机器人数字孪生模型建立目标和所具备的必要功能，利用市场上主流建模仿真软件构建孪生模型并进行二次开发，建立机器人集群多维度数字孪生空间，具备对井下生产环节的功能映射；研究基于云计算平台的多源异构数据处理技术，通过 OPC UA 技术建立井上仿真平台与井下生产现场的通信链路，构建数字孪生通信网络，开发数据分析和挖掘等服务程序；研究数据驱动下的孪生模型实时映射技术，包括实体驱动数据和信号的逻辑处理、仿真数据的分析和可视化、基于实时数据驱动的智能管控、基于基础矿山生产大数据的作业指导，从而实现实体空间与数字空间的融合；研究建立机器人集群的软件化控制操作系统和控制命令的传递通道按需分配机制，建立控制系统与机器人监控窗口的动态连接完成调用，实现基于数字孪生体对机器人实体反向优化的远程控制。

33.4.3 典型机器人研发及应用

经过一期建设，研发形成了智能采煤工作面机器人集群、智能掘进机器人群和主煤流运输系统巡检机器人为主的生产类机器人，以巷道喷浆机器人、管道抓举机器人、巷道修

复机器人、钻探机器人为主的辅助作业类机器人，以变电所巡检、仓储机器人、无人机等为代表的地面巡检服务类机器人近20种，初步形成机器人立体服务网络。

1. 喷浆机器人

打破传统给料机与喷射机分为两台设备的模式，设计出全新的喷浆机械结构，新型一体式取料喷射机包括集料滚筒、举升大臂、送料管道、物料输送机构、喷射料斗、喷射机构、遥控式履带底盘等结构，减少设备整体空间，提高喷浆效率，减少人工参与度。

喷浆液压机械臂包括2个回转自由度、2个伸缩自由度、1个摆动自由度和1个圆形轨迹自由度，每个自由度可独立控制。喷嘴部分进行创新型设计，可满足浆液分散式，圆面喷射状态，保证浆液的高附着力，有效减少物料回弹。

2. 管道抓举机器人

整体结构采用多级机械臂+机械手结构，具备管路夹持、举升、三维调节等功能，实现机械臂200°回转；另外配置一部多功能机械臂，可供安装站人或吊装。提高机械手适应性，适用管路直径108~220 mm，以及300~600 mm的要求，举升重量达500 kg。对机械系统、液压系统、电气系统进行必要改造，实现煤矿巷道内不同规格尺寸的管路识别、抓取、举升控制等全过程作业。

通过机器人的自主抓管作业，解决了恶劣环境下使用手拉葫芦提升钢管时的危险性，降低了工人劳动强度的同时，也将作业人数减至2~3人，降低人员成本50%以上。

3. 巷道修复机器人

巷道修复机器人采用自主导航原理进行定位与地图建立，通过自身所携带的传感器对自身进行定位，并在定位的基础上利用传感器获取的环境信息增量构建环境地图。同时，对控制系统进行智能化改造，满足无线遥控的要求。巷道修复作业中需要巷道修复机器人利用数据交换的方式，通过现场遥控将机器人自身的位置信息和工作流程信息与作业人员进行交互。作业人员下发作业指令，巷道修复机器人按照内部的工作规划完成巷道修复的作业步骤，同时保证远程操控人员具备最高操控优先级，可随时停止巷道修复机器人的动作。

柠条塔煤矿在智能化示范煤矿建设过程中，逐渐形成了以机器人和智能装备为核心支撑的路径，实现了矿井安全、高效生产，取得了阶段性成果和初步成效。按照《煤矿机器人重点研发目录》中的38种机器人，适用于柠条塔煤矿的约有30种，目前二期项目已经启动，完成后覆盖率达到60%以上，实现掘进、采煤、运输、安控、救援类机器人全覆盖。在目前机器人群协同综合管控平台的基础上，进一步形成集群效应，同时，搭建5G高可靠通信网络，实现机器人集中监控，关键岗位机器人系统的高效应用和协同运行。

33.5 榆北煤业智能化建设

33.5.1 智能化矿井建设"四项新亮点"

1. 构建高起点顶层设计

榆北煤业坚持"智慧+绿色"的建设思路，不断优化顶层设计，于2015年初成立了智能矿井建设领导小组，考察了近20家国际、国内先进的集成商、装备制造商和煤炭企业，筛选了16套智能矿井建设方案。同时，邀请王双明、王国法、何满朝等院士及专家共同参与、共同研究、共同建设，最终构建了理念先进、定位合理、架构清晰、全面完整的"1+N"智能矿井建设总体设计。即搭建一个智能管控云平台，按照"数据互通、信息共享、平台互连、多级协同"的原则，科学规划"一张图 GIS 系统、一张网传输系统，以及人员定位、设备管理等 N 个功能平台和应用系统"。同步提出了信息化技术标准体系，规范了各子系统、云数据中心、管控平台的集成标准，为打通信息壁垒、消除信息孤岛、实现数据互通、信息共享，建成智能矿井奠定了坚实的基础。

2. 保持高标准建设水平

智能矿井建设是一个复杂而庞大的系统工程，涉及多岗位、多业务、多部门的协同共建。榆北煤业按照"统筹规划、分步实施、重点突破、创新推进"的原则强力推进智能化升级，结合现有智能矿井关键技术，统筹规划榆北智慧矿区建设，加大智能掘进技术装备体系研发，有序推进综采智能化，加快推进智能安防灾害预警系统，高标准建设智能化选煤厂，最终达到国家智能化示范矿井Ⅰ类高级建设目标。

3. 搭建高效率管控模式

为打造"智能矿井、智慧矿区"行业标杆，榆北煤业专门成立了智慧矿山管理中心，以"四个统一"为抓手，全面统筹智能矿井建设。一是统一贯彻落实国家、行业及陕煤化集团煤炭板块有关智能化的方针、政策、法规条例和规定；二是统一规划，逐步整合现有系统，统一建设思路，研究制定企业智能矿井战略目标、规划和标准；三是统一审定建设项目，审核技术文件、参与项目建设；四是统一监管，对智能矿井建设项目监督检查、考核验收，提供结算依据。智能矿井管理中心与机电运输管理部合署办公，组建了由主任、副主任、专干、工程师共计 18 人的专业化管理团队；明确了职责与目标，规范了管理流程；制定了项目申报、审批、验收流程，划分了所属单位业务范围；建立健全机制，制定人员考核淘汰制度，实行风险抵押考核。

4. 打造最专业的运维团队

成立了信息化运维分公司，分别从系统日常应用运维到软件的预防性运维对智能矿井的生产进行保障。信息化运维分公司坚持"软硬件一体、预防性维护做实、故障性维修高效"的原则，通过开展对软件的预防性维护，包括防止攻击、升级完善等内容；硬件的预防性维护包括定期检测、调校、保养、隐患排查等工作，为智能矿井建设提供智能化系统的运维服务，同时能在第一时间发现信息化系统在建设、使用中存在的各种问题、不足，并及时将问题反馈给智能矿井管理中心的相关业务人员，有效规避了信息化系统在设计、建设、安装实施过程中遗留的问题。

33.5.2 突破十项关键技术，抢占智能化生产"制高点"

榆北煤业智能化建设总体可以概括为十个方面：监控智能化、综采智能化、掘进智能化、煤流智能化、值守智能化、辅助运输智能化、运销智能化、管理智慧化、分析决策智能化、园区智慧化。这十个方面的智能化实现了少人化智能采煤、少人化智能快掘、无人化机房硐室、无人化煤流系统、无人化智能运销等等，用工人数比初设核定减少 1700 余人，全员工效超过 1200 t/工，创造了行业智能矿井建设集成系统最多、融合程度最强、劳动效率最高的历史纪录，树立了新时代煤炭行业项目建设的里程碑。

1. 监控智能化

榆北煤业积极吸取神东集团锦界煤矿、陕北矿业张家峁等先进煤矿监控智能化建设经验，构建了统一的智能监控平台，横向做到全面集成安全生产关联系统，实现融合分析、实时研判；纵向贯通采煤、掘进、运输、供电、通风、排水等智能化生产系统。经过长期探索和实践，形成了设备控制全关联、视频监控全方位、环境感知全覆盖、智能分析全过程的"四全监控"模式。

2. 综采智能化

榆北煤业借鉴德国采煤控制先进技术以及神东矿区智能化采煤工作面先进经验，融合了监测监控、故障诊断、视频监控等系统，形成工作面智能协同开采系统，初步实现了单班7人的少人化开采和常态化运行，单面日产最高达 $6.2×10^4$ t，单面单产最高达 $1.52×10^4$ t，直接工效 1470 t/工，综采工作面回收率超过 96%。

小保当二号煤矿建成了全国首套 450 m 超长智能化综采工作面，日产最高达 $3.8×10^4$ t，连续2个月产量达80余万吨，突破了智能综采在安全、绿色、高效生产过程中存在的问题，开创了中厚煤层高效开采的新模式，达到国际领先水平，持续向智慧矿山、绿色开采、一井一面千万吨的目标奋斗。

曹家滩煤矿采用全国领先的智能综放控制技术，基于国际一流电液控制平台，全国首创性地编制了采煤机智能割煤程序表，实现了支架自动跟机移架、刮板输送机自动调直、泵站自适应变频控制、地面远程集控操作、视频自动跟机切换等功能。

榆北煤业所属三对矿井目前已建成7个智能化综采工作面，初步实现了单班7人的少人化开采和常态化运行。

3. 掘进智能化

掘进智能化长期以来一直是个无人区，榆北煤业大力探索，深入研究掘进工艺流程，借鉴采煤工艺的先进理念，突破七项智能快掘关键技术，开启了智能快掘发展新时代，改变两项传统施工工艺，形成了全国首套智能快掘工法，实现了掘锚同步、三机匹配，成功研制了集"掘-铺-支-运"一体化的首套准智能快掘装备以及护盾式掘进智能机器人，初步实现少人化作业，打造了"少人则安"的本质安全型掘进工作面，投运以来，创下了日进 91 m，单月进尺 2020 m 的最高纪录。

曹家滩榆神矿区大断面煤巷快速掘进技术研究项目，创新性地实施了系统成套装备配置优化、全断面灵活支护装置优化、全方位立体除尘体系、人机协同安全防护系统优化、锚杆（索）同步施工支护装置优化等"十大改造"，实现了巷道掘进快速、智能、少人的常态化作业。

4. 煤流智能化

改变传统逆煤流启动方式，基于煤流控制系统，融合煤流计量、视频分析、人员定位、通信联络、巡检机器人等技术，利用多系统智能联动、智能诊断、智能调速，实现了顺煤流启动和多煤源协同运输。原煤流系统启动时间由 30 min 以上减少到 10 min 以下，单个矿井全年可节省电量 $4.60×10^6$ kW·h 以上，践行了绿色矿山节能降耗的理念，最大限度实现了煤流系统安全高效运行。

5. 值守智能化

基于无人化、少人化理念，制定了12项无人值守细则，编制了10余项操作规范。采用"遥测、遥控、遥调、遥信、遥视"和"智能巡检、智能诊断、智能分析"的"五遥三智"技术，36个机房硐室实现了无人值守。

6. 物流智能化

将"滴滴打车系统"和"美团外卖系统"的运营思路融入智能矿井建设，大胆探索、自主创新，基于西煤云商平台，利用物联网、大数据、4G 融合通信等技术，对内部大市场系统进行二次开发，搭建了贯穿井上下的智能物流系统，具备了线上下单、一键配送功能，极大地提升物资供应的实时性与高效性。

7. 运销智能化

曹家滩煤矿汽车智能运销系统，基于运销预定计划、装煤出票全业务流程，融合车辆管理、自动装车、自动司磅、运销管理等，完成智能地销系统建设，实现装运无人化，运销一体化，提高了地销装车效率。投运以来，地销单车全流程装运由原来的 5 min 减少到 3 min，每班岗位员工由原来的 5 人减少到 2 人，日销量由原来的 50000 t 提高到 65000 t。

小保当煤矿火车智能装车系统是全国首套混编火车智能运销系统。通过对现有系统升级融合、设备智能化改造，融入三维扫描、机器视觉、点云建模、装车模型自学习优化等关键技术，实现车号射频技术与视频识别双校验、防冻抑尘剂定量智能喷洒、装车系统及自动整平压实全流程智能化无人装车。火车智能装车系统的上线运行，减少了岗位工人、装车误差，提高了装煤精度，彻底解决了偏载、洒煤等问题。

8. 辅助运输智能化

曹家滩煤矿井下车联网和无人驾驶技术融合了 UWB 定位、高精度地图、车载惯导、轮速计等系统，有效适应了矿井中"长廊效应"、无卫星信号、高粉尘、高温度、低照度等复杂条件，目前在低速下基本实现井下无人驾驶送餐、送料等场景应用。

9. 园区智慧化

小保当公司联合华为公司共同建设智慧园区，按照一个数据底座、一个智慧园区平台、7 大子系统、34 个功能点、4 个智慧应用进行建设，同时整合园区的安防、访客、会议管理、餐厅等业务系统，构建智慧园区管理平台，实现园区可视化、管理精细化。

曹家滩煤矿与阿里云公司合作建设的智慧园区，目前已建成井口智能综合安检、会议管理、消防等 16 个应用场景。整个园区通过统一的数据云平台，实现了通行、支付无卡化，园区管理可视化。

10. 管理智慧化

对标学习神东集团、兖州煤业等企业与陕煤化集团内部各兄弟单位在安全生产、经营管理方面的经验，探索出具有榆北特色的智慧管理体系，开发"一个平台、十大中心"的榆北智慧矿区，构建了生产、安全、生态、资产、销售等十大中心，融合安全、生产、经营管理系统，贯通安全生产信息共享平台，运用数据挖掘、知识发现、专家系统等人工智能技术，搭建了统一的工业互联网平台，实现企业数字化转型。

33.6 陕煤集团煤矿智能化建设面临的挑战

目前，煤炭行业智能化建设还处于培育示范阶段，发展不充分、不平衡的问题还很突出，智能化总体水平距离实现全面智能化仍有很大差距。在煤矿智能化建设进程中，还面临着装备智能化、新技术应用、人才保障等一系列关键问题。总结目前智能化推进的现状，陕煤化集团主要面临以下几方面的挑战。

1. 装备智能化水平亟待提升

近 3 年来，虽然陕煤化集团智能化采煤工作面建成数量、快掘系统装备数量、机器人应用数量逐年增加，但是井下仍存在一定数量的作业人员，已建成的智能化系统仍摆脱不了人工干预，距离装备替代人的智能化建设目标还有很大差距，显现装备智能化水平不高。一是智能化采煤系统普遍存在感知能力不足，生产工序协同性差、校准和自学习能力不强等问题，导致系统不能实时感知人、物、环的变化，不能实现工作面无人连续推进开采，工作面需要配置固定值守人员，增加了安全风险。二是掘进系统要实现智能化，仍面临智能定形截割控制、自适应截割控制、智能导航控制，以及掘、支、钻、锚、运等多系统协同控制和远程智能测控等关键共性技术难题的突破，目前只是实现了快速掘进，达不到智能掘进。三是智能机器人作业有待突破，主要表现在：现有煤矿机器人智能化程度较低，功能比较单一，灵活性较差，对井下复杂条件的适应性差；井下机器人种类偏少，主要以巡检作业为主，且多为轨道安装，性能有待提升，亟待研发出喷浆、支护、救援等相关机器人；机器人精准定位、感知与决策、导航与调度、集群感控、续航管理等相关技术尚未取得突破。

2. 地质保障技术支撑能力不足

受地质探测理论、技术和装备发展水平的限制，地质探测的精度和范围不能满足煤矿智能化建设要求，地质数据数字化、地质体三维高精度建模技术有待提升，地质信息和工程信息尚未实现充分融合，作为关键基础，地质保障技术对煤矿智能化建设的支撑能力明显不足。

3. 智能化系统融合协同困难

煤矿智能化涉及传输网络、基础应用平台、自动化系统、生产执行系统、监测监控等近百个子系统，由于目前数据格式不统一、网络通信协议难以兼容、业务系统不易融合、系统协同控制性差等原因，造成智能化煤矿实际运行过程中各系统难以实现智能协同作业。比较典型的如矿用5G系统，受应用场景和自身生态的制约，其大带宽、低时延、广连接等显著优点，目前还未充分发挥出优势。

4. 建设应用标准体系有待健全

煤矿智能化建设将高新技术融入矿山场景，是现代信息技术、人工智能、控制技术和采矿技术的深度融合，是一个不断进步、渐进迭代发展的过程。在煤矿智能化建设初级阶段，行业亟须一套涵盖多系统、多领域的标准体系，指导煤矿智能化建设实践，从而促进煤矿智能化建设的技术创新、应用推广和生态建设。

5. 煤矿智能化管理与人才储备不足

目前，煤矿智能化建设基本沿用传统的管理模式，难以适应智能化煤矿的建设、管理和运行需要；煤矿智能化一线高素质从业人员比例偏低，短期内难以适应新技术、新装备的需要；智能化人才培养体系不健全，普遍缺少专业化的运维团队，很大程度制约了智能化建设的进度和成效。

34 华能集团煤矿智能化建设实践

34.1 智能化煤矿建设规划

为深入贯彻习近平总书记"四个革命,一个合作"能源安全新战略,按照国家八部委《关于加快煤矿智能化发展的指导意见》要求,华能集团提出了煤炭产业"十四五"时期"1781"[1家公司(煤炭事业部)、7个煤矿企业、8处示范智能化煤矿、1处千万吨级智能化示范选煤厂]智能化煤矿建设思路,同时明确在"十四五"末所属煤矿均达到初级智能化以上水平。

34.2 智能化示范煤矿建设进展

34.2.1 智能化建设推进情况

1. 完善机构制度,优化顶层设计

设立智慧煤矿建设办公室,明确组织分工,统筹管理公司煤矿智能化工作。先后编制印发了《关于稳步推进煤矿智能化建设工作的指导意见》《智能化煤矿建设技术规范(试行)》和《智能化煤矿建设管理办法(试行)》等制度文件,推动煤矿智能化建设规范化,进一步促进智能化建设工作提质增效,不断巩固好建设经验成果。

2. 以实用先进为核心,明确智能化煤矿技术路线

结合集团各煤矿实际情况,按照顶层设计、标准先行、先进适用、装备可靠、示范引领的原则,试点推广5G、F5G等先进通信技术,推进AI识别、大数据、云计算等先进技术与煤矿智能化深度融合,以点带面,逐步建成固定场所无人化、采掘系统少人智能化、辅助运输连续高效化、机电装备管控智能化、灾害预警系统精准化的智能化煤矿。

3. 统筹规划促进煤炭产业数字化转型,全力打造具有华能特色的煤矿智能化综合管控平台

基于"一平台、二系统、三中心、多应用"的煤矿智能化管理理念,充分整合发挥内部资源,以集团"华能云"为基础,依托华能煤炭技术公司,联合华为、应急管理部信息研究院等优势企业及团队,采用"云、大、物、移、智"等技术,按照"统一研发、分级分步部署"的原则,积极研发具有自主知识产权的煤炭产业三级架构智能化综合管控平台。目前已初步完成平台搭建,测试版已在高头窑、灵露、灵东等多处煤矿上线运行,实现了公司对煤矿企业、煤矿的安全监管,并实现了各智能化子系统的数据集成和数据治理,消除了数据孤岛,为数据的统一应用和深度挖掘、治理提供条件,为煤炭板块信息化、数字化升级奠定了基础。

4. 科技保安全促生产,积极引进新技术、新工艺、新装备

一是地质勘探方面,在滇东矿区喀斯特地貌条件下首次开展三维地震试验研究并获得高精度资料,成果得到现场验证,提高了矿井地质信息精度,为矿井采掘安全提供了基础

保障。

二是智能采煤方面，结合公司煤炭资源赋存条件先天不足、各类灾害一应俱全的实际，选择典型区域进行开采技术重点攻关研究，建成三软煤层 6.5 m 一次采全高、厚煤层 5.5 m 高位放顶煤两个示范工作面，在冲击地压、高瓦斯、水文地质条件复杂等矿井中推广应用先进技术及装备，建成少人自动化综放工作面，截至目前已建成了 15 个自动化采煤工作面，让煤矿的生产更高效更安全。

三是快速掘进方面，引进掘锚一体机、锚杆台车和巷修机等机械化设备，特别是新庄煤矿在泄水巷施工中首次引入 TBM 工艺，较大地提高掘进施工作业效率。

四是煤矿机器人方面，认真落实《煤矿机器人研发目录》等相关要求，全力推进砚北煤矿承担的自动摘挂钩及推车机器人科研项目，目前已完成设备部署研发、井上试验和现场安装测试，实现了斜井自动化运输。

五是远距离供液供电技术、智能煤流、固定场所无人值守等方面，实现远距离供电 8 处和供液 12 处，建成智能煤流系统 18 处、固定场所无人值守 122 处，其中在华亭、砚北煤矿实现了 3000 m 以上的超远距离供电、供液技术，减少了冲击地压工作面两巷危险区域的作业人员，其中华亭共减少 34 人，砚北共减少 49 人，逐步向少人化、无人化目标迈进，有效降低了矿井安全风险。

34.2.2 智能化示范煤矿建设成果

1. 建设首个高寒地区智能化示范露天矿

伊敏露天矿作为首批国家级智能化示范露天矿，重点从以下几个方面开展了智能化建设工作。

一是实现了国内首批 172 t 自卸卡车、电动宽体卡车无人驾驶编组作业，可联合国内首台 20 m³ 电铲实现远程遥控作业，构建国内首个露天矿山无人化示范工作面，同时建设了高精度电子地图及自动驾驶调度平台，实现了矿山复杂工况下的车路协同及生产任务云端下发功能。截至目前，无人驾驶自卸卡车及电动宽体卡车效率分别达到人工效率的 80%、87% 以上，作业成功率达到 98.6%，完成三班连续作业能力验证，成为国内首家完成矿用自卸卡车无人驾驶连续作业测试的露天矿山。

二是研制了集团首个基于云原生的综合业务管控平台，充分利用虚拟化技术将数据中心物理资源抽象整合，实现资源动态分配和调度，实现了卡调、边坡、水位、人员、防疲劳等分散系统的数据集成。

三是完成了国内首个高寒地区露天煤矿无人机测量系统部署。建立了矿区三维实景模型、正射影像，绘制了能够三维展示设备、人员、边坡等综合信息的采矿"一张图"，完成了矿山一张图、大数据分析等管理功能开发及应用。

四是在矿用卡车上增设主动式防碰撞系统。满足车体正前方 50 m 范围内其他矿用卡车、工程机械设备的准确识别及正前方 40 m 范围内的其他矿用卡车、工程机械设备、人员、地面车辆、挡墙的准确识别。

2. 积极探索冲击地压条件下智能化示范煤矿建设经验

以将砚北煤矿打造成西北地区冲击地压国家级示范智能化矿井为目标，结合实际，积极探索，重点从以下几个方面开展建设工作。

一是构建了"1 个平台、4 个中心、36 个子系统"的煤矿智能化架构，建成两个自动化综放工作面，实现了设备在地面"一键"启停和单设备远程启停，并常态化运行，生产班单班作业人数由30人减至16人，同时将5G无线通信技术应用于冲击地压条件下的智能综放工作面。

二是应用掘锚一体机+锚杆钻车及远程遥控为一体的快速掘进系统，最高日进尺12.6 m，月进尺达330 m以上，实现了冲击地压煤层中的安全高效快速掘进。

三是完成固定场所无人值守改造，实现了井上下变电所、主要通风机、主排水、压风运行参数的连续在线监测、实时传输，减少现场岗位值守人员45人。

四是加强重大灾害防治技术攻关，与中国矿业大学、煤科总院等科研院所合作开展冲击地压风险智能判识、特厚煤层超长工作面自然发火预防等技术攻关，确保矿井安全生产。

五是冲击地压防治方面应用全方位遥控液压钻车，实现远距离控制、自动打钻、记忆钻孔参数。

3. 建设实现高效采掘接续智能化矿井。

高头窑煤矿作为内蒙古自治区首批智能化示范煤矿，经验收基本达到内蒙古自治区智能化煤矿建设要求，重点从以下几个方面开展了建设工作。

一是采煤方面，综采工作面装备实现了地面调度、井下可视化集中控制、运行状态监测、故障诊断、一键启停等功能；液压支架实现了自动跟机移架的常态化运行，采煤机实现了中部及"三角煤"自动程序化截割，自动截割速度平均6 m/min以上，智能开采作业过程中人工干预率低于20%，刮板输送机断链保护装置实现了常态化运行。生产工效大幅提升，生产系统显著优化，综采工作面单班作业人数减至11人。

二是掘进方面，智能快速掘进系统实现"掘锚一体机+长距离带式输送机+液压自移胶带机尾+地面智能集控中心"等设备集成，实现掘、支、锚、运等全部工序高效智能化运行。将永磁变频一体机应用于掘进工作面带式输送机，可实现根据实际煤量调整转速，节能效果明显；掘进工作面带式输送机可实现远程集中控制和无人值守，智能化掘进工作面迎头作业人员减少至8人，单月进尺800 m。

三是安全管控平台方面，按照"管数据就是管生产""系统数据就是安全生产指标"的理念，在构建底层生产自动化系统的同时，布置各类传感器、仪器仪表、传输分站、万兆环网、数据平台等信息高速采集传输储存系统，建立了安全生产智能化矿山数据运算平台，数据融合平台建立了统一的数据服务接口、信息采集标准、数据格式、通信协议，实现数据的统一集中管理，综合管控平台汇集矿井产量监控、人员定位、应急广播、生产系统、经营系统、工业视频、通风、排水、运输等各大系统生产数据，实现数据分析共享。

35 山东能源集团煤矿智能化建设实践

35.1 山东能源集团煤矿智能化建设规划及总体情况

35.1.1 "十四五"期间煤矿智能化建设目标和规划

山东能源集团煤矿智能化建设"十四五"规划以支撑能源集团发展战略为基础，以煤矿生产一线的实际应用需求为导向，以技术与装备进步为驱动，明确能源集团"十四五"期间煤矿智能化工作的目标和重点任务，全面、系统、科学地指导能源集团煤矿智能化建设，为实现建成"世界一流能源企业"目标提供坚实有力的保障。

1. 山东能源集团"十四五"期间煤矿智能化建设目标

"十四五"期间，规划智能化项目近 1700 项，计划投入 150 余亿元用于煤矿智能化建设，实现所有矿井智能化建设全覆盖。立足能源集团智能化煤矿建设现状与需求，构建煤炭板块级智能化综合协同管理系统，形成不同类型、不同模式、不同等级的智能化煤矿技术与标准体系，全面开展智能化煤矿建设，实现"1354"总体目标，即统一的智能化煤矿总体技术架构；基于"云-边-端"工业互联网平台，形成能源集团、二级公司、煤矿三级协同管控模式；大力开展采掘系统"智能少人化"、辅助运输系统"连续高效化"、机电装备控制"远程地面化"、灾害预警系统"动态实时化"、煤炭洗选系统"集约智能化"五化升级改造，着力建成"安全、绿色、智能、高效"四型矿山，建成一批"155""277""388"煤矿，实现减人增安提效目标，打造煤矿智能化标杆示范企业。

（1）第一阶段（至2021年）。按照"搭建一个基础传输网络、建成六大智能生产系统、打造一个煤矿工业互联网应用平台"的基本思路，全面推进智能化矿井建设。构建低时延、高可靠、广覆盖的煤矿融合传输基础网络；以采煤全面智能化为示范引领，向机电、洗选、辅运、掘进、通风系统等智能化延伸；汇聚智能化系统业务数据，打造煤矿工业互联网应用平台，构建煤矿全流程智能管控系统，实现智能、精准、高效的灾害预警、调度指挥、生产执行和设备运维。全面建成 9 个国家级智能化示范煤矿；一类矿井全面建成采煤、机电、辅运、洗选智能化系统；分别开展智能通风和智能掘进试点示范，东滩煤矿、付村煤矿开展智能通风系统建设试点，兖州煤业、新矿集团、枣矿集团、淄矿集团各选择 1 个矿井开展智能掘进系统建设试点；金鸡滩煤矿全面开展智能化建设；其他矿井根据自身情况积极推进智能化系统建设。

（2）第二阶段（至2023年）。重点开展煤矿智能化综合管控平台、矿井"5G+煤炭工业互联网"、透明地质保障系统、智能装备、重大危险源智能感知与预警等系统的研发与应用，实现采掘系统"智能少人化"、辅助运输系统"连续高效化"、机电装备控制"远程地面化"、灾害预警系统"动态实时化"、煤炭洗选系统"集约智能化"；智能化建设条件较好的矿井全面建成符合能源集团示范型标准的智能化煤矿；智能化建设条件一般的矿井完成采煤、洗选、机电、辅运等系统的智能化建设，并开展智能通风和智能掘进系统试点建设,建成符合能源集团基本型标准的智能化煤矿。选择金鸡滩煤矿、伊犁一矿等先进矿井,开展百人高效矿井建设,积极创建国家少人高效全智能煤矿典范。

(3) 第三阶段(至2025年)。各矿井全面完成智能化建设,生产管理系统实现智能化运行,建成一批多种类型、不同模式的智能化矿井及单班百人矿井,智能化开采煤炭产量占能源集团煤炭总产量的90%以上。依托各类智能化装备,开展基于大数据分析的智能化技术与装备研发应用,建成安全生产智能决策等系统,实现"155""277""388"减人增安提效目标。形成一套国家级煤矿智能化技术标准体系,创建一个国家级煤炭工业互联网创新平台,研发一批具有自主知识产权的智能化技术及装备,培养一批煤矿智能化高端复合型人才。

2. 山东能源集团"十四五"期间煤矿智能化规划内容

(1) 矿井分类情况。基于国家验收办法分类结果,同时结合能源集团内部分类评价方法,主要从资源与系统、灾害以及治理难度、经济效益、人力资源四大维度中,选取29个主要因素开展评价,确定能源集团煤矿智能化建设条件分类结果如下:

Ⅰ类(引领型):5对(省外5对),分别为金鸡滩煤矿、转龙湾煤矿、伊犁一矿、双欣煤矿、巴彦高勒煤矿。

目标:全面建成国际一流、国内领先的引领型智能化矿山。

Ⅱ类(示范性):21对(省外8对、省内13对),分别为石拉乌素煤矿、营盘壕煤矿、天池煤矿、长城三矿、伊犁四矿、亭南煤矿、邵寨煤矿、大恒煤矿、鲍店煤矿、东滩煤矿、赵楼煤矿、济三煤矿、兴隆庄煤矿、新巨龙煤矿、付村煤矿、高庄煤矿、七五煤矿、唐口煤矿、郭屯煤矿、李楼煤矿、翟镇煤矿。

目标:全面建设国内先进的示范型智能化矿山。

Ⅲ类(基本型):22对(省外11对、省内11对),分别为硫磺沟煤矿、长城一矿、长城二矿、长城五矿、长城六矿、水帘洞煤矿、正通煤业、榆树井煤矿、永明煤矿、新上海一号煤矿、望田煤矿、南屯煤矿、济二煤矿、杨村煤矿、赵官煤矿、新安煤矿、柴里煤矿、蒋庄煤矿、田陈煤矿、三河口煤矿、彭庄煤矿、邱集煤矿。

目标:全面建设符合国家标准的基本型智能化矿山。

Ⅳ类(推广型):10对(省内10对),分别为孙村煤矿、良庄煤矿、协庄煤矿、华丰煤矿、新驿煤矿、王楼煤矿、梁宝寺煤矿、鲁西煤矿、陈蛮庄煤矿、梁家煤矿。

目标:建设主要生产系统符合国家标准的推广型智能化矿山。

Ⅴ类(系统型):7对(省内7对),分别为万祥煤矿、鄂庄煤矿、滨湖煤矿、岱庄煤矿(枣矿)、新河煤矿、古城煤矿、里彦煤矿。

目标:建设信息、安全等关键系统符合国家标准的系统型智能化矿山。

(2) 具体建设内容。能源集团权属Ⅰ—Ⅲ类矿井要全面开展煤矿智能化建设,Ⅳ—Ⅴ类矿井要"一矿一策"开展部分专业的智能化建设。其中,2021年度9对矿井要建成国家级智能化示范矿井;2022年度,能源集团全部Ⅰ类矿井(引领型)、不低于60%的Ⅱ类矿井(示范型)要建成国家级智能化示范煤矿;2023年度,能源集团全部Ⅱ类矿井(示范型)、不低于50%的Ⅲ类矿井(示范型)要建成国家级智能化示范煤矿;2024年度,能源集团全部Ⅰ类矿井(引领型)、Ⅱ类矿井(示范型)、Ⅲ类矿井(示范型)均要建成国家级智能化示范煤矿。

能源集团建设条件Ⅰ类煤矿的煤层赋存条件相对简单，拥有较好的智能化建设基础，其目标是：全面建成国际一流、国内领先的引领型智能化矿山。试点建设5G+智能矿山应用场景，全部采煤工作面实现智能化控制，掘进工作面实现远程智能操控，采掘工作面生产班力争不超5人；主煤流运输实现智能无人操控，机器人巡检作业；辅助运输构建连续高效化的胶轮车运输体系，物资实现智能仓储与智能调度管理；通风、排水、供电等固定作业岗位全部实现无人值守、机器人巡检作业；建成煤矿重大灾害监测与预警平台、应急管理平台，实现危险源、危险场景的智能分析、预测、预警；建设场内无人值守的智能化选煤厂，建设示范性智慧园区。

能源集团建设条件Ⅱ类煤矿的智能化建设基础相对较好，但一般存在瓦斯、顶板、冲击地压等灾害，其目标是：全面建成国内先进的示范型智能化矿山。建设具有煤炭资源赋存特色的智能化采掘系统，采掘生产班力争不超7人，主煤流运输实现智能化少人操控，辅助运输实现连续化运输，通风、压风、排水、供电等固定作业岗位全部实现无人值守，建成煤矿重大灾害监测与预警平台、应急管理平台，实现危险源、危险场景的智能分析、预测、预警；建成场内无人值守的智能化选煤厂，开展智慧园区建设。

能源集团建设条件Ⅲ类煤矿的智能化建设基础相对一般，大都存在瓦斯、顶板、冲击地压等灾害，其目标是：全面建成符合国家标准的基本型智能化矿山。建设具有煤炭资源赋存特色的智能化采掘系统，采掘生产班力争不超8人，主煤流运输实现智能化少人操控，辅助运输实现连续化运输，通风、压风、排水、供电等固定作业岗位全部实现无人值守，建成煤矿重大灾害监测与预警平台、应急管理平台，实现危险源、危险场景的智能分析、预测、预警；建设场内无人或少人值守的智能化选煤厂。

能源集团建设条件Ⅳ类煤矿大都为资源条件相对较差的矿井，除存在瓦斯、顶板、冲击地压等灾害外，可采储量相对较少，其目标是：建成采、掘等主要生产系统符合国家标准的推广型智能化矿山。采掘生产班力争不超9人，主煤流运输实现智能化少人操控，通风、压风、排水、供电等固定作业岗力争位实现无人值守，建成煤矿重大灾害监测与预警平台、应急管理平台，实现危险源、危险场景的智能分析、预测、预警；建有与产能匹配的选煤厂。

能源集团建设条件Ⅴ类的煤矿大都为资源条件较差、灾害较重、井型较小、剩余可采储量较少的老旧矿井，其目标是：建成安全监控、机电等关键系统符合国家标准的系统型智能化矿山。建成煤矿重大灾害监测与预警平台、应急管理平台，实现危险源、危险场景的智能分析、预测、预警；通风、压风、排水、供电等固定作业岗位力争实现无人值守，建有选煤厂实现原煤的初级分选。

35.1.2 煤矿智能化建设取得的总体进展

（1）2021年，能源集团共规划完成智能化项目695项、投入资金63亿余元；2022年，能源集团共规划智能化项目370项，预算资金近50亿元。

（2）首批9对国家示范煤矿智能化建设已全部具备验收条件，计划2022年5月组织赵楼煤矿、转龙湾煤矿，唐口煤矿、付村煤矿申请智能化验收。对部分重点矿井开展采煤、机电、辅运、洗选等4个专业智能化验收；积极探索掘进、通风智能化建设。

（3）牢牢抓住设备升级这一"牛鼻子"，坚持设备重型化、智能化、高可靠性道路，对各类装备进行全面升级。一是采煤"重装化"升级。根据煤层厚度、埋深、顶板状况、走向长度等因素，科学选用大功率采煤机、大功率刮板机和大阻力液压支架，提高采煤工作面单班生产效率。金鸡滩煤矿采用国内首套 7 m 大采高综放装备，具备日产 80000 t、年产 2.0×10^7 t 能力。二是掘进"差异化"配套。打造 4 条 TBM 全岩掘进作业线，正通煤业公司直径 4.53 mTBM 岩石掘进作业线，已连续作业 7.3 个月，完成进尺 2238 m，平均月进尺为 306.6 m，最高月进尺为 401m。三是运输"匹配性"改造。根据采掘工作面生产能力，同步实施运输装备升级，按照"胶轮车优于单轨吊、单轨吊优于地轨"的优先等级，升级辅助运输系统，缩短运输时间，减少岗位人员。

（4）加速5G+智能化生产系统融合。积极推动 5G 等新技术与煤炭工业深度融合，加快推进数字化网络化智能化建设。先后在鲍店、东滩、金鸡滩等 7 对内部矿井和色连二矿等 10 余对外部矿井开展 5G 成套装备规模化应用，打造形成 11 个 5G 采煤工作面、7 个掘进工作面、4 个辅运、2 个机房硐室等共 24 个应用场景。基于 5G 低时延、高可靠特点，已实现基于 5G 的采煤机/掘进机远程集控和机载视频传输，在久益采掘设备、上海煤机等装备上推广应用。

开发的具有自主知识产权的本安型 5G 基站、5G 手机等装备不断迭代升级。自主研发的矿用智能手表，可实时采集心率、血氧、血压、体温、心电等多种生命体征数据，直接通过矿井通信网络实现数据上传。支持 SOS 一键呼救，与矿井高精度人员定位系统融合，实现精准高效救援。目前产品已在转龙湾煤矿、郭屯煤矿等批量试用，效果良好。

最新研制的采煤工作面 MEMS 惯导应用和基于鸿蒙智能穿戴的职业健康系统计划于 5 月中旬参加国家发展改革委主办的智能煤矿成果发布会。

（5）稳步推进机器人应用。山东能源目前在用各类煤矿机器人 72 台（套），其中巡检类机器人 58 台（套），主要应用在输送带运输系统、井上下变电所、泵房等地点；选矸机器人 8 台（套），主要应用在原煤分选系统；运输类机器人 3 台（套）；其他机器人 3 台（套）。替代岗位人员 220 余人。

（6）减人效果初步显现。通过大力开展矿井智能化建设，各矿井单班入井人数显著降低：目前，有 8 对矿井达到单班入井 100 人、20 对矿井达到单班入井 200 人、27 对矿井单班入井达到 300 人，其中裕兴煤矿全天下井 100 人，伊犁一矿全天下井 300 人以内，金鸡滩煤矿全天下井 500 人以内，山东省内单班超 500 人矿井全面清零。

35.1.3 各生产子系统智能化建设情况

（1）采煤系统积极推进煤炭绿色智能开采，提升煤炭安全保障能力。采煤工作面采煤机具备自主定位、姿态监测、智能调高、故障诊断与预警等功能，液压支架具备支护高度、立柱压力、推移行程等支护状态监测功能，实现自动跟机移架、自动推移刮板输送机、自动补压、自动喷雾等动作。通过全面推进智能化建设，济三煤矿薄煤层智能化工作面实现常态化 5 人作业；转龙湾煤矿中厚煤层智能化工作面跟机率及煤机自动开机率均达到 95% 以上，煤机速度 10 m/min 以上，支架跟移时间 9 s 以内；金鸡滩煤矿建成国内一流的智能化综放工作面，生产作业人员由 16 人减至 7 人，人均工效达到 105 t/工。

（2）掘进系统积极探索安全高效智能模式。依托高可靠矿用 5G 专网，配备使用智能化掘进机、遥控自移机尾、干式除尘风机、智能双臂钻车、带式输送机巡检机器人等先进装备，通过不断研究摸索、创新改进掘进机截割新方法。2021 年在鲍店煤矿开展悬臂式综掘机智能掘进工作面试点建设工作，经过一年的不断研发，鲍店煤矿建成基于矿用 5G

专网数据传输的智能掘进系统,已实现掘进机记忆截割常态化运行,临时支护、永久支护机械化少人作业,设备关键工况参数和运行画面实时采集,带式输送机运输系统无人值守,生产作业人员由 11 人减至 5 人,截割期间工作面达到无人化目标。

(3) 机电系统持续推进主运输、提升、主通风、压风、排水、供电等"六大系统"智能化升级改造,主力矿井主煤流运输系统全部实现地面集控;主井绞车房逐步实现无人值守、有人巡检,副井绞车房具备自动化运行条件;65% 的变电所、75% 的泵房、84% 的压风机房实现无人值守。付村煤矿依托矿井工业环网信息通道,按照"6+1"总体设计架构,完善"六大"子系统、集成建立综合"一体化"控制平台,实现对主提、主运、主排、供电、通风、压风等系统远程控制和运行参数信息上传功能,形成现场"无人值守、区域巡检"新模式。

(4) 辅运系统淘汰架空线电机车、调度小绞车等传统运输方式,全面推广单轨吊、无轨胶轮车连续运输装备,已建成 123 个单轨吊运输采区和 32 个胶轮车运输采区,减少辅助运输岗位 1489 个;86 个单轨吊运输线路集装化,物料运输效率提高 30% 以上;鲍店、新巨龙等山东省内运输条件相对复杂矿井实现井下"半小时运输圈";23 对矿井建成井下智能调度管控平台,其中山东能源集团北斗天地公司在转龙湾煤矿基于 5G 高速传输网络及 UWB 精准定位技术自主研发的辅运智能管控平台正在集团内部矿井推广使用。

(5) 通风系统以安全为导向,积极开展试点验证建设。在东滩煤矿、付村煤矿搭建了智能通风管控平台,融合了安全监控、人员定位、自然发火监测、设备在线监测等系统数据,具备了通风参数分析、动态风网解算、故障诊断、灾害评估预警等功能。主要通风机实现了一键启停、反风和倒机功能;推广应用了变频局部通风机,实现了局部通风机工况参数的远程监测和在线调节;煤矿井下主要通风设施实现了就地自动化控制和远程在线控制,防灭火、防尘等系统实现了灾害联动控制。

(6) 洗选系统通过主生产流程设备进行远程集控,实现了生产现场"无人值守、有人巡视"。重点建设了智能重介密控系统、智能浮选系统、智能浓缩系统和智能压滤系统,试点建设了智能管理决策系统和专家知识库,实现了选煤厂全生产流程的智能化管控,稳定了产品质量、提高了精煤产率、降低了劳动强度。付煤公司选煤厂通过智能化建设,将全厂直接参与生产人员由原来的每班 38 人缩减至 12 人,精煤回收率提高 2% 以上;金鸡滩煤矿建成了智慧型选煤厂,实现洗选加工全流程智能控制,生产经营全过程智能管理,人均工效达到 470 t/工。

35.2 金鸡滩煤矿智能化示范煤矿建设实践

35.2.1 矿井基本情况

金鸡滩煤矿隶属山东能源集团兖州煤业股份有限公司,是陕西未来能源化工有限公司 1.00×10^6 t/a 煤间接液化综合利用项目的配套矿井,是陕西省、榆林市、榆阳区和兖矿集团"十二五"期间的重点建设项目。金鸡滩煤矿位于陕北侏罗纪煤田榆神矿区,井田走向长 11.44 km,倾斜宽 8.77 km,面积 91.62 km^2,目前所采一水平煤层为 2^{-2} 及 $2^{-2上}$(煤厚平均 8.52 m,埋藏深度 213.95~286.67 m),截至 2019 年末,矿井累计查明资源储量 1.82×10^9 t,有效可采储量 5.98×10^8 t,服务年限 56.9 年,矿井水文地质类型为复杂,煤矿瓦斯等级鉴定为瓦斯矿井。2014 年 6 月建成试生产,是我国自行设计施工的大型现代化矿井,主提升为主斜井、主运为带式输送机运输。矿井于 2012 年 2 月正式开工建设,2014 年 6 月底建成试生产,设计生产能力 8.00×10^6 t/a,2018 年 7 月 20 日,取得《金鸡滩煤矿生产能力核定结果的批复》,实现产能由 8.00×10^6 t/a 核增至 1.50×10^7 t/a。

矿井先后荣获全国煤炭工业文明煤矿、安全生产标准化一级矿井、全国煤炭工业先进集体、山东省文明单位、陕西省"2016—2017 年度煤炭特级安全高效矿井"、陕西省煤矿安全生产先进集体、中国煤炭工业协会"2016—2017 年度煤炭工业特级安全高效矿井"等多项荣誉称号;矿井工程获得中国建筑行业工程质量最高荣誉"鲁班奖";在 2018 年中国煤炭百强榜上位列第 12 位。

近年来,金鸡滩煤矿始终坚持创新引领、安全发展理念,成功应用世界首套 8.2 m 超大采高综采成套设备,获得中国煤炭工业协会科学技术奖一等奖。成功应用世界首套 7 m 超大采高综放工作面成套装备,获得中国煤炭工业协会科学技术奖特等奖。矿井规模当量、创效能力、综合水平均达到国际领先水平。作为国家首批智能化示范建设矿井,按照"机械化换人、自动化减人、智能化无人"的总要求,金鸡滩煤矿坚持以"三减三提"、装备升级和"三化融合"为统领,积极推动工业互联网、大数据、云计算、5G 等新基建与安全生产深度融合,着力建设安全、绿色、智能、高效"四型"矿井,全面推动矿井实现高质量发展。

围绕智能化建设目标,金鸡滩煤矿紧扣安全、高效、绿色、智能发展方向,坚持创新驱动,以智慧矿山为突破口,着力推进基础信息、采掘、机电、运输、通防、监测监控、洗选等系统的智能化建设,在推动企业高质量发展、智能化方面取得初步成效。

35.2.2 智能化建设推进情况

1. 各系统智能化建设规划情况

(1)信息基础设施。建设一套高安全、高可靠、高带宽的 5G 传输网,用于承载及支持金鸡滩煤矿采煤工作面的各无线业务的扩展及后期规划使用。该系统以矿用 5G 传输环网为核心骨干链路,无线承载网为无线传输链路,通过井下基站的无线节点方式,进行无线承载网的构建并覆盖金鸡滩煤矿井下主要地点及调度指挥中心,利用矿用本安手机等移动终端接入设备来实现地面对井下工作人员语音通信调度及井下工作人员对地面的信息反馈。利用矿用本安型无线信号转换器(井下工业级 CPE),可以将矿用摄像机、采煤机惯导装置等设备数据转换成 5G 信号,以实现井下有线网络设备的 5G 接入。

(2)矿井建设"一张图"、3DGIS 透明化系统、矿井 5G 网络系统。实现采煤、掘进、机电、运输、通风、调度等多专业信息共享;实现矿井在线监测、自动化和安全管理等信息在 GIS 图上直观展示。通过地面航拍和现场实地拍摄等手段完成基础设施建模,实现对工厂建筑、地形地貌、井下主要巷道、重点硐室、工作面等场景进行仿真建模。

(3)地质保障系统。地质保障系统采用 C/S(软件端)与 B/S(网页端)相结合的架构,通过对工程数据和地质数据的采集、录入等处理,搭建可视化三维地质模型,实现地质模型的更新与分析,为智能采煤、智能掘进、智能通风等系统提供可靠的地质信息,保障矿井管理层的科学决策。

(4)掘进系统。智能化掘进系统建设包括如下内容:连采机自动截割系统、带式输送机巡检机器人系统、井下集控中心、地面集控中心、智能探放水钻机、智能帮锚钻机等。规划连采设备集控系统、电缆收放车项目。连采设备集控系统以井下集控、地面远控为目标,建设具有主动感知连采机位置、连采机程序割煤、自动分析工作面环境,建设安全、高效、节能、少人的智能连采工作面,将正常生产时仰头工作面人员降至7人。电缆收放车自动收放连采机跟机电缆、供水管,有效缩短调机时间,取消连采机副司机岗位。

(5) 采煤系统。综采工作面通过设备改造具备智能控制、可视化远程干预功能,采煤机程序截割系统、液压支架电液控制及智能集成供液系统、图像视频远程跟踪系统、采煤机和刮板输送机及液压支架协同控制系统、远程控制平台等成套装备,实现地面(巷道)监控中心对综采设备的智能监测与集中控制,实现工作面智能化、少人化开采,综采工作面生产班单班岗位人员减少至5人及以下。

(6) 辅助运输系统。建成基于UWB精确定位技术的无轨胶轮车监控调度系统,实现车辆定位、信号灯自动控制,保证井下无轨胶轮车有序安全运行,达到自动化管理的目标。智能化机车监控系统建有车辆调度管理软件平台、路口红绿灯控制、实时测速系统、智能车载终端、智能候车系统、调度大屏及车载终端信息公示系统,实现调度通信、超速、闯红灯、疲劳驾驶等预警信息收发等管理功能。

(7) 机电系统。2021年供电与排水系统规划建设有电气设备智能监控系统、煤矿供配电系统研究及应用、智能排水控制系统。于同年7月完成供配电系统图纸设计,9月底完成矿井各泵房主排水泵电机温度、振动传感器的加装、水仓液位计的加装,水量、水质监测仪的安装及调试,泵房环境温湿度、烟雾传感器的安装。10月初完成矿井上下高低压柜智能保护终端、智能保护测控装置、智能电能计量装置的安装调试,井下高压柜远动装置的安装及调试,实现矿井供电与系统的远程集中控制、全部变电所和泵房的无人值守。

(8) 通风压风系统。采用通风系统智能精准感知技术与装备,实现对风阻、风量、风压等参数的智能感知,对通风网络阻力进行实时监测与解算。风速、温度、湿度、气压、瓦斯、一氧化碳、二氧化碳、粉尘等传感器的数量和位置应满足精确测风、瓦斯涌出量计算和环境状态识别的需要,并提供远程监测接口。井下主要进回风巷间、采区进回风巷间采用自动风门,正常通风时期可靠闭锁,灾变时期可远程解除闭锁。矿井主要通风机、局部通风机具备远程集中控制功能,局部通风机可具有远程启停功能,实现无人值守。通风系统应具备故障自诊断与预警功能,并与其他系统实现智能联动控制,实现灾害的智能预警与避灾路线智能规划。

(9) 洗选系统。完善集中控制系统,对未纳入集控的设备设施实现集中控制,实现一键启停、煤量按工艺需求自动调节、设备故障自动转换流程、产品出入仓自动均衡功能。安全监控等系统功能常态化运行,实现全生产流程设备及设施实时监控,实现安全生产联动平台相关功能。实现智能选煤过程管控常态化运行。建设智能选煤决策平台,实现智能选煤决策平台常态化运行,实现信息化管理常态化。

2. 各系统智能化建设进展

(1) 信息基础设施。建成万兆工业骨干网络平台、工业云数据中心、工控信息安全防护、矿井5G等高速基础网络,打通智能化开采上下行传输的高速通道。依托高速基础网络建成智能矿山综合信息管控平台、安全生产视频分析、人员精确定位等智能系统。形成矿山综合信息管控平台。通过建立高度集成的多维智能管控系统,基于数据标准化、设备自动化、生产透明化、业务流程化、管理智能化,实现矿井地测、生产技术、监测监控、综合自动化、安全管理等业务数据信息共享与业务协同，打通信息孤岛，矿井各管理流程均可通过一个管控平台推送所有信息。利用人工智能、工业物联网、云计算、大数据等新一代先进信息技术和综合信息管控系统深度融合联动，达到安全生产管理智能调度、集中管控的目的。建立大数据分析模型，为管理层提供正确决策的科学依据。

（2）采煤系统。智能综采工作面采煤机采用可编辑 ASA 技术，通过采集顶板曲线、底板曲线等数据，进行高精度自动化生产模拟仿真，自动生成最优截割程序，液压支架自动跟机率达到 95%，程序截割率达到 93%。井下、地面建成集控中心，实现对设备的可视化集中控制、运行状态监测、故障诊断、一键启停。建成以采煤机自动截割、液压支架自动跟机、集中控制系统为核心，以三角煤自动截割、采煤机 5G 通信为突破，以带式输送机全生命周期管理、设备健康管理、设备自动润滑、智能供液等系统为保障，工作面生产全流程智能化，正在探索取消井下集控中心。生产期间工作面作业人数减少至 5 人，人员减幅达 50% 以上，建成国内一流的智能化综采工作面。

（3）掘进系统。充分结合矿井生产条件，工作面掘进继续采用连采双巷快掘工艺，连采机截割与锚杆机支护交替作业，实现掘、支、锚、运安全高效平行作业，月度进尺长期保持在 1500 m 以上，工作面作业人数控制在 5 人以内。建成连采机自动截割系统，通过遥控器或集控中心操控台设定巷道坡度、高度等参数，根据巷道尺寸编辑多套截割程序，以 5G 摄像头、惯导系统为辅助，实现远程控制、自动截割。连采机进刀、落煤、扫底等程序自动化完成，巷道断面成型每米误差控制在 50 mm 以内，除调机动作外，连采机记忆截割运行率达到 60% 以上。配置智能化钻机，对巷道待掘区域的地质构造、水文地质条件等进行超前探测，具备自动装卸钻杆、一键钻进、远程遥控钻进，实现探放水作业全自动化，钻孔信息实时上传至集控中心。集控中心实现掘进工作面成套装备的"一键启停"和多机协同控制。临时支护和永久支护实现全机械化，顶部支护全自动化，钻孔干式除尘。

（4）机电系统。中央泵房、变电所等地点安装 12 套智能门禁系统，实现重点区域人员管控。井下变电所泵房、矿井主要通压风机房等重点要害场所全部实现无人值守、自动化运行和远程集控。在井下中央泵房、主运带式输送机等多个地点全面推广应用巡检机器人，实现关键位置动态巡检，提高无人值守场所设备运行的可靠性。建成统一的电力自动化监控平台，实现主要变电所高（低）压电气设备遥信、遥测、遥控、遥调、遥视功能。高压配电设备具备智能防越级跳闸保护、漏电选择性保护功能，提高矿井供电系统的安全性和可靠性，保证矿井供电系统的安全运行。建成智能排水控制系统，实现水泵自动启停、自动轮换，多级联合排水、效率分析、能耗监测等功能，实现与矿井水文监测系统智能联动。井下 17 个零散排水点采用载波通信技术实现自动控制。

（5）辅助运输系统。升级优化辅助运输智能化综合管理系统平台，全面实现井下辅助运输精确定位、动态监控、语音调度、智能导航、安全预警、车辆管理和物流配送等功能。井下主要乘车点安装 7 处智能物流管理系统，随时掌握井下车辆位置信息。通过对货车模块化升级，物资运输的自动化装卸，提高装卸效率。

（6）主煤流运输系统。建成主煤流智能监控系统，该系统由煤流均衡分析、输送带纵撕监测预测、无损探伤故障诊断、视觉识别智能分析、光纤测振测温监控等系统组成。视觉识别智能分析，实现带式输送机系统的异物识别、清扫器积煤识别、输送带跑偏警示、重点区域人员闯入报警、温度及振动在线监测、环境数据实时采集上传等功能。该系统建成后，从主斜井到工作面的主煤流系统累计减少3个岗位，煤流均衡系统实现"以采定运""以运调采"均衡生产，矿井生产效率达到最优化。

（7）通风系统。通过对风窗、风门、局部通风机、主要通风机等设施进行升级改造，实现通风设施的远程、智能控制；加大风压、风速及其他环境参数智能感知传感器的投入使用，实现精准测风。依托智能化通风管理平台，矿井通风状态三维动态可视化展示，常态下通风系统经济可靠运行、动态异常预警，突发灾变状态下灾情动态研判、智能决策与应急调控。提升完善智能瓦斯灾害防治、智能火灾防治、智能粉尘灾害防治等子系统，实现瓦斯变化动态仿真及预测预警、煤层自燃监测系统融合分析、隐患预测、智能联动以及远程集中控制智能降尘功能。

（8）监测监控系统。煤矿安全监控系统与人员精确定位系统、井下应急广播系统、有线调度通信系统进行深入融合，井下作业环境信息达到报警值时，能够利用智能矿灯、应急广播和有线调度电话对井下灾害区域人员发出预警信息，采取有效应对措施。基于UWB人员精确定位系统，实现重点区域超限报警、重点部位人员接近报警。矿井水文监测系统利用计算机技术、通信技术、传感器技术解决矿井水害防治问题，具备矿井水文数据采集、数据处理、数据网络共享、矿井水害预警、辅助决策于一体，采用现代化的监测手段对地下水的各种参数进行监测，能够及时掌握水文动态，达到了对水害事故的早发现、早预报、早防治。实现压力监测数据实时自动上传，利用综合信息管控平台中的大数据分析，实现了矿山压力的预测、预警，提升顶板管理的超前管控能力。

（9）选煤系统。搭建网络、数据中心、专家知识库、交互平台等基础平台，为智能洗选系统奠定基础。完善设备状态、环境安全、监测监控、单机自动化、阀门翻板的接入、视频监控、调度通信、人员定位、点检、生产辅助环节等基础自动化升级。实现重介分选、粗煤泥分选、浓缩、压滤、装车、停送电等环节的智能控制。装车系统实现无人操作、智能装车，常规汽运半挂车只需45 s即可完成放煤、装车。打造智能化管理决策平台，实现生产、机电、技术、节能、协同等智能管理，生产情况分析、工艺效果评价、生产指标预测、产品结构优化、经济效益预测、设备健康评价、设备运行智能决策。建成3D可视化透明选煤厂，实现洗选加工全流程智能控制，生产经营全过程实现智能管理，实现了由传统选煤向智能选煤的跨越。

35.2.3 创新性技术装备与示范效果

（1）矿井5G通信系统多场景应用。连采机、采煤机通过远程控制软件，利用5G高速网络实现设备参数、监控数据的无线传输，替换原有融入光纤的动力电缆，实现远程控制，满足生产需要。

（2）人员接近保护系统全面推广应用。基于UWB人员精确定位系统，设备运行危险区域、密闭墙等重要地点安装人员接近保护系统，人员误入禁区后，人员接近保护系统收发终端识别精准定位卡，小于禁区管理规定距离后，发出闭锁停机信号、报警信号，增加安全保障。

（3）监测监控系统智能化升级。建立微风、无风等特殊条件下的探测、分析和预警方法；研究瓦斯与煤自燃、氧气浓度之间的耦合关系，建立盲巷、采空区等环境下的瓦斯安全评价预警方法，对局部瓦斯赋存区的异常涌出有效进行辨识和溯源。开发矿井灌浆注氮防灭火系统智能管控系统，实现与煤自燃火灾监测系统的智能联动，构建完善的煤自燃监测预警与智能管控技术体系；建立煤自燃危险程度分级预警和隐患预测模型，融合矿井现有束管色谱监测系统（或微色谱束管监测系统）、安全监控系统等，研发煤自燃监测预警与智能管控系统软件平台，将煤火灾害防控的关口前移，实现煤火灾害由被动治理到主动防控的根本转变。

（4）智能供电系统精准化改造。基于智能电网 IEC61850 通信规约的全光纤网络平台的构建技术，按照"统一规划、统一标准、统一建设"的原则，以分层分布式结构实现智能电气设备间的信息共享和互操作。采用合理的网络架构以及双网热备机制，一次设备的网络构建采用双重化配置，分别接入 A、B 网，SMV 与 GOOSE 二网合一。基于 IEC61850 标准站控层 GOOSE 技术的数字化防越级跳闸技术，提出基于站控层 GOOSE 技术的数字化防越级跳闸方案，下级故障闭锁相邻上级，逐级闭锁，无须定值级差配合；GOOSE 闭锁信号传输延时小于 10 ms，全网保护速动（小于 40 ms）；GOOSE 断链报警，在线检测 GOOSE 通信网络链路通断；站控层传输，与监控共用网络，无须另增设备及网络。

（5）主煤流智能监控系统可靠运行。采用 AI 智能视频监测技术识别输送物料中的大块煤矸、金属杂物、木材等杂物，防止损伤或撕裂输送带；识别出输送带上有异物、堆煤现象，系统平台立即报警或停机，通过对带式输送机运行状态的图像分析来判断输送带是否跑偏，根据输送带跑偏的严重程度，系统平台发出报警信号。固定式热像仪运用红外热成像识别技术对危险区域人员进入进行判断，实现对危险区域进行实时监控和安全预警。采用光纤测温、测振系统。在主斜带式输送机、大巷带式输送机敷设测温光缆和测振光缆，在带式输送机头设置测温测振主机，实时采集带式输送机沿线的温度和振动数据并传输到地面监控主机，实现全带式输送机系统温度及振动的连续在线监测与精确定位。

（6）智能巡检机器人系统。大巷带式输送机头、中央泵房、110 kV 变电所安装巡检机器人，实现设备的动态巡检。智能巡检机器人搭载多种传感器，可实时采集现场的图像、声音、烟雾、粉尘、CO 浓度、CH_4 浓度、环境温湿度、红外热像及温度数据等参数，在远程调度平台可实时在线监控现场的运行状况，智能巡检机器人具有智能识别功能，通过软件对数据的自动分析，能够准确判断设备当前运行状态，并基于大数据分析预警技术，对设备运行故障超前预判、预警，减少故障停机时间，及时发现设备的异常现象，规避设备运行隐患，提高工作效率和巡检质量，降低井下工作人员的劳动强度和安全风险，起到减员增效的作用。

（7）8.2 m 超大采高综采成套技术与装备项目成功实现了金鸡滩煤矿 6~8 m 厚煤层一次采全厚开采，与原分层采煤方法相比，资源回采率提高 30% 以上，大大提高了工作面开采效率和资源采出率。该项目提高了综采装备的设计理论及制造工艺水平，对发展高端煤机装备并形成战略新兴产业具有重大的推动作用，项目成果已经实现产业化，项目成果可在晋陕蒙等重点煤炭基地，特别是我国西部矿区厚煤层进行推广应用，技术经济效益十分显著。

（8）特厚坚硬煤层 7.0 m 超大采高智能化综放开采成套装备运行安全可靠，煤壁稳定性和顶煤冒放性均较好，最高月产达到 $2.02×10^6$ t，最高日单产 $7.92×10^4$ t，回收率达到了 90.5% 具备年产 $2.0×10^7$ t 能力，经济和社会效益显著。为晋陕蒙等大型煤炭基地坚硬特厚煤层条件下安全、高效、高回收率回采提供了技术方案。

35.3 双欣矿业智能化示范煤矿建设实践

35.3.1 矿井基本情况

内蒙古双欣矿业有限公司杨家村煤矿（以下简称"杨家村煤矿"）位于内蒙古自治区鄂尔多斯市境内，行政区划属东胜区铜川镇。杨家村煤矿为正常生产煤矿，采用井工开采方式，设计生产能力 5.0×10^6 t/a，目前核定生产能力 6.0×10^6 t/a，配套建设有同等规模的选煤厂。

根据《内蒙古自治区推进煤矿智能化建设三年行动实施方案》要求，杨家村煤矿编制了《内蒙古双欣矿业有限公司杨家村煤矿智能化建设方案》，全面开展了智能化项目建设工作，并按期完成了建设目标。

35.3.2 智能化建设推进情况

2021 年双欣矿业公司重点围绕采、掘、机、运、通，以及信息、地质、洗选等系统开展智能化建设，规划建设项目 34 项，累计投入资金 9343.419 万元。目前，34 项项目均已建设完成，各系统转入常态化运行管理阶段。

（1）信息基础系统。优化工控网络结构，建设网络安全防护体系，保证信息数据的安全传输。升级公司核心网络交换机，进一步提升网络运算、数据处理能力，打造安全高效信息传输平台，实现了数据高速、安全传输。建成安全生产数据平台，打通矿井数据传输通道，突破矿井内部信息壁垒，实现了数据共享，满足了生产过程管理信息的综合展示与决策分析。

（2）采煤系统。建成 4110 智能化综采工作面，实现大采高综采工作面液压支架自动跟机动作、三角煤自动截割、采煤机记忆截割功能；实现刮板输送机、转载机、破碎机、乳化液泵站、采煤机等设备数据实时在线监测分析功能，工作面带式输送机顺煤流启动。目前，4110 工作面已回采完毕，智能化工作面搬迁至 4107 工作面，实现常态化运转。

（3）掘进系统。建成 5108 辅助运输巷智能掘进工作面，配置了"掘锚一体机+机尾自移式带式输送机+智能集控中心"的智能快速掘进系统成套装备，实现掘、支、锚、运等全部工序高效机械化。带式输送机机尾采用自带的液压系统，驱动机尾推移油缸自行前移、后退，实现机尾自移功能；掘锚机和各转载点安设高清摄像仪，集控中心实现对掘进、运输等设备的可视化集控、运行状态监测、一键启停。

（4）机电系统。压风系统：将压风机电机更换为变频一体机，并将变频一体机控制系统接入压风机智能监控系统中，实现了对压风机的变频调速控制。

供电系统：对井下配电点实施电力监控改造，做到了零散配电点开关的"五遥"及电力系统操作可视化联动监控，井下各配电点实现了无人值守、远程控制。

供排水系统：升级改造管网控制系统，更换电动闸阀，增加电动闸阀控制箱、数据采集箱，将数据融入现有泵房自动化控制系统，实现了对管网的远程调配；构建泵房故障诊断系统，在各主排水泵安装监测点，采集相关位置振动信息，通过服务器数据分析，实现主排水泵的故障诊断与实时上传；改造矿井供水系统，通过智能控制平台，根据水量、水压、水质和水温等情况，对给水系统进行智能调节。

主运输系统：升级改造煤流运输系统，在工作面运输巷带式输送机、主运带式输送机头安装红外煤量扫描仪，配合变频一体机使用，根据运量自动调节主运带式输送机运行速度，并融合到现有的主运带式输送机智能控制系统，实现煤流均衡控制功能，多条输送带顺煤流启动；在工作面运输巷带式输送机安装自动张紧装置，提高工作面运输巷带式输送机的效率、安全性和可靠性。同时，煤流系统智能视频分析具备异物、大块煤识别和人员违规穿越皮带等特征信息识别功能。

（5）辅运系统。建成辅助运输管理平台，集成车辆统一调度功能，实现了对井下车辆的分布实时统计、行驶轨迹查询、位置精准定位、实时移动通信、红绿灯控制、井下行车安全提示等，确保车辆高效运转，提高运输效率。将智能物流运输接入井下车辆定位系统，实时显示物料位置信息，实现了物资运送全过程信息化闭环管控，进一步提高了作业效率，减少运输环节。

（6）通防系统。建成智能通风监测与控制平台，集成通风阻力动态解算、通风系统状态识别、正常时期调风优化、灾变时期控风决策预警功能，通过变频局部通风机变频控制和远程控制矿井主要风门和调节风窗，动态调节井下风量，掘进工作面风量保持恒定。

在工作面采空区敷设感温光缆，实时监测采空区自然发火情况，分析上传数据，对异常状态进行自动预警。在粉尘易超限区域装备智能喷雾装置，根据煤尘监测数据，实施远程集中控制和智能喷雾降尘。

升级改造火灾监测系统，将火灾监测系统与灌浆、注氮系统智能联动，对井下火灾易发区域进行重点监控，智能监测分析火灾参数，实施预测预警及联动控制，保证了工作面回采期间的防灭火安全。

（7）地测系统。升级矿井水文动态监测系统，实现了井下水压、水量、水温、涌水量等全覆盖的动态监测，以及对矿井水的简分析。

无人机激光雷达系统生成的三维实景图可以同采掘工程平面图叠合，展示其空间位置关系，使相邻煤矿的位置关系更加立体地展示出来，保证了塌陷区巡视、岩移观测正常化，减少塌陷区现场人工巡视，降低了测量人员的劳动强度，保障了测量人员的人身安全，提高工作效率。

矿井 GIS "一张图" 实现综合一张图、监测平台、专业一张图、透明地质等 4 个部分的展示。通过存储转换空间数据、属性数据和时态数据，形成空间地质数据库，实现对地质测量数据的分类存储、分析、共享与更新，并利用可视化功能进行直观展示，为智能化生产、设计和灾害防治提供技术支撑。

（8）洗选系统。选煤厂建设有集中控制系统、煤质在线监测分析与密度自动控制系统、选煤厂 3D 可视化系统、汽车装运系统、电力监控系统。在初级自动控制系统的基础上，从"自动化、信息化、智能化"建设入手，完成了网络系统升级建设，底层自动化升级完善建设，生产过程控制建设，数据中心建设，智能识别、智能集控、智能浓缩、智能压滤、视频联动等智能化子系统的建设。

汽车装运系统实现了无人值守、质与量的在线监测、60 s 装车计量以及零库存生产、零亏卡销售，化解了销售环节的廉洁风险。开发了网上智能汽车排队系统，实行网上预约排队，有效避免了运煤道路上车辆超时等候，大大缓解了道路运输压力。

2021 年 11 月 30 日，内蒙古煤矿安全监察局鄂尔多斯监察分局、鄂尔多斯市能源局根据《内蒙古自治区煤矿智能化建设基本要求及评分方法（试行）》组织专家组对双欣矿业有限公司煤矿智能化建设项目进行验收。2022年1月28日，通过自治区煤矿智能化建设评估。

2022年1月10日，采煤、机电、辅助运输、洗选等4个子系统通过能源集团验收，其中采煤、机电专业达到能源集团示范型智能化子系统要求。

35.3.3 建设成效与亮点

1. 智能采煤系统

（1）引进刮板输送机机尾自动张紧新技术。通过在工作面刮板输送机张紧伸缩部对布置在工作面刮板输送机伸缩机尾油缸无杆腔的压力和活塞杆的位移进行在线监测，并结合液控系统，实现刮板输送机机尾链条张力的手动和自动控制功能。链条自动张紧的液控系统具有减压、溢流、调速、保压与抗液压冲击等功能，保证系统稳定可靠的工作。

（2）采用刮板输送机机尾自动张紧新原理。采用模糊压力区间控制法，设定链条张力适度的合理压力区间值，矿用隔爆兼本安型刮板输送机电液控制装置主机实时监控油缸无杆腔的压力值变化。当监测液压缸无杆腔的压力小于设定压力区间值的下限时，表明链条张力过小，即链条松弛；控制器驱动电磁阀动作，通过液控系统控制油缸伸出对链条进行张紧。当监测液压缸无杆腔的压力大于设定压力区间值的上限时，表明链条张力过大，即链条过紧；控制器驱动电磁阀动作，通过液控系统控制油缸缩回。

（3）实现刮板输送机机尾自动张紧技术新效果。当监测油缸无杆腔的压力在设定压力区间之内时，表明张力合适，液压缸无动作，液控系统锁定进行保压状态。整个链条张力的调整处于动态调整，其液压缸位移参数作为参考，在极端状况下参与控制，用于紧急报警与停机功能，避免出现危险，保证设备正常运行。

2. 智能机电系统

（1）针对井下排水点分布广泛、设备安撤频繁、通信线路长、敷设工作量大等问题，引进电力线通信技术，以输电线路为载波信号的传输媒介，输电线输送工频电流的同时传送载波信号，无须另行敷设通信电缆。通过在现场安装采集箱和各类传感器，将水泵、开关运行参数、排水压力、水流状况、电机温度等数据传送至地面集控室，实现了零散排水点水泵的远程启停、运行状态实时监控等功能。成功克服了分散排水点分布广、设备变动频繁、通信网络安装维护工作量大等难题，降低了零散排水点水泵故障率，提高了人工效率，为矿井排水系统安全、可靠运行提供了保障。

（2）各主运带式输送机头均装有增量式光栅编码器及位置校正传感器，可实时精确测量、显示输送带硫化接头瞬时位置和带式输送机运行里程（可按时间段查询并形成报表导出）及累积运行里程，自动进行零点校准，确保测量的准确性。同时还具备破口追踪、定点停带等功能，极大地节约了检修时间；此外还可以根据带式输送机运行里程计算、记录带式输送机托辊、滚筒运行圈数，注油周期记录、提示，为设备检修提供科学的提示和参考。

（3）给煤机闸板精准控制：将给煤机液压站手动换向阀进行更换，改为电磁换向阀，预留就地控制旋钮、按钮；使用比例调节阀对液压油路进行流量控制，可进行0.5%精度的微调，以便控制下料口油缸的动作速度，同时配合闸板位移检测传感器，闸板控制精度可达1cm，实现了给煤机闸板缓慢、精准控制，为实现给煤机无人值守提供了保障。

3. 智能洗选系统

智能煤矸分拣机器人是国内首家基于机器视觉的智能煤矸分选技术，集机械、自动控制、智能识别于一体，在不改变现场基础设施的情况下，具有安装方便、维护简单，抗恶劣环境等优点。2021年对智能煤矸抓取系统、软件系统进行二次升级，升级后矸石抓取成功率提高到95%以上。将现场4名人工拣矸人员替换为1人巡视，明显改善生产工人的工作环境，进而提高安全系数、生产效率。

4. 智能地质保障系统

（1）GIS"一张图"。

示范效果：能够在三维地质模型中进行水害仿真，发生水害时根据规划的避灾路线逃生。GIS"一张图"的建设提升了矿井综合分析能力、应急响应速度和安全生产管理水平，实现了对煤矿安全生产运营情况"看得见、管得了、控得住"和"一张网、一张图、一个库"的高科技矿山的管理目标。

亮点做法：GIS"一张图"能够将人员定位、安全监测、水文监测、工业视频等各专业数据在一张图上直观地展示出来。在安全监测图、水文监测图中会生成实时的曲线图，更直观地展示出来，有利于我们掌握监测信息；在工业视频图中会出现相应位置的实时监控视频，可以让我们及时掌握井下现场的安全生产情况。根据矿井水文地质情况建立了三维地质建模，包括煤层、断层、采空区、积水区、钻孔等水文地质情况。

（2）无人机激光雷达系统。

示范效果：能够对矿区开采及待开采区域地表的水文地质情况进行安全监测，真正实现矿山测量三维数据化、信息化，达到"天地一体、上下协同"的监管目标。

亮点做法：生成了矿区三维实景图，它可以同采掘工程平面图叠合，展示其空间位置关系，使相邻煤矿的位置关系更加立体的展示出来，周边露天矿井开采区域的开采情况、水文地质情况及建筑物一览无余。

35.4 唐口煤业智能化示范煤矿建设实践

35.4.1 矿井基本情况

唐口煤业于2006年1月建成投产，2020年核定生产能力为3.9×10^6 t/a。矿井为立井开拓方式，在北部工业广场内布置主、副、风三个井筒，南部工业广场内布置副井、回风井两个井筒，现生产水平为-990 m水平，主采煤层为3（3上）煤层，煤种为气煤。截至2021年底，千米以浅的有效可采储量为3.44×10^7 t，均为正在开采的3（3上）煤。

多年来，公司始终坚持"少人则安、无人则安""机械化换人、自动化减人"理念，不断提升智能化装备性能，大力实施智能化建设，减少煤矿高危岗位作业人员，公司连续16年实现安全生产。先后荣获全国煤炭行业特级安全高效矿井、全国安全文化建设示范企业、中国最美矿山、全国科学产能百强矿井、全国科技创新示范煤矿、全国"双十佳"煤矿、全国绿色矿山、省属企业疫情防控先进集体等荣誉称号，矿井持续保持了国家一级安全生产标准化管理水平。

2020年唐口煤业成为国家首批智能化示范煤矿建设单位，按照山东能源集团全面开展"五化四型"智能化煤矿建设和深入实施"两优三减"的部署要求，以全面建成全国首批智能化示范煤矿为目标，进一步实现煤矿"安全、高效、绿色、智能"的高质量、可持续发展，保证煤矿生产效率、安全水平、经营效益显著提升。

35.4.2 智能化建设推进情况

1. 信息基础设施

公司目前建有万兆工业环网系统、人员精确定位系统、4G无线通信系统、调度通信系统、应急广播系统、私有云平台、数据仓库、智能矿山综合管控平台系统等信息基础设施。2021年5月先后投资近500万元，分三期进行智能矿山综合管控平台建设，于2021年11月底正式上线运行。

2. 地质保障系统

唐口煤业装备有煤矿坑道勘探用钻机、矿用钻孔测井分析仪、矿用网络地震仪等钻探与物探设备，建设矿山地测数据库、GIS"一张图"系统。2021年5月，投资99.5万元建设了北京龙软科技股份有限公司的矿井三维地质建模系统，11月底正式上线运行。系统基于统一真实的地理空间数据库设计，从数据处理、数据更新、可视化、空间分析、业务定制等方面实现二三维一体化，建立了可动态构建、更新的煤矿三维地质模型，实现了地质基础数据的可视化展示、分析，构建了三维地质剖切、空间储量计算、巷道淹没分析等一系列实用功能，并行接入监测监控、水文监测、人员定位等相关关联信息，实现技术、通防、机电等专业基于地测基础数据的在线协同，为智能化采掘提供地质保障。

3. 掘进系统

2021年3月，投资438万元重点建设6311下皮带顺槽示范型智能掘进工作面，11月底正式投入应用。投入254万元引进了1 m带宽的带式输送机、永磁电动滚筒以及液压自移机尾，实现了带式输送机变频集中控制；投入124万元引进了最新一代的CMM2-25煤矿用液压双臂锚杆钻车，对工作面顶板进行支护，配合两帮手持式锚杆钻机，进一步提升了支护效率；投入60万元对综掘机远控系统进行了升级改造，实现掘进机远程控制、记忆截割、机械支护、设备集中控制，以及各转载岗点无人值守可视化监控。

4. 采煤系统

2021年5月，投资300万元对6310示范智能综放工作面进行升级。MG750-1800型采煤机经智能化升级改造后实现了各项智能化功能；投入96万元购置支架姿态控制系统，实现工作面液压支架的高度、压力、倾角、行程等支护状态监测功能；刮板输送机采用变频一体机作驱动，于2021年9月经厂家进行升级实现了基于煤量监测的智能调速、自动紧链、断链停机等功能；工作面带式输送机在采用变频器与永磁滚筒作驱动的基础上，经升级改造实现了基于煤量监测的智能调速、异物识别等功能，10月底6310示范智能综放工作面全面进入智能化运行阶段。

智能采煤系统实现远程一键启停、自动记忆割煤、自动截割三角煤、跟机拉架、时序放煤、支架姿态监测、煤流异物检测、故障自诊断、乳化液自动配比等"有人监控巡视，设备自动作业"的智能采煤新模式。通过智能生产的不断升级，综放工作面自动化率达到了85%以上，单班生产作业人也降至9人以内，人均效率提升近30%，实现了高效安全集约生产。

5. 主煤流运输系统

唐口煤业主煤流运输系统采用带式输送机和箕斗联合运输的方式。2021年3月，投资196万元对带式输送机运输系统进行升级改造，11月底所有主运带式输送机全部实现远程集中控制并稳定运行，实现了矿井胶带运输固定区域生产现场的"无人值守、有人巡视"，移动区域生产现场的"少人值守、有人巡视",减少了输送机司机24名,另外井下主煤流带式输送机实现了煤量识别自动调速功能,达到了"多煤快运、少煤慢运"目的,提高了运行效率并减少了托辊及输送带的机械磨损,主煤流运输系统单耗下降22.3%。

立井提升系统建成以副井车房为集控中心,实现了主井两部提升机无人值守,南部副井提升机远程操作。2021年9月,投入60万元在主井南、北提升机房各安装一套轨道式巡检与定点监测相结合的巡检系统,实现设备运转状况实时监控。2021年11月,投入65万元建成了井筒智能监测系统,实现了对井筒罐道梁、井筒井壁、井筒装备、钢丝绳张力实时监测、数据采集、智能分析、智能巡检等功能。两部主井提升机无人自动化安全高效运行,降低了劳动强度,每天减少人工巡检次数22次,实现减员12人。

6. 辅助运输系统

2021年5月,投资50万元完成单轨吊机车远程遥控驾驶和遥控起吊单轨吊遥控技术改造,2021年7月,投资100万元完成智能单轨吊调度管理系统建设,建成了总长度14000 m,覆盖330、530、630采区主要施工地点的单轨吊运输系统和调度管理系统,实现了电机车、单轨吊及矿车、车盘的精确定位、车载视频的实时上传及路径规划等功能,具备道岔远控、信号灯、弯道报警器自动控制功能。电机车、单轨吊实现了遥控辅助驾驶,运输车辆配备了智能终端,实现了车载视频、语音通话等功能。实现了采区运输集装化,生产使用的物料直接运送至施工地点,缩减了卸料等运输环节,保障了运输安全。建成了一站式物流配送体系,矿井物流管控平台与仓储管理平台无缝对接,车辆物流信息实时查询和信息化管控。物料设备一站式智能化运输,减少了物料周转、卸料的环节,实现了物料装、卸、运连续化。辅助运输效率提高了15%,减少辅助运输作业人员58人。

7. 通风与压风系统

2020年9月,投资59万元对主要通风机控制系统设备、管路等通过增加传感器、各种数据采集模块和远程执行机构进行控制系统改造。2021年7月,投入29万元将风井防爆盖自动闭锁系统、环境监测系统融合到智能通风监控系统中,同年9月,投资320万元完成矿井智能通风系统建设。

2021年4月,总投入118.8万元,通过对压风控制系统设备、管路等增加振动传感器、各种数据采集模块和远程执行机构,完成控制系统改造,同年9月完成系统建设。

唐口煤业南北两处工业广场的4台主要通风机实现自动运行和一键启动、一键反风、一键不停风倒机等智能化控制与实时在线监测,局部通风机启停实现远程监测。两处工业广场的8台空压机完善了远程集中控制和设备运行工况远程监测,实现压风系统无人值守,累计减员6人。

8. 供电与供排水系统

2021年3月,投资80万元对井下变电所进行供电系统升级,增加供电系统在线电能质量检测和故障录波、故障定位等功能。井上下供电网络构建成统一的电力监控平台,实现数据上传、分析、监控功能,系统具备故障诊断、防越级跳闸保护、选择性漏电保护、故障录波定位、智能联动、远程集控、能耗分析、操作票生成等功能,并将电能深度计量系统、电能质量在线监测系统融入到电力监控系统中。电能质量在线监测系统实现谐波在线监测。建立一套录波数据自动提取及精确定位系统,对矿井供电故障录波分析,进行实时提取及精确定位,快速定位故障点。对矿井能耗进行建模分析,实现各单位、负荷的能耗精确分析。

主要场所安设门禁系统，具备人脸识别、远程开锁功能，地面变电站安设机器人巡检系统，电缆夹层火灾报警系统，目前井下变电所已全部实现无人值守，实现减员24人。

公司井下现布置中央水泵房1个、730采区水泵房和630采区水泵房，2020年10月，对井下排水系统通过增加振动传感器、摄像头、各种数据采集模块和远程执行机构进行控制系统改造，建设完成了分布式智能排水系统。2021年9月，实现了中央泵房和采区水泵房3地13台排水泵联锁控制、远程监控、自动运行、无人值守。系统能根据水仓水位的高低或井下用电负荷的高低峰、峰谷平供电时间段、效能高低等因素，建立数学模型，合理调度水泵，自动准确发出启停水泵的命令，控制水泵运行，实现避峰填谷，有效降低矿井电费。将水文监测系统数据接入排水系统，实现智能联动，并实时监控各采区涌水量大小。实现减员12人，减少中央水泵房司机4人、630采区水泵房司机4人、730采区水泵房司机4人。通过避峰填谷矿井每年节省排水电费113万元。

2021年4月，对供水系统设备、管路等通过增加各种数据采集模块和远程执行机构进行控制系统改造，实施水泵系统自动控制及智能化，实现3地7台供水机组及2处供水电动阀门装置联锁控制及远程监控，实现供水系统运行工况、水温等数据采集显示、分析与预警，实现水量、水压智能调节控制，达到集中控制、无人值守，实现减员7人，减少了南部风井供水值班员2人、主井底供水泵房值班员3人、本部井下供水值班员2人。

9. 安全监控系统

瓦斯灾害防治方面。2018年1月完成KJ76X煤矿安全监控系统升级改造，2020年6月通过验收，对瓦斯浓度变化进行实时监测、瓦斯积聚区智能预测预警、瓦斯超限区智能断电；SJGL-50智能仪器管理系统投资48万元于2018年完成安装实施；2021年6月，投资36.7万元安装KJ1156自动隔爆装置压力监控系统，达到无人化管理。

水害防治方面。建设有水害监测系统、降雨量监测系统和基于井上下水害一体化监测预警平台，并配备有矿用钻孔测井分析仪。2021年9月，投入32.8万元完成了井上下水害一体化监测预警平台建设，进行井上下水文数据融合、"一张图"可视化展示、实时分析、水害监测与预警，实现与排水系统智能联动控制。

火灾防治方面。已建设了KSS200C煤矿自燃火灾束管监测系统，2021年4月，投资48万元完成KJ1205采空区光纤测温系统建设；投资67万元完成ZMK127输送带火灾报警灭火控制系统建设，具备自然发火监测与控制以及灌浆、注氮等完善的防灭火系统。

顶板灾害防治方面。建设有综采支架压力监测、顶板离层监测、钻孔应力监测、锚杆（索）应力监测等系统，2022年4月，投入24.8万元完成矿压大数据实时分析及预测系统建设，实现矿压实时监测分析、预测预警。

冲击地压灾害防治方面。建设有ARAMIS、KJ551（A）微震系统与ARES-OCENA地音监测系统、冲击地压大数据监测综合预警平台，对矿井区域与局部压力集成在线监测、实时显示、数据查询及报表查看，实现冲击地压监测数据智能分析与预测预警。

粉尘灾害防治方面。2021年5月，投资63万元建设完成智能喷雾控制系统，实现井下主要回风大巷、采掘工作面等容易粉尘积聚地点智能喷雾降尘。

2021年11月，在已建设的安全风险分级管控和隐患排查双重预防系统、各种灾害监测预警系统基础上，基于智能综合管控平台，建设了综合防治系统，实现各类安全感知数据采集、融合与分析，进行灾害综合监测预警与防治、应急救援辅助指挥等。

10. 智能化园区与经营管理系统

唐口煤业地面建设有生产调度指挥中心、智能控制中心，以及智能安防系统、智能车辆管理、智能后勤管理、智能信息发布系统，全方位实现园区的智能化管理。

生产经营实现生产计划及调度、生产辅助设计与技术、机电设备健康、办公自动化与人财物产运销一体化管理，实现生产、经营、管理的现代化、智能化。

11. 智能化选煤厂

2021年，投资6000余万元进行了智能选煤系统的建设，包括建设煤泥超高压智能压滤系统（5298万元），动筛和主洗系统（348万元）智能化改造，火车智能装车（148万元）系统改造，选煤厂智能一体化管控平台（218万元）建设等项目，于11月底顺利投入运行。

唐口煤业选煤厂原煤准备、主洗、煤泥水浓缩及压滤、装运等主要系统实现生产流程实时监控、一键启停和切换功能的常态化运行，物料（流）量按工艺需求远程调节，关键洗选环节实现智能化；设备健康诊断实现对关键设备的运行状态实时监测及预警；火车装车及汽运装车采用远程集控方式装车，装车计量及汽车采样系统均实现无人值守；建设选煤厂智能一体化管控平台，实现洗选系统的智能管理及智能辅助决策。

通过洗选系统的智能化建设，促进了选煤厂的安全高效运行。智能选矸系统实现高效精确分选，大大降低矸石拣选成本，有效改善和稳定原煤煤质，分选精准率在95%以上，减少岗位工6人，年创效600万元以上。智能压滤后煤泥含水量控制在17%左右，可掺配电煤或单独销售，年创效3600万元以上。通过选煤厂设备健康管理系统，可掌握设备的运行状态，提前预知设备存在的隐患，将设备问题消除在萌芽状态，大大降低设备故障率。火车智能装车系统，减少岗位人员9人，可对火车车号进行智能识别，并自动上传至MES系统，省去人工抄号的程序，减人提效，减少车号抄号人员3人，装车效率提高15%以上。通过选煤厂智能视频监控系统，对人的不安全行为、设备危险运行状态等进行实时监控，煤流系统内杂物通过视频监测报警，实现视频联动功能。另外，通过对智能浓缩及智能压滤系统的建设，实现了煤泥水处理的自动化，减人提效。

35.4.3 建设成效与亮点

1. 统一五个"一"建设，夯实智能化建设基础

唐口煤业智能化煤矿建设统一规划设计，分步有序实施，建成了一条高速数据传输通道、一个数据仓库、一张二三维一体化GIS图、一个智能综合管控平台的五个"一"智能化建设基础，保障了数据传输、存储、展示与分析应用的一致性、系统的平台化，实现煤矿各系统数据融合共享、平台集成与业务协同。

（1）智能化煤矿建设总体规划设计。总体规划明确了煤矿3~5年智能化建设方向目标、计划任务、实施项目和投资估算，统一了相关技术标准和技术参数，指导煤矿智能化建设有序推进、系统稳定运行。一张蓝图绘到底，落实建设任务、技术标准、建设进度和经费，协调各厂家协同有序推进，避免技术落后、技术不成熟和系统集成、数据融合难造成的重复建设和重复投资。

（2）万兆工业环网。建设地面与井下两个工业以太环网，实现主干万兆、接入千兆的传输带宽。地面网络与井下环网分别布设，生产系统、安全监控系统独立组网，满足网络传输速率与安全要求。充分利用已建设的4G无线通信网络，实现对有线网络的补充和

延伸，使井下网络覆盖更加完善、接入方式更加灵活，网络系统保障了煤矿生产、安全管控与经营管理各系统的接入和承载要求。

（3）数据仓库。基于 Hadoop 架构搭建，以私有云平台虚拟化为基础，按照生产、安全、材料、设备、经营、党群等不同主题，建设数据仓库。通过建立规范的数据标准、接口模式，对采掘、运输、机电、通风、防冲、精益市场、洗选等 30 多个子系统进行数据采集、存储、清洗和管理，实现生产、安全、经营等系统数据资源池化管理，面向不同业务部门实现按需服务。

（4）二三维 GIS 一张图。建设了矿井二维 GIS 和三维地质建模系统，基于统一真实的地理空间数据库设计，从图形设计、数据处理、可视化、空间分析等方面实现二三维一体化，为煤矿生产提供统一的时空位置和二三维地质模型，为矿井智能化采掘提供地质保障，为其他系统提供空间位置服务。

（5）智能综合管控平台。平台在集成煤矿已建设的生产、安全、经营管理等所有系统基础上，基于平台化思想，避免建设中形成系统孤岛，将煤矿智能化建设内容中的安全综合防治、生产经营管理等系统统一到智能综合管控平台建设中，实现煤矿地质勘探、采掘、运输、通风、排水、供电、安全防控、经营管理等业务系统数据融合、可视化展示、综合分析、管控一体化。

2. 智能综放采煤常态化运行，减人增安提效

6310 智能综放工作面对采煤机改造实现远程一键启停、自动记忆割煤、自动截割三角煤、跟机拉架、时序放煤，利用支架姿态控制系统实现工作面液压支架的高度、压力、倾角、行程等支护状态监测，刮板输送机改造实现了基于煤量监测的智能调速、自动紧链、断链停机等功能，工作面顺槽带式输送机在采用变频器与永磁滚筒作驱动的基础上，升级实现了基于煤量监测的智能调速、异物识别等功能。

工作面常态化运行，实现"有人监控巡视，设备自动作业"采煤新模式，自动化率达到了 85% 以上，单班作业人数由 14 人降至 9 人以内，人均效率提升近 30%，实现了安全高效集约生产。

3. 机电系统远程集中控制，实现无人值守

以"少人则安、无人则安"为目标，唐口煤业主煤流运输、通风与压风、供电与供排水系统等固定岗位全部实现无人值守。设备故障自诊断保证机电主要系统设备安全运行，智能巡检机器人自主完成设备巡检任务，在智能控制中心进行远程集中控制，建成了安全、高效、智能的生产辅助系统。

（1）生产辅助系统全部实现无人值守。主煤流运输实现无人值守。主运带式输送机实现远程集中协同控制、顺逆煤流一键开停、无人值守。所有煤仓煤位均参与协同控制，实现煤流量识别和均衡生产、带式输送机运输异常等智能场景识别、设备效率分析。立井主提升系统实现主井两部提升机无人值守自动化运行、南部副井提升机远程控制。

主要通风和压风系统实现远程控制和无人值守。本部和南风井两地 4 台主要通风机集中自动控制、一键启停、一键反风与一键不停风倒机，主要通风系统实现运行工况、通风参数实时监测分析、故障自诊断与预警，智能通风仿真模拟系统实现通风网络动态解算。本部和南风井两地 8 台空压机远程集中控制和设备运行工况远程监控，空压机按需调节风压和投运数量。

供电和供排水系统实现井下无人值守。电力监控平台集成电能质量监测、电力深度计量、管网监测、变配电室环境监测等系统,实现井上下供电网络故障自诊断、防越级跳闸、故障录波定位、电能质量与能耗分析等智能化。井下中央泵房和采区泵房实现地面远程控制、联合联控、智能排水。供水系统实现运行工况、水温等监测、分析与预警,水量、水压智能调节控制。

(2) 设备健康管理系统。设备健康管理与故障诊断平台,对提升、洗选等主要系统设备动态振动、温度等数据进行分析,得到传动设备运行状态的各种参数和图谱,实现对传动设备的轴承、齿轮、转轴等关键部件的故障分析与诊断,超前诊断设备故障原因与严重程度,保证机电主要系统设备运行安全。

(3) 巡检机器人。主提升系统车房智能巡检机器人,利用可见光摄像机和红外热成像仪对提升机轴承、电机、液压站等关键部位温度进行监测监控与智能分析诊断,自主完成巡检任务。主提升系统井筒巡检机器人,采用胶轮自主发电、井筒无线传输等技术,实现对井筒装备的视频检测、钢丝绳张力及箕斗载重的实时在线监测和分析预警。630一部带式输送机利用智能巡检机器人运行设备运行状况监控、环境状态检测、人员违规预警等。地面35 kV变电站利用巡检机器人对供电设备智能巡检。

4. 辅助运输一站式物流服务

电机车+单轨吊轨道辅助运输系统实现了采区顶底板双轨无缝衔接、连续化、集装化运输。

整合三支专业队伍,构建了集物资超市网上订单与物料装载(物流中心)、物料发运(运搬工区)、物料转运(综合服务队)于一体的一站式物流配送体系,形成井上下辅助运输全流程协同管理。

建设了矿井物流管控平台,实现与仓储管理系统的无缝对接,建立运输物资体系,通过车辆申请、物资装载、物资发运、物资转运及收货确认等环节,实现物资运送过程的信息化管控。

5. 选煤厂生产高质高效

智能煤矸分选系统,采用激光雷达3D成像和AI图像识别技术,配合气动控制分选系统,实现300 mm以上的矸石与块煤智能分选,分选率在95%以上。

重介分选密控系统实时监测、调节入料压力、悬浮液密度、悬浮液磁性物含量、桶位等工艺参数,实现自动补水、加介、分流、制备浓介质悬浮液等工艺环节智能控制。

煤泥超高压压滤系统实现压滤机集群控制、智能排队卸料、闭锁运输设备、补料等全流程自动化,干燥煤泥水分由25%降低到17%左右。

火车装运采用AI人工智能算法与3D点云雷达建模技术,实现车号自动识别、自动称重、引导及快速定量装车。汽运自动计量无人值守系统通过射频识别和IC卡双重自动识别车型及装运煤炭品种,实现汽运销售系统的全自动无人值守,火车与汽车装运效率提升15%以上。

35.5 新疆能化智能化煤矿建设实践

35.5.1 矿井基本情况

兖矿新疆能化有限公司伊犁一矿位于美丽的"塞外江南"新疆伊犁哈萨克自治州察

布查尔锡伯自治县琼博拉镇，北距县城 34 km，距伊宁市 70 km，237 省道距矿 10 km，距全国最大的国际陆路口岸——霍尔果斯口岸 150 km，交通便利，位置优越，是国家发展改革委核准的新疆第一座千万吨特大型现代化井工矿井，设计生产能力 $1.0×10^7$ t/a，服务年限 142 年，概算总投资 51 亿元。由新疆煤炭设计院有限责任公司和中煤国际工程集团北京华宇工程有限公司共同设计。矿井于 2007 年 4 月开工建设，于 2020 年 10 月通过矿井安全设施验收，12 月取得安全生产许可证，2022 年 4 月通过矿井建设项目验收。

矿井分南、北两个工业场地，采用斜立混合开拓方式。投产时，共布置 6 条井筒，分别为北工业广场的进风立井，南工业广场的材料斜井、回风立井、回风斜井、主斜井和缓坡副斜井。

井田内含煤 12 层，总厚度 46.99 m，其中主采煤层 5 号煤，煤层厚 0.15~27.3 m，平均厚度 20.8 m，3 号煤层厚 2.25~21.54 m，平均厚度 14.39 m。矿井地质储量 $4.632×10^9$ t，工业储量 $3.956×10^9$ t，设计可采储量 $1.998×10^9$ t。总体为向北缓倾的单斜构造，地层倾角 5~8°，平均 6°。东西长约 12.4~12.5 km，南北宽约 10.1 km，面积 118.5 km²。其中主采煤层 3 号煤为中硫分、中高热值煤，5 号煤为低硫分、中高热值煤。煤质以不黏煤、长焰煤为主，低硫低灰，化学反应性好，属含油煤，是良好的动力、气化和煤化工用煤。

根据钻孔测得的瓦斯含量分析，井田瓦斯含量低，属瓦斯、二氧化碳~氮气带。根据井田外围的小煤窑资料，未发现大量瓦斯溢出和瓦斯爆炸现象，属低瓦斯矿井。3 号煤层最短自然发火期为 38 天，5 号煤层最短自然发火期为 23 天。

矿井目前正常涌水量 258 m³/h，其中井巷和回采工作面涌水量 28 m³/h，5 号煤底板放水孔涌水量 230 m³/h。井田勘探报告通过大井法和比拟法对开采 3 号和 5 号煤层时的正常涌水量和最大涌水量分别进行了预测。其中，开采 5 号煤层时的正常涌水量 584.88 m³/h（比拟法），最大涌水量 712.74 m³/h（大井法）。同时开采 3、5 号煤层时正常涌水量之和 1092.69 m³/h，最大涌水量之和 1338.35 m³/h。

35.5.2 智能化建设推进情况

矿井将努力打造煤炭行业"安全开采、高产高效、绿色和谐、智能管理"的无人化生产新模式，全力建成"一井、一面、一百人、一年、一千万"的"五一"示范矿井，探索煤炭行业"极简矿井"发展之路。

（1）采煤方面。目前已装备完成 1505W 智能化采煤工作面，工作面实现了采煤机记忆截割和自动跟机移架，双率最高达到 92%，引进惯性导航系统、煤量预警系统及自动放顶煤技术，全力保障原煤产量稳定，最高日产达 30000 t 以上，工作面按照"三八制"工作模式，人均直接采煤工效在行业内部达到较高水平。

（2）掘进方面。目前矿井在掘工作面均为综掘施工工艺，综掘机型号为 EBZ-200，综合机械化水平达到 100%，最高月进尺 530 m，实现了快速掘进。

（3）原煤运输及储装运系统方面。伊犁一矿原煤运输系统坚持走"重装大型、智能高端、无人值守、智能巡检"之路，全力打造简单、高效带式输送机运输路线，顺槽皮带一部到工作面，主运皮带一部到地面，在地面已进行集中控制，实现一键启停。目前，矿井按照由浅到深的开采顺序，前期已装备集团公司最大的主运带式输送机，全部采用国际先进的高压变频控制技术，并辅以小时运量达 2500 t/h 的顺槽运输系统，装备先进的"变频控制+永磁电机"驱动技术，并通过装设相应的智能系统，将现场实时的运行数据、设备运行状况和故障信息进行采集并上传至地面集控中心，随时对设备运行数据进行实时分析；储装运系统装备各类带式运输机17部，块煤破碎机2台，二级破碎机4台，块煤滚轴筛2台，二级滚轴筛4台，块煤装车给煤机6部、末煤转载给煤机12部，电子汽车衡3部、快速装车站1座。具备了单独的双系列筛分破碎处理能力，所有设备全部实现全过程智能化集中控制。生产期间，变岗位工为巡检工，直接由2人即可全部实现远程视频监控，关键设备已实现全生命周期管理。

（4）辅助运输系统方面。矿井辅助运输信集闭采用KJ650矿井胶轮车运输监控系统，同时安装了WSKB无轨胶轮车失速保护系统。井口已建立辅助运输调度站，缓坡斜井已完成信集闭系统和胶轮车失速保护系统安装。

（5）通风系统方面。目前南工业广场主通风机房已装备AN-2968/1400型矿用轴流通风机2台，1台工作，1台备用。每台通风机配1台YSBPKK560-6型高压变频异步电动机，功率1250 kW、电压10 kV、转速990 r/min。矿井总回风量达到11000 m^3/min以上，满足矿井生产需要。采用高压变频控制技术，可快速调节风机风量；同时能实现自动、手动、授权遥控三种控制方式，能自动切换风机实现一键不停风倒机，一键反风，可实现无人值守。

（6）矿井主排水系统方面。装备7台MD580-60×7型矿用耐磨离心水泵，配备7台高压软启动器，实现设备平稳启动；配套全自动控制系统，采用地面工控机、井下PLC主站防爆箱、本安操作台、就地控制箱等组成的多级分布式控制系统，对水泵启停运过程进行检测、显示、控制、保护、报警，从而实现该水平水泵房的生产过程控制的自动化。并通过工业以太网接口与设在矿井生产指挥中心的操作站进行通信，实现两者数据交换和共享，实现在指挥中心对泵房的远控，即无人值守，达到管控一体化。

（7）压风方面。压缩空气站内选用3台SA315A-10K型喷油螺杆空气压缩机，2台工作，1台备用。空压机性能参数：排气量58.6 m^3/min，排气压力0.8 MPa。每台空压机随主机配1台Y400-2型高压三相异步电动机（315 kW，10 kV）及1个C-6/1.1储气罐（6 m^3，1.1 MPa），并通过联控柜实现集中控制。

（8）矿井供配电系统方面。一方面优化供电设计，确保各系统生产用电相对独立，互不干扰，提高供电可靠性；另一方面在110 kV变电所配置微机综合保护装置设备，可实现本站主要电力参数的实时采集、监测、控制、保护与报警等功能，通过三相电压、电流和频率参数，实时计算有功功率、无功功率和功率因数，并通过通信接口设备，利用综合监控系统网络，传输到地面指挥中心，使矿电力调度人员可随时掌握地面主要电力设备的运行状况，并根据生产管理的需要，实现遥控、定值设定、信号复归、馈电开关闭锁、电能计量等功能。

（9）综合自动化系统集成方面。为实现安全、经济、高效的矿井建设总体目标，满足现代化矿井生产调度、管理及生产的需求，提高生产过程自动化、集控化、信息化、数字化水平及企业管理水平，利用私有云技术将综合管控平台集成管理，打造高度集控生产新模式，实现矿井生产高度集成，摆脱原有煤矿管理经验的束缚，摆脱传统意义上的调度室运行模式，将管理重心由劳动密集型向人才技术密集型转变，将创新使用"三维全息数字化矿山"管理平台，全面集成并立体化透视矿井生产，集"声、光、电、感、控"为一体的五维空间，实现数据采集、生产调度、决策指挥的信息化和科学化，完成所有信息的实时自动化采集、高速网络化传输、规范化集成、三维可视化仿真、自动化运行和智能化决策，使整个矿山具有自我分析和决策能力，"人、机、物、环、管"处在高度协调的统一体中运行，实现矿井生产管理过程的可视化、自动化、智能化以至无人化。

（10）煤炭销发运方面。末煤销售系统装备了伊犁地区唯一一座快速装车站，能够实现末煤车辆快速识别、精准装车、连续发运，一辆载重 32 t 的货车装车时间仅用 48 s，每小时发运能力可达到 2000 t。块煤销售系统颠覆传统装车称重模式，率先装备了集团公司首套具备称重功能的胶链式给煤机，同时将三套电子汽车衡装备在煤仓底部，实现装车和计量的一体化操作，可同时实现三辆块煤车辆同时装车、同时称重、同时发运，彻底扭转了"车等炭"的现象，实现了末煤和块煤快速发运，获得当地用户和司机的一致好评，一定程度上提高了一矿在当地煤炭市场的占有率和客户的吸附度。

（11）信息传输方面。目前矿井已建设模块化中心机房、人员精准定位系统和语音广播系统，矿井工业万兆环网。人员精准定位系统采用 UWB 技术的定位系统，测量距离和实际距离的误差在现场实际测试能够控制在 0.3 m 以内，能够准确掌握井下各类移动目标的位置、分布情况。"万兆"级环网高速传输通道，采用单模光纤传输作为主干网络传输，能够把矿井的设备控制层各子系统连接到此系统平台上。在监控中心能通过此系统平台对矿井内各控制子系统发布控制命令，并能监视各子系统内设备的运行状态，收集所需的生产和安全参数。在各汇聚节点增加万兆交换机，千兆环网交换机作为接入层交换机继续使用，满足智能化矿山各应用业务的使用需求。搭建关键设备故障诊断与超前维护平台，实现对矿井关键设备采用物联网技术和大数据分析技术，研究基于大数据的煤矿重大关键设备故障诊断方法和系统。

（12）通防方面。目前矿井主要风门通过安全监控系统部分实现远程监测风门状态与报警；单轨吊机车风门、风压较大行人联络巷风门部分实现自动化；目前矿井掘进工作面已配备可靠的低噪音局部通风机，风机开停通过安全监控系统开停传感器实现远程监控，主备风机已实现自动切换；矿井 1505 W 综放工作面已实现防尘自动化，采煤工作面支架喷雾能够根据采煤机位置和支架动作实现割煤、降柱、移架或者放煤时同步自动喷雾；主要大巷部分净化水幕已安装光电感应装置实现防尘自动化；同时矿井安装一套 KSS-200 型煤矿自燃火灾束管监测系统。

（13）安全监测监控方面。矿井严格按照《煤矿安全监控系统升级改造方案》升级改造的 13 项主要内容改造工作，已于 2019 年 12 月底根据升级改造方案完成了安全监控系统升级改造工作；升级后的煤矿安全监控系统以工业以太环网+现场总线作为系统的信息传输平台，系统利用工业以太网平台的快速通道实现多主并发通信技术，实现数字化传输。防护等级达到 IP65，提升抗电磁干扰能力；系统软件实现分级报警、断电等控制、多网和多系统融合、自诊断和自评估、数据分析加密等功能。

（14）水文地测方面。地测信息管理系统方面，采用 LRGIS3.0 系统、KJ-628 矿井水文监测系统，该系统为 2013 年建设投用，2019 年进行了井下钻孔水压和明渠流量终端的扩容，能在同网关下在线监测信息并查看。

（15）安全方面。矿井双控预防系统建设初步完成，具备基本的数据统计、整理功能，还需完善相关内容。安全培训教育采用外部培训加传统培训相结合的办法开展。

36 晋能控股集团煤矿智能化建设实践

36.1 晋能控股集团煤矿智能化建设规划及总体情况

晋能控股集团有限公司是经山西省委、省政府批准,由大同煤矿集团公司、山西晋城无烟煤矿业集团公司和晋能集团公司三户省属世界500强企业联合重组而成,同步整合山西潞安矿业(集团)公司、华阳新材料科技集团公司相关资产和改革后的中国太原煤炭交易中心,于2020年10月30日正式挂牌成立,是山西省管重要骨干企业。

组建晋能控股集团是山西省委、省政府重大决策,是山西省属企业历史上规模最大的一次重组,是山西省属国企新一轮战略性重组的收官之作。下设晋能控股煤业集团、电力集团、装备制造集团、中国太原煤炭交易中心公司、山西科学技术研究院公司、财务公司6个二级子公司,资产总额10942亿元,职工人数515500人,煤矿数量228座,煤炭产能$4.0×10^8$ t,电厂电站146座,电力装机$3.814×10^7$ kW(新能源装机$6.227×10^6$ kW),装备制造资产367亿元。2021年世界500强企业排名第138位,中国企业500强排名第44位。

36.1.1 煤矿智能化建设规划

智能化矿山建设是实现"少人则安、无人则安"的有效途径,"十四五"期间,煤业集团现有矿井主要是持续进行智能化改造,新建矿井从设计初就按照智能化矿山标准进行建设。在智能化矿山建设过程中,以地质保障及4D-GIS动态信息系统、井下环境感知及安全管控系统、矿井实时通信网络、5G技术+应用、数据中心为基础,以煤矿智慧中心和综合管理系统为核心,以工作面智能开采协同控制系统、巷道智能快速掘进系统、煤流与仓储智能管理系统为重点,以精准定位系统、辅运智能化交通管控系统、矿井全工位设备设施健康智能管理系统、煤炭洗选智能化管理系统为辅助,全面推进煤矿"三化"建设。

"十四五"期间,规划建设30座智能化矿山,建设104个智能化综采工作面、172个智能化掘进工作面,启动173个井下固定岗位无人值守改造,启动$1.2×10^6$ t以上矿井主运输带式输送机集控改造工程,启动主运带式输送机智能巡检机器人41台。围绕《煤矿智能化建设指南(2021年版)》,选取塔山、王家岭、三元等6座试点煤矿,改造建设成智能化示范矿井,从建设理念、系统架构、智能技术与装备、综合管理、经济投入等方面进行探索与实践,凝练可复制的智能化建设模式,并实现推广应用。

36.1.2 煤矿智能化建设进展

2020年晋能控股集团启动了塔山、同忻、麻家梁3座矿井的智能化建设,塔山、同忻矿入列国家首批智能化示范煤矿建设名单;2021年在完善3座矿井的智能化建设基础上,同时开展了马脊梁、马道头、寺河、长平、王庄、王家岭、沙坪、三元8座矿井的智能化建设。

2021年12月,塔山、同忻两座矿井通过了山西省智能化矿山验收,并达到了相应的中级建设标准;45个智能化综采工作面、25个智能化掘进工作面通过省、市能源局评定验收;在推进智能化矿山和智能化综掘工作面建设的同时建成了148个井下无人值守变电所、62个无人值守水泵房、132部集中控制带式输送机,减少岗位作业人员400余人。

2022年按照省委省政府要求,持续推进12座煤矿智能化建设,重点完成麻家梁、王家岭、王庄、寺河、三元、沙坪6座智能化矿山建设;建设40个智能化综采工作面、104个智能化掘进工作面。

36.2 塔山煤矿智能化示范煤矿建设实践

36.2.1 智能化建设推进情况

晋能控股集团塔山煤矿(同煤大唐塔山煤矿),设计生产能力 $1.5×10^7$ t/a,核定生产能力 $2.5×10^7$ t/a,矿井开拓方式为平硐开拓,开采3~5号煤层,平均采深500 m,煤层倾角1°~2°,地质构造(褶曲、断层、陷落柱等)影响中等,围岩较稳定,采煤方法为走向长臂后退式综合机械化低位放顶煤开采,工作面长度241~281 m,煤层厚度11.85~16.8 m,掘进工艺为综合机械化机掘,采掘比为1:2,煤层自燃倾向性为Ⅱ类自燃,瓦斯等级为高瓦斯矿井,矿井水文地质条件中等,无冲击地压,有煤尘爆炸危险性,无热害。

塔山煤矿的智能化建设是围绕"数字化→自动化→智能化"求真务实一步一个台阶的进阶思路展开的,采用"稳步推进、点面结合、分步实施"的战略方针。

塔山煤矿采用(1+2+3)×(X+M+T)模式。"1"是指一个平台,即矿山云图智能决策平台。"2"是指两个中心,即数据中心、智能调度指挥中心。"3"是指三个网络基础,即万兆工业环网、5G网络、WiFi网络。"X"表示各专业系统,也指智慧化发展的未来。"M"即表示工作面,也表示采煤(Mining),这个"M"时刻提醒我们煤矿智能化建设不能摆样子、搞形式,其本质还是更好地服务于安全和生产。"T"表示掘进头(Tunnelling),其内涵也泛指技术和技术人才,因为煤矿智能化建设的核心是各类技术的应用与创新,没有充足的技术人才储备,智能化搞得再好也是空中楼阁。

截止到2022年1月,塔山煤矿已建成一大平台、十大系统、27个子系统和12个无人值守场所,并应用开发了井下带式输送机、水泵房、变电所巡检、智能检矸、应急救援等机器人,初步构建了全面感知、5G传输、自主决策、协同控制的智能开采新模式,矿井智能化建设初具规模。2021年12月9日,塔山煤矿顺利通过山西省能源局组织的智能化煤矿验收工作,评定为中级。

塔山矿综采工作面集成应用了众多理论、装备和监测等软硬件研发技术,开发特厚煤层采放协调智能放煤控制软件,实现地面调度室远程放煤一键启动,通过对顶煤厚度、采场环境在线感知,自动匹配工艺策略,实时监测煤机位置、运输机负载、放煤口姿态,动态调整工艺参数,实现群组精准放煤、采放协调开采。集团公司承担的国家"十三五"重点研发计划"千万吨级特厚煤层智能化综放开采关键技术及示范"项目,于2020年8月18日通过了科技部组织的中期验收。该项目联合29家单位共同参与,在特厚煤层群组放煤理论、采放协调工艺、煤矸精准识别、成套控制装备、集成应用示范等5个方面开展技术攻关。塔山煤矿研发了基于视频识别的综采设备防碰撞预警系统,运用融合MEMS

与电磁定位技术的顶煤轨迹追踪仪,准确描绘顶煤放出轨迹,揭示了特厚煤层大尺度顶煤体运移规律,建立了群组放煤理论;应用基于探地雷达的顶煤体量在线探测装置,实现顶煤厚度准确测量;应用三维激光扫描仪,实现顶煤放出量在线监测,结合基于冲击振动与高光谱融合的煤矸识别装置,实现混矸率精准控制,为智能放煤提供有效支撑;开发了融合多传感技术、国产采煤机惯性导航技术、四柱放顶煤支架电液控技术的特厚煤层综放开采成套控制装备,将智能控制系统与成套开采装备紧密结合,实现了全工作面自动跟机移架、工作面自动找直、支架精准控制。集成上述理论、技术与装备,建成塔山矿 8222 特厚煤层智能化综放工作面示范工程,年产量突破 1.5×10^7 t,顶煤回收率达 90%,混矸率低于 10%,实现了我国特厚煤层安全、高效、智能化开采。

主运输方面塔山煤矿首创了带式输送机主运输时空预警系统,该系统通过对矿井工作面出煤量和主运输关键设备运行数据实时采集和分析,结合智能决策算法,采用机器学习、自动纠偏,实现主煤流运输系统载荷量的准确超前预知,并通过多盘区多工作面煤流均衡控制技术,避免重载停机。同时系统具备主运输带式输送机智能识别检测,使用高清拍照、5G 传输、实时对比、AI 深度学习等技术,形成输送带损伤程度变化和安全预警报告,实现了精准检修。确保矿井主运输全天候无故障高效运行。系统还具有带式输送机开机率、带载率、视频智能分析、能耗分析、瞬时产量分析、开采效率分析等功能,实现了矿井主运输系统的智能化运行管控。

36.2.2 智能化建设取得成效

通过智能化建设,塔山煤矿在安全效益、经济效益、社会效益等方面都有起到示范作用。

(1) 安全效益。从过去的"人工操作"到如今的"智能启停",塔山智能化系统将安全管理、生产运输、环境监测等数据全部还原显示到综合管理系统中,使煤矿管理人员可以快速直观地了解到煤矿的实时生产状态、设备运行状态,形成人、机、环、管闭环管控平台,同时通过大数据分析、人工智能技术为矿山安全、生产等方面出现的情况快速做出相应的调度和决策,实现融合联动、预警分析及快速应急响应。

(2) 经济效益。塔山煤矿围绕"机械化换人、自动化减人、智能化无人"的建设目标奋发赶进,从 2020 年建设至今,智能化系统结合巡检机器人,使变电所、水泵房、主运输带式输送机等岗位实现了无人值守,减少作业人数 108 人,年降低人工成本数千万元。

(3) 社会效益。塔山煤矿智能化建设是典型"智能+绿色"煤炭工业新体系的代表,实现了煤炭资源的智能化安全高效绿色开发与清洁高效利用,为煤炭工业高质量发展树立了优秀典范。

36.3 同忻煤矿智能化示范煤矿建设实践

晋能控股集团同忻煤矿山西有限公司(同忻矿),井田面积 84.52 km²,设计可采储量 8.5×10^8 t,服务年限为 62.4 年,生产能力 1.6×10^7 t/a,开采煤层石炭系 3~5 号煤层,采深 425~550 m,煤层倾角 3°~10°,井田内较大褶曲 2 个,分别为韩家窑背斜及刁窝嘴向斜;井田内断层共有 95 条,其中落差大于 10 m 断层 7 条,落差 3~10 m 的断层 42 条,落差小于 3 m 的断层 46 条;井田内有侏罗系下延陷落柱 8 个。围岩不稳定,煤层为二级自燃，瓦斯等级高，水文地质条件中等，有弱冲击倾向性、无冲击危险性，具有煤尘爆炸危险性。

36.3.1 智能化建设推进情况

同忻煤矿智能化建设总体路线为：以一个平台为核心，从三个方向辐射全矿，自上而下构建同忻特色智能化矿山格局。一个平台，即综合智能管控平台。综合智能管控平台作为整个智能化矿山建设的总体框架，实现所有系统的互联互通。三个方向，即基础设施的完善与升级、安全生产类智能系统的建立与完善、行业前沿技术的应用与探索。

同忻煤矿智能化建设以万兆工业环网+4G/5G 网络为数据传输通道，以综合自动化建设为基础，采用物联网、大数据、云计算、移动互联等先进技术手段，依托"物联网整合、互联网传输、数字化集成、可视化保障、程序化操作"技术核心，积极推进智能矿山建设。在物联网技术基础上，实现矿山人、机、物、环、管数据智能化精准采集、网络化传输、规范化集成；建立统一的集成控制平台，实现生产全过程一体化智能控制、经营全流程一体化协同管理；建设基于大数据的安全生产云服务系统。

同忻煤矿基于"一张图"理念高度集成生产过程自动化类系统、安全监测类系统、采掘生产类系统、辅助生产类系统等智能监控信息，实现智能感知、信息融合、数据挖掘和决策支持；实现矿井生产过程自动化、综合调度指挥、多系统联动、经营辅助决策等多种功能；实现安全生产动态管理，集中管控、预警联动、专家决策和大数据应用分析等。

同忻煤矿首先完成了基础设施的完善与升级，建成了 B 类模块化机房和云数据中心，形成统一的数据集成应用核心，可对每天产生的业务数据进行全量统一存储，形成数据资产。同时，将井下千兆环网升级为万兆环网，4G 无线升级为 5G 覆盖，实现有线和无线双路径传输，提高数据传输速率，实现信息化基础架构统一规划、设计和管理。最大化实现资源共享和利用，便于融合联动、预警分析及快速应急响应。

综合智能管控平台是同忻煤矿智慧矿山项目的最顶层架构。平台集成安全、生产、经营、办公等各类子系统 40 个，形成一体化办公、一张图设计、一套数据标准体系的平台应用，可实现矿井安全、生产、经营的智能分析与辅助决策。逐步实现全矿井人、财、物、产、供、运、销整个信息链的信息融通，实现矿山资源与开采环境智能化、技术设备智能化、生产过程控制可视化、信息传输网络化、生产管理与决策及生产经营科学化。

36.3.2 智能化建设取得成效

同忻煤矿智能化建设着重于生产类智能化子系统建设，实现"减人增效"，指导煤矿安全生产。同忻矿对监测监控、工业视频、应急广播、程控电话通信等安全监控系统进行升级改造，同时新建智能通风、智能排水、智能供电、智能洗选、智能主运输、智能压风及制氮监控、人员与车辆精准定位、车辆辅助运输等安全生产类子系统，着力建设固定硐室无人值守、危险岗位少人作业的煤矿安全生产模式，实现减人增效。先后完成了 7 个智能综采工作面的建设，目前生产中智能综采工作面有 8207 和 8319 工作面，建设中的有 2312 智能掘进工作面，通过工作面智能化建设减少工人劳作强度，实现远程控制，实现开采、掘进、运输、洗选和全矿井安全监控系统的智能化。

37 陕西延长石油矿业有限责任公司煤矿智能化建设实践

陕西延长石油矿业有限责任公司（以下简称"延长矿业公司"）成立于2009年11月，是陕西延长石油（集团）有限责任公司按照"油气煤化电"耦合发展新模式设立的全资子公司，主要负责煤炭等矿产资源开发、电力及新能源项目建设和运营管理、煤炭物流等业务，公司注册资本66.45亿元，从业人员2500余人。2021年营业收入290亿元，利润总额45.85亿元。

目前，延长矿业公司共有煤炭资源9处（榆林地区魏墙、西湾、巴拉素、可可盖、海测滩、西红墩、波罗、孟家湾西，延安地区涧峪岔），井田面积2072 km²，地质储量$2.11×10^{10}$ t，可采储量$1.19×10^{10}$ t。

按照公司战略规划部署，预计到"十四五"末，延长矿业公司煤炭产能达到$5.00×10^7$ t/a 以上，煤电装机突破$5.00×10^6$ kW，新能源发电达到$2.00×10^6$ kW，期末销售收入达到180亿元，利润突破60亿元。

37.1 延长矿业公司智能化煤矿建设思路

1. 目标明确，顶层设计先行

延长矿业公司在推进智能煤矿建设中，提出了建设世界一流智能化煤矿的总目标，明确了将智能化的"基因"植入到矿井设计建设生产运营的整个环节，提升煤矿安全生产经营整体水平。同时，根据不同煤矿实际，分别建设露天型智能化矿井、新建型智能化矿井、改扩建型智能化矿井等一系列符合企业实际需求的不同类型智能化矿井。

2. 注重协作，产学优势互补

延长矿业公司开展智能化矿井建设无技术封锁、不单打独斗，打造产—学—研紧密协作的智能煤矿研发团队，积极联合行业内外不同研究侧重的科研院所及技术领先型企业协同攻关，解决矿井建设和生产中各种难题。延长矿业公司是煤矿智能化创新联盟的副理事长单位，参与起草了《智能化煤矿（井工）分类、分级技术条件与评价》（T/CCS 001—2020）、《智能化采煤工作面分类、分级技术条件与评价指标体系》（T/CCS 002—2020）两个中国煤炭学会团体标准和《5G+煤矿智能化白皮书》《智慧矿山5G+工业互联网白皮书》两个矿山5G白皮书，为行业做了贡献，企业得到了真正的实惠。

3. 上下同心，干群广泛支持

煤矿智能化是典型的"一把手"工程，延长矿业公司特别重视该项工作。成立了企业主要负责人牵头的智能化煤矿建设领导小组，同时加强激励，出台了《智能化煤矿建设考核管理办法》，督促各矿井按期高质量完成智能化建设任务。开展全员大讨论，让员工思考、感受智能化建设的重要意义，推动干部群众齐心协力自发性推动煤矿智能化工作。

4. 问题导向，探索智能建井

为建立千万吨智能化煤矿集群的核心支撑，加快推动智能化矿井建设高质量发展，在建井初期就植入智能化基因，提出智能化建井技术理念，攻关西部复杂地层的建井技术、工程和科学难题，探索煤矿智能化建设之路。可可盖煤矿应用传统建井工法，需要 53 个月，无法满足企业发展的需要。公司通过广泛深入调研、严密技术论证，探索创新了智能化建井的技术装备工程管理体系，采用智能化敞开式 TBM 施工工法，实现探-掘-支-锚-运一体化协同作业，一次成巷月进尺达 500 m 以上。同时，首次在西部复杂地层中使用竖井钻井法实施智能化全断面一钻完井技术装备体系，实现 8.5 m 大直径井筒一钻完井，是国内乃至世界实现一钻成井的最大直径立井井筒，目前月进尺超过 80 m，立井施工实现"一钻完井，高效成井"。

5. 立足实际，创新"延长方案"

研判技术与社会发展趋势，结合煤炭行业实际，创新提出了煤矿智能化"延长方案"，即智能煤矿是基于 5G 技术的生态构建，具有时空一体、万物互联、数据融合、全息感知、业务联动、智能决策的特点，同时具有实现安全生产管理全过程智能化运行有机综合体的内涵。明确了 5G 技术生态是以 5G 通信技术为核心，深度融合云计算、大数据、人工智能、区块链、物联网等关键技术，汇聚形成的 5G 技术集群，进而赋能垂直行业。提出了 5G 技术生态是煤矿智能化升级转型的核心基础设施理念，将推动煤矿智能化建设的创新与变革。在关键抉择上不动摇、不折腾，坚定企业推动高碳产业低碳发展，黑色煤炭绿色利用，走安全高效智能化发展之路。

37.2 煤矿智能化建设情况

延长矿业公司为打造千万吨智能化煤矿集群，通过生产矿井智能化改造，率先为企业智能化示范矿井建设打头阵；落实了智能煤矿"延长方案"，建设世界一流的智能化示范煤矿；实践了智能化建井"延长模式"，打造煤矿智能化建设标杆。

37.2.1 新建型智能化矿井建设情况

为推动智能煤矿"延长方案"落地，在巴拉素智能化煤矿建设中，公司基于 5G 技术生态设计构建十大系统、48 个子系统，156 个建设项目，具有时空一体、万物互联、数据融合、全息感知、业务联动和智能决策六大特点，主要包括了智能探测、智能掘进、智能开采、智能通风、智能调度和智能洗选等六大场景，实现安全生产管理全过程的智能化运行。

该方案在 2020 年 8 月通过了由 10 位中国工程院院士、20 余位专家组成的专家组评审，与会院士、专家一致认为方案技术先进、定位合理、覆盖全面，并坚持了先进性、可靠性与实用性的统一，符合巴拉素煤矿智能化建设的实际需求，符合企业、行业和国家发展战略，将有效支撑企业的高质量发展。

2020 年 11 月，成功入选国家首批智能化新建示范矿井，锚定世界一流智能煤矿的总目标，创造了 5G 下井"陕西首家"和"全国最深"两个第一，目前矿井智能化建设正协同矿井基建工程进度高效推进，涵盖了基础赋能和强化赋能等智能矿山重点场景（图 37-1）。2021 年共交付技术规格书 40 份，技术方案 34 项，软硬件 19 套；发表论文 6 篇，其中 SCI/EI 2 篇，申请发明专利 5 项。

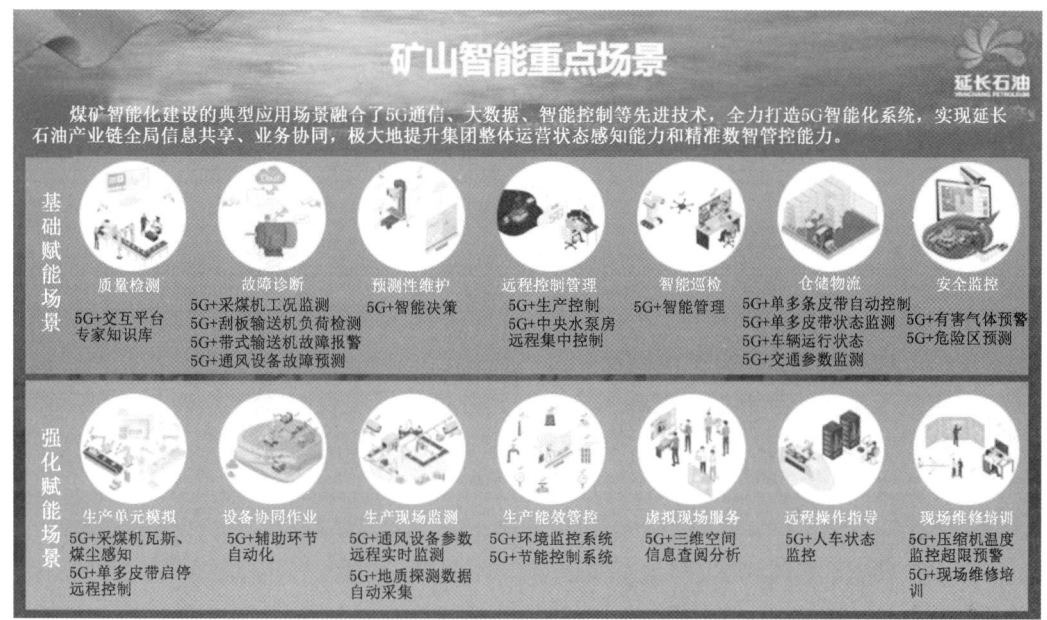

图 37-1 新建型智能化矿井智能应用

巴拉素煤矿在井下 590 m 开通了我国目前最深的 5G 网络,也是我国最早的井下 5G 独立组网之一,该 5G 网络已覆盖井下回风巷、辅助运输大巷掘进面、中央变电所,实现了基于 5G 网络的 4K 高清视频回传和井上、井下指挥互动。魏墙煤业也开通了地面 5G+VR 全景煤矿厂区监控实时直播,在煤炭行业,延长矿业公司矿井 5G 建设应用已位列第一方阵。

37.2.2 改扩建型矿井的智能化煤矿建设情况

为推进传统生产矿井智能化建设,公司升级改造多作业复合场景,以智能化综采工作面为企业建设"全国智能化示范矿井"打头阵。魏墙煤矿井下综采工作面目前已实现智能化综采工作面无人化生产条件,可达到"一键启停、无人操作、有人巡检、记忆割煤"的常态化生产。于 2021 年 7 月顺利通过陕西省智能化综采工作面检查验收,达到了陕西省 A 类煤矿智能化水平,为公司智能化建设奠定基础。

魏墙煤矿井下中央变电所、主排水泵房、一盘区变电所、一盘区水泵房、二盘区变电所、二盘区水泵房等所有主要变电硐室目前均已实现了无人远程控制系统建设。实现了大型设备运行工况信息的采集、传输和分析,全面、准确、快捷地反映出设备运行工况和状态,可提前预警判断设备运行中存在的问题。实现了减人提效,进一步提高了矿井安全水平。

魏墙煤矿按照《魏墙矿井选煤厂智能化建设方案》已于 2021 年 5 月完成了自动灰分在线检测系统中 2 台灰分在线检测仪传感器安装工作。根据原煤煤质情况,自动调整入洗比例,人工配置参数,根据人工智能自动调整模型参数适应煤质变化。通过 X 光射线灰分仪每 30 min 检测灰分平均值与人工采集每个煤样的化验灰分进行比对,采、制、化误差不大于 0.25%。

37.2.3 新建型矿井智能化建井情况

开创智能化建井新领域，提出"智能化建井，建智能矿井"技术理念，引领煤矿智能化建设新方向。可可盖煤矿提出了斜井采用敞开式全断面掘进机掘进，立井采用钻井法施工的建井模式，研究了斜井敞开式全断面掘进机和立井钻机"一钻完井"关键技术和装备。

1. 斜井智能建井技术创新情况

（1）斜井智能建井新工艺。在斜井施工技术方面，结合可可盖煤矿地层特性，地铁、隧道开凿中成熟运用的盾构施工工艺进行改造，创新提出了斜井"敞开式全断面掘进机+锚网索支护"掘进工艺，敞开式全断面掘进机装备如图37-2所示。掘进机组采用机械破岩工艺，避免了炸药爆破带来的环境污染，对建井过程中实现"零碳排放"具有革命性意义。此外，对于具有明显富水弱胶结特征的洛河组砂岩，相较于采用管片支护形式，锚网索支护方式具有材料消耗少、支护速度快、主动围岩控制、施工能耗低等优势。

图37-2 敞开式全断面斜井掘进机装备

（2）斜井智能建井成效。首创煤矿斜井智能化建井方法，发明了斜井敞开式全断面掘进机"探-掘-支-锚-运"智能高效协同施工工艺，实现了我国煤矿（固体矿山）建井工艺技术的新突破；研制首套斜井敞开式全断面掘进机，研发了超长斜井全断面掘进机始发关键技术与工艺，填补了斜井智能掘进成套装备的空白；研发斜井全断面掘进机智能协同控制系统，构建智能化建井三维一体管控体系，创建了"有人安全巡检，无人现场操作"的智能建井新模式；创新了斜井全断面掘进机智能掘进安全保障技术，开创了我国煤矿智能化发展的新领域。

可可盖煤矿敞开式全断面掘进机智能掘进工法施工斜井长度达5321 m，是目前国内外煤矿建设工程中埋深最大、距离最长的TBM施工煤矿斜井。目前，主斜井自2021年5月29日TBM始发掘进起，连续掘进6个月，累计进尺2848 m（含明槽段270 m），最高班进尺20.82 m，最高日进尺45 m，最高月进尺710 m，TBM正常施工平均月度进尺465 m。

副斜井自 2021 年 6 月 6 日正式开始 TBM 始发掘进起，连续掘进 5 个月，累计进尺 2127 m，最高班进尺 12.1 m，最高日进尺 22.2 m，最高月进尺 445 m，正常施工平均月度进尺 358 m。

2. 立井智能建井技术创新情况

（1）立井智能建井新工艺。在立井建井技术方面，为实现"打井不下井、一钻成井"的技术突破，针对西部地层特征，可可盖煤矿成功实现了厚松散层 MJS 高压旋喷帷幕桩结构预加固和厚层坚硬基岩高速掘进。

（2）立井智能建井成效。首次在西部地区采用全机械化、智能化钻井法进行立井凿井，突破复杂地层智能化建井关键技术，创新"一钻完井"智能钻井法技术体系，构建智能化建井总体架构，研制立井全机械破岩技术装备，创建了立井智能化建井控制系统，实现"井下无人施工"的本质安全高效建井，填补了立井智能化建井技术空白，引领了煤矿智能化建设新方向。

可可盖煤矿首次在西北地区成功应用钻井法施工大埋深立井，突破了关键技术瓶颈。2022 年 2 月 19 日，可可盖煤矿回风立井循环泥浆出现明显煤屑，标志着回风立井 $\phi 4.2$ m 钻头成功揭煤。目前，回风立井 $\phi 4.2$ m 超前钻孔钻进深度 503 m，最高日进尺 18.6 m，最高月进尺 112 m，钻进效率 80 m/月；进风立井 $\phi 8.5$ m 钻进深度 280 m，最高日进尺 12.8 m，最高月进尺 62 m，钻进效率 50 m/月。

创新建井工艺，打造智能化煤矿建设示范，推动煤矿开拓方式的变革。我国西部诸多矿区与可可盖矿井地质条件类似，可可盖煤矿斜井敞开式全断面掘进机智能掘进和立井钻井法钻进的成功实施，为我国西部地区煤矿安全建井提供了新模式和新技术，同时为我国西北地区井筒特殊施工和矿井承压含水层水灾隐患治理创造工程先例，为我国西部矿区缩短矿井建设周期、加快煤炭产业发展提供了强有力的技术支撑。

此外，相较于传统斜井施工工艺，可可盖煤矿埋深 520 m 采用的斜井智能建井方法，短了工期，提升了建井效率，减少了投资成本，降低了安全风险。可可盖煤矿选择斜井开拓，较立井开拓建井工期缩短 2 年，可提前投产见效益，并为后期产能提升至 2.0×10^7 t/a 创造了有利条件。斜井敞开式全断面掘进机施工技术在埋深超过 520 m 的可可盖煤矿成功应用，表明深部矿井采用斜井开拓方式，也能实现快建井、少投资的目标。与此同时，掘进机组施工为机械破岩，施工过程不用火工品，极大地改善了安全状态和工人的作业环境；全机械化掘进作业的实现，也为建井智能化奠定了工艺基础。可可盖煤矿斜井建井技术，打破了深部矿井传统建井理念，开创了埋深大于 400 m 矿井采用斜井开拓的先河，极大地提高了机械化建井水平和矿井效益。

3. 智能建井技术创新的意义

为行业提供可复制、可推广、可借鉴的智能化建井"延长模式"。可可盖煤矿斜井、立井全机械化建井施工模式成功解决了洛河组砂岩强度能否满足掘进机组施工要求的争议，解决了西北地区深厚流沙层井筒加固技术难题，解决了深厚基岩钻进效率低下的困扰，这意味着斜井敞开式全断面掘进机掘进和立井钻井法施工已能够成功适用于西北地区复杂地层。因此，我国西部地区新建矿井可以结合实际地质条件，在充分分析、论证的基础上，借鉴可可盖煤矿 TBM 斜井掘进和立井钻井法施工的建井模式，并在此基础上进一步完善智能化建井模式。

37.2.4 前期矿井智能化煤矿建设情况

根据"阶梯式"煤炭资源开发战略,公司积极推进将建未建矿井智能化规划和设计。靖边煤业公司从矿井智能化设计入手,根据"延长方案",在项目可研阶段积极开展了矿井智能化建设研究,制定了海测滩矿井智能化建设设计原则、建设目标、总体架构;在项目设计阶段,编制了《海测滩矿井智能化建设专项设计方案》,按照"总体规划、分步实施、因地制宜、效益优先"的总体要求,坚持"前瞻性、可靠性、实用性、开放性"设计原则,从经营管理与决策层、综合管控层、智能化生产设备层、设施层等4个方面进行系统设计。

37.3 智能化煤矿建设展望

在未来一段时期,延长石油矿业公司将按照八部委《关于加快煤矿智能化发展的指导意见》,以及国家能源局《煤矿智能化建设指南(2021年版)》等相关文件要求,深入贯彻落实陕西延长石油(集团)有限责任公司"1+X"数字化转型战略,坚持以智能化为抓手,全面深化改革,加快推进公司智能化规划落实落地。

在巴拉素煤矿利用第5代通信技术的"广连接、大带宽、低时延"特点,提升了煤矿信息基础设施和机房水平;通过嫁接5G一体式高清工业摄像仪和5G一体式红外热成像摄像仪,进行井下高清视频图像5G传输应用;通过5G-IoT多参数无线传感器进行安全检测泛在感知物联网应用、数字孪生工作面生产执行应用、移动端系统应用;通过智慧矿区安全生产VR仿真培训等工作,丰富复杂地质条件下矿井生产智能化方法和安全管理方法,为新建智能化煤矿提供了模式借鉴和经验基础。

可可盖煤矿以实现西部矿区复杂地质条件下超长斜井和大深立井智能化破岩、全机械建井为目标,确立"基础理论-共性技术-整机装备-建井工艺-应用示范-智能全寿命管控"的研究思路,为我国智能化建井提供了新方案。

38 山西天地王坡煤矿智能化建设实践

38.1 煤矿智能化建设规划

山西天地王坡煤矿智能化建设遵循"顶层设计、基础先行、重点突破、全面融合"原则,充分整合集团内部先进技术和装备,以管控平台为核心,以采掘智能化系统为重点,构架以一个平台、一个中心、一个标准、一张图、一张网及一系列智能化子系统为主要内容的"六个一"智能化煤矿体系,如图38-1所示。重构部门管理职能,减人提效增安,实现安全生产及经营管理的透明化、自动化、智能化,把天地王坡塑造成为"安全、高效、智能、绿色"的智能煤炭开采企业,打造中国煤科智能化品牌,彰显中国煤科在全国智能化矿井建设中的示范引领作用。

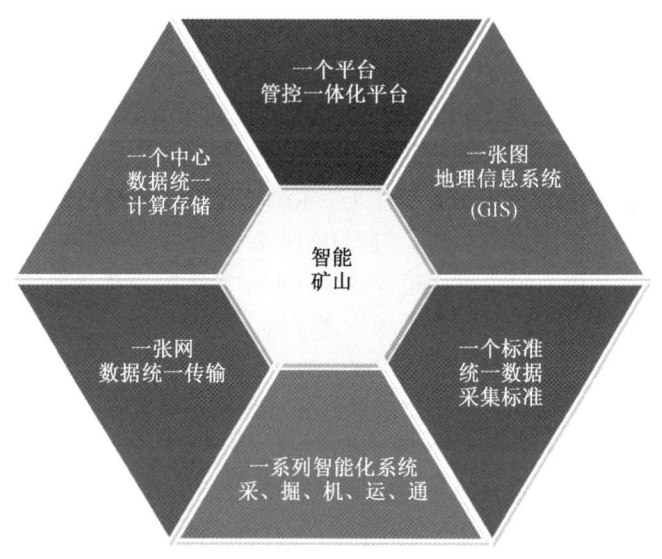

图 38-1 "六个一"智能化煤矿体系

利用物联网、大数据、5G、人工智能、信息物理系统、云计算、工业互联网等信息与智能技术,构建中国煤科智能化矿山一体化解决方案。将中国煤科智能化矿山全要素、全过程、全产业链数据、算法、模型、组件、技术、产品、专业解决方案等创新资源进行汇聚与重构,打造基于"MineCloud 煤科云"工业互联网平台的"智慧大脑",并通过平台构建的生态向各专项业务解决方案赋能。

"MineCloud 煤科云"工业互联网平台基于四个统一标准体系,构建统一数据接入平台、建设统一数据中台,提供统一应用开发平台和统一应用部署平台。面向不同业务系统实现按需服务，以智能综合管控平台和数据中台为核心，构建煤矿安全生产过程中状态感知、实时分析、科学决策、精准执行的闭环体系。"MineCloud 煤科云"工业互联网平台基于统一数据接入平台，通过数据抽取、转换和加载，结合数据湖和统一查询及计算引擎，实现各业务子系统的多源异构数据的深度融合；基于数据治理理论和技术，从源头控制数据质量，形成数据到资产的转变；基于机器学习和数据分析技术，构建可视化、智能化的分析平台和服务；系统、软件及相关服务全部采用 Docker 容器化和 Kubernetes 编排技术，基于 Service Mesh 微服务架构，采用无侵入式、跨平台、跨语言技术和分布式技术进行开发和设计。

38.2 智能化系统建设推进情况

（1）超万兆工业以太环网。在天地王坡井上、井下分别建设信息数据高速公路，搭建具备承载 5G 传输能力的超万兆工业以太环网，用于承载目前矿井监测监控（除安全监控系统外）、自动化控制、语音通信、高清视频监控、5G 专网等系统数据。

（2）一体化融合通信系统+5G 专网。基于智能化煤矿"一网一站+"的核心理念，在天地王坡建设"4G+UWB+WiFi6"的一体化融合通信系统，井下部署 KT508-F 矿用综合型本安基站，提供高效的传输平台与数据接口，解决目前天地王坡存在的"信息孤岛"现象，实现人员车辆精确定位、4G 语音通信、无线数据的统一接入、统一承载、统一管理。建设基于 SA 架构的 5G 专网，在 3308 智能综采工作面部署 5G 基站，实现工作面视频、设备监控数据采集回传以及采煤机、电液控的反向控制，满足天地王坡全面开展 5G 大带宽、低时延、高可靠性技术应用的实验、试验需要。

（3）云计算中心。天地王坡云计算中心，由 16 组机柜及配套供电、照明、门禁、温湿度控制等辅助模块组成模块化机房，同时由 16 台服务器、4 台交换机及配套管理软件组成的私有云平台；利用阿里云平台将计算、存储、网络资源整合成为统一管理、弹性调度、灵活分配的资源池，支持新业务系统快速部署上线，灵活应对业务增长，提升各项业务处理响应和决策速度，保障业务服务水平。在云平台计算虚拟化之上部署云桌面系统，提供 150 个云桌面终端，为各类业务需求提供标准化数据资源服务。

（4）智能应急救援指挥中心。天地王坡智能应急救援指挥中心（以下简称指挥中心）总面积约 940 m^2，位于调度楼 5 层。按照全面融合、综合调度、智能应急的要求建设，指挥中心由调度区、展示区、会议区、宣传区四大功能区组成。

（5）智能一体化管控平台。在天地王坡建设具有自主知识产权的"MineCloud 煤科云"智能一体化管控平台，在国内率先实现了"统一数据、统一模型、统一平台、统一架构"；基于先进的工业互联网架构，利用物联网、云计算、大数据分析、人工智能、三维虚拟仿真等技术，深度融合矿山"人-机-环-管"多源异构信息，完成矿山企业全要素数据的精准实时采集、统一标准集成、多维可视化展现和智能决策分析。平台所具备的全面感知、实时互联和辅助决策的能力，使煤矿实现了开采环境数字化、采掘装备智能化、生产过程遥控化、信息传输网络化和经营管理信息化。平台主要包含主煤流经济协同运行、区域安全等级评估、管理驾驶舱 3 个智能化综合应用；安全监控系统、精确人员定位系统等 7 个安全类专项应用；综采控制、掘进控制、电力监控等 12 个生产控制类应用；采用三维一张图的形式综合展示天地王坡井上下基本情况和各生产系统运行、联动状态。

(6) 智慧安全培训中心。以中国煤科在安全培训方面的丰富经验和优势资源为依托，以新兴科技为纵轴，为天地王坡打造"一平台三中心"智慧煤矿培训基地。

将互联网与安全培训相结合，创建集"教、学、管"为一体的培训体系；借力模拟仿真技术，将煤矿生产装置从工厂"搬"到培训基地，全面提升天地王坡从业人员的培训效果，输出合格型、安全型人才；带入体验式+沉浸式深度场景模拟，打造综合性、先进性、持续性的高科技公共安全培训主阵地，为天地王坡从业人员以及社会公众提供安全教育服务，拓展煤矿安全培训新模式。

(7) 智能综采工作面。建设3308智能综采工作面，基于透明工作面三维地质模型，以先进可靠的电液控系统、三机通信系统、泵站系统、采煤机控制系统为基础，以顶板压力检测系统、故障诊断系统和工作面视频系统为保障，以工业以太环网+5G为通道，以大数据分析和处理为依据，以高端集控设备为平台，以建设实现井下集控、地面远控为目标，实现液压支架自移为主、人工远程干预为辅，采煤机自动进刀为主、远程控制为辅，运输设备集中控制为主、就地控制为辅，工作面设备自动控制为主、人工干预控制为辅的自动化生产模式。

(8) 智能综掘工作面。智能综掘成套装备提高了掘进作业的安全性，具备远程可视化控制功能，掘进时司机远离工作面迎头；具备人员精确定位及危险区域人员接近识别与报警功能，使人员远离危险区域；三维场景再现及三维地质模型构建，为作业人员远程操作时提供真实的场景。同时相较于传统作业工艺，掘、支、锚、运、探全工序机械化、智能化作业，大幅度降低工人劳动强度。

(9) 智能主煤流运输系统。通过地面集控中心、智能视频监控系统、异物检测和人员报警功能可以实时掌控主运系统所有关键位置的动态，减少现场作业人员数量；带式输送机调速系统通过实时检测带式输送机上的煤量调整运行速度，实现降低带式输送机运行能耗的目标。智能主煤流运输形成全面感知、实时互联、分析决策、动态预测、协同控制的智能管控系统，保证井下主运系统设备安全、高效、经济运行。

(10) 智能供电系统。对高压开关进行升级改造，增加PT柜及后备电源，配置高压漏电保护装置，提高供配电设备的智能化程度，建设防越级跳闸系统。各变电所配置门禁系统完成变电所人员进出的智能管理；通过光纤测温装置完成变电所内电缆沟温度检测。通过电力监控系统平台对煤矿井下变电所供电设备的远程监测监控，实现远程快速恢复供电，实现变电所的无人值守和供电智能化。

(11) 智能压风系统。通过巡检机器人实时采集压风机房的图像、设备红外热成像及环境温湿度数据等信息，并将采集到的数字化信息采用智能感知关键技术算法进行深入处理、综合分析、准确判断设备当前运行状态，并基于大数据分析预警技术，对压风机房电气设备运行故障超前预判、预警，减少故障停机时间，实现压风系统无人值守。

(12) 智能排水系统。增加6套分支排水管道电动闸阀及配套防爆操作箱，并接入原有控制系统；系统通过OPC或读取水文监测系统数据库的方式采集水文监测系统数据，并根据智能联动策略修正控制逻辑；与机电设备故障诊断系统实时通信，采集相关故障信息，并根据故障类型及时修正控制系统运行参数；增加避峰填谷控制策略。

(13) 智能水处理。智能化水系统主要通过对给水管网节点、水泵等设备运行参数的监测，实现给水管线与设备的故障分析及预警；通过增加传感器和分析仪对给水水源点进行水量、水质、水温和水压监测，结合现有水处理站内设备运行调整，实现对用水量、水质的分析和控制调节。通过监测污水处理系统的各流程环节，及时调节污水处理的各项参数，降低系统运行成本，保证污水排放质量达标。

（14）重大设备监控联网。包括实时监测与报警、故障诊断分析、历史数据存储、数据可视化、安标管理、运行工作全程追踪、台账记录以及重大设备维护保养管控检修、强检、注油、安标管理等功能。重大设备监控联网将天地王坡重大设备信息与设备运行状态统一管理，使设备管理人员能快速高效地了解设备信息和运行状态，提高了设备管理工作的信息化水平，提升了设备日常管理工作效率，降低了设备管理的工作强度。

（15）大型设备在线监测与故障智能诊断系统。通过在电机上安装振动传感器、温度传感器，建设提升机、主井带式输送机、主井底给煤机、101带式输送机、主运一部带式输送机、主运二部带式输送机、中央水泵房水泵、三采区水泵房水泵共8个故障诊断子系统。系统通过实时采集设备运行时的振动信号、温度信号等，对信号进行融合分析，结合故障诊断智能诊断算法和专家知识库，实现对机电设备的实时智能诊断、故障预警预报、数据查询、趋势分析、离线数据分析、数据管理等，实现故障诊断报告自动生成，远程Web浏览等。对设备故障早发现、早预防、减少停机时间，有效降低设备故障率，提高设备运行效率。减少设备点巡检人员投入。可提供故障维修决策指导，对设备进行按需维修和预知维修，降低巡检人员检修时间和劳动强度。

（16）智能通风系统。天地王坡智能通风管控系统主要有矿井通风阻力在线监测系统、全自动测风系统、矿井通风智能决策分析系统、抗变形自适应自动风门、远程定量调节风窗、局部智能通风控制系统、主要通风机智能通风控制系统，具备主要通风机一键启动、反风、切换，全矿井"一键测风"、掘进工作面"一键供风"、采掘工作面等用风地点"一键调风"、风门自动感应开启关闭、主要进回风巷风门"应急控风"等功能，形成了"风流准确监测—控风智能决策—风量定量调控"一体化智能通风技术装备系统，为天地王坡通风系统构建了全时段立体"防护武装"，有效提高矿井通风安全管理和自动化控制水平，保证智能通风管理系统平台功能布局及矿井通风系统安全可靠。

（17）透明工作面数字孪生。透明矿井云GIS平台的研发，实现地质时空数据库、地质数据共享服务、透明矿井云GIS平台、智能分析处理、水文监测预警等内容的研究，为智能开采工作面分析和决策提供更加精准的地质信息，大幅提升天地王坡综采工作面智能开采水平，为构建安全高效生产矿井打下坚实的基础。

（18）智能洗选系统。智能洗选建设目标为稳定产品质量、提高综合管理水平、提高单位人员效率。实现设备运行监控、设备故障预警、产品质量分析、重点目标跟踪等生产业务流程的优化管理；增加智能视频管理系统、机器人巡检系统，降低人员劳动强度，增加安全保障；以信息系统支撑综合管理运行，实现选煤厂生产运营的集中管控。

（19）智能装车系统。铁路装车系统，将铁路装车站控制系统全面升级至智能装车模式，同时兼具有半自动、手动模式，建设内容主要包括全自动装车控制系统，装车动态跟踪系统，火车司机通信系统，物料形态识别系统，数据信息化系统等。汽车装车系统，智能汽车装车系统实现车辆从签到排队、进厂、过磅、末煤智能化装车、中小块智能化装车、洗车、出厂的全流程管控，实现过磅、装车等重点环节自动化操作。

（20）智能安全监控系统。结合天地王坡地质及灾害情况，智能安全监控系统建设的内容包括瓦斯灾害预警系统、水害预警系统、顶板灾害预警系统。瓦斯灾害预警系统，具有瓦斯变化动态仿真系统，可根据瓦斯监测数据对瓦斯积聚区进行智能预测预警；能够根据瓦斯监测数据进行风量、风速智能调节，瓦斯超限区域智能断电。水害预警系统，具有针对主要含水层的井上下水文智能动态观测系统，实现动态观测和水害的预测预警分析。顶板灾害预警系统，安装有顶板离层仪、锚杆测力计等装置，监测数据实现自动上传、分析；建设有综采工作面、综掘工作面矿山压力大数据分析及评价系统；矿山压力监测数据能够实时自动上传，并具有自动分析、预测与预警功能。

通过智能化煤矿建设，有效整合集团公司相关智能化力量，推进智能化产业落地实施，提升集团智能化竞争力，带动产业发展，从而产生积极的社会效益。

39 中国煤科煤矿智能化协同创新实践

煤矿智能化是煤炭行业正在经历的一次技术变革，经过一段时间的探索实践，取得了阶段性进展，但仍存在标准不统一、数据不规范、认识不统一、区域发展不均衡、地质保障支撑力不足等诸多问题。为此，中国煤炭科工集团有限公司（以下简称中国煤科）全面贯彻落实八部委《关于加快煤矿智能化发展的指导意见》，以"引领煤炭科技、推动行业进步"为使命，不断强化煤矿智能化顶层设计，强力关键核心技术攻关，围绕构建"产-学-研-用"四位一体的煤矿智能化协同创新模式，开展了深入探索和大量实践，形成了可供行业借鉴的模式和经验。本章仅以中国煤科煤矿智能化协同创新模式为分析对象，对理论框架和工作实践做分析和介绍。

39.1 背景及目标

39.1.1 煤矿智能化建设背景

煤矿智能化是新发展阶段煤炭行业高质量发展的必由之路、煤矿安全发展的必然要求和适应技术变革的必然趋势。国家高度重视煤矿智能化建设，相关政策陆续出台，相关标准逐步建立。2020年2月，国家发展改革委、国家能源局等八部委联合发布了《关于加快煤矿智能化发展的指导意见》，是煤炭工业向智能化新阶段迈进的重要标志；2020年9月，召开了全国煤矿智能化现场推进会；2020年11月，国家能源局、国家煤矿安全监察局联合发布了《关于开展首批智能化示范煤矿建设的通知》，随后，主要产煤省区、大型煤业集团纷纷开展行动，相继出台了煤矿智能化建设配套政策和阶段目标。在国家、行业、地方政策的引导下，以煤矿智能化建设为标志的新一轮重大技术变革全面展开。据资料显示，截至2022年一季度末，全国有近400处煤矿正在开展智能化建设，总投资规模超过1000亿元，投资完成率近50%，已建成智能化采掘工作面813个，一大批新技术、新装备、新工艺和新模式得到广泛应用，煤矿智能化建设进入了高潮、攻坚和协同共建阶段。

39.1.2 煤矿智能化协同创新意义

中国煤科是国务院国有资产监督管理委员会直接监管的中央企业，作为全球唯一的全产业链综合性煤炭科技创新型企业，也是我国煤炭工业科技创新的国家队和排头兵，拥有涵盖煤炭行业全专业领域的科技创新体系，肩负着引领煤炭科技进步的光荣使命。为此，中国煤科以客户为中心、以市场为导向，充分发挥优势，积极行动，在煤矿智能化建设中系统布局，以科技创新赋能高水平煤矿智能化建设，探索了煤矿智能化协同创新模式，并开展了深入实践，在行业内外建立了广泛的合作伙伴关系，为行业打造了不同类型的智能化煤矿标杆。因此，协同创新模式是经实践检验可供行业借鉴的煤矿智能高效工作模式。

39.1.3 协同创新模式探索实践必要性

1. 协同创新工作必要性

煤矿智能化标准尚未健全成熟，需要以协同创新模式统筹建设。国家能源局联合有关部门出台了《煤矿智能化建设指南（2021年版）》和《智能化示范煤矿验收管理办法（试行）》等政策，煤炭学会发布了《智能化煤矿（井工）分类、分级技术条件与评价》和《智能化采煤工作面分类、分级技术条件与评价指标体系》等团体标准，提出了分类分级、因矿施策开展智能化建设的基本思路，但现有标准较少，尚未形成完整的智能化标准体系，不足以全面深度支撑每个智能化子系统依标依规建设。智能化建设成效依赖于建设方案、智能装备企业等参建机构的智力付出和技术倾向，不同智能化子系统先进性、适用性依托于不同市场主体和具体研究建设人员的知识体系，相同条件、类型矿井的智能化建设投入、呈现效果差异较大。因此，智能化煤矿建设需要全专业、全产业技术管理人才大联合，通过协同创新、协同建设方能在现有基本标准框架下科学建设智能化煤矿，并在研究建设过程中，统一认识，共同推进煤矿智能化标准逐步走向成熟，完善标准体系。

煤矿智能化系统融合难度大，需要以协同创新方式统一规划。煤矿智能化建设涉及回采、掘进、运输、提升、通风、压风、安全、排水、供水、供电、通信、控制、楼宇、园区、职业安全卫生、环境与水土保持、洗选与装车、经营管理等全部生产、生活系统，系统庞大复杂，往往单个智能化系统建设需要多家技术装备企业实施，全系统建设则需要数十甚至上百家企业共同完成，造成大量孤岛式信息系统和烟囱式信息系统，需要具有全产业链科技创新型集团企业与煤矿企业共同主导，构建集全行业高水平技术团队和协同创新体系，从全矿井智能化顶层规划设计出发，全过程参与建设，通过统一数据格式、通信协议等方式，先行建设矿井级、矿区级、煤业集团级标准规范，消除信息孤岛、信息烟窗，实现系统间数据兼容、网络兼容、业务兼容和控制兼容，将系统智能化推向智能系统化。

煤矿智能装备接口标准不统一，需要以协同创新方式统一规划。煤矿智能化建设主要有新建、升级、改扩建等3种类型。其中，现有矿井智能化升级类型较多，其特点是各种生产设备接口不统一，七国八制。在煤矿生产运营过程中，信息技术应用与设备操作技术制式多样，跨系统集成复杂度高，技术融合问题突出。而且，生产数据没有统一格式无法及时上传，海量数据也不能通过信息技术措施进行分析与建模，严重影响了数据价值的释放。对单一矿井智能化建设而言，由不同技术装备企业各自为战，在一定技术范围服务煤矿智能化建设显然不可行，需要依托涵盖煤矿全专业的超大型行业技术团队，以协同创新方式统一规划、统筹实施。

煤矿智能化建设人才严重匮乏，需要以协同创新方式群策群智。智能化煤矿设计、建设、生产、管理等各环节，均需要具有煤矿信息基础、智能生产、智能监控等一专多能的复合型技术人才，但我国现有煤矿智能化技术人才短缺，这一现状制约了智能化建设步伐，亟须集合全行业煤矿智能化专业人才，形成协同创新联合攻关模式，群策群智方能系统高效推进煤矿智能化建设，在协同创新模式下，建立针对性强、系统性高的煤矿智能化人才培养体系，为煤矿智能化发展夯实人才基础。

2. 协同创新模式实践可行性

中国煤科是全球唯一全产业链综合性煤炭科技创新型企业，具备一揽子解决煤矿智能化痛点的产业、人才、团队基础。中国煤科拥有136个省部级以上科研条件平台、100余家科技企业、3万名员工，其中专业技术人才突破1.5万人，具备探索协同创新模式的全产业链支撑基础、全覆盖专业基础和专业技术人才基础。中国煤科先后设计了全国80%以上矿井，原创了80%以上煤矿在用先进技术装备，承担了煤炭行业50%以上国家重大科技项目，制定了85%以上煤炭国家标准，完成了95%以上的矿用产品检测检验，具有全专业领域的深入实践，具备主导开展多企业、全专业、跨行业联合攻关，推动建设协同创新模式的数据基础和成果基础。

ICT企业、高校院所、人工智能及装备制造企业加入建设，为煤矿智能化建设注入新活力，补强了煤炭技术装备弱项。行业知名ICT企业加入煤矿智能化建设，为煤矿电信服务、信息服务、IT服务及应用提供了有力支持；高等院校及科研院所具有扎实的基础理论，可为煤矿智能化建设提供系统支撑；人工智能、机器人及高端装备制造企业的加入，是实现煤矿智能化建设采、掘、机、运、通、洗、控等系统所需安全、智能、可靠装备的执行保障。这些企业的加入，使煤矿智能化建设具备了行业资源整合、知识互补的条件，构成了"产、学、研、用"协同创新的基本要素。

39.2 协同创新模式探索与理论搭建

39.2.1 煤矿智能化协同创新内涵

狭义内涵：以某矿井智能化建设为有限目标，由用户、科技创新与装备制造企业、高等院校、科研院所等4类市场主体共同组建"产-学-研-用"四位一体的智能化协同创新联合体，围绕有限目标，确立项目主导企业、联合企业，建立基于客户需求的智能化建设总体规划和专业分工，在用户和主导企业的统一部署下共同完成煤矿智能化项目目标。

广义内涵：基于"协同"和"创新"理论，构建"产-学-研-用"四位一体的智能化协同创新联合体，使资金、知识、人才等要素得到充分共享和高效配置；通过各协同创新主体的单系统最优和主体之间的有序协作，创造煤矿智能化新技术、新工艺、新材料、新装备，并在煤矿智能化项目中科学应用，分类分级实现矿井智能化、矿区智能化，形成企业、行业统一的标准及标准体系，最终促进煤矿智能化建设从探索起步、示范建设到成熟升级，推进行业进步。

39.2.2 煤矿智能化协同创新特征

"产-学-研-用"四位一体智能化协同创新模式的推进存在多种协同关系，关键的有目标协同、知识协同、组织协同和业务协同。四个协同是协同创新模式成效的决定性因素，创新主体之间协同关系如图39-1所示。

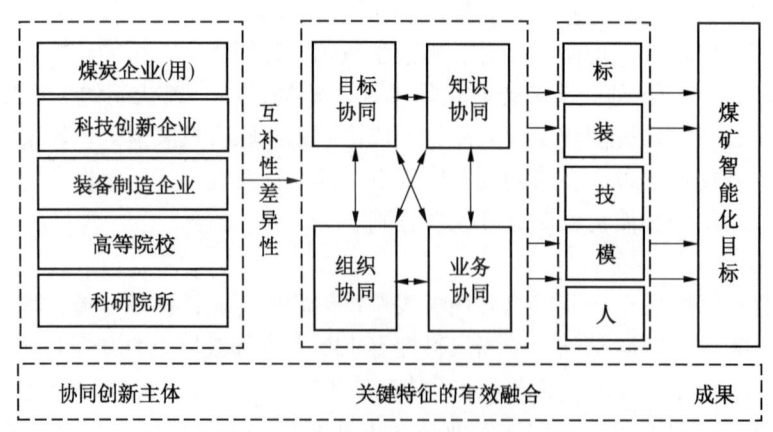

图39-1 煤矿智能化协同创新主体间协同关系

目标协同。参与协同创新的市场主体之间原始目标差异较大：企业具有一定的利润导向，比较关心的是协同创新经济效益，对于公益类企业还更注重引领行业进步等社会效益；学、研是科研成果导向，更注重创新带来的学术成果和人才培养成果；客户是以结果为导向，更注重煤矿智能化建设对稳产保供、保障能源安全的社会责任和"减人、增安、提效"、煤矿工人的幸福感提升等综合成效。因此，协同创新模式首先要明确基于客户需求的具体目标，建立"以客户为中心、以市场为导向"的基本原则，协同研究创造符合客户、市场需求的产品和技术，完成煤矿智能化建设总目标、智能化子系统目标和分部分项目标，避免每个创新主体因自己有什么产品而卖什么产品。

知识协同。在"产-学-研-用"协同创新体系中，发挥直接作用的是知识融合、碰撞、求同、共享、再融合、升级、应用和创造转化的不断循环，本质是通过不同主体的隐性和显性知识相互转换和螺旋提升，促进煤矿智能化技术、产品、服务迭代升级，最终通过智能化煤矿建设进行实物呈现和效果检验。

组织协同。"产-学-研-用"协同创新是一种混合型跨领域、跨机构、跨部门、跨专业、跨时空的组织关系，涉及不同机构间资源、人才、资金的统一调配和科学使用，需要在顶层规划上形成新的组织形式和管理方式，一定程度上要突破不同主体之间的"单位"界限，形成基于共同目标的"虚拟机构"，并在具体的协同创新项目中，建立符合项目团队运行的措施、办法等相关机制。

业务协同。在创新团队协同开展具体项目过程中，推进目标实现、知识融合和组织建设的业务交叉运转，由用户与主导企业之间、主导企业内部、主导企业与联合主体之间业务的协同3个要素构成，需要通过组织协同来实现，同时为组织协同的有效性做支撑，为目标协同的实现做保障，为知识协同成效做载体。

39.2.3 煤矿智能化协同创新目标

煤矿智能化协同创新模式发挥作用的关键是建立有机联系的协同创新目标，主要包括：客户目标、团队目标、成果目标、组织目标。

客户目标，是煤矿智能化协同创新项目的交付目标，有3个层面延伸含义：通过知识协同，设定满足煤矿智能化建设标准的刚性技术建设目标；基于价值工程，设定提质增效目标和为达到预期效果拟通过科研手段完成的远期目标。刚性技术目标、提质增效目标和远期目标作为客户需求目标的补充和优化。

团队目标：对客户目标进行分级分解，落实到协同创新团队每个个体的目标，由协同创新主导企业和联合机构共同承担把握。

成果目标：为了实现客户目标，通过业务协同、知识协同、组织协同，拟定实现支撑客户目标所需的各项技术、模式等类型成果。

组织目标：为保障客户目标、团队目标和成果目标的实现，所做的组织规划、流程规划以及组织运行过程中的动态优化目标。要在组织目标推进过程中，培育孵化煤矿智能化技术管理人才。

39.2.4 煤矿智能化协同创新组织

协同创新模式实现"四个协同"的组织是以联合体主导企业内部协同为基础，带动内外协同的形式体现的，其构成如下：

组织的信息输入：以国家、行业、地方和煤炭企业的政策，社会、经济环境，客户需求、法律法规、部门规章、地方规章、与项目相关的规程、规范、标准，宏、微观经济等情况作为组织的信息输入。

依托的工作基础：协同创新组织以协同创新联合体的现有技术、装备、资金、人才等条件为基础。

组织的运转保障，指主导企业、客户、联合机构共同认可的项目管理机制保障、机构保障、资金保障、人才保障和相关政策保障。同时，依托可调配的资源、工作基础，通过外部信息的输入，确定保障体系的其他事项。

协同的工作成果：协同组织在现有依托条件基础上，整合外部输入信息，通过业务协同、知识协同形成协同成果。煤矿智能化协同创新成果主要有方案成果、产品成果、协议成果、标准成果、模式成果等。

协同的最终目标。以煤矿智能化具体项目为载体，通过协同组织成果在项目上的呈现达到目标，主要是实现矿井智能化或采、掘、机、运、通、排等系统的智能化。在每个项目具体目标实现的基础上，依托协同创新模式，可最终实现智慧矿区的长远目标。

39.3 协同创新实践

39.3.1 建立协同创新项目主导企业内部组织

1. 构建三级研发体系

中国煤科构建了三级研发体系，是煤矿智能化协同创新模式中内部协同的有效支撑。三级研发体系由中央研究院、二级企业研发中心、创新单元等3类研发机构组成。一级研发体系由中央研究院承担，重点开展新兴领域的基础和应用基础、提高内部核心竞争力的通用技术，以及二级企业无法独立解决且具有重大产业化前景的关键共性技术产品等研究，产出高水平的煤炭及相关多元化领域共性新技术新产品，为二级企业赋能，在集团三级研发体系中发挥引领作用；二级研发机构主要指集团公司二级企业具有研发创新能力的研发中心，为行业科技进步提供支撑，在集团三级研发体系中发挥主力军作用；三级研发机构主要指集团公司各二级企业的加工制造、技术服务、工程施工、市场营销等机构中具备一定研发创新能力的创新单元，在三级研发体系中发挥补强作用。

三级研发体系的建立，夯实了煤矿智能化协同创新模式的内部协同成效，以全产业链、全专业覆盖的基础能力担当协同创新的主导企业职责，是对外协同成效的根本。三级研发体系保障了协同创新模式中目标协同的精准性，在煤矿智能化建设过程中起到科学布局、总体规划、系统建设的全过程把握作用。通过滚动式自主研发投入和系统布局，形成了煤矿智能化核心技术全覆盖的成果体系，为煤矿智能化解决方案提供了可靠的智力保障。

2. 设立智能化委员会

在煤矿智能化协同创新模式实践中，为加强协同主导企业的核心作用，中国煤科以"研发一体化、产业一盘棋"体系格局建设为措施，设立了煤矿智能化工作委员会（以下简称智能化委员会）作为协同创新模式的管理机构，具体承载协同创新模式主导企业内外部协同的综合统筹职责，是模式中目标协同、组织协同、知识协同和业务协同的纽带。在内部协同方面，智能化委员会作为综合协调机构，负责统筹协调、系统推进智能化技术研发与产业发展工作；统筹协调相关科技创新资源，发挥协同体系各内部主体专业领域优势，形成统一的一体化解决方案；统筹整合中国煤科营销资源，按区域、主营业务、主导专业分工协作，提升煤矿智能化协同创新模式的规范性和核心竞争力。在对外协同方面，智能化委员会作为总体协调机构，履行对外统一合作、智能化解决方案向客户统一交付等职责。

3. 形成内部协同体系

在煤矿智能化协同创新模式下，中国煤科建立了以智能化委员会为统筹协调主体的协同体系，在内蒙古自治区、宁夏回族自治区等煤矿智能化协同创新项目聚集的重要区域，设立区域研究院、技术服务中心等专职统筹服务机构，内部各二级企业设立专职智能化协调机构和专责人员。按照纵向关系逐级安排责权的组织方式，形成了协同创新主导企业内部的"短链线性组织结构"，确保在协同项目中，每一个工作单元只有一个指令源，避免了由于矛盾的指令而影响组织系统的运行。煤矿智能化协同创新组织保障体系如图39-2所示。

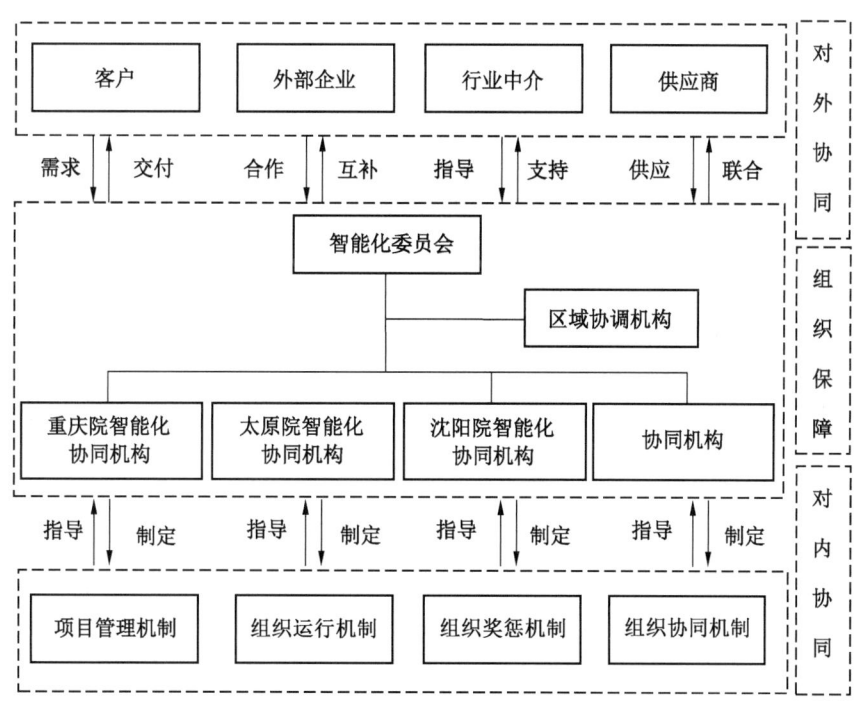

图39-2 煤矿智能化协同创新组织保障体系

4. 建立协同创新保障机制

为保障业务协同的规范有序、决策有据，建立了煤矿智能化工作委员会运行管理办法、煤矿智能化协同创新项目管理办法、煤矿智能化重点项目实施管理办法等一系列经实践检验的保障机制，实现协同工作流程化、规范化。

5. 组建协同创新团队

内部团队建设。以煤矿智能化项目为载体，中国煤科设立了煤矿智能化主导专业创新团队，并授牌式管理，形成了"设计院+研究院+装备企业"多单位联合、全专业融合的智能化团队攻关模式。在陕煤化集团榆北小保当煤矿智能化建设、神东保德煤矿智能化建设、宁煤红柳煤矿智能化建设等多个项目中，按照该模式向客户提供了"集团军"式一体化驻矿技术服务，取得了较好成效。

联合团队建设。联合团队是内部团队协同、知识互补的对象。总结了联合团队的确定原则：一是能够达成一致的企业价值观——以创造客户价值为中心，在实现客户价值的基础上实现协同团队价值。同时，联合团队的技术产品水平应为行业一流、位列前三。二是能够达成共同的服务原则——协同创新模式下，联合企业均不得排除技术质量更好的外部产品而向客户提供自有产品。

39.3.2 建立了煤矿智能化协同创新合作伙伴

建立煤矿智能化协同创新中心。2020年11月，国家能源集团与中国煤科联合组建了煤矿智能化协同创新中心，通过产-学-研-用深度融合，搭建科技创新平台，并积极引入其他较强科研实力的第三方研发单位，着力攻克煤矿智能化关键核心技术，形成世界领先的智慧煤矿建设方案和标准体系，解决国家能源集团智能化建设的现实需求和技术难题，带动和支撑全国煤矿智能化发展，通过煤矿智能化协同创新模式的深入实践，成为煤矿智能化建设一体化解决方案的实践者、提供者和引领者。2021年8月，华电煤业集团与中国煤科签订了《协同创新中心（煤矿智能化）》合作协议，进一步深化了协同创新模式的实践。

打造煤矿智能化创新生态圈。为更好地开展协同创新工作，中国煤科专门成立了智能矿山研究院、矿山大数据研究院、澳大利亚矿业研发中心等专业研究机构。与中国煤炭学会共同发起成立"煤矿智能化创新联盟"，进一步构建煤矿智能化产-学-研-用协同创新生态圈，并组织编制中国煤矿智能化发展报告。与中国移动、中国电科、华为、百度等世界知名企业联手启动智慧矿山建设战略合作，与中国联通、中国矿业大学（北京）组建地下空间5G技术创新应用联合实验室，充分发挥产-学-研-用一体化融合优势，携手建设智能化煤矿的新标杆。

39.4 协同创新成效

39.4.1 顶层设计成果

在煤矿智能化协同创新模式下，通过知识协同，中国煤科形成了一系列煤矿智能化建设顶层规划成果，率先形成了煤矿智能化多场景一体化解决方案，启动了"煤智云"行业大数据中心建设。

研究形成了《井工矿智能化一体化解决方案》，在煤矿智能化协同创新模式的循环迭代下，形成了智能回采、智能掘进、信息基础、智能保障、智能运输、智能安全、5类38种机器人、智慧园区等全系统建设路径和评价体系，为煤矿智能化建设目标协同做了体系支撑。

研究形成了《智能化选煤厂一体化解决方案》，涵盖了煤矿智能化市场和技术态势分析、智能化应用场景布局、智能化煤矿建设目标与内容、智能化设计建设基本原则、评价体系以及保障措施，为智能洗选标准化设计、高质量建设和智能洗选专业技术人才的引进培养提供了指南。

研究形成了《露天煤矿智能化一体化解决方案》，分析了国内外露天矿技术装备现状、协同创新发展模式，涵盖了钻孔、爆破、采装、破碎、运输、排土等各工艺环节的技术方案、组织保障和风险防控措施，为露天智能开采技术绘制了"路线图"。

启动推进了煤炭行业"煤智云"大数据中心建设。"煤智云"大数据中心旨在构建数据产业结构、建立行业标准体系、消除信息孤岛、构建融合数字化生态，面向煤矿智能化建设涉及的科研、开发、技术、产品、工程、服务等业务，围绕数据的采集、传输、存储、建模、分析等全过程、全生命周期、全要素的数据价值利用，提供技术赋能服务。"煤智云"的建设，将会打通煤炭行业全产业链数据业务，提供面向行业上下游企业、政府、协会等机构的综合数据服务，促进煤炭行业智能化水平提升。同时，"煤智云"将与协同创新合作伙伴联合整合行业资源，通过智能矿山综合管控平台应用、设备远程运维、危险源监测预报、煤矿安全态势预警与灾害防控、专家远程会诊、供应链协同、煤炭资源规划等智能应用，汇聚海量多源全过程数据，为煤炭上下游企业提供咨询服务、建设服务、数据服务、开发服务等，为煤炭行业高质量发展提供全面支撑。

39.4.2 技术装备成果

中国煤科充分发挥煤矿智能化协同创新模式目标协同作用，为国家能源集团、中煤能源集团、陕煤化集团、山东能源集团、晋能控股等国内众多煤炭企业的智能化建设提供了技术支撑，形成了智能化采煤工作面建设、智能化掘进工作面建设等一批可供煤炭企业借鉴的示范案例和设计方案。

煤矿智能化设计方面。基于BIM设计理念构建了"一个平台、一个模型、一个数据架构"的煤炭行业智能化设计解决方案，形成包含煤矿工程设计各专业协同平台、流程管理及标准管理、物料编码、专业工具开发、一键出图、数字化交付、AI智能设计专家系统等的一体化智能设计体系，设计效率提升30%，错漏碰缺减少95%以上。采用云化部署模式，实现全矿井全要素的数字化，为煤矿施工、运维的智能化提供标准数据和三维场景支撑，有效促进智能化技术与煤矿设计、施工、运维的融合。

智能地质保障方面。构建了"透明矿井"地质保障技术体系，研发出高精度探测技术与装备，开发出面向智能开采的透明矿井平台，形成了包含透明工作面综合探测、透明工作面多源数据融合系统、透明矿井三维地质建模系统、透明工作面规划截割系统、透明工作面数字孪生系统、透明矿井云平台等六大体系的智能开采透明工作面一体化解决方案，实现了地质模型与"三机"信息互馈，提升了智能化开采地质模型精度。在黄陵一矿810工作面采煤机切割剖面的精度提高至150 mm以内；在阳煤新元煤矿31004工作面，推采前方25 m范围内煤层顶板绝对误差达30 mm以下。

智能掘进方面。针对采掘失衡行业难题，提出了"掘支运"一体化快速掘进理念，研发了"掘支运"一体化高效快速掘进系统，包括掘锚一体机、锚杆转载机、柔性连续运输系统，突破掘支运并行作业、掘锚一体化、自动支护、柔性连续运输、远程智能协同控制等关键技术，形成了完备的快速掘进作业线，该项成果在西部煤电集团实现月进尺856 m的效果，创造了建井以来矿地质条件复杂、巷道断面大、支护强度密集、底板松软、遇水泥化严重条件下掘进进尺新纪录，刷新了国内复杂围岩条件掘进进尺纪录，该项技术是装备制造领域入选"科创中国"先导技术榜的唯一煤机装备技术成果。

智能开采方面。对复杂条件煤矿，突破了工作面俯采倾角变化大、矿压显现剧烈、顶板煤壁破碎导致采场围岩稳定性控制难度大、液压支护系统适应性降低等行业难题。建立了工作面状态监测系统,研发了基于 Unity 3D 的工作面三维仿真与运行态势分析决策系统,突破千米深井智能开采围岩稳定性控制和装备运行适应性控制的关键技术瓶颈,为复杂条件煤矿智能开采提供了技术支撑。

智能主煤流运输方面。形成了以 KTC199 通信控制装置为核心,集成防灭火监测、设备预防性维检、永磁直驱、智能巡检机器人等系统,实现煤流运输系统工况全面精准感知、设备协同控制、无人值守、智能运行。

智能辅助运输方面。深入贯彻"少人则安、无人则安"智慧矿山理念,中国煤科与陕煤化集团榆北煤业协同开发,研究突破了井下车联网和无人驾驶技术并成功在曹家滩煤矿开展了全工况无人驾驶试验,最高车速达 22 km/h,初步实现了煤矿井下新能源无轨胶轮车的无人驾驶常态化运行,推动了无人驾驶技术在煤矿井下的快速落地应用。同时该技术实现了车辆自主分析路况、智能决策控制、自动躲避障碍、预判预警危险等功能,有效解决了井下"长廊效应"、无 GNSS 卫星定位信号、矿井复杂工矿环境下的车辆运行算法优化问题,实现了地面远程驾驶功能。

智能安全监测控制方面。突破环境智能感知、电磁干扰、数字总线等先进技术,实现监控设备数字化、智能化以及高可靠性,监控数据上传时间缩短至毫秒内,异地断电时间由原有标准的 60 s 缩短至 5 s 内,井下实现多系统融合与应急联动。建立了基于工业互联网平台的"云-边-端"协同架构,融合集成了环境安全监控、动目标精确定位、瓦斯抽放等 10 余项系统功能,实现灾害精准监测预警、安全态势智能分析、智能联动、应急救援辅助指挥、可视化展现与发布。

智能洗选方面。提出了智能无人选煤厂整体解决方案,实现选煤厂主动感知、自动分析、快速处理,无人、少人值守的订单化生产管理。研发了应用智能识别、智能重介、智能加药、智能压滤、智能巡检、智能视频识别、生产管理执行系统;研制了 AI 干式分选机器人,以"多源识别、多措分拣"为特征,实现了煤矸石杂物的智能干式分选,可实现 50~500 mm 宽粒级矸石和杂物的识别和分选,矸石识别率和分拣率分别突破 95%。

煤矿机器人方面。开发了掘进、采煤、运输、安控、救援、巡检等全场景机器人,建立了煤矿机器人集群控制系统。发布了煤矿机器人亟待攻克的关键技术及产业发展方向,在通信、充电、防爆结构、导航与定位、高效驱动、适应性、群决策、可靠性评估、井下重载执行等尚未有效突破的关键技术上进行了系统布局,拟定了攻关计划。初步形成了定量测试评估方法,为我国煤矿机器人产业化发展提供了路线图。

智能制造方面。在点(智能单元)、线(智能产线)、面(数字化车间、智能工厂)层面全力推进智能制造。钻探机具智能制造示范工厂实现了人机协同作业、智能在线检测、产品数字化设计与仿真、离散型工艺数字化设计、精准配送、生产计划优化、采购策略优化、智能维护管理和产品远程运维等典型场景应用,入选 2021 年度智能制造试点示范工厂揭榜单位名单。建成了柔性加工数字化车间及电液控换向阀柔性智能装配生产线,实现主阀加工无人值守全自动连续生产;集成了机器人技术、智能视觉检测技术、自动拧紧技术、RFID 技术等,实现了整体电液控换向阀、液压阀芯装配、液压阀高压球式涨堵等柔性智能装配及一键生产。

39.4.3 工程实践成果

1. 井工煤矿智能化建设成果

黄陵矿业，建成全国首个智能化无人综采工作面并持续突破。中国煤科支撑黄陵矿业薄、中、厚煤层智能化开采全覆盖，完成了记忆截割1.0到自主截割3.0的突破，并向4.0跨越，初步实现了系统智能化向智能系统化全面提升。

张家峁煤矿，聚焦矿区智能化，实现全国首个生产矿井智能化。通过智能化煤矿巨系统关键技术装备研发与示范建设，实现了92个在用系统的数据服务集成和运营决策优化；构建了矿区全域多源数据深度融合的智能化煤矿管理系统，形成了煤矿智能化集中管控新模式。

小保当煤矿，围绕"一场两矿"布局突出智能化建设特色。建成了"三大平台、两个中心、56个子系统"的智慧矿山生产系统，实现了全国首套国产中厚煤层450m超长工作面智能开采和辅助运输无人驾驶全工况运行。

上湾煤矿，建成世界大采高智能化工作面和5G通信系统。中国煤科依托电液控和综采智能化控制系统成套技术，实现了8.8m超大采高工作面的智能化运行。助力上湾煤矿在国内首次将5G和UWB技术融合应用，建成全球最大企业级5G核心网。

天地王坡煤矿，打造同等条件下智能化煤矿新标杆。结合王坡煤矿资源禀赋，中国煤科构建了"一云、一网、一中心，一体化综合管控+全煤流协同运行+多点智能应用"智能联动的智能化矿井，实现了基于透明工作面的数字孪生规划截割与人机互馈，以及机器人巡检、灾害精准预警、智能洗选等全场景智化能应用。

2. 露天矿智能化建设成果

中国煤科以信息公司、沈阳设计院等内部企业为主导，协同行业通信、装备企业，以中国煤科与国家能源集团协同创新中心为依托，开展了神延西湾露天矿智能化研究建设，开发了以连续采煤机为核心的大型露天矿全连续智能化开采系统和端帮大倾角连续提升新装备，创造了露天矿智能连续开采、连续运输作业循环新方式，为大型露天矿连续开采和端帮连续运输技术提供了解决方案示范。

3. 选煤厂智能化建设成果

中国煤科以煤矿智能化协同创新模式为依托，构建"产-学-研-用"四位一体的智能洗选协同创新团队，在客户全过程参与下，开展了曹家滩选煤厂智能化设计建设，以国家"工业4.0"和"中国制造2025"战略举措为引领，结合国家智能化煤矿建设最新标准，依托5G通信、工业互联网、数字孪生等前沿技术，逐步实现了设备智能运行、状态智能监测、过程智能控制、参数智能设定、管理智能实施、决策智能调节，达到减员增效、降低劳动强度、提升洗选效率、稳定产品质量的目标。

39.5 总结与展望

39.5.1 煤矿智能化协同创新模式评价

煤矿智能化是我国煤炭行业高质量发展的必由之路，面对智能化专业技术及管理人才短缺、标准不健全、诸多关键核心技术尚未突破的现状，探索"产-学-研-用"四位一体的协同创新模式，整合行业资源联合攻关是解决当下难题的重要方式。

中国煤科发挥具备煤炭全产业链的产业专业优势和人才优势，勇于担当公益类中央企业责任，积极融合行业先进企业、高校技术，对煤矿智能化协同创新模式做了理论探索和深入实践，与国家能源集团、华电煤业集团等大型能源企业联合设立了协同创新中心，工作中积累了丰富的理论实践经验，发挥了协同创新主导企业作用和引领煤炭行业科技进步国家队、主力军作用。

39.5.2　煤矿智能化协同创新实践成效评价

在协同创新工作模式下，中国煤科与合作伙伴一道取得了煤矿智能化建设诸多成效，形成了井工矿、露天矿、选煤厂智能化等3套一体化解决方案，实现了智能采煤、智能掘进、信息基础设施、智能地质保障、煤矿全场景机器人等多方向的技术突破，以技术成果为支撑建设了一批不同类型的智能化煤矿示范标杆。

39.5.3　煤矿智能化协同创新模式趋势展望

协同创新模式是加快推进煤矿智能化建设的高效措施和必要选择，强化协同创新主导企业内部协同、加大横向联合，构建全行业、跨行业目标协同、知识协同、组织协同是今后一段时间突破行业"卡脖子"技术、实现关键技术国产化的重要路径和促进煤炭行业安全、健康、快速发展的主旋律。

第五篇

煤矿智能化标准规范建设

40　煤矿智能化标准现状分析与体系建设框架

煤矿智能化是煤炭综合机械化发展的新阶段，是煤炭生产方式和生产力革命的新方向，是煤炭工业高质量发展的核心技术支撑。国家发展改革委、国家能源局、工信部等八部委联合出台《关于加快煤矿智能化发展的指导意见》，山西、山东、陕西、内蒙古等产煤大省接连出台一系列智能化政策和要求，大力推进煤矿智能化建设。煤矿智能化建设，涉及多系统、多层次、多技术、多专业、多领域、多工种，是一个复杂的多学科交叉融合问题。当前是煤矿智能化发展初期，其发展理念和技术体系还不够体系化和标准化，各研究机构及厂商均按照各自的设计思路和技术路线进行研究，通信协议、数据接口难以统一，装备与控制、通信无法有效配套融合，形成信息壁垒，构建和完善煤矿智能化标准体系，从根本上梳理煤矿智能化的技术路线和顶层设计，将建设过程中的对象标准化，有利于统一智能化煤矿的建设思路，实现高端数据融合，促使大数据、人工智能等技术在煤矿落地。

完整的煤矿智能化技术标准体系是建设智能化煤矿的基础与指南，通过统一规范煤矿智能化及其过程中涉及的关键技术、装备、行为及派生属性，指明智能化煤矿建设方向，提高智能化煤矿建设效率和质量。现有煤矿相关标准主要针对各关键设备基本安全与生产要求，少有对相关智能化系统的标准制定。各大煤炭企业及研究机构对煤矿智能化中部分设计及系统制定了相应的国标、行标和企标，但是这些标准未能全面考虑智能化煤矿总体建设体系，因此具有一定的片面和局限性。因此，在详细分析煤矿智能化技术架构的基础上，构建煤矿智能化标准体系框架，提出煤矿智能化标准体系建设路径，是煤矿智能化发展过程的核心关键问题。

40.1　煤矿智能化标准发展现状

40.1.1　煤矿智能化标准体系建设现状

1. 煤矿智能化标准现状

现行煤矿相关国家标准不足 100 项，煤矿行业标准 1400 余项，主要对煤矿的一般术语、安全生产、关键设备的通用要求进行了规定。随着云计算、大数据、人工智能、物联网等技术的快速发展，煤矿行业迎来产业变革，煤炭行业相关部门开始逐步发布相关标准，详见表 40-1。目前已发布标准发布量较少，主要对智能化煤矿的基本架构及设计要求进行了规定，调研发现其影响力、应用情况不佳。

表 40-1　国家各级部门发布智能化煤矿标准概况

标准级别	智能化煤矿相关标准	
	标准编号	标准名称
国家标准	GB/T 34679—2017	智慧矿山信息系统通用技术规范
	GB/T 51272—2018	煤炭工业智能化矿井设计标准

表 40-1（续）

标准级别	智能化煤矿相关标准	
	标准编号	标准名称
行业标准	AQ 6201—2019	煤矿安全监控系统通用技术要求
	MT/T 1169—2019	矿井感应通信系统通用技术条件
地方标准	山西省 DB14/T 1725—2018	数字煤矿数据字典

2. 煤矿智能化标准立项与发展

随着煤矿智能化技术的发展，亟须建设智能化煤矿建设基础和指南的标准体系，促进煤炭行业发展。行业相关部门均对煤矿智能化相关标准进行立项，以明确智能化煤矿建设方向，促进行业信息资源有效利用。针对国家能源局等部门标准立项计划分析可知，目前有关煤矿智能化的相关标准计划主要是对其相关的关键技术及数据通信接口进行了规范，其相互之间存在边界及范围交叉等情况，因此，亟须从顶层规划煤矿智能化标准体系框架，规范煤矿智能化标准的制定，提高智能化煤矿建设效率和质量。煤矿智能化相关标准计划概况见表 40-2。

表 40-2 煤矿智能化相关标准计划概况

立项单位	煤矿智能化标准名称
国家能源局	矿山物联网交互协议标准
	煤矿智能供电系统技术导则
	煤矿物联网融合通信网络通用网关技术条件
	智能化无人综采工作面设计规范
	智能化无人综采工作面验收规范
	矿山机电设备通信接口和协议
	井工煤矿数字化矿山建设
中国煤炭工业协会	面向智能开采的煤矿地测保障系统数据采集和处理
	面向智能开采的煤矿分布式协同"一张图"（二维和三维）和大数据分析数据处理和服务标准
	基于时态 GIS 的煤矿可视化远程控制数据采集、传输、存储、分析、决策、展现、控制和服务标准
	智能刮板输送机性能要求
	煤矿综采工作面智能化控制系统技术条件
	综采集成供液系统技术条件
	矿用光纤光栅多参数监测装置
中国煤炭学会	煤矿智能化综采工作面分类、分级达标条件
	煤矿智能化矿井分类、分级达标条件
	煤矿物联网标识编码规范
	矿井生产过程综合信息语义描述规范
	煤炭精准开采地质条件评价技术规范

3. 其他行业智能化标准发展

其他行业的智能化标准体系的制定对于煤矿智能化标准的研究具有重要的借鉴意义。以工业互联网产业联盟为核心发布的工业互联网标准体系为新一代信息技术的应用提供了标准体系基础。在此情况下，智慧城市、智能制造、智慧林业等均根据自身的业务需求，对其总体建设框架进行设计，为其行业发展提供了完善的参考依据。

40.1.2 煤矿智能化标准体系建设需求

随着工业互联网体系的不断发展，人工智能、大数据等高新技术在煤矿具有广阔应用空间。智能化煤矿实现持续发展，需建立统一的技术、装备等标准体系，实现其深度互联互通。目前，煤矿智能化标准面临的问题，具体体现在以下方面：

（1）煤矿智能化相关概念混淆，缺乏统一的术语标准。

（2）相关企业煤矿智能化建设各具特色，亟须统一制定技术架构、设计标准和配套规范，指导煤矿企业进行智能化煤矿建设。

（3）智能化煤矿各子系统缺乏统一的通信标准，各系统信息难以进行集成。

（4）煤矿各子系统智能化水平发展迅速，亟须相关标准指导和规范相关功能和安全要求。

（5）煤矿互联网平台研究处于起步阶段，煤矿工业大数据、边缘计算等技术亟须数据规范。

（6）随着煤矿智能化技术发展，煤矿信息安全成为煤矿安全的重要方面，亟须标准规范。

（7）智能化煤矿应进行分类分级建设，亟须指导系统工程建设的相关评价标准。

煤矿智能化技术标准体系的建设过程是随着煤矿智能化技术的不断发展迭代更新的过程，因此必须保证其技术标准体系具有体系性、继承性和前瞻性。组织专业技术人员进行顶层规划，确定各标准的边界范围以及适应性，尤其对于煤矿地质条件进行分级分阶段分析，避免重复规范和过度标准化，确保智能化相关技术在煤矿得到有效应用。

40.2 煤矿智能化标准体系总体框架

40.2.1 智能化煤矿技术架构

智能化煤矿与工业互联网体系架构一脉相承，基于"全局优化、区域分级、多点协同"控制模式，针对煤矿特殊应用场景及工艺特殊要求，将煤矿生产、辅助运输、安全管控、综合调度、洗选供应化为有机整体，打造智慧、高效、安全的煤矿综合生态。智能化煤矿总体技术架构以综合管控平台和云数据中心为核心，构建煤矿安全高效信息网络及精准位置服务系统、4D-GIS透明地质模型及动态信息系统、智能化无人工作面协同控制系统、智能化运输管理系统、智能化快速掘进系统、煤矿井下环境感知及安全智能管控系统、矿井全工位设备设施健康智能管理系统、地面洗运销智能化控制系统八大智能化系统，智能化煤矿总体技术架构如图40-1所示。

40.2.2 建设思路

1. 指导思想

全面贯彻《关于加快煤矿智能化发展的指导意见》的工作部署，以促进新一代信息技术和煤矿行业深度融合为主线，充分发挥标准在推进煤矿智能化发展中的支撑和引领作

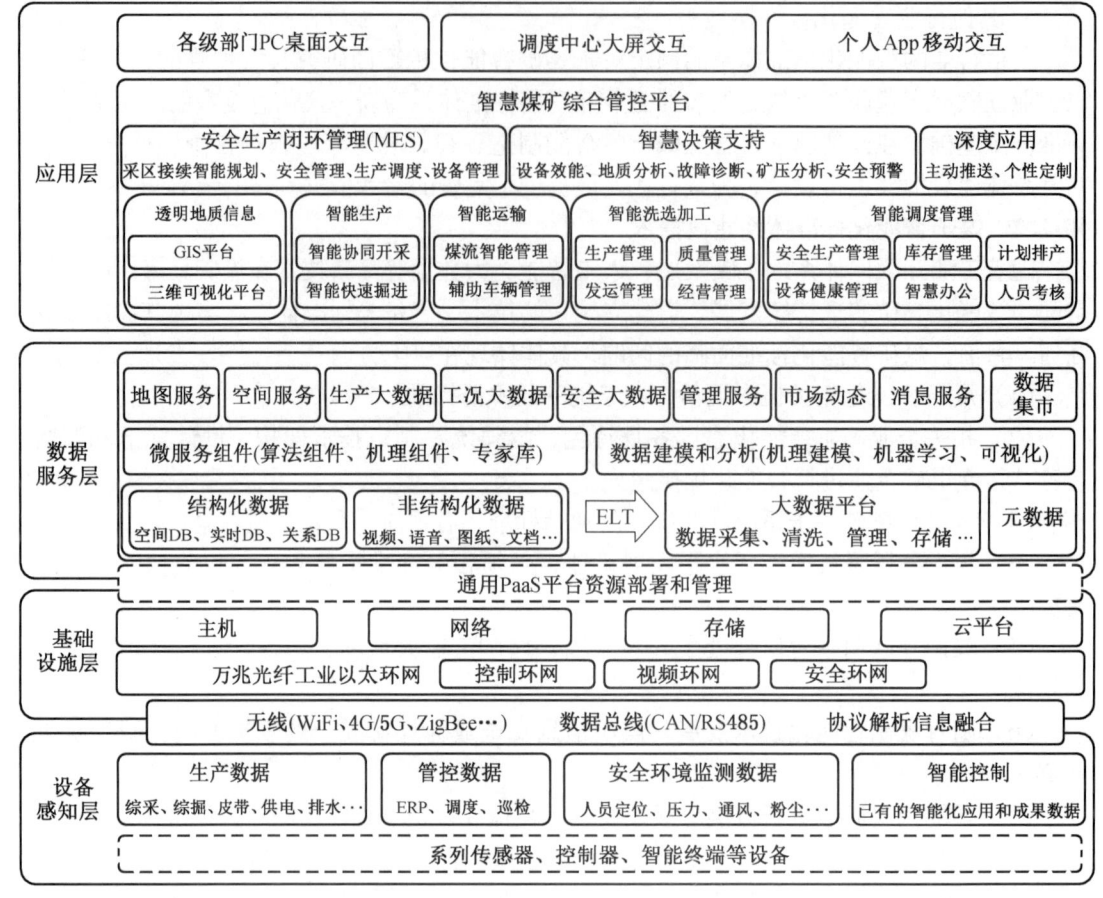

图 40-1 智能化煤矿总体技术架构

用，立足行业需求，加强基础通用标准和关键核心标准制修订，构建既适合我国煤矿生产需求，又与国际接轨的煤矿智能化标准体系，支撑煤矿智能化监控有序发展。

2. 基本原则

（1）统筹规划，顶层设计。煤矿智能化标准体系建设是一项复杂的系统工程，需要站在产业高度，做好顶层设计，运用系统的分析方法针对煤矿智能化标准化对象及其相关要素所形成的系统进行整体标准化研究，对包括设计、工艺、生产、管理、服务、评价和安全等要素综合考虑，协同推进。与此同时，要做好各生产相关环节标准的协调，重点规划与煤矿智能化紧密相关的数据格式、通信协议等标准，避免重复建设。

（2）需求牵引，应用结合。煤矿智能化标准体系建设应该坚持需求牵引，与应用紧密结合。一方面，标准体系建设工作应与智能化煤矿试点示范工作密切结合，通过试点示范发现最佳实践，挖掘标准化需求，总结先进的技术、产品、管理和模式，采用标准的形式固化试点示范的成果，并在全行业推广；另一方面，应制定智能化煤矿实施指南和评价指标体系标准，对试点示范的成效开展评价，切实推动并提升煤矿智能化发展水平。

（3）开发合作，创新发展。新一代信息技术发展迅速，对于煤矿智能化发展具有重要的助推作用。因此在制定标准的过程中，应重点推动基础关键技术尤其是行业外先进技术的标准制定,实现煤矿智能化技术的创新发展。另外,我国作为地下采矿装备的第一大国,应加强与德国、美国、澳大利亚等先进采煤大国的交流沟通,积极参与 IEC 等国际标准的制定,争取国际标准话语权,建立开发性好、兼容性强的中国煤矿智能化标准体系,加强具有自主知识产权的标准制定和实施,增强我国煤矿智能化自主产品和技术的国际竞争力。

40.2.3 煤矿智能化标准体系框架

在分析煤矿智能化技术体系的基础上,梳理煤炭生产各环节智能化技术应用现状及趋势,构建煤矿智能化标准体系总体框架,包括总体类标准、设计规划类标准、基础设施与平台类标准、煤矿智能化系统类标准、智能装备与传感器类标准、评价及管理类标准、安全与保障类标准七个部分。

(1) 总体类标准主要指规范煤矿智能化的通用性标准,统一煤矿智能化思想,为其他各部分标准的制定提供支撑,包括术语定义、架构标准、数据描述与规范,数据通信协议等方面。

(2) 设计规划类标准主要针对智能化煤矿建设或改造时的设计方法、实施指南、工艺适应性等进行规范,指导煤矿完成智能化改造。主要包括总体设计标准、生产设计类标准、生产保障类设计标准,配套厂区设计类标准等。

(3) 基础设施与平台类标准主要对煤矿工业互联网、云计算和大数据这些基础平台进行规范,主要包括工业互联网类标准、综合管控平台类标准、煤矿云与大数据类标准、边缘计算类标准等。

(4) 煤矿智能化系统类标准主要针对煤矿各关键系统的智能化技术应用进行规范,包括煤矿生产类智能化技术标准、安全管控类智能化系统技术标准、生产辅助类智能化系统技术标准。

(5) 智能装备与传感器类标准主要针对煤矿智能化关键装备及核心传感器等进行规范,包括综采工作面智能化设备技术标准、综掘工作面智能化设备技术标准、煤流运输智能化设备技术标准、安全环境监测智能化设备技术标准、辅助运输智能化设备技术标准、电气智能化设备技术标准、煤矿机器人设备技术标准及其他辅助类设备技术标准等。

(6) 评价及管理类标准对于煤矿智能化建设的验收要求及应用过程中的管理注意事项进行规范,包括煤矿智能化建设评价类标准、管理规范类标准、技术评价标准等。

(7) 安全与保障类标准主要针对煤矿信息安全以及系统可靠性等进行规范。

40.3 煤矿智能化重点标准方向和领域

40.3.1 通用基础

煤矿智能化总体标准主要包括基础共性标准、设计类标准、评价类标准、评价及验收类标准等 4 个方面的标准。

1. 基础共性标准

一是制定术语和定义,规范煤矿智能化相关概念,界定煤矿智能化标准范围,为其他各部分标准的制定提供支撑;二是制定参考模型标准和煤矿智能化体系架构,明确和界定煤矿智能化的对象、边界以及各部分的层级关系和内在联系;三是制定元数据、数据描述和数据字典标准,为煤矿智能化各环节产生的数据集成、交互共享奠定基础。

2. 设计类标准

煤矿生产受到地质环境多种因素影响，其生产工艺必须根据煤层变化情况、矿山压力、瓦斯等环境因素进行相应调整，因此难以直接采用统一模式实现煤矿各系统的智能化建设或改造，必须在分析地质条件的基础上进行定制化的设计。智能化煤矿总体设计标准主要对智能化矿井的总体架构、功能和适用性进行规范；智能化生产设计类标准主要对煤矿主要生产环节综采、综掘、主运等智能化建设进行规范；智能化煤矿生产保障类设计标准主要针对保障煤矿安全生产的智能供电系统、环境安全监控系统、设备健康管理系统等建设进行规范；智能化煤矿配套场区设计类标准主要针对煤矿地面的洗运销、智能中心、智慧园区的建设进行规范；智能化煤矿数字可视化设计类标准主要针对煤矿三维可视化设计相关的技术标准进行规范。

3. 数据标准

数据标准体系的建设是煤矿智能化建设的基础，将直接关系到管控平台及各中心的数据共享、系统集成、信息融合与联动应用效果，是煤矿智能化技术标准体系框架建设的重点。包括编码与标识、接口协议、数据资源、数据管理等标准。编码标识主要规范煤矿工业互联网标识数据的编码和采集方法，包括各类标识数据采集实体的标识编码在二维码、射频标识标签存储方式等标准；接口协议规范设备之间，数据之间的通信及交互协议，确保实现煤矿万物互联；数据资源主要规范煤矿主数据、元数据、业务数据等数据资产的分类、范围等，实现数据资产规范化管理，使数据得到有效交互与应用；数据管理主要针对数据管理过程中涉及的数据质量管理、数据清洗规则、数据集成管理、数据备份策略等进行规范。

4. 评价及验收类标准

受其地质条件和技术成熟度的限制，煤矿智能化建设是一个分阶段缓慢改造的过程，如设立统一标准进行技术评价对于条件复杂的矿井将无法达到标准，缺乏技术公平，制约技术发展，易导致标准无法推行。因此需针对其地质条件进行分级分类，分阶段达标评判。一是按照可测量、可量化、可核查的原则从不同维度选取指标，制定智能化煤矿评价指标体系；二是针对评价指标体系确定评价方法；三是制定指导企业和行业开展智能化煤矿水平评价及智能化建设验收的实施指南。

40.3.2 支撑技术与软件

根据煤矿云计算、大数据和人工智能的技术特点以及在煤矿智能化中发挥的作用，支撑技术与软件标准体系包括地理信息系统、煤矿大数据平台、边云协同、煤矿工业软件和煤矿人工智能。

1. 地理信息系统标准

地理信息系统主要针对构建透明矿山所涉及的地质勘探系统、三维地质建模及基于地理信息"一张图"的管控平台等方面的标准。

2. 煤矿大数据平台标准

大数据平台标准主要包括数据采集、数据仓库、大数据分析及数据服务等方面的标准。数据采集标准主要规范煤矿大数据平台的数据采集、集成和存储方式等；数据仓库和数据服务规范煤矿大数据分析的流程及方法，包括煤矿流式数据快速分析流程、煤矿物理实体与数据实体的映像和相互关系、大数据可视化服务、数据建模及数据开发、数据共享等。

3. 边云协同标准

边云协同标准主要包括煤矿云计算、边缘计算及边云协同管理等。主要包括云计算虚拟化标准、边缘云、边缘网关及控制设备、能力开放、边云之间的协同管理等方面内容。

4. 煤矿工业软件标准

对煤矿工业微服务标准、应用开发环境、平台互通适配标准及典型智能化应用系统进行规范。一方面对于智能化煤矿工业微服务架构性能、应用接入等进行要求，构建煤矿智能应用开发环境以及煤矿智能化管控平台；另一方面对于煤矿典型智能化应用软件，包括煤矿三维可视化应用开发方式等方面对煤矿工业软件的性能要求、应用模式、控制要求、安全防护等方面进行具体规范。

5. 煤矿人工智能标准

煤矿人工智能标准主要针对人工智能关键技术包括机器视觉、点云成像、虚拟现实、知识图谱、数据偏好推送等在煤矿场景应用过程中的性能要求、应用模式、安全防护等方面进行具体规范。

40.3.3 煤矿信息互联网

煤矿信息互联网标准主要包括矿井信息网络、通信网络、矿井定位网络及信息安全等方面。

1. 矿井信息网络标准

矿井信息网络标准主要提出满足煤矿智能化发展需求的网络体系架构，并制定其关键技术标准，研究低时延、高可靠连接与智能交互的网络组网技术标准，实现网络互联、业务互联、设备互联，包括矿井工业以太网总线、煤矿无线网络、基站及接入设备、煤矿物联网等方面。

2. 通信网络标准

煤矿通信网络标准主要提出满足生产需求高可靠的调度通信系统相关的技术要求，包括通信系统功能和相关通信基站及接入设备等方面的标准。

3. 矿井定位网络标准

矿井定位网络标准包括矿井高精度定位系统、矿井电子地图、位置服务接入规范等三个方面。矿井高精度定位系统对井下狭长空间定位系统的关键技术、性能指标、定位基站的布施方式进行规范；矿井电子地图对满足井下位置服务的分层煤矿电子地图的构建及显示方式进行规范，为定位系统提供基础支撑；位置服务接入规范对设备接入矿井高精度位置服务系统的接口协议、数据应用方式等方面进行规范。

4. 信息安全标准

信息安全标准主要包括控制系统安全、网络安全及数据安全等方面。控制系统安全标准规范煤矿各类控制系统中的控制软件与控制协议的安全防护、检测及其他技术要求；网络安全标准规范承载煤矿智能生产和应用的通信网络与标识解析系统的安全防护技术要求；数据安全标准规范煤矿大数据相关的安全防护、检测及其他技术要求。

40.3.4 智能控制系统及装备

智能控制系统及装备标准主要包括综采智能化、综掘智能化、运输智能化、供电智能化、煤矿机器人及新型传感器等方面。

1. 综采智能化标准

综采工作面智能化设备技术标准针对综采工作面采煤机、液压支架、刮板输送机等设备的智能化系统及关键技术装备进行规范。

2. 掘进智能化标准

综掘工作面智能化设备技术标准针对掘进、锚固、运输等工作环节中所应用到的智能化系统和关键技术装备进行规范。

3. 煤流运输智能化标准

煤流运输智能化标准针对煤流输送过程中涉及的带式输送机、井底缓冲煤仓、立井提升系统所应有的智能化系统和关键技术装备进行规范。

4. 辅助运输智能化标准

辅助运输智能化设备技术标准主要针对辅助运输涉及的胶轮车、单轨吊、齿轨车以及井下车辆智能调度系统等进行技术规范。

5. 煤矿安全辅助控制系统标准

为保障煤矿安全生产所应用的各类辅助控制系统包括智能通风与压风系统、智能供排水控制系统、矿井水处理系统、瓦斯抽采系统、煤矿制氮系统、矿井降温系统等应用的关键智能化系统及装备进行规范。

6. 供电智能化标准

供电智能化标准针对煤矿供电系统智能化所涉及的供电系统区域协同控制,供电防越级跳闸及其所用的移动变电站、开关、变频器等智能电气设备技术进行规范。

7. 煤矿机器人标准

一方面对于煤矿机器人关键基础共性包括煤矿机器人长时供电与馈电管理、SLAM地图构建、机器人群协同控制等技术进行规范;另一方面对煤矿各类机器人的性能指标、技术要求、检验规则等进行规范。

40.3.5 安全监控系统标准

安全监控系统标准主要包括地质保障系统、环境安全监控系统、电气设备安全监控系统、人员安全监控系统等几个方面。

1. 地质保障系统标准

地质保障系统标准主要针对保障煤矿安全生产的地质构造探测、地质灾害的防治与监测系统等相关的系统性能指标、技术条件、检验规范等进行标准制定,包括各类地质勘探系统、地质数据管理、顶板灾害监测、冲击地压监测、矿山水文监测、矿山瓦斯监测等相关的监测系统等。

2. 安全监测系统标准

安全监测系统标准主要对煤矿安全生产过程中涉及的煤矿智能化安全监控系统,即矿井水害监控系统、矿井防灭火监控系统、矿井防尘监控系统等与环境安全监测相关系统、装备等应用智能化关键技术的性能指标、检验规范等进行标准制定。

3. 电气设备安全监控系统标准

电气设备安全监控系统标准主要对井下开关控制设备继电保护配置、漏电预防与保护接地、矿井供配电网络电能质量与治理、井下输配用电设备安全要求,以及井下不同场所(区域)电磁环境典型限值、不同类型设备电磁辐射与电磁敏感度的要求等方面进行标准

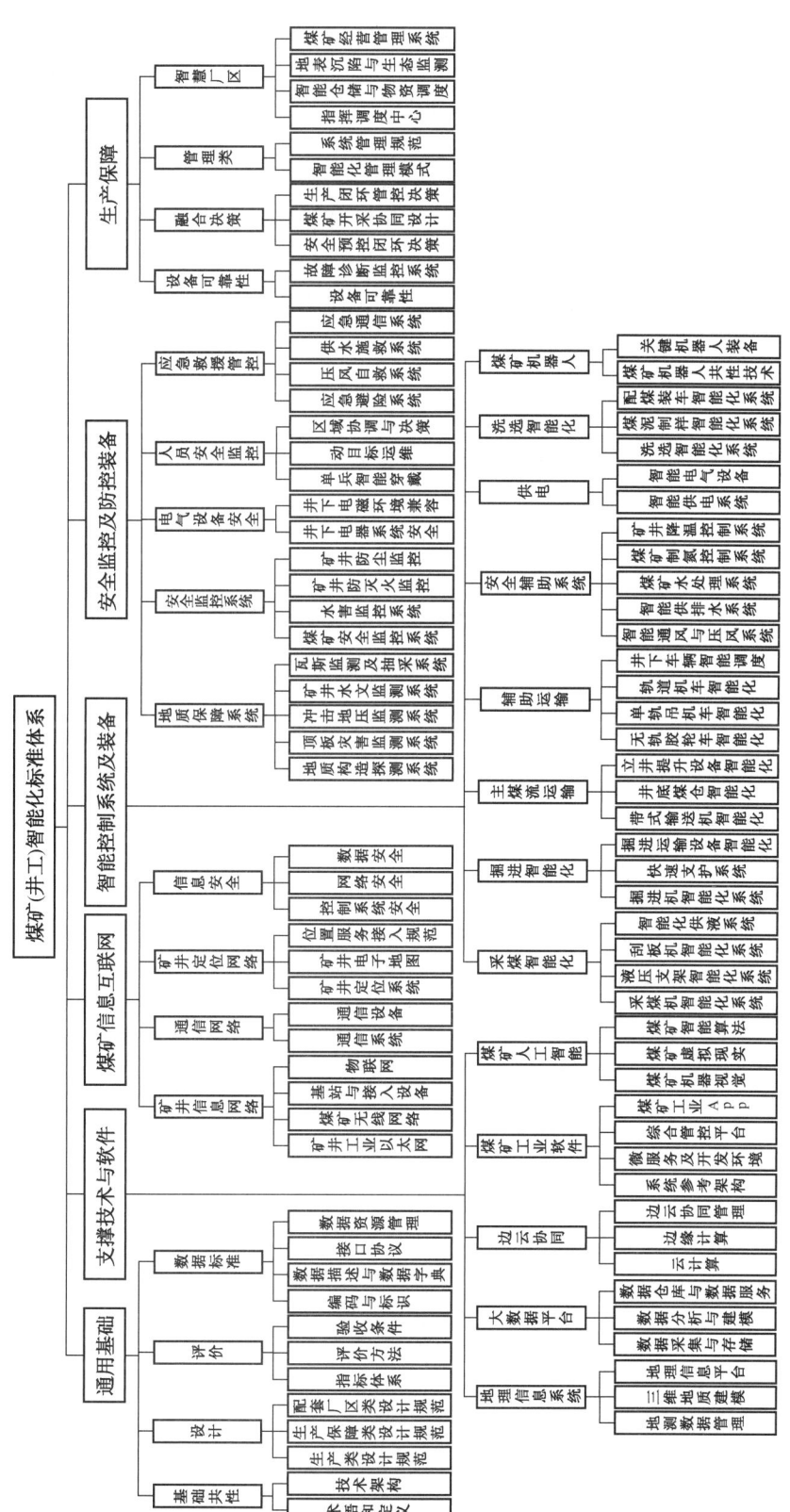

图 40-2 煤矿智能化标准体系

制定。

4. 人员安全监控系统标准

人员安全监控系统标准主要对人员安全监控系统涉及的动目标运维（矿井电子围栏等）以及安全环境区域协调与决策系统等方面的技术条件、性能指标等进行标准制定。

5. 应急管理与救援智能化标准

应急管理与救援智能化标准主要对煤矿应急管理与救援过程中应用的应急避险、压风自救、供水施救、应急通信网络等系统所应用到的智能化系统和关键技术装备进行规范。

40.3.6 生产保障类标准

生产保障类标准主要包括设备可靠性、管理规范等方面的标准。

1. 设备可靠性标准

随着煤矿智能化技术发展，对于其设备的可靠性提出更高的要求，因此煤矿智能化设备可靠性标准体系亟待建立。煤矿智能化系统可靠性规范包括煤矿设备可靠性建模与分析规范、试验技术条件、设计技术标准，设备故障诊断监控系统等。

2. 融合决策管理标准

随着煤矿信息融合与移动互联技术应用深入，对生产计划（ERP）、生产执行（MES）、生产过程控制（ACS）产生的数据形成数据仓库，实现多信息多维度在线分析、挖掘和可视化表示，在此过程中基于上述数据融合实现多维分析决策与闭环管控成为发展方向。融合决策管理标准主要包括安全预控闭环决策、煤矿开采协同设计、物资智能调度决策、煤矿生产闭环管控决策等几个方面。

3. 管理类标准

智能化煤矿管理规范是煤矿智能化技术得到高效应用的保障。智能化技术应用过程中带来的管理模式、人员素质、工作流程均提出新的变革要求，因此在煤矿智能化建设初期急需对各环节的管理模式进行规范。

4. 煤矿智慧工业厂区标准

针对煤矿工业厂区涉及的煤矿智慧指挥中心，智能仓储系统，绿色能源系统，地表沉陷及生态环境监测系统，矿井余热利用系统，矿灯房管理系统，经营管理系统等为煤矿生产服务的各类煤矿专有的厂区智能化系统进行规范。

煤矿智能化标准体系如图40-2所示。

41 智能化煤矿分类、分级技术条件及评价

我国煤矿智能化发展处于初级阶段，属于自动化、可视远程干预、工作面自动找直、基于透明工作面智能割煤、全智能自适应开采等智能发展中的自动化和可视化远程干预阶段之间，煤矿智能化建设相关技术标准与规范尚不完善，智能化煤矿评价标准缺失，煤炭生产企业智能化矿井建设方案和验收依据缺乏，严重制约了煤矿智能化的发展。

为了加快煤矿智能化建设，国家发展改革委、应急管理部等八部委联合发布了《关于加快煤矿智能化发展的指导意见》，提出了加快我国煤矿智能化发展的原则、目标、任务和保障措施，明确提出建设一批智能化示范煤矿，通过典型示范推动煤矿智能化全面发展。山东、河南、贵州、山西等省份的煤炭主管部门积极出台相关方案和政策，加快煤矿智能化建设、升级改造。如何进行智能化煤矿建设，建设什么样的智能化煤矿，如何评价不同区域、不同条件煤矿的智能化水平，是推进和指导智能化煤矿建设首先要回答的问题。

41.1 智能化煤矿建设技术要求

智能化煤矿建设应以通信设施建设为基础，以智能技术与装备的创新为支撑，以井上下智能系统融合管控为主要建设内容，实现矿井地质探测、开采、掘进、机电、运输、通风、安全、管理、运营等全要素、全流程的智能化协同控制。基于上述智能化煤矿总体技术架构，确定智能化煤矿建设以下基本要求：

（1）智能化煤矿建设应基于矿井地质条件与工程基础，采用与资源条件相适应的开采技术与装备，制定并实施智能化煤矿建设、升级改造方案和规划，明确建设目标、建设任务和技术路径等，建立健全智能化煤矿建设运行的保障制度与管理措施。

（2）智能化煤矿应建设高速高可靠的通信网络，满足数据、文件、视频等实时传输要求，其中矿井主干网络带宽应不低于 1000 Mbps，大型矿井主干网络带宽应不低于 10000 Mbps，主干网络优先采用有线网络或 5G 网络，应分别布设井下与地面环网，网络设备支持 Ethernet/IP、PROFINET、MODBUS-RTPS、EPA 等工业以太网协议；矿井服务器应能够满足井上下协同作业要求，重要的数据与应用类服务器应采用冗余配置；矿井应建设大数据中心与智能综合管控平台，大数据中心宜采用云计算架构，具备数据分类、分析、挖掘、融合处理等功能，实现各系统之间数据的互联互通与融合共享，解决"信息孤岛""信息烟囱"等问题。

（3）智能化矿井应充分运用孔巷井、井地空相结合的智能钻探、物探和智能探测机器人等先进技术装备获取矿井地质信息，地质探测数据应实现数字化分类存储，地质探测数据的种类、范围、精度等应满足智能化煤矿生产需要；应建设地质信息与工程信息空间数据库，实现地质数据与工程数据的融合、共享，且能够通过地质建模、地质数据推演、地质数据可视化等技术，实现地质数据的多元化深度应用；工作面回采、巷道掘进过程中

揭露的地质信息、工程信息等应能实时智能上传与更新,为矿井生产与决策提供远距离一体化智能地质综合保障。

(4)巷道掘进应采用适应的全机械自动化作业技术装备,掘进速度满足矿井采掘接替要求;巷道超前探测优先采用智能钻探、物探等技术,掘进数据实现数字化分类与存储,具备三维地质建模功能;煤层条件适宜的掘进工作面,应优先采用掘、支、锚、运、破一体化成套技术与装备,通过掘进工作面远程集控平台,实现基于感知信息对掘进工作面进行远程集中控制。

(5)回采工作面采用资源条件适应型综采技术与装备,液压支架采用电液控制系统,采煤机具备记忆截割、智能调速调高等功能,刮板输送机、转载机采用变频智能调速控制,综采工作面具有远程集中控制系统,能够在工作面顺槽、地面调度中心对工作面进行远程协同控制;煤层赋存条件适宜的综采工作面,优先采用工作面自动找直技术、采煤机自适应截割技术、液压支架智能自适应支护技术、智能综放技术、智能巡检机器人技术、设备故障诊断与远程运维技术等实现井下综采工作面智能化、少人化开采。

(6)矿井应建设完善的煤炭运输系统,采用带式输送机进行煤炭运输,运输系统应具备运量、带速、温度、跑偏、撕裂等智能监测、预警与保护功能,单条带式输送机实现智能无人运输,多条带式输送机之间应实现智能联动控制;采用立井罐笼运输的矿井,应具备对罐笼提升质量、提升速度等进行智能监控,系统具备智能装载、智能提升、智能卸载等功能,能够与煤仓实现智能联动控制;赋存条件较简单的大型矿井,主煤流运输系统应实现智能无人值守与远程集中控制。

(7)矿井应建设完善的智能辅助运输系统,运输物资采用编码体系进行集装化管理;采用单轨吊运输方式,则运输物资装卸、车厢运行实现自动化,点对点运输实现无人驾驶;采用机车运输方式,则实现机车位置精准定位、无人驾驶和智能调度;采用无轨胶轮车运输方式,则实现无轨胶轮车的精准定位与智能调度,物资装卸实现自动化,具备条件的矿井,实现无轨胶轮车的无人驾驶;采用多种运输方式的综合运输方式,则不同运输方式之间的接驳应实现自动化,最大程度降低井下辅助运输作业人员数量与劳动强度。

(8)矿井应建设完善的综合保障系统,矿井主要通风机、局部通风机具备远程调风功能,井下风门具备基于感知信息的智能开启与关闭,具备瓦斯、风压、风速、风量等智能感知能力,并基于感知信息自动解算、分析、预警与控制通风网络,实现通风系统的无人值守与远程集中控制;固定排水作业点实现基于水压、水位的智能抽排,排水系统与水文监测系统实现智能联动;供电系统具备智能防越级跳闸保护功能,井下中央变电所、采区变电所实现无人值守;综合保障系统的各监测数据应接入智能综合管控平台,实现数据的共享及智能联动控制。

(9)根据矿井煤层赋存条件及灾害类型,矿井应建设完善的智能安全监控系统。存在瓦斯灾害的矿井,应建设完善的瓦斯智能感知系统,并实现监测数据的自动上传、分析、预测、预警,瓦斯监测数据与通风系统、避灾系统等实现智能联动控制;存在水害的矿井,应建设完善的井上下水文智能动态监测系统,并与排水系统、避灾系统等实现智能联动控制;存在煤层自然发火危险的矿井,应建设完善的束管监测、光纤测温等系统,以及灌浆、注氮等防灭火设施,实现监测数据的自动上传、分析及联动控制;矿井电气设备、胶带输送机等易发生火灾的区域,应设置完善的火灾感知装置及消防灭火系统,并实现智能联动；矿井应建设完善的顶板灾害在线监测系统，能够基于监测分析结果进行顶板灾害的预测、预警；具有冲击地压灾害的矿井，应建立完善的冲击地压监测、预测与预警系统，实现对冲击地压危险区域的有效预测、预警；矿井应建立完善的智能灾害综合防治系统，实现多种灾害监测数据的融合分析与智能联动控制。

（10）矿井应建设完善的智能洗选系统，能够根据不同洗选工艺实现远程集中控制。通过建设智能洗选控制系统，实现入选原煤配比、煤泥水处理、带式输送机运输的智能控制；条件适宜的矿井应优先采用3D可视化技术、数字双胞胎技术等，通过完善感知技术实现洗选作业的真实再现与远程智能操控；建设洗选作业智能保障系统，实现洗选作业的按需智能服务。

（11）矿井应建设完善的智能经营管理系统，能够对生产系统与管理系统的数据进行有效融合，通过数据分析与模型构建进行矿井智能排产、洗选、运输等智能调度；建立智能决策支持系统，实现市场分析、煤质管理、生产调度管理、材料与设备综合管理、能源消耗管理、综合成本核算等智能化运行。

41.2 智能化煤矿分类与分级

受煤层赋存条件复杂多样性影响，我国煤矿的开采技术与装备水平、工程基础、技术路径、建设目标等均存在较大差异，且受制于智能化开采技术与装备发展水平，不同煤层赋存条件矿井智能化建设的难易程度与最终效果也存在一定差异，很难用单一标准对所有煤矿的智能化建设水平进行评价。因此，以煤矿所在区域、建设规模、主采煤层赋存条件等为主要指标，对智能化煤矿进行分类，然后对不同类别煤矿智能化水平分级评价，方能保证智能化煤矿建设水平综合评价的科学性、公平性及准确性。

根据矿井生产技术条件将智能化煤矿分为三类：生产技术条件良好矿井、生产技术条件中等矿井、生产技术条件复杂矿井，其分类评价指标详见表41-1。

表41-1 智能化煤矿分类评价指标

评价因素	单位	评价等级		
		良好	中等	复杂
煤层厚度	m	1.3~6.0	≥6.0	≤1.3
煤层倾角	(°)	≤10	10~25	≥25
煤层硬度	—	中等硬度煤层	硬煤或软煤	特硬煤或特软煤
煤层埋深	m	<300	300~1000	>1000
煤层稳定性	—	稳定或较稳定煤层	不稳定煤层	极不稳定煤层
基本顶板级别	—	Ⅰ级	Ⅱ级	Ⅲ级、Ⅳ级
底板稳定程度	—	Ⅳ类、Ⅴ类	Ⅱ类、Ⅲ类	Ⅰ类
褶曲影响程度	—	0	1~2	≥2
断层影响程度	—	≤0.6	0.6~1	≥1
陷落柱影响程度	—	≤5%	5%~15%	≥15%
矿井瓦斯等级	—	低瓦斯矿井	高瓦斯矿井	突出矿井

表 41-1（续）

评价因素	单位	评价等级		
		良好	中等	复杂
煤层自燃倾向	—	不易自燃（Ⅲ级）	自燃（Ⅱ级）	易自燃（Ⅰ级）
冲击地压倾向	—	无冲击	弱冲击	强冲击
水文地质复杂程度	—	简单或中等	复杂	非常复杂
煤尘爆炸倾向	—	1级或2级	3级	4级
工作面走向长度	m	≥1500	500~1500	≤500
工作面倾斜宽度	m	≥200	100~200	≤100
工作面俯仰采角度	(°)	≤5	5~15	≥15
全员工效	t/工	≥80	30~80	≤30
近五年百万吨死亡率	—	0	≤0.083	>0.083

采用层次分析法确定各评价指标的权重，采用模糊综合评价方法对矿井的生产技术条件进行综合评价，根据百分制原则确定矿井的生产技术条件类别为｛良好，中等，复杂｝=｛100~85，85~70，＜70｝。

根据三类矿井生产技术条件分别建立智能化煤矿评价指标体系，采用层次分析方法确定各评价指标权重，采用综合评价方法计算煤矿智能化程度，即基于智能化煤矿评价指标体系对煤矿智能化程度进行量化计算。依据智能化程度结果，将智能化程度60%以上的分为三级：甲级（高级）智能化煤矿（智能化程度85%以上）、乙级（中级）智能化煤矿（智能化程度75%~85%）、丙级（初级）智能化煤矿（智能化程度60%~75%）。

41.3　智能化煤矿评价指标体系

基于上述智能化煤矿技术架构，分别确定矿井的信息基础设施、地质保障系统、智能掘进系统、智能综采系统、主煤流运输系统、辅助运输系统、综合保障系统、安全监控系统、智能洗选系统、经营管理系统等评价指标，其评价指标体系框架如图41-1所示。本章以生产技术条件良好矿井为例进行煤矿智能化程度综合分析与评价。

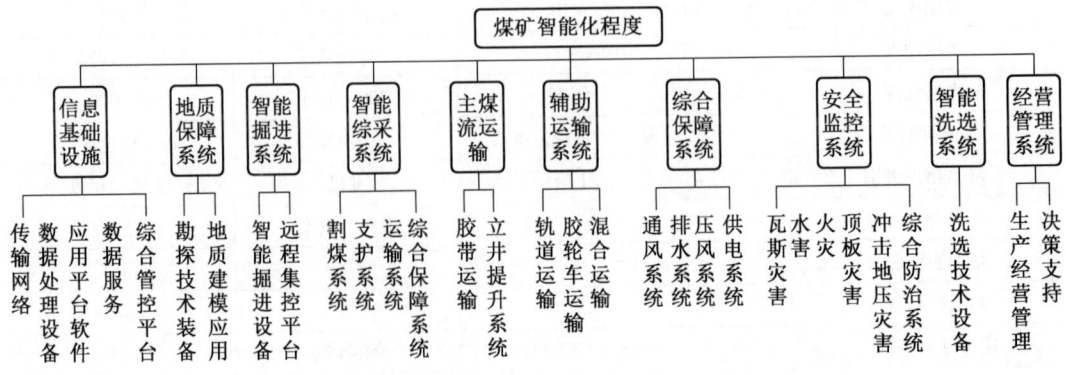

图 41-1　智能化煤矿评价指标体系框架

信息基础设施是智能化煤矿建设的基础，主要包括传输网络、数据处理设备、应用平台软件、数据服务及综合管控平台五部分内容，网络传输速度、数据处理能力、硬件与软件平台及各系统之间的智能联动控制是进行信息基础设施评价的主要影响因素。基于上述智能化煤矿信息基础设施建设要求，确定智能化煤矿信息基础设施评价指标，详见表41-2。

表41-2 信息基础设施评价指标

指标名称	评 价 指 标
主干网络	1. 有线主干网络：采用矿用以太网技术，符合 IEEE802.3 协议；采用 10000 Mbps 及以上通信网络；矿用有线主干网络设备支持 Ethernet/IP、PROFINET、MODBUS-RTPS、EPA 等工业以太网协议 2. 二级交换接入网络：采用 1000 Mbps 以上工业以太网；具备组环功能，网络自愈时间小于 30 ms；矿用二级交换接入网络设备支持 Ethernet/IP、PROFINET、MODBUS-RTPS、EPA 等工业以太网协议 3. 无线网络：基站具备低速无线网络网关功能，接入数量不小于 256 台，节点接入数量不小于 26 万，基站同时通信节点数不小于 1024；无线通信距离不小于 500 m 4. 矿山地面通信网络：采用标准 TCP/IP 传输协议，具有与矿山井下主干网络、矿山接入网络的以太网接口；具备万兆骨干、千兆汇聚、百兆到桌面，且具备 WiFi 无线覆盖；支持光纤多模、单模、超五类双绞线等多种传输介质 5. 云计算业务平台：具备常用标准 IP 通信接口，且支持数据、语音、视频融合通信业务；可通过标准各类 IP 通信网关与传统 PSTN、PLMN 网络互联互通；具备服务器、网络安全检测、防护功能；具备万兆级吞吐量，万级连接数的通信能力
数据处理设备	1. 矿端数据处理设备：子系统上位机采用工控机，CPU 不小于六核心，具备双千兆以太网接口；采集和数据库服务器采用 X86 服务器，采用硬冗余或服务器虚拟化软冗余配置；应用服务器采用 X86 服务器，采用虚拟化实例布置于服务器虚拟化的硬件资源池中 2. 云端数据处理设备：优先考虑成熟的公共云或工业云，如阿里云、百度云或类似云上贵州的工业云（或安全云）；私有云选用具备自主知识产权的服务器虚拟化管理平台，如 VMWare、微软、Citrix、华为、浪潮等；具备异地灾备配置 3. 移动端数据处理设备：具有 MA 认证，具备 5G 全网通和 WiFi 的无线通信功能；移动终端具备不少于 NFC、RFID、蓝牙等至少 2 种近场通信功能；移动终端具备专业级三防标准
应用平台软件	1. 无应用平台，应用软件各自独立部署运行，但有统一的门户或访问入口 2. 有基于虚拟化等技术的应用平台，应用软件在虚拟化平台中各自独立部署运行，并可以通过应用平台进行互联互通 3. 有基于云计算的决策支持承载平台，应包含模型库和算法库，其中模型库具有人工设计完成的业务模型或经过计算机训练后得出的模型，以及模型用到的各种权值、调优参数；算法库具有常用的 AI 相关算法
数据服务	具有全面的数据元分类属性、产生层次及交互层次规范，对于文件类型，采用 FTP 实现；对于实时音视频数据交互，采用 SIP、RTP 和 RTSP 协议实现；对于标准工控类设备数据的采集与控制采用 OPC/OPC UA 接口标准实现；对于环境监测类数据、井下人员数据、非标准机电设备监测控制类等数据，采用行业统一的数据交互标准规范协议
智能综合管控平台	1. 基于统一 I/O 采集服务设计与实现，自主适配标准工控设备、非标准设备系统、VOIP 语音设备系统和流媒体视频监控等设备系统 2. 对"采、掘、机、运、通"等主要生产环节进行全流程的实时监控；根据业务需求自动构建分析预测模型；根据监测与分析计算结果，实现流程的智能协同控制

地质信息精准探测、地质探测数据的数字化分类存储与共享应用是进行智能化建设的前提，其中勘探技术与装备是进行地质勘探智能化的基础，而地质模型的构建则是地质数据应用的关键。基于上述智能化建设要求，确定地质保障系统的评价指标，详见表41-3。

表41-3　智能地质保障系统评价指标

指标名称	评价指标
勘探技术与装备	1. 采用无人机、智能钻探、智能物探等设备，能够最大程度降低人工作业；地质探测设备能够进行数据的自动采集、分析与上传；探测精确度满足地质模型构建需求 2. 能够对含煤地层结构、地质构造、煤层厚度、矿井瓦斯等进行精准探测；能够对应力异常区等进行精准探测
地质模型构建与应用	1. 地质数据的共享服务。具备空间地质数据库，能够对地质数据进行分类存储、分析、共享与实时更新；空间数据库的数据结构、数据接口等满足为多系统提供数据共享的要求；具有支持C/S、B/S架构的空间信息可视化系统，对海量空间数据、属性数据以及时态数据进行存储、转换、管理、查询、分析和可视化 2. 地质模型。地质模型的精度满足不同应用场景的需要；地质模型能够根据实际揭露的地质数据进行实时动态更新与修正 3. 矿井云GIS平台。采用统一的虚拟化资源池，使用云管理系统进行统一管理和调度；能够对矿井地质数据进行关联分析，并用可视化的方式进行直观的展示；具有强大的统计分析功能；具有海量空间数据的存储、管理和并行计算能力；具备四维时空分析功能

高效智能掘锚设备是实现巷道智能掘进的基础，在煤层赋存条件简单的矿井，采用高效掘支锚运一体化装备，实现了煤巷掘进月进尺超过 3000 m，但在煤层赋存条件较复杂矿井，巷道掘进速度、效率、智能化程度等均不尽如人意，这是因为采掘衔接紧张、掘进作业环境差、风险高等一直是制约煤炭实现安全高效开采的核心技术难题。目前，全行业均在积极开展巷道智能快速掘进技术与装备研发，巷道掘进远程监控平台实现了掘进过程的远程监控，智能掘进技术与装备的突破对于缓解采掘接替矛盾、改善井下掘进作业环境具有十分重要的意义。基于上述巷道智能化掘进系统要求，确定智能掘进系统评价指标，详见表41-4。

表41-4　智能掘进系统评价指标

指标名称	评价指标
智能掘进设备	1. 巷道掘进过程实现全机械化作业，掘进速度满足矿井采掘接替要求 2. 采用智能地质探测技术与设备 3. 掘进、锚护及运输等设备具备完善的传感器、执行器及控制器，能实现单系统或单设备的自动控制 4. 掘进机具备自动定位与导向功能，能够进行自适应截割与行走 5. 采用全自动钻架和锚杆钻车，实现整个锚杆作业流程的全自动化 6. 具备掘进工作面环境（粉尘、瓦斯、水等）智能监测功能，并具备监测环境数据智能分析，以及掘、锚、运、支工序的智能联动
远程集控平台	1. 具备巷道掘进工作面三维地质模型构建功能，并根据掘进过程中揭露的实际地质信息与工程信息对模型进行实时动态修正 2. 具备掘进机、锚杆、压风管等设备模型构建功能，能够根据采集的相关设备信息进行掘进工作面真实场景再现 3. 集控平台具备对巷道掘进设备远程操控的功能，能够实现一键启停及智能操控

目前，在煤层赋存条件较简单的矿井实现了综采工作面"有人巡视、无人值守"智能化开采，利用惯导系统实现了采煤机的精准定位及工作面自动找直；通过在工作面设置巡检机器人对采煤机截割信息进行自动感知，实现了基于地质信息实时修正的工作面智能截割控制，大幅提高了工作面智能化水平。然而，综采设备的可靠性、不同综采设备之间的智能协同控制等仍有较大提升空间。基于上述智能化煤矿建设要求，将综采工作面细分为割煤系统、支护系统、运输系统、综合保障系统四部分，确定综采工作面智能化评价指标，详见表41-5。

表41-5 智能综采系统评价指标

指标名称	评价指标
割煤系统	1. 采煤机具备自主定位与自动调直功能 2. 采煤机具备智能调速、自动调高、记忆截割功能 3. 采煤机具备与支架防碰撞功能 4. 采煤机具备故障诊断与预警功能
支护系统	1. 液压支架采用电液控制系统，具备支架高度、压力、倾角等支护状态监测功能 2. 综放支架具备自动放煤功能，超前支架实现远程遥控控制 3. 具备自动补液、支护状态监测与预警功能
运输系统	1. 刮板输送机采用智能变频调速控制，具备煤量监测功能，并与采煤机进行智能联动 2. 带式输送机具备煤量、带速、温度等智能监测功能，采用智能张紧、可折叠伸缩机尾 3. 工作面煤流运输实现智能无人操控
综合保障系统	1. 采用工作面智能控制系统，能够在顺槽监控中心、地面调度中心进行远程监控，实现无人值守 2. 采用智能供液系统，根据压力、流量等智能调控 3. 具备人员、设备精准定位系统，以及完善的安全监控系统 4. 具备设备智能故障诊断、预测与预警功能

主煤流运输主要采用两种形式：带式输送机运输、带式输送机与罐笼联合运输。赋存条件简单的大型矿井已经实现了带式输送机运输系统远程集中控制及无人值守，立井提升系统也已经具备了智能提升条件，但不同运输方式之间的接驳尚未实现智能化。基于上述智能化煤矿建设要求，确定主煤流运输系统的主要评价指标，详见表41-6。

表41-6 智能主煤流运输系统评价指标

指标名称	评价指标
带式输送机运输系统	1. 单条带式输送机具备完善的传感器、执行器及控制器，能实现单设备的自动控制 2. 带式输送机采用变频驱动方式，能够根据煤量进行智能调速 3. 具备完善的综合保护装置，能够根据监测结果实现综合保护装置的智能联动 4. 多条输送带搭接，则实现多条输送带的集中协同控制，能够实现无人值守 5. 主运输煤流线相关设备能通过现场工业总线实现互联互通，并能按主运输需求实现远程集中控制
立井智能提升系统	1. 立井提升系统具有智能装载与卸载功能 2. 立井提升系统能够与煤仓放煤系统进行智能联动 3. 具备智能综合保护系统，能够对提升速度、提升重量等进行智能监测 4. 具备远程智能无人操作功能

矿井辅助运输主要采用三种方式：轨道运输（包括单轨吊、机车运输等）、无轨胶轮车运输、混合型运输。点到点之间的轨道运输已经具备了无人驾驶的条件，无轨胶轮车井下无人驾驶技术也处于研发过程中，精准定位与智能调度技术与装备的发展将为辅助运输实现无人化奠定基础。基于上述智能化煤矿建设要求，确定智能辅助运输系统评价指标，详见表41-7。

表41-7 智能辅助运输系统评价指标

指标名称	评价指标
轨道运输	1. 运输物资建立编码体系，实现物资及车厢的集装化 2. 单轨吊的物资和车厢装卸实现全自动控制 3. 单轨吊采用点到点物资运输，实现无人驾驶 4. 机车车皮的挂接和编、解组实现自动化作业 5. 运输过程中实现车辆位置的精准定位和智能调度
无轨胶轮车运输	1. 运输物资建立编码体系，实现物资及车厢的集装化 2. 物资的装卸实现全自动控制 3. 运输过程中实现车辆的精准定位、路径智能规划和智能调度 4. 无轨胶轮车实现无人驾驶
混合运输	1. 运输物资建立编码体系，实现物资及车厢的集装化 2. 物资的装卸实现全自动控制 3. 不同运输方式之间的接驳实现自动化辅助 4. 运输过程中实现智能物流管控

通风、排水、压风、供电等系统为矿井安全高效生产提供基础保障，目前通风系统、排水系统、供电系统均已具备无人值守条件，但受制于相关规程限制，尚未完全进行无人化运行。基于智能化矿井建设要求，确定智能综合保障系统评价指标，详见表41-8。

表41-8 智能综合保障系统评价指标

指标名称	计算方法
通风系统	1. 矿井主要通风机、局部通风机具备远程集中调风功能 2. 井下主要进回风巷间、采区进回风巷间采用自动闭锁风门 3. 能够对井下瓦斯浓度、风压、风速、风量等参数进行智能监测，可以对监测数据进行自动分析 4. 能够根据智能监测结果进行通风阻力计算 5. 掘进工作面的局部通风机实现双风机、双电源，并能自动切换，根据环境监测结果实现风电闭锁、瓦斯电闭锁等 6. 能够根据监测及分析结果对风窗、风门等进行智能控制，实现无人值守及远程集中控制
排水系统	1. 具备负荷调控及管网调配功能 2. 根据水压、水位进行固定作业点的智能抽排 3. 实现与矿井水文监测系统的联动 4. 系统能与矿山综合管控平台进行智能联动，自动选择排水方式 5. 具有远程集中控制，实现自动运行及无人值守 6. 具备故障分析诊断及预警功能

表41-8（续）

指标名称	计 算 方 法
压风系统	1. 在地面建有压缩空气站，且采用自动化集中控制，具备无人值守条件 2. 空气压缩机采用变频调速控制 3. 矿井所有采区避灾路线上（采掘工作面范围内）均应敷设压风自救管道，并设供气阀门或压风自救装置，能够与环境监测结果实现智能联动控制
供电系统	1. 具备智能防越级跳闸保护功能 2. 具有对矿井所有变电所进行实时监控与电力调度的功能 3. 具有监控数据采集与上传、数据辨识功能 4. 主变电所电缆夹层、电缆井具有火灾自动报警功能 5. 具有智能高压开关设备顺序控制功能 6. 具有故障诊断功能 7. 矿井主变电所设计智能巡检机器人，能够对变电所内的设备信息进行巡检 8. 井下主变电所、采区变电所、各配电点均应设置电力监控系统，实时监测电气设备运行工况，并具备无人值守条件

瓦斯、水灾、火灾、顶板及冲击地压、煤尘等是矿井主要灾害，相关灾害的感知设备已经相对比较成熟，灾害预测、预警与防治措施也相对比较完善，为智能化安全监控系统建设奠定了基础。基于矿井灾害监测、分析、预测、预警及不同系统之间的智能联动控制要求，确定智能安全监控系统评价指标，详见表41-9。

表41-9 智能安全监控系统评价指标

指标名称	计 算 方 法
瓦斯灾害	1. 具有通风监测仿真系统，并可与矿井监测监控系统连接，实现矿井通风系统在线实时监测仿真和数据共享 2. 能够根据瓦斯监测数据进行风量、风速智能调节 3. 能够根据瓦斯监测数据进行瓦斯超限区域智能断电 4. 能够根据瓦斯监测数据进行瓦斯超限区域智能预警及避灾路线规划
水害	1. 具有针对主要含水层的井上下水文智能动态观测系统，进行动态观测和水害的预测预警分析 2. 具有水害智能仿真系统，并与矿井监测监控系统连接，实现水害的实时监测仿真，及避灾路线的智能规划 3. 水害智能仿真系统与排水系统进行智能联动
火灾	1. 易自燃煤层的矿井，应建立束管监测、光纤测温系统，实现对井下的实时监测、数据分析及上传 2. 开采易自燃煤层的矿井，应设置灌浆、注氮等设施，且能够与火灾监测系统进行智能联动 3. 在电气设备、带式输送机等易发生火灾的区域，应设置火灾变量监测装置，以及防灭火系统，实现火灾参数的智能监测、分析，并根据分析处理结果进行智能预测、预警及联动控制 4. 具备火灾智能模拟仿真系统，并与矿井监测监控系统连接，实现火灾的实时监测仿真，以及避灾路线的智能规划
顶板灾害	1. 具备矿山压力监测系统，能够对顶板进行实时监测 2. 建有综采工作面、综掘工作面矿山压力大数据分析及评价模型，能够基于监测数据实现矿山压力的预测与预警
冲击地压灾害	1. 具备冲击地压监测系统，对冲击危险区域进行实时监测 2. 具有冲击地压评价及预警装置，实现冲击地压监测数据的智能分析与预测预警

表41-9（续）

指标名称	计 算 方 法
灾害综合防治系统	1. 具备完善的灾害感知预警系统，实现多种监测数据的统一传输和分类存储 2. 矿井环境参数的实时监测信息具有与人员单兵装备进行实时互联的功能 3. 井下重点区域的安全状态实时评估及预警信息具有与人员单兵装备进行实时互联的功能 4. 具有监测数据的实时分析功能，并具有对安全状态进行实时评估的功能 5. 能根据灾害监测与评估信息，自动预测事故发生的可能性 6. 能根据灾害监测与评估信息，自动制定相应的灾害防治措施 7. 具有完善的安全风险分级管控工作体系，并实现信息化管理

地面洗选系统较井下各类系统更容易实现智能化，部分矿井已经实现了基于洗选工艺参数、设备运行状态信息的自动采集与分类存储，通过3D可视化技术实现了洗选系统的智能监测，并对原煤配比、自动加药、煤泥水处理等智能化控制进行了探索，为智能洗选系统建设奠定了基础。基于上述智能洗选系统建设要求，确定相关评价指标，详见表41-10。

表41-10 智能洗选系统评价指标

指标名称	计 算 方 法
洗选系统	1. 建有洗选系统三维可视化系统，能够以三维立体形式显示选煤厂内的场景结构、设备布局及设备运行状态 2. 洗选工艺流程（原煤破碎、自动配煤、自动配药等）实现自动控制 3. 具备完善的安全保障系统，实现安全起车监控、工控视频联动、视频巡检等 4. 洗选设备具有完善设备健康诊断功能，能够对设备运行状态进行实时监测及预警 5. 具备智能管理系统，实现煤质管理、设备全生命周期管理、材料配件管理、能耗管理、综合成本核算等

从市场需求出发，科学制定矿井生产计划，严密组织生产过程，建立生产指标、生产成本、设备运维、能耗指标等大数据多维关联分析与决策系统，实现原煤生产、销售全流程的信息实时反馈、指标定量分析、目标动态修正。基于上述智能经营管理系统要求，确定其相关评价指标，详见表41-11。

表41-11 智能经营管理系统评价指标

指标名称	计 算 方 法
生产及经营管理	1. 大专（含）以上学历专业技术人员占员工总数的比率 2. 专业应用软件技能普及率 3. 具有标准作业流程管理信息化功能，并实现班组中每个岗位标准作业流程的精确推送 4. 具有对班组成员自动进行考核的功能，并能根据考核结果自动制定有针对性的培训与学习计划 5. 实现班组管理信息的移动互联 6. 建设有生产计划及调度管理、生产技术管理、机电设备管理等系统 7. 生产计划及调度管理系统应具有生产计划及日常调度管理功能，可根据企业ERP数据实现生产计划排产 8. 机电设备管理系统应具有健康状况的远程在线诊断功能，应具有定期自动运维管理及配件库存识别功能 9. 生产级经营管理系统应具有规程措施编制、技术资料、专业图纸设计、采掘生产衔接跟踪、工程进度跟踪、生产与技术指标、经营指标等无纸化管理功能 10. 矿井经营管理系统应包括办公自动化管理、企业ERP等系统，各系统之间应能交互数据 11. 企业ERP应包括财务管理、成本管理、合同管理、运销管理、物资供应管理、仓储管理等系统，且应提供规范化数据接口

表 41-11（续）

指标名称	计算方法
决策支持	1. 矿井决策支持系统应能够对生产系统和管理系统数据进行融合，且应能建立数据分析模型 2. 建立动态排产模型，有效分析 ERP 中的经营数据，结合生产管理数据制定合理的排产方案，对矿井生产和运输物流环节进行合理调度 3. 建立大型设备运维及管理模型，合理调整设备检修及大型耗能设备运转时间，对主要生产环节设备健康状况、负荷率、故障停机率、能源消耗等指标进行分析 4. 云端实现各矿产能与资源调度的自动决策

42 智能化采煤工作面分类、分级技术条件及评价

42.1 智能化采煤工作面通用要求

智能化采煤工作面通用要求主要是对智能化采煤工作面煤层地质条件、设备智能化功能、系统配套特性提出一般性规定与要求,以界定智能化采煤工作面适用条件、考评内容与规范性要求。为了便于理解和操作,将智能化采煤工作面分为智能化采煤工作面生产系统和智能化采煤工作面辅助生产系统两大系统,各系统组成如图42-1所示。

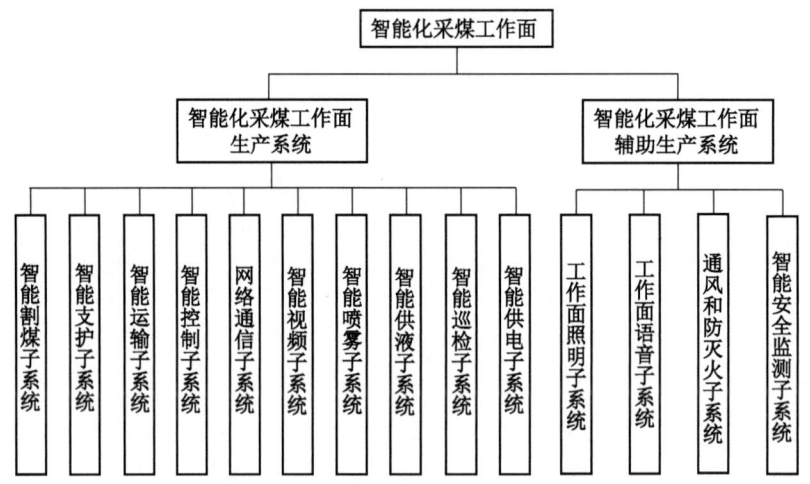

图42-1 智能化工作面系统组织架构

42.1.1 煤层地质条件

较一般综采而言,智能化采煤工作面对煤层地质保障要求较高。因为煤层条件越复杂,分析决策周期就越长,系统控制流程就越烦琐,需要不停地调整工艺流程与运行参数,实现安全高效智能化开采难度越大。因此,要求智能化采煤工作面必须有专项总体设计、地质保障准备和设备总体选型配套,能够根据具体的煤层赋存条件,选择合适的智能化开采模式。

42.1.2 各子系统通用要求

目前,基于视频图像和设备运行参数检测的智能感知技术应用最为普遍,基于各类传感器的智能控制也开始广泛应用,而智能决策系统应用相对滞后。考虑到标准的可操作性,现阶段主要对智能感知和智能控制性能进行考评,随着技术的进步与发展,后期将智能决策纳入考评范围。因此,标准对智能感知和智能控制提出了明确规定,要求智能化采煤工作面必须具有智能感知能力,对智能决策系统则提出非强制性要求,要求智能化采煤工作面宜有智能决策系统,以符合目前智能化工作面的发展现状。

1. 生产系统通用要求

(1) 智能割煤子系统通用要求。智能割煤子系统主要是对采煤机的智能化提出了相关要求,包括强制性要求和非强制性要求两方面内容。强制性要求:采煤机必须具备运行工况及位姿检测、机载无线遥控、精准定位、滚筒切割轨迹路径记忆、摇臂震动检测、工作面中部记忆截割、"三角煤"机架协同控制割煤、远程控制、故障诊断和环境安全瓦斯联动控制等功能与自动化控制系统,所有控制功能应向工作面智能集控中心开放,实现采煤机的启停、牵引速度和运行方向的远程控制。非强制性要求:主要包括采煤机的惯性导航、智能调高、防碰撞检测等智能感知和煤流平衡控制等智能控制功能。

(2) 智能支护子系统通用要求。智能支护子系统规定了液压支架必备的基本功能,给出了相关推荐性要求,并对大采高液压支架、放顶煤液压支架、超前液压支架的智能化分别进行了详细规定。要求液压支架必须配备电液控制系统,宜配备高度检测、姿态感知、工作面直线度调直、压力超前预警、群组协同控制、自动超前跟机支护等智能感知与控制功能,实现液压支架智能控制。大采高液压支架宜有顶板状态实时感知、煤壁片帮预测、伸缩梁(护帮板)防碰撞等智能感知功能,放顶煤液压支架应采用智能化割煤结合自动放煤或人工辅助干预进行放煤控制,超前液压支架应配备电液控制系统,具有就地控制与远程遥控功能,宜有状态智能感知和自主行走功能。

(3) 智能运输子系统通用要求。智能运输子系统主要是对工作面刮板输送机和可伸缩带式输送机提出了相关要求。要求刮板输送机应具有智能变频软启动控制、运行状态监测、链条自动张紧、断链保护、故障诊断、远程控制以及与工作面智能集控中心双向通信功能,宜有煤流负荷检测功能,实现采、运协同控制。要求工作面可伸缩带式输送机必须具有综合保护与运行工况监控功能,实时监测带式输送机运行工况和预警,宜有煤流量监测、异物识别和自动变频速度调节功能,能够根据煤流量大小自动控制带速,实现节能运行。

(4) 智能控制子系统通用要求。根据控制地点和控制要求的不同,将智能控制子系统分为工作面智能集控中心和地面监控中心,要求工作面智能集控中心必须具有集中、就地和远程控制功能,能够实现采煤机、液压支架、刮板输送机、破碎机、转载机、可伸缩带式输送机、乳化液泵站协同控制。考虑到通信的时效性和生产的安全性,对地面监控中心没有提出详细的控制要求,仅要求地面监控中心工作面设备具有一键启停功能,能够在地面对采煤工作面生产系统和采煤工作面辅助生产系统进行远程监视。

(5) 网络通信子系统通用要求。智能化采煤工作面有线网络传输速率宜不低于1000 Mbps,无线通信带宽不低于100 Mbps,无线通信系统具有工作面数据通信、语音视频通信、视频监控、人员定位、语音广播等功能。

(6) 智能视频子系统通用要求。要求矿用本质安全型高清摄像仪必须具有视频增强、跟随采煤机自动切换视频画面和自动清洗功能,视频传输速率不低于100 Mbps;对云台摄像仪云台水平旋转角度、光学变焦、最低像素和水平广角进行了规定,智能摄像仪宜有特征信息识别、自动特征提取和预警功能。

(7) 智能喷雾降尘子系统通用要求。智能喷雾降尘子系统包括工作面智能喷雾降尘分系统和煤流运输智能喷雾降尘分系统,要求工作面采煤机割煤点、刮板输送机卸煤点、转载机落煤点、可伸缩带式输送机搭接点、液压支架降移升动作和放煤点等工作面尘源位置都应设有智能喷雾装置,实现工作面全方位喷雾降尘。

(8) 智能供液子系统通用要求。智能供液子系统应具有反渗透水处理、清水过滤、自动配比补液、多级过滤、高压自动反冲洗、高低液位自动控制、乳化液浓度在线监控、单泵或多台泵的单动与自动运行、系统运行信息检测与上传功能，宜与液压支架用液量协同联动，实现工作面供液系统的智能控制。

(9) 智能巡检子系统通用要求。智能巡检子系统包括工作面智能巡检系统和主煤流运输智能巡检，利用巡检机器人实现工作面设备运行状况、开采环境、煤流状态的例行巡检和异常情况实地巡查。

(10) 智能供电子系统通用要求。要求工作面智能供电子系统能够对整个工作面电力系统进行监控，动态显示警示、预警和报警信息，能够显示开关分合闸状态，并在权限允许范围内对开关分合闸进行操作，宜有防越级自动跳闸、故障精准定位功能，实现工作面供电系统的智能控制。

(11) 辅助生产系统通用要求。智能化采煤工作面辅助生产系统主要对工作面照明、工作面语音、工作面通风和防灭火、智能安全监测子系统进行了规定。对采煤工作面照明灯形式、照明灯照度与后备电源，工作面语音系统功能，工作面通风和防灭火的实时监测地点、监测装置与监测内容，以及智能安全监测子系统的实时监测内容与监测功能提出了具体要求。

42.1.3 系统配套要求

智能化采煤工作面系统配套主要对 0.8（含）~1.3 m 薄煤层、1.3（含）~3.5 m 中厚煤层、3.5 m 以上厚煤层、煤层倾角大于 25°（含）的大倾角工作面开采方式和配套模式进行规范，要求薄煤层和中厚煤层采用有人巡视无人操作模式进行开采，3.5 m 以上厚煤层采用大采高煤层人-机-环智能耦合高效综采模式或综放工作面智能化操控与人工干预辅助放煤模式进行开采，煤层倾角大于 25°（含）的大倾角工作面采用智能化+机械化相结合的开采技术进行开采，要求所有智能化工作面超前支护都应采用超前液压支架，建立信息安全保障体系，同时对工作面智能化集控中心建设内容进行了规定。

42.2 智能化采煤工作面分类与分级

42.2.1 智能化采煤工作面分类

1. 开采模式划分

开采模式是以煤层厚度和采高为主要决定因素结合煤层赋存条件而形成的具有相同或相近开采方法、采煤工艺、配套模式、控制方式和智能决策逻辑的开采方式。根据工作面煤层厚度、采煤方法和开采技术参数的不同将智能化采煤工作面分为三种开采模式，类别代号及名称见表 42-1。

表 42-1 智能化采煤工作面开采模式

1 类	2 类	3 类
薄煤层和中厚煤层智能化有人巡视无人操作模式	大采高煤层人-机-环智能耦合高效综采模式	综放工作面智能化操控与人工干预辅助放煤模式

2. 分类指标量化评价

将煤层厚度、煤层倾角、煤层稳定性、瓦斯、水文等煤层赋存条件作为基本指标,工作面走向长度、倾斜宽度、可布置工作面数量等采煤工作面开采技术参数作为参考指标,对不同开采模式的采煤工作面进行分类评价,分类指标量化详见表42-2。

表42-2 智能化采煤工作面分类评价指标量化评价表

评价因素	评价条件		
	好	中	差
煤层厚度/m	1.3~6.0	≥6.0	≤1.3
煤层倾角/(°)	≤10	10~25	≥25
煤层硬度	中等硬度煤	硬煤或软煤	特硬或特软煤
节理裂隙发育	不发育	较发育	发育
煤层稳定性	稳定或较稳定	不稳定	极不稳定
直接顶稳定程度	2类、3类	4类	1类
基本顶板级别	Ⅰ级	Ⅱ级	Ⅲ级、Ⅳ级
底板稳定程度	Ⅳ类、Ⅴ类	Ⅱ类、Ⅲ类	Ⅰ类
褶曲影响程度	0	1~2	≥2
断层影响程度	≤0.6	0.6~1	≥1
陷落柱影响程度/%	≤5	5~15	≥15
矿井瓦斯等级	低瓦斯矿井	高瓦斯矿井	突出矿井
煤层自燃倾向	不易自燃	自燃	易自燃
水文地质复杂程度	简单或中等	复杂	非常复杂
煤尘爆炸倾向	1级或2级	3级	4级
工作面俯仰角/(°)	≤5	5~15	≥15
伪顶厚度/m	≤0.1	0.1~0.5	≥0.5
工作面走向长度/m	≥1500	500~1500	≤500
工作面倾斜宽度/m	≥200	100~200	≤100
可布置工作面数量	≥5	2~5	≤2

采用模糊综合评价方法对智能化采煤工作面条件进行综合评价,将各因素的评价结果按一定算法映射为可计算的综合评价值,采用百分制原则进行评判。评价方法的本质是模糊评定,因为若将各映射函数除以100,则百分制评价结果就变为隶属度,相应的映射函数便成为隶属函数。采用百分制是为了便于考评和操作。

(1) 煤层厚度。煤层厚度在区间 [1.3, 6] 的得分为 [85, 100], 考虑到 3.5 m 以上煤层需要设置护帮板, 将 3.5 m 煤层设为 100 分, 然后随着煤层厚度变薄或变厚, 分值逐渐降低。采用式 (42-1) 所示分段函数作为映射算法计算不同厚度煤层得分:

$$f(x)=\begin{cases}63, & x<0.6\\ 10x+57, & 0.6\leqslant x\leqslant 1.3\\ -2.73x^2+19.91x+63.73, & 1.3<x<6\\ -x+91, & 6\leqslant x\leqslant 21\\ 70, & x>21\end{cases} \quad (42\text{-}1)$$

式中 x——煤层厚度。

(2) 煤层倾角。采用式 (42-2) 所示多项式函数作为映射算法计算不同煤层倾角得分:

$$f(x)=-\frac{109x^3}{46800}+\frac{527x^2}{18720}-\frac{16457x}{9360}+100 \quad (42\text{-}2)$$

式中 x——煤层倾角。

(3) 煤层硬度。将煤层普氏系数 f 作为煤层硬度计算依据。$f=2\sim 3$ 为中等硬度煤层, $f=1\sim 2$ 为软煤, $f=3\sim 4$ 为硬煤, $f<1$ 为特软煤, $f>4$ 为特硬煤。采用式 (42-3) 分段函数计算不同煤层硬度得分:

$$f(x)=\begin{cases}70x, & 0\leqslant x<1\\ 15x+55, & 1\leqslant x<2\\ 30x+25, & 2\leqslant x<2.5\\ -30x+175, & 2.5\leqslant x<3\\ -30x+130, & x\geqslant 3\end{cases} \quad (42\text{-}3)$$

式中 x——煤层倾角。

(4) 工作面断面影响程度。采用式 (42-4) 所示分段函数作为映射算法, 计算不同工作面断面影响程度得分 (断层影响程度超过 2.86, 分值为零):

$$f(x)=\begin{cases}100-25x, & 0\leqslant x<0.6\\ 107.5-37.5x, & x\geqslant 0.6\end{cases} \quad (42\text{-}4)$$

式中 x——工作面断面程度。

(5) 陷落柱影响程度。采用式 (42-5) 所示分段函数计算工作面不同陷落柱影响程度得分:

$$f(x)=\begin{cases}100-300x, & 0\leqslant x<5\%\\ 92.5-150x, & 5\%\leqslant x\leqslant 61.67\%\end{cases} \quad (42\text{-}5)$$

式中 x——工作面不同陷落柱。

(6) 工作面俯仰采角度。采用式 (42-6) 分段函数计算工作面仰俯角得分:

$$f(x)=\begin{cases}100-3x, & 0\leqslant x<5\\ 95-1.5x, & 5\leqslant x\leqslant 90\end{cases} \quad (42\text{-}6)$$

式中 x——工作面仰俯角。

(7) 伪顶厚度。采用式 (42-7) 所示分段函数计算工作面伪顶厚度得分:

$$f(x)=\begin{cases}100-150x, & 0\leqslant x<0.1\\ 100-37.5x, & 0.1\leqslant x\leqslant 2.67\\ 0, & x\geqslant 2.67\end{cases} \quad (42\text{-}7)$$

式中 x——工作面伪顶厚度。

（8）工作面走向长度。采用式（42-8）分段函数计算工作面长度得分：

$$f(x)=\begin{cases}100, & x\geqslant 300\\ 55+0.15x, & 100\leqslant x<300\\ 0.7x, & 0\leqslant x<100\end{cases} \quad (42\text{-}8)$$

式中 x——工作面长度。

（9）工作面倾斜宽度。采用式（42-9）分段函数计算不同工作面倾斜宽度得分：

$$f(x)=\begin{cases}100, & x\geqslant 300\\ 55+0.15x, & 100\leqslant x<300\\ 0.7x, & 0\leqslant x<100\end{cases} \quad (42\text{-}9)$$

式中 x——不同工作面倾斜宽度。

（10）可布置工作面数量。采用式（42-10）所示分段函数计算可布置工作面数量得分：

$$f(x)=\begin{cases}100, & x>8\\ 60+5x, & 0<x\leqslant 8\end{cases} \quad (42\text{-}10)$$

式中 x——可布置工作面数量。

3. 分类方法

将表 42-2 所示的 20 个评价指标向量 $[w_1 \ w_2 \ \cdots \ w_{20}]$ 作为行向量，将评价指标权重向量 $[r_1 \ r_2 \ \cdots \ r_{20}]$ 作为列向量，二者向量的积 V_1 为工作面条件分类依据，计算方法如式（42-11）所示：

$$V_1=[w_1 \ w_2 \ \cdots \ w_{20}][r_1 \ r_2 \ \cdots \ r_{20}]^T \quad (42\text{-}11)$$

根据式（42-11）算出的得分结果对工作面煤层开采条件进行分类，评判结果集为 $\{\text{Ⅰ类},\text{Ⅱ类},\text{Ⅲ类}\}=\{100\sim 85(\text{含}),85\sim 70(\text{含}),<70\}$。

42.2.2 智能化采煤工作面分级

1. 分级评价方法

采用模糊综合评价模型对智能化采煤工作面智能化程度进行评价。评价方法为：将各评价因素按一定算法映射为可计算的综合评价值，采用百分制原则进行评判。评判集 M 由分项指标向量 V 和权重向量 R 构成，计算方法如式（42-12）所示：

$$M=\left[\frac{1000}{V_1} \ V_2 \ V_3\right][R_1 \ R_2 \ R_3]^T \quad (42\text{-}12)$$

式中 V_1——采煤工作面条件综合评价得分；

V_2——设备性能达标条件综合评价得分；

V_3——设备运行工况达标条件综合评价得分；

R_1——采煤工作面条件综合评价权重，$R_1=0.1$；

R_2——设备性能达标条件综合评价权重，$R_2=0.2$；

R_3——设备运行工况达标条件综合评价权重，$R_3=0.7$。

权重的设置在一定程度上鼓励复杂条件工作面投入到智能化采煤工作面建设，以及高新设备的投入，但不以煤层地质条件和设备的先进性为主要考评依据，以调动煤矿生产积极性。

根据式（42-12）计算采煤工作面智能化程度分值，分值大于85分的采煤工作面为高级智能化采煤工作面；分值为85（含）~70分的采煤工作面为中级智能化采煤工作面；分值为70（含）~60分的采煤工作面为初级智能化采煤工作面，分值低于60分，为未达到智能化工作面标准。下面对几个主要指标计算方法进行说明。

（1）采煤工作面条件综合评测方法。其一，同样分值条件下，较赋存条件简单的工作面而言，复杂条件工作面付出的投入和努力更多；其二，鼓励复杂条件工作面积极投入到智能化工作面建设当中。基于以上两方面原因考虑，利用采煤工作面条件综合评价得分 V_1 的反比函数。V_1 的权重较小，为了计算结果更加符合实际，将 $\dfrac{1000}{V_1}$ 作为智能化采煤工作面条件综合评价分项指标，同时将 V_1 得分小于10分的按10分进行计算，具体计算结果如图42-2所示。

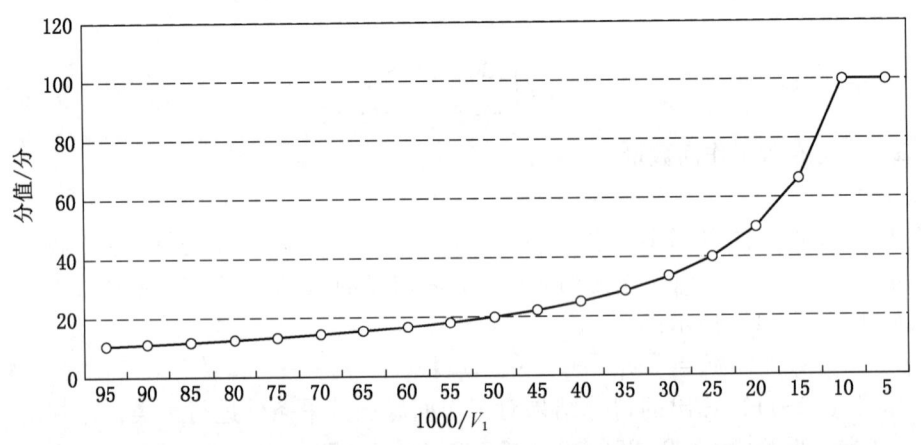

图42-2　采煤工作面条件综合评价因素曲线

（2）设备性能达标条件评测方法。设备性能达标条件分值 V_2 由评价指标向量 $[w] = [w_1 \ w_2 \ \cdots \ w_{14}]$ 和评价指标权重向量 $[r] = [r_1 \ r_2 \ \cdots \ r_{14}]$ 构成，计算方法如式（42-13）所示：

$$V_2 = [w_1 \ w_2 \ \cdots \ w_{14}][r_1 \ r_2 \ \cdots \ r_{14}]^T \tag{42-13}$$

设备性能达标条件评价指标向量元素指前面所述的智能化采煤工作面生产系统中10个智能化子系统和智能化采煤工作面辅助生产系统中4个智能化子系统设备参数和功能，标准从设备的工况检测、自动控制、智能感知三个方面界定设备智能化水平，给出了详细的评分方法。

智能化采煤工作面设备性能达标条件各评价因素权重元素 r_j（$1 \leqslant j \leqslant 14$）见表42-3。权重的设置主要向生产系统倾斜，又充分考虑到安全生产的重要性，体现了技术进步与安全生产并重的原则，引导企业进行安全高效智能化开采。

表42-3 设备性能达标条件各指标权重

指标名称		指标权重	
智能化工作面生产系统	智能割煤子系统	0.12	0.8
	智能支护子系统	0.13	
	智能运输子系统	0.12	
	智能控制子系统	0.11	
	网络通信系统	0.06	
	智能视频系统	0.08	
	智能喷雾系统	0.05	
	智能供液系统	0.05	
	智能巡检系统	0.03	
	智能供电系统	0.05	
智能化工作面生产系统	工作面照明系统	0.02	0.2
	工作面语音系统	0.03	
	工作面通风防灭火系统	0.05	
	智能安全监测系统	0.1	

根据设备性能达标条件评价得分,将设备性能达标条件分为三个等级:V_2 = {好,中,差} = {100~85(含),85~70(含),70~60}。如果分值低于60分,说明设备性能指标未达到智能化工作面标准。

2. 设备运行工况达标条件评测方法

设备运行工况达标条件分值 V_3 由设备运行工况达标条件评价指标向量 $[w] = [w_1\ w_2\ \cdots w_{14}]$ 和设备运行工况达标条件评价指标权重向量 $[r] = [r_1\ r_2\ \cdots r_{14}]$ 构成,计算方法如式(42-14)所示:

$$V_3 = [w_1\ w_2\ \cdots w_{14}][r_1\ r_2\ \cdots r_{14}]^T \qquad (42-14)$$

同设备性能达标条件评价指标向量元素一样,设备运行工况达标条件评价指标向量也是指智能化采煤工作面生产系统中10个智能化子系统和智能化采煤工作面辅助生产系统中4个智能化子系统设备实行运行状态,标准从设备的运行状况、智能感知、智能控制、日常管理与维护几个方面界定设备智能化运行能力,给出了具体的评分方法。

智能化采煤工作面设备运行工况达标条件各评价因素权重 r_n ($1 \leqslant n \leqslant 14$)见表42-4。权重的设置充分考虑各系统的重要性,引导企业树立全局生产观,充分进行智能化采煤工作面各个环节的建设,全面提升智能化采煤工作面整体生产技术水平。

表42-4 设备运行工况达标条件各指标权重

指标名称		指标权重	
智能化工作面生产系统	智能割煤子系统	0.12	0.77
	智能支护子系统	0.13	
	智能运输子系统	0.12	

表42-4（续）

指标名称		指标权重	
智能化工作面生产系统	智能控制子系统	0.11	0.77
	网络通信子系统	0.05	
	智能视频子系统	0.06	
	智能喷雾子系统	0.05	
	智能供液子系统	0.05	
	智能巡检子系统	0.03	
	智能供电子系统	0.05	
智能化工作面辅助生产系统	工作面照明子系统	0.03	0.23
	工作面语音子系统	0.04	
	工作面通风防灭火子系统	0.06	
	智能安全监测子系统	0.1	

将设备运行工况达标条件评价指标向量 $[w]=[w_1 \ w_2 \ \cdots \ w_{14}]$ 中评价元素 ($1 \leq m \leq 14$) 和设备运行工况达标条件评价指标权重向量 $[r]=[r_1 \ r_2 \ \cdots \ r_{14}]$ 中评价权重元素 r_n（$1 \leq n \leq 14$）代入式（42-14），得出设备运行工况达标条件分值，划分工作面设备运行工况达标条件优劣区间。根据设备运行工况得分，将设备运行工况达标条件分为三个等级：$V_3=\{好，中，差\}=\{100\sim85，85(含)\sim70，70(含)\sim60\}$。分值低于60分，设备运行工况未达到智能化工作面运行标准。

42.3 智能化工作面评价指标体系

42.3.1 评价指标体系

智能化采煤工作面指标体系由分项指标和分项指标权重构成。各级指标分别设置相应的权重，各级指标权重之和等于100%。智能化采煤工作面评价水平总得分为所有一级指标与权重得分之和；一级指标得分应为其下层二级指标得分之和；二级指标得分应为其下层二级指标分项及相应的权重得分之和。各级指标的得分在计算时，四舍五入取整数。

42.3.2 指标体系框架

智能化采煤工作面评价指标体系包括工作面条件、设备性能达标条件、设备运行工况达标条件三部分指标。具体评价指标体系框架如图42-3所示。

42.3.3 指标体系矩阵结构

如图42-4所示，智能化采煤工作面评价指标体系数学模型是多维矩阵数据结构。上一级数据建立在下一级数据指标向量和指标向量权重矩阵基础上，通过指标向量和指标向量权重矩阵运算构成上一级向量的评价元素。评价结果 M 是维度为（1,1,3）的阵列，指标向量 $V\left(V=\left[\dfrac{1000}{V_1} \ V_2 \ V_3\right]\right)$ 是维度为（1,3,2）的阵列。其中，向量 V 中的阵列元素 V_1 是基于维度（1,20,1）和（20,1,1）的阵列运算结果，V_2、V_3 是基于维度（1,14,1）和（14,1,1）的阵列运算结果。通过阵列的嵌套，层层迭代，建立完整的智能化采煤工作面评价指标数据结构。

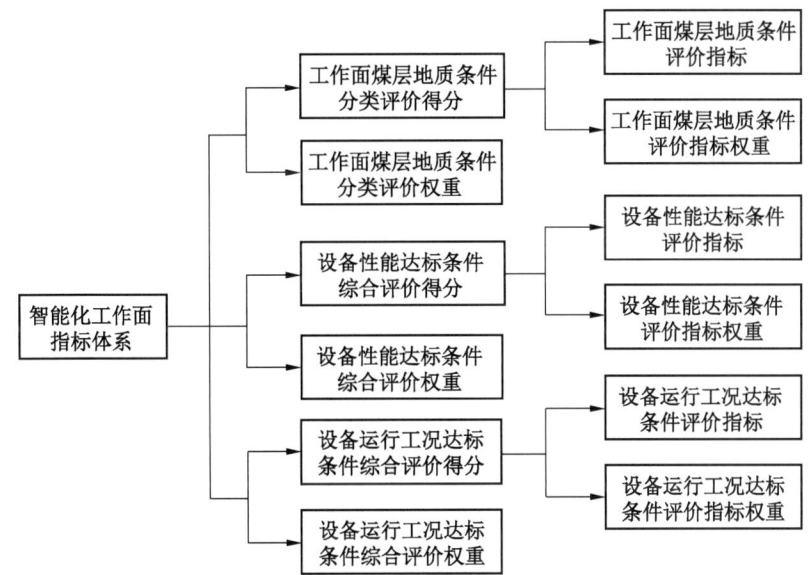

图 42-3 智能化采煤工作面评价指标体系框架

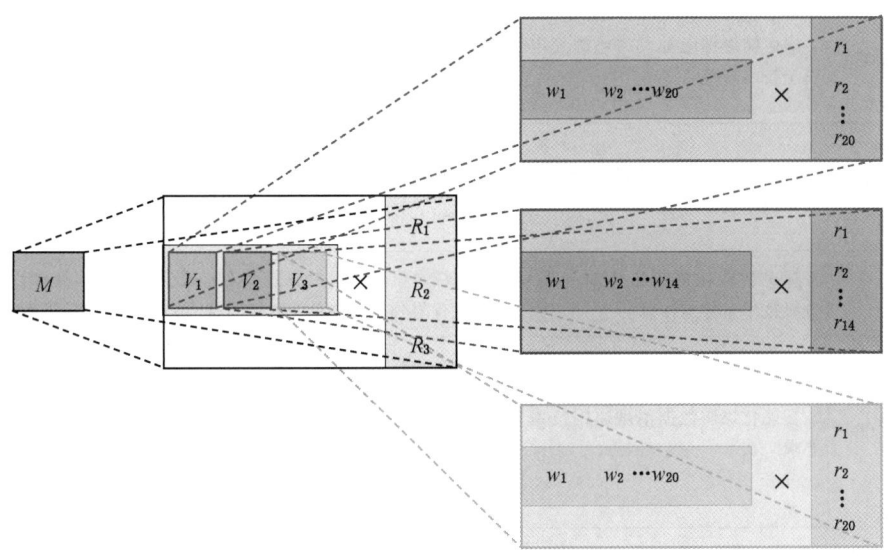

图 42-4 智能化采煤工作面评价指标体系阵列结构

附表 2021 年煤矿智能化标准立项及进展情况

标准编号	标准名称	起 草 单 位
t/ccs2021001	煤矿科技术语 煤矿智能化	中煤科工开采研究院有限公司、天地（常州）自动化股份有限公司、国家能源集团有限公司、陕西延长石油矿业有限责任公司、山东能源集团、陕西陕煤陕北矿业有限公司、安标国家矿用产品安全标志中心有限公司、陕西陕煤榆北煤业有限公司
t/ccs2021002	智能化煤矿体系架构	中煤科工开采研究院有限公司、煤炭科学研究总院、天地（常州）自动化股份有限公司、中煤科工集团重庆研究院有限公司、国家能源集团有限公司、陕西延长石油矿业有限责任公司、山东能源集团、陕西陕煤化集团陕北矿业有限公司、晋能控股集团有限公司、陕西陕煤化集团榆北煤业有限公司
t/ccs2021003	煤矿防爆锂电池动力电源充电安全技术规范	安标国家矿用产品安全标志中心有限公司、国家能源集团神东煤炭集团公司、航天重型工程装备有限公司、石家庄煤矿机械有限责任公司
t/ccs2021004	煤矿防爆锂电池动力电源换电安全技术规范	安标国家矿用产品安全标志中心有限公司、国家能源集团神东煤炭集团公司、中煤科工开采研究院有限公司、深圳市德塔工业智能电动汽车有限公司、煤炭科学技术研究院有限公司
t/ccs2021005	煤矿智能化掘进工作面分类、分级技术条件与评价	中国煤炭科工集团太原研究院有限公司、陕西陕煤化集团榆北煤业有限公司、山东能源集团有限公司、安徽理工大学
t/ccs2021006	智能化煤矿数据治理通用技术要求	中煤科工开采研究院有限公司、煤炭科学研究总院、华为技术有限公司、中煤科工集团常州研究院有限公司、陕西延长石油矿业有限责任公司、陕西陕煤化集团陕北矿业有限公司、中煤科工集团重庆研究院有限公司、北京奕辰科技有限公司、北京龙软科技股份有限公司、华阳新材料科技集团有限公司
t/ccs2021007	煤矿数据管理标准 煤矿数据分类与数据编码	中煤科工开采研究院有限公司、天地（常州）自动化股份有限公司、煤炭科学研究总院、中煤科工集团重庆研究院有限公司、国家能源集团有限公司、陕西延长石油矿业有限责任公司、陕西陕煤化集团陕北矿业有限公司、北京龙软科技股份有限公司、北京奕辰科技有限公司、兖州煤业股份有限公司
t/ccs2021008	煤矿数据管理标准 煤矿主数据管理规范	中煤科工开采研究院有限公司、天地（常州）自动化股份有限公司、煤炭科学研究总院、国家能源集团有限公司、中煤科工集团重庆研究院有限公司、陕西延长石油矿业有限责任公司、陕西陕煤化集团陕北矿业有限公司、北京龙软科技股份有限公司、北京奕辰科技有限公司、陕西陕煤化集团榆北煤业有限公司

附表 2021年煤矿智能化标准立项及进展情况 ·751·

(续)

标准编号	标准名称	起草单位
t/ccs2021009	煤矿数据管理标准 煤矿元数据管理规范	中煤科工开采研究院有限公司、天地（常州）自动化股份有限公司、煤炭科学研究总院、国家能源集团有限公司、中煤科工集团重庆研究院有限公司、陕西延长石油矿业有限责任公司、陕西陕煤化集团陕北矿业有限公司、北京龙软科技股份有限公司、北京奕辰科技有限公司
t/ccs2021010	智能化煤矿数据管理标准数据质量技术规范	煤炭科学研究总院矿山大数据研究院、中煤科工开采研究院有限公司、中煤科工集团重庆研究院有限公司
t/ccs2021011	煤矿通信接口与协议通用技术要求	中煤科工集团常州研究院有限公司、中煤科工集团开采研究院有限公司、中煤科工集团重庆研究院有限公司、天地（常州）自动化股份有限公司、山东能源集团有限公司、国家能源集团神东煤炭集团公司
t/ccs2021012	采区煤层地质数字化建模技术条件	中煤科工集团西安研究院有限公司、国家能源集团神东煤炭集团公司、北京龙软科技股份有限公司
t/ccs2021013	煤矿安全生产综合管控平台建设规范	天地（常州）自动化股份有限公司、中煤科工集团常州研究院有限公司、中煤科工集团开采研究院有限公司、中煤科工集团重庆研究院有限公司、煤炭科学研究总院、山东能源集团有限公司、国家能源集团神东煤炭集团公司、北京龙软科技股份有限公司、华能煤炭技术研究有限公司、中国矿业大学、陕煤化集团榆北煤业有限公司、晋能控股集团有限公司
t/ccs2021014	智能化煤矿工业软件开发接口规范	天地（常州）自动化股份有限公司、中煤科工集团常州研究院有限公司、中煤科工集团开采研究院有限公司、中煤科工集团重庆研究院有限公司、煤炭科学研究总院、山东能源集团有限公司、国家能源集团神东煤炭集团公司、中国矿业大学、陕煤化集团黄陵矿业有限公司
t/ccs2021015	智能化煤矿云计算部署与管理技术条件	天地（常州）自动化股份有限公司、中煤科工集团常州研究院有限公司、中煤科工集团开采研究院有限公司、中煤科工集团重庆研究院有限公司、煤炭科学研究总院、山东能源集团有限公司、国家能源集团神东煤炭集团公司
t/ccs2021016	煤矿融合通信系统安全技术要求	天地（常州）自动化股份有限公司、中煤科工集团常州研究院有限公司、中煤科工集团开采研究院有限公司、中煤科工集团重庆研究院有限公司、山东能源集团有限公司、国家能源集团神东煤炭集团公司、鼎桥通信技术有限公司
t/ccs2021017	煤矿5G通信网络设备接入通用技术条件	天地（常州）自动化股份有限公司、中煤科工集团常州研究院有限公司、中煤科工集团开采研究院有限公司、中煤科工集团重庆研究院有限公司、山东能源集团有限公司、国家能源集团神东煤炭集团公司、上海移远通信技术股份有限公司
t/ccs2021018	矿用短距离无线宽带通信技术要求	中煤科工开采研究院有限公司、中煤科工集团常州研究院有限公司、北斗天地股份有限公司、陕西延长石油矿业有限责任公司、陕西陕煤化集团陕北矿业有限公司、华为技术有限公司、华阳新材料科技集团有限公司

(续)

标准编号	标准名称	起草单位
t/ccs2021019	F5G 网络功能技术要求	中煤科工开采研究院有限公司、煤炭科学技术研究院有限公司、中煤科工集团常州研究院有限公司、北斗天地股份有限公司、陕西延长石油矿业有限责任公司、陕西陕煤化集团陕北矿业有限公司、华为技术有限公司、陕西陕煤化集团榆北煤业有限公司
t/ccs2021020	煤矿安全类智能传感器通用技术条件	中煤科工集团重庆研究院有限公司、天地（常州）自动化股份有限公司、煤炭科学技术研究院有限公司
t/ccs2021021	煤矿智能视频监控系统通用技术条件	中煤科工集团重庆研究院有限公司、天地（常州）自动化股份有限公司、华洋通信科技股份有限公司、西安重工装备制造集团有限公司
t/ccs2021022	智能化矿山边缘数据中心通用技术条件	中煤科工集团重庆研究院有限公司、天地（常州）自动化股份有限公司、煤炭科学技术研究院有限公司
t/ccs2021023	煤矿地理信息平台服务接口规范	北京龙软科技股份有限公司、山东能源集团有限公司、陕西煤业化工集团有限责任公司、中煤科工集团西安研究院有限公司、中国煤炭科工集团太原研究院有限公司、中煤科工集团上海有限公司、山西焦煤集团有限责任公司、晋能控股集团煤业集团有限公司、国家能源集团、中国矿业大学
t/ccs2021024	智能化煤矿采区工作面接续设计规范	中煤科工开采研究院有限公司、北京龙软科技股份有限公司、黄陵矿业集团有限责任公司、陕西陕煤化集团陕北矿业有限公司
t/ccs2021025	基于地理信息系统的工作面截割模板自动生成系统技术条件	北京龙软科技股份有限公司、山东能源集团有限公司、北京天地玛珂电液控制系统有限公司、中煤科工集团上海有限公司、国家能源集团神东煤炭集团公司
t/ccs2021026	综采工作面采煤机惯性导航系统技术条件	中煤科工集团上海有限公司、中国矿业大学、北京龙软科技股份有限公司、山东能源集团有限公司智能开采研究中心、北京天地玛珂电液控制系统有限公司
t/ccs2021027	采煤机智能调高和轨迹规划技术条件	中煤科工集团上海有限公司、北京龙软科技股份有限公司、山东能源集团有限公司智能开采研究中心、西安煤矿机械有限公司
t/ccs2021028	综放液压支架智能放煤控制系统技术条件	中煤科工开采研究院有限公司、北京天地玛珂电液控制系统有限公司、国家能源集团有限公司、山东能源集团有限公司、晋能控股集团有限公司
t/ccs2021029	综采工作面超前支架智能化控制系统技术条件	中煤科工开采研究院有限公司、中国煤矿机械装备有限责任公司、山东能源集团有限公司、陕西陕煤化集团陕北矿业有限公司、黄陵矿业集团有限责任公司、中国煤炭科工集团太原研究院有限公司、辽宁工程技术大学、陕西陕煤化集团榆北煤业有限公司

(续)

标准编号	标准名称	起草单位
t/ccs2021030	煤矸石固废自动化充填开采技术条件	天地科技股份有限公司、山东能源集团有限公司、华能煤业有限公司、国家能源集团有限公司、冀中能源集团有限责任公司、中国矿业大学
t/ccs2021031	掘进工作面远程控制系统技术条件	中国煤炭科工集团太原研究院有限公司、山东能源集团有限公司、陕西陕煤化集团黄陵矿业有限公司
t/ccs2021032	掘进机断面自动成形控制系统技术条件	中国煤炭科工集团太原研究院有限公司、山东能源集团有限公司、陕西陕煤化集团黄陵矿业有限公司、晋能控股集团有限公司
t/ccs2021033	掘进装备自动导航定位系统通用技术条件	中国煤炭科工集团太原研究院有限公司、煤矿采掘机械装备国家工程实验室、山西天地煤机装备有限公司、中国科学院西安光学精密机械研究所、西安中科华芯测控有限公司、山东能源集团有限公司、国家能源投资集团有限责任公司、陕西煤业化工集团有限责任公司、西北工业大学、晋能控股集团有限公司
t/ccs2021034	煤矿智能主煤流运输系统技术要求	天地(常州)自动化股份有限公司、中煤科工集团常州研究院有限公司、中国煤炭科工集团上海研究院有限公司、宁夏广天夏电子科技有限公司、山东能源集团有限公司、国家能源集团神东煤集团公司、晋能控股集团有限公司、西安重装集团公司
t/ccs2021035	矿用隔爆兼本质安全型变频调速一体机技术标准	青岛中加特电气股份有限公司、国家能源集团神东煤炭集团公司、兖州煤业股份有限公司
t/ccs2021036	矿井智能化通风系统建设技术规范	山东蓝光软件有限公司、煤炭科学技术研究院有限公司、中煤科工集团武汉设计研究院有限公司、国家能源投资集团有限公司、山东能源集团有限公司、国家能源集团神东煤炭集团公司、中煤科工集团重庆研究院有限公司、中国矿业大学
t/ccs2021037	煤矿智能化排水系统建设技术规范	中煤科工集团武汉设计研究院有限公司、国家能源集团包头能源公司、国家能源集团神东煤炭集团公司、山东能源淄博矿业集团有限责任公司、太原理工大学
t/ccs2021038	煤矿智能化水处理系统建设技术规范	中煤科工集团南京设计研究院有限公司、陕西延长石油矿业公司、陕西煤业股份有限公司
t/ccs2021039	煤矿综采工作面智能化防灭火系统技术规范	中煤科工集团沈阳研究院有限公司、西安科技大学、煤炭科学技术研究院有限公司、安徽理工大学、山东科技大学、国家能源投资集团有限责任公司、山东能源集团有限公司、开滦(集团)有限责任公司、扎赉诺尔煤业有限责任公司、中国矿业大学
t/ccs2021040	综采工作面矿压智能化监测系统技术条件	中煤科工开采研究院有限公司、安标国家矿用产品安全标志中心有限公司、山东能源集团有限公司、中国中煤能源股份有限公司

（续）

标准编号	标准名称	起 草 单 位
t/ccs2021041	煤矿固定场所巡检机器人技术标准	中煤科工集团沈阳研究院有限公司、国家能源集团神东煤炭集团公司、广东嘉腾机器人自动化有限公司、中煤科工集团重庆研究院有限公司、晋能控股集团
t/ccs2021042	煤矿带式输送机巡检机器人技术条件	中煤科工集团沈阳研究院有限公司、国家能源集团神东煤炭集团公司、太原理工大学、中煤科工集团上海研究院有限公司、晋能控股集团、中国矿业大学
t/ccs2021043	无人快速定量智能装车系统技术条件	中煤科工智能储装技术有限公司、天地科技股份有限公司、中煤西安设计工程有限责任公司、中煤科工集团北京华宇工程有限公司
t/ccs2021044	煤炭联运集装箱智能定量装载系统技术条件	中煤科工智能储装技术有限公司、天地科技股份有限公司、中铁第四勘察设计院集团有限公司、中煤科工集团南京设计研究院有限公司
t/ccs2021045	煤矿智能化管理体系规范	中国矿业大学、山东能源集团有限公司、陕西煤业股份有限公司、中国神华能源股份有限公司、陕西延长石油矿业有限责任公司、中煤资源发展集团有限公司、晋能控股集团有限公司、山西焦煤集团有限公司
t/ccs2021046	煤矿智能化双重预防技术规范	中国矿业大学、山西煤矿安全监察局、山东能源集团有限公司、陕西煤业股份有限公司、中煤资源发展集团有限公司、晋能控股集团有限公司、山西焦煤集团有限公司
t/ccs2021047	智能化煤矿设备全生命周期管理系统技术规范	中国煤矿机械装备有限责任公司、安标国家矿用产品安全标志中心、北京天地龙跃科技有限公司、西安科技大学、国家能源投资集团有限责任公司、山东能源集团有限公司、陕西煤业化工集团有限公司、晋能控股集团有限公司
t/ccs2021048	煤矿智能防突信息系统通用技术要求	中煤科工集团重庆研究院有限公司、中煤科工集团沈阳研究院有限公司、中国矿业大学
t/ccs2021049	煤矿井下钻孔机器人通用技术条件	中煤科工集团重庆研究院有限公司、国家安全生产重庆矿用设备检测检验中心、中国矿业大学、淮河能源控股集团有限责任公司、山东能源集团有限公司

参 考 文 献

[1] 王国法,任世华,庞义辉,等.煤炭工业"十三五"发展成效与"双碳"目标实施路径[J].煤炭科学技术,2021,49(9):1-8.

[2] 刘峰,曹文君,张建明.持续创新70年硕果丰盈——煤炭工业70年科技创新综述[J].中国煤炭,2019,45(9):5-12.

[3] 刘峰,曹文君,张建明.持续推进煤矿智能化,促进我国煤炭工业高质量发展[J].中国煤炭,2019,45(12):32-36.

[4] 王国法,庞义辉,任怀伟.智慧矿山技术体系研究与发展路径[J].金属矿山,2022(05):1-9.

[5] 王国法,杜毅博,庞义辉.6S智能化煤矿的技术特征和要求[J].智能矿山,2022,3(01):2-13.

[6] 王国法,庞义辉,刘峰,等.智能化煤矿分类、分级评价指标体系[J].煤炭科学技术,2020,48(03):1-13.

[7] 张博,彭苏萍,王佟,等.构建煤炭资源强国的战略路径与对策研究[J].中国工程科学,2019,21(01):96-104.

[8] 庞义辉.液压支架支护状态感知与数据处理技术[J].工矿自动化,2021,47(11):66-73.

[9] 任怀伟,王国法,赵国瑞,等.智慧煤矿信息逻辑模型及开采系统决策控制方法[J].煤炭学报,2019,44(09):2923-2935.

[10] 李腾飞,李常友,李敬兆.煤矿信息全面感知与智慧决策系统[J].工矿自动化,2020,46(3):34-37.

[11] 王国法.煤矿智能化最新技术进展与问题探讨[J].煤炭科学技术,2022,50(01):1-27.

[12] 樊荣,许金.煤矿安全智能管控技术现状及发展趋势[J].智能矿山,2021,2(01):55-58.

[13] 李爽,贺超,许锟.煤矿安全双重预防机制理论、应用与发展研究[J].中国煤炭,2021,47(10):23-30.

[14] 王国法,任怀伟,庞义辉,等.煤矿智能化(初级阶段)技术体系研究与工程进展[J].煤炭科学技术,2020,48(07):1-27.

[15] 杨健健,张强,吴淼,等.巷道智能化掘进的自主感知及调控技术研究进展[J].煤炭学报,2020,45(06):2045-2055.

[16] 廉自生,袁祥,高飞,等.液压支架网络化智能感控方法[J].煤炭学报,2020,45(6):2078-2089.

[17] 张坤,廉自生,谢嘉成,等.基于多传感器数据融合的液压支架高度测量方法[J].工矿自动化,2017,43(9):65-69.

[18] 葛世荣,张帆,王世博,等.数字孪生智采工作面技术架构研究[J].煤炭学报,2020,45(06):1925-1936.

[19] 范京道,徐建军,张玉良,等.不同煤层地质条件下智能化无人综采技术[J].煤炭科学技术,2019,47(3):43-52.

[20] 王国法,庞义辉,任怀伟.煤矿智能化开采模式与技术路径[J].采矿与岩层控制工程学报,2020,2(01):5-19.

[21] 陈晓晶,何敏.智慧矿山建设架构体系及其关键技术[J].煤炭科学技术,2018,46(2):208-212+236.

[22] 唐恩贤,张玉良,马骋.煤矿智能化开采技术研究现状及展望[J].煤炭科学技术,2019,47(10):111-115.

[23] 薛光辉,管健,程继杰,等.深部综掘巷道超前支架设计与支护性能分析[J].煤炭科学技术,

2018, 46 (12): 15-20.

[24] 胡亚辉, 赵国瑞, 吴群英. 面向煤矿智能化的 5G 关键技术研究 [J]. 煤炭科学技术, 2021 (8): 1-8.

[25] 霍振龙. 矿井定位技术现状和发展趋势 [J]. 工矿自动化, 2018, 44 (2): 51-55.

[26] 张强, 张润鑫, 刘峻铭, 等. 煤矿智能化开采煤岩识别技术综述 [J]. 煤炭科学技术, 2022, 50 (02): 1-26.

[27] 张旭辉, 杨文娟, 薛旭升, 等. 煤矿远程智能掘进面临的挑战与研究进展 [J]. 煤炭学报, 2022, 47 (01): 579-597.

[28] 赵亦辉, 赵友军, 周展. 综采工作面采煤机智能化技术研究现状 [J]. 工矿自动化, 2022, 48 (02): 11-18+28.

[29] 王忠鑫, 辛凤阳, 宋波, 等. 论露天煤矿智能化建设总体设计 [J]. 煤炭科学技术, 2022, 50 (02): 37-46.

[30] 苗丙, 葛世荣, 郭一楠, 等. 煤矿数字孪生智采工作面系统构建 [J]. 矿业科学学报, 2022, 7 (02): 143-153.

煤炭科学技术研究院有限公司
CCTEG CHINA COAL RESEARCH INSTITUTE

矿用一体化融合通信系统解决方案

煤炭科学技术研究院有限公司矿用一体化融合通信系统实现5G/4G无线通信、UWB定位、数字广播、有线电话、调度系统、视频监控的数据互联互通、功能联动调度，打造5G大带宽、低时延、高可靠的无线通信网络，构建UWB动目标全时精确定位平台，全面支撑人机环全连接的智能化矿井建设。

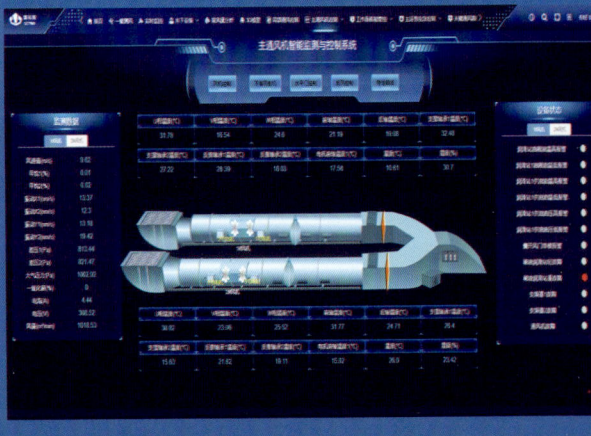

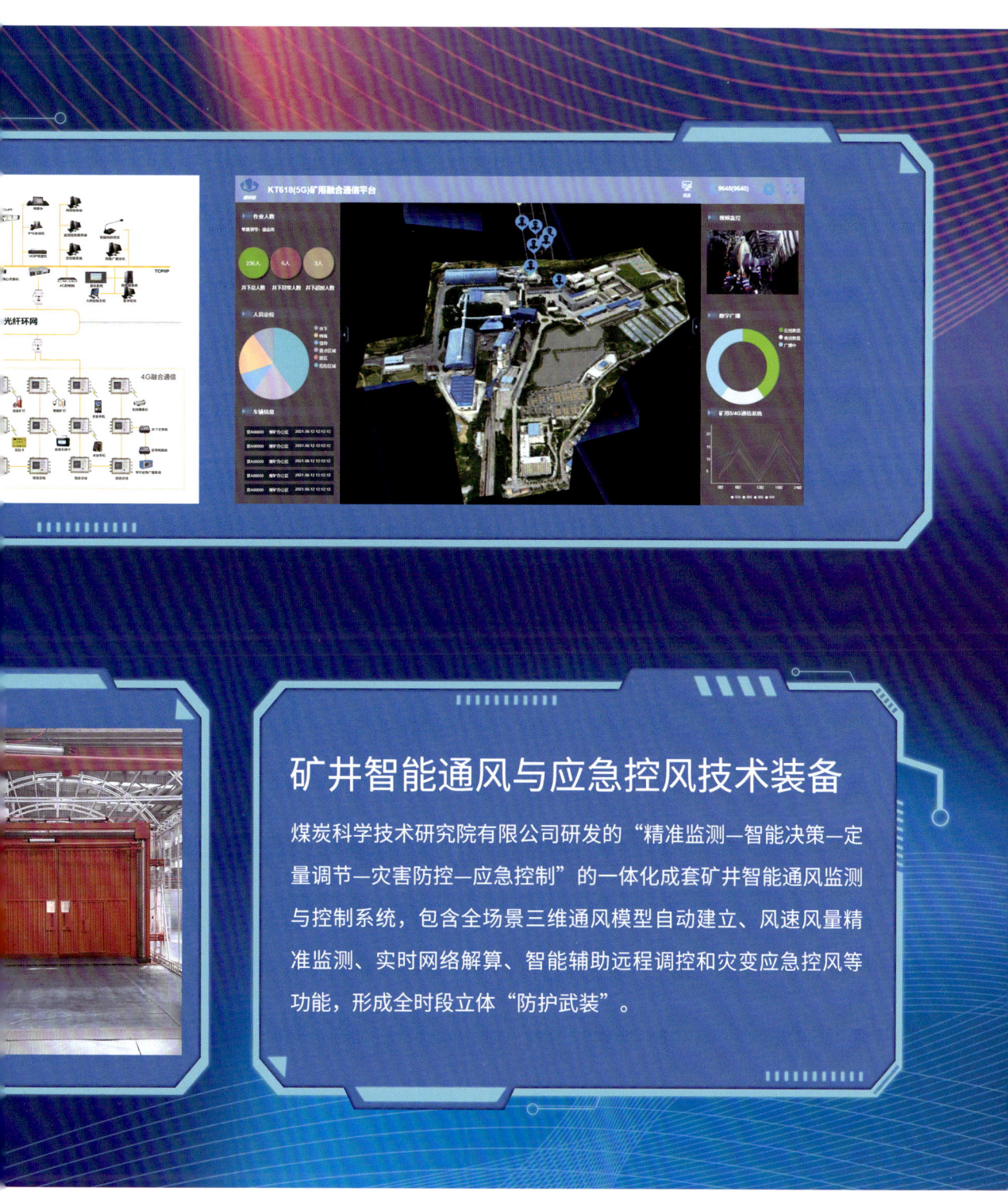

矿井智能通风与应急控风技术装备

煤炭科学技术研究院有限公司研发的"精准监测—智能决策—定量调节—灾害防控—应急控制"的一体化成套矿井智能通风监测与控制系统,包含全场景三维通风模型自动建立、风速风量精准监测、实时网络解算、智能辅助远程调控和灾变应急控风等功能,形成全时段立体"防护武装"。

网站:http://www.ccri.com.cn/
联系电话:010-84262840

中国煤科常州研究院
智能矿山整体解决方案

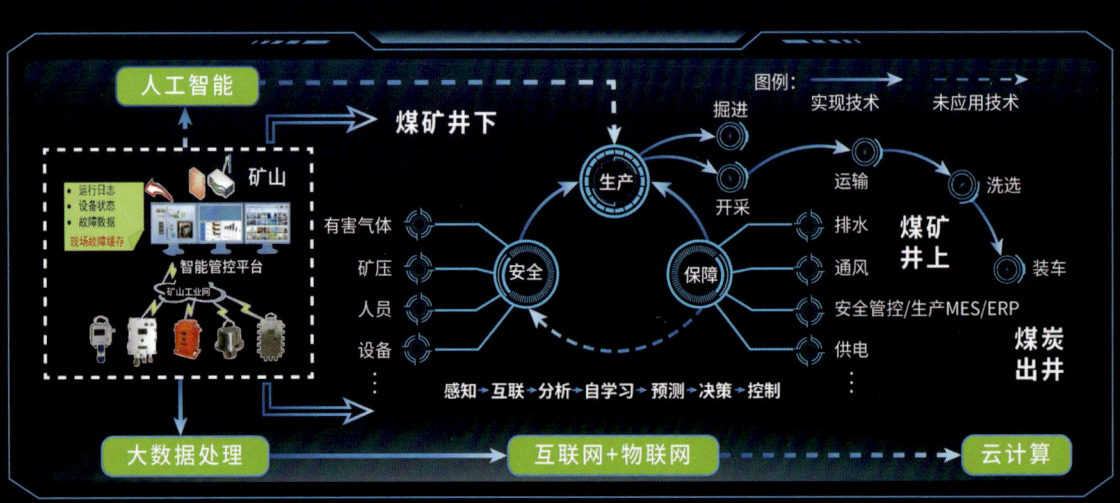

科技 保障矿山安全

智慧 提升矿山效率

井下北斗

让你在黑暗中不再迷路

中煤科工集团常州研究院有限公司自2000年采用RFID技术成功研发井下人员安全监测系统以来，持续深耕井下定位及位置服务技术领域，将定位精度提升至优于30 cm。2022年2月，中煤科工集团常州研究院有限公司完成了满足新出台政策法规和行业标准的KJ1580J煤矿井下人员精确定位系统取证工作，取得全国首张矿用精确定位系统安标证书。

系统采用超宽带无线（UWB）、惯性测量单元（IMU）、到达时差法（TDOA）等多源融合定位方法，实现井下人员、机车、采掘装备等移动目标实时定位，是精度优于30 cm的井下类GPS系统。

系统具有定位精度高、抗干扰能力强、系统容量大、安装使用简便等特点，对煤矿安全生产和应急救援具有十分重要的意义。

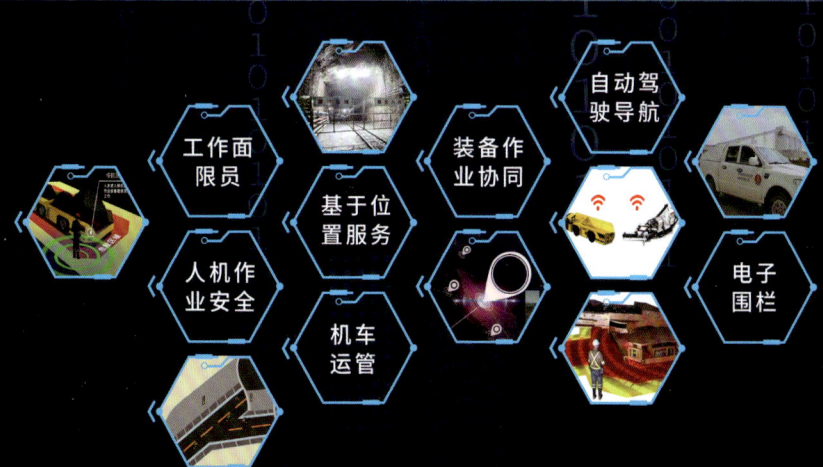

基于KJ1580J的拓展应用场景

中煤科工集团常州研究院有限公司
天地（常州）自动化股份有限公司

电话：400-8877832 (用户服务热线)
网址：http://www.cari.com.cn　　E-mail：market@cari.com.cn
地址：江苏省常州市钟楼区清潭木梳路1号 (木梳路本部)　邮编：213015
　　　江苏省常州市新北区黄河西路219号 (新北区分部)　邮编：213125

中国煤炭科工集团太原研究院有限公司
山西天地煤机装备有限公司

中国煤炭科工集团太原研究院

成立于1964年
1999年转制为中央直属科技型企业

五十余年的风雨历程，太原研究院形成了煤、半煤岩及全岩巷道综合掘进技术、无轨胶轮辅助运输技术、短壁机械化开采成套技术、综采关键技术和电气自动化控制五大核心产业。主要从事煤矿开采、掘进、运输、支护技术与装备的研究和开发，是国内专业配置最齐全的煤机装备供应商和服务商之一。

网址：http://tyccri.ccteg.cn/

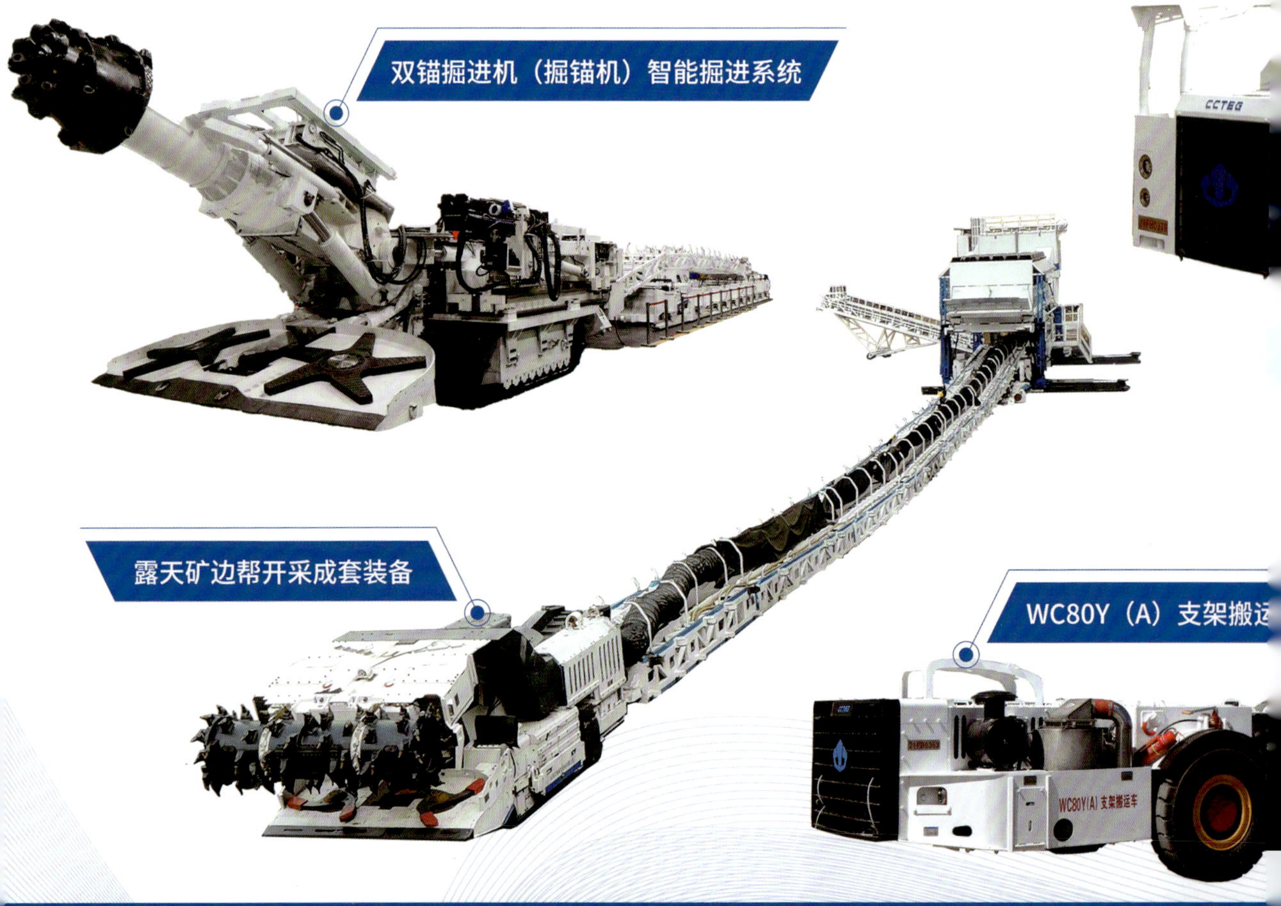

- 双锚掘进机（掘锚机）智能掘进系统
- 露天矿边帮开采成套装备
- WC80Y（A）支架搬运车

WC3Y（C）防爆柴油机无轨胶轮车

WX45J蓄电池铲板式搬运车

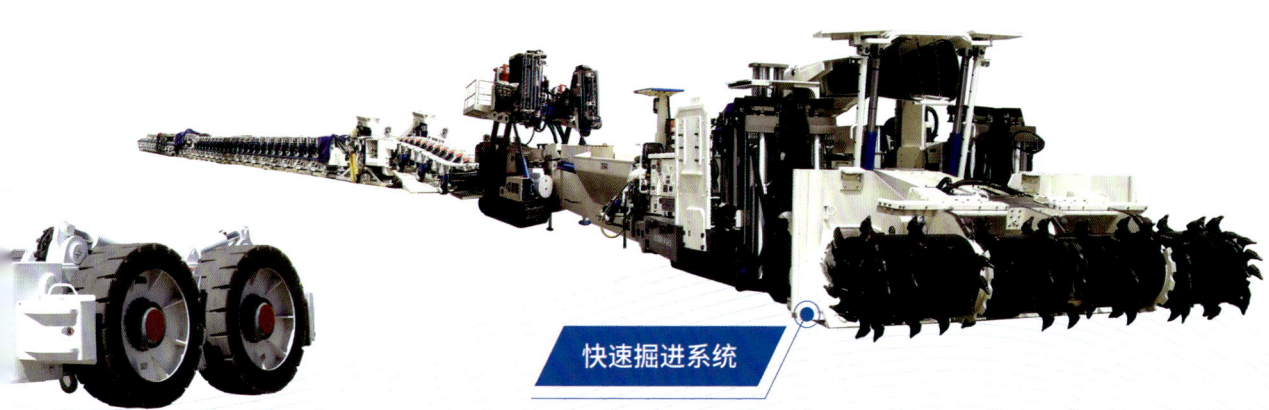

快速掘进系统